Theoretische Physik: Elektrodynamik

Eckhard Rebhan

Theoretische Physik: Elektrodynamik

Springer Spektrum

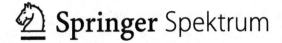

Eckhard Rebhan
Institut für Theoretische Physik
Universität Düsseldorf
Düsseldorf, Deutschland

ISBN 978-3-662-46294-2 ISBN 978-3-662-46295-9 (eBook)
DOI 10.1007/978-3-662-46295-9

Die Deutsche Nationalbibliothek verzeichnet diese Publikation in der Deutschen Nationalbibliografie; detaillierte bibliografische Daten sind im Internet über http://dnb.d-nb.de abrufbar.

Springer Spektrum

Planung und Lektorat: Dr. Andreas Rüdinger, Dr. Vera Spillner, Bianca Alton

Gedruckt auf säurefreiem und chlorfrei gebleichtem Papier

Springer Berlin Heidelberg ist Teil der Fachverlagsgruppe Springer Science+Business Media
(www.springer.com)

Vorwort

Die erfreulich positive Aufnahme, die mein bislang in zwei umfangreichen Bänden erschienenes Lehrbuch *Theoretische Physik* bei seinen Lesern erfahren hat, bewog mich und den Spektrum-Verlag dazu, eine gründlich überarbeitete und etwas erweiterte Neuauflage in dünneren Einzelbänden herauszubringen. Nach der *Mechanik* wird hiermit als zweiter Einzelband die *Elektrodynamik* vorgelegt. Wie das ganze Lehrbuch ging sie aus Vorlesungen über Theoretische Physik hervor, die ich an der Heinrich-Heine-Universität in Düsseldorf gehalten habe und die von mir in zahlreichen Wiederholungen den Bedürfnissen der Studenten angepasst wurden.

Das Meiste, was in dem Vorwort zur *Mechanik* geschrieben steht, trifft auch auf die *Elektrodynamik* zu und soll daher nicht wiederholt werden. Auch in dieser wurde gegenüber der früheren Auflage sowohl die Zahl der Aufgaben als auch der Prozentsatz von Lösungen erheblich vergrößert. Wie in der *Mechanik* wird die neue Rechtschreibung benutzt, allerdings in der letzten Version vom 1. August 2006. Als Maßsystem dient durchgängig das SI-System. Für die relativistische Formulierung der Elektrodynamik wird auf die noch erhältliche zweibändige Erstauflage, Teil *Spezielle Relativitätstheorie*, verwiesen.

Zum Gebrauch des Buches sei Folgendes bemerkt: In Formelzeilen mit mehreren Formeln, aber nur einer Formelnummer werden die Formeln gedanklich von links nach rechts oder von oben nach unten mit a, b, c usw. durchnummeriert und später in diesem Sinne zitiert. Rückverweise auf Formeln erfolgen entweder im Text oder innerhalb einer Formel über einem Verbindungszeichen wie = oder > an der Stelle, wo sie benötigt werden. Manchmal ergibt es sich aus sprachlichen Gründen, dass Teile der Erklärungen zu einer Formel erst in den auf diese folgenden Sätzen gegeben werden können. Diesem mitunter zu unnötigen Verständnisschwierigkeiten führenden Umstand wird in diesem Lehrbuch durch Vorverweise vorzubeugen versucht: Wo zu einer Formel nach ihrer Ableitung noch erklärende Kommentare kommen, wird das z. B. durch $\stackrel{\text{s.u.}}{=}$ gekennzeichnet, wobei „s. u." als Abkürzung für „siehe unten" steht.

Zur Benutzung der Symbole für physikalische Größen sei das Folgende angemerkt. Für die elektrische Raumladungsdichte wird in diesem Band statt des in der zweibändige Erstauflage benutzten Symbols λ in Anlehnung an die übliche Praktik ϱ benutzt. (Der Grund dafür ist, dass in einer reinen Elektrodynamik anders, als in der Relativitätstheorie, eine Verwechslung mit der ebenfalls mit ϱ bezeichneten Materiedichte ausgeschlossen werden kann.) Allerdings ließ sich die Benutzung von Symbolen mit doppelter Bedeutung leider nicht durchgängig vermeiden. So bezeichnet z. B. $\boldsymbol{F}$ sowohl eine Kraft als auch eine gerichtete ebene Fläche. Wo das zu Verwechslungen führen würde, wird für die Fläche vorübergehend Δf benutzt. In diesem und in ähnlich gelagerten Fällen kann das Symbolverzeichnis am Ende des Buches zurate gezogen werden.

Gerne danke ich allen Lesern, die mich auf Druckfehler und andere Fehler hingewiesen haben. Alles an Korrekturbedürftigem, wovon ich von Anderen erfahren bzw. was ich noch selbst gefunden habe, ist in der Neuauflage natürlich berücksichtigt.

Düsseldorf, im Januar 2007 Eckhard Rebhan

Inhaltsverzeichnis

1 Einleitung

Wir haben in der Theoretischen Mechanik Kräfte als Ursache für die Änderung des Zustands der geradlinigen gleichförmigen Bewegung von materiellen Körpern kennengelernt. Die Kräfte wurden als gegeben angesehen, und das Ziel der Betrachtungen lag im Erkennen der durch sie hervorgerufenen Wirkungen. Im Gegensatz dazu beinhaltet die Elektrodynamik eine Physik der elektromagnetischen Kräfte selbst: Sie untersucht die Zusammenhänge und Gesetzmäßigkeiten, die diesen Kräften zugrunde liegen; deren mechanische Wirkungen interessieren uns nur insoweit, wie sie zu einer Rückwirkung auf die Felder führen.

Schon in der Mechanik wurde klar, dass das Konzept von Fernwirkungskräften durch das Konzept von Kraftfeldern ersetzt werden kann, die an jeder Stelle des Raums wirken und als Vermittler der Wechselwirkung materieller Körper aufgefasst werden können. Während die nicht relativistische Mechanik keine Argumente für eine Bevorzugung eines der beiden Konzepte liefert, werden sich in der Elektrodynamik zwingende Gründe dafür ergeben, den Feldbegriff als einzig richtigen beizubehalten. In diesem Sinne ist die Elektrodynamik eine Theorie des elektromagnetischen Feldes.

Historisch gesehen ist diese Auffassung das Ergebnis einer längeren Entwicklung und steht praktisch an deren Ende. Wir werden in diesem Buch den umgekehrten Weg gehen und den Feldbegriff von Anfang an benutzen. Dabei werden gleich im ersten physikalischen Kapitel (Kap. 3) die Maxwell-Gleichungen in voller Allgemeinheit aufgestellt. Manche Autoren gehen hier so weit, dass sie diese axiomatisch an die Spitze stellen. Häufig wird jedoch ein anderer Weg eingeschlagen, der in etwa die historische Entwicklung nachvollzieht: Erst werden ausführlich elektrostatische und magnetostatische Probleme untersucht, bei denen die elektrischen und magnetischen Felder entkoppelt und zeitlich konstant sind. Erst dann werden stufenweise die Komplikationen eingeführt, welche die Zeitabhängigkeit und die damit verbundene Kopplung der Felder mit sich bringt. Dieser Weg bietet, didaktisch gesehen, den Vorteil, dass er allmählich vom Leichten zum Schwereren fortschreitet. Er hat aber auch Nachteile: Es muss dabei eine Vielzahl verschiedener Naturgesetze aufgestellt werden, die in der jeweils nächsten Stufe revidiert bzw. verallgemeinert werden müssen. Dabei kann leicht der Eindruck entstehen, die Elektrodynamik sei ein kompliziertes Gebiet, das nur durch viele Naturgesetze geordnet und verstanden werden kann. Indes ist die Situation gerade umgekehrt: Durch eine kleine Zahl im Grunde sehr einfacher Naturgesetze kann eine überwältigende Vielfalt verschiedenster physikalischer Phänomene beschrieben werden.

Den Verständnisproblemen, die eine sofortige Konfrontation mit den vollen Maxwell-Gleichungen verursachen kann, soll hier auf mehrfache Weise vorgebeugt werden. Zum einen werden diese nicht axiomatisch postuliert, sondern so weit wie möglich auf anschaulichere empirische Befunde zurückgeführt, und wo das nicht geht, werden sie wenigstens plausibel gemacht. Dabei wird, mit statischen Feldern beginnend und so in stark verkürzter Form der historischen Entwicklung folgend, innerhalb eines Kapitels in einem Anlauf zu den vollen Maxwell-Gleichungen vorgedrungen, deren Konsequenzen dann im Rest der *Elektrodynamik* einzeln abgehandelt werden. Zum anderen werden in einem vorangestellten mathematischen Kapitel (Kap. 2) einige für die Elektrodynamik besonders wichtige Sätze der Vektoranalysis behandelt, die den Zugang zu den Maxwell-Gleichungen erheblich erleichtern. Hierdurch soll insbesondere vermieden werden, dass spätere physikalische Überlegungen immer wieder durch mathematische Betrachtungen unterbrochen werden müssen, was häufig dazu führt, dass Verständnisschwierigkeiten rein mathematischer Art als solche physikalischer Natur missverstanden werden. Nachdem die Maxwell-Gleichungen, die bis auf einige Materialgleichungen die gesamte Physik des Elektromagnetismus beinhalten, aufgestellt sind, werden wir dann wie üblich den Weg vom Einfachen zum Schwierigeren gehen, wobei die jeweils gültigen Gesetze als Spezialisierung der Maxwell-Gleichungen erscheinen.

Einen wichtigen Beitrag zum Verständnis einer Wissenschaft liefert immer auch die Beschäftigung mit ihrer historischen Entwicklung. Für eine ausführlichere Beschäftigung mit diesem Thema sei die einschlägige Literatur empfohlen. Im Folgenden soll der historische Gang der Dinge wenigstens kurz skizziert werden.

Elektrische und magnetische Erscheinungen waren schon sehr früh bekannt. Bereits im Altertum kannte man durch Reibungselektrizität hervorgerufene Kraftwirkungen von Bernstein, den Magnetismus einiger Substanzen, und die alten Römer setzten in der Medizin bereits die Elektroschock-Therapie unter Benutzung von Zitterfischen ein. Im dritten Jahrhundert nach Christus benutzte man in China den Erdmagnetismus zur Richtungsbestimmung.

Einerseits kommen viele elektromagnetische Erscheinungen nicht in der uns umgebenden Natur vor, sondern treten nur künstlich durch Experimente in Erscheinung; andererseits sind die in der Natur von selbst ablaufenden elektromagnetischen Erscheinungen wie Erdmagnetismus, Blitz, Nordlichter oder Licht sehr verschiedenartig und erscheinen zum Teil ohne jeden Zusammenhang. Dies ist vermutlich die Ursache dafür, dass die Erforschung des Elektromagnetismus mit deutlicher Verzögerung hinter der Mechanik her hinkte und von dieser lange Zeit in den Schatten gestellt wurde.

Erst im 17. Jahrhundert erfolgte allmählich eine systematische Erforschung der in Elektro- und Magnetostatik auftretenden Kräfte. W. Gilbert machte darauf aufmerksam, dass es außer Bernstein noch andere Stoffe mit bernsteinartigem Verhalten gibt, und bezeichnete diese als „corpora electrica“ (altgriech. *elektron* = Bernstein). Weiterhin vermaß er Magnetfelder mit Magnetnadeln und zeigte, dass das Magnetfeld der Erde dem einer magnetischen Kugel entspricht. Das 18. Jahrhundert brachte die Entdeckung, dass es zwei verschiedene Sorten elektrischer Ladung gibt (C. F. DuFay de Cisternay), und C. Lichtenberg ordnete diesen zur Unterscheidung ein positives bzw. negatives Vorzeichen zu. Die Influenz von Ladungen wurde entdeckt (J. Canton) und die Naturerscheinung des Gewitters richtig gedeutet (Vermutung von W. Wall und Drachenversuch von B. Franklin). Gegen Ende des 18. Jahrhunderts fand C. A. de Coulomb das Coulomb'sche Kraftgesetz. L. Galvani machte seine berühmten Experimente mit Froschschenkeln, an denen er ein Zucken beobachtete, wenn er die Nervenenden mit zwei verschiedenen, miteinander verbundenen Metallen berührte. Basierend auf Erkenntnissen Galvanis gelang es A. Volta, permanente Ströme fließen zu lassen.

Das 19. Jahrhundert brachte die Erkenntnis der Verknüpfung von Elektrizität und Magnetismus: H. C. Oersted entdeckte die magnetische Wirkung des Stroms und M. Faraday die Induktion elektrischer Felder durch zeitlich veränderliche Magnetfelder. S. D. Poisson stellte die Poisson-Gleichung der Elektrostatik auf, J. B. Biot und F. Savart formulierten das Kraftgesetz zwischen stromdurchflossenen Leitern, nachdem A. M. Ampere die anziehende bzw. abstoßende Wirkung zwischen parallelen und antiparallelen Strömen untersucht hatte. G. S. Ohm entdeckte das Ohm'sche Gesetz und J. Joule die Joule'sche Wärmewirkung des elektrischen Stroms.

Die mathematische Form der Theorie der elektromagnetischen Erscheinungen wurde neben anderen von C. F. Gauß, P. S. de Laplace, Poisson und G. Green entwickelt, bis J. C. Maxwell ihr ihre endgültige Gestalt in Form der Maxwell'schen Gleichungen gab (1864). Als deren Folge konnte Licht als elektromagnetische Wellenerscheinung gedeutet werden, was experimentell von H. R. Hertz nachgewiesen wurde. Das 19. Jahrhundert ist zugleich eine Blütezeit technischer Erfindungen auf dem Gebiet des Elektromagnetismus: Drahttelegraphie, Telefon, drahtlose Telegraphie, Elektromotor, Glühbirne usw. traten in das Leben der Menschen.

Am Ende des 19. Jahrhunderts wurde das Elektron (1894 Namengebung durch G. J. Stoney, 1895 Nachweis der negativen Ladung durch J. D. Perrin und 1897 Nachweis der Teilchennatur durch J. J. Thomson) als Träger der negativen Elementarladung entdeckt, und 1897/98 gelang W. Wien der Nachweis, dass Kanalstrahlung aus positiv geladenen Ionen besteht. Als Träger der positiven Elementarladung wurde schließlich am Anfang des 20. Jahrhunderts das Proton von E. Rutherford identifiziert, der beim Alphateilchen-Beschuss von Stickstoff feststellte, dass dieser als Bestandteile Wasserstoffkerne enthält (1920 Namengebung des Protons durch Rutherford).

Bemühungen gegen Ende des 19. Jahrhunderts, die Maxwell-Theorie mechanisch zu erklären, sogenannte Äthertheorien, stießen auf Schwierigkeiten. Der Doppler-Effekt ist für bewegte Schallquelle und bewegten akustischen Empfänger bei Schall verschieden, bei Licht jedoch gleich. Auf Letzterem basierende Überlegungen führten A. Einstein zu Beginn des 20. Jahrhunderts zur Formulierung der Speziellen Relativitätstheorie mit der relativistischen Fassung der Elektrodynamik. Diese wird im Band *Spezielle und Allgemeine Relativitätstheorie* dieses Lehrbuchs behandelt.

Mit der Erforschung des Atominneren kam die Erkenntnis, dass der Aufbau der Atome und Moleküle durch elektromagnetische Kräfte bestimmt wird. Zu dessen quantitativem Verständnis muss jedoch die klassische Mechanik der Ladungsträger durch die *Quantenmechanik* ersetzt werden. Schließlich entdeckte man im Zusammenhang mit Quantenerscheinungen bei Licht, dass die klassische Elektrodynamik zu einer Quantentheorie des elektromagnetischen Feldes, der *Quantenelektrodynamik*, erweitert werden muss. Diese Aspekte des Elektromagnetismus werden im Band *Relativistische Quantenmechanik und Quantenfeldtheorie* dieses Lehrbuchs untersucht.

2 Mathematische Vorbereitung

In diesem Kapitel werden einige grundlegende Begriffe und Methoden der Vektoranalysis bereitgestellt, die in der Elektrodynamik als mathematisches Werkzeug benötigt werden. Dabei sind einfachere Begriffe und Tatbestände zwar der Vollständigkeit halber mit aufgeführt, werden jedoch nicht ausführlich behandelt, da anzunehmen ist, dass sie den meisten Lesern bekannt sind.

Als Erstes machen wir uns mit dem Feldbegriff vertraut. Sodann werden die wichtigsten mathematischen Operationen, die man auf Felder anwenden kann, eingeführt, z. B. der Gradient eines Skalarfelds oder die Divergenz und Rotation eines Vektorfelds. Die Beschäftigung mit Integralen über derartige Ableitungen von Vektorfeldern wird uns dann zu den Integralsätzen von Gauß, Stokes und Green führen. Weiterhin lernen wir die Delta-Funktion kennen, die ein nützliches Hilfsmittel z. B. bei der Behandlung von Punktladungen darstellt und uns schon gleich im Anschluss gute Dienste dabei erweisen wird, Lösungen der für die Elektro- und Magnetostatik wichtigen Poisson-Gleichung zu finden. Schließlich befassen wir uns ausführlich mit dem Fundamentalsatz der Vektoranalysis.

2.1 Physikalische Felder, Feldlinien und Flussröhren

Felder. Zur Beschreibung eines physikalischen Systems benutzt man einerseits Größen wie das Volumen oder die Masse, die sich auf das System als Ganzes beziehen, und andererseits Größen wie die Temperatur, die für Teile des Systems definiert sind und von Ort zu Ort variieren können. Wir interessieren uns hier für Größen der zweiten Art. Eine vollständige Beschreibung z. B. der Temperaturverteilung besteht darin, dass die Temperatur T als Funktion des Orts gegeben ist, $T = T(\boldsymbol{r})$. Man kann sich dazu vorstellen, dass an jedem Punkt des ganzen Raums oder eines Teilgebiets von diesem markiert ist, welche Temperatur dort herrscht. Eine derartige Markierung bezeichnet man als **Feld**. Bei dem eben betrachteten Beispiel handelt es sich um das Temperaturfeld. Da die Temperatur eine skalare (einwertige) Größe ist, ist das ihr zugeordnete Feld ein Skalarfeld. Die den Punkten eines Raumgebiets zugeordneten Größen können jedoch auch Vektoren oder Tensoren sein. In einem Fluss z. B. variiert die Strömungsgeschwindigkeit von Ort zu Ort. Ist dann die Strömungsgeschwindigkeit $\boldsymbol{v}$ als Funktion des Orts gegeben, so definiert die Vektorfunktion $\boldsymbol{v}(\boldsymbol{r})$ ein Vektorfeld. In der Elektrodynamik werden uns sowohl Skalarfelder als auch Vektorfelder begegnen. Ein Beispiel für ein Skalarfeld ist das Potenzialfeld $\phi(\boldsymbol{r})$, Vektorfelder sind das elektrische Feld $\boldsymbol{E}(\boldsymbol{r})$ und das Magnetfeld $\boldsymbol{H}(\boldsymbol{r})$. Eine Temperaturverteilung kann sich mit der Zeit verändern, d. h. das Temperaturfeld kann auch zeitabhängig sein, $T = T(\boldsymbol{r}, t)$, und dasselbe gilt natürlich auch für Geschwindigkeitsfelder bzw. generell für Vektorfelder. Liegt der Spezialfall der Zeitunabhängigkeit vor, so bezeichnet man das entsprechende Feld als **statisch**, im Fall von Strömungsfeldern als **stationär**.

Wichtig ist das Transformationsverhalten der Felder bei Koordinatentransformationen $\boldsymbol{r}'=\mathsf{T}\cdot\boldsymbol{r}$. Die Temperatur an einem Raumpunkt ändert sich natürlich nicht dadurch, dass man diesem im Zuge einer Koordinatentransformation andere Koordinatenwerte zuweist. Dementsprechend ist ein Skalarfeld $\varphi(\boldsymbol{r})$ invariant gegenüber Koordinatentransformationen, d. h. es gilt

$$\varphi'(\boldsymbol{r}') = \varphi(\boldsymbol{r})\,.$$

Umgekehrt bezeichnet man jedes einwertige Feld mit diesem Transformationsverhalten als Skalarfeld. Anders verhält es sich mit den Komponenten $V_i(\boldsymbol{r})$ eines Vektorfelds $\boldsymbol{V}(\boldsymbol{r})$. Hier ist es so, dass an jeder Stelle des Raums Richtung und Betrag des dort definierten Vektors bei einer Koordinatentransformation unverändert bleiben. Gerade das führt jedoch dazu, dass sich z. B. bei einer Drehung des Koordinatensystems die Vektorkomponenten ändern. Die Invarianz von Richtung und Betrag der Vektoren gegenüber Koordinatentransformationen führt zu einem genau definierten Transformationsverhalten der Vektorkomponenten, das in Aufgabe 2.1 anhand eines Beispiels näher untersucht wird. Zusammengefasst gilt Folgendes.

Definition. *Ein skalares Feld $\varphi(\boldsymbol{r},t)$ bzw. ein Vektorfeld $\boldsymbol{V}(\boldsymbol{r},t)$ ist eine in einem Teilgebiet $G \in \mathbb{R}^3$ oder im ganzen $\mathbb{R}^3$ definierte skalarwertige bzw. vektorwertige Funktion des Orts $\boldsymbol{r}=\{x,y,z\}$ und der Zeit t, die sich bei Koordinatentransformationen wie ein Skalar bzw. Vektor transformiert.*

Im Raum können zum gleichen Zeitpunkt nebeneinander mehrere Felder definiert sein. So ist in jedem Punkt einer Flüssigkeit nicht nur das Strömungsfeld $\boldsymbol{v}(\boldsymbol{r},t)$ definiert, sondern auch noch ein Temperaturfeld $T(\boldsymbol{r},t)$, ein Dichtefeld $\varrho(\boldsymbol{r},t)$ usw. In der Elektrodynamik werden wir häufig die Situation antreffen, dass nebeneinander ein elektrisches Feld $\boldsymbol{E}(\boldsymbol{r},t)$ und ein Magnetfeld $\boldsymbol{H}(\boldsymbol{r},t)$ vorliegen. Mit der physikalischen Bedeutung dieser Felder werden wir uns an gegebener Stelle noch ausführlich auseinandersetzen.

Feldlinien. Im Zusammenhang mit einem Vektorfeld $\boldsymbol{V}(\boldsymbol{r})$ ist ein sehr nützlicher Begriff der von **Feldlinien** dieses Feldes. Eine Kurve mit der Parameterdarstellung $\boldsymbol{r}(\tau)$, die in jedem ihrer Punkte in Richtung des Feldes verläuft (Abb. 2.1), wird als Feldlinie bezeichnet. Sie erfüllt die Gleichung

$$\dot{\boldsymbol{r}}(\tau) = \boldsymbol{V}(\boldsymbol{r}(\tau)) \qquad \text{für alle } \tau\,.$$

Wählt man als Parameter der Darstellung die Bogenlänge s, so gilt wegen $|\dot{\boldsymbol{r}}(s)|=1$

$$\dot{\boldsymbol{r}}(s) = \frac{\boldsymbol{V}(\boldsymbol{r}(s))}{|\boldsymbol{V}(\boldsymbol{r}(s))|}\,. \tag{2.1}$$

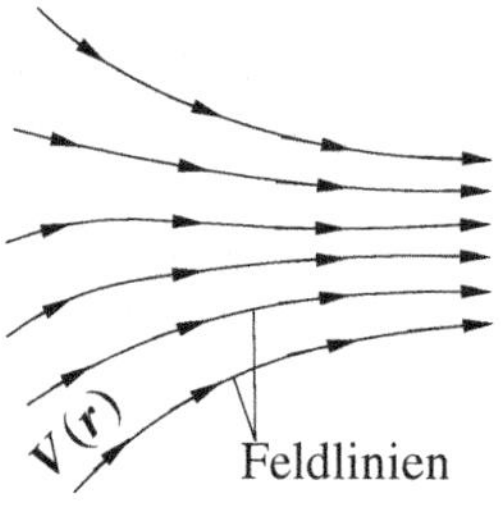

Abb. 2.1: Feldlinien des Vektorfelds $V(r)$.

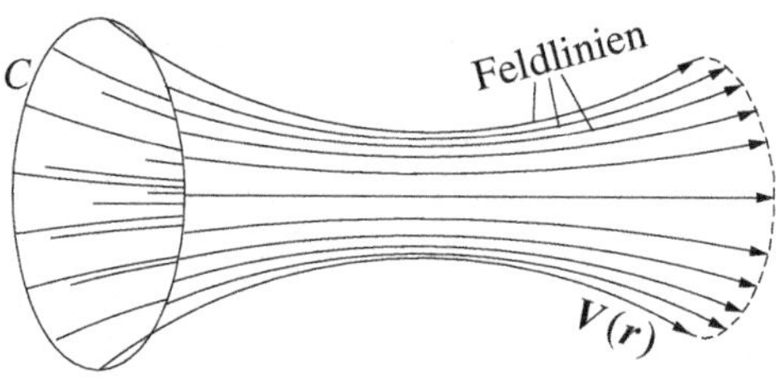

Abb. 2.2: Flussröhre des Vektorfelds $V(r)$.

Flussröhren. Ist C eine geschlossene Kurve in dem Raumgebiet G, in welchem das Vektorfeld $\boldsymbol{V}(\boldsymbol{r})$ definiert ist, und verläuft C überall transversal zu $\boldsymbol{V}(\boldsymbol{r})$, (d. h. C verläuft nirgends in Richtung von $\boldsymbol{V}(\boldsymbol{r})$), so spannen die durch C hindurchlaufenden Feldlinien eine röhrenförmige Fläche auf (Abb. 2.2), die zusammen mit ihrem Inneren als **Flussröhre** bezeichnet wird. Stellt $\boldsymbol{V}(\boldsymbol{r})$ das Geschwindigkeitsfeld einer Strömung dar, so fließt jedes Strömungselement, das sich jemals in einer Flussröhre befand, auf Dauer in dieser, ohne ihren Rand zu überqueren.

2.2 Grundlagen aus der Vektoranalysis

2.2.1 Definitionen

Gradient. *Als Gradient eines Skalarfelds $\phi(\boldsymbol{r})$ im Punkt $\boldsymbol{r}$, bezeichnet mit den Notationen* $\operatorname{grad}\phi(\boldsymbol{r})$ *oder* $\nabla\phi(\boldsymbol{r})$, *wird derjenige Vektor definiert, der für jeden beliebig gerichteten Einheitsvektor $\boldsymbol{e}$ die Gleichung*

$$\boldsymbol{e}\cdot\operatorname{grad}\phi = \boldsymbol{e}\cdot\nabla\phi = \lim_{\varepsilon\to 0}\frac{1}{\varepsilon}\Big[\phi(\boldsymbol{r}+\varepsilon\boldsymbol{e}) - \phi(\boldsymbol{r})\Big] \tag{2.2}$$

erfüllt. Da durch die Bildung des Gradienten von $\phi(\boldsymbol{r})$ jedem Punkt des Raums ein Vektor zugeordnet wird, definiert $\operatorname{grad}\phi(\boldsymbol{r})$ *ein Vektorfeld.*

Die durch (2.2) gegebene Definition des Gradienten ist koordinatenunabhängig. In kartesischen Koordinaten ergibt sich für den Operator ∇, durch dessen Einwirkung auf ϕ der Gradient des Feldes ϕ entsteht, die koordinatenabhängige Darstellung (Aufgabe 2.2 (a))

$$\nabla = \boldsymbol{e}_x\frac{\partial}{\partial x} + \boldsymbol{e}_y\frac{\partial}{\partial y} + \boldsymbol{e}_z\frac{\partial}{\partial z} = \left\{\frac{\partial}{\partial x}, \frac{\partial}{\partial y}, \frac{\partial}{\partial z}\right\} = \left\{\partial_x, \partial_y, \partial_z\right\}.$$

Die hier angegebenen Schreibvarianten ermöglichen es, für den Operator ∇ auch die Notationen $\nabla = \partial/\partial\boldsymbol{r} = \partial_{\boldsymbol{r}}$ und für den Gradienten von ϕ die Notationen

$$\operatorname{grad}\phi = \nabla\phi = \frac{\partial\phi}{\partial\boldsymbol{r}} = \partial_{\boldsymbol{r}}\phi$$

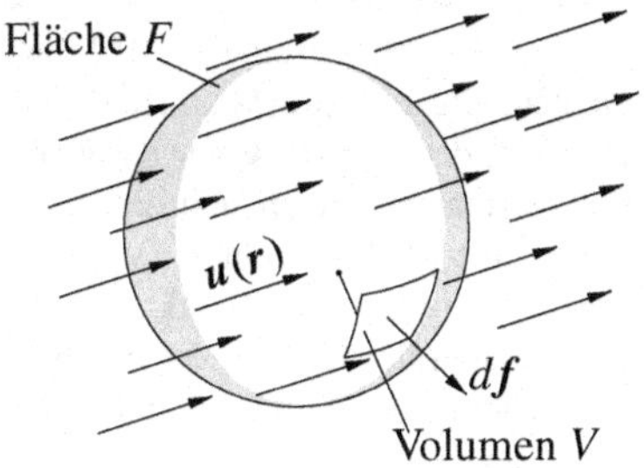

Abb. 2.3: Zur Definition der Divergenz eines Vektorfelds: Betrachtet wird ein Volumen V, das von einer geschlossenen Fläche F begrenzt wird. Dabei ist $d\boldsymbol{f}=\boldsymbol{n}\,df$ (mit $\boldsymbol{n}=$ Flächennormale) das orientierte, nach außen gerichtete Flächenelement.

zu benutzen. Aus unserer Definition geht hervor, dass die Ableitung der Funktion ϕ in Richtung von $\boldsymbol{e}$ durch die Projektion des Gradienten auf diese Richtung gegeben ist. $\boldsymbol{e}\cdot\operatorname{grad}\phi$ wird am größten, wenn $\boldsymbol{e}$ in Richtung von $\operatorname{grad}\phi$ weist. Der Gradient gibt daher durch seine Richtung die Richtung des steilsten Anstiegs der Funktion $\phi(\boldsymbol{r})$ und durch seinen Betrag die Stärke dieses Anstiegs an.

Divergenz. *Die Divergenz (Quellstärke) eines Vektorfelds $\boldsymbol{u}(\boldsymbol{r})$ im Punkt $\boldsymbol{r}$ wird koordinatenfrei durch*

$$\operatorname{div}\boldsymbol{u}(\boldsymbol{r}) = \lim_{V\to 0}\frac{1}{V}\oint_F \boldsymbol{u}\cdot d\boldsymbol{f} \tag{2.3}$$

definiert. Dabei ist V ein beliebiges, einfach zusammenhängendes Volumen, das den Punkt $\boldsymbol{r}$ enthält, von der geschlossenen Fläche F begrenzt wird (Abb. 2.3) und sich für $V\to 0$ auf diesen Punkt zusammenziehen muss. Der Vektor $d\boldsymbol{f}$ ist ein orientiertes Flächenelement von F.

Hieraus ergibt sich in kartesischen Koordinaten die Definition (Aufgabe 2.2 (d))

$$\operatorname{div}\boldsymbol{u} = \frac{\partial u_x}{\partial x} + \frac{\partial u_y}{\partial y} + \frac{\partial u_z}{\partial z} = \nabla\cdot\boldsymbol{u}\,.$$

Das leicht zu verifizierende letzte Ergebnis hat dazu geführt, dass $\nabla\cdot\boldsymbol{u}$ häufig, besonders in der amerikanischen Literatur und in manchen Büchern sogar ausschließlich, als Notation für die Divergenz benutzt wird.

Interpretieren wir $\boldsymbol{u}(\boldsymbol{r})$ als Geschwindigkeitsfeld einer stationär strömenden inkompressiblen Flüssigkeit der Dichte $\varrho\equiv 1$, so ist $\oint_F \boldsymbol{u}\cdot d\boldsymbol{f}$ die Gesamtmasse der Flüssigkeit, die in der Zeiteinheit aus dem Volumen V durch die Oberfläche F herausströmt. Da die Strömung stationär und inkompressibel ist, muss es in V „Quellen" oder „Senken" geben, die die verlorene oder gewonnene Substanzmenge nachliefern bzw. aufnehmen. Demnach ist $\operatorname{div}\boldsymbol{u}$ die volumenspezifische Quellstärkedichte der Strömung am Ort $\boldsymbol{r}$.

Rotation. *Die Rotation (Wirbelstärke) des Vektorfelds $\boldsymbol{u}(\boldsymbol{r})$ im Punkt $\boldsymbol{r}$ wird koordinatenfrei durch*

$$\boldsymbol{n}\cdot\operatorname{rot}\boldsymbol{u}(\boldsymbol{r}) = \lim_{F\to 0}\frac{1}{F}\oint_C \boldsymbol{u}\cdot d\boldsymbol{s} \tag{2.4}$$

definiert. Dabei erstreckt sich die Integration über die geschlossene Randkurve C einer beliebigen – auch beliebig orientierten – und einfach zusammenhängenden Fläche des

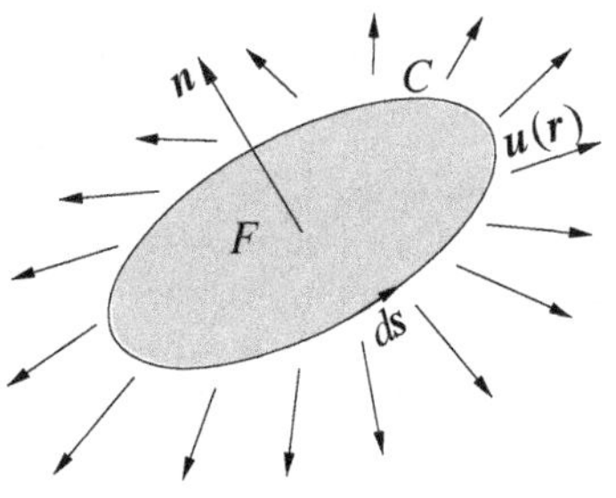

Abb. 2.4: Zur Definition der Rotation eines Vektorfelds $u(\boldsymbol{r})$: Betrachtet wird eine im Vektorfeld liegende Fläche F, die von der geschlossenen Kurve C begrenzt wird. Der Normalenvektor $\boldsymbol{n}$ und das Kurvenelement ds bilden eine Rechtsschraube. (Weist $\boldsymbol{n}$ in Richtung des Daumens der rechten Hand, so definiert der Durchlaufungssinn der Kurve dieselbe Drehung um $\boldsymbol{n}$ wie die Drehung der abgewinkelten Finger in Fingerrichtung um den Daumen.)

Flächeninhalts F, die den Punkt $\boldsymbol{r}$ enthält; die Länge von C muss mit F gegen null gehen; $\boldsymbol{n}$ ist die Flächennormale im Punkt $\boldsymbol{r}$ und so orientiert, dass $\boldsymbol{n}$ und das Linienelement ds eine Rechtsschraube bilden (Abb. 2.4).

In kartesischen Koordinaten gilt (Aufgabe 2.2 (e))

$$\operatorname{rot} \boldsymbol{u} = \left(\frac{\partial u_z}{\partial y} - \frac{\partial u_y}{\partial z}\right) \boldsymbol{e}_x + \left(\frac{\partial u_x}{\partial z} - \frac{\partial u_z}{\partial x}\right) \boldsymbol{e}_y + \left(\frac{\partial u_y}{\partial x} - \frac{\partial u_x}{\partial y}\right) \boldsymbol{e}_z = \nabla \times \boldsymbol{u} \,.$$

Auch hier hat das leicht verifizierbare letzte Ergebnis dazu geführt, dass für die Rotation neben $\operatorname{rot} \boldsymbol{u}$ auch die Notation $\nabla \times \boldsymbol{u}$ benutzt wird.

Interpretieren wir $\boldsymbol{u}(\boldsymbol{r})$ wieder als Geschwindigkeitsfeld einer strömenden Flüssigkeit, so bildet die als **Zirkulation** der Strömung längs der Kurve C bezeichnete Größe $\oint_C \boldsymbol{u} \cdot d\boldsymbol{s}$ ein Maß dafür, ob und wie stark die Flüssigkeit den Punkt $\boldsymbol{r}$ umkreist. Die Komponente von $\operatorname{rot} \boldsymbol{u}$ in Richtung von $\boldsymbol{n}$ ist demnach die flächenspezifische Zirkulationsdichte der Flüssigkeit in einer zu $\boldsymbol{n}$ senkrechten Fläche am Ort $\boldsymbol{r}$.

Vektorgradient. *Der Vektorgradient eines Vektorfelds $\boldsymbol{b}(\boldsymbol{r})$ in Richtung des Vektors $\boldsymbol{a}$ wird koordinatenfrei definiert durch*

$$\boldsymbol{a} \cdot \nabla \boldsymbol{b}(\boldsymbol{r}) = \lim_{\varepsilon \to 0} \frac{1}{\varepsilon} \Big[\boldsymbol{b}(\boldsymbol{r} + \varepsilon \boldsymbol{a}) - \boldsymbol{b}(\boldsymbol{r}) \Big] . \tag{2.5}$$

(Dabei ist $\boldsymbol{a} \cdot \nabla$ ein skalarer Operator, der auf den Vektor $\boldsymbol{b}$ einwirkt.) In kartesischen Koordinaten gilt (Aufgabe 2.2 (b))

$$\boldsymbol{a} \cdot \nabla \boldsymbol{b}(\boldsymbol{r}) = \sum_{i,k=1}^{3} a_i \left(\frac{\partial b_k}{\partial x_i}\right) \boldsymbol{e}_k \,,$$

d. h. der Vektorgradient ist ein Vektor mit den Komponenten $\sum_i a_i \partial_i b_k$.

Laplace-Operator. *Der Laplace-Operator wird koordinatenfrei durch die Gleichung*

$$\Delta \phi(\boldsymbol{r}) := \operatorname{div} \operatorname{grad} \phi(\boldsymbol{r}) \tag{2.6}$$

definiert. Dabei ist $\phi(\boldsymbol{r})$ ein beliebiges Skalarfeld.

In kartesischen Koordinaten gilt (Aufgabe 2.2 (c))

$$\Delta = \nabla \cdot \nabla = \frac{\partial^2}{\partial x^2} + \frac{\partial^2}{\partial y^2} + \frac{\partial^2}{\partial z^2} \,.$$

Beispiel 2.1: *Divergenzfreie Strömung*

$\boldsymbol{u}(\boldsymbol{r})=y^2\boldsymbol{e}_x$ ist das Beispiel einer divergenzfreien Strömung ($\operatorname{div}\boldsymbol{u}=\partial u_x/\partial x=0$) mit nicht verschwindender Rotation. In das Volumen $\Delta V=(\Delta l)^3$ fließt links so viel hinein wie rechts aus ihm heraus. Die Länge der Pfeile gibt die Feldstärke an.

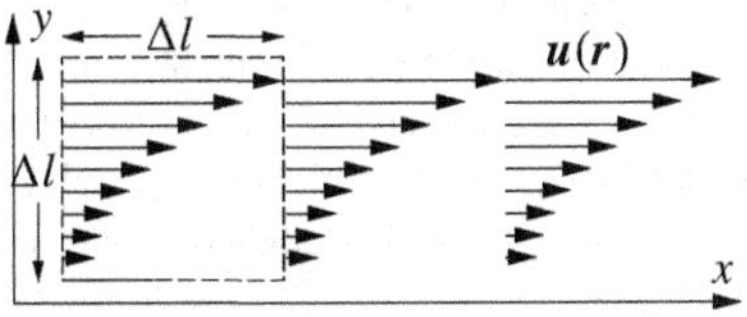

Beispiel 2.2: *Strömung mit nicht verschwindender Divergenz*

$\boldsymbol{u}(\boldsymbol{r})=x^2\boldsymbol{e}_x$ ist das Beispiel einer Strömung mit nicht verschwindender Divergenz,

$$\operatorname{div}\boldsymbol{u} = \frac{\partial u_x}{\partial x} = 2x \neq 0$$

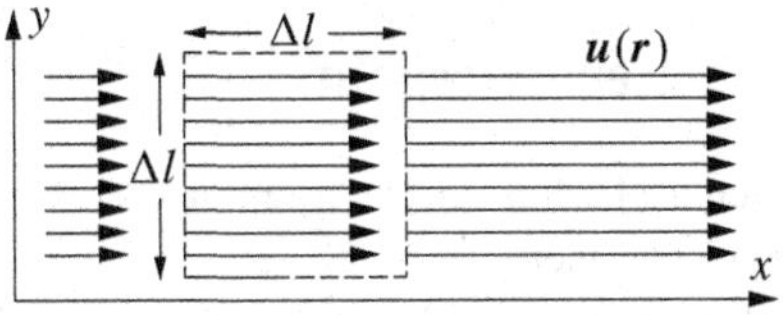

oder nach (2.3)

$$\operatorname{div}\boldsymbol{u} = \lim_{V\to 0}\frac{1}{V}\oint \boldsymbol{u}\cdot d\boldsymbol{f} = \lim_{\Delta l\to 0}\frac{1}{(\Delta l)^3}\Big[(x+\Delta l)^2(\Delta l)^2 - x^2(\Delta l)^2\Big] = 2x \,.$$

In das Volumen $\Delta V=(\Delta l)^3$ fließt links weniger hinein als rechts aus ihm heraus.

Beispiel 2.3: *Rotationsfreie Strömung*

Für das im letzten Beispiel dargestellte Feld $\boldsymbol{u}(\boldsymbol{r})=x^2\boldsymbol{e}_x$ verschwindet die Rotation,

$$\operatorname{rot}\boldsymbol{u} = \frac{\partial u_x}{\partial z}\boldsymbol{e}_y - \frac{\partial u_x}{\partial y}\boldsymbol{e}_z = 0 \,.$$

Beispiel 2.4: *Strömung mit Rotation*

Für das im Beispiel 2.1 dargestellte Feld $\boldsymbol{u}(\boldsymbol{r})=y^2\boldsymbol{e}_x$ ergibt sich eine von null verschiedene Rotation,

$$\operatorname{rot}\boldsymbol{u} = \frac{\partial u_x}{\partial z}\boldsymbol{e}_y - \frac{\partial u_x}{\partial y}\boldsymbol{e}_z = -2y\,\boldsymbol{e}_z \neq 0$$

oder nach (2.4)

$$\boldsymbol{e}_z\cdot\operatorname{rot}\boldsymbol{u} = \lim_{\Delta l\to 0}\frac{1}{(\Delta l)^2}\oint \boldsymbol{u}\cdot d\boldsymbol{s} = \lim_{\Delta l\to 0}\frac{1}{(\Delta l)^2}\Big[-(y+\Delta l)^2\Delta l + y^2\Delta l\Big] = -2y \,.$$

Beispiel 2.5: *Skalarfeld mit $\Delta\phi\neq 0$*

Wir betrachten das Skalarfeld $\phi=y-x^2$ und bestimmen die Kurven $\phi=\text{const}$,

$$\phi = 0 \iff y = x^2 \,, \qquad \phi = \text{const} \iff y = x^2 + \text{const} \,.$$

Der Vektor

$$\nabla\phi = \frac{\partial\phi}{\partial x}\boldsymbol{e}_x + \frac{\partial\phi}{\partial y}\boldsymbol{e}_y = -2x\,\boldsymbol{e}_x + \boldsymbol{e}_y$$

steht senkrecht auf den Flächen ϕ=const, denn liegt $d\boldsymbol{r}$ in einer von diesen, so gilt $d\phi=\nabla\phi\cdot d\boldsymbol{r}=0$. In der nebenstehenden Abbildung sind Kurven ϕ=const und Feldvektoren $\boldsymbol{u}=\nabla\phi$ eingetragen. Offensichtlich strömt in das mit Vektorpfeilen versehene Gebiet von unten mehr hinein als oben aus ihm heraus, nach (2.3) sollte daher div $\boldsymbol{u}\neq 0$ sein. Genauer finden wir

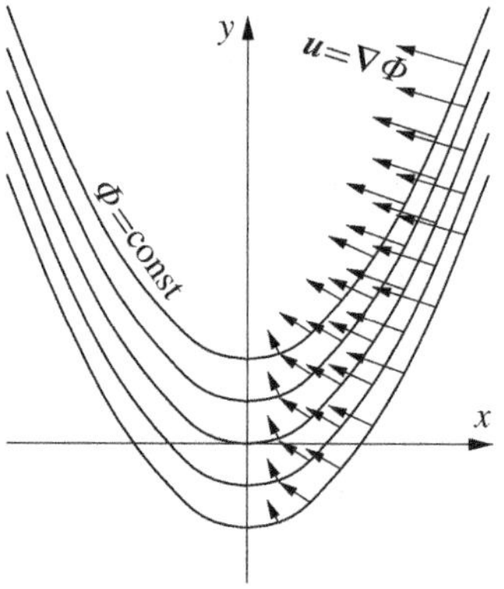

$$\Delta\phi = \operatorname{div}\nabla\phi = \operatorname{div}\boldsymbol{u} = \frac{\partial u_x}{\partial x} + \frac{\partial u_y}{\partial y} = -2\,.$$

2.2.2 Rechenregeln

Durch einfaches Ausrechnen in kartesischen Koordinaten lassen sich die folgenden Formeln beweisen.

Für jeden beliebigen konstanten Vektor $\boldsymbol{c}$ gilt

$$\operatorname{div}\boldsymbol{c} \equiv 0, \qquad \operatorname{rot}\boldsymbol{c} \equiv 0, \qquad \boldsymbol{a}\cdot\nabla\ \boldsymbol{c} \equiv 0, \qquad \nabla(\boldsymbol{r}\cdot\boldsymbol{c}) = \boldsymbol{c}\cdot\nabla\ \boldsymbol{r} = \boldsymbol{c}\,. \tag{2.7}$$

Für den Ortsvektor $\boldsymbol{r}$ findet man

$$\operatorname{div}\boldsymbol{r} = 3\,, \qquad \operatorname{rot}\boldsymbol{r} = 0 \tag{2.8}$$

und für seinen Betrag $r=|\boldsymbol{r}|=\sqrt{x^2+y^2+z^2}$

$$\nabla r = \frac{\boldsymbol{r}}{r}\,. \tag{2.9}$$

Dies ist ein Spezialfall der allgemeineren Formel

$$\nabla\phi(r) = \phi'(r)\,\frac{\boldsymbol{r}}{r}\,, \tag{2.10}$$

die ihrerseits einen Spezialfall der noch allgemeineren Formel

$$\nabla\phi\big(u(\boldsymbol{r}), v(\boldsymbol{r})\big) = \frac{\partial\phi}{\partial u}\nabla u + \frac{\partial\phi}{\partial v}\nabla v \tag{2.11}$$

darstellt (Aufgabe 2.3). Für $\phi(r)=1/r$ ergibt sich aus (2.10)

$$\nabla\frac{1}{r} = -\frac{\boldsymbol{r}}{r^3}\,. \tag{2.12}$$

Führen wir in dieser Beziehung die Koordinatentransformation $\boldsymbol{r}\rightarrow\tilde{\boldsymbol{r}}=\boldsymbol{r}+\boldsymbol{r}_0$ mit konstantem Vektor $\boldsymbol{r}_0$ durch, so ergibt sich aus ihr mit $\boldsymbol{r}=\tilde{\boldsymbol{r}}-\boldsymbol{r}_0$ und $d\tilde{\boldsymbol{r}}=d\boldsymbol{r}$

$$\tilde{\nabla}\frac{1}{|\tilde{\boldsymbol{r}}-\boldsymbol{r}_0|} = -\frac{\tilde{\boldsymbol{r}}-\boldsymbol{r}_0}{|\tilde{\boldsymbol{r}}-\boldsymbol{r}_0|^3}\,,$$

wobei $\widetilde{\nabla}$ bedeutet, dass bei der Berechnung des Gradienten nach $\tilde{\boldsymbol{r}}$ abgeleitet wird. Ersetzen wir jetzt einmal $\boldsymbol{r}_0 \to \boldsymbol{r}'$ und $\tilde{\boldsymbol{r}} \to \boldsymbol{r}$, ein anderes Mal $\boldsymbol{r}_0 \to \boldsymbol{r}$ und $\tilde{\boldsymbol{r}} \to \boldsymbol{r}'$, so erhalten wir daraus die beiden Ergebnisse

$$\nabla \frac{1}{|\boldsymbol{r}-\boldsymbol{r}'|} = -\frac{\boldsymbol{r}-\boldsymbol{r}'}{|\boldsymbol{r}-\boldsymbol{r}'|^3} \qquad \text{und} \qquad \nabla' \frac{1}{|\boldsymbol{r}'-\boldsymbol{r}|} = -\frac{\boldsymbol{r}'-\boldsymbol{r}}{|\boldsymbol{r}'-\boldsymbol{r}|^3}\,.$$

Aus deren Vergleich folgt mit $|\boldsymbol{r}-\boldsymbol{r}'|=|\boldsymbol{r}'-\boldsymbol{r}|$ schließlich

$$\nabla \frac{1}{|\boldsymbol{r}-\boldsymbol{r}'|} = -\nabla' \frac{1}{|\boldsymbol{r}-\boldsymbol{r}'|} = -\frac{\boldsymbol{r}-\boldsymbol{r}'}{|\boldsymbol{r}-\boldsymbol{r}'|^3}\,. \tag{2.13}$$

Für beliebiges $\phi=\phi(\boldsymbol{r})$, $\psi=\psi(\boldsymbol{r})$, $\boldsymbol{u}=\boldsymbol{u}(\boldsymbol{r})$ und $\boldsymbol{v}=\boldsymbol{v}(\boldsymbol{r})$ gelten die Produktregeln

$$\nabla(\phi\psi) = \phi\nabla\psi + \psi\nabla\phi \tag{2.14}$$

$$\operatorname{div}(\phi\boldsymbol{u}) = \phi \operatorname{div}\boldsymbol{u} + \nabla\phi\cdot\boldsymbol{u}\,, \tag{2.15}$$

$$\operatorname{rot}(\phi\boldsymbol{u}) = \phi \operatorname{rot}\boldsymbol{u} + \nabla\phi\times\boldsymbol{u}\,, \tag{2.16}$$

$$\operatorname{div}(\boldsymbol{u}\times\boldsymbol{v}) = \boldsymbol{v}\cdot\operatorname{rot}\boldsymbol{u} - \boldsymbol{u}\cdot\operatorname{rot}\boldsymbol{v}\,, \tag{2.17}$$

$$\operatorname{rot}(\boldsymbol{u}\times\boldsymbol{v}) = \boldsymbol{v}\cdot\nabla\boldsymbol{u} - \boldsymbol{u}\cdot\nabla\boldsymbol{v} + \boldsymbol{u}\operatorname{div}\boldsymbol{v} - \boldsymbol{v}\operatorname{div}\boldsymbol{u}\,, \tag{2.18}$$

$$\operatorname{grad}(\boldsymbol{u}\cdot\boldsymbol{v}) = \boldsymbol{u}\cdot\nabla\boldsymbol{v} + \boldsymbol{v}\cdot\nabla\boldsymbol{u} + \boldsymbol{u}\times\operatorname{rot}\boldsymbol{v} + \boldsymbol{v}\times\operatorname{rot}\boldsymbol{u}\,. \tag{2.19}$$

Für beliebiges $\phi=\phi(\boldsymbol{r})$ bzw. $\boldsymbol{u}=\boldsymbol{u}(\boldsymbol{r})$ gilt

$$\operatorname{rot}\operatorname{grad}\phi \equiv 0\,, \tag{2.20}$$

$$\operatorname{div}\operatorname{rot}\boldsymbol{u} \equiv 0\,. \tag{2.21}$$

Aus (2.17) mit (2.20) folgt für $\boldsymbol{u}=\nabla\phi$ und $\boldsymbol{v}=\nabla\psi$

$$\operatorname{div}(\nabla\phi\times\nabla\psi) = 0 \tag{2.22}$$

für beliebige ϕ und ψ. Für ein beliebiges Vektorfeld $\boldsymbol{u}(\boldsymbol{r})$ findet man in der kartesischen Darstellung $\boldsymbol{u}=u_x\boldsymbol{e}_x+u_y\boldsymbol{e}_y+u_z\boldsymbol{e}_z$ mithilfe von (2.16) und (2.18) unter Berücksichtigung der Konstanz der Einheitsvektoren $\boldsymbol{e}_i$

$$\operatorname{rot}\operatorname{rot}\boldsymbol{u} \equiv \operatorname{grad}\operatorname{div}\boldsymbol{u} - \Delta\boldsymbol{u}\,, \tag{2.23}$$

wenn die Anwendung des (skalaren) Laplace-Operators Δ auf den Vektor $\boldsymbol{u}$ durch

$$\Delta\boldsymbol{u} := (\Delta u_x)\boldsymbol{e}_x + (\Delta u_y)\boldsymbol{e}_y + (\Delta u_z)\boldsymbol{e}_z \tag{2.24}$$

definiert wird. Dieses Ergebnis führt dazu, auch in beliebigen Darstellungen die Anwendung des Laplace-Operators Δ auf ein Vektorfeld $\boldsymbol{u}$ durch

$$\Delta\boldsymbol{u} := \operatorname{grad}\operatorname{div}\boldsymbol{u} - \operatorname{rot}\operatorname{rot}\boldsymbol{u} \tag{2.25}$$

zu definieren. Für einen konstanten Vektor $\boldsymbol{c}$ und $\phi{=}\phi(\boldsymbol{r})$ folgt hieraus

$$\begin{aligned}\Delta(\phi\boldsymbol{c}) &= \operatorname{grad}\operatorname{div}(\phi\boldsymbol{c}) - \operatorname{rot}\operatorname{rot}(\phi\boldsymbol{c}) = \nabla(\boldsymbol{c}\cdot\nabla\phi) - \nabla\times(\nabla\phi\times\boldsymbol{c}) \\ &\overset{(2.18),(2.19)}{=} \boldsymbol{c}\cdot\nabla\nabla\phi - \boldsymbol{c}\cdot\nabla\nabla\phi + \boldsymbol{c}(\nabla\cdot\nabla)\phi\,,\end{aligned}$$

also

$$\Delta(\phi\boldsymbol{c}) = \boldsymbol{c}\Delta\phi \qquad \text{für} \qquad \boldsymbol{c} = \mathbf{const}\,. \tag{2.26}$$

2.3 Integralsätze

2.3.1 Gauß'scher und Stokes'scher Satz

Gauß'scher Satz. *Sind in einem mit einer stückweise glatten*[1] *Randfläche F versehenen zusammenhängenden Gebiet G des Raums die Komponenten des Vektorfelds* $\boldsymbol{u}(\boldsymbol{r})$ *stetig differenzierbare Funktionen von x, y und z, so gilt*

$$\boxed{\int_G \operatorname{div}\boldsymbol{u}\,d^3\tau = \oint_F \boldsymbol{u}\cdot d\boldsymbol{f}\,,} \tag{2.27}$$

wobei $d\boldsymbol{f}$ *aus G herausweist. Bei mehrfachem Zusammenhang des Gebiets G ist die rechte Seite als Summe der Oberflächenintegrale über die verschiedenen Teilberandungen zu verstehen.*

Beweis: Zum Beweis zerlegt man das Gebiet G in viele kleine Teilgebiete mit den Volumina ΔV_i und Randflächen ΔF_i, $i{=}1,\ldots,N$. Für jedes von diesen folgt aus (2.3) näherungsweise

$$\operatorname{div}\boldsymbol{u}(\boldsymbol{r}_i)\;\Delta V_i = \oint_{\Delta F_i} \boldsymbol{u}(\boldsymbol{r}_i)\cdot d\boldsymbol{f}_i\,,$$

wobei $\boldsymbol{r}_i$ ein in ΔV_i gelegener Punkt ist. Der Gauß'sche Satz ergibt sich durch Summation dieser Gleichungen über alle i für $\Delta V_i{\to}0$ und $N{\to}\infty$,

$$\int_G \operatorname{div}\boldsymbol{u}\,d^3\tau = \lim_{\substack{\Delta V_i\to 0\\ N\to\infty}} \sum_{i=1}^{N} \operatorname{div}\boldsymbol{u}(\boldsymbol{r}_i)\;\Delta V_i = \lim_{\substack{\Delta V_i\to 0\\ N\to\infty}} \sum_{i=1}^{N} \oint_{\Delta F_i} \boldsymbol{u}(\boldsymbol{r}_i)\cdot d\boldsymbol{f}_i \overset{\text{s.u.}}{=} \oint_F \boldsymbol{u}\cdot d\boldsymbol{f}\,.$$

Es verbleiben nur Beiträge von der Randfläche F, da alle übrigen Oberflächenelemente ΔF_i zweimal mit entgegengesetzt gerichteter Flächennormale auftreten (Abb. 2.5) und ihre Beiträge sich daher paarweise wegheben. Beim Grenzübergang $\Delta V_i{\to}0$ und $N{\to}\infty$ wird zwar der in jeder Gleichung gemachte Fehler immer kleiner, gleichzeitig wird jedoch bei der Summation über eine immer größere Zahl von Fehlern aufsummiert. In einem mathematisch exakten Beweis wird daher noch gezeigt, dass dabei der Gesamtfehler dennoch gegen null konvergiert.

---

1 Eine Fläche F heißt **glatt**, wenn der Normalenvektor auf ihr eine stetige Funktion des Orts ist, und **stückweise glatt**, wenn sie aus einer endlichen Anzahl stetig zusammenhängender glatter Fächenstücke besteht.

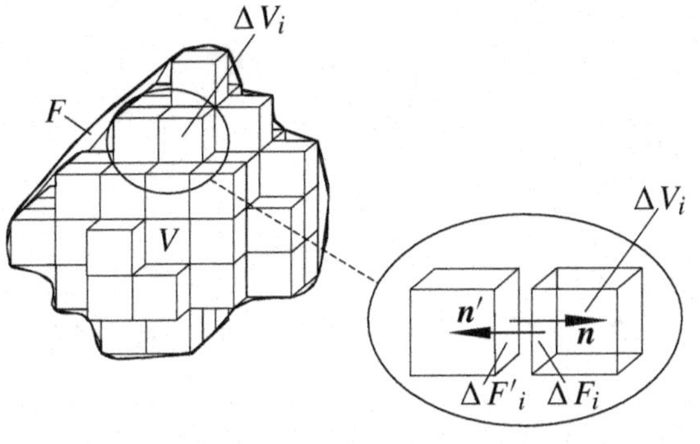

Abb. 2.5: Zum Gauß'schen Satz.

Bei einem etwas weniger anschaulichen, dafür exakten Beweis benutzt man $d^3\tau{=}dx\,dy\,dz$ sowie $\int_{x_1}^{x_2}(df/dx)\,dx{=}f(x_2){-}f(x_1){=}f|_{x_1}^{x_2}$ und erhält

$$\begin{aligned}\int_G \operatorname{div}\boldsymbol{u}\,d^3\tau &= \int \frac{\partial u_x}{\partial x}\,dx\,dy\,dz + \int \frac{\partial u_y}{\partial y}\,dy\,dx\,dz + \int \frac{\partial u_z}{\partial z}\,dz\,dx\,dy \\ &\overset{\text{s.u.}}{=} \int u_x\Big|_{x_1(y,z)}^{x_2(y,z)} df_x + \int u_y\Big|_{y_1(x,z)}^{y_2(x,z)} df_y + \int u_z\Big|_{z_1(x,y)}^{z_2(x,y)} df_z = \int_F \boldsymbol{u}\cdot d\boldsymbol{f}\,.\end{aligned}$$

Dabei ist $df_x{=}dy\,dz$ ein Oberflächenelement mit der Flächennormalen $\boldsymbol{n}{=}\boldsymbol{e}_x$ etc., $x_1(y,z)$ und $x_2(y,z)$ sind die Durchstoßpunkte einer zur x-Achse parallelen Geraden durch die Oberfläche F des Gebiets G usw. Es wird so integriert, dass die Gesamtheit der Punkte $x_1(y,z)$, $y_1(x,z)$, $z_1(x,y)$ und $x_2(y,z)$, $y_2(x,z)$, $z_2(x,y)$ gerade die gesamte Oberfläche F durchläuft. □

Stokes'scher Satz. *Gegeben seien eine zusammenhängende glatte Fläche F mit stückweise glatter*[2] *Randkurve C und ein in einem zusammenhängenden Gebiet G stetig differenzierbares Vektorfeld $\boldsymbol{u}(\boldsymbol{r})$ so, dass die Fläche F mit Rand in G enthalten ist. Dann gilt*

$$\boxed{\int_F \operatorname{rot}\boldsymbol{u}\cdot d\boldsymbol{f} = \oint_C \boldsymbol{u}\cdot d\boldsymbol{s}\,,} \tag{2.28}$$

wobei der Durchlaufsinn des Linienintegrals mit der Flächennormalen eine Rechtsschraube bildet. Bei mehrfachem Zusammenhang der Fläche ist die rechte Seite als Summe der Randintegrale über die verschiedenen Teilberandungen zu verstehen.

Beweis: Zum Beweis zerlegt man die Fläche F in viele kleine Flächenelemente Δf_i mit den Randkurven ΔC_i, $i{=}1,\dots,N$. Für jedes von diesen folgt aus (2.4) näherungsweise

$$\operatorname{rot}\boldsymbol{u}(\boldsymbol{r}_i)\,\Delta\boldsymbol{f}_i = \oint_{\Delta C_i} \boldsymbol{u}(\boldsymbol{r}_i)\cdot d\boldsymbol{s}_i\,.$$

2 Eine Kurve C heißt **glatt**, wenn der Tangentenvektor auf ihr eine stetige Funktion des Orts ist. **Stückweise glatt** ist analog zu Fußnote 1 definiert.

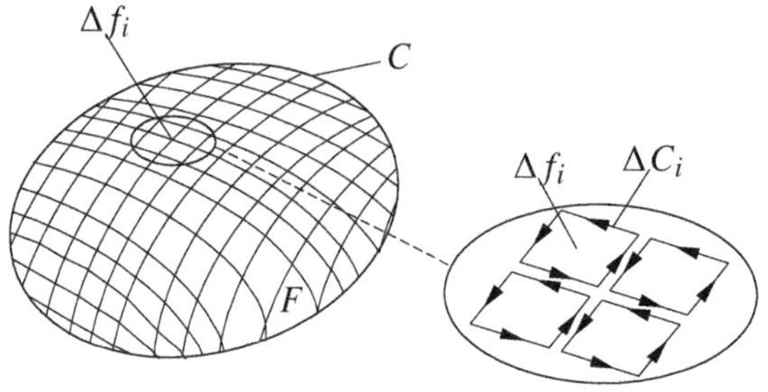

Abb. 2.6: Zum Stokes'schen Satz.

Der Stokes'sche Satz folgt durch Summation über alle diese Gleichungen für $\Delta V_i \to 0$ und $N \to \infty$, wobei sich wieder die Beiträge aller F nicht berandenden Randelemente ΔC_i paarweise wegheben (Abb. 2.6). Hinsichtlich eines mathematisch exakten Beweises gilt dieselbe Anmerkung wie zum Gauß'schen Satz. □

2.3.2 Varianten der Integralsätze von Gauß und Stokes

Satz. *Erfüllt $\boldsymbol{u}(\boldsymbol{r})$ die Voraussetzungen des Gauß'schen Satzes, so gilt der Integralsatz*

$$\boxed{\int_G \operatorname{rot} \boldsymbol{u}\, d^3\tau = \oint_F \boldsymbol{n} \times \boldsymbol{u}\, df\,,} \tag{2.29}$$

wobei $\boldsymbol{n}$ die aus G herausweisende Normale der Oberfläche F von G ist.

Beweis: Wir benutzen einen beliebigen, konstanten Hilfsvektor $\boldsymbol{b}$ und berechnen

$$\operatorname{div}(\boldsymbol{u} \times \boldsymbol{b}) = \nabla \cdot (\boldsymbol{u} \times \boldsymbol{b}) = \boldsymbol{b} \cdot (\nabla \times \boldsymbol{u}) - \boldsymbol{u} \cdot (\nabla \times \boldsymbol{b}) = \boldsymbol{b} \cdot \operatorname{rot} \boldsymbol{u}\,.$$

Die Anwendung des Gauß'schen Satzes auf das Vektorfeld $\boldsymbol{u} \times \boldsymbol{b}$ liefert

$$\begin{aligned} \boldsymbol{b} \cdot \int_G \operatorname{rot} \boldsymbol{u}\, d^3\tau &= \int_G \boldsymbol{b} \cdot \operatorname{rot} \boldsymbol{u}\, d^3\tau = \int_G \operatorname{div}(\boldsymbol{u} \times \boldsymbol{b})\, d^3\tau \\ &= \int_F (\boldsymbol{u} \times \boldsymbol{b}) \cdot d\boldsymbol{f} = \int_F (\boldsymbol{u} \times \boldsymbol{b}) \cdot \boldsymbol{n}\, df = \boldsymbol{b} \cdot \int_F (\boldsymbol{n} \times \boldsymbol{u})\, df \end{aligned}$$

oder

$$\boldsymbol{b} \cdot \left[\int_G \operatorname{rot} \boldsymbol{u}\, d^3\tau - \int_F (\boldsymbol{n} \times \boldsymbol{u})\, df \right] = 0\,.$$

Da diese Gleichung bei gegebener Vektorfunktion $\boldsymbol{u}(\boldsymbol{r})$ für jeden beliebigen konstanten Vektor $\boldsymbol{b}$ gilt, muss die Klammer verschwinden. □

Lässt man in dem zuletzt bewiesenen Satz das Volumen V von G so gegen null gehen, dass sich G auf einen Punkt zusammenzieht, so folgt aus ihm

$$\operatorname{rot} \boldsymbol{u} = \lim_{V \to 0} \frac{1}{V} \oint_F \boldsymbol{n} \times \boldsymbol{u}\, df\,. \tag{2.30}$$

Satz. *Ein Gebiet G mit Randfläche F sei wie beim Gauß'schen Satz gegeben, $\phi(\boldsymbol{r})$ sei eine stetige und stetig differenzierbare Funktion. Dann gilt der Integralsatz*

$$\boxed{\int_G \nabla\phi \, d^3\tau = \int_F \phi\, \boldsymbol{n}\, df \,.} \tag{2.31}$$

Beweis: $\boldsymbol{b}$ sei wieder ein konstanter Hilfsvektor. Dann gilt

$$\operatorname{div}(\boldsymbol{b}\phi) = \boldsymbol{b}\cdot\nabla\phi + \phi \operatorname{div}\boldsymbol{b} = \boldsymbol{b}\cdot\nabla\phi,$$

und mit dem Gauß'schen Satz folgt

$$\boldsymbol{b}\cdot\int_G \nabla\phi\, d^3\tau = \int_G \boldsymbol{b}\cdot\nabla\phi\, d^3\tau = \int_G \operatorname{div}(\boldsymbol{b}\phi)\, d^3\tau = \int_F \boldsymbol{b}\phi\cdot\boldsymbol{n}\, df = \boldsymbol{b}\cdot\int_F \phi\,\boldsymbol{n}\, df \,. \qquad \square$$

Satz. *Eine Fläche F mit Berandung C sei wie beim Stokes'schen Satz gegeben, $\phi(\boldsymbol{r})$ sei eine stetige und stetig differenzierbare Funktion. Dann gilt der Integralsatz*

$$\int_F \nabla\phi\times d\boldsymbol{f} = -\oint_C \phi\, d\boldsymbol{s}\,, \tag{2.32}$$

wobei $d\boldsymbol{f}$ und $d\boldsymbol{s}$ eine Rechtsschraube bilden.

Beweis: Für jeden konstanten Hilfsvektor $\boldsymbol{b}$ gilt $\operatorname{rot}(\phi\boldsymbol{b})=\nabla\phi\times\boldsymbol{b}$, und mit $\boldsymbol{u}\to\phi\boldsymbol{b}$ folgt aus dem Satz von Stokes unter Benutzung dieses Ergebnisses

$$\boldsymbol{b}\cdot\int_F \nabla\phi\times d\boldsymbol{f} = \int_F (\boldsymbol{b}\times\nabla\phi)\cdot d\boldsymbol{f} = -\int_F \operatorname{rot}(\boldsymbol{b}\phi)\cdot d\boldsymbol{f} = -\oint_C \boldsymbol{b}\phi\cdot d\boldsymbol{s} = -\boldsymbol{b}\cdot\oint_C \phi\, d\boldsymbol{s}\,. \qquad \square$$

Satz. *Ein Gebiet G mit Randfläche F sei wie beim Gauß'schen Satz gegeben, $\mathsf{T}(\boldsymbol{r})$ sei ein stetiges und stetig differenzierbares Tensorfeld, dessen Komponenten $T_{ik}(\boldsymbol{r})$ auf kartesische Koordinaten (Einheitsvektoren $\boldsymbol{e}_1{=}\boldsymbol{e}_x$, $\boldsymbol{e}_2{=}\boldsymbol{e}_y$ und $\boldsymbol{e}_3{=}\boldsymbol{e}_z$) bezogen sind. Dann gilt der Integralsatz*

$$\sum_i \int_G \partial_i T_{ik}\, d^3\tau = \sum_i \int_F T_{ik}\, df_i \qquad \text{mit} \qquad df_i = \boldsymbol{e}_i\cdot d\boldsymbol{f}\,. \tag{2.33}$$

Beweis: Ist $\boldsymbol{e}$ ein beliebiger konstanter Einheitsvektor mit den Komponenten $e_i, i = 1, 2, 3$, so sind $V_i{=}\sum_k T_{ik}e_k$ die Komponenten eines Vektors, und der gewöhnliche Gauß'sche Satz liefert für diesen

$$\sum_k e_k\Big(\sum_i\int_G \partial_i T_{ik}\, d^3\tau\Big) = \sum_i\int_G \partial_i\sum_k\Big(T_{ik}e_k\Big)\, d^3\tau = \int_G\sum_i\Big(\partial_i V_i\Big)\, d^3\tau = \int_G \operatorname{div}\boldsymbol{V}\, d^3\tau$$

$$\overset{(2.27)}{=} \int_F \boldsymbol{V}\cdot d\boldsymbol{f} = \sum_i\int_F V_i\, df_i = \sum_k e_k\Big(\sum_i\int_F T_{ik}\, df_i\Big)\,.$$

Da dies für jeden beliebigen Vektor $\boldsymbol{e}$ gilt, folgt hieraus (2.33). $\square$

2.3.3 Green'scher Satz

Seien $U(\boldsymbol{r})$ und $V(\boldsymbol{r})$ zwei skalare Funktionen mit stetigen ersten und existierenden zweiten Ableitungen. Dann erfüllt der Vektor $\boldsymbol{u}=U\nabla V-V\nabla U$ die Voraussetzungen des Gauß'schen Satzes, und aus diesem folgt als
erste Form des Green'schen Satzes

$$\boxed{\int_G (U\,\Delta V - V\,\Delta U)\,d^3\tau = \int_F \left(U\frac{\partial V}{\partial n} - V\frac{\partial U}{\partial n}\right)df} \tag{2.34}$$

bzw. als
zweite Form des Green'schen Satzes

$$\boxed{\int_G (\nabla U)^2\,d^3\tau + \int_G U\,\Delta U\,d^3\tau = \int_F U\frac{\partial U}{\partial n}\,df\,.} \tag{2.35}$$

Dabei wurde

$$\frac{\partial U}{\partial n} := \boldsymbol{n}\cdot\nabla U \tag{2.36}$$

gesetzt.

Beweis: Mit den aus (2.15) folgenden Beziehungen

$$\operatorname{div}(U\nabla V) = \nabla U\cdot\nabla V + U\,\Delta V\,, \qquad \operatorname{div}(V\nabla U) = \nabla V\cdot\nabla U + V\,\Delta U$$

erhält man

$$\operatorname{div}(U\nabla V - V\nabla U) = U\,\Delta V - V\,\Delta U\,.$$

Ersetzt man im Gauß'schen Satz $\boldsymbol{u}\to U\nabla V-V\nabla U$ und benutzt dieses Ergebnis, so folgt unmittelbar die erste Form des Green'schen Satzes. Die zweite Form ergibt sich aus dem Gauß'schen Satz mit $\boldsymbol{u}\to U\nabla U$ und $\operatorname{div}(U\nabla U)=(\nabla U)^2+U\,\Delta U$. □

2.4 Darstellung wirbelfreier und quellenfreier Felder

2.4.1 Allgemeine Lösung der Gleichung rot $\boldsymbol{v}$=0

Satz. *Die allgemeine, im ganzen* $\mathbb{R}^3$ *differenzierbare Lösung* $\boldsymbol{v}(\boldsymbol{r})$ *der Gleichung* rot $\boldsymbol{v}$=0 *hat die Form*

$$\boxed{\boldsymbol{v}(\boldsymbol{r}) = \nabla\phi(\boldsymbol{r})\,.} \tag{2.37}$$

Beweis:
1. Erfüllt ein Vektorfeld $\boldsymbol{v}(\boldsymbol{r})$ die Gleichung rot $\boldsymbol{v}$=0, so folgt aus dem Stokes'schen Satz, dass für jede beliebige geschlossene Kurve C, welche die beiden Punkte $\boldsymbol{r}_0$ und $\boldsymbol{r}$ verbindet,

$$0 = \oint_C \boldsymbol{v}\cdot d\boldsymbol{s} = \oint_{\boldsymbol{r}_0}^{\boldsymbol{r}} {}_1\boldsymbol{v}\cdot d\boldsymbol{s} + \oint_{\boldsymbol{r}}^{\boldsymbol{r}_0} {}_2\boldsymbol{v}\cdot d\boldsymbol{s} = \oint_{\boldsymbol{r}_0}^{\boldsymbol{r}} {}_1\boldsymbol{v}\cdot d\boldsymbol{s} - \oint_{\boldsymbol{r}_0}^{\boldsymbol{r}} {}_2\boldsymbol{v}\cdot d\boldsymbol{s}$$

bzw.

$$\oint_{r_0}^{r} {}_1 \boldsymbol{v} \cdot d\boldsymbol{s} = \oint_{r_0}^{r} {}_2 \boldsymbol{v} \cdot d\boldsymbol{s}$$

gilt, wobei C_1 bzw. C_2 die von $\boldsymbol{r}_0$ und $\boldsymbol{r}$ begrenzten Teilstücke von C sind. C kann dabei so gewählt werden, dass C_1 und C_2 beliebig vorgegebene Verbindungskurven der Punkte $\boldsymbol{r}_0$ und $\boldsymbol{r}$ sind. Dies bedeutet, dass

$$\phi(\boldsymbol{r}) = \int_{\boldsymbol{r}_0}^{\boldsymbol{r}} \boldsymbol{v} \cdot d\boldsymbol{s}$$

eine vom Integrationsweg unabhängige, eindeutige Funktion des Orts ist. Mit dieser Darstellung von $\phi(\boldsymbol{r})$ berechnen wir für die Einheitsvektoren $\boldsymbol{e}_i$, $i{=}1, 2, 3$, in Richtung der x-, y- und z-Achse

$$\boldsymbol{e}_i \cdot \nabla\phi \overset{(2.2)}{=} \lim_{\varepsilon\to 0} \frac{1}{\varepsilon}\Big(\phi(\boldsymbol{r}+\varepsilon\boldsymbol{e}_i) - \phi(\boldsymbol{r})\Big) = \lim_{\varepsilon\to 0} \frac{1}{\varepsilon} \int_{\boldsymbol{r}}^{\boldsymbol{r}+\varepsilon\boldsymbol{e}_i} \boldsymbol{v}\cdot d\boldsymbol{s} = \lim_{\varepsilon\to 0} \frac{1}{\varepsilon} \int_{\boldsymbol{r}}^{\boldsymbol{r}+\varepsilon\boldsymbol{e}_i} v_i\, dx_i = v_i(\boldsymbol{r})\,.$$

Hieraus folgt $\nabla\phi{=}\boldsymbol{v}$, womit gezeigt ist, dass jedes Vektorfeld verschwindender Rotation durch den Gradienten einer Funktion $\phi(\boldsymbol{r})$ dargestellt werden kann.

2. Umgekehrt verschwindet nach (1.10) die Rotation jedes Vektorfelds $\boldsymbol{v}{=}\nabla\phi$. □

2.4.2 Allgemeine Lösung der Gleichung div $\boldsymbol{v} = 0$

Satz. *Die allgemeine, im ganzen* $\mathbb{R}^3$ *differenzierbare Lösung* $\boldsymbol{v}(\boldsymbol{r})$ *der Gleichung* div $\boldsymbol{v}{=}0$ *hat die Form*

$$\boxed{\boldsymbol{v} = \operatorname{rot} \boldsymbol{a}\,.} \tag{2.38}$$

Beweis:

1. Erfüllt $\boldsymbol{v}(\boldsymbol{r})$ die Gleichung div $\boldsymbol{v}{=}0$, so bestimmen wir zu $\boldsymbol{v}(\boldsymbol{r})$ ein Feld $\boldsymbol{a}(\boldsymbol{r})$, indem wir die Gleichung rot $\boldsymbol{a}{=}\boldsymbol{v}$ mit dem Ansatz $a_z{\equiv}0$ lösen. Als x-Komponente von Gleichung (2.38) erhalten wir damit

$$-\frac{\partial a_y}{\partial z} = v_x \qquad \text{mit der Lösung} \qquad a_y = -\int_{z_0}^{z} v_x(x, y, \zeta)\, d\zeta \; + \alpha(x, y)$$

und als y-Komponente

$$\frac{\partial a_x}{\partial z} = v_y \qquad \text{mit der Lösung} \qquad a_x = \int_{z_0}^{z} v_y(x, y, \zeta)\, d\zeta + \beta(x, y)\,.$$

Als z-Komponente ergibt sich mit den für a_x und a_y erhaltenen Ergebnissen schließlich

$$\frac{\partial a_y}{\partial x} - \frac{\partial a_x}{\partial y} = -\int_{z_0}^{z} \left(\frac{\partial v_x(x, y, \zeta)}{\partial x} + \frac{\partial v_y(x, y, \zeta)}{\partial y}\right) d\zeta + \frac{\partial \alpha}{\partial x} - \frac{\partial \beta}{\partial y} = v_z\,,$$

woraus mit div $\boldsymbol{v}{=}\partial v_x/\partial x{+}\partial v_y/\partial y{+}\partial v_z/\partial_z{=}0$

$$\frac{\partial \beta}{\partial y} - \frac{\partial \alpha}{\partial x} = \int_{z_0}^{z} \frac{\partial v_z}{\partial \zeta}\, d\zeta - v_z = v_z(x, y, z) - v_z(x, y, z_0) - v_z(x, y, z) = -v_z(x, y, z_0)$$

folgt. Da wir nach irgendeiner beliebigen Lösung der Gleichung rot $\boldsymbol{a}{=}\boldsymbol{v}$ suchen, können wir willkürlich $\alpha{\equiv}0$ setzen und bekommen damit als Lösung der zuletzt erhaltenen Gleichung

$$\beta(x, y) = -\int_{y_0}^{y} v_z(x, \eta, z_0)\, d\eta\,.$$

Der Vektor

$$\boldsymbol{a} = \left(\int_{z_0}^{z} v_y(x, y, \zeta)\, d\zeta - \int_{y_0}^{y} v_z(x, \eta, z_0)\, d\eta\right) \boldsymbol{e}_x - \int_{z_0}^{z} v_x(x, y, \zeta)\, d\zeta\, \boldsymbol{e}_y$$

ist dann eine Lösung der Gleichung rot $\boldsymbol{a}=\boldsymbol{v}$ zu gegebenem Vektor $\boldsymbol{v}$ mit div $\boldsymbol{v}=0$.

2. Umgekehrt erfüllt jedes Vektorfeld $\boldsymbol{v}=$ rot $\boldsymbol{a}$ die Gleichung div $\boldsymbol{v}=0$. □

2.5 Delta-Funktion

Für viele Zwecke der Analysis ist es nützlich, mit der **Delta-Funktion** zu rechnen. Es handelt sich dabei nicht um eine Funktion im strengen Sinn, sondern um ein Konstrukt, das von den Mathematikern als **Distribution** bezeichnet wird.

2.5.1 Delta-Funktion in einer Raumdimension

Wir definieren die Stufenfunktion

$$D(x, x', \varepsilon) = \begin{cases} 1/\varepsilon & \text{für } |x-x'| < \varepsilon/2\,, \\ 0 & \text{für } |x-x'| > \varepsilon/2 \end{cases}$$

(Abb. 2.7). Dann betrachten wir für eine beliebige stetige Funktion $f(x)$ das Integral

$$\int_{-\infty}^{+\infty} f(x)\, D(x, x', \varepsilon)\, dx = \frac{1}{\varepsilon} \int_{x'-\varepsilon/2}^{x'+\varepsilon/2} f(x)\, dx = \overline{f}\,,$$

wobei $\overline{f}$ den Mittelwert von $f(x)$ in dem Intervall bezeichnet, in dem $D(x, x', \varepsilon)\neq 0$ ist. Lassen wir jetzt $\varepsilon\to 0$ gehen, so geht $\overline{f}\to f(x')$, und daher gilt

$$\lim_{\varepsilon\to 0} \int_{-\infty}^{+\infty} f(x)\, D(x, x', \varepsilon)\, dx = f(x')\,.$$

Man schreibt nun formal

$$\lim_{\varepsilon\to 0} \int_{-\infty}^{+\infty} f(x)\, D(x, x', \varepsilon)\, dx = \int_{-\infty}^{+\infty} f(x)\, \delta(x-x')\, dx$$

und erhält damit die Gleichung

$$\boxed{\int_{-\infty}^{+\infty} f(x)\, \delta(x-x')\, dx = f(x')\,,} \qquad (2.39)$$

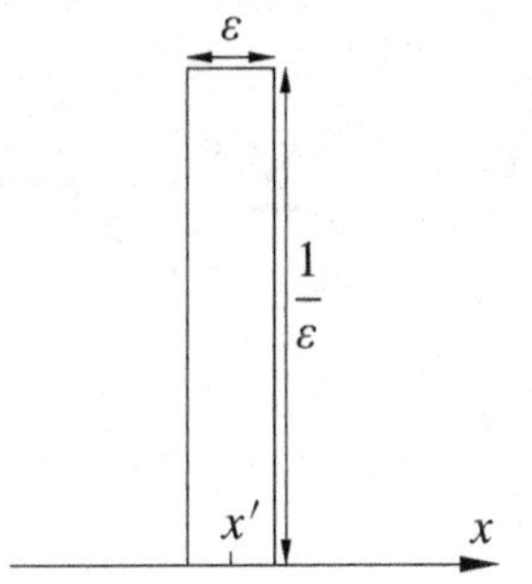

Abb. 2.7: Eindimensionale Stufenfunktion $D(x, x', \varepsilon)$.

die zusammen mit den im Grenzfall $\varepsilon \to 0$ auch von $D(x, x', \varepsilon)$ erfüllten Eigenschaften

$$\boxed{\delta(x-x') = \begin{cases} 0 & \text{für } x \neq x', \\ \infty & \text{für } x = x' \end{cases}} \tag{2.40}$$

die **Delta-Funktion** definiert.

$\delta(x-x')$ verschwindet also überall außer bei $x=x'$ und wird dort „so stark unendlich", dass das Integral über die Singularität gleich 1 wird (Spezialfall von (2.39) für $f(x)=1$).

Eigenschaften von $\delta(x)$

Da die Delta-Funktion meist im Zusammenhang mit Integrationen benutzt wird und deren Ausführung oft Variablensubstitutionen erfordert, möchte man gerne wissen, wie sie sich bei einem Variablenwechsel verhält. Im einfachsten Fall hat man es dann mit der Funktion $\delta(ax)$ zu tun, die ebenfalls für $x \neq 0$ verschwindet und für $x=0$ unendlich wird. Mit $u=ax$ und $dx=du/a$ gilt

$$\int_{-\varepsilon}^{+\varepsilon} \delta(ax)\, dx = \frac{1}{a} \int_{-a\varepsilon}^{+a\varepsilon} \delta(u)\, du = \frac{\operatorname{sign} a}{a} \int_{-|a|\varepsilon}^{+|a|\varepsilon} \delta(u)\, du = \int_{-|a|\varepsilon}^{+|a|\varepsilon} \frac{\delta(x)}{|a|}\, dx\,,$$

sodass wir

$$\delta(ax) = \frac{\delta(x)}{|a|} \tag{2.41}$$

schreiben können. Im allgemeinen Fall $u=f(x)$ ist die Funktion $\delta(f(x))$ an allen Nullstellen x_i von $f(x)$ unendlich und außerhalb von diesen gleich null. Dann können wir $f(x)$ in der Nachbarschaft der Nullstellen durch $f(x)=f'(x_i)(x-x_i)$ approximieren und erhalten

$$\int_{-\infty}^{\infty} \delta\big(f(x)\big)\, dx = \sum_i \int_{x_i-\varepsilon}^{x_i+\varepsilon} \delta\big(f'(x_i)(x-x_i)\big)\, dx$$

sowie daraus mit (2.41)

$$\int_{-\infty}^{\infty} \delta\big(f(x)\big)\,dx = \sum_i \int_{-\infty}^{\infty} \frac{\delta(x-x_i)}{|f'(x_i)|}\,dx = \int_{-\infty}^{\infty} \sum_i \frac{\delta(x-x_i)}{|f'(x_i)|}\,dx\,. \tag{2.42}$$

Dies bedeutet, dass wir

$$\boxed{\delta\big(f(x)\big) = \sum_i \frac{\delta(x-x_i)}{|f'(x_i)|}} \tag{2.43}$$

schreiben können.

Darstellung von $\delta(x)$ durch eine Fourier-Reihe

Man kann $\delta(x)$ in eine Fourier-Reihe entwickeln, wenn man in Kauf nimmt, dass dadurch eine Funktion mit periodischen Unendlichkeitsstellen entsteht. Dies ist dann sinnvoll, wenn man die Delta-Funktion bei Problemen mit Periodizitätseigenschaften benutzt.

Die Fourier-Reihe einer allgemeinen Funktion $f(x)$ mit der Periodizitätseigenschaft $f(x)=f(x+2\pi)$ lautet

$$f(x) = \frac{a_0}{2} + \sum_{n=1}^{\infty}\Big[a_n \cos(nx) + b_n \sin(nx)\Big] \tag{2.44}$$

mit

$$a_n = \frac{1}{\pi}\int_{-\pi}^{+\pi} f(x)\cos(nx)\,dx\,, \qquad b_n = \frac{1}{\pi}\int_{-\pi}^{+\pi} f(x)\sin(nx)\,dx\,. \tag{2.45}$$

Ist $f(x)=\delta(x)$, so ergibt sich hieraus $a_n=1/\pi$, $b_n=0$ für alle n, und aus (2.44) folgt

$$\delta(x) = \frac{1}{2\pi} + \frac{1}{\pi}\sum_{n=1}^{\infty}\cos(nx)\,. \tag{2.46}$$

Wegen

$$\sum_{n=-\infty}^{+\infty} \sin(nx) = 1 + \sin x + \sin(-x) + \ldots = 0\,, \qquad \sum_{n=-\infty}^{+\infty} \cos(nx) = 1 + 2\sum_{n=1}^{\infty}\cos(nx)$$

und $\mathrm{e}^{\mathrm{i}nx} = \cos(nx) + \mathrm{i}\sin(nx)$ ist dieses Ergebnis gleichbedeutend mit

$$\delta(x) = \frac{1}{2\pi}\sum_{n=-\infty}^{+\infty} \mathrm{e}^{\mathrm{i}nx}\,. \tag{2.47}$$

Verschiebt man den Koordinatenursprung nach x', so ergibt sich aus (2.46)–(2.47)

$$\delta(x-x') = \frac{1}{2\pi} + \frac{1}{\pi}\sum_{n=1}^{\infty}\cos\big[n(x-x')\big] = \frac{1}{2\pi}\sum_{n=-\infty}^{+\infty} \mathrm{e}^{\mathrm{i}n(x-x')}\,. \tag{2.48}$$

Darstellung von $\delta(x)$ durch ein Fourier-Integral

Bei Problemen ohne Periodizitätseigenschaften kann man die Delta-Funktion durch ein Fourier-Integral darstellen. Um diese Darstellung zu gewinnen, wollen wir erst nachvollziehen, wie man von der Darstellung (2.44)–(2.45) periodischer Funktionen zur Darstellung nicht periodischer Funktionen durch ein Fourier-Integral gelangt.

Schreiben wir für (2.44)

$$f(x) = \frac{a_0}{2} + \sum_{n=1}^{\infty} \left(a_n \frac{e^{inx} + e^{-inx}}{2} + b_n \frac{e^{inx} - e^{-inx}}{2i} \right)$$

und definieren $c_0 = a_0/2$ sowie

$$c_n = \frac{a_n - ib_n}{2}, \qquad c_{-n} = \frac{a_n + ib_n}{2} \qquad \text{für} \qquad n \geq 1,$$

so erhalten wir für (2.44)–(2.45) die äquivalente Darstellung

$$f(x) = \sum_{-\infty}^{\infty} c_n\, e^{inx}, \qquad c_n = \frac{1}{2\pi} \int_{-\pi}^{+\pi} f(x)\, e^{-inx}\, dx. \tag{2.49}$$

Jetzt substituieren wir $x = u/a$, $dx = du/a$ mit $a > 0$ und definieren $\tilde{f}(u) = f(u/a) = f(x)$. Wegen

$$\tilde{f}(u) = f(x) = f(x + 2\pi) = f\left(\frac{u + 2\pi a}{a}\right) = \tilde{f}(u + 2\pi a)$$

hat die Funktion $\tilde{f}(u)$ das Periodizitätsintervall $2\pi a$, und aus (2.49) erhalten wir für sie die Fourier-Darstellung

$$\tilde{f}(u) = \sum_{-\infty}^{\infty} c_n\, e^{inu/a}, \qquad c_n = \frac{1}{2\pi a} \int_{-\pi a}^{+\pi a} \tilde{f}(u)\, e^{-inu/a}\, du.$$

Mit $k_n := n/a$, $\Delta n = 1$, $\Delta k_n = \Delta n/a = 1/a$ und der Definition $f(u) = \tilde{f}(u)/(\sqrt{2\pi}\, a)$, bei der $f(u)$ einen anderen funktionalen Zusammenhang als die hier nicht mehr benötigte Funktion $f(x)$ darstellen soll, können wir unser letztes Ergebnis auch in der Form

$$f(u) = \frac{1}{\sqrt{2\pi}} \sum_{-\infty}^{+\infty} c_n e^{ik_n u}\, \Delta k_n, \qquad c_n = \frac{1}{\sqrt{2\pi}} \int_{-\pi a}^{+\pi a} f(u)\, e^{-ik_n u}\, du$$

schreiben. Nunmehr vollziehen wir mit $a \to \infty$ den Übergang zu Funktionen mit unendlich großem Periodizitätsintervall. Wegen $\Delta k_n = 1/a \to 0$ geht dabei $\sum_{-\infty}^{+\infty} c_n e^{ik_n u}\, \Delta k_n$ mit den Umbenennungen $k_n \to k$ und $c_n \to c_k$ in das Integral $\int_{-\infty}^{+\infty} c_k\, e^{iku}\, dk$ über, sodass wir schließlich die als **Fourier-Transformation** bezeichneten Relationen

$$\boxed{f(u) = \frac{1}{\sqrt{2\pi}} \int_{-\infty}^{+\infty} c_k\, e^{iku}\, dk, \qquad c_k = \frac{1}{\sqrt{2\pi}} \int_{-\infty}^{+\infty} f(u)\, e^{-iku}\, du} \tag{2.50}$$

erhalten. Sie erlauben es, die Funktion $f(u)$ nach den Funktionen e^{iku} zu entwickeln, wobei die Entwicklungskoeffizienten c_k mithilfe von (2.50b) aus $f(u)$ berechnet werden. Für $f(u)=\delta(u-u')$ ergeben sich die Entwicklungskoeffizienten

$$c_k = \frac{1}{\sqrt{2\pi}} \int_{-\infty}^{+\infty} \delta(u-u')\, e^{-iku}\, du = \frac{e^{-iku'}}{\sqrt{2\pi}},$$

deren Einsetzen in (2.50a) die Darstellung

$$\delta(u-u') = \frac{1}{2\pi} \int_{-\infty}^{+\infty} e^{ik(u-u')}\, dk \tag{2.51}$$

der Delta-Funktion liefert. Durch die Vertauschungen $u \leftrightarrow k$ und $u' \leftrightarrow k'$ folgt daraus auch

$$\boxed{\delta(k-k') = \frac{1}{2\pi} \int_{-\infty}^{+\infty} e^{i(k-k')u}\, du\,.} \tag{2.52}$$

Das letzte Ergebnis wollen wir unter Benutzung von $e^{iku} = \cos(ku) + i\sin(ku)$ noch in reelle Form umschreiben. Mit $k' \to l$ erhalten wir zunächst

$$\begin{aligned} \delta(k-l) = {} & \frac{1}{2\pi} \int_{-\infty}^{+\infty} \Big(\cos(ku)\, \cos(lu) + \sin(ku)\, \sin(lu)\Big)\, du \\ & + \frac{i}{2\pi} \int_{-\infty}^{+\infty} \Big(\sin(ku)\, \cos(lu) - \cos(ku)\, \sin(lu)\Big)\, du\,. \end{aligned}$$

Der Imaginärteil verschwindet, weil seine Integrale bzgl. $u=0$ antisymmetrische Integranden besitzen. Im zweiten Beitrag des Realteils substituieren wir $u=v+\pi/(2k)$ und erhalten mit $\sin(ku) = \sin(kv+\pi/2) = \cos(kv)$,

$$\begin{aligned} \sin(ku)\, \sin(lu) &= \cos(kv)\, \sin(lv + l\pi/2k) \\ &= \cos(l\pi/2k)\, \cos(kv)\, \sin(lv) + \sin(l\pi/2k)\, \cos(kv)\, \cos(lv)\,, \end{aligned}$$

$du=dv$ und der Rückbenennung $v \to u$

$$\delta(k-l) \overset{\text{s.u.}}{=} \frac{1+\sin(l\pi/2k)}{\pi} \int_0^{\infty} \Big(\cos(ku)\, \cos(lu)\Big)\, du\,.$$

Dabei haben wir nochmals einen Beitrag mit antisymmetrischem Integranden weggelassen und die Symmetrie des verbliebenen Integranden benutzt. Da die rechte Seite mit der linken nur für $k=l$ von null verschieden ist, können wir $\sin(l\pi/2k) = \sin(\pi/2) = 1$ setzen und erhalten schließlich

$$\delta(k-l) = \frac{2}{\pi} \int_0^{\infty} \Big(\cos(ku)\, \cos(lu)\Big)\, du\,. \tag{2.53}$$

2.5.2 Delta-Funktion in drei Raumdimensionen

In Analogie zu (2.39)–(2.40) definieren wir jetzt im Dreidimensionalen die Delta-Funktion durch die Forderungen

$$\delta^3(\boldsymbol{r}-\boldsymbol{r}') = \begin{cases} 0 & \text{für } \boldsymbol{r} \neq \boldsymbol{r}', \\ \infty & \text{für } \boldsymbol{r} = \boldsymbol{r}', \end{cases} \qquad \int_{\mathbb{R}^3} f(\boldsymbol{r}')\,\delta^3(\boldsymbol{r}-\boldsymbol{r}')\,d^3\tau' = f(\boldsymbol{r}) \tag{2.54}$$

für stetiges $f(\boldsymbol{r})$. Offensichtlich gilt

$$\delta^3(\boldsymbol{r}-\boldsymbol{r}') = \delta(x-x')\,\delta(y-y')\,\delta(z-z'), \tag{2.55}$$

denn die rechte Seite hat genau die durch die Definitionsgleichung geforderte Integraleigenschaft

$$\begin{aligned}\int_{\mathbb{R}^3} f(\boldsymbol{r}')\,\delta^3(\boldsymbol{r}-\boldsymbol{r}')\,d^3\tau' &= \iint_{-\infty}^{+\infty} dx'\,dy'\,\delta(x-x')\,\delta(y-y') \int_{-\infty}^{+\infty} f(x',y',z')\,\delta(z-z')\,dz' \\ &= \iint_{-\infty}^{+\infty} dx'\,dy'\,\delta(x-x')\,\delta(y-y')\,f(x',y',z) = \cdots = f(x,y,z) = f(\boldsymbol{r}).\end{aligned}$$

Es gibt viele verschiedene Darstellungen der Delta-Funktion. Für die Elektrodynamik besonders nützlich ist die Darstellung

$$\delta^3(\boldsymbol{r}-\boldsymbol{r}') = -\frac{1}{4\pi}\Delta\frac{1}{|\boldsymbol{r}-\boldsymbol{r}'|} = -\frac{1}{4\pi}\Delta'\frac{1}{|\boldsymbol{r}-\boldsymbol{r}'|}, \tag{2.56}$$

in welcher der Operator Δ (bzw. Δ') auf das Argument $\boldsymbol{r}$ (bzw. $\boldsymbol{r}'$) wirkt und $\boldsymbol{r}'$ (bzw. $\boldsymbol{r}$) die Rolle eines konstanten Parameters spielt.

Beweis:

1. Wir betrachten zunächst die Funktion $1/r=1/|\boldsymbol{r}|$ (Abb. 2.8 (a)).

(a) Für $r\neq 0$ gilt nach (2.10)

$$\nabla\frac{1}{r} = -\frac{1}{r^2}\boldsymbol{e}_r = -\frac{1}{r^3}\boldsymbol{r},$$

und mit (2.6), (2.15) sowie (2.8) folgt daraus

$$\Delta\frac{1}{r} = \operatorname{div}\nabla\frac{1}{r} = -\operatorname{div}\frac{\boldsymbol{r}}{r^3} = -\left(\nabla\frac{1}{r^3}\right)\cdot\boldsymbol{r} - \frac{1}{r^3}\operatorname{div}\boldsymbol{r} = \frac{3}{r^4}\frac{\boldsymbol{r}}{r}\cdot\boldsymbol{r} - \frac{3}{r^3} = 0.$$

(b) Für $r=0$ kann $\operatorname{div}\nabla(1/r)$ nicht null sein, da das Feld $\nabla(1/r)$ von allen Seiten zum Koordinatenursprung hinweist (Abb. 2.8 (b)). Zur Berechnung von $\operatorname{div}\nabla(1/r)$ an der Stelle $r=0$ gehen wir auf die Definition (2.3) der Divergenz zurück und berechnen den Fluss durch eine Kugelfläche um den Ursprung,

$$\operatorname{div}\nabla\frac{1}{r} = \lim_{V\to 0}\frac{1}{V}\int\left(\nabla\frac{1}{r}\right)\cdot d\boldsymbol{f} = -\lim_{r\to 0}\frac{3}{4\pi r^3}\int\frac{1}{r^2}\,df = -\lim_{r\to 0}\frac{3}{r^3} = -\infty.$$

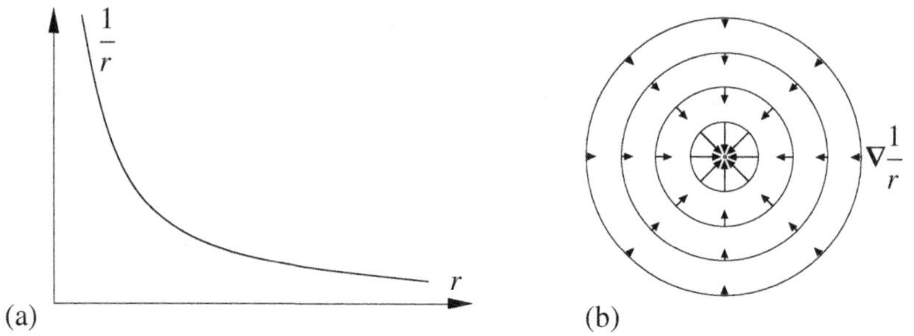

Abb. 2.8: Zum Beweis der Darstellung der Delta-Funktion $\delta^3(\boldsymbol{r})$ durch $\Delta(1/r)$: Betrachtet wird die Funktion $1/r$, Teilbild (a), und das Feld $\nabla(1/r)$, Teilbild (b).

Insgesamt haben wir also

$$\Delta\frac{1}{r} = \begin{cases} 0 & \text{für } r \neq 0\,, \\ -\infty & \text{für } r = 0\,. \end{cases} \tag{2.57}$$

2. Nun betrachten wir für stetiges $f(\boldsymbol{r})$ das Integral

$$J = \int_{\mathbb{R}^3} f(\boldsymbol{r})\,\Delta\frac{1}{r}\,d^3\tau. \tag{2.58}$$

Da $\Delta(1/r)$ überall außerhalb des Ursprungs verschwindet, liefert nur $r{=}0$ einen Beitrag zum Integral, und daher gilt

$$J = \lim_{r\to 0}\int_{K_r} f(\boldsymbol{r})\,\Delta\frac{1}{r}\,d^3\tau = \lim_{r\to 0}\int_{K_r} f(0)\Delta\frac{1}{r}\,d^3\tau = f(0)\lim_{r\to 0}\int_{K_r}\Delta\frac{1}{r}\,d^3\tau\,,$$

wobei K_r eine Kugel vom Radius r um den Punkt $\boldsymbol{r}{=}0$ ist. Falls $\lim_{V\to 0}\boldsymbol{u}{=}\infty$ gilt, folgt aus der Definition (2.3)

$$\lim_{V\to 0}\int_V \operatorname{div}\boldsymbol{u}\,d^3\tau = \lim_{V\to 0}(V\operatorname{div}\boldsymbol{u}) = \lim_{V\to 0}\int_F \boldsymbol{u}\cdot d\boldsymbol{f}\,.$$

Wenden wir das auf $\boldsymbol{u}{=}\nabla(1/r)$ an und wählen für V die Kugel K_r, so folgt

$$\lim_{r\to 0}\int_{K_r}\Delta\frac{1}{r}\,d^3\tau = \lim_{r\to 0}\int_{K_r}\operatorname{div}\nabla\frac{1}{r}\,d^3\tau = \lim_{r\to 0}\oint_{F_r}\nabla\frac{1}{r}\cdot d\boldsymbol{f} = -\lim_{r\to 0}\oint_{F_r}\frac{1}{r^2}\,df = -4\pi\,.$$

Hiermit erhalten wir schließlich

$$J = -4\pi f(0)\,. \tag{2.59}$$

3. Jetzt führen wir die Koordinatentransformation $\boldsymbol{r}\to\boldsymbol{r}'{=}\boldsymbol{r}{+}\tilde{\boldsymbol{r}}$ durch, in der $\tilde{\boldsymbol{r}}$ ein konstanter Parametervektor ist. In den neuen Koordinaten liegt der Koordinatensprung $\boldsymbol{r}{=}0$ bei $\boldsymbol{r}'{=}\tilde{\boldsymbol{r}}$, es gilt $d^3\tau{=}d^3\tau'$ sowie

$$f(\boldsymbol{r}) = f(\boldsymbol{r}'-\tilde{\boldsymbol{r}}) =: g(\boldsymbol{r}')\,,$$

und (2.57) lautet

$$\Delta\frac{1}{r} = \Delta'\frac{1}{|\boldsymbol{r}'-\tilde{\boldsymbol{r}}|} \overset{\text{s.u.}}{=} \tilde{\Delta}\frac{1}{|\boldsymbol{r}'-\tilde{\boldsymbol{r}}|} = \begin{cases} 0 & \text{für } \boldsymbol{r}'\neq\tilde{\boldsymbol{r}}\,, \\ -\infty & \text{für } \boldsymbol{r}'=\tilde{\boldsymbol{r}}\,, \end{cases}$$

wobei

$$\Delta' \frac{1}{|\boldsymbol{r}'-\tilde{\boldsymbol{r}}|} := \frac{\partial}{\partial \boldsymbol{r}'} \cdot \frac{\partial}{\partial \boldsymbol{r}'} \frac{1}{|\boldsymbol{r}'-\tilde{\boldsymbol{r}}|} = \left(-\frac{\partial}{\partial \tilde{\boldsymbol{r}}}\right) \cdot \left(-\frac{\partial}{\partial \tilde{\boldsymbol{r}}}\right) \frac{1}{|\boldsymbol{r}'-\tilde{\boldsymbol{r}}|} = \frac{\partial}{\partial \tilde{\boldsymbol{r}}} \cdot \frac{\partial}{\partial \tilde{\boldsymbol{r}}} \frac{1}{|\boldsymbol{r}'-\tilde{\boldsymbol{r}}|} =: \tilde{\Delta} \frac{1}{|\tilde{\boldsymbol{r}}-\boldsymbol{r}'|}$$

benutzt wurde. Hiermit sowie mit (2.58) und $f(0)=g(\tilde{\boldsymbol{r}})$ wird aus (2.59)

$$J = \int_{\mathbb{R}^3} g(\boldsymbol{r}')\, \tilde{\Delta} \frac{1}{|\boldsymbol{r}' - \tilde{\boldsymbol{r}}|}\, d^3\tau' = -4\pi\, g(\tilde{\boldsymbol{r}})\,.$$

Mit $|\boldsymbol{r}'-\tilde{\boldsymbol{r}}|=|\tilde{\boldsymbol{r}}-\boldsymbol{r}'|$ und den Ersetzungen $\tilde{\boldsymbol{r}}\to\boldsymbol{r}$ bzw. $\tilde{\Delta}\to\Delta$ lauten unsere Ergebnisse

$$-\frac{1}{4\pi}\Delta\frac{1}{|\boldsymbol{r}-\boldsymbol{r}'|} = \begin{cases} 0 & \text{für } \boldsymbol{r} \neq \boldsymbol{r}' \\ \infty & \text{für } \boldsymbol{r} = \boldsymbol{r}' \end{cases} \quad \text{und} \quad \int_{\mathbb{R}^3} g(\boldsymbol{r}')\left(-\frac{1}{4\pi}\Delta\frac{1}{|\boldsymbol{r}-\boldsymbol{r}'|}\right) d^3\tau' = g(\boldsymbol{r})\,,$$

d. h. $-\Delta(1/4\pi\,|\boldsymbol{r}-\boldsymbol{r}'|)$ erfüllt die Definitionsgleichungen (2.54) der Delta-Funktion. □

2.6 Lösungen der Poisson-Gleichung

2.6.1 Skalare Poisson-Gleichung

In der Elektrodynamik spielen die **Poisson-Gleichung**

$$\Delta U(\boldsymbol{r}) = \mu(\boldsymbol{r}) \tag{2.60}$$

und die **Laplace-Gleichung**

$$\Delta U(\boldsymbol{r}) = 0\,, \tag{2.61}$$

die ein Spezialfall der Poisson-Gleichung ist, eine wichtige Rolle. Die Theorie der Lösungen dieser beiden Gleichungen, die zur Eindeutigkeit der Lösungen durch geeignete **Randbedingungen** ergänzt werden müssen, wird als **Potenzialtheorie** bezeichnet.

Wir suchen hier eine spezielle Lösung der Gleichung (2.60). Das wird dadurch erleichtert, dass offensichtlich das folgende *Superpositionsprinzip* gilt: Sind $U_i(\boldsymbol{r})$ Lösungen der Gleichungen

$$\Delta U_i(\boldsymbol{r}) = g_i(\boldsymbol{r})\,, \qquad i = 1, \ldots, N,$$

so ist $U(\boldsymbol{r})=\sum_i \mu_i\, U_i(\boldsymbol{r})$ mit Konstanten μ_i eine Lösung der Gleichung

$$\Delta U(\boldsymbol{r}) = \sum_{i=1}^{N} \mu_i\, g_i(\boldsymbol{r})\,.$$

Aus der Darstellung (2.56) der Delta-Funktion können wir unmittelbar ablesen, dass

$$U(\boldsymbol{r}) = -\frac{1}{4\pi}\frac{1}{|\boldsymbol{r} - \boldsymbol{r}'|}$$

eine Lösung der Gleichung

$$\Delta U(\boldsymbol{r}) = \delta^3(\boldsymbol{r} - \boldsymbol{r}')$$

ist. Superponieren wir nun eine allgemeine rechte Seite $\mu(\boldsymbol{r})$ durch

$$\mu(\boldsymbol{r}) = \int \mu(\boldsymbol{r}')\,\delta^3(\boldsymbol{r} - \boldsymbol{r}')\,d^3\tau'\,,$$

so lässt das oben gefundene Superpositionsprinzip mit $\sum_i \mu_i \to \int \mu(\boldsymbol{r}')\,d^3\tau'$ und $g_i \to \delta^3(\boldsymbol{r}-\boldsymbol{r}')$ die superponierte Lösung

$$U(\boldsymbol{r}) = -\frac{1}{4\pi}\int_{\mathbb{R}^3} \frac{\mu(\boldsymbol{r}')}{|\boldsymbol{r} - \boldsymbol{r}'|}\,d^3\tau'$$

der allgemeinen Poisson-Gleichung erwarten. Allerdings folgt aus

$$-\frac{1}{4\pi}\Delta\frac{1}{|\boldsymbol{r} - \boldsymbol{r}'|} = \delta^3(\boldsymbol{r} - \boldsymbol{r}')$$

nach Multiplikation mit $\mu(\boldsymbol{r}')$ und Integration über $d^3\tau'$ nur

$$-\frac{1}{4\pi}\int_{\mathbb{R}^3} \mu(\boldsymbol{r}')\,\Delta\frac{1}{|\boldsymbol{r} - \boldsymbol{r}'|}\,d^3\tau' = -\frac{1}{4\pi}\int_{\mathbb{R}^3} \Delta\frac{\mu(\boldsymbol{r}')}{|\boldsymbol{r} - \boldsymbol{r}'|}\,d^3\tau' = \mu(\boldsymbol{r})\,.$$

Damit die oben angegebene Superposition tatsächlich Lösung ist, muss

$$\int_{\mathbb{R}^3} \Delta\frac{\mu(\boldsymbol{r}')}{|\boldsymbol{r} - \boldsymbol{r}'|}\,d^3\tau' = \Delta\int_{\mathbb{R}^3} \frac{\mu(\boldsymbol{r}')}{|\boldsymbol{r} - \boldsymbol{r}'|}\,d^3\tau'$$

gelten, d. h. Differenziation und Integration müssen vertauschbar sein. Das trifft tatsächlich zu, und wir beweisen den folgenden Satz.

Satz 1. *Ist das Skalarfeld $\mu(\boldsymbol{r})$ im ganzen $\mathbb{R}^3$ stetig und gilt $\int_{\mathbb{R}^3} |\mu(\boldsymbol{r}')|\,d^3\tau' = C < \infty$, so existiert das uneigentliche Integral*

$$U(\boldsymbol{r}) = -\frac{1}{4\pi}\int_{\mathbb{R}^3} \frac{\mu(\boldsymbol{r}')}{|\boldsymbol{r} - \boldsymbol{r}'|}\,d^3\tau' \tag{2.62}$$

und ist Lösung der Poisson-Gleichung

$$\Delta U(\boldsymbol{r}) = \mu(\boldsymbol{r})\,. \tag{2.63}$$

$U(\boldsymbol{r})$ geht für $r \to \infty$ mindestens wie $1/r$ gegen null und ist die einzige Lösung der Poisson-Gleichung mit dieser Eigenschaft.

Beweis:

1. Das Integral $U(\boldsymbol{r})$ ist ein uneigentliches Integral in doppelter Hinsicht: Für Punkte $\boldsymbol{r} = \boldsymbol{r}'$ mit $\mu(\boldsymbol{r}') \neq 0$ wird der Integrand singulär, außerdem ist das Integrationsgebiet unendlich. Wir überzeugen uns davon, dass das Integral dennoch existiert. Zu diesem Zweck führen wir bei gegebenem

Aufpunkt $\boldsymbol{r}$ um diesen Kugel- bzw. Polarkoordinaten $\rho'=|\boldsymbol{r}'-\boldsymbol{r}|$, ϑ' und φ' ein und erhalten mit $d^3\tau'=\rho'^{\,2}\sin\vartheta'\,d\rho'\,d\vartheta'\,d\varphi'$

$$U = \int_0^\infty d\rho' \int_0^\pi \int_0^{2\pi} d\vartheta'\,d\varphi'\,\sin\vartheta'\,\rho'\,\mu(\rho',\vartheta',\varphi')\,.$$

Der Integrand ist jetzt bei $\rho'=0$ regulär, d. h. die Singularität bei $\boldsymbol{r}=\boldsymbol{r}'$ ist nur scheinbar.

Um die Konvergenz des Integrals bezüglich des unendlichen Integrationsgebiets nachzuweisen, analysieren wir die Voraussetzung $\int_{\mathbb{R}^3} |\mu(\boldsymbol{r}')|\,d^3\tau'=C<\infty$ in den eben eingeführten Kugelkoordinaten. Damit

$$\int_{\mathbb{R}^3} |\mu(\boldsymbol{r}')|\,d^3\tau' = \int_0^\infty d\rho' \int_0^\pi \int_0^{2\pi} d\vartheta'\,d\varphi'\,\sin\vartheta'\,\rho'^{\,2}\,|\mu(\rho',\vartheta',\varphi')| < \infty$$

erfüllt ist, muss der Integrand für $\rho'\to\infty$ mindestens wie $1/\rho'^{\,1+\varepsilon}$ abfallen, wobei ε eine – möglicherweise sehr kleine – positive Zahl ist. Es muss also einen Radius R_0' geben, sodass

$$|\mu'| \le \frac{|c'|}{\rho'^{\,3+\varepsilon}} \qquad \text{für } \rho' > R_0'$$

gilt. Dann fällt jedoch der Integrand von U für $\rho'>R_0'$ schneller als $1/\rho'^{\,2+\varepsilon}$ ab, und sein Integral über ρ' konvergiert.

2. Als Nächstes überzeugen wir uns davon, dass $U(\boldsymbol{r})$ für $r=|\boldsymbol{r}|\to\infty$ mindestens wie $1/r$ abfällt, und benutzen dazu Kugelkoordinaten $r=|\boldsymbol{r}|$, ϑ und φ um den Koordinatenursprung. Aus der Konvergenz des Integrals $\int_{\mathbb{R}^3} |\mu|\,d^3\tau$ folgt wie oben die Existenz eines Radius R_0, derart, dass

$$|\mu| \le \frac{|c|}{r^{3+\varepsilon}} \qquad \text{für } r > R_0 \tag{2.64}$$

gilt. Jetzt betrachten wir Werte $r>3R_0$ und setzen $R=r/3$ mit der Folge $R>R_0$. U können wir durch

$$|U| \le \frac{1}{4\pi}\left(\int\limits_{r'\le R} \frac{|\mu'|\,d^3\tau'}{|\boldsymbol{r}-\boldsymbol{r}'|} + \int\limits_{r'>R} \frac{|\mu'|\,d^3\tau'}{|\boldsymbol{r}-\boldsymbol{r}'|}\right)$$

abschätzen. Mit $r=3R$ gilt für $|\boldsymbol{r}'|\le R$

$$|\boldsymbol{r}-\boldsymbol{r}'| = (r^2+r'^2-2rr'\boldsymbol{e}_r\cdot\boldsymbol{e}_r')^{1/2} \ge (r^2+r'^2-2rr')^{1/2} = |r-r'| \ge 2R\,,$$

und damit erhalten wir für das erste Integral die Abschätzung

$$\frac{1}{4\pi}\int\limits_{r'\le R} \frac{|\mu'|\,d^3\tau'}{|\boldsymbol{r}-\boldsymbol{r}'|} \le \frac{1}{8\pi R}\int\limits_{r'\le R} |\mu'|\,d^3\tau' \le \frac{C}{8\pi R} = \frac{\widetilde{C}}{r}\,.$$

Das zweite Integral über den Bereich $r'>R$ zerlegen wir in zwei Teilintegrale über die Teilbereiche $|\boldsymbol{r}-\boldsymbol{r}'|<R$ und $|\boldsymbol{r}-\boldsymbol{r}'|\ge R$. Mit der aus $r'>R$ folgenden Abschätzung $1/r'<1/R$ für den ersten, der Abschätzung $1/|\boldsymbol{r}-\boldsymbol{r}'|\le 1/R$ für den zweiten und unter Verwendung von (2.64) bzw. $|\mu'|\le|c|/r'^{3+\varepsilon}$ in beiden Teilbereichen erhalten wir

$$\frac{1}{4\pi}\int\limits_{r'>R} \frac{|\mu'|\,d^3\tau'}{|\boldsymbol{r}-\boldsymbol{r}'|} \le \frac{|c|}{4\pi R^{3+\varepsilon}}\int\limits_{\substack{r'>R\\|\boldsymbol{r}-\boldsymbol{r}'|<R}} \frac{d^3\tau'}{|\boldsymbol{r}-\boldsymbol{r}'|} + \frac{|c|}{4\pi R}\int_R^\infty \frac{4\pi r'^{\,2}\,dr'}{r'^{\,3+\varepsilon}} \overset{\text{s.u.}}{=} \frac{c^*}{R^{1+\varepsilon}} \overset{\text{s.u.}}{\le} \frac{\tilde{c}}{R} = \frac{\tilde{\tilde{c}}}{r}\,,$$

da

$$\int\limits_{\substack{r'>R\\|\boldsymbol{r}-\boldsymbol{r}'|<R}} \frac{d^3\tau'}{|\boldsymbol{r}-\boldsymbol{r}'|} = \int\limits_{\rho'=|\boldsymbol{r}-\boldsymbol{r}'|<R} \frac{4\pi\rho'^{\,2}\,d\rho'}{\rho'} = 2\pi R^2\,, \qquad \int_R^\infty \frac{r'^{\,2}\,dr'}{r'^{\,3+\varepsilon}} = \frac{1}{\varepsilon R^\varepsilon}$$

und $(R_0/R)^{1+\varepsilon}<R_0/R$ bzw. $1/R^{1+\varepsilon}<R_0^{-\varepsilon}/R$ für $R>R_0$ bzw. $R_0/R<1$.

3. Jetzt leiten wir die im Satz angegebene Form der Lösung U ab. Hierzu setzen wir

$$\Delta'U' = \mu' \qquad \text{und} \qquad V' = \frac{1}{|\boldsymbol{r}-\boldsymbol{r}'|}$$

in die erste Form des Green'schen Satzes, (2.34), ein, wählen als Integrationsgebiet G' den Bereich zwischen den beiden Kugelschalen $|\boldsymbol{r}'-\boldsymbol{r}|=\rho_1'$ und $|\boldsymbol{r}'-\boldsymbol{r}|=\rho_2'$ um $\rho'=|\boldsymbol{r}'-\boldsymbol{r}|=0$ und lassen $\rho_1'\to 0$ sowie $\rho_2'\to\infty$ gehen. In G' gilt nach (2.56) $\Delta'(1/|\boldsymbol{r}-\boldsymbol{r}'|)=0$, und wir erhalten

$$\begin{aligned}
-\int_{G'} \frac{\Delta'U'}{|\boldsymbol{r}-\boldsymbol{r}'|}\,d^3\tau' &= \int_{G'}\left(U'\Delta'\frac{1}{|\boldsymbol{r}-\boldsymbol{r}'|} - \frac{1}{|\boldsymbol{r}-\boldsymbol{r}'|}\Delta' U'\right)d^3\tau' \\
&= \int_{K_{\rho_2'\to\infty}}\left(U'\frac{\partial}{\partial\rho'}\frac{1}{\rho'} - \frac{1}{\rho'}\frac{\partial U'}{\partial\rho'}\right)df' - \int_{K_{\rho_1'\to 0}}\left(U'\frac{\partial}{\partial\rho'}\frac{1}{\rho'} - \frac{1}{\rho'}\frac{\partial U'}{\partial\rho'}\right)df'.
\end{aligned}$$

Nun nehmen wir an, dass U' für $\rho'\to\infty$ mindestens wie $1/\rho'$ abfällt. Dann fällt $\partial U'/\partial\rho'$ mindestens wie $1/\rho'^{\,2}$ und der Integrand im ersten Oberflächenintegral der rechten Seite mindestens wie $1/\rho'^3$ ab. Die Oberfläche der Kugel ist $4\pi\rho_2'^{\,2}$, und daher geht dieses Integral für $\rho_2'\to\infty$ gegen null. Weiterhin gilt

$$\begin{aligned}
-\lim_{\rho_1'\to 0}\int_{K_{\rho_1'}} U'\frac{\partial}{\partial\rho'}\frac{1}{\rho'}\,df' &= \lim_{\rho_1'\to 0}\overline{U'}\int_{K_{\rho_1'}}\frac{df'}{\rho'^2} = 4\pi\,U(\boldsymbol{r}), \\
\lim_{\rho_1'\to 0}\int_{K_{\rho_1'}} \frac{1}{\rho'}\frac{\partial U'}{\partial\rho'}\,df' &= \lim_{\rho_1'\to 0}\overline{\frac{\partial U'}{\partial\rho'}}\int_{K_{\rho_1'}}\frac{df'}{\rho'} = \lim_{\rho_1'\to 0}4\pi\rho_1'\overline{\frac{\partial U'}{\partial\rho'}} = 0\,,
\end{aligned}$$

wobei $\overline{U'}$ bzw. $\overline{\partial U'/\partial\rho'}$ ein Wert von U' bzw. $\partial U'/\partial\rho'$ innerhalb der Kugel vom Radius ρ_1' ist. Damit erhalten wir schließlich

$$U(\boldsymbol{r}) \stackrel{\text{s.u.}}{=} -\frac{1}{4\pi}\int_{\mathbb{R}^3}\frac{\mu(\boldsymbol{r}')}{|\boldsymbol{r}-\boldsymbol{r}'|}\,d^3\tau',$$

wobei $\Delta'U'=\mu'$ benutzt wurde und der Punkt $\rho'=0$ mit in das Integrationsgebiet aufgenommen werden konnte, da der Integrand dort nur scheinbar singulär ist und daher keinen Beitrag zum Integral liefert.

Da die erhaltene Lösung $U(\boldsymbol{r})$ nach 2. für $|\boldsymbol{r}|\to\infty$ mindestens wie $1/|r|$ abfällt, ist die zur Ableitung benutzte Annahme dieses Verhaltens mit dem Ergebnis konsistent und war daher berechtigt.[3]

---

3 Bezieht man bei der Anwendung des Green'schen Satzes den singulären Punkt $\boldsymbol{r}=\boldsymbol{r}'$ mit in das Integrationsgebiet ein, so erhält man wegen

$$\int U'\Delta\frac{1}{|\boldsymbol{r}-\boldsymbol{r}'|}\,d^3\tau' = -4\pi\int U'\delta^3(\boldsymbol{r}-\boldsymbol{r}')\,d^3\tau' = -4\pi\,U(\boldsymbol{r})$$

4. Zum Abschluss wird die im Satz behauptete Eindeutigkeit der Lösung bewiesen. Dazu nehmen wir an, dass Gleichung (2.63) eine zweite Lösung $\widetilde{U}(\boldsymbol{r})$ besitzt, die für $r \to \infty$ ebenfalls mindestens wie $1/r$ abfällt. Dies gilt dann auch für die Differenz

$$\phi = U - \widetilde{U},$$

welche die Gleichung

$$\Delta\phi = 0$$

erfüllt. Wenden wir auf ϕ die zweite Form des Green'schen Satzes, (2.35), an, so folgt aus dieser bei Integration über eine Kugel K_r vom Radius r für $r \to \infty$ hiermit

$$\int_{\mathbb{R}^3} (\nabla\phi)^2 \, d^3\tau = \int_{K_{r\to\infty}} \phi \frac{\partial\phi}{\partial r} \, df = 0 .$$

Diese Gleichung kann nur mit $\nabla\phi \equiv 0$ bzw. ϕ=const erfüllt werden, und da $\phi \to 0$ für $r \to \infty$ gilt, folgt schließlich

$$\phi = U - \widetilde{U} = 0 .$$

□

2.6.2 Vektorielle Poisson-Gleichung

Satz 2. *Ist das Vektorfeld $\boldsymbol{\mu}(\boldsymbol{r})$ im ganzen $\mathbb{R}^3$ stetig und gilt $\int_{\mathbb{R}^3} |\boldsymbol{\mu}(\boldsymbol{r}')| \, d^3\tau' < \infty$, so existiert das uneigentliche Integral*

$$\boldsymbol{V}(\boldsymbol{r}) = -\frac{1}{4\pi} \int_{\mathbb{R}^3} \frac{\boldsymbol{\mu}(\boldsymbol{r}')}{|\boldsymbol{r} - \boldsymbol{r}'|} \, d^3\tau' \tag{2.65}$$

und erfüllt die vektorielle Poisson-Gleichung

$$\Delta \boldsymbol{V}(\boldsymbol{r}) = \boldsymbol{\mu}(\boldsymbol{r}) . \tag{2.66}$$

$\boldsymbol{V}(\boldsymbol{r})$ geht für $r \to \infty$ mindestens wie $1/r$ gegen null und ist die einzige Lösung mit dieser Eigenschaft. Erfüllt $\boldsymbol{\mu}(\boldsymbol{r})$ zusätzlich die Bedingung div $\boldsymbol{\mu}(\boldsymbol{r})$=0, *so gilt*

$$\operatorname{div} \boldsymbol{V}(\boldsymbol{r}) = 0 .$$

Beweis:
1. In kartesischen Koordinaten lautet (2.66) nach (2.24)

$$\Delta V_x(\boldsymbol{r}) = \mu_x(\boldsymbol{r}) \quad \text{usw.}$$

μ_x, μ_y und μ_z erfüllen die Voraussetzungen des Satzes 1, daher ist nach diesem

$$V_x = -\frac{1}{4\pi} \int_{\mathbb{R}^3} \frac{\mu_x(\boldsymbol{r}')}{|\boldsymbol{r} - \boldsymbol{r}'|} \, d^3\tau' \quad \text{usw.}$$

die einzige Lösung von $\Delta V_x = \mu_x$ etc., die für $r \to \infty$ mindestens wie $1/r$ abfällt. Die Zusammenfassung dieser für die Komponenten erhaltenen Ergebnisse in Vektorschreibweise liefert den Beweis der Behauptung.

---

ebenfalls (2.62), da das Oberflächenintegral über die kleine Kugel dann entfällt. Dies ist ein weiterer Beweis für die Beziehung $\Delta(1/|\boldsymbol{r} - \boldsymbol{r}'|) = -4\pi\delta^3(\boldsymbol{r} - \boldsymbol{r}')$.

2. Gilt div $\boldsymbol{\mu}(\boldsymbol{r})$=0, so folgt aus der vektoriellen Poisson-Gleichung

$$0 = \operatorname{div} \boldsymbol{\mu}(\boldsymbol{r}) = \operatorname{div} \Delta \boldsymbol{V}(\boldsymbol{r}) = \Delta \operatorname{div} \boldsymbol{V}(\boldsymbol{r}), \tag{2.67}$$

wobei man sich von der Gültigkeit des letzten Gleichheitszeichens am einfachsten wieder in kartesischen Koordinaten überzeugt. Wir haben beim Beweis der skalaren Poisson-Gleichung gesehen, dass

$$\Delta\phi = 0$$

zur Randbedingung $\phi \to 0$ für $r \to \infty$ nur ϕ=0 als Lösung besitzt. Da div $\boldsymbol{V}(\boldsymbol{r})$ für $r \to \infty$ mindestens wie $1/r^2$ gegen null geht und nach (2.67) eine Lösung der Gleichung $\Delta\phi$=0 ist, folgt somit wie behauptet div $\boldsymbol{V} \equiv 0$. □

2.7 Mittelwertsatz der Potenzialtheorie

Lösungen $\phi(\boldsymbol{r})$ der Laplace-Gleichung $\Delta\phi(\boldsymbol{r})$=0 werden als **harmonische Funktionen** oder **Potenzialfunktionen** bezeichnet. Für sie gilt der Mittelwertsatz der Potenzialtheorie.

Mittelwertsatz der Potenzialtheorie. *Der Wert $\phi(\boldsymbol{r})$ einer harmonischen Funktion im Punkt **r** ist gleich ihrem Mittelwert über die Fläche F_K einer beliebigen Kugel vom Radius R um **r**,*

$$\phi(\boldsymbol{r}) = \frac{1}{4\pi R^2} \int_{F_K} \phi(\boldsymbol{r}')\, df' . \tag{2.68}$$

Beweis: Zum Beweis wenden wir den Green'schen Satz (2.34) auf die Funktionen

$$U(\boldsymbol{r}') = \frac{1}{|\boldsymbol{r} - \boldsymbol{r}'|}, \qquad V(\boldsymbol{r}') = \phi(\boldsymbol{r}') \qquad \text{mit} \qquad \Delta'\phi(\boldsymbol{r}') = 0$$

an, wobei das Integrationsgebiet G eine Kugel K vom Radius R um den Punkt $\boldsymbol{r}$ ist. Mit $\Delta' V(\boldsymbol{r}')$=0 und ρ'=$|\boldsymbol{r}-\boldsymbol{r}'|$ sowie ρ'=R auf F_K liefert er

$$\begin{aligned} -\int_K \phi(\boldsymbol{r}')\Delta' \frac{1}{|\boldsymbol{r} - \boldsymbol{r}'|}\, d^3\tau' &= \int_{F_K} \left(\frac{1}{\rho'} \frac{\partial\phi}{\partial\rho'} - \phi(\boldsymbol{r}') \frac{\partial}{\partial\rho'} \frac{1}{\rho'} \right) df' \\ &= \frac{1}{R} \int_{F_K} \frac{\partial\phi(\boldsymbol{r}')}{\partial\rho'}\, df' + \frac{1}{R^2} \int_{F_K} \phi(\boldsymbol{r}')\, df' . \end{aligned}$$

Auf der linken Seite benutzen wir (2.56), das erste Integral der rechten Seite verschwindet wegen

$$0 = \int_K \Delta'\phi(\boldsymbol{r}')\, d^3\tau' = \int_K \operatorname{div}' \nabla'\phi(\boldsymbol{r}')\, d^3\tau' \overset{(2.27)}{=} \int_{F_K} \nabla'\phi(\boldsymbol{r}') \cdot \boldsymbol{n}'\, df' = \int_{F_K} \frac{\partial\phi}{\partial\rho'}\, df' ,$$

und damit erhalten wir unmittelbar das Ergebnis (2.68). □

Aus dem Mittelwertsatz folgt unmittelbar, *dass der größte oder kleinste Wert einer nicht konstanten harmonischen Funktion $\phi(\boldsymbol{r})$ stets auf dem Rand ihres Regularitätsgebiets R liegen muss.* Hätte $\phi(\boldsymbol{r})$ nämlich in einem inneren Punkt $\boldsymbol{r}^*$ von R z. B. ein Maximum, so müsste für alle Punkte $\boldsymbol{r} \neq \boldsymbol{r}^*$ einer hinreichend kleinen Kugel um $\boldsymbol{r}^*$ die Ungleichung $\phi(\boldsymbol{r}) < \phi(\boldsymbol{r}^*)$ erfüllt sein, was im Widerspruch zu (2.68) steht.

2.8 Fundamentalsatz der Vektoranalysis

2.8.1 Vorbetrachtungen für Vektorfelder ohne Sprungstellen

Eine stetig differenzierbare Funktion $f(x)$ wird bis auf eine Konstante eindeutig durch ihre Ableitung $g(x){:=}f'(x)$ festgelegt,

$$f(x) = \int_{x_0}^{x} g(x')\,dx' + f(x_0)\,.$$

Im $\mathbb{R}^3$ wird jede stetig differenzierbare skalare Funktion $f(\boldsymbol{r})$ bis auf eine Konstante eindeutig durch ihr Gradientenfeld $\boldsymbol{u}(\boldsymbol{r}){:=}\nabla f(\boldsymbol{r})$ festgelegt,

$$f(\boldsymbol{r}) = f(\boldsymbol{r}_0) + \int_{\boldsymbol{r}_0}^{\boldsymbol{r}} \nabla f(\boldsymbol{r}')\cdot d\boldsymbol{r}' = f(\boldsymbol{r}_0) + \int_{\boldsymbol{r}_0}^{\boldsymbol{r}} \boldsymbol{u}(\boldsymbol{r}')\cdot d\boldsymbol{r}'\,.$$

Dabei kann die Integration über $\boldsymbol{u}(\boldsymbol{r}')$ längs eines beliebigen Weges erfolgen und ist von dessen Wahl unabhängig.

Jede stetig differenzierbare Vektorfunktion $\boldsymbol{v}(\boldsymbol{r})$ besitzt als Komponenten drei voneinander unabhängige skalare Funktionen $v_i(\boldsymbol{r})$ mit $i{=}1, 2, 3$. In Anwendung des letzten Ergebnisses ist klar, dass jede dieser Komponenten durch ihren Gradienten festgelegt wird, d. h. $\boldsymbol{v}(\boldsymbol{r})$ wird – bis auf einen konstanten Vektor – eindeutig durch die Gesamtheit der Ableitungen

$$\frac{\partial v_i}{\partial x_k}\,, \qquad i = 1,2,3, \quad k = 1,2,3$$

bestimmt. Nun enthalten die beiden aus $\boldsymbol{v}$ durch Differenziation abgeleiteten Felder

$$\operatorname{rot}\boldsymbol{v} = \left(\frac{\partial v_z}{\partial y} - \frac{\partial v_y}{\partial z}\right)\boldsymbol{e}_x + \left(\frac{\partial v_x}{\partial z} - \frac{\partial v_z}{\partial x}\right)\boldsymbol{e}_y + \left(\frac{\partial v_y}{\partial x} - \frac{\partial v_x}{\partial y}\right)\boldsymbol{e}_z$$

und

$$\operatorname{div}\boldsymbol{v} = \frac{\partial v_x}{\partial x} + \frac{\partial v_y}{\partial y} + \frac{\partial v_z}{\partial z}$$

alle 9 Ableitungen, die aus Komponenten des Vektors $\boldsymbol{v}$ gebildet werden können. Der Fundamentalsatz besagt, dass das Vektorfeld $\boldsymbol{v}(\boldsymbol{r})$ schon durch Vorgabe der vier Felder $\operatorname{rot}\boldsymbol{v}$ (jede der drei Komponenten von $\operatorname{rot}\boldsymbol{v}$ definiert ein Feld) und $\operatorname{div}\boldsymbol{v}$ festgelegt wird.

Die folgende kurze Rechnung, in der allerdings ein wichtiger Schritt unbewiesen bleibt, soll dies darlegen:

$$\begin{aligned}
\boldsymbol{v}(\boldsymbol{r}) &\overset{(2.54b)}{=} \int_{\mathbb{R}^3} \boldsymbol{v}(\boldsymbol{r}')\,\delta^3(\boldsymbol{r}-\boldsymbol{r}')\,d^3\tau' \\
&\overset{(2.56)}{=} -\frac{1}{4\pi}\int_{\mathbb{R}^3} \boldsymbol{v}(\boldsymbol{r}')\,\Delta\frac{1}{|\boldsymbol{r}-\boldsymbol{r}'|}\,d^3\tau' = -\frac{1}{4\pi}\int_{\mathbb{R}^3} \Delta\frac{\boldsymbol{v}(\boldsymbol{r}')}{|\boldsymbol{r}-\boldsymbol{r}'|}\,d^3\tau' \\
&\overset{(2.25)}{=} -\frac{1}{4\pi}\int_{\mathbb{R}^3} \operatorname{grad}\operatorname{div}\frac{\boldsymbol{v}(\boldsymbol{r}')}{|\boldsymbol{r}-\boldsymbol{r}'|}\,d^3\tau' + \frac{1}{4\pi}\int_{\mathbb{R}^3} \operatorname{rot}\operatorname{rot}\frac{\boldsymbol{v}(\boldsymbol{r}')}{|\boldsymbol{r}-\boldsymbol{r}'|}\,d^3\tau'\,. \qquad (2.69)
\end{aligned}$$

Kann aus den zwei letzten Integralen jeweils die erste Differenziation herausgezogen werden – das bleibt zunächst unbewiesen, weil dabei aus singulären reguläre Integrale entstehen –, so folgt

$$\boldsymbol{v}(\boldsymbol{r}) = -\operatorname{grad} u + \operatorname{rot} \boldsymbol{a}$$

mit

$$u = \frac{1}{4\pi}\int \operatorname{div} \frac{\boldsymbol{v}'}{|\boldsymbol{r}-\boldsymbol{r}'|}\, d^3\tau' = \frac{1}{4\pi}\int \boldsymbol{v}' \cdot \nabla \frac{1}{|\boldsymbol{r}-\boldsymbol{r}'|}\, d^3\tau' \overset{(2.13)}{=} -\frac{1}{4\pi}\int \boldsymbol{v}' \cdot \nabla' \frac{1}{|\boldsymbol{r}-\boldsymbol{r}'|}\, d^3\tau'$$
$$= -\frac{1}{4\pi}\int \operatorname{div}' \frac{\boldsymbol{v}'}{|\boldsymbol{r}-\boldsymbol{r}'|}\, d^3\tau' + \frac{1}{4\pi}\int \frac{\operatorname{div}' \boldsymbol{v}'}{|\boldsymbol{r}-\boldsymbol{r}'|}\, d^3\tau' \overset{(2.27),\text{s.u.}}{=} \frac{1}{4\pi}\int \frac{\operatorname{div}' \boldsymbol{v}'}{|\boldsymbol{r}-\boldsymbol{r}'|}\, d^3\tau'$$

und

$$\boldsymbol{a} = \frac{1}{4\pi}\int \operatorname{rot} \frac{\boldsymbol{v}'}{|\boldsymbol{r}-\boldsymbol{r}'|}\, d^3\tau' = \frac{1}{4\pi}\int \nabla \frac{1}{|\boldsymbol{r}-\boldsymbol{r}'|} \times \boldsymbol{v}'\, d^3\tau' \overset{(2.13)}{=} -\frac{1}{4\pi}\int \nabla' \frac{1}{|\boldsymbol{r}-\boldsymbol{r}'|} \times \boldsymbol{v}'\, d^3\tau'$$
$$= -\frac{1}{4\pi}\int \operatorname{rot}' \frac{\boldsymbol{v}'}{|\boldsymbol{r}-\boldsymbol{r}'|}\, d^3\tau' + \frac{1}{4\pi}\int \frac{\operatorname{rot}' \boldsymbol{v}'}{|\boldsymbol{r}-\boldsymbol{r}'|}\, d^3\tau' \overset{(2.30),\text{s.u.}}{=} \frac{1}{4\pi}\int \frac{\operatorname{rot}' \boldsymbol{v}'}{|\boldsymbol{r}-\boldsymbol{r}'|}\, d^3\tau'.$$

Hierbei wurde jeweils im letzten Schritt das erste Volumenintegral in ein Oberflächenintegral über eine Kugel vom Radius $r'\to\infty$ verwandelt und angenommen, dass $\boldsymbol{v}'$ für $r'\to\infty$ so schnell gegen null geht, dass das Oberflächenintegral verschwindet.

u wird durch $\operatorname{div} \boldsymbol{v}$ und $\boldsymbol{a}$ durch $\operatorname{rot} \boldsymbol{v}$ festgelegt, womit das Vektorfeld $\boldsymbol{v}(\boldsymbol{r})$ eindeutig durch seine **Quellen**, $\operatorname{div} \boldsymbol{v}$, und **Wirbel**, $\operatorname{rot} \boldsymbol{v}$, bestimmt ist. (Einen Beitrag zu u bzw. $\boldsymbol{a}$ liefern natürlich nur Punkte mit $\operatorname{div} \boldsymbol{v}\neq 0$ bzw. $\operatorname{rot} \boldsymbol{v}\neq 0$, also nur Punkte mit nicht verschwindender Quell- bzw. Wirbelstärke.) Jetzt wird der Fundamentalsatz formuliert, anschließend wird für ihn ein vollständiger Beweis angegeben.

2.8.2 Fundamentalsatz für Vektorfelder ohne Sprungstellen

Die hier angegebene Form des Fundamentalsatzes wurde schon 1849 von Stokes gefunden. Sie lautet

Fundamentalsatz. $\boldsymbol{v}(\boldsymbol{r})$ *sei eine im ganzen* $\mathbb{R}^3$ *erklärte und stetig differenzierbare Vektorfunktion, die für* $r=|\boldsymbol{r}|\to\infty$ *gleichmäßig gegen null konvergiert (d. h. zu jedem* $\varepsilon>0$ *existiert eine Kugel vom Radius* r_ε*, derart, dass* $|\boldsymbol{v}(\boldsymbol{r})|<\varepsilon$ *für* $r>r_\varepsilon$ *gilt). Außerdem sollen die Bedingungen*

$$\int_{\mathbb{R}^3} |\operatorname{div} \boldsymbol{v}|\, d^3\tau < \infty\,, \qquad \int_{\mathbb{R}^3} |\operatorname{rot} \boldsymbol{v}|\, d^3\tau < \infty$$

erfüllt sein.

Jedes Vektorfeld $\boldsymbol{v}(\boldsymbol{r})$*, das die genannten Voraussetzungen erfüllt, kann eindeutig in ein wirbelfreies Feld* $\boldsymbol{v}_1(\boldsymbol{r})$ *und ein quellenfreies Feld* $\boldsymbol{v}_2(\boldsymbol{r})$ *zerlegt werden,*

$$\boldsymbol{v}(\boldsymbol{r}) = \boldsymbol{v}_1(\boldsymbol{r}) + \boldsymbol{v}_2(\boldsymbol{r}) = -\operatorname{grad} u(\boldsymbol{r}) + \operatorname{rot} \boldsymbol{a}(\boldsymbol{r}) \qquad (2.70)$$

mit

$$u(\boldsymbol{r}) = \frac{1}{4\pi}\int_{\mathbb{R}^3} \frac{\operatorname{div}'\boldsymbol{v}'}{|\boldsymbol{r}-\boldsymbol{r}'|}\,d^3\tau', \qquad \boldsymbol{a}(\boldsymbol{r}) = \frac{1}{4\pi}\int_{\mathbb{R}^3} \frac{\operatorname{rot}'\boldsymbol{v}'}{|\boldsymbol{r}-\boldsymbol{r}'|}\,d^3\tau'. \tag{2.71}$$

$u(\boldsymbol{r})$ und $\boldsymbol{a}(\boldsymbol{r})$ werden als ***skalares Potenzial*** *bzw.* ***Vektorpotenzial*** *von $\boldsymbol{v}$ bezeichnet. Das Vektorpotenzial erfüllt die* ***Eichbedingung***

$$\operatorname{div}\boldsymbol{a}(\boldsymbol{r}) = 0. \tag{2.72}$$

Weil $u(\boldsymbol{r})$ eindeutig durch div $\boldsymbol{v}$ und $\boldsymbol{a}(\boldsymbol{r})$ eindeutig durch rot $\boldsymbol{v}$ festgelegt wird, bedeutet der Fundamentalsatz, dass *jedes Vektorfeld eindeutig durch seine Quellen und Wirbel bestimmt wird.*

Beweis:
1. Die uneigentlichen Integrale $u(\boldsymbol{r})$ und $\boldsymbol{a}(\boldsymbol{r})$ existieren und fallen für $r\to\infty$ mindestens wie $1/r$ ab, da $\mu(\boldsymbol{r})=\operatorname{div}\boldsymbol{v}$ bzw. $\boldsymbol{\mu}(\boldsymbol{r})=\operatorname{rot}\boldsymbol{v}$ die Voraussetzungen der Sätze 1 und 2 von Abschn. 2.6.1 bzw. 2.6.2 erfüllen. Wegen div rot $\boldsymbol{v}$=0 erfüllt $\boldsymbol{a}(\boldsymbol{r})$ nach Satz 2 die behauptete Eichbedingung.

Aus $\boldsymbol{v}_1=-\operatorname{grad}u(\boldsymbol{r})$ und $\boldsymbol{v}_2=\operatorname{rot}\boldsymbol{a}(\boldsymbol{r})$ ergeben sich die Gleichungen

$$\operatorname{rot}\boldsymbol{v}_1 = 0, \qquad \operatorname{div}\boldsymbol{v}_2 = 0. \tag{2.73}$$

Ist die im Fundamentalsatz behauptete Zerlegung $\boldsymbol{v}=\boldsymbol{v}_1+\boldsymbol{v}_2$ möglich, so folgt daher

$$\operatorname{div}\boldsymbol{v}_1 = \operatorname{div}\boldsymbol{v}, \qquad \operatorname{rot}\boldsymbol{v}_2 = \operatorname{rot}\boldsymbol{v}. \tag{2.74}$$

Zunächst wird gezeigt, dass Vektorfelder $\boldsymbol{v}_1$ und $\boldsymbol{v}_2$, welche die Gleichungen (2.73)–(2.74) erfüllen und für $r\to\infty$ mindestens wie $1/r^2$ abfallen, die im Fundamentalsatz angegebene Darstellung besitzen.

Nach (2.37) ist die allgemeine Lösung von Gleichung (2.73a) $\boldsymbol{v}_1=-\operatorname{grad}u$. Setzen wir das in Gleichung (2.74a) ein, so folgt

$$\Delta u = -\operatorname{div}\boldsymbol{v}.$$

Da $\mu=\operatorname{div}\boldsymbol{v}$ die Voraussetzungen von Satz 1 aus Abschn. 2.6.1 erfüllt, folgt aus diesem die behauptete Darstellung. $u(\boldsymbol{r})$ ist die einzige Lösung, die für $r\to\infty$ mindestens wie $1/r$ abfällt, und daher ist $\boldsymbol{v}_1(\boldsymbol{r})$ die einzige Lösung der Gleichungen (2.73a) und (2.74a), die mindestens wie $1/r^2$ abfällt.

Die allgemeine Lösung von Gleichung (2.73b) ist nach Gleichung (2.38) $\boldsymbol{v}_2=\operatorname{rot}\boldsymbol{a}$. Einsetzen dieses Ergebnisses in Gleichung (2.74b) liefert für $\boldsymbol{a}$ die Bestimmungsgleichung

$$\operatorname{rot}\operatorname{rot}\boldsymbol{a} = \operatorname{grad}\operatorname{div}\boldsymbol{a} - \Delta\boldsymbol{a} = \operatorname{rot}\boldsymbol{v}.$$

Wegen

$$\operatorname{rot}\boldsymbol{a} = \operatorname{rot}(\boldsymbol{a} + \nabla\phi)$$

mit beliebiger Funktion $\phi(\boldsymbol{r})$ wird $\boldsymbol{a}$ durch $\boldsymbol{v}$ nicht eindeutig festgelegt, und wir versuchen, ϕ so zu bestimmen, dass zusätzlich div $\boldsymbol{a}$=0 gilt. Das ist stets möglich, denn ist $\operatorname{div}\widetilde{\boldsymbol{a}}\neq 0$, so folgt aus $\boldsymbol{a}=\widetilde{\boldsymbol{a}}+\nabla\phi$ für ϕ die Gleichung $\Delta\phi=-\operatorname{div}\widetilde{\boldsymbol{a}}$, die als Lösung (2.62) mit $U\to\phi$ und $\mu\to-\operatorname{div}\widetilde{\boldsymbol{a}}$ besitzt.

Damit erhalten wir für $\boldsymbol{a}$ das Gleichungssystem

$$\Delta\boldsymbol{a} = -\operatorname{rot}\boldsymbol{v}, \qquad \operatorname{div}\boldsymbol{a} = 0.$$

Da $\boldsymbol{\mu}=-\operatorname{rot}\boldsymbol{v}$ die Voraussetzungen von Satz 2 aus Abschn. 2.6.2 und die Zusatzbedingung $\operatorname{div}\boldsymbol{\mu}=0$ erfüllt, folgt die behauptete Darstellung von $\boldsymbol{a}$ bzw. $\boldsymbol{v}_2$ und liefert die einzige Lösung der Gleichungen (2.73b) und (2.74b), die für $r\to\infty$ mindestens wie $1/r^2$ abfällt.

2. Jetzt überprüfen wir, ob tatsächlich $\boldsymbol{v}_1+\boldsymbol{v}_2=\boldsymbol{v}$ gilt. Dazu betrachten wir das Vektorfeld

$$\boldsymbol{u} = \boldsymbol{v} - (\boldsymbol{v}_1 + \boldsymbol{v}_2)\,.$$

Aus (2.73)–(2.74) folgt

$$\operatorname{rot}\boldsymbol{u} = 0 \qquad \text{und} \qquad \operatorname{div}\boldsymbol{u} = 0\,.$$

Die erste dieser Gleichungen wird mit $\boldsymbol{u}=\nabla\phi$ erfüllt, und Einsetzen in die zweite liefert

$$\Delta\phi = 0.$$

Da div $\boldsymbol{v}$ wegen $\int \operatorname{div}\boldsymbol{v}\, d^3\tau < \infty$ nach Abschn. 2.6.1 für $r\to\infty$ mindestens wie $1/r^3$ abfällt, fallen $\boldsymbol{v}$ und damit nach (2.70)–(2.71) auch $\boldsymbol{v}_1$ und $\boldsymbol{v}_2$ sowie hiermit schließlich auch $\boldsymbol{u}$ mindestens wie $1/r^2$ ab, ϕ infolgedessen mindestens wie $1/r$. Aus der zweiten Form des Green'schen Satzes, (2.35), folgt dann wie im vierten Beweisschritt von Satz 1

$$\phi \equiv 0$$

mit der Folge

$$0 \equiv \boldsymbol{u} = \boldsymbol{v} - (\boldsymbol{v}_1 + \boldsymbol{v}_2)\,.$$

□

2.8.3 Potenziale mit Flächendichten

Wir betrachten noch einmal die Potenziale (2.62) und (2.65),[4]

$$U(\boldsymbol{r}) = -\frac{1}{4\pi}\int_{\mathbb{R}^3} \frac{\mu(\boldsymbol{r}')}{|\boldsymbol{r}-\boldsymbol{r}'|}\, d^3\tau'\,, \qquad \boldsymbol{V}(\boldsymbol{r}) = -\frac{1}{4\pi}\int_{\mathbb{R}^3} \frac{\boldsymbol{\mu}(\boldsymbol{r}')}{|\boldsymbol{r}-\boldsymbol{r}'|}\, d^3\tau'\,.$$

In ihnen liefert $\mu'\, d^3\tau'$ bzw. $\boldsymbol{\mu}'\, d^3\tau'$ den Beitrag der Stelle $\boldsymbol{r}'$ zum Potenzial. Da dieser proportional zu $d^3\tau'$ ist, bilden μ' bzw. $\boldsymbol{\mu}'$ eine skalare bzw. vektorielle Volumendichte. Sind μ' bzw. $\boldsymbol{\mu}'$ nur in der unmittelbaren Umgebung räumlicher Flächen von null verschieden und dort sehr groß – eine Situation, der wir in der Elektrodynamik verschiedentlich begegnen werden –, dann führt es oft zu einer Vereinfachung des Problems, wenn man zu Flächendichten übergeht.

Eine exakte Flächendichte erhalten wir durch folgenden Grenzübergang: $\mu(\boldsymbol{r})$ sei eine Volumendichte, die nur innerhalb einer ε-Umgebung von x_0 den konstanten Wert τ_0/ε besitzt und außerhalb von dieser verschwindet (Abb. 2.9). Der Beitrag eines kleinen Volumenelements $\Delta V=\Delta x\,\Delta y\,\Delta z$ zum Potenzial U ist, wenn wir $\varepsilon=\Delta x$ setzen, näherungsweise durch

$$-\frac{1}{4\pi}\frac{\tau_0}{\varepsilon}\frac{\Delta x\,\Delta y\,\Delta z}{|\boldsymbol{r}-\boldsymbol{r}_0|} = -\frac{1}{4\pi}\,\tau_0\,\frac{\Delta y\,\Delta z}{|\boldsymbol{r}-\boldsymbol{r}_0|} = -\frac{1}{4\pi}\,\tau_0\,\frac{\Delta f_x}{|\boldsymbol{r}-\boldsymbol{r}_0|}$$

4 Man beachte die Vorzeichenunterschiede gegenüber den Größen $u(\boldsymbol{r})$ und $\boldsymbol{a}(\boldsymbol{r})$ im Fundamentalsatz. Sie sind willkürlich und ergeben sich aus der Vorzeichenkonvention der Darstellung (2.70). Die Integrale des Fundamentalsatzes ergeben sich für $\mu=-\operatorname{div}\boldsymbol{v}$ und $\boldsymbol{\mu}=-\operatorname{rot}\boldsymbol{v}$.

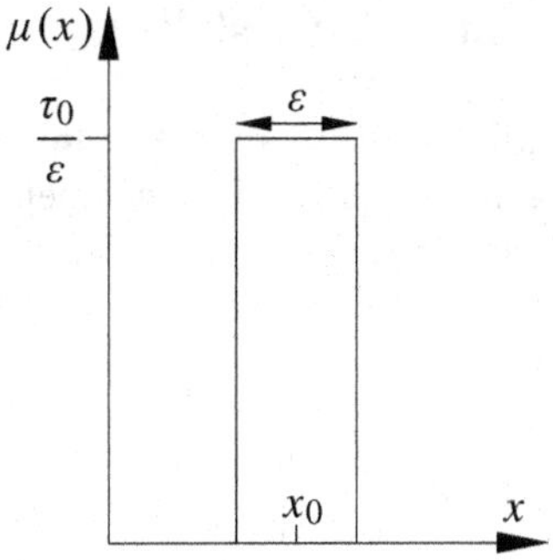

Abb. 2.9: Grenzübergang von einer Volumendichte zu einer Flächendichte.

mit $\boldsymbol{r}_0=\{x_0, y_0, z_0\}$ gegeben. Lassen wir jetzt $\varepsilon \to 0$, $\Delta y \to 0$ und $\Delta z \to 0$ gehen, so geht auch der durch das Konstantsetzen von $\boldsymbol{r}'$ in $1/|\boldsymbol{r}-\boldsymbol{r}'|$ begangene Fehler gegen null. Mit der Umbenennung $\boldsymbol{r}_0 \to \boldsymbol{r}'$ erhalten wir schließlich vom Flächenelement df'_x den Beitrag

$$-\frac{1}{4\pi}\tau'\frac{df'_x}{|\boldsymbol{r}-\boldsymbol{r}'|}.$$

Bei beliebig geformter Fläche und variablem $\mu(\boldsymbol{r})$ kann überall lokal die x-Achse in Richtung der Flächennormalen gelegt werden. Geht eine räumliche Dichte μ' allerorts in dem ausgeführten Sinn gegen eine Flächendichte τ', so erhalten wir von jedem Flächenelement einen Beitrag

$$-\frac{1}{4\pi}\tau'\frac{df'}{|\boldsymbol{r}-\boldsymbol{r}'|}$$

und damit insgesamt

$$U(\boldsymbol{r}) = -\frac{1}{4\pi}\int_F \frac{\tau(\boldsymbol{r}')}{|\boldsymbol{r}-\boldsymbol{r}'|}\,df'. \tag{2.75}$$

Da bei der räumlichen Dichte, von der wir ausgingen, in allen Punkten $\boldsymbol{r}$ mit $\mu(\boldsymbol{r})=0$ nach (2.63) die Gleichung $\Delta U(\boldsymbol{r})=0$ erfüllt ist, gilt jetzt

$$\Delta U(\boldsymbol{r}) = 0 \qquad \text{für alle } \boldsymbol{r} \text{ mit } \tau(\boldsymbol{r}) = 0. \tag{2.76}$$

Analog erhalten wir im Fall des Vektorpotenzials

$$\boldsymbol{V}(\boldsymbol{r}) = -\frac{1}{4\pi}\int_F \frac{\boldsymbol{\tau}(\boldsymbol{r}')}{|\boldsymbol{r}-\boldsymbol{r}'|}\,df' \tag{2.77}$$

und haben nach (2.66)

$$\Delta \boldsymbol{V}(\boldsymbol{r}) = 0 \qquad \text{für alle } \boldsymbol{r} \text{ mit } \boldsymbol{\tau}(\boldsymbol{r}) = 0. \tag{2.78}$$

2.8.4 Vorbetrachtungen für Vektorfelder mit Sprungstellen

Jetzt betrachten wir beim Potenzial (2.62) den Spezialfall $\mu(\boldsymbol{r}) = -\operatorname{div}\boldsymbol{v}$. Wie im letzten Abschnitt wollen wir zu einer Flächendichte übergehen, indem wir annehmen, dass $\operatorname{div}\boldsymbol{v}$ in der ε-Umgebung einer Fläche F die Größenordnung $1/\varepsilon$ und außerhalb von dieser den Wert null besitzt. In Analogie zu dem dortigen Ergebnis erhalten wir aus der Betrachtung kleiner Volumenelemente ΔV für $\varepsilon \to 0$

$$U(\boldsymbol{r}) = \frac{1}{4\pi}\int_{\mathbb{R}^3} \frac{\operatorname{div}'\boldsymbol{v}'}{|\boldsymbol{r}-\boldsymbol{r}'|}\,d^3\tau' = \frac{1}{4\pi}\int_F df' \lim_{\varepsilon\to 0}\int_{-\varepsilon}^{\varepsilon} \frac{\operatorname{div}'\boldsymbol{v}'\,dl'_n}{|\boldsymbol{r}-\boldsymbol{r}'|}\,,$$

wobei dl'_n ein differenzielles Längenelement in Richtung der Flächennormalen am Punkt $\boldsymbol{r}'$ ist. Der Bequemlichkeit halber führen wir wieder lokale Koordinaten derart ein, dass die x-Achse in Richtung der Flächennormalen weist ($dl'_n = dx'$, Abb. 2.10), und ersetzen auch wieder $1/|\boldsymbol{r}-\boldsymbol{r}'|$ durch $1/|\boldsymbol{r}-\boldsymbol{r}_0|$. Dann gilt

$$\begin{aligned}\int_{-\varepsilon}^{+\varepsilon} \frac{\operatorname{div}'\boldsymbol{v}'\,dl'_n}{|\boldsymbol{r}-\boldsymbol{r}'|} &\approx \frac{1}{|\boldsymbol{r}-\boldsymbol{r}_0|}\int_{x_0-\varepsilon}^{x_0+\varepsilon}\left(\frac{\partial v'_x}{\partial x'} + \frac{\partial v'_y}{\partial y'} + \frac{\partial v'_z}{\partial z'}\right)dx' \\ &= \frac{1}{|\boldsymbol{r}-\boldsymbol{r}_0|}\left(\left[v'_x\right]_{-\varepsilon}^{+\varepsilon} + \frac{\partial}{\partial y'}\int_{-\varepsilon}^{+\varepsilon} v'_y\,dx' + \frac{\partial}{\partial z'}\int_{-\varepsilon}^{+\varepsilon} v'_z\,dx'\right),\end{aligned}$$

wobei der durch Konstantsetzen von $|\boldsymbol{r}-\boldsymbol{r}'|$ begangene Fehler mit ε gegen null geht. Nun nehmen wir an, dass alle Komponenten von $\boldsymbol{v}$ endlich sind, insbesondere also für $\varepsilon \to 0$ endlich bleiben. In diesem Fall hat das zuletzt betrachtete Integral für $\varepsilon \to 0$ nur dann einen von null verschiedenen Wert, wenn

$$\left[v'_x\right] := \lim_{\varepsilon\to 0}\left[v'_x\right]_{-\varepsilon}^{+\varepsilon} = \lim_{\varepsilon\to 0}\int_{x_0-\varepsilon}^{x_0+\varepsilon} \frac{\partial v'_x}{\partial x'}\,dx' = \lim_{\varepsilon\to 0}\left[v'_x(x_0+\varepsilon) - v'_x(x_0-\varepsilon)\right] \neq 0$$

ist, da die Integrale über v'_y und v'_z und damit deren Ableitungen längs der Fläche F ($\partial/\partial y'$ bzw. $\partial/\partial z'$) verschwinden. $[v'_x] \neq 0$ bedeutet, dass v'_x über die Fläche F hinweg unstetig ist. Der Beitrag des betrachteten Flächenstückes zu $U(\boldsymbol{r})$ ist

$$\frac{[v'_x]\,df'_x}{|\boldsymbol{r}-\boldsymbol{r}'|} = \frac{[\boldsymbol{n}'\cdot\boldsymbol{v}']}{|\boldsymbol{r}-\boldsymbol{r}'|}\,df' = \frac{\boldsymbol{n}'\cdot[\boldsymbol{v}']}{|\boldsymbol{r}-\boldsymbol{r}'|}\,df'\,,$$

und insgesamt erhalten wir

$$U(\boldsymbol{r}) = \frac{1}{4\pi}\int_F \frac{\boldsymbol{n}'\cdot[\boldsymbol{v}']}{|\boldsymbol{r}-\boldsymbol{r}'|}\,df'\,, \tag{2.79}$$

wobei $[\boldsymbol{v}']$ der „Sprung“ von $\boldsymbol{v}'$ über die „Sprungfläche“ F hinweg ist,

$$[\boldsymbol{v}'] := \lim_{\varepsilon\to 0}\left[\boldsymbol{v}'(\boldsymbol{r}+\varepsilon\boldsymbol{n}') - \boldsymbol{v}'(\boldsymbol{r}-\varepsilon\boldsymbol{n}')\right] \qquad \text{für} \qquad \boldsymbol{r}\in F\,. \tag{2.80}$$

Als einfaches Integral einer ursprünglich volumenhaften Quellstärke $\mu' = \operatorname{div}'\boldsymbol{v}'$ ist der Sprung $\boldsymbol{n}'\cdot[\boldsymbol{v}']$ der Normalkomponente von $\boldsymbol{v}'$ eine **flächenhafte Quellstärke**. Dies wird

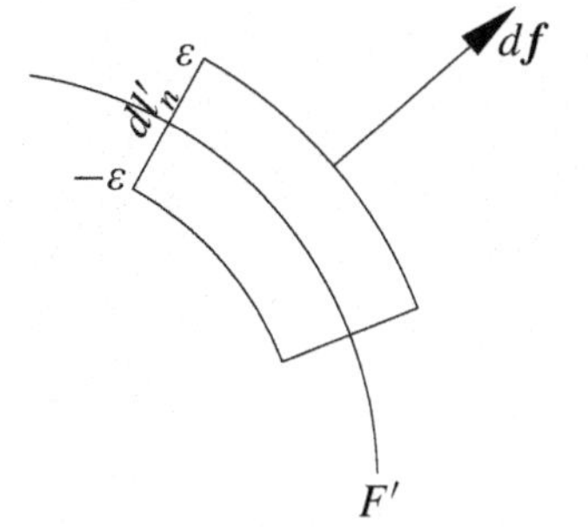

Abb. 2.10: Lokale Koordinaten zur Beschreibung einer Flächendichte.

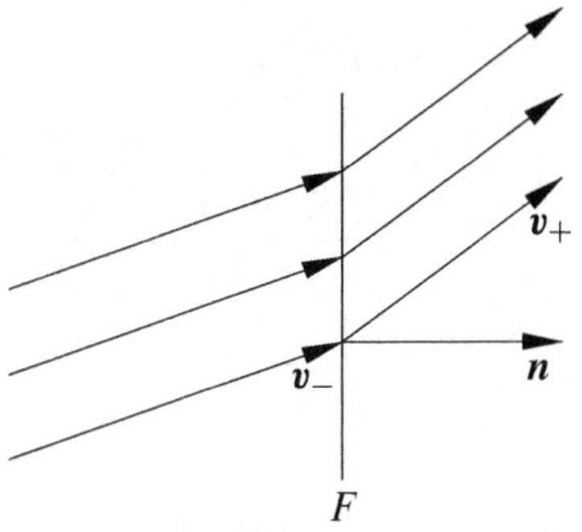

Abb. 2.11: Deutung von $\boldsymbol{n}\cdot[\boldsymbol{v}]$ als flächenhafte Quellstärke. $\boldsymbol{v}_+$ und $\boldsymbol{v}_-$ sind die Grenzwerte, die $\boldsymbol{v}$ für $\boldsymbol{r}\to\boldsymbol{r}_0 \in F$ annimmt.

auch daraus ersichtlich, dass $\boldsymbol{n}\cdot\boldsymbol{v}_-\,\Delta F$ der linksseitige Fluss des Feldes $\boldsymbol{v}$ in ΔF hinein, $\boldsymbol{n}\cdot\boldsymbol{v}_+\,\Delta F$ der rechtsseitige Fluss aus ΔF heraus und daher $\boldsymbol{n}\cdot[\boldsymbol{v}]\,\Delta F$ der Gesamtfluss aus ΔF heraus ist (Abb. 2.11).

Analog kann der Übergang von einer volumenhaften Wirbelstärke $\boldsymbol{\mu}'=\text{rot}'\,\boldsymbol{v}'$ zu einer flächenhaften Wirbelstärke vollzogen werden. Wir betrachten ein Flächenelement $d\boldsymbol{f}'=df_x'\boldsymbol{e}_x'$ und erhalten in einem entsprechenden Grenzübergang

$$\int_{-\varepsilon}^{+\varepsilon} \text{rot}'\,\boldsymbol{v}' dx' = \int_{-\varepsilon}^{+\varepsilon}\left(\frac{\partial v_z'}{\partial y'}-\frac{\partial v_y'}{\partial z'}\right)\boldsymbol{e}_x'\,dx' + \int_{-\varepsilon}^{+\varepsilon}\left(\frac{\partial v_x'}{\partial z'}-\frac{\partial v_z'}{\partial x'}\right)\boldsymbol{e}_y'\,dx'$$
$$+\int_{-\varepsilon}^{+\varepsilon}\left(\frac{\partial v_y'}{\partial x'}-\frac{\partial v_x'}{\partial y'}\right)\boldsymbol{e}_z'\,dx' \overset{\varepsilon\to 0}{\to} -[v_z']\,\boldsymbol{e}_y' + [v_y']\,\boldsymbol{e}_z' = \boldsymbol{e}_x' \times [\boldsymbol{v}']$$

bzw.

$$\frac{\text{rot}'\,\boldsymbol{v}'}{|\boldsymbol{r}-\boldsymbol{r}'|}\,d^3\tau' \to \frac{\boldsymbol{n}'\times[\boldsymbol{v}']}{|\boldsymbol{r}-\boldsymbol{r}'|}\,df'\,.$$

Aus (2.65) folgt damit für das Vektorpotenzial einer flächenhaften Wirbelstärke

$$\boldsymbol{V}(\boldsymbol{r}) = \frac{1}{4\pi}\int_F \frac{\boldsymbol{n}'\times[\boldsymbol{v}']}{|\boldsymbol{r}-\boldsymbol{r}'|}\,df'\,. \tag{2.81}$$

Die **flächenhafte Wirbelstärke** $\boldsymbol{n}'\times[\boldsymbol{v}']$ ist nur dann von null verschieden, wenn die Tangentialkomponenten von $\boldsymbol{v}'$ unstetig sind.

Eine anschauliche Interpretation von $\boldsymbol{n}'\times[\boldsymbol{v}']$ als flächenhafter Wirbelstärke folgt aus der Variante (2.29) des Gauß'schen Satzes. Nach dieser ist $\oint(\boldsymbol{n}'\times\boldsymbol{u}')\,df'$ die Gesamtwirbelstärke des von F eingeschlossenen Volumens. Schrumpft dieses auf eine Fläche zusammen, so ist $\boldsymbol{n}'\times\boldsymbol{u}_+'\,\Delta F'$ der Beitrag der einen, $\boldsymbol{n}_-'\times\boldsymbol{u}_-'\,\Delta F'=-\boldsymbol{n}'\times\boldsymbol{u}_-'\,\Delta F'$ der Beitrag der anderen Flächenseite zur Gesamtwirbelstärke. Damit ergibt sich insgesamt als Wirbelstärke pro Fläche $\boldsymbol{n}'\times[\boldsymbol{u}']$.

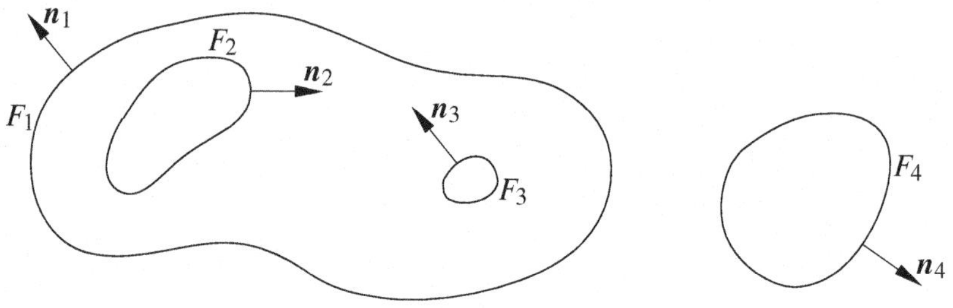

Abb. 2.12: Für den Fundamentalsatz wird ein Vektorfeld betrachtet, das auf endlich vielen, stückweise glatten und ganz im Endlichen verlaufenden geschlossenen Flächen F_i, $i{=}1, 2, \ldots$, erklärt und stückweise stetig ist. Die Abbildung zeigt einen ebenen Querschnitt durch die Flächen.

2.8.5 Fundamentalsatz für Vektorfelder mit Sprungstellen

Es ist nun leicht zu erraten, wie der Fundamentalsatz für ein Vektorfeld $\boldsymbol{v}(\boldsymbol{r})$ aussehen wird, das neben räumlichen auch flächenhafte Quell- und Wirbelstärken besitzt. $\boldsymbol{v}$ wird in diesem Fall durch die Größen $\operatorname{div}\boldsymbol{v}$ und $\operatorname{rot}\boldsymbol{v}$ sowie die Sprünge $\boldsymbol{n}\cdot[\boldsymbol{v}]$ und $\boldsymbol{n}\times[\boldsymbol{u}]$ über die Unstetigkeitsflächen festgelegt sein. In der Darstellung von $\boldsymbol{v}$ werden zu den in (2.70) auftretenden Integralen die Integrale (2.79) und (2.81) hinzutreten. Dies wird durch den folgenden Satz bestätigt.

Fundamentalsatz. *$\boldsymbol{v}(\boldsymbol{r})$ sei eine im ganzen $\mathbb{R}^3$ erklärte, stückweise stetige Vektorfunktion, worunter verstanden werden soll, dass Sprünge von $\boldsymbol{v}$ nur an endlich vielen, stückweise glatten, ganz im Endlichen verlaufenden und geschlossenen Flächen F_i auftreten (Abb. 2.12). Weiterhin sei $\boldsymbol{v}(\boldsymbol{r})$ in $\mathbb{R}^3\setminus F$ mit $F=\bigcup F_i$ stetig differenzierbar, derart, dass auf jeder Seite des Randes F die Grenzwerte von $\operatorname{div}\boldsymbol{v}$ und $\operatorname{rot}\boldsymbol{v}$ existieren. In $\mathbb{R}^3\setminus F$ erfülle $\boldsymbol{v}(\boldsymbol{r})$ alle weiteren Voraussetzungen des Fundamentalsatzes ohne Sprungstellen, insbesondere die der gleichmäßigen Konvergenz gegen null für $r{=}|\boldsymbol{r}|\to\infty$.*
Dann gilt in jedem nicht auf F gelegenen Punkt $\boldsymbol{r}$ des $\mathbb{R}^3$

$$\boxed{\boldsymbol{v}(\boldsymbol{r}) = -\operatorname{grad} u(\boldsymbol{r}) + \operatorname{rot}\boldsymbol{a}(\boldsymbol{r})\,,} \tag{2.82}$$

wobei

$$\boxed{\begin{aligned} u(\boldsymbol{r}) &= \frac{1}{4\pi}\int_{\mathbb{R}^3\setminus F}\frac{\operatorname{div}'\boldsymbol{v}'}{|\boldsymbol{r}-\boldsymbol{r}'|}\,d^3\tau' + \frac{1}{4\pi}\int_F\frac{\boldsymbol{n}'\cdot[\boldsymbol{v}']}{|\boldsymbol{r}-\boldsymbol{r}'|}\,df'\,,\\ \boldsymbol{a}(\boldsymbol{r}) &= \frac{1}{4\pi}\int_{\mathbb{R}^3\setminus F}\frac{\operatorname{rot}'\boldsymbol{v}'}{|\boldsymbol{r}-\boldsymbol{r}'|}\,d^3\tau' + \frac{1}{4\pi}\int_F\frac{\boldsymbol{n}'\times[\boldsymbol{v}']}{|\boldsymbol{r}-\boldsymbol{r}'|}\,df' \end{aligned}} \tag{2.83}$$

gilt mit

$$[\boldsymbol{v}] := \boldsymbol{v}_+ - \boldsymbol{v}_-\,, \qquad \boldsymbol{v}_\pm := \lim_{\varepsilon\to 0}\boldsymbol{v}(\boldsymbol{r}\pm\varepsilon\boldsymbol{n})\,.$$

In allen nicht auf F gelegenen Punkten gilt außerdem

$$\operatorname{div}\boldsymbol{a}(\boldsymbol{r}) = 0\,. \tag{2.84}$$

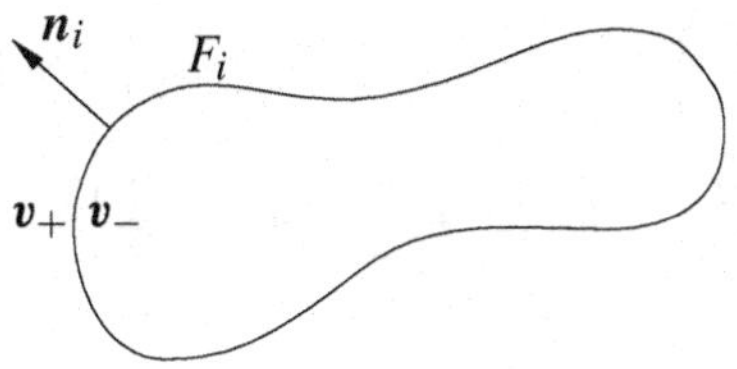

Abb. 2.13: Bei den Oberflächenintegralen über $F=\bigcup F_i$ berandet jede Fläche F_i zwei Teilgebiete, ein inneres und ein äußeres, und liefert daher jeweils zwei Beiträge.

Beweis: Der Beweis wird besonders einfach, wenn wir auf den vereinfachten Beweisgang für den Fundamentalsatz ohne Sprünge aus der Vorbetrachtung 2.8.1 zurückgreifen. Die dort unbewiesene Vertauschbarkeit von Differenziation und Integration dürfen wir jetzt voraussetzen, da sie durch den späteren ausführlichen Beweis gerechtfertigt wurde. Wir benutzen Gleichung (2.69) unter der Annahme, dass $\boldsymbol{r}$ nicht auf F liegt, und integrieren statt über den vollen $\mathbb{R}^3$ nur über $\mathbb{R}^3 \setminus F$. Da die Ableitungen grad div bzw. rot rot auf $\boldsymbol{r}$ wirken, spielen die Sprünge von $\boldsymbol{v}'$ für die Frage der Vertauschbarkeit von Differenziation und Integration keine Rolle, und unter Benutzung der Ergebnisse eines Teils der Rechenschritte, die direkt im Anschluss an (2.69) durchgeführt wurden, erhalten wir

$$\boldsymbol{v}(\boldsymbol{r}) = -\operatorname{grad} u + \operatorname{rot} \boldsymbol{a}$$

mit

$$u = -\frac{1}{4\pi}\int_{\mathbb{R}^3\setminus F} \operatorname{div}' \frac{\boldsymbol{v}'}{|\boldsymbol{r}-\boldsymbol{r}'|}\, d^3\tau' + \frac{1}{4\pi}\int_{\mathbb{R}^3\setminus F} \frac{\operatorname{div}' \boldsymbol{v}'}{|\boldsymbol{r}-\boldsymbol{r}'|}\, d^3\tau' ,$$

$$\boldsymbol{a} = -\frac{1}{4\pi}\int_{\mathbb{R}^3\setminus F} \operatorname{rot}' \frac{\boldsymbol{v}'}{|\boldsymbol{r}-\boldsymbol{r}'|}\, d^3\tau' + \frac{1}{4\pi}\int_{\mathbb{R}^3\setminus F} \frac{\operatorname{rot}' \boldsymbol{v}'}{|\boldsymbol{r}-\boldsymbol{r}'|}\, d^3\tau' .$$

Das erste Integral in dem Ausdruck für u bzw. $\boldsymbol{a}$ kann jetzt nicht mehr mithilfe des Gauß'schen bzw. Stokes'schen Satzes in ein Oberflächenintegral im Unendlichen verwandelt werden, da beide Sätze stetige Differenzierbarkeit im ganzen Integrationsgebiet voraussetzen. Diese liegt jedoch in den von F berandeten Teilgebieten vor. Durch Anwendung der Integralsätze auf alle diese Teilgebiete erhalten wir jetzt Oberflächenintegrale über $F=\bigcup F_i$, wobei jede Fläche F_i zwei Teilgebiete berandet und daher zwei Beiträge liefert (Abb. 2.13),

$$\int_{\mathbb{R}^3\setminus F} \operatorname{div}' \frac{\boldsymbol{v}'}{|\boldsymbol{r}-\boldsymbol{r}'|}\, d^3\tau' = \int_F \frac{\boldsymbol{n}'\cdot\boldsymbol{v}'_- - \boldsymbol{n}'\cdot\boldsymbol{v}_+}{|\boldsymbol{r}-\boldsymbol{r}'|}\, df' = -\int_F \frac{\boldsymbol{n}'\cdot[\boldsymbol{v}']}{|\boldsymbol{r}-\boldsymbol{r}'|}\, df' ,$$

$$\int_{\mathbb{R}^3\setminus F} \operatorname{rot}' \frac{\boldsymbol{v}'}{|\boldsymbol{r}-\boldsymbol{r}'|}\, d^3\tau' = \int_F \frac{\boldsymbol{n}'\times\boldsymbol{v}'_- - \boldsymbol{n}'\times\boldsymbol{v}'_+}{|\boldsymbol{r}-\boldsymbol{r}'|}\, df' = -\int_F \frac{\boldsymbol{n}'\times[\boldsymbol{v}']}{|\boldsymbol{r}-\boldsymbol{r}'|}\, df' .$$

Damit ist die behauptete Darstellung von $\boldsymbol{v}$ bewiesen.

Für div $\boldsymbol{a}$ erhalten wir, indem wir die Ableitung div unter die Integrale ziehen und $[\operatorname{rot}' \boldsymbol{v}']\cdot\boldsymbol{n}'=(\operatorname{rot}'[\boldsymbol{v}'])\cdot\boldsymbol{n}'$ benutzen,

$$\begin{aligned}
4\pi \operatorname{div} \boldsymbol{a} &= \int_{\mathbb{R}^3\setminus F} (\operatorname{rot}' \boldsymbol{v}')\cdot\nabla\frac{1}{|\boldsymbol{r}-\boldsymbol{r}'|}\, d^3\tau' + \int_F \Big(\boldsymbol{n}'\times[\boldsymbol{v}']\Big)\cdot\nabla\frac{1}{|\boldsymbol{r}-\boldsymbol{r}'|}\, df' \\
&\overset{(2.13)}{=} -\int_{\mathbb{R}^3\setminus F} (\operatorname{rot}' \boldsymbol{v}')\cdot\nabla'\frac{1}{|\boldsymbol{r}-\boldsymbol{r}'|}\, d^3\tau' - \int_F \Big(\boldsymbol{n}'\times[\boldsymbol{v}']\Big)\cdot\nabla'\frac{1}{|\boldsymbol{r}-\boldsymbol{r}'|}\, df' \\
&= -\int_{\mathbb{R}^3\setminus F} \operatorname{div}' \frac{\operatorname{rot}' \boldsymbol{v}'}{|\boldsymbol{r}-\boldsymbol{r}'|}\, d^3\tau' + \int_F \left(\nabla'\frac{1}{|\boldsymbol{r}-\boldsymbol{r}'|}\times[\boldsymbol{v}']\right)\cdot\boldsymbol{n}'\, df'
\end{aligned}$$

$$\overset{(2.27)}{=} \int_F \frac{[\mathrm{rot}'\,\boldsymbol{v}']\cdot\boldsymbol{n}'}{|\boldsymbol{r}-\boldsymbol{r}'|}\,df' + \int_F \left(\mathrm{rot}'\,\frac{[\boldsymbol{v}']}{|\boldsymbol{r}-\boldsymbol{r}'|}\right)\cdot\boldsymbol{n}'\,df' - \int_F \frac{(\mathrm{rot}'[\boldsymbol{v}'])\cdot\boldsymbol{n}'}{|\boldsymbol{r}-\boldsymbol{r}'|}\,df'$$

$$= \int_F \left(\mathrm{rot}'\,\frac{[\boldsymbol{v}']}{|\boldsymbol{r}-\boldsymbol{r}'|}\right)\cdot\boldsymbol{n}'\,df' \overset{(2.27)}{=} \int_{\mathbb{R}^3\setminus F} \mathrm{div}'\,\mathrm{rot}'\,\frac{\boldsymbol{v}'}{|\boldsymbol{r}-\boldsymbol{r}'|}\,d^3\tau' \overset{(2.21)}{=} 0\,. \qquad \square$$

Aufgaben

2.1 $\boldsymbol{v}=v_x\boldsymbol{e}_x+v_y\boldsymbol{e}_y$ sei ein Vektor in der x, y-Ebene. Wie transformieren sich seine Komponenten, wenn das kartesische Koordinatensystem S bei festem Vektor $\boldsymbol{v}$ mit dem Winkel α um die z-Achse gedreht wird?

2.2 Beweisen Sie

(a) $$\boldsymbol{e}\cdot\nabla\phi = \lim_{\varepsilon\to 0}\frac{1}{\varepsilon}\Big(\phi(\boldsymbol{r}+\varepsilon\boldsymbol{e})-\phi(\boldsymbol{r})\Big) \quad\Rightarrow\quad \nabla = \boldsymbol{e}_x\frac{\partial}{\partial x}+\boldsymbol{e}_y\frac{\partial}{\partial y}+\boldsymbol{e}_z\frac{\partial}{\partial z}\,.$$

(b) $$\boldsymbol{a}\cdot\nabla\boldsymbol{b}(\boldsymbol{r}) = \lim_{\varepsilon\to 0}\frac{1}{\varepsilon}\Big(\boldsymbol{b}(\boldsymbol{r}+\varepsilon\boldsymbol{a})-\boldsymbol{b}(\boldsymbol{r})\Big) \quad\Rightarrow\quad \boldsymbol{a}\cdot\nabla\boldsymbol{b}(\boldsymbol{r}) = \sum_{i,k} a_i\frac{\partial b_k}{\partial x_i}\boldsymbol{e}_k\,.$$

(c) $$\Delta\phi(\boldsymbol{r}) = \mathrm{div}\,\mathrm{grad}\,\phi(\boldsymbol{r}) \quad\Rightarrow\quad \Delta = \frac{\partial^2}{\partial x^2}+\frac{\partial^2}{\partial y^2}+\frac{\partial^2}{\partial z^2}\,.$$

(d) $$\mathrm{div}\,\boldsymbol{u} = \lim_{V\to 0}\frac{1}{V}\oint_F \boldsymbol{u}\cdot d\boldsymbol{f} \quad\Rightarrow\quad \mathrm{div}\,\boldsymbol{u} = \frac{\partial u_x}{\partial x}+\frac{\partial u_y}{\partial y}+\frac{\partial u_z}{\partial z}\,.$$

(e) $$\boldsymbol{n}\cdot\mathrm{rot}\,\boldsymbol{u} = \lim_{F\to 0}\frac{1}{F}\oint_C \boldsymbol{u}\cdot d\boldsymbol{s}$$

$$\Rightarrow\quad \mathrm{rot}\,\boldsymbol{u} = \left(\frac{\partial u_z}{\partial y}-\frac{\partial u_y}{\partial z}\right)\boldsymbol{e}_x+\left(\frac{\partial u_x}{\partial z}-\frac{\partial u_z}{\partial x}\right)\boldsymbol{e}_y+\left(\frac{\partial u_y}{\partial x}-\frac{\partial u_x}{\partial y}\right)\boldsymbol{e}_z\,.$$

2.3 Beweisen Sie die Gültigkeit der Beziehungen (2.14)–(2.19).

2.4 Berechnen Sie in Kugelkoordinaten $\mathrm{div}\,\boldsymbol{v}$ und die Komponenten von $\mathrm{rot}\,\boldsymbol{v}$.

2.5 Beweisen Sie die Beziehung $\nabla\phi\big(u(\boldsymbol{r}), v(\boldsymbol{r})\big)=(\partial\phi/\partial u)\nabla u+(\partial\phi/\partial v)\nabla v$.

2.6 Berechnen Sie die Rotation des „Strömungsfeldes“, das durch das gleichmäßige Rotieren eines starren Körpers definiert wird.

2.7 Bestimmen Sie in kartesischen Koordinaten die allgemeine Polynomlösung der Gleichung $\Delta\phi=0$ bis zur 3. Ordnung. Geben Sie außerdem für die Koeffizienten höherer Ordnung die Bestimmungsgleichungen an.

2.8 (a) Bestimmen Sie einfache Lösungen der Gleichung $\mathrm{rot}\,\boldsymbol{a}=\nabla\phi$.
(b) Bestimmen Sie insbesondere das zu $\phi=1/r$ gehörige Vektorfeld $\boldsymbol{a}$ in Kugelkoordinaten und geben Sie den Regularitätsbereich der Lösung an.

2.9 Berechnen Sie in Zylinderkoordinaten für $\boldsymbol{a}=a\boldsymbol{e}_r$ die Komponenten des Vektors $\Delta\boldsymbol{a}:=\mathrm{grad}\,\mathrm{div}\,\boldsymbol{a}-\mathrm{rot}\,\mathrm{rot}\,\boldsymbol{a}$.

2.10 Zeigen Sie anhand eines Beispiels, dass $\boldsymbol{v}=\mathrm{grad}\,\phi$ nicht die allgemeine Lösung der Gleichung $\mathrm{rot}\,\boldsymbol{v}=0$ ist, wenn $\boldsymbol{v}$ für $r\to\infty$ nicht verschwindet.

2.11 Zeigen Sie anhand eines Beispiels, dass $\boldsymbol{v} = \operatorname{rot} \boldsymbol{a}$ nicht die allgemeine Lösung der Gleichung $\operatorname{div} \boldsymbol{v} = 0$ ist, wenn $\boldsymbol{v}$ für $r \to \infty$ nicht verschwindet.

2.12 Beschreiben Sie das Vektorfeld

$$\boldsymbol{v} = \frac{\boldsymbol{a} \times \boldsymbol{r}}{(\boldsymbol{a} \times \boldsymbol{r}) \cdot (\boldsymbol{a} \times \boldsymbol{r})} \qquad \text{mit} \qquad \boldsymbol{a} = \textbf{const}$$

und berechnen Sie $\operatorname{div} \boldsymbol{v}$ sowie $\operatorname{rot} \boldsymbol{v}$. In welchem Gebiet besitzt $\boldsymbol{v}$ ein Potenzial, und wie lautet dieses?

Lösungen

2.1 Es gilt

$$\begin{aligned} \boldsymbol{v} &= v_x \boldsymbol{e}_x + v_y \boldsymbol{e}_y = v'_x \boldsymbol{e}'_x + v'_y \boldsymbol{e}'_y \\ \boldsymbol{e}'_x &= \boldsymbol{e}_x \cos\alpha + \boldsymbol{e}_y \cos(\pi/2 - \alpha) = \boldsymbol{e}_x \cos\alpha + \boldsymbol{e}_y \sin\alpha \\ \boldsymbol{e}'_y &= \boldsymbol{e}_x \cos(\pi/2 + \alpha) + \boldsymbol{e}_y \cos\alpha = -\boldsymbol{e}_x \sin\alpha + \boldsymbol{e}_y \cos\alpha \,. \end{aligned}$$

Daraus ergibt sich

$$\begin{aligned} v'_x &= \boldsymbol{v} \cdot \boldsymbol{e}'_x = v_x \boldsymbol{e}_x \cdot \boldsymbol{e}'_x + v_y \boldsymbol{e}_y \cdot \boldsymbol{e}'_x = v_x \cos\alpha + v_y \sin\alpha \,, \\ v'_y &= \boldsymbol{v} \cdot \boldsymbol{e}'_y = v_x \boldsymbol{e}_x \cdot \boldsymbol{e}'_y + v_y \boldsymbol{e}_y \cdot \boldsymbol{e}'_y = -v_x \sin\alpha + v_y \cos\alpha \,. \end{aligned}$$

2.2 (a)

$$\boldsymbol{e}_x \cdot \nabla\phi = \lim_{\varepsilon \to 0} \frac{1}{\varepsilon} \Big(\phi(\boldsymbol{r} + \varepsilon \boldsymbol{e}_x) - \phi(\boldsymbol{r}) \Big) = \lim_{\varepsilon \to 0} \frac{1}{\varepsilon} \Big(\phi(x+\varepsilon, y, z) - \phi(x, y, z) \Big) = \frac{\partial \phi}{\partial x} \quad \text{etc.}$$

$$\Rightarrow \quad \nabla\phi = \nabla\phi \cdot \boldsymbol{e}_x \, \boldsymbol{e}_x + \nabla\phi \cdot \boldsymbol{e}_y \, \boldsymbol{e}_y + \nabla\phi \cdot \boldsymbol{e}_z \, \boldsymbol{e}_z = \left(\frac{\partial}{\partial x} \boldsymbol{e}_x + \frac{\partial}{\partial y} \boldsymbol{e}_y + \frac{\partial}{\partial z} \boldsymbol{e}_z \right) \phi \,.$$

(d) Man wählt für V einen kleinen Quader, dessen Kanten parallel zur x-, y- und z-Achse verlaufen. Dann gilt, wenn der Abstand der vorderen und hinteren x-Fläche Δx und ihr Flächeninhalt ΔF_x beträgt etc.

$$\begin{aligned} \oint_F \boldsymbol{u} \cdot d\boldsymbol{f} &\approx \sum_{\alpha = x,y,z} \Big[u_\alpha(\alpha + \Delta\alpha) - u_\alpha(\alpha) \Big] \Delta F_\alpha \\ &\approx \frac{\partial u_x}{\partial x} \Delta x \, \Delta F_x + \frac{\partial u_y}{\partial y} \Delta y \, \Delta F_y + \frac{\partial u_z}{\partial z} \Delta z \, \Delta F_z = \left(\frac{\partial u_x}{\partial x} + \frac{\partial u_y}{\partial y} + \frac{\partial u_z}{\partial z} \right) \Delta^3 \tau \,, \end{aligned}$$

wobei $\Delta^3 \tau = \Delta F_x \, \Delta x = \Delta F_y \, \Delta y = \Delta F_z \, \Delta z$ benutzt wurde. Teilt man durch $\Delta^3 \tau$ und lässt dann $\Delta^3 \tau \to 0$ gehen, so erhält man das behauptete Ergebnis.

2.4 Lösung für $\operatorname{div} \boldsymbol{v}$:

$$\operatorname{div} \boldsymbol{v} = \frac{1}{r^2} \frac{\partial (r^2 v_r)}{\partial r} + \frac{1}{r \sin\vartheta} \frac{\partial (\sin\vartheta \, v_\vartheta)}{\partial \vartheta} + \frac{1}{r \sin\vartheta} \frac{\partial v_\varphi}{\partial \varphi} \,.$$

Die Lösung für $\operatorname{rot} \boldsymbol{v}$ ist bei der Lösung von Aufgabe 2.8 angegeben.

2.5 Nach Definition des Gradienten gilt

$$\begin{aligned}
\boldsymbol{e}\cdot\boldsymbol{\nabla}\phi &= \lim_{\varepsilon\to 0}\frac{1}{\varepsilon}\Big[\phi\Big(u(\boldsymbol{r}+\varepsilon\boldsymbol{e}),\, v(\boldsymbol{r}+\varepsilon\boldsymbol{e})\Big)-\phi\Big(u(\boldsymbol{r}),\, v(\boldsymbol{r})\Big)\Big] \\
&= \lim_{\varepsilon\to 0}\frac{1}{\varepsilon}\Big[\phi\Big(u(\boldsymbol{r})+\varepsilon\boldsymbol{e}\cdot\boldsymbol{\nabla}u,\, v(\boldsymbol{r})+\varepsilon\boldsymbol{e}\cdot\boldsymbol{\nabla}v\Big)-\phi\Big(u(\boldsymbol{r}),\, v(\boldsymbol{r})\Big)\Big] \\
&= \lim_{\varepsilon\to 0}\frac{1}{\varepsilon}\Big[\varepsilon\boldsymbol{e}\cdot\boldsymbol{\nabla}u\,\frac{\partial\phi}{\partial u}+\varepsilon\boldsymbol{e}\cdot\boldsymbol{\nabla}v\,\frac{\partial\phi}{\partial v}\Big] = \boldsymbol{e}\cdot\Big[\frac{\partial\phi}{\partial u}\,\boldsymbol{\nabla}u+\frac{\partial\phi}{\partial v}\,\boldsymbol{\nabla}v\Big].
\end{aligned}$$

Dieses Ergebnis gilt für jeden beliebigen Vektor $\boldsymbol{e}$, und damit folgt die Behauptung.

2.6 Die starre Rotation eines Körpers wird durch das Geschwindigkeitsfeld

$$\boldsymbol{v}(\boldsymbol{r}) = \boldsymbol{\omega}\times\boldsymbol{r} \qquad \text{mit} \qquad \boldsymbol{\omega} = \mathbf{const}$$

beschrieben. Es gilt

$$\operatorname{rot}\boldsymbol{v} = \operatorname{rot}(\boldsymbol{\omega}\times\boldsymbol{r}) = \boldsymbol{\omega}\operatorname{div}\boldsymbol{r}-\boldsymbol{\omega}\cdot\boldsymbol{\nabla}\boldsymbol{r} = 3\boldsymbol{\omega}-\boldsymbol{\omega} = 2\boldsymbol{\omega}\,.$$

2.7 Lösungsskizze: Ansatz

$$\phi = \sum_{k,l,m=0}^{\infty} c_{klm}x^k y^l z^m$$

$$\begin{aligned}
\Rightarrow \quad \Delta\phi &= \sum_{k=2,l,m=0}^{\infty} k(k-1)\,c_{klm}x^{k-2}y^l z^m + \sum_{l=2,k,m=0}^{\infty} l(l-1)\,c_{klm}x^k y^{l-2} z^m \\
&\quad + \sum_{m=2,k,l=0}^{\infty} m(m-1)\,c_{klm}x^k y^l z^{m-2}\,.
\end{aligned}$$

Man bringt $\Delta\phi$ in die Form

$$\Delta\phi = \sum_{k,l,m=0}^{\infty} d_{klm}x^k y^l z^m\,,$$

wobei die d_{klm} zu Linearkombinationen der c_{klm} werden, und muss zur Erfüllung der Gleichung $\Delta\phi{=}0$ sämtliche $d_{klm}{=}0$ setzen. Einige c_{klm} können frei gewählt werden, die restlichen werden durch diese festgelegt.

2.8 (a) Für Lösungen muss offensichtlich $\operatorname{rot}\operatorname{rot}\boldsymbol{a}{=}0$ und $\Delta\phi{=}0$ gelten. Eine einfache Lösung findet man z. B. mit dem Ansatz $\boldsymbol{a}{=}h\boldsymbol{e}_z \;\Rightarrow$

$$\boldsymbol{\nabla}h\times\boldsymbol{e}_z = \boldsymbol{\nabla}\phi \quad\Rightarrow\quad \boldsymbol{e}_z\cdot\boldsymbol{\nabla}\phi = 0 \quad \text{bzw.} \quad \phi = \phi(x,\, y)$$

und

$$\frac{\partial\phi}{\partial x} = \frac{\partial h}{\partial y}\,, \qquad \frac{\partial\phi}{\partial y} = -\frac{\partial h}{\partial x}\,.$$

Die zuletzt angegebenen Beziehungen zwischen ϕ und h mit den Integrabilitätsbedingungen $\Delta\phi{=}\Delta h{=}0$ sind Cauchy-Riemann'sche Differenzialgleichungen und werden erfüllt, wenn man von einer analytischen komplexwertigen Funktion $f(z){=}u(x,\, y){+}\mathrm{i}\,v(x,\, y)$ mit $z{=}x{+}\mathrm{i}\,y$ Real- und Imaginärteil benutzt, um $\phi{=}u(x,\, y)$ und $h{=}v(x,\, y)$ zu setzen.

(b) Für $\phi = 1/r$ ist $\nabla\phi = -\boldsymbol{r}/r^3$, in Kugelkoordinaten gilt

$$\operatorname{rot}\boldsymbol{a} = \frac{1}{r\sin\vartheta}\left(\frac{\partial}{\partial\vartheta}(\sin\vartheta\, a_\varphi) - \frac{\partial a_\vartheta}{\partial\varphi}\right)\boldsymbol{e}_r + \frac{1}{r}\left(\frac{1}{\sin\vartheta}\frac{\partial a_r}{\partial\varphi} - \frac{\partial}{\partial r}(r a_\varphi)\right)\boldsymbol{e}_\vartheta + \frac{1}{r}\left(\frac{\partial}{\partial r}(r a_\vartheta) - \frac{\partial a_r}{\partial\vartheta}\right)\boldsymbol{e}_\varphi\,,$$

und Gleichheit von $\nabla\phi$ und $\operatorname{rot}\boldsymbol{a}$ kann nur bestehen für

$$\frac{\partial a_r}{\partial\varphi} = \frac{\partial}{\partial r}(r\sin\vartheta\, a_\varphi)\,,\qquad \frac{\partial}{\partial r}(r a_\vartheta) = \frac{\partial a_r}{\partial\vartheta}\,,\qquad \frac{\partial}{\partial\vartheta}(r\sin\vartheta\, a_\varphi) - \frac{\partial(r a_\vartheta)}{\partial\varphi} = -\sin\vartheta\,.$$

Dies ist ein inhomogenes System linearer partieller Differenzialgleichungen für die unbekannten Funktionen a_r, a_ϑ und a_φ. Seine allgemeine Lösung setzt sich zusammen aus der allgemeinen Lösung der homogenen und einer speziellen Lösung der inhomogenen Gleichung. Die Erstere ist bekannt und ist

$$\boldsymbol{a} = \nabla g = \frac{\partial g}{\partial r}\boldsymbol{e}_r + \frac{1}{r}\frac{\partial g}{\partial\vartheta}\boldsymbol{e}_\vartheta + \frac{1}{r\sin\vartheta}\frac{\partial g}{\partial\varphi}\boldsymbol{e}_\varphi \quad\Rightarrow\quad a_r = \frac{\partial g}{\partial r}\,,\ a_\vartheta = \frac{1}{r}\frac{\partial g}{\partial\vartheta}\,,\ a_\varphi = \frac{1}{r\sin\vartheta}\frac{\partial g}{\partial\varphi}\,.$$

Eine spezielle Lösung der inhomogenen Gleichung findet man mit dem naheliegenden Ansatz $a_r \equiv a_\vartheta \equiv 0$ aus $\partial(r\sin\vartheta\, a_\varphi)/\partial\vartheta = -\sin\vartheta$ und $\partial(r\sin\vartheta\, a_\varphi)/\partial r = 0$ zu

$$a_\varphi = \frac{\cos\vartheta}{r\sin\vartheta} \quad\Rightarrow\quad \boldsymbol{a} = \frac{\cos\vartheta}{r\sin\vartheta}\boldsymbol{e}_\varphi = \cos\vartheta\,\nabla\varphi\,.$$

Der Regularitätsbereich ist $\vartheta \neq 0, \pi$.

2.10 Lösung ähnlich wie für Aufgabe 2.11.

2.11 Nach dem Fundamentalsatz gilt für ein Vektorfeld $\boldsymbol{v}(\boldsymbol{r})$ generell $\boldsymbol{v} = -\nabla u + \operatorname{rot}\boldsymbol{a}$. Wenn $\nabla u \neq 0$ für $\operatorname{div}\boldsymbol{v} = 0$ gelten soll, muss $\Delta u = 0$ erfüllt sein. Dass diese Gleichung Lösungen $u \not\equiv 0$, $\nabla u \not\equiv 0$ mit $u \to \infty$ für $|\boldsymbol{r}| \to \infty$ besitzt, wurde in Aufgabe 2.7 gezeigt.

2.12 Der Einfachheit halber setzt man $\boldsymbol{a} = a\boldsymbol{e}_z$ und benutzt Zylinderkoordinaten ρ, φ und z. Dann gilt $\boldsymbol{a}\times\boldsymbol{r} = a\boldsymbol{e}_z\times\boldsymbol{r}_\perp = a\rho\boldsymbol{e}_\varphi$, weiterhin $(\boldsymbol{a}\times\boldsymbol{r})\cdot(\boldsymbol{a}\times\boldsymbol{r}) = (a\rho)^2$ und

$$\boldsymbol{v} = \frac{\boldsymbol{e}_\varphi}{a\rho} = \frac{1}{a}\nabla\varphi = \nabla\left(\frac{\varphi}{a}\right)\,.$$

Dieses Ergebnis zeigt, dass $\boldsymbol{v}$ im ganzen Raum ein Potenzial besitzt mit Ausnahme der z-Achse, auf der $\boldsymbol{v}$ divergiert. Damit das Potenzial eindeutig wird, muss man bei einem Winkel φ, z. B. $\varphi = 0$, einen Verzweigungsschnitt machen. Die Feldlinien des Feldes $\boldsymbol{v}$ sind Kreise um die z-Achse, und der Betrag der Feldstärke ist $\sim 1/\rho$. Es handelt sich um ein Zirkulationsfeld mit konstanter Zirkulation $\oint \boldsymbol{v}\cdot d\boldsymbol{s} = 2\pi/a$. Im ganzen Raum mit Ausnahme der z-Achse gilt $\operatorname{rot}\boldsymbol{v} = 0$, auf dieser wird $\operatorname{rot}\boldsymbol{v} = \infty$, außerdem folgt aus der angegebenen Darstellung $\operatorname{div}\boldsymbol{v} = 0$.

3 Maxwell-Gleichungen

Das Ziel dieses Kapitels ist es, die Maxwell-Gleichungen aufzustellen. In manchen Büchern der Elektrodynamik werden diese als Postulate an die Spitze gestellt, z. B. auch in der selbst heute noch weitgehend aktuellen und hervorragenden Elektrodynamik von A. Sommerfeld.[1] Die ganze Elektrodynamik besteht dann in einer Beschäftigung mit den Folgerungen aus diesen Gleichungen, die ihre Rechtfertigung erst im Nachhinein aus der Gültigkeit sämtlicher aus ihnen abgeleiteten Konsequenzen erfahren. Dieser Weg hat seinen eigenen Reiz, und sicher besteht ein psychologischer Vorteil darin, dass man sich von vorneherein nur mit logisch Einsichtigem befasst, wenn einmal die Gültigkeit der Maxwell-Gleichungen akzeptiert ist.

Auf der anderen Seite ist es jedoch nicht minder reizvoll, sich klarzumachen, dass die Maxwell-Gleichungen nicht rein empirische Gesetze darstellen, sondern eine Reihe logisch deduzierbarer Eigenschaften besitzen, und nachzuvollziehen, wie in ihnen Definitionen, Logisches und nicht weiter erklärbar Naturgesetzliches zu einer Einheit verschmolzen sind. Außerdem bestand auch die historische Entwicklung der Elektrodynamik in einer Abfolge vieler Einzelschritte, die erst abschließend von Maxwell zu dem großartigen Gebäude der Maxwell-Gleichungen erweitert und zusammengefügt wurden. Der historische Weg verlief allerdings zum Teil anders und mühsamer als der, auf dem die Maxwell-Gleichungen in diesem Kapitel schrittweise eingeführt werden. Dieser ausführlichere Weg wird hier in der Hoffnung gewählt, dass sich dabei vielleicht ein vertieftes Verständnis entwickeln lässt, das sonst nur mühevoller zustande käme. Letzten Endes bleibt die Art des Zugangs jedoch eine Geschmacksfrage, und jede Art wird ihre eigenen Befürworter finden.

Es ist wichtig, sich vor Augen zu halten, dass einige Schlussfolgerungen in diesem Kapitel nur Plausibilitätscharakter besitzen oder Analogieschlüsse darstellen und keine strengen Deduktionen sind. Es wurde darauf geachtet, dass dies jeweils möglichst klar zum Ausdruck kommt. Durch diesen Hinweis soll vermieden werden, dass beim Leser möglicherweise eine gewisse Unzufriedenheit darüber entsteht, dass den „Ableitungen" zum Teil die Strenge echter Deduktionen fehlt. Diese Strenge ist eben nicht möglich, jedenfalls nicht im Rahmen der Elektrodynamik. Es soll jedoch schon hier darauf hingewiesen werden, dass im Rahmen der Elementarteilchentheorie eine Ableitung der Elektrodynamik möglich wird, und zwar aus Symmetrieforderungen, die sich in sinnvoller Weise an eine Feldtheorie stellen lassen. Diese Ableitung wird im Rahmen einer *Einführung in die Elementarteilchentheorie* in einem anderen Band dieses Lehrbuchs vorgestellt.

---

1 A. Sommerfeld, *Vorlesungen über Theoretische Physik*, Band III, *Elektrodynamik*.

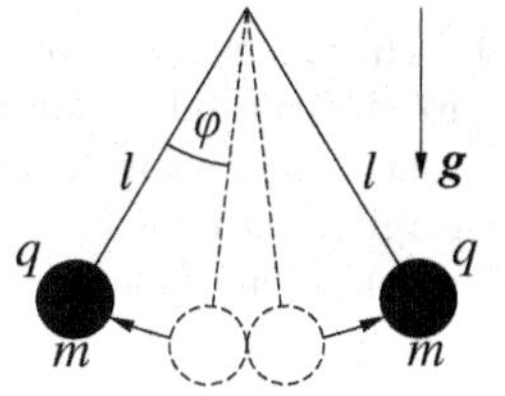

Abb. 3.1: Abstoßung zweier durch Reiben elektrisch aufgeladener Kügelchen. Der Auslenkungswinkel φ wächst mit der Stärke der Ladung q (Aufgabe 3.1).

3.1 Ladungen, Kräfte und statische elektrische Felder

Qualitative Eigenschaften der zwischen geladenen Körpern beobachteten Kraftwirkungen erlauben es, Ladungen in positive und negative einzuteilen. Quantitativ findet man für die Wechselwirkung von Punktladungen das Coulomb'sche Kraftgesetz $F{\sim}1/r^2$. Für die Überlagerung elektrischer Kräfte werden wir die Gültigkeit eines Superpositionsprinzips feststellen. Aus beiden Gesetzmäßigkeiten zusammen lässt sich der Begriff des elektrischen Feldes abstrahieren, für das sich die Maxwell-Gleichungen der Elektrostatik ergeben. Zum Abschluss dieses Abschnitts werden wir uns mit der Frage befassen, wie genau die beiden Gesetzmäßigkeiten und damit die Gültigkeit der ihnen entsprechenden Maxwell-Gleichungen überprüft sind.

3.1.1 Ladung und Ladungserhaltung

Reibt man zwei aus einem geeigneten Material bestehende Kügelchen, die an Fäden von einem gemeinsamen Aufhängepunkt herabhängen, mit einem Lappen, so beobachtet man, dass sie sich gegenseitig abstoßen (Abb. 3.1). Man sagt, dass sie durch den Vorgang des Reibens elektrisch aufgeladen wurden, wobei sich die Ladungen durch Kräfte der Wechselwirkung bemerkbar machen, die als **elektrisch** bezeichnet werden.

Zwischen ansonsten gleichartigen geladenen Körpern stellt man entweder anziehende oder abstoßende elektrische Kräfte fest. Sind die Durchmesser der Körper klein gegenüber ihren Abständen, so können wir sie in einem idealisierenden Grenzübergang als geladene Massenpunkte auffassen, die als **Punktladungen** bezeichnet werden. Die elektrischen Wechselwirkungskräfte zwischen zwei ruhenden Punktladungen weisen in Richtung von deren Verbindungslinie und sind entweder aufeinander zu oder voneinander weg gerichtet. Betrachtet man drei Punktladungen A, B und C, so findet man stets, wenn A und B sich abstoßen, während A und C sich anziehen, dass auch B und C sich anziehen. Diese Beobachtung macht es möglich, geladene Körper in zwei Klassen einzuteilen, Körper **positiver** und **negativer elektrischer Ladung** q, wobei sich die gleichartig geladenen Körper abstoßen und die ungleichartig geladenen anziehen. Die Ladung des Elektrons wird willkürlich als negativ festgelegt. Experimentell findet man die Gültigkeit eines Gesetzes der Ladungserhaltung.

Gesetz der Ladungserhaltung. *Die Ladung eines abgeschlossenen Systems ist unveränderlich.*

Abgeschlossenheit oder Isolierung bedeutet dabei, dass durch die Grenzfläche zwischen dem betrachteten System und der restlichen Welt keine geladene Materie hindurchtre-

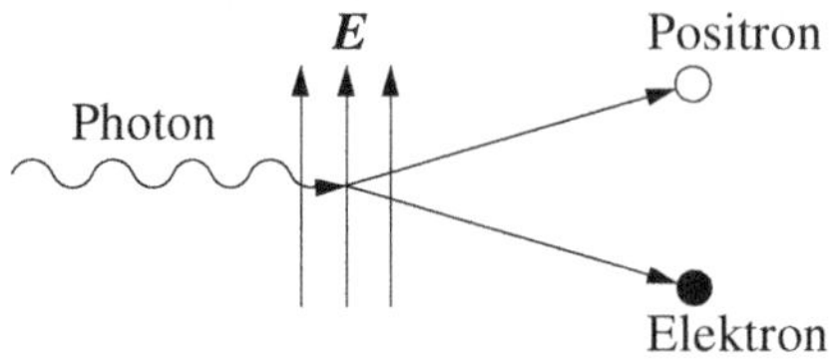

Abb. 3.2: Zur Paarerzeugung: Bei Anwesenheit eines starken elektrischen Feldes kann im Vakuum durch sehr energiereiche Lichtstrahlung (energiereiche Photonen) ein Elektron-Positron-Paar erzeugt werden.

ten darf. Festgestellt werden kann die Erhaltung der Ladung im Prinzip durch die von Ladungen ausgehenden Kraftwirkungen bzw. durch Krafteinwirkungen auf diese. Das heißt allerdings nicht, dass diese Kräfte etwa unveränderlich wären: Die Umverteilung der Ladung kann auch zu einer Änderung der Kräfte führen. Wie man dennoch die Erhaltung der Gesamtladung sehr genau feststellen kann, werden wir später sehen.

Die Erhaltung der Gesamtladung eines Systems bedeutet zum einen deren zeitliche Konstanz, zum anderen ihre Unabhängigkeit vom Bewegungszustand der Einzelladungen, aus denen sie zusammengesetzt ist. Am ersten Teil dieser Behauptung hat sich auch nichts durch die in der Elementarteilchenphysik gemachte Entdeckung der Paarerzeugung von Ladungen geändert: Sehr energiereiche Lichtstrahlung (γ -Strahlung) kann im Vakuum bei Anwesenheit eines starken elektrischen Feldes in ein Elektron-Positron-Paar umgewandelt werden (Abb. 3.2). Elektron und Positron haben dem Vorzeichen nach entgegengesetzte, dem Betrag nach gleiche Ladung – jedenfalls so weit, wie das mit der heutigen Messgenauigkeit festgestellt werden kann. Die Erzeugung eines einzelnen Ladungsträgers wurde nie beobachtet. Die Geschwindigkeitsunabhängigkeit der Ladung wird mit fantastischer Genauigkeit durch die elektrische Neutralität ungeladener Materie bewiesen: Nach außen hin elektrisch neutrale Atome bestehen in klassischer (nicht quantenmechanischer) Sichtweise aus einem Kern mit N Elementarladungen (e = 1 Elementarladung = Ladung eines Elektrons) und einer Hülle mit N bewegten Elektronen. Der Bewegungszustand der Elektronen hängt stark von der Kernladungszahl ab. Dennoch sind alle vollständigen Atome von außen in hinreichendem Abstand gesehen elektrisch neutral (experimentell überprüft mit einer relativen Genauigkeit von 10^{-21}). Die Unabhängigkeit der Ladung vom Bewegungszustand gilt bis zu relativistischen Geschwindigkeiten hin, d. h. die Ladung verhält sich hier ganz anders als die Masse.

Eine weitere Eigenschaft der Ladung besteht darin, dass sie immer nur in ganzzahligen Vielfachen der Elementarladung auftritt, auch bei so verschiedenen Teilchen wie Protonen, Positronen usw.[2] Die Träger der Elementarladung – in stabiler Materie Protonen und Elektronen – sind außerordentlich klein: Elektronen besitzen, falls sie nicht punktförmig sind, einen Radius $r \lesssim 10^{-17}$ m, bei Protonen und anderen Kernen ist $r \lesssim 10^{-13}$ m. Das Innere strukturierter Ladungsträger kann nicht mithilfe der klassischen Elektrodynamik verstanden werden. Diese liefert weder eine Erklärung dafür, warum nur Vielfache der Elementarladung auftreten, noch, warum die Elementarladung nicht aufgrund der Abstoßungskräfte in kleineren Bruchstücken auseinanderfliegt.

Wir werden uns in der klassischen Elektrodynamik weitgehend über diese Quanteneigenschaften hinwegsetzen und die Ladung als beliebig teilbare Quantitätsgröße

2 Das gilt für die Ladung freier Elementarteilchen. Proton und Neutron weisen eine innere Struktur aus Quarks auf, die mit einem oder zwei Dritteln der Elementarladung geladen sind. Quarks treten allerdings nur im Verbund auf und können nach heutiger Erkenntnis aus diesem prinzipiell nicht herausgelöst werden.

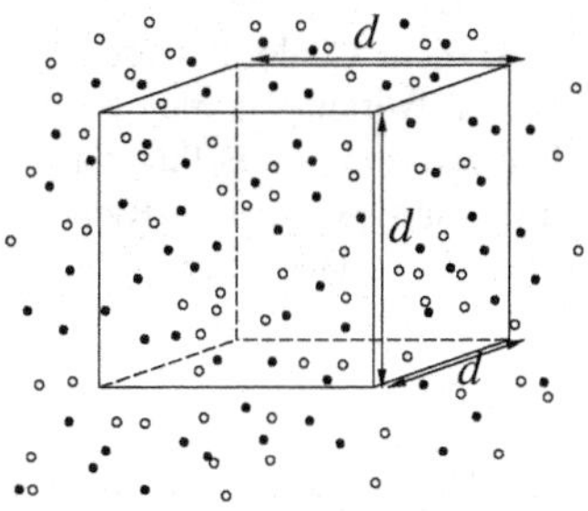

Abb. 3.3: Eine kontinuierliche Ladungsverteilung der Dichte $\varrho(\boldsymbol{r})$ ist als räumlicher Mittelwert von q/V über ein mikroskopisch großes, makroskopisch kleines Volumen $V{=}d^3$ aufzufassen. V enthält n_+ positive (∘) und n_- negative (•) Elementarladungen, und es gilt $q{=}(n_+{-}n_-)e$.

auffassen. Insbesondere werden wir sie sehr häufig als kontinuierlich verteilt betrachten und durch eine ortsabhängige **Ladungsdichte** $\varrho(\boldsymbol{r})$ beschreiben. Das Modell einer kontinuierlichen Ladungsverteilung ist im Sinne räumlicher Mittelwerte über mikroskopisch große, makroskopisch kleine Volumina aufzufassen, die viele Elementarladungen enthalten (Abb. 3.3),

$$\varrho = q/V\,, \qquad q = \sum_{i=1}^{N} q_i = n_+e - n_-e\,,$$

mit

$$10^{-13}\,\mathrm{m} \ll d = \sqrt[3]{V} \ll l_{\mathrm{typ}}\,,$$

wobei d der Durchmesser des Volumens ist, über das gemittelt wird, und l_{typ} eine typische makroskopische Länge, über die hinweg sich die Ladungsdichte $\varrho(\boldsymbol{r})$ wesentlich ändert. Im nächsten Abschnitt wird eine quantitative Definition der Ladung q in Zusammenhang mit der von ihr ausgehenden Kraftwirkung gegeben.

3.1.2 Coulomb-Gesetz

Die Kraftwirkung zwischen ruhenden elektrischen Ladungen wird durch das 1785 von dem französischen Physiker C. A. de Coulomb mithilfe einer Drehwaage gefundene **Coulomb-Gesetz** beschrieben: Für die zwischen zwei Punktladungen, q_1 am Ort $\boldsymbol{r}_1$ und q_2 am Ort $\boldsymbol{r}_2$, wirkenden Wechselwirkungskräfte $\boldsymbol{F}_{12}$ und $\boldsymbol{F}_{21}$ (Abb. 3.4) gilt

$$\boxed{\boldsymbol{F}_{12} = \frac{1}{4\pi\varepsilon_0}\,q_1q_2\,\frac{\boldsymbol{r}_1-\boldsymbol{r}_2}{|\boldsymbol{r}_1-\boldsymbol{r}_2|^3} = -\boldsymbol{F}_{21}\,.} \tag{3.1}$$

Dabei ist die als **elektrische Feldkonstante** oder **Dielektrizitätskonstante des Vakuums** bezeichnete Größe ε_0 eine Naturkonstante mit dem Wert

$$\varepsilon_0 = 8{,}854187817\ldots\cdot 10^{-12}\,\mathrm{As/Vm}\,.$$

Wir wollen noch genauer überlegen, was an diesem Gesetz physikalischer Inhalt, was Definition ist und was aus logischen Überlegungen abgeleitet werden kann.

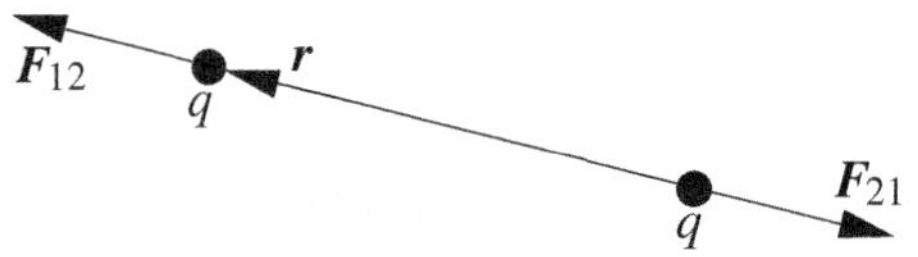

Abb. 3.4: Zum Coulomb-Gesetz: Die Wechselwirkungskräfte $\boldsymbol{F}_{12}$ und $\boldsymbol{F}_{21}$ zwischen zwei Punktladungen q_1 und q_2 liegen in Richtung ihrer Verbindungslinie.

Für zwei ruhende Punktladungen im sonst leeren Raum ist die einzige ausgezeichnete Richtung die ihrer Verbindungslinie. Würden die Wechselwirkungskräfte nicht in deren Richtung liegen, so müsste entweder der leere Raum eine Vorzugsrichtung haben oder die Ladungen müssten eine innere Struktur aufweisen, die eine Vorzugsrichtung auszeichnet. Das Erstere kann aufgrund der in vielen Teilgebieten der Physik gewonnenen Erfahrungen über die Eigenschaften des Raums ausgeschlossen werden. Hätten die Ladungen dagegen eine innere, sich nach außen hin auswirkende Struktur, so könnte man sie nicht durch eine einfache skalare Größe q ausdrücken. (Die Quarkstruktur des Protons wirkt sich demnach nicht nach außen aus.)

„Naturgesetzlich“ ist also die Eigenschaft der Ladung, durch eine skalare Größe gemessen werden zu können, während die Tatsache, dass die Wechselwirkungskäfte in Richtung der Verbindungslinie weisen, eine logische Folge aus Erfahrungen über die Raumstruktur darstellt. $F \sim 1/|\boldsymbol{r}_1 - \boldsymbol{r}_2|^2$ ist wiederum eine „naturgesetzliche“ Eigenschaft.

Ladungen können nur durch ihre Kraftwirkungen gemessen werden (siehe dazu auch Aufgabe 3.1). Damit beinhaltet das Coulomb'sche Gesetz auch eine Definition der Ladungsmenge. Zunächst definiert man zwei Ladungen q_1 und q_2 als gleich, wenn sie, nacheinander in die gleiche Relativposition zu einer dritten Ladung q_3 gebracht, von dieser die gleiche Kraftwirkung erfahren. Anschließend definiert man die **Ladungsmenge** q (Einheit 1 C = 1 Coulomb, siehe Exkurs 3.1) durch die Kraftwirkung

$$|F| = k \frac{q^2}{|\boldsymbol{r}_1 - \boldsymbol{r}_2|^2} \qquad \text{mit} \qquad k = \frac{1}{4\pi\varepsilon_0}$$

zweier gleicher Ladungen $q_1 = q_2 = q$ aufeinander,

$$q = |\boldsymbol{r}_1 - \boldsymbol{r}_2| \sqrt{|F|/k}\,.$$

Die Dimension und Größe der Konstanten k legt dabei ein bestimmtes Maßsystem fest. Diesem Buch wird das MKSA-System zugrunde gelegt, und es werden SI-Einheiten benutzt (siehe Exkurs 3.1). Die Konstante k hat im Vakuum einen anderen Wert als in Materie aus Gründen, die wir später untersuchen werden. $1/(4\pi\varepsilon_0)$ ist der Wert im Vakuum.

Weiterhin „naturgesetzlich“ am Coulomb'schen Gesetz ist die Additivität der von einem festen Ort ausgehenden Kraftwirkungen: Bringt man an den Ort $\boldsymbol{r}_1$ eine Ladungseinheit, an den Ort $\boldsymbol{r}_2$ statt einer mehrere Ladungseinheiten oder allgemein ein x-Faches der Einheitsladung, so erhöht sich die Kraftwirkung auf die Ladung am Ort $\boldsymbol{r}_1$ um das x-Fache.

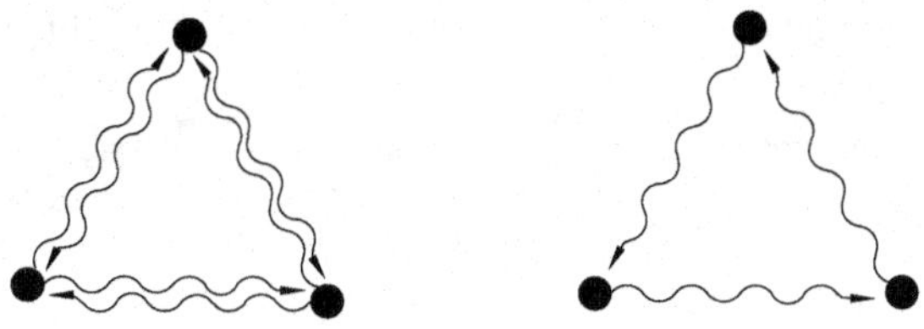

Abb. 3.5: Beispiel für Zwei-Körper-Kräfte und Drei-Körper-Kräfte: Bei Drei-Körper-Kräften würde die Wechselwirkung zwischen zwei Körpern auf dem Umweg über einen dritten erfolgen.

Als wesentliche physikalische Inhalte des Coulomb-Gesetzes können wir damit festhalten:

1. Die Ladung ist eine skalare Größe.
2. Die Kraftwirkungen von Ladungen sind additiv.
3. Die Kraft ist proportional zu $1/r^2$.

3.1.3 Superpositionsprinzip

Treten mehr als zwei geladene Körper in Wechselwirkung, so beobachtet man experimentell die Gültigkeit eines **Superpositionsprinzips**: Die auf eine am Ort $\boldsymbol{r}_i$ befindliche Punktladung q_i von mehreren anderen, an den Orten $\boldsymbol{r}_k$ befindlichen Punktladungen q_k, $k{=}1, 2, \ldots$, ausgeübte Gesamtkraft ist die Vektorsumme der individuellen Coulomb-Kräfte, die jede von diesen bei Abwesenheit der restlichen ausüben würde,

$$\boldsymbol{F}(\boldsymbol{r}_i) = \frac{q_i}{4\pi\,\varepsilon_0} \sum_{k\neq i} q_k \, \frac{\boldsymbol{r}_i - \boldsymbol{r}_k}{|\boldsymbol{r}_i - \boldsymbol{r}_k|^3} \,. \tag{3.2}$$

Die Wirkung einer Ladung q_k auf die Ladung q_i bleibt also unbeeinflusst weiter bestehen, wenn eine Ladung q_l hinzutritt und ebenfalls auf q_i einwirkt.

Anmerkung: Kräfte, die einem derartigen Superpositionsprinzip gehorchen, nennt man **Zwei-Körper-Kräfte**. Wie schon in der Einleitung zu Abschn. 3.1 angedeutet wurde, betrachtet man als den Träger der Wechselwirkungen das elektromagnetische Feld. Die Quanten dieses Feldes sind Photonen, und man kann sich in der Elementarteilchenphysik das Zustandekommen der elektromagnetischen Kraft als einen virtuellen Austausch von Photonen vorstellen. (Analog hat man es bei anderen Kraftfeldern mit andere Quanten zu tun, beim Gravitationsfeld mit Gravitonen, beim Feld der zwischen Quarks wirkenden starken Kraft mit Gluonen usw.) Bei den Zwei-Körper-Kräften besteht dieser virtuelle Teilchenaustausch zwischen je zwei Teilchen, bei Viel-Körper-Kräften werden Teilchen auf Umwegen über andere Körper ausgetauscht (Abb. 3.5).

Klassisch würde eine Drei-Körper-Kraft z. B. auf den ersten von drei gleichen Körpern durch

$$\boldsymbol{F}_1 = \boldsymbol{F}(\boldsymbol{r}_1 - \boldsymbol{r}_2, \boldsymbol{r}_1 - \boldsymbol{r}_3) + \boldsymbol{F}(\boldsymbol{r}_1 - \boldsymbol{r}_3, \boldsymbol{r}_1 - \boldsymbol{r}_2)$$

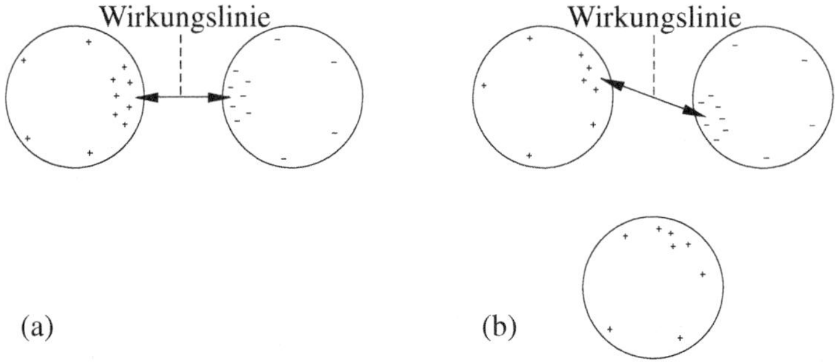

Abb. 3.6: Ungültigkeit des Superpositionsprinzips für geladene leitfähige Metallkugeln. (a) Ladungsverteilung auf zwei benachbarten Kugeln, von denen eine positiv und eine negativ geladen ist, und Wirkungslinie der integralen Wechselwirkungskräfte. (b) Durch Hinzufügen einer dritten, positiv geladenen Kugel verschieben sich die Ladungen auf den beiden ersten Kugeln, und die Wirkungslinie der integralen Wechselwirkungskräfte wird gedreht.

mit

$$\boldsymbol{F}(\boldsymbol{r}_1 - \boldsymbol{r}_2, \boldsymbol{r}_1 - \boldsymbol{r}_3) \to \widetilde{\boldsymbol{F}}(\boldsymbol{r}_1 - \boldsymbol{r}_2) \quad \text{für } |\boldsymbol{r}_3| \to \infty$$

gegeben sein. Diese Anmerkung soll illustrieren, dass das Superpositionsprinzip für Kräfte nicht selbstverständlich ist. □

Es sei darauf hingewiesen, dass das Superpositionsprinzip auch bei der elektrischen Wechselwirkung z. B. für geladene leitfähige Körper endlicher Ausdehnung nicht hinsichtlich der Gesamtkraft gilt, sondern nur hinsichtlich der Kraftdichte: Durch Hinzufügen eines dritten Körpers verschieben sich nämlich die Ladungen auf den beiden ersten (Abb. 3.6).

3.1.4 Elektrisches Feld

Wir betrachten ein System von Punktladungen $q_1, \ldots, q_N$ und teilen die von q_k auf q_i ausgeübte Kraft durch q_i. Die auf diese Weise erhaltene Größe

$$\boldsymbol{E}_k(\boldsymbol{r}_i) = \frac{q_k}{4\pi\varepsilon_0} \frac{\boldsymbol{r}_i - \boldsymbol{r}_k}{|\boldsymbol{r}_i - \boldsymbol{r}_k|^3} \tag{3.3}$$

ist unabhängig von der Ladung q_i und wird als elektrisches Feld der k-ten Ladung am Ort der i-ten bezeichnet (Feldlinienverlauf wie in Abb. 4.12 (a) oder (b)). Die Vektorsumme

$$\boldsymbol{E}(\boldsymbol{r}_i) = \sum_{k \neq i} \boldsymbol{E}_k(\boldsymbol{r}_i) = \frac{1}{4\pi\varepsilon_0} \sum_{k \neq i} q_k \frac{\boldsymbol{r}_i - \boldsymbol{r}_k}{|\boldsymbol{r}_i - \boldsymbol{r}_k|^3}$$

ist dementsprechend das von allen anderen Ladungen am Ort der i-ten Ladung erzeugte Gesamtfeld. Mit dieser Definition folgt aus (3.2) für die Gesamtkraft auf die i-te Ladung

$$\boldsymbol{F}(\boldsymbol{r}_i) = q_i \boldsymbol{E}(\boldsymbol{r}_i) .$$

Da die Position der i-ten Ladung beliebig war, kann $\boldsymbol{r}_i$ jeder beliebige Punkt $\boldsymbol{r}$ im Raum sein. Man sagt daher ganz allgemein, dass N bei $\boldsymbol{r}_1, \ldots, \boldsymbol{r}_N$ befindliche Punktladungen am Ort $\boldsymbol{r}$ das Feld

$$\boldsymbol{E}(\boldsymbol{r}) = \frac{1}{4\pi\varepsilon_0} \sum_{k=1}^{N} q_k \frac{\boldsymbol{r} - \boldsymbol{r}_k}{|\boldsymbol{r} - \boldsymbol{r}_k|^3} \tag{3.4}$$

erzeugen. Dies besagt, dass eine weitere, bei der Definition des Feldes $\boldsymbol{E}(\boldsymbol{r})$ nicht berücksichtigte punktförmige Probeladung q am Ort $\boldsymbol{r}$ die Kraft

$$\boxed{\boldsymbol{F} = q\boldsymbol{E}(\boldsymbol{r})} \tag{3.5}$$

erfahren würde. (Dass das von der Ladung q erzeugte Feld bei der Berechnung der auf diese einwirkenden Kraft nicht berücksichtigt werden muss, ist eine Folge von Gleichung (3.2), also des Coulomb-Gesetzes und des Superpositionsprinzips.) Die Bedeutung des Feldes $\boldsymbol{E}(\boldsymbol{r})$ besteht für uns im Moment darin, dass es die Fähigkeit zur Ausübung einer Kraft auf eine Probeladung ausdrückt; implizit fasst es die Wirkungen aller im Raum vorhandenen Ladungen mit Ausnahme der Ladung, mit der diese „erprobt" werden, zusammen. Wir werden später sehen, dass die Bedeutung des Feldbegriffs tatsächlich noch weitergeht.

Gleichung (3.5) erlaubt auch eine Definition des elektrischen Feldes, die von der Kenntnis der Positionen und Stärken der felderzeugenden Ladungen völlig unabhängig ist: Erfährt eine Probeladung q an einem Ort $\boldsymbol{r}$ des Raums die Kraft $\boldsymbol{F}(\boldsymbol{r})$, ohne dass die in diesem vorliegende Ladungsverteilung bekannt ist, so schreibt man diesem Ort, nachdem die Probeladung wieder entfernt wurde, die **Feldstärke**

$$\boldsymbol{E}(\boldsymbol{r}) = \boldsymbol{F}(\boldsymbol{r})/q \tag{3.6}$$

zu.

Die Tatsache, dass die Wirkung sehr vieler irgendwie verteilter Ladungen auf eine beliebige Probeladung q durch eine einzige Vektorgröße $\boldsymbol{E}$ ausgedrückt werden kann, ist eine Folge des Superpositionsprinzips. Hierbei sei darauf hingewiesen, dass viele voneinander völlig verschiedene Ladungsverteilungen an einem Ort $\boldsymbol{r}$ dasselbe Feld $\boldsymbol{E}(\boldsymbol{r})$ erzeugen können. Wird die Probeladung q durch eine größere oder kleinere Ladung ersetzt, so bleibt die Richtung der auf sie einwirkenden Kraft erhalten, unabhängig von der Verteilung der felderzeugenden Ladungen. Nur deren Betrag ändert sich, und zwar im gleichen Verhältnis wie die Probeladung.

Die bei $\boldsymbol{r}$ befindliche Probeladung q erzeugt natürlich selbst ein Feld, dessen Stärke am Ort $\boldsymbol{r}^*$ durch

$$\boldsymbol{E}_q(\boldsymbol{r}^*) = \frac{q}{4\pi\varepsilon_0} \frac{\boldsymbol{r}^* - \boldsymbol{r}}{|\boldsymbol{r}^* - \boldsymbol{r}|^3}$$

gegeben ist und das für $\boldsymbol{r}^* \to \boldsymbol{r}$ unendlich stark wird. Bei Anwesenheit der Probeladung liegt also am Ort $\boldsymbol{r}^*$ das Gesamtfeld

$$\boldsymbol{E}_{\text{ges}}(\boldsymbol{r}^*) = \boldsymbol{E}(\boldsymbol{r}^*) + \boldsymbol{E}_q(\boldsymbol{r}^*) = \boldsymbol{E}(\boldsymbol{r}^*) + \frac{q}{4\pi\varepsilon_0} \frac{\boldsymbol{r}^* - \boldsymbol{r}}{|\boldsymbol{r}^* - \boldsymbol{r}|^3}$$

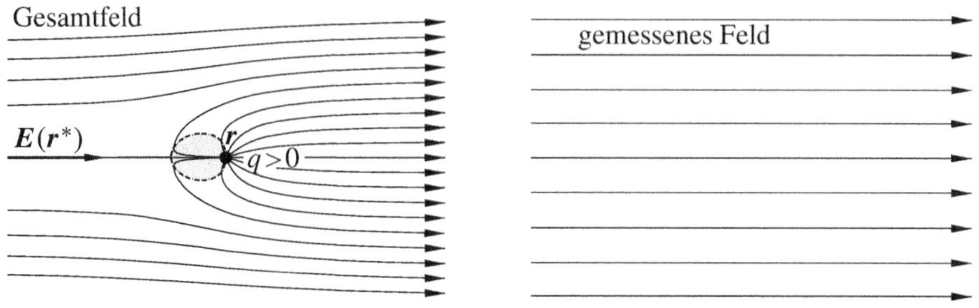

Abb. 3.7: Das Gesamtfeld setzt sich aus dem Feld der Probeladung und dem mit dieser gemessenen und von irgendwelchen anderen Ladungen erzeugten Feld zusammen. Außerhalb des grau schattierten Gebiets verlaufen bei dem gewählten Beispiel ($\boldsymbol{E}{=}E\,\boldsymbol{e}_x$ mit $E{=}\text{const}{>}0$) alle Feldlinien der Ebene $y{=}0$ von links nach rechts, innerhalb von diesem kommt es nach einem Start von rechts nach links zu einer Umkehr zu von links nach rechts (Aufgabe 3.2).

vor; von diesem wird mithilfe der Probeladung nur der Anteil $\boldsymbol{E}{=}\boldsymbol{E}_{\text{ges}}{-}\boldsymbol{E}_q$ gemessen (Abb. 3.7).

Der Feldanteil $\boldsymbol{E}$ wird durch irgendwelche Ladungen der Dichte $\varrho_E(\boldsymbol{r}')$ erzeugt. Die Messung von $\boldsymbol{E}$ mithilfe einer größeren Probeladung q funktioniert in der beschriebenen Weise nur, wenn die Ladungen der Dichte $\varrho_E(\boldsymbol{r}')$ durch das Einbringen von q nicht verschoben und wenn durch q nicht weitere Ladungen „influenziert“ werden. Das ist z. B. bei Anwesenheit elektrischer Leiter (siehe Abschn. 4.5) nicht mehr der Fall, das Feld $\boldsymbol{E}$ wird dann durch die Probeladung verfälscht. Diese Verfälschung kann jedoch beliebig klein gemacht werden, indem man die Probeladung so klein wählt, dass die von ihr ausgehenden Kraftwirkungen im Wesentlichen auf ihre unmittelbare Nachbarschaft beschränkt bleiben.

3.1.5 Maxwell-Gleichungen der Elektrostatik

Räumliche Ladungsverteilung

Gehen wir mit

$$q_l = \varrho(\boldsymbol{r}_l)\,\Delta^3\tau_l$$

von Punktladungen zu einer **Raumladungsdichte** ϱ über, so gilt

$$\boldsymbol{E}(\boldsymbol{r}) = \frac{1}{4\pi\varepsilon_0}\sum_{l=1}^{N}\frac{\varrho(\boldsymbol{r}_l)\,(\boldsymbol{r}-\boldsymbol{r}_l)}{|\boldsymbol{r}-\boldsymbol{r}_l|^3}\Delta^3\tau_l \;\to\; \frac{1}{4\pi\varepsilon_0}\int_{\mathbb{R}^3}\frac{\varrho(\boldsymbol{r}')\,(\boldsymbol{r}-\boldsymbol{r}')}{|\boldsymbol{r}-\boldsymbol{r}'|^3}\,d^3\tau'\,. \tag{3.7}$$

Mit (2.13) ergibt sich nach Herausziehen des Gradienten vor das Integral

$$\boxed{\boldsymbol{E}(\boldsymbol{r}) = -\frac{1}{4\pi\varepsilon_0}\nabla\int_{\mathbb{R}^3}\frac{\varrho(\boldsymbol{r}')}{|\boldsymbol{r}-\boldsymbol{r}'|}\,d^3\tau' = \frac{1}{4\pi\varepsilon_0}\int_{\mathbb{R}^3}\frac{\varrho(\boldsymbol{r}')\,(\boldsymbol{r}-\boldsymbol{r}')}{|\boldsymbol{r}-\boldsymbol{r}'|^3}\,d^3\tau'\,.} \tag{3.8}$$

Hieraus folgt nach (2.20) unmittelbar rot $\boldsymbol{E}=0$ und mit (2.56)

$$\operatorname{div}(\varepsilon_0 \boldsymbol{E}) = \int_{\mathbb{R}^3} \varrho(\boldsymbol{r}') \left(-\frac{1}{4\pi} \Delta \frac{1}{|\boldsymbol{r} - \boldsymbol{r}'|} \right) d^3\tau' = \varrho(\boldsymbol{r}) .$$

Das von einer beliebigen räumlichen Ladungsverteilung $\varrho(\boldsymbol{r})$ erzeugte Feld $\boldsymbol{E}(\boldsymbol{r})$ genügt also den Gleichungen

$$\boxed{\operatorname{rot} \boldsymbol{E} = 0 , \qquad \operatorname{div}(\varepsilon_0 \boldsymbol{E}) = \varrho .} \tag{3.9}$$

Das sind die **Maxwell-Gleichungen der Elektrostatik**, also die Grundgleichungen zur Berechnung statischer elektrischer Felder. Da sie die Quellen und Wirbel des Feldes $\boldsymbol{E}(\boldsymbol{r})$ vorgeben, wird dieses nach dem Fundamentalsatz der Vektoranalysis vollständig durch sie festgelegt.

Wir wollen im Folgenden die Gleichungen (3.9) noch in eine andere Form überführen, die sich für einige Zwecke als besonders nützlich erweist. Dazu legen wir durch eine stückweise glatte, ansonsten beliebige geschlossene Kurve C irgendeine Fläche F und integrieren Gleichung (3.9a) über das von C umrandete Flächenstück. Dann liefert der Stokes'sche Satz die Gleichung

$$0 = \int_F \operatorname{rot} \boldsymbol{E} \cdot d\boldsymbol{f} = \oint_C \boldsymbol{E} \cdot d\boldsymbol{s} ,$$

die für jede beliebige geschlossene Kurve gilt. Ist umgekehrt für jede beliebige geschlossene Kurve $\oint_C \boldsymbol{E} \cdot d\boldsymbol{s} = 0$, so folgt daraus

$$0 = \lim_{F \to 0} \frac{1}{F} \oint_C \boldsymbol{E} \cdot d\boldsymbol{s} \overset{(2.4)}{=} \boldsymbol{n} \cdot \operatorname{rot} \boldsymbol{E}$$

für jede beliebige Normalenrichtung $\boldsymbol{n}$, und daher ist rot $\boldsymbol{E}=0$. Dies bedeutet die Äquivalenz von Gleichung (3.9a) mit der Forderung, dass für beliebige geschlossene Kurven $\oint \boldsymbol{E} \cdot d\boldsymbol{s}=0$ gelten soll.

Analog betrachten wir ein beliebiges, von einer geschlossenen Fläche F berandetes Raumgebiet G und integrieren darüber Gleichung (3.9b). Dann liefert der Gauß'sche Satz (2.27) für die Gesamtladung

$$Q := \int_G \varrho \, d^3\tau = \int_G \operatorname{div}(\varepsilon_0 \boldsymbol{E}) \, d^3\tau = \varepsilon_0 \int_F \boldsymbol{E} \cdot d\boldsymbol{f} .$$

Gilt diese Gleichung umgekehrt für jedes beliebige Raumgebiet, so folgt daraus

$$\varrho = \lim_{V \to 0} \frac{1}{V} \int_G \varrho \, d^3\tau = \lim_{V \to 0} \frac{1}{V} \int (\varepsilon_0 \boldsymbol{E}) \cdot d\boldsymbol{f} \overset{(2.3)}{=} \operatorname{div}(\varepsilon_0 \boldsymbol{E}) .$$

Die als **Integralform der Maxwell-Gleichungen der Elektrostatik** bezeichneten Gleichungen

$$\boxed{\oint_C \boldsymbol{E} \cdot d\boldsymbol{s} = 0 , \qquad \oint_F \varepsilon_0 \boldsymbol{E} \cdot d\boldsymbol{f} = Q ,} \tag{3.10}$$

in denen C bzw. F eine stückweise glatte, ansonsten beliebige geschlossene Kurve bzw. Fläche sein muss, sind also den differenziellen Gleichungen (3.9) äquivalent. Gleichung (3.10b), in der $Q=\int_G \varrho\, d^3\tau$ gilt und G ein beliebiges, von F berandetes Gebiet ist, wird auch als **Gauß'sches Gesetz** bezeichnet. Sie bietet im Prinzip die in Abschn. 3.1.1 festgestellte Möglichkeit zur Überprüfung der Ladungserhaltung in einem isolierten System: Dazu muss man in jedem Punkt seiner Grenzfläche durch die Kraftwirkung auf eine Probeladung das Feld $\boldsymbol{E}$ bestimmen und das Ergebnis dieser Messungen über die Grenzfläche integrieren; das erhaltene Integral ist zeitlich konstant.

Flächenhafte Ladungsverteilung

Betrachten wir eine Verteilung von N Punktladungen auf einer Fläche und gehen mit

$$q_l = \sigma(\boldsymbol{r}_l)\, \Delta f_l$$

von Punktladungen zu einer **Flächenladungsdichte** σ über, so erhalten wir aus (3.4) für $N\to\infty$ ähnlich wie (3.8)

$$\boldsymbol{E}(\boldsymbol{r}) = -\frac{1}{4\pi\varepsilon_0}\nabla \int_F \frac{\sigma(\boldsymbol{r}')}{|\boldsymbol{r}-\boldsymbol{r}'|}\, df'\,. \tag{3.11}$$

Der Vergleich mit Gleichung (3.8) zeigt, dass man den Übergang von einer Volumenladungsdichte $\varrho(\boldsymbol{r})$ zu einer Flächenladungsdichte $\sigma(\boldsymbol{r})$ formal durch die Ersetzung

$$\varrho(\boldsymbol{r})\, d^3\tau \to \sigma(\boldsymbol{r})\, df \tag{3.12}$$

vollziehen kann. In vielen Fällen lassen sich auf diese Weise Ergebnisse, die für ϱ gewonnen wurden, auf σ übertragen. Dabei ist jedoch eine gewisse Vorsicht geboten, denn wir werden Beispielen begegnen, bei denen das nicht möglich ist (siehe z. B. Abschn. 4.5.3). Im Grunde sollte man immer das übertragene Ergebnis durch einen geeigneten Grenzübergang verifizieren.

Offensichtlich gilt für das Feld (3.11) $\operatorname{rot}\boldsymbol{E}=0$ im ganzen $\mathbb{R}^3$ und

$$\operatorname{div}(\varepsilon_0\boldsymbol{E}) = \int_F \sigma(\boldsymbol{r}')\left(-\frac{1}{4\pi}\Delta\frac{1}{|\boldsymbol{r}-\boldsymbol{r}'|}\right) df' = \int_F \sigma(\boldsymbol{r}')\,\delta^3(\boldsymbol{r}-\boldsymbol{r}')\, df' = 0$$

im $\mathbb{R}^3 \setminus F$. Außerdem konvergiert $|\boldsymbol{E}|$ gleichmäßig gegen null für $r\to\infty$, da F ganz im Endlichen liegt. Damit erfüllt das Feld $\boldsymbol{E}$ der Flächenladung σ alle Voraussetzungen des Fundamentalsatzes mit Sprüngen und hat daher die Darstellung

$$\varepsilon_0\boldsymbol{E} = -\frac{1}{4\pi}\nabla\int_F \frac{\boldsymbol{n}'\cdot[\varepsilon_0\boldsymbol{E}']}{|\boldsymbol{r}-\boldsymbol{r}'|}\, df' + \frac{1}{4\pi}\operatorname{rot}\int_F \frac{\boldsymbol{n}'\times[\varepsilon_0\boldsymbol{E}']}{|\boldsymbol{r}-\boldsymbol{r}'|}\, df'\,,$$

da es keine volumenspezifischen Quellen und Wirbel besitzt. Der Vergleich mit (3.11) liefert

$$0 \equiv \frac{1}{4\pi}\nabla\int_F \frac{\sigma' - \boldsymbol{n}'\cdot[\varepsilon_0\boldsymbol{E}']}{|\boldsymbol{r}-\boldsymbol{r}'|}\, df' + \frac{1}{4\pi}\operatorname{rot}\int_F \frac{\boldsymbol{n}'\times[\varepsilon_0\boldsymbol{E}']}{|\boldsymbol{r}-\boldsymbol{r}'|}\, df'\,. \tag{3.13}$$

Bilden wir die Divergenz dieser Gleichung, so folgt für

$$\phi := \int_F \frac{\sigma' - \boldsymbol{n}' \cdot [\varepsilon_0 \boldsymbol{E}']}{|\boldsymbol{r} - \boldsymbol{r}'|}\, df'$$

im ganzen Raum die Gleichung

$$\Delta\phi = 0\,.$$

(Zunächst gilt sie nur im $\mathbb{R}^3 \setminus F$, da für jeden Punkt auf F jedoch $\lim_{\varepsilon\to 0} \Delta\phi|_{\boldsymbol{r}_0 \pm \varepsilon} = 0$ gilt, kann ihre Gültigkeit auf F erweitert werden.) Wegen $\phi \to 0$ für $r \to \infty$ folgt wie in Abschn. 2.6 $\phi(\boldsymbol{r}) \equiv 0$; das ist wegen der Beliebigkeit des Punkts $\boldsymbol{r}$ nur möglich, wenn der Zähler des Integranden verschwindet.

Bilden wir die Rotation von Gleichung (3.13), so erhalten wir für

$$\boldsymbol{A} := \int_F \frac{\boldsymbol{n}' \times [\varepsilon_0 \boldsymbol{E}']}{|\boldsymbol{r} - \boldsymbol{r}'|}\, df'$$

im ganzen Raum die Gültigkeit der Gleichung

$$0 = \text{rot}\,\text{rot}\,\boldsymbol{A} \overset{(2.25),\text{s.u.}}{=} -\Delta\boldsymbol{A}\,,$$

da nach dem Fundamentalsatz div $\boldsymbol{A}=0$ gilt. Hieraus folgt $\boldsymbol{A}\equiv 0$, und das ist nur möglich, wenn der Zähler des Integranden von $\boldsymbol{A}$ verschwindet.

Zusammengefasst gilt für das Feld (3.11) einer flächenhaften Ladungsverteilung σ

$$\begin{aligned} \text{rot}\,\boldsymbol{E} &= 0 \quad \text{in } \mathbb{R}^3 \setminus F\,, \quad \boldsymbol{n} \times [\boldsymbol{E}] = 0 \quad \text{auf } F\,, \\ \text{div}(\varepsilon_0 \boldsymbol{E}) &= 0 \quad \text{in } \mathbb{R}^3 \setminus F\,, \quad \boldsymbol{n} \cdot [\varepsilon_0 \boldsymbol{E}] = \sigma \quad \text{auf } F\,. \end{aligned} \tag{3.14}$$

Man erhält diese Relationen auch aus den differenziellen Maxwell-Gleichungen der Elektrostatik, wenn man wie in Abschn. 2.8.3 den Grenzübergang von einer räumlichen zu einer flächenhaften Ladungsdichte vollzieht (Aufgabe 3.5).

In besonders einfacher Weise erhält man sie auch aus den integralen Maxwell-Gleichungen (3.10). Wir setzen dazu

$$\varrho(\boldsymbol{r}) = \sigma(\boldsymbol{r})\,\delta(\tau)\,,$$

wobei τ eine zur Fläche F senkrechte Abstandskoordinate und $\delta(\tau)$ die eindimensionale Deltafunktion ist. Dann integrieren wir ϱ über das in Abb. 3.8 gezeigte kleine Volumenelement und erhalten für kleine τ_1 näherungsweise

$$\begin{aligned} \varepsilon_0 \int \boldsymbol{E} \cdot d\boldsymbol{f} &= \varepsilon_0 \Big[\boldsymbol{n} \cdot \boldsymbol{E}(\boldsymbol{r}_0 + \tau_1 \boldsymbol{n}) - \boldsymbol{n} \cdot \boldsymbol{E}(\boldsymbol{r}_0 - \tau_1 \boldsymbol{n})\Big]\,\Delta F \\ &= \int \varrho\, d^3\tau = \int \sigma\,\delta(\tau)\, df\, d^3\tau = \sigma\,\Delta F\,. \end{aligned}$$

Im Limes $\tau_1 \to 0$ folgt daraus die für σ erhaltene Gleichung in der unteren Zeile von (3.14). Analog erhält man die Beziehung $\boldsymbol{n} \times [\boldsymbol{E}] = 0$ aus $\oint \boldsymbol{E} \cdot d\boldsymbol{s} = 0$.

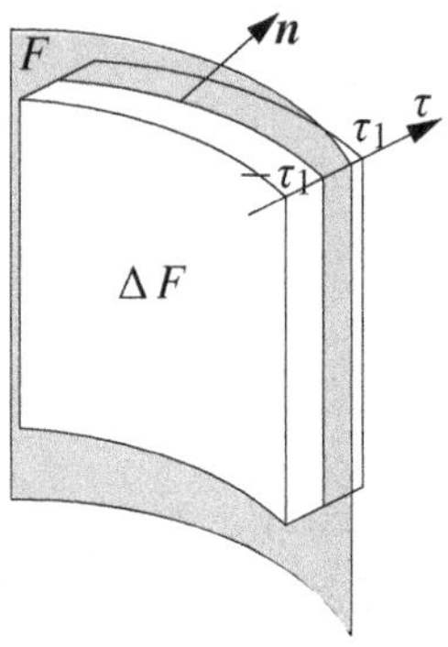

Abb. 3.8: Grenzübergang zu einer Flächenladungsdichte.

Offensichtlich ist in der Nachbarschaft flächenhafter, linienhafter und punktartiger Ladungsverteilungen die Benutzung der integralen Maxwell-Gleichungen einfacher, da man sich mit ihnen die Behandlung von Grenzübergängen erspart.

Nach dem Fundamentalsatz der Vektoranalysis wird ein Vektorfeld eindeutig durch seine Quellen und Wirbel bestimmt. Diese werden für elektrostatische Felder bei gegebener Ladungsverteilung gerade durch die Maxwell-Gleichungen der Elektrostatik festgelegt, die demnach das elektrostatische Feld eindeutig definieren.

Ist bei einem elektrostatischen Problem die Verteilung sämtlicher Ladungen bekannt, so hat man mit der Gleichung

$$\boldsymbol{E}(\boldsymbol{r}) = -\nabla \frac{1}{4\pi\varepsilon_0} \int \frac{\varrho'}{|\boldsymbol{r}-\boldsymbol{r}'|}\, d^3\tau' \,,$$

in der $\varrho(r)$ mithilfe von Deltafunktionen räumliche, flächenhafte, linienhafte und Punktladungen zusammenfassen möge, die Bestimmung des elektrischen Feldes auf eine reine Integrationsaufgabe zurückgeführt. Hätte man diese Situation bei allen elektrostatischen Problemen, so wären die Maxwell-Gleichungen der Elektrostatik im Prinzip überflüssig. In vielen Fällen ist jedoch die Verteilung der Ladungen nicht bekannt und muss erst simultan mit dem Feld $\boldsymbol{E}$ bestimmt werden. Die Maxwell-Gleichungen müssen natürlich auch in diesen Fällen gelten, und das elektrische Feld kann dann mit ihrer Hilfe bestimmt werden, wenn weitere Informationen wie z. B. Randbedingungen gegeben sind. Außerdem ist in vielen Fällen die praktische Feldberechnung mithilfe der Maxwell-Gleichungen einfacher als mit der angegebenen Integralformel (siehe Abschn. 4.6).

3.1.6 Kraftdichte und Gesamtkraft

Aus dem Kraftgesetz (3.5) ergibt sich für die Kraft auf ein Volumenelement $\Delta^3\tau$ der Ladungsdichte $\varrho(\boldsymbol{r})$ mit $q{=}\varrho(\boldsymbol{r})\,\Delta^3\tau$ die Kraft $\boldsymbol{F}{=}\varrho(\boldsymbol{r})\,\Delta^3\tau\,\boldsymbol{E}$. Definiert man nun als **Kraftdichte**

$$f = \frac{\boldsymbol{F}}{\Delta^3\tau}\,, \tag{3.15}$$

so erhält man für die auf die Ladungsdichte $\varrho(\boldsymbol{r})$ im Feld $\boldsymbol{E}(\boldsymbol{r})$ einwirkende Kraftdichte

$$\boldsymbol{f}(\boldsymbol{r}) = \varrho(\boldsymbol{r})\boldsymbol{E}(\boldsymbol{r}) \tag{3.16}$$

und für die auf die Ladungsverteilung einwirkende Gesamtkraft

$$\boldsymbol{F} = \int_{\mathbb{R}^3} \varrho(\boldsymbol{r})\boldsymbol{E}(\boldsymbol{r})\, d^3\tau\,. \tag{3.17}$$

Wird das Feld $\boldsymbol{E}(\boldsymbol{r})$ ausschließlich von der Ladungsverteilung der Dichte $\varrho(\boldsymbol{r})$ erzeugt, so können wir (3.7) benutzen und erhalten

$$\boldsymbol{F} = \frac{1}{4\pi\varepsilon_0} \int_{\mathbb{R}^3}\int_{\mathbb{R}^3} \frac{\varrho(\boldsymbol{r})\,\varrho(\boldsymbol{r}')\,(\boldsymbol{r}-\boldsymbol{r}')}{|\boldsymbol{r}-\boldsymbol{r}'|^3}\, d^3\tau\, d^3\tau'\,. \tag{3.18}$$

In diesem Ausdruck liefert jedes Punktepaar $\boldsymbol{r}_1, \boldsymbol{r}_2$ zwei Beiträge,

$$\boldsymbol{r} = \boldsymbol{r}_1, \quad \boldsymbol{r}' = \boldsymbol{r}_2 \quad \to \quad \varrho(\boldsymbol{r}_1)\cdot\varrho(\boldsymbol{r}_2)\,\frac{(\boldsymbol{r}_1-\boldsymbol{r}_2)}{|\boldsymbol{r}_1-\boldsymbol{r}_2|^3}\, d^3\tau_1\, d^3\tau_2\,,$$

$$\boldsymbol{r} = \boldsymbol{r}_2, \quad \boldsymbol{r}' = \boldsymbol{r}_1 \quad \to \quad \varrho(\boldsymbol{r}_2)\cdot\varrho(\boldsymbol{r}_1)\,\frac{(\boldsymbol{r}_2-\boldsymbol{r}_1)}{|\boldsymbol{r}_2-\boldsymbol{r}_1|^3}\, d^3\tau_2\, d^3\tau_1\,.$$

Da sich diese gegenseitig wegheben, ist $\boldsymbol{F}=0$, *die von einer Ladungsverteilung auf sich selbst ausgeübte Gesamtkraft verschwindet.* Als Folge davon dürfte in Gleichung (3.5) $\boldsymbol{E}$ auch das Feld $\boldsymbol{E}_q$ der Ladung q enthalten, ohne dass sich dadurch etwas an der Kraft $\boldsymbol{F}$ ändern würde. Wäre $\boldsymbol{F}\neq 0$, so ergäbe sich übrigens ein Widerspruch zur Erhaltung der Energie. Aus denselben Gründen gilt für das von der Ladungsverteilung auf sich selbst ausgeübte Gesamtdrehmoment

$$\begin{aligned}\boldsymbol{N} &= \int_{\mathbb{R}^3} [\boldsymbol{r}\times\varrho(\boldsymbol{r})\boldsymbol{E}(\boldsymbol{r})]\, d^3\tau = \frac{1}{4\pi\varepsilon_0}\int_{\mathbb{R}^3}\int_{\mathbb{R}^3} \frac{\varrho(\boldsymbol{r})\varrho(\boldsymbol{r}')\,[\boldsymbol{r}\times(\boldsymbol{r}-\boldsymbol{r}')]}{|\boldsymbol{r}-\boldsymbol{r}'|^3}\, d^3\tau\, d^3\tau' \\ &= -\frac{1}{4\pi\varepsilon_0}\int_{\mathbb{R}^3}\int_{\mathbb{R}^3} \frac{\varrho(\boldsymbol{r})\varrho(\boldsymbol{r}')\,(\boldsymbol{r}\times\boldsymbol{r}')}{|\boldsymbol{r}-\boldsymbol{r}'|^3}\, d^3\tau\, d^3\tau' \end{aligned} \tag{3.19}$$

um den Koordinatenursprung $\boldsymbol{N}=0$. Besitzt das Feld $\boldsymbol{E}(\boldsymbol{r})$ außer der Ladungsverteilung $\varrho(\boldsymbol{r})$ noch weitere Quellen, so zerlegen wir es in

$$\boldsymbol{E}(\boldsymbol{r}) = \boldsymbol{E}_{\text{ext}}(\boldsymbol{r}) + \frac{1}{4\pi\varepsilon_0}\int_{\mathbb{R}^3} \frac{\varrho(\boldsymbol{r}')\,(\boldsymbol{r}-\boldsymbol{r}')}{|\boldsymbol{r}-\boldsymbol{r}'|^3}\, d^3\tau' \tag{3.20}$$

und erhalten unter Benutzung der eben abgeleiteten Ergebnisse

$$\boldsymbol{F} = \int_{\mathbb{R}^3} \varrho(\boldsymbol{r})\boldsymbol{E}_{\text{ext}}(\boldsymbol{r})\, d^3\tau\,, \qquad \boldsymbol{N} = \int_{\mathbb{R}^3} [\boldsymbol{r}\times\varrho(\boldsymbol{r})\boldsymbol{E}_{\text{ext}}(\boldsymbol{r})]\, d^3\tau\,. \tag{3.21}$$

3.1.7 Zur Exaktheit des Coulomb-Gesetzes

Während makroskopische Ladungen immer eine endliche Ausdehnung d besitzen, ist das Coulomb-Gesetz für den Idealfall $d=0$ formuliert. Bei seiner experimentellen Überprüfung kann man dem Idealfall $d/r=0$ (mit r = Abstand vom Ort der Ladung) jedoch

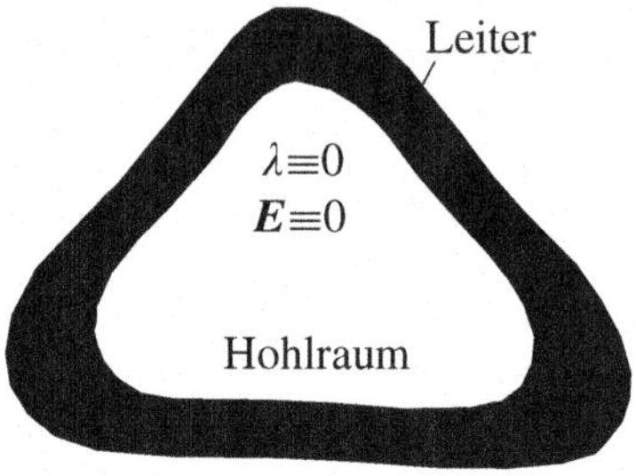

Abb. 3.9: Faraday-Käfig. In einem von einem Leiter umschlossenen, ladungsfreiem Vakuumgebiet muss das elektrische Feld stets verschwinden, auch wenn außerhalb des Leiters ein elektrisches Feld vorhanden ist. Dies ermöglicht eine Überprüfung der Exaktheit des Coulomb-Gesetzes.

dadurch sehr nahe kommen, dass man r sehr groß macht. Dabei wird jedoch eine Grenze erreicht, an der die zu $1/r^2$ proportionale Kraft zu klein wird, um noch messbar zu sein. Es bleibt also eine gewisse Unklarheit darüber, wie genau $F \sim 1/r^2$ gilt, beispielsweise wäre auch noch $F \sim 1/r^{2+\varepsilon}$ mit $\varepsilon \ll 1$ möglich. An der Richtungsbeziehung

$$\boldsymbol{E} = q\, f(r)\, \boldsymbol{r}$$

für das Feld einer Punktladung am Ort $\boldsymbol{r}=0$ halten wir jedoch fest, da wir sie auf logische Argumente zurückführen konnten. Da jedoch selbst für beliebige Funktionen $f(r)$

$$\operatorname{rot} \boldsymbol{E} = 0$$

gelten würde, hätten Abweichungen vom $1/r^2$-Gesetz nur Konsequenzen für die Divergenz von $\boldsymbol{E}$. Hier erhält man im ladungsfreien Raum $\operatorname{div}(\varepsilon_0 \boldsymbol{E}) \equiv 0$ nur für $F \sim 1/r^2$, für jedes andere Kraftgesetz wäre dagegen $\operatorname{div}(\varepsilon_0 \boldsymbol{E}) \not\equiv 0$. Eine sehr genaue Überprüfung der realen Verhältnisse wird durch die Messung der Feldstärke $\boldsymbol{E}$ innerhalb einer gleichmäßig geladenen Kugelschale möglich. Hier ist $|\boldsymbol{E}| \equiv 0$, wenn $\operatorname{div} \boldsymbol{E} \equiv 0$ gilt, und $|\boldsymbol{E}| \not\equiv 0$, wenn $\operatorname{div} \boldsymbol{E} \not\equiv 0$ gilt (Aufgabe 3.6). Grenzen der Genauigkeit entstehen hierbei durch Ungenauigkeiten der Kugelform und der Gleichmäßigkeit der Ladungsverteilung.

Einen noch genaueren Test liefert die Messung der Feldstärke in einem *Faraday-Käfig*. Wir werden später aus den Maxwell-Gleichungen ableiten, dass das elektrische Feld in einem von einem Leiter umschlossenen, ladungsfreien Vakuumgebiet (Faraday-Käfig) stets verschwindet, unabhängig davon, ob der Leiter selbst geladen ist, ob sich außerhalb von diesem Ladungen befinden und ein elektrisches Feld vorliegt, und unabhängig von der Form des Hohlraums (Abb. 3.9). Dieses Ergebnis hängt kritisch von der Gültigkeit der Gleichung $\operatorname{div}(\varepsilon_0 \boldsymbol{E}) \equiv 0$ innerhalb des Hohlraums ab und würde unrichtig, wenn $\operatorname{div}(\varepsilon_0 \boldsymbol{E}) \not\equiv 0$ wäre. Mit der heute möglichen Messgenauigkeit findet man, dass eine Korrektur der $1/r^2$-Beziehung in der Form $1/r^{2+\varepsilon}$ einen Faktor $\varepsilon < 10^{-16}$ ergeben würde.

In der Quantenelektrodynamik wird gezeigt, dass die Quanten des elektromagnetischen Feldes (Photonen) die Ruhemasse null besitzen, wenn exakt $|\boldsymbol{E}| \sim 1/r^2$ gilt. Bei einer von null verschiedenen Ruhemasse würde man dagegen das aus dem **Yukawa-Potenzial** $\phi \sim \mathrm{e}^{-\mu r}/r$ folgende Feld

$$|\boldsymbol{E}| \sim \left| \nabla \left(\mathrm{e}^{-\mu r}/r \right) \right|$$

erwarten, das für $\mu \to 0$ gegen ein $1/r^2$-Feld geht. Der Zusammenhang zwischen der

Ruhemasse m_γ des Photons und μ ist dabei durch

$$m_\gamma = \mu\hbar/c$$

($\hbar$ = Planck'sches Wirkungsquantum/(2π) und c = Lichtgeschwindigkeit) gegeben. Je kleiner μ, desto kleiner ist auch die Ruhemasse. Bei kleinen Abständen r wirkt sich eine $\mathrm{e}^{-\mu r}$-Korrektur des Potenzials $\phi \sim 1/r$ viel schwächer als eine $r^{-\varepsilon}$-Korrektur aus. Erst bei großen r würde die $\mathrm{e}^{-\mu r}$-Korrektur zu einem sehr viel schnelleren Abfall als $1/r$ führen. Nach heutiger Messgenauigkeit gilt $1/\mu \gtrsim 3{,}5 \cdot 10^9$ m bzw. $m_\gamma \lesssim 10^{-52}$ kg. Eine Abweichung des Potenzials ϕ von einem $1/r$-Verlauf würde sich bei einer Yukawa-Form von ϕ erst für $\mu r \gtrsim 1$, also bei Abständen $r \gtrsim 3{,}5 \cdot 10^9$ m auswirken.

Die Möglichkeit zu einer sehr genauen Überprüfung des Gesetzes $|\boldsymbol{E}| \sim 1/r^2$ ergibt sich auch im atomaren Bereich: Der Abstand von Spektrallinien hängt kritisch vom $1/r^2$-Abfall der Wechselwirkung zwischen Kern und Elektronen ab, wobei allerdings für die Bewegungsgesetze die Mechanik durch die Quantenmechanik ersetzt werden muss. Geht man schließlich von einer auf dem $1/r^2$-Gesetz basierenden Elektrodynamik zu einer Quantentheorie des elektromagnetischen Feldes über, so kann man die Konsequenzen durch Streuversuche von Elektronen an Positronen bis zu Dimensionen von ca. 10^{-17} m prüfen und findet immer noch die Gültigkeit des $1/r^2$-Gesetzes.

Damit erstreckt sich dessen Gültigkeit über einen Bereich von mehr als 25 Größenordnungen. Diese Aussage impliziert allerdings die Konstanz von ε_0 über diesen Bereich, da eine Abstandsabhängigkeit von ε_0 die Abstandsabhängigkeit von $\boldsymbol{E}$ verfälschen würde.

3.1.8 Zur Exaktheit des Superpositionsprinzips

Unter Benutzung des Feldbegriffs lautet das Superpositionsprinzip für die Kraftwirkungen verschiedener Ladungen auf eine Probeladung, zur Vereinfachung auf zwei felderzeugende Ladungen spezialisiert: Erzeugt q_1 das Feld $\boldsymbol{E}_1(\boldsymbol{r})$ und q_2 das Feld $\boldsymbol{E}_2(\boldsymbol{r})$, so ist das am Ort $\boldsymbol{r}$ wirkende Feld bei gleichzeitiger Einwirkung von q_1 und q_2

$$\boldsymbol{E}(\boldsymbol{r}) = \boldsymbol{E}_1(\boldsymbol{r}) + \boldsymbol{E}_2(\boldsymbol{r})\,.$$

Ohne Superpositionsprinzip hätte man irgendeinen Zusammenhang

$$\boldsymbol{E}(\boldsymbol{r}) = f(\boldsymbol{E}_1(\boldsymbol{r}), \boldsymbol{E}_2(\boldsymbol{r}))$$

mit

$$f(0,0) = 0\,, \qquad f(\boldsymbol{E}_1, 0) = \boldsymbol{E}_1\,, \qquad f(0, \boldsymbol{E}_2) = \boldsymbol{E}_2\,.$$

Eine Taylor-Reihenentwicklung von f liefert unter Berücksichtigung der eben angegebenen Gleichungen

$$\boldsymbol{E}(\boldsymbol{r}) = \boldsymbol{E}_1 + \boldsymbol{E}_2 + \sum_{i,k=1}^{2} \boldsymbol{E}_i \cdot \mathsf{A}_{ik} \cdot \boldsymbol{E}_k + \cdots\,,$$

wobei A_{ik} ein Tensor ist. Auch hieraus ergibt sich für hinreichend kleine Feldstärken $|\boldsymbol{E}_1|$ und $|\boldsymbol{E}_2|$ bis auf Korrekturen, die möglicherweise unterhalb der Messgenauigkeit liegen, das lineare Superpositionsprinzip. Gilt dieses nicht, so folgt daraus, dass man zuerst bei sehr hohen Feldstärken nach Abweichungen suchen muss. Solche ergeben sich nach dem Coulomb-Gesetz in der Nähe von Elementarladungen, denn für eine Punktladung gilt

$$\boldsymbol{E} = \frac{q}{4\pi\,\varepsilon_0}\frac{\boldsymbol{r}}{r^3} \to \infty \qquad \text{für} \quad r \to 0\,.$$

Das Superpositionsprinzip von Coulomb-Kräften ging ganz wesentlich in die Formulierung der Maxwell-Gleichungen der Elektrostatik ein. Wir werden später die allgemeinen Maxwell-Gleichungen als lineare Vektorgleichungen formulieren, sodass auch allgemein ein Superpositionsprinzip für elektromagnetische Felder gilt. Benutzt man diese Gleichungen in atomaren und subatomaren Dimensionen als Grundlage der elektromagnetischen Wechselwirkung, so erhält man auch in Fällen, in denen die Teilchenbewegung quantenmechanisch berechnet wird, experimentell bestätigte Ergebnisse. Als Beispiele seien genannt: Die Berechnung der Spektrallinien in Atomen mit mehr als zwei Ladungsträgern und die Berechnung der aus elektrischer Abstoßung resultierenden kinetischen Energien von Zerfallsprodukten beim Zerfall schwerer Kerne.

Überführt man die auf dem Superpositionsprinzip basierende lineare Maxwell-Theorie in eine Quantenfeldtheorie, die *Quantenelektrodynamik*, so ergeben sich in dieser nichtlineare Effekte. Zur Illustration diene das folgende Beispiel.

Beispiel 3.1: *Streuung von Licht an Licht*

Treffen zwei Lichtwellen extremer Intensität aufeinander, so durchdringen sie sich nicht wechselwirkungsfrei, wie das bei linearer Superposition der Fall sein müsste, sondern werden aneinander gestreut (Streuung von Licht an Licht).

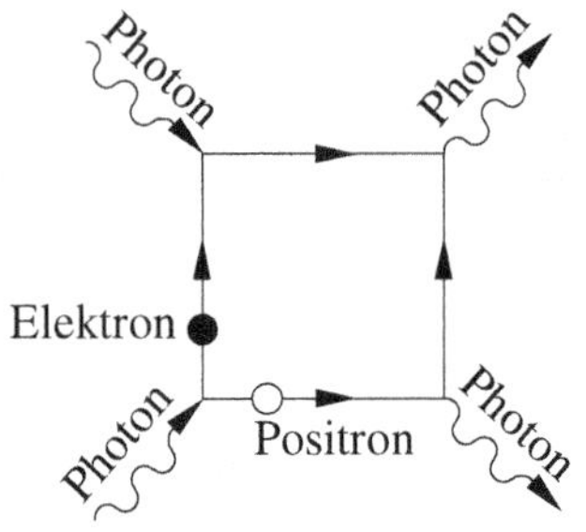

Abb. 3.10: Streuung von Licht an Licht als Beispiel eines nichtlinearen Effekts in der Quantenelektrodynamik. Die Wechselwirkung kommt dadurch zustande, dass vorübergehend ein Elektron-Positron-Paar gebildet wird.

Die Ursache hierfür ist darin zu sehen, dass die eine Lichtwelle im Feld der anderen in ein Elektron-Positron-Paar zerfällt, das mit der Letzteren in Wechselwirkung tritt. Durch Paarvernichtung entsteht aus dem Elektron-Positron-Paar wieder Licht, und nach Abschluss dieser Prozesse laufen zwei Lichtwellen davon, die gegenüber den beiden ursprünglichen abgelenkt sind (Abb. 3.10).

Außer dem eben angeführten gibt es in der Quantenelektrodynamik noch viele weitere nichtlineare Effekte. Diese werden mit der heutigen Messgenauigkeit durch das

Experiment quantitativ bestätigt und liefern damit zusätzlich einen Beweis für die Richtigkeit der zugrunde liegenden linearen Maxwell-Theorie. Damit erscheint das Superpositionsprinzip für alle klassischen elektromagnetischen Vorgänge gültig, während alle beobachteten Nichtlinearitäten Quanteneffekte sind. Alle Versuche, schon den klassischen Maxwell-Gleichungen nichtlineare Korrekturterme hinzuzufügen, haben sich bis jetzt als unnötig erwiesen.

3.2 Ströme, Kräfte und statische Magnetfelder

Aus dem Gesetz der Ladungserhaltung lässt sich die Definition elektrischer Ströme als Fluss von Ladungen ableiten. Für stationäre Ströme folgt daraus die Kirchhoff'sche Verzweigungsregel (Abschn. 3.2.2). Für die Wechselwirkung infinitesimaler Stromelemente gilt ein Kraftgesetz, das große Ähnlichkeit mit dem Coulomb-Gesetz aufweist und dessen Integration uns zusammen mit einer Definition des Magnetfelds zum einen auf das Lorentz'sche Kraftgesetz und zum anderen auf das Biot-Savart-Gesetz zur Berechnung des Magnetfelds führen wird. Aus dem Letzteren lassen sich die Maxwell-Gleichungen der Magnetostatik ableiten. Zum Abschluss dieses Abschnitts befassen wir uns wieder mit der Frage, wie genau die Gültigkeit der aufgefundenen Gesetzmäßigkeiten nachgewiesen ist.

3.2.1 Ladungserhaltung, Stromdichte und Gesamtstrom

Wir kommen noch einmal auf das Gesetz der Ladungserhaltung zurück und formulieren es so um, dass es auch auf nicht abgeschlossene Systeme angewandt werden kann. Zu diesem Zweck betrachten wir ein im Raum fixiertes Volumen V, durch dessen Oberfläche F sich Ladungen nach V hinein- oder aus V herausbewegen können (Abb. 3.11); seine Umgebung U beziehen wir so weit mit in die Betrachtung ein, dass das aus U und V zusammengesetzte System abgeschlossen ist. Für dieses (abgeschlossene) Gesamtsystem muss das Gesetz der Ladungserhaltung gelten, und damit das der Fall ist, muss die Änderung der Ladung von V gleich der Differenz der aus V heraus- und der in V hineingeflossenen Ladungen sein.

Zur Quantifizierung dieser Aussage berechnen wir den Ladungsfluss durch einen parallelogrammartigen Ausschnitt der Oberfläche, der so klein ist, dass er als (ebenes) Parallelogramm mit den Kantenlängen $\Delta \boldsymbol{a}$ und $\Delta \boldsymbol{b}$ approximiert werden kann (Abb. 3.12). Dabei nehmen wir an, dass die positiven und negativen Ladungen jeweils

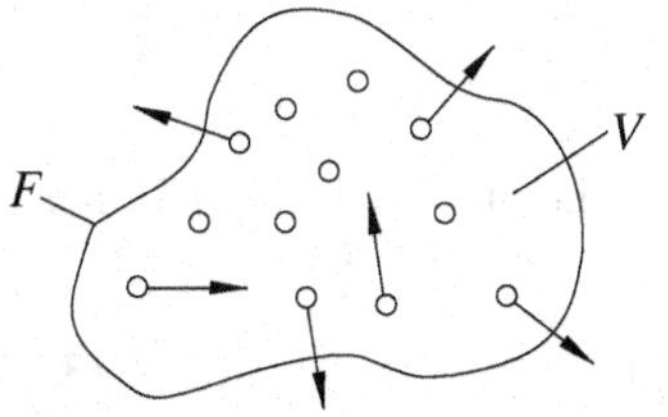

Abb. 3.11: Zur Ladungserhaltung: Betrachtet wird ein Volumen V, durch dessen Oberfläche F sich Ladungen nach V hinein- oder aus V herausbewegen können.

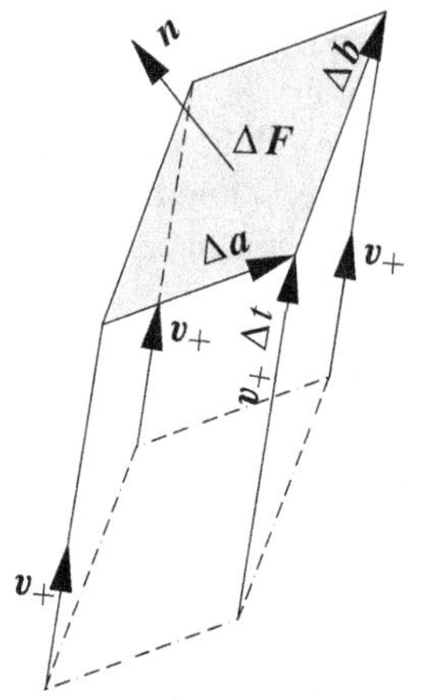

Abb. 3.12: Zur Definition der Stromdichte: Alle positiven Ladungen, die in der Zeit Δt durch die Fläche $\Delta \boldsymbol{F}{=}\Delta \boldsymbol{a} \times \Delta \boldsymbol{b}$ hindurchtreten, müssen sich bei einer mittleren Geschwindigkeit $\boldsymbol{v}_+$ vorher in dem von den Vektoren $\Delta \boldsymbol{a}$, $\Delta \boldsymbol{b}$ und $\boldsymbol{v}_+ \, \Delta t$ aufgespannten Parallelepiped mit dem Volumen $\Delta V = \; = \boldsymbol{n} \cdot \boldsymbol{v}_+ \, \Delta t \, \Delta F$ aufgehalten haben. Analog verhält es sich mit den negativen Ladungen.

wie geladene Flüssigkeiten behandelt werden dürfen, deren Geschwindigkeiten stetige Funktionen des Ortes sind. Zunächst betrachten wir alle positiven Ladungen, die in der Zeit Δt durch die Parallelogrammfläche $\Delta \boldsymbol{F}{=}\Delta \boldsymbol{a} \times \Delta \boldsymbol{b}$ hindurchtreten. Ist ihre mittlere Geschwindigkeit $\boldsymbol{v}_+$, so waren sie vor dem Durchtritt höchstens um die (gerichtete) Strecke $\boldsymbol{v}_+ \Delta t$ von $\Delta \boldsymbol{F}$ entfernt, d. h. sie stammen aus dem von den Vektoren $\boldsymbol{v}_+ \Delta t$, $\Delta \boldsymbol{a}$ und $\Delta \boldsymbol{b}$ aufgespannten Parallelepiped, dessen Volumen ΔV durch

$$\Delta V = \boldsymbol{v}_+ \Delta t \cdot (\Delta \boldsymbol{a} \times \Delta \boldsymbol{b}) = \boldsymbol{v}_+ \Delta t \cdot \Delta \boldsymbol{F} = \boldsymbol{n} \cdot \boldsymbol{v}_+ \, \Delta t \, \Delta F$$

gegeben ist. Sie transportieren die Ladung

$$\Delta Q_+ = \varrho_+ \, \Delta V = (\varrho_+ \boldsymbol{v}_+) \cdot \boldsymbol{n} \, \Delta F \, \Delta t \,,$$

wenn ϱ_+ die Ladungsdichte der positiven Ladungen bezeichnet. Analog wird von den negativen Ladungsträgern die Ladung

$$\Delta Q_- = (\varrho_- \boldsymbol{v}_-) \cdot \boldsymbol{n} \, \Delta F \, \Delta t$$

transportiert. Summieren wir nun den Beitrag der positiven und negativen Ladungen, so erhalten wir für den Gesamtladungsdurchtritt durch ΔF

$$\frac{\Delta Q}{\Delta t} = \frac{\Delta Q_+ + \Delta Q_-}{\Delta t} = (\varrho_+ \boldsymbol{v}_+ + \varrho_- \boldsymbol{v}_-) \cdot \boldsymbol{n} \, \Delta F \,. \tag{3.22}$$

Der Übergang zu differenziellen Größen und Summation über die Gesamtoberfläche F des betrachteten Volumens V liefert als dessen Ladungsänderung pro Zeit das Negative des gesamten Ladungsflusses durch die Oberfläche (– das Volumen V verliert, was durch seine Oberfläche nach außen hindurchtritt –)

$$\frac{dQ}{dt} = - \oint_F (\varrho_+ \boldsymbol{v}_+ + \varrho_- \boldsymbol{v}_-) \cdot d\boldsymbol{f} \,.$$

Dabei haben wir $\boldsymbol{n}\, df = d\boldsymbol{f}$ gesetzt, wobei $\boldsymbol{n}$ den aus V herausgerichteten Normalenvektor bezeichnet. Nun benutzen wir

$$\varrho = \varrho_+ + \varrho_- \,, \qquad Q = \int_V \varrho \, d^3\tau \,, \tag{3.23}$$

bezeichnen den Vektor

$$\boxed{\boldsymbol{j} = \varrho_+ \boldsymbol{v}_+ + \varrho_- \boldsymbol{v}_-} \tag{3.24}$$

als **Stromdichte** und erhalten als **integralen Satz der Ladungserhaltung**

$$\boxed{\frac{d}{dt}\int_V \varrho\, d^3\tau + \oint_F \boldsymbol{j}\cdot d\boldsymbol{f} = 0\,.} \tag{3.25}$$

Die physikalische Bedeutung der Stromdichte $\boldsymbol{j}$ ergibt sich aus Gleichung (3.22), $\boldsymbol{j}\cdot\boldsymbol{n}\,\Delta F = \Delta Q/\Delta t$ ist der Ladungsfluss pro Zeit durch das Flächenelement ΔF. Als **Gesamtstrom**, der durch ein endliches Flächenstück F hindurchtritt, wird

$$\boxed{I := \int_F \boldsymbol{j}\cdot d\boldsymbol{f}} \tag{3.26}$$

definiert. Damit können wir (3.25) in Worten so formulieren:

> **Satz der Ladungserhaltung.** *Der durch eine geschlossene Fläche hindurchtretende Gesamtstrom ist gleich dem zeitlichen Ladungsverlust des von der Fläche umschlossenen Gebiets.*

Mit

$$\frac{d}{dt}\int_V \varrho\, d^3\tau = \int_V \frac{\partial\varrho}{\partial t}\, d^3\tau$$

und dem Gauß'schen Satz $\int_F \boldsymbol{j}\cdot d\boldsymbol{f} = \int_V \operatorname{div}\boldsymbol{j}\, d^3\tau$ folgt aus (3.25)

$$\int_V \left(\frac{\partial\varrho}{\partial t} + \operatorname{div}\boldsymbol{j}\right) d^3\tau = 0$$

für jedes beliebige geschlossene Volumen V. Lassen wir hierin V so gegen null streben, dass sich das Integrationsgebiet auf einen Punkt zusammenzieht, so folgt daraus die **Kontinuitätsgleichung der Ladung**

$$\boxed{\frac{\partial\varrho}{\partial t} + \operatorname{div}\boldsymbol{j} = 0\,.} \tag{3.27}$$

Dies ist die **differenzielle Form des Satzes der Ladungserhaltung**.

Positive und negative Ladungsträger können voneinander verschiedene mittlere Geschwindigkeiten haben. Ist $\boldsymbol{v}$ die über beide Sorten von Ladungsträgern gemittelte Geschwindigkeit, so ist im Allgemeinen $\varrho_+\boldsymbol{v}_+ + \varrho_-\boldsymbol{v}_- \neq \varrho\boldsymbol{v}$; insbesondere kann $\varrho=0$ gelten und dennoch ein Strom fließen. In metallischen Leitern gilt z. B.

$$\varrho = \varrho_+ + \varrho_- = 0\,, \qquad \boldsymbol{v}_+ = 0 \qquad \Rightarrow \qquad \boldsymbol{j} = \varrho_-\boldsymbol{v}_-\,. \tag{3.28}$$

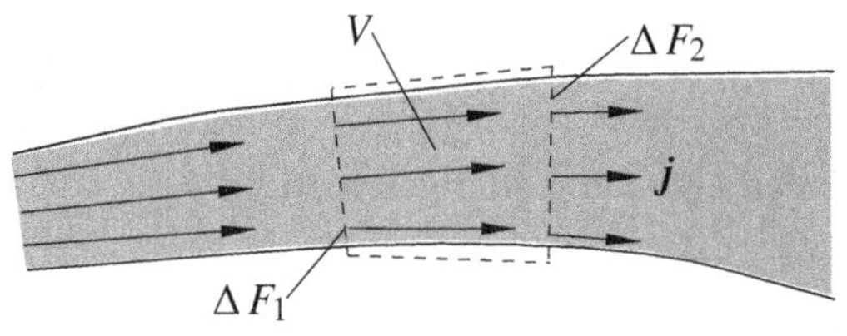

Abb. 3.13: Durch die seitliche Begrenzung einer Flussröhre des Feldes $\boldsymbol{j}(\boldsymbol{r})$ fließt kein Strom. Durch ΔF_1 hindurch fließen in der Zeit Δt genauso viele Ladungen in V hinein wie durch ΔF_2 hindurch aus V heraus.

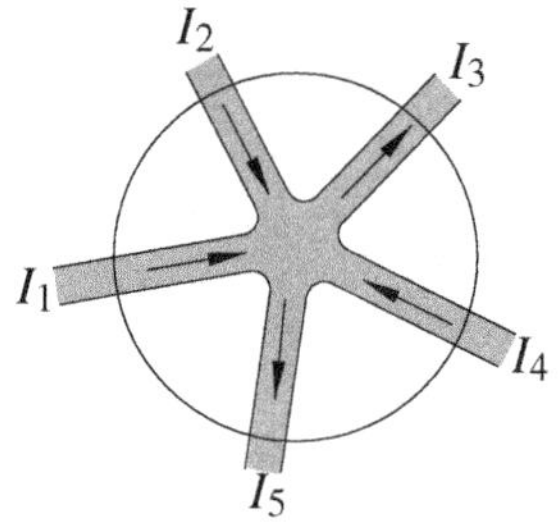

Abb. 3.14: Zur 1. Kirchhoff'schen Regel: Die Summe aller gerichteten Ströme in einem Verzweigungspunkt muss verschwinden.

3.2.2 Stationäre Stromdichte, Gesamtstrom und Linienströme

Ist die Stromdichte $\boldsymbol{j}$ zeitunabhängig und führt sie nirgends zu Ladungsanhäufungen ($\partial\varrho/\partial t \equiv 0$), so bezeichnet man sie als **stationär**. Aus (3.27) bzw. (3.25) ergibt sich dann

$$\operatorname{div}\boldsymbol{j} = 0 \tag{3.29}$$

bzw.

$$\oint_F \boldsymbol{j}\cdot d\boldsymbol{f} = 0 \qquad \text{für jede geschlossene Fläche } F\,.$$

Hieraus folgt, dass der Gesamtstrom $I = \int_{\Delta F} \boldsymbol{j}\cdot d\boldsymbol{f}$ durch jeden Querschnitt ΔF einer Flussröhre des Vektorfelds $\boldsymbol{j}$ konstant ist (Abb. 3.13): Durch die seitliche Begrenzungsfläche der Flussröhre fließt kein Strom, daher muss der Hineinfluss durch die Querschnittsfläche ΔF_1 gleich dem Abfluss durch eine weiter stromabwärts gelegene zweite Querschnittsfläche ΔF_2 sein. Insbesondere fließt in Stromleitern mit endlichem Querschnitt im Fall stationärer Ströme durch jeden Leiterquerschnitt derselbe Strom, und daher macht es Sinn, von *dem* Strom durch einen Leiter zu sprechen.

Bei Leiterverzweigungen gilt die nach G. R. Kirchhoff benannte **1. Kirchhoff'sche Regel**

$$\int \boldsymbol{j}\cdot d\boldsymbol{f} = \sum_n I_n = 0\,, \tag{3.30}$$

wobei Ströme positiv oder negativ gezählt werden, je nachdem, ob sie auf den Verzweigungspunkt zu- oder von diesem wegfließen (Abb. 3.14).

Manchmal führt es zu einer mathematischen Vereinfachung, wenn man einen dünnen Leiter endlicher Stromdichte durch einen unendlich dünnen Leiter unendlicher Stromdichte so approximiert, dass sich für beide derselbe Gesamtstrom ergibt. Ist $d\boldsymbol{l}$ ein infinitesimales Längenelement in Richtung des dünnen Leiters, so hat es die Richtung des Stromflusses (Abb. 3.15), und mit $\boldsymbol{j}\,\Delta^3\tau = \boldsymbol{j}\,\Delta F\,dl$ sowie $d\boldsymbol{l} = dl\;\boldsymbol{j}/|\boldsymbol{j}|$ erhält man im Grenzfall $\Delta F \to 0$

$$\boldsymbol{j}\,d^3\tau \to I\,d\boldsymbol{l}\,, \tag{3.31}$$

wobei $I := \lim_{\substack{|\boldsymbol{j}|\to\infty \\ \Delta F\to 0}} |\boldsymbol{j}|\,\Delta F$ als **Linienstrom** bezeichnet wird.

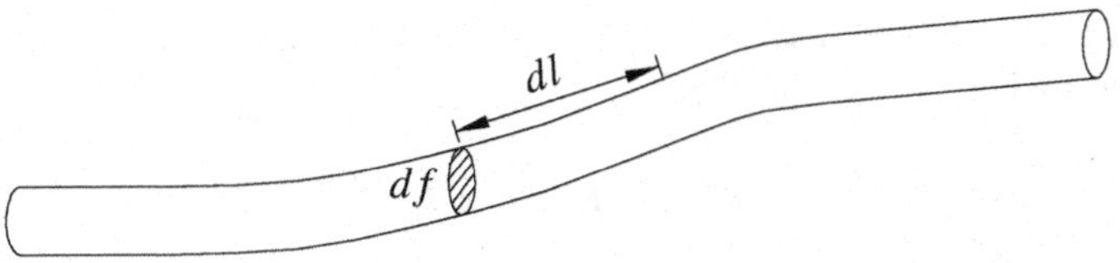

Abb. 3.15: In einem sehr dünnen Leiter kann die Stromverteilung $\boldsymbol{j}(\boldsymbol{r})$ durch einen Linienstrom I approximiert werden.

3.2.3 Ohm'sches Gesetz – lokale Form

Der elektrische Strom besteht in der Strömung von Ladungen, die im Allgemeinen durch einwirkende Kräfte hergerufen wird. Wenn in einem Leiter durch Anlegen einer Spannung ein elektrisches Feld $\boldsymbol{E}$ erzeugt wird, wirkt auf jeden Ladungsträger die Kraft $q_i \boldsymbol{E}$ als stromerzeugende Ursache. Wir wollen uns jetzt den hierfür geltenden Zusammenhang zwischen der Stromdichte $\boldsymbol{j}$ und dem elektrischen Feld $\boldsymbol{E}$ überlegen. Dabei nehmen wir zur Vereinfachung an, dass es nur eine Sorte positiver und eine Sorte negativer Ladungen gibt. Wenn es keine weiteren Kraftwirkungen auf die Ladungsträger gäbe, würden diese durch das elektrische Feld $\boldsymbol{E}$ permanent beschleunigt. Durch die Bewegung der negativen Ladungsträger gegenüber den positiven kommt es jedoch zu Stößen, die sich im Mittel wie permanente Reibungskräfte auswirken. (Dies gilt auch, wenn wie in Metallen nur eine Sorte von Ladungsträgern frei beweglich ist). Bei nicht zu großen Feldstärken $\boldsymbol{E}$ gilt für die Reibungskräfte $\boldsymbol{R}_+$ auf die positiven und $\boldsymbol{R}_-$ auf die negativen Ladungen in vielen Fällen

$$\boldsymbol{R}_+ = -\alpha_+ \boldsymbol{v}_+ \,, \qquad \boldsymbol{R}_- = -\alpha_- \boldsymbol{v}_- \,,$$

und wir erhalten die Bewegungsgleichungen

$$m_\pm \dot{\boldsymbol{v}}_\pm = q_\pm \boldsymbol{E} - \alpha_\pm \boldsymbol{v}_\pm \,. \tag{3.32}$$

Ein stationärer Zustand ergibt sich für $\dot{\boldsymbol{v}}_\pm = 0$ und damit

$$\boldsymbol{v}_\pm = q_\pm \boldsymbol{E}/\alpha_\pm \,.$$

Setzt man dies in (3.24) ein, so erhält man die lokale Form des **Ohm'schen Gesetzes**

$$\boxed{\boldsymbol{j} = \sigma \boldsymbol{E}} \tag{3.33}$$

mit der **spezifischen elektrischen Leitfähigkeit**

$$\sigma = \frac{\varrho_+ q_+}{\alpha_+} + \frac{\varrho_- q_-}{\alpha_-} \,. \tag{3.34}$$

(Die Leitfähigkeit σ darf nicht mit der Flächenladungsdichte σ verwechselt werden. Wo Verwechslung droht, werden wir die Letztere mit Σ bezeichnen.) Gleichung (3.33) gilt auch noch, wenn sich $\boldsymbol{v}$ hinreichend langsam verändert, d. h. solange $|m\dot{\boldsymbol{v}}_\pm| \ll |q_\pm \boldsymbol{E}|$ gilt.

Befindet sich im Leiter zusätzlich auch noch ein magnetisches Induktionsfeld $\boldsymbol{B}$, so wirkt auf die Ladungsträger die Kraft

$$\boldsymbol{F} = q(\boldsymbol{E} + \boldsymbol{v} \times \boldsymbol{B})$$

(siehe (3.49)), und wir erhalten dann als lokale Form des **Ohm'schen Gesetzes**

$$\boxed{\boldsymbol{j} = \sigma(\boldsymbol{E} + \boldsymbol{v} \times \boldsymbol{B})\,.} \tag{3.35}$$

Es sei darauf hingewiesen, dass wir dieses Gesetz unter sehr vereinfachenden Annahmen abgeleitet haben, deren Gültigkeitsbereich begrenzt ist. In allgemeineren Situationen kann sich ein wesentlich komplizierterer Zusammenhang zwischen der Stromdichte $\boldsymbol{j}$ und den Feldern $\boldsymbol{E}$ und $\boldsymbol{B}$ ergeben, der ebenfalls als (generalisiertes) Ohm'sches Gesetz bezeichnet wird (siehe dazu auch Abschn. 3.3.6). Bei dem oben abgeleiteten Zusammenhang würde man daher besser von *einem* statt von *dem* Ohm'schen Gesetz sprechen. Die historische globale Form $U{=}R\,I$ des Ohm'schen Gesetzes folgt aus (3.33) durch Integration (siehe Abschn. 6.1.4).

3.2.4 Kraftwirkung stationärer Ströme und Biot-Savart-Gesetz

Wir betrachten jetzt die Wechselwirkung vorgegebener stationärer Ströme. Man findet, dass sich zwei parallele gerade Drähte anziehen, wenn sie von Strömen gleicher Richtung durchflossen werden, und sich bei entgegengesetzter Richtung der Ströme abstoßen. Dass die hier auftretenden Kräfte nichts mit elektrischen Feldern zu tun haben, die z. B. durch Ladungsanhäufungen in den Drähten entstehen, kann dadurch nachgewiesen werden, dass man einen der Leiter mit einem Faraday-Käfig umgibt, der von ihm alle möglicherweise durch den anderen Leiter erzeugten elektrischen Felder abschirmt: Die beobachteten Wechselwirkungskräfte bleiben dann nach wie vor wirksam (Abb. 3.16).

Die betrachteten (Anti-)Parallelströme können nicht überall (anti-)parallel fließen, da Zuleitungen zu den Batterien bestehen müssen. Das macht die experimentelle Überprüfung der Kraftwirkung zwischen Strömen generell komplizierter als die Messung elektrostatischer Kräfte. Aus der Gleichung für die Ladungserhaltung folgt, dass es für stationäre Ströme kein Analogon zu Punktladungen gibt; experimentell beobachtet man immer nur die integrale Wirkung vieler Stromelemente aufeinander.

Das Problem der Wechselwirkung von Strömen wird hier entgegen seiner historischen Entwicklung so behandelt, dass zunächst ein – nicht direkt verifizierbares – Gesetz für die Wechselwirkung einzelner Stromelemente postuliert wird. Erst anschließend werden aus ihm die experimentell überprüfbaren integralen Wechselwirkungen deduziert, die ihm seinen eigentlichen Sinn verleihen. Außerdem werden wir uns noch mit einem aus dem Rahmen der Behandlung stationärer Ströme herausfallenden Spezialfall befassen, in welchem die Wechselwirkung einzelner Stromelemente sinnvoll und messbar ist, für den das postulierte Wechselwirkungsgesetz jedoch nicht exakt gilt (Abschn. 3.2.5).

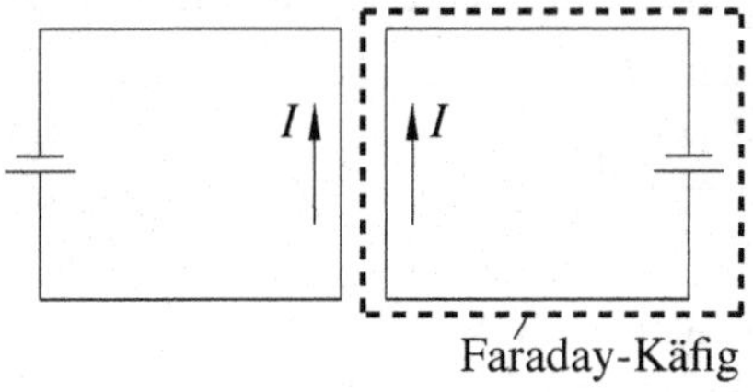

Abb. 3.16: Wechselwirkung zwischen parallelen stationären Strömen. Durch etwaige Ladungsanhäufungen in den Drähten entstehende elektrische Wechselwirkungskräfte können dadurch unterbunden werden, dass einer der Drähte durch einen Faraday-Käfig abgeschirmt wird. Die magnetischen Wechselwirkungskräfte zwischen den Strömen bleiben davon unbeeinflusst.

Postulat. *Gegeben sei eine stationäre räumliche Stromverteilung* $\boldsymbol{j}(\boldsymbol{r})$ *mit* $\operatorname{div}\boldsymbol{j}=0$. *Dann liefert das Stromelement* $\boldsymbol{j}(\boldsymbol{r}')\,d^3\tau'$ *zur räumlichen Kraftdichte* $\boldsymbol{f}(\boldsymbol{r})$ *auf das Stromelement* $\boldsymbol{j}(\boldsymbol{r})$ *den Beitrag*

$$d\boldsymbol{f}(\boldsymbol{r}) = \boldsymbol{j}(\boldsymbol{r}) \times \left(\frac{\mu_0}{4\pi}\,\boldsymbol{j}(\boldsymbol{r}') \times \frac{\boldsymbol{r}-\boldsymbol{r}'}{|\boldsymbol{r}-\boldsymbol{r}'|^3}\right) d^3\tau' \tag{3.36}$$

mit der auch als ***Permeabilität des Vakuums*** *bezeichneten* ***magnetischen Feldkonstanten***

$$\mu_0 = 4\pi \cdot 10^{-7}\,\text{Vs/Am} = 1{,}2566370614\ldots \cdot 10^{-6}\,\text{Vs/Am}\,.$$

Gleichung (3.36) steht in weitgehender Analogie zum Coulomb-Gesetz (3.1): q ist ersetzt durch $\boldsymbol{j}$, das gewöhnliche Produkt durch das Vektorprodukt. Durch die spezielle Wahl der Proportionalitätskonstanten $\mu_0/4\pi$ wird ein bestimmtes Maßsystem, hier das SI-System, festgelegt.

Wie beim Coulomb-Gesetz gilt auch hier ein **Superpositionsgesetz** für die zusammengesetzte Wirkung verschiedener Stromelemente $\boldsymbol{j}(\boldsymbol{r}')$ auf $\boldsymbol{j}(\boldsymbol{r})$, sodass man die gesamte Kraftdichte $\boldsymbol{f}(\boldsymbol{r})$ auf das Stromelement $\boldsymbol{j}(\boldsymbol{r})$ durch Integration über alle Stromelemente $\boldsymbol{j}(\boldsymbol{r}')$ erhält.

Analog zu unserer Definition (3.3) des elektrischen Feldes definieren wir jetzt den neben $\boldsymbol{j}(\boldsymbol{r})$ stehenden Term als Beitrag $d\boldsymbol{B}$ des Stromelements $\boldsymbol{j}(\boldsymbol{r}')$ zu einem auf $\boldsymbol{j}(\boldsymbol{r})$ wirkenden magnetischen Feld $\boldsymbol{B}(\boldsymbol{r})$,

$$d\boldsymbol{B}(\boldsymbol{r}) = \left(\frac{\mu_0}{4\pi}\,\boldsymbol{j}(\boldsymbol{r}') \times \frac{\boldsymbol{r}-\boldsymbol{r}'}{|\boldsymbol{r}-\boldsymbol{r}'|^3}\right) d^3\tau'\,.$$

Das gesamte, von der Stromverteilung $\boldsymbol{j}(\boldsymbol{r}')$ bei $\boldsymbol{r}$ erzeugte Feld ist dann durch das **Biot-Savart-Gesetz**

$$\boxed{\boldsymbol{B}(\boldsymbol{r}) = \frac{\mu_0}{4\pi}\int_{\mathbb{R}^3} \frac{\boldsymbol{j}(\boldsymbol{r}') \times (\boldsymbol{r}-\boldsymbol{r}')}{|\boldsymbol{r}-\boldsymbol{r}'|^3}\,d^3\tau' \overset{\text{s.u.}}{=} \operatorname{rot}\frac{\mu_0}{4\pi}\int_{\mathbb{R}^3}\frac{\boldsymbol{j}(\boldsymbol{r}')}{|\boldsymbol{r}-\boldsymbol{r}'|}\,d^3\tau'} \tag{3.37}$$

gegeben, wobei die zweite Form aus der ersten mit $(\boldsymbol{r}-\boldsymbol{r}')/|\boldsymbol{r}-\boldsymbol{r}'|^3 = -\nabla(1/|\boldsymbol{r}-\boldsymbol{r}'|)$ folgt. Das Feld $\boldsymbol{B}$ wird üblicherweise als **magnetische Flussdichte** oder **magnetische Induktion** bezeichnet, während der Name **magnetische Feldstärke** für das Feld $\boldsymbol{H}=\boldsymbol{B}/\mu_0$ reserviert ist, das manchmal auch als **magnetische Erregung** bezeichnet wird. Wir werden im Folgenden jedoch häufig der Einfachheit halber von $\boldsymbol{B}$ als dem „**Magnetfeld**“ sprechen, sofern keine Gefahr der Verwechslung besteht.

Die gesamte, bei $\boldsymbol{r}$ von $\boldsymbol{B}(\boldsymbol{r})$ auf $\boldsymbol{j}(\boldsymbol{r})$ erzeugte Kraftdichte ist nach (3.36) die **Lorentz-Kraftdichte**

$$\boxed{\boldsymbol{f}(\boldsymbol{r}) = \boldsymbol{j}(\boldsymbol{r}) \times \boldsymbol{B}(\boldsymbol{r})\,.} \tag{3.38}$$

In dieser müsste für $\boldsymbol{B}(\boldsymbol{r})$ an sich der Beitrag von $\boldsymbol{j}(\boldsymbol{r})$ zu $\boldsymbol{B}(\boldsymbol{r})$ weggelassen werden. Da der Integrand in $\boldsymbol{B}(\boldsymbol{r})$ nach Abschn. 2.6.1 regulär ist, liefert die Umgebung $\Delta^3\tau'$ der Stelle $\boldsymbol{r}{=}\boldsymbol{r}'$ jedoch einen Beitrag zum Integral, der mit $\Delta^3\tau'$ gegen null geht, sodass es für $\boldsymbol{f}$ belanglos ist, ob über die Stelle $\boldsymbol{r}'{=}\boldsymbol{r}$ integriert wird oder ob ihr Beitrag weggelassen wird.

Anmerkung: Die Tatsache, dass es neben der elektrischen Wechselwirkung auch eine davon unabhängige magnetische gibt, wurde historisch zunächst an Magneten und magnetisierbaren Materialien festgestellt. Es ist möglich, die Grundgesetze der Magnetostatik aus den Kraftgesetzen für Magneten abzuleiten. Da die Magnetisierung nach heutiger Vorstellung jedoch auf Elementarströmen im Inneren der Materie beruht, führt der hier begangene Weg direkter zu den physikalischen Grundlagen. □

Wir nehmen jetzt an, dass die gegebene Stromverteilung $\boldsymbol{j}(\boldsymbol{r})$ ganz im Endlichen verläuft, und berechnen die auf sie wirkende Gesamtkraft $\boldsymbol{F}$ durch Integration der Kraftdichte $\boldsymbol{f}(\boldsymbol{r})$ über den ganzen Raum,

$$\begin{aligned}\boldsymbol{F} &= \int_{\mathbb{R}^3} \boldsymbol{j} \times \boldsymbol{B}\, d^3\tau \overset{\text{s.u.}}{=} \frac{\mu_0}{4\pi} \int_{\mathbb{R}^3}\int_{\mathbb{R}^3} \frac{\boldsymbol{j} \times [\boldsymbol{j}' \times (\boldsymbol{r}-\boldsymbol{r}')]}{|\boldsymbol{r}-\boldsymbol{r}'|^3}\, d^3\tau\, d^3\tau' \\ &= \frac{\mu_0}{4\pi}\int_{\mathbb{R}^3} d^3\tau'\, \boldsymbol{j}' \int_{\mathbb{R}^3} \frac{\boldsymbol{j}\cdot(\boldsymbol{r}-\boldsymbol{r}')}{|\boldsymbol{r}-\boldsymbol{r}'|^3}\, d^3\tau - \frac{\mu_0}{4\pi}\int_{\mathbb{R}^3}\int_{\mathbb{R}^3} \frac{(\boldsymbol{r}-\boldsymbol{r}')}{|\boldsymbol{r}-\boldsymbol{r}'|^3}\, \boldsymbol{j}\cdot\boldsymbol{j}'\, d^3\tau\, d^3\tau'\,,\end{aligned} \tag{3.39}$$

wobei $\boldsymbol{j}'{=}\boldsymbol{j}(\boldsymbol{r}')$ gesetzt wurde. Nun gilt wegen $\operatorname{div}\boldsymbol{j}{=}0$

$$\begin{aligned}\int_{\mathbb{R}^3} \frac{\boldsymbol{j}\cdot(\boldsymbol{r}-\boldsymbol{r}')}{|\boldsymbol{r}-\boldsymbol{r}'|^3}\, d^3\tau &\overset{(2.13)}{=} -\int_{\mathbb{R}^3} \boldsymbol{j}\cdot\nabla\frac{1}{|\boldsymbol{r}-\boldsymbol{r}'|}\, d^3\tau \\ &= -\int_{\mathbb{R}^3} \operatorname{div}\frac{\boldsymbol{j}}{|\boldsymbol{r}-\boldsymbol{r}'|}\, d^3\tau \overset{\text{s.u.}}{=} -\int_{\infty} \frac{\boldsymbol{j}}{|\boldsymbol{r}-\boldsymbol{r}'|}\cdot d\boldsymbol{f} \overset{\text{s.u.}}{=} 0\,,\end{aligned}$$

wobei im vorletzten Schritt der Gauß'sche Satz angewendet und im letzten das Verschwinden von $\boldsymbol{j}$ auf der im Unendlichen liegenden Integrationsfläche ausgenutzt wurde. In dem verbleibenden Ausdruck

$$\boldsymbol{F} = -\frac{\mu_0}{4\pi}\iint \boldsymbol{j}\cdot\boldsymbol{j}'\, \frac{(\boldsymbol{r}-\boldsymbol{r}')}{|\boldsymbol{r}-\boldsymbol{r}'|^3}\, d^3\tau\, d^3\tau' \tag{3.40}$$

liefert jedes Punktepaar zwei Beiträge, die sich wie bei der in Abschn. 3.1.6 berechneten Gesamtkraft einer Ladungsverteilung auf sich selbst gegenseitig wegheben, sodass wir schließlich

$$\boldsymbol{F} = \int \boldsymbol{j} \times \boldsymbol{B}\, d^3\tau = 0 \tag{3.41}$$

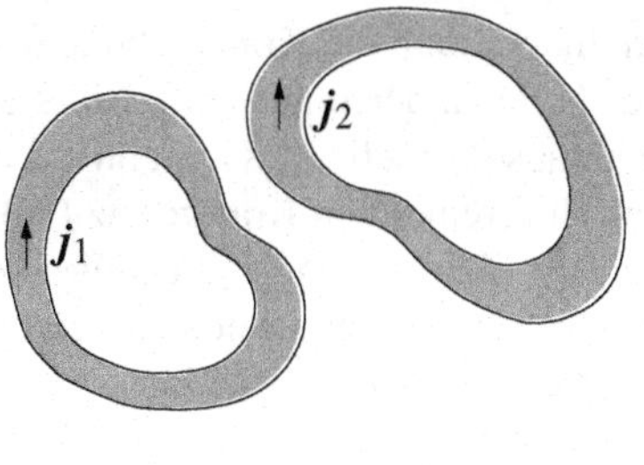

Abb. 3.17: Zur Untersuchung der integralen Wirkung des postulierten Wechselwirkungsgesetzes werden zwei beliebige, räumlich getrennte Stromverteilungen betrachtet.

erhalten: *Die Gesamtkraft einer Stromverteilung auf sich selbst ist null.* Ganz analog beweist man: *Das gesamte Drehmoment einer Stromverteilung auf sich selbst ist null,*

$$N = \int \boldsymbol{r} \times (\boldsymbol{j} \times \boldsymbol{B})\, d^3\tau = 0 \tag{3.42}$$

(Aufgabe 3.8). Wie zu erwarten gibt es keinen „Münchhausen-Effekt" der Stromverteilung.

Um die experimentell überprüfbaren integralen Konsequenzen des postulierten Wechselwirkungsgesetzes (3.36) abzuleiten, betrachten wir eine Stromverteilung $\boldsymbol{j}(\boldsymbol{r})$, die in zwei räumlich getrennte Stromverteilungen $\boldsymbol{j}_1(\boldsymbol{r})$ und $\boldsymbol{j}_2(\boldsymbol{r})$ zerfällt (Abb. 3.17). Der von $\boldsymbol{j}_i(\boldsymbol{r})$ herrührende Anteil $\boldsymbol{B}_i(\boldsymbol{r})$ des Gesamtfelds $\boldsymbol{B}=\boldsymbol{B}_1+\boldsymbol{B}_2$ ist

$$\boldsymbol{B}_i(\boldsymbol{r}) = \frac{\mu_0}{4\pi} \int \frac{\boldsymbol{j}_i(\boldsymbol{r}') \times (\boldsymbol{r}-\boldsymbol{r}')}{|\boldsymbol{r}-\boldsymbol{r}'|^3}\, d^3\tau', \qquad i = 1, 2,$$

und aus (3.41) ergibt sich

$$\begin{aligned} \boldsymbol{F} = \int \boldsymbol{j} \times \boldsymbol{B}\, d^3\tau &= \int_1 \boldsymbol{j}_1 \times (\boldsymbol{B}_1 + \boldsymbol{B}_2)\, d^3\tau_1 + \int_2 \boldsymbol{j}_2 \times (\boldsymbol{B}_1 + \boldsymbol{B}_2)\, d^3\tau_2 \\ &= \boldsymbol{F}_{12} + \boldsymbol{F}_{21} = 0 \end{aligned}$$

mit

$$\boldsymbol{F}_{12} \overset{\text{s.u.}}{=} \int_1 \boldsymbol{j}_1 \times \boldsymbol{B}_2\, d^3\tau_1 = -\int_2 \boldsymbol{j}_2 \times \boldsymbol{B}_1\, d^3\tau_2 = -\boldsymbol{F}_{21},$$

da die Kraft $\int (\boldsymbol{j}_i \times \boldsymbol{B}_i)\, d^3\tau$ des i-ten Leiters auf sich selbst in Analogie zu (3.41) verschwindet. Die beiden Wechselwirkungskräfte $\boldsymbol{F}_{12}$ des zweiten auf den ersten und $\boldsymbol{F}_{21}$ des ersten auf den zweiten Leiter sind von null verschieden und erfüllen das Prinzip *actio = reactio*. Ihre Messung bildet die Grundlage für die experimentelle Überprüfung der Hypothese (3.36).

Mit (3.37), $\boldsymbol{r} \to \boldsymbol{r}_1$, $\boldsymbol{r}' \to \boldsymbol{r}_2$ und (3.40) können wir unser Ergebnis noch in

$$\boldsymbol{F}_{12} = \frac{\mu_0}{4\pi} \iint \boldsymbol{j}_1 \times \left(\boldsymbol{j}_2 \times \frac{(\boldsymbol{r}_1 - \boldsymbol{r}_2)}{|\boldsymbol{r}_1 - \boldsymbol{r}_2|^3} \right) d^3\tau_1\, d^3\tau_2 = -\frac{\mu_0}{4\pi} \iint (\boldsymbol{j}_1 \cdot \boldsymbol{j}_2)\, \frac{\boldsymbol{r}_1 - \boldsymbol{r}_2}{|\boldsymbol{r}_1 - \boldsymbol{r}_2|^3}\, d^3\tau_1\, d^3\tau_2$$

umformen. Für sehr dünne Leiter approximieren wir die Stromverteilung $\boldsymbol{j}$ gemäß (3.31) durch Linienströme I (Abb. 3.15) und erhalten dafür das **Ampère'sche Kraftgesetz**

$$\boldsymbol{F}_{12} = -\frac{\mu_0}{4\pi} I_1 I_2 \iint \frac{\boldsymbol{r}_1 - \boldsymbol{r}_2}{|\boldsymbol{r}_1 - \boldsymbol{r}_2|^3}\, d\boldsymbol{l}_1 \cdot d\boldsymbol{l}_2. \tag{3.43}$$

Diese Formel kann experimentell überprüft werden, indem man die Kraftwirkung dünner, von stationären Strömen durchflossener Leiter aufeinander untersucht. Sie stellt sich für alle nur möglichen Leiterformen als richtig heraus. Dass die Messergebnisse für viele verschieden geformte Leiterpaare das aus dem differenziellen Kraftgesetz (3.36) gefolgerte globale Kraftgesetz (3.43) bestätigen, beweist nicht zwingend die Gültigkeit des Ersteren. Da sich jedoch bisher alle messbaren Konsequenzen desselben als richtig erwiesen haben, sind wir zur Annahme seiner Gültigkeit berechtigt.

Wir können jetzt für eine gegebene stationäre Stromverteilung in jedem Punkt des Raums das durch sie erzeugte Magnetfeld berechnen. Bisher haben wir jedoch keine Möglichkeit, dieses Feld oder gar das einer unbekannten Stromverteilung experimentell zu bestimmen, wie das im Fall des elektrischen Feldes mithilfe der Beziehung $\boldsymbol{E}=\boldsymbol{F}/q$ möglich war. Um etwas Entsprechendes zu ermöglichen, untersuchen wir zuerst die Kraftwirkung eines als gegeben angesehenen Magnetfelds $\boldsymbol{B}$ auf einen Linienstrom, der in einer sehr kleinen, kreisförmigen Drahtschleife vom Radius ρ fließt, und anschließend das auf diese ausgeübte Drehmoment.

Kraft auf eine kleine kreisförmige Stromschleife. Bei der Berechnung der auf die Stromschleife wirkenden Kraft muss das von der Stromschleife erzeugte Magnetfeld nicht mit berücksichtigt werden, da es nach (3.41) keinen Beitrag leistet. Durch Integration über die Kraftdichte (3.38) erhalten wir für die Komponente der Kraft in einer beliebigen Richtung $\boldsymbol{e}$ mit $\boldsymbol{j}\,d^3\tau \to I\,d\boldsymbol{l}$

$$\begin{aligned}\boldsymbol{e}\cdot\boldsymbol{F} &= \boldsymbol{e}\cdot\int \boldsymbol{j}\times\boldsymbol{B}\,d^3\tau = \boldsymbol{e}\cdot I\oint(d\boldsymbol{l}\times\boldsymbol{B})\\ &= I\oint(\boldsymbol{B}\times\boldsymbol{e})\cdot d\boldsymbol{l} \overset{\text{s.u.}}{=} I\int \operatorname{rot}(\boldsymbol{B}\times\boldsymbol{e})\cdot d\boldsymbol{f}\,,\end{aligned}$$

wobei wir zuletzt den Stokes'schen Satz, (2.28), benutzt haben. Da $\boldsymbol{e}$ konstant ist und das Magnetfeld der Stromverteilung, dem die Schleife ausgesetzt ist, nach (3.37b) $\operatorname{div}\boldsymbol{B}=0$ erfüllt, gilt nach (2.18)

$$\operatorname{rot}(\boldsymbol{B}\times\boldsymbol{e}) = \boldsymbol{e}\cdot\nabla\boldsymbol{B} - \boldsymbol{B}\cdot\nabla\boldsymbol{e} - \boldsymbol{e}\operatorname{div}\boldsymbol{B} + \boldsymbol{B}\operatorname{div}\boldsymbol{e} = \boldsymbol{e}\cdot\nabla\boldsymbol{B}\,,$$

sodass wir weiter

$$\boldsymbol{e}\cdot\boldsymbol{F} = I\int(\boldsymbol{e}\cdot\nabla\boldsymbol{B})\cdot d\boldsymbol{f} = (\overline{\boldsymbol{e}\cdot\nabla\boldsymbol{B}})\cdot I\,\Delta\boldsymbol{f}$$

schreiben können. Dabei bezeichnet $\overline{\boldsymbol{e}\cdot\nabla\boldsymbol{B}}$ einen Wert im Inneren der Fläche $\Delta\boldsymbol{f}=\int d\boldsymbol{f}$. Nun lassen wir $\Delta f\to 0$ und $I\to\infty$ gehen, derart, dass das als **magnetisches Moment** der Stromschleife bezeichnete Produkt

$$\boldsymbol{m} = \lim_{\substack{\Delta f\to 0\\ I\to\infty}} I\,\Delta\boldsymbol{f} = \lim_{\substack{\Delta f\to 0\\ I\to\infty}} I\,\Delta f\,\boldsymbol{n} \tag{3.44}$$

($\boldsymbol{n}$ = Flächennormale der infinitesimalen Fläche $\Delta\boldsymbol{f}$) endlich bleibt. Damit erhalten wir

$$\boldsymbol{e}\cdot\boldsymbol{F} = \boldsymbol{m}\cdot(\boldsymbol{e}\cdot\nabla\boldsymbol{B}) = \boldsymbol{e}\cdot\nabla(\boldsymbol{m}\cdot\boldsymbol{B})\,,$$

wobei der konstante Vektor $\boldsymbol{m}$ mit unter die Ableitung gezogen werden durfte und die rechte Seite an dem Punkt auszuwerten ist, auf den die Schleife zusammengezogen wurde. Da die abgeleitete Gleichung für jeden beliebigen Einheitsvektor $\boldsymbol{e}$ gilt, haben wir schließlich für die auf die Stromschleife ausgeübte Kraft das Ergebnis

$$\boxed{\boldsymbol{F} = \nabla(\boldsymbol{m} \cdot \boldsymbol{B})\,.} \tag{3.45}$$

Diese ist offensichtlich nur von null verschieden, wenn das Magnetfeld inhomogen ist. Offensichtlich kann mithilfe von (3.45) nicht das Magnetfeld selbst, sondern nur dessen räumliche Veränderung bestimmt werden.

Drehmoment auf eine kleine kreisförmige Stromschleife. Jetzt berechnen wir das auf die Stromschleife um den Koordinatenursprung ausgeübte Drehmoment

$$\boldsymbol{N} = \int \boldsymbol{r} \times (\boldsymbol{j} \times \boldsymbol{B})\, d^3\tau = I \oint \boldsymbol{r} \times (d\boldsymbol{l} \times \boldsymbol{B})\,.$$

Hierbei muss das von ihr erzeugte Magnetfeld wieder nicht mit berücksichtigt werden, da der kreisförmige Linienstrom nach (3.42) kein Drehmoment auf sich selbst ausübt. Zur Auswertung von $\boldsymbol{N}$ zerlegen wir $\boldsymbol{r}$ in einen Vektor $\boldsymbol{r}_0$, der zum Zentrum der Drahtschleife führt, und den Radiusvektor $\boldsymbol{\rho}$,

$$\boldsymbol{r} = \boldsymbol{r}_0 + \boldsymbol{\rho}\,,$$

und erhalten unter Benutzung des für die Kraft $\boldsymbol{F}=I \oint (d\boldsymbol{l} \times \boldsymbol{B})$ abgeleiteten Ergebnisses

$$\boldsymbol{N} = \boldsymbol{N}_1 + \boldsymbol{N}_2$$

mit

$$\boldsymbol{N}_1 = \boldsymbol{r}_0 \times I \oint (d\boldsymbol{l} \times \boldsymbol{B}) = \boldsymbol{r}_0 \times \nabla(\boldsymbol{m} \cdot \boldsymbol{B})$$

und

$$\boldsymbol{N}_2 = I \oint \boldsymbol{\rho} \times (d\boldsymbol{l} \times \boldsymbol{B}) \stackrel{\text{s.u.}}{=} I \oint (\boldsymbol{\rho} \cdot \boldsymbol{B})\, d\boldsymbol{l}\,.$$

Bei der Auflösung des doppelten Kreuzprodukts in $\boldsymbol{N}_2$ fiel ein Term weg, weil auf dem Integrationskreis $\boldsymbol{\rho}\cdot d\boldsymbol{l}=0$ ist. Mit $\phi=\boldsymbol{\rho}\cdot\boldsymbol{B}$ folgt aus der Variante (2.32) des Stokes'schen Satzes

$$\boldsymbol{N}_2 = -I \int \nabla(\boldsymbol{\rho} \cdot \boldsymbol{B}) \times d\boldsymbol{f}\,.$$

Zur Auswertung von $\nabla(\boldsymbol{\rho}\cdot\boldsymbol{B})$ benutzen wir (2.19) mit $\boldsymbol{u}=\boldsymbol{\rho}$ und $\boldsymbol{v}=\boldsymbol{B}$. Nach (2.7d) gilt $\boldsymbol{B}\cdot\nabla\boldsymbol{\rho}=\boldsymbol{B}$, außerdem $\operatorname{rot}\boldsymbol{\rho}=0$, da das Vektorfeld $\boldsymbol{\rho}$ ein Zentralfeld mit dem Ursprung $\boldsymbol{r}_0$ ist. Wie wir später sehen werden, erfüllt $\boldsymbol{B}$ am Ort der Stromschleife $\operatorname{rot}\boldsymbol{B}=0$, wenn vorausgesetzt wird, dass sich die Schleife außerhalb der das Feld $\boldsymbol{B}$ erzeugenden Stromverteilung befindet. Damit ergibt sich

$$\nabla(\boldsymbol{\rho} \cdot \boldsymbol{B}) = \boldsymbol{B} \cdot \nabla\boldsymbol{\rho} + \boldsymbol{\rho} \cdot \nabla\boldsymbol{B} + \boldsymbol{B} \times \operatorname{rot}\boldsymbol{\rho} + \boldsymbol{\rho} \times \operatorname{rot}\boldsymbol{B} = \boldsymbol{B} + \boldsymbol{\rho} \cdot \nabla\boldsymbol{B}$$

und

$$N_2 = -\overline{B} \times I \int df - \overline{\rho \cdot \nabla B} \times I \int df .$$

Im Limes $\Delta f \to 0$, $I \to \infty$ sowie $\overline{\rho \cdot \nabla B} \to 0$ erhalten wir schließlich mit unserer obigen Definition des magnetischen Moments

$$N_2 = m \times B ,$$

wobei B wieder an dem Ort ausgewertet werden muss, auf den die Schleife zusammengezogen wurde. Fassen wir die für N_1 und N_2 erhaltenen Ergebnisse zusammen, so haben wir insgesamt

$$N = m \times B + r_0 \times \nabla(m \cdot B) .$$

Das um den Mittelpunkt der Schleife ausgeübte Drehmoment folgt daraus mit r_0=0 zu

$$\boxed{N = m \times B ,} \tag{3.46}$$

wobei B das Magnetfeld sämtlicher Ströme mit Ausschluss des kreisförmigen Linienstroms ist.

Gleichung (3.46) bietet die oben ins Auge gefasste Möglichkeit zur Messung eines beliebigen Magnetfelds B. Das kann in der Weise geschehen, dass man das Drehmoment auf eine kleine Stromschleife mit bekanntem magnetischem Moment m bei gleicher Lage ihres Zentrums für zwei verschiedenen Orientierungen bestimmt (Aufgabe 3.9). Die dabei benötigte Information über die Stärke von m kann man sich vorher z. B. durch die Bestimmung des Drehmoments in einem bekannten Magnetfeld verschaffen. Auf diese Weise kann auch das Biot-Savart-Gesetz (3.37) experimentell überprüft werden.

3.2.5 Lorentz-Kraft

Wir kommen jetzt zu dem im letzten Abschnitt angekündigten Spezialfall, bei dem eine Wechselwirkung isolierter Stromelemente stattfindet. Erinnern wir uns daran, dass genau genommen jeder Strom aus der Bewegung von Elementarladungen besteht, was bedeutet, dass in der Formel

$$j = \varrho_+ v_+ + \varrho_- v_-$$

eigentlich

$$\varrho_\pm = \sum_{\substack{q_i > 0 \text{ für } + \\ q_i < 0 \text{ für } -}} q_i \, \delta^3(r - r_i(t))$$

gesetzt werden muss. Wenn wir das tun, erhalten wir insgesamt

$$j = \sum_i q_i v_i \, \delta^3(r - r_i(t)) \qquad \text{mit} \qquad v_i = \dot{r}_i(t) , \tag{3.47}$$

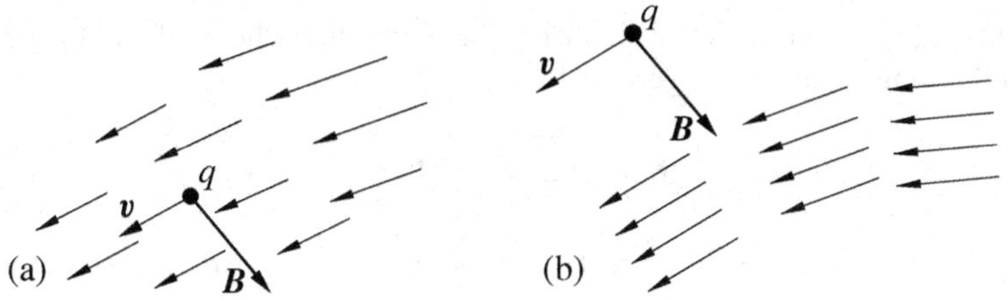

Abb. 3.18: Zur Lorentz-Kraft auf einen Elementarstrom $q\boldsymbol{v}$. In (a) ist dieser das Element einer divergenzfreien Stromverteilung, in (b) ist er isoliert, wobei die anderen Elementarströme jedoch an seinem Ort das gleiche Magnetfeld wie in (a) erzeugen sollen.

d. h. $\boldsymbol{j}$ setzt sich aus den Elementarstromdichten

$$\boldsymbol{j}_i = q_i \boldsymbol{v}_i \, \delta^3(\boldsymbol{r} - \boldsymbol{r}_i(t)) , \qquad i = 1, 2, \ldots$$

zusammen. Integriert man die Kraftdichte (3.38), $\boldsymbol{f}=\boldsymbol{j}\times\boldsymbol{B}$, über ein Volumenelement, das so klein ist, dass in ihm nur noch eine bewegte Elementarladung q_i enthalten ist, so ergibt sich auf diese die Kraft

$$\boldsymbol{F} = \int \boldsymbol{f} \, d^3\tau = \int q_i \boldsymbol{v}_i \, \delta^3(\boldsymbol{r} - \boldsymbol{r}_i(t)) \times \boldsymbol{B}(\boldsymbol{r}) \, d^3\tau = q_i \boldsymbol{v}_i \times \boldsymbol{B}(\boldsymbol{r}_i(t)) .$$

Auf eine im Magnetfeld $\boldsymbol{B}$ bewegte Ladung q wirkt also die nach dem holländischen Physiker H. A. Lorentz benannte **Lorentz-Kraft**

$$\boxed{\boldsymbol{F} = q\boldsymbol{v} \times \boldsymbol{B} .} \tag{3.48}$$

Da sie nur den Wert von $\boldsymbol{B}$ am Ort der Punktladung enthält, bietet diese eine weitere Möglichkeit zur experimentellen Bestimmung von $\boldsymbol{B}(\boldsymbol{r})$.

Gleichung (3.48) gilt gemäß unserer Ableitung zunächst nur, wenn die das Feld $\boldsymbol{B}$ erzeugenden Ströme und damit auch $\boldsymbol{B}$ zeitlich konstant sind, und wenn keine elektrischen Felder einwirken. Unter $\boldsymbol{B}$ ist das Feld zu verstehen, das von allen Elementarströmen erzeugt wird, unter Ausschluss des Elementarstroms, auf den die Kraft einwirkt. Die Ableitung erfolgte so, dass $q\boldsymbol{v}$ selbst als Element zu einer divergenzfreien Stromverteilung beiträgt (Abb. 3.18 (a)). Den letzten Gesichtspunkt kann man allerdings fallen lassen aus folgendem Grund: Da das von q erzeugte Magnetfeld nicht mit in das für die Kraft $\boldsymbol{F}$ wirksame Feld $\boldsymbol{B}$ eingeht, gibt es eine Reihe anderer Verteilungen $\tilde{\boldsymbol{j}}(\boldsymbol{r})$ der restlichen Elementarströme, die am Ort $\boldsymbol{r}_q$ der Ladung q dasselbe Feld $\boldsymbol{B}$ erzeugen. Darunter sind auch solche, für die $\tilde{\boldsymbol{j}}(\boldsymbol{r})$ im Punkt $\boldsymbol{r}_q$ und in dessen Umgebung verschwindet (Abb. 3.18 (b)). Für die Ladung q kann das jedoch keinen Unterschied machen, daher dürfen wir annehmen, dass das angegebene Kraftgesetz allgemein für die Bewegung einer Ladung in einem statischen Magnetfeld gilt.

Ist außer dem Magnetfeld $\boldsymbol{B}$ auch noch ein statisches elektrisches Feld $\boldsymbol{E}$ vorhanden, so ist eine zusätzliche Kraft zu erwarten. Bei ruhender Ladung hatten wir für diese das Ergebnis $\boldsymbol{F}=q\boldsymbol{E}$. Experimentell findet man, dass dieses genauso gilt, wenn die

Ladung bewegt wird, und dass sich elektrische und magnetische Kräfte ohne gegenseitige Beeinflussung linear überlagern, d. h.

$$\boxed{\boldsymbol{F} = q(\boldsymbol{E} + \boldsymbol{v} \times \boldsymbol{B})\,.} \tag{3.49}$$

Gleichung (3.49) hat sich auch dann als gültig erwiesen, wenn $\boldsymbol{E}$ und $\boldsymbol{B}$ zeitlich veränderlich sind.

Geht man bei Anwesenheit vieler hinreichend dicht gepackter Elementarladungen wieder zur Beschreibung durch eine Ladungsdichte ϱ zurück, so ergibt sich aus (3.49) in umgekehrter Schlussweise die Kraftdichte

$$\boxed{\boldsymbol{f} = \varrho\boldsymbol{E} + \boldsymbol{j} \times \boldsymbol{B}\,.} \tag{3.50}$$

Wie (3.49) gilt die letzte Beziehung auch dann, wenn ϱ, $\boldsymbol{j}$, $\boldsymbol{E}$ und $\boldsymbol{B}$ zeitlich veränderlich sind.

3.2.6 Magnetfeld einer bewegten Punktladung

Wir haben die Kraftdichte $\boldsymbol{j}\times\boldsymbol{B}$ auf Einzelkräfte $q_i\boldsymbol{v}_i\times\boldsymbol{B}(\boldsymbol{r}_i)$ zurückführen können, die auf einzelne Punktladungen wirken. Setzen wir (3.47) im Biot-Savart-Gesetz (3.37) ein, so erhalten wir

$$\boldsymbol{B}(\boldsymbol{r}) = \sum_i \frac{\mu_0}{4\pi}\int_{\mathbb{R}^3} \frac{q_i\boldsymbol{v}_i\,\delta(\boldsymbol{r}'-\boldsymbol{r}_i(t)) \times (\boldsymbol{r}-\boldsymbol{r}')}{|\boldsymbol{r}-\boldsymbol{r}'|^3}\,d^3\tau' = \sum_i \frac{\mu_0}{4\pi}\frac{q_i\boldsymbol{v}_i \times (\boldsymbol{r}-\boldsymbol{r}_i(t))}{|\boldsymbol{r}-\boldsymbol{r}_i(t)|^3}$$

und erkennen, dass sich $\boldsymbol{B}(\boldsymbol{r})$ ganz analog aus Beiträgen der Form

$$\boldsymbol{B}_q(\boldsymbol{r},t) = \frac{\mu_0}{4\pi}\,q_i\boldsymbol{v}_i \times \frac{\boldsymbol{r}-\boldsymbol{r}_i(t)}{|\boldsymbol{r}-\boldsymbol{r}_i(t)|^3} \tag{3.51}$$

zusammensetzt, die von einzelnen Punktladungen herrühren.

Bei der Interpretation dieser Formel muss man allerdings vorsichtig sein. Herkunftsgemäß beschreibt sie nur das Feld einer bewegten Einzelladung, die im Verbund mit anderen Ladungen eine stationäre Stromdichte bildet. Erst das Zusammenwirken sehr vieler bewegter Ladungen erzeugt eine im Mittel stationäre und divergenzfreie Stromverteilung, wie sie für das Biot-Savart-Gesetz vorausgesetzt wurde; eine am Ort $\boldsymbol{r}'$ bewegte Ladung q_i wird dabei sofort durch eine nachrückende Ladung q_{i+1} ersetzt, und deshalb geht von $\boldsymbol{r}'$ immer dieselbe felderzeugende Wirkung aus. Es ist nicht zu erwarten, dass Gleichung (3.51) auch für isolierte Ladungen gilt. Das durch sie gegebene Magnetfeld $\boldsymbol{B}$ ändert sich nämlich simultan mit dem Ortswechsel der felderzeugenden Ladung an allen, auch beliebig weit vom Ort $\boldsymbol{r}_i(t)$ der Ladung entfernten Raumpunkten $\boldsymbol{r}$, was eine unendliche Ausbreitungsgeschwindigkeit von Feldänderungen bedeutet und daher im Gegensatz zu den Forderungen der Relativitätstheorie steht.

$\boldsymbol{B}_q$ wird beinahe zeitunabhängig, wenn $\dot{\boldsymbol{r}}_i(t)=\boldsymbol{v}_i$ sehr klein wird, und es lässt sich vermuten, dass (3.51) dann auch für das Feld einer isolierten Ladung eine brauchbare

Näherung darstellt. Tatsächlich zeigt sich, dass das exakte Ergebnis (7.40), das wir später für das Magnetfeld einer bewegten Ladung ableiten werden, für $\dot{\boldsymbol{v}}=0$ und $\boldsymbol{v}\to 0$ in (3.51) übergeht. Wir können daher

$$\boldsymbol{B} = \frac{\mu_0}{4\pi} q\boldsymbol{v} \times \frac{\boldsymbol{r} - \boldsymbol{r}(t)}{|\boldsymbol{r} - \boldsymbol{r}(t)|^3} \tag{3.52}$$

für $\dot{\boldsymbol{v}}=0$ und bei kleinen Geschwindigkeiten $v \ll c$ (mit c = Lichtgeschwindigkeit) als Näherungsformel für das Magnetfeld einer bewegten Punktladung benutzen.

Es mag verwundern, dass das Ergebnis (3.37) für das Magnetfeld einer stationären Stromverteilung exakt ist, obwohl es durch Integration über Felder (3.52) entsteht, die nur Näherungen darstellen. Der Grund dafür ist, dass sich die Fehler der Einzelbeiträge in der Summe herausheben. Auch die Integration der korrekten relativistischen Magnetfelder vieler bewegter Einzelladungen, die sich zu einer stationären Stromverteilung zusammenfügen, führt zu (3.37), wobei sich die Zeitabhängigkeiten der Einzelbeiträge herausmitteln.

3.2.7 Wechselwirkungskraft zwischen bewegten Punktladungen

Kombinieren wir unsere Näherungsformel (3.52) mit dem Kraftgesetz (3.49) und erweitern Gleichung (3.4) auf bewegte Ladungen, was ebenfalls nur näherungsweise gültig ist, so erhalten wir für die Wechselwirkung zweier bewegter Punktladungen die Näherungsformel

$$\boldsymbol{F}_{12} = \frac{q_1 q_2}{4\pi\varepsilon_0} \frac{\boldsymbol{r}_1 - \boldsymbol{r}_2}{|\boldsymbol{r}_1 - \boldsymbol{r}_2|^3} + \frac{\mu_0}{4\pi} q_1 \boldsymbol{v}_1 \times \left(\frac{q_2 \boldsymbol{v}_2 \times (\boldsymbol{r}_1 - \boldsymbol{r}_2)}{|\boldsymbol{r}_1 - \boldsymbol{r}_2|^3} \right). \tag{3.53}$$

Die experimentelle Überprüfung des geschwindigkeitsabhängigen Teils dieser Kraft gestattet, allerdings nur näherungsweise, eine direkte Überprüfung der Gültigkeit unseres Wechselwirkungsgesetzes (3.36) für Elementarströme.

Jetzt interessieren wir uns dafür, inwieweit durch (3.53) das Prinzip *actio = reactio* erfüllt wird. Es gilt

$$\begin{aligned} \boldsymbol{F}_{12} + \boldsymbol{F}_{21} &= \frac{\mu_0}{4\pi} \frac{q_1 q_2}{|\boldsymbol{r}_1 - \boldsymbol{r}_2|^3} \big[\boldsymbol{v}_2\, \boldsymbol{v}_1 \cdot (\boldsymbol{r}_1 - \boldsymbol{r}_2) - (\boldsymbol{r}_1 - \boldsymbol{r}_2)\, \boldsymbol{v}_1 \cdot \boldsymbol{v}_2 \\ &\qquad + \boldsymbol{v}_1\, \boldsymbol{v}_2 \cdot (\boldsymbol{r}_2 - \boldsymbol{r}_1) - (\boldsymbol{r}_2 - \boldsymbol{r}_1)\, \boldsymbol{v}_2 \cdot \boldsymbol{v}_1 \big] \\ &= \frac{\mu_0}{4\pi} \frac{q_1 q_2}{|\boldsymbol{r}_1 - \boldsymbol{r}_2|^3} \big[\boldsymbol{v}_2\, \boldsymbol{v}_1 \cdot (\boldsymbol{r}_1 - \boldsymbol{r}_2) + \boldsymbol{v}_1\, \boldsymbol{v}_2 \cdot (\boldsymbol{r}_2 - \boldsymbol{r}_1) \big]. \end{aligned}$$

Während sich die Coulomb-Kräfte gegenseitig wegheben, verletzt der magnetische Kraftanteil außer im Spezialfall $\boldsymbol{v}_1 = \boldsymbol{v}_2$ das Reaktionsprinzip. Für kleine Geschwindigkeiten kann das nicht mehr durch den Näherungscharakter von (3.52) erklärt werden, und es stellt sich heraus, dass auch die exakte, aus (7.40) folgende Wechselwirkungskraft das Prinzip *actio = reactio* verletzt. Wie wir später sehen werden, behält dieses jedoch dann seine Gültigkeit, wenn man auch dem elektromagnetischen Feld einen Impuls zuschreibt. Dies ist ein erster Hinweis darauf, dass die Einführung von Feldern nicht nur mathematisch formalen Charakter besitzt, sondern dass den Feldern eine reale physikalische Bedeutung zukommt.

3.2.8 Zur Exaktheit des Lorentz'schen Kraftgesetzes

Die experimentelle Überprüfung ergibt, dass das Kraftgesetz (3.49) auch noch im Bereich relativistischer Geschwindigkeiten gültig bleibt. Wir haben es aus den Gesetzen für die Wechselwirkung zwischen Ladungen, zwischen Elementarströmen und dem Superpositionsprinzip abgeleitet. Aus denselben Gesetzen folgen die Maxwell-Gleichungen für das elektrostatische und magnetostatische Feld (– für Letzteres werden wir das noch zeigen). Wir werden später sehen, dass die Maxwell-Gleichungen auch bei relativistischen Geschwindigkeiten gelten, ja es ist sogar so, dass aus deren empirisch gefundener Allgemeingültigkeit die Relativitätstheorie abgeleitet werden kann. Die relativistische Gültigkeit der Kraftgleichung steht damit in logischem Einklang.

In inhomogenen Magnetfeldern findet man bei bewegten Elektronen geringfügige Abweichungen vom Kraftgesetz (3.49). Die Ursache dafür ist der „Spin" des Elektrons, eine Art Drehimpuls, der wie bei einer ausgedehnten rotierenden Ladung (Ringströme!) mit einem magnetischen Moment $\boldsymbol{m}$ verknüpft ist. Ein inhomogenes Magnetfeld übt darauf nicht nur ein Drehmoment aus, sondern auch eine kleine Gesamtkraft.

Weitere Abweichungen von Gleichung (3.49) werden bei der beschleunigten Bewegung geladener Elementarteilchen beobachtet. Das lässt sich auf folgende Weise plausibel machen: Bei ausgedehnten Ladungen haben wir zur Berechnung der Kraftwirkung zwar die Rückwirkung jedes einzelnen Punktes auf sich selbst auszuschließen, nicht aber verschiedener Punkte aufeinander. Nun fanden wir z. B. bei einer stationären Stromverteilung insgesamt keine magnetische „Selbstkraft", und dasselbe gilt für die elektrische „Selbstkraft" einer statischen oder gleichförmig bewegten Ladungsverteilung. Wegen der endlichen Ausbreitungsgeschwindigkeit der die Wechselwirkung vermittelnden Felder entsteht jedoch bei der beschleunigten Bewegung einer ausgedehnten Ladungsverteilung eine Verzögerung der Wechselwirkung verschiedener Punkte, die zu einer resultierenden „Selbstkraft" führt. Dies gilt auch dann, wenn man von einer ausgedehnten Ladung den Grenzübergang zu einer Punktladung vollzieht. Die resultierende „Selbstkraft" hängt jedoch von der angenommenen Ladungsverteilung ab, was im Hinblick auf Elementarteilchen unbefriedigend erscheint. Der englische Physiker P. A. M. Dirac hat einen Weg zur Berechnung der „Selbstkraft" bei beschleunigten Bewegungen gefunden, der zu einem eindeutigen Ergebnis führt und unabhängig von Annahmen über eine Struktur des geladenen Elementarteilchens ist (siehe Kapitel *Relativistische Formulierung der Elektrodynamik* im Band *Relativitätstheorie*).

Die beobachteten Abweichungen vom Lorentz'schen Kraftgesetz lassen sich also erklären, wenn man dieses für die Elemente der Ladungsverteilung beibehält.

3.2.9 ε_0, μ_0 und Lichtgeschwindigkeit

Bilden wir in Gleichung (3.53) den Quotienten aus den Beträgen der elektrischen und magnetischen Kraft, so muss dieser dimensionslos sein,

$$[F_e/F_m] = 1 = \left[1/(\varepsilon_0\mu_0 v^2)\right] .$$

Hieraus folgt

$$[1/(\varepsilon_0\mu_0)] = \left[v^2\right] . \tag{3.54}$$

Die Dimensionen von ε_0 und μ_0 sind also nicht unabhängig, die Größe $1/\sqrt{\varepsilon_0\mu_0}$ muss eine Geschwindigkeit sein. Wir werden später finden, dass

$$\boxed{c := 1/\sqrt{\varepsilon_0\mu_0}} \tag{3.55}$$

die Ausbreitungsgeschwindigkeit elektromagnetischer Wellen im Vakuum, kürzer die **Vakuumlichtgeschwindigkeit** ist.

3.2.10 Maxwell-Gleichungen der Magnetostatik

Wir können jetzt aus dem Biot-Savart-Gesetz (3.37), ähnlich wie in der Elektrostatik aus dem Coulomb-Gesetz bzw. (3.8), Differenzialgleichungen herleiten, denen das Feld einer beliebigen stationären Stromverteilung genügen muss. Aus Gleichung (3.37) folgt unmittelbar div $\boldsymbol{B}$=0 und weiterhin mit (2.25), (3.29) sowie dem Satz 2 von Abschn. 2.6.2

$$\operatorname{rot}\frac{\boldsymbol{B}}{\mu_0} = \operatorname{rot}\operatorname{rot}\frac{1}{4\pi}\int\frac{\boldsymbol{j}'}{|\boldsymbol{r}-\boldsymbol{r}'|}\,d^3\tau' = \int\boldsymbol{j}'\left(-\frac{1}{4\pi}\Delta\frac{1}{|\boldsymbol{r}-\boldsymbol{r}'|}\right)d^3\tau' \overset{(2.56)}{=} \boldsymbol{j}(\boldsymbol{r})\,.$$

Das von einer beliebigen stationären Stromverteilung erzeugte Magnetfeld $\boldsymbol{B}$ genügt also den **Maxwell-Gleichungen der Magnetostatik**

$$\boxed{\operatorname{div}\boldsymbol{B} = 0\,, \qquad \operatorname{rot}\boldsymbol{B}/\mu_0 = \boldsymbol{j}\,,} \tag{3.56}$$

die nach dem Fundamentalsatz der Vektoranalysis wieder das Magnetfeld vollständig und eindeutig festlegen. Angesichts des Biot-Savart-Gesetzes erhalten sie ihre volle Bedeutung erst in Situationen, in denen die Verteilung der Ströme nicht bekannt ist.

Durch Anwendung des Gauß'schen bzw. Stokes'schen Integralsatzes folgt aus (3.56) als **Integralform der Maxwell-Gleichungen der Magnetostatik**

$$\boxed{\oint_F \boldsymbol{B}\cdot d\boldsymbol{f} = 0\,, \qquad \oint_C \frac{\boldsymbol{B}}{\mu_0}\cdot d\boldsymbol{l} = I\,,} \tag{3.57}$$

wobei F bzw. C eine stückweise glatte, ansonsten beliebige geschlossene Fläche bzw. Kurve ist. Die zweite dieser Gleichungen trägt den Namen **Ampère'sches Gesetz**. In ihr ist $I = \int_F \boldsymbol{j}\cdot d\boldsymbol{f}$ wie in (3.26), wobei F eine beliebige, von C berandete Fläche ist. (Wegen div $\boldsymbol{j}$=0 fließt durch jede von C berandete Fläche derselbe Strom.) Aus den integralen Maxwell-Gleichungen folgen natürlich – wie in der Elektrostatik – auch wieder die differenziellen. Die Größe

$$\Phi = \int_F \boldsymbol{B}\cdot d\boldsymbol{f}\,, \tag{3.58}$$

in der F eine von einer geschlossenen Kurve C berandete Fläche sein soll, bezeichnet man als **magnetischen Fluss** durch die Fläche F. (Daher der Name „magnetische Flussdichte" für $\boldsymbol{B}$.) Wegen der Gültigkeit von Gleichung (3.57a) für geschlossene Flächen ist dieser von der speziellen Wahl der (nicht geschlossenen) Fläche F unabhängig.

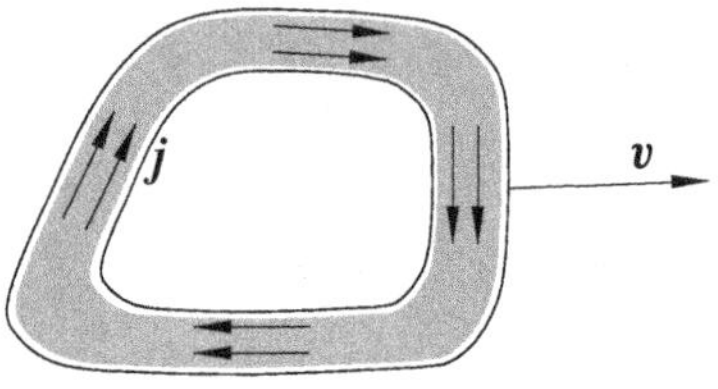

Abb. 3.19: Beispiel für die Verknüpfung eines $\boldsymbol{E}$-Felds mit einem zeitabhängigen $\boldsymbol{B}$-Feld, die nicht aus der Kontinuitätsgleichung geschlossen werden kann: ein stationärer Strom in einem Leiter, der im Raum bewegt wird.

3.3 Maxwell-Gleichungen für zeitabhängige Felder

3.3.1 Qualitative Vorbetrachtungen für zeitabhängige Felder

Statische elektrische und magnetische Felder sind völlig entkoppelt, sie treten unabhängig voneinander auf. Der einzige bisher von uns festgestellte Zusammenhang besteht darin, dass wir das Fließen der das Magnetfeld erzeugenden Ströme auf die Bewegung von Ladungen zurückgeführt haben, die ihrerseits Quellen eines elektrischen Feldes bilden. Die Gesetze für das elektrostatische und magnetostatische Feld können allerdings auch behandelt werden, ohne etwas von diesem Zusammenhang zu wissen: Man muss dazu nur den stationären elektrischen Strom als unabhängige Größe definieren und durch die von ihm hervorgerufenen Kraftwirkungen messen.

Wesentlich für diese Entkopplung ist die mit $\partial \boldsymbol{j}/\partial t \equiv 0$ und $\partial \varrho/\partial t \equiv 0$ verbundene Zeitunabhängigkeit der Felder. Sobald die Letzteren zeitabhängig werden, entsteht eine Kopplung, d. h. elektrische und magnetische Felder treten dann zwangsläufig gemeinsam auf. Wir wollen das zunächst rein qualitativ verstehen. Dazu machen wir die – mehr als plausiblen – Annahmen, erstens, dass eine zeitabhängige Ladungsverteilung mit einem zeitabhängigen elektrischen Feld verbunden ist und umgekehrt, sowie zweitens, dass eine zeitabhängige und eventuell nicht mehr divergenzfreie Stromverteilung mit einem zeitabhängigen Magnetfeld verknüpft ist und umgekehrt. Nun ist jede zeitlich veränderliche Ladungsverteilung nach der Kontinuitätsgleichung (3.27) mit dem Fließen von Strömen und über diese im Allgemeinen – jedoch nicht immer, wie das Beispiel 3.3 in Abschn. 3.3.5 zeigen wird – mit dem Auftreten eines Magnetfelds verbunden. Daraus ergibt sich der Schluss: Jedes zeitabhängige $\boldsymbol{E}$-Feld ist im Allgemeinen mit einem $\boldsymbol{B}$-Feld verknüpft.

Umgekehrt ist auch jedes zeitabhängige $\boldsymbol{B}$-Feld mit einem $\boldsymbol{E}$-Feld verknüpft, allerdings nicht nur im Allgemeinen, sondern immer. Wir würden das gerne ebenfalls aus der Kontinuitätsgleichung schließen, was jedoch nicht möglich ist. Diese lässt nämlich für $\varrho \equiv 0$ auch zeitabhängige Stromverteilungen $\boldsymbol{j}(\boldsymbol{r}, t)$ zu, denn dazu muss nur $\boldsymbol{j} = \operatorname{rot} \boldsymbol{a}(\boldsymbol{r}, t)$ und damit $\operatorname{div} \boldsymbol{j}(\boldsymbol{r}, t) = 0$ gelten. Physikalisch wird eine derartige Situation durch einen im Raum bewegten Leiter realisiert, der von einem relativ zum Leiter stationären Strom durchflossen wird (Abb. 3.19).

Wir können auf die behauptete Verknüpfung jedoch aus dem Lorentz'schen Kraftgesetz schließen. Dazu betrachten wir die Bewegung eines positiv geladenen Teilchens in einem inhomogenen Magnetfeld, wie sie in Abb. 3.20 gezeigt ist. Die Lösung der Bewegungsgleichung

$$m\ddot{\boldsymbol{r}} = q\,(\dot{\boldsymbol{r}} \times \boldsymbol{B})$$

liefert eine spiralförmige Teilchenbahn (Abb. 3.20 (a)), bei der die Translationsbe-

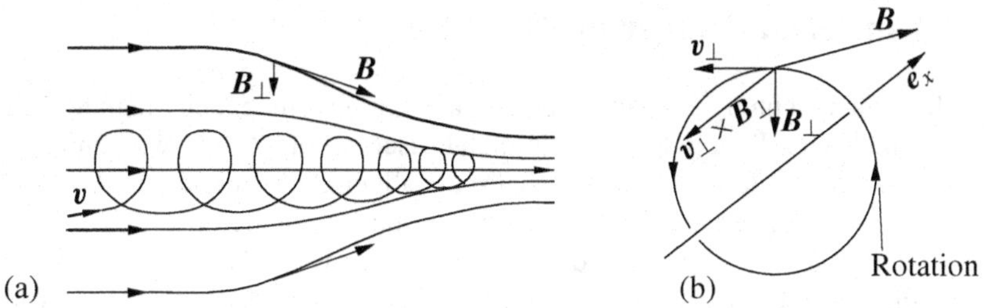

Abb. 3.20: Abbremsung der Longitudinalbewegung (Bewegung des Gyrationszentrums längs der Feldlinie) eines geladenen Teilchens in einem inhomogenen Magnetfeld. (a) Die Lösung der Bewegungsgleichung liefert eine spiralförmige Teilchenbahn, bei der die Translationsbewegung längs der zentralen Feldlinie so lang abgebremst wird, bis sie umkehrt. (b) Für $q>0$ bildet $\boldsymbol{B}$ mit der Rotationsbewegung eine Linksschraube, und es gilt $(\boldsymbol{v}_\perp \times \boldsymbol{B}_\perp)\cdot \boldsymbol{e}_x < 0$.

wegung längs der Feldlinien so lang abgebremst wird ($\dot{v}_x<0$), bis sie die Richtung umkehrt, während gleichzeitig die Rotationsgeschwindigkeit $\boldsymbol{v}_\perp = v_y\boldsymbol{e}_y + v_z\boldsymbol{e}_z$ zunimmt (Aufgabe 5.7). Die Abbremsung der Translationsbewegung folgt aus

$$m\dot{v}_x = q\,(v_yB_z - v_zB_y) = q\,(\boldsymbol{v}_\perp \times \boldsymbol{B}_\perp)\cdot \boldsymbol{e}_x < 0\,,$$

da $\boldsymbol{B}$ mit der Rotationsbewegung eine Linksschraube bildet und $\boldsymbol{B}_\perp := B_y\boldsymbol{e}_y + B_z\boldsymbol{e}_z$ auf die x-Achse zu gerichtet ist (Abb. 3.20 (b)). Die Zunahme von $|\boldsymbol{v}_\perp|$ folgt aus der Abnahme von v_x, da die Lorentz-Kraft senkrecht zur Bewegungsrichtung steht und daher die kinetische Energie insgesamt unverändert lässt,

$$\frac{d}{dt}\left(\frac{m}{2}\dot{\boldsymbol{r}}^2\right) = m\ddot{\boldsymbol{r}}\cdot\dot{\boldsymbol{r}} \overset{(3.48)}{=} q\,(\dot{\boldsymbol{r}}\times\boldsymbol{B})\cdot\dot{\boldsymbol{r}} = 0\,.$$

Nun betrachten wir die Teilchenbewegung in einem mit dem Teilchen in x-Richtung mitbewegten Koordinatensystem S' ($v'_x=0$, $\boldsymbol{v}'=\boldsymbol{v}'_\perp$). Auch in diesem kann die Lorentz-Kraft $q\,(\boldsymbol{v}'_\perp \times \boldsymbol{B}')$ keine Änderung der kinetischen Energie $(m/2)\,\boldsymbol{v}'^2_\perp$ bewirken. Dasselbe gilt für die in S' hinzukommende Scheinkraft $\boldsymbol{F}' = -m\dot{v}_x\boldsymbol{e}_x$, da diese senkrecht auf der Ebene der Rotationsbewegung steht. Somit verbleibt in S' als Ursache für die Zunahme von $\boldsymbol{v}'_\perp$ nur eine elektrische Kraft $q\boldsymbol{E}'$. Da sich der Krümmungsradius der spiralförmigen Teilchenbahn bei nicht allzu starker Inhomogenität des Magnetfelds, die wir voraussetzen, erst nach vielen Umläufen merklich verändert, muss bei der Integration über einen der Teilchenbahn eng folgenden Kreis $\oint q\boldsymbol{E}'\cdot\boldsymbol{v}'dl' \approx qv' \oint \boldsymbol{E}'\cdot d\boldsymbol{l}' \neq 0$ und nach (2.28) daher $\text{rot}\,\boldsymbol{E}' \neq 0$ gelten, damit die Rotationsenergie zunimmt.

Ohne den exakten Zusammenhang zwischen $\boldsymbol{B}'$ und $\boldsymbol{B}$ zu kennen, dürfen wir doch annehmen, dass sich die in S vorliegende Inhomogenität des Feldes $\boldsymbol{B}$ im System S' durch eine Zeitabhängigkeit von $\boldsymbol{B}'$ bemerkbar macht, $\partial\boldsymbol{B}'/\partial t \neq 0$. Beide Felder, $\boldsymbol{B}$ und $\boldsymbol{B}'$, sind also inhomogen, aber nur $\boldsymbol{B}'$ ist zeitabhängig, und auch nur $\boldsymbol{B}'$ ist mit einem elektrischen Feld verknüpft. Damit kommen wir zu dem Schluss: Jedes zeitabhängige $\boldsymbol{B}$-Feld ist zwangsläufig mit einem $\boldsymbol{E}$-Feld verknüpft, für das $\text{rot}\,\boldsymbol{E} \neq 0$ gilt.

3.3.2 Transformation der Felder E und B

Bei der eben untersuchten Teilchenbewegung in einem inhomogenen Magnetfeld ergab sich in dem bewegten Bezugssystem S' ein elektrisches Feld $\boldsymbol{E}' \neq 0$, während in S nur ein Magnetfeld vorhanden war. Es ist daher ganz allgemein zu erwarten, dass sich die Felder $\boldsymbol{E}$ und $\boldsymbol{B}$ bei einem Wechsel des Bezugssystems verändern.

Wir wollen in diesem Abschnitt das Transformationsverhalten von $\boldsymbol{E}$ und $\boldsymbol{B}$ beim Wechsel zwischen Inertialsystemen untersuchen und werden dafür Näherungsformeln ableiten. Zu diesem Zweck betrachten wir die Kraftwirkung beliebiger, möglicherweise auch zeitabhängiger elektromagnetischer Felder auf eine Ladung q in zwei Inertialsystemen S und S', wobei sich S' gegenüber S mit der konstanten Geschwindigkeit $\boldsymbol{u}$ bewegt. Alle auf S' bezogenen Größen kennzeichnen wir durch Striche, während alle auf S bezogenen Größen ungestrichen bleiben. Wegen der Unabhängigkeit der Ladung vom Bewegungszustand (siehe Abschn. 3.1.1) gilt dabei $q'=q$. Zwei Fälle werden untersucht.

1. Die Ladung q ruht in S' und hat daher in S die Geschwindigkeit $\boldsymbol{u}$. Dann ist

$$\boldsymbol{F} = q\,(\boldsymbol{E} + \boldsymbol{u} \times \boldsymbol{B}) \qquad \text{und} \qquad \boldsymbol{F}' = q\boldsymbol{E}' .$$

Für hinreichend kleine Geschwindigkeiten $|\boldsymbol{u}| \ll c$ dürfen wir annehmen, dass die Gesetze der klassischen Mechanik gelten, insbesondere also $\boldsymbol{F}'=\boldsymbol{F}$, und wir erhalten infolgedessen

$$\boxed{\boldsymbol{E}' = \boldsymbol{E} + \boldsymbol{u} \times \boldsymbol{B} .} \tag{3.59}$$

Hierin kann $\boldsymbol{u} \times \boldsymbol{B}$ die Größenordnung von $\boldsymbol{E}$ haben und ist damit mehr als ein kleiner Korrekturterm.

2. Die Ladung q bewegt sich in S mit der Geschwindigkeit $\boldsymbol{v}$ und in S' mit der Geschwindigkeit $\boldsymbol{v}'$. Dann gilt

$$\boldsymbol{F} = q\,(\boldsymbol{E} + \boldsymbol{v} \times \boldsymbol{B})\,, \qquad \boldsymbol{F}' = q\,(\boldsymbol{E}' + \boldsymbol{v}' \times \boldsymbol{B}')\,,$$

und analog zum ersten Fall folgt für $|\boldsymbol{v}| \ll c$

$$\boldsymbol{E} + \boldsymbol{v} \times \boldsymbol{B} = \boldsymbol{E}' + \boldsymbol{v}' \times \boldsymbol{B}' .$$

Mit dem Ergebnis (3.59) ergibt sich hieraus

$$0 = (\boldsymbol{u} - \boldsymbol{v}) \times \boldsymbol{B} + \boldsymbol{v}' \times \boldsymbol{B}' .$$

In der klassischen Mechanik gilt für Geschwindigkeiten das Additionsgesetz $\boldsymbol{v}=\boldsymbol{u}+\boldsymbol{v}'$, und mit diesem folgt aus der letzten Beziehung

$$(\boldsymbol{u} - \boldsymbol{v}) \times (\boldsymbol{B} - \boldsymbol{B}') = 0 .$$

Da der Vektor $(\boldsymbol{u}-\boldsymbol{v})$ beliebig gerichtet und ungleich null sein kann, folgt schließlich

$$\boldsymbol{B}' = \boldsymbol{B} . \tag{3.60}$$

Ein Blick auf unsere Näherungsformel (3.52) für das Magnetfeld einer mit konstanter Geschwindigkeit in S bewegten Punktladung zeigt, dass jedenfalls das letzte Ergebnis nicht exakt sein kann: Während im Ruhesystem S' der bei $\boldsymbol{r}'=\boldsymbol{r}_0{}'$ befindlichen Ladung

$$\boldsymbol{E}' = \frac{q}{4\pi\varepsilon_0}\frac{\boldsymbol{r}'-\boldsymbol{r}_0{}'}{|\boldsymbol{r}'-\boldsymbol{r}_0{}'|^3}\,, \qquad \boldsymbol{B}' = 0 \tag{3.61}$$

gilt, ergibt sich nach (3.52) mit $\boldsymbol{v}\to\boldsymbol{u}$ in S das Magnetfeld

$$\boldsymbol{B} = \frac{\mu_0}{4\pi}\,q\boldsymbol{u}\times\frac{\boldsymbol{r}-\boldsymbol{r}_0(t)}{|\boldsymbol{r}-\boldsymbol{r}_0(t)|^3} \neq \boldsymbol{B}'\,, \tag{3.62}$$

wobei $\boldsymbol{r}_0(t)$ die Bahn der Ladung in S ist. Wenn wir an der Gültigkeit des Lorentz'schen Kraftgesetzes festhalten – dieses wurde ja experimentell bis zu relativistischen Geschwindigkeiten bestätigt –, verbleibt als einzige Schlussfolgerung, dass die bei der Ableitung der Transformationsformeln (3.59)–(3.60) benutzten Gesetze der klassischen Mechanik nicht exakt sein können.

Mithilfe von (3.62) lässt sich anhand des zuletzt betrachteten Beispiels ein Korrekturterm für das Transformationsgesetz (3.60) ableiten. Dazu wenden wir das Transformationsgesetz (3.59) für das elektrische Feld jetzt auf den Übergang von S' nach S an, d. h. wir vertauschen ungestrichene und gestrichene Größen und berücksichtigen, dass sich das System S gegenüber S' mit der Geschwindigkeit $-\boldsymbol{u}$ bewegt. Mit

$$\boldsymbol{r}(t) = \boldsymbol{u}t + \boldsymbol{r}'\,, \qquad \boldsymbol{r}_0(t) = \boldsymbol{u}t + \boldsymbol{r}_0{}'$$

erhalten wir dann zunächst

$$\boldsymbol{E} = \boldsymbol{E}' - \boldsymbol{u}\times\boldsymbol{B}' \stackrel{(3.61b)}{=} \boldsymbol{E}' \stackrel{(3.61a)}{=} \frac{q}{4\pi\varepsilon_0}\frac{\boldsymbol{r}-\boldsymbol{r}_0(t)}{|\boldsymbol{r}-\boldsymbol{r}_0(t)|^3}\,,$$

und hiermit können wir das Magnetfeld (3.62) in der Form

$$\boldsymbol{B} = \mu_0\varepsilon_0\,\boldsymbol{u}\times\boldsymbol{E} \stackrel{(3.55)}{=} \frac{1}{c^2}\,\boldsymbol{u}\times\boldsymbol{E}$$

ausdrücken. Für den Übergang von S nach S' erhalten wir schließlich das richtige Ergebnis $\boldsymbol{B}'=0$, wenn wir als verbessertes Transformationsgesetz

$$\boxed{\boldsymbol{B}' = \boldsymbol{B} - \frac{1}{c^2}\,\boldsymbol{u}\times\boldsymbol{E}} \tag{3.63}$$

wählen. Für $|\boldsymbol{u}|\ll c$ ist der erhaltene Korrekturterm sehr klein, es handelt sich also um einen relativistischen Korrekturterm, der in vielen Fällen vernachlässigt werden kann.

Auch (3.63) ist noch kein exaktes Transformationsgesetz, worauf schon hindeutet, dass die zugrunde gelegte Formel für das Magnetfeld einer bewegten Ladung nur eine Näherung darstellt. Desgleichen besitzt natürlich auch das Transformationsgesetz (3.59) für $\boldsymbol{E}$ nur Näherungscharakter.

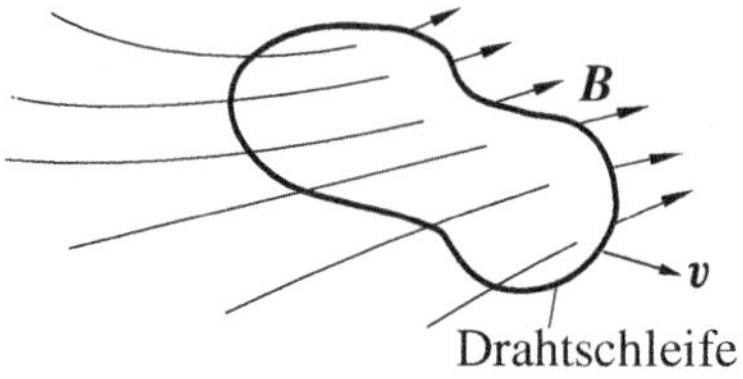

Abb. 3.21: Zum Faraday'schen Induktionsgesetz: Betrachtet wird ein inhomogenes statisches Magnetfeld, in dem eine Drahtschleife bewegt wird.

3.3.3 Faraday-Gesetz

Wir wollen jetzt den in Abschn. 3.3.1 nur qualitativ festgestellten Zusammenhang zwischen der zeitlichen Änderung von $\boldsymbol{B}$ und dem induzierten elektrischen Feld $\boldsymbol{E}$ quantifizieren.

Integrale Form. Hierzu betrachten wir ein von stationären Strömen erzeugtes inhomogenes statisches Feld $\boldsymbol{B}(\boldsymbol{r})$ und einen zu einer geschlossenen Kurve gebogenen dünnen metallischen Leiter, der im Feld $\boldsymbol{B}$ bewegt wird (Abb. 3.21). Ist $\boldsymbol{v}$ die möglicherweise räumlich und zeitlich variierende Geschwindigkeit der Leitungselektronen im Laborsystem – sie setzt sich aus der lokalen Geschwindigkeit des Leiters und der Relativgeschwindigkeit der Elektronen diesem gegenüber zusammen –, so wirkt auf ein Elektron die Kraft pro Ladung

$$\frac{\boldsymbol{F}}{q} = \boldsymbol{v} \times \boldsymbol{B}\,.$$

Jetzt untersuchen wir das Linienintegral

$$\oint (\boldsymbol{F}/q) \cdot d\boldsymbol{l} = \oint (\boldsymbol{v} \times \boldsymbol{B}) \cdot d\boldsymbol{l} = -\oint \boldsymbol{B} \cdot (\boldsymbol{v} \times d\boldsymbol{l}) \tag{3.64}$$

über den geschlossenen Draht. Es gilt $\boldsymbol{v}\times d\boldsymbol{l}=\boldsymbol{v}_\perp\times d\boldsymbol{l}$, wobei $\boldsymbol{v}_\perp$ die Geschwindigkeitskomponente senkrecht zur Drahtrichtung bezeichnet. Die Senkrechtverschiebung

$$\Delta \boldsymbol{s}_\perp = \boldsymbol{v}_\perp \Delta t$$

macht auch der Draht mit und überstreicht dabei das infinitesimale gerichtete Flächenelement

$$-\boldsymbol{v}_\perp \Delta t \times d\boldsymbol{l} = -\Delta \boldsymbol{s}_\perp \times d\boldsymbol{l} = \Delta \boldsymbol{f}$$

der Zylinderfläche ΔF_Z (Abb. 3.22). Offensichtlich gilt

$$\oint (\boldsymbol{F}/q) \cdot d\boldsymbol{l} = -\lim_{\Delta t \to 0} \frac{1}{\Delta t} \int \boldsymbol{B} \cdot (\boldsymbol{v}\Delta t \times d\boldsymbol{l}) = \lim_{\Delta t \to 0} \frac{1}{\Delta t} \int_{\Delta F_\text{Z}} \boldsymbol{B} \cdot d\boldsymbol{f}\,.$$

Ist C_t bzw. $C_{t+\Delta t}$ die Kurve, die zur Zeit t bzw. $t+\Delta t$ die Position des Drahtes beschreibt, und ist F_t bzw. $F_{t+\Delta t}$ irgendeine Fläche, die von C_t bzw. $C_{t+\Delta t}$ berandet wird – wir nehmen dabei an, dass sich F_t und $F_{t+\Delta t}$ weder schneiden noch berühren, was dann auch für die Randkurven C_t und $C_{t+\Delta t}$ gilt –, so bilden F_t, ΔF_Z und $F_{t+\Delta t}$ zusammen eine geschlossene Fläche, wobei die Richtung der Flächenelemente $\Delta \boldsymbol{f}$ auf

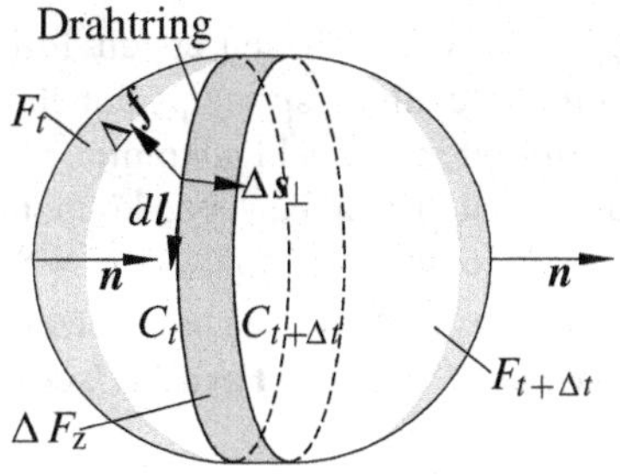

Abb. 3.22: In einem inhomogenen Magnetfeld bewegter Drahtring. Bei einer Verschiebung um $\Delta s_\perp$ senkrecht zur Drahtrichtung wird das Flächenelement ΔF_z überstrichen. $F_t \cup \Delta F_z \cup F_{t+\Delta t}$ ist eine geschlossene Fläche.

ΔF_z so gewählt ist, dass die Flächennormale nach außen weist (Abb. 3.22). Auf dieser Fläche erfüllt das statische Feld $\boldsymbol{B}$ nach (3.57b) die Beziehung

$$\oint \boldsymbol{B} \cdot d\boldsymbol{f} = \int_{F_t} \boldsymbol{B} \cdot d\boldsymbol{f} + \int_{\Delta F_z} \boldsymbol{B} \cdot d\boldsymbol{f} + \int_{F_{t+\Delta t}} \boldsymbol{B} \cdot d\boldsymbol{f} = 0\,,$$

und wir erhalten damit aus dem letzten Ergebnis

$$\begin{aligned}\oint (\boldsymbol{F}/q) \cdot d\boldsymbol{l} &= -\lim_{\Delta t \to 0} \frac{1}{\Delta t} \left[\int_{F_{t+\Delta t}} \boldsymbol{B} \cdot d\boldsymbol{f} + \int_{F_t} \boldsymbol{B} \cdot d\boldsymbol{f} \right] \\ &\overset{\text{s.u.}}{=} -\lim_{\Delta t \to 0} \frac{1}{\Delta t} \left[\int_{F_{t+\Delta t}} \boldsymbol{B} \cdot \boldsymbol{n}\, df - \int_{F_t} \boldsymbol{B} \cdot \boldsymbol{n}\, df \right],\end{aligned}$$

wenn $\boldsymbol{n}$ die in Abb. 3.22 eingezeichneten Richtungen hat, insbesondere also auf F_t ins Innere der geschlossenen Fläche $F_t \cup \Delta F_z \cup F_{t+\Delta t}$ weist.

Da die Leiterposition zur Zeit $t+\Delta t$ für $\Delta t \to 0$ in die zur Zeit t übergeht und der magnetische Fluss durch den Draht nach (3.58) unabhängig von der zur Berechnung gewählten Fläche ist, werden die magnetischen Flüsse durch F_t und $F_{t+\Delta t}$ für $\Delta t \to 0$ gleich. Damit ergibt sich schließlich

$$\oint \boldsymbol{F}/q \cdot d\boldsymbol{l} = -\frac{d}{dt} \int_{F_t} \boldsymbol{B} \cdot \boldsymbol{n}\, df\,. \tag{3.65}$$

Diese Gleichung ist exakt, denn zu ihrer Ableitung wurden nur Eigenschaften statischer Magnetfelder benutzt.

In einem inhomogenen Magnetfeld kann die Drahtschleife so bewegt werden, dass die rechte Seite von (3.65) von null verschieden ist und damit auch die linke. Im Mittel wirkt dann an jeder Stelle des Drahtes parallel zur Drahtrichtung eine Kraft auf die Leitungselektronen, die so weit beschleunigt werden, bis sie durch die Gegenwirkung geschwindigkeitsabhängiger Reibungskräfte eine stationäre Endgeschwindigkeit erreichen. Dies bedeutet, dass in dem Draht ein Strom fließt, dessen Ursache nach (3.65) die Änderung des magnetischen Flusses durch den Draht ist.

Betrachten wir jetzt denselben Vorgang im Ruhesystem des Leiters: Es ist klar, dass auch dort das Fließen eines Stromes und eine Flussänderung durch den Leiter zu beobachten sein werden. Eine plausible Annahme ist, dass (3.65) auch bei ruhender Drahtschleife gilt und dass das unabhängig davon ist, ob die Flussänderung durch die räumliche Verschiebung eines inhomogenen statischen Feldes oder durch ein in allen

Bezugssystemen zeitlich veränderliches Feld hervorgerufen wird. Für den ersten Teil der Annahme bedeutet dies, dass wir die Gültigkeit eines Relativitätsprinzips annehmen, d. h., dass es nur auf die Relativbewegung zwischen Leiter und Feld ankommt.

Da sich die Elektronen bei ruhendem Draht nur parallel zu diesem bewegen können ($\boldsymbol{v} \parallel d\boldsymbol{l}$), gilt $\oint(\boldsymbol{v}\times\boldsymbol{B})\cdot d\boldsymbol{l}=0$. Wir müssen daher auf das allgemeine Kraftgesetz (3.49) zurückgreifen, um im Fall $\frac{d}{dt}\int \boldsymbol{B}\cdot\boldsymbol{n}\,df\neq 0$ einen Widerspruch zu vermeiden, und setzen dementsprechend $\oint \boldsymbol{F}/q\cdot d\boldsymbol{l}=\oint \boldsymbol{E}\cdot d\boldsymbol{l}$. Damit erhalten wir aus (3.65) das **Faraday'sche Induktionsgesetz**

$$\boxed{\oint \boldsymbol{E}\cdot d\boldsymbol{l} = -\frac{d}{dt}\int_F \boldsymbol{B}\cdot\boldsymbol{n}\,df\,,} \tag{3.66}$$

wobei die von dem ruhenden Draht berandete Fläche F wie vorher beliebig wählbar sein soll. Damit $-\frac{d}{dt}\int_F \boldsymbol{B}\cdot\boldsymbol{n}\,df=-\int_F(\partial\boldsymbol{B}/\partial t)\cdot\boldsymbol{n}\,df$ für alle Flächen F wirklich denselben Wert $\oint \boldsymbol{E}\cdot d\boldsymbol{l}$ annimmt, muss für jede geschlossene Fläche

$$\oint \frac{\partial \boldsymbol{B}}{\partial t}\cdot d\boldsymbol{f} = \frac{d}{dt}\oint \boldsymbol{B}\cdot d\boldsymbol{f} = 0 \tag{3.67}$$

gelten.

Es sei ausdrücklich darauf hingewiesen, dass die beiden letzten Gleichungen nicht vollständig abgeleitet, sondern durch einen Analogieschluss plausibel gemacht wurden. Ihre Gültigkeit kann daher letztlich nur durch das Experiment nachgewiesen werden, und dieses hat sie mit extremer Genauigkeit bestätigt.

Ableitung aus dem Transformationsverhalten der Felder. Mithilfe der Transformationsformeln (3.59)–(3.60) kommt man wenigstens näherungsweise zu einer vollständigen Ableitung. Bewegt sich der Leiter so, dass er in dem gegenüber S mit der Geschwindigkeit $\boldsymbol{u}$ bewegten System S' ruht, so gilt im Bezugssystem S nach (3.65) mit (3.64) die exakte Beziehung

$$\oint(\boldsymbol{u}\times\boldsymbol{B})\cdot d\boldsymbol{l} = -\frac{d}{dt}\int \boldsymbol{B}\cdot\boldsymbol{n}\,df\,.$$

In S' erhalten wir hieraus für $\boldsymbol{E}=0$ mit den näherungsweise gültigen Transformationsformeln (3.59)–(3.60) sowie $d\boldsymbol{l}'=d\boldsymbol{l}$, $dt'=dt$, $\boldsymbol{n}'=\boldsymbol{n}$ und $d\boldsymbol{f}'=d\boldsymbol{f}$

$$\oint \boldsymbol{E}'\cdot d\boldsymbol{l}' = -\frac{d}{dt'}\int \boldsymbol{B}'\cdot\boldsymbol{n}'df'\,.$$

Dieses unter Näherungsannahmen abgeleitete Ergebnis ist exakt, und man könnte dazu neigen, die als Näherungen eingegangenen Schritte nun doch für exakt zu halten. Gerade die exakte Gültigkeit des Faraday-Gesetzes wird uns jedoch später mit zu der zwingenden Schlussfolgerung führen, dass es sich tatsächlich nur um Näherungen handelt. Wie konnte dann aber ein exaktes Ergebnis zustande kommen? Die Antwort ist, dass an mehreren Stellen kleine Fehler gemacht wurden, die sich in ihrer Gesamtwirkung kompensieren.

Historische Bemerkung: Faraday entdeckte, dass die zeitliche Änderung des magnetischen Flusses $\int \boldsymbol{B} \cdot d\boldsymbol{f}$ durch einen geschlossenen Leiter einen elektrischen Strom I induziert. Die Flussänderung führte Faraday durch die Bewegung des Induktionsleiters in einem statischen Magnetfeld bzw. durch die Bewegung von Magneten, Magnetspulen oder das Ein- und Ausschalten von Magnetfeldern bei ruhendem Induktionsleiter herbei. Aufgrund dieser Messungen formulierte er den Zusammenhang

$$R\,I = -\frac{d}{dt}\int \boldsymbol{B} \cdot d\boldsymbol{f}\,, \tag{3.68}$$

wobei R der Ohm'sche Widerstand des Induktionsleiters ist. Wir werden später sehen, dass $\oint \boldsymbol{E} \cdot d\boldsymbol{l} = U$ eine Ringspannung ist, die einen Strom $I = U/R$ fließen lässt. Hieraus ergibt sich die Äquivalenz mit unserer Form des Faraday-Gesetzes. Dass die magnetische Flussdichte auch als magnetische Induktion bezeichnet wird, ist darauf zurückzuführen, dass durch ihre zeitliche Änderung Ströme oder elektrische Felder induziert werden. □

Auf dem Faraday-Gesetz beruht die Wirkung von Stromgeneratoren und Elektromotoren. Wird eine Drahtschleife in einem Magnetfeld so zum Rotieren gebracht, dass sich der magnetische Fluss durch die Spulenwindungen verändert, so wird nach (3.68) ein Wechselstrom induziert, und man hat einen Generator. Lässt man dagegen durch eine drehbar gelagerte Spule, die einem statischen Magnetfeld ausgesetzt ist, Strom fließen, so muss sich nach (3.68) der Fluss des Magnetfelds durch die Spulenwindungen verändern, d. h. die Spule beginnt zu rotieren, und man hat einen Elektromotor.

Differenzielle Form. Wir können das Faraday-Gesetz (3.66) mithilfe des Stokes'schen Satzes, (2.28), in die Form

$$\int_F \operatorname{rot} \boldsymbol{E} \cdot d\boldsymbol{f} = -\int_F \frac{\partial \boldsymbol{B}}{\partial t} \cdot d\boldsymbol{f}$$

bringen. Da diese für beliebige, insbesondere auch infinitesimal kleine Flächen F gelten muss, folgt aus ihr

$$\boxed{\operatorname{rot} \boldsymbol{E} = -\frac{\partial \boldsymbol{B}}{\partial t}\,.} \tag{3.69}$$

Dies ist die differenzielle Form des Faraday-Gesetzes. Für $\partial \boldsymbol{B}/\partial t = 0$ erhalten wir aus ihr die Gleichung $\operatorname{rot} \boldsymbol{E} = 0$ der Elektrostatik.

3.3.4 Quellstärke zeitabhängiger Magnetfelder

Durch Bildung der Divergenz folgt aus (3.69) die Gleichung

$$\operatorname{div} \frac{\partial \boldsymbol{B}}{\partial t} = \frac{\partial}{\partial t} \operatorname{div} \boldsymbol{B} = 0\,.$$

Diese ist notwendig und hinreichend dafür, dass das differenzielle Faraday-Gesetz erfüllt werden kann. Der Wert von $\operatorname{div} \boldsymbol{B}$ darf sich bei gegebenem $\boldsymbol{r}$ also nicht ändern,

d. h. div $\boldsymbol{B}$ ist an jeder Stelle des Raums für alle Zeiten festgelegt. Nun ist es eine Erfahrungstatsache, dass man an jeder Stelle des Raums ein eventuell vorhandenes Magnetfeld in einer endlichen Umgebung völlig zum Verschwinden bringen kann, indem man es z. B. durch Zusatzfelder kompensiert, mithilfe von Supraleitern (siehe Abschn. 5.6) verdrängt („magnetischer Faraday-Käfig“) oder, indem man alle Körper, von denen magnetische Felder ausgehen, hinreichend weit entfernt. Aus $\boldsymbol{B}\equiv 0$ folgt für dieses Gebiet div $\boldsymbol{B}=0$, und das muss dann auch zu allen späteren Zeiten gelten bzw. schon zu allen früheren Zeiten gegolten haben. Infolgedessen muss ganz allgemein auch von zeitabhängigen Feldern die Gleichung

$$\boxed{\operatorname{div} \boldsymbol{B} = 0} \tag{3.70}$$

erfüllt werden, d. h. Magnetfelder besitzen auch im zeitabhängigen Fall keine Quellen. Die Integralform von Gleichung (3.70) ist wie in der Magnetostatik (3.57a).

3.3.5 Maxwell'scher Verschiebungsstrom

Jetzt wollen wir auch noch für die in Abschn. 3.3.1 gewonnene Erkenntnis, dass jedes zeitabhängige $\boldsymbol{E}$-Feld im Allgemeinen mit einem $\boldsymbol{B}$-Feld verknüpft ist, eine quantitative Formulierung finden.

Aus dem Ampère'schen Gesetz rot $\boldsymbol{B}/\mu_0=\boldsymbol{j}$ folgt div $\boldsymbol{j}=0$, und daher ist dieses für $\partial\varrho/\partial t\not\equiv 0$ nicht mit der Kontinuitätsgleichung (3.27) verträglich. Maxwell änderte das Ampère'sche Gesetz so ab, dass dieser Mangel behoben wird. Allerdings ließ er sich dabei von mechanischen Analogievorstellung leiten, die später von J. J. Thomson und anderen zu Äthertheorien ausgebaut wurden, heute jedoch nicht mehr haltbar sind.

Wir kommen zu dem von ihm abgeleiteten Gesetz durch die folgenden Überlegungen: Da sicher auch zeitlich veränderliche Ladungen ein elektrisches Feld erzeugen, ist es vernünftig, auch für $\partial\varrho/\partial t\not\equiv 0$ an der Gleichung

$$\operatorname{div}(\varepsilon_0 \boldsymbol{E}) = \varrho \tag{3.71}$$

festzuhalten. Dies steht in Analogie dazu, dass auch die Gleichung div $\boldsymbol{B}=0$ für zeitabhängige Situationen gültig bleibt. Die Kontinuitätsgleichung lässt sich damit in der Form

$$\frac{\partial}{\partial t}\operatorname{div}(\varepsilon_0 \boldsymbol{E}) + \operatorname{div}\boldsymbol{j} = \operatorname{div}\left(\boldsymbol{j} + \frac{\partial \varepsilon_0 \boldsymbol{E}}{\partial t}\right) = 0$$

schreiben. Nach Abschn. 2.4.2 ist die allgemeine Lösung dieser Gleichung

$$\boldsymbol{j} + \frac{\partial \varepsilon_0 \boldsymbol{E}}{\partial t} = \operatorname{rot}\boldsymbol{H}\,,$$

wobei $\boldsymbol{H}$ ein beliebiges Vektorfeld ist, das im Spezialfall der Magnetostatik (für $\boldsymbol{E}\equiv 0$ und $\partial\boldsymbol{j}/\partial t\equiv 0$) gemäß (3.56b) die Beziehung

$$\boldsymbol{H} = \frac{\boldsymbol{B}}{\mu_0} \tag{3.72}$$

erfüllen muss. Nimmt man nun an, dass dieser Zusammenhang allgemein gilt, so gelangt man zu der Differenzialgleichung

$$\boxed{\operatorname{rot}\frac{\boldsymbol{B}}{\mu_0} = \boldsymbol{j} + \frac{\partial \varepsilon_0 \boldsymbol{E}}{\partial t}\,.} \tag{3.73}$$

In dieser ist die für zeitabhängige Situationen festgestellte Unverträglichkeit des Ampère'schen Gesetzes mit der Kontinuitätsgleichung behoben, denn die Letztere folgt aus ihr unter Benutzung von (3.71) durch Divergenzbildung. Die (3.73) äquivalente Integralform ist nach dem Stokes'schen Satz, (2.28),

$$\boxed{\frac{1}{\mu_0}\oint \boldsymbol{B}\cdot d\boldsymbol{l} = \int_F \left(\boldsymbol{j} + \frac{\partial \varepsilon_0 \boldsymbol{E}}{\partial t}\right)\cdot \boldsymbol{n}\,df\,,} \tag{3.74}$$

wobei $\boldsymbol{n}$ mit $d\boldsymbol{l}$ eine Rechtsschraube bildet.

Historische Bemerkung: Maxwell fand dieses Gesetz aufgrund rein theoretischer Überlegungen, bei denen er, wie schon angedeutet, Vorstellungen der Elastizitätstheorie auf eine Art Äthermodell anwandte. Mit seiner Hilfe sagte er voraus, dass Licht eine elektromagnetische Erscheinung ist, und dass man elektromagnetische Wellen beliebiger Wellenlänge erzeugen kann, was einige Jahre später von Hertz experimentell nachgewiesen wurde. Obwohl die Vorstellungen Maxwells heute nicht mehr haltbar sind, wurde das aus ihnen abgeleitete Gesetz nachträglich durch das Experiment voll bestätigt und hat sich bis heute in makroskopischen Dimensionen unverändert gehalten. Der Term $\partial(\varepsilon_0 \boldsymbol{E})/\partial t$ wurde von Maxwell als **Verschiebungsstromdichte** bezeichnet, eine Bezeichnung, die heute allerdings nur noch historische Bedeutung besitzt. □

Das neue Gesetz (3.74) kann in speziellen Situationen auch durch physikalische Betrachtungen plausibel gemacht werden. Dazu dienen die folgenden Beispiele.

Beispiel 3.2:

Wir untersuchen die Verhältnisse in einem Plattenkondensator, der über einen hinreichend großen Widerstand R sehr langsam entladen wird (Abb. 3.23). In den beiden Drähten, welche die Platten des Kondensators mit dem Widerstand verbinden und als dünn angenommen werden, wird ein beinahe stationärer Strom I fließen, der zumindest in größerer Entfernung vom Kondensator und sehr nahe am Draht von einem beinahe stationären Magnetfeld umgeben ist.

Dort betrachten wir eine den Draht umgebende geschlossene Kurve C und eine von dieser berandete kleine Fläche F_1. In der Nachbarschaft der Letzteren wird wegen der beinahe statischen Verhältnisse näherungsweise $\operatorname{rot}\boldsymbol{B}=0$ außerhalb und $\operatorname{rot}\boldsymbol{B}/\mu_0=\boldsymbol{j}$ innerhalb des Leiters gelten, woraus

$$I \approx \int_{F_1} \operatorname{rot}\frac{\boldsymbol{B}}{\mu_0}\cdot \boldsymbol{n}\,df = \frac{1}{\mu_0}\oint_C \boldsymbol{B}\cdot d\boldsymbol{l}$$

folgt. Nun betrachten wir eine zweite, von C berandete große Fläche F_2, die zwischen den Kondensatorplatten hindurchführt und den Leiter nirgends schneidet, und integrieren die Kontinui-

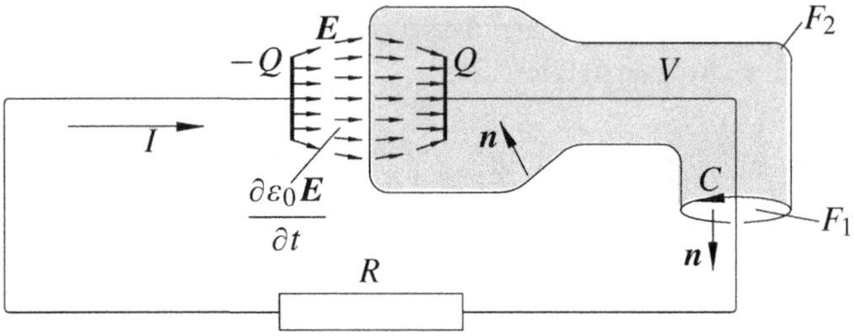

Abb. 3.23: Maxwell'scher Verschiebungsstrom: Betrachtet wird ein Kondensator, der durch einen Widerstand sehr langsam entladen wird. Es seien C eine den Draht umgebende geschlossene Kurve, F_1 und F_2 zwei von dieser berandete Flächen und V ein von $F{=}F_1{+}F_2$ berandetes Volumen. Der Verbindungsdraht der beiden Kondensatorplatten soll so dünn sein, dass $F_1 \ll F_2$ angenommen werden kann.

tätsgleichung über das von den Flächen F_1 und F_2 umschlossene Volumen V,

$$0 = \int \frac{\partial \varrho}{\partial t} d^3\tau + \int \operatorname{div} \boldsymbol{j}\, d^3\tau = \frac{d}{dt} \int_V \varrho\, d^3\tau + \oint \boldsymbol{j} \cdot d\boldsymbol{f}$$

oder

$$\frac{dQ}{dt} + I - \int_{F_2} \boldsymbol{j} \cdot \boldsymbol{n}\, df \overset{\text{s.u.}}{=} 0\,.$$

Dabei wurde angenommen, dass $\boldsymbol{n}$ auf der Fläche F_2 ins Innere des Volumens V gerichtet ist (Abb. 3.23). Mit

$$\begin{aligned} Q &= \int \varrho\, d^3\tau = \int \operatorname{div}(\varepsilon_0 \boldsymbol{E})\, d^3\tau = \int_{F_1+F_2} \varepsilon_0 \boldsymbol{E} \cdot d\boldsymbol{f} \\ &= \int_{F_1} \varepsilon_0 \boldsymbol{E} \cdot \boldsymbol{n}\, df - \int_{F_2} \varepsilon_0 \boldsymbol{E} \cdot \boldsymbol{n}\, df \overset{\text{s.u.}}{\approx} -\int_{F_2} \varepsilon_0 \boldsymbol{E} \cdot \boldsymbol{n}\, df\,, \end{aligned}$$

wobei die zuletzt durchgeführte Näherung aus der Kleinheit von F_1 gegenüber F_2 folgt, ergibt sich hieraus schließlich

$$\frac{1}{\mu_0} \oint_C \boldsymbol{B} \cdot d\boldsymbol{l} \approx I \approx \frac{d}{dt} \int_{F_2} \varepsilon_0 \boldsymbol{E} \cdot \boldsymbol{n}\, df + \int_{F_2} \boldsymbol{j} \cdot \boldsymbol{n}\, df = \int_{F_2} \left(\boldsymbol{j} + \frac{\partial \varepsilon_0 \boldsymbol{E}}{\partial t} \right) \cdot \boldsymbol{n}\, df\,.$$

Dieses unter Näherungen abgeleitete Ergebnis ist sogar exakt und stimmt mit (3.74) überein. (Wegen $\boldsymbol{j}{=}0$ auf F_2 hätte der $\boldsymbol{j}$ enthaltende Term natürlich auch weggelassen werden können.)

Beispiel 3.3:

Wir betrachten jetzt kugelsymmetrische Dichteverteilungen von Ladungen und von Strömen, $\varrho(r,t)$ und $\boldsymbol{j}{=}j(r,t)\,\boldsymbol{r}/r$. Die von diesen hervorgerufenen Felder $\boldsymbol{E}$ und $\boldsymbol{B}$ können ebenfalls nur Kugelsymmetrie besitzen, d. h. $\boldsymbol{E}{=}E(r,t)\,\boldsymbol{r}/r$ und $\boldsymbol{B}{=}B(r,t)\,\boldsymbol{r}/r$. Aus dem Volumenintegral der Kontinuitätsgleichung über das Innere einer Kugel K_r vom Radius r (Oberfläche F_r) ergibt sich

$$\begin{aligned} 0 &= \int \frac{\partial \varrho}{\partial t} d^3\tau + \int \operatorname{div} \boldsymbol{j}\, d^3\tau \overset{(2.27)}{\underset{(3.71)}{=}} \frac{d}{dt} \int_{K_r} \operatorname{div}(\varepsilon_0 \boldsymbol{E})\, d^3\tau + \int \boldsymbol{j} \cdot d\boldsymbol{f} \overset{(2.27)}{=} \int \left(\boldsymbol{j} + \frac{\partial \varepsilon_0 \boldsymbol{E}}{\partial t} \right) \cdot d\boldsymbol{f} \\ &= 4\pi r^2 \left(j + \frac{\partial \varepsilon_0 E}{\partial t} \right) \frac{\boldsymbol{r}}{r}\,, \end{aligned}$$

und hieraus folgt

$$j + \frac{\partial \varepsilon_0 \boldsymbol{E}}{\partial t} = 0\,. \tag{3.75}$$

Andererseits hat Gleichung (3.70)

$$0 = \int \operatorname{div} \boldsymbol{B}\, d^3\tau = \int \boldsymbol{B} \cdot d\boldsymbol{f} = 4\pi r^2 \boldsymbol{B}\, \frac{\boldsymbol{r}}{r}$$

zur Folge mit der Konsequenz $\boldsymbol{B} \equiv 0$. Hiermit und mit Gleichung (3.75) ergibt sich, dass die Maxwell-Gleichung (3.73) erfüllt ist. Diese kann in dem betrachteten Fall also allein aus der Annahme bewiesen werden, dass Gleichung (3.71) auch für zeitliche veränderliche Ladungen gilt.

Ableitung aus dem Transformationsverhalten der Felder. Es ist schließlich wieder möglich, Gleichung (3.73) ähnlich wie das integrale Faraday-Gesetz wenigstens näherungsweise aus den Transformationsformeln von Abschn. 3.3.2 abzuleiten für den Spezialfall, dass $\boldsymbol{E}$ und $\boldsymbol{B}$ im Bezugssystem S statische Felder sind. Allerdings müssen wir diesmal für $\boldsymbol{B}'$ auf die genauere Näherung (3.63) zurückgreifen. Wegen $\boldsymbol{u} = \mathbf{const}$ folgt aus dieser mit (2.18)

$$\operatorname{rot} \frac{\boldsymbol{B}'}{\mu_0} = \operatorname{rot} \frac{\boldsymbol{B}}{\mu_0} + \frac{1}{\varepsilon_0 \mu_0 c^2} \big[-\boldsymbol{u} \operatorname{div}(\varepsilon_0 \boldsymbol{E}) + \boldsymbol{u} \cdot \nabla (\varepsilon_0 \boldsymbol{E}) \big]\,.$$

In S gelten die Gleichungen $\operatorname{rot} \boldsymbol{B}/\mu_0 = \boldsymbol{j}$ der Magnetostatik und $\operatorname{div}(\varepsilon_0 \boldsymbol{E}) = \varrho$ der Elektrostatik, außerdem ist der Faktor vor der Klammer rechts nach (3.54) gleich 1. Benutzen wir schließlich noch die Transformationsformel (3.59), so erhalten wir

$$\operatorname{rot} \frac{\boldsymbol{B}'}{\mu_0} = \boldsymbol{j} - \varrho \boldsymbol{u} + \boldsymbol{u} \cdot \nabla (\varepsilon_0 \boldsymbol{E}') - \frac{1}{c^2} \boldsymbol{u} \cdot \nabla \left(\boldsymbol{u} \times \frac{\boldsymbol{B}}{\mu_0} \right)\,. \tag{3.76}$$

Der letzte Term der rechten Seite ist wie $\boldsymbol{j}$ eine Ableitung von $\boldsymbol{B}/\mu_0$, hat die Größenordnung von $u^2|\boldsymbol{j}|/c^2$ und kann für $u \ll c$ gegen $\boldsymbol{j}$ vernachlässigt werden. Aus den in S und S' gültigen Definitionsgleichungen (3.23a) und (3.24), dem Erhaltungssatz für Ladungen sowie den klassischen Transformationsgesetzen $d^3\tau' = d^3\tau$ für Volumina und $\boldsymbol{v}' = \boldsymbol{v} - \boldsymbol{u}$ für Geschwindigkeiten erhalten wir die Transformationsgleichungen

$$\varrho'_\pm = \varrho_\pm\,, \qquad \boldsymbol{j}' = \varrho_+(\boldsymbol{v}_+ - \boldsymbol{u}) + \varrho_-(\boldsymbol{v}_- - \boldsymbol{u}) = \boldsymbol{j} - \varrho \boldsymbol{u}$$

und damit aus (3.76)

$$\operatorname{rot}' \boldsymbol{B}'/\mu_0 = \boldsymbol{j}' + \boldsymbol{u} \cdot \nabla (\varepsilon_0 \boldsymbol{E}')\,. \tag{3.77}$$

Da $\boldsymbol{E}$ in S am Ort $\boldsymbol{r}$ statisch ist, muss $\boldsymbol{E}'$ in S' am Ort $\boldsymbol{r}' = \boldsymbol{r} - \boldsymbol{u}t$ zeitlich konstant sein, $\boldsymbol{E}'(\boldsymbol{r} - \boldsymbol{u}t, t) = \mathbf{const}$. Hieraus folgt durch Differenziation nach t mit $\nabla = \nabla'$

$$\frac{\partial \boldsymbol{E}'}{\partial \boldsymbol{r}'} \cdot \dot{\boldsymbol{r}}' + \frac{\partial \boldsymbol{E}'}{\partial t} = -\boldsymbol{u} \cdot \nabla \boldsymbol{E}' + \frac{\partial \boldsymbol{E}'}{\partial t} = 0\,,$$

und dies in (3.77) eingesetzt liefert schließlich (3.73).

Ähnlich kann man auch die differenzielle Form des Faraday-Gesetzes, (3.69), direkt aus den Transformationsgleichungen für $\boldsymbol{E}$ und $\boldsymbol{B}$ ableiten (Aufgabe 3.10). Dass wir zuletzt für $\boldsymbol{B}'$ den relativistischen Term $(\boldsymbol{u}\times\boldsymbol{E})/c^2$ mitnehmen mussten, ist ein Hinweis darauf, dass unter nicht relativistischen Verhältnissen die Wirkung des Verschiebungsstroms $\partial(\varepsilon_0\boldsymbol{E})/\partial t$ bei der elektrischen Induktion von Magnetfeldern deutlich schwächer ist als die Wirkung des Terms $\partial\boldsymbol{B}/\partial t$ bei der magnetischen Induktion elektrischer Felder. Wir werden später sehen, dass der Verschiebungsstrom im Allgemeinen erst bei sehr schnell veränderlichen Feldern wichtig wird.

3.3.6 Maxwell-Gleichungen

Die Gesamtheit der auch bei zeitlich veränderlichen Ladungen und Strömen gültigen Gleichungen für Vakuumfelder,

$$\begin{array}{llll} \text{(a)} & \operatorname{div}(\varepsilon_0\boldsymbol{E}) = \varrho\,, & \text{(c)} & \operatorname{div}\boldsymbol{B} = 0\,, \\ \text{(b)} & \operatorname{rot}\boldsymbol{E} = -\dfrac{\partial\boldsymbol{B}}{\partial t}\,, & \text{(d)} & \operatorname{rot}\dfrac{\boldsymbol{B}}{\mu_0} = \boldsymbol{j} + \dfrac{\partial\varepsilon_0\boldsymbol{E}}{\partial t}\,, \end{array} \tag{3.78}$$

– in der hier angegebenen Form ist das SI-System zugrunde gelegt – bezeichnet man heute als **Maxwell-Gleichungen**. Sie bilden bei gegebener Ladungs- und Stromverteilung $\varrho(\boldsymbol{r},t)$ und $\boldsymbol{j}(\boldsymbol{r},t)$ ein System gekoppelter, linearer partieller Differenzialgleichungen für die Felder $\boldsymbol{E}(\boldsymbol{r},t)$ und $\boldsymbol{B}(\boldsymbol{r},t)$. (b) und (c) sind homogene, (a) und (d) inhomogene Differenzialgleichungen mit $\varrho(\boldsymbol{r},t)$ bzw. $\boldsymbol{j}(\boldsymbol{r},t)$ als **Inhomogenitäten**. Insgesamt handelt es sich um acht Einzelgleichungen, je eine skalare Gleichung für die Quellen und eine vektorielle Gleichung für die Wirbel der beiden Felder $\boldsymbol{E}$ und $\boldsymbol{B}$. Nach dem Fundamentalsatz der Vektoranalysis (Abschn. 2.8), der sich allerdings nur auf zeitunabhängige Vektorfelder bezog, wird jedes Vektorfeld eindeutig durch seine Quellen und Wirbel festgelegt. (Die Eindeutigkeit kommt dabei durch das Einhalten geeigneter Randbedingungen im Unendlichen zustande.) Daraus kann geschlossen werden, dass die Maxwell-Gleichungen vollständig sind. Zur eindeutigen Festlegung der Felder $\boldsymbol{E}(\boldsymbol{r},t)$ und $\boldsymbol{B}(\boldsymbol{r},t)$ müssen sie allerdings in Analogie zu den Verhältnissen beim Fundamentalsatz noch durch **Anfangs- und Randbedingungen** ergänzt werden, wobei die gegenüber dem Fundamentalsatz zusätzlich zu stellenden Anfangsbedingungen auf die Zeitabhängigkeit der Felder und deren in den Maxwell-Gleichungen auftretenden Zeitableitungen zurückzuführen sind. Die Vorgabe geeigneter Anfangs- und Randbedingungen ist ein Problem, auf das wir bei der Suche nach Lösungen an geeigneter Stelle zurückkommen werden.

Die Kontinuitätsgleichung

$$\frac{\partial\varrho}{\partial t} + \operatorname{div}\boldsymbol{j} = 0 \tag{3.79}$$

ist eine Folge der Maxwell-Gleichungen und stellt für diese eine **Integrabilitätsbedingung** dar: Man erhält sie aus der Divergenz von Gleichung (d) unter Benutzung von (a).

Die Inhomogenitäten $\varrho(\boldsymbol{r},t)$ und $\boldsymbol{j}(\boldsymbol{r},t)$ können daher nicht frei vorgegeben werden, sondern müssen so gewählt werden, dass sie (3.79) erfüllen.

Sind $\varrho(\boldsymbol{r},t)$ und $\boldsymbol{j}(\boldsymbol{r},t)$ in dieser Weise vorgegeben, so sind acht Maxwell-Gleichungen von den sechs Komponenten der Felder $\boldsymbol{E}$ und $\boldsymbol{B}$ zu erfüllen, und es sieht so aus, als wären die Felder überbestimmt. Tatsächlich spielen die beiden skalaren Gleichungen (a) und (c) jedoch nur die Rolle von **Anfangsbedingungen**: Aus der Divergenz von Gleichung (d) folgt zusammen mit der Integrabilitätsbedingung (3.79)

$$\frac{\partial}{\partial t}\left[\operatorname{div}(\varepsilon_0 \boldsymbol{E}) - \varrho\right] = 0\,, \tag{3.80}$$

und aus der Divergenz von (b) ergibt sich

$$\frac{\partial}{\partial t}\operatorname{div}\boldsymbol{B} = 0\,. \tag{3.81}$$

Hieraus folgt, dass die Gleichungen (a) und (c) automatisch zu allen Zeiten $t \gtrless t_0$ erfüllt waren bzw. werden, wenn man nur dafür sorgt, dass sie zu einem Zeitpunkt t_0 gelten.

Wir haben in der Mechanik verschiedene äquivalente Formulierungen der Newton'schen Bewegungsgleichungen kennengelernt. Unter diesen haben sich auch Variationsprinzipien als nützlich erwiesen. Es gibt auch ein den Maxwell-Gleichungen äquivalentes Variationsprinzip. Da wir dieses im Rahmen der *Elektrodynamik* nicht benötigen, wird hier auf seine Ableitung verzichtet. Es sei allerdings darauf hingewiesen, dass es im Band *Relativistische Quantenmechanik und Quantenfeldtheorie* dieses Lehrbuchs ausführlich behandelt wird.

Wir stellen zum Abschluss dieses Abschnitts auch noch die **Maxwell-Gleichungen in Integralform** zusammen,

$$\boxed{\begin{aligned} &\int_F \varepsilon_0 \boldsymbol{E}\cdot d\boldsymbol{f} = \int_V \varrho\, d^3\tau\,, && \int_F \boldsymbol{B}\cdot d\boldsymbol{f} = 0\,,\\ &\oint_C \boldsymbol{E}\cdot d\boldsymbol{l} = -\frac{d}{dt}\int_F \boldsymbol{B}\cdot d\boldsymbol{f}\,, && \oint_C \frac{\boldsymbol{B}}{\mu_0}\cdot d\boldsymbol{l} = \int_F\left(\boldsymbol{j} + \frac{\partial \varepsilon_0 \boldsymbol{E}}{\partial t}\right)\cdot d\boldsymbol{f}\,. \end{aligned}} \tag{3.82}$$

Dabei muss $d\boldsymbol{f}$ mit $d\boldsymbol{l}$ eine Rechtsschraube bilden.

3.3.7 Gekoppelte Dynamik der Felder $\boldsymbol{E}$, $\boldsymbol{B}$ und der Ladungsträger

Sind die Inhomogenitäten ϱ und $\boldsymbol{j}$ nicht als Funktionen von $\boldsymbol{r}$ und t vorgegeben, so werden zu ihrer Bestimmung zusätzliche Gleichungen benötigt. Bei der mikroskopischen Beschreibung durch Einzelteilchen gilt

$$\boxed{\varrho(\boldsymbol{r},t) = \sum_{i=1}^{N} q_i\,\delta^3(\boldsymbol{r} - \boldsymbol{r}_i(t))\,, \qquad \boldsymbol{j}(\boldsymbol{r},t) = \sum_{i=1}^{N} q_i \dot{\boldsymbol{r}}_i(t)\,\delta^3(\boldsymbol{r} - \boldsymbol{r}_i(t))\,,} \tag{3.83}$$

wobei die Bahnen $\boldsymbol{r}_i(t)$ der Ladungen q_i durch Einsetzen des Kraftgesetzes

$$\boxed{\boldsymbol{F}_i = q_i\Big[\boldsymbol{E}(\boldsymbol{r}_i(t), t) + \dot{\boldsymbol{r}}_i(t) \times \boldsymbol{B}(\boldsymbol{r}_i(t), t)\Big]} \tag{3.84}$$

in die Bewegungsgleichungen bestimmt werden müssen. Bei kleinen Geschwindigkeiten $|\dot{\boldsymbol{r}}_i(t)| \ll c$ lauten diese

$$\boxed{m_i \ddot{\boldsymbol{r}}_i = \boldsymbol{F}_i\,.} \tag{3.85}$$

(Die konsequente Durchführung der Theorie des elektromagnetischen Feldes führt dazu, dass diese Bewegungsgleichungen in die der Speziellen Relativitätstheorie abgeändert werden müssen.) Werden die Gleichungen (3.83) in den Maxwell-Gleichungen eingesetzt, so enthalten diese zusätzlich zu den Feldern $\boldsymbol{E}$ und $\boldsymbol{B}$ auch noch die Bahnen $\boldsymbol{r}_i(t)$ der Ladungsträger als Unbekannte. Die Maxwell-Gleichungen (3.78), die Definitionsgleichungen (3.83) und die Bewegungsgleichungen (3.84)–(3.85) bilden daher ein gekoppeltes Gleichungssystem für die Unbekannten $\boldsymbol{E}(\boldsymbol{r}, t)$, $\boldsymbol{B}(\boldsymbol{r}, t)$ und $\boldsymbol{r}_i(t)$, das simultan gelöst werden muss.

Aus (3.83) folgt

$$\frac{\partial \varrho}{\partial t} = -\sum_{i=1}^{N} q_i \dot{\boldsymbol{r}}_i \cdot \nabla\delta(\boldsymbol{r} - \boldsymbol{r}_i(t))\ , \qquad \operatorname{div} \boldsymbol{j} = \sum_{i=1}^{N} q_i \dot{\boldsymbol{r}}_i \cdot \nabla\delta(\boldsymbol{r} - \boldsymbol{r}_i(t))$$

und damit $\partial\varrho/\partial t + \operatorname{div} \boldsymbol{j} = 0$. Werden die Ladungs- und die Stromverteilung also nicht vorgegeben, sondern mithilfe der mikroskopischen Definitionsgleichungen (3.83) und Bewegungsgleichungen (3.84)–(3.85) simultan mit den Feldern bestimmt, so wird die Kontinuitätsgleichung automatisch erfüllt.

Die eben angegebene mikroskopische Beschreibung führt zu einem N-Körper-Problem mit elektromagnetischen Wechselwirkungskräften, das nicht integrabel ist und auch numerisch nur für eine sehr begrenzte Teilchenzahl einer Behandlung zugänglich ist. Für praktische Zwecke ist man daher zu einer statistischen Behandlung mit einer Reihe vereinfachender Annahmen gezwungen, die auf leichter zu handhabende **Materialgesetze** führt. In besonders einfachen Situationen wird man dabei z. B. zum Ohm'schen Gesetz (3.35) geführt. Je nach Art des Problems und abhängig von der Art des Leiters kann man allerdings auch auf wesentlich kompliziertere Zusammenhänge stoßen. In all diesen Fällen ist dann $\boldsymbol{j}$ und über die Kontinuitätsgleichung auch ϱ in mehr oder weniger komplizierter Weise an die Felder $\boldsymbol{E}$ und $\boldsymbol{B}$ gekoppelt, beide Größen müssen simultan mit diesen bestimmt werden.

3.3.8 Eigenschaften der Maxwell-Gleichungen

Kausalität

Wir betrachten zunächst den einfacheren Fall der Maxwell-Gleichungen in einem ladungs- und stromfreien Vakuumgebiet, $\varrho \equiv 0$ und $\boldsymbol{j} \equiv 0$. Die durch die Kontinuitätsgleichung gestellte Integrabilitätsbedingung ist dann automatisch erfüllt. Von den

Feldern $\boldsymbol{E}$ und $\boldsymbol{B}$ nehmen wir an, sie seien zur Zeit t_0 so vorgegeben, dass die Gleichungen $\operatorname{div}(\varepsilon_0 \boldsymbol{E})=0$ und $\operatorname{div} \boldsymbol{B}=0$ erfüllt sind und daher nach Abschn. 3.3.6 zu späteren Zeiten nicht mehr berücksichtigt werden müssen. Aus den verbleibenden Gleichungen

$$\partial \boldsymbol{B}/\partial t = -\operatorname{rot} \boldsymbol{E}\,, \qquad \partial \boldsymbol{E}/\partial t = \operatorname{rot} \boldsymbol{B}/(\varepsilon_0 \mu_0) = c^2 \operatorname{rot} \boldsymbol{B}$$

folgt

$$\boldsymbol{B}(\boldsymbol{r}, t_0 + \Delta t) \approx \boldsymbol{B}(\boldsymbol{r}, t_0) + \partial \boldsymbol{B}/\partial t|_{t_0} \Delta t = \boldsymbol{B}(\boldsymbol{r}, t_0) - \operatorname{rot} \boldsymbol{E}(\boldsymbol{r}, t_0)\ \Delta t$$

$$\boldsymbol{E}(\boldsymbol{r}, t_0 + \Delta t) \approx \boldsymbol{E}(\boldsymbol{r}, t_0) + \partial \boldsymbol{E}/\partial t|_{t_0} \Delta t = \boldsymbol{E}(\boldsymbol{r}, t_0) + c^2 \operatorname{rot} \boldsymbol{B}(\boldsymbol{r}, t_0)\ \Delta t\,.$$

Aus $\boldsymbol{B}(\boldsymbol{r}, t_0{+}\Delta t)$ und $\boldsymbol{E}(\boldsymbol{r}, t_0{+}\Delta t)$ können analog die Werte von $\boldsymbol{B}$ und $\boldsymbol{E}$ zum Zeitpunkt $t_0{+}2\Delta t$ bestimmt werden und so fort, d. h. die Felder $\boldsymbol{E}$ und $\boldsymbol{B}$ können Schritt für Schritt simultan in der Zeit vorwärts berechnet werden und folgen daher für $t{>}t_0$ eindeutig aus ihren Anfangswerten zur Zeit t_0, sind also mit diesen streng **kausal** verknüpft.

Untersuchen wir jetzt die Kausalität der allgemeinen Situation, in der ϱ und $\boldsymbol{j}$ durch (3.83) gegeben sind und über die Bewegungsgleichungen der Ladungsträger an die Felder $\boldsymbol{E}$ und $\boldsymbol{B}$ gekoppelt sind. Zur Lösung der Bewegungsgleichungen müssen Anfangswerte $\boldsymbol{r}_i(t_0)$ und $\dot{\boldsymbol{r}}_i(t_0)$ vorgegeben sein. Aus diesen folgen die Anfangsverteilungen $\varrho(\boldsymbol{r}, t_0)$ und $\boldsymbol{j}(\boldsymbol{r}, t_0)$ so, dass die Kontinuitätsgleichung automatisch erfüllt ist. Gibt man zusätzlich Anfangswerte $\boldsymbol{E}(\boldsymbol{r}, t_0)$ und $\boldsymbol{B}(\boldsymbol{r}, t_0)$ so vor, dass die Gleichungen $\operatorname{div}[\varepsilon_0 \boldsymbol{E}(\boldsymbol{r}, t_0)]=\varrho(\boldsymbol{r}, t_0)$ und $\operatorname{div} \boldsymbol{B}(\boldsymbol{r}, t_0)=0$ erfüllt sind – $\boldsymbol{E}(\boldsymbol{r}, t_0)$ und $\boldsymbol{B}(\boldsymbol{r}, t_0)$ werden durch die Letzteren nicht eindeutig festgelegt –, so folgt daraus unter Benutzung der Maxwell-Gleichungen (3.78b) und (3.78d) ähnlich wie oben

$$\boldsymbol{B}(\boldsymbol{r}, t_0 + \Delta t) \approx \boldsymbol{B}(\boldsymbol{r}, t_0) - \operatorname{rot} \boldsymbol{E}(\boldsymbol{r}, t_0)\ \Delta t$$

$$\boldsymbol{E}(\boldsymbol{r}, t_0 + \Delta t) \approx \boldsymbol{E}(\boldsymbol{r}, t_0) + \big(c^2 \operatorname{rot} \boldsymbol{B}(\boldsymbol{r}, t_0) - \boldsymbol{j}(\boldsymbol{r}, t_0)/\varepsilon_0\big)\ \Delta t\,.$$

Mithilfe der Bewegungsgleichungen (3.84)–(3.85) folgt außerdem

$$\boldsymbol{r}_i(t_0{+}\Delta t) \approx \boldsymbol{r}_i(t_0){+}\dot{\boldsymbol{r}}_i(t_0)\ \Delta t\,,$$

$$\dot{\boldsymbol{r}}_i(t_0{+}\Delta t) \approx \dot{\boldsymbol{r}}_i(t_0){+}\ddot{\boldsymbol{r}}_i(t_0)\ \Delta t{=}\dot{\boldsymbol{r}}_i(t_0){+}\frac{q_i}{m_i}\Big[\boldsymbol{E}(\boldsymbol{r}_i(t_0), t_0){+}\dot{\boldsymbol{r}}_i(t_0){\times}\boldsymbol{B}(\boldsymbol{r}_i(t_0), t_0)\Big]\,\Delta t$$

und damit aus (3.83) $\varrho(\boldsymbol{r}, t_0{+}\Delta t)$ sowie $\boldsymbol{j}(\boldsymbol{r}, t_0{+}\Delta t)$. Hiermit sind alle vier Felder $\boldsymbol{E}$, $\boldsymbol{B}$, $\boldsymbol{j}$ und ϱ zur Zeit $t{+}\Delta t$ bestimmt, und in analoger Weise kann man sie sowie die Teilchenorte und -geschwindigkeiten daraus zu allen späteren Zeiten $t{+}n\,\Delta t$ berechnen. Wie im Fall der Vakuumfelder besteht also eine kausale Verknüpfung der Feldgrößen und Teilchenbahnen zu allen späteren Zeiten mit den entsprechenden Anfangswerten.

Reversibilität

Die Lösungen der Maxwell-Gleichungen sind reversibel. Bevor wir uns davon überzeugen, wollen wir uns kurz den Begriff der Reversibilität aus der Mechanik in Erinnerung rufen, am Beispiel der Bewegung eines einzelnen Massenpunkts. Die Bewegungsgleichung

$$m\ddot{\boldsymbol{r}} = -\nabla V(\boldsymbol{r})$$

ist invariant gegen Zeitumkehr $t \to -t$, daher ist mit $\boldsymbol{r}(t)$, $\boldsymbol{v}(t)$ auch $\tilde{\boldsymbol{r}}(t) = \boldsymbol{r}(-t)$, $\tilde{\boldsymbol{v}}(t) = -\boldsymbol{v}(-t)$ eine Lösung (siehe Band *Mechanik*, Abschn. 5.14, *Zeitisotropie und mechanische Reversibilität*). Dies bezeichnet man als **reversibel**.

Beim Beweis der Reversibilität der Maxwell-Gleichungen ist zu beachten, dass wegen

$$\boldsymbol{j} = \varrho_+ \boldsymbol{v}_+ + \varrho_- \boldsymbol{v}_-$$

$\boldsymbol{j}$ mit $\boldsymbol{v}_\pm$ bei Zeitumkehr das Vorzeichen wechselt. Gleichung (3.78d)) legt nahe, dass das auch für $\boldsymbol{B}$ gilt.

Jetzt wird gezeigt, dass

$$\widetilde{\boldsymbol{E}}(\boldsymbol{r}, t) = \boldsymbol{E}(\boldsymbol{r}, -t), \quad \widetilde{\boldsymbol{B}}(\boldsymbol{r}, t) = -\boldsymbol{B}(\boldsymbol{r}, -t), \quad \tilde{\varrho}(\boldsymbol{r}, t) = \varrho(\boldsymbol{r}, -t), \quad \tilde{\boldsymbol{j}}(\boldsymbol{r}, t) = -\boldsymbol{j}(\boldsymbol{r}, -t)$$

eine Lösung der Maxwell-Gleichungen ist, wenn das für $\boldsymbol{E}(\boldsymbol{r}, t)$, $\boldsymbol{B}(\boldsymbol{r}, t)$, $\varrho(\boldsymbol{r}, t)$ und $\boldsymbol{j}(\boldsymbol{r}, t)$ gilt.

Beweis: Natürlich sind die Gleichungen erfüllt, die gar keine Zeitableitungen enthalten, d. h. es gilt

$$\text{div}(\varepsilon_0 \widetilde{\boldsymbol{E}}) = \tilde{\varrho}, \qquad \text{div}\, \widetilde{\boldsymbol{B}} = 0.$$

Außerdem gilt mit $\tau = -t$

$$\frac{\partial \widetilde{\boldsymbol{B}}(\boldsymbol{r}, t)}{\partial t} = -\frac{\partial \boldsymbol{B}(\boldsymbol{r}, \tau)}{\partial \tau}\frac{\partial \tau}{\partial t} = \frac{\partial \boldsymbol{B}(\boldsymbol{r}, \tau)}{\partial \tau} \overset{(3.78b)}{=} -\text{rot}\, \boldsymbol{E}(\boldsymbol{r}, \tau) = -\text{rot}\, \widetilde{\boldsymbol{E}}(\boldsymbol{r}, t),$$

$$\frac{\partial \varepsilon_0 \tilde{\boldsymbol{E}}(\boldsymbol{r}, t)}{\partial t} = \frac{\partial \varepsilon_0 \boldsymbol{E}(\boldsymbol{r}, \tau)}{\partial \tau}\frac{\partial \tau}{\partial t} = -\frac{\partial \varepsilon_0 \boldsymbol{E}(\boldsymbol{r}, \tau)}{\partial \tau} \overset{(3.78d)}{=} -\text{rot}\, \boldsymbol{B}(\boldsymbol{r}, \tau)/\mu_0 + \boldsymbol{j}(\boldsymbol{r}, \tau)$$

$$= \text{rot}\, \widetilde{\boldsymbol{B}}(\boldsymbol{r}, t)/\mu_0 - \tilde{\boldsymbol{j}}(\boldsymbol{r}, \tau). \qquad \square$$

Elektrisch geladene Teilchen mit Spin erzeugen über ihr mit dem Spin verbundenes magnetisches Moment ein Magnetfeld. Damit dieses bei Zeitumkehr die Richtung umkehrt, müssen auch das magnetische Moment und der Spin die Richtung wechseln. Dies hat zur Folge, dass ein Magnet bei Zeitumkehr die Magnetisierung umdrehen muss.

Beim Übergang von der mikroskopischen Beschreibung (3.83)–(3.85) der Ladungen und Ströme zu einer makroskopischen Beschreibung mithilfe statistischer Methoden entstehen, bedingt durch der vergröberten Betrachtungsweise entsprechende Näherungen, aus reversiblen mikroskopischen Prozessen irreversible makroskopische Prozesse. Die eben festgestellte Reversibilität ist also mikroskopischer Natur und geht bei einer vergröberten makroskopischen Betrachtungsweise verloren. Typisch irreversibel ist z. B. das Ohm'sche Gesetz $\boldsymbol{j} = \sigma \boldsymbol{E}$, welches mit den Ansätzen $\tilde{\boldsymbol{j}}(\boldsymbol{r}, t) = -\boldsymbol{j}(\boldsymbol{r}, -t)$ und $\widetilde{\boldsymbol{E}}(\boldsymbol{r}, t) = \boldsymbol{E}(\boldsymbol{r}, -t)$ nur verträglich wäre, wenn $\tilde{\sigma}(\boldsymbol{r}, t) = -\sigma(\boldsymbol{r}, -t)$ gelten würde. Man findet jedoch empirisch und theoretisch für alle Prozesse immer nur $\sigma \geq 0$.

Transformationseigenschaften

Von besonderem Interesse sind die Transformationseigenschaften der Maxwell-Gleichungen. Als Erstes beweisen wir:

1. *Die Maxwell-Gleichungen sind nicht galilei-invariant.*

Beweis: Es genügt, wenn wir den Beweis für die Vakuumgleichungen

$$\operatorname{rot} \boldsymbol{E} = -\frac{\partial \boldsymbol{B}}{\partial t}, \qquad \operatorname{rot} \boldsymbol{B} = \frac{1}{c^2}\frac{\partial \boldsymbol{E}}{\partial t}$$

erbringen. Bilden wir von beiden je einmal die Rotation, einmal die Zeitableitung und kombinieren sie dann paarweise, so erhalten wir mit (2.25) wegen div $\boldsymbol{B}$=0 und div $\boldsymbol{E}$=0 die „Wellengleichungen“

$$\Delta \boldsymbol{E} - \frac{1}{c^2}\frac{\partial^2 \boldsymbol{E}}{\partial t^2} = 0\,, \qquad \Delta \boldsymbol{B} - \frac{1}{c^2}\frac{\partial^2 \boldsymbol{B}}{\partial t^2} = 0\,. \tag{3.86}$$

Eine spezielle Lösung von diesen, die eine in x-Richtung laufende Welle darstellt, ist

$$\boldsymbol{E} = \boldsymbol{E}(\alpha)\,, \quad \boldsymbol{B} = \boldsymbol{B}(\alpha)\,, \qquad \text{mit} \quad \alpha = x - ct\,. \tag{3.87}$$

(Man überprüft das einfach durch Einsetzen. Wir werden später sehen, dass noch $\boldsymbol{e}_x \cdot \boldsymbol{E}=0$, $\boldsymbol{e}_x \cdot \boldsymbol{B}=0$ und $\boldsymbol{E} \cdot \boldsymbol{B}=0$ gelten muss.) Nun betrachten wir die spezielle Galilei-Transformation

$$x' = x - ut\,, \quad y' = y\,, \quad z' = z\,, \quad t' = t \tag{3.88}$$

von einem Inertialsystem S zu einem Inertialsystem S'. Wenn die Maxwell-Gleichungen galilei-invariant wären, müsste es eine Transformation

$$\boldsymbol{E}' = \boldsymbol{f}(\boldsymbol{E}, \boldsymbol{B}, u)\,, \qquad \boldsymbol{B}' = \boldsymbol{g}(\boldsymbol{E}, \boldsymbol{B}, u) \tag{3.89}$$

geben, derart, dass in S' ebenfalls Gleichungen der Form (3.86) gelten, d. h.

$$\Delta' \boldsymbol{E}' - \frac{1}{c^2}\frac{\partial^2 \boldsymbol{E}'}{\partial t'^2} = 0\,, \qquad \Delta' \boldsymbol{B}' - \frac{1}{c^2}\frac{\partial^2 \boldsymbol{B}'}{\partial t'^2} = 0\,.$$

Als Folge davon müsste unsere (nach rechts laufende) Wellenlösung in S' die Form

$$\boldsymbol{E}' = \boldsymbol{E}'(x' - ct')\,, \qquad \boldsymbol{B}' = \boldsymbol{B}'(x' - ct')$$

annehmen. Mit (3.89) und $x'-ct'=x-ut-ct=\alpha-ut$ ergäben sich daraus die Forderungen

$$\boldsymbol{E}'(\alpha - ut) = \boldsymbol{f}(\boldsymbol{E}(\alpha), \boldsymbol{B}(\alpha), u)\,, \qquad \boldsymbol{B}'(\alpha - ut) = \boldsymbol{g}(\boldsymbol{E}(\alpha), \boldsymbol{B}(\alpha), u)\,.$$

Da die rechten Seiten dieser Gleichungen nur von α und u, die linken jedoch zusätzlich auch noch von t abhängen, gibt es es offensichtlich keine Funktionen $\boldsymbol{f}$ und $\boldsymbol{g}$, mit denen sie erfüllt werden können. □

2. Tatsächlich gilt: *Die Maxwell-Gleichungen sind lorentz-invariant.* Der Beweis dieser Tatsache bleibt dem Band *Relativitätstheorie* dieses Lehrbuchs überlassen. Der Vollständigkeit halber sollen hier jedoch wenigstens die entsprechenden Transformationsformeln angegeben werden: Bewegt sich das System S' gegenüber dem System S mit der Geschwindigkeit $\boldsymbol{u}$ und fallen die Koordinatenursprünge von S und S' zur Zeit $t{=}t'{=}0$ zusammen, so lauten die Gleichungen der Lorentz-Transformation

$$\boldsymbol{r}' = \boldsymbol{r}+\boldsymbol{u}\left[(\gamma-1)\frac{\boldsymbol{u}\cdot\boldsymbol{r}}{u^2}-\gamma t\right], \quad t' = \gamma\left(t-\frac{\boldsymbol{u}\cdot\boldsymbol{r}}{c^2}\right) \quad \text{mit} \quad \gamma = \frac{1}{\sqrt{1-u^2/c^2}}. \tag{3.90}$$

Der Zusammenhang zwischen den Feldern $\boldsymbol{E}$, $\boldsymbol{B}$, ϱ, $\boldsymbol{j}$ in S und $\boldsymbol{E}'$, $\boldsymbol{B}'$, ϱ', $\boldsymbol{j}'$ in S' ist durch

$$\boldsymbol{E}'(\boldsymbol{r}',t') = \left[\gamma(\boldsymbol{E}+\boldsymbol{u}\times\boldsymbol{B}) - \frac{\gamma^2}{1+\gamma}(\boldsymbol{u}\cdot\boldsymbol{E})\frac{\boldsymbol{u}}{c^2}\right]\Bigg|_{\boldsymbol{r},t},$$

$$\boldsymbol{B}'(\boldsymbol{r}',t') = \left[\gamma\left(\boldsymbol{B} - \frac{1}{c^2}\boldsymbol{u}\times\boldsymbol{E}\right) - \frac{\gamma^2}{1+\gamma}(\boldsymbol{u}\cdot\boldsymbol{B})\frac{\boldsymbol{u}}{c^2}\right]\Bigg|_{\boldsymbol{r},t},$$

$$\varrho'(\boldsymbol{r}',t') = \gamma\left(\varrho - \boldsymbol{j}\cdot\frac{\boldsymbol{u}}{c^2}\right)\Bigg|_{\boldsymbol{r},t},$$

$$\boldsymbol{j}'(\boldsymbol{r}',t') = \left[\boldsymbol{j}+\gamma\left(\frac{\gamma}{\gamma+1}\boldsymbol{j}\cdot\frac{\boldsymbol{u}}{c^2} - \varrho\right)\boldsymbol{u}\right]\Bigg|_{\boldsymbol{r},t}$$

gegeben. Lorentz-Invarianz bedeutet, dass die Maxwell-Gleichungen in S' dieselbe Form wie in S haben. Erfüllen $\boldsymbol{E}(\boldsymbol{r},t)$, $\boldsymbol{B}(\boldsymbol{r},t)$, $\varrho(\boldsymbol{r},t)$ und $\boldsymbol{j}(\boldsymbol{r},t)$ also die Gleichungen (3.78), dann erfüllen $\boldsymbol{E}'(\boldsymbol{r}',t')$, $\boldsymbol{B}'(\boldsymbol{r}',t')$, $\varrho'(\boldsymbol{r}',t')$ und $\boldsymbol{j}'(\boldsymbol{r}',t')$ die Gleichungen

$$\operatorname{div}'(\varepsilon_0\boldsymbol{E}') = \varrho', \quad \operatorname{div}'\boldsymbol{B}' = 0, \quad \operatorname{rot}'\boldsymbol{E}' = -\frac{\partial\boldsymbol{B}'}{\partial t'}, \quad \operatorname{rot}'\frac{\boldsymbol{B}'}{\mu_0} = \boldsymbol{j}'+\frac{\partial\varepsilon_0\boldsymbol{E}'}{\partial t'}.$$

3. Wir werden später sehen, dass der Verschiebungsstrom bei hinreichend langsamen zeitlichen Veränderungen der Felder $\boldsymbol{E}(\boldsymbol{r},t)$ und $\boldsymbol{B}(\boldsymbol{r},t)$ im Allgemeinen vernachlässigt werden darf (siehe Abschn. 6.2.1). Dies trifft insbesondere auf viele Probleme der **idealen Magnetohydrodynamik** zu. In dieser werden Plasmen untersucht, die dem lokalen Ohm'schen Gesetz (3.35) mit unendlicher Leitfähigkeit, also der Gleichung $\boldsymbol{E}+\boldsymbol{v}\times\boldsymbol{B}=0$ genügen, wobei $\boldsymbol{v}(\boldsymbol{r},t)$ das Feld der Plasmaströmungsgeschwindigkeit ist. Da diese Gleichung zusammen mit dem Faraday-Gesetz zur Bestimmung des elektrischen Feldes ausreicht, entfällt in den Gleichungen der idealen Magnetohydrodynamik die Gleichung $\operatorname{div}(\varepsilon_0\boldsymbol{E})=\varrho$. Die Maxwell-Gleichungen werden also um eine Gleichung verkürzt und der Verschiebungsstrom wird vernachlässigt, sodass man zur Bestimmung des elektromagnetischen Feldes die Gleichungen

$$\boxed{\boldsymbol{E}+\boldsymbol{v}\times\boldsymbol{B} = 0, \quad \operatorname{div}\boldsymbol{B} = 0, \quad \operatorname{rot}\boldsymbol{E} = -\frac{\partial\boldsymbol{B}}{\partial t}, \quad \operatorname{rot}\frac{\boldsymbol{B}}{\mu_0} = \boldsymbol{j}} \tag{3.91}$$

hat. *Diese „verkürzten“* ***Maxwell-Gleichungen der idealen Magnetohydrodynamik*** *sind galilei-invariant,* d. h. sie behalten unter den Galilei-Transformationen

$$\boldsymbol{r}' = \boldsymbol{r} - \boldsymbol{u}t, \qquad t' = t \tag{3.92}$$

ihre Form bei, wenn dabei die Felder gemäß

$$E'(r',t') = E(r,t) + u \times B(r,t)\,, \qquad B'(r',t') = B(r,t)\,, \tag{3.93}$$

$$j'(r',t') = j(r,t)\,, \qquad v'(r',t') = v(r,t) - u \tag{3.94}$$

transformiert werden. Die Gleichungen der idealen Magnetohydrodynamik haben viele wichtige Anwendungen in der Astro- und Plasmaphysik.

Beweis: Bei den Galilei-Transformationen (3.92) gilt $\text{div}'=\text{div}$ und $\text{rot}'=\text{rot}$. Damit folgt die Invarianz der Gleichungen $\text{div}\,B=0$ und $\text{rot}\,B/\mu_0=j$ unmittelbar aus der Transformationsinvarianz von j und B. Aus (3.93)–(3.94) ergibt sich $E'+v'\times B'=E+v\times B=0$, aus $B'(r',t')=B(r,t)=B(r'+ut',t')$

$$\frac{\partial B'(r',t')}{\partial t'} = u\cdot\frac{\partial B(r'+ut',t')}{\partial r} + \frac{\partial B(r'+ut',t)}{\partial t} = u\cdot\frac{\partial B(r,t)}{\partial r} + \frac{\partial B(r,t)}{\partial t}\,.$$

Damit, mit (3.93) und mit

$$\text{rot}(u\times B) \overset{(2.18)}{=} B\cdot\nabla u + u\,\text{div}\,B - u\cdot\nabla B - B\,\text{div}\,u = -u\cdot\nabla B$$

ergibt sich schließlich

$$\text{rot}'\,E' + \frac{\partial B'}{\partial t'} = \text{rot}\,E + \text{rot}(u\times B) + u\cdot\nabla B + \frac{\partial B}{\partial t} = \text{rot}\,E + \frac{\partial B}{\partial t} = 0\,.$$

□

3.4 Zum Problem der magnetischen Ladung

In den Maxwell-Gleichungen gibt es nur elektrische, jedoch keine magnetischen Ladungen ($\text{div}(\varepsilon_0 E)=\varrho$ bzw. $\text{div}\,B=0$). Teilt man einen elektrischen Dipol, so erhält man zwei elektrische Monopole. Halbiert man dagegen einen magnetischen Dipol, so bekommt man zwei kleinere magnetische Dipole, jedoch nie magnetische Monopole (Abb. 3.24).

Experimentell ist immer wieder nach magnetischen Monopolen gesucht worden, bisher ohne jeden Erfolg. Auf theoretische Gesichtspunkte, die dennoch deren Existenz nahelegen, werden wir später zu sprechen kommen. Zunächst machen wir uns jedoch mit einer Umformulierung der Maxwell-Theorie vertraut, in der magnetische Ladungen gleichberechtigt neben elektrischen auftreten. Da sich allerdings der physikalische Inhalt einer Theorie durch eine Umformulierung nicht ändert, bedeutet dies nur, dass die Frage nach der Existenz magnetischer Monopole etwas anders gestellt werden muss.

3.4.1 Duale Transformation von *E* und *B*

Wir betrachten die durch eine **duale Transformation** aus E und B zusammengesetzten Felder

$$\widetilde{E} = E\cos\xi - cB\sin\xi\,, \qquad \widetilde{B} = \frac{1}{c}E\sin\xi + B\cos\xi\,, \tag{3.95}$$

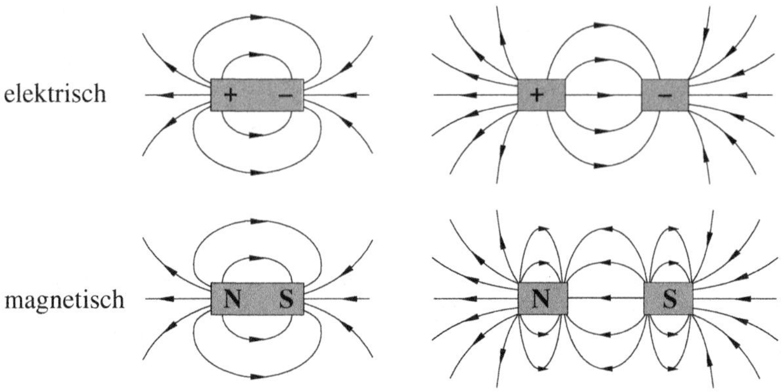

Abb. 3.24: Zum Problem der magnetischen Ladung: Teilt man einen elektrischen Dipol, so erhält man zwei Monopole. Teilt man dagegen einen magnetischen Dipol, so erhält man zwei kleinere magnetische Dipole.

worin ξ ein räumlich und zeitlich konstanter dimensionsloser Faktor ist. Der Faktor $c{=}1/\sqrt{\varepsilon_0\mu_0}$ bzw. $1/c$ neben $\boldsymbol{B}$ bzw. $\boldsymbol{E}$ ist aus Dimensionsgründen eingefügt, da $c\boldsymbol{B}$ die Dimension von $\boldsymbol{E}$ besitzt (– dies wird z. B. aus der Gleichung $\boldsymbol{F}{=}q\,(\boldsymbol{E}{+}\boldsymbol{v}{\times}\boldsymbol{B})$ ersichtlich).

Wir berechnen jetzt die Quellen und Wirbel der Felder $\widetilde{\boldsymbol{E}}$ bzw. $\widetilde{\boldsymbol{B}}$ unter der Voraussetzung, dass $\boldsymbol{E}$ und $\boldsymbol{B}$ die Maxwell-Gleichungen erfüllen. Es gilt

$$\operatorname{div}\varepsilon_0\widetilde{\boldsymbol{E}} = \operatorname{div}(\varepsilon_0\boldsymbol{E})\cos\xi = \varrho\cos\xi\,, \qquad \operatorname{div}\widetilde{\boldsymbol{B}} = \frac{1}{\varepsilon_0 c}\operatorname{div}(\varepsilon_0\boldsymbol{E})\sin\xi = \sqrt{\frac{\mu_0}{\varepsilon_0}}\,\varrho\sin\xi\,,$$

$$\begin{aligned}
\operatorname{rot}\widetilde{\boldsymbol{E}} &= \operatorname{rot}\boldsymbol{E}\cos\xi - c\operatorname{rot}\boldsymbol{B}\sin\xi = -\frac{\partial\boldsymbol{B}}{\partial t}\cos\xi - \mu_0 c\left(\boldsymbol{j} + \varepsilon_0\frac{\partial\boldsymbol{E}}{\partial t}\right)\sin\xi \\
&= -\frac{\partial}{\partial t}\left(\frac{1}{c}\boldsymbol{E}\sin\xi + \boldsymbol{B}\cos\xi\right) - \sqrt{\frac{\mu_0}{\varepsilon_0}}\,\boldsymbol{j}\sin\xi = -\frac{\partial\widetilde{\boldsymbol{B}}}{\partial t} - \sqrt{\frac{\mu_0}{\varepsilon_0}}\,\boldsymbol{j}\sin\xi\,, \\
\operatorname{rot}\frac{\widetilde{\boldsymbol{B}}}{\mu_0} &= \frac{1}{\mu_0 c}\operatorname{rot}\boldsymbol{E}\sin\xi + \operatorname{rot}\frac{\boldsymbol{B}}{\mu_0}\cos\xi = -\varepsilon_0 c\frac{\partial\boldsymbol{B}}{\partial t}\sin\xi + \left(\boldsymbol{j} + \varepsilon_0\frac{\partial\boldsymbol{E}}{\partial t}\right)\cos\xi \\
&= \varepsilon_0\frac{\partial}{\partial t}\left(\boldsymbol{E}\cos\xi - c\boldsymbol{B}\sin\xi\right) + \boldsymbol{j}\cos\xi = \varepsilon_0\frac{\partial\widetilde{\boldsymbol{E}}}{\partial t} + \boldsymbol{j}\cos\xi.
\end{aligned}$$

Definiert man nun elektrische und magnetische Ladungsdichten durch

$$\tilde{\varrho}_{\mathrm{e}} := \varrho\cos\xi\,, \qquad \tilde{\varrho}_{\mathrm{m}} := \sqrt{\frac{\mu_0}{\varepsilon_0}}\,\varrho\sin\xi \tag{3.96}$$

sowie elektrische und magnetische Ströme durch

$$\begin{aligned}
\tilde{\boldsymbol{j}}_{\mathrm{e}} &\overset{\text{s.u.}}{=} \tilde{\varrho}_{\mathrm{e}+}\boldsymbol{u}_+ + \tilde{\varrho}_{\mathrm{e}-}\boldsymbol{u}_- = \left(\varrho_+\boldsymbol{u}_+ + \varrho_-\boldsymbol{u}_-\right)\cos\xi\,, \\
\tilde{\boldsymbol{j}}_{\mathrm{m}} &= \tilde{\varrho}_{\mathrm{m}+}\boldsymbol{u}_+ + \tilde{\varrho}_{\mathrm{m}-}\boldsymbol{u}_- = \sqrt{\frac{\mu_0}{\varepsilon_0}}\left(\varrho_+\boldsymbol{u}_+ + \varrho_-\boldsymbol{u}_-\right)\sin\xi\,,
\end{aligned}$$

also wegen $\boldsymbol{j}=\varrho_+\boldsymbol{u}_+ + \varrho_-\boldsymbol{u}_-$ durch

$$\tilde{\boldsymbol{j}}_\mathrm{e} = \boldsymbol{j}\cos\xi\,, \qquad \tilde{\boldsymbol{j}}_\mathrm{m} = \sqrt{\frac{\mu_0}{\varepsilon_0}}\,\boldsymbol{j}\sin\xi\,, \tag{3.97}$$

wobei positive bzw. negative Ladungen und die zugehörigen Geschwindigkeiten durch den Index + bzw. − markiert sind, so erhält man die modifizierten Maxwell-Gleichungen

$$\begin{aligned} \operatorname{div}\varepsilon_0\widetilde{\boldsymbol{E}} &= \tilde{\varrho}_\mathrm{e}\,, & \operatorname{div}\widetilde{\boldsymbol{B}} &= \tilde{\varrho}_\mathrm{m}\,, \\ -\operatorname{rot}\widetilde{\boldsymbol{E}} &= \frac{\partial\widetilde{\boldsymbol{B}}}{\partial t} + \tilde{\boldsymbol{j}}_\mathrm{m}\,, & \operatorname{rot}\frac{\widetilde{\boldsymbol{B}}}{\mu_0} &= \frac{\partial\varepsilon_0\widetilde{\boldsymbol{E}}}{\partial t} + \tilde{\boldsymbol{j}}_\mathrm{e}\,. \end{aligned} \tag{3.98}$$

Die Auflösung der Transformationsgleichungen (3.95) nach $\boldsymbol{E}$ und $\boldsymbol{B}$ liefert

$$\boldsymbol{E} = \widetilde{\boldsymbol{E}}\cos\xi + c\widetilde{\boldsymbol{B}}\sin\xi\,, \qquad \boldsymbol{B} = \widetilde{\boldsymbol{B}}\cos\xi - \frac{1}{c}\widetilde{\boldsymbol{E}}\sin\xi\,.$$

Hiermit wird aus dem Kraftgesetz (3.50)

$$\boldsymbol{f} = \varrho\boldsymbol{E} + \boldsymbol{j}\times\boldsymbol{B} = \varrho\Big(\widetilde{\boldsymbol{E}}\cos\xi + c\widetilde{\boldsymbol{B}}\sin\xi\Big) + \boldsymbol{j}\times\Big(\widetilde{\boldsymbol{B}}\cos\xi - \frac{1}{c}\widetilde{\boldsymbol{E}}\sin\xi\Big)$$

oder

$$\boldsymbol{f} = \Big(\tilde{\varrho}_\mathrm{e}\widetilde{\boldsymbol{E}} + \tilde{\boldsymbol{j}}_\mathrm{e}\times\widetilde{\boldsymbol{B}}\Big) + \Big(\tilde{\varrho}_\mathrm{m}\widetilde{\boldsymbol{B}}/\mu_0 - \tilde{\boldsymbol{j}}_\mathrm{m}\times\varepsilon_0\widetilde{\boldsymbol{E}}\Big)\,. \tag{3.99}$$

$\widetilde{\boldsymbol{E}}$ und $\widetilde{\boldsymbol{B}}$ erfüllen also erweiterte Maxwell-Gleichungen (3.98), in denen es erstens magnetische Ladungen gibt und zweitens einen von diesen erzeugten magnetischen Strom, der im Faraday-Gesetz zum Induktionsterm $\partial\widetilde{\boldsymbol{B}}/\partial t$ hinzutritt. Ersichtlich gilt eine Kontinuitätsgleichung

$$\frac{\partial\tilde{\varrho}_\mathrm{m}}{\partial t} + \operatorname{div}\tilde{\boldsymbol{j}}_\mathrm{m} = 0\,. \tag{3.100}$$

Schließlich wird das Kraftgesetz so abgeändert, dass das Magnetfeld eine Kraft auf die magnetischen Ladungen ausübt, die in völliger Analogie zur Kraft des elektrischen Feldes auf die elektrischen Ladungen steht, und es gibt eine „Lorentz-Kraft" des elektrischen Feldes auf die magnetischen Ladungen. An dem Zusammenhang zwischen dem elektrischen Feld und dessen Ladungen bzw. seinen Kraftwirkungen auf diese hat sich durch den Übergang ϱ, $\boldsymbol{E}\to\tilde{\varrho}_\mathrm{e}$, $\widetilde{\boldsymbol{E}}$ nichts geändert.

In den modifizierten Maxwell-Gleichungen (3.98) und dem dazugehörigen Kraftgesetz (3.99) sind elektrische und magnetische Ladungen völlig gleichberechtigt. Ein wesentlicher Punkt ist allerdings zu beachten: $\tilde{\varrho}_\mathrm{e}$ und $\tilde{\varrho}_\mathrm{m}$ sind nicht voneinander unabhängig, vielmehr folgt aus der Definition (3.96) von $\tilde{\varrho}_\mathrm{e}$ und $\tilde{\varrho}_\mathrm{m}$

$$\frac{\tilde{\varrho}_\mathrm{m}}{\tilde{\varrho}_\mathrm{e}} = \sqrt{\frac{\mu_0}{\varepsilon_0}}\tan\xi\,,$$

d. h. das Verhältnis aus magnetischer und elektrischer Ladung ist in allen Raumpunkten und zu allen Zeiten dasselbe. Magnetischer und elektrischer Strom sind nach (3.97)

– eventuell bis auf das Vorzeichen – gleichgerichtet und stehen dem Betrage nach im gleichen Verhältnis wie die Ladungen.

Die modifizierte Maxwell-Theorie lässt also magnetische Ladungen zu, fordert jedoch, dass elektrische Ladungen immer mit magnetischen Ladungen verbunden sind, in einem immer und überall gleichen Verhältnis. Im Bild der Elementarteilchen heißt das: Alle Elementarteilchen haben dasselbe Verhältnis von elektrischer und magnetischer Ladung.

Aus unserer Ableitung geht hervor, dass eine Theorie ohne magnetische Ladungen in ihren messbaren Auswirkungen, d. h. den Kraft-Wechselwirkungen, nicht unterscheidbar ist von einer Theorie mit magnetischen Ladungen, die in festem Verhältnis zu den elektrischen Ladungen stehen. (Für $\xi = \pi/2$ wird sogar $\tilde{\varrho}_e = 0$ sowie $\tilde{\boldsymbol{j}}_e = 0$, und man erhält eine Theorie, in der es keine elektrischen, sondern nur magnetische Ladungen und Ströme gibt.) In diesem Sinn ist es eine reine Konvention, wenn man sagt, es gäbe keine magnetische Ladung, und die Frage nach der Existenz magnetischer Ladungen müsste eigentlich allgemeiner so formuliert werden: Gibt es Elementarteilchen, die sich im Verhältnis von magnetischer und elektrischer Ladung unterscheiden? (In der konventionellen Maxwell-Theorie ist dieses Verhältnis stets null.)

3.4.2 Theorien zur Existenz von Monopolen

1931 zeigte Dirac, dass sich das empirisch beobachtete Phänomen der Quantisierung elektrischer Ladungen theoretisch beweisen lässt, wenn man die Existenz magnetischer Monopole annimmt. Es genügt dafür schon die Existenz eines einzigen Monopols im ganzen Universum. Diracs Beweisidee ist folgende: Das elektrische Feld einer bei $\boldsymbol{r}_e$ befindlichen, unbeweglichen elektrischen Punktladung ist

$$\boldsymbol{E}(\boldsymbol{r}) = \frac{q_e}{4\pi\varepsilon_0} \frac{\boldsymbol{r} - \boldsymbol{r}_e}{|\boldsymbol{r} - \boldsymbol{r}_e|^3},$$

das aus $\operatorname{div} \boldsymbol{B} = \varrho_m$ folgende Magnetfeld einer bei $\boldsymbol{r}_m$ befindlichen, unbeweglichen magnetischen Punktladung ist

$$\boldsymbol{B}(\boldsymbol{r}) = \frac{q_m}{4\pi} \frac{\boldsymbol{r} - \boldsymbol{r}_m}{|\boldsymbol{r} - \boldsymbol{r}_m|^3}.$$

Das von beiden erzeugte Gesamtfeld besitzt, wie wir später (in Abschn. 7.10.1) sehen werden, eine Impulsdichte

$$\boldsymbol{g}(\boldsymbol{r}) = \varepsilon_0 \boldsymbol{E} \times \boldsymbol{B}.$$

Diese führt zu einem verschwindenden Gesamtimpuls $\boldsymbol{G} = \int \boldsymbol{g}(\boldsymbol{r})\, d^3\tau = 0$ (Aufgabe 3.13) und zu einem Gesamtdrehimpuls

$$\boldsymbol{L}_{em} = \int_{\mathbb{R}^3} (\boldsymbol{r} - \boldsymbol{r}_0) \times \boldsymbol{g}(\boldsymbol{r})\, d^3\tau = \int_{\mathbb{R}^3} \boldsymbol{r} \times \boldsymbol{g}(\boldsymbol{r})\, d^3\tau - \boldsymbol{r}_0 \times \overbrace{\int_{\mathbb{R}^3} \boldsymbol{g}(\boldsymbol{r})\, d^3\tau}^{\boldsymbol{G}=0} = \int_{\mathbb{R}^3} \boldsymbol{r} \times \boldsymbol{g}(\boldsymbol{r})\, d^3\tau,$$

der vom Bezugspunkt $\boldsymbol{r}_0$ unabhängig durch

$$\boldsymbol{L}_{em} = \frac{q_e q_m}{(4\pi)^2} \int_{\mathbb{R}^3} \boldsymbol{r} \times \frac{(\boldsymbol{r} - \boldsymbol{r}_e) \times (\boldsymbol{r} - \boldsymbol{r}_m)}{|\boldsymbol{r} - \boldsymbol{r}_e|^3 |\boldsymbol{r} - \boldsymbol{r}_m|^3}\, d^3\tau$$

gegeben ist. Die Auswertung dieses Ausdrucks (Aufgabe 3.14) liefert

$$\boldsymbol{L}_{\text{em}} = \frac{q_{\text{e}} q_{\text{m}}}{4\pi} \boldsymbol{e} \qquad \text{mit} \qquad \boldsymbol{e} = \frac{\boldsymbol{r}_{\text{m}} - \boldsymbol{r}_{\text{e}}}{|\boldsymbol{r}_{\text{m}} - \boldsymbol{r}_{\text{e}}|} . \tag{3.101}$$

Dieses Ergebnis ist unabhängig vom Abstand der beiden Punktladungen, d. h. der magnetische Monopol kann beliebig weit von der elektrischen Ladung entfernt sein! Nach der Quantenmechanik sind Drehimpulse quantisiert, wobei sich für unser Beispiel die Quantisierungsbedingung

$$q_{\text{e}} q_{\text{m}} = nh , \qquad n = 0, \pm 1, \pm 2, \ldots \tag{3.102}$$

(mit h = Planck'sches Wirkungsquantum) ergibt.

Beweis: Wir stellen uns dazu vor, der magnetische Monopol sei fest bei $\boldsymbol{r}=0$ verankert, und betrachten die Streuung eines elektrisch geladenen Punktteilchens an ihm. Dieses werde im Unendlichen in großem Abstand s von der z-Achse parallel zu dieser mit $\boldsymbol{v}=v_\infty \boldsymbol{e}_z$ eingeschossen. In Zylinderkoordinaten ρ, φ und z ist seine azimutale Geschwindigkeitskomponente v_φ anfänglich gleich null, und dasselbe gilt für seine Drehimpulskomponente $L_z=msv_\varphi$ um den Koordinatenursprung. Es kann angenommen werden, dass sich die z-Komponente der Geschwindigkeit wegen des großen Streuparameters s nur wenig verändert und während des ganzen Streuprozesses wesentlich größer als v_ρ und v_φ bleibt. Daher wirkt in φ-Richtung auf das Teilchen im Wesentlichen die Kraft $q_{\text{e}} v_z B_\rho$, die während des Streuprozesses zwar die Stärke, aber nicht das Vorzeichen ändert. Hierdurch entsteht eine beständig zunehmende Geschwindigkeitskomponente v_φ, mit der auch ein zunehmender Drehimpuls $L_z=msv_\varphi$ verbunden ist. Dessen Endstärke nach Abschluss der Streuprozesses könnte unter den getroffenen Annahmen leicht näherungsweise berechnet werden. Er kann allerdings auch aus (3.101) bestimmt werden, sogar exakt. Die Summe der Drehimpulse von Teilchen und Feldern muss nämlich während des Streuprozesses unverändert bleiben, weil es sich bei Einbeziehung der Letzteren um ein abgeschlossenes System handelt. Da sich die relative Anordnung der elektrischen und magnetischen Punktladung nach dem Streuprozess gegenüber vorher um 180 Grad gedreht hat, erfahren die Felder eine Veränderung des Drehimpulses um $\Delta \boldsymbol{L}_{\text{em}}=-2q_{\text{e}}q_{\text{m}}\boldsymbol{e}/(4\pi)$, infolgedessen ist die durch die Streuung hervorgerufene Drehimpulsänderung der elektrischen Ladung $\Delta \boldsymbol{L}=2q_{\text{e}}q_{\text{m}}\boldsymbol{e}/(4\pi)$. Nach den Regeln der Quantenmechanik muss diese ein ganzzahliges Vielfaches von $\hbar$ betragen, und aus dieser Forderung ergibt sich (3.102). □

Wenn es nun nur einen einzigen magnetischen Monopol im Universum gibt, folgt daraus für elektrische Ladungen die Quantisierungsbedingung

$$q_{\text{e}} = \frac{nh}{q_{\text{m}}}, \qquad n = 0, \pm 1, \pm 2, \ldots .$$

Umgekehrt müssen auch magnetische Ladungen quantisiert sein, denn es gilt z. B.

$$q_{\text{m}} = \frac{nh}{e}, \qquad n = 0, \pm 1, \pm 2, \ldots ,$$

wobei e die Ladung des Elektrons ist.

Gegen Diracs Theorie wurde lange Zeit der Einwand erhoben, dass durch die Existenz magnetischer Monopole die Reversibilität der Maxwell'schen Gleichungen zerstört würde. Für diese ist ja entscheidend, dass sich mit der Geschwindigkeit der Ladungsträger auch die Richtung des Magnetfelds umkehrt. Dies wäre jedoch bei dem von einem magnetischen Monopol erzeugten Magnetfeld genauso wenig der Fall wie bei dem von einer Punktladung erzeugten elektrischen Feld, denn im Gegensatz zu einem Dipol kann ein Monopol sein Feld nicht umkehren, ohne dass dabei eine Veränderung der Teilchenstruktur auftritt. Die Invarianz der Teilchenbahnen bei Zeitumkehr galt lange Zeit als unumstößliches Prinzip, da es bei allen Elementarprozessen beobachtet wurde. Es wurde erst aufgegeben, als in den 60er-Jahren des letzten Jahrhunderts experimentell andere Teilchen gefunden wurden, die ebenfalls dieses Prinzip verletzen.

Mittlerweile gibt es noch andere Theorien (Eichtheorien), welche die Existenz magnetischer Monopole vorhersagen. Aus ihnen folgt für einen solchen die gewaltige Masse von etwa 10^{16} Protonenmassen. Dieser Umstand kann erklären, warum bis heute keine magnetischen Monopole entdeckt wurden, denn zu ihrer Erzeugung wird nach der Einstein'schen Formel $E=mc^2$ eine extrem hohe Energie benötigt. Die in modernen Teilchenbeschleunigern verfügbare Energie reicht dafür bei Weitem nicht aus, sodass man bisher nur darauf hoffen konnte, irgendwann einmal einen magnetischen Monopol aufzuspüren, der in der Entwicklungsgeschichte des Universums bei hochenergetischen Prozessen entstanden ist.

Exkurs 3.1: Einheiten und Maßsysteme

Wir erkannten schon in Abschn. 3.1.2, dass verschiedene Möglichkeiten bestehen, die Einheiten elektromagnetischer Größen festzulegen. Dabei gibt es unterschiedliche Gesichtspunkte.

Einmal muss man sich entscheiden, ob man für die elektromagnetischen Größen überhaupt eigene Einheiten einführen will, oder ob man sie nicht lieber direkt über ihre mechanischen Kraftwirkungen definiert und in mechanischen Einheiten misst. Bei Benutzung eigener Einheiten hat man zusätzlich die Möglichkeit, eine oder zwei von diesen einzuführen. Die Verknüpfung elektrischer und magnetischer Erscheinungen z. B. durch $\partial\varrho/\partial t + \operatorname{div} \boldsymbol{j}=0$ lässt die Einführung nur einer Einheit sinnvoll erscheinen. Im Fall der – nicht nachgewiesenen – Existenz magnetischer Ladungen wären auch zwei unabhängige Einheiten sinnvoll.

Zum zweiten haben wir in den Elementargesetzen der Wechselwirkung zwischen Ladungen bzw. Strömen (Abschn. 3.1.2 und 3.2.4) einen Proportionalfaktor $1/4\pi$ eingeführt, der natürlich nicht zwingend ist. Wird er in diesen Gesetzen weggelassen, so erscheint stattdessen ein Faktor 4π in den Maxwell-Gleichungen.

Ein dritter Gesichtspunkt ist, dass man in Spezialgebieten der Physik immer wieder mit einer speziellen Auswahl von Formeln konfrontiert wird, bei denen man mitunter Faktoren mitschleppen muss, die nur Schreibarbeit verursachen, ohne in signifikanter Weise die Ergebnisse zu beeinflussen. Hier neigt man dazu, Einheiten so zu wählen, dass diese Faktoren wegfallen. So rechnen z. B. Spezialisten der Quantentheorie gerne mit Einheiten, in denen das Wirkungsquantum $\hbar=1$ wird, während Experten der Relativitätstheorie Einheiten bevorzugen, in denen die Lichtgeschwindigkeit $c=1$ wird.

Die verschiedenen Kombinationen derartiger Möglichkeiten haben zu einer Vielzahl verschiedener Maßsysteme geführt. Am gebräuchlichsten sind heute das in diesem Buch benutzte **rationalisierte MKSA-System** mit drei mechanischen Einheiten (Meter, Kilogramm und Sekunde) sowie einer eigenen elektromagnetischen Einheit (Ampere) und das (unrationalisierte) **Gauß'sche Maßsystem**, das nur mit mechanischen Einheiten (Zentimeter, Gramm und Sekunde) rechnet und auch als CGS-System bezeichnet wird. „Rationalisiert" heißt dabei, dass in den Maxwell-Gleichungen kein Faktor 4π auftritt. Das (rationalisierte) MKSA-System ist heute internationaler Standard und wird deshalb auch als **SI-System** (systeme international d'unités) bezeichnet. (Dieses enthält außer m, kg, s und A noch die Einheiten K (Kelvin), mol (Mol) und cd (Candela) für Temperatur, Stoffmenge und Lichtstärke.)

SI-System

Im SI-System wird als elektromagnetische Einheit 1 **Ampère**, abgekürzt 1 A, als Einheit des Stroms eingeführt.

Definition. *Zwei gleich starke Ströme I in parallelen Drähten haben die Stärke von je 1 Ampère, wenn sie im Abstand von einem Meter aufeinander die Kraft $F = 2\cdot 10^{-7}\,\mathrm{kg\,m/s^2}$ pro Meter Drahtlänge ausüben (Abb. 3.25).*

(Zur Definition des Meters siehe unten.) Mit der Formel (Aufgabe 3.15)

$$\frac{F}{l} = \frac{\mu_0}{2\pi}\frac{I^2}{r}$$

(r = Abstand der Drähte, l = Drahtlänge) ergibt sich hieraus für μ_0

$$\mu_0 = \frac{2\pi r F}{l\, I^2} = \frac{4\pi \cdot 1\,\mathrm{m} \cdot 10^{-7}\,\mathrm{kg\,m}}{1\,\mathrm{m} \cdot 1\,\mathrm{A^2 s^2}}$$

also

$$\mu_0 = 4\pi \cdot 10^{-7}\,\frac{\mathrm{kg\,m}}{\mathrm{A^2 s^2}}\,. \tag{3.103}$$

Die Dimension der Ladung folgt aus der Gleichung

$$\frac{\partial \varrho}{\partial t} + \operatorname{div} \boldsymbol{j} = 0\,.$$

Es gilt

$$\left[\frac{\partial \varrho}{\partial t}\right] = \left[\frac{Q}{l^3\, t}\right], \qquad [\operatorname{div} \boldsymbol{j}] = \left[\frac{I}{l^3}\right]$$

und damit

$$[Q] = [I \cdot t]\,.$$

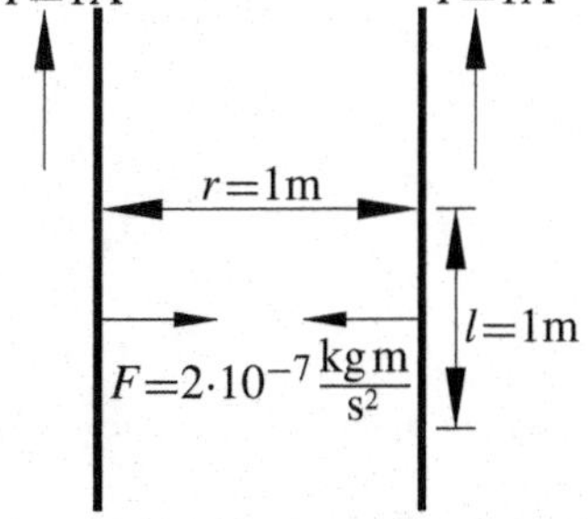

Abb. 3.25: Zur Definition des Ampères als Einheit der Stromstärke: Betrachtet wird die Wechselwirkung von zwei langen dünnen parallelen Drähten im Abstand $r = 1$ m, in denen zwei gleich starke Ströme $I = 1$A fließen.

Man definiert als Einheit der Ladung 1 Ampère · Sekunde und führt dafür die Bezeichnung 1 **Coulomb**, abgekürzt 1 C, ein,

$$1\,\mathrm{C} = 1\,\mathrm{As}\,.$$

Gemessen werden Ladungen durch den Strom, der zu ihrer Anhäufung fließt, und die Zeit, die dafür benötigt wird. Fließt z. B. ein Strom von 1 A eine Sekunde lang durch einen Draht auf eine leitfähige Kugel, so wird auf dieser die Ladung 1 C angehäuft.

Nach Festlegung der Ladungseinheit ist der Wert der Konstanten ε_0 im Coulomb-Gesetz wohldefiniert. Früher wurde er durch Messung der Kräfte zwischen Ladungen experimentell bestimmt. Hierfür muss die Längeneinheit definiert sein, wozu früher ein in Paris aufbewahrter Platinstab diente. Aus den Werten von ε_0 und μ_0 ergab sich dann die Lichtgeschwindigkeit $c=1/\sqrt{\varepsilon_0\mu_0}$ als ein mit der Ungenauigkeit von ε_0 behafteter Messwert.

Im SI-System ist Vorgehensweise etwas anders. Die Zeiteinheit Sekunde wird definiert als 9192631770-Faches der Periodendauer von Strahlung, die ^{133}Cs-Atome beim Übergang zwischen den beiden Hyperfeinstrukturniveaus des Grundzustands emittieren. Die Längeneinheit Meter wird definiert als Länge der Strecke, die Licht im Vakuum während des 299792458sten Teils einer Sekunde durchläuft. Hieraus ergibt sich für die Lichtgeschwindigkeit der exakte Wert

$$c = 299792458\,\frac{\mathrm{m}}{\mathrm{s}}\,. \tag{3.104}$$

(Die Definition des Meters ist so getroffen, dass hierin die dem früheren Messergebnis am nächsten liegende Zahl ganzer Meter steht.) Für ε_0 ergibt sich mit $c=1/\sqrt{\varepsilon_0\mu_0}$ ebenfalls ein exakter Wert,

$$\varepsilon_0 = \frac{1}{\mu_0 c^2} = \frac{10^7}{4\pi\cdot(299792458)^2}\,\frac{\mathrm{A^2\,s^4}}{\mathrm{kg\,m^3}} = 8{,}854187817\ldots\cdot 10^{-12}\,\frac{\mathrm{A^2\,s^4}}{\mathrm{kg\,m^3}} \tag{3.105}$$

Für das elektrische Feld ergibt sich die Dimension

$$[E] = \left[\frac{F}{q}\right] = \frac{\mathrm{kg\,m}}{\mathrm{A\,s^3}}\,.$$

Mit der Definition der Spannungseinheit 1 **Volt** (zur Definition der Spannung siehe Abschn. 4.5.2), abgekürzt 1 V, durch

$$1\,\mathrm{V} = 1\,\frac{\mathrm{kg\,m^2}}{\mathrm{A\,s^3}}$$

gilt auch

$$[E] = \frac{\mathrm{V}}{\mathrm{m}}\,.$$

Für die magnetische Flussdichte ergibt sich die Dimension

$$[B] = \left[\frac{F}{qv}\right] = \frac{\mathrm{kg}}{\mathrm{A\,s^2}} = \frac{\mathrm{V\,s}}{\mathrm{m^2}}\,.$$

Als Einheit führt man 1 **Tesla** (abgekürzt 1 T) ein,

$$1\,\mathrm{T} = 1\,\frac{\mathrm{V\,s}}{\mathrm{m^2}}\,,$$

und damit gilt auch

$$[B] = \mathrm{T}\,.$$

Gauß'sches Maßsystem

Beim Gauß'schen Maßsystem werden keine eigenen elektromagnetischen Einheiten eingeführt, und bei den mechanischen Einheiten wird das CGS-System zugrunde gelegt. Außerdem entfällt in den Gesetzen von Coulomb und Biot-Savart der Faktor $1/4\pi$. Die Ladungseinheit wird dadurch festgelegt, dass für ε_0 die dimensionslose Zahl 1 eingesetzt wird. Wir kennzeichnen im Gauß'schen Maßsystem alle elektromagnetischen Größen durch Sterne und erhalten dann als Coulomb-Gesetz

$$\boldsymbol{F} = q_1^* q_2^* \frac{\boldsymbol{r}_1 - \boldsymbol{r}_2}{|\boldsymbol{r}_1 - \boldsymbol{r}_2|^3} .$$

Aus diesem folgt als Dimension der Ladung

$$[q^*] = \left[r\sqrt{F}\right] = \mathrm{cm}\left(\frac{\mathrm{g\,cm}}{\mathrm{s}^2}\right)^{1/2} = \mathrm{g}^{1/2}\,\mathrm{cm}^{3/2}\,\mathrm{s}^{-1} =: \mathrm{esE}.$$

1 esE steht als Abkürzung für 1 **elektrostatische Einheit** und wird als Maßeinheit der Ladung benutzt.

Für $\boldsymbol{E}^*$ ergibt sich aus $\boldsymbol{F}=q^*\boldsymbol{E}^*$ die zugleich als Einheit benutzte Dimension

$$[E^*] = \left[\sqrt{F}/r\right] = \left(\frac{\mathrm{g\,cm}}{\mathrm{s}^2\,\mathrm{cm}^2}\right)^{1/2} = \mathrm{g}^{1/2}\,\mathrm{cm}^{-1/2}\,\mathrm{s}^{-1} = \mathrm{esE/cm}^2 .$$

Für den Strom I^*, dessen Dichte wieder durch $\boldsymbol{j}^*=\varrho_+^*\boldsymbol{v}_+ + \varrho_-^*\boldsymbol{v}_-$ definiert wird, folgt

$$[I^*] = \left[\frac{q^*}{t}\right] = \mathrm{g}^{1/2}\,\mathrm{cm}^{3/2}\,\mathrm{s}^{-2} = \frac{\mathrm{esE}}{\mathrm{s}} .$$

Die magnetische Flussdichte wird so definiert, dass ihre Einheit gleich der des elektrischen Feldes ist. Dies erreicht man durch den abgeänderten Ansatz

$$\boldsymbol{F} = q^*(\boldsymbol{v}/c \times \boldsymbol{B}^*) \qquad \text{mit} \qquad c = \text{Lichtgeschwindigkeit} \tag{3.106}$$

für die Lorentz-Kraft mit der Folge

$$[B^*] = [F/q^*] = [E^*] .$$

Zusammenhang zwischen dem SI-System und dem Gauß'schen System

Für die Kraft zwischen gleichen Ladungen gilt in den betrachteten Maßsystemen

$$|\boldsymbol{F}| = \frac{q^2}{4\pi\varepsilon_0 r^2} \qquad \text{bzw.} \qquad |\boldsymbol{F}^*| = \frac{q^{*2}}{r^2} .$$

Wegen $\boldsymbol{F}=\boldsymbol{F}^*$ folgt hieraus

$$q = q^*\sqrt{4\pi\varepsilon_0}, \qquad \varrho = \varrho^*\sqrt{4\pi\varepsilon_0} . \tag{3.107}$$

Der Ladung $q=1$ A s entspricht dann

$$q^* = \frac{1\,\mathrm{A\,s}}{\sqrt{4\pi \cdot 8{,}854 \cdot 10^{-12}\,\mathrm{A}^2\,\mathrm{s}^4/\mathrm{kg\,m}^3}} \approx 3 \cdot 10^9\,\mathrm{esE} .$$

Aus

$$j = \sum \varrho_i v_i = \sum \sqrt{4\pi\varepsilon_0}\, \varrho^*{}_i v_i\,, \qquad j^* = \sum \varrho^*{}_i v_i$$

ergibt sich

$$j = j^* \sqrt{4\pi\varepsilon_0}\,, \qquad I = I^* \sqrt{4\pi\varepsilon_0}\,. \tag{3.108}$$

Schließlich folgen aus den Beziehungen

$$\boldsymbol{F} = q\boldsymbol{E} = q^*\boldsymbol{E}^*\,, \qquad \boldsymbol{F} = q\,(\boldsymbol{v} \times \boldsymbol{B}) = q^*(\boldsymbol{v}/c \times \boldsymbol{B}^*)$$

die Zusammenhänge

$$\boldsymbol{E} = \frac{1}{\sqrt{4\pi\varepsilon_0}}\boldsymbol{E}^*\,, \qquad \boldsymbol{B} = \frac{1}{c\sqrt{4\pi\varepsilon_0}}\boldsymbol{B}^* = \sqrt{\frac{\mu_0}{4\pi}}\,\boldsymbol{B}^*\,. \tag{3.109}$$

Einsetzen dieser Beziehungen in die Maxwell-Gleichungen des MKSA-Systems liefert als deren Form im Gauß'schen Maßsystem

$$\begin{aligned} \operatorname{div}\boldsymbol{E}^* &= 4\pi\varrho^*\,, & \operatorname{div}\boldsymbol{B}^* &= 0\,, \\ \operatorname{rot}\boldsymbol{E}^* &= -\frac{1}{c}\frac{\partial\boldsymbol{B}^*}{\partial t}\,, & \operatorname{rot}\boldsymbol{B}^* &= \frac{1}{c}\left(4\pi\,\boldsymbol{j}^* + \frac{\partial\boldsymbol{E}^*}{\partial t}\right)\,, \end{aligned} \tag{3.110}$$

denn es gilt z. B.

$$\operatorname{div}\boldsymbol{E}^* = \frac{\sqrt{4\pi\varepsilon_0}}{\varepsilon_0}\operatorname{div}(\varepsilon_0\boldsymbol{E}) = \sqrt{\frac{4\pi}{\varepsilon_0}}\,\varrho = 4\pi\varrho^*\,.$$

Aus der Gleichung für rot $\boldsymbol{B}^*$ folgt im Fall $\partial\boldsymbol{E}^*/\partial t{=}0$ das Biot-Savart-Gesetz in der Form

$$\boldsymbol{B}^* = \frac{1}{c}\int \frac{\boldsymbol{j}^*(\boldsymbol{r}') \times (\boldsymbol{r} - \boldsymbol{r}')}{|\boldsymbol{r} - \boldsymbol{r}'|^3}\, d^3\tau'\,.$$

Aufgaben

3.1 Zwei gleiche Punktladungen q derselben Masse m hängen an Fäden der Länge l im Schwerefeld $\boldsymbol{g}$ (Abb. 3.1). Welcher Zusammenhang besteht zwischen der Ladung q und dem Auslenkungswinkel φ?

3.2 In Abb. 3.7 sind die Feldlinien des Feldes

$$\boldsymbol{E}(\boldsymbol{r}^*) = E\,\boldsymbol{e}_x + \frac{q}{4\pi\varepsilon_0}\frac{\boldsymbol{r}^* - \boldsymbol{r}}{|\boldsymbol{r}^* - \boldsymbol{r}|^3}$$

in der Ebene $y{=}0$ dargestellt. Welche Kurve begrenzt das Gebiet, in dem eine Umkehr des Feldlinienverlaufs von rechts nach links zu von links nach rechts stattfindet?

3.3 Berechnen Sie das Verhältnis aus elektrischer und gravitativer Anziehungskraft zwischen Elektron und Proton.

3.4 Von zwei Menschen, die sich im Abstand von 1 m gegenüberstehen, übertrage der eine 1 Prozent der Elektronen seines Körpers auf den anderen. Schätzen Sie die entstehende Anziehungskraft ab.

Anleitung: Verwenden Sie für diese Abschätzung punktförmige, nur aus Wasser bestehende „Menschen“ einer Masse von 65 kg.

3.5 Berechnen Sie das elektrische Feld der Ladungsdichte

$$\varrho(x) = \begin{cases} \sigma_0/\varepsilon & \text{für } |x| \leq \varepsilon/2\,, \\ 0 & \text{sonst}\,. \end{cases}$$

Vergleichen Sie $\lim_{\varepsilon\to 0}[\,E(\varepsilon/2)-E(-\varepsilon/2)\,]$ mit dem Sprung des Feldes einer konstanten Flächenladungsdichte auf der Ebene $x{=}0$.

3.6 *Zur Exaktheit des Coulomb-Gesetzes:*

(a) Berechnen Sie unter Voraussetzung der Gültigkeit des Superpositionsprinzips das Feld der Ladungsverteilung $\varrho(r){=}Q\,\delta(r-R)/(4\pi\,R^2)$ für ein „Coulomb-Gesetz“ der Form

$$\boldsymbol{F} = q\boldsymbol{E} = \frac{q\,q'\,(\boldsymbol{r}-\boldsymbol{r}')}{4\pi\,\varepsilon_0\,|\boldsymbol{r}-\boldsymbol{r}'|^{3+\varepsilon}}\,.$$

(b) Was ergibt sich daraus für $\varepsilon\to 0$?

Anleitung: Entwickeln Sie bis zu Termen erster Ordnung nach ε. Es interessiert nur das Ergebnis im Inneren der Kugel.

3.7 Berechnen Sie das elektrische Feld einer homogen geladenen Kugel durch Summation über die Felder ineinander geschachtelter homogen geladener Kugelschalen gleicher Ladungsdichte.

Anleitung: Benutzen Sie das in Aufgabe 3.6 für $\varepsilon{=}0$ erhaltene Ergebnis.

3.8 Zeigen Sie, dass eine ganz im Endlichen verlaufende stationäre Stromverteilung kein Gesamtdrehmoment auf sich selbst ausübt.

3.9 Zeigen Sie, dass und wie man an einem Ort $\boldsymbol{r}$ das Magnetfeld $\boldsymbol{B}(\boldsymbol{r})$ durch die Messung des Drehmoments $\boldsymbol{N}{=}\boldsymbol{m}\times\boldsymbol{B}$ auf eine kleine ringförmige Stromschleife mit bekanntem magnetischem Moment $\boldsymbol{m}$ für zwei Orientierungen bestimmen kann.

3.10 Das System S' bewege sich gegenüber dem Inertialsystem S mit konstanter Geschwindigkeit $\boldsymbol{u}$. Leiten Sie das Induktionsgesetz rot $\boldsymbol{E}'{=}-\partial\boldsymbol{B}'/\partial t$ aus den Transformationsgleichungen $\boldsymbol{E}'{=}\boldsymbol{E}{+}\boldsymbol{u}\times\boldsymbol{B}$ und $\boldsymbol{B}'{=}\boldsymbol{B}$ zwischen den Feldern im System S' und S ab für den Spezialfall statischer Felder $\boldsymbol{E}$ und $\boldsymbol{B}$ in S.

3.11 Berechnen Sie mithilfe des Biot-Savart-Gesetztes das von einem bei $\boldsymbol{r}{=}0$ befindlichen kreisförmigen Linienstrom (magnetisches Moment $\boldsymbol{m}$) erzeugte Magnetfeld $\boldsymbol{B}$ für große Abstände von diesem.

Hinweis: Gehen Sie ähnlich vor wie bei der Ableitung von Gleichung (3.45).

3.12 In zwei parallelen Zylindern (Radius r_0 und Abstand r mit $r_0{\ll}r$) strömen Ladungsträger konstanter Ladungsdichte ϱ mit konstanter Geschwindigkeit v parallel zur Zylinderachse (Richtung $\boldsymbol{e}_z$).

(a) Berechnen Sie die elektrische und magnetische Kraft pro Länge, welche die beiden Ladungsverteilungen aufeinander ausüben.
(b) Bei welcher Geschwindigkeit v sind die beiden Kräfte gleich?

3.13 Zeigen Sie, dass der mit den Feldern

$$\boldsymbol{E}(\boldsymbol{r}) = \frac{q_\mathrm{e}}{4\pi\varepsilon_0}\frac{\boldsymbol{r}-\boldsymbol{r}_\mathrm{e}}{|\boldsymbol{r}-\boldsymbol{r}_\mathrm{e}|^3} \qquad \text{und} \qquad \boldsymbol{B}(\boldsymbol{r}) = \frac{q_\mathrm{m}}{4\pi}\frac{\boldsymbol{r}-\boldsymbol{r}_\mathrm{m}}{|\boldsymbol{r}-\boldsymbol{r}_\mathrm{m}|^3}$$

verbundene Feldimpuls $\boldsymbol{G}=\int \varepsilon_0 \boldsymbol{E}\times\boldsymbol{B}\, d^3\tau$ verschwindet.

Anleitung: Wählen Sie dazu $\boldsymbol{r}_\mathrm{m}=d\boldsymbol{e}_z$ und $\boldsymbol{r}_\mathrm{e}=-d\boldsymbol{e}_z$, benutzen Sie Zylinderkoordinaten ρ, φ und z und begründen Sie als Erstes, warum die vorgeschlagene Wahl von $\boldsymbol{r}_\mathrm{m}$ und $\boldsymbol{r}_\mathrm{e}$ keine Einschränkung bedeutet.

3.14 Verifizieren Sie die zur Ableitung von Gleichung (3.101) benutzte Beziehung

$$\boldsymbol{L} := \int_{\mathbb{R}^3} \frac{\boldsymbol{r}\times(\boldsymbol{r}-\boldsymbol{r}_\mathrm{e})\times(\boldsymbol{r}-\boldsymbol{r}_\mathrm{m})}{|\boldsymbol{r}-\boldsymbol{r}_\mathrm{e}|^3|\boldsymbol{r}-\boldsymbol{r}_\mathrm{m}|^3}\, d^3\tau = 4\pi\frac{\boldsymbol{r}_\mathrm{m}-\boldsymbol{r}_\mathrm{e}}{|\boldsymbol{r}_\mathrm{m}-\boldsymbol{r}_\mathrm{e}|} =: 4\pi\,\boldsymbol{e}\,.$$

Anleitung: Wählen Sie wie in Aufgabe 3.13 $\boldsymbol{r}_\mathrm{m}=d\boldsymbol{e}_z$, $\boldsymbol{r}_\mathrm{e}=-d\boldsymbol{e}_z$ und benutzen Sie erneut Zylinderkoordinaten ρ, φ und z.

3.15 Berechnen Sie mithilfe des Biot-Savart-Gesetzes
(a) das Magnetfeld eines unendlich langen, geraden Linienstroms der Stärke I_1 sowie
(b) die Kraft pro Längeneinheit, die dieser auf einen zweiten, zu I_1 parallel fließenden Linienstrom I_2 ausübt.

Lösungen

3.1 φ = Auslenkungswinkel der Fäden aus der Vertikalen, $2x$ = Abstand der Ladungen.

$$F_\mathrm{e} = \frac{1}{4\pi\varepsilon_0}\frac{q^2}{(2x)^2} = \frac{q^2}{4\pi\varepsilon_0\, 4\, l^2\sin^2\varphi}$$

ist die abstoßende elektrische Kraft auf eine Ladung, $\boldsymbol{F}_\mathrm{s}=-mg\boldsymbol{e}_z$ die Schwerkraft. Von beiden Kräften wird nur die Tangentialkomponente an den Kreis $x^2+z^2=l^2$ wirksam, die bei der Schwerkraft $F_{\mathrm{s,t}}=mg\sin\varphi$ und bei der elektrischen Kraft $F_{\mathrm{e,t}}=F_\mathrm{e}\cos\varphi$ beträgt. Gleichgewicht erhält man für

$$F_\mathrm{e}\cos\varphi = \frac{q^2\cos\varphi}{16\pi\varepsilon_0\, l^2\sin^2\varphi} = mg\sin\varphi \quad\Rightarrow\quad q = 4l\sin\varphi\sqrt{\pi\varepsilon_0\, mg\tan\varphi}\,.$$

3.2 In den Feldlinien-Umkehrpunkten der Ebene $y=0$ gilt

$$E_x(\boldsymbol{r}^*) = E + \frac{q}{4\pi\varepsilon_0}\frac{x^*-x}{|\boldsymbol{r}^*-\boldsymbol{r}|^3} \overset{\text{s.u.}}{=} E + \frac{q}{4\pi\varepsilon_0}\frac{\rho^*\cos\varphi}{\rho^{*3}} = 0$$

mit $\rho^*=|\boldsymbol{r}^*-\boldsymbol{r}|$, wobei benutzt wurde, dass in der Ebene $y=0$ gilt $x^*-x=\rho\cos\varphi$. Hieraus ergibt sich die Darstellung

$$\rho^*(\varphi) = \sqrt{\frac{-q\cos\varphi}{4\pi\varepsilon_0 E}}$$

der Kurve, auf der die Umkehrpunkte liegen. Diese verläuft im Winkelbereich $\frac{\pi}{2} \leq \varphi \leq \frac{3\pi}{2}$, da nur dort $\cos\varphi \leq 0$ ist.

3.3

$$\left(\frac{e^2}{4\pi\varepsilon_0\,|\boldsymbol{r}_2-\boldsymbol{r}_1|^2}\right)\Big/\left(\frac{\gamma\, m_\mathrm{e} m_\mathrm{p}}{|\boldsymbol{r}_2-\boldsymbol{r}_1|^2}\right) = \frac{e^2}{4\pi\varepsilon_0\,\gamma\, m_\mathrm{e} m_\mathrm{p}} = 2{,}3\cdot 10^{39}\,.$$

3.4

$$1\,\mathrm{mol}\ \mathrm{H_2O} \mathrel{\hat{=}} 18\cdot 10^{-3}\,\mathrm{kg}\,,\qquad 65\,\mathrm{kg} \mathrel{\hat{=}} 65\cdot 10^3/18 = 3{,}6\cdot 10^3\,\mathrm{mol}\ \mathrm{H_2O}\,,$$

$$65\,\mathrm{kg} \mathrel{\hat{=}} N_\mathrm{L}\cdot 3{,}6\cdot 10^3\ \text{Moleküle} = 2{,}2\cdot 10^{27}\ \text{Moleküle}\,.$$

Dabei N_L= Loschmidt'sche Zahl $= 6{,}023\cdot 10^{23}/\mathrm{mol}$. 1 Molekül H_2O besitzt 8+2=10 Elektronen $\Rightarrow$ Der Modellmensch besitzt $2{,}2\cdot 10^{28}$ Elektronen, 1 Prozent davon sind $2{,}2\cdot 10^{26}$ Elektronen. Die Anziehungskraft ist

$$|\boldsymbol{F}_\mathrm{el}| = \frac{q^2}{4\pi\varepsilon_0 r^2} = \frac{(2{,}2\cdot 10^{26}\cdot 1{,}6\cdot 10^{-19}\,\mathrm{C})^2}{4\pi\varepsilon_0\, 1\,\mathrm{m}^2} = 1{,}1\cdot 10^{25}\,\mathrm{N}\,.$$

3.6

$$\boldsymbol{E} = \frac{1}{4\pi\varepsilon_0}\int \frac{\varrho(\boldsymbol{r}')(\boldsymbol{r}-\boldsymbol{r}')}{|\boldsymbol{r}-\boldsymbol{r}'|^{3+\varepsilon}}\, d^3\tau' \quad \text{mit} \quad \varrho(\boldsymbol{r}') = \frac{Q}{4\pi R^2}\,\delta(r'-R)\,.$$

Legt man das Koordinatensystem so, dass der Aufpunkt $\boldsymbol{r}=r\boldsymbol{e}_x$ ist, dann wird aus Symmetriegründen $E_y=E_z=0$, und mit

$$\boldsymbol{r}'\cdot\boldsymbol{e}_x = r'\cos\theta'\,,\quad (\boldsymbol{r}-\boldsymbol{r}')\cdot\boldsymbol{e}_x = r - r'\cos\theta'\,,\quad (\boldsymbol{r}-\boldsymbol{r}')^2 = r^2 + r'^2 - 2rr'\cos\theta'$$

wird in Kugelkoordinaten $x'=r'\cos\theta'$, $y'=r'\cos\varphi'\sin\theta'$, $z'=r'\sin\varphi'\sin\theta'$ mit $d^3\tau'=r'^2\sin\theta'\,dr'\,d\theta'\,d\varphi'$

$$\begin{aligned} E_x &= \frac{Q}{16\pi^2\varepsilon_0 R^2}\int \frac{\delta(r'-R)\,(r-r'\cos\theta')\,r'^2\sin\theta'\,dr'\,d\theta'\,d\varphi'}{|r^2+r'^2-2rr'\cos\theta'|^{(3+\varepsilon)/2}} \\ &= \frac{Q}{8\pi\varepsilon_0}\int \frac{(r-R\cos\theta')\sin\theta'\,d\theta'}{|r^2+R^2-2rR\cos\theta'|^{(3+\varepsilon)/2}}\,. \end{aligned}$$

Mit der Substitution

$$u^2 = r^2 + R^2 - 2rR\cos\theta' \quad\Rightarrow\quad R\cos\theta' = \frac{r^2+R^2-u^2}{2r}\,,\quad \sin\theta'\,d\theta' = \frac{u\,du}{rR}$$

wird

$$E_x = \frac{Q}{16\pi\varepsilon_0 r^2 R}\int_{u_1}^{u_2}\left(\frac{r^2-R^2}{u^2}+1\right)\frac{1}{|u|^\varepsilon}\,du\,,$$

wobei $u_1=r-R$ und $u_2=r+R$ für Aufpunkte außerhalb der Kugel sowie $u_1=R-r$ und $u_2=R+r$ für Aufpunkte innerhalb der Kugel gilt.

(a) Fall $\varepsilon=0$:

$$E_x = \frac{Q}{16\pi\varepsilon_0 r^2 R}\left[u - \frac{r^2-R^2}{u}\right]_{r-R}^{r+R} = \frac{Q}{4\pi\varepsilon_0 r^2} \quad \text{außen}\,,\quad E_x = 0 \quad \text{innen}\,.$$

(b) Beim gestörten Coulomb-Gesetz erhält man im Inneren der Kugel für $0<\varepsilon\ll 1$ durch Entwicklung von $1/|u|^\varepsilon$ nach ε,

$$\begin{aligned}
1/|u|^\varepsilon &= \mathrm{e}^{-\varepsilon \ln|u|} = 1 - \varepsilon \ln|u| + \mathcal{O}(\varepsilon^2) \quad \Rightarrow \\
E_x &= -\frac{\varepsilon Q}{16\pi\,\varepsilon_0 r^2 R}\int_{R-r}^{R+r}\left(\frac{r^2-R^2}{u^2}\ln|u| + \ln|u|\right)du \\
&= -\frac{\varepsilon Q}{16\pi\,\varepsilon_0 r^2 R}\left[\left(r^2-R^2\right)\left(-\frac{\ln|u|}{u}-\frac{1}{u}\right)+u\ln|u|-u\right]_{R-r}^{R+r} \\
&= -\frac{\varepsilon Q}{8\pi\,\varepsilon_0 r^2}\left[\ln\frac{1+\xi}{1-\xi}-2\xi\right] \quad \text{mit} \quad \xi=\frac{r}{R}\le 1\,.
\end{aligned}$$

Es gilt $E_x\neq 0$ für $\xi\neq 0$, für $\varepsilon\to 0$ geht $E_x\to 0$.

3.7 Beitrag einer Kugelschale $R\le r\le R+dR$ (Ladung $dQ=\varrho 4\pi R^2 dR$) zum Feld $\boldsymbol{E}=E(r)\boldsymbol{e}_r$

$$dE=\frac{dQ}{4\pi\,\varepsilon_0 r^2}=\frac{\varrho R^2 dR}{\varepsilon_0 r^2} \quad \text{außen } (r>R+dR)\,, \quad dE=0 \quad \text{innen } (r<R) \quad \Rightarrow$$

$$E(r)=\begin{cases}\displaystyle\int_0^R \frac{\varrho R'^2 dR'}{\varepsilon_0 r^2}=\frac{\varrho}{\varepsilon_0 r^2}\frac{R^3}{3}=\frac{Q}{4\pi\,\varepsilon_0 r^2} & \text{außen}\,,\\ \displaystyle\int_0^r \frac{\varrho R'^2 dR'}{\varepsilon_0 r^2}=\frac{\varrho r}{3\varepsilon_0}=\frac{Q(r)}{4\pi\,\varepsilon_0 r^2} & \text{innen}\,.\end{cases}$$

3.8

$$\begin{aligned}
\boldsymbol{N} &= \int \boldsymbol{r}\times(\boldsymbol{j}\times\boldsymbol{B})\,d^3\tau \overset{(3.37a)}{=} \frac{\mu_0}{4\pi}\iint \boldsymbol{r}\times\left[\boldsymbol{j}\times\frac{\boldsymbol{j}'\times(\boldsymbol{r}-\boldsymbol{r}')}{|\boldsymbol{r}-\boldsymbol{r}'|^3}\right]d^3\tau\,d^3\tau' \\
&= \frac{\mu_0}{4\pi}\left[\iint \boldsymbol{r}\times\boldsymbol{j}'\,\frac{\boldsymbol{j}\cdot(\boldsymbol{r}-\boldsymbol{r}')}{|\boldsymbol{r}-\boldsymbol{r}'|^3}\,d^3\tau\,d^3\tau' + \iint \boldsymbol{r}\times\boldsymbol{r}'\,\frac{\boldsymbol{j}\cdot\boldsymbol{j}'}{|\boldsymbol{r}-\boldsymbol{r}'|^3}\,d^3\tau\,d^3\tau'\right] \\
&\overset{(2.13)}{\underset{(3.29)}{=}} \frac{\mu_0}{4\pi}\left[\int\left(\boldsymbol{j}'\times\int \boldsymbol{r}\,\operatorname{div}\frac{\boldsymbol{j}}{|\boldsymbol{r}-\boldsymbol{r}'|}\,d^3\tau'\right)d^3\tau + \iint \boldsymbol{r}\times\boldsymbol{r}'\,\frac{\boldsymbol{j}\cdot\boldsymbol{j}'}{|\boldsymbol{r}-\boldsymbol{r}'|^3}\,d^3\tau\,d^3\tau'\right].
\end{aligned}$$

Mit $\boldsymbol{e}=\mathbf{const}$ und

$$\begin{aligned}
\boldsymbol{e}\cdot\int \boldsymbol{r}\,\operatorname{div}\frac{\boldsymbol{j}}{|\boldsymbol{r}-\boldsymbol{r}'|}\,d^3\tau' &= \int \operatorname{div}\frac{\boldsymbol{j}\,(\boldsymbol{e}\cdot\boldsymbol{r})}{|\boldsymbol{r}-\boldsymbol{r}'|}\,d^3\tau' - \int \frac{\boldsymbol{j}\cdot\nabla(\boldsymbol{e}\cdot\boldsymbol{r})}{|\boldsymbol{r}-\boldsymbol{r}'|}\,d^3\tau' \\
&= -\boldsymbol{e}\cdot\int \frac{\boldsymbol{j}}{|\boldsymbol{r}-\boldsymbol{r}'|}\,d^3\tau'
\end{aligned}$$

bzw.

$$\int \boldsymbol{r}\,\operatorname{div}\frac{\boldsymbol{j}}{|\boldsymbol{r}-\boldsymbol{r}'|}\,d^3\tau' = -\int \frac{\boldsymbol{j}}{|\boldsymbol{r}-\boldsymbol{r}'|}\,d^3\tau'$$

folgt daraus

$$\boldsymbol{N}=\frac{\mu_0}{4\pi}\iint\left(\frac{\boldsymbol{j}\times\boldsymbol{j}'}{|\boldsymbol{r}-\boldsymbol{r}'|}+\frac{(\boldsymbol{r}\times\boldsymbol{r}')\,\boldsymbol{j}\cdot\boldsymbol{j}'}{|\boldsymbol{r}-\boldsymbol{r}'|^3}\right)d^3\tau\,d^3\tau'\,.$$

Wegen der hierin auftretenden Kreuzprodukte liefert jedes Punktepaar zwei Beiträge, die sich ähnlich wie bei der in Abschn. 3.1.6 berechneten Gesamtkraft einer Ladungsverteilung auf sich selbst gegenseitig wegheben.

3.9 $\boldsymbol{m}=m\boldsymbol{n}$ ist gegeben, $\boldsymbol{n}_i$ sei die Orientierung von $\boldsymbol{m}$ bei der i-ten Messung, $i=1,2$. Man kann willkürlich z. B. $\boldsymbol{n}_1=\boldsymbol{e}_x$ und $\boldsymbol{n}_2=\boldsymbol{e}_y$ wählen. Dann ergibt sich

$$N_1 = m\,\boldsymbol{e}_x \times \boldsymbol{B} = m\,\{0, -B_z, B_y\}\,, \qquad N_2 = m\,\boldsymbol{e}_y \times \boldsymbol{B} = m\,\{B_z, 0, -B_x\}\,,$$

und hieraus folgt

$$B_x = -N_{2\,z}/m\,, \qquad B_y = N_{1\,z}/m\,, \qquad B_z = -N_{1\,y}/m = N_{2\,x}/m\,.$$

3.10 $\boldsymbol{E}$ statisch $\Rightarrow$ rot $\boldsymbol{E}=0$. Mit $\boldsymbol{u}=\mathbf{const}$ und div $\boldsymbol{B}=0$ erhält man

$$\nabla \times (\boldsymbol{u} \times \boldsymbol{B}) = \boldsymbol{B} \cdot \nabla \boldsymbol{u} + \boldsymbol{u}\,\mathrm{div}\,\boldsymbol{B} - \boldsymbol{u} \cdot \nabla \boldsymbol{B} - \boldsymbol{B}\,\mathrm{div}\,\boldsymbol{u} = -\boldsymbol{u} \cdot \nabla \boldsymbol{B}\,.$$

Aus

$$\boldsymbol{E}'=\boldsymbol{E} + \boldsymbol{u}\times\boldsymbol{B} \qquad \text{und} \qquad \boldsymbol{B}' = \boldsymbol{B}$$

ergibt sich damit

$$\mathrm{rot}\,\boldsymbol{E}' = \mathrm{rot}\,\boldsymbol{E} + \mathrm{rot}(\boldsymbol{u} \times \boldsymbol{B}) = -\boldsymbol{u} \cdot \nabla \boldsymbol{B} = -\boldsymbol{u} \cdot \nabla \boldsymbol{B}'\,.$$

Aus der Annahme, dass das Feld $\boldsymbol{B}$ statisch ist, und mit $\boldsymbol{r} = \boldsymbol{r}' - \boldsymbol{u}t$ folgt $\boldsymbol{B}'(\boldsymbol{r}' - \boldsymbol{u}t, t) = \boldsymbol{B}(\boldsymbol{r}) = \mathbf{const}$ und

$$\frac{d\boldsymbol{B}'}{dt} = -\boldsymbol{u} \cdot \nabla \boldsymbol{B}' + \frac{\partial \boldsymbol{B}'}{\partial t} = 0 \qquad \text{bzw.} \qquad \frac{\partial \boldsymbol{B}'}{\partial t} = \boldsymbol{u} \cdot \nabla \boldsymbol{B}' = -\,\mathrm{rot}\,\boldsymbol{E}'\,.$$

3.11

$$\begin{aligned} \frac{4\pi}{\mu_0}\boldsymbol{B} &= \mathrm{rot} \int \frac{\boldsymbol{j}(\boldsymbol{r}')\,d^3\tau'}{|\boldsymbol{r}-\boldsymbol{r}'|} = \mathrm{rot} \oint \frac{I\,d\boldsymbol{l}'}{|\boldsymbol{r}-\boldsymbol{r}'|} \overset{(2.32)}{=} -\,\mathrm{rot} \int \nabla' \frac{I}{|\boldsymbol{r}-\boldsymbol{r}'|} \times d\boldsymbol{f}' \\ &\overset{(2.13)}{=} \mathrm{rot} \int \nabla \frac{I}{|\boldsymbol{r}-\boldsymbol{r}'|} \times d\boldsymbol{f}' \to \mathrm{rot}\Big[\nabla \frac{1}{r} \times \underbrace{I \int d\boldsymbol{f}'}_{\boldsymbol{m}}\Big] = \mathrm{rot}\,\frac{\boldsymbol{m} \times \boldsymbol{r}}{r^3}\,. \end{aligned}$$

$$\Rightarrow \qquad \boldsymbol{B} = \frac{\mu_0}{4\pi}\,\mathrm{rot}\,\frac{\boldsymbol{m} \times \boldsymbol{r}}{r^3} = \frac{\mu_0}{4\pi}\,\frac{3\,\boldsymbol{e}_r{\cdot}\boldsymbol{m}\,\boldsymbol{e}_r - \boldsymbol{m}}{r^3}\,.$$

3.12

$$\varepsilon_0 E\, 2\pi r\, z \overset{(3.10b)}{=} \varrho r_0^2 \pi z \;\Rightarrow\; E = \frac{\varrho r_0^2}{2\varepsilon_0 r}\,, \qquad 2\pi r\, B \overset{(3.57b)}{=} \mu_0 \varrho v r_0^2 \pi \;\Rightarrow\; B = \frac{\mu_0 \varrho v r_0^2}{2r}$$

$$dF_{\mathrm{e}} = \int \varrho E\, d^3\tau = \frac{\varrho r_0^2}{2\varepsilon_0 r}\varrho r_0^2 \pi\, dz\,, \qquad dF_{\mathrm{m}} = \int \varrho v B\, d^3\tau = \frac{\mu_0 \varrho v r_0^2}{2r}\varrho v r_0^2 \pi\, dz\,.$$

$$dF_{\mathrm{m}}/dF_{\mathrm{e}} = \varepsilon_0 \mu_0 v^2 = v^2/c^2 = 1 \qquad \text{für} \quad v = c\,.$$

3.13 Man legt den Ursprung des Koordinatensystems in die Mitte der Verbindungslinie der Punkte $\boldsymbol{r}=\boldsymbol{r}_{\mathrm{m}}$ und $\boldsymbol{r}=\boldsymbol{r}_{\mathrm{e}}$ und lässt die z-Achse durch den Punkt $\boldsymbol{r}=\boldsymbol{r}_{\mathrm{m}}$ gehen. Dann gilt $\boldsymbol{r}_{\mathrm{m}}=d\boldsymbol{e}_z$ und $\boldsymbol{r}_{\mathrm{e}}=-d\boldsymbol{e}_z$ mit $d=|\boldsymbol{r}_{\mathrm{m}}-\boldsymbol{r}_{\mathrm{e}}|$. Damit und mit

$$(\boldsymbol{r} - \boldsymbol{r}_{\mathrm{e}}) \times (\boldsymbol{r} - \boldsymbol{r}_{\mathrm{m}}) = (\boldsymbol{r}_{\mathrm{m}} - \boldsymbol{r}_{\mathrm{e}}) \times \boldsymbol{r} + \boldsymbol{r}_{\mathrm{e}} \times \boldsymbol{r}_{\mathrm{m}} = 2d\boldsymbol{e}_z \times \boldsymbol{r}$$

ergibt sich

$$\begin{aligned} \frac{(4\pi)^2}{q_{\mathrm{e}} q_{\mathrm{m}}}\boldsymbol{G} &= 2d\boldsymbol{e}_z \times \int \frac{\boldsymbol{r}}{|\boldsymbol{r} + d\boldsymbol{e}_z|^3 |\boldsymbol{r} - d\boldsymbol{e}_z|^3}\, d^3\tau = 2d(\boldsymbol{e}_z \times \boldsymbol{e}_x) \int \frac{x\,dx\,dy\,dz}{|\boldsymbol{r} + d\boldsymbol{e}_z|^3 |\boldsymbol{r} - d\boldsymbol{e}_z|^3} \\ &\quad + 2d(\boldsymbol{e}_z \times \boldsymbol{e}_y) \int \frac{y\,dy\,dx\,dz}{|\boldsymbol{r} + d\boldsymbol{e}_z|^3 |\boldsymbol{r} - d\boldsymbol{e}_z|^3} \overset{\text{s.u.}}{=} 0\,, \end{aligned}$$

da der Integrand des ersten Integrals in x und der des zweiten in y antisymmetrisch ist.

3.14 In Zylinderkoordinaten ist $\boldsymbol{r}=\rho\boldsymbol{e}_\rho+z\boldsymbol{e}_z \quad\Rightarrow$

$$\boldsymbol{r}-\boldsymbol{r}_\mathrm{e}=\rho\boldsymbol{e}_\rho+(z+d)\boldsymbol{e}_z\,,\qquad \boldsymbol{r}-\boldsymbol{r}_\mathrm{m}=\rho\boldsymbol{e}_\rho+(z-d)\boldsymbol{e}_z\,,$$

$$(\boldsymbol{r}-\boldsymbol{r}_\mathrm{e})\times(\boldsymbol{r}-\boldsymbol{r}_\mathrm{m}) = 2\rho d\,(\boldsymbol{e}_z\times\boldsymbol{e}_\rho)\,,$$

$$\boldsymbol{r}\times[(\boldsymbol{r}-\boldsymbol{r}_\mathrm{e})\times(\boldsymbol{r}-\boldsymbol{r}_\mathrm{m})] = 2\rho^2 d\,\boldsymbol{e}_\rho\times(\boldsymbol{e}_z\times\boldsymbol{e}_\rho)+2\rho dz\,\boldsymbol{e}_z\times(\boldsymbol{e}_z\times\boldsymbol{e}_\rho)$$

$$= 2\rho^2 d\,\boldsymbol{e}_z-2\rho dz\,\boldsymbol{e}_\rho\,,$$

$$|\boldsymbol{r}-\boldsymbol{r}_\mathrm{e}|^3|\boldsymbol{r}-\boldsymbol{r}_\mathrm{m}|^3 = \left[(\rho^2+z^2+d^2)^2-4d^2z^2\right]^{3/2}.$$

Mit $d^3\tau=\rho\,d\rho\,d\varphi\,dz$ und nach Ausführen der $d\varphi$-Integration ergibt sich

$$\frac{\boldsymbol{L}}{2d} = \boldsymbol{e}_z\int_{-\infty}^{\infty}dz\int_0^{\infty}\frac{2\pi\,\rho^3\,d\rho}{[(\rho^2+z^2+d^2)^2-4d^2z^2]^{\frac{3}{2}}} - \int_{-\infty}^{\infty}dz\int_0^{\infty}\frac{2\pi\,\rho^2 z\,\boldsymbol{e}_\rho\,d\rho}{[(\rho^2+z^2+d^2)^2-4d^2z^2]^{\frac{3}{2}}}$$

$$\stackrel{\text{s.u.}}{=} \boldsymbol{e}_z\int_{-\infty}^{\infty}dz\int_0^{\infty}\frac{2\pi\,\rho^3\,d\rho}{[(\rho^2+z^2+d^2)^2-4d^2z^2]^{\frac{3}{2}}} = \frac{2\pi\,\boldsymbol{e}_z}{d}\int_{-\infty}^{\infty}d\zeta\int_0^{\infty}\frac{\sigma^3\,d\sigma}{[(\sigma^2+\zeta^2+1)^2-4\zeta^2]^{\frac{3}{2}}}\,,$$

wobei ein Integral null ergab, weil sein Integrand in z antisymmetrisch ist, und zuletzt $\zeta=z/d$ sowie $\sigma=\rho/d$ gesetzt wurde. Die Auswertung des von d unabhängigen Doppelintegrals $\int d\zeta\int d\sigma\ldots$ führt auf den Wert 1, so dass sich schließlich $\boldsymbol{L}=4\pi\,\boldsymbol{e}_z$ ergibt. Mit $(\boldsymbol{r}_\mathrm{m}-\boldsymbol{r}_\mathrm{e})/|\boldsymbol{r}_\mathrm{m}-\boldsymbol{r}_\mathrm{e}|=\boldsymbol{e}_z$ ist dies das behauptete Ergebnis.

3.15 (a) Das Biot-Savart-Gesetz (3.37a) lautet mit $\boldsymbol{j}(\boldsymbol{r}')\,d^3\tau'\to I_1 d\boldsymbol{l}'$

$$\boldsymbol{B}=\frac{\mu_0 I_1}{4\pi}\int\frac{d\boldsymbol{l}'\times(\boldsymbol{r}-\boldsymbol{r}')}{|\boldsymbol{r}-\boldsymbol{r}'|^3}\,.$$

Strom in Richtung z'-Achse, Zylinderkoordinaten ρ, φ und $z \quad\Rightarrow$

$$d\boldsymbol{l}'=dz'\boldsymbol{e}_z\,,\quad \boldsymbol{r}'=z'\boldsymbol{e}_z\,,\quad \boldsymbol{r}=\rho\boldsymbol{e}_\rho+z\boldsymbol{e}_z\,,\quad \boldsymbol{r}-\boldsymbol{r}'=\rho\boldsymbol{e}_\rho+(z-z')\boldsymbol{e}_z\,,$$

$$d\boldsymbol{l}'\times(\boldsymbol{r}-\boldsymbol{r}')=dz'\boldsymbol{e}_z\times\rho\boldsymbol{e}_\rho=\rho\boldsymbol{e}_\varphi\,dz'\,,$$

$$\boldsymbol{B}=\frac{\mu_0 I_1\rho}{4\pi}\int_{-\infty}^{+\infty}\frac{dz'}{[\rho^2+(z-z')^2]^{3/2}}\,\boldsymbol{e}_\varphi=\frac{\mu_0 I_1}{4\pi\rho^2}\int_{-\infty}^{+\infty}\frac{dz'}{[1+(z'-z)^2/\rho^2]^{3/2}}\,\boldsymbol{e}_\varphi\,.$$

Mit $\tan\vartheta:=(z'-z)/\rho$, Folge $z'=z+\rho\tan\vartheta$ und $dz'=\rho\,d\vartheta/\cos^2\vartheta$, ergibt sich

$$\int_{-\infty}^{\infty}\frac{dz'}{[1+(z'-z)^2/\rho^2]^{3/2}}=\int_{-\pi/2}^{\pi/2}\frac{\rho d\vartheta}{\cos^2\vartheta\,(1+\tan^2\vartheta)^{3/2}}$$

$$=\rho\int_{-\pi/2}^{\pi/2}\cos\vartheta\,d\vartheta=\rho\sin\vartheta\big|_{-\pi/2}^{\pi/2}=2\rho\quad\Rightarrow\quad \boldsymbol{B}=\frac{\mu_0 I_1}{2\pi\rho}\,\boldsymbol{e}_\varphi\,.$$

(b) $$d\boldsymbol{F}_{21}=\int\boldsymbol{j}_2\times\boldsymbol{B}_1\,d^3\tau_2=I_2\int d\boldsymbol{l}_2\times\boldsymbol{B}_1=\frac{\mu_0 I_1 I_2}{2\pi\rho}\int dz_2\,\boldsymbol{e}_z\times\boldsymbol{e}_\varphi$$

$$=-\frac{\mu_0 I_1 I_2}{2\pi\rho}\int dz_2\,\boldsymbol{e}_\rho\quad\Rightarrow\quad\frac{d\boldsymbol{F}_{21}}{dz_2}=-\frac{\mu_0 I_1 I_2}{2\pi\rho}\,\boldsymbol{e}_\rho\,.$$

4 Elektrostatik

Die Grundgleichungen der Elektrostatik für elektrische Felder im Vakuum sind die beiden Maxwell-Gleichungen, die im Fall verschwindender Zeitableitungen ($\partial/\partial t \equiv 0$) das elektrische Feld $\boldsymbol{E}$ enthalten,

$$\boxed{\operatorname{div}(\varepsilon_0 \boldsymbol{E}) = \varrho\,, \qquad \operatorname{rot} \boldsymbol{E} = 0\,.} \tag{4.1}$$

Wird $\boldsymbol{E}(\boldsymbol{r})$ durch eine bekannte räumliche Ladungsverteilung $\varrho(\boldsymbol{r})$ erzeugt, so ist die Lösung dieser Gleichungen nach (2.62)–(2.63) bzw. (3.8)

$$\boldsymbol{E}(\boldsymbol{r}) = \frac{1}{4\pi\,\varepsilon_0} \int \frac{\varrho(\boldsymbol{r}')\,(\boldsymbol{r}-\boldsymbol{r}')}{|\boldsymbol{r}-\boldsymbol{r}'|^3}\, d^3\tau' \tag{4.2}$$

bzw.

$$\boldsymbol{E} = -\nabla\phi \qquad \text{mit} \qquad \phi = \frac{1}{4\pi\,\varepsilon_0} \int \frac{\varrho(\boldsymbol{r}')}{|\boldsymbol{r}-\boldsymbol{r}'|}\, d^3\tau'. \tag{4.3}$$

Die Auswertung der angegebenen Integrale ist in vielen Fällen sehr mühsam, und das Ergebnis lässt sich häufig nicht durch elementare Funktionen ausdrücken. Außerdem ist bei vielen Problemen die Ladungsverteilung $\varrho(\boldsymbol{r})$ nicht explizit vorgegeben. Dieses Kapitel beschäftigt sich mit der Berechnung der Felder in derartigen Situationen, der Ableitung von nützlichen Näherungsergebnissen für die Integrale (4.2) bzw. (4.3), der Wechselwirkung zwischen elektrischen Ladungen und den dabei involvierten Kräften bzw. Energien, dem Begriff der Feldenergie, mit der Struktur statischer elektrischer Felder und schließlich mit der gegenseitigen Beeinflussung von elektrischen Feldern und Materie. Viele ähnlich geartete Probleme treten auch bei den im nächsten Kapitel behandelten statischen Magnetfeldern auf, und in vielen Fällen kann deren Behandlung in fast identischer Weise erfolgen. Aus diesem Grunde wird die Elektrostatik in diesem Buch viel ausführlicher als die Magnetostatik behandelt, bei der Letzteren wird der Schwerpunkt auf die Probleme gelegt, die eine eigenständige Behandlung erfordern.

4.1 Energie eines Systems von Ladungen und Feldenergie

Ausgehend von der Arbeit, die man bei der Verschiebung einer Punktladung in einem elektrischen Feld leisten muss, wird zunächst die potenzielle Energie einer Punktladung in einem gegebenen elektrischen Feld definiert. Wenn dieses von anderen Punktladungen erzeugt wird, bietet das die Möglichkeit, durch geeignete Summation die elektrische

Energie eines Systems von Punktladungen zu erklären. Durch den Übergang zu einer kontinuierlichen Ladungsverteilung erhält man daraus eine Formel für deren elektrische Energie. Die Umformung dieses Ergebnisses mithilfe einer partiellen Integration liefert eine Darstellung der Energie, die uns in natürlicher Weise zum Konzept einer lokalisierten Feldenergie hinleiten wird. In seiner Anwendung auf Punktladungen führt dieses allerdings zu Divergenzen.

4.1.1 Potenzielle Energie einer Punktladung im Potenzial ϕ

Beim Lösen der Gleichungen (4.1) erhält man die allgemeine Lösung von rot $\boldsymbol{E}=0$ nach Abschn. 2.4 durch $\boldsymbol{E}=-\nabla\phi$. Die unbekannte Funktion ϕ wird durch Einsetzen dieser Darstellung von $\boldsymbol{E}$ in die Gleichung $\operatorname{div}(\varepsilon_0\boldsymbol{E})=\varrho$ bestimmt, also aus der **Poisson-Gleichung**

$$\boxed{\Delta\phi = -\varrho/\varepsilon_0\,.} \tag{4.4}$$

In ladungsfreien Raumgebieten reduziert sich diese auf die **Laplace-Gleichung**

$$\boxed{\Delta\phi = 0\,.} \tag{4.5}$$

Die physikalische Bedeutung der Funktion $\phi(\boldsymbol{r})$ ergibt sich aus der Kraft

$$\boldsymbol{F} = q\boldsymbol{E} = -q\nabla\phi = -\nabla(q\phi) \tag{4.6}$$

auf eine Punktladung q. Die Kraft $\boldsymbol{F}$ ist konservativ und besitzt das (Kraft-)Potenzial

$$U = q\phi\,. \tag{4.7}$$

Die potenzielle Energie U hat die Dimension VAs, das (Feldstärke-)Potenzial ϕ hat die Dimension V und ist zahlenmäßig gleich der potenziellen Energie einer Punktladung $q=1$ C. Dementsprechend ist $\phi(\boldsymbol{r}_2)-\phi(\boldsymbol{r}_1)$ zahlenmäßig gleich der Arbeit, die aufgebracht werden muss, um diese Ladung von $\boldsymbol{r}_1$ nach $\boldsymbol{r}_2$ zu bewegen.

4.1.2 Elektrische Wechselwirkungsenergie von Punktladungen

Man kann die Abstoßung zweier positiver oder zweier negativer Punktladungen zu einer Arbeitsleistung ausnutzen, indem man eine Ladung, sagen wir q_1, bei $\boldsymbol{r}_1$ festhält und die Kraft $\boldsymbol{F}_{21}$, mit der die zweite Ladung q_2 abgestoßen wird, z. B. eine Feder spannen lässt (Abb. 4.1). Wird q_2 dabei von $\boldsymbol{r}_2$ nach $\boldsymbol{r}_2'$ verschoben – dort halten sich die Zugkraft der Feder und $\boldsymbol{F}_{21}$ die Waage – so hat das System der beiden Ladungen der Feder die Arbeit

$$\begin{aligned} A &= q_2\int_{\boldsymbol{r}_2}^{\boldsymbol{r}_2'} \boldsymbol{E}_1(\boldsymbol{r})\cdot d\boldsymbol{s} = -q_2\int_{\boldsymbol{r}_2}^{\boldsymbol{r}_2'} \nabla\phi_1(\boldsymbol{r})\cdot d\boldsymbol{s} \\ &= q_2[\phi_1(\boldsymbol{r}_2)-\phi_1(\boldsymbol{r}_2')] = \frac{q_1q_2}{4\pi\varepsilon_0}\left(\frac{1}{|\boldsymbol{r}_2-\boldsymbol{r}_1|}-\frac{1}{|\boldsymbol{r}_2'-\boldsymbol{r}_1|}\right) \end{aligned}$$

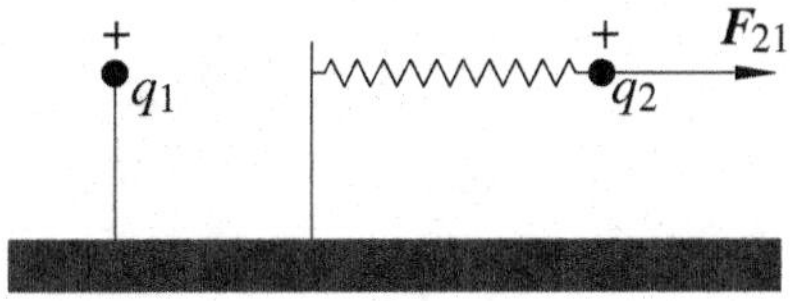

Abb. 4.1: Ausnutzung der Abstoßung zweier Punktladungen zu einer Arbeitsleistung.

zugeführt. Die maximale Arbeit, die auf diese Weise (bei geeignet gewählter Feder) geleistet werden kann, wird für $r_2' \to \infty$ erhalten und ist

$$A_{\max} = \frac{q_1 q_2}{4\pi\varepsilon_0} \frac{1}{|\boldsymbol{r}_2 - \boldsymbol{r}_1|} = q_2 \phi_1(\boldsymbol{r}_2)\,.$$

Offensichtlich war diese vor der Verschiebung von q_2 im System der beiden Ladungen als potenzielle Energie enthalten, und daher bezeichnet man

$$W_e = q_2\phi_1(\boldsymbol{r}_2) = \frac{q_1 q_2}{4\pi\varepsilon_0} \frac{1}{|\boldsymbol{r}_2 - \boldsymbol{r}_1|} = q_1\phi_2(\boldsymbol{r}_1) = \frac{1}{2}\left[q_1\phi_2(\boldsymbol{r}_1) + q_2\phi_1(\boldsymbol{r}_2)\right]$$

als potenzielle Energie oder **elektrische Wechselwirkungsenergie des Systems** der bei $\boldsymbol{r}_1$ und $\boldsymbol{r}_2$ befindlichen Ladungen. (Man beachte, dass die potenzielle Energie des Systems der zwei Ladungen mit der potenziellen Energie übereinstimmt, die eine der beiden im Feld der anderen besitzt. In Abschn. 4.1.3 werden wir in Anschluss an Gleichung (4.13) feststellen, dass den Punktladungen außer der Wechselwirkungsenergie noch eine „Selbstenergie" zugeschrieben werden muss.) Dieses Ergebnis gilt auch für zwei Punktladungen entgegengesetzten Vorzeichens, die sich anziehen. Die elektrische Energie des Systems ist dann negativ ($q_1 q_2 < 0$) und wächst mit zunehmendem Abstand der Ladungen, da gegen die Anziehung von außen her Arbeit in das System eingebracht werden muss.

Bei einem System von N Punktladungen kann die Gesamtkraft auf jede von diesen in die Einzelkräfte zerlegt werden, die von allen anderen Punktladungen herrühren. Man kann daher eine potenzielle Gesamtenergie oder **gesamte elektrische Wechselwirkungsenergie des Systems** definieren, die sich aus den Beiträgen aller verschiedenen Paare $(1,2), (1,3), \ldots, (1,N), (2,3), \ldots, (N-1,N)$ zusammensetzt,

$$W_e = \frac{1}{4\pi\varepsilon_0} \sum_{i=1}^{N-1} \sum_{j>i} \frac{q_i q_j}{|\boldsymbol{r}_i - \boldsymbol{r}_j|} = \frac{1}{8\pi\varepsilon_0} \sum_{\substack{i,j=1 \\ i \neq j}}^{N} \frac{q_i q_j}{|\boldsymbol{r}_i - \boldsymbol{r}_j|}\,. \qquad (4.8)$$

Wir erhalten eine ausführlichere Ableitung dieses Ergebnisses, indem wir uns vorstellen, dass sich die Ladungen zunächst alle unendlich weit voneinander entfernt im Unendlichen befinden und von dort aus eine nach der anderen zu ihrer Position $\boldsymbol{r}_i$ im Endlichen gebracht werden (Abb. 4.2). Die elektrische Energie setzen wir gleich der Arbeit, die dazu von externen Kräften gegen die elektrischen Wechselwirkungskräfte aufgebracht werden muss – diese kann gegebenenfalls auch negativ sein. Für die erste Ladung muss keine Arbeit aufgebracht werden,

$$W_1 = 0\,.$$

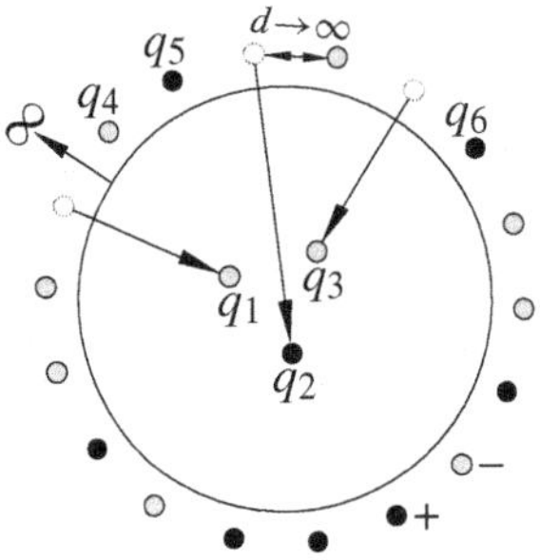

Abb. 4.2: Zur Berechnung der elektrischen Energie eines Systems von Punktladungen werden diese aus dem Unendlichen, wo jede von allen anderen unendlich weit entfernt sein soll, in ihre Position $\boldsymbol{r}_i$ gebracht.

Für die zweite, dritte, ..., N-te Ladung wird die Arbeit

$$W_2=q_2\,\phi_1(\boldsymbol{r}_2)\,,\quad W_3=q_3\big[\phi_1(\boldsymbol{r}_3)+\phi_2(\boldsymbol{r}_3)\big]\,,\ \ldots\,,\ W_N=q_N\big[\phi_1(\boldsymbol{r}_N)+\cdots+\phi_{N-1}(\boldsymbol{r}_N)\big]$$

benötigt. Mit $\phi_j(\boldsymbol{r}_i)=(1/4\pi\,\varepsilon_0)\,q_j/|\boldsymbol{r}_i-\boldsymbol{r}_j|$ ergibt sich insgesamt

$$\begin{aligned} W &= \sum_{j=2}^{N} W_j = \sum_{j=2}^{N} q_j \sum_{i=1}^{j-1} \phi_i(\boldsymbol{r}_j) = \sum_{i=1}^{N-1}\sum_{j>i}^{N} q_j\phi_i(\boldsymbol{r}_j) \\ &= \frac{1}{2}\sum_{\substack{i,j=1\\ i\neq j}}^{N} q_j\phi_i(\boldsymbol{r}_j) = \frac{1}{8\pi\,\varepsilon_0}\sum_{\substack{i,j=1\\ i\neq j}}^{N} \frac{q_i q_j}{|\boldsymbol{r}_i-\boldsymbol{r}_j|}\,, \end{aligned} \tag{4.9}$$

also wieder (4.8).

In unserer Rechnung wurden Punktladungen wie naturgegeben behandelt, es wurde nicht in Betracht gezogen, dass sie womöglich aus kleineren Ladungen zusammengesetzt sind und dass zu dieser Zusammensetzung Energie aufgewendet werden müsste. Auf diesen Gesichtspunkt werden wir am Ende des nächsten Abschnitts zurückkommen.

4.1.3 Elektrische Feldenergie einer kontinuierlichen Ladungsverteilung

Nun gehen wir von einzelnen Punktladungen mit

$$\begin{aligned} \boldsymbol{r}_i &\to \boldsymbol{r}\,, \qquad & q_i &\to \varrho(\boldsymbol{r}\,)\,d^3\tau\,, \\ \boldsymbol{r}_j &\to \boldsymbol{r}', & q_j &\to \varrho(\boldsymbol{r}')\,d^3\tau' \end{aligned}$$

zu einer kontinuierlichen Ladungsverteilung über und erhalten aus (4.9) als deren potenzielle Energie bzw. **elektrische Energie**

$$W_{\mathrm{e}} = \frac{1}{2}\int_{\mathbb{R}^3} \varrho(\boldsymbol{r})\,\phi(\boldsymbol{r})\,d^3\tau = \frac{1}{8\pi\,\varepsilon_0}\int_{\mathbb{R}^3}\!\int_{\mathbb{R}^3} \frac{\varrho(\boldsymbol{r})\varrho(\boldsymbol{r}')}{|\boldsymbol{r}-\boldsymbol{r}'|}\,d^3\tau\,d^3\tau'\,. \tag{4.10}$$

An sich sollten die Integrationen nur über Gebiete mit $\varrho \neq 0$ erstreckt werden, und in dem Doppelintegral sollten dabei entsprechend der Bedingung $i \neq j$ in (4.9) alle Punktepaare mit $\boldsymbol{r}=\boldsymbol{r}'$ ausgenommen werden. Da Punkte mit $\varrho=0$ jedoch keinen Beitrag zu W_e liefern und auch der Beitrag der Punktepaare mit $\boldsymbol{r}=\boldsymbol{r}'$ wegen der Regularität des Integranden (die Singularität ist nur scheinbar) verschwindet, kann die Integration in allen Integralen über den vollen $\mathbb{R}^3$ erstreckt werden. W_e wurde hier nicht, wie (4.8), als elektrische Wechselwirkungsenergie, sondern pauschal als elektrische Energie bezeichnet, weil wir in Anschluss an Gleichung (4.13) sehen werden, dass es bei einer kontinuierlichen Ladungsverteilung keine „Selbstenergie" der einzelnen Ladungselemente gibt.

Mithilfe von $\varrho = \operatorname{div}(\varepsilon_0 \boldsymbol{E}) = -\varepsilon_0 \operatorname{div} \nabla\phi$ und einer partiellen Integration kann das letzte Ergebnis in eine physikalisch sehr interessante Form gebracht werden: Es gilt

$$W_\text{e} = -\frac{\varepsilon_0}{2} \int_{\mathbb{R}^3} \phi \operatorname{div} \nabla\phi \, d^3\tau = -\frac{\varepsilon_0}{2} \int_{\mathbb{R}^3} \operatorname{div}(\phi \nabla\phi) \, d^3\tau + \frac{\varepsilon_0}{2} \int_{\mathbb{R}^3} (\nabla\phi)^2 \, d^3\tau$$

oder

$$\boxed{W_\text{e} = \int_{\mathbb{R}^3} \frac{\varepsilon_0}{2} \boldsymbol{E}^2 \, d^3\tau \,,} \tag{4.11}$$

da nach dem Gauß'schen Satz

$$\oint_{\mathbb{R}^3} \operatorname{div}(\phi \nabla\phi) \, d^3\tau = \int_\infty \phi \nabla\phi \cdot d\boldsymbol{f}$$

gilt und das Oberflächenintegral wegen $\phi \sim 1/r$, $|\nabla\phi| \sim 1/r^2$ für $r \to \infty$ verschwindet.

In Gleichung (4.11) ist die elektrische Energie als Integral über alle Raumpunkte dargestellt, an denen das elektrische Feld $\boldsymbol{E}$ nicht verschwindet, also nicht nur über diejenigen, wo Ladungen sitzen. Der Integrand

$$\boxed{w_\text{e} = \frac{\varepsilon_0}{2} \boldsymbol{E}^2} \tag{4.12}$$

hat die Dimension einer Energiedichte und ist eine monotone Funktion der lokalen Feldstärke. Dies legt es nahe, w_e als **Energiedichte des elektrischen Feldes** aufzufassen. Allerdings ist diese Interpretation vorerst mehr formaler Natur und nicht zwingend begründet.

Wir werden später bei der Untersuchung zeitveränderlicher Felder sehen, dass es einen Energieerhaltungssatz gibt, derart, dass w_e nur zu- oder abnehmen kann, wenn eine später noch zu definierende Energieströmung von oder zu anderen Raumgebieten erfolgt. Diese Existenz eines lokalen Energieerhaltungssatzes wird die hier gegebene Interpretation unterstützen. Allerdings wird sich zeigen, dass eine gewisse Mehrdeutigkeit in der Definition der lokalen Energiedichte bestehen bleibt. Generell erscheint eine Lokalisierung der Energie jedoch auch an ladungsfreien Stellen des Raumes physikalisch zwingend, denn elektromagnetische Wellen können sich durch ladungsfreie Raumgebiete hindurch ausbreiten und dabei Energie übertragen.

Im Prinzip eröffnet die Relativitätstheorie eine Möglichkeit zur Entscheidung der Frage, ob die physikalische Interpretation der Größe w_e richtig ist. Nach ihr ist nämlich

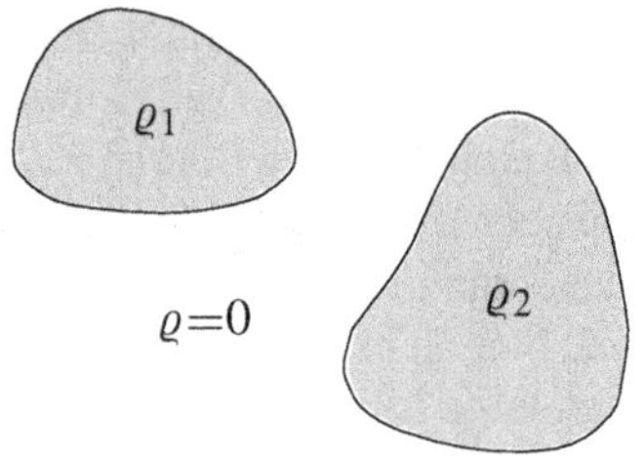

Abb. 4.3: Zwei Ladungsverteilungen $\varrho_1(\boldsymbol{r})$ und $\varrho_2(\boldsymbol{r})$, aus denen durch einen Grenzübergang zwei Punktladungen entstehen.

mit jeder Energie W eine Masse

$$m = W/c^2$$

verknüpft; andererseits übt jede Masse auf andere Massen eine Gravitationswirkung aus, und damit die Letztere wohldefiniert ist, muss die Masse der elektromagnetischen Energie lokalisiert sein.[1] Die Gravitationswirkung der mit $w_e=(\varepsilon_0/2)\,E^2$ verknüpften Massendichte $\varrho_m=(\varepsilon_0/2)\,E^2/c^2$ ließe sich z. B. durch die Ablenkung elektrisch neutraler Teilchen nachweisen. Leider ist der zu erwartende Effekt zu schwach, um messbar zu sein.

Die Energie einer kontinuierlichen Ladungsverteilung ist nach (4.11) stets positiv, die Energie (4.8) eines Systems von Punktladungen kann dagegen auch negativ sein. (Beispiel: System zweier Punktladungen verschiedenen Vorzeichens.) Diese Ergebnisse stehen jedoch nicht im Widerspruch miteinander, denn berechnet man die Energie eines Systems von Punktladungen aus (4.11) statt aus (4.8), so werden deren Selbstwechselwirkungsenergien mit berücksichtigt, und diese liefern, wie wir gleich sehen werden, einen unendlich großen positiven Beitrag. Lässt man diese „Selbstenergien" weg, so kommt man auf (4.8) zurück. Wir überzeugen uns davon am Spezialfall zweier Punktladungen, die durch einen Grenzübergang aus zwei räumlich getrennten Ladungsverteilungen ϱ_1 und ϱ_2 entstehen (Abb. 4.3),

$$\begin{aligned} W_e &= \int \frac{\varepsilon_0}{2}\boldsymbol{E}^2\,d^3\tau \overset{(4.10)}{=} \frac{1}{8\pi\varepsilon_0}\iint \frac{\varrho\varrho'}{|\boldsymbol{r}-\boldsymbol{r}'|}\,d^3\tau'\,d^3\tau \qquad (4.13)\\ &= \frac{1}{8\pi\varepsilon_0}\iint \frac{\varrho_1\varrho'_1}{|\boldsymbol{r}_1-\boldsymbol{r}'_1|}\,d^3\tau_1\,d^3\tau'_1 + \frac{1}{8\pi\varepsilon_0}\iint \frac{\varrho_2\varrho'_2}{|\boldsymbol{r}_2-\boldsymbol{r}'_2|}\,d^3\tau_2\,d^3\tau'_2\\ &+ \frac{1}{8\pi\varepsilon_0}\iint \frac{\varrho_1\varrho'_2}{|\boldsymbol{r}_1-\boldsymbol{r}'_2|}\,d^3\tau_1\,d^3\tau'_2 + \frac{1}{8\pi\varepsilon_0}\iint \frac{\varrho'_1\varrho_2}{|\boldsymbol{r}'_1-\boldsymbol{r}_2|}\,d^3\tau'_1\,d^3\tau_2. \end{aligned}$$

Die beiden ersten Terme sind „Selbstenergien" und divergieren, wenn die Ladungen $\int \varrho_i\,d^3\tau=q_i$ auf einen Punkt konzentriert werden, weil bei diesem Grenzübergang ϱ_1

[1] Wir werden im Band *Spezielle und Allgemeine Relativitätstheorie* bei der relativistischen Formulierung der Elektrodynamik im Abschnitt über die elektromagnetische Energie des Elektrons sehen, dass dessen Masse jedenfalls teilweise als Masse der von seiner Ladung hervorgerufenen Felder erklärt werden kann. In den Einstein'schen Feldgleichungen der *Allgemeinen Relativitätstheorie* zählt die durch c^2 geteilte Energie des elektromagnetischen Feldes wie jede Masse mit zu den gravitationserzeugenden Ursachen.

und ϱ_2 so gegen unendlich gehen, dass $\varrho_i\, d^3\tau_i$ dabei endlich bleibt (siehe dazu auch Abschn. 4.1.4); die beiden letzten Terme sind identisch und liefern im Grenzfall von Punktladungen die Wechselwirkungsenergie $(1/4\pi\,\varepsilon_0)\, q_1 q_2/|\boldsymbol{r}_1-\boldsymbol{r}_2|$. Dagegen geht die Selbstenergie $\int_V \varrho\varrho'/|\boldsymbol{r}'-\boldsymbol{r}|\, d^3\tau' d^3\tau$ der in einem Volumen V enthaltenen Ladung einer kontinuierlichen Ladungsverteilung endlicher Dichte mit V gegen null.

Anmerkung: Es mag verwundern, dass Gleichung (4.10) im Fall von Punktladungen nicht zur Gleichung (4.8) zurückführt, da sie doch scheinbar aus jener abgeleitet wurde. Tatsächlich handelte es sich dabei jedoch um eine Übertragung, und diese ist nicht umkehrbar, weil ϱ beim Übergang $\varrho\, d^3\tau \to q$ unendlich wird. Es wäre weniger anschaulich, aber sachgemäßer gewesen, wenn wir die Überlegungen des Abschnitts 4.1.2 an den Elementen $\varrho\, d^3\tau$ einer kontinuierlichen Ladungsverteilung durchgeführt hätten. Dann wären wir zuerst auf Gleichung (4.10) anstelle von (4.8) gekommen und hätten anschließend durch den Grenzübergang zu Punktladungen (4.8) als den Wechselwirkungsanteil von (4.13) erhalten. □

4.1.4 Feldenergie von Punktladungen

Wir wenden jetzt Gleichung (4.11) auf das Feld $\boldsymbol{E}=q\boldsymbol{r}/(4\pi\,\varepsilon_0 r^3)$ einer Punktladung an und erhalten

$$W_\mathrm{e} = \frac{\varepsilon_0}{2}\frac{q^2}{16\pi^2\varepsilon_0^2}\int \frac{d^3\tau}{r^4} = \frac{q^2}{32\pi^2\varepsilon_0}\int_0^\infty \frac{4\pi r^2 dr}{r^4} = -\frac{q^2}{8\pi\,\varepsilon_0}\,\frac{1}{r}\bigg|_{r=0}^{r=\infty} = \infty\,.$$

Dieses Ergebnis war zu erwarten: Lassen wir z. B. zwei Punktladungen $q/2$ in einen Punkt zusammenrücken, so ergibt sich als elektrische Energie dieses eine einzige Punktladung der Stärke q repräsentierenden Systems ebenfalls

$$W_\mathrm{e} = \lim_{\boldsymbol{r}_2\to\boldsymbol{r}_1} \frac{q^2}{16\pi\,\varepsilon_0}\frac{1}{|\boldsymbol{r}_2-\boldsymbol{r}_1|} = \infty\,.$$

Analog ergibt sich $W_\mathrm{e}=\infty$, wenn wir uns die Punktladung q aus N in einen Punkt zusammenrückenden Punktladungen q/N aufgebaut denken, und für $N\to\infty$ ergibt sich daraus die Divergenz von W_e für eine aus infinitesimalen Ladungselementen aufgebaute Punktladung.

Unendliche Energien sind physikalisch sicher nicht sinnvoll, und als Ausweg können die folgende Möglichkeiten in Betracht gezogen werden.

1. Es gibt keine Punktladungen, d. h. Elektronen, Protonen usw. sind ausgedehnte Ladungsverteilungen (siehe dazu Aufgabe 4.2).
2. Das Konzept der lokalen Energiedichte $w_\mathrm{e}=(\varepsilon_0/2)\, E^2$ ist falsch, zumindest in Gebieten hoher elektrischer Feldstärke.
3. Die Maxwell-Theorie wird bei kleinsten Abständen falsch (siehe dazu auch Abschn. 3.1.7 und 3.1.8).
4. Die Elemente von Punktladungen werden durch Kräfte zusammengehalten, deren Feldenergie negativ unendlich ist und zusammen mit der elektrischen Feldenergie eine endliche Gesamtenergie ergibt.

Einige der angeführten Möglichkeiten sind sicher zutreffend. Zum Beispiel weiß man, dass Protonen aus Quarks aufgebaut sind, von diesen und den Elektronen ist allerdings unbekannt, ob sie eine innere Struktur aufweisen. Bei extrem kleinen Abständen muss die Elektrodynamik durch die Quantenelektrodynamik ersetzt werden, außer elektromagnetischen Kräften kennt man mittlerweile eine Reihe weiterer Wechselwirkungskräfte zwischen Elementarteilchen, und in Bereichen, wo die Energiedichte extrem hoch wird, werden Effekte der Allgemeine Relativitätstheorie wichtig. Durch die angeführten Erweiterungen der Theorie wird die Divergenz der Energie von Punktladungen jedoch nicht beseitigt, vielmehr kommen zu ihr in der Quantenelektrodynamik noch weitere Divergenzen hinzu. Der gängige Umgang mit diesen besteht in einer *Renormierung*: Man stellt sich auf den Standpunkt, dass die Energie nicht absolut, sondern nur bis auf eine Konstante festgelegt ist, lässt zu, dass diese unendlich groß wird, und zieht sie ab, sodass man schließlich eine endliche Energie erhält. Diese Vorgehensweise ist zwar technisch effizient, aber konzeptionell unbefriedigend, und es ist zu hoffen, dass noch eine bessere Lösung des Problems gefunden wird.

4.2 Feldberechnung bei gegebener Ladungsverteilung

Wir berechnen in diesem Abschnitt zunächst das elektrische Feld innerhalb und außerhalb einer homogen geladenen Kugel. Anschließend berechnen wir mithilfe einer Reihenentwicklung das Potenzial im Außenraum einer beliebigen, aber auf ein endliches Teilgebiet des $\mathbb{R}^3$ begrenzten Ladungsverteilung und definieren für diese ein Dipol- und ein Quadrupolmoment. Im Anschluss daran führen wir eine analoge Entwicklung bei der Berechnung der zugehörigen Feldenergie durch.

4.2.1 Homogen geladene Kugel (Atomkern-Modell)

Wir suchen das elektrische Feld der kugelsymmetrischen Ladungsverteilung

$$\varrho = \begin{cases} \varrho_0 & \text{für } |r| \leq R\,, \\ 0 & \text{für } |r| > R\,. \end{cases}$$

Am einfachsten wird seine Bestimmung mithilfe der integralen Maxwell-Gleichungen (3.10). Mit dem aus Symmetriegründen folgenden Ansatz

$$\boldsymbol{E} = E(r)\,\frac{\boldsymbol{r}}{r} \tag{4.14}$$

ist rot $\boldsymbol{E}=0$ bzw. $\oint \boldsymbol{E}\cdot d\boldsymbol{s}=0$ automatisch erfüllt, und durch Anwendung von Gleichung (3.10b) auf Kugeln vom Radius r finden wir mit $Q=\varrho_0 4\pi R^3/3$

$$\varepsilon_0\, 4\pi r^2 E = \frac{4\pi}{3} r^3 \varrho_0 \quad \text{für } r \leq R\,, \qquad \varepsilon_0\, 4\pi r^2 E = Q \quad \text{für } r \geq R$$

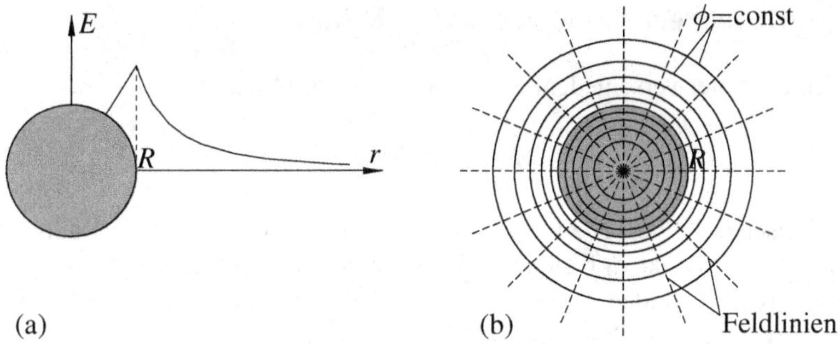

Abb. 4.4: Elektrisches Feld einer homogen geladenen Kugel: (a) Radialer Verlauf der elektrischen Feldstärke E. (b) Feldlinien und Äquipotenzialflächen gleicher Potenzialdifferenz (Aufgabe 4.1) des zugehörigen Feldes $\boldsymbol{E}(\boldsymbol{r})$ in einer durch den Kugelmittelpunkt führenden Querschnittsfläche.

bzw. mit $\varrho_0 = 3Q/(4\pi R^3)$

$$E(r) = \begin{cases} \dfrac{Q}{4\pi\varepsilon_0 R^3}\, r & \text{für } r \leq R\,, \\ \dfrac{Q}{4\pi\varepsilon_0 r^2} & \text{für } r \geq R\,. \end{cases} \tag{4.15}$$

Dieses Feld wird als einfaches Modell für das elektrische Feld im Inneren und außerhalb eines Atomkerns benutzt. (Korrekturen dazu werden weiter unten besprochen.) Das Außenfeld ist mit dem einer Punktladung identisch, ähnlich, wie das bei den Gravitationsfeldern einer homogenen Kugel und einer Punktmasse der Fall ist. Im Teilbild (a) der Abb. 4.4 ist der radiale Verlauf der Feldstärke $E(r)$ dargestellt, im Teilbild (b) sind einerseits Feldlinien (gestrichelt) und andererseits Äquipotenzialflächen (durchgezogen) gleicher Potenzialdifferenz zu sehen. Die Dichte ϱ_ϕ der Letzteren bildet ein Maß für die Feldstärke E, denn ist N die Zahl von Potenzialflächen gleicher Potenzialdifferenz $\Delta\phi$=const, welche die Strecke $l_\perp$ senkrecht durchschneiden, und $\Delta l_\perp$ der (senkrechte) Abstand zweier von diesen, so gilt

$$\left.\begin{aligned} \varrho_\phi &= \frac{N}{l_\perp} = \frac{1}{l_\perp/N} \approx \frac{1}{\Delta l_\perp} \\ E &= \frac{d\phi}{dl_\perp} \approx \frac{\Delta\phi}{\Delta l_\perp} \end{aligned}\right\} \quad\Rightarrow\quad \varrho_\phi \approx \frac{E}{\Delta\phi} = \frac{E}{\text{const}}\,.$$

Die Berechnung von $\boldsymbol{E}(\boldsymbol{r})$ aus den differenziellen Maxwell-Gleichungen (3.9) ist schon etwas mühsamer als der oben beschrittene Weg, am schwersten fällt die Auswertung von Gleichung (3.8). Bei komplizierteren Aufgaben lohnt es sich daher, vorher genau zu überlegen, welche Berechnungsmethode am einfachsten ist. Unter Umständen empfiehlt es sich auch, verschiedene Rechenmethoden zu kombinieren.

4.2.2 Mittelwert des elektrischen Feldes

Wir werden später verschiedentlich den räumlichen Mittelwert

$$\langle \boldsymbol{E} \rangle = \frac{1}{V} \int_K \boldsymbol{E}(\boldsymbol{r})\, d^3\tau$$

des elektrischen Feldes $\boldsymbol{E}(\boldsymbol{r})$ über das Innere einer Kugel K vom Radius R (Volumen V) um den Punkt $\boldsymbol{r}_0$ benötigen. Dabei muss der Fall, dass sich in der Kugel keinerlei Ladungen befinden, von dem Fall mit in ihr verteilten Ladungen der Dichte $\varrho(\boldsymbol{r})$ unterschieden werden. Definieren wir im letzten Fall

$$\boldsymbol{p} = \int_K \varrho(\boldsymbol{r})\,(\boldsymbol{r}-\boldsymbol{r}_0)\, d^3\tau \tag{4.16}$$

als das auf das Kugelzentrum bezogene Dipolmoment der Ladungsverteilung (Näheres zur Bedeutung des Dipolmoments bringt der folgende Abschnitt 4.2.3), so gilt

$$\langle \boldsymbol{E} \rangle = \begin{cases} \boldsymbol{E}(\boldsymbol{r}_0) & \text{für } \varrho(\boldsymbol{r}) \equiv 0 \quad \text{in } K\,, \\ -\dfrac{\boldsymbol{p}}{3\varepsilon_0 V} & \text{für } \varrho(\boldsymbol{r}) \neq 0 \quad \text{in } K\,. \end{cases} \tag{4.17}$$

Beweis:

1. Zum Beweis der für $\varrho(\boldsymbol{r}){\equiv}0$ gültigen Beziehung benutzen wir, dass jede Komponente E_i des Vakuumfelds $\boldsymbol{E}$ die Gleichung $\Delta E_i{=}0$ erfüllt und daher eine harmonische Funktion ist. Aus $\boldsymbol{E}{=}{-}\nabla\phi$ und $\operatorname{div}(\varepsilon_0\boldsymbol{E}){=}{-}\varepsilon_0\Delta\phi{=}0$ folgt nämlich

$$\Delta E_i = -\Delta\partial_i\phi = -\partial_i\Delta\phi = 0\,.$$

Damit gilt aber für die E_i der Mittelwertsatz (2.68) bzw. in Vektornotation

$$\int_{F_K} \boldsymbol{E}(\boldsymbol{r})\, df = 4\pi\rho^2 \boldsymbol{E}(\boldsymbol{r}_0)$$

mit $\rho{=}|\boldsymbol{r}-\boldsymbol{r}_0|$ = Kugelradius. Integrieren wir diese Gleichung über ρ von 0 bis R, so folgt

$$\int_K \boldsymbol{E}(\boldsymbol{r})\, d^3\tau = \int_0^R d\rho \int_{F_K} \boldsymbol{E}(\boldsymbol{r})\, df = \frac{4\pi R^3}{3} \boldsymbol{E}(\boldsymbol{r}_0) = V\, \boldsymbol{E}(\boldsymbol{r}_0)$$

und daraus (4.17a).

2. Wenn sich in der Kugel Ladungen befinden, benutzen wir die Darstellung (4.3) des elektrischen Feldes und erhalten daraus für dessen Mittelwert über das Innere der Kugel

$$\langle \boldsymbol{E} \rangle = -\frac{1}{4\pi\varepsilon_0 V} \int_K\int_K d^3\tau\, d^3\tau'\, \nabla \frac{\varrho(\boldsymbol{r}')}{|\boldsymbol{r}-\boldsymbol{r}'|} \overset{(2.13)}{=} \frac{1}{\varepsilon_0 V} \int_K d^3\tau'\, \varrho(\boldsymbol{r}')\, \frac{1}{4\pi}\, \nabla' \int_K \frac{d^3\tau}{|\boldsymbol{r}-\boldsymbol{r}'|}\,.$$

Aus dem Ergebnis (4.15a) für das elektrische Feld im Inneren einer homogen geladenen Kugel mit dem Zentrum $\boldsymbol{r}{=}0$, das mit $Q{=}4\pi R^3\varrho_0/3$ und $\boldsymbol{E}{=}E(r)\,\boldsymbol{r}/r$ die Form $\boldsymbol{E}{=}\varrho_0\boldsymbol{r}/(3\varepsilon_0)$ annimmt und für eine Kugel mit dem Zentrum $\boldsymbol{r}_0$ in $\boldsymbol{E}{=}\varrho_0(\boldsymbol{r}-\boldsymbol{r}_0)/(3\varepsilon_0)$ übergeht, erhalten wir durch Gleichsetzen mit seiner Darstellung (4.3) die Beziehung

$$\boldsymbol{E}(\boldsymbol{r}) = -\frac{1}{4\pi\varepsilon_0} \nabla \int_K \frac{\varrho_0}{|\boldsymbol{r}-\boldsymbol{r}'|}\, d^3\tau' = \frac{\varrho_0}{3\varepsilon_0}\,(\boldsymbol{r}-\boldsymbol{r}_0)\,.$$

Aus dieser ergibt sich nach Herauskürzen des Faktors ϱ_0/ε_0 die nützliche Formel

$$-\frac{1}{4\pi}\nabla\int_K \frac{d^3\tau'}{|\boldsymbol{r}-\boldsymbol{r}'|} = \frac{1}{4\pi}\int_K \frac{(\boldsymbol{r}-\boldsymbol{r}')}{|\boldsymbol{r}-\boldsymbol{r}'|^3}\,d^3\tau' = \frac{\boldsymbol{r}-\boldsymbol{r}_0}{3}\,. \tag{4.18}$$

Indem wir diese mit den Umbenennungen $\boldsymbol{r}\leftrightarrow\boldsymbol{r}'$ in unser letztes Ergebnis für $\langle\boldsymbol{E}\rangle$ einsetzen, erhalten wir schließlich (4.17b). □

4.2.3 Multipolentwicklung des Fernfelds

Atome bestehen aus Kernen, die von einer Elektronenhülle umgeben sind, und Moleküle bestehen aus Atomen. Beide sind insgesamt elektrisch neutral, da sie gleich viele Protonen und Elektronen enthalten. Im ionisierten Zustand besitzen sie einen Ladungsüberschuss. Bei vielen physikalischen Problemen interessiert das elektrische Feld von Ladungsanordnungen wie Atomkernen, Atomen oder Molekülen in Abständen, die gegenüber deren Durchmesser sehr groß sind. So ist z. B. der Abstand der Elektronen vom Atomkern ($\approx 10^{-8}$ cm) groß gegenüber dem Kerndurchmesser ($\approx 10^{-12}$ cm). Bringt man einen Festkörper in ein elektrisches Feld, so wird dieses durch die elektrischen Felder der Moleküle bzw. Atome des Festkörpers beeinflusst. Diese Beeinflussung wirkt sich über Abstände aus, die weitaus größer als die Durchmesser der Moleküle bzw. Atome sind. In derartigen Situationen erweist sich für das Feld räumlich begrenzter Ladungsverteilungen in größerer Entfernung von diesen eine Näherungsformel als nützlich, die durch Entwicklung nach der kleinen Größe Durchmesser/Abstand gewonnen wird.

Zur Ableitung dieser Näherungsformel betrachten wir eine Ladungsverteilung $\varrho(\boldsymbol{r})$, die außerhalb einer Kugel vom Radius a verschwindet, und benutzen ein Koordinatensystem, dessen Ursprung im Zentrum der Kugel liegt (Abb. 4.5). Das exakte Feld $\boldsymbol{E}(\boldsymbol{r})$ der Ladungsverteilung ist durch Gleichung (4.3) gegeben. Mit den Einheitsvektoren $\boldsymbol{e}_r=\boldsymbol{r}/r$, $\boldsymbol{e}_r'=\boldsymbol{r}'/r'$ und der Definition $\varepsilon=r'/r$ gilt

$$\frac{1}{|\boldsymbol{r}-\boldsymbol{r}'|} = \frac{1}{\sqrt{r^2+r'^2-2rr'\,\boldsymbol{e}_r\cdot\boldsymbol{e}_r'}} = \frac{1}{r}\,\frac{1}{\sqrt{1+\varepsilon^2-2\,\varepsilon\,\boldsymbol{e}_r\cdot\boldsymbol{e}_r'}}\,.$$

In weitem Abstand von der Ladungsverteilung ($r \gg a \geq r'$) ist $\varepsilon \ll 1$, und wir können den letzten Ausdruck nach der kleinen Größe ε entwickeln. Aus

$$\frac{1}{\sqrt{1+x}} = 1 - \frac{x}{2} + \frac{3}{8}x^2 - \dots$$

folgt mit $x=\varepsilon^2-2\,\varepsilon\,\boldsymbol{e}_r\cdot\boldsymbol{e}_r'$

$$\begin{aligned}\frac{1}{|\boldsymbol{r}-\boldsymbol{r}'|} &= \frac{1}{r}\left[1+\varepsilon\,\boldsymbol{e}_r\cdot\boldsymbol{e}_r' + \varepsilon^2\left(\frac{3}{2}(\boldsymbol{e}_r\cdot\boldsymbol{e}_r')^2-\frac{1}{2}\right)+\dots\right]\\ &= \frac{1}{r}+\frac{1}{r^2}\,(\boldsymbol{e}_r\cdot\boldsymbol{r}')+\frac{1}{2r^3}\left[3\,(\boldsymbol{e}_r\cdot\boldsymbol{r}')^2-r'^2\right]+\dots\,.\end{aligned} \tag{4.19}$$

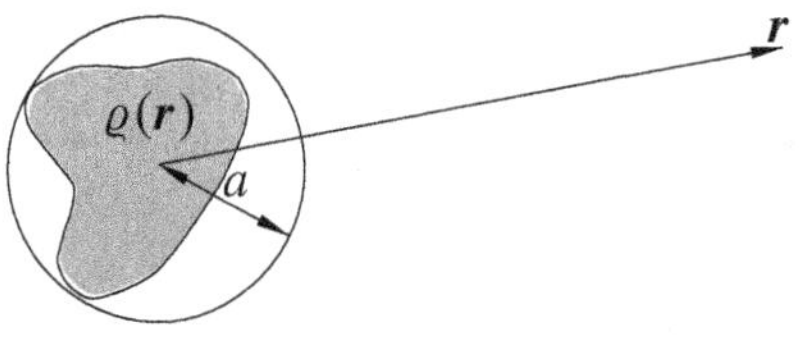

Abb. 4.5: Ladungsverteilung $\varrho(\boldsymbol{r})$ im Inneren einer Kugel vom Radius a, Ursprung des Koordinatensystems im Zentrum der Kugel.

Setzen wir dies in (4.3b) ein, so erhalten wir die sogenannte **Multipolentwicklung**

$$\phi = \phi^{(1)} + \phi^{(2)} + \phi^{(3)} + \cdots$$

mit

$$\phi^{(1)} = \frac{Q}{4\pi\,\varepsilon_0\, r}\,, \quad \phi^{(2)} = \frac{\boldsymbol{p}\cdot\boldsymbol{e}_r}{4\pi\,\varepsilon_0\, r^2}\,, \quad \phi^{(3)} = \frac{\boldsymbol{e}_r^{\mathrm{T}}\cdot\mathbf{Q}\cdot\boldsymbol{e}_r}{8\pi\,\varepsilon_0\, r^3} \tag{4.20}$$

nach fallenden Potenzen von $1/r$, in der

$$Q = \int \varrho(\boldsymbol{r}')\, d^3\tau'\,, \tag{4.21}$$

$$\boldsymbol{p} = \int \varrho(\boldsymbol{r}')\, \boldsymbol{r}'\, d^3\tau'\,, \tag{4.22}$$

$$\boldsymbol{e}_r^{\mathrm{T}}\cdot\mathbf{Q}\cdot\boldsymbol{e}_r = \int \varrho(\boldsymbol{r}')\left[3\,(\boldsymbol{e}_r\cdot\boldsymbol{r}')^2 - \boldsymbol{r}'^2\right] d^3\tau' \tag{4.23}$$

konstante Koeffizienten sind, die anschließend besprochen werden. Dabei wird auch die auf der linken Seite von Gleichung (4.23) angegebene Darstellung bewiesen, in der $\mathbf{Q}$ ein zweistufiger Tensor und $\boldsymbol{e}_r^{\mathrm{T}}$ die dem als Spaltenmatrix aufgefassten Vektor $\boldsymbol{e}_r$ zugeordnete Zeilenmatrix ist.

Für große r wird das Verhalten von ϕ und $|\boldsymbol{E}|=|\nabla\phi|$ überwiegend vom ersten nicht verschwindenden Term dieser Reihe bestimmt. In praktischen Anwendungen wird diese meist nach wenigen Termen abgebrochen und als Näherung benutzt. Oft genügt es sogar schon, nur den dominanten Term zu berücksichtigen.

Zu beachten ist, dass das erhaltene Näherungsfeld von der Wahl des Koordinatenursprungs abhängt, was für die exakte Formel natürlich nicht zutrifft und bei der Reihenentwicklung durch die weggelassenen Terme höherer Ordnung korrigiert wird. Die Abhängigkeit von der Wahl des Ursprungs ist bei $1/r$, $\boldsymbol{e}_r/r^2$ usw. offensichtlich, kann jedoch auch die Entwicklungskoeffizienten betreffen. Auf den Koeffizienten des führenden Terms der Entwicklung sollte das allerdings nicht zutreffen, da eine Änderung in der dominanten Ordnung nicht durch Terme höherer Ordnung korrigiert werden kann. Dass dies auch tatsächlich nicht der Fall ist, werden wir im Folgenden sehen.

Monopol-Potenzial

Nach (4.21) ist Q die Gesamtladung der Verteilung und offensichtlich von der Wahl des Koordinatenursprungs unabhängig. Die Näherung

$$\phi^{(1)} = \frac{Q}{4\pi\,\varepsilon_0\, r} \tag{4.24}$$

ist das Potenzial einer Punktladung Q (Monopol) bei $r=0$.

Dipol-Potenzial

Die Größe

$$p = \int \varrho' \, r' \, d^3\tau'$$

in (4.22) wird als **Dipolmoment** der Ladungsverteilung bezeichnet. In einem Koordinatensystem S^*, dessen Ursprung gegenüber dem bisher benutzten System S' um $-\boldsymbol{a}$ verschoben ist, gilt $\boldsymbol{r}^* = \boldsymbol{r}' + \boldsymbol{a}$ (aus $\boldsymbol{r}^* = 0$ folgt $\boldsymbol{r}' = -\boldsymbol{a}$), $\varrho^*(\boldsymbol{r}^*) = \varrho'(\boldsymbol{r}')$ und

$$\boldsymbol{p}^* = \int \boldsymbol{r}^* \, \varrho^* \, d^3\tau^* = \int (\boldsymbol{r}' + \boldsymbol{a}) \, \varrho' \, d^3\tau' = \boldsymbol{p} + \boldsymbol{a} Q .$$

$\boldsymbol{p}$ ist genau dann von der Wahl des Koordinatenursprungs unabhängig ($\boldsymbol{p}^* = \boldsymbol{p}$), wenn $Q = 0$ ist, d. h., wenn das vom Dipolmoment $\boldsymbol{p}$ erzeugte **Dipolpotenzial**

$$\phi^{(2)} = \frac{\boldsymbol{p} \cdot \boldsymbol{r}}{4\pi \varepsilon_0 r^3} = -\frac{1}{4\pi \varepsilon_0} \boldsymbol{p} \cdot \nabla \frac{1}{r} \tag{4.25}$$

dominiert. Das zugehörige Feld ist wegen $\boldsymbol{p} = \mathbf{const}$

$$\boldsymbol{E}^{(2)}(\boldsymbol{r}) = -\nabla \phi^{(2)} \overset{(2.14)}{=} -\frac{1}{4\pi \varepsilon_0} \left(\boldsymbol{p} \cdot \boldsymbol{r} \, \nabla \frac{1}{r^3} + \frac{1}{r^3} \nabla (\boldsymbol{p} \cdot \boldsymbol{r}) \right) \overset{(2.7d)}{\underset{(2.10)}{=}} \frac{3 \, \boldsymbol{p} \cdot \boldsymbol{r} \; \boldsymbol{r} - \boldsymbol{p} \, r^2}{4\pi \varepsilon_0 r^5} . \tag{4.26}$$

Es ist bei $r = 0$ singulär und bedarf noch einer Korrektur, damit seine Singularität mit dem zweiten der Ergebnisse (4.17) zusammenpasst. Für die Mittelwerte seiner Komponenten erhalten wir nämlich im Spezialfall $\boldsymbol{p} = p \boldsymbol{e}_z$ aus Symmetriegründen

$$\langle E_x \rangle = \left\langle \frac{3pxz}{4\pi \varepsilon_0 r^5} \right\rangle = 0 , \qquad \langle E_y \rangle = \left\langle \frac{3pyz}{4\pi \varepsilon_0 r^5} \right\rangle = 0 ,$$

für den Mittelwert seiner z-Komponente

$$E_z = \frac{p}{4\pi \varepsilon_0} \frac{3z^2 - r^2}{r^5} = \frac{p}{4\pi \varepsilon_0} \frac{2z^2 - x^2 - y^2}{r^5}$$

ergibt sich wegen $\langle x^2/r^5 \rangle = \langle y^2/r^5 \rangle = \langle z^2/r^5 \rangle$ ebenfalls null. Ändern wir (4.26) jedoch in

$$\boldsymbol{E}^{(2)} = \frac{1}{4\pi \varepsilon_0} \frac{3 \, \boldsymbol{p} \cdot \boldsymbol{r} \, \boldsymbol{r} - \boldsymbol{p} \, r^2}{r^5} - \frac{\boldsymbol{p}}{3\varepsilon_0} \delta(\boldsymbol{r}) \tag{4.27}$$

ab, so ergibt sich der richtige Mittelwert, ohne dass sich für $r \neq 0$ etwas an unserem Ergebnis geändert hat.

Anmerkung: Wenn $\langle \boldsymbol{E}^{(2)} \rangle$ aus $\boldsymbol{E}^{(2)} = -\nabla \phi^{(2)}$ mit $\phi^{(2)}$ aus (4.25a) berechnet wird, erhält man scheinbar den richtigen Mittelwert. Unter Benutzung der Variante (2.31) des Gauß'schen Satzes erhält man dann nämlich

$$\langle \boldsymbol{E} \rangle = -\frac{1}{4\pi \varepsilon_0 V} \int_K \nabla \frac{\boldsymbol{p} \cdot \boldsymbol{r}}{r^3} \, d^3\tau = -\frac{1}{4\pi \varepsilon_0 V} \int_{F_K} \frac{\boldsymbol{p} \cdot \boldsymbol{r}}{r^3} \, \boldsymbol{e}_r \, df .$$

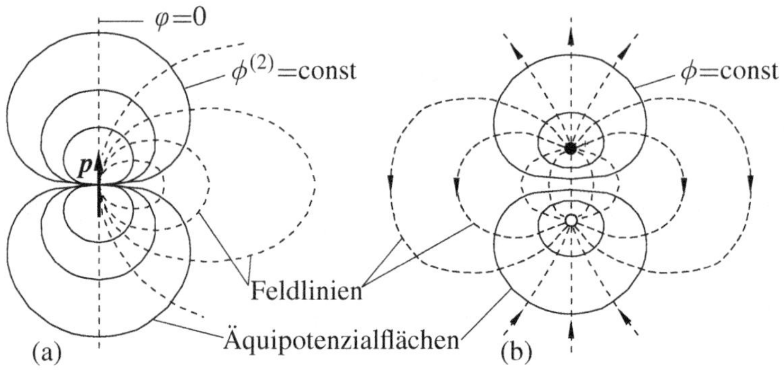

Abb. 4.6: Feldlinien und Äquipotenzialflächen (a) eines infinitesimalen und (b) eines endlichen Dipols.

Hieraus ergibt sich für $\boldsymbol{p}=p\boldsymbol{e}_z$ mit $\int_{F_K}\frac{x^2}{r^4}\,df=\int_{F_K}\frac{y^2}{r^4}\,df=\int_{F_K}\frac{z^2}{r^4}\,df=\int_{F_K}\frac{x^2+y^2+z^2}{3\,r^4}\,df$

$$\langle E_z\rangle = -\frac{p}{4\pi\,\varepsilon_0 V}\int_{F_K}\frac{z^2}{r^4}\,df = -\frac{p}{4\pi\,\varepsilon_0 V}\int_{F_K}\frac{r^2}{3\,r^4}\,df = -\frac{p}{3\varepsilon_0 V}\,,$$

während $\langle E_x\rangle$ und $\langle E_y\rangle$ aus Symmetriegründen wieder gleich null sind. Dieses formal richtige Ergebnis ist dennoch nicht akzeptabel, weil wir (2.31) unzulässigerweise auf ein Gebiet angewandt haben, in dem der Integrand eine Singularität besitzt. □

Mit $\boldsymbol{p}\cdot\boldsymbol{e}_r=p\cos\varphi$ ergibt sich aus (4.25) als Gleichung für die Flächen konstanten Potenzials $\phi^{(2)}$

$$r^2 = \frac{p\cos\varphi}{4\pi\,\varepsilon_0\,\phi^{(2)}}\,.$$

Die Feldlinien stehen auf diesen senkrecht (Abb. 4.6 (a)).

Die einfachste Anordnung, deren Feld in weiter Entfernung wie ein Dipolfeld wirkt, besteht aus zwei Punktladungen, q und $-q$ (mit $Q=q-q=0$). Nehmen wir an, dass sich q bei $\boldsymbol{r}=\frac{d}{2}\boldsymbol{e}_z$ und $-q$ bei $\boldsymbol{r}=-\frac{d}{2}\boldsymbol{e}_z$ befindet, so ist die zugehörige Ladungsdichte

$$\varrho(\boldsymbol{r}) = q\,\delta\Big(\boldsymbol{r}-\tfrac{d}{2}\boldsymbol{e}_z\Big) - q\,\delta\Big(\boldsymbol{r}+\tfrac{d}{2}\boldsymbol{e}_z\Big)\,.$$

Ihr Dipolmoment ergibt sich aus

$$\boldsymbol{p} = \int \varrho\,\boldsymbol{r}\,d^3\tau = q\int \boldsymbol{r}\,\delta\Big(\boldsymbol{r}-\tfrac{d}{2}\boldsymbol{e}_z\Big)\,d^3\tau - q\int \boldsymbol{r}\,\delta\Big(\boldsymbol{r}+\tfrac{d}{2}\boldsymbol{e}_z\Big)\,d^3\tau = \frac{qd}{2}\boldsymbol{e}_z+\frac{qd}{2}\boldsymbol{e}_z$$

zu

$$\boldsymbol{p} = qd\,\boldsymbol{e}_z\,. \tag{4.28}$$

Das exakte Feld der beiden Punktladungen besitzt das Potenzial

$$\phi = \frac{1}{4\pi\,\varepsilon_0}\left(\frac{q}{|\boldsymbol{r}-\frac{d}{2}\boldsymbol{e}_z|} - \frac{q}{|\boldsymbol{r}+\frac{d}{2}\boldsymbol{e}_z|}\right).$$

Seine Äquipotenzialflächen und Feldlinien sind in Abb. 4.6 (b) dargestellt. Nur in größerem Abstand von den Ladungen verlaufen diese wie beim Feld des zuvor betrachteten Dipolpotenzials. Lassen wir in ϕ gleichzeitig $q \to \infty$ und $d \to 0$ gehen, derart, dass das Produkt qd konstant bleibt, so folgt

$$\phi = -\frac{qd}{4\pi\varepsilon_0} \lim_{d\to 0} \frac{1}{d}\left(\frac{1}{|\boldsymbol{r}+\frac{d}{2}\boldsymbol{e}_z|} - \frac{1}{|\boldsymbol{r}-\frac{d}{2}\boldsymbol{e}_z|}\right) \overset{(2.5)}{=} -\frac{qd}{4\pi\varepsilon_0}\,\boldsymbol{e}_z\cdot\nabla\frac{1}{|\boldsymbol{r}|} = \frac{\boldsymbol{p}\cdot\boldsymbol{r}}{4\pi\varepsilon_0 r^3} = \phi^{(2)}\,.$$

Zwei entgegengesetzte, betragsmäßig gleiche und unendlich große Punktladungen, die in einen Punkt zusammengerückt sind, werden als **infinitesimaler Dipol** bezeichnet, sie haben exakt das Dipolpotenzial (4.25). Der infinitesimale Dipol spielt in der Elektrostatik eine wichtige Rolle, da das Feld jeder insgesamt neutralen Ladungsanordnung mit nicht verschwindendem Dipolmoment in weiter Entfernung so wie das Feld dieses idealisierten Gebildes wirkt.

Quadrupol-Potenzial

Wir berechnen jetzt den Term $\phi^{(3)} \sim 1/r^3$ der Entwicklung (4.20). Schreiben wir unter Benutzung der Summenkonvention

$$(\boldsymbol{e}_r\cdot\boldsymbol{r}')^2 = \frac{(\boldsymbol{r}\cdot\boldsymbol{r}')^2}{r^2} = \frac{x_i x_i' x_j x_j'}{r^2} = \frac{x_i x_j}{r^2} x_i' x_j'\,, \qquad 1 = \frac{\boldsymbol{r}^2}{r^2} = \frac{x_i x_i}{r^2} = \frac{x_i x_j}{r^2}\delta_{ij}\,,$$

so erhaltenen wir für die rechte Seite von Gleichung (4.23)

$$\int \varrho(\boldsymbol{r}')[3\,(\boldsymbol{e}_r\cdot\boldsymbol{r}')^2 - r'^2]\,d^3\tau' = \int \varrho(\boldsymbol{r}')[3\,x_i'x_j' - r'^2\delta_{ij}]\,d^3\tau'\,\frac{x_i x_j}{r^2} = Q_{ij}\,\frac{x_i}{r}\frac{x_j}{r} = \boldsymbol{e}_r^{\mathrm{T}}\cdot\mathbf{Q}\cdot\boldsymbol{e}_r$$

mit

$$Q_{ij} = \int \left(3\,x_i'x_j' - r'^2\delta_{ij}\right)\varrho'\,d^3\tau'\,. \tag{4.29}$$

Damit ist gezeigt, dass $\phi^{(3)}$ die in (4.23) angegebene Darstellung besitzt, wobei die Komponenten des **Quadrupolmomenttensors Q** durch (4.29) gegeben sind. Offensichtlich verschwindet die Spur des Tensors **Q**,

$$Q_{ii} = 0\,.$$

Im System S^* mit um $-\boldsymbol{a}$ verschobenem Koordinatenursprung haben wir $\boldsymbol{r}^* = \boldsymbol{r}' + \boldsymbol{a}$, $\boldsymbol{r}^{*2} = \boldsymbol{r}'^2 + 2\,\boldsymbol{r}'\cdot\boldsymbol{a} + \boldsymbol{a}^2$ und

$$\begin{aligned} Q_{ij}^* &= \int \left[3\,(x_i' + a_i)(x_j' + a_j) - \delta_{ij}\,(r'^2 + 2\,x_i'a_i + a^2)\right]\varrho'\,d^3\tau' \\ &= Q_{ij} + 3\,a_i p_j + 3\,a_j p_i + 3\,a_i a_j Q - \delta_{ij}\left(2\,a_i p_i + a^2 Q\right). \end{aligned}$$

Es gilt genau dann $Q_{ij}^* = Q_{ij}$, wenn $Q=0$ und $\boldsymbol{p}=0$ ist, d. h. **Q** wird ursprungsunabhängig, wenn das **Quadrupolpotenzial**

$$\phi^{(3)} = \frac{1}{4\pi\varepsilon_0}\frac{Q_{ij}\,x_i x_j}{r^5} \tag{4.30}$$

dominiert.

In Abschnitt 4.2.1 wurde eine homogen geladene Kugel als Modell für das elektrische Feld von Atomkernen eingeführt. Als Feld im Außenraum ergab sich ein reines Monopolfeld. Eine Verfeinerung dieses Modells besteht darin, dass man zwar noch konstante Ladungsdichte, aber Abweichungen von der Kugelform annimmt. Für das Feld im Außenraum wird dann auch das Quadrupolmoment $\mathbf{Q}$ wichtig. Dieses verfeinerte Modell des elektrischen Feldes von Kernen erweist sich als realistischer. Bei rein klassischer Rechnung führt es zu einer Periheldrehung der Elektronenbahnen im Kernfeld.

4.2.4 Zur Ursprungsabhängigkeit der Näherungslösungen

Wie bereits festgestellt wurde, hängen die betrachteten Näherungslösungen für das Potenzial ϕ einer auf das Innere einer Kugel beschränkten Ladungsverteilung von der Wahl des Koordinatenursprungs ab. Das gilt auch für den dominanten Term der Reihe, trotz der Ursprungsunabhängigkeit seines Koeffizienten.

Ein simples Beispiel soll das demonstrieren: Wir benutzen unsere Multipolentwicklung zur Berechnung des Potenzials einer Punktladung und legen einmal den Koordinatenursprung an den Ort der Punktladung, ein anderes Mal in einen um $-\boldsymbol{l}$ verschobenen Punkt (Abb. 4.7). Bei der ersten Koordinatenwahl ist das Potenzial exakt

$$\phi = \frac{q}{4\pi\,\varepsilon_0\,r}\,,$$

bei der zweiten liegt die Ladung bei $\boldsymbol{r}^*{=}\boldsymbol{l}$, und mit $\varrho(\boldsymbol{r}^*){=}q\,\delta^3(\boldsymbol{r}^*{-}\boldsymbol{l})$ erhalten wir $Q{=}q$, $\boldsymbol{p}{=}q\boldsymbol{l}$ sowie

$$\phi = \frac{1}{4\pi\,\varepsilon_0}\left(\frac{q}{r^*} + \frac{\boldsymbol{p}\cdot\boldsymbol{e}_r}{r^{*2}} + \cdots\right).$$

In niedrigster Ordnung ist ϕ jetzt das Potenzial einer Punktladung bei $\boldsymbol{r}^*{=}\,0$, d. h. die Ladung q erscheint am falschen Ort. Unser Beispiel illustriert auch die Wirkung der höheren Momente. So ist der Korrekturterm nächster Ordnung das Potenzial eines infinitesimalen Dipols bei $\boldsymbol{r}^*{=}\,0$. Dasselbe Dipol-Fernfeld liefern auch zwei Punktladungen q bei $r^*{=}\boldsymbol{l}$ und $-q$ bei $\boldsymbol{r}^*{=}0$. Dürften wir den infinitesimalen Dipol durch diesen endlichen Dipol ersetzen, so würde die falsch platzierte Punktladung niedrigster Ordnung an die richtige Stelle $\boldsymbol{r}^*{=}\,\boldsymbol{l}$ verschoben (Abb. 4.7). Analog „verschiebt" auch der infinitesimale Dipol die Ladung q, allerdings nicht bis $\boldsymbol{r}^*{=}\boldsymbol{l}$, und alle höheren Terme führen gewissermaßen zu einer Fortsetzung der Ladungsverschiebung.

Es erscheint zunächst als unbefriedigend, dass das Ergebnis unserer Näherungsrechnung von der Wahl des Koordinatenursprungs abhängt. Vergleichen wir jedoch bei verschiedener Wahl desselben Ergebnisse gleicher Ordnung, so zeigt sich, dass der Unterschied nur von der Größenordnung der vernachlässigten Terme ist: Es gilt z. B.

$$\frac{q}{4\pi\,\varepsilon_0\,r^*} - \frac{q}{4\pi\,\varepsilon_0\,r} = \frac{q}{4\pi\,\varepsilon_0}\,\frac{r-r^*}{rr^*} \approx \frac{ql}{4\pi\,\varepsilon_0\,r^2}\,.$$

Hat man sich dazu entschlossen, die Reihe bei einer bestimmten Ordnung abzubrechen, so nimmt man damit einen gewissen Fehler in Kauf. Die durch die Wahl des Koordina-

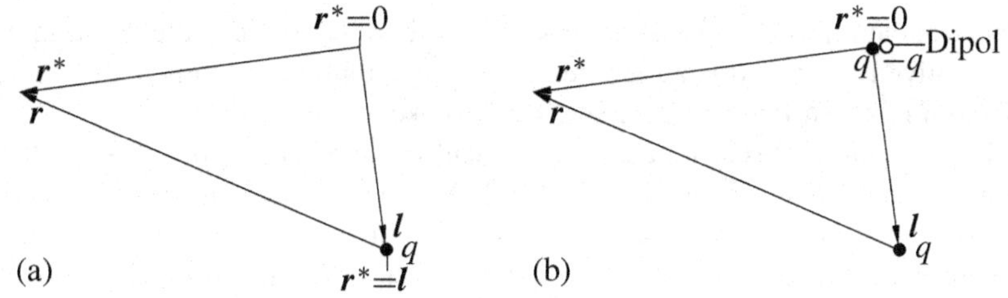

Abb. 4.7: Multipolentwicklung einer bei $\boldsymbol{r}^* = \boldsymbol{l}$ befindlichen Punktladung q um $\boldsymbol{r}^* = 0$. (a) Exakte Position der Punktladung bei $\boldsymbol{r}^* = \boldsymbol{l}$. (b) Die Multipolentwicklung enthält eine Punktladung q bei $\boldsymbol{r}^* = 0$ und einen Dipol bei $\boldsymbol{r}^* = 0$, der durch eine Punktladung $-q$ bei $\boldsymbol{r}^* = 0$ und eine Punktladung q bei $\boldsymbol{r}^* = \boldsymbol{l}$ approximiert werden kann.

tensystems bedingte Ungenauigkeit des Ergebnisses ist von der Größenordnung des in Kauf genommenen Fehlers und daher belanglos.

4.3 Kraft, Drehmoment und Wechselwirkungsenergie

4.3.1 Multipolentwicklung der Wechselwirkungsenergie

Aus der Art unserer Berechnung der elektrischen Wechselwirkungsenergie eines Systems von (Punkt-)Ladungen in Abschnitt 4.1 geht hervor, dass ein enger Zusammenhang zwischen dieser und den Wechselwirkungskräften zwischen den Ladungsträgern besteht. Wir wollen diesen Zusammenhang noch ausführlicher bei der in (4.13) berechneten Wechselwirkungsenergie

$$
\begin{aligned}
W_{12} &= \frac{1}{8\pi\varepsilon_0}\left(\iint \frac{\varrho_1 \varrho'_2}{|\boldsymbol{r}_1 - \boldsymbol{r}'_2|}\, d^3\tau_1\, d^3\tau'_2 + \iint \frac{\varrho'_1 \varrho_2}{|\boldsymbol{r}'_1 - \boldsymbol{r}_2|}\, d^3\tau'_1\, d^3\tau_2\right) \\
&\overset{\text{z.T. } 1\leftrightarrow 2}{=} \frac{1}{4\pi\varepsilon_0}\iint \frac{\varrho_1 \varrho'_2}{|\boldsymbol{r}_1 - \boldsymbol{r}'_2|}\, d^3\tau_1\, d^3\tau'_2 = \int \varrho_1(\boldsymbol{r}_1)\, \phi_2(\boldsymbol{r}_1)\, d^3\tau_1
\end{aligned}
$$

zwischen zwei räumlich getrennten Ladungsverteilungen ϱ_1 und ϱ_2 untersuchen. Dabei muss die zum Potenzial $\phi_2(\boldsymbol{r}_1)$ am Ort der Ladungen ϱ_1 führende Ladungsverteilung ϱ_2 gar nicht bekannt sein, wir können

$$
W = \int \varrho(\boldsymbol{r})\, \phi_{\text{ext}}(\boldsymbol{r})\, d^3\tau \tag{4.31}
$$

als Wechselwirkungsenergie der Ladungsverteilung $\varrho(\boldsymbol{r})$ mit einem externen Feld $\boldsymbol{E}_{\text{ext}}(\boldsymbol{r}) = -\nabla\phi_{\text{ext}}(\boldsymbol{r})$ auffassen, wobei in $\phi_{\text{ext}}(\boldsymbol{r})$ das Potenzial der Ladungen $\varrho(\boldsymbol{r})$ nicht berücksichtigt ist. Diese Interpretation ist auch unmittelbar einsichtig: $\varrho(\boldsymbol{r})\, d^3\tau\, \phi_{\text{ext}}(\boldsymbol{r})$ ist die potenzielle Energie des Ladungselements $\varrho\, d^3\tau$ im Potenzial ϕ_{ext}. W entsteht durch Summation über alle Elemente der Ladungsverteilung ϱ und entspricht der

Arbeit, die aufgewendet werden muss, um die bereits im Unendlichen in ihre endgültige relative Konfiguration zusammengebrachte Ladungsverteilung ϱ von dort aus starr auf ihren Platz im Potenzialfeld $\phi_{\text{ext}}(\boldsymbol{r})$ zu rücken.

Für W kann eine sehr nützliche Reihenentwicklung angegeben werden, deren erste nicht verschwindende Terme brauchbare Näherungen abgeben, sofern sich das Potenzial ϕ_{ext} im Bereich der Ladungsverteilung ϱ nur wenig ändert. Das ist sicher dann der Fall, wenn die das Potenzial ϕ_{ext} erzeugenden Ladungen hinreichend weit von der Ladungsverteilung ϱ entfernt sind, was wir im Folgenden annehmen wollen.

Wie in Abschnitt 4.2.3 (Abb. 4.5) legen wir den Ursprung des zur Rechnung benutzten Koordinatensystems wieder in das Zentrum einer Kugel, die alle Ladungen ϱ umschließt, und entwickeln ϕ_{ext} in eine Taylor-Reihe um den Ursprung. Mit Summenkonvention gilt

$$\begin{aligned}\phi_{\text{ext}} &= \phi_{\text{ext}}(0) + x_i \left.\frac{\partial \phi_{\text{ext}}}{\partial x_i}\right|_0 + \frac{1}{2} x_i x_j \left.\frac{\partial^2 \phi_{\text{ext}}}{\partial x_i \partial x_j}\right|_0 + \cdots \\ &= \phi_{\text{ext}}(0) - x_i\, E_{\text{ext}\,i}(0) - \frac{1}{2} x_i x_j \left.\frac{\partial E_{\text{ext}\,j}}{\partial x_i}\right|_0 + \cdots .\end{aligned}$$

Setzen wir diese Entwicklung unter Benutzung der Definitionen (4.21)–(4.23) von Q, $\boldsymbol{p}$ und $\mathbf{Q}$ in W ein, so erhalten wir

$$\boxed{W = Q\,\phi_{\text{ext}}(0) - \boldsymbol{p}\cdot \boldsymbol{E}_{\text{ext}}(0) - \frac{1}{6}\mathbf{Q} : \left.\frac{\partial}{\partial \boldsymbol{r}} \boldsymbol{E}_{\text{ext}}\right|_0 + \cdots ,} \tag{4.32}$$

denn nach (4.29) gilt mit $\operatorname{div}(\varepsilon_0 \boldsymbol{E}_{\text{ext}}) = \varepsilon_0 (\partial E_{\text{ext}\,i}/\partial x_i)|_0 = 0$ ($\varepsilon_0 \boldsymbol{E}_{\text{ext}}$ ist im Bereich der Ladungen ϱ quellenfrei)

$$\begin{aligned}\frac{1}{6}\mathbf{Q} : \left.\frac{\partial}{\partial \boldsymbol{r}} \boldsymbol{E}_{\text{ext}}\right|_0 &= \frac{1}{6} Q_{ij} \left.\frac{\partial E_{\text{ext}\,j}}{\partial x_i}\right|_0 = \frac{1}{6}\int 3\, x_i x_j\, \varrho \left.\frac{\partial E_{\text{ext}\,j}}{\partial x_i}\right|_0 d^3\tau - \frac{1}{6}\int r^2 \varrho \left.\frac{\partial E_{\text{ext}\,i}}{\partial x_i}\right|_0 d^3\tau \\ &= \frac{1}{2}\int x_i x_j\, \varrho \left.\frac{\partial E_{\text{ext}\,j}}{\partial x_i}\right|_0 d^3\tau .\end{aligned}$$

(Der Doppelpunkt in $\mathbf{Q} : \partial \boldsymbol{E}_{\text{ext}}/\partial \boldsymbol{r}$ bedeutet das doppelte Skalarprodukt der beiden zweistufigen Tensoren $\mathbf{Q}$ und $\partial \boldsymbol{E}_{\text{ext}}/\partial \boldsymbol{r}$, in Komponenten mit Summenkonvention also $Q_{ij}\,\partial E_{\text{ext}\,j}/\partial x_i$.)

Gemäß (4.32) ergibt sich eine energetische Wechselwirkung des Monopolmoments Q der Ladungsverteilung mit dem Potenzial ϕ_{ext}, des Dipolmoments $\boldsymbol{p}$ mit dem Feld $\boldsymbol{E}_{\text{ext}}$ (= Ableitung des Potenzials), des Quadrupolmoments $\mathbf{Q}$ mit der Ableitung des Feldes, usw.

In einem homogenen Feld ($\partial \boldsymbol{E}_{\text{ext}}/\partial \boldsymbol{r} \equiv 0$) liefern nur das Monopol- und das Dipolmoment Beiträge zu W. Verschwindet zusätzlich die Gesamtladung, so gibt es nur eine energetische Wechselwirkung des Dipolmoments. Wird ϕ_{ext} von einer lokalisierten und ebenfalls insgesamt neutralen Ladungsverteilung erzeugt, so wird deren Fernfeld vom Dipolmoment dominiert, und die Wechselwirkung erfolgt im Wesentlichen nur über die Dipolmomente.

4.3.2 Kraft und Drehmoment auf eine Ladungsverteilung $\varrho(\boldsymbol{r})$

Wird eine Ladungsverteilung $\varrho(\boldsymbol{r})$ in einem (von der Verteilung $\varrho_{\text{ext}}(\boldsymbol{r})$ erzeugten) Feld $\boldsymbol{E}_{\text{ext}}=-\nabla\phi_{\text{ext}}$ um $d\boldsymbol{r}=\textbf{const}$ starr verschoben oder um $d\boldsymbol{r}=d\boldsymbol{\varphi}\times\boldsymbol{r}$ gedreht, so besteht ein einfacher Zusammenhang zwischen der Energieänderung des Gesamtsystems und der Gesamtkraft bzw. dem Gesamtdrehmoment auf die Verteilung ϱ. In beiden Fällen ändert sich nur die Wechselwirkungsenergie $W_{\text{w}}=\int \varrho\,\phi_{\text{ext}}\,d^3\tau$ und geht mit $\varrho(\boldsymbol{r})\to\varrho'(\boldsymbol{r})=\varrho(\boldsymbol{r}-d\boldsymbol{r})$ in

$$\begin{aligned} W_{\text{w}}' &= \int \varrho(\boldsymbol{r}-d\boldsymbol{r})\,\phi_{\text{ext}}(\boldsymbol{r})\,d^3\tau = \int \varrho(\boldsymbol{r})\,\phi_{\text{ext}}(\boldsymbol{r})\,d^3\tau - \int \phi_{\text{ext}}(\boldsymbol{r})\,d\boldsymbol{r}\cdot\nabla\varrho(\boldsymbol{r})\,d^3\tau \\ &= W_{\text{w}} - \int \phi_{\text{ext}}(\boldsymbol{r})\,d\boldsymbol{r}\cdot\nabla\varrho(\boldsymbol{r})\,d^3\tau \end{aligned}$$

über mit der Folge

$$dW = W_{\text{w}}' - W_{\text{w}} = -\int \phi_{\text{ext}}(\boldsymbol{r})\,d\boldsymbol{r}\cdot\nabla\varrho\,d^3\tau\,.$$

Im **Fall einer starren Verschiebung** kann der konstante Vektor $d\boldsymbol{r}$ vor das Integral gezogen werden, und wir erhalten

$$\begin{aligned} dW &= -d\boldsymbol{r}\cdot\int \phi_{\text{ext}}(\boldsymbol{r})\nabla\varrho\,d^3\tau = -d\boldsymbol{r}\cdot\int\nabla(\varrho\phi_{\text{ext}})\,d^3\tau + d\boldsymbol{r}\cdot\int\varrho\nabla\phi_{\text{ext}}\,d^3\tau \\ &\overset{\text{s.u.}}{=} -d\boldsymbol{r}\cdot\int\varrho\,\boldsymbol{E}_{\text{ext}}\,d^3\tau\,. \end{aligned}$$

Dabei wurde benutzt, dass wegen (2.31) $\int_V \nabla(\varrho\phi_{\text{ext}})\,d^3\tau=\int_F \varrho\phi_{\text{ext}}\,d\boldsymbol{f}=0$ gilt, da die Integrationsfläche F in Gebiete mit $\varrho\equiv 0$ hinausgezogen werden kann. Nun ist $\boldsymbol{f}(\boldsymbol{r})=\varrho(\boldsymbol{r})\boldsymbol{E}_{\text{ext}}(\boldsymbol{r})$ die Dichte der auf die Ladungsverteilung wirkenden Kraft und $\boldsymbol{F}=\int\varrho\boldsymbol{E}_{\text{ext}}\,d^3\tau$ die Gesamtkraft, und damit haben wir das Ergebnis

$$\boxed{dW = -\boldsymbol{F}\cdot d\boldsymbol{r}\,.} \tag{4.33}$$

Im **Fall starrer Drehungen** $d\boldsymbol{r}=d\boldsymbol{\varphi}\times\boldsymbol{r}$ erhalten wir analog

$$\begin{aligned} dW &= -\Big(d\boldsymbol{\varphi}\times\int\boldsymbol{r}\Big)\cdot\phi_{\text{ext}}(\boldsymbol{r})\nabla\varrho\,d^3\tau = -d\boldsymbol{\varphi}\cdot\int\big[\boldsymbol{r}\times\phi_{\text{ext}}(\boldsymbol{r})\nabla\varrho(\boldsymbol{r})\big]\,d^3\tau \\ &\overset{\text{s.u.}}{=} -d\boldsymbol{\varphi}\cdot\int\big[\boldsymbol{r}\times\varrho(\boldsymbol{r})\,\boldsymbol{E}_{\text{ext}}(\boldsymbol{r})\big]\,d^3\tau\,. \end{aligned}$$

Dabei wurde wegen $\operatorname{rot}\boldsymbol{r}=0$

$$\operatorname{rot}(\varrho\phi_{\text{ext}}\boldsymbol{r}) = \nabla(\varrho\phi_{\text{ext}})\times\boldsymbol{r} + \varrho\phi_{\text{ext}}\operatorname{rot}\boldsymbol{r} = \phi_{\text{ext}}\nabla\varrho\times\boldsymbol{r} + \varrho\nabla\phi_{\text{ext}}\times\boldsymbol{r}$$

und

$$\int_G \operatorname{rot}(\varrho\phi_{\text{ext}}\boldsymbol{r})\,d^3\tau \overset{(2.29)}{=} \int_F (\boldsymbol{n}\times\varrho\phi_{\text{ext}}\boldsymbol{r})\,df = 0$$

benutzt. $\boldsymbol{n}(\boldsymbol{r})=\boldsymbol{r}\times\varrho(\boldsymbol{r})\,\boldsymbol{E}_{\rm ext}(\boldsymbol{r})$ ist die Dichte des auf die Ladungsverteilung wirkenden Drehmoments um den Koordinatenursprung, $\boldsymbol{N}=\int \boldsymbol{n}(\boldsymbol{r})\,d^3\tau$ das Gesamtdrehmoment, und wir haben

$$\boxed{dW = -\boldsymbol{N}\cdot d\boldsymbol{\varphi}\,.} \tag{4.34}$$

Beispiel 4.1: *Kraft und Drehmoment auf einen Dipol*

Wir benutzen die Energieformel (4.32) und die eben abgeleiteten Zusammenhänge (4.33)–(4.34), um die Kraft und das Drehmoment eines äußeren Feldes $E_{\rm ext}$ auf einen infinitesimalen Dipol am Ort $\boldsymbol{r}$ zu berechnen. Dieser besitzt im Feld $E_{\rm ext}$ die Energie

$$W = -\boldsymbol{p}\cdot E_{\rm ext}(\boldsymbol{r})\,,$$

die sich bei einer starren Verschiebung $d\boldsymbol{r}$ um

$$dW = -d\boldsymbol{r}\cdot\nabla(\boldsymbol{p}\cdot E_{\rm ext})$$

ändert, und durch den Vergleich mit (4.33) erhalten wir als Kraft des Feldes $E_{\rm ext}$ auf den Dipol $\boldsymbol{p}$

$$\boxed{\boldsymbol{F} = \nabla[\boldsymbol{p}\cdot E_{\rm ext}(\boldsymbol{r})]\,.} \tag{4.35}$$

Bei konstanter Dipolstärke $\boldsymbol{p}$ ergibt sich eine von null verschiedene Kraft nur dann, wenn das elektrische Feld inhomogen ist.

Bei einer Drehung $\boldsymbol{p}\to\boldsymbol{p}'=\boldsymbol{p}+d\boldsymbol{\varphi}\times\boldsymbol{p}$ des Dipols ändert sich die Energie $W=-\boldsymbol{p}\cdot E_{\rm ext}$ um

$$dW = -(d\boldsymbol{\varphi}\times\boldsymbol{p})\cdot E_{\rm ext} = -d\boldsymbol{\varphi}\cdot(\boldsymbol{p}\times E_{\rm ext})\,,$$

und durch Vergleich mit (4.34) ergibt sich als Drehmoment auf den Dipol

$$\boxed{\boldsymbol{N} = \boldsymbol{p}\times E_{\rm ext}\,.} \tag{4.36}$$

Die für $\boldsymbol{F}$ und $\boldsymbol{N}$ abgeleiteten Formeln entsprechen genau den Ergebnissen (3.45) und (3.46) für die Kraft und das Drehmoment auf eine infinitesimale Stromschleife im Magnetfeld. Sie können natürlich auch direkt aus $\boldsymbol{F}=\sum q_i\boldsymbol{E}_{{\rm ext}\,i}$ bzw. $\boldsymbol{N}=\sum \boldsymbol{r}_i\times q_i\boldsymbol{E}_{{\rm ext}\,i}$ für zwei gegeneinander rückende Punktladungen $\pm q$ mit $|q|\to\infty$ berechnet werden (Aufgabe 4.3).

4.4 Feldlinienstruktur elektrostatischer Felder

Wir untersuchen in diesem Abschnitt einige allgemeine Eigenschaften des Feldlinienverlaufs in elektrostatischen Feldern. Ist s die Bogenlänge, so lautet die Definitionsgleichung für Feldlinien nach (2.1)

$$\dot{\boldsymbol{r}}(s) = \frac{\boldsymbol{E}(\boldsymbol{r})}{|\boldsymbol{E}(\boldsymbol{r})|}\,. \tag{4.37}$$

Wird $\boldsymbol{E}(\boldsymbol{r})$ durch eine räumliche Ladungsdichte $|\varrho|<\infty$ erzeugt, so gilt überall $|\boldsymbol{E}|<\infty$, und man bezeichnet das Feld als **regulär**. Geht an einem Punkt $|\boldsymbol{E}|\to\infty$ (z. B. am Ort einer Punktladung), so bezeichnet man diesen als **singulären Punkt** des Feldes. Wird an einem isolierten Punkt $\boldsymbol{E}=0$, so bezeichnet man diesen als **Stagnationspunkt** der Feldlinien. (Die Namengebung stammt aus der Hydrodynamik, wo die Flüssigkeit an Nullstellen des Geschwindigkeitsfelds $\boldsymbol{v}(\boldsymbol{r})$ zum Stillstand kommt.) Aus der Eindeutigkeit des elektrischen Feldes folgt, dass sich die Feldlinien in allen regulären Punkten, die keine Stagnationspunkte sind, weder schneiden noch berühren können. In Abb. 4.6 (a) und 4.14 (c) sieht es so aus, als würden sich Feldlinien in singulären Punkten schneiden oder berühren können, und wir werden in diesem Abschnitt sehen, dass das auch in Stagnationspunkten als möglich erscheint (Abb. 4.9, 4.10 und 4.12). Wir legen jedoch fest, dass *Feldlinien in singulären Punkten und Stagnationspunkten entweder beginnen oder enden sollen.* (Der Sinn dieser Festlegung ergibt sich in der Hydrodynamik daraus, dass Flüssigkeitselemente bei ihrer Bewegung längs der Feldlinien des Geschwindigkeitsfelds nicht über singuläre Punkte bzw. Stagnationspunkte hinwegströmen können, sondern von diesen aus starten oder bei ihnen ihre Bahn beenden.) Mit dieser Festlegung gilt dann generell, *dass sich Feldlinien nicht schneiden oder berühren können.*

4.4.1 Reguläre Felder

Zunächst befassen wir uns mit lokalen Eigenschaften des Feldes und entwickeln zu diesem Zweck das Potenzial ϕ von $\boldsymbol{E}$ in der Nachbarschaft eines beliebigen Punktes $\boldsymbol{x}_0$ in eine Taylor-Reihe. Dabei legen wir zur Vereinfachung den Ursprung des zur Rechnung benutzten Koordinatensystems nach $\boldsymbol{x}_0$, setzen also $\boldsymbol{x}_0=0$, und erhalten (mit Summenkonvention)

$$\phi(\boldsymbol{r})=E_{i0}\,x_i+A_{ik}\,x_i x_k+\cdots \quad \text{mit} \quad E_{i0}=E_i(0)=\left.\frac{\partial\phi}{\partial x_i}\right|_0, \quad A_{ik}=A_{ki}=\left.\frac{1}{2}\frac{\partial^2\phi}{\partial x_i\partial x_k}\right|_0,$$

wobei eine in der Definition von $\phi(\boldsymbol{r})$ freie Konstante so gewählt wurde, dass $\phi(0)=0$ ist. $\phi(\boldsymbol{r})$ muss der Poisson-Gleichung (4.4) genügen, aus der mit der Entwicklung

$$\varrho=\varrho_0+\cdots \qquad \text{mit} \qquad \varrho_0=\varrho(0)$$

folgt

$$-\frac{\varrho_0}{\varepsilon_0}+\cdots=\frac{\partial}{\partial x_l}\frac{\partial}{\partial x_l}\phi=\frac{\partial}{\partial x_l}\Big[E_{i0}\,\delta_{il}+A_{ik}\,(\delta_{il}x_k+x_i\delta_{lk})\Big]+\cdots$$
$$=A_{ik}\,(\delta_{il}\delta_{lk}+\delta_{il}\delta_{lk})+\cdots=2A_{ll}+\cdots.$$

Durch Koeffizientenvergleich ergibt sich

$$A_{ll}=-\frac{\varrho_0}{2\varepsilon_0}\begin{cases}\neq 0 & \text{für } \varrho(0)\neq 0\,,\\ =0 & \text{für } \varrho(0)=0\,.\end{cases}$$

$\boldsymbol{E}(\boldsymbol{x}_0)$ wird durch die Poisson-Gleichung nicht festgelegt.

Mit diesen Ergebnissen können wir jetzt den Feldlinienverlauf in der Nachbarschaft des Punktes $\boldsymbol{x}_0$ untersuchen. Dabei ergeben sich zwei qualitativ verschiedene Fälle.

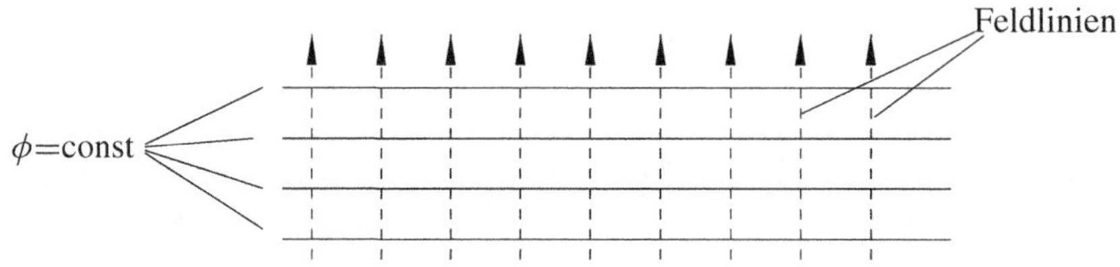

Abb. 4.8: Parallele Feldlinien und Äquipotenziallinien im Fall $|\boldsymbol{E}(\boldsymbol{x}_0)|\neq 0$.

1. Fall: $|\boldsymbol{E}(0)|\neq 0$: In diesem Fall gilt in niedrigster Ordnung

$$\phi = E_i(0)\, x_i \,.$$

Die Flächen ϕ=const sind in der Nachbarschaft von $\boldsymbol{x}_0$ näherungsweise Parallelebenen und die Feldlinien näherungsweise dazu senkrechte Geraden, die sich natürlich weder schneiden noch berühren (Abb. 4.8). Beispielsweise hat das Feld einer Punktladung in jedem Punkt außerhalb von dieser die angegebene (topologische) Struktur.

2. Fall: $|\boldsymbol{E}(0)|=0$: In diesem Fall ist $\boldsymbol{x}_0=0$ ein Stagnationspunkt, und in niedrigster Ordnung gilt

$$\phi = A_{ik} x_i x_k \,.$$

Wegen der Symmetrie $A_{ik}=A_{ki}$ ist es möglich, auf ein Koordinatensystem (x, y, z) zu transformieren, in dem A_{ik} Diagonalform mit den Diagonalelementen a, b und c hat (Hauptachsentransformation),

$$\phi = ax^2 + by^2 + cz^2 \,.$$

Da die Spur $A_{ll}=-\varrho_0/(2\varepsilon_0)$ der Matrix A_{ik} eine Transformationsinvariante ist, gilt auch

$$a + b + c = -\varrho_0/(2\varepsilon_0) \,. \tag{4.38}$$

ϱ_0 kann jeden beliebigen Wert haben, daher können wir a, b und c unabhängig voneinander beliebige Werte annehmen lassen und erhalten dazu dann einen zulässigen Wert ϱ_0.

Wir diskutieren alle Möglichkeiten für den Feldlinienverlauf und haben eine Reihe von Fallunterscheidungen zu treffen.

1. Alle Koeffizienten a, b und c sind ungleich null.

(a) Haben a, b und c das gleiche Vorzeichen, so sind die Flächen ϕ=const die Oberflächen von Ellipsoiden. Die Feldlinien verlaufen senkrecht zu diesen und treffen sich wie bei der homogen geladenen Kugel im Koordinatenursprung, der wegen $\boldsymbol{E}(0)=0$ ein Stagnationpunkt ist. Der Feldlinienverlauf in einer durch den Ursprung führenden Schnittebene ist in Abb. 4.9 (a) dargestellt.

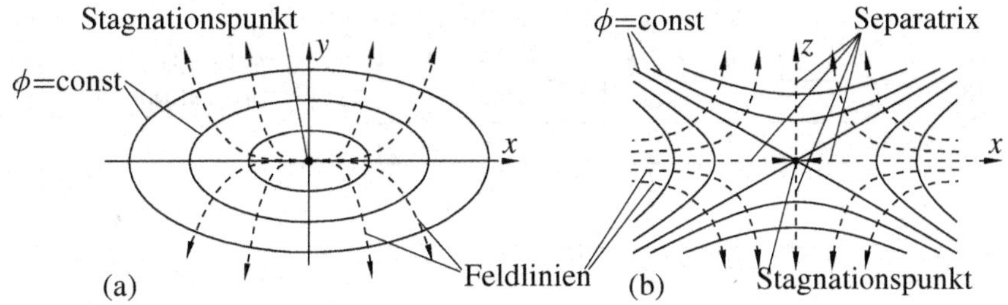

Abb. 4.9: Feldlinienprojektionen (gestrichelt) und Äquipotenziallinien (durchgezogen) in einer Schnittebene für (a) zwei gleiche und (b) zwei verschiedene Vorzeichen der Koeffizienten.

(b) Haben nur zwei Koeffizienten, z. B. a und b, das gleiche Vorzeichen, so sind die Schnittlinien der Flächen ϕ=const mit der x, y-Ebene Ellipsen, und die Projektionen der Feldlinien verlaufen in dieser Ebene wie in Abb. 4.9 (a). Die Schnittlinien der Flächen ϕ=const mit der x, z- und y, z-Ebene sind Hyperbeln, wobei durch den Stagnationspunkt $\boldsymbol{x}_0$=0 ein sich schneidendes Geradenpaar geht (Abb. 4.9 (b)). Unter den Feldlinienprojektionen befinden sich vier zusammen als **Separatrix** bezeichnete Halbgeraden, von denen zwei antiparallele auf den Stagnationspunkt zulaufen und an diesem enden, während zwei weitere antiparallele bei diesem beginnen und von ihm weglaufen.

Ein Beispiel für den eben betrachteten Fall bildet die Umgebung des Stagnationspunkts $\boldsymbol{x}_0$ zwischen zwei gleichen Punktladungen q bei $\boldsymbol{x}=\boldsymbol{x}_0 \pm d\boldsymbol{e}_z$ (Abb. 4.10). Hier sind die Schnittlinien der Flächen ϕ=const mit der x, z- und y, z-Ebene in kleinem Abstand vom Stagnationspunkt in niedrigster Ordnung Hyperbeln, die mit der x, y-Ebene sind Kreise.

2. Zwei Koeffizienten sind ungleich null, einer ist gleich null. Wir können die Koordinatenachsen so legen, dass $a \neq 0$, $b \neq 0$ und c=0 gilt.

(a) a und b haben gleiches Vorzeichen. Die Flächen

$$ax^2 + by^2 = \phi = \text{const}$$

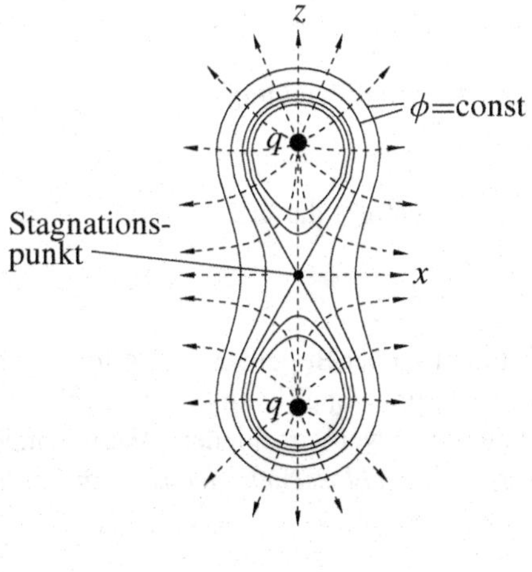

Abb. 4.10: Feldlinien und Äquipotenziallinien zwischen zwei gleichartigen Ladungen.

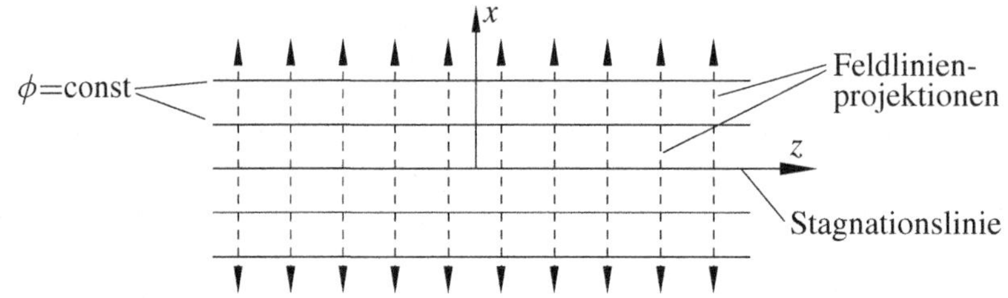

Abb. 4.11: Feldlinienprojektionen und Äquipotenziallinien in einer Schnittebene im Fall eines verschwindenden und zweier nicht verschwindender Koeffizienten.

sind Zylinderflächen mit elliptischem Querschnitt, und wir haben $\boldsymbol{E}=0$ auf der ganzen z-Achse, die eine **Stagnationslinie** bildet. Das Feldlinienbild in der x, y-Ebene ist wie in Abb. 4.9 (a), Abb. 4.11 bietet das entsprechende Bild in der x, z-Ebene.

Ein Beispiel für diese Feldlinienkonfiguration liefert die Umgebung der Achse eines homogen geladenen Vollzylinders positiver Ladung mit kreisförmigem Querschnitt.

(b) a und b haben verschiedene Vorzeichen. In diesem Fall haben die Äquipotenzial- und Feldlinien in der x, y-Ebene einen Verlauf wie in Abb. 4.9 (b), in der x, z- bzw. y, z-Ebene wie in Abb. 4.11, die z-Achse ist wieder Stagnationslinie.

Ein Beispiel für diese Feldlinienkonfiguration liefert die Umgebung der Stagnationslinie zwischen zwei parallelen, gleich stark und entgegengesetzt geladenen Geraden.

3. Nur ein Koeffizient ist von null verschieden, z. B. $a\neq 0$. Die Äquipotenzialflächen $ax^2=\phi$ sind Ebenen, die Feldlinien darauf senkrecht stehende parallele Geraden, und wir haben $\boldsymbol{E}=0$ in der ganzen y, z-Fläche (**Stagnationsfläche**).

Ein Beispiel für diese Feldlinienkonfiguration liefert die Umgebung der Stagnationsfläche zwischen zwei parallelen, gleich stark und entgegengesetzt aufgeladenen Ebenen.

4. Der Fall $a=b=c=0$ ist wegen (4.38) nur im Vakuum möglich und soll nicht näher untersucht werden.

Eine **globale Eigenschaft** regulärer Felder kann aus der Beziehung

$$d\phi = \nabla\phi\cdot d\boldsymbol{r} = -\boldsymbol{E}\cdot d\boldsymbol{r}$$

abgeleitet werden: Mit der Feldliniengleichung (4.37) folgt daraus

$$\frac{d\phi}{ds} = -\boldsymbol{E}\cdot\dot{\boldsymbol{r}}(s) = -|\boldsymbol{E}|\,,$$

d. h. ϕ ist längs einer Feldlinie eine monotone Funktion der Bogenlänge s. Andererseits ist ϕ eine eindeutige Funktion des Ortes (rot $\boldsymbol{E}=0$), und daher kann keine Feldlinie an ihren Ausgangspunkt zurückkehren, weil ϕ dann dort zwei verschiedene Werte annehmen würde. *In der Elektrostatik gibt es also keine geschlossenen elektrischen Feldlinien.*

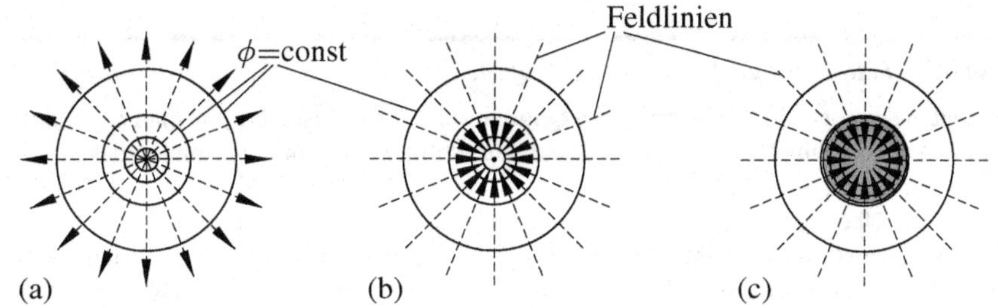

Abb. 4.12: Feldlinien (gestrichelt) und Äquipotenzialflächen (durchgezogen) (a) einer positiven Punktladung, (b) einer negativen Punktladung und (c) einer gleichmäßig negativ geladenen Kugel.

4.4.2 Felder mit singulären Punkten

Am Ort einer Punktladung laufen die Feldlinien ähnlich wie im Zentrum einer homogen geladenen Kugel zentral aufeinander zu oder voneinander weg, nur dass jetzt dort, wo die Feldlinien zusammenstoßen, $|\boldsymbol{E}|=\infty$ wird (Abb. 4.12 (a) und (b)). Wir hatten festgelegt, dass auch am Ort einer Feldsingularität die Feldlinien entweder beginnen oder enden sollen. Das passt damit zusammen, dass die Punktladung eigentlich eine sehr konzentrierte Ladung endlicher Ausdehnung idealisiert, in deren Innerem die Feldlinien an einem Stagnationspunkt enden (Abb. 4.12 (c)).

Die von einem infinitesimalen Dipol ausgehenden Feldlinien (Abb. 4.6 (a)) führen zu diesem zurück und scheinen dem im letzten Abschnitt gefundenen Ergebnis zu widersprechen, dass es in elektrostatischen Feldern keine geschlossenen Feldlinien gibt. Auch hier ist zunächst festzustellen, dass am Ort des infinitesimalen Dipols $|\boldsymbol{E}|=\infty$ wird, sodass sich die Feldlinien dort nicht schließen, sondern beginnen und enden. Das passt wiederum damit zusammen, dass sich ein realer Dipol aus zwei sehr konzentrierten Ladungen endlicher Ausdehnung mit endlichem Abstand zusammensetzt; die Feldlinien beginnen an einem Stagnationspunkt innerhalb der positiven und enden an einem Stagnationspunkt innerhalb der negativen Ladung (Abb. 4.13).

Die Multipolentwicklung (4.20) zeigt, dass es noch mehr Möglichkeiten für das singuläre Verhalten von $\boldsymbol{E}$ gibt, denn zu jedem Term der Entwicklung kann man eine Konfiguration von Punktladungen konstruieren, die mit $|q_i|\to\infty$ so in einen Punkt zusammenrücken, dass der betreffende Term das Potenzial dieses „Multipols" exakt beschreibt.

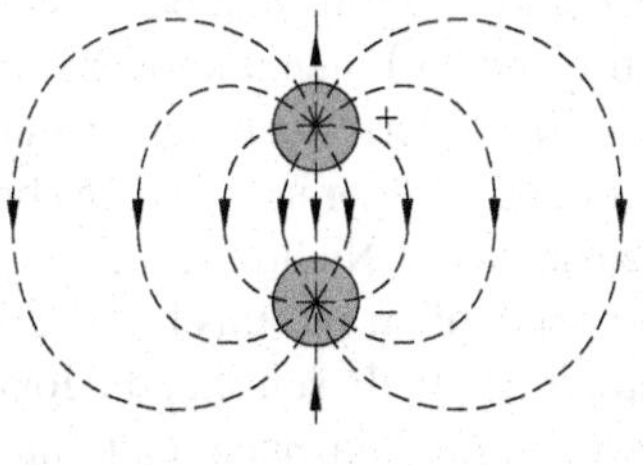

Abb. 4.13: Feldlinien eines Dipols aus zwei geladenen Kugeln endlicher Größe.

Beispiel 4.2: *Feld eines gestreckten Quadrupols*

Wir betrachten den sogenannten **gestreckten Quadrupol**. Dieser entsteht, wenn man zwei antiparallele infinitesimale Dipole (Momente $+\boldsymbol{p}$ und $-\boldsymbol{p}$) so in einen Punkt zusammenrücken lässt, dass das Produkt $p\,l$ konstant bleibt.

Das aus der Überlagerung der Felder zweier versetzter, antiparalleler Dipole (Abb. 4.14 (a)) resultierende Gesamtfeld ist in Abb. 4.14 (b) dargestellt. Es genügt, den oberen rechten Quadranten zu betrachten. In der Nähe der Dipole dominiert deren Feld, und die Feldlinien bleiben nahezu unverändert. In weiterem Abstand werden diese so verbogen, dass sie in einem Quadranten bleiben, x- und y-Achse sind Feldlinien, die nicht geschnitten werden können.

Nach dem Zusammenrücken der Dipole ergibt sich das in Abb. 4.14 (c) dargestellte Feldlinienbild des gestreckten **infinitesimalen Quadrupols**.

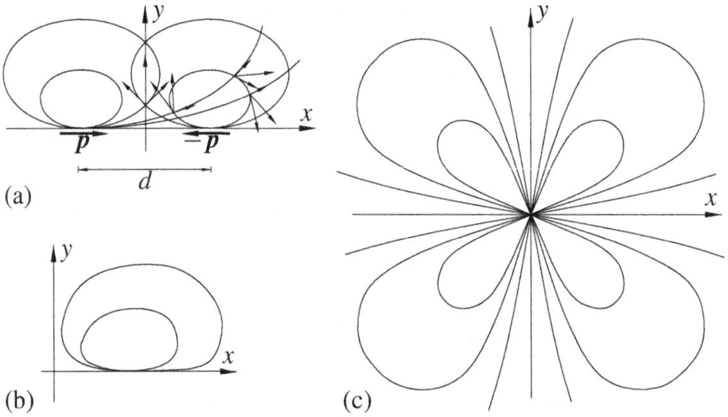

Abb. 4.14: Überlagerung zweier antiparalleler Dipolfelder zu einem quadrupolartigen Gesamtfeld. Im Teilbild (a) sind die beiden Dipole mit ihren Feldern in zwei Quadranten dargestellt, in (b) das resultierende Gesamtfeld in einem Quadranten und in (c) das Feld des gestreckten infinitesimalen Quadrupols in allen vier Quadranten.

4.5 Elektrische Leiter in der Elektrostatik

Jeder materielle Körper, der frei bewegliche Ladungsträger enthält, ist ein **elektrischer Leiter**. Leiter können fest (Metalle), flüssig (Metalle wie Quecksilber oder Elektrolyte) oder gasförmig (Plasma) sein, die Ladungsträger sind Ionen und/oder Elektronen. Eine strikte Unterscheidung zwischen Leitern und Nichtleitern ist an sich nicht möglich. Es gibt z. B. sehr schlechte Leiter, in denen die Ladungsträger sehr schwer beweglich sind. Diese verhalten sich auf einer schnellen Zeitskala wie Nichtleiter, auf einer langsamen dagegen wie Leiter. Mit derartigen Problemen wollen wir uns hier jedoch nicht befassen, sondern nur feste metallische Leiter betrachten. In diesen sind die Ionen unbeweglich, die Leitfähigkeit entsteht durch frei bewegliche Elektronen. Gute metallische

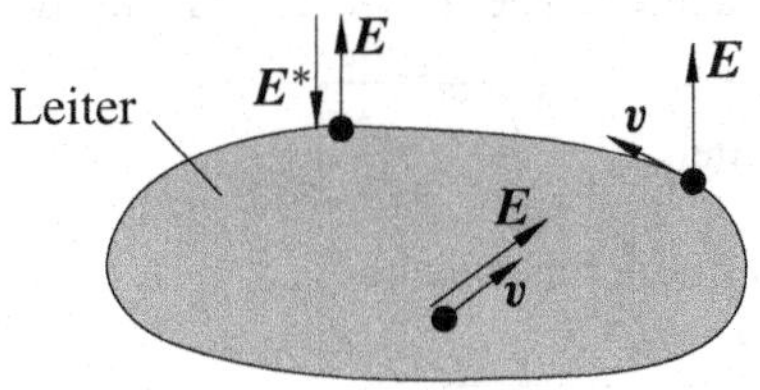

Abb. 4.15: Elektrisches Feld $\boldsymbol{E}$ und durch dieses hervorgerufene Geschwindigkeit $\boldsymbol{v}$ eines Leitungselektrons im Inneren und auf dem Rand eines elektrischen Leiters.

Leiter enthalten von diesen bis zu 10^{29} Stück pro m^3. Sie können insgesamt elektrisch neutral sein oder auch geladen, falls sie einen Elektronenüberschuss oder ein Elektronendefizit aufweisen.

Lässt man ein elektrisches Feld auf einen Leiter einwirken, so setzen sich die Ladungsträger in Bewegung und es fließt ein Strom. Der Strom führt im Allgemeinen zu Ladungsanhäufungen und über diese zu einer Veränderung des elektrischen Feldes. Dadurch verändert sich wiederum der Strom, d. h. wir haben ein zeitabhängiges Problem. Stationäre Ströme können im Allgemeinen nur fließen, wenn eine äußere Spannungsquelle wie z. B. eine Batterie ein statisches $\boldsymbol{E}$-Feld im Leiter aufrecht hält und die Ladungsträger entweder in diesen hineingelangen und ihn verlassen oder aber in ihm zirkulieren können. Dabei müssen sogenannte *ponderomotorische Kräfte* mit im Spiel sein, d. h. Kräfte nicht elektrostatischer Natur, die aus dem Rahmen der Elektrostatik herausfallen (Ausnahme: Supraleiter, siehe Abschn. 5.6).

4.5.1 Randbedingung auf Leiteroberflächen

Ein elektrisches Feld $\boldsymbol{E}$ in einem Leiter wirkt auf die Leitungselektronen (Ladung $-e$) mit der Kraft $-e\boldsymbol{E}$ und beschleunigt sie. Statische Verhältnisse können innerhalb des Leiters nur dadurch entstehen, dass dort entweder $\boldsymbol{E}\equiv 0$ wird, oder aber, dass sich dort keine frei beweglichen Elektronen mehr befinden. Beide Situationen können nur dadurch zustande kommen, dass alle freien Elektronen durch das Feld $\boldsymbol{E}$ an den Rand des Leiters befördert wurden. Auf diesem wiederum wird die Situation erst dann statisch, wenn das elektrische Feld senkrecht zur Leiteroberfläche steht. Solange $\boldsymbol{E}$ nämlich eine zur Oberfläche tangentiale Komponente besitzt, werden dort befindliche freie Elektronen noch tangential zur Oberfläche bewegt (Abb. 4.15). Nur einer senkrecht zur Oberfläche aus dem Leiter herausweisenden Kraft $-e\boldsymbol{E}$ kann das Elektron nicht folgen: Es wird daran durch sehr starke Anziehungskräfte $-e\boldsymbol{E}^*$ der positiv geladenen Metallionen gehindert, die in dem Moment auftreten, wo das Elektron das Metall verlassen möchte (siehe Abschn. 4.7.1). Wenn $-e\boldsymbol{E}$ diese Bindungskräfte übersteigt, können Elektronen auch aus dem Leiter „herausgesaugt“ werden (Elektronenröhre). Wir nehmen hier jedoch an, dass $|\boldsymbol{E}|$ kleiner als der dafür notwendige Wert ist, und außerdem, dass für statische Verhältnisse innerhalb des Leiters nur die Alternative $\boldsymbol{E}\equiv 0$ verantwortlich ist. Wir werden weiter unten sehen, dass die letzte Forderung nur extrem starke elektrische Felder ausschließt.

Ein statischer Zustand, bei dem alle freien Ladungsträger ruhen, ist also nur für

$$\begin{array}{|rcl|}\hline \boldsymbol{E} \equiv 0 & & \text{im Leiter,} \\ \left.\begin{array}{r} \boldsymbol{n} \times \boldsymbol{E} = 0 \\ \varepsilon_0 \boldsymbol{n} \cdot \boldsymbol{E} = \sigma \end{array}\right\} & & \text{auf der Leiteroberfläche} \\ \hline \end{array} \tag{4.39}$$

möglich. (Dabei ergibt sich die zweite der für die Leiteroberfläche angegebenen Bedingungen aus (3.14d) mit $\boldsymbol{E}=0$ im Leiter; sie muss nicht wirklich gestellt werden, sondern kann dazu benutzt werden, die Oberflächenladung σ zu berechnen.) Jede Anfangssituation, die diesen Bedingungen widerspricht, ist nicht statisch. Die Untersuchung der zeitabhängigen Gleichungen für eine derartige Anfangssituation zeigt jedoch, dass sich der oben charakterisierte Gleichgewichtszustand sehr schnell einstellt. (Die Einstellzeit hat die Größenordnung von 10^{-18} s, siehe Aufgabe 4.9).

Felder, deren Quellen außerhalb des Leiters liegen und anfänglich den Leiter durchsetzen, werden im statischen Endzustand innerhalb des Leiters durch Gegenfelder kompensiert, die von den am Rand des Leiters angehäuften Oberflächenladungen erzeugt werden. Wie wir an anderer Stelle gesehen haben, genügen schon relativ geringe Ladungen, um sehr starke elektrische Felder zu erzeugen (siehe z. B. Aufgabe 3.4). Dies bedeutet, dass im Allgemeinen schon ein winziger Bruchteil der in einem Leiter verfügbaren freien Elektronen als Oberflächenladung sehr starke Felder innerhalb des Leiters annullieren kann. Felder, die zu ihrer Kompensation den gesamten Vorrat frei beweglicher Elektronen des Leiterinneren an den Leiterrand befördern müssten, wären daher extrem stark und werden von unserer Betrachtung ausgeschlossen.

Beispiel 4.3: *Feld und Gegenfeld*

Zur Zeit $t=0$ verläuft durch den in Abb. 4.16 dargestellten Leiter ein homogenes Feld $\boldsymbol{E}_0=\mathbf{const}$.

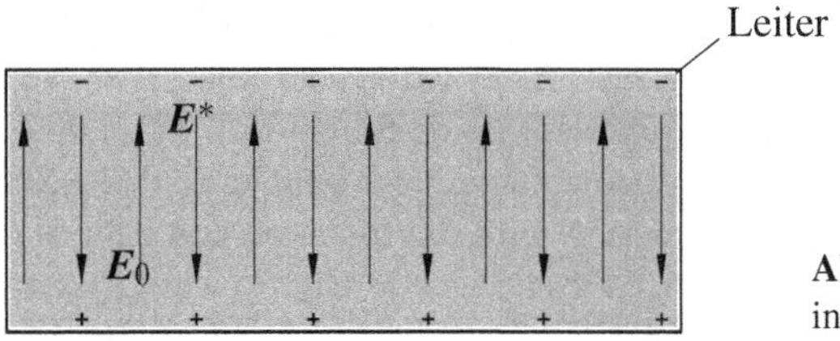

Abb. 4.16: Aufbau von Gegenfeldern $\boldsymbol{E}^*$ in Leitern durch ein äußeres Feld $\boldsymbol{E}_0$.

Ein Strom $\boldsymbol{j} \parallel \boldsymbol{E}_0$ häuft auf der oberen Oberfläche des Leiters negative, auf der unteren positive Ladungen so lange an, bis das durch diese erzeugte Feld $\boldsymbol{E}^*$ das Anfangsfeld $\boldsymbol{E}_0$ kompensiert,

$$\boldsymbol{E} = \boldsymbol{E}_0 + \boldsymbol{E}^* = 0\,.$$

Die elektrostatischen Bedingungen in Leitern und auf deren Oberflächen werden nach unseren Überlegungen generell durch Oberflächenladungen herbeigeführt. Dass sie immer erfüllt werden können, ist physikalisch plausibel: Solange sie nicht erfüllt sind, werden durch elektrische Kräfte Elektronenbewegungen in Gang gehalten; Reibung wird dafür sorgen, dass alle Bewegungen schließlich zum Stillstand kommen. Mathematisch gesehen ist es eine nicht triviale Frage, ob die Grundgleichungen der Elektrostatik in allen Fällen eine mit den Bedingungen (4.39) verträgliche Lösung besitzen. Die Frage ist positiv zu beantworten, für den Beweis der Existenz von Lösungen wird auf die mathematische Literatur verwiesen. (Eine präzisere Formulierung der entsprechenden Randwertprobleme wird in Abschn. 4.6 präsentiert.) In konkreten Beispielen wird die Existenz konstruktiv durch Angabe der Lösung demonstriert. Schließlich wird in Abschn. 4.6 unter der Voraussetzung der Existenz von Lösungen allgemein deren Eindeutigkeit bewiesen.

Die Bedingungen (4.39) werden besonders einfach, wenn sie für das Potenzial ϕ von $\boldsymbol{E}$ formuliert werden. Sie lauten $\nabla\phi{=}0$ im Leiter, $\boldsymbol{n}\times\nabla\phi{=}0$ auf der Leiteroberfläche und sind gleichwertig mit der einen Aussage

$$\boxed{\phi \equiv \text{const}} \tag{4.40}$$

im Leiter und auf dessen Oberfläche. Diese Bedingung gilt unabhängig davon, ob der Leiter insgesamt neutral oder geladen ist.

Anmerkungen:

1. In der Realität gibt es keine exakten Oberflächenladungen, schon deshalb nicht, weil die sie erzeugenden Ladungsträger – es handelt sich (auch bei Metallen) um positiv oder negativ geladene Ionen – eine endliche Ausdehnung besitzen. Zudem haben bei starker Aufladung des Leiters gar nicht alle freien Ladungsträger in einer einzigen Randschicht Platz. In der Praxis findet man sie in einer Schicht der Dicke von ein bis zwei Molekül- bzw. Atomdurchmessern unter der Leiteroberfläche. Diese Dicke ist aber im Allgemeinen gegenüber dem Leiterdurchmesser so klein, dass das idealisierende Modell einer Oberflächenladung gerechtfertigt ist.

2. Bringt man einen Leiter in ein Gebiet mit $\boldsymbol{E}_0(\boldsymbol{r})\not\equiv 0$, so wird das Feld durch den Leiter vollständig verdrängt, d. h. es wird durch ein von Oberflächenladungen erzeugtes Feld $\boldsymbol{E}^*$ vollständig kompensiert: In dem vom Leiter erfüllten Raum gilt dann

$$\boldsymbol{E}^* = -\boldsymbol{E}_0 \,.$$

Dies hat zur Folge, dass jedes beliebige Vakuumfeld $\boldsymbol{E}^*$ innerhalb eines endlichen Gebiets durch eine geeignet gewählte Verteilung von *Oberflächenladungen* erzeugt werden kann. (Dabei ist vorausgesetzt, dass sich jedes beliebige Vakuumfeld $\boldsymbol{E}_0$ (d. h. jede Lösung der Maxwell-Gleichungen für statische Vakuumfelder) erzeugen lässt, allerdings nicht notwendigerweise mithilfe von Oberflächenladungen, sondern von beliebig verteilten Ladungen.) □

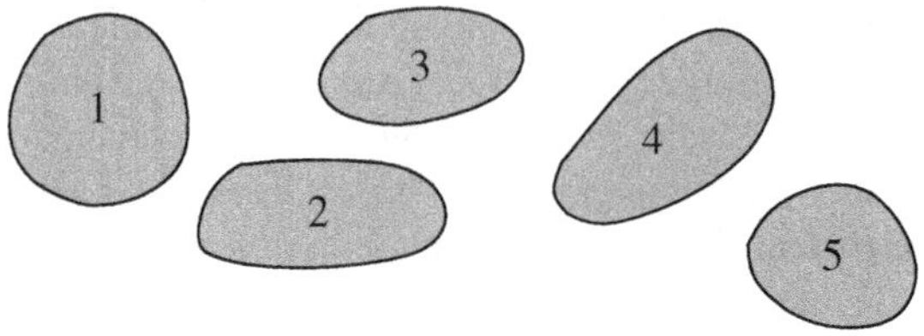

Abb. 4.17: System N voneinander isolierter Leiter.

4.5.2 Kapazitätskoeffizienten eines Leitersystems und Kapazität von Kondensatoren

Ein geladener Leiter erzeugt ein elektrisches Feld, das umso stärker ist, je mehr Ladungen er trägt. Die Potenzialdifferenz zwischen dem Leiter und dem Unendlichen bildet ein Maß für die mittlere Stärke des von ihm erzeugten Feldes. Häufig interessiert die Frage, wie viele Ladungen der Leiter trägt, wenn diese Potenzialdifferenz vorgegeben ist. Die folgenden Untersuchungen zielen darauf ab, für dieses „Fassungsvermögen" des Leiters ein Maß zu definieren.

Kapazitätskoeffizienten eines Systems von Leitern

Wir betrachten ein System N voneinander isolierter Leiter (Abb. 4.17). Trägt der i-te Leiter die Ladung $q{=}1$ C und sind alle anderen Leiter ungeladen, so bezeichnen wir das im Unendlichen auf null normierte Potenzial der ganzen Leiteranordnung mit $\varphi_i(\boldsymbol{r})$. Es erfüllt die Bedingungen

$$\begin{aligned} \Delta\varphi_i(\boldsymbol{r}) &\equiv 0 && \text{zwischen den Leitern}\,, \\ \left.\begin{aligned} \varphi_i(\boldsymbol{r}) &= \text{const}_{ij} =: \varphi_{ij} \\ -\varepsilon_0 \int_{F_j} \nabla\varphi_i \cdot d\boldsymbol{f}_j &= q\,\delta_{ij}\,, \end{aligned}\right\} && \text{auf Leiter } j \quad \text{für} \quad j{=}1,\ldots,N\,, \end{aligned} \tag{4.41}$$

wobei F_j die Oberfläche des j-ten Leiters und $d\boldsymbol{f}_j$ ein nach außen gerichtetes Oberflächenelement auf dieser ist. Die Bestimmung der $\varphi_i(\boldsymbol{r})\,, i{=}1,\ldots,N\,,$ wird in Abschn. 4.6.2 auf das Dirichlet-Problem der Laplace-Gleichung zurückgeführt. Wie wir sehen werden, hat dieses eine eindeutige Lösung. Dabei werden wir auch erkennen, dass die Potenziale φ_{ij} der Leiter aus deren Ladungen folgen, sodass sie hier nicht unabhängig von q vorgegeben werden können. Da die $\varphi_i(\boldsymbol{r})$ ausschließlich von der Geometrie der Leiterkonfiguration abhängen, gilt das auch für die Größen φ_{ij}, wobei sich auf ein spezielles φ_{ij} nicht nur die Positionen des i-ten und j-ten, sondern auch die aller übrigen Leiter auswirken.

Wir nehmen jetzt an, die Potenziale $\varphi_1(\boldsymbol{r}), \ldots, \varphi_N(\boldsymbol{r})$ der oben formulierten Probleme seien bekannt, und suchen das im Unendlichen verschwindende Potenzial $\phi(\boldsymbol{r})$ für den Fall, dass mehrere oder alle Leiter geladen sind, wobei Q_i die Ladung des i-ten Leiters sei ($i{=}1,\ldots,N$). Die Lösung dieses Problems lässt sich auf die Lösungen der

Probleme (4.41) zurückführen und ist

$$\phi(\boldsymbol{r}) = \sum_{i=1}^{N} \frac{Q_i}{q}\, \varphi_i(\boldsymbol{r}), \tag{4.42}$$

denn es gilt

$$\left.\begin{aligned} \Delta\phi &\equiv \textstyle\sum_{i=1}^{N}(Q_i/q)\Delta\varphi_i \equiv 0 && \text{zwischen den Leitern}, \\ \phi(\boldsymbol{r}) &= \textstyle\sum_{i=1}^{N}(Q_i/q)\,\varphi_{ij} = \text{const}_j =: \phi_j \\ -\textstyle\int_{F_j}\nabla\phi\cdot d\boldsymbol{f}_j &= -\textstyle\sum_{i=1}^{N}(Q_i/q)\int_{F_j}\nabla\varphi_i\cdot d\boldsymbol{f}_j = Q_j/\varepsilon_0 \end{aligned}\right\} \text{auf Leiter } j, \tag{4.43}$$

wobei die den Leiter j betreffenden Gleichungen für $j=1,\ldots,N$ erfüllt sind. Da alle φ_i im Unendlichen verschwinden, gilt das auch für $\phi(\boldsymbol{r})$.

$\phi(\boldsymbol{r})$ besitzt für vorgegebene Werte ϕ_j eine eindeutige Lösung (siehe Abschn. 4.6), daher sind nach (4.43c) auch die Q_j eindeutig festgelegt. Infolgedessen müssen sich die Gleichungen (4.43b) eindeutig nach den Q_i auflösen lassen, was $\det(\varphi_{ij})\neq 0$ zur Folge hat; wegen ihrer Linearität muss es also Koeffizienten C_{ij} geben, derart, dass

$$Q_i = \sum_{j=1}^{N} C_{ij}\phi_j, \qquad i = 1,\ldots,N \tag{4.44}$$

mit $\det C_{ij}\neq 0$ gilt. Die Größen C_{ij} werden als **Kapazitätskoeffizienten** des Leitersystems bezeichnet. Sie sind ausschließlich Funktionen der φ_{ij} und hängen mit diesen nur von der Geometrie der Leiterkonfiguration ab. Besteht das System nur aus einem einzigen Leiter, so gilt

$$Q = C\phi.$$

C ist bei gegebenem ϕ proportional zur Ladung des Leiters und daher ein Maß für dessen Fassungsvermögen. Dies erklärt den Namen Kapazitätskoeffizient.

Die Kapazitätskoeffizienten C_{ij} erfüllen die **Symmetriebeziehungen**

$$C_{ij} = C_{ji}, \tag{4.45}$$

die aus dem Reziprozitätstheorem von Green folgen.

Reziprozitätstheorem von Green. *Sind $\varrho_1(\boldsymbol{r})$ und $\varrho_2(\boldsymbol{r})$ zwei Ladungsverteilungen und $\phi_1(\boldsymbol{r})$ bzw. $\phi_2(\boldsymbol{r})$ die zugehörigen Potenziale, so gilt*

$$\int \varrho_1(\boldsymbol{r}_1)\,\phi_2(\boldsymbol{r}_1)\,d^3\tau_1 = \int \varrho_2(\boldsymbol{r}_2)\,\phi_1(\boldsymbol{r}_2)\,d^3\tau_2. \tag{4.46}$$

Beweis: Die Behauptung folgt unmittelbar durch Einsetzen von

$$\phi_i(\boldsymbol{r}_k) = \frac{1}{4\pi\varepsilon_0}\int \frac{\varrho_i(\boldsymbol{r}_i)}{|\boldsymbol{r}_k - \boldsymbol{r}_i|}\, d^3\tau_i$$

in die Identität

$$\frac{1}{4\pi\varepsilon_0}\iint \frac{\varrho_1(\boldsymbol{r}_1)\,\varrho_2(\boldsymbol{r}_2)}{|\boldsymbol{r}_1 - \boldsymbol{r}_2|}\, d^3\tau_1\, d^3\tau_2 = \frac{1}{4\pi\varepsilon_0}\iint \frac{\varrho_2(\boldsymbol{r}_2)\,\varrho_1(\boldsymbol{r}_1)}{|\boldsymbol{r}_2 - \boldsymbol{r}_1|}\, d^3\tau_2\, d^3\tau_1. \qquad \square$$

Das Reziprozitätstheorem kann auf zweierlei Weise angewandt werden: Entweder sind $\varrho_1(\boldsymbol{r})$ und $\varrho_2(\boldsymbol{r})$ zwei räumlich getrennte und miteinander wechselwirkende Ladungsverteilungen; in diesem Fall besagt es so viel wie *actio* = *reactio* (die potenzielle Energie der ersten Ladungsverteilung im Feld der zweiten ist gleich der der zweiten im Feld der ersten). Oder aber es handelt sich um zwei voneinander völlig unabhängige Ladungsverteilungen, die zu verschiedenen Problemen gehören und dann auch im gleichen Raumgebiet definiert sein können. In der zuletzt angegebenen Weise benutzen wir das Green'sche Theorem zum Beweis der Symmetriebeziehungen (4.45).

Beweis der Symmetriebeziehungen: Die Ladungen und Potenziale der betrachteten N Leiter seien bei einem Problem Q_{i1} und ϕ_{i1}, bei einem zweiten Q_{i2} und ϕ_{i2} für $i=1,\ldots,N$. Dann folgt aus der sinngemäßen Übertragung des Green'schen Theorems auf Oberflächenladungen

$$\sum_{j=1}^{N} Q_{j1}\phi_{j2} = \int_{\bigcup F_i} \sigma_1\phi_2\, df_1 = \int_{\bigcup F_i} \sigma_2\phi_1\, df_2 = \sum_{i=1}^{N} Q_{i2}\phi_{i1}\,.$$

Mit dem Ergebnis (4.44), d. h.

$$Q_{ik} = \sum_{j=1}^{N} C_{ij}\phi_{jk}, \qquad i = 1,\ldots,N, \quad k = 1,2$$

folgt hieraus

$$\sum_{i,j=1}^{N} C_{ji}\phi_{i1}\phi_{j2} = \sum_{i,j=1}^{N} C_{ij}\phi_{j2}\phi_{i1}\,.$$

Da das Gleichungssystem (4.44) zu beliebig vorgegebenen $\phi_1,\ldots,\phi_N$ eine eindeutige Lösung $Q_1,\ldots,Q_n$ besitzt, können wir mit beliebigem $\phi\neq 0$

$$\phi_{i1} = \phi\,\delta_{ik}\,, \quad \phi_{j2} = \phi\,\delta_{jl}\,, \qquad i,j = 1,\ldots,N$$

setzen und erhalten damit aus der letzten Beziehung

$$0 = \sum_{i,j=1}^{N} \left(C_{ji} - C_{ij}\right)\phi_{i1}\phi_{j2} = \phi \sum_{i,j=1}^{N} \left(C_{ji} - C_{ij}\right)\delta_{ik}\delta_{jl} = \phi\,(C_{lk} - C_{kl})\,. \qquad \square$$

Die **elektrische Energie** des betrachteten Systems geladener Leiter lässt sich in einfacher Weise durch die C_{ij} und ϕ_i ausdrücken. Analog zu (4.10a) gilt für die hier vorliegende flächenhafte Ladungsverteilung

$$W_\mathrm{e} = \frac{1}{2}\int \sigma(\boldsymbol{r})\,\phi(\boldsymbol{r})\,df = \frac{1}{2}\sum_{i=1}^{N}\phi_i\int_{F_i}\sigma\,df = \frac{1}{2}\sum_{i=1}^{N}\phi_i Q_i\,.$$

Mit (4.44) ergibt sich daraus

$$\boxed{W_\mathrm{e} = \frac{1}{2}\sum_{i,j=1}^{N} C_{ij}\phi_i\phi_j\,.} \tag{4.47}$$

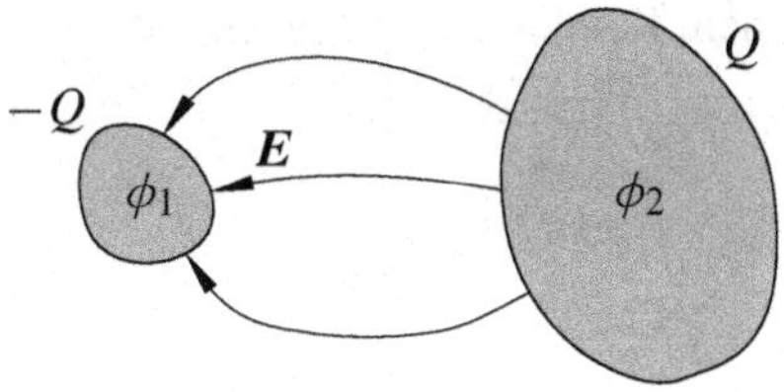

Abb. 4.18: Kondensator aus zwei isolierten Leitern entgegengesetzter Ladung, zwischen denen eine Potenzialdifferenz besteht.

Kondensatoren

Ein System zweier voneinander isolierter Leiter, die Ladungen gleicher Menge und entgegengesetzten Vorzeichens tragen, bezeichnet man als **Kondensator**. Kondensatoren werden unter anderem zur Speicherung von Ladung bzw. elektrischer Energie benutzt und werden in diesem Fall so konstruiert, dass sie bei möglichst kleiner Potenzialdifferenz zwischen den Leitern eine möglichst große Ladung aufnehmen können.

Die Potenzialdifferenz

$$U = \phi_2 - \phi_1$$

zwischen dem Leiter positiver und dem negativer Ladung (Abb. 4.18) bezeichnet man als **Spannung**; diese ist positiv, da das Feld von der positiven zur negativen Ladung führt und $\phi_2 - \phi_1 = \int_1^2 \nabla\phi \cdot d\boldsymbol{r} = -\int_1^2 \boldsymbol{E} \cdot d\boldsymbol{r}$ gilt.

Die Gleichungen (4.44) lauten hier

$$C_{11}\phi_1 + C_{12}\phi_2 = -Q\,, \qquad C_{21}\phi_1 + C_{22}\phi_2 = Q\,,$$

ihre Auflösung nach ϕ_1 und ϕ_2 liefert mit $C_{12} = C_{21}$

$$\phi_1 = -\frac{C_{12} + C_{22}}{C_{11}C_{22} - (C_{12})^2}\,Q\,, \qquad \phi_2 = +\frac{C_{11} + C_{12}}{C_{11}C_{22} - (C_{12})^2}\,Q\,,$$

und hieraus folgt

$$U = \frac{C_{11} + 2C_{12} + C_{22}}{C_{11}C_{22} - (C_{12})^2}\,Q\,. \tag{4.48}$$

Bei Kondensatoren definiert man nochmals ein eigenes Maß für das Fassungsvermögen von Ladung, indem man

$$\boxed{C = Q/U} \tag{4.49}$$

als **Kapazität** des Kondensators bezeichnet. Durch Vergleich mit (4.48) folgt

$$C = \frac{C_{11}C_{22} - (C_{12})^2}{C_{11} + 2C_{12} + C_{22}}\,,$$

daher hängt die Kapazität wie die Kapazitätskoeffizienten nur von der Geometrie des Kondensators ab. Sie wird in der Einheit **Farad**, kürzer F, gemessen, die durch

$$1\,\mathrm{F} = \frac{1\,\mathrm{C}}{1\,\mathrm{V}} \tag{4.50}$$

definiert und nach M. Faraday benannt ist. Die in einem Kondensator gespeicherte elektrische Energie berechnet sich aus

$$W_e = \frac{1}{2}\int \sigma\phi\, df = \frac{1}{2}\left(\phi_1 \int \sigma_1\, df + \phi_2 \int \sigma_2\, df\right) = \frac{1}{2}\, QU$$

zu

$$\boxed{W_e = \frac{1}{2}\, CU^2 .} \tag{4.51}$$

In den folgenden Beispielen berechnen wir die Kapazität explizit für zwei spezielle Kondensatortypen.

Beispiel 4.4: *Plattenkondensator*

Wir betrachten zunächst als mathematisches Modell zwei ebene, unendlich ausgedehnte und zueinander parallele Metallplatten, die unendlich große Oberflächenladungen entgegengesetzten Vorzeichens tragen. Die sich einstellende statische Ladungsverteilung können wir erraten: Positive und negative Ladungen ziehen sich an, daher entsteht auf den einander zugewandten Plattenseiten jeweils eine aus Symmetriegründen räumlich konstante Oberflächenladung der Dichte $\sigma_+ = \sigma > 0$ bzw. $\sigma_- = -\sigma$ (Abb. 4.19 (a)). Das elektrische Feld verläuft senkrecht zu den Plattenoberflächen, und da in jedem der Leiter $\boldsymbol{E}=0$ ist, besteht zwischen ihm und den Oberflächenladungen nach (4.39c) der Zusammenhang

$$\boldsymbol{n}_\pm \cdot \varepsilon_0 \boldsymbol{E} = \sigma_\pm = \pm\sigma .$$

Zwischen den Leitern ist $\boldsymbol{E} = E\,\boldsymbol{n}_+$ konstant, es gilt $E = \sigma/\varepsilon_0$ und mit $U = \phi_2 - \phi_1 = -\int_1^2 \boldsymbol{E}\cdot d\boldsymbol{s} = Ed$ folgt

$$U = \frac{\sigma d}{\varepsilon_0} .$$

Jetzt betrachten wir einen realistischen Plattenkondensator, der aus zwei ebenen, parallelen Platten endlicher Fläche $\Delta F \gg d^2$ besteht. Eine genauere Analyse zeigt, dass das Feld größtenteils praktisch wie in Abb. 4.19 (a) verläuft. Nur an den Rändern sind die Feldlinien verbogen (Abb. 4.19 (b)), außerdem befindet sich eine relativ schwache Oberflächenladung auch auf der Rückseite der Platten, sodass auch Feldlinien von Rückseite zu Rückseite verlaufen.

Dort, wo der größte Teil der Ladung sitzt, gilt näherungsweise wie oben $U = \sigma d/\varepsilon_0$. Weiterhin gilt näherungsweise $Q = \sigma\,\Delta F$ und daher $U = Qd/(\varepsilon_0 \Delta F)$. Hieraus folgt als Kapazität des

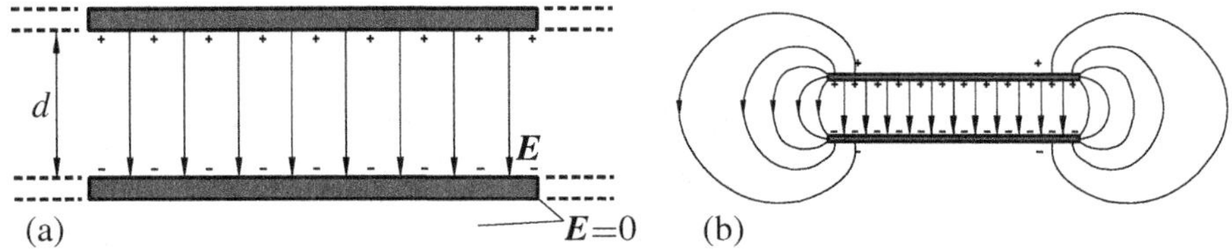

Abb. 4.19: Plattenkondensator. (a) Idealisierter Kondensator mit unendlich ausgedehnten Oberflächen, (b) realistischer Kondensator mit Platten endlicher Ausdehnung. Gegenüber dem idealisierten Fall treten Abweichungen an den Rändern auf.

Plattenkondensators

$$C = \varepsilon_0 \frac{\Delta F}{d} \,. \tag{4.52}$$

Wie erwartet hängt sie nur von den geometrischen Größen ΔF und d ab. Je größer die Plattenflächen und je kleiner deren Abstand, umso größer ist die Kapazität. Dies gilt qualitativ auch für Kondensatoren aus gebogenen Metallplatten oder Metallfolien. Daher bekommt man Kondensatoren hoher Kapazität, indem man zwei Metallfolien durch eine dünne Isolierschicht trennt und zu einer Rolle aufwickelt.

Beispiel 4.5: *Kugelkondensator*

Ein Kugelkondensator besteht aus zwei konzentrischen metallischen Kugelschalen. Ladungsverteilung und Feldverlauf können wieder erraten werden: Die Ladungen sammeln sich mit aus Symmetriegründen konstanter Flächendichte auf den einander zugewandten Kugeloberflächen (Abb. 4.20), und wir nehmen an, dass die innere Kugelschale die positive Ladung trägt. In dem Vakuumgebiet zwischen den beiden Kugelschalen gilt wie im Außenraum einer homogen geladenen Kugel (siehe Abschn. 4.2.1)

$$\boldsymbol{E} = \frac{Q}{4\pi\varepsilon_0 r^2} \frac{\boldsymbol{r}}{r} \,.$$

Hieraus folgt die Spannung

$$U = -\int_1^2 \boldsymbol{E} \cdot d\boldsymbol{r} = \int_{r_2}^{r_1} E \, dr = \frac{Q}{4\pi\varepsilon_0} \left(\frac{1}{r_2} - \frac{1}{r_1} \right)$$

zwischen den Kugelschalen und die Kapazität

$$C = 4\pi\varepsilon_0 \frac{r_1 r_2}{r_1 - r_2} \,. \tag{4.53}$$

Mit $F_2 = 4\pi r_2{}^2$ und $r_1 - r_2 = d$ ergibt sich

$$C = \frac{\varepsilon_0 F_2}{d} \frac{r_1}{r_2} = \frac{\varepsilon_0 F_2}{d} \left(1 + \frac{d}{r_2} \right) .$$

Für $d/r_2 \to 0$ folgt hieraus, wie zu erwarten, die Kapazität des Plattenkondensators.

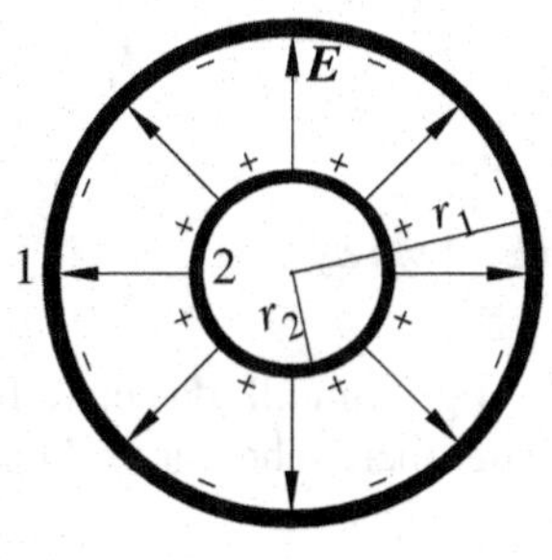

Abb. 4.20: Kugelkondensator aus zwei konzentrisch angeordneten metallischen Kugelschalen.

4.5.3 Gesamtkraft auf einen Leiter

Die Ladungen auf der Oberfläche eines Leiters sind dem dort senkrecht stehenden elektrischen Feld ausgesetzt und erfahren daher Kräfte. Wenn man zu deren Berechnung in (3.17) mit $\varrho\, d^3\tau \to \sigma\, df$ zu Oberflächenladungsdichten übergeht,

$$\boldsymbol{E}(\boldsymbol{r}) = E(\boldsymbol{r})\,\boldsymbol{n}(\boldsymbol{r}) \qquad \text{mit} \qquad \boldsymbol{n}(\boldsymbol{r}) = -\frac{\nabla\phi(\boldsymbol{r})}{|\nabla\phi(\boldsymbol{r})|} \tag{4.54}$$

setzen und (4.39c) bzw. $E=\sigma/\varepsilon_0$ benutzen würde, erhielte man $\boldsymbol{F}=\varepsilon_0 \int_F E^2\boldsymbol{n}\, df$. (Man beachte den Unterschied zwischen der Notation F für die Leiteroberfläche und $\boldsymbol{F}$ für die Kraft.) Dieses Ergebnis ist um den Faktor $1/2$ falsch! Der Grund dafür ist, dass bei der gewählten Berechnungsweise die Selbstwechselwirkung der Oberflächenladungen falsch behandelt wird und zur Gesamtkraft einen Beitrag liefert, statt herauszufallen (siehe unten Beispiel 4.6).

Um das richtige Ergebnis zu erhalten, muss man berücksichtigen, dass die elektrische Feldstärke beim Übergang von der Oberfläche ins Innere des Leiters durch die Oberflächenladungen von ihrem Vakuumwert auf den Wert null abgeschwächt wird und auf diese daher nicht, wie oben angenommen, überall mit der vollen Stärke des Vakuumwertes einwirkt. Wir gehen deshalb von einer Volumenladungsdichte aus, die auf eine dünne Schicht unter der Leiteroberfläche konzentriert ist, berechnen für diese die Gesamtkraft und vollziehen erst dann den Übergang zu einer flächenhaften Ladungsdichte. Mit (4.54) erhalten wir so

$$\begin{aligned}\boldsymbol{F} &= \int_V \varrho\boldsymbol{E}\, d^3\tau = \varepsilon_0 \int_V \boldsymbol{E}\,\mathrm{div}\,\boldsymbol{E}\, d^3\tau = \varepsilon_0 \int_V \boldsymbol{n}\, E\, (\boldsymbol{n}\cdot\nabla E + E\,\mathrm{div}\,\boldsymbol{n})\, d^3\tau \\ &= \varepsilon_0 \int_V \boldsymbol{n}\, \boldsymbol{n}\cdot\nabla E^2/2\, d^3\tau + \varepsilon_0 \int_V \boldsymbol{n}E^2\,\mathrm{div}\,\boldsymbol{n}\, d^3\tau\,.\end{aligned}$$

Jetzt führen wir eine Koordinate l_n ein, welche die Weglänge in Richtung von $\boldsymbol{n}(\boldsymbol{r})$ angibt, nehmen an, dass sich die Ladungsverteilung senkrecht zur Leiteroberfläche von $l_n=0$ bis $l_n=\varepsilon$ erstreckt, benutzen $d^3\tau=dl_n\, df$, wobei df das Flächenelement der Flächen $\phi=$const ist, und berechnen

$$\int_V \boldsymbol{n}\, \boldsymbol{n}\cdot\nabla \frac{E^2}{2}\, d^3\tau \approx \int_F df\, \boldsymbol{n} \int_0^\varepsilon \frac{\partial}{\partial l_n}\frac{E^2}{2}\, dl_n = \int_F \frac{E^2|_\varepsilon - E^2|_0}{2}\,\boldsymbol{n}\, df = \int_F \frac{E^2|_\varepsilon}{2}\,\boldsymbol{n}\, df$$

sowie

$$\int_V \boldsymbol{n}E^2\,\mathrm{div}\,\boldsymbol{n}\, d^3\tau = \int_0^\varepsilon dl_n \int_F \boldsymbol{n}E^2\,\mathrm{div}\,\boldsymbol{n}\, df\,.$$

Lassen wir jetzt $\varepsilon\to 0$ gehen, so geht das letzte Integral gegen null, das erste Integral wird exakt, $E^2|_\varepsilon$ geht gegen den Wert E^2 auf einer Leiteroberfläche mit exakter Oberflächenladung, und wir erhalten

$$\boldsymbol{F} = \frac{\varepsilon_0}{2}\int_F E^2\boldsymbol{n}\, df\,. \tag{4.55}$$

Wenn das Feld $\boldsymbol{E}$ ausschließlich von den Ladungen des Leiters erzeugt wird, muss die Gesamtkraft verschwinden (siehe Abschn. 3.1.6), das Feld besitzt dann die Eigenschaft

$$\int_F E^2 \boldsymbol{n}\, df = 0\,. \tag{4.56}$$

Beispiel 4.6: *Kraft auf die Platten eines Plattenkondensators*

1. Für die Kraft auf die positiven Ladungen der oberen Platte des in Abb. 4.19 (b) dargestellten Plattenkondensators ergibt sich aus Gleichung (4.55) mit $E=\sigma/\varepsilon_0=Q/(F\varepsilon_0)$

$$\boldsymbol{F}_+ = -\frac{\varepsilon_0}{2}\int_F E^2 \boldsymbol{e}_z\, df = -\frac{Q^2}{2\varepsilon_0 F}\boldsymbol{e}_z = -\boldsymbol{F}_-\,.$$

2. Es ist instruktiv, dieses Ergebnis nochmals mithilfe der Beziehung (3.21) zu berechnen, aus der die Selbstwechselwirkung der Oberflächenladungen herausgenommen ist. Wird das von den positiven Oberflächenladungen der oberen Platte allein erzeugte Feld mit $\boldsymbol{E}_+$ und das der negativen Ladungen mit $\boldsymbol{E}_-$ bezeichnet, so findet man mit $\sigma_+=\sigma=-\sigma_-$, (4.39c) und aus Symmetriegründen (Abb. 4.21)

$$\boldsymbol{E}_+ = \begin{cases} \dfrac{\sigma}{2\varepsilon_0}\boldsymbol{e}_z & \text{für } z > +d/2\,, \\ -\dfrac{\sigma}{2\varepsilon_0}\boldsymbol{e}_z & \text{für } z < +d/2\,, \end{cases} \qquad \boldsymbol{E}_- = \begin{cases} \dfrac{\sigma}{2\varepsilon_0}\boldsymbol{e}_z & \text{für } z < -d/2\,, \\ -\dfrac{\sigma}{2\varepsilon_0}\boldsymbol{e}_z & \text{für } z > -d/2\,. \end{cases}$$

Beide Felder sind innerhalb der leitenden Kondensatorplatten von null verschieden, erst das aus ihnen superponierte Gesamtfeld $\boldsymbol{E}$ verschwindet. Wie in Abschn. 4.5.1 besprochen wird also z. B. das Feld der negativen Ladungen in der oberen Kondensatorplatte durch ein Gegenfeld kompensiert, das die positiven Ladungen hervorrufen.

Nach (3.21) kann nun z. B. die Kraft auf die positiven Ladungen unter alleiniger Berücksichtigung des von den negativen Ladungen erzeugten Feldes berechnet werden. Weil sich dieses aber im Gegensatz zum Gesamtfeld über die positiven Ladungen hinweg nicht ändert, kann jetzt gleich mit $\varrho\, d^3\tau \to \sigma\, df$ zu Oberflächenladungsdichten übergegangen werden, und man erhält wie zuvor

$$\boldsymbol{F}_+ = \int_F \sigma_+ \boldsymbol{E}_-\, df = -\int_F \sigma \frac{\sigma}{2\varepsilon_0}\boldsymbol{e}_z\, df = -\frac{\sigma^2 F}{2\varepsilon_0}\boldsymbol{e}_z = -\frac{Q^2}{2\varepsilon_0 F}\boldsymbol{e}_z\,. \tag{4.57}$$

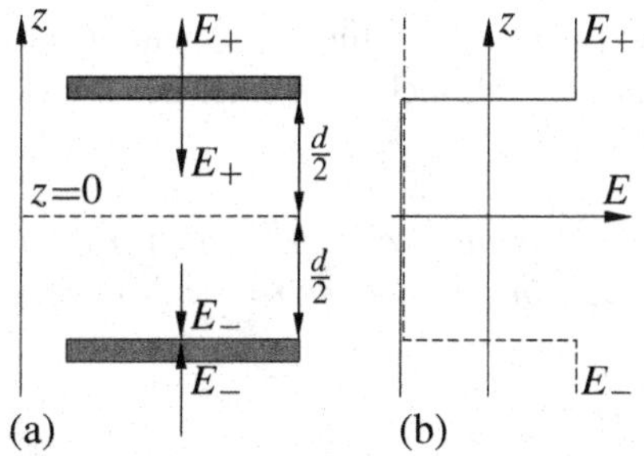

Abb. 4.21: Zerlegung des elektrischen Feldes $\boldsymbol{E}$ in einem Plattenkondensator in die Felder $\boldsymbol{E}_+$ und $\boldsymbol{E}_-$ der positiven und negativen Ladungen. (a) Feldgeometrie, (b) Feldstärkenverlauf in Abhängigkeit von z.

4.6 Elektrostatische Randwertprobleme

4.6.1 Drei Randwertprobleme der Potenzialtheorie

Die Poisson-Gleichung $\Delta\phi(\boldsymbol{r})=f(\boldsymbol{r})$ besitzt, wenn keine weiteren Forderungen gestellt werden, keine eindeutige Lösung, sondern viele Lösungen. Ihre allgemeine Lösung erhält man durch Superposition einer speziellen Lösung $\phi_{\text{inh}}(\boldsymbol{r})$ der vollen inhomogenen Gleichung mit der allgemeinen Lösung $\phi_{\text{hom}}(\boldsymbol{r})$ der zugehörigen homogenen Gleichung $\Delta\phi(\boldsymbol{r})=0$,

$$\phi(\boldsymbol{r}) = \phi_{\text{hom}}(\boldsymbol{r}) + \phi_{\text{inh}}(\boldsymbol{r}),$$

und es gilt $\Delta\phi=\Delta\phi_{\text{inh}}=f(\boldsymbol{r})$.

Die homogene Gleichung besitzt sogar unendlich viele voneinander unabhängige Lösungen. Wie man leicht nachprüft, ist z. B.

$$\phi = \mathrm{e}^{\alpha x+\beta y}\sin\left(\sqrt{\alpha^2+\beta^2}\,z\right)$$

für beliebige Werte von α und β eine Lösung der homogenen Gleichung. Wir werden uns später anhand eines konkreten Beispiels ausführlich damit beschäftigen, wie man zu einem vollständigen Satz unabhängiger Lösungen gelangt, aus dem sich die allgemeine Lösung zusammensetzen lässt (siehe Abschn. 4.7.4). Dieser enthält unendlich viele frei wählbare Konstanten, weshalb man eine eindeutige Lösung der Poisson-Gleichung erst erhält, wenn geeignete Zusatzbedingungen gestellt werden, welche die Lösung eindeutig machen. Hier hat man sich in erster Linie für Randwertprobleme interessiert, bei denen die Zusatzbedingungen in Randbedingungen an die Funktion $\phi(\boldsymbol{r})$ bestehen. In der Potenzialtheorie spielen insbesondere die folgenden drei Randwertprobleme eine wichtige Rolle.

Dirichlet-Problem. *Gesucht wird die Lösung der Poisson-Gleichung $\Delta\phi=f(\boldsymbol{r})$, für die $\phi(\boldsymbol{r})$ auf im Endlichen gelegenen vorgegebenen Flächen $\boldsymbol{r}=\boldsymbol{r}(u,v)$ eine gegebene Funktion*

$$\phi(\boldsymbol{r}(u,v)) = d(u,v)$$

von u, v ist und gegebenenfalls für $|\boldsymbol{r}|\to\infty$ mindestens wie $1/r$ gegen null strebt.

Dabei muss die „Randbedingung im Unendlichen", $\phi(\boldsymbol{r}) \lesssim 1/r$ für $r\to\infty$, nur erfüllt werden, falls das Gebiet, in dem die Lösung gesucht wird, nicht von einer der Randflächen eingegrenzt wird.

Neumann-Problem. *Gesucht wird die Lösung der Poisson-Gleichung $\Delta\phi=f(\boldsymbol{r})$, für die $\boldsymbol{n}\cdot\nabla\phi=\partial\phi/\partial n$ auf im Endlichen gelegenen vorgegebenen Flächen $\boldsymbol{r}=\boldsymbol{r}(u,v)$ gegebene Werte*

$$\left.\frac{\partial\phi}{\partial n}\right|_{\boldsymbol{r}(u,v)} = g(u,v)$$

annimmt und gegebenenfalls für $|\boldsymbol{r}|\to\infty$ mindestens wie $1/r^2$ gegen null strebt.

Kombiniertes Dirichlet-Neumann-Problem. *Gesucht wird die Lösung der Poisson-Gleichung* $\Delta\phi = f(\mathbf{r})$*, für die* $\alpha(u,v)\,\phi + \beta(u,v)\,(\partial\phi/\partial n)$ *auf im Endlichen gelegenen vorgegebenen Flächen* $\mathbf{r} = \mathbf{r}(u,v)$ *gegebene Werte*

$$\alpha(u,v)\,\phi(\mathbf{r}(u,v)) + \beta(u,v)\,\frac{\partial\phi}{\partial n}\bigg|_{\mathbf{r}(u,v)} = h(u,v)$$

annimmt und gegebenenfalls für $|\mathbf{r}| \to \infty$ *mindestens wie* $1/r$ *gegen null strebt. Dabei sind* $\alpha(u,v)$ *und* $\beta(u,v)$ *stetige Funktionen, die die Bedingung*

$$\frac{\alpha(u,v)}{\beta(u,v)} \geq 0$$

erfüllen.

Die drei angegebenen Probleme werden in der Reihenfolge ihrer Einführung auch als **erstes**, **zweites** und **drittes Randwertproblem der Potenzialtheorie** bezeichnet. Es kann gezeigt werden, dass sie unter gewissen Einschränkungen an die Randflächen alle eine Lösung besitzen. Für den Existenzbeweis, bei dem sie auf die Lösung von Integralgleichungen zurückgeführt werden, muss allerdings auf die mathematische Literatur verwiesen werden.[2] Wir begnügen uns hier damit, die Eindeutigkeit der Lösungen zu beweisen.

Beweis der Eindeutigkeit: Wir nehmen an, es gäbe zwei Lösungen $\phi^{(1)}$ und $\phi^{(2)}$, und definieren

$$U := \phi^{(2)} - \phi^{(1)}\,.$$

Offensichtlich erfüllt U zwischen den Randflächen die Gleichung $\Delta U = 0$. Nun wenden wir auf U die zweite Form des Green'schen Satzes, (2.35), an, wobei wir für G das Gebiet zwischen den Randflächen wählen, das gegebenenfalls bis ins Unendliche reicht, und erhalten

$$\int_G (\nabla U)^2\, d^3\tau = \int_F U\,\frac{\partial U}{\partial n}\,df + \int_\infty U\,\frac{\partial U}{\partial n}\,df\,,$$

wobei sich das erste Oberflächenintegral über die im Endlichen gelegenen Flächen erstreckt und das zweite, das eventuell entfällt, über eine Kugelfläche mit dem Radius $r \to \infty$ oder Teile einer solchen. Auf den Randflächen gilt

$$\phi^{(1)} = \phi^{(2)} = d(u,v) \qquad \text{bzw.} \qquad \frac{\partial\phi^{(1)}}{\partial n} = \frac{\partial\phi^{(2)}}{\partial n} = g(u,v)$$

beim ersten bzw. zweiten Randwertproblem und

$$\alpha(u,v)\,\phi_1 + \beta(u,v)\,\frac{\partial\phi_1}{\partial n} = \alpha(u,v)\,\phi_2 + \beta(u,v)\,\frac{\partial\phi_2}{\partial n} = h(u,v)$$

beim dritten Randwertproblem und daraus folgend

$$U = 0 \quad \text{bzw.} \quad \frac{\partial U}{\partial n} = 0 \quad \text{bzw.} \quad \alpha(u,v)\,U + \beta(u,v)\,\frac{\partial U}{\partial n} = 0\,.$$

2 Siehe z. B. A. Duschek, *Höhere Mathematik IV*, Springer-Verlag, oder andere Bücher über Potenzialtheorie bzw. die Theorie partieller Differenzialgleichungen.

Für $|\boldsymbol{r}|\to\infty$ gilt in allen drei Fällen, dass U $(\partial U/\partial r)$ mindestens wie $1/r^3$ abfällt. Damit folgt aus dem Green'schen Satz aber

$$\int_G (\nabla U)^2\, d^3\tau = 0$$

beim ersten und zweiten Randwertproblem und

$$\int_G (\nabla U)^2\, d^3\tau + \int_F \frac{\alpha(u,v)}{\beta(u,v)}\, U^2\, df = 0$$

beim dritten. Hieraus folgt wegen der Positivität der Integranden in allen drei Fällen $\nabla U\equiv 0$ mit der Konsequenz U=const in G und beim dritten Problem zusätzlich noch U=0 auf F bzw. für $|\boldsymbol{r}|\to\infty$, was auch beim ersten gilt. Für das erste und dritte Randwertproblem ergibt sich daher $U\equiv 0$. Beim zweiten, dem Neumann-Problem, bleibt der konstante Wert von U unbestimmt, d. h. ϕ ist nur bis auf eine Konstante eindeutig festgelegt. Aber auch hier wird $\nabla\phi$ eindeutig, und das ist die Größe, auf die es in der Elektrostatik alleine ankommt. □

4.6.2 Elektrostatik mit Randbedingungen auf Leitern

Leiter in einem elektrostatischen Feld bilden ein typisches Beispiel für das in Abschn. 3.1.5 angesprochene Problem, dass die Ladungsverteilung nicht von vorneherein gegeben sein muss. Wie ausführlich diskutiert wurde, stellt sich vielmehr auf den Leitern eine Verteilung von Oberflächenladungen so ein, dass im Inneren und auf der Oberfläche der Leiter ϕ=const gilt. Hierfür genügt es, die Randbedingung ϕ=const auf der Oberfläche des Leiters zu stellen.

Häufig ist außerhalb der Leiter eine bekannte Ladungsverteilung $\varrho(\boldsymbol{r})$ vorgegeben,[3] und es wird eine Lösung $\phi(\boldsymbol{r})$ des Potenzials von $\boldsymbol{E}$ gesucht, die auf den verschiedenen Leiteroberflächen vorgegebene konstante Werte ϕ_i annimmt sowie im Unendlichen verschwindet. In der Sprache der Praxis heißt das: Es wird eine Lösung gesucht, bei der die Leiter gegenüber Erde vorgegebene Spannungen besitzen. Wir haben bei dieser Fragestellung das Randwertproblem

$$\begin{aligned} \Delta\phi &= -\varrho/\varepsilon_0 && \text{zwischen den Leitern}\,, \\ \phi(\boldsymbol{r}) = \phi_i &= \text{const}_i && \text{auf den Leitern } i = 1,\ldots,N\,, \\ \phi(\boldsymbol{r}) &\to 0 && \text{für } |\boldsymbol{r}|\to\infty\,. \end{aligned} \tag{4.58}$$

Interessiert $\boldsymbol{E}$ bzw. ϕ innerhalb eines Hohlleiters, in welchem sich eine gegebene Ladungsverteilung ϱ und evtl. andere Leiter befinden, so entfällt die „Randbedingung" $\lim_{|\boldsymbol{r}|\to\infty}\phi(\boldsymbol{r})$=0.

Offensichtlich handelt es sich bei dem Problem (4.58) um ein Dirichlet-Problem, das nach den Ausführungen des letzten Abschnitts eine eindeutige Lösung besitzt. Ist diese gefunden, so können die Ladungen Q_i der Leiter im Nachhinein aus (4.43c) bestimmt

---

3 Mit $\varrho\equiv 0$ ist hierbei auch der Fall eingeschlossen, dass das Feld $\boldsymbol{E}(\boldsymbol{r})$ nur von Ladungen auf den Leiteroberflächen erzeugt wird.

werden. Das bedeutet aber auch, dass diese nicht zusätzlich zu deren Potenzialen ϕ_i vorgegeben werden können.

Bei einer anderen Klasse von Problemen wird zu einer gegebenen Ladungsverteilung $\varrho(\boldsymbol{r})$ das Potenzial $\phi(\boldsymbol{r})$ außerhalb der Leiter so gesucht, dass diese vorgegebene Ladungen Q_i aufweisen, wobei der Fall $Q_1{=}Q_2{=}\cdots{=}Q_N{=}0$ mit eingeschlossen ist. (Zu dieser Klasse gehört auch das Problem, mit dessen Hilfe wir in Abschn. 4.5.2 die Kapazitätskoeffizienten bestimmt hatten.) Die Lösung dieser Probleme kann auf das eben betrachtete Randwertproblem zurückgeführt werden: Man fasst bei diesem die Größen ϕ_i als variable Parameter auf und bestimmt die Lösung $\phi{=}\phi(\boldsymbol{r}, \phi_1, \ldots, \phi_N)$. Die Parameter ϕ_i werden anschließend aus den Gleichungen

$$-\varepsilon_0 \int_{F_i} \nabla\phi \cdot d\boldsymbol{f} = Q_i\,, \qquad i = 1, \ldots, N$$

berechnet.

Beispiel 4.7: *Faraday-Käfig*

Befindet sich ein Leiter in einem elektrostatischen Feld, so gilt in seinem ganzen Inneren $\boldsymbol{E}{\equiv}0$. Wir stellen uns nun vor, dass ein Teil des Leiterinneren entfernt wird, sodass ein Hohlraum entsteht (Abb. 4.22).

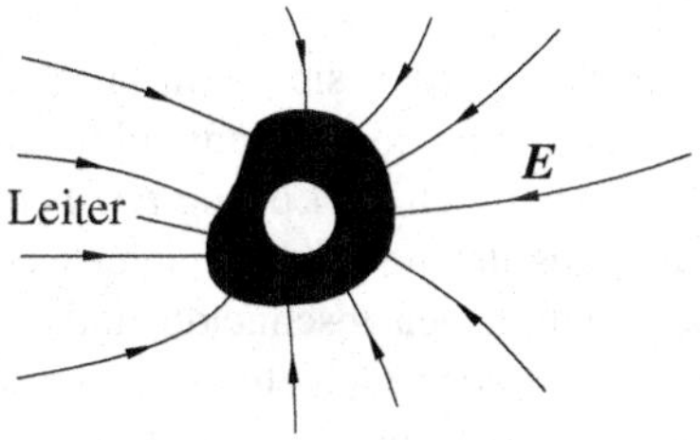

Abb. 4.22: Abschirmung äußerer elektrischer Felder in einem Hohlraum des Leiterinneren (Faraday-Käfig).

Damit bei diesem Prozess nichts mit den auf der Leiteroberfläche angesammelten Ladungen passiert, kann man sich vorstellen, dass der Leiter von innen heraus gegen den Rand zu komprimiert wird. Da alle felderzeugenden Ladungen geblieben sind, wo sie waren, muss in dem entstandenen Hohlraum ebenfalls $\boldsymbol{E}{\equiv}0$ gelten. Das äußere Feld wird also im Hohlraum durch den umgebenden Leiter vollständig abgeschirmt.

Was eben mithilfe physikalischer Argumente gezeigt wurde, folgt natürlich auch formal aus den Grundgleichungen der Elektrostatik: Da sich im Hohlraum keine Ladungen befinden, muss dort

$$\Delta\phi = 0$$

gelten, auf der metallischen Begrenzung des Hohlraums ist $\phi{=}\phi_0$ mit konstantem ϕ_0 zu verlangen. Wir erhalten eine Lösung dieses Problems, wenn wir im ganzen Hohlraum $\phi{\equiv}\phi_0$ setzen. Dies ist nach dem vorher bewiesenen Eindeutigkeitssatz die einzige Lösung eines Dirichlet-Problems, und daher gilt

$$\boldsymbol{E} = -\nabla\phi_0 = 0\,.$$

In der Praxis gelingt übrigens eine fast vollständige Abschirmung elektrischer Felder schon mit einem Netz aus leitfähigem Draht.

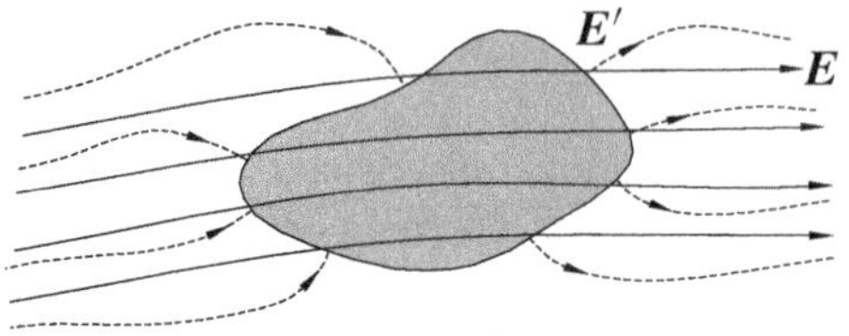

Abb. 4.23: Abänderung eines externen E-Felds (durchgezogen) in E' (gestrichelt) durch Einbringen eines Leiters.

4.7 Lösungsmethoden bei Randwertproblemen

Wir behandeln in diesem Abschnitt eine Reihe verschiedener Methoden, die zur Lösung der im letzten Abschnitt besprochenen Randwertprobleme benutzt werden.

4.7.1 Methode der Spiegelladungen

Die durch ein externes E-Feld auf der Oberfläche eines Leiters induzierten **Influenzladungen** bringen nicht nur das Feld im Inneren des Leiters zum Verschwinden, sondern verändern auch das externe Feld so, dass es im statischen Endzustand $\boldsymbol{E}'$ überall senkrecht zur Leiteroberfläche steht (Abb. 4.23). In Ausnahmefällen tut das schon das ursprüngliche Feld $\boldsymbol{E}$ und ist damit die Lösung des durch Einbringen des Leiters gestellten Randwertproblems im Außenraum des Leiters.

Solche Ausnahmen sind rein zufällig, in der Praxis werden sie kaum auftreten. Theoretisch kann man diesen Fall jedoch gezielt herbeiführen und zur Konstruktion der Lösung von Randwertproblemen ausnutzen. Kennt man nämlich die Lösung $\boldsymbol{E}(\boldsymbol{r})$ eines beliebigen elektrostatischen Problems, so erhält man aus ihr die Lösung vieler weiterer Probleme, indem man sie an beliebigen Äquipotenzialflächen abschneidet und diese zu Oberflächen von Leitern erklärt. Insbesondere dürfen auch Gebiete abgeschnitten werden, in denen sich Ladungen befinden. Da auf der (geschlossenen) Leiteroberfläche dann

$$\varepsilon_0 \int_F \boldsymbol{E} \cdot d\boldsymbol{f} = Q$$

denselben Wert wie bei der ursprünglichen Ladungsverteilung annimmt, trägt auch der Leiter die Ladung Q.

Leider liefert diese Methode keinen systematischen Weg zur Lösung von Randwertproblemen, da sich die Leiterformen, für die man Lösungen findet, erst im Nachhinein ergeben. Praktisch wurden jedoch auf diese Weise quasi von rückwärts eine Reihe interessanter Fälle gelöst, deren systematische Lösung sehr viel schwieriger gewesen wäre. Wir werden im Folgenden einige Beispiele untersuchen, bei denen auch klar wird, warum man hierbei von der Methode der Spiegelladungen spricht.

Feld außerhalb einer geladenen Metallkugel

Die Äquipotenzialflächen einer Punktladung sind Kugelflächen. Wir machen eine von diesen zur Oberfläche eines Leiters (Abb. 4.24 (a)). Außerhalb des Leiters stimmt das

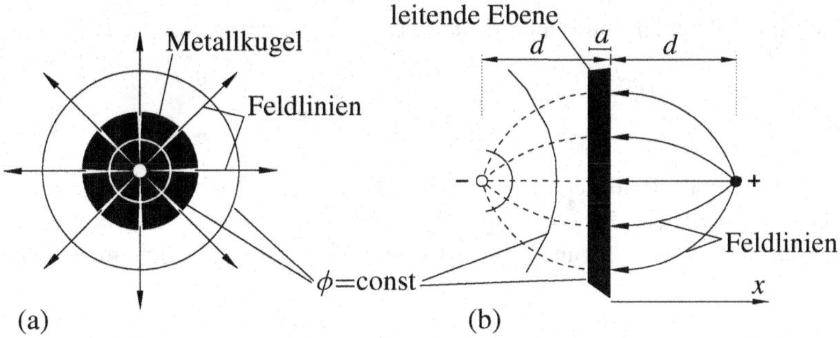

Abb. 4.24: (a) Feldlinien und Äquipotenzialflächen einer geladenen Metallkugel. (b) Feldlinien und Äquipotenzialflächen für eine Punktladung vor einer leitenden Ebene.

Feld mit dem der Punktladung überein, wenn der Leiter dieselbe Ladung trägt,

$$\boldsymbol{E} = \frac{Q}{4\pi\varepsilon_0 r^2}\frac{\boldsymbol{r}}{r}\,. \tag{4.59}$$

Punktladung vor einer leitenden Ebene

Wir betrachten das Feld zweier Punktladungen, q bei $\boldsymbol{r}=\boldsymbol{d}=d\boldsymbol{e}_x$ und $-q$ bei $\boldsymbol{r}=-\boldsymbol{d}$. Das Potenzial ihres Feldes ist

$$\phi = \frac{q}{4\pi\varepsilon_0\,|\boldsymbol{r}-\boldsymbol{d}|} - \frac{q}{4\pi\varepsilon_0\,|\boldsymbol{r}+\boldsymbol{d}|}\,,$$

und es gilt $\phi=0$ für

$$(\boldsymbol{r}-\boldsymbol{d})^2 = (\boldsymbol{r}+\boldsymbol{d})^2 \qquad \text{bzw.} \qquad \boldsymbol{r}\cdot\boldsymbol{d} = d\,\boldsymbol{r}\cdot\boldsymbol{e}_x = 0 \qquad \text{oder} \qquad x=0\,.$$

Die Symmetrieebene zwischen den beiden Ladungen kann demnach durch eine Leiteroberfläche ersetzt werden.

Wir können z. B. den ganzen Halbraum links von der Symmetrieebene oder einen Teilbereich $-d<-a<x\leq 0$ desselben (Abb. 4.24 (b)) mit dem Leiter ausfüllen und das Feld im ganzen linken Halbraum gleich null setzen. Das Feld im rechten Halbraum verläuft so, als würde bei $\boldsymbol{r}=-\boldsymbol{d}$ eine Punktladung $-q$ sitzen. Diese nicht wirklich vorhandene Ladung nennt man **Spiegelladung** oder **Bildladung**.

Aus $\boldsymbol{E}=-\nabla\phi$ ergibt sich

$$\boldsymbol{E} = \frac{q}{4\pi\varepsilon_0}\left(\frac{\boldsymbol{r}-\boldsymbol{d}}{|\boldsymbol{r}-\boldsymbol{d}|^3} - \frac{\boldsymbol{r}+\boldsymbol{d}}{|\boldsymbol{r}+\boldsymbol{d}|^3}\right). \tag{4.60}$$

Die Ladungsdichte σ auf der Leiteroberfläche folgt mit $\sigma=\varepsilon_0\boldsymbol{E}\cdot\boldsymbol{e}_x|_{\boldsymbol{r}\cdot\boldsymbol{d}=0}$ und $|\boldsymbol{r}+\boldsymbol{d}|=|\boldsymbol{r}-\boldsymbol{d}|=(r^2+d^2)^{1/2}$ zu

$$\sigma = -\frac{qd}{2\pi\,(r^2+d^2)^{3/2}}\,.$$

Sie ist für $q>0$ negativ und übt auf die Ladung q bei $\boldsymbol{r}=\boldsymbol{d}$ dieselbe Kraft

$$\boldsymbol{F} = -\frac{q^2 \boldsymbol{d}}{16\pi\varepsilon_0 d^3} \tag{4.61}$$

aus, die eine reale Punktladung $-q$ am Ort der Spiegelladung erzeugen würde, weil sie dasselbe Feld wie diese erzeugt. Dies bedeutet: *Die reale Ladung wird von ihrer Spiegelladung angezogen*, und zwar umso stärker, je näher sie sich am Leiter befindet.

Punktladung vor einer geerdeten, leitfähigen Kugel

Die Äquipotenzialflächen des eben betrachteten Systems zweier Punktladungen $q_1=q$ und $q_2=-q$ sehen ähnlich wie Kugelflächen aus. Eine Ausnahme bildet nur die „geerdete" Ebene[4] $\boldsymbol{r}\cdot\boldsymbol{d}=0$ mit dem Potenzial $\phi|_{\boldsymbol{r}\cdot\boldsymbol{d}=0}=0=\phi|_{|\boldsymbol{r}|\to\infty}$. Man kann vermuten, dass die Potenzialfläche $\phi=0$ bei Veränderung des Ladungsverhältnisses q_2/q_1 aus der symmetrischen Mittellage wegrückt und dabei Kugelform annimmt. Füllt man dann den Raum innerhalb der Kugelfläche $\phi=0$ mit einem Leiter, so hat man die Lösung für das Potenzial einer Punktladung q vor einer geerdeten leitfähigen Kugel.

Zur Realisierung dieser Lösungsidee betrachten wir das Potenzial eines Systems zweier Punktladungen, von denen sich eine, q, bei $\boldsymbol{r}=\boldsymbol{x}=x\,\boldsymbol{e}_x$ befindet und die andere, q', bei $\boldsymbol{r}=\boldsymbol{x}'=x'\boldsymbol{e}_x$ (Abb. 4.25). Es gilt

$$\phi(\boldsymbol{r}) = \frac{1}{4\pi\varepsilon_0}\left(\frac{q}{|\boldsymbol{r}-\boldsymbol{x}|}+\frac{q'}{|\boldsymbol{r}-\boldsymbol{x}'|}\right) = \frac{1}{4\pi\varepsilon_0}\left(\frac{q}{r\,|\boldsymbol{e}_r-(x/r)\boldsymbol{e}_x|}+\frac{q'}{x'|(r/x')\boldsymbol{e}_r-\boldsymbol{e}_x|}\right)$$

und wir erhalten $\phi=0$ für

$$\frac{r\,q'}{x'q} = -\frac{|(r/x')\boldsymbol{e}_r-\boldsymbol{e}_x|}{|\boldsymbol{e}_r-(x/r)\boldsymbol{e}_x|}\,. \tag{4.62}$$

Für $qq'<0$ ist das eine Kugel um den Koordinatenursprung mit Radius $r=R=-x'q/q'$, falls die rechte Seite von (4.62) für $r=R$ identisch gleich -1 ist. Dazu muss

$$\frac{R^2}{x'^2} - 2\,\frac{R}{x'}\,\boldsymbol{e}_r\cdot\boldsymbol{e}_x + 1 = 1 - 2\,\frac{x}{R}\,\boldsymbol{e}_r\cdot\boldsymbol{e}_x + \frac{x^2}{R^2}$$

gelten. Diese Gleichung kann aber mit $R/x'=x/R$ bzw. $x\,x'=R^2$ erfüllt werden. Wählen wir nun q' als Bildladung, so muss sich diese innerhalb der Kugel $r=R$ befinden, d. h. es muss $x'<R$ und damit $x>R$ gelten. Sind q und x vorgegeben, so lässt sich das Problem durch die Wahl

$$x' = R^2/x\,, \qquad q' = -q\,x'/R = -q\,R/x \tag{4.63}$$

---

4 Leiter, auf denen ϕ denselben Wert wie im Unendlichen besitzt, bezeichnet man als geerdet. Diese Sprechweise kommt daher, dass in Laborexperimenten Leiter als geerdet bezeichnet werden, wenn sie durch eine leitende Verbindung zur Erde mit dieser auf gleichem Potenzial gehalten werden. Boden, Wände und Decken des Labors haben gleiches Potenzial und können bei hinreichend großem Abstand vom Experiment näherungsweise als unendlich weit entfernt angesehen werden.

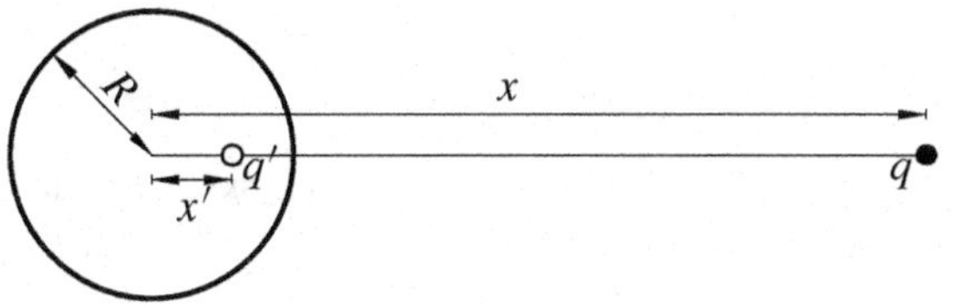

Abb. 4.25: Geerdete Metallkugel vom Radius R, vor der sich im Abstand $r{=}x$ vom Zentrum eine Punktladung q befindet, deren Bildladung q' bei $r{=}x'$ innerhalb der Kugel liegt.

für jeden vorgegebenen Kugelradius $R{\leq}x$ lösen. Man sagt dann, dass die Position $\boldsymbol{r}{=}\boldsymbol{x}'{=}x'\boldsymbol{e}_x$ und Stärke der Ladung q' aus der Position $\boldsymbol{r}{=}\boldsymbol{x}{=}x\,\boldsymbol{e}_x$ und Stärke der Ladung q durch **Spiegelung an der Kugeloberfläche** hervorgehen. Aus (4.63) folgt: Je kleiner der Abstand x unter Einhaltung der Bedingung $x{>}R$ gewählt wird, umso näher rückt die Bildladung an den Kugelrand und umso größer wird ihr Betrag.

Einsetzen der Beziehungen (4.63) liefert für das Potenzial im Außenraum der Kugel

$$\phi(\boldsymbol{r}) = \frac{q}{4\pi\varepsilon_0}\left(\frac{1}{|\boldsymbol{r}-\boldsymbol{x}|} - \frac{R}{x\,|\boldsymbol{r}-(R^2/x^2)\boldsymbol{x}|}\right). \tag{4.64}$$

Es ist klar, dass die abgeleiteten Formeln auch für das Randwertproblem gelten, bei dem sich eine Punktladung innerhalb einer leitfähigen Hohlkugel befindet. Hier vertauschen sich einfach die Rollen von realer Ladung und Bildladung.

Punktladung vor einer isolierten geladenen leitfähigen Kugel

Ist die leitfähige Kugel des zuletzt betrachteten Problems nicht geerdet, sondern isoliert, und schreibt man zusätzlich noch vor, dass sie eine vorgegebene Ladung Q tragen soll, so erhält man die Lösung dieses Problems aus der des zuvor betrachteten, indem man dem Potenzial (4.64) das Potenzial superponiert, das die Kugel mit einer gleichmäßig verteilten Oberflächenladung erzeugen würde (Superpositionsprinzip). Da das Letztere durch eine punktförmige Bildladung im Kugelzentrum dargestellt werden kann, ergibt sich im Außenraum der Kugel

$$\phi(\boldsymbol{r}) = \frac{1}{4\pi\varepsilon_0}\left(\frac{q}{|\boldsymbol{r}-\boldsymbol{x}|} - \frac{qR}{x\,|\boldsymbol{r}-(R^2/x^2)\boldsymbol{x}|} + \frac{Q+q\,R/x}{r}\right). \tag{4.65}$$

Weil sich auch die Spiegelladung $-q\,R/x$ innerhalb des Leiters befindet, musste im letzten Term die Ladung $Q{+}q\,R/x$ angesetzt werden, damit sich Q als Gesamtladung ergibt.

Auf der Kugeloberfläche ($r{=}R$) heben sich die beiden ersten Terme gegenseitig weg, und als Potenzial der Kugel folgt jetzt

$$\phi_{\mathrm{K}} = \frac{Q+q\,R/x}{4\pi\varepsilon_0\,R}. \tag{4.66}$$

Offensichtlich kann durch geeignete Wahl von Q auch das Problem gelöst werden, bei dem nicht Q, sondern ϕ_{K} vorgegeben ist.

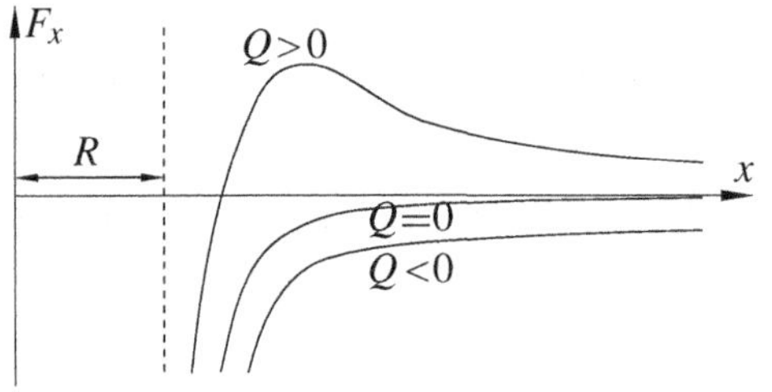

Abb. 4.26: Anziehungskraft F_x einer geladenen Kugel der Ladung Q vom Radius R auf eine Punktladung $q > 0$ im Abstand x in den Fällen $Q < 0$, $Q = 0$ und $Q > 0$.

Anziehungskraft einer geladenen leitfähigen Kugel

Die Oberflächenladungen der Kugel wirken auf die reale Punktladung q mit der Kraft

$$\boldsymbol{F} = q\,\boldsymbol{E}_\sigma(\boldsymbol{x})\,,$$

wobei $\boldsymbol{E}_\sigma$ der von der Oberflächenladung herrührende Anteil des elektrischen Feldes ist, also Gesamtfeld minus Feld der realen Punktladung. Hierzu tragen im Ergebnis (4.65) für $\phi(\boldsymbol{r})$ nur die beiden letzten Terme bei, und wir erhalten durch Berechnung des Gradienten

$$E_\sigma(\boldsymbol{r}) = \frac{1}{4\pi\varepsilon_0}\left(-\frac{qR\left(\boldsymbol{r} - (R^2/x^2)\,\boldsymbol{x}\right)}{x\left|\boldsymbol{r} - (R^2/x^2)\boldsymbol{x}\right|^3} + \frac{Q + q\,R/x}{r^3}\boldsymbol{r}\right).$$

Hieraus folgt, da sich die Ladung q bei $\boldsymbol{r}{=}\boldsymbol{x}$ befindet,

$$\boldsymbol{F} = \frac{q}{4\pi\varepsilon_0}\left(\frac{Q + q\,R/x}{x^3}\boldsymbol{x} - \frac{qR\left(1 - R^2/x^2\right)}{x\left|1 - R^2/x^2\right|^3 x^3}\boldsymbol{x}\right)$$

bzw. mit $\left|1{-}R^2/x^2\right| = \left(1 - R^2/x^2\right)$ wegen $x{>}R$

$$\boldsymbol{F} = \frac{q}{4\pi\varepsilon_0 x^2}\left(Q + \frac{qR^3(R^2 - 2x^2)}{x\,(R^2 - x^2)^2}\right)\boldsymbol{e}_x\,. \tag{4.67}$$

In den Grenzfällen kleiner und großer Entfernung der realen Ladung von der Kugeloberfläche ergibt sich

$$F_x(x) \approx \begin{cases} \dfrac{-q^2}{16\pi\varepsilon_0\,(x - R)^2} & \text{für } x{\approx}R\,, \\[2ex] \dfrac{qQ}{4\pi\varepsilon_0\,x^2} & \text{für } x \gg R. \end{cases} \tag{4.68}$$

In weiter Entfernung wirkt die Kugel so, als säße in ihrem Zentrum eine Punktladung der Stärke Q, und die äußere Punktladung q wird angezogen oder abgestoßen je nachdem, ob $q\,Q{<}0$ oder $q\,Q{>}0$ ist. In kleiner Entfernung wirkt die Kugel generell anziehend, auch für $q\,Q{>}0$. Die Anziehungskraft kommt von der Spiegelladung $q'{\approx}{-}q$ und ist dieselbe wie die einer leitenden Ebene, (4.61). In Abb. 4.26 ist die x-Abhängigkeit der Kraft F_x für $Q{<}0$, $Q{=}0$ und $Q{>}0$ dargestellt.

Für $|x{-}R|{\to}0$ geht $F_x{\to}{-}\infty$. Es ist im Wesentlichen diese Kraft der Spiegelladung, die die Elektronen am Verlassen des Leiters hindert (siehe Abschn. 4.5.1). Dieses

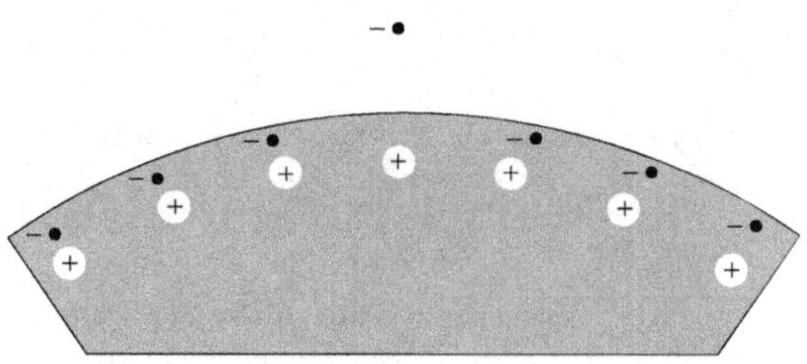

Abb. 4.27: Ladungsverschiebung auf der Leiteroberfläche bei Austritt eines Elektrons: Ein durch diese enstehender Überschuss positiv geladener Metallionen würde das herausgetretene Elektron zurückziehen.

Ergebnis wirkt im Fall $q<0$ und $Q<0$ zunächst einigermaßen überraschend, denn man könnte erwarten, dass aufgrund der gegenseitigen Abstoßung der Elektronen von diesen so viele den Leiter verlassen, bis dieser insgesamt neutral wird. Warum das nicht geschieht, zeigt die folgende Betrachtung.

Wir nehmen an, ein Elektron verließe den Leiter. Dann würden die benachbarten Elektronen von der jetzt nicht mehr durch Ionen abgeschirmten Ladung dieses Elektrons abgestoßen und auf der Leiteroberfläche seitlich abgedrängt – eine ins Leiterinnere führende Kraftkomponente würde durch andere Elektronen im Leiter neutralisiert. Dadurch entstünde in nächster Nähe des herausgetretenen Elektrons auf der Leiteroberfläche ein Überschuss positiv geladener Metallionen, die das Elektron zurückziehen (Abb. 4.27).

Die Arbeit, die eine externe Kraft gegen die Kraft der Spiegelladung leisten muss, damit ein Elektron den Leiter verlassen kann, ist

$$A = q \left| \Big[\phi_\sigma(\boldsymbol{r}{=}\boldsymbol{x}) \Big]_{|\boldsymbol{x}|=R}^{|\boldsymbol{x}|=\infty} \right| \overset{(4.65)}{=} \left| \left[-\frac{qR}{x^2-R^2} + \frac{Q+q\,R/x}{x} \right]_{x=R}^{x=\infty} \right| = \infty\,. \tag{4.69}$$

Experimentell findet man für diese **Austrittsarbeit** im Gegensatz zu unserem theoretischen Ergebnis nur einen endlichen Wert, der bei Metallen typischerweise einige eV beträgt. Man muss daher nur ein externes elektrisches Feld endlicher Stärke anlegen, um z. B. Elektronen aus einem metallischen Leiter „herauszusaugen“. Dies ist ein Indiz dafür, dass das idealisierende Modell von Flächenladungen innerhalb der atomaren Dimensionen, in denen der größte Teil der Austrittsarbeit geleistet wird, nicht mehr brauchbar ist. Statt der Kraft (4.68), die für $x \to R$ unendlich groß wird, wirkt auf das Elektron beim Verlassen der Leiteroberfläche nur die endliche Kraft einzelner Metallionen, die sich von ihm in endlichem Abstand befinden.

4.7.2 Lösung von Randwertaufgaben mithilfe der Funktionentheorie

Es gibt eine Reihe elektrostatischer Randwertprobleme, bei denen sich alle Größen in einer Raumrichtung sehr viel langsamer ändern als in den beiden dazu senkrechten Richtungen. (Beispiel: das elektrische Feld in der Nachbarschaft eines langen, geraden und geladenen Metallstabs.) Man kann dann mit guter Näherung so tun, als würde das

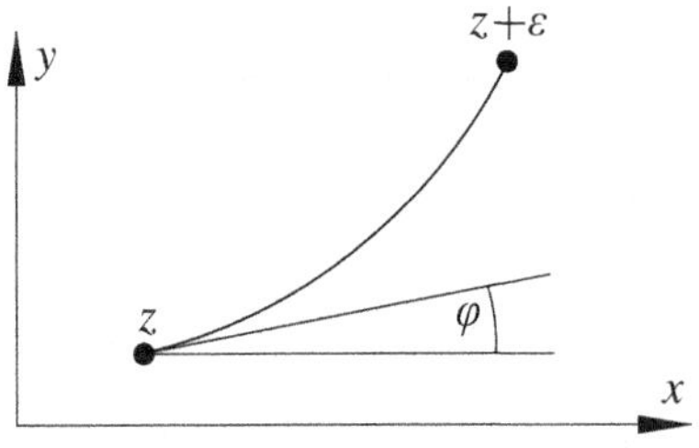

Abb. 4.28: Zur Definition der Differenzierbarkeit in der komplexen Zahlenebene.

Feld $\boldsymbol{E}$ nur von zwei räumlichen Koordinaten abhängen, für die wir die Koordinaten x und y eines kartesischen Koordinatensystems wählen.

Wir betrachten im Folgenden Probleme dieser Art, bei denen das $\boldsymbol{E}$-Feld nur durch Ladungen auf Leitern erzeugt wird. Dann haben wir die Randwertprobleme

$$\frac{\partial^2\phi}{\partial x^2} + \frac{\partial^2\phi}{\partial y^2} = 0 \qquad \text{zwischen den Leitern}\,, \tag{4.70}$$

$$\phi = \phi_i = \text{const}_i \qquad \text{auf den Leitern } i = 1, \ldots, N\,. \tag{4.71}$$

Derartige Probleme lassen sich in besonders einfacher Weise mithilfe der Funktionentheorie behandeln.

Eine Funktion $f(z)$ der komplexen Variablen

$$z = x + \mathrm{i}\,y\,, \qquad \mathrm{i} = \sqrt{-1}$$

heißt in einem Gebiet der komplexen Zahlenebene **analytisch**, wenn sie in jedem seiner Punkte differenzierbar ist, d. h., wenn der Grenzwert

$$f'(z) = \lim_{\varepsilon\to 0}\,[f(z+\varepsilon) - f(z)]\,/\varepsilon \qquad \text{mit} \quad \varepsilon = h + \mathrm{i}\,k$$

existiert und unabhängig ist von der Richtung $\varphi = \arctan(k/h)$, unter der ε gegen null geht (Abb. 4.28). $f(z)$ ist für jedes z im Allgemeinen selbst eine komplexe Zahl, die mit z bzw. x, y variiert, d. h.

$$f(z) = u(x, y) + \mathrm{i}\,v(x, y)$$

mit reellen Funktionen $u(x, y)$ und $v(x, y)$. Es gilt der folgende Satz.

Satz. *Ist $f(z) = u + \mathrm{i}\,v$ analytisch, so erfüllen u und v die* ***Cauchy-Riemann'schen Differenzialgleichungen***

$$\frac{\partial u}{\partial x} = \frac{\partial v}{\partial y}\,, \qquad \frac{\partial u}{\partial y} = -\frac{\partial v}{\partial x}\,. \tag{4.72}$$

Beweis: Wir berechnen die Ableitung $f'(z)$, indem wir einmal in z nur x ändern ($\varepsilon = h$),

$$f'(z) = \lim_{h\to 0} \frac{u(x+h, y) + \mathrm{i}\,v(x+h, y) - u(x, y) - \mathrm{i}\,v(x, y)}{h} = \frac{\partial u}{\partial x} + \mathrm{i}\,\frac{\partial v}{\partial x}$$

und einmal in z nur y ändern ($\varepsilon = \mathrm{i}\,k$),

$$f'(z) = \lim_{k\to 0} \frac{u(x, y+k) + \mathrm{i}\,v(x, y+k) - u(x, y) - \mathrm{i}\,v(x, y)}{\mathrm{i}\,k} = -\mathrm{i}\,\frac{\partial u}{\partial y} + \frac{\partial v}{\partial y}\,.$$

Bei Analytizität von $f(z)$ müssen beide Ableitungen übereinstimmen, und durch den Vergleich der Real- und Imaginärteile unserer beiden Ergebnisse für $f'(z)$ folgt sofort die Behauptung. □

Differenziert man von den Cauchy-Riemann'schen Differenzialgleichungen die erste nach x (bzw. y), die zweite nach y (bzw. x) und addiert (bzw. subtrahiert) sie, so folgen die Gleichungen

$$\frac{\partial^2 u}{\partial x^2} + \frac{\partial^2 u}{\partial y^2} = 0, \qquad \frac{\partial^2 v}{\partial x^2} + \frac{\partial^2 v}{\partial y^2} = 0. \tag{4.73}$$

Sowohl der Realteil u als auch der Imaginärteil v jeder analytischen Funktion erfüllt also die Laplace-Gleichung und ist daher zur Lösung nur von x und y abhängiger elektrostatischer Randwertaufgaben geeignet, indem man ihn mit ϕ identifiziert. Mögliche Positionen von Leiteroberflächen liefern die Äquipotenzialflächen ϕ=const.

Aus den Cauchy-Riemann'schen Differenzialgleichungen folgt weiterhin

$$\nabla u \cdot \nabla v = 0,$$

d. h. die Linien u=const verlaufen überall senkrecht zu den Linien v=const. Setzt man also z. B. $\phi=u$, so sind die Linien v=const Feldlinien, und setzt man umgekehrt $\phi=v$, so sind die Linien u=const die Feldlinien einer Ebene z=const. Die Feldstärke ergibt sich aus

$$|\boldsymbol{E}| = |\nabla\phi| = |\nabla u| \overset{(4.72)}{=} |\nabla v|.$$

Beispiel 4.8:

Wir betrachten die Funktion $f(z)=z^2$. Aus

$$f(z) = z^2 = (x + \mathrm{i}\, y)^2 = x^2 - y^2 + \mathrm{i}\, 2\, xy$$

ergibt sich

$$u(x, y) = x^2 - y^2, \qquad v(x, y) = 2\, xy.$$

Für $\phi=u$ erhält man das elektrische Feld einer geladenen metallischen Kante (Abb. 4.29 (a)), für $\phi=v$ das einer sogenannten Quadrupol-Linse (Abb. 4.29 (b)). Es muss nicht verwundern, dass das Feld $\boldsymbol{E}=2(x\boldsymbol{e}_x-y\boldsymbol{e}_y)$ im ersten bzw. $\boldsymbol{E}=2(y\boldsymbol{e}_x+x\boldsymbol{e}_y)$ im zweiten Fall für $r\to\infty$ nicht verschwindet, da sich der (geladene) Leiter bis ins Unendliche erstreckt.

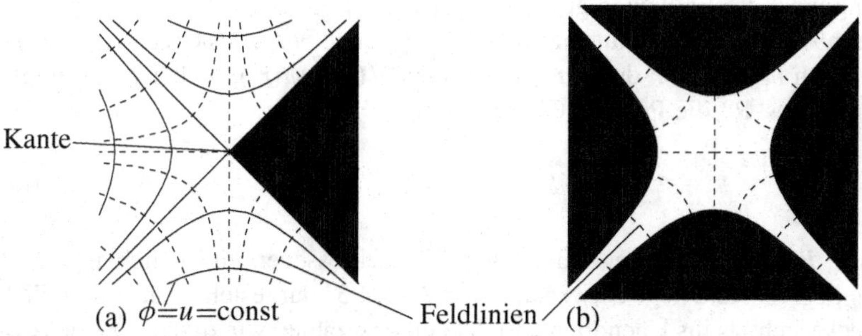

Abb. 4.29: (a) Feldlinien und Äquipotenzialflächen einer geladenen metallischen Kante in zwei Dimensionen. (b) Feldlinien und Äquipotenzialflächen einer Quadrupol-Linse.

Beispiel 4.9:

Wir betrachten die Funktion $f(z)=\ln z$. Umgeschrieben in Polarkoordinaten,

$$z = x + \mathrm{i}\, y = r\, \mathrm{e}^{\mathrm{i}\varphi}\,,$$

ergibt sich aus $f(z)=\ln r+\mathrm{i}\,\varphi=u+\mathrm{i}\,v$ die Zerlegung

$$u = \ln r\,, \qquad v = \varphi\,.$$

Setzt man $\phi=u=\ln r$, so erhält man das Feld eines geladenen Kreiszylinders (Abb. 4.30).

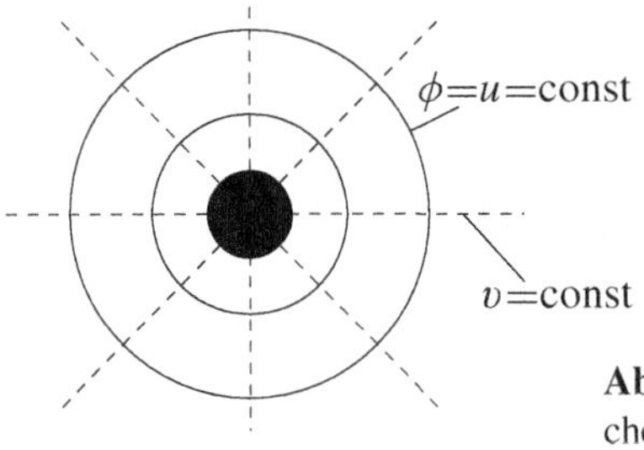

Abb. 4.30: Feldlinien und Äquipotenzialflächen eines geladenen Kreiszylinders.

Bei den angeführten Beispielen ergaben sich ähnlich wie bei der Methode der Spiegelladungen die Leiterpositionen erst im Nachhinein. Mithilfe der Theorie konformer Abbildungen, auf die hier aus Platzgründen nicht eingegangen werden kann, erhält man diesbezüglich etwas mehr Flexibilität.

4.7.3 Methode der Green'schen Funktion

Wir behandeln jetzt eine systematische Methode, mit deren Hilfe die Lösung des Dirichlet'schen bzw. des Neumann'schen Randwertproblems der Poisson-Gleichung erheblich vereinfacht werden kann. Sie besteht in einer Verallgemeinerung der Methode, mit der wir in Abschn. 2.6.1 eine Lösung der Poisson-Gleichung gefunden haben, ohne dass Randbedingungen im Endlichen gestellt waren.

Zu deren Ausarbeitung benutzen wir wieder die erste Form des Green'schen Satzes, (2.34), ersetzen in diesem $\boldsymbol{r}$ durch $\boldsymbol{r}'$ und wählen $U(\boldsymbol{r}')=\phi(\boldsymbol{r}')$, wobei $\phi(\boldsymbol{r}')$ in einem Teilbereich B des $\mathbb{R}^3$ die Poisson-Gleichung

$$\Delta' \phi(\boldsymbol{r}') = -\frac{1}{\varepsilon_0}\varrho(\boldsymbol{r}') \tag{4.74}$$

erfüllen soll. B werde von einer endlichen Zahl geschlossener, im Endlichen gelegener Flächen F_i begrenzt und liege entweder, wie in Abb. 4.31 dargestellt, ganz im Endlichen oder erstrecke sich bis ins Unendliche. Im letzten Fall zählen wir zu den F_i eine Kugelschale mit $r=\infty$ oder einen Teil einer solchen, nehmen an, dass $\int_B |\varrho(\boldsymbol{r}')|\, d^3\tau'=C<\infty$ ist und suchen diejenige Lösung $\phi(\boldsymbol{r})$, die für $r\to\infty$ mindestens wie $1/r$ abfällt.

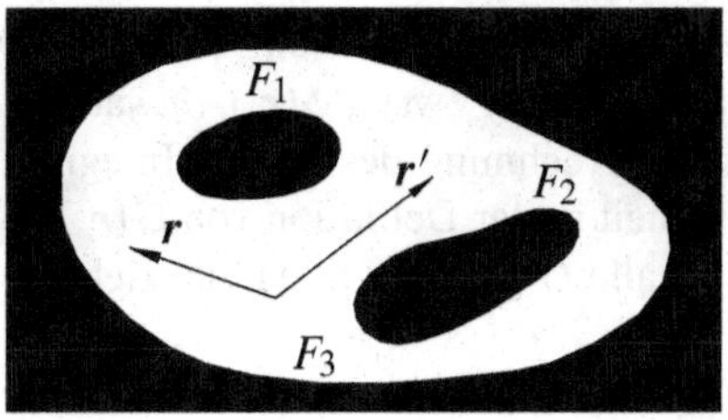

Abb. 4.31: Leiterkonfiguration für ein Randwertproblem, bei dem die Flächen $F=\bigcup F_i$ ganz im Endlichen liegen.

In Abschn. 2.6.1 haben wir beim Beweis von Satz 1 (Schritt 3) den Green'schen Satz mit der Funktion $V(\boldsymbol{r}')=1/|\boldsymbol{r}-\boldsymbol{r}'|$ benutzt, die nach (2.56) eine Lösung der Gleichung

$$\Delta\, G(\boldsymbol{r},\boldsymbol{r}') = \Delta'\, G(\boldsymbol{r},\boldsymbol{r}') = -4\pi\,\delta^3(\boldsymbol{r}-\boldsymbol{r}') \tag{4.75}$$

ist. Mit dem Ansatz

$$G(\boldsymbol{r},\boldsymbol{r}') = \frac{1}{|\boldsymbol{r}-\boldsymbol{r}'|} + f(\boldsymbol{r},\boldsymbol{r}') \tag{4.76}$$

folgt aus (4.75)

$$\Delta' f(\boldsymbol{r},\boldsymbol{r}') = 0\,.$$

Da diese Gleichung viele Lösungen besitzt, hat (4.75) außer der einen Lösung $1/|\boldsymbol{r}-\boldsymbol{r}'|$ eine ganze Schar weiterer Lösungen.

Jetzt setzen wir im Green'schen Satz allgemeiner $V(\boldsymbol{r}')=G(\boldsymbol{r},\boldsymbol{r}')$, wobei $G(\boldsymbol{r},\boldsymbol{r}')$ vorerst eine beliebige Lösung von (4.75) sein soll, und erhalten aus diesem mit $U'=\phi(\boldsymbol{r}')$

$$-4\pi \int_B \phi(\boldsymbol{r}')\,\delta^3(\boldsymbol{r}-\boldsymbol{r}')\,d^3\tau' - \int_B G(\boldsymbol{r},\boldsymbol{r}')\,\Delta'\phi'\,d^3\tau'$$
$$= \int_F \left(\phi(\boldsymbol{r}')\,\frac{\partial G(\boldsymbol{r},\boldsymbol{r}')}{\partial n'} - G(\boldsymbol{r},\boldsymbol{r}')\,\frac{\partial\phi(\boldsymbol{r}')}{\partial n'}\right) df'\,,$$

wobei $F=\bigcup F_i$ ist,[5] oder mit (4.74)

$$\phi(\boldsymbol{r}) = \frac{1}{4\pi\varepsilon_0}\int_B G(\boldsymbol{r},\boldsymbol{r}')\,\varrho(\boldsymbol{r}')\,d^3\tau'$$
$$+ \frac{1}{4\pi}\int_F G(\boldsymbol{r},\boldsymbol{r}')\,\frac{\partial\phi(\boldsymbol{r}')}{\partial n'}\,df' - \frac{1}{4\pi}\int_F \phi(\boldsymbol{r}')\,\frac{\partial G(\boldsymbol{r},\boldsymbol{r}')}{\partial n'}\,df'\,. \tag{4.77}$$

Obwohl das mit jeder Lösung $G(\boldsymbol{r},\boldsymbol{r}')$ von (4.75) eine gültige Beziehung für die Lösungen $\phi(\boldsymbol{r})$ der Poisson-Gleichung (4.74) darstellt, kann es noch nicht die gesuchte Lösung eines unserer Randwertprobleme sein. Nach Abschnitt 4.6 wird die Lösung $\phi(\boldsymbol{r})$ nämlich beim Dirichlet-Problem eindeutig durch Vorgabe der Werte von $\phi(\boldsymbol{r}')$ auf F festgelegt, während zur Berechnung des zweiten Integrals der rechten

---

5 An sich müsste der singuläre Punkt $\boldsymbol{r}'=\boldsymbol{r}$ bei der Integration ausgeschlossen werden. Wie in Abschn. 2.6.1 (siehe Fußnote 3 von S. 28) erhält man aber das richtige Ergebnis auch bei Integration über die singuläre Stelle, wenn man die Eigenschaften der δ-Funktion benutzt.

Seite bzw. der in diesem auftretenden Ableitungen $\partial\phi(\boldsymbol{r}')/\partial n'$ die Lösung $\phi(\boldsymbol{r})$ schon bekannt sein müsste; beim Neumann-Problem kann dagegen zwar $\partial\phi(\boldsymbol{r}')/\partial n'$ auf F vorgegeben werden, dafür müsste jedoch $\phi(\boldsymbol{r})$ zur Berechnung des dritten Integrals bekannt sein. Wir können die oben festgestellte Freiheit in der Definition von $G(\boldsymbol{r},\boldsymbol{r}')$ allerdings so ausnutzen, dass die rechte Seite der für alle G gültigen Integralbeziehung (4.77) nur noch bekannte Randwerte enthält.

Beim Dirichlet-Problem setzen wir dazu $G(\boldsymbol{r},\boldsymbol{r}')=0$ für alle $\boldsymbol{r}'$ auf F. Die so definierte Funktion $G_{\rm D}(\boldsymbol{r},\boldsymbol{r}')$ heißt **Green'sche Funktion des Dirichlet-Problems**; gemäß (4.75) ist sie die Lösung der Randwertprobleme

$$\Delta' G_{\rm D}(\boldsymbol{r},\boldsymbol{r}') = -4\pi\,\delta^3(\boldsymbol{r}-\boldsymbol{r}') \qquad \text{für alle } \boldsymbol{r}' \text{ in } B\,, \tag{4.78}$$

$$G_{\rm D}(\boldsymbol{r},\boldsymbol{r}') = 0 \qquad \text{für alle } \boldsymbol{r}' \text{ auf } F\,, \tag{4.79}$$

wobei der Parametervektor $\boldsymbol{r}$ alle Lagen in B durchläuft. Aus (4.77) folgt dann mit $G{=}G_{\rm D}$

$$\phi(\boldsymbol{r}) = \frac{1}{4\pi\varepsilon_0}\int_B G_{\rm D}(\boldsymbol{r},\boldsymbol{r}')\,\varrho(\boldsymbol{r}')\,d^3\tau' - \frac{1}{4\pi}\int_F \phi(\boldsymbol{r}')\,\frac{\partial G_{\rm D}(\boldsymbol{r},\boldsymbol{r}')}{\partial n'}\,df'. \tag{4.80}$$

Da beim Dirichlet-Problem die Werte von $\phi(\boldsymbol{r}')$ auf F vorgegeben sind (bei elektrostatischen Randwertproblemen mit metallischen Leitern $\phi(\boldsymbol{r}')=\text{const}_i=\phi_i$ auf F_i), ist die Bestimmung von $\phi(\boldsymbol{r})$ eine reine Integrationsaufgabe, sobald die Green'sche Funktion $G_{\rm D}(\boldsymbol{r},\boldsymbol{r}')$ bekannt ist. Durch (4.80) wird auch die Lösung des Dirichlet'schen Randwertproblems für die Laplace-Gleichung $\Delta\phi(\boldsymbol{r})=0$ mit erfasst, wobei das erste Integral wegen $\varrho(\boldsymbol{r})\equiv 0$ verschwindet.

Beim Neumann-Problem können wir nicht einfach $\partial G/\partial n'=0$ für alle $\boldsymbol{r}'$ auf F verlangen, da aus (4.75) durch Integration über B mit Benutzung des Gauß'schen Satzes

$$\int_F \frac{\partial G(\boldsymbol{r},\boldsymbol{r}')}{\partial n'}\,df' = -4\pi$$

folgt. Wir können jedoch $\partial G/\partial n'=\text{const}$ wählen und erhalten als geeignete **Green'sche Funktion für Neumann-Probleme** die Lösung der Randwertprobleme

$$\Delta' G_{\rm N}(\boldsymbol{r},\boldsymbol{r}') = -4\pi\,\delta^3(\boldsymbol{r}-\boldsymbol{r}') \qquad \text{für alle } \boldsymbol{r}' \text{ in } B\,, \tag{4.81}$$

$$\partial G_{\rm N}(\boldsymbol{r},\boldsymbol{r}')/\partial n' = -4\pi/S \qquad \text{für alle } \boldsymbol{r}' \text{ auf } F\,, \tag{4.82}$$

wobei $\boldsymbol{r}$ beliebig in B liegt und

$$S = \sum_i \int_{F_i} df$$

gesetzt ist. Mit $G{=}G_{\rm N}$ folgt aus (4.77)

$$\phi(\boldsymbol{r}) = \frac{1}{4\pi\varepsilon_0}\int_B G_{\rm N}(\boldsymbol{r},\boldsymbol{r}')\,\varrho(\boldsymbol{r}')\,d^3\tau' + \frac{1}{4\pi}\int_F G_{\rm N}(\boldsymbol{r},\boldsymbol{r}')\,\frac{\partial\phi(\boldsymbol{r}')}{\partial n'}\,df' + \langle\phi\rangle\,, \tag{4.83}$$

wobei

$$\langle\phi\rangle = \int_F \phi(\boldsymbol{r}')\,df' \Big/ \int_F df'$$

der Mittelwert von ϕ über die Randflächen ist. Er kann in eine bei der Definition von $\phi(\boldsymbol{r})$ frei wählbare Konstante mit einbezogen werden und verschwindet für $S\to\infty$. Auch hier ist der Fall des Neumann'schen Randwertproblems der Laplace-Gleichung mit $\varrho(\boldsymbol{r})\equiv 0$ wieder mit erfasst.

Wir überzeugen uns noch davon, dass die Green'schen Funktionen G_D und G_N existieren und eindeutig sind. Dazu gehen wir auf die Zerlegung (4.76) von G zurück. f muss bzgl. der Variablen $\boldsymbol{r}'$ die Laplace-Gleichung erfüllen und beim Dirichlet-Problem die aus (4.79) folgenden Randbedingungen

$$f(\boldsymbol{r},\boldsymbol{r}') = -\frac{1}{|\boldsymbol{r}-\boldsymbol{r}'|} \qquad \text{für alle } \boldsymbol{r}' \text{ auf } F \tag{4.84}$$

bzw. beim Neumann-Problem die aus (4.82) folgenden Randbedingungen

$$\frac{\partial f(\boldsymbol{r},\boldsymbol{r}')}{\partial n'} = -\frac{\partial}{\partial n'}\frac{1}{|\boldsymbol{r}-\boldsymbol{r}'|} - \frac{4\pi}{S} \qquad \text{für alle } \boldsymbol{r}' \text{ auf } F\,. \tag{4.85}$$

Beide Probleme haben nach Abschn. 4.6.1 eine eindeutige Lösung.

Die Zerlegung (4.76) von G zeigt die Verwandtschaft der Green'schen Methode mit der Methode der Spiegelladungen: $1/(4\pi\varepsilon_0\,|\boldsymbol{r}-\boldsymbol{r}'|)$ ist das Potenzial einer realen Punktladung bei $\boldsymbol{r}=\boldsymbol{r}'$ in B, und $f(\boldsymbol{r},\boldsymbol{r}')$ kann wegen $\Delta' f=0$ in B als Potenzial von Ladungen aufgefasst werden, die sich außerhalb von B befinden, z. B. von Oberflächenladungen auf den Randflächen F oder von Scheinladungen in von F berandeten Leitern. Beim Dirichlet-Problem werden die Funktion $f(\boldsymbol{r},\boldsymbol{r}')$ und mit dieser die Scheinladungen bei gegebenem $\boldsymbol{r}$ so bestimmt, dass das Gesamtpotenzial $G(\boldsymbol{r},\boldsymbol{r}')$ auf den Leiteroberflächen identisch verschwindet. $G(\boldsymbol{r},\boldsymbol{r}')$ ist also im Fall des Dirichlet-Problems das Potenzial einer Punktladung und der dazu gehörigen Spiegelladungen.

Beispiel 4.10:

Gibt es keine im Endlichen gelegenen Randflächen, auf denen Randbedingungen gestellt werden, so ist die Green'sche Funktion des Dirichlet-Problems

$$G_\text{D} = \frac{1}{|\boldsymbol{r}-\boldsymbol{r}'|}\,,$$

und aus (4.80) ergibt sich

$$\phi(\boldsymbol{r}) = \frac{1}{4\pi\varepsilon_0}\int \frac{\varrho(\boldsymbol{r}')}{|\boldsymbol{r}-\boldsymbol{r}'|}\,d^3\tau'\,, \tag{4.86}$$

also unser früheres Ergebnis (4.3) für das Potenzial einer Ladungsverteilung $\varrho(\boldsymbol{r})$. (Dasselbe Ergebnis erhält man auch aus (4.81)–(4.83).)

Beispiel 4.11:

Wir betrachten eine beliebige Ladungsverteilung vor einer leitenden Kugel (Abb. 4.32), deren Potenzial auf dieser den konstanten Wert $\phi=\phi_\text{K}$ annehmen soll, d. h. wir haben ein Dirichlet-Problem.

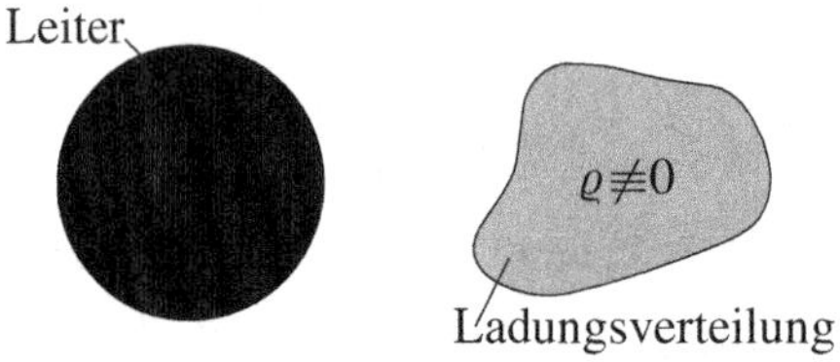

Abb. 4.32: Ladungsverteilung vor einer leitenden Kugel.

Nach (4.78)–(4.79) ist $qG_{\rm D}/(4\pi\varepsilon_0)$ das Potenzial $\phi(\boldsymbol{r}')$ einer Punktladung q, die sich bei $\boldsymbol{r}'{=}\boldsymbol{r}$ vor einer Kugel mit dem Potenzialwert $G_{\rm D}{=}0$ befindet. Dieses Potenzial wurde schon in (4.65)–(4.66) berechnet, mit $\boldsymbol{r}{\to}\boldsymbol{r}'$, $\boldsymbol{x}{\to}\boldsymbol{r}$, $x{\to}r$ und $(Q{+}q\,R/x)/(4\pi\varepsilon_0\,R){=}0$ (Letzteres wegen des Randwerts $G_{\rm D}{=}0$) erhalten wir daher

$$G_{\rm D}(\boldsymbol{r},\boldsymbol{r}') = \frac{1}{|\boldsymbol{r}-\boldsymbol{r}'|} - \frac{R}{r\,|\boldsymbol{r}'-(R^2/r^2)\boldsymbol{r}|}.$$

Mit

$$\left.\frac{\partial G_{\rm D}}{\partial n'}\right|_{r'=R} = \boldsymbol{e}_r'\cdot\nabla' G_{\rm D}(\boldsymbol{r},\boldsymbol{r}')\big|_{r'=R}$$

folgt aus (4.80)

$$\phi(\boldsymbol{r}){=}\frac{1}{4\pi\varepsilon_0}\int_B\left(\frac{\varrho(\boldsymbol{r}')}{|\boldsymbol{r}-\boldsymbol{r}'|}-\frac{R\,\varrho(\boldsymbol{r}')}{r\,|\boldsymbol{r}'-(R^2/r^2)\boldsymbol{r}|}\right)d^3\tau'-\frac{\phi_{\rm K}}{4\pi}\int_F \boldsymbol{e}_r'\cdot\nabla' G_{\rm D}(\boldsymbol{r},\boldsymbol{r}')\big|_{r'=R}\,df'. \tag{4.87}$$

Die Green'schen Funktionen $G_{\rm D}$ und $G_{\rm N}$ hängen nicht mehr von den speziellen Randwerten des untersuchten Problems, sondern nur noch von Größe und Form der Flächen F_i ab, was eine erhebliche Vereinfachung gegenüber den ursprünglichen Problemen darstellt. Trotzdem ist ihre Bestimmung im Allgemeinen immer noch sehr kompliziert. Man greift zu dieser wieder auf die Zerlegung (4.76) zurück und muss die Funktion $f(\boldsymbol{r},\boldsymbol{r}')$ als Lösung der Laplace-Gleichung $\Delta' f(\boldsymbol{r},\boldsymbol{r}'){=}0$ bestimmen, mit der Randbedingung (4.84) im Fall des Dirichlet-Problems und (4.85) im Fall des Neumann-Problems. Als Erstes sucht man eine allgemeine Lösung der Laplace-Gleichung, anschließend unterwirft man diese der entsprechenden Randbedingung.

Das Problem, eine allgemeine Lösung der Laplace-Gleichung zu finden, gelingt in einer Reihe verschiedener Koordinatensysteme durch **Separation der Variablen**. Dabei hängt die Gestalt der Lösungen von den benutzten Koordinaten ab. Von diesen hängt es wiederum ab, ob es einfach oder schwierig ist, die gestellten Randbedingungen zu erfüllen. Das Problem wird dann besonders einfach, wenn die Flächen, auf denen Randbedingungen gestellt werden, mit Koordinatenflächen zusammenfallen. Wichtige Koordinaten, in denen die Separation der Laplace-Gleichung möglich ist, sind kartesische Koordinaten, Zylinderkoordinaten und Kugelkoordinaten,[6] wobei man im zweiten Fall auf Bessel-Funktionen und im letzten Fall auf Kugelfunktionen geführt wird. Da wir uns im Band *Quantenmechanik* dieses Lehrbuchs ausführlich mit Kugelfunktionen beschäftigen werden, begnügen wir uns hier mit der Separation in Zylinderkoordinaten.

6 Eine systematische Untersuchung der Frage, in welchen Koordinatensystemen die Separation der Laplace-Gleichung möglich ist, und die Ableitung der Separationslösungen in all diesen Systemen findet sich in P. M. Morse, H. Feshbach, *Methods of Theoretical Physics*, McGraw-Hill, New York.

4.7.4 Separation der Laplace-Gleichung in Zylinderkoordinaten

In Zylinderkoordinaten r, φ und z lautet die Laplace-Gleichung

$$\frac{1}{r}\frac{\partial}{\partial r}\left(r\frac{\partial\phi}{\partial r}\right)+\frac{1}{r^2}\frac{\partial^2\phi}{\partial\varphi^2}+\frac{\partial^2\phi}{\partial z^2}=0\,, \tag{4.88}$$

wobei zur Eindeutigkeit von ϕ bezüglich des Winkels φ die Periodizitätsforderung $\phi(r,\varphi,z){=}\phi(r,\varphi{+}2\pi,z)$ gestellt werden muss. Zur Lösung treffen wir den Separationsansatz

$$\phi(r,\varphi,z)=R(r)\,U(\varphi)\,Z(z)\,,$$

dessen Einsetzen in die Laplace-Gleichung nach Division durch ϕ zu

$$\frac{1}{r\,R(r)}\frac{d}{dr}\big(r\dot{R}(r)\big)+\frac{1}{r^2}\frac{\ddot{U}(\varphi)}{U(\varphi)}+\frac{\ddot{Z}(z)}{Z(z)}=0$$

führt. Bringen wir hierin den letzten Term auf die rechte Seite, so steht links eine Funktion von r und φ, rechts eine Funktion von z alleine, und Gleichheit kann nur gelten, wenn beide Seiten konstant sind.

Wir betrachten zuerst den Fall, dass die betreffende **Separationskonstante** negativ ist, und bezeichnen diese mit $-k^2$. Damit erhalten wir zum einen die Gleichung

$$\frac{\ddot{Z}(z)}{Z}=k^2$$

mit der Lösung

$$Z(z)=\begin{cases}A_k\,\mathrm{e}^{kz}+B_k\,\mathrm{e}^{-kz} & \text{für } k{\neq}0\,,\\ A\,z+B & \text{für } k=0\,,\end{cases} \tag{4.89}$$

wobei A_k, B_k, A und B Integrationskonstanten sind, und zum anderen die Gleichung

$$\frac{r}{R(r)}\frac{d}{dr}\big(r\dot{R}(r)\big)+k^2r^2=-\frac{\ddot{U}(\varphi)}{U(\varphi)}\,.$$

Auch in dieser müssen beide Seiten konstant sein. Die hieraus resultierende Gleichung für $U(\varphi)$ führt nur bei positiven Werten der zugehörigen, mit n^2 bezeichneten Separationskonstanten zu einer periodischen Lösung, d. h. wir haben die Gleichung

$$\ddot{U}=-n^2U$$

mit der Lösung

$$U(\varphi)=C_n\cos(n\varphi)+D_n\sin(n\varphi)\,, \tag{4.90}$$

die sich für $n{=}0$ auf eine Konstante C_0 reduziert und bei der für $n{\neq}0$ wegen der geforderten Periodizität verlangt werden muss, dass n ganzzahlig ist. Außerdem erhalten wir die Gleichung

$$r\frac{d}{dr}\big(r\dot{R}(r)\big)+\big(k^2r^2-n^2\big)\,R=0\,.$$

Im Fall $k=0$ lautet diese

$$r^2\ddot{R} + r\dot{R} = n^2 R\,,$$

und der Lösungsansatz $R(r)=r^\alpha$ führt zu $\alpha=\pm n$. Im Fall $k\neq 0$ substituieren wir $\rho=kr$, und die Gleichung reduziert sich auf die **Bessel'sche Differenzialgleichung**

$$\boxed{\frac{d^2R}{d\rho^2} + \frac{1}{\rho}\frac{dR}{d\rho} + \left(1 - \frac{n^2}{\rho^2}\right) R = 0\,.} \tag{4.91}$$

Diese besitzt für jeden ganzzahligen Wert n eine als **Bessel-Funktion** oder **Bessel-Funktion erster Art** bezeichnete Lösung $J_n(\rho)$ und eine davon unabhängige Lösung $N_n(\rho)$, die als **Neumann-Funktion** oder **Bessel-Funktion zweiter Art** bezeichnet wird. Allgemein haben wir daher

$$R(r) = \begin{cases} E_n\, J_n(kr) + F_n\, N_n(kr) & \text{für } k\neq 0\,, \\ E\, r^n + F\, r^{-n} & \text{für } k = 0\,. \end{cases} \tag{4.92}$$

In dem Fall, dass die zuerst eingeführte Separationskonstante positiv ist, haben wir $\ddot{Z}/Z=-k^2$ und

$$Z(z) = A_k \cos(kz) + B_k \sin(kz)\,, \tag{4.93}$$

die Lösung (4.90) für $U(\varphi)$ bleibt unverändert, und statt (4.91) erhalten wir

$$\boxed{\frac{d^2R}{d\rho^2} + \frac{1}{\rho}\frac{dR}{d\rho} - \left(1 + \frac{n^2}{\rho^2}\right) R = 0\,.} \tag{4.94}$$

Offensichtlich wird die letzte Gleichung durch $J_n(\mathrm{i}\rho)$ und $N_n(\mathrm{i}\rho)$ gelöst, es hat sich jedoch eingebürgert, als Lösungen die als **modififzierte Bessel-Funktionen** bezeichneten Vielfachen bzw. Linearkombinationen

$$I_n(\rho) = \mathrm{i}^{-n} J_n(\mathrm{i}\rho)\,, \qquad K_n(\rho) = \frac{\pi}{2}\,\mathrm{i}^{n+1}\left[J_n(\mathrm{i}\rho) + \mathrm{i}\, N_n(\mathrm{i}\rho)\right] \tag{4.95}$$

zu benutzen, in denen die – wegen der Linearität der Laplace-Gleichung frei wählbaren – Faktoren so festgelegt wurden, dass $I_n(\rho)$ und $K_n(\rho)$ reelle Funktionen sind. Wir werden später anhand eines konkreten Beispiels feststellen, wann es sich empfiehlt, die Funktionen $J_n(kr)$ und $N_n(kr)$ zu benutzen und wann die Lösungen $I_n(kr)$ und $K_n(kr)$. Insgesamt werden die Lösungen $J_n(kr)$, $N_n(kr)$, $I_n(kr)$ und $K_n(kr)$ auch als **Zylinderfunktionen** bezeichnet.

Exkurs 4.1: Eigenschaften der Zylinderfunktionen

Für $\rho\to 0$ kann in Gleichung (4.91) die 1 gegen n^2/ρ^2 vernachlässigt werden, und der Lösungsansatz $R(\rho)=\rho^\alpha$ führt ähnlich wie im Fall $k=0$ zu $R\sim\rho^{\pm n}$. Dieses asymptotische Verhalten der Lösungen für $\rho\to 0$ führt dazu, die allgemeine Lösung von Gleichung (4.91) mit dem Ansatz

$$R(\rho) = \rho^{\pm n} S(\rho) \tag{4.96}$$

zu versuchen, der zu den Differenzialgleichungen

$$\ddot{S}(\rho) + (1 \pm 2n)\,\frac{\dot{S}(\rho)}{\rho} + S(\rho) = 0$$

für $S(\rho)$ führt. Diese können mithilfe des Potenzreihenansatzes

$$S(\rho) = \sum_{l=0}^{\infty} a_l\,\rho^l \tag{4.97}$$

gelöst werden, der mit

$$\begin{aligned}
\dot{S}(\rho) &= \sum_{l=1}^{\infty} l\,a_l\,\rho^{l-1} = \sum_{l=0}^{\infty} (l+1)\,a_{l+1}\,\rho^l\,, \\
\ddot{S}(\rho) &= \sum_{l=1}^{\infty} (l+1)\,l\,a_{l+1}\,\rho^{l-1} = \sum_{l=0}^{\infty} (l+2)(l+1)\,a_{l+2}\,\rho^l\,, \\
\frac{\dot{S}(\rho)}{\rho} &= \frac{a_1}{\rho} + \sum_{l=1}^{\infty} (l+1)\,a_{l+1}\,\rho^{l-1} = \frac{a_1}{\rho} + \sum_{l=0}^{\infty} (l+2)\,a_{l+2}\,\rho^l
\end{aligned}$$

zu $a_1{=}0$ und der Rekursionsformel

$$\Big[(l+2)(l+1) + (1 \pm 2n)(l+2)\Big]\,a_{l+2} = -a_l$$

führt. Hieraus folgt, dass $a_1{=}a_3{=}a_5{=}\ldots{=}0$ gilt. Durch Anschreiben der ersten Glieder der Rekursionsformel für geradzahlige a_l findet man leicht das Bildungsgesetz

$$a_{2j} = \frac{(-1)^j\,\Gamma(\pm n + 1)}{2^{2j}\,j!\,\Gamma(j \pm n + 1)}\,a_0\,. \tag{4.98}$$

Dabei ist $\Gamma(x)$ die Gamma-Funktion, die für beliebige x bzw. ganzzahlige n

$$\Gamma(x+1) = x\,\Gamma(x) \qquad \text{bzw.} \qquad \Gamma(n+1) = n!$$

erfüllt und für $n{=}0, -1, -2, -3, \ldots$ dem Betrage nach unendlich wird. Da die Bessel'sche Differenzialgleichung homogen ist, legt sie die Lösungen nur bis auf eine multiplikative Konstante fest. In unserer Lösung äußert sich das darin, dass die Konstante a_0 beliebig gewählt werden kann. Üblich ist die Wahl

$$a_0 = \frac{1}{2^{\pm n}\,\Gamma(\pm n + 1)}\,, \tag{4.99}$$

mit der sich aus (4.96)–(4.98) für $R(\rho)$ zu gegebenem n^2 schließlich die Lösungen

$$\begin{aligned}
J_n(\rho) &= \left(\frac{\rho}{2}\right)^{n} \sum_{j=0}^{\infty} \frac{(-1)^j}{j!\,\Gamma(j+n+1)} \left(\frac{\rho}{2}\right)^{2j}\,, \\
J_{-n}(\rho) &= \left(\frac{\rho}{2}\right)^{-n} \sum_{j=0}^{\infty} \frac{(-1)^j}{j!\,\Gamma(j-n+1)} \left(\frac{\rho}{2}\right)^{2j}
\end{aligned} \tag{4.100}$$

von (4.91) ergeben. Damit haben wir zwei Lösungen, wie es bei einer Differenzialgleichung zweiter Ordnung zu erwarten ist. Allerdings sind diese nur für nicht ganzzahlige n voneinander unabhängig, für die ganzzahligen n, mit denen wir es zu tun haben, verschwinden wegen

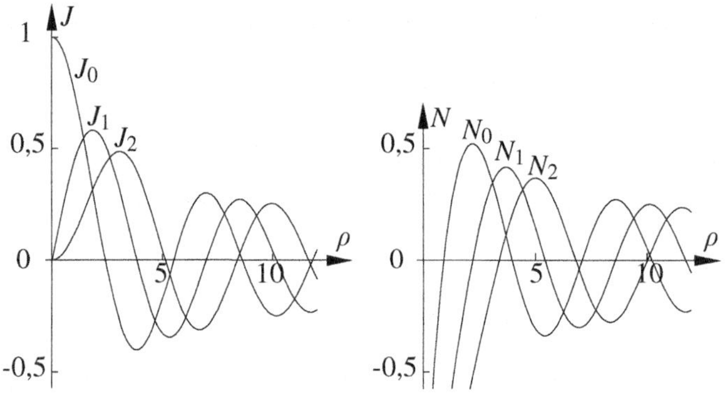

Abb. 4.33: ρ-Verlauf der Zylinderfunktionen $J_n(\rho)$ und $N_n(\rho)$ für $n{=}1, 2, 3$.

$|\Gamma(0)|{=}|\Gamma(-1)|{=}\ldots{=}\infty$ die ersten n Summenterme von J_{-n}, und wir erhalten mit $j{=}n{+}k$ und $(n{+}k)!{=}\Gamma(n{+}k{+}1)$

$$J_{-n}(\rho) = \left(\frac{\rho}{2}\right)^{-n} \sum_{j=n}^{\infty} \frac{(-1)^j}{j!\,\Gamma(j-n+1)} \left(\frac{\rho}{2}\right)^{2j}$$

$$= (-1)^n \left(\frac{\rho}{2}\right)^{n} \sum_{k=0}^{\infty} \frac{(-1)^k}{\Gamma(n+k+1)\,k!} \left(\frac{\rho}{2}\right)^{2k} = (-1)^n J_n(\rho)\,.$$

$J_{-n}(\rho)$ ist also von $J_n(\rho)$ abhängig, was bedeutet, dass wir nach einer unabhängigen zweiten Lösung suchen müssen. Dabei können wir uns zunutze machen, dass wir schon eine Lösung kennen, und die zweite Lösung mit der Methode der Variation der Konstanten ermitteln, also

$$R(\rho) = C(\rho)\, J_n(\rho)$$

ansetzen. Mit

$$\dot{R} = \dot{C} J_n + C \dot{J}_n\,, \qquad \ddot{R} = \ddot{C} J_n + 2\dot{C} \dot{J}_n + C \ddot{J}_n$$

erhalten wir aus (4.91) für $C(\rho)$ die Differenzialgleichung

$$\ddot{C} J_n + 2\dot{C} \dot{J}_n + \frac{\dot{C} J_n}{\rho} + C\left[\ddot{J}_n + \frac{\dot{J}_n}{\rho} + \left(1 - \frac{n^2}{\rho^2}\right) J_n\right] = \ddot{C} J_n + \dot{C}\left(2\dot{J}_n + \frac{J_n}{\rho}\right) = 0\,,$$

da J_n Gleichung (4.91) erfüllt und die eckige Klammer daher verschwindet. Hieraus folgt

$$\frac{\ddot{C}}{\dot{C}} = -\left(\frac{2\dot{J}_n}{J_n} + \frac{1}{\rho}\right) \qquad \text{oder} \qquad \frac{d}{d\rho} \ln\left(\dot{C} J_n^2 \rho\right) = 0\,,$$

woraus sich

$$\dot{C} = \frac{\alpha}{J_n^2 \rho}\,, \qquad C = \alpha \int^{\rho} \frac{d\rho'}{J_n^2(\rho')\, \rho'}$$

und schließlich die Lösung

$$R(\rho) = \alpha\, J_n(\rho) \int^{\rho} \frac{d\rho'}{J_n^2(\rho')\, \rho'} \tag{4.101}$$

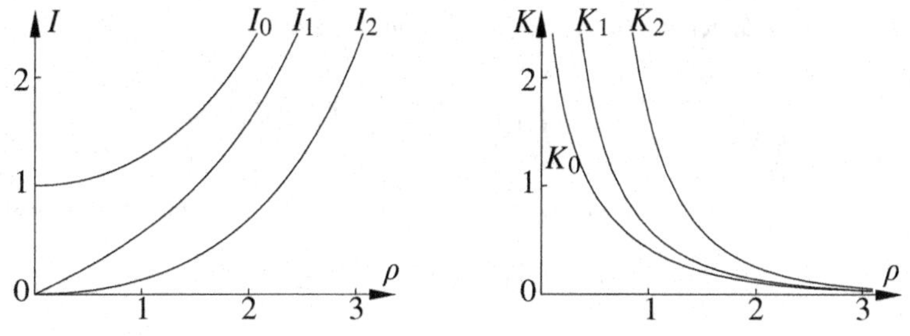

Abb. 4.34: ρ-Verlauf der Zylinderfunktionen $I_n(\rho)$ und $K_n(\rho)$ für n=1, 2, 3.

mit der Integrationskonstanten α ergibt. Setzen wir hierin $J_n(\rho)=(1/n!)(\rho/2)^n+\cdots$ ein, so folgt daraus für $R(\rho)$ eine Reihenentwicklung, die mit einem Term $\sim 1/\rho^n$ beginnt, d. h. die Lösungen $R(\rho)$ sind bei $\rho=0$ singulär. Ohne Beweis sei angegeben, dass bei geeigneter Wahl von α für die Funktion $R(\rho)$ die als **Neumann-Funktion** $N_n(\rho)$ bezeichnete Darstellung

$$N_n(\rho) = \lim_{p\to n} \frac{\cos(p\pi)\, J_p(\rho) - J_{-p}(\rho)}{\sin(p\pi)} \tag{4.102}$$

möglich ist. (Obwohl $J_{-p}(\rho)$ für $p\to n$ von $J_n(\rho)$ linear abhängig wird, entsteht bei dem Grenzübergang eine von $J_n(\rho)$ unabhängige Funktion!) Aus (4.100), (4.101) mit $\alpha=2/\pi$ und (4.95) ergeben sich unmittelbar die Näherungen

$$J_n(\rho) = \frac{1}{n!}\left(\frac{\rho}{2}\right)^n, \qquad N_0(\rho) = \frac{2}{\pi}\ln\rho\,, \quad N_n(\rho) = -\frac{(n-1)!}{\pi}\left(\frac{2}{\rho}\right)^n, \tag{4.103}$$

$$I_n(\rho) = \frac{1}{n!}\left(\frac{\rho}{2}\right)^n, \qquad K_0(\rho) = -\ln\rho\,, \quad K_n(\rho) = -\frac{(n-1)!}{\pi}\left(\frac{2}{\rho}\right)^n \tag{4.104}$$

für $\rho\to 0$, für $\rho\to\infty$ findet man etwas mühsamer die asymptotischen Näherungen

$$J_n(\rho) = \sqrt{\frac{2}{\pi\rho}}\cos\left(\rho-\frac{\pi}{4}-\frac{n\pi}{2}\right), \qquad N_n(\rho) = \sqrt{\frac{2}{\pi\rho}}\sin\left(\rho-\frac{\pi}{4}-\frac{n\pi}{2}\right), \tag{4.105}$$

$$I_n(\rho) = \frac{e^{+\rho}}{\sqrt{2\pi\rho}}, \qquad K_n(\rho) = \frac{\sqrt{\pi}\,e^{-\rho}}{\sqrt{2\rho}}. \tag{4.106}$$

Gleichung (4.105) lässt erkennen, dass $J_n(\rho)$ und $N_n(\rho)$ unendlich viele Nullstellen besitzen. Die Nullstellen der Funktionen $J_n(\rho)$ bezeichnen wir mit ρ_{nm}, d. h.

$$J_n(\rho_{nm}) = 0 \qquad \text{für } m=1, 2, \ldots. \tag{4.107}$$

Der Verlauf der Zylinderfunktionen in Abhängigkeit von ρ ist für kleine n in Abb. 4.33 und 4.34 zu sehen.

Exkurs 4.2: Fourier-Bessel-Reihen und Hankel-Transformation

Bei festem n bilden die Funktionen $\sqrt{r}\,J_n(\rho_{nm}\,r/a)$, m=1, 2, ... ein vollständiges orthonormiertes Funktionensystem, nach welchem man weitgehend beliebige Funktionen $f(r)$ entwickeln kann. Wir überzeugen uns zunächst von der Orthogonalität der zu verschiedenen m-Werten gehörigen Funktionen.

Dazu setzen wir in Gleichung (4.91) $\rho{=}\rho_{nm}\, r/a$ und erhalten

$$\frac{1}{r}\frac{d}{dr}\left(r\,\frac{dJ_n(\rho_{nm}\, r/a)}{dr}\right)+\left(\frac{\rho_{nm}^2}{a^2}-\frac{n^2}{r^2}\right)J_n\,(\rho_{nm}\, r/a)=0\,. \tag{4.108}$$

Multiplizieren wir dies mit $r\,J_n(\rho_{nm'}\, r/a)$ und integrieren von 0 bis a über r, so ergibt sich mit

$$\int_0^a J_n(\rho_{nm'}\, r/a)\,\frac{d}{dr}\left(r\,\frac{dJ_n(\rho_{nm}\, r/a)}{dr}\right)dr$$
$$=\underbrace{r\,J_n(\rho_{nm'}\, r/a)\,\frac{dJ_n(\rho_{nm}\, r/a)}{dr}\bigg|_0^a}_{=0}-\int_0^a r\,\frac{dJ_n(\rho_{nm}\, r/a)}{dr}\,\frac{dJ_n(\rho_{nm'}\, r/a)}{dr}\,dr$$

wegen $J_n(\rho_{nm'}){=}0$

$$\int_0^a\left[\left(\frac{\rho_{nm}^2}{a^2}-\frac{n^2}{r^2}\right)J_n\left(\frac{\rho_{nm}\, r}{a}\right)J_n\left(\frac{\rho_{nm'}\, r}{a}\right)-\frac{dJ_n(\rho_{nm}\, r/a)}{dr}\,\frac{dJ_n(\rho_{nm'}\, r/a)}{dr}\right]r\,dr=0\,.$$

Schreiben wir diese Gleichung nochmals mit der Vertauschung $m{\leftrightarrow}m'$ an und ziehen die so entstandene von der ursprünglichen Gleichung ab, so heben sich im Integranden alle Terme bis auf die ersten gegenseitig weg, und es verbleibt

$$\left(\rho_{nm}^2-\rho_{nm'}^2\right)\int_0^a r\,J_n(\rho_{nm}\, r/a)\,J_n(\rho_{nm'}\, r/a)\,dr=0\,.$$

Hieraus folgt schließlich

$$\int_0^a r\,J_n(\rho_{nm}\, r/a)\,J_n(\rho_{nm'}\, r/a)\,dr=0 \qquad \text{für } m\neq m'\,. \tag{4.109}$$

Für $m{=}m'$ kann das Normierungsintegral (4.109) mithilfe von Rekursionsformeln und erneuter Benutzung von (4.108) berechnet werden, was hier nicht weiter verfolgt werden soll. Wir übernehmen das Ergebnis aus der mathematischen Literatur und fassen es mit (4.109) zu den Orthonormierungsbedingungen

$$\int_0^a \sqrt{r}\,J_n(\rho_{nm}\, r/a)\,\sqrt{r}\,J_n(\rho_{nm'}\, r/a)\,dr=\frac{a^2}{2}\,J_{n+1}^2(\rho_{nm})\,\delta_{mm'} \tag{4.110}$$

zusammen. Auch auf den Beweis dafür, dass die Funktionen $J_n(\rho_{nm}\, r/a)$ ein vollständiges System bilden, muss hier verzichtet werden. Indem wir diese Tatsache aber benutzen, können wir für eine gegebene Funktion $f(r)$ die **Fourier-Bessel-Entwicklung**

$$f(r)=\sum_{m=1}^{\infty}c_m\,J_n(\rho_{nm}\, r/a) \tag{4.111}$$

ansetzen, die mit jeder der Funktionen J_n möglich ist. Multiplizieren wir jetzt (4.111) mit $r\,J_n(\rho_{nm'}\, r/a)$ und integrieren von 0 bis a über r, so folgt mit (4.110)

$$\sum_{m=1}^{\infty}\frac{a^2}{2}c_m\,J_{n+1}^2(\rho_{nm})\,\delta_{mm'}=\frac{a^2}{2}c_{m'}\,J_{n+1}^2(\rho_{nm'})=\int_0^a r f(r)\,J_n(\rho_{nm'}\, r/a)\,dr\,.$$

Hieraus erhalten wir mit $m' \to m$ die Entwicklungskoeffizienten

$$c_m = \frac{2}{a^2 J_{n+1}^2(\rho_{nm})} \int_0^a r f(r)\, J_n(\rho_{nm}\, r/a)\, dr\,. \tag{4.112}$$

Setzen wir diese mit $r \to r'$ in (4.111) ein, so ergibt sich

$$f(r) = \int_0^a f(r') \sum_{m=1}^{\infty} \frac{2r' J_n(\rho_{nm}\, r/a)\, J_n(\rho_{nm}\, r'/a)}{a^2 J_{n+1}^2(\rho_{nm})}\, dr'\,.$$

Der Vergleich dieses Ergebnisses mit

$$f(r) = \int_0^a f(r')\, \delta(r - r')\, dr'$$

führt zu der **Vollständigkeitsrelation**

$$\sum_{m=1}^{\infty} \frac{2r' J_n(\rho_{nm}\, r/a)\, J_n(\rho_{nm}\, r'/a)}{a^2 J_{n+1}^2(\rho_{nm})} = \delta(r - r')\,. \tag{4.113}$$

Ähnlich wie beim Übergang von Fourier-Reihen zu Fourier-Integralen in Abschn. 2.5.1 können wir in (4.111)–(4.112) $a \to \infty$ gehen lassen und von den Reihen zu Integralen übergehen. Zu diesem Zweck definieren wir zunächst

$$k_m = \frac{\rho_{nm}}{a}\,. \tag{4.114}$$

Für $a \to \infty$ erhält man endliche Werte k_m nur, falls ρ_{nm} sehr groß ist, d. h. wir können zur Berechnung der entsprechenden ρ_{nm} die asymptotische Näherung (4.105a) benutzen und erhalten mit dieser aus (4.107)

$$\rho_{nm} = \frac{n\pi}{2} + m\pi - \frac{\pi}{4} \tag{4.115}$$

(Nullstellen des Cosinus für Argument gleich $-\pi/2 + m\pi$) sowie

$$J_{n+1}(\rho_{nm}) = \sqrt{\frac{2}{\pi\rho_{nm}}}\cos\left[(m-1)\pi\right] = \pm\sqrt{\frac{2}{\pi\rho_{nm}}}\,. \tag{4.116}$$

Nun schreiben wir (4.111) mit $\Delta m = 1$, $\Delta\rho_{nm} = \pi\,\Delta m$ und $\Delta k_m = \Delta\rho_{nm}/a = \pi\,\Delta m/a$ bzw.

$$1 = \Delta m = \frac{a}{\pi}\Delta k_m \tag{4.117}$$

in der Form

$$f(r) = \sum_{m=1}^{\infty} \frac{c_m a}{k_m \pi}\, k_m J_n(k_m r)\, \Delta k_m\,.$$

Für $a \to \infty$ geht $\Delta k_m \to 0$, und wir erhalten mit den Umbenennungen

$$\frac{c_m a}{k_m \pi} \to c_k\,, \quad k_m \to k$$

schließlich

$$f(r) = \int_0^{\infty} c_k\, k\, J_n(kr)\, dk\,. \tag{4.118}$$

Aus (4.112) wird dabei mit (4.114) und (4.116)

$$c_k = \int_0^\infty r f(r)\, J_n(kr)\, dr\,. \tag{4.119}$$

Die Entwicklung (4.118) mit den Koeffizienten (4.119) wird als **Hankel-Transformation** oder, seltener, als **Fourier-Bessel-Transformation** bezeichnet. Die Vollständigkeitsrelation (4.113) geht für $a \to \infty$ mit (4.114) und (4.116)–(4.117) analog in

$$\int_0^\infty kr'\, J_n(kr)\, J_n(kr')\, dk = \delta(r - r') \tag{4.120}$$

über. Mit den Umbenennungen $r \to k'$, $k \to r$, $r' \to k$ und mit $\delta(k'-k) = \delta(k-k')$ folgt aus (4.120) auch

$$\int_0^\infty kr\, J_n(kr)\, J_n(k'r)\, dr = \delta(k - k')\,. \tag{4.121}$$

Exkurs 4.3: Green'sche Funktion für Dirichlet-Randbedingungen auf einem Zylindermantel

Wir wollen jetzt die Green'sche Funktion $G_{\mathrm{D}}(\boldsymbol{r}, \boldsymbol{r}')$ des Dirichlet-Problems für den Fall bestimmen, dass Randbedingungen auf einem Zylindermantel $r=a$ vorgegeben sind und G_{D} im Inneren des Zylinders gesucht wird. Wenn wir G_{D} gemäß (4.76) zerlegen, bedeutet dies, dass wir eine Lösung $f(\boldsymbol{r}, \boldsymbol{r}')$ der Laplace-Gleichung $\Delta' f(\boldsymbol{r}, \boldsymbol{r}') = 0$ suchen, die auf dem Zylindermantel die Randbedingung (4.84), $f(\boldsymbol{r}, \boldsymbol{r}') = -1/|\boldsymbol{r} - \boldsymbol{r}'|$, erfüllt.

1. Hierfür empfiehlt es sich, die Funktion $1/|\boldsymbol{r} - \boldsymbol{r}'|$, die ja bis auf den Punkt $\boldsymbol{r} = \boldsymbol{r}'$ ebenfalls die Laplace-Gleichung erfüllt, nach den Separationslösungen der Laplace-Gleichung in Zylinderkoordinaten zu entwickeln. Da sich der Zylindermantel über den ganzen Bereich $-\infty \leq z \leq \infty$ erstreckt und keine Periodizität in z vorausgesetzt werden soll, ist eine Entwicklung nach den Funktionen angebracht, für die sich eine z-Abhängigkeit der Form (4.89) ergab.

Wir entwickeln zunächst das Potenzial $\phi_Q(\boldsymbol{r}, \boldsymbol{r}') = Q/(4\pi\varepsilon_0\, |\boldsymbol{r} - \boldsymbol{r}'|)$ einer Punktladung Q bei $\boldsymbol{r}'$ und betrachten erst Punkte mit $z > z'$. Eine einzelne Separationslösung hierfür lautet nach (4.89), (4.90) und (4.92)

$$\left(A_k\, \mathrm{e}^{kz} + B_k e^{-kz}\right)\left[C_n \cos(n\varphi) + D_n \sin(n\varphi)\right] E_n\, J_n(kr)\,,$$

wobei wir die Lösungen $N(kr)$ wegen ihrer Singularität bei $r=0$ weggelassen haben. Da das Potenzial der Punktladung für $z \to \infty$ gegen null geht, müssen wir $A_k = 0$ wählen. Indem wir $B_k = b_k\, \mathrm{e}^{kz'}$ setzen und $C_{nk} := b_k C_n E_n$ sowie $D_{nk} := b_k D_n E_n$ definieren, erhalten wir für unsere Separationslösung

$$J_n(kr)\, \mathrm{e}^{-k(z-z')}\left[C_{nk} \cos(n\varphi) + D_{nk} \sin(n\varphi)\right].$$

Um das Potenzial $\phi_Q(\boldsymbol{r}, \boldsymbol{r}')$ vollständig darstellen zu können, bilden wir die allgemeinste Superposition

$$\phi_Q = \sum_{n=0}^{\infty} \int_0^\infty \left[C_{nk} \cos(n\varphi) + D_{nk} \sin(n\varphi)\right] J_n(kr)\, \mathrm{e}^{-k(z-z')}\, dk \tag{4.122}$$

regulärer Separationslösungen, die für $z \to \infty$ nach null abfallen. (Die Integration über negative k-Werte würde mit z ansteigende Lösungen liefern!) Unser Ansatz erfasst übrigens auch den Fall $k=0$ in (4.89) richtig, denn für gegen null gehende Werte von k folgt aus der Entwicklung $e^{-kz}=1-kz+\cdots$

$$B_k\,e^{-kz} = B_k - B_k\,kz + \cdots \overset{k\to 0}{\to} B_0 \overset{!}{=} B\,,$$

und in (4.89b) müssen wir $A=0$ setzen, damit $Z(z)$ für $|z|\to\infty$ endlich bleibt. Da die Ladung Q in der Ebene $z=z'$ sitzt, muss das Potenzial die Symmetrieeigenschaft

$$\phi_Q(r,\varphi,z-z') = \phi_Q(r,\varphi,-(z-z'))$$

besitzen, d. h. wir erhalten die für $z<z'$ gültige Lösung durch Spiegelung der Lösung (4.122) an der Ebene $z=z'$. Ein für alle z-Werte gültiger Ansatz ist demnach

$$\phi_Q = \sum_{n=0}^{\infty}\int_0^{\infty}\Big[C_{nk}\cos(n\varphi) + D_{nk}\sin(n\varphi)\Big]J_n(kr)\,e^{-k|z-z'|}\,dk\,. \tag{4.123}$$

Integrieren wir jetzt die Gleichung

$$\operatorname{div}\boldsymbol{E} = \frac{1}{r}\frac{\partial}{\partial r}(rE_r) + \frac{1}{r}\frac{\partial E_\varphi}{\partial\varphi} + \frac{\partial E_z}{\partial z} = \frac{\varrho(r)}{\varepsilon_0}\,,$$

in der

$$\varrho(r) = Q\,\delta(r-r')\,\delta\big(r(\varphi-\varphi')\big)\,\delta(z-z') \overset{(2.41)}{=} Q\,\delta(r-r')\,\frac{\delta(\varphi-\varphi')}{r'}\,\delta(z-z')$$

die Ladungsdichte der bei $r=r'$, $\varphi=\varphi'$, $z=z'$ befindlichen Punktladung Q sein soll, von $z'-\varepsilon$ bis $z'+\varepsilon$ über z und lassen $\varepsilon\to 0$ gehen, so entfallen die Beiträge der Feldkomponenten E_r und E_φ, da sie stetig sind, und wir erhalten mit $\int_{z'-\varepsilon}^{z'+\varepsilon}\delta(z-z')\,dz=1$

$$\lim_{\varepsilon\to 0}\Big[E_z(z'+\varepsilon) - E_z(z'-\varepsilon)\Big] = \frac{Q\,\delta(r-r')\,\delta(\varphi-\varphi')}{\varepsilon_0\,r'}\,.$$

Mit

$$E_z(z'\pm\varepsilon) = -\left.\frac{\partial\phi_Q}{\partial z}\right|^{z'\pm\varepsilon} \overset{(4.123)}{=} \pm\sum_{n=0}^{\infty}\int_0^{\infty}\Big[C_{nk}\cos(n\varphi) + D_{nk}\sin(n\varphi)\Big]k\,J_n(kr)\,e^{-k\varepsilon}\,dk$$

und $e^{-k\varepsilon}\to 1$ für $\varepsilon\to 0$ ergibt sich hieraus

$$\sum_{n=0}^{\infty}\int_0^{\infty}\Big[C_{nk}\cos(n\varphi) + D_{nk}\sin(n\varphi)\Big]2k\,J_n(kr)\,dk = \frac{Q\,\delta(r-r')\,\delta(\varphi-\varphi')}{\varepsilon_0\,r'}\,. \tag{4.124}$$

Multiplizieren wir diese Gleichung mit $r\,J_m(lr)\cos(m\varphi)$ und integrieren sie über r und φ, so erhalten wir mit

$$\int_0^{2\pi}\cos(n\varphi)\,\cos(m\varphi)\,d\varphi = \frac{2\pi\,\delta_{nm}}{2-\delta_{0m}}\,, \qquad \int_0^{2\pi}\sin(n\varphi)\,\cos(m\varphi)\,d\varphi = 0$$

und (4.121) die Beziehung

$$\sum_{n=0}^{\infty} \frac{4\pi\,\delta_{nm}}{2-\delta_{0m}} \int_0^{\infty} dk \left[C_{nk} \int_0^{\infty} kr\, J_n(kr)\, J_m(lr)\, dr \right]$$

$$= \frac{4\pi}{2-\delta_{0m}} \int_0^{\infty} dk \left[C_{mk} \int_0^{\infty} kr\, J_m(kr)\, J_m(lr)\, dr \right]$$

$$= \frac{4\pi}{2-\delta_{0m}} \int_0^{\infty} C_{mk}\,\delta(k-l)\, dk = \frac{4\pi\, C_{ml}}{2-\delta_{0m}} = \frac{Q}{\varepsilon_0\, r'}\, r'\, J_m(lr')\cos(m\varphi')$$

oder mit den Umbenennungen $m\to n$ und $l\to k$

$$C_{nk} = \frac{(2-\delta_{0n})\,Q}{4\pi\,\varepsilon_0}\, J_n(kr')\cos(n\varphi')\,. \tag{4.125}$$

Analog ergibt sich

$$D_{nk} = \frac{(2-\delta_{0n})\,Q}{4\pi\,\varepsilon_0}\, J_n(kr')\sin(n\varphi')\,. \tag{4.126}$$

Setzen wir (4.125)–(4.126) in (4.124) ein, so ergibt sich für die linke Seite

$$\frac{Q}{4\pi\,\varepsilon_0}\sum_{n=0}^{\infty}\big[\cos(n\varphi)\cos(n\varphi') + \sin(n\varphi)\sin(n\varphi')\big]\, 2\,(2-\delta_{0n}) \int_0^{\infty} k\, J_n(kr)\, J_n(kr')\, dk$$

$$= \frac{Q}{2\pi\,\varepsilon_0\, r'} \sum_{n=0}^{\infty} (2-\delta_{0n})\cos[n(\varphi-\varphi')] \int_0^{\infty} kr'\, J_n(kr)\, J_n(kr')\, dk$$

$$\overset{(4.120)}{=} \frac{Q}{2\pi\,\varepsilon_0\, r'}\left[1+2\sum_{n=1}^{\infty}\cos[n(\varphi-\varphi')]\right]\delta(r-r') \overset{(2.48)}{=} \frac{Q\,\delta(\varphi-\varphi')\,\delta(r-r')}{\varepsilon_0\, r'}\,.$$

Damit ist gezeigt, dass die Koeffizienten C_{nk} und D_{nk} tatsächlich so bestimmt wurden, dass Gleichung (4.124) erfüllt ist und nicht nur aus ihr folgende Integralbeziehungen.

Setzen wir jetzt die Ergebnisse (4.125)–(4.126) in den Ansatz (4.123) ein, so erhalten wir mit $Q/(4\pi\varepsilon_0)\to 1$ und $\phi_Q\to 1/|\boldsymbol{r}-\boldsymbol{r}'|$ schließlich die gesuchte Entwicklung

$$\frac{1}{|\boldsymbol{r}-\boldsymbol{r}'|} = \sum_{n=0}^{\infty} (2-\delta_{0n})\cos[n(\varphi-\varphi')] \int_0^{\infty} J_n(kr)\, J_n(kr')\, e^{-k|z-z'|}\, dk\,. \tag{4.127}$$

2. Der nächste Punkt unseres Programms zur Bestimmung der Green'schen Funktion besteht darin, eine Lösung $f(r', \varphi', z')$ der Gleichung $\Delta' f(r', \varphi', z')=0$ zu finden, welche die Randbedingung (4.84) erfüllt. Nahe liegend wäre, hierfür wieder einen Ansatz der Form (4.123) zu versuchen. Das ist jedoch aus folgendem Grund nicht möglich: In ϕ_Q konnten wir zur Darstellung der z-Abhängigkeit von den Lösungen (4.89) bzw. $e^{\pm kz}$ jeweils diejenige heranziehen, welche für $z\to\pm\infty$ nach null abfällt, und sie in der Ebene $z=z'$ wegen der dort vorliegenden Singularität von ϕ_Q unstetig mit der anderen aneinanderstückeln. Die jetzt gesuchte Lösung $f(r', \varphi', z')$ muss dagegen stetig und singularitätenfrei sein, und jede der Funktionen $e^{\pm kz}$ geht entweder für $z\to+\infty$ oder $z\to-\infty$ gegen unendlich. Wir müssen daher bei der Entwicklung von $f(r', \varphi', z')$ auf den anderen Lösungstyp zurückgreifen, der die z-Abhängigkeit durch (4.93) und die r-Abhängigkeit durch (4.95) beschreibt. Da die zu erfüllende Randbedingung eine Symmetrie bzgl. $z=z'$ und $\varphi=\varphi'$ besitzt, können wir von vorneherein einen Ansatz mit dieser Symmetrie machen, der in Analogie zu (4.127) jetzt die Gestalt

$$f(r',\varphi',z') = \sum_{n=0}^{\infty} \cos[n(\varphi-\varphi')] \int_0^{\infty} A_{kn}\, I_n(kr) \cos[k(z-z')]\, dk \tag{4.128}$$

aufweist. Dabei haben wir nur die bei $r=0$ regulären Funktionen $I_n(kr)$ benutzt. Die unbekannten Koeffizienten A_{kn} müssen so bestimmt werden, dass die Randbedingung

$$f(a,\varphi',z') = -\left.\frac{1}{|\boldsymbol{r}-\boldsymbol{r}'|}\right|_{r'=a}$$

bzw. mit (4.127)

$$\begin{aligned}&\sum_{n=0}^{\infty} \cos[n(\varphi-\varphi')] \int_0^{\infty} A_{kn}\, I_n(ka) \cos[k(z-z')]\, dk \\ &= -\sum_{n=0}^{\infty} (2-\delta_{0n}) \cos[n(\varphi-\varphi')] \int_0^{\infty} J_n(kr)\, J_n(ka)\, \mathrm{e}^{-k|z-z'|}\, dk\end{aligned}$$

erfüllt wird. Auf beiden Seiten stehen Fourier-Reihen in $\cos[n(\varphi-\varphi')]$, deren Koeffizienten dazu übereinstimmen müssen, d. h.

$$\int_0^{\infty} A_{kn}\, I_n(ka) \cos[k(z-z')]\, dk = -(2-\delta_{0n}) \int_0^{\infty} J_n(kr)\, J_n(ka)\, e^{-k|z-z'|}\, dk\,.$$

Jetzt setzen wir $z-z'=u$, multiplizieren beide Seiten mit $\cos(lu)$, integrieren von 0 bis ∞ über u und erhalten

$$\begin{aligned}&\int_0^{\infty} dk \left[A_{kn}\, I_n(ka) \int_0^{\infty} \cos(ku)\cos(lu)\, du \right] \overset{(2.53)}{=} = \frac{\pi}{2} \int_0^{\infty} A_{kn}\, I_n(ka)\, \delta(k-l)\, dk \\ &= \frac{\pi}{2} A_{ln}\, I_n(la) = -(2-\delta_{0n}) \int_0^{\infty} dk \left[J_n(kr)\, J_n(ka) \int_0^{\infty} \mathrm{e}^{-k|u|} \cos(lu)\, du \right]\end{aligned}$$

bzw. mit den Umbenennungen $k\to k'$ und $l\to k$

$$A_{kn} = -\frac{2\,(2-\delta_{0n})}{\pi\, I_n(ka)} \int_0^{\infty} dk'\, J_n(k'r)\, J_n(k'a) \int_0^{\infty} \mathrm{e}^{-k'|u|} \cos(ku)\, du\,.$$

Setzen wir dies in die Entwicklung (4.128) ein, so erhalten wir mit dieser und (4.127) aus (4.76) schließlich die gesuchte Green'sche Funktion

$$\begin{aligned}G_D(\boldsymbol{r},\boldsymbol{r}') = \sum_{n=0}^{\infty} (2-\delta_{0n}) \cos[n(\varphi-\varphi')] \int_0^{\infty} \Bigg\{ &J_n(kr)\, J_n(kr')\, \mathrm{e}^{-k|z-z'|} \\ &- \frac{2\, I_n(kr)}{\pi\, I_n(ka)} \cos[k(z-z')] \int_0^{\infty} \left[J_n(k'r)\, J_n(k'a) \int_0^{\infty} \mathrm{e}^{-k'|u|} \cos(ku)\, du \right] dk' \Bigg\}\, dk\,.\end{aligned} \tag{4.129}$$

4.8 Elektrostatische Felder in dielektrischer Materie

Wir können elektrostatische Felder bislang im Vakuum und in Gebieten mit einer Raumladungsverteilung $\varrho(\boldsymbol{r})$ berechnen, gegebenenfalls bei Anwesenheit metallischer Leiter. Dabei werden Raumladungsverteilungen als eine Idealisierung sehr dichter Verteilungen von Punktladungen im Vakuum angesehen. Bisher haben wir uns allerdings noch keine Gedanken darüber gemacht, wie dieses ideelle Konzept durch materielle Körper realisiert wird oder wie nicht metallische Materie auf die Einwirkung elektrischer Felder reagiert. Mit derartigen Fragen wollen wir uns jetzt näher befassen.

Die Moleküle bzw. Atome, aus denen jeder materielle Körper zusammengesetzt ist, bestehen aus elektrisch geladenen Bausteinen, Elektronen und positiv geladenen Atomkernen. Ein elektrisches Feld, das den Körper durchdringt, tritt mit diesen in Wechselwirkung. Im Allgemeinen wird dadurch die Struktur und Anordnung der Ladungsträger verändert, und umgekehrt wirkt diese Änderung auf das angelegte Feld zurück. Da sich diese Vorgänge in atomaren Dimensionen abspielen, müsste zu ihrer Behandlung an sich die Quantenmechanik herangezogen werden. Übernimmt man von dieser jedoch einige klassisch nicht erklärbare Ergebnisse, z. B., dass man für manche Phänomene die Elektronen eines Atoms so behandeln darf, als würden sie den Kern wie eine Wolke umgeben, ohne durch Strahlung Energie abzugeben und in diesen hineinzustürzen, so erhält man schon mithilfe klassischer Betrachtungen – zumindest qualitativ – ein brauchbares Bild.

In idealen Isolatoren gibt es keine frei beweglichen Ladungsträger. Handelt es sich dabei um flüssige oder gasförmige Substanzen, dann müssen alle Atome bzw. Moleküle neutral sein. Handelt es sich dagegen um Festkörper, so können sich in diesen zwar geladene Atome bzw. Moleküle befinden, durch den kompakten Einbau in eine feste Struktur wie z. B. ein Kristallgitter bleiben diese jedoch unbeweglich. Freie Elektronen gibt es in keinem Fall mehr.

Jedes Atom bzw. Molekül wirkt durch die Verteilung seiner Ladungsträger elektrisch nach außen. In weiter Entfernung ist das Potenzial des von ihm erzeugten Feldes nach der Multipolentwicklung (4.20) (siehe auch Abschn. 4.8.3)

$$\phi_{\mathrm{P},m} = \frac{1}{4\pi\varepsilon_0}\left(\frac{Q_m}{|\boldsymbol{r}-\boldsymbol{r}_m|} + \frac{\boldsymbol{p}_m\cdot(\boldsymbol{r}-\boldsymbol{r}_m)}{|\boldsymbol{r}-\boldsymbol{r}_m|^3} + \cdots\right), \tag{4.130}$$

wobei $\boldsymbol{r}_m$ z. B. der Schwerpunkt des betrachteten Atoms oder Moleküls ist. Die Ladung Q_m entsteht durch einen Elektronenüberschuss oder ein Elektronendefizit.

Bei einem einzelnen Atom im leeren Raum ist der Grundzustand so symmetrisch, dass kein permanentes Dipolmoment $\boldsymbol{p}_m$ vorhanden sein kann (Abb. 4.35). Für ungeladene symmetrische Moleküle, sogenannte **unpolare Moleküle**, gilt dasselbe, da die Schwerpunkte seiner positiven und negativen Ladungen (Positionen $\boldsymbol{r}^{\pm}_{m,i}$, $i=1,2,\ldots$)

$$\boldsymbol{R}^+_m = \frac{\sum_i q^+_{m,i}\boldsymbol{r}^+_{m,i}}{\sum_i q^+_{m,i}} \quad \text{und} \quad \boldsymbol{R}^-_m = \frac{\sum_i q^-_{m,i}\boldsymbol{r}^-_{m,i}}{\sum_i q^-_{m,i}}$$

aus Symmetriegründen zusammenfallen und daher mit $\sum_i q^+_{m,i} = -\sum_i q^-_{m,i}$

$$\boldsymbol{p}_m = \sum_i q^+_{m,i}\boldsymbol{r}^+_{m,i} + \sum_i q^-_{m,i}\boldsymbol{r}^-_{m,i} = \sum_i q^+_{m,i}(\boldsymbol{R}^+_m - \boldsymbol{R}^-_m) = 0$$

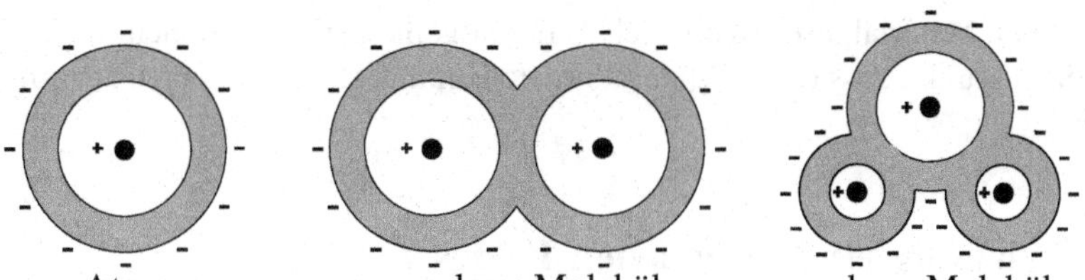

Abb. 4.35: Verteilung der Ladungsträger in einem Atom, einem unpolaren und einem polaren Molekül.

gilt. Unsymmetrisch gebaute **polare Moleküle** können dagegen ein Dipolmoment $\boldsymbol{p}_m \neq 0$ besitzen.

4.8.1 Zerlegung des Feldes in Isolatoren

Befindet sich ein Isolator in einem elektrischen Feld, so bezeichnen wir das Feld, das bei Abwesenheit des Isolators vorhanden wäre und durch irgendwelche festgehaltenen externen Ladungen erzeugt wird, mit $\boldsymbol{E}_{\text{ext}}$, und das Feld, das sich bei Anwesenheit des Isolators einstellt, mit $\boldsymbol{E}$. Das Differenzfeld

$$\boldsymbol{E}_{\text{P}} = \boldsymbol{E} - \boldsymbol{E}_{\text{ext}} \tag{4.131}$$

wird **Polarisationsfeld** genannt; es ist das Feld, das vom Isolator durch die Zusammenwirkung aller Moleküle als Reaktion auf das äußere Feld $\boldsymbol{E}_{\text{ext}}$ erzeugt wird, und setzt sich aus den Feldern $\boldsymbol{E}_{\text{P},m}$ zusammen, das die einzelnen Moleküle hervorrufen,

$$\boldsymbol{E}_{\text{P}} = \sum_m \boldsymbol{E}_{\text{P},m} \,. \tag{4.132}$$

Von Bedeutung für das Folgende ist auch noch das Feld

$$\boldsymbol{E}_m = \boldsymbol{E} - \boldsymbol{E}_{\text{P},m} \,, \tag{4.133}$$

das am Ort eines herausgegriffenen Moleküls durch die Superposition des externen Feldes $\boldsymbol{E}_{\text{ext}}$ mit den Feldern aller anderen Moleküle zustande kommt. Es kann als externes Feld für das Einzelmolekül aufgefasst werden, erzeugt die elektrischen Kraftwirkungen auf dieses und ist daher für die Reaktion des Einzelmoleküls verantwortlich.

Wir untersuchen in dem folgenden Abschnitt 4.8.2 zunächst die Reaktion eines Einzelatoms oder -moleküls auf das Feld $\boldsymbol{E}_m$ unter der Annahme, dass das Letztere vorgegeben ist. Anschließend berechnen wir im Abschnitt 4.8.3 bei als gegeben angenommener Reaktion der Moleküle deren Rückwirkung auf das Feld. Damit sind wir dann in der Lage, die Struktur des Zusammenhangs zwischen $\boldsymbol{E}$ und $\boldsymbol{E}_{\text{P}}$ anzugeben und – wenigstens prinzipiell – das Feld in Isolatoren zu berechnen (Abschn. 4.8.4). Dabei wird allerdings die explizite Form eines Materialgesetzes unbestimmt bleiben. Schließlich werden in Abschnitt 4.8.5 die Ergebnisse der Abschnitte 4.8.2 und 4.8.3 in konsistenter Weise miteinander verknüpft, und für einen Spezialfall wird die explizite Form des genannten Materialgesetzes abgeleitet. Für allgemeinere Situationen stellen wir uns auf den Standpunkt, dass dieses Materialgesetz zumindest experimentell bestimmt werden kann.

4.8.2 Wirkung eines gegebenen Feldes $\boldsymbol{E}_m$ auf einzelne Atome bzw. Moleküle

Deformationspolarisation

Betrachten wir jetzt ein Atom in einem gegebenen Feld $\boldsymbol{E}_m$. Wegen der geringen Ausdehnung des Atoms können wir $\boldsymbol{E}_m(\boldsymbol{r})$ in dem von diesem eingenommenen Raumgebiet näherungsweise als homogenes Feld auffassen. $\boldsymbol{E}_m$ übt auf den positiv geladenen Kern eine Kraft in Feldrichtung und auf die Elektronenhülle eine Kraft entgegengesetzter Richtung aus. Als Folge dieser Kräfte verschieben sich Kern und Elektronenhülle relativ zueinander, und die Letztere verformt sich dabei, bis $\boldsymbol{E}_m$ von einem hierdurch hervorgerufenen Gegenfeld kompensiert wird und ein neues Gleichgewicht entstanden ist (Abb. 4.36 (b)). $\boldsymbol{E}_m$ ruft also eine Unsymmetrie der Ladungsverteilung des Atoms hervor, die mit einem von null verschiedenen Dipolmoment $\boldsymbol{p}$ verbunden ist.

Wir wollen nur die Größenordnung des induzierten Dipolmoments $\boldsymbol{p}$ abschätzen und betrachten dazu ein stark vereinfachendes Modell, bei dem die Verformung der Elektronenhülle vernachlässigt wird. Damit dann am Ort des Kerns überhaupt eine Auswirkung der relativen Ladungsverschiebung zustande kommt, wird die Elektronenhülle nicht, wie in Abb. 4.36 (b) dargestellt und der Realität näher kommend, als verformte Kugelschale behandelt, sondern als gleichmäßig geladene Vollkugel vom Radius R (Atomradius) mit der Ladung $-Ne$ (N Elektronen der Ladung $-e$). Ist $\boldsymbol{d}$ die (starre) relative Verschiebung des Zentrums dieser Kugel gegenüber dem Atomkern, so übt das Feld der Kugel auf diesen die Kraft

$$\boldsymbol{F}_+ = -(Ne)\,\frac{Ne\,\boldsymbol{d}}{4\pi\,\varepsilon_0\,R^3} \tag{4.134}$$

aus, da das Feld im Inneren einer geladenen Kugel nach (4.15a) gleich $Q\boldsymbol{r}/(4\pi\,\varepsilon_0\,R^3)$ ist. $\boldsymbol{F}_+$ kompensiert die Kraft $Ne\,\boldsymbol{E}_m$ von $\boldsymbol{E}_m$ auf den Kern, wenn $\boldsymbol{F}_+ + Ne\,\boldsymbol{E}_m = 0$ ist, wenn also

$$\boldsymbol{d} = \frac{4\pi\,\varepsilon_0\,R^3}{Ne}\boldsymbol{E}_m \tag{4.135}$$

gilt. Wegen *actio* = *reactio* ist $-\boldsymbol{F}_+$ die Kraft auf die Elektronenhülle, und (4.135) ist gleichzeitig auch die Bedingung dafür, dass sich diese mit der durch $\boldsymbol{E}_m$ auf sie hervorgerufenen Kraft im Gleichgewicht befindet. Für das Dipolmoment des Atoms ergibt sich aus (4.135), wenn wir den Koordinatenursprung ins Zentrum der Elektronenhülle legen, mit $\varrho^+ \sim Ne\,\delta^3(\boldsymbol{r}-\boldsymbol{d})$

$$\boldsymbol{p}_m = \int \varrho\,\boldsymbol{r}\,d^3\tau = \underbrace{\int \varrho^-\boldsymbol{r}\,d^3\tau}_{0} + \int \varrho^+\boldsymbol{r}\,d^3\tau = Ne\,\boldsymbol{d}\,. \tag{4.136}$$

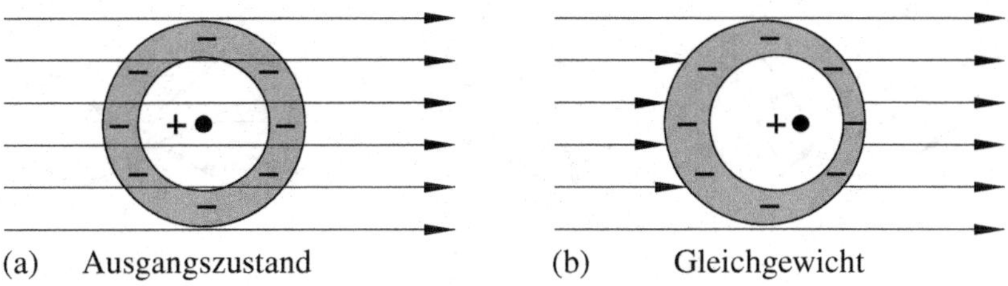

Abb. 4.36: Deformation der Elektronenhülle eines Atoms (bzw. Moleküls) durch ein gegebenes elektrisches Feld.

Unter Benutzung von (4.135) ergibt sich daraus

$$\boldsymbol{p}_m = \varepsilon_0\, \alpha\, \boldsymbol{E}_m \qquad \text{mit} \qquad \alpha = 4\pi R^3\,, \tag{4.137}$$

das induzierte Dipolmoment $\boldsymbol{p}_m$ ist also proportional zu $\boldsymbol{E}_m$. Diese Proportionalität wird – trotzt der groben Vereinfachungen unseres Modells – mit guter Näherung experimentell bestätigt. Der dabei gefundene Proportionalitätsfaktor α wird als **molekulare Polarisierbarkeit** bezeichnet und liegt bei $\alpha{=}10^{-28}$ bis $10^{-30}\,\text{m}^3$. Aus dem Vergleich mit (4.137) folgt $R{\approx}10^{-9}$ bis $10^{-10}\,$m, was mit der Größenordnung von Atomradien übereinstimmt. Die dazugehörigen relativen Verschiebungen sind sehr klein: Für $E{\approx}10^6\,$V/m und $N{=}1$ folgt aus (4.135) $d/R{\approx}10^{-5}$. Unpolare Moleküle können ähnlich behandelt werden, auch bei ihnen erhält man für hinreichend schwache Felder die Beziehung (4.137a). Bei starken Feldern $\boldsymbol{E}_m$ versagt das zur Rechnung benutzte einfache Modell, $\boldsymbol{p}_m$ ist dann im Allgemeinen nicht mehr proportional zu $\boldsymbol{E}_m$.

Orientierungspolarisation

Wir betrachten jetzt Moleküle, die schon ein permanentes Dipolmoment besitzen. Wenn kein äußeres elektrisches Feld anliegt, sind die Dipolmomente der verschiedenen Moleküle im Allgemeinen völlig unabhängig voneinander statistisch über alle möglichen Raumrichtungen verteilt (Abb. 4.37 (a)). Durch die Wärmebewegung der Moleküle werden sie außerdem noch laufend umgeordnet. Daher verschwindet zu jedem Zeitpunkt das durch Mittelung über viele Moleküle erhaltene mittlere Dipolmoment, und dementsprechend ist zu jedem Zeitpunkt das von einer hinreichend großen Gruppe benachbarter Moleküle erzeugte Fernfeld gleich null.

Wird ein elektrisches Feld $\boldsymbol{E}_{\text{ext}}$ angelegt, so übt dieses auf jedes einzelne Molekül nach (4.36) ein Drehmoment $\boldsymbol{p}_m \times \boldsymbol{E}_{\text{ext}}$ aus, das nur verschwindet, wenn $\boldsymbol{p}_m \| \boldsymbol{E}_{\text{ext}}$ ist und $\boldsymbol{p}_m$ daher parallel zu $\boldsymbol{E}_{\text{ext}}$ ausrichten möchte (Abb. 4.37 (b)). Dieses Drehmoment würde ohne die Wechselwirkungen zwischen Nachbarmolekülen dazu führen, dass die Dipolmomente Oszillationen um die Feldrichtung ausführen. Durch die Wechselwirkungen werden nun einerseits diese Oszillationen reibungsartig gebremst, andererseits kommt es durch sie auch immer wieder zu stärkeren Drehungen gegenüber der Feldrichtung. Insgesamt wird also durch die Wärmebewegung und Wechselwirkungen der Moleküle die Ausrichtung der Dipolmomente parallel zum Feld teils gefördert, teils

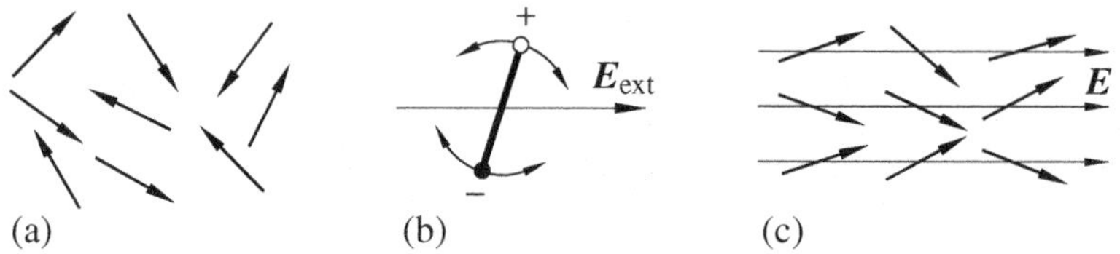

Abb. 4.37: (a) Statistisch über alle Richtungen verteilte molekulare Dipole. (b) Wärmeinduzierte Schwingung eines durch zwei entgegengesetzte und starr miteinander verbundene Ladungen dargestellten Dipolmoments um die Vorzugsrichtung des elektrischen Feldes. (c) Teilweise Ausrichtung der molekularen Dipole in einem elektrischen Feld.

verhindert, diese führen unregelmäßige Schwingungen um die Feldrichtung aus, wobei nur die Amplitude der Auslenkungswinkel mit zunehmendem $\boldsymbol{E}_{\text{ext}}$ allmählich abnimmt (Abb. 4.37 (c)). Bildet man jetzt den räumlichen Mittelwert

$$\langle \boldsymbol{p}_m \rangle := \frac{1}{M} \sum_{m=1}^{M} \boldsymbol{p}_m$$

über alle M Moleküle einer Nachbarschaft, die so klein ist, dass der zeitliche Mittelwert $\overline{\boldsymbol{E}}_m$ des Feldes $\boldsymbol{E}_m(t)$ für alle praktisch denselben Wert besitzt,[7] so findet man, dass $\langle \boldsymbol{p}_m \rangle$ von null verschieden ist und für isotrope Substanzen die durch $\overline{\boldsymbol{E}}_m$ gegebene Vorzugsrichtung aufweist. Für hinreichend kleine Feldstärken folgt wieder ein linearer Zusammenhang

$$\langle \boldsymbol{p}_m \rangle = \varepsilon_0 \alpha \overline{\boldsymbol{E}}_m \, . \tag{4.138}$$

Allgemein ist für isotrope Materialien ein Zusammenhang

$$\langle \boldsymbol{p}_m \rangle = f(\overline{E}_m)\, \overline{\boldsymbol{E}}_m / \overline{E}_m$$

mit $f(0)=0$ zu erwarten. Entwickelt man $f(\overline{E}_m)$ in eine Taylor-Reihe, so erhält man mit $f(\overline{E}_m)=f'(0)\,\overline{E}_m+\cdots$ den angegebenen linearen Zusammenhang, falls $f'(0)\neq 0$ und $\overline{E}_m$ hinreichend schwach ist. Ein theoretischer Wert des Proportionalitätsfaktors kann mithilfe statistischer Methoden berechnet werden. Er erweist sich als stark temperaturabhängig, da die thermische Agitation der Moleküle eine wichtige Rolle spielt. Natürlich kann zur Orientierungspolarisation auch noch eine induzierte Polarisation hinzutreten.

7 Nach Abschn. 4.8.3 unterliegt das im Inneren des Isolators wirksame Feld $\boldsymbol{E}_m$ starken zeitlichen Schwankungen, sodass nur durch den zeitlichen Mittelwert

$$\overline{\boldsymbol{E}}_m = \lim_{t\to\infty} \frac{1}{2t} \int_{-t}^{t} \boldsymbol{E}_m(t')\, dt'$$

eine Vorzugsrichtung definiert wird.

Momente höherer Ordnung

Wir haben bei der Multipolentwicklung (4.130) des von den Atomen bzw. Molekülen erzeugten Feldes soweit nur deren Ladung und Dipolmoment berücksichtigt. Natürlich können auch Quadrupol- und höhere Momente auftreten. Ob permanent oder induziert, sind diese jedoch im Allgemeinen klein. Da zudem das mit ihnen verbundene Feld mit zunehmendem Abstand noch stärker als das Dipolfeld abfällt, werden wir im Folgenden keine höheren Momente als das Dipolmoment betrachten.

Dielektrika, Elektrete und Ferroelektrika

Stoffe, die von einem elektrischen Feld durchsetzt werden können und auf dieses mit einer molekularen Verschiebungs- und/oder Orientierungspolarisation reagieren, die auf das sie durchsetzende Feld zurückwirkt, werden als **Dielektrika** bezeichnet. Offensichtlich muss es sich dabei um Nichtleiter (Isolatoren) handeln.

Bei manchen Stoffen ist es möglich, eine mittlere Orientierungspolarisation $\langle \boldsymbol{p} \rangle$ „einzufrieren“. Diese ist dann auch nach Abschalten des verursachenden elektrischen Feldes noch vorhanden. (Beispiel: Man lässt flüssiges Wachs in einem elektrischen Feld erkalten.) Solche Stoffe heißen **Elektrete** und sind das elektrische Analogon zu Permanentmagneten. Dadurch, dass sie freie Ladungen aus der umgebenden Luft an sich ziehen, bildet sich auf ihnen jedoch allmählich eine Oberflächenladung, die das elektrische Feld nach außen abschirmt.

Weiterhin gibt es Stoffe, bei denen sich die Dipole der einzelnen Moleküle bei hinreichend niedrigen Temperaturen aufgrund der elektrischen Wechselwirkungskräfte parallel ausrichten. Solche Stoffe heißen **Ferroelektrika**.

Beide Stoffarten werden von den folgenden Untersuchungen ausgeklammert.

4.8.3 Rückwirkung der Atome bzw. Moleküle auf das Feld

Jetzt untersuchen wir das Feld $\boldsymbol{E}_{\mathrm{P}}=\boldsymbol{E}-\boldsymbol{E}_{\mathrm{ext}}$, das von der Ladung und einer als gegeben angesehenen Polarisation (Deformations- oder Orientierungspolarisation) der Atome bzw. Moleküle hervorgerufen wird. Dabei werden wir im Folgenden der Einfachheit halber nur noch von Molekülen sprechen, wenn entweder Moleküle oder Atome gemeint sind. $\boldsymbol{E}_{\mathrm{P}}$ hat, je nachdem, ob man einen Raumpunkt innerhalb oder außerhalb des Dielektrikums betrachtet, physikalisch sehr verschiedene Eigenschaften. Jedes Molekül des Isolators befindet sich in lebhafter thermischer Bewegung, es oszilliert, rotiert und vibriert, d. h. seine stark lokalisierten Ladungsträger bewegen sich. Daher ist das Feld im unmittelbaren Bereich der Moleküle starken zeitlichen und räumlichen Schwankungen unterworfen, wobei außer der Stärke natürlich auch die Richtung des Feldes variiert, beides besonders stark in der Nachbarschaft der Kerne und Elektronen. Andererseits ist das Feld außerhalb des Dielektrikums in einiger Entfernung von diesem im Wesentlichen zeitlich und räumlich glatt. Dafür genügen schon wenige Moleküldurchmesser Abstand, gerade so viele, dass das Feld der am nächsten gelegenen Moleküle schon hinreichend gut durch die niedrigsten Terme der Multipolentwicklung beschrieben wird. Wir wollen als Erstes dieses Feld außerhalb des Isolators berechnen und werden dann auch den Grund für die zuletzt getroffene Aussage erkennen.

Außenfeld

Als Erstes wählen wir für jedes Molekül einen Bezugspunkt, auf den wir sein Dipolmoment beziehen wollen, und entscheiden uns dabei für seinen Ladungsschwerpunkt, den wir hier mit $\boldsymbol{r}_m(t)$ bezeichnen. Diesen zerlegen wir in seinen (zeitunabhängigen) Zeitmittelwert

$$\overline{\boldsymbol{r}}_m = \lim_{t\to\infty} \frac{1}{2t} \int_{-t}^{+t} \boldsymbol{r}_m(t')\, dt'$$

und die (zeitabhängige) momentane Abweichung $\Delta\boldsymbol{r}_m(t)$,

$$\boldsymbol{r}_m(t) = \overline{\boldsymbol{r}}_m + \Delta\boldsymbol{r}_m(t)\,. \tag{4.139}$$

Sodann zerlegen wir das auf $\boldsymbol{r}_m(t)$ bezogene Dipolmoment $\boldsymbol{p}_m(t)$ analog in

$$\boldsymbol{p}_m(t) = \overline{\boldsymbol{p}}_m + \Delta\boldsymbol{p}_m(t)\,. \tag{4.140}$$

Durch zeitliche Mittelung von (4.139) und (4.140) ergibt sich

$$\overline{\Delta\boldsymbol{p}_m(t)} = 0 \quad \text{und} \quad \overline{\Delta\boldsymbol{r}_m(t)} = 0\,. \tag{4.141}$$

Wie wir später sehen werden, unterscheidet sich das von einer zeitabhängigen Ladungsverteilung hervorgerufene Potenzial von dem einer statischen Ladungsverteilung nur durch eine Korrektur, die von der Laufzeit des Lichts herrührt (siehe (7.36)) und vernachlässigt werden kann, solange man Prozesse betrachtet, bei denen die auftretenden Geschwindigkeiten – hier thermische Geschwindigkeiten der Ladungsträger – klein gegenüber der Lichtgeschwindigkeit sind. Daher erhalten wir auch jetzt für das von einem Molekül hervorgerufene Potenzial

$$\phi_{\mathrm{P},m}(\boldsymbol{r},t) = \frac{1}{4\pi\varepsilon_0}\left(\frac{Q_m}{|\boldsymbol{r}-\boldsymbol{r}_m(t)|} + \frac{\boldsymbol{p}_m(t)\cdot(\boldsymbol{r}-\boldsymbol{r}_m(t))}{|\boldsymbol{r}-\boldsymbol{r}_m(t)|^3}\right) + \cdots\,. \tag{4.142}$$

Setzen wir hierin die Zerlegungen (4.139)–(4.140) ein und entwickeln analog zu (4.19)

$$\begin{aligned}\frac{1}{|\boldsymbol{r}-\boldsymbol{r}_m(t)|} &= \frac{1}{|\boldsymbol{r}-\overline{\boldsymbol{r}}_m-\Delta\boldsymbol{r}_m(t)|}\\ &= \frac{1}{|\boldsymbol{r}-\overline{\boldsymbol{r}}_m|} + \frac{(\boldsymbol{r}-\overline{\boldsymbol{r}}_m)\cdot\Delta\boldsymbol{r}_m(t)}{|\boldsymbol{r}-\overline{\boldsymbol{r}}_m|^3} + \mathcal{O}\left(\frac{1}{|\boldsymbol{r}-\overline{\boldsymbol{r}}_m|^3}\right),\end{aligned}$$

$$\frac{\boldsymbol{r}-\boldsymbol{r}_m(t)}{|\boldsymbol{r}-\boldsymbol{r}_m(t)|^3} = \frac{\boldsymbol{r}-\overline{\boldsymbol{r}}_m}{|\boldsymbol{r}-\overline{\boldsymbol{r}}_m|^3} + \mathcal{O}\left(\frac{1}{|\boldsymbol{r}-\overline{\boldsymbol{r}}_m|^3}\right),$$

so erhalten wir

$$\begin{aligned}\phi_{\mathrm{P},m}(\boldsymbol{r},t) = \frac{1}{4\pi\varepsilon_0}\Bigg(&\frac{Q_m}{|\boldsymbol{r}-\overline{\boldsymbol{r}}_m|} + \frac{\overline{\boldsymbol{p}}_m\cdot(\boldsymbol{r}-\overline{\boldsymbol{r}}_m)}{|\boldsymbol{r}-\overline{\boldsymbol{r}}_m|^3}\\ &+ \frac{Q_m(\boldsymbol{r}-\overline{\boldsymbol{r}}_m)\cdot\Delta\boldsymbol{r}_m(t)}{|\boldsymbol{r}-\overline{\boldsymbol{r}}_m|^3} + \frac{\Delta\boldsymbol{p}_m(t)\cdot(\boldsymbol{r}-\overline{\boldsymbol{r}}_m)}{|\boldsymbol{r}-\overline{\boldsymbol{r}}_m|^3}\Bigg) + \mathcal{O}\left(\frac{1}{|\boldsymbol{r}-\overline{\boldsymbol{r}}_m|^3}\right).\end{aligned} \tag{4.143}$$

Jetzt betrachten wir alle gleichartigen Moleküle des Isolators und nehmen an, dass sich die Nummerierung m nur auf diese bezieht.

Da die zeitlichen und räumlichen Schwankungen der Dipolmomente unabhängig voneinander rein statistisch verteilt sind, findet man zu einem festen Zeitpunkt in einer mikroskopisch großen, makroskopisch kleinen Umgebung (s. u.) eines herausgegriffenen Moleküls (Durchmesser $D \approx 10^{-8}\,\text{m} \gg 10^{-10}\,\text{m} \approx$ Moleküldurchmesser, Volumen $V = D^3$) im räumlichen Nebeneinander die gleiche Verteilung der $\boldsymbol{p}_m$ über die M Nachbarmoleküle dieser Umgebung wie im zeitlichen Nacheinander einer Zeitfolge $t_1, \ldots, t_M$ für das eine herausgegriffene Molekül. Dasselbe gilt für alle statistischen Größen, die nicht von der Position abhängen, d. h.

$$\overline{f}_m = \lim_{t\to\infty} \frac{1}{2t} \int_{-t}^{t} f_m(t')\,dt' = \frac{1}{M} \sum_{m=1}^{M} f_m = \langle f_m \rangle\,. \tag{4.144}$$

Dabei haben wir für $t_1 = -t$, $t_M = t$ und äquidistante Zeitschritte $\Delta t_i = t_{i+1} - t_i = 2t/M$

$$\overline{f}_m = \frac{1}{M} \sum_{i=1}^{M} f_m(t_i) = \frac{1}{2t} \sum_{i=1}^{M} f_m(t_i)\,\Delta t_i \approx \lim_{t\to\infty} \frac{1}{2t} \int_{-t}^{t} f_m(t')\,dt'$$

gesetzt. Die Äquivalenz von räumlichem und zeitlichem Mittelwert ist eine wesentliche Annahme der statistischen Physik, die ihre Rechtfertigung überwiegend durch die Bestätigung der aus ihr abgeleiteten Konsequenzen erfährt.

Mit (4.144) erhalten wir aus (4.143) für das von den M Molekülen der betrachteten Umgebung erzeugte Gesamtfeld bis auf Terme $\mathcal{O}(1/|\boldsymbol{r} - \overline{\boldsymbol{r}}_m|^3)$

$$\begin{aligned}\phi_\text{P} = \sum_{m=1}^{M} \phi_{\text{P,m}} &= \frac{1}{4\pi\varepsilon_0} \sum_{m=1}^{M} \left(\frac{Q_m}{|\boldsymbol{r} - \overline{\boldsymbol{r}}_m|} + \frac{\overline{\boldsymbol{p}}_m \cdot (\boldsymbol{r} - \overline{\boldsymbol{r}}_m)}{|\boldsymbol{r} - \overline{\boldsymbol{r}}_m|^3} \right) \\ &\quad + \frac{M}{4\pi\varepsilon_0} \overline{\left(\frac{Q_m (\boldsymbol{r} - \overline{\boldsymbol{r}}_m) \cdot \Delta\boldsymbol{r}_m(t)}{|\boldsymbol{r} - \overline{\boldsymbol{r}}_m|^3} + \frac{\Delta\boldsymbol{p}_m(t) \cdot (\boldsymbol{r} - \overline{\boldsymbol{r}}_m)}{|\boldsymbol{r} - \overline{\boldsymbol{r}}_m|^3} \right)}\,,\end{aligned}$$

wobei wir die Beziehung $\sum_1^M f_m = M\langle f_m \rangle = M\overline{f_m}$ nur auf die beiden letzten Terme angewandt haben. In diesen sind nur die Größen $\Delta\boldsymbol{r}_m(t)$ und $\Delta\boldsymbol{p}_m(t)$ zeitabhängig, die zeitliche Mittelung wirkt nur auf diese, und wegen (4.141) fallen beide Terme weg. Damit erhalten wir schließlich als Potenzial im Außenraum des Isolators

$$\phi_\text{P} = \frac{1}{4\pi\varepsilon_0} \sum_{m=1}^{M} \left(\frac{Q_m}{|\boldsymbol{r} - \overline{\boldsymbol{r}}_m|} + \frac{\overline{\boldsymbol{p}}_m \cdot (\boldsymbol{r} - \overline{\boldsymbol{r}}_m)}{|\boldsymbol{r} - \overline{\boldsymbol{r}}_m|^3} \right). \tag{4.145}$$

Wie behauptet ist es zeitlich konstant und räumlich glatt.

Sind alle Moleküle gleichartig, so haben sie dieselbe Ladung Q_m. Definieren wir durch

$$\langle \varrho \rangle = \frac{\sum_{m=1}^{M} Q_m}{V} = \frac{M\,Q_m}{V} = \overline{Q_m/D^3(t)} = \overline{\varrho}$$

eine mittlere Ladungsdichte, wobei $D(t)$ der Abstand eines Moleküls von einem seiner Nachbarmoleküle ist – wir nehmen an, dass die Moleküle permanent benachbart bleiben, und schließen damit Wanderungsprozesse von Molekülen, die es auch in Festkörpern geben kann, von der Betrachtung aus –, dann können wir

$$Q_m = \overline{\varrho}\Delta^3\tau_m \tag{4.146}$$

schreiben. Dabei ist $\Delta^3\tau_m{=}V/M{=}[\overline{1/D^3(t)}]^{-1}$ das mittlere Volumen, das einem Molekül der von uns betrachteten, makroskopisch kleinen Umgebung zur Verfügung steht; unter „makroskopisch klein" soll verstanden werden, dass sich dieses mittlere Volumen sowie das mittlere Dipolmoment $\overline{\boldsymbol{p}}_m$ in V von Molekül zu Molekül so wenig ändern, dass beide als konstant angesehen werden dürfen. Dann können wir auch noch durch

$$\overline{\boldsymbol{P}} = \frac{M\overline{\boldsymbol{p}}_m}{V} = \frac{M\langle \boldsymbol{p}_m\rangle}{V} = \frac{\sum_{m=1}^{M}\boldsymbol{p}_m}{V} = \langle \boldsymbol{P}\rangle \tag{4.147}$$

eine als **Polarisationsvektor** oder **vektorielle Polarisationsdichte** bezeichnete mittlere Dipoldichte $\overline{\boldsymbol{P}}$ definieren, mit der sich

$$\overline{\boldsymbol{p}}_m = \overline{\boldsymbol{P}}\Delta^3\tau_m \tag{4.148}$$

schreiben lässt. Setzten wir jetzt (4.146) und (4.148) in (4.145) ein und gehen von der Summe zu einem Integral über, so erhalten wir schließlich

$$\phi_{\mathrm{P}} = \frac{1}{4\pi\varepsilon_0}\int\left(\frac{\overline{\varrho}(\boldsymbol{r}')}{|\boldsymbol{r}-\boldsymbol{r}'|} + \frac{\overline{\boldsymbol{P}}(\boldsymbol{r}')\cdot(\boldsymbol{r}-\boldsymbol{r}')}{|\boldsymbol{r}-\boldsymbol{r}'|^3}\right)d^3\tau'\,. \tag{4.149}$$

Dabei erstreckt sich die Integration über das betrachtete, makroskopisch kleine Integrationsvolumen V, $\overline{\varrho}(\boldsymbol{r}')$ und $\overline{\boldsymbol{P}}(\boldsymbol{r}')$ sind die konstanten Werte der Ladungsdichte und des Polarisationsvektors in diesem. Ist $\boldsymbol{r}$ ein außerhalb des Isolators gelegener Punkt, dann kann der Letztere in lauter mikroskopisch große, makroskopisch kleine Teilvolumina zerlegt werden, von denen jedes einen Beitrag dieser Art liefert, möglicherweise jedoch mit unterschiedlichen Werten von $\overline{\varrho}(\boldsymbol{r}')$ bzw. $\overline{\boldsymbol{P}}(\boldsymbol{r}')$. Aufgrund des Superpositionsprinzips (Abschn. 3.1.3) können diese Beiträge einfach addiert werden, sodass (4.149) das von den Molekülen des gesamten Isolators hervorgerufene Feld in einem außerhalb gelegenen Punkt angibt, wenn für $\overline{\varrho}(\boldsymbol{r}')$ und $\overline{\boldsymbol{P}}(\boldsymbol{r}')$ die durch lokale Mittelung gewonnenen, makroskopisch ortsabhängigen Funktionen eingetragen werden und über das gesamte Volumen des Isolators integriert wird. Bei einer flächenhaften Konzentration geladener Moleküle auf dem Rand des Isolators tritt auf der rechten Seite von Gleichung (4.149) gegebenenfalls noch ein Term $\int \overline{\sigma}'/|\boldsymbol{r}-\boldsymbol{r}'|\,df'$ hinzu.

Die mit der Bewegung der Moleküle verbundenen, zeitabhängigen Ströme $\boldsymbol{j}(\boldsymbol{r},t)$ verschwinden im zeitlichen Mittel, da die Ladungen im Mittel an ihrem Ort bleiben. Daher erzeugt zwar jedes einzelne Molekül ein zeitabhängiges magnetisches Nahfeld; das magnetische Fernfeld im Außenraum mittelt sich jedoch wegen $\langle\boldsymbol{j}\rangle{=}\overline{\boldsymbol{j}}{=}0$ bei Summation über alle Moleküle heraus. Nun gilt bei zeitabhängigen Feldern nicht mehr der Zusammenhang $\boldsymbol{E}{=}{-}\nabla\phi$ der Elektrostatik, sondern $\boldsymbol{E}{=}{-}\nabla\phi{-}\partial\boldsymbol{A}/\partial t$, wobei $\boldsymbol{A}$ das Vektorpotenzial des Magnetfelds ist (siehe Gleichung (7.3)), d. h. das elektrische Feld erhält einen induktiven Anteil. Da dieser jedoch zusammen mit dem Magnetfeld im zeitlichen Mittel verschwindet, ist das von der Polarisation $\overline{\boldsymbol{P}}$ hervorgerufenen elektrische Feld im Außenraum $\boldsymbol{E}{=}{-}\nabla\phi_{\mathrm{P}}$.

Liegen nebeneinander verschiedene Molekülsorten vor, so behandelt man zunächst jede einzeln wie oben. Anschließend summiert man die zu jeder Sorte gehörigen Potenziale. Die Formel für das Gesamtpotenzial bleibt dabei unverändert (4.149), nur der Polarisationsvektor (4.147) bekommt Beiträge von verschiedenen Molekülsorten.

Innenfeld

Wir untersuchen jetzt das Feld $\boldsymbol{E}_\text{P}$, das von den Molekülen des Isolators in einem inneren Punkt desselben hervorgerufen wird. Dieses zerlegen wir in zwei Anteile, einen Nahanteil $\boldsymbol{E}_\text{P}^{(\text{n})}$, der von den Molekülen herrührt, die sich innerhalb einer Kugel $K(\boldsymbol{r}_0)$ mit dem mikroskopisch großen und makroskopisch kleinen Radius $D/2$ um $\boldsymbol{r}_0$ befinden (Abb. 4.38), und einen Fernanteil $\boldsymbol{E}_\text{P}^{(\text{f})}$, der von den außerhalb dieser Kugel befindlichen Molekülen hervorgerufen wird,

$$\boldsymbol{E}_\text{P} = \boldsymbol{E}_\text{P}^{(\text{f})} + \boldsymbol{E}_\text{P}^{(\text{n})} \,. \tag{4.150}$$

Der Anteil $\boldsymbol{E}_\text{P}^{(\text{f})}$ kann genau wie das von sämtlichen Molekülen im Außenraum erzeugte Feld berechnet werden, er ist nach (4.149) durch

$$\boldsymbol{E}_\text{P}^{(\text{f})} = -\frac{1}{4\pi\varepsilon_0}\nabla\int_{V-K}\left(\frac{\overline{\varrho}(\boldsymbol{r}')}{|\boldsymbol{r}-\boldsymbol{r}'|} + \frac{\overline{\boldsymbol{P}}(\boldsymbol{r}')\cdot(\boldsymbol{r}-\boldsymbol{r}')}{|\boldsymbol{r}-\boldsymbol{r}'|^3}\right)d^3\tau' \tag{4.151}$$

(V = Gesamtvolumen des Isolators) gegeben und ist zeitlich konstant sowie räumlich glatt. $\boldsymbol{E}_\text{P}^{(\text{n})}$ ist nach unseren früheren Überlegungen dagegen starken räumlichen und zeitlichen Schwankungen unterworfen.

Die genaue Berechnung der komplizierten Funktion $\boldsymbol{E}_\text{P}^{(\text{n})}(\boldsymbol{r},t)$ wäre genauso wenig sinnvoll, wie es die exakte Berechnung von $\boldsymbol{E}$ innerhalb einer dichten Verteilung von Punktladungen im Vakuum gewesen wäre. Die Einführung des idealisierten Modells einer kontinuierlichen Ladungsverteilung lief im Wesentlichen darauf hinaus, das innerhalb diskreter Punktladungen bezüglich Richtung und Stärke extrem veränderliche Feld $\boldsymbol{E}(\boldsymbol{r})$ durch seinen räumlichen Mittelwert zu ersetzen. Auch im Inneren von Isolatoren ist bei vielen Fragestellungen der räumliche Mittelwert $\langle\boldsymbol{E}(\boldsymbol{r},t)\rangle$ des Feldes die eigentlich physikalisch interessierende Größe, zum Beispiel, wenn es darum geht, die Energie des Feldes zu berechnen. Man muss sich allerdings darüber im Klaren sein, dass es auch Fragestellungen gibt, bei denen das nicht zutrifft. So ist z. B. für Vorgänge im Inneren von Molekülen der zeitliche Mittelwert $\overline{\boldsymbol{E}(\boldsymbol{r}_m(t),t)}$ maßgeblich, und dieser ist ungleich $\big\langle\boldsymbol{E}(\boldsymbol{r},t)\big\rangle$, da bei ihm über sehr hohe Feldstärken in der Nähe von Atomkernen gemittelt wird, während bei der räumlichen Mittelung Stellen mit hoher und niedriger Feldstärke erfasst werden.

Wir bilden jetzt den räumlichen Mittelwert von $\boldsymbol{E}_\text{P}$ über die Kugel $K(\boldsymbol{r}_0)$ vom Radius $D/2$ um $\boldsymbol{r}_0$. Da diese makroskopisch sehr klein ist, ändert sich $\boldsymbol{E}_\text{P}^{(\text{f})}(\boldsymbol{r})$ in ihr nur sehr wenig, und wir erhalten

$$\big\langle\boldsymbol{E}_\text{P}\big\rangle = \boldsymbol{E}_\text{P}^{(\text{f})} + \big\langle\boldsymbol{E}_\text{P}^{(\text{n})}\big\rangle \,. \tag{4.152}$$

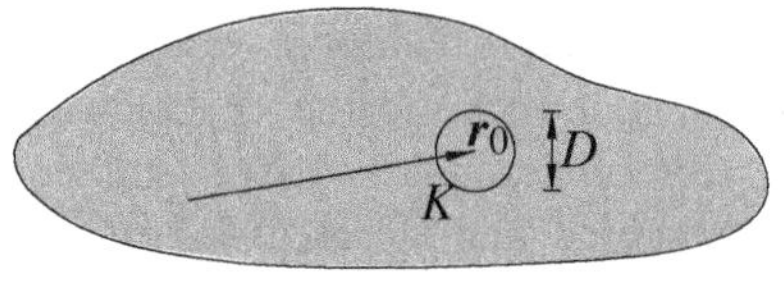

Abb. 4.38: Innenfeld eines Dielektrikums: Betrachtet wird das räumliche Mittel in einer Kugel K vom Durchmesser D, die mikroskopisch groß und makroskopisch klein ist.

Nach dem Fundamentalsatz der Vektoranalysis (Abschn. 2.8.2 und 2.8.5) ist jedes Feld durch seine Quellen und Wirbel eindeutig festgelegt, es gilt

$$\boldsymbol{E}_{\mathrm{P}}^{(\mathrm{n})} = -\frac{1}{4\pi\,\varepsilon_0}\nabla\int_K \frac{\varrho'}{|\boldsymbol{r}-\boldsymbol{r}'|}\,d^3\tau' - \frac{1}{4\pi}\,\mathrm{rot}\int_K \frac{\partial \boldsymbol{B}'/\partial t}{|\boldsymbol{r}-\boldsymbol{r}'|}\,d^3\tau'\,,$$

wobei (3.78b), $\mathrm{rot}\,\boldsymbol{E}{=}-\partial\boldsymbol{B}/\partial t$, eingesetzt wurde. Die zeitliche Mittelung der letzten Gleichung liefert mit $\overline{\partial\boldsymbol{B}/\partial t}{=}\lim_{t\to\infty}[\boldsymbol{B}(t){-}\boldsymbol{B}(-t)]/(2t){=}0$

$$\overline{\boldsymbol{E}}_{\mathrm{P}}^{(\mathrm{n})} = -\frac{1}{4\pi\,\varepsilon_0}\nabla\int_K \frac{\overline{\varrho'}}{|\boldsymbol{r}-\boldsymbol{r}'|}\,d^3\tau'\,. \tag{4.153}$$

Wegen $\langle\boldsymbol{E}_{\mathrm{P}}^{(\mathrm{n})}(\boldsymbol{r},t)\rangle{=}\overline{\boldsymbol{E}_{\mathrm{P}}^{(\mathrm{n})}(\boldsymbol{r},t)}$ und der Zeitunabhängigkeit des zeitlichen Mittelwerts folgt weiter

$$\overline{\langle\boldsymbol{E}_{\mathrm{P}}^{(\mathrm{n})}\rangle} = \overline{\boldsymbol{E}_{\mathrm{P}}^{(\mathrm{n})}} = \overline{\overline{\boldsymbol{E}_{\mathrm{P}}^{(\mathrm{n})}}} = \left\langle\,\overline{\boldsymbol{E}_{\mathrm{P}}^{(\mathrm{n})}}\,\right\rangle. \tag{4.154}$$

Benutzen wir zur Berechnung des räumlichen Mittelwerts von $\overline{\boldsymbol{E}}_{\mathrm{P}}^{(\mathrm{n})}$ (4.17b) mit (4.16), so erhalten wir

$$\langle\boldsymbol{E}_{\mathrm{P}}^{(\mathrm{n})}\rangle = -\frac{1}{3\varepsilon_0\,V}\int_K \overline{\varrho'}\,(\boldsymbol{r}'-\boldsymbol{r}_0)\,d^3\tau'\,.$$

Der Beitrag eines einzelnen Moleküls zum Integral der rechten Seite ist

$$\int_{V_m}(\boldsymbol{r}'-\boldsymbol{r}_m)\,\overline{\varrho'}\,d^3\tau' + \int_{V_m}(\boldsymbol{r}_m-\boldsymbol{r}_0)\,\overline{\varrho'}\,d^3\tau' = \overline{\boldsymbol{p}}_m + (\boldsymbol{r}_m-\boldsymbol{r}_0)\,Q_m\,.$$

Bei Summation über alle Moleküle aus K folgt wegen der Symmetrie der Molekülverteilung um das Kugelzentrum $\sum_m Q_m(\boldsymbol{r}_m{-}\boldsymbol{r}_0){=}0$; damit sowie mit der Definition (4.147) von $\overline{\boldsymbol{P}}$ erhalten wir

$$\langle\boldsymbol{E}_{\mathrm{P}}^{(\mathrm{n})}\rangle = -\frac{1}{3\varepsilon_0}\frac{\sum_m\overline{\boldsymbol{p}_m}}{V} = -\frac{M\overline{\boldsymbol{p}_m}}{3\varepsilon_0 V} = -\frac{\overline{\boldsymbol{P}}(\boldsymbol{r}_0)}{3\varepsilon_0}\,. \tag{4.155}$$

Um dieses Ergebnis noch besser mit dem Ergebnis (4.151) in (4.152) kombinieren zu können, formen wir es noch etwas um. Da das Feld

$$\boldsymbol{E}(\boldsymbol{r}_0) = -\frac{1}{4\pi\,\varepsilon_0}\nabla\int_K \frac{\varrho(\boldsymbol{r}_0)}{|\boldsymbol{r}_0-\boldsymbol{r}'|}\,d^3\tau' = 0$$

im Zentrum $\boldsymbol{r}_0$ einer homogen geladenen Kugel ($\varrho(\boldsymbol{r}'){\equiv}\varrho(\boldsymbol{r}_0)$) verschwindet, können wir auch

$$\langle\boldsymbol{E}_{\mathrm{P}}^{(\mathrm{n})}\rangle = -\frac{\overline{\boldsymbol{P}}(\boldsymbol{r}_0)}{3\varepsilon_0} - \frac{1}{4\pi\,\varepsilon_0}\nabla\int_{K(\boldsymbol{r}_0)} \frac{\overline{\varrho}(\boldsymbol{r}_0)}{|\boldsymbol{r}_0-\boldsymbol{r}'|}\,d^3\tau'$$

schreiben. Nun benutzen wir die Identität $\overline{\boldsymbol{P}}(\boldsymbol{r}_0)=\nabla[\overline{\boldsymbol{P}}(\boldsymbol{r}_0)\cdot(\boldsymbol{r}-\boldsymbol{r}_0)]$ und ersetzen in ihr $\boldsymbol{r}-\boldsymbol{r}_0$ durch (4.18), womit sich

$$-\frac{\overline{\boldsymbol{P}}(\boldsymbol{r}_0)}{3\varepsilon_0}=-\frac{1}{4\pi\,\varepsilon_0}\nabla\int_{K(\boldsymbol{r}_0)}\frac{\overline{\boldsymbol{P}}(\boldsymbol{r}_0)\cdot(\boldsymbol{r}-\boldsymbol{r}')}{|\boldsymbol{r}-\boldsymbol{r}'|^3}\,d^3\tau'$$

ergibt. Da die Integrationskugel K makroskopisch klein ist, ändern sich in ihr die makroskopischen Größen $\overline{\boldsymbol{P}}(\boldsymbol{r}')$ und $\overline{\varrho}(\boldsymbol{r}')$ so wenig, dass wir in den Integralen die konstanten Werte $\overline{\boldsymbol{P}}(\boldsymbol{r}_0)$ und $\overline{\varrho}(\boldsymbol{r}_0)$ durch die variablen Werte $\overline{\boldsymbol{P}}(\boldsymbol{r}')$ und $\overline{\varrho}(\boldsymbol{r}')$ ersetzen dürfen. Damit und mit der Umbenennung $\boldsymbol{r}_0\to\boldsymbol{r}$ folgt schließlich

$$\langle\boldsymbol{E}_{\mathrm{P}}^{(\mathrm{n})}\rangle=-\frac{1}{4\pi\,\varepsilon_0}\nabla\int_{K(\boldsymbol{r})}\left(\frac{\overline{\varrho}(\boldsymbol{r}')}{|\boldsymbol{r}-\boldsymbol{r}'|}+\frac{\overline{\boldsymbol{P}}(\boldsymbol{r}')\cdot(\boldsymbol{r}-\boldsymbol{r}')}{|\boldsymbol{r}-\boldsymbol{r}'|^3}\right)d^3\tau'\,.$$

$\boldsymbol{E}_{\mathrm{P}}^{(\mathrm{f})}$ hat nach (4.151) genau dieselbe Darstellung, nur dass sich das Integral über den gesamten Isolator mit Ausschluss der Kugel K erstreckt, und daher haben wir mit $\int_K+\int_{V-K}=\int_V$ nach (4.152)

$$\langle\boldsymbol{E}_{\mathrm{P}}\rangle=-\frac{1}{4\pi\,\varepsilon_0}\nabla\int_{V}\left(\frac{\overline{\varrho}(\boldsymbol{r}')}{|\boldsymbol{r}-\boldsymbol{r}'|}+\frac{\overline{\boldsymbol{P}}(\boldsymbol{r}')\cdot(\boldsymbol{r}-\boldsymbol{r}')}{|\boldsymbol{r}-\boldsymbol{r}'|^3}\right)d^3\tau'\,.$$

Mit

$$\frac{\overline{\boldsymbol{P}}'\cdot(\boldsymbol{r}-\boldsymbol{r}')}{|\boldsymbol{r}-\boldsymbol{r}'|^3}=\overline{\boldsymbol{P}'}\cdot\nabla'\frac{1}{|\boldsymbol{r}-\boldsymbol{r}'|}=\mathrm{div}'\,\frac{\overline{\boldsymbol{P}'}}{|\boldsymbol{r}-\boldsymbol{r}'|}-\frac{\mathrm{div}'\,\overline{\boldsymbol{P}'}}{|\boldsymbol{r}-\boldsymbol{r}'|}$$

und nach Anwendung des Gauß'schen Satzes erhalten wir daraus schließlich

$$\boxed{\boldsymbol{E}_{\mathrm{P}}=-\frac{1}{4\pi\,\varepsilon_0}\nabla\left(\int_V\frac{\varrho'-\mathrm{div}'\,\boldsymbol{P}'}{|\boldsymbol{r}-\boldsymbol{r}'|}\,d^3\tau'+\int_F\frac{\boldsymbol{P}'}{|\boldsymbol{r}-\boldsymbol{r}'|}\cdot d\boldsymbol{f}'\right),}\qquad(4.156)$$

wobei die Zeitmittelungsstriche in Anlehnung an die übliche Notation weggelassen wurden. Dasselbe Ergebnis erhält man aus (4.149) auch für das Feld außerhalb des Isolators, *sodass wir in Gleichung (4.156) eine einheitliche Darstellung für das Innen- und Außenfeld gewonnen haben.* Zu beachten ist nur, dass $\boldsymbol{E}_{\mathrm{P}}$ im Außenraum wirklich das lokale Feld ist, im Innenraum jedoch das über eine mikroskopisch große, makroskopisch kleine Umgebung räumlich gemittelte Feld.

4.8.4 Elektrostatische Maxwell-Gleichungen im Dielektrikum

Bevor wir im nächsten Abschnitt die beabsichtigte Verknüpfung der Ergebnisse von Abschnitt 4.8.2 und 4.8.3 vornehmen, wollen wir uns überlegen, welche Konsequenzen sich aus dem integralen Ergebnis (4.156) für die differenzielle Form der elektrischen Feldgleichungen ergeben. In der Zerlegung (4.131),

$$\boldsymbol{E}=\boldsymbol{E}_{\mathrm{ext}}+\boldsymbol{E}_{\mathrm{P}}\,,\qquad(4.157)$$

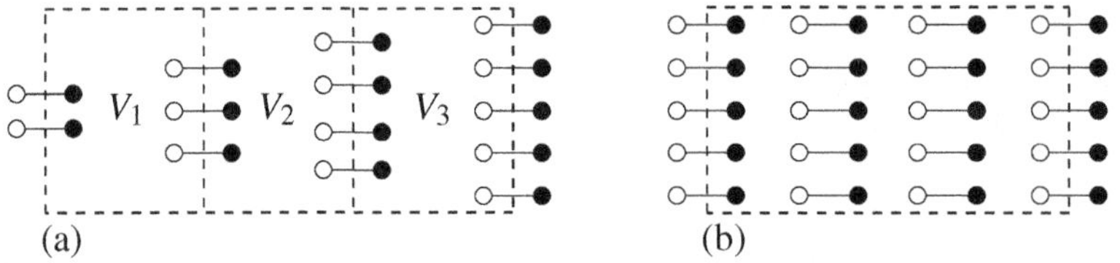

Abb. 4.39: (a) Beispiel für das Auftreten einer Polarisationsladung ϱ_P bei räumlich variierender Polarisation $\boldsymbol{P}$. In den Volumina V_1, V_2 und V_3 gibt es mehr Ladungen ∘ als •. (b) Beispiel für das Auftreten einer Oberflächenladung σ_P bei räumlich konstanter Polarisation $\boldsymbol{P}$.

erfüllt $\boldsymbol{E}_{\text{ext}}$ wegen der zugrunde liegenden statischen Verhältnisse sowohl außerhalb als auch innerhalb des Dielektrikums $\operatorname{rot}\boldsymbol{E}_{\text{ext}}=0$; da $\boldsymbol{E}_P$ ein Gradient ist, gilt mit $\operatorname{rot}\boldsymbol{E}_P=0$ überall auch

$$\operatorname{rot}\boldsymbol{E} = 0.$$

Mit der Darstellung (2.56) der δ-Funktion folgt aus unserem Ergebnis (4.156) für $\boldsymbol{E}_P$ überall bis auf die Randpunkte des Isolators

$$\begin{aligned}\operatorname{div}(\varepsilon_0\boldsymbol{E}) &= \varrho_{\text{ext}} - \int (\varrho' - \operatorname{div}'\boldsymbol{P}')\,\frac{1}{4\pi}\Delta\frac{1}{|\boldsymbol{r}-\boldsymbol{r}'|}\,d^3\tau' - \int \boldsymbol{P}'\,\frac{1}{4\pi}\Delta\frac{1}{|\boldsymbol{r}-\boldsymbol{r}'|}\,d\boldsymbol{f}' \\ &= \varrho_{\text{ext}} + \varrho - \operatorname{div}\boldsymbol{P}\,.\end{aligned}$$

Außerhalb des Dielektrikums haben wir demnach wie gewohnt $\operatorname{div}(\varepsilon_0\boldsymbol{E})=\varrho_{\text{ext}}$, innerhalb desselben gilt

$$\operatorname{div}(\varepsilon_0\boldsymbol{E}) = \varrho - \operatorname{div}\boldsymbol{P}\,, \qquad \operatorname{rot}\boldsymbol{E} = 0\,. \tag{4.158}$$

ϱ ist der mittlere volumenspezifische Ladungsüberschuss der Atome bzw. Moleküle des Dielektrikums und heißt **Dichte der freien Ladungen**,

$$\varrho_P = -\operatorname{div}\boldsymbol{P} \tag{4.159}$$

wird oft als **Polarisationsladungsdichte** bezeichnet. Der Vergleich von $\boldsymbol{E}_P$ mit dem Feld (3.11) einer Flächenladung zeigt, dass mit der Polarisation $\boldsymbol{P}$ eine **Oberflächenladungsdichte**

$$\sigma_P = \boldsymbol{n}\cdot\boldsymbol{P} \tag{4.160}$$

verbunden ist. Zu dieser tritt gegebenenfalls noch eine Flächendichte σ freier Oberflächenladungen hinzu. Die Polarisationsladungsdichte $\varrho_P=\operatorname{div}\boldsymbol{P}$ ist nur dann von null verschieden, wenn die Polarisation $\boldsymbol{P}$ räumlich variiert. Zur Veranschaulichung dieses Sachverhalts betrachten wir eine Situation, bei der $\boldsymbol{P}$ mit x zunimmt, und simulieren die Verteilung von $\boldsymbol{P}$ durch Dipole endlicher Größe, wobei die Zunahme von $\boldsymbol{P}$ durch eine Zunahme der Dipole dargestellt wird (Abb. 4.39 (a). Diese Situation würde z. B. in einem homogenen Feld $\boldsymbol{E}$ entstehen, wenn die Moleküldichte nach rechts zunimmt.) Der hierdurch hervorgerufene Ladungsüberschuss wird in den mit V_1, V_2 bzw. V_3 gekennzeichneten Volumina unmittelbar evident. Ist $\boldsymbol{P}$ konstant, so verschwindet zwar ϱ_P, es verbleibt jedoch eine Oberflächenladung σ_P, wie aus Abb. 4.39 (b) unmittelbar hervorgeht.

Für die Größe

$$\boxed{\boldsymbol{D} := \varepsilon_0 \boldsymbol{E} + \boldsymbol{P}} \tag{4.161}$$

wurde der Name **dielektrische Verschiebungsdichte** eingeführt. Mit ihr lauten die **elektrostatischen Maxwell-Gleichungen im Dielektrikum** nach (4.158)

$$\boxed{\operatorname{div} \boldsymbol{D} = \varrho\,, \qquad \operatorname{rot} \boldsymbol{E} = 0\,.} \tag{4.162}$$

$\boldsymbol{D}$ bzw. $\boldsymbol{E}$ werden durch die Gleichungen (4.162) erst dann festgelegt, wenn diese durch eine **Materialgleichung** der Form

$$\boldsymbol{D} = \boldsymbol{D}(\boldsymbol{E}) \tag{4.163}$$

ergänzt werden.

Aus unseren Ergebnissen (4.147) und (4.137a) bzw. (4.138) für isotrope Medien in schwachen Feldern folgt mit (4.144) zunächst

$$\boldsymbol{P} = \frac{M}{\Delta V}\langle \boldsymbol{p}_m \rangle = \frac{\varepsilon_0 M \alpha}{\Delta V}\langle \boldsymbol{E}_m \rangle = \varepsilon_0 n \alpha \overline{\boldsymbol{E}}_m\,, \tag{4.164}$$

wobei $n{=}M/\Delta V$ die Moleküldichte ist. Es ist plausibel, dass für hinreichend schwache Felder $\langle \boldsymbol{E}_m \rangle \sim \boldsymbol{E}$ und damit

$$\boldsymbol{P} = \varepsilon_0 \chi \boldsymbol{E} \tag{4.165}$$

gilt. (In Abschnitt 4.8.5 wird das für einen Spezialfall bewiesen.) Hiermit folgt aus (4.161) als Materialgesetz der lineare Zusammenhang

$$\boldsymbol{D} = \varepsilon_0 (1{+}\chi) \boldsymbol{E}\,. \tag{4.166}$$

In anisotropen Medien und/oder bei hohen Feldstärken kann der Zusammenhang zwischen $\boldsymbol{D}$ und $\boldsymbol{E}$ wesentlich komplizierter sein.

Historischer Rückblick: Es wurde nicht gleich erkannt, dass die Feldveränderung $\varepsilon_0 \boldsymbol{E} \to \boldsymbol{D}$ durch Polarisation der Materie zustande kommt, aber experimentell stellte man in Materie natürlich die Ungültigkeit der Beziehung $\operatorname{div}(\varepsilon_0 \boldsymbol{E}){=}\varrho$ fest. In isotropen Medien fand man bei niedrigen Feldstärken, dass sich $\boldsymbol{E}$ proportional zu ϱ erhöht, und setzte empirisch

$$\operatorname{div}(\varepsilon \boldsymbol{E}) = \varrho\,, \qquad \varepsilon \neq \varepsilon_0\,. \tag{4.167}$$

Für

$$\boxed{\boldsymbol{D} = \varepsilon \boldsymbol{E}\,, \qquad \varepsilon = \varepsilon_0 (1{+}\chi)} \tag{4.168}$$

ist das in Übereinstimmung mit unserem theoretischen Ergebnis. ε heißt **Dielektrizitätskonstante**,[8] χ **Suszeptibilität des Dielektrikums**. (Trotz der Bezeichnung als Konstante kann ε sowohl räumlich als auch zeitlich variieren.)

8 In manchen Darstellungen wird $\varepsilon\varepsilon_0$ statt unserer Größe ε benutzt, wobei ε dann eine dimensionslose Zahl mit der Bezeichnung **Dielektrizitätszahl** ist.

4.8.5 Berechnung der Dielektrizitätskonstanten ε

Wir kommen jetzt zum letzten Schritt unseres am Ende von Abschn 4.8.1 aufgestellten Programms. Er besteht darin, die in Abschn. 4.8.2 abgeleiteten Ergebnisse zur Wirkung eines gegebenen elektrischen Feldes $\boldsymbol{E}_m$ auf einzelne Moleküle mit den in Abschn. 4.8.3 erzielten Ergebnissen zur Rückwirkung der Moleküle auf das Feld in konsistenter Weise miteinander zu verknüpfen.

Aus (4.133) folgt unmittelbar

$$\overline{\boldsymbol{E}}_m = \overline{\boldsymbol{E}} - \overline{\boldsymbol{E}}_{\mathrm{P}}^{(\mathrm{n})} + \overline{\boldsymbol{E}}_{\mathrm{P}}^{(\mathrm{n}*)} \qquad \text{mit} \qquad \boldsymbol{E}_{\mathrm{P}}^{(\mathrm{n}*)} = \boldsymbol{E}_{\mathrm{P}}^{(\mathrm{n})} - \boldsymbol{E}_{\mathrm{P},m}\,. \tag{4.169}$$

Legen wir den Ursprung des Koordinatensystems ins Zentrum des betrachteten Moleküls, so gilt analog zu (4.153)

$$\overline{\boldsymbol{E}}_{\mathrm{P}}^{(\mathrm{n}*)} = -\frac{1}{4\pi\varepsilon_0}\nabla \int_{\mathrm{K}^*} \frac{\overline{\varrho'}}{|\boldsymbol{r}-\boldsymbol{r}'|}\, d^3\tau' \bigg|_{\boldsymbol{r}=0},$$

wobei das Integrationsgebiet K* eine um $\boldsymbol{r}=0$ zentrierte Kugelschale zwischen $r=$ Molekülradius und $r=D/2$ ist. $\overline{\boldsymbol{E}}_{\mathrm{P}}^{(\mathrm{n}*)}$ ist das von allen Molekülen aus K* am Ort des Koordinatenursprungs erzeugte Feld, wobei für jedes von diesen die stationäre mittlere Ladungsverteilung zu nehmen ist. Es handelt sich demnach um das Feld im Zentrum einer gleichförmig geladenen Kugelschale, das verschwindet, d. h. $\overline{\boldsymbol{E}}_{\mathrm{P}}^{(\mathrm{n}*)}=0$. Damit erhalten wir aus (4.169)

$$\overline{\boldsymbol{E}}_m = \overline{\boldsymbol{E}} - \langle \boldsymbol{E}_{\mathrm{P}}^{(\mathrm{n})}\rangle \overset{(4.155)}{=} \overline{\boldsymbol{E}} + \overline{\boldsymbol{P}}/3\varepsilon_0\,. \tag{4.170}$$

Dieses Ergebnis, das die Rückwirkung der dielektrischen Materie auf das Feld am Ort eines Moleküls enthält, verbinden wir jetzt mit dem Ergebnis (4.164), das aus (4.137a) bzw. (4.138) gefolgert wurde und die (mittlere) polarisierende Wirkung eines gegebenen Feldes $\overline{\boldsymbol{E}}_m$ auf ein Molekül ausdrückt. Durch Einsetzen von (4.170) in (4.164) erhalten wir

$$\boldsymbol{P} = \varepsilon_0 n\alpha\,(\boldsymbol{E} + \boldsymbol{P}/3\varepsilon_0) \tag{4.171}$$

und daraus durch Auflösen nach $\boldsymbol{P}$

$$\boldsymbol{P} = \frac{3\varepsilon_0 n\alpha}{3-n\alpha}\,\boldsymbol{E}\,, \tag{4.172}$$

wobei wieder die Zeitmittelungsstriche weggelassen wurden. Mit den Beziehungen (4.161) und (4.168), d. h. $\boldsymbol{D}=\varepsilon\boldsymbol{E}=\varepsilon_0\boldsymbol{E}+\boldsymbol{P}$, folgt hieraus die für isotrope dielektrische Medien in schwachen elektrischen Feldern gültige **Gleichung von R. Clausius und O. F. Mosotti**

$$\boxed{\frac{\varepsilon}{\varepsilon_0} = 1 + \frac{3n\alpha}{3-n\alpha}\,.} \tag{4.173}$$

(n = Moleküldichte, α = molekulare Konstante aus Gleichung (4.137) bzw. (4.138).) Diese erlaubt die Berechnung von α aus Messwerten für ε bzw. die Berechnung von ε, wenn α theoretisch bestimmt wurde, wie das überschlägig in Gleichung (4.137) geschehen ist.

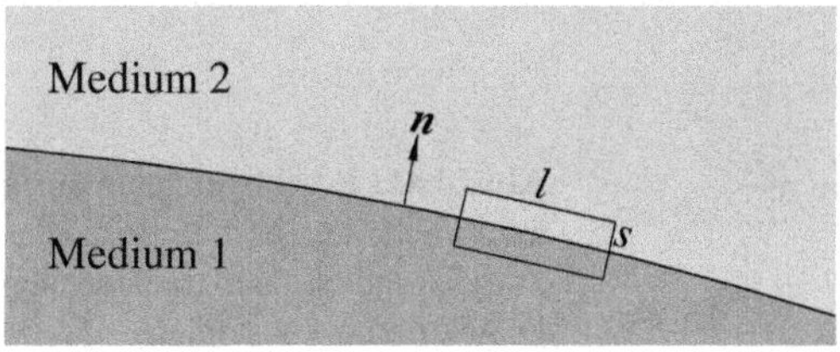

Abb. 4.40: Zur Berechnung der Randbedingungen an der Grenzfläche zweier Medien mit verschiedener Dielektrizitätskonstanten.

4.8.6 Randbedingungen und Brechung von Feldlinien

Wir betrachten zwei aneinandergrenzende Medien mit verschiedener, räumlich konstanter Dielektrizitätskonstanten ε, wobei eines der beiden auch Vakuum sein kann (Abb. 4.40). Durch die Polarisation entsteht nach (4.160) im Medium 1 die Oberflächenladung $\sigma_{\mathrm{P},1}=\boldsymbol{n}_1\cdot\boldsymbol{P}_1$, im Medium 2 die Oberflächenladung $\sigma_{\mathrm{P},2}=\boldsymbol{n}_2\cdot\boldsymbol{P}_2$, und möglicherweise kommt noch eine Dichte σ freier Oberflächenladungen hinzu. Gemäß Gleichung (3.14b) führt die Gesamtheit dieser Oberflächenladungen zu einem Sprung der Normalkomponente von $\boldsymbol{E}$, der mit $\boldsymbol{n}=\boldsymbol{n}_1=-\boldsymbol{n}_2$ durch

$$\boldsymbol{n}\cdot(\varepsilon_0\boldsymbol{E}_2-\varepsilon_0\boldsymbol{E}_1)=\boldsymbol{n}\cdot(\boldsymbol{P}_1-\boldsymbol{P}_2)+\sigma$$

gegeben ist. Wir können diese Sprungbedingung auch in der Form

$$\boldsymbol{n}\cdot(\varepsilon_0\boldsymbol{E}_2+\boldsymbol{P}_2)-\boldsymbol{n}\cdot(\varepsilon_0\boldsymbol{E}_1+\boldsymbol{P}_1)=\sigma$$

bzw.

$$\boldsymbol{n}\cdot(\boldsymbol{D}_2-\boldsymbol{D}_1)=\sigma \tag{4.174}$$

schreiben. Bei Abwesenheit freier Oberflächenladungen ($\sigma=0$) ist also $D_\mathrm{n}=\boldsymbol{n}\cdot\boldsymbol{D}$ stetig, während E_n springt,

$$D_{\mathrm{n},2}=D_{\mathrm{n},1}\,,\qquad \varepsilon_2E_{\mathrm{n},2}=\varepsilon_1E_{\mathrm{n},1}\,. \tag{4.175}$$

Ohne Berufung auf das frühere Ergebnis (3.14) erhalten wir die letzte Beziehung auch, indem wir die Gleichung $\operatorname{div}\boldsymbol{D}=\varrho$ über einen Quader der Querschnittsfläche $F=l^2$ und Höhe s integrieren (Abb. 4.40), den Gauß'schen Satz benutzen und $s\to0$ gehen lassen,

$$Q=\int\varrho\,d^3\tau=\int\operatorname{div}\boldsymbol{D}\,d^3\tau=\int\boldsymbol{D}\cdot d\boldsymbol{f}=(D_{\mathrm{n},2}-D_{\mathrm{n},1})\,F\,.$$

Mit $\sigma=Q/F$ folgt daraus sofort

$$D_{\mathrm{n},2}-D_{\mathrm{n},1}=\sigma\,. \tag{4.176}$$

Aus der überall gültigen Beziehung $\operatorname{rot}\boldsymbol{E}=0$ folgt genau wie in Abschn. 3.1.5 (siehe (3.14a)) die Stetigkeit der Tangentialkomponenten E_t von $\boldsymbol{E}$, d. h. wir haben

$$\boldsymbol{n}\times(\boldsymbol{E}_2-\boldsymbol{E}_1)=0\,. \tag{4.177}$$

Wegen $\varepsilon_1\neq\varepsilon_2$ hat die Stetigkeit von E_t eine Unstetigkeit von D_t zur Folge,

$$E_{\mathrm{t},2}=E_{\mathrm{t},1}\,,\qquad D_{\mathrm{t},2}/\varepsilon_2=D_{\mathrm{t},1}/\varepsilon_1\,. \tag{4.178}$$

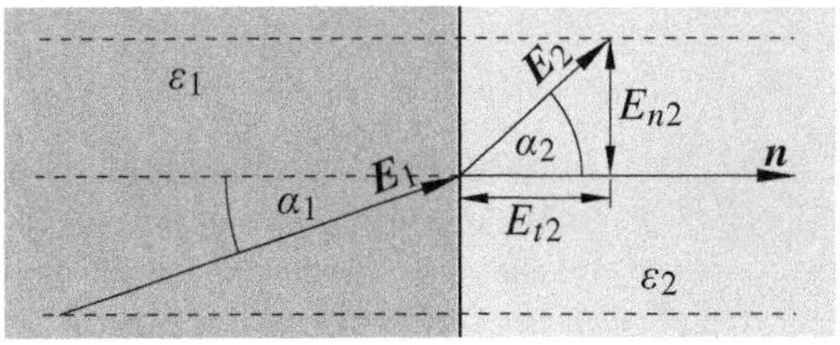

Abb. 4.41: Brechung elektrischer Feldlinien an der Grenzfläche zweier Medien mit verschiedener Dielektrizitätskonstanten.

Die Feldlinien des Feldes $\boldsymbol{E}$ werden an der Grenzfläche zwischen den Medien gebrochen (Abb. 4.41), für $\sigma=0$ ergibt sich mit $E_{t,i}/E_{n,i}=\tan\alpha_i$

$$\frac{\tan\alpha_1}{\tan\alpha_2} = \frac{E_{n,2}}{E_{n,1}} \overset{(4.175)}{=} \frac{\varepsilon_1}{\varepsilon_2}\,. \tag{4.179}$$

Wir leiten aus den Randbedingungen für $\boldsymbol{E}$ und $\boldsymbol{D}$ noch eine einfache Möglichkeit zur **Messung von $\boldsymbol{E}$ und $\boldsymbol{D}$ im Dielektrikum** ab. Das Prinzipielle erkennen wir am einfachsten an dem Spezialfall, dass das Dielektrikum von einem homogenen Feld durchsetzt wird.

Ist im Dielektrikum parallel zur Feldrichtung ein Vakuumschlitz ausgespart (Abb. 4.42 (a)), so gilt wegen der Stetigkeit von E_t

$$\boldsymbol{E} = \boldsymbol{E}_t = \boldsymbol{E}_{Vak,t} = \boldsymbol{E}_{Vak}\,,$$

d. h. das im Vakuumschlitz gemessene Feld $\boldsymbol{E}_{Vak}$ ist gleich dem Feld $\boldsymbol{E}$ im Dielektrikum. Dabei ist nur zu beachten, dass $\boldsymbol{E}_{Vak}$ als Fernfeld räumlich glatt und zeitunabhängig ist, während $\boldsymbol{E}$ im Dielektrikum den räumlichen Mittelwert eines räumlich und zeitlich schwankenden Feldes bedeutet.

Ist im Dielektrikum senkrecht zu dem homogenen Feld ein Vakuumschlitz ausgespart (Abb. 4.42 (b)), so gilt wegen der Stetigkeit von $\boldsymbol{D}_n$

$$\boldsymbol{D} = D_n\,\boldsymbol{n} = \varepsilon_0 E_{Vak,n}\,\boldsymbol{n} = \varepsilon_0 \boldsymbol{E}_{Vak}\,,$$

d. h. diesmal erhält man aus der Messung des im Vakuumschlitz gemessenen Feldes $\boldsymbol{E}_{Vak}$ den Wert von $\boldsymbol{D}$ im Dielektrikum.

Ist das Feld nicht homogen, so misst man $\boldsymbol{E}_{Vak}$ z. B. in einem vom Dielektrikum umschlossenen kugelförmigen Hohlraum (Abb. 4.42 (c)). Diesen wählt man mikroskopisch groß, aber makroskopisch so klein, dass das Feld bei Abwesenheit des Hohlraums in dessen Bereich praktisch als homogen angesehen werden kann. Durch Lösung eines entsprechenden Randwertproblems kann der Zusammenhang zwischen $\boldsymbol{E}_{Vak}$ und $\boldsymbol{E}$ im Dielektrikum berechnet und damit die Messung von $\boldsymbol{E}$ auf die von $\boldsymbol{E}_{Vak}$ zurückgeführt werden. Wir werden die prinzipielle Vorgehensweise dazu im nächsten Abschnitt untersuchen; für die in Abb. 4.42 (c) dargestellte Situation findet man (Aufgabe 4.18 mit $\varepsilon_1\to\varepsilon_0$)

$$\boldsymbol{E} = \frac{3\varepsilon}{2\varepsilon+\varepsilon_0}\,\boldsymbol{E}_{Vak}\,.$$

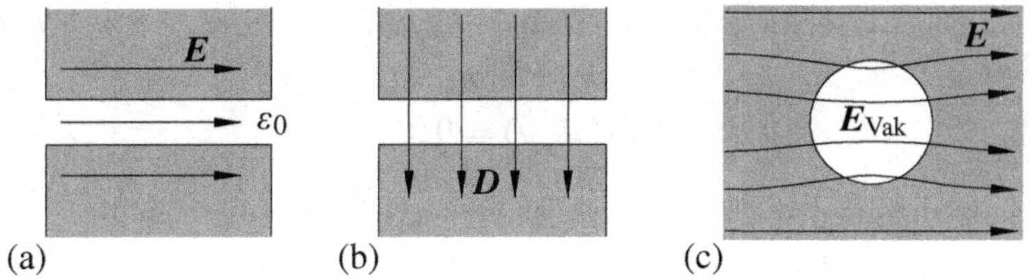

Abb. 4.42: Messung der Felder $\boldsymbol{E}$ und $\boldsymbol{D}$ in einem Dielektrikum, in dem ein Vakuumschlitz ausgespart ist: (a) Messung von $\boldsymbol{E}$, (b) Messung von $\boldsymbol{D}$, (c) Anordnung zur Messung inhomogener Felder.

4.8.7 Randwertaufgaben in dielektrischer Materie

Wegen rot $\boldsymbol{E}=0$ kann $\boldsymbol{E}$ auch in Isolatoren durch ein Potenzial ϕ dargestellt werden,

$$\boldsymbol{E} = -\nabla\phi\,.$$

Bei linearem Zusammenhang $\boldsymbol{D}=\varepsilon\boldsymbol{E}$ folgt dann aus div $\boldsymbol{D}=\varrho$ für ϕ die Differenzialgleichung

$$\operatorname{div}(\varepsilon\nabla\phi) = -\varrho$$

bzw.

$$\boxed{\varepsilon\Delta\phi + \nabla\varepsilon\cdot\nabla\phi = -\varrho\,.} \tag{4.180}$$

An der Grenze zweier Dielektrika folgt bei Abwesenheit von Oberflächenladungen aus $D_{\mathrm{n},1}=D_{\mathrm{n},2}$, dass $\varepsilon\,\partial\phi/\partial n$ stetig sein muss. Damit $\boldsymbol{E}$ auf der Grenzfläche nicht unendlich wird, muss außerdem ϕ stetig sein, und hieraus folgt automatisch die Stetigkeit von $E_{\mathrm{t}}=\boldsymbol{n}\times\nabla\phi$. Hiermit haben wir **an der Grenzfläche zweier Dielektrika die Randbedingungen**

$$\boxed{\phi_1 = \phi_2\,, \qquad \varepsilon_1\,\frac{\partial\phi_1}{\partial n} = \varepsilon_2\,\frac{\partial\phi_2}{\partial n}\,.} \tag{4.181}$$

Befinden sich in der Anordnung noch Leiter, die auch unmittelbar an dielektrische Materie grenzen dürfen, so muss auf deren Oberfläche ϕ=const gefordert werden. Für $r\to\infty$ fordern wir in Analogie zum Vakuumfall $|\varepsilon\partial\phi/\partial r| \lesssim 1/r^2$.

Gegenüber dem Randwertproblem (4.58) im Vakuum fällt auf, dass wir zwei Randbedingungen statt einer haben. Hierzu ist jedoch zu bemerken, dass (4.181b) gar keine echte Randbedingung ist, sondern eine aus (4.180) folgende Konsistenzbedingung darstellt (siehe dazu die Ableitung von (4.176)). Man erkennt das auch daran, dass sie wegfallen kann, wenn der Sprung von ε über die Grenzfläche hinweg durch eine Funktion $\varepsilon(\boldsymbol{r})$ ersetzt wird, die im Bereich der Sprungfläche über sehr kurze Distanz in stetig differenzierbarer Weise schnell von ε_1 zu ε_2 übergeht.

Im Folgenden wird wieder nur die Eindeutigkeit der Lösungen des Randwertproblems bewiesen, wozu in der eben besprochenen Weise Sprungstellen von ε durch schnelle Übergänge ersetzt werden. Die Differenz zweier Lösungen, $\psi=\phi_2-\phi_1$, erfüllt die Gleichung

$$\operatorname{div}(\varepsilon\nabla\psi) = 0$$

und die Randbedingung $\psi=0$ auf Leitern. Nun integrieren wir die Identität

$$\operatorname{div}(\varepsilon\psi\nabla\psi) = \psi\operatorname{div}(\varepsilon\nabla\psi) + \varepsilon(\nabla\psi)^2 = \varepsilon(\nabla\psi)^2$$

über den ganzen Raum und erhalten

$$\int_{\mathbb{R}^3} \varepsilon(\nabla\psi)^2\, d^3\tau = \int_{\text{Leiter}} \varepsilon\psi\frac{\partial\psi}{\partial n}\,df + \int_\infty \varepsilon\psi\frac{\partial\psi}{\partial n}\,df\,,$$

wobei sich das erste Integral der rechten Seite über die Leiter und das zweite über die Oberfläche einer Kugel mit Radius $r\to\infty$ erstreckt. Wegen $\psi=0$ auf den Leitern und der aus den Bedingungen an ϕ_1 und ϕ_2 folgenden Beziehung $|\varepsilon\partial\psi/\partial r| \lesssim 1/r^2$ verschwindet die rechte Seite, und es folgt $\psi\equiv0$.

Dieses Ergebnis rechtfertigt im Nachhinein unsere Randbedingung im Unendlichen. Hat das Dielektrikum nur endliche Ausdehnung und erstreckt sich das umgebende Vakuum bis ins Unendliche, so können wir auch physikalisch argumentieren: Das elektrische Feld außerhalb des Dielektrikums ist das der in diesem befindlichen Ladungen und muss daher mindestens wie $1/r^2$ abfallen.

Zur Lösung von Randwertproblemen der betrachteten Art bewährt sich wieder die Methode der Spiegelladungen.

Beispiel 4.12:

Wir betrachten das Feld einer Punktladung q in einem Dielektrikum mit der Dielektrizitätskonstanten ε_1, das in einer Ebene $x=0$ an ein zweites Dielektrikum mit der Dielektrizitätskonstanten ε_2 angrenzt (Abb. 4.43).

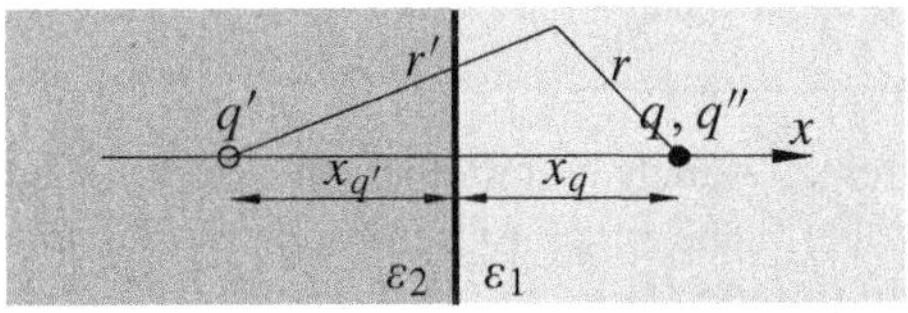

Abb. 4.43: Beispiel eines Randwertproblems in dielektrischer Materie: Im Dielektrikum 1 befindet sich bei $x=x_q$ eine felderzeugende Punktladung q, deren Spiegelladung q' bei $x=-x_q$ im Dielektrikum 2 lokalisiert ist.

Zur Lösung des Problems setzt man für das Feld $\boldsymbol{E}$ im Halbraum $x\geq0$ zusätzlich zum Feld der Ladung q das Feld einer Spiegelladung q' bei $x=-x_q$ an. Im Halbraum $x\leq0$ setzt man für $\boldsymbol{E}$ das Feld einer Punktladung q'' am Ort der Ladung q an. q' und q'' können so bestimmt werden, dass beide Randbedingungen (4.181) erfüllt sind (Aufgabe 4.19).

Ist die Lösung einer Randwertaufgabe im Vakuum bekannt, so erhält man aus dieser in einfacher Weise die Lösung für den Fall, dass das Vakuum durch ein Dielektrikum mit konstanter Dielektrizitätskonstanten ε ersetzt wird. Im letzten Fall ist die Gleichung

$$\Delta\phi = -\varrho/\varepsilon$$

mit denselben Randbedingungen auf Leiteroberflächen wie im Vakuum zu lösen. Ist ϕ_0 die Vakuumlösung und erfüllt dementsprechend $\Delta\phi_0{=}-\varrho/\varepsilon_0$, so gilt offensichtlich

$$\phi = (\varepsilon_0/\varepsilon)\,\phi_0\,.$$

Beispiel 4.13:

Die Kapazität eines Kondensators mit Vakuum zwischen den beiden Leitern ist $C_0{=}Q/\Delta\phi_0$ mit $\Delta\phi_0{:=}\phi_{0,2}{-}\phi_{0,1}$. Befindet sich zwischen den beiden Leitern ein Isolator mit der Dielektrizitätskonstanten ε, so gilt

$$C = \frac{Q}{\Delta\phi} = \frac{Q}{(\varepsilon_0/\varepsilon)\,\Delta\phi_0} = \frac{\varepsilon}{\varepsilon_0}\,C_0\,.$$

Durch einen Isolator mit hoher Dielektrizitätskonstanten kann daher die Kapazität eines Kondensators massiv erhöht werden.

4.8.8 Kraftwirkung elektrischer Felder auf dielektrische Materie

Innerhalb von Leitern ist im statischen Gleichgewicht $\boldsymbol{E}{=}0$, eine elektrische Kraft auf Leiter kommt daher nur in der Oberfläche zustande, wobei $\boldsymbol{E}$ auf die in dieser angesammelten Oberflächenladungen einwirkt. Im Gegensatz dazu sind bei Festkörper-Isolatoren die molekularen Ladungen und Dipolmomente (im Wesentlichen) starr in diesen eingelagert; alle Kraftwirkungen werden über innere Bindungskräfte auf den Festkörper als Ganzen übertragen. Im Folgenden betrachten wir nur starre Dielektrika.

Mit (4.35) wirken auf einzelne Moleküle die Kräfte $\boldsymbol{F}_m{=}Q_m\,\boldsymbol{E}_m{+}\nabla(\boldsymbol{p}_m{\cdot}\boldsymbol{E}_m)$. Summiert man diese über alle Moleküle des Isolators auf, so enthält das Resultat über den Beitrag des von den Molekülen erzeugten Feldanteils auch die **elektrische Selbstkraft**, die genau wie die magnetische Selbstkraft (Abschn. 3.2.4) verschwindet. Man kann diese daher auch gleich wegfallen lassen, indem man statt $\boldsymbol{F}_m$ nur die durch das externe Feld hervorgerufene Kraft

$$\boldsymbol{F}_m^* = Q_m\,\boldsymbol{E}_{\text{ext}} + \nabla(\boldsymbol{p}_m\cdot\boldsymbol{E}_{\text{ext}})$$

heranzieht. Mit

$$\nabla(\boldsymbol{p}_m{\cdot}\boldsymbol{E}_{\text{ext}}) \overset{(2.19)}{=} \boldsymbol{p}_m{\cdot}\nabla\,\boldsymbol{E}_{\text{ext}} + \boldsymbol{E}_{\text{ext}}{\cdot}\underbrace{\nabla\,\boldsymbol{p}_m}_{0} + \boldsymbol{p}_m\times\underbrace{\operatorname{rot}\boldsymbol{E}_{\text{ext}}}_{0} + \boldsymbol{E}_{\text{ext}}\times\underbrace{\operatorname{rot}\boldsymbol{p}_m}_{0} = \boldsymbol{p}_m{\cdot}\nabla\,\boldsymbol{E}_{\text{ext}}$$

folgt daraus die Kraftdichte

$$\boldsymbol{f}^* = \sum_m \boldsymbol{F}_m^*/\Delta V = \varrho\,\boldsymbol{E}_{\text{ext}} + \boldsymbol{P}{\cdot}\nabla\,\boldsymbol{E}_{\text{ext}}\,,$$

wobei ΔV ein mikroskopisch großes, makroskopisch kleines Volumen ist und ϱ sowie $\boldsymbol{P}$ wieder räumliche oder zeitliche Mittelwerte sind. Es sei noch einmal ausdrücklich darauf hingewiesen, dass $\boldsymbol{f}^*$ nur der Anteil der Kraftdichte $\boldsymbol{f}$ ist, der zur Gesamtkraft beiträgt, dass $\boldsymbol{f}$ aber zusätzlich noch interne Bestandteile enthält. Diese heben sich zwar insgesamt gegenseitig weg, üben aber sehr wohl Kräfte auf Teile des Körpers aus, die zu inneren Spannungen oder Druckzuständen führen und eine wesentliche Rolle für spezielle Fragestellungen (Belastbarkeit, Änderung optischer Eigenschaften usw.) spielen können.

Die Integration von $\boldsymbol{f}^*$ über den ganzen Isolator liefert als Gesamtkraft auf diesen

$$\boldsymbol{F} = \int_V \Big(\varrho \boldsymbol{E}_{\text{ext}} + \boldsymbol{P}\cdot\nabla\boldsymbol{E}_{\text{ext}}\Big)\, d^3\tau \,. \tag{4.182}$$

Mit der Umformung

$$\int_V \boldsymbol{P}\cdot\nabla\boldsymbol{E}\, d^3\tau \overset{\text{s.u.}}{=} \int_V \Big(\partial_i(P_i\boldsymbol{E}) - \boldsymbol{E}\,\text{div}\,\boldsymbol{P}\Big)\, d^3\tau \overset{(2.27)}{=} \int_F \boldsymbol{E}P_i\, df_i - \int_V \boldsymbol{E}\,\text{div}\,\boldsymbol{P}\, d^3\tau$$

(bei Summenkonvention bezüglich i) und der Definition (4.160) folgt daraus

$$\boldsymbol{F} = \int_V (\varrho - \text{div}\,\boldsymbol{P})\,\boldsymbol{E}_{\text{ext}}\, d^3\tau + \int_F \sigma_{\text{P}}\boldsymbol{E}_{\text{ext}}\, df \,. \tag{4.183}$$

Nach dieser Formel wirkt das externe Feld im Isolator auf die effektive Ladungsdichte $\varrho -\text{div}\,\boldsymbol{P}$ (rechte Seite von Gleichung (4.158a)) und die Oberflächenladungsdichte $\boldsymbol{P}\cdot\boldsymbol{n}$ so wie im Vakuum auf eine freie Ladungsdichte ϱ und eine Oberflächenladung σ.

Verschwinden die freien Ladungen im Dielektrikum, $\varrho=0$, und ist $\varepsilon\approx\varepsilon_0$ bzw.

$$\boldsymbol{P} = \boldsymbol{D} - \varepsilon_0\boldsymbol{E} = (\varepsilon - \varepsilon_0)\boldsymbol{E} \ll \varepsilon_0\boldsymbol{E} \,,$$

so wird der Beitrag $\boldsymbol{E}_{\text{P}}$ zum Feld $\boldsymbol{E}=\boldsymbol{E}_{\text{ext}}+\boldsymbol{E}_{\text{P}}$ (siehe (4.157)) vernachlässigbar, es gilt $\boldsymbol{E}\approx\boldsymbol{E}_{\text{ext}}$, und aus (4.182) folgt

$$\boldsymbol{F} \approx (\varepsilon - \varepsilon_0)\int \boldsymbol{E}_{\text{ext}}\cdot\nabla\boldsymbol{E}_{\text{ext}}\, d^3\tau \,. \tag{4.184}$$

Mit

$$0 = \boldsymbol{E}_{\text{ext}} \times (\nabla\times\boldsymbol{E}_{\text{ext}}) = \nabla(\boldsymbol{E}^2_{\text{ext}}/2) - \boldsymbol{E}_{\text{ext}}\cdot\nabla\boldsymbol{E}_{\text{ext}}$$

ergibt sich

$$\boldsymbol{F} \approx \frac{\varepsilon-\varepsilon_0}{2}\int \nabla\boldsymbol{E}^2_{\text{ext}}\, d^3\tau \,. \tag{4.185}$$

Für $\varepsilon\gtrsim\varepsilon_0$ weist dann $\boldsymbol{F}$ in Richtung des mittleren Zuwachses von $\boldsymbol{E}^2_{\text{ext}}$, d. h. der Körper wird in Gebiete größerer Feldstärke hineingezogen; für $\varepsilon<\varepsilon_0$ wird er umgekehrt aus diesen herausgedrängt.

Wir leiten für $\boldsymbol{F}$ noch eine zweite Formel ab, die herangezogen werden kann, wenn nicht $\boldsymbol{E}_{\text{ext}}$, sondern $\boldsymbol{E}$ bekannt ist. Hierzu gehen wir von einer „mikroskopischen“

Ladungsverteilung $\varrho_m(\boldsymbol{r}, t)$ aus, die das Dielektrikum so detailliert beschreibt, dass sie außer den freien Ladungen auch die Dipolmomente der einzelnen Moleküle richtig wiedergibt. ϱ_m kann dann als eine Ladungsdichte im Vakuum behandelt werden, und es gilt

$$\boldsymbol{F} = \int_V \varrho_m \, \boldsymbol{E} \, d^3\tau \, . \tag{4.186}$$

Nun zerlegen wir das Volumen V in N mikroskopisch große, makroskopisch kleine Teilvolumina ΔV_i und wenden die Beziehung

$$\int_V f \, d^3\tau = \sum_{i=1}^{N} \int_{\Delta V_i} f \, d^3\tau = \sum_{i=1}^{N} \langle f \rangle_i \, \Delta V_i = \sum_{i=1}^{N} \overline{f}_i \, \Delta V_i = \int_V \overline{f} \, d^3\tau$$

auf $f \to \varrho_m \, \boldsymbol{E}$ an. In $\varrho_m \, \boldsymbol{E}$ ist $\boldsymbol{E}$ das Feld, das von allen anderen Ladungen am Ort der Ladungsdichte ϱ_m erzeugt wird. Da die Bewegungen der einzelnen Ladungen statistisch voneinander unabhängig sind, sind auch $\boldsymbol{E}$ und ϱ_m am Ort $\boldsymbol{r}$ statistisch unabhängige Größen. Für solche wird in der Statistik gezeigt (siehe Band *Thermodynamik und Statistik* dieses Lehrbuchs), dass die Wahrscheinlichkeit einer bestimmten Wertekombination gleich dem Produkt der Einzelwahrscheinlichkeiten ist, woraus für die Mittelwerte in unserem Fall

$$\overline{\varrho_m \boldsymbol{E}} = \overline{\varrho_m} \, \overline{\boldsymbol{E}}$$

folgt. Durch Mittelung der Maxwell-Gleichungen für das elektrische Feld erhalten wir mit $\overline{\partial \boldsymbol{B}/\partial t} = 0$

$$\operatorname{rot} \overline{\boldsymbol{E}} = 0 \, , \qquad \operatorname{div}(\varepsilon_0 \overline{\boldsymbol{E}}) = \overline{\varrho_m} \, .$$

Hieraus folgt $\overline{\boldsymbol{E}} = -\nabla\phi$, $\overline{\varrho_m} = -\varepsilon_0 \Delta\phi$, und mit der Abkürzung $\partial_k := \partial/\partial x_k$ erhalten wir unter zweimaliger Benutzung des Gauß'schen Satzes mit Summenkonvention als **Kraft auf ein Dielektrikum im Feld** $\boldsymbol{E}$ schließlich

$$\begin{aligned} F_i &= \int_V \overline{\varrho_m} \, \overline{E_i} \, d^3\tau = \varepsilon_0 \int (\partial_k \partial_k \phi)(\partial_i \phi) \, d^3\tau = \varepsilon_0 \int_V \big[\partial_k(\partial_k\phi \, \partial_i\phi) - (\partial_k\phi)(\partial_k\partial_i\phi)\big] \, d^3\tau \\ &= \varepsilon_0 \int_V (\partial_k\phi)\,(\partial_i\phi) \, df_k - \varepsilon_0 \int_V \partial_i\big[(\nabla\phi)^2/2\big] \, d^3\tau = \varepsilon_0 \int_F \overline{E_i} \, \overline{\boldsymbol{E}} \cdot d\boldsymbol{f} - \varepsilon_0 \int_F (\overline{\boldsymbol{E}}^2/2) \, df_i \end{aligned}$$

oder

$$\boxed{\boldsymbol{F} = \varepsilon_0 \int_F \Big[(\boldsymbol{n} \cdot \boldsymbol{E}) \, \boldsymbol{E} - \frac{\boldsymbol{E}^2}{2} \, \boldsymbol{n}\Big] \, df \, .} \tag{4.187}$$

Dabei haben wir die Mittelungsstriche weggelassen, was möglich ist, wenn wir unter $\boldsymbol{E}$ das Feld der zeitunabhängigen Ladungsverteilung $\overline{\varrho_m}$ verstehen. Die Integrationsfläche F ist entweder die Oberfläche des Isolators oder, falls das Integrationsgebiet V in (4.186) über den Isolator hinaus in Gebiete mit $\overline{\varrho_m} = 0$ gezogen wurde, eine ganz außerhalb von diesem gelegene Fläche, die jedoch keine weiteren Ladungen außer denen des Isolators umschließen darf. Im letzten Fall darf $\boldsymbol{E}$ sogar als Feld der zeitabhängigen Ladungsverteilung ϱ_m aufgefasst werden, weil dieses im Außenraum des Isolators zeitunabhängig ist.

4.8.9 Elektrische Feldenergie in dielektrischer Materie

Wir wollen jetzt die Energie berechnen, die im elektrischen Feld bei Anwesenheit dielektrischer Materie gespeichert ist. Dazu betrachten wir ein unendlich ausgedehntes Dielektrikum, in welchem die Polarisationsdichte räumlich variiert, $\boldsymbol{P}=\boldsymbol{P}(\boldsymbol{r})$, und das auch Vakuumgebiete enthalten darf (z. B. für $|\boldsymbol{r}|\to\infty$). Wie im Vakuum kann die Feldenergie aus der Arbeit bestimmt werden, die notwendig ist, um alle Ladungen aus dem Unendlichen an ihren Platz im Endlichen zu bringen, wobei wir annehmen, dass sich das Dielektrikum schon in seiner endgültigen Position befindet. Die Vakuumformel (4.11), $W_\mathrm{e}=\int(\varepsilon_0/2)\,\boldsymbol{E}^2\,d^3\tau$, kann nicht übernommen werden, weil bei ihrer Ableitung nur Arbeit berücksichtigt wurde, die zum Hereinbringen der Ladungen an diesen selbst geleistet wird, während bei Anwesenheit eines Dielektrikums zusätzliche Energie zum Polarisieren von dessen Molekülen (also zum Trennen bereits im Endlichen befindlicher Ladungen) aufgebracht werden muss.

$\phi_\varrho(\boldsymbol{r})$ sei das Potenzial, das durch eine schon an ihren Platz gebrachte Ladungsverteilung $\varrho(\boldsymbol{r})$ und die dadurch im Dielektrikum hervorgerufene Polarisation erzeugt wird. Durch Hereinbringen der zusätzlichen Ladungsdichte $\delta\varrho(\boldsymbol{r})$ wird das Potenzial $\phi_\varrho(\boldsymbol{r})$ in $\phi_{\varrho+\delta\varrho}(\boldsymbol{r})$ abgewandelt. Dazu muss das System der bereits vorhandenen Ladungen an der nach $\boldsymbol{r}$ in das Volumenelement $d^3\tau$ zu bringenden Ladung $\delta\varrho(\boldsymbol{r})\,d^3\tau$ durch sein Feld $\boldsymbol{E}_\varrho=-\nabla\phi_\varrho$ die Arbeit

$$\delta'A = \delta\varrho\,d^3\tau\int_\infty^{\boldsymbol{r}}\boldsymbol{E}_\varrho\cdot d\boldsymbol{r} = -\delta\varrho\,d^3\tau\int_\infty^{\boldsymbol{r}}\nabla\phi_\varrho\cdot d\boldsymbol{r} = -\delta\varrho\,d^3\tau\int_\infty^{\boldsymbol{r}}d\phi_\varrho = -\delta\varrho\,d^3\tau\,\phi_\varrho(\boldsymbol{r})$$

leisten, die der Energie des Feldes verlorengeht,[9] d. h. $\delta' W_\mathrm{e}=-\delta'A=\delta\varrho\,d^3\tau\,\phi_\varrho(\boldsymbol{r})$. Durch Integration über alle Volumenelemente des Dielektrikums ergibt sich daraus mit

$$\varrho = \operatorname{div}\boldsymbol{D}\,, \qquad \delta\varrho = \operatorname{div}\delta\boldsymbol{D}$$

und $\phi_\varrho\to\phi$ als Gesamtänderung der Feldenergie

$$\delta W_\mathrm{e} = \int\phi\operatorname{div}\delta\boldsymbol{D}\,d^3\tau = \int\operatorname{div}(\phi\,\delta\boldsymbol{D})\,d^3\tau - \int\delta\boldsymbol{D}\cdot\nabla\phi\,d^3\tau\,.$$

Das erste Integral kann mithilfe des Gauß'schen Satzes in ein Oberflächenintegral im Unendlichen verwandelt werden und verschwindet. Mit $\boldsymbol{E}=-\nabla\phi$ erhalten wir daher

$$\delta W_\mathrm{e} = \int\boldsymbol{E}\cdot\delta\boldsymbol{D}\,d^3\tau\,.$$

Hieraus folgt mit der Umbenennung $\delta\boldsymbol{D}\to d\boldsymbol{D}'$ durch Integration nach $d\boldsymbol{D}'$

$$W_\mathrm{e} = \int d^3\tau\int_0^{\boldsymbol{D}}\boldsymbol{E}(\boldsymbol{D}')\cdot d\boldsymbol{D}'\,,$$

9 Hier mag der Eindruck entstehen, dass die zum Polarisieren des Mediums aufzuwendende Arbeit nicht berücksichtigt ist, weil dafür in $\delta'A$ kein eigener Term enthalten ist. Die Polarisation des Mediums ist jedoch in ϕ_ϱ enthalten; dass sie während des Hereinbringens der zusätzlichen Ladung $\delta\varrho(\boldsymbol{r})$ verändert wird, liefert nur einen Beitrag höherer Ordnung zu $\delta'A$, der beim Rechnen mit Differenzialen weggelassen werden muss. Man könnte zum Beispiel $\delta'A=\delta\varrho\,d^3\tau\,(\phi_\varrho+\phi_{\varrho+\delta\varrho})/2$ setzen und würde daraus in linearer Ordnung dasselbe Ergebnis erhalten.

wobei benutzt wurde, dass für den Ausgangszustand (alle Ladungen im Unendlichen) $\boldsymbol{E}=0$, $\boldsymbol{D}=0$ und $W_e=0$ gilt. Die elektrische Energiedichte im Dielektrikum ist demnach

$$\boxed{w_e = \int_0^{\boldsymbol{D}} \boldsymbol{E}(\boldsymbol{D}') \cdot d\boldsymbol{D}' .} \tag{4.188}$$

Es kann vorkommen, dass die Funktion $\boldsymbol{E}=\boldsymbol{E}(\boldsymbol{D})$ mehrdeutig ist, was zu Hysteresiserscheinungen führt.

Wir untersuchen noch näher den Fall, dass zwischen $\boldsymbol{E}$ und $\boldsymbol{D}$ ein linearer symmetrischer Zusammenhang der Form

$$D_i = \varepsilon_{ik} E_k \qquad \text{mit} \qquad \varepsilon_{ik} = \varepsilon_{ki}$$

besteht. Dann gilt (mit Summenkonvention)

$$\boldsymbol{E} \cdot d\boldsymbol{D} = E_i \varepsilon_{ik} dE_k = \frac{1}{2} \varepsilon_{ik} (E_i dE_k + E_k dE_i) = \frac{1}{2} d(\varepsilon_{ik} E_i E_k) = \frac{1}{2} d(\boldsymbol{E} \cdot \boldsymbol{D})$$

und

$$W_e = \frac{1}{2} \int \boldsymbol{E} \cdot \boldsymbol{D} \, d^3\tau . \tag{4.189}$$

Dieses Ergebnis kann noch in eine interessante zweite Form gebracht werden, bei deren Ableitung wir den Fall mit einschließen wollen, dass sich im Dielektrikum Leiter befinden (auf deren Oberfläche das Potenzial des elektrischen Feldes natürlich konstant sein muss und in deren Innerem ϱ, $\boldsymbol{D}$ und $\boldsymbol{E}$ verschwinden). Mit $\boldsymbol{E}=-\nabla\phi$, $\operatorname{div} \boldsymbol{D}=\varrho$ und dem Gauß'schen Satz folgt dann aus (4.189)

$$\begin{aligned} W_e &= -\frac{1}{2} \int \nabla\phi \cdot \boldsymbol{D} \, d^3\tau = -\frac{1}{2} \int \nabla \cdot (\phi \boldsymbol{D}) \, d^3\tau + \frac{1}{2} \int \phi \operatorname{div} \boldsymbol{D} \, d^3\tau \\ &= -\frac{1}{2} \int_\infty \phi \boldsymbol{D} \cdot d\boldsymbol{f} + \frac{1}{2} \sum_{\text{Leiter}} \phi_i \int_{F_i} \boldsymbol{D} \cdot d\boldsymbol{f}_i + \frac{1}{2} \int \varrho \phi \, d^3\tau , \end{aligned}$$

wobei $d\boldsymbol{f}_i$ das aus dem i-ten Leiter herausgerichtete Flächenelement ist. Für $r\to\infty$ gilt $\phi\sim 1/r$ und $|\boldsymbol{D}|\sim 1/r^2$, weshalb das erste Integral verschwindet. $\int_{F_i} \boldsymbol{D}\cdot d\boldsymbol{f}_i=Q_i$ ist die Ladung des i-ten Leiters, und damit erhalten wir schließlich

$$W_e = \frac{1}{2} \sum_{\text{Leiter}} \phi_i Q_i + \frac{1}{2} \int \varrho \phi \, d^3\tau . \tag{4.190}$$

Dies bedeutet, dass bei linearem Zusammenhang zwischen $\boldsymbol{D}$ und $\boldsymbol{E}$ unser für Vakuumfelder abgeleitetes früheres Ergebnis (4.10a) gültig bleibt. Bei Anwesenheit von Leitern tritt zu diesem entweder der Term $\frac{1}{2} \sum_i \phi_i Q_i$ hinzu oder es enthält diesen implizit über eine in $\varrho(\boldsymbol{r})$ enthaltene Oberflächenladungsdichte.

4.8.10 Kelvins Theorem der minimalen Feldenergie

Befinden sich in einem Dielektrikum mit der Eigenschaft $\boldsymbol{D}=\varepsilon \boldsymbol{E}$ elektrisch geladene Leiter, so besitzt das von diesen hervorgerufene elektrische Feld eine interessante Extremaleigenschaft, die von dem englischen Physiker Lord W. Kelvin entdeckt worden ist. (Der Fall elektrisch geladener Leiter im Vakuum ist dabei für $\varepsilon=\varepsilon_0$ mit eingeschlossen.)

Theorem der minimalen Feldenergie. *Ein Dielektrikum, dessen Dielektrizitätskonstante ε räumlich konstant ist, enthalte N Leiter mit den Ladungen $Q_1, \ldots, Q_N$. Jede von diesen verteilt sich so auf der Oberfläche des ihr zugeordneten Leiters, dass die Gesamtenergie des zugehörigen elektrischen Feldes kleiner ist als die jeder anderen Ladungsverteilung mit unveränderter Gesamtladung Q_i jedes der Leiter.*

Beweis: $G=\bigcup G_i$ sei das von den Leitern ausgefüllte Gebiet des $\mathbb{R}^3$, W_e die Energie des Feldes $\boldsymbol{E}(\boldsymbol{r})$ der sich einstellenden Ladungsverteilung und W_e' die des Feldes $\boldsymbol{E}'(\boldsymbol{r})$ einer anderen fiktiven Verteilung mit den gleichen Leiterladungen Q_i. Dann gilt

$$\begin{aligned} W_\mathrm{e}' - W_\mathrm{e} &\overset{\text{s.u.}}{=} \frac{\varepsilon}{2}\left(\int_{\mathbb{R}^3} E'^2\, d^3\tau - \int_{\mathbb{R}^3\setminus G} E^2\, d^3\tau\right) \geq \frac{\varepsilon}{2}\int_{\mathbb{R}^3\setminus G}\left(E'^2 - E^2\right) d^3\tau \\ &= \frac{\varepsilon}{2}\int_{\mathbb{R}^3\setminus G}(\boldsymbol{E}'-\boldsymbol{E})^2\, d^3\tau + \varepsilon\int_{\mathbb{R}^3\setminus G}\boldsymbol{E}\cdot(\boldsymbol{E}'-\boldsymbol{E})\, d^3\tau\,, \end{aligned}$$

da sich bei der physikalisch realisierten Verteilung auf jedem Leiter i die Ladung Q_i so über die Oberfläche verteilt, dass sein Inneres G_i feldfrei wird, während das bei den zur Konkurrenz zugelassenen fiktiven Ladungsverteilungen der Felder $\boldsymbol{E}'(\boldsymbol{r})$ nicht der Fall sein muss. Für das zweite Integral erhalten wir mit $\boldsymbol{E}=-\nabla\phi$, $\mathrm{div}(\varepsilon\boldsymbol{E})=\mathrm{div}(\varepsilon\boldsymbol{E}')=0$ in $\mathbb{R}^3\setminus G$, $Q_i=Q_i'$ und weil das Potenzial des realisierten Feldes auf den Leitern konstant ist,

$$\begin{aligned} \varepsilon\int_{\mathbb{R}^3\setminus G}\boldsymbol{E}\cdot(\boldsymbol{E}'-\boldsymbol{E})\, d^3\tau &= -\varepsilon\int_{\mathbb{R}^3\setminus G}\nabla\phi\cdot(\boldsymbol{E}'-\boldsymbol{E})\, d^3\tau = -\int_{\mathbb{R}^3\setminus G}\mathrm{div}\left[\varepsilon\phi(\boldsymbol{E}'-\boldsymbol{E})\right] d^3\tau \\ &\overset{\text{s.u.}}{=} \sum_{\text{Leiter}}\phi_i\int_{F_i}\varepsilon(\boldsymbol{E}'-\boldsymbol{E})\cdot d\boldsymbol{f}_i - \varepsilon\int_\infty \phi(\boldsymbol{E}'-\boldsymbol{E})\cdot d\boldsymbol{f} = \sum_{\text{Leiter}}\phi_i\,(Q_i'-Q_i) = 0\,. \end{aligned}$$

(Das Vorzeichen der Integrale über die Leiteroberflächen kommt dadurch zustande, dass $d\boldsymbol{f}_i$ aus dem Leiter herausweist.) Damit gilt wie behauptet $W_\mathrm{e}'-W_\mathrm{e}=(\varepsilon/2)\int_{\mathbb{R}^3\setminus G}(\boldsymbol{E}'-\boldsymbol{E})^2\, d^3\tau \geq 0$. □

4.8.11 Energie eines Dielektrikums mit $\boldsymbol{D}=\varepsilon \boldsymbol{E}$ in einem Vakuumfeld

Bringen wir ein Dielektrikum, in dem der lineare Zusammenhang $\boldsymbol{D}=\varepsilon\boldsymbol{E}$ besteht, in ein Vakuumfeld $\boldsymbol{E}_0(\boldsymbol{r})$, so wird dieses in $\boldsymbol{E}(\boldsymbol{r})$ abgewandelt. Dabei bleiben die Quellen des Feldes unbeeinflusst, d. h. es gilt[10]

$$\mathrm{div}(\varepsilon\boldsymbol{E}) = \mathrm{div}(\varepsilon_0\boldsymbol{E}_0)\,, \tag{4.191}$$

10 Um Schwierigkeiten bei der Berechnung der Ableitungen aus dem Wege zu gehen, nehmen wir an, dass ε am Rande des Dielektrikums einen schnellen, aber stetig differenzierbaren Übergang zum Vakuumwert ε_0 vollzieht.

während die Feldenergie von $W_0=(\varepsilon_0/2)\int_{\mathbb{R}^3} E_0^2\,d^3\tau$ in $W=(\varepsilon_0/2)\int_{\mathbb{R}^3} E^2\,d^3\tau$ übergeht. Wir haben nach Einbringen des Dielektrikums also

$$W = W_0 + \Delta W \quad \text{mit} \quad \Delta W = \frac{1}{2}\int_{\mathbb{R}^3} \left(\varepsilon E^2 - \varepsilon_0 E_0^2\right) d^3\tau \tag{4.192}$$

und können daher ΔW als Energie des Dielektrikums auffassen. Nun gilt

$$\varepsilon E^2 - \varepsilon_0 E_0^2 = (\varepsilon \boldsymbol{E} - \varepsilon_0 \boldsymbol{E}_0) \cdot (\boldsymbol{E} + \boldsymbol{E}_0) - (\varepsilon - \varepsilon_0)\, \boldsymbol{E} \cdot \boldsymbol{E}_0 \tag{4.193}$$

und

$$\int_{\mathbb{R}^3} (\varepsilon \boldsymbol{E} - \varepsilon_0 \boldsymbol{E}_0) \cdot (\boldsymbol{E} + \boldsymbol{E}_0)\, d^3\tau = -\int_{\mathbb{R}^3} (\varepsilon \boldsymbol{E} - \varepsilon_0 \boldsymbol{E}_0) \cdot \nabla(\phi + \phi_0)\, d^3\tau$$
$$= -\int_{\mathbb{R}^3} \operatorname{div}\big[(\phi+\phi_0)(\varepsilon \boldsymbol{E} - \varepsilon_0 \boldsymbol{E}_0)\big]\, d^3\tau + \int_{\mathbb{R}^3} (\phi+\phi_0)\big[\operatorname{div}(\varepsilon \boldsymbol{E}) - \operatorname{div}(\varepsilon_0 \boldsymbol{E}_0)\big]\, d^3\tau \overset{(4.191)}{=} 0\,,$$

da das Volumenintegral über die Divergenz in ein Oberflächenintegral im Unendlichen umgewandelt werden kann und verschwindet. Damit, mit (4.161) bzw. $\boldsymbol{P}=(\varepsilon-\varepsilon_0)\boldsymbol{E}$ und mit (4.193) ergibt sich aus (4.192)

$$\Delta W = -\frac{1}{2}\int_{\mathbb{R}^3} (\varepsilon-\varepsilon_0) \boldsymbol{E} \cdot \boldsymbol{E}_0\, d^3\tau \overset{\text{s.u.}}{=} -\frac{1}{2}\int_V (\boldsymbol{P} \cdot \boldsymbol{E}_0)\, d^3\tau\,, \tag{4.194}$$

wobei wir das letzte Integral auf das Volumen V des Dielektrikums einschränken konnten, weil außerhalb von diesem $\varepsilon=\varepsilon_0$ gilt und der Integrand daher verschwindet. Dieses Ergebnis bedeutet, dass wir

$$w_D = -\frac{1}{2}\, \boldsymbol{P} \cdot \boldsymbol{E}_0 \tag{4.195}$$

als Energiedichte des Dielektrikums auffassen können. Deren Vergleich mit unserem früheren Ergebnis (4.32) für die Energie einer Ladungsverteilung in einem externen Feld $\boldsymbol{E}$ zeigt, dass sie als Energiedichte der durch die Polarisation entstandenen Dipole im Feld $\boldsymbol{E}_0$ aufgefasst werden kann, wobei der Faktor $1/2$ dadurch zustande kommt, dass die Dipole nicht mit konstanter Dipolstärke in das Feld gebracht werden, sondern erst beim Hereinbringen aufgebaut werden.

Für $\varepsilon\approx\varepsilon_0$ wird $\boldsymbol{E}\approx\boldsymbol{E}_0$ und

$$\Delta W \approx -\frac{\varepsilon - \varepsilon_0}{2}\int_V \boldsymbol{E}_0^2\, d^3\tau = -\frac{\varepsilon - \varepsilon_0}{2}\langle \boldsymbol{E}_0^2 \rangle\, V\,.$$

ΔW wird umso negativer, je stärker das mittlere Feld ist, in welchem sich das Dielektrikum befindet. Nun wissen wir, dass die in diesem Fall wirkende Kraft (4.185) das Dielektrikum für $\varepsilon\geq\varepsilon_0$ in Gebiete höherer Feldstärken drängt, sodass ΔW negativer und die Feldenergie W damit kleiner wird. Im Hinblick auf das im letzten Abschnitt abgeleitete Theorem von Kelvin bedeutet dies, dass die Feldenergie nicht nur gegenüber fiktiven Vergleichszuständen minimal wird, sondern dass das Dielektrikum sich auch so bewegt, dass sie gegenüber potenziellen physikalischen Vergleichszuständen möglichst klein wird.

4.8.12 Änderung der elektrischen Feldenergie und Kräfte

Wie in Abschn. 4.3.2 kann die von einem elektrischen Feld auf ein in ihm befindliches Dielektrikum ausgeübte Gesamtkraft aus der Variation der Feldenergie W_e bei starren Verschiebungen abgeleitet werden. Wir interessieren uns hier für die Kraft auf ein Dielektrikum, das sich zwischen Leitern befindet. Diese hängt davon ab, ob bei der Verschiebung des Dielektrikums die Ladungen der Leiter unverändert bleiben oder ob die Leiter auf konstanten Potenzialen gehalten werden. Im ersten Fall ist das System energetisch abgeschlossen. Im zweiten Fall muss man zum Konstanthalten der Potenziale die Leiter mit Batterien verbinden und von oder zu den Leitern Ladungen fließen lassen, das System ist nicht mehr energetisch abgeschlossen.

Wir beschränken die folgenden Betrachtungen auf den Fall, dass ein linearer Zusammenhang zwischen $\boldsymbol{D}$ und $\boldsymbol{E}$ besteht, sodass die Feldenergie durch (4.189) bzw. (4.190) gegeben ist. Zunächst betrachten wir eine beliebige infinitesimale Änderung des Systemzustandes, lassen also beliebige (nicht notwendig starre) Verschiebungen des Dielektrikums, Veränderungen der Ladungen und Veränderungen der Potenziale zu. Für die damit verbundene Änderung der Feldenergie ergibt sich aus (4.190)

$$\delta W_e = \frac{1}{2}\Big[\sum_{\text{Leiter}} \phi_i \delta Q_i + \int_{\mathbb{R}^3} \phi\, \delta\varrho\, d^3\tau\Big] + \frac{1}{2}\Big[\sum_{\text{Leiter}} Q_i \delta\phi_i + \int_{\mathbb{R}^3} \varrho\, \delta\phi\, d^3\tau\Big]. \quad (4.196)$$

Machen wir für spätere Zwecke vorübergehend die Einschränkung, dass das Dielektrikum nicht verschoben wird, d. h. $\delta\varepsilon(\boldsymbol{r})=0$, so können wir die Umformung

$$\begin{aligned}
\int_{\mathbb{R}^3} \phi\, \delta\varrho\, d^3\tau &= \int_{\mathbb{R}^3} \phi\, \operatorname{div} \delta\boldsymbol{D}\, d^3\tau = \int_{\mathbb{R}^3} \operatorname{div}(\phi\, \delta\boldsymbol{D})\, d^3\tau - \int_{\mathbb{R}^3} \delta\boldsymbol{D} \cdot \nabla\phi\, d^3\tau \\
&= \int_{\infty} \phi\, \delta\boldsymbol{D} \cdot d\boldsymbol{f} - \sum_{\text{Leiter}} \phi_i \int_{F_i} \delta\boldsymbol{D} \cdot d\boldsymbol{f}_i - \int_{\mathbb{R}^3} \varepsilon\, \delta\boldsymbol{E} \cdot \nabla\phi\, d^3\tau \\
&\overset{\delta\nabla\phi=\nabla\delta\phi}{=} - \sum_{\text{Leiter}} \phi_i \delta Q_i - \int_{\mathbb{R}^3} \boldsymbol{D} \cdot \nabla\delta\phi\, d^3\tau = - \sum_{\text{Leiter}} \phi_i \delta Q_i - \int_{\mathbb{R}^3} \operatorname{div}(\delta\phi\, \boldsymbol{D})\, d^3\tau \\
&\quad + \int_{\mathbb{R}^3} \delta\phi\, \operatorname{div} \boldsymbol{D}\, d^3\tau = - \sum_{\text{Leiter}} \phi_i \delta Q_i + \sum_{\text{Leiter}} Q_i \delta\phi_i + \int_{\mathbb{R}^3} \varrho\, \delta\phi\, d^3\tau
\end{aligned}$$

vornehmen, aus der

$$\sum_{\text{Leiter}} \phi_i \delta Q_i + \int_{\mathbb{R}^3} \phi\, \delta\varrho\, d^3\tau = \sum_{\text{Leiter}} Q_i \delta\phi_i + \int_{\mathbb{R}^3} \varrho\, \delta\phi\, d^3\tau \quad (4.197)$$

folgt. Die beiden in Klammern stehenden Beiträge des Ausdrucks (4.196) für δW_e sind dann gleich, sodass wir **bei festgehaltenem Dielektrikum** die beiden äquivalenten Ausdrücke

$$\delta W_e = \sum_{\text{Leiter}} \phi_i \delta Q_i + \int_{\mathbb{R}^3} \phi\, \delta\varrho\, d^3\tau = \sum_{\text{Leiter}} Q_i \delta\phi_i + \int_{\mathbb{R}^3} \varrho\, \delta\phi\, d^3\tau \quad (4.198)$$

erhalten.

Bei den folgenden Berechnungen der Gesamtkraft auf ein zwischen Leitern befindliches Dielektrikum treffen wir noch die zusätzliche Annahme, dass das elektrische Feld ausschließlich von Oberflächenladungen auf den Leitern erzeugt wird, also $\varrho \equiv \delta\varrho \equiv 0$. Dann gilt bei allgemeinen Zustandsänderungen statt (4.196)

$$\delta W_{\mathrm{e}} = \frac{1}{2} \sum_{\text{Leiter}} \phi_i \delta Q_i + \frac{1}{2} \sum_{\text{Leiter}} Q_i \delta\phi_i \tag{4.199}$$

und bei festgehaltenem Dielektrikum statt (4.198)

$$\delta W_{\mathrm{e}} = \sum_{\text{Leiter}} \phi_i \delta Q_i = \sum_{\text{Leiter}} Q_i \delta\phi_i \,. \tag{4.200}$$

Kraft bei festgehaltenen Ladungen

Bei festgehaltenen Ladungen Q_i ist das System energetisch abgeschlossen, daher kann sich seine Gesamtenergie nicht ändern. Die auf das Dielektrikum einwirkende Kraft $\boldsymbol{F}$ leistet bei der Verschiebung $d\boldsymbol{r}$ die Arbeit $dA = \boldsymbol{F} \cdot d\boldsymbol{r}$. Dabei ändert sich die elektrische Energie W_{e} nach (4.199) um

$$dW_{\mathrm{e}}\big|_{Q_i} = \frac{1}{2} \sum_{\text{Leiter}} Q_i \, d\phi_i \,, \tag{4.201}$$

und Energieerhaltung bedeutet

$$dW_{\mathrm{e}}\big|_{Q_i} + \boldsymbol{F} \cdot d\boldsymbol{r} = 0 \,.$$

Wie bei der starren Verschiebung von Ladungen im Vakuum (siehe (4.33)) gilt daher

$$dW_{\mathrm{e}}\big|_{Q_i} = -\boldsymbol{F} \cdot d\boldsymbol{r} \tag{4.202}$$

und daraus folgend

$$\boldsymbol{F}\big|_{Q_i} = -\left.\frac{\partial W_{\mathrm{e}}}{\partial \boldsymbol{r}}\right|_{Q_i} , \tag{4.203}$$

wobei die rechte Seite bedeutet, dass die Änderung von W_{e} mithilfe von (4.201) für starre Verschiebungen bei festgehaltenen Ladungen Q_i berechnet werden muss.

Man hätte die Gültigkeit von (4.202) auch daraus schließen können, dass die zu (4.33) führende Ableitung auch jetzt gelten muss, wenn für ϱ eine detaillierte Ladungsverteilung zugrunde gelegt wird, die auch die Polarisation der Moleküle und Oberflächenladungen mit erfasst.

Kraft bei festgehaltenen Potenzialen

Werden bei der Verschiebung des Dielektrikums die Potenziale ϕ_i der Leiter festgehalten, so zerlegen wir den Vorgang in zwei Schritte.

1. Im ersten Schritt verschieben wir das Dielektrikum bei festgehaltenen Leiterladungen starr in seine endgültige Position und erhalten dafür als Änderung der Feldenergie

$$dW_1 = dW_e\big|_{Q_i} . \tag{4.204}$$

Dabei ändern sich die Potenziale der Leiter um $d\phi_{i1}$.

2. Im zweiten Schritt verbinden wir die Leiter mit Batterien und lassen auf sie so viele Ladungen fließen, bis ihre Potenziale zu den ursprünglichen Werten zurückgekehrt sind, sich also um $d\phi_{i2}{=}-d\phi_{i1}$ geändert haben. Weil dabei das Dielektrikum nicht verschoben wird, können wir zur Berechnung der entsprechenden Energieänderung dW_2 (4.200) benutzen und erhalten

$$dW_2 = \sum_{\text{Leiter}} Q_i \, d\phi_{i2} = -\sum_{\text{Leiter}} Q_i \, d\phi_{i1} \overset{(4.201)}{=} -2dW_e\big|_{Q_i} .$$

Bei dem aus beiden Schritten zusammengesetzten Gesamtprozess mit festgehaltenen Potenzialen ändert sich die Feldenergie W_e um

$$dW_e\big|_{\phi_i} = dW_1 + dW_2 = -dW_e\big|_{Q_i} ,$$

die Gleichung für Energieerhaltung lautet

$$dW_e|_{\phi_i} + \boldsymbol{F} \cdot d\boldsymbol{r} = 0 ,$$

und aus dieser folgt die Gesamtkraft

$$\boldsymbol{F}\big|_{\phi_i} = -\left.\frac{\partial W_e}{\partial \boldsymbol{r}}\right|_{\phi_i} = \left.\frac{\partial W_e}{\partial \boldsymbol{r}}\right|_{Q_i} = -\boldsymbol{F}\big|_{Q_i} . \tag{4.205}$$

Aufgaben

4.1 (a) Berechnen Sie das zum Feld (4.14) mit (4.15) einer homogen geladenen Kugel (Radius R) gehörige Potenzialfeld $\phi(r)$ zur Normierung $\phi(0){=}0$.
(b) Bestimmen Sie die Radien von Äquipotenzialflächen gleicher Potenzialdifferenz $\Delta\phi{=}\phi_0$ derart, dass $r{=}0$ und $r{=}R$ mit zu diesen gehören.

Anleitung: Legen Sie ϕ_0 dadurch fest, dass die Potenzialfläche $r{=}R$ das Potenzial $\phi{=}N\phi_0$ mit ganzzahligem N besitzt.

4.2 Betrachten Sie ein Elektron als Kugel homogener Ladungsdichte ϱ_0 und bestimmen Sie durch Gleichsetzen der elektrostatischen Energie dieser Kugel mit der Ruheenergie $m_e c^2$ des Elektrons den „klassischen" Elektronenradius.

4.3 Zeigen Sie, dass die Ergebnisse $\boldsymbol{F}{=}\nabla[\boldsymbol{p}{\cdot}\boldsymbol{E}(\boldsymbol{r})]$ und $\boldsymbol{N}{=}\boldsymbol{p}{\times}\boldsymbol{E}$ für die Kraft und das Drehmoment auf einen elektrischen Dipol aus $\boldsymbol{F}{=}\sum q_i\boldsymbol{E}_i$ bzw. $\boldsymbol{N}{=}\sum \boldsymbol{r}_i{\times}q_i\boldsymbol{E}_i$ für zwei gegeneinander rückende Punktladungen $\pm q$ mit $|q|{\to}\infty$ berechnet werden können.

4.4 Auf der x-Achse befinde sich eine Punktladung $q_1{=}q$ bei $x{=}\varepsilon$ und eine zweite Punktladung $q_2{=}-q$ bei $x{=}-\varepsilon$.

(a) Berechnen Sie das Potenzial ϕ dieser Ladungsverteilung und entwickeln Sie es bis zu Termen erster Ordnung nach ε.
(b) Berechnen Sie das zu dem genäherten Potenzial gehörige elektrische Feld.

4.5 Berechnen Sie das auf den Koordinatenursprung bezogene Dipolmoment sowie die Quadrupolmomente der durch die Ladungsdichte

$$\varrho(x,y,z) = q\delta(x)\,[\delta(y-a)+\delta(y+a)]\,\delta(z) - q\,[\delta(x-a)+\delta(x+a)]\,\delta(y)\delta(z)$$

beschriebenen Punktladungen.

4.6 Berechnen Sie das auf den Koordinatenursprung bezogene Dipolmoment und die Quadrupolmomente einer homogenen Ladungsverteilung innerhalb eines Rotationsellipsoids,

$$\varrho(x,y,z) = \begin{cases} \varrho_0 = \text{const} & \text{für} \quad (x^2+y^2)/a^2 + z^2/b^2 \le 1\,, \\ 0 & \text{sonst}\,. \end{cases}$$

4.7 Zeigen Sie, dass es für eine Punktladung in einem nicht identisch verschwindenden elektrostatischen Vakuumfeld keine stabile Gleichgewichtslage gibt.

Anleitung: Benutzen Sie für das Potenzial des elektrischen Feldes die Beziehung (2.68).

4.8 Zeigen Sie, dass es für einen infinitesimalen Dipol in einem nicht identisch verschwindenden elektrostatischen Vakuumfeld keine stabile Gleichgewichtslage gibt.

(a) Untersuchen Sie dazu das auf den Dipol wirkende Kraftfeld in der Nähe der Gleichgewichtslage, aus der heraus er starr verschoben wird.
(b) Beweisen Sie die Behauptung auch durch Untersuchung der zugehörigen potenziellen Energie.

4.9 In einem Leiter aus Kupfer bestehe an einer Stelle vorübergehend ein Elektronenüberschuss, der ein auf diese Stelle hin gerichtetes Feld $\boldsymbol{E}$ erzeugt. Dieses führt wegen $\boldsymbol{j}{=}\sigma\boldsymbol{E}$ zu einem Abfluss der Elektronen.

(a) In welcher Zeit ist der Ladungsüberschuss ϱ auf $1/\mathrm{e}$ seines Anfangswerts abgesunken, wenn man in Kupfer $\varepsilon{=}\varepsilon_0$ setzt und für σ den Wert $10^7\,\mathrm{A/Vm}$ annimmt?
(b) Zeigen Sie, dass ein zur Zeit $t{=}0$ im Leiter befindliches externes elektrisches Vakuumfeld so schnell zerfällt wie ein lokaler Ladungsüberschuss.

Anleitung: Bestimmen Sie für (a) aus der Kontinuitätsgleichung die Lösung $\varrho{=}\varrho(t)$. Was folgt daraus im Fall (b)? In diesem Fall empfiehlt es sich, die Maxwell-Gleichungen mit dem Ansatz $\boldsymbol{E}(\boldsymbol{r},t){=}f(t)\,\boldsymbol{E}(\boldsymbol{r},0)$ zu lösen.

4.10 Zeigen Sie, dass die Energie des von einer Ladungsverteilung $\varrho(\boldsymbol{r}){\neq}0$ erzeugten elektrischen Feldes in Anwesenheit von Leitern, die auch geladen sein dürfen, wie im reinen Vakuum durch $W = \int \varepsilon_0 \boldsymbol{E}^2/2\, d^3\tau$ gegeben ist, und dass sich dieses Ergebnis im Falle $\varrho \equiv 0$ in

$$W = \frac{1}{2} \sum_{\text{Leiter}} \phi_i Q_i$$

umformen lässt.

Anmerkung: Diese Verallgemeinerung des Ergebnisses (4.11) liefert einen noch weitergehenden Beleg dafür, dass $\varepsilon_0 \boldsymbol{E}^2/2$ als Energiedichte des elektrischen Feldes interpretiert werden darf.

4.11 Die beiden Platten eines Plattenkondensators seien groß gegen ihren Abstand voneinander und tragen die Ladungen Q_l bzw. Q_r. Welche Teile dieser Ladungen sitzen auf den Innenflächen, welche auf den Rückseiten der Kondensatorplatten?

Anleitung: Die Ladungen auf den Inneseiten ziehen sich an und sind daher gleichnamig, die auf den Rückseiten stoßen sich ab und sind entgegengesetzt.

4.12 Ein gerader dünner Leiter der Länge $2l$ sei mit der konstanten Linienladungsdichte $Q/(2l)$ belegt. Zeigen Sie, dass die Äquipotenzialflächen dieses Drahtes Rotationsellipsoide mit den Brennpunkten in den Enden des Drahtes sind.

4.13 *Zur „Spitzenwirkung" von Leitern*: In der Nähe von Ecken und Spitzen der Oberfläche geladener Leiter entstehen schon bei kleinen Spannungen sehr hohe Feldstärken. Falls die Leiter an Luft grenzen, kann diese dadurch ihr elektrisches Isolationsvermögen verlieren.

(a) Jede physikalische Ecke oder Spitze kann in erster Näherung als Teil einer Kugeloberfläche mit kleinem Krümmungsradius R angesehen werden. Zeigen Sie, dass sich auf einer leitenden Kugel vom Radius R und der Spannung V gegen Unendlich das elektrische Feld wie $1/R$ verhält.
(b) Vergleichen Sie für ein leitendes Rotationsellipsoid mit den Halbachsen a und b und der Ladung Q die Feldstärken an den Orten größter und kleinster Flächenkrümmung, indem Sie das Verhältnis der Feldstärken durch die dort vorliegenden Gauß'schen Krümmungen (Gauß'sche Krümmung = Produkt der beiden Hauptkrümmungen) ausdrücken.

Anleitung: Verwenden Sie dazu die Resultate der Aufgabe 4.12.

4.14 In einem Kondensator aus zwei beliebig geformten Leitern werde jeder von diesen in Richtung der vom anderen Leiter auf ihn ausgeübten Kraft starr verschoben.

(a) Wie ändern sich dabei die Kapazität und die Spannung?
(b) Welcher Zusammenhang besteht zwischen diesen Änderungen?

4.15 Eine Ladungsverteilung $\varrho(\boldsymbol{r})$ befinde sich vor einer unendlich ausgedehnten ebenen Metallplatte, die auf dem Potenzial $\phi = \phi_0$ gehalten wird.

(a) Bestimmen Sie die Green'sche Funktion $G_{\mathrm{D}}(\boldsymbol{r}, \boldsymbol{r}')$ dieses Problems.
(b) Finden Sie mithilfe der Green'schen Funktion das Potenzial der fraglichen Ladungsverteilung (Integralausdruck).

4.16 Der Mittelpunkt einer geladenen Metallkugel vom Radius R befinde sich im Abstand $a > R$ von einem metallischen Halbraum. Das Feld $\boldsymbol{E}$ lässt sich durch eine unendliche Folge von Bildladungen darstellen, deren erste im Zentrum der Kugel liegt, deren zweite aus der ersten durch Spiegelung an der Frontfläche des Halbraums und deren dritte aus der zweiten durch Spiegelung an der Kugeloberfläche (siehe Gleichung (4.63)) hervorgeht usw.

(a) Gegen welche Punkte konvergiert die Folge der Punktladungen?
(b) Zeigen Sie, dass die Gesamtladung der innerhalb der Kugel gelegenen Bildladungen endlich bleibt (Quotientenkriterium).
(c) Zeigen Sie, dass das Feld sämtlicher Bildladungen das Randwertproblem löst.
(d) Berechnen Sie die Kapazität des aus Kugel und Ebene gebildeten Kondensators näherungsweise (bis zum linearen Term in δ) für den Grenzfall $\delta = R/a \ll 1$.

4.17 Zwei gleich große, homogen geladene Kugeln der Ladungen Q und $-Q$ werden einander durchdringend übereinander geschoben, wobei das Produkt Qd aus Ladung und Abstand d der Kugelmittelpunkte konstant bleiben soll.

(a) Berechnen Sie das elektrische Feld innerhalb und außerhalb der Kugeln für den Grenzfall $d \to 0$.
(b) Zeigen Sie, dass das berechnete Feld auch die Lösung für das Feld einer gleichmäßig polarisierten Kugel der Polarisierung $\boldsymbol{P} = \mathbf{const}$ ist.

4.18 Eine homogene dielektrische Kugel mit der Dielektrizitätskonstanten ε_1 sei in ein unendlich ausgedehntes homogenes Medium mit der Dielektrizitätskonstanten ε_2 eingebettet. Diese Anordnung werde einem elektrischen Feld ausgesetzt, das ohne die Dielektrika homogen ist. Welches Feld $\boldsymbol{E}$ stellt sich ein?

Anleitung: Benutzen Sie als Lösungsansatz die Superposition eines homogenen Feldes mit einem Feld der Art, wie es in Aufgabe 4.17 erhalten wurde.

4.19 Ein Dielektrikum 1 mit der Dielektrizitätskonstanten ε_1 stößt in der Ebene $x = 0$ an ein Dielektrikum 2 mit der Dielektrizitätskonstanten ε_2 (Abb. 4.43). Gesucht ist das elektrische Feld $\boldsymbol{E}$ einer Punktladung q, die sich an der Stelle $x = x_q$ im Dielektrikum 1 befindet.

Anleitung: Setzen Sie für das Feld $\boldsymbol{E}$ im Halbraum $x \geq 0$ zusätzlich zum Feld der Ladung q das Feld einer Spiegelladung q' bei $x' = -x_q$ und im Halbraum $x \leq 0$ das Feld einer Punktladung q'' bei $x'' = x_q$ an. Bestimmen Sie q' und q'' aus den Randbedingungen $\phi_1 = \phi_2$ und $\varepsilon_1\, \partial\phi_1/\partial n = \varepsilon_2\, \partial\phi_2/\partial n$ an der Grenzfläche der beiden Dielektrika.

Lösungen

4.1 (a)

$$\phi(r) = \begin{cases} -\dfrac{Q\,r^2}{8\pi\varepsilon_0 R^3} & \text{für} \quad r \le R \\ C - \dfrac{Q}{4\pi\varepsilon_0 r} \overset{\text{s.u.}}{=} \dfrac{Q}{8\pi\varepsilon_0 R}\left(1 - \dfrac{2R}{r}\right) & \text{für} \quad r \ge R\,, \end{cases}$$

wobei sich der Wert der Konstanten C aus der Forderung nach Stetigkeit von $\phi(r)$ bei $r{=}R$ ergibt.

(b) Aus der Forderung

$$\phi(R) = -\frac{Q}{8\pi\varepsilon_0 R} = N\phi_0$$

folgt

$$\phi_0 = -\frac{Q}{8\pi\varepsilon_0 N R}\,.$$

Für $r{\le}R$ besitzen die Äquipotenzialflächen $r{=}r_n$ konstanter Potenzialdifferenz die Potenziale

$$-\frac{Q\,{r_n}^2}{8\pi\varepsilon_0 R^3} = \phi(r_n) = n\phi_0 = -\frac{nQ}{8\pi\varepsilon_0 N R} \qquad \text{für} \qquad n = 0, 1, 2, \ldots, N\,.$$

Hieraus ergeben sich die Radien

$$r_n = \sqrt{\frac{n}{N}}\,R \qquad \text{für} \qquad n = 0, 1, 2, \ldots, N\,.$$

Für $r{>}R$ nimmt das Potenzial gegenüber seinem bei $r{=}R$ erreichten Minimalwert $N\phi_0$ wieder zu, daher besitzen die Äquipotenzialflächen konstanter Potenzialdifferenz die Potenziale

$$\frac{Q}{8\pi\varepsilon_0 R}\left(1 - \frac{2R}{r_m}\right) = (N - m)\,\phi_0 = -\frac{(N-m)Q}{8\pi\varepsilon_0 N R} \qquad \text{für} \qquad m = 1, 2, \ldots\,.$$

Hieraus ergeben sich die Radien

$$r_m = \frac{R}{1 - m/(2N)} \qquad \text{für} \qquad m = 1, 2, \ldots\,.$$

Werden die Radien von $r{=}0$ aus über $r{=}R$ hinaus gemäß $n{=}N{+}m$ durchgezählt, so gilt

$$r_n = \frac{2R}{3 - n/N} \qquad \text{für} \qquad n = N, N+1, N+2, \ldots\,.$$

4.2 Das elektrische Feld der geladenen Kugel mit Ladung e und Radius R ist

$$\boldsymbol{E} = E(r)\,\boldsymbol{e}_r\,, \qquad E(r) = \begin{cases} \alpha r & \text{für} \quad r \le R \quad \text{mit} \quad \alpha = e/(4\pi\varepsilon_0 R^3)\,, \\ \beta/r^2 & \text{für} \quad r > R \quad \text{mit} \quad \beta = e/(4\pi\varepsilon_0)\,. \end{cases}$$

$$\begin{aligned} W_\mathrm{e} &= \frac{\varepsilon_0}{2}\int_{R^3} E^2 d^3\tau = \frac{\varepsilon_0}{2}\left[\int_0^R \alpha^2 r^2 4\pi r^2 dr + \int_R^\infty \frac{\beta^2}{r^4} 4\pi r^2 dr\right] \\ &= \frac{4\pi\varepsilon_0}{2}\left[\alpha^2\frac{R^5}{5} + \frac{\beta^2}{R}\right] = \frac{e^2}{8\pi\varepsilon_0 R}\left(\frac{1}{5} + 1\right) = \frac{3e^2}{20\pi\varepsilon_0 R} \overset{!}{=} m_\mathrm{e}c^2\,. \end{aligned}$$

$$\Rightarrow \quad R = \frac{3e^2}{20\pi\varepsilon_0 m_\mathrm{e} c^2} \approx 1{,}7\cdot 10^{-15}\,\mathrm{m}\,.$$

4.4 (a)

$$4\pi\varepsilon_0\phi_i = \frac{q_i}{|\boldsymbol{r}-\boldsymbol{r}_i|} = \frac{q_i}{\sqrt{(x-x_i)^2+y^2+z^2}} = \frac{\pm q}{\sqrt{r^2 \mp 2x\varepsilon + \ldots}}$$

$$= \frac{\pm q}{r\sqrt{1\mp 2x\varepsilon/r^2}} = \frac{\pm q}{r}\left(1 \pm \frac{x\varepsilon}{r^2}\right),$$

$$\phi = \phi_1 + \phi_2 = \frac{2x\varepsilon q}{4\pi\varepsilon_0 r^3} = \frac{p}{4\pi\varepsilon_0}\frac{x}{r^3} \qquad \text{mit} \qquad p = 2\varepsilon q\,.$$

(b)

$$\boldsymbol{E} = -\nabla\phi = -\frac{p}{4\pi\varepsilon_0}\left(\frac{\nabla x}{r^3} - \frac{3x}{r^4}\nabla r\right) = \frac{p}{4\pi\varepsilon_0}\,\frac{3\boldsymbol{r}\cdot\boldsymbol{e}_x\,\boldsymbol{r} - r^2\boldsymbol{e}_x}{r^5} = \frac{1}{4\pi\varepsilon_0}\,\frac{3\boldsymbol{p}\cdot\boldsymbol{r}\,\boldsymbol{r} - r^2\boldsymbol{p}}{r^5},$$

wobei $\nabla r = \boldsymbol{r}/r$, $\nabla x = \boldsymbol{e}_x$, $x = \boldsymbol{r}\cdot\boldsymbol{e}_x$ und $p\boldsymbol{e}_x = \boldsymbol{p}$ benutzt wurde.

4.7 $U = q\phi$ ist die potenzielle Energie der Punktladung. Diese muss bei positiver Ladung q in einer stabilen Gleichgewichtslage $\boldsymbol{r}_0$ ein Minimum besitzen $\Rightarrow$ $\phi(\boldsymbol{r}_0) < \phi(\boldsymbol{r})$ für alle Nachbarlagen $\boldsymbol{r} \neq \boldsymbol{r}_0$. Damit ergibt sich für die Oberfläche F_K einer hinreichend kleinen Kugel vom Radius R mit dem Zentrum $\boldsymbol{r}_0$

$$\int_{F_K} \phi(\boldsymbol{r})\,df > \phi(\boldsymbol{r}_0)\int df = 4\pi R^2\phi(\boldsymbol{r}_0)\,.$$

Dieses Ergebnis steht im Widerspruch zur Gleichung (2.68), nach der in einem Vakuumfeld das Gleichheitszeichen gelten muss.

4.8 (a) Nach Gleichung (4.35) erfährt ein Dipol des Moments $\boldsymbol{p}$ im elektrischen Feld $\boldsymbol{E}(\boldsymbol{r})$ die Kraft $\boldsymbol{F} = \nabla[\boldsymbol{p}\cdot\boldsymbol{E}(\boldsymbol{r})]$. Er befindet sich bei $\boldsymbol{r} = \boldsymbol{r}_0$ im Gleichgewicht, wenn

$$\nabla[\boldsymbol{p}\cdot\boldsymbol{E}(\boldsymbol{r})]\Big|_{\boldsymbol{r}_0} = 0$$

gilt. Für eine stabile Gleichgewichtslage müsste die Kraft $\nabla(\boldsymbol{p}\cdot\boldsymbol{E})$ in der Nachbarschaft des Punktes $\boldsymbol{r}_0$ überall auf diesen hin gerichtet sein, was für eine hinreichend kleine Kugel mit dem Zentrum $\boldsymbol{r}_0$, Volumen V und der Oberfläche F

$$\int_F \nabla[\boldsymbol{p}\cdot\boldsymbol{E}(\boldsymbol{r})]\cdot d\boldsymbol{f} = \int_V \operatorname{div}\nabla[\boldsymbol{p}\cdot\boldsymbol{E}(\boldsymbol{r})]\,d^3\tau < 0$$

und damit $\operatorname{div}\nabla[\boldsymbol{p}\cdot\boldsymbol{E}(\boldsymbol{r})] < 0$ zur Folge hätte. Tatsächlich ist jedoch (mit Summenkonvention)

$$\operatorname{div}\nabla(\boldsymbol{p}\cdot\boldsymbol{E}) = \partial_i\partial_i(p_k E_k) = p_k\partial_i\partial_i E_k = \boldsymbol{p}\cdot\Delta\boldsymbol{E} = 0\,,$$

da in einem Vakuumfeld mit $\operatorname{div}\boldsymbol{E} = 0$ und $\operatorname{rot}\boldsymbol{E} = 0$ auch

$$0 = \operatorname{rot}\operatorname{rot}\boldsymbol{E} \overset{(2.25)}{=} \operatorname{grad}\operatorname{div}\boldsymbol{E} - \Delta\boldsymbol{E} = -\Delta\boldsymbol{E}$$

gilt.

(b) Die Kraft $\boldsymbol{F} = \nabla[\boldsymbol{p}\cdot\boldsymbol{E}(\boldsymbol{r})]$ besitzt das Potenzial $U(\boldsymbol{r}) = -\boldsymbol{p}\cdot\boldsymbol{E}(\boldsymbol{r})$. Wir können das Koordinatensystem so wählen, dass der Gleichgewichtspunkt $\boldsymbol{r} = \boldsymbol{r}_0 = 0$ ist. Durch Reihenentwicklung des Feldes $\boldsymbol{E}(\boldsymbol{r})$ um diesen erhalten wir, wieder mit Summenkonvention,

$$E_k(\boldsymbol{r}) = E_k^0 + \frac{\partial E_k}{\partial x_l}\bigg|_0 x_l + \frac{1}{2}\,\frac{\partial^2 E_k}{\partial x_l \partial x_m}\bigg|_0 x_l x_m + \ldots\,.$$

Damit sich der Dipol bei $\boldsymbol{r}$=0 im Gleichgewicht befindet, muss U dort ein Minimum besitzen, was zur Folge hat, dass der lineare Entwicklungsterm verschwinden muss. Mit $U_0 := -p_k E_k^0$ haben wir daher

$$U - U_0 = -\frac{1}{2}\left.\frac{\partial^2(p_k E_k)}{\partial x_l \partial x_m}\right|_0 x_l x_m + \dots$$

oder nach einer Transformation zu Hauptachsenkoordinaten x, y und z

$$\begin{aligned} U - U_0 &= -\frac{1}{2}\left(\left.\frac{\partial^2(p_k E_k)}{\partial x^2}\right|_0 x^2 + \left.\frac{\partial^2(p_k E_k)}{\partial y^2}\right|_0 y^2 + \left.\frac{\partial^2(p_k E_k)}{\partial z^2}\right|_0 z^2\right) + \dots \\ &=: a x^2 + b y^2 + c z^2 + \dots . \end{aligned}$$

Mit dem in (a) erhaltenen Ergebnis $\partial_i \partial_i (p_k E_k)\big|_0 = 0$ folgt daraus

$$a + b + c = 0\,,$$

was bedeutet, dass mindestens einer der Koeffizienten a, b und c negativ sein muss. In der einem negativen Koeffizienten zugeordneten Richtung erfolgt dann jedoch eine Abnahme des Potenzials, und jede kleine Störung des Gleichgewichts führt dazu, dass sich der Dipol in diese Richtung bewegt.

4.9 (a)

$$\operatorname{div} \boldsymbol{j} + \frac{\partial \varrho}{\partial t} = \operatorname{div}(\sigma \boldsymbol{E}) + \frac{\partial \varrho}{\partial t} = \frac{\sigma}{\varepsilon_0}\operatorname{div}(\varepsilon_0 \boldsymbol{E}) + \frac{\partial \varrho}{\partial t} = \frac{\sigma \varrho}{\varepsilon_0} + \frac{\partial \varrho}{\partial t} = 0$$

$$\Rightarrow \quad \varrho = \varrho_0\, \mathrm{e}^{-\sigma t/\varepsilon_0} \quad \Rightarrow \quad \varrho = \varrho_0/\mathrm{e} \quad \text{für} \quad t = \varepsilon_0/\sigma \approx 0{,}15 \cdot 10^{-18}\,\mathrm{s}\,.$$

(b) Auch hier gilt $\varrho = \varrho_0\, \mathrm{e}^{-\sigma t/\varepsilon_0}$, zur Zeit t=0 ist $\operatorname{div} \varepsilon_0 \boldsymbol{E} = \varrho = 0$, daher bleibt $\varrho \equiv 0$. Zu lösen sind die Maxwell-Gleichungen mit $\varrho \equiv 0$ und $\boldsymbol{j} = \sigma \boldsymbol{E}$. Lösungsansatz: $\boldsymbol{B} \equiv 0$, $\boldsymbol{E}(\boldsymbol{r}, t) = f(t)\, \boldsymbol{E}(\boldsymbol{r}, 0)$. Aus $\operatorname{rot} \boldsymbol{B}/\mu_0 = \sigma \boldsymbol{E} + \varepsilon_0 \partial \boldsymbol{E}/\partial t$ ergibt sich damit

$$\sigma f(t) + \varepsilon_0 \dot{f}(t) = 0 \qquad \Rightarrow \qquad f(t) = f(0)\, \mathrm{e}^{-\sigma t/\varepsilon_0}$$

wie für ϱ. Zu zeigen bleibt noch die Eindeutigkeit der gefundenen Lösung. Für die Differenz zweier Lösungen $\boldsymbol{E}_1$ und $\boldsymbol{E}_2$ findet man mit $\boldsymbol{E} := \boldsymbol{E}_2 - \boldsymbol{E}_1$ unter Benutzung von $\varepsilon_0 \partial \boldsymbol{E}/\partial t = -\sigma \boldsymbol{E}$

$$\frac{d}{dt}\int \frac{\varepsilon_0 \boldsymbol{E}^2}{2}\, d^3\tau = -\int \sigma \boldsymbol{E}^2\, d^3\tau\,.$$

Wegen $\boldsymbol{E} \equiv 0$ zur Zeit t=0 bleibt $\boldsymbol{E}$ auf Dauer null, da $\int \varepsilon_0 \boldsymbol{E}^2\, d^3\tau$ mit dem Wert null beginnt und nicht weiter abnehmen kann.

4.10 Die elektrischen Leiter tragen Oberflächenladungen $\sigma(\boldsymbol{r})$, daher gilt für die Energie des elektrischen Feldes in Erweiterung von Gleichung (4.10a) auf den Fall zusätzlicher Oberflächenladungen

$$W_\mathrm{e} = \frac{1}{2}\int_{\mathbb{R}^3} \varrho(\boldsymbol{r})\, \phi(\boldsymbol{r})\, d^3\tau + \frac{1}{2}\sum_{i=1}^{N} \int_{F_i} \sigma(\boldsymbol{r})\, \phi(\boldsymbol{r})\, df_i\,.$$

Auf den Leitern hat das Potenzial des elektrischen Feldes die konstanten Werte ϕ_i, $i = 1, 2, \dots, N$, und mit $\varrho = -\varepsilon_0 \Delta\phi$ und $\int_{F_i} \sigma(\boldsymbol{r})\, \phi(\boldsymbol{r})\, df_i = Q_i$ = Ladung des $i$ten

Leiters sowie $\varepsilon_0 \int_{F_i} \nabla\phi\cdot d\boldsymbol{f}_i = -\varepsilon_0 \int_{F_i} \boldsymbol{E}\cdot d\boldsymbol{f}_i = -Q_i$ ergibt sich daraus

$$W_\mathrm{e} = -\frac{\varepsilon_0}{2}\int_{\mathbb{R}^3\setminus G} \mathrm{div}(\phi\nabla\phi)\,d^3\tau + \frac{\varepsilon_0}{2}\int_{\mathbb{R}^3\setminus G} (\nabla\phi)^2\,d^3\tau + \frac{1}{2}\sum_{i=1}^N Q_i\phi_i$$

$$= \frac{\varepsilon_0}{2}\sum_{i=1}^N \phi_i \int_{F_i} \nabla\phi\cdot d\boldsymbol{f}_i + \frac{\varepsilon_0}{2}\int_{\mathbb{R}^3\setminus G} (\nabla\phi)^2\,d^3\tau + \frac{1}{2}\sum_{i=1}^N Q_i\phi_i = \frac{\varepsilon_0}{2}\int_{\mathbb{R}^3\setminus G} \boldsymbol{E}^2\,d^3\tau\,,$$

wobei $G = \bigcup G_i$ das von den Leitern ausgefüllte Gebiet des $\mathbb{R}^3$ ist.

$\int \varepsilon_0 \boldsymbol{E}^2/2\,d^3\tau = (1/2)\sum_{\text{Leiter}} \phi_i Q_i$ für $\varrho \equiv 0$ ergibt sich, indem man die letzten Rechnungen rückwärts durchführt.

4.11 Die allgemeine Lösung wird aus den folgenden zwei Spezialfällen superponiert.
Fall 1: Auf beiden Platten sitzen zwei gleichnamige und gleich große Ladungen $Q_1 = Q_4$, wobei sich Q_1 auf der linken und Q_4 auf der rechten Platte befinden soll. Diese Ladungen stoßen sich ab und sitzen daher auf den voneinander abgewandten Seiten (Rückseiten) der Kondensatorplatten.
Fall 2: Auf beiden Platten sitzen zwei betragsmäßig gleiche, aber entgegengesetzte Ladungen $Q_2 = -Q_3$, und zwar Q_2 links und Q_3 rechts. Diese ziehen sich an und befinden sich daher auf den Vorderseiten der Kondensatorplatten.
Den allgemeinen Fall, bei dem auf der linken Seite die Ladung Q_l und auf der rechten die Ladung Q_r sitzt, erhält man durch die Superposition

$$Q_1 + Q_2 = Q_l\,, \qquad Q_3 + Q_4 = Q_r\,.$$

Fügt man dazu die Gleichungen

$$Q_1 - Q_4 = 0\,, \qquad Q_2 + Q_3 = 0\,,$$

so erhält man ein System von vier Gleichungen für die vier Unbekannten Q_1, Q_2, Q_3 und Q_4, das die Lösung

$$Q_1 = Q_4 = \frac{Q_l + Q_r}{2}\,, \qquad Q_2 = -Q_3 = \frac{Q_l - Q_r}{2}$$

besitzt. Auf den Außenflächen sitzen also die Ladungen $(Q_l + Q_r)/2$, auf den Innenflächen die Ladungen $\pm(Q_l - Q_r)/2$.

4.12 Der Draht erstrecke sich längs der x-Achse von $-l$ bis l. Wir benutzen in den Ebenen senkrecht zur x-Achse ebene Polarkoordinaten, insgesamt also Zylinderkoordinaten ρ, φ und x. Das von der Linienladungsdichte $Q/(2l)$ hervorgerufen elektrische Feld besitzt das Potenzial

$$\phi = \frac{1}{4\pi\varepsilon_0}\int \frac{\varrho(\boldsymbol{r}')}{|\boldsymbol{r}-\boldsymbol{r}'|}\,d^3\tau' \overset{\text{s.u.}}{=} \frac{Q}{8\pi\varepsilon_0 l}\int_{-l}^{l} \frac{dx'}{\sqrt{\rho^2+(x-x')^2}}$$

$$= -\frac{Q}{8\pi\varepsilon_0 l}\left[\ln\left(x-x' + \sqrt{\rho^2+(x-x')^2}\right)\right]_{x'=-l}^{x'=l}$$

$$= \frac{Q}{8\pi\varepsilon_0 l}\ln\frac{x+l+\sqrt{\rho^2+(x+l)^2}}{x-l+\sqrt{\rho^2+(x-l)^2}}\,,$$

wobei $\boldsymbol{r} = x\boldsymbol{e}_x + \rho\boldsymbol{e}_\rho$ und $\boldsymbol{r}' = x'\boldsymbol{e}_x$ benutzt wurde.

Für

$$\phi = \text{const} = \frac{Q}{8\pi\,\varepsilon_0\,l}\ln K$$

mit konstantem K ergibt sich hieraus mit den Definitionen

$$r_\pm = \sqrt{\rho^2 + (x \pm l)^2}$$

die Gleichung

$$x + l + r_+ = K(x - l + r_-)\,.$$

Wird diese in die aus den Definitionsgleichungen für $r_\pm$ folgende Beziehung

$$r_+^2 - (x+l)^2 = [r_+ - (x+l)][r_+ + x + l] = [r_- - (x-l)][r_- + x - l] = r_-^2 - (x-l)^2 = \rho^2$$

eingesetzt, so ergibt sich

$$r_- - x + l = K[r_+ - (x + l)]\,,$$

und ihre Addition zu dem zuletzt erhaltenen Ergebnis führt schließlich zu

$$r_+ + r_- = \frac{K+1}{K-1}\,2l = \text{const}\,.$$

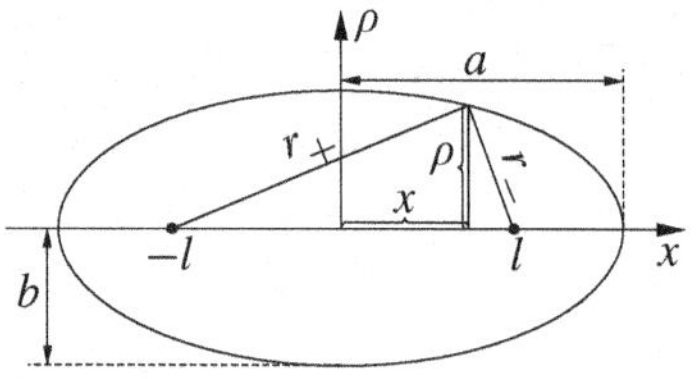

Dies ist die Definitionsgleichung für eine in der x, ρ-Ebene gelegenen Ellipse mit den Brennstrahlen r_+ und r_-, denn die Brennstrahlen einer Ellipse (= von den Brennpunkten zu einem Punkt auf der Ellipse führende Geradenstücke) erfüllen die Beziehung $r_1 + r_2 = 2a = \text{const}$ mit a = Halbachse der Ellipse. Die Brennpunkte der Ellipse liegen aufgrund der Definition von $r_\pm$ in den Punkten $x = -l$, $\rho = 0$ und $x = l$, $\rho = 0$, also wie behauptet in den Endpunkten des geladenen Drahtes.

4.13 (a) Das elektrische Feld im Außenraum einer elektrisch geladenen leitenden Kugel ist dasselbe wie das einer Punktladung gleicher Ladung im Zentrum der Kugel, also

$$E(r) = \frac{Q}{4\pi\,\varepsilon_0\,r^2}\,.$$

Das zugehörige Potenzial ist

$$\phi(r) = -\frac{Q}{4\pi\,\varepsilon_0\,r}$$

und die Spannung der Kugeloberfläche gegenüber dem Unendlichen demnach

$$U = \phi(\infty) - \phi(R) = \frac{Q}{4\pi\,\varepsilon_0\,R}\,.$$

Damit ergibt sich für die Ladung der Kugel $Q = 4\pi\,\varepsilon_0\,R\,U$ und für das elektrische Feld auf der Kugeloberfläche

$$E(R) = \frac{Q}{4\pi\,\varepsilon_0\,R^2} = \frac{U}{R}\,.$$

(b) Wir wählen eine der in Aufgabe 4.12 erhaltenen Äquipotenzialflächen als Oberfläche eines Leiters. Aus

$$\phi = \frac{Q}{8\pi\varepsilon_0 l}\ln\left(x+l+\sqrt{\rho^2+(x+l)^2}\right) - \ln\left(x-l+\sqrt{\rho^2+(x-l)^2}\right)$$

folgt

$$\begin{aligned} E_x &= -\frac{Q}{8\pi\varepsilon_0 l}\left[\frac{1+(x+l)/\sqrt{\rho^2+(x+l)^2}}{x+l+\sqrt{\rho^2+(x+l)^2}} - \frac{1+(x-l)/\sqrt{\rho^2+(x-l)^2}}{x-l+\sqrt{\rho^2+(x-l)^2}}\right] \\ &= -\frac{Q}{8\pi\varepsilon_0 l}\left[\frac{1}{\sqrt{\rho^2+(x+l)^2}} - \frac{1}{\sqrt{\rho^2+(x-l)^2}}\right] \end{aligned}$$

und

$$E_\rho = -\frac{Q}{8\pi\varepsilon_0 l}\left[\frac{\rho/\sqrt{\rho^2+(x+l)^2}}{x+l+\sqrt{\rho^2+(x+l)^2}} - \frac{\rho/\sqrt{\rho^2+(x-l)^2}}{x-l+\sqrt{\rho^2+(x-l)^2}}\right].$$

Die Orte größter Flächenkrümmung liegen auf der x-Achse bei $x{=}\pm a$, und wir berechnen Krümmung sowie Feldstärke bei $x{=}a$. Die Krümmung der Ellipse $x^2/a^2{+}\rho^2/b^2{=}1$ im Punkt $x{=}a$, $\rho{=}0$ ergibt sich durch zweimalige Ableitung der Ellipsengleichung nach ρ mit $x'(\rho){=}0$ aus $xx''(\rho)/a^2{+}1/b^2{=}0$ zu

$$\kappa = -\left.\frac{x''(\rho)}{[1+x'^2(\rho)]}\right|_{\substack{x=a\\ \rho=0}} = \frac{a}{b^2}.$$

Da das Rotationsellipsoid durch Rotation der Ellipse um die x-Achse entsteht, sind alle aus dieser hervorgehenden Ellipsen Hauptkrümmungslinien mit der gleichen Krümmung, und daher ergibt sich als größte Gauß'sche Krümmung des Rotationsellipsoids

$$K_{\mathrm{g\,max}} = \kappa^2 = \frac{a^2}{b^4}.$$

Mit $\rho{=}0$ und $x{=}a$ ergibt sich als zugehörige Feldstärke $E_\rho{=}0$ und

$$E(K_{\mathrm{g\,max}}) = E_x = \frac{Q}{8\pi\varepsilon_0 l}\left[\frac{1}{a-l} - \frac{1}{(a+l)}\right] = \frac{Q}{4\pi\varepsilon_0}\frac{1}{a^2-l^2} \overset{\text{s.u.}}{=} \frac{Q}{4\pi\varepsilon_0}\frac{1}{b^2},$$

denn für $x{=}0$ gilt $r_+{=}r_-$, aus $r_+{+}r_-{=}2a$ folgt $r_+{=}r_-{=}a$, und aus den Definitionsgleichungen für $r_\pm$ folgt mit $\rho{=}b$

$$r_+^2 = r_-^2 = a^2 = b^2 + l^2.$$

Die Orte kleinster Gauß'scher Krümmung des Ellipsoids liegen dort, wo die Krümmung der Ellipse am kleinsten ist, also bei $x{=}0$ und $\varrho{=}b$. Die Ellipse besitzt dort die mit $\varrho'(x){=}0$ durch zweimalige Ableitung der Ellipsengleichung nach x zu erhaltende Krümmung $\kappa_1{=}b/a^2$. Neben der Ellipse gibt es als zweite Hauptkrümmungslinie den Kreis $\rho{=}b$ mit der Krümmung $\kappa_2{=}1/b$, sodass sich als Gauß'sche Krümmung

$$K_{\mathrm{g\,min}} = \kappa_1\kappa_2 = \frac{1}{a^2}$$

ergibt. Mit $x{=}0$ und $\rho{=}b$ ergibt sich als zugehörige Feldstärke $E_x{=}0$ und

$$E(K_{\mathrm{g\,min}}) = E_\rho = \frac{Q}{8\pi\varepsilon_0 l}\left[\frac{b/\sqrt{b^2{+}l^2}}{\sqrt{b^2{+}l^2}{-}l} - \frac{b/\sqrt{b^2{+}l^2}}{\sqrt{b^2{+}l^2}{+}l}\right] = \frac{Q}{4\pi\varepsilon_0\, a\, b}\,.$$

Als Verhältnis der Feldstärken am Ort kleinster und größter Flächenkrümmung ergibt sich schließlich

$$\frac{E(K_{\mathrm{g\,min}})}{E(K_{\mathrm{g\,max}})} = \frac{b}{a} = \left(\frac{K_{\mathrm{g\,min}}}{K_{\mathrm{g\,max}}}\right)^{1/4}.$$

Je kleiner die Flächenkrümmung, umso kleiner ist also die Feldstärke.

4.14 Energie des Kondensators

$$W = \frac{1}{2}CV^2 = \frac{1}{2}QV = \frac{1}{2}\frac{Q^2}{C}\,.$$

(a) Eine Verschiebung der Platten in Richtung der auf sie wirkenden Kraft bedeutet $dW{<}0$. Weil dabei Ladungserhaltung gilt, folgt mit $dQ{=}0$

$$dW = \frac{1}{2}Q\,dV < 0 \;\Rightarrow\; dV < 0\,, \qquad dW = -\frac{1}{2}\frac{Q^2}{C^2}dC < 0 \;\Rightarrow\; dC > 0\,.$$

(b)

$$2\,dW = Q\,dV = -\frac{Q^2}{C^2}dC \quad\Rightarrow\quad \frac{dV}{dC} = -\frac{Q}{C^2} = -\frac{V}{C} \quad\Rightarrow\quad V = \frac{V_0C_0}{C}\,.$$

4.15 (a) Die linke Begrenzung der Metallplatte sei $x{\equiv}0$. Es gilt

$$\Delta G_D(\boldsymbol{r},\boldsymbol{r}') = -4\pi\delta^3(\boldsymbol{r}{-}\boldsymbol{r}')\,, \qquad G_D(\boldsymbol{r},\boldsymbol{r}') = 0 \quad \text{für } \boldsymbol{r}' \text{ auf } F \text{ bzw. für } \boldsymbol{r}{\cdot}\boldsymbol{e}_x = 0\,.$$

In Abschnitt 4.7.1 wurde

$$\phi = \frac{q}{4\pi\varepsilon_0|\boldsymbol{r}-\boldsymbol{d}|} - \frac{q}{4\pi\varepsilon_0|\boldsymbol{r}+\boldsymbol{d}|}$$

als Lösung des Problems

$$\Delta\phi(\boldsymbol{r},\boldsymbol{r}') = -\frac{q}{\varepsilon_0}\,\delta(\boldsymbol{r}-\boldsymbol{d})\,, \qquad \phi(\boldsymbol{r},\boldsymbol{r}') = 0 \quad \text{auf } F \text{ bzw. für } \boldsymbol{r}{\cdot}\boldsymbol{e}_x = 0$$

gefunden. Der Vergleich zeigt, dass man die Lösung des jetzigen Problems aus der früheren durch die Ersetzungen $\boldsymbol{d}{\to}\boldsymbol{r}'$, $q/\varepsilon_0{\to}4\pi$ bekommt $\Rightarrow$

$$G_D = \frac{1}{\sqrt{(x{-}x')^2{+}(y{-}y')^2{+}(z{-}z')^2}} - \frac{1}{\sqrt{(x{+}x')^2{+}(y{+}y')^2{+}(z{+}z')^2}}\,.$$

(b) Auf F gilt $\boldsymbol{n}'{=}\boldsymbol{e}'_x$, $\partial G_D/\partial n'{=}\partial G_D/\partial x'$ und $x'{=}0$ $\Rightarrow$

$$\left.\frac{\partial G_D}{\partial x'}\right|_{x'=0} = \frac{x}{\sqrt{x^2{+}(y{-}y')^2{+}(z{-}z')^2}^{\,3}} - \frac{x}{\sqrt{x^2{+}(y{+}y')^2{+}(z{+}z')^2}}\,,$$

und nach (4.80) ergibt sich damit und mit dem Ergebnis für G_D

$$\phi(\boldsymbol{r}) = \frac{1}{4\pi\varepsilon_0}\int\left(\frac{\varrho(\boldsymbol{r}')}{|\boldsymbol{r}{-}\boldsymbol{r}'|} - \frac{\varrho(\boldsymbol{r}')}{|\boldsymbol{r}{+}\boldsymbol{r}')}\right)d^3\tau' - \frac{\phi_0 x}{4\pi}\int_F\left(\frac{1}{|\boldsymbol{r}{-}\boldsymbol{r}'|^3} - \frac{1}{|\boldsymbol{r}{+}\boldsymbol{r}'|^3}\right)df'\,.$$

4.16 Das Zentrum der Kugel sei $x{=}0$, der metallische Halbraum werde links von der Ebene $x{=}a$ begrenzt. In der Kugel befinden sich die Bildladungen

$$q_0 \text{ bei } x_0, \quad q_1 \text{ bei } x_1, \quad q_2 \text{ bei } x_2 \quad \text{usw.},$$

in dem metallischen Halbraum befinden sich die Bildladungen

$$q^0 \text{ bei } x^0, \quad q^1 \text{ bei } x^1, \quad q^2 \text{ bei } x^2 \quad \text{usw.}$$

Durch Spiegelung an der Ebene $x{=}a$ ergibt sich aus der bei x_{n-1} gelegenen Ladung q_{n-1} die Spiegelladung

$$q^{n-1}{=}-q_{n-1} \quad \text{bei} \quad x^{n-1}{=}2a-x_{n-1}.$$

Durch Spiegelung an der Kugeloberfläche ergibt sich aus den Beziehungen (4.63)

$$x_n = \frac{R^2}{x^{n-1}} = \frac{R^2}{2a-x_{n-1}}, \qquad q_n = -\frac{q^{n-1}x_n}{R} = \frac{q_{n-1}x_n}{R}.$$

(a) Der Punkt $x_*{=}\lim_{n\to\infty} x_n$, gegen den die Punkte der Folge $x_0, x_1, x_2, \ldots$ konvergieren, ergibt sich aus der Beziehung

$$x_* = \frac{R^2}{2a-x_*}$$

zu

$$x_* = a - \sqrt{a^2 - R^2}.$$

(Beim Wurzelziehen wurde das Minuszeichen gewählt, da die Lösung mit dem Pluszeichen wegen $x{\le}a$ nicht infrage kommt.

(b) Die Gesamtladung der innerhalb der Kugel gelegenen Bildladungen ist $q{=}\sum_{n=0}^{\infty} q_n$. Die Summe konvergiert, wenn es ein N gibt, derart, dass $q_n/q_{n-1}<1$ für alle $n{>}N$ gilt (Quotientenkriterium). Aus den Bedingungen für die Spiegelung an der Kugeloberfläche ergibt sich

$$\frac{q_n}{q_{n-1}} = \frac{x_n}{R}.$$

Die Funktion

$$f(x) := \frac{R^2}{2a-x} - x_*$$

nimmt für $x{\le}2a$ monoton mit x zu und verschwindet aufgrund der Definition von x_* für $x{=}x_*$. Daher gilt $f(x){<}0$ für $x{<}x_*$ und infolgedessen

$$x_n = \frac{R^2}{2a-x_{n-1}} < x_* \qquad \text{für} \qquad x_{n-1} < x_*.$$

Aus $x_0{=}0{<}x_*$ ergibt sich daher $x_1{<}x_*$, hieraus folgt $x_2{<}x_*$, hieraus $x_3{<}x_*$ usw., d.h. es gilt $x_n{<}x_*$ für alle $n{=}0, 1, 2, \ldots$. Damit erhalten wir, wie für die Konvergenz gefordert,

$$\frac{q_n}{q_{n-1}} = \frac{x_n}{R} < \frac{x_*}{R} \overset{\text{s.u.}}{=} \frac{R^2}{R\,(2a-x_*)} = \frac{R}{2a-a+\sqrt{a^2-R^2}} = \frac{R}{a+\sqrt{a^2-R^2}} < \frac{R}{a} < 1.$$

Dabei wurde im dritten Schritt benutzt, dass x_* die Gleichung $x_*{=}R^2/(2a-x_*)$ erfüllt.

(c) Das Feld aller Ladungspaare (q_0, q^0), (q_1, q^1), (q_2, q^2) etc. steht senkrecht auf der Ebene $x{=}a$. Das gilt dann auch für das superponierte Feld all dieser Paare und damit das Feld sämtlicher Bildladungen.

Das Feld aller Ladungspaare (q_1, q^0), (q_2, q^1), (q_3, q^2) etc. steht senkrecht auf der Kugeloberfläche, außerdem auch das Feld der im Zentrum der Kugel gelegenen Ladung q_0. Das gilt dann auch für die Superposition all dieser Felder, das wiederum von der Gesamtheit aller Bildladungen erzeugt wird.

(d) Für $\delta{=}R/q{\ll}1$ haben wir

$$x_0 = 0\,, \quad x^0 = 2a\,, \quad x_1 = \frac{R^2}{2a} = \delta\,\frac{R}{2}\,, \quad x^1 = 2a - \delta\,\frac{R}{2}\,,$$

$$x_2 = \frac{R^2}{2a - \delta\,R/2} = \frac{\delta\,R}{2 - \delta^2/2} = \delta\,\frac{R}{2} + \mathcal{O}(\delta^2)$$

und

$$q_1 = \frac{q_0 x_1}{R} = \delta\,\frac{q_0}{2}\,, \quad q^1 = -\delta\,\frac{q_0}{2}\,, \quad q_2 = \frac{q_1 x_2}{R} = [\delta + \mathcal{O}(\delta^2)]\,\frac{q_1}{2} = \mathcal{O}(\delta^2)\,.$$

Bei Rechnung bis zu linearen Termen in δ sind also nur die vier Ladungen q_0, q^0, q_1 und q^1 zu berücksichtigen. Der Verlauf des von diesen hervorgerufenen Potenzials auf der x-Achse im Bereich $R{\le}x{\le}a$ ist durch

$$\begin{aligned}
\phi(x) &= \frac{1}{4\pi\varepsilon_0}\left(\frac{q_0}{|x|} + \frac{q^0}{|x - x^0|} + \frac{q_1}{|x - x_1|} + \frac{q^1}{|x - x^1|}\right)\\
&= \frac{1}{4\pi\varepsilon_0}\left(\frac{q_0}{x} - \frac{q_0}{2a - x} + \frac{\delta\,q_0/2}{x - \delta R/2} - \frac{\delta\,q_0/2}{2a - x + \delta R/2}\right)
\end{aligned}$$

gegeben. Hieraus ergibt sich für die Potenzialdifferenz $\Delta\phi{=}\phi(a){-}\phi(r)$ zwischen der Kugeloberfläche und der Ebene $x{=}a$ bis zu Termen $\mathcal{O}(\delta)$

$$\begin{aligned}
\Delta\phi &= \frac{1}{4\pi\varepsilon_0}\left(\frac{q_0}{a} - \frac{q_0}{2a{-}a} + \frac{\delta\,q_0/2}{a} - \frac{\delta\,q_0/2}{2a{-}a} - \frac{q_0}{R} + \frac{q_0}{2a{-}R} - \frac{\delta\,q_0/2}{R} + \frac{\delta\,q_0/2}{2a{-}R}\right)\\
&= \frac{1}{4\pi\varepsilon_0}\left(-\frac{q_0}{R} + \frac{q_0}{2a{-}R} - \frac{\delta\,q_0/2}{R} + \frac{\delta\,q_0/2}{2a{-}R}\right)\\
&= -\frac{q_0}{4\pi\varepsilon_0 R}\left(1 - \frac{R}{2a{-}R} + \frac{\delta}{2} - \frac{\delta\,R/2}{2a{-}R}\right) = -\frac{q_0}{4\pi\varepsilon_0 R}\left(1 - \frac{\delta}{2{-}\delta} + \frac{\delta}{2} - \frac{\delta^2/2}{2{-}\delta}\right)\\
&= -\frac{q_0}{4\pi\varepsilon_0 R} + \mathcal{O}(\delta^2)\,.
\end{aligned}$$

Für die Gesamtladung der Kugel ergibt sich bis zu Termen $\mathcal{O}(\delta)$

$$Q = q_0 + q_1 = q_0\left(1 + \frac{\delta}{2}\right).$$

Als Kapazität des aus Kugel und Halbraum gebildeten Kondensators erhalten wir damit und mit $\delta{=}R/a$ schließlich

$$C = \left|\frac{Q}{\Delta\phi}\right| = 4\pi\varepsilon_0 R\left(1 + \frac{R}{2a}\right).$$

4.17 (a) Das Zentrum der Kugel K_+ mit der Ladung Q sei bei $\boldsymbol{r}{=}0$, das der Kugel K_- mit der Ladung $-Q$ bei $\boldsymbol{r}{=}\boldsymbol{d}$. Mit $\boldsymbol{r}'{=}\boldsymbol{r}{+}\boldsymbol{d}$ ist das Feld im Innenbereich bzw. Außenbereich beider Kugeln

$$\boldsymbol{E}_{\text{innen}} = \frac{\varrho(\boldsymbol{r}-\boldsymbol{r}')}{3\varepsilon_0}, \qquad \boldsymbol{E}_{\text{außen}} = \frac{V\varrho}{4\pi\varepsilon_0}\left(\frac{\boldsymbol{r}}{r^3} - \frac{\boldsymbol{r}'}{r'^3}\right),$$

wobei V das Kugelvolumen ist. Mit $\boldsymbol{P}{=}\varrho\boldsymbol{d}$ und $r'{=}r(1{+}\boldsymbol{r}{\cdot}\boldsymbol{d}/r^2{+}\ldots)$ sowie mit $1/r'{=}(1{-}\boldsymbol{r}{\cdot}\boldsymbol{d}/r^2{+}\ldots)/r$ ergibt sich daraus für $d{\to}0$

$$\boldsymbol{E}_{\text{innen}} = -\frac{\boldsymbol{P}}{3\varepsilon_0}, \qquad \boldsymbol{E}_{\text{außen}} = \frac{3V\boldsymbol{P}{\cdot}\boldsymbol{r}\,\boldsymbol{r} - r^2 V\boldsymbol{P}}{4\pi\varepsilon_0 r^5}.$$

(b) Für das Feld der beiden Kugeln (innen und außen) gilt wegen $\varrho{=}$const auch

$$\boldsymbol{E} = -\frac{\varrho}{4\pi\varepsilon_0}\nabla\left[\int_{K_+}\frac{1}{|\boldsymbol{r}-\boldsymbol{r}'|}\,d^3\tau' - \int_{K_-}\frac{1}{|\boldsymbol{r}-\boldsymbol{r}''|}\,d^3\tau''\right]$$

$$-\frac{\varrho}{4\pi\varepsilon_0}\nabla\int_{K_+}\left(\frac{1}{|\boldsymbol{r}-\boldsymbol{r}'|} - \frac{1}{|\boldsymbol{r}-(\boldsymbol{r}'+\boldsymbol{d})|}\right)d^3\tau' \overset{d\to 0}{\longrightarrow} -\frac{1}{4\pi\varepsilon_0}\nabla\int_{K_+}\frac{\boldsymbol{P}\cdot(\boldsymbol{r}-\boldsymbol{r}')}{|\boldsymbol{r}-\boldsymbol{r}'|^3}\,d^3\tau',$$

wobei das letzte Integral nach (4.149) das Feld einer gleichmäßig polarisierten Kugel ist.

4.18 In Aufg. 4.17 wurde innerhalb der Kugel ein homogenes Feld und außerhalb von dieser ein Dipolfeld erhalten. Durch Superposition mit einem homogenen Feld erhält man im Inneren der Kugel wieder ein homogenes Feld und außerhalb von dieser die Überlagerung eines homogenen Feldes mit einem Dipolfeld. Mit der Wahl, dass das angelegte homogene Feld in x-Richtung weist, mit dem Ansatz $\boldsymbol{P}{=}P\boldsymbol{e}_x$ für das Dipolmoment und mit (4.25a) erhalten wir für die Potenziale der gesuchten Felder

$$\phi_i = -Fx \qquad \text{innerhalb der Kugel}$$

$$\phi_a = -Ex + \frac{cx}{r^3} \qquad \text{außerhalb der Kugel}$$

mit Konstanten E, F und c. Die Potenziale ϕ_i und ϕ_a müssen Gleichung (4.180) erfüllen, mit $\varrho{=}0$ und $\varepsilon{=}$const also $\Delta\phi{=}0$, was beide tun. (Das Dipolfeld ist außerhalb des Dipols ein Vakuumfeld.) An der Grenze $r{=}R$ der beiden Dielektrika sind nach (4.181) die Randbedingungen

$$\phi_i = \phi_a, \qquad \varepsilon_i\frac{\partial\phi_i}{\partial r} = \varepsilon_a\frac{\partial\phi_a}{\partial r}$$

zu erfüllen, mit

$$\frac{\partial x}{\partial r} = \frac{x}{r}, \qquad \frac{\partial}{\partial r}\frac{x}{r^3} = -\frac{2x}{r^4}$$

also

$$-F\,x(R) = -E\,x(R) + \frac{c\,x(R)}{R^3}, \qquad -\varepsilon_i\frac{F\,x(R)}{R} = -\varepsilon_a\frac{E\,x(R)}{R} - \varepsilon_a\frac{2c\,x(R)}{R^4},$$

wobei $x(R)$ ein Wert x auf dem Kreis $r{=}R$ ist, der noch von φ abhängen kann. Aus der ersten dieser Gleichungen folgt

$$c = R^3(E-F),$$

hiermit aus der zweiten

$$F = \frac{3\varepsilon_a}{\varepsilon_i + 2\varepsilon_a} E\,,$$

und für c ergibt sich damit

$$c = R^3 \frac{\varepsilon_i - \varepsilon_a}{\varepsilon_i + 2\varepsilon_a} E\,.$$

Einsetzen der für F und c erhaltenen Ergebnisse in ϕ_i und ϕ_a liefert

$$\phi_i = -\frac{3\varepsilon_a}{\varepsilon_i + 2\varepsilon_a} E\,x\,, \qquad \phi_a = -Ex + \frac{\varepsilon_i - \varepsilon_a}{\varepsilon_i + 2\varepsilon_a} \frac{E\,R^3 x}{r^3}\,.$$

Mit $\boldsymbol{E} = -\nabla\phi$ und $\nabla(x/r^3) = \boldsymbol{e}_x/r^3 - 3x\boldsymbol{r}/r^5$ ergibt sich daraus schließlich

$$\boldsymbol{E}_i = \frac{3\varepsilon_a}{\varepsilon_i + 2\varepsilon_a} E\boldsymbol{e}_x\,, \qquad \boldsymbol{E}_a = E\boldsymbol{e}_x + \frac{(\varepsilon_a - \varepsilon_i)\,ER^3}{\varepsilon_i + 2\varepsilon_a} \frac{(r^2\boldsymbol{e}_x - 3x\boldsymbol{r})}{r^5}\,.$$

4.19 Mit $\phi_{1,2}$= Potenzial im Dielektrikum mit $\varepsilon_{1,2}$ und mit $\boldsymbol{r}_q = x_q\boldsymbol{e}_x$ gilt

$$\phi_1 = \frac{q}{4\pi\varepsilon_1\,|\boldsymbol{r} - \boldsymbol{r}_q|} + \frac{q'}{4\pi\varepsilon_1\,|\boldsymbol{r} + \boldsymbol{r}_q|}\,, \qquad \phi_2 = \frac{q''}{4\pi\varepsilon_2\,|\boldsymbol{r} - \boldsymbol{r}_q|}\,.$$

Die Randbedingungen bei $x=0$, wo $|\boldsymbol{r}_0 - \boldsymbol{r}_q| = |\boldsymbol{r}_0 + \boldsymbol{r}_q|$ mit $\boldsymbol{r}_0 = y\boldsymbol{e}_y + z\boldsymbol{e}_z$ gilt, lauten

$$\phi_1 = \phi_2\,, \qquad \varepsilon_1 \frac{\partial\phi_1}{\partial x} = \varepsilon_2 \frac{\partial\phi_2}{\partial x}\,.$$

Mit

$$\frac{\partial}{\partial x} \frac{1}{|\boldsymbol{r} - \boldsymbol{r}_q|}\bigg|_{x=0} = \frac{x_q}{|\boldsymbol{r}_0 - \boldsymbol{r}_q|^3}\,, \qquad \frac{\partial}{\partial x} \frac{1}{|\boldsymbol{r} + \boldsymbol{r}_q|}\bigg|_{x=0} = -\frac{x_q}{|\boldsymbol{r}_0 + \boldsymbol{r}_q|^3}$$

und $|\boldsymbol{r}_0 - \boldsymbol{r}_q| = |\boldsymbol{r}_0 + \boldsymbol{r}_q|$ ergibt sich aus ihnen

$$\frac{q + q'}{\varepsilon_1} = \frac{q''}{\varepsilon_2}\,, \qquad \varepsilon_1 \left(\frac{qx_q - q'x_q}{\varepsilon_1}\right) = \varepsilon_2 \left(\frac{q''x_q}{\varepsilon_2}\right)$$

bzw.

$$q' = \frac{\varepsilon_1 - \varepsilon_2}{\varepsilon_1 + \varepsilon_2} q\,, \qquad q'' = \frac{2\varepsilon_2}{\varepsilon_1 + \varepsilon_2} q\,.$$

Damit erhalten wir aus ϕ_1 und ϕ_2 die elektrischen Felder

$$\boldsymbol{E}_1 = \frac{q}{4\pi\varepsilon_1} \left(\frac{\boldsymbol{r} - \boldsymbol{r}_q}{|\boldsymbol{r} - \boldsymbol{r}_q|^3} + \frac{\varepsilon_1 - \varepsilon_2}{\varepsilon_1 + \varepsilon_2} \frac{\boldsymbol{r} + \boldsymbol{r}_q}{|\boldsymbol{r} + \boldsymbol{r}_q|^3}\right)\,, \qquad \boldsymbol{E}_2 = \frac{2q}{4\pi(\varepsilon_1 + \varepsilon_2)} \frac{\boldsymbol{r} - \boldsymbol{r}_q}{|\boldsymbol{r} - \boldsymbol{r}_q|^3}\,.$$

5 Magnetostatik

Die Grundgleichungen der Magnetostatik für Magnetfelder im Vakuum sind die beiden Maxwell-Gleichungen, die für den Fall verschwindender Zeitableitungen ($\partial/\partial t \equiv 0$) das Magnetfeld $\boldsymbol{B}$ enthalten, (3.78) (a) und (d),

$$\operatorname{div} \boldsymbol{B} = 0\,, \qquad \operatorname{rot} \boldsymbol{B}/\mu_0 = \boldsymbol{j}\,. \tag{5.1}$$

Wird das Feld $\boldsymbol{B}$ durch eine bekannte (divergenzfreie) Stromverteilung $\boldsymbol{j}(\boldsymbol{r})$ erzeugt, so ist die Lösung dieser Gleichungen nach (3.37)

$$\boldsymbol{B}(\boldsymbol{r}) = \frac{\mu_0}{4\pi} \int_{\mathbb{R}^3} \frac{\boldsymbol{j}(\boldsymbol{r}') \times (\boldsymbol{r} - \boldsymbol{r}')}{|\boldsymbol{r} - \boldsymbol{r}'|^3}\, d^3\tau'$$

bzw.

$$\boldsymbol{B} = \operatorname{rot} \boldsymbol{A} \qquad \text{mit} \qquad \boldsymbol{A} = \frac{\mu_0}{4\pi} \int_{\mathbb{R}^3} \frac{\boldsymbol{j}(\boldsymbol{r}')}{|\boldsymbol{r} - \boldsymbol{r}'|}\, d^3\tau'\,. \tag{5.2}$$

Ähnlich wie in der Elektrostatik interessiert man sich in der Magnetostatik für Näherungsergebnisse, die aus diesen Formeln folgen, für Magnetfelder, bei denen die Stromverteilung $\boldsymbol{j}(\boldsymbol{r})$ nicht gegeben ist, für Kräfte zwischen Stromverteilungen, Wechselwirkungsenergien, die zu $\boldsymbol{B}$ gehörige Feldenergie, die Struktur von Magnetfeldern und schließlich für die wechselseitige Beeinflussung von Magnetfeldern und Materie. Da viele Fragen ähnlich wie in der Elektrostatik behandelt werden können, wird die Magnetostatik entsprechend kürzer gefasst.

5.1 Darstellungen des Magnetfelds

Die in (5.2a) angegebene Darstellung des Magnetfelds einer bekannten Stromverteilung durch ein Vektorpotenzial $\boldsymbol{A}$ lässt sich natürlich auf beliebige Magnetfelder verallgemeinern, bei denen die Stromverteilung nicht primär vorgegeben ist. Zur Untersuchung magnetischer Vakuumfelder kann auch ein skalares Potenzial eingeführt werden. Schließlich ist es in vielen Fällen nützlich, zur Felddarstellung den Fluss des Magnetfelds durch geeignet gewählte Flächen zu benutzen. Diese verschiedenen und zum Teil äquivalenten Darstellungsmöglichkeiten werden in den folgenden Abschnitten der Reihe nach untersucht. Es gibt keine Kriterien dafür, welche Darstellung für eine konkrete Anwendung am geeignetsten ist, und oft ist es eine reine Geschmacksfrage, für welche man sich entscheidet.

5.1.1 Vektorpotenzial A des Magnetfelds

Das Magnetfeld $\boldsymbol{B}(\boldsymbol{r})$ lässt sich ganz allgemein auch bei unbekannter Stromverteilung als Rotation einer als **Vektorpotenzial** bezeichneten Vektorfunktion $\boldsymbol{A}(\boldsymbol{r})$ schreiben, denn nach Abschn. 2.4.2 lautet die allgemeine Lösung der Gleichung div $\boldsymbol{B}{=}0$

$$\boldsymbol{B} = \operatorname{rot} \boldsymbol{A} \,. \tag{5.3}$$

Wenn $\boldsymbol{B}$ in dieser Weise durch ein Vektorpotenzial dargestellt wird, verbleibt noch die Gleichung rot $\boldsymbol{B}/\mu_0{=}\boldsymbol{j}$ zu lösen, aus der zur Bestimmung von $\boldsymbol{A}(\boldsymbol{r})$ die Gleichung

$$\operatorname{rot}\operatorname{rot} \boldsymbol{A} = \mu_0 \boldsymbol{j} \tag{5.4}$$

folgt. Ist $\boldsymbol{A}'(\boldsymbol{r})$ eine von deren Lösungen, so auch die daraus durch die **Eichtransformation**

$$\boldsymbol{A}(\boldsymbol{r}) = \boldsymbol{A}'(\boldsymbol{r}) + \nabla \psi(\boldsymbol{r}) \tag{5.5}$$

hervorgehende Größe $\boldsymbol{A}(\boldsymbol{r})$, in der $\psi(\boldsymbol{r})$ eine beliebige, zweimal differenzierbare skalare Funktion ist, denn $\boldsymbol{A}$ und $\boldsymbol{A}'$ liefern wegen (2.20), $\operatorname{rot} \nabla \psi \equiv 0$, dasselbe Feld

$$\boldsymbol{B} = \operatorname{rot} \boldsymbol{A} = \operatorname{rot} \boldsymbol{A}' \,.$$

Diese für $\boldsymbol{B}$ belanglose Mehrdeutigkeit des Vektorpotenzials kann dazu benutzt werden, um an $\boldsymbol{A}$ zusätzliche Forderungen zu stellen. Man tut das zweckmäßigerweise so, dass die Berechnung von $\boldsymbol{A}$ und $\boldsymbol{B}$ möglichst einfach wird.

Die zur Festlegung von $\boldsymbol{A}$ häufig gewählte **Coulomb-Eichung** besteht darin,

$$\boxed{\operatorname{div} \boldsymbol{A} = 0} \tag{5.6}$$

zu fordern. Diese Forderung kann immer erfüllt werden, denn kennt man eine Lösung $\boldsymbol{A}'$ von Gleichung (5.4) mit $\operatorname{div} \boldsymbol{A}'{\neq}0$, so erfüllt $\boldsymbol{A}$ die Gleichung $\operatorname{div} \boldsymbol{A}{=}0$, wenn in der Eichtransformation (5.5) ψ als Lösung der Gleichung

$$\Delta \psi = -\operatorname{div} \boldsymbol{A}'$$

gewählt wird. Die Lösung dieser Gleichung ist aber mit den in der Elektrostatik behandelten Methoden ($\psi{\to}\phi$, $\operatorname{div} \boldsymbol{A}'{\to}\varrho/\varepsilon_0$) immer möglich.

Für $\operatorname{div} \boldsymbol{A}{=}0$ folgt aus (2.25) $\operatorname{rot}\operatorname{rot} \boldsymbol{A}{=}\operatorname{grad}\operatorname{div} \boldsymbol{A}{-}\Delta \boldsymbol{A}{=}{-}\Delta \boldsymbol{A}$, und wir erhalten zur Bestimmung von $\boldsymbol{A}$ mit (5.4) das Gleichungssystem

$$\operatorname{div} \boldsymbol{A} = 0 \,, \qquad \Delta \boldsymbol{A} = -\mu_0 \boldsymbol{j} \,. \tag{5.7}$$

(5.7b) ist eine **vektorielle Poisson-Gleichung**. Das in (5.2) angegebene Vektorpotenzial ist nach Abschn. 2.6.2 eine Lösung dieses Systems.

Die Lösung der vektoriellen Poisson-Gleichung ist genau wie die der skalaren Poisson-Gleichung nicht eindeutig, solange keine Randbedingungen gestellt werden. Zu einer speziellen Lösung der inhomogenen Gleichung kann nämlich jede Lösung $\boldsymbol{A}^{(\mathrm{h})}$ der homogenen Gleichung $\Delta \boldsymbol{A}{=}0$ addiert werden. Hiervon gibt es unendlich viele, z. B. $A_x^{(h)}=0$, $A_y^{(h)}=0$, $A_z^{(h)}=c$, x, y, z, x^2-y^2, x^2-z^2, y^2-z^2 usw. Für alle bis auf $\boldsymbol{A}^{(h)}=\boldsymbol{c}$ verschwindet $\boldsymbol{B}=\operatorname{rot}\boldsymbol{A}$ nicht im Unendlichen, und da für jede ganz im Endlichen verlaufende Stromverteilung $\boldsymbol{B}\to 0$ für $|\boldsymbol{r}|\to\infty$ gilt, ergänzen wir die vektorielle Poisson-Gleichung für alle ganz im Endlichen liegenden Stromverteilungen durch die Randbedingung

$$|\boldsymbol{A}(\boldsymbol{r})| \to 0 \qquad \text{für } |\boldsymbol{r}| \to \infty\,.$$

Bei Anwesenheit von Supraleitern, die in der Magnetostatik dieselbe Rolle spielen wie Leiter in der Elektrostatik (siehe Abschn. 4.6.2), erhalten wir zusätzliche Randbedingungen im Endlichen.

Lösungen, bei denen $\boldsymbol{B}$ für $|\boldsymbol{r}|\to\infty$ endlich bleibt, erhält man für Ströme, die bis $|\boldsymbol{r}|\to\infty$ reichen oder ganz im Unendlichen verlaufen. So kann man sich vorstellen, dass z. B. das homogene Feld $\boldsymbol{B}=B_0\boldsymbol{e}_z$ durch einen Strom I in einem kreisförmigen Linienleiter $x^2+y^2=a^2$ mit $a\to\infty$ und $I\to\infty$ erzeugt wird. Manchmal bilden derartige Lösungen ein nützliches mathematisches Hilfsmittel, mit dem die Feldstruktur eines räumlichen Teilgebietes einer realen physikalischen Konfiguration näherungsweise und stark vergrößert dargestellt werden kann. (So bildet die Bewegung geladener Teilchen in einem homogenen Magnetfeld ein wichtiges Referenzbeispiel, an dem sich wichtige Eigenschaften der Bewegung in realistischeren Magnetfeldern erkennen lassen.) Es ist daher mitunter sinnvoll, die eben angegebene Randbedingung des Verschwindens für $|\boldsymbol{r}|\to\infty$ fallen zu lassen.

Vektorpotenzial und Magnetfeld eines kreisförmigen Linienstroms

Als Anwendungsbeispiel berechnen wir das Vektorpotenzial und das Magnetfeld eines Ringstroms I, der in einem unendlich dünnen, kreisförmigen Draht vom Radius a in der x, y-Ebene fließt. Mit $\boldsymbol{j}'\,d^3\tau'\to I\,d\boldsymbol{s}'$ wird aus (5.2b)

$$\boldsymbol{A}(\boldsymbol{r}) = \frac{\mu_0 I}{4\pi}\oint \frac{d\boldsymbol{s}'}{|\boldsymbol{r}-\boldsymbol{r}'|}\,. \tag{5.8}$$

Zur Auswertung des Integrals führen wir Zylinderkoordinaten ρ, φ und z ein, in denen die Lage des Drahtes durch $z=0$ und $\rho=a$ gegeben sei (Abb. 5.1(a)). Mit

$$d\boldsymbol{s}' = a\,d\varphi'\boldsymbol{e}'_\varphi$$

und $\boldsymbol{e}_z\cdot\boldsymbol{e}'_\varphi=0$ folgt $A_z=0$. In der Komponente $A_\rho=\boldsymbol{A}\cdot\boldsymbol{e}_\rho$ heben sich bei gegebenem Aufpunkt $\boldsymbol{r}$ jeweils die Beiträge zweier symmetrisch zu diesem gelegener Punkte 1 und 2 wegen $\boldsymbol{e}_\rho\cdot d\boldsymbol{s}'=a\,d\varphi'\,\boldsymbol{e}_\rho\cdot\boldsymbol{e}'_\varphi$, $|\boldsymbol{r}-\boldsymbol{r}'_1|=|\boldsymbol{r}-\boldsymbol{r}'_2|$ und $\boldsymbol{e}'_{\varphi 1}\cdot\boldsymbol{e}_\rho=-\boldsymbol{e}'_{\varphi 2}\cdot\boldsymbol{e}_\rho$ gegenseitig weg (Abb. 5.1 (b)). Daher gilt auch $A_\rho=0$, und es bleibt nur

$$A_\varphi = \frac{\mu_0 I a}{4\pi}\int_0^{2\pi}\frac{\boldsymbol{e}_\varphi\cdot\boldsymbol{e}'_\varphi}{|\boldsymbol{r}-\boldsymbol{r}'|}\,d\varphi' \tag{5.9}$$

zu berechnen. Nach Abb. 5.1 und 5.2 gilt nun

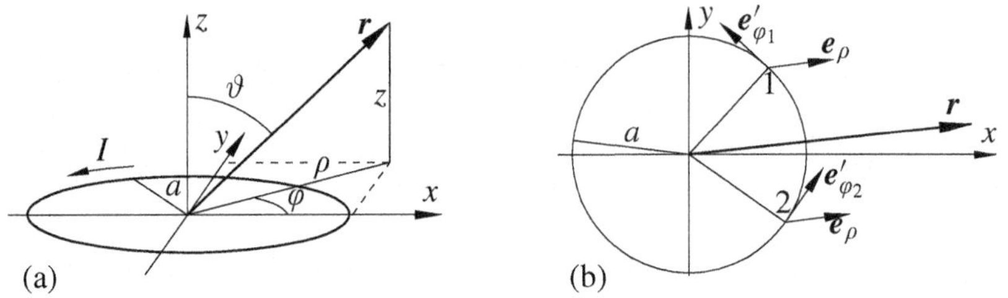

Abb. 5.1: (a) Zylinderkoordinaten zur Beschreibung eines kreisförmigen Leiters. (b) Die Beiträge symmetrisch gelegener Punkte heben sich gegenseitig weg.

$$\boldsymbol{r} = \rho \boldsymbol{e}_\rho + z\boldsymbol{e}_z\,, \quad \boldsymbol{r}' = a\boldsymbol{e}'_\rho\,, \quad r^2 = \rho^2 + z^2\,, \quad \rho = r\sin\vartheta\,,$$

$$\boldsymbol{e}_\rho \cdot \boldsymbol{e}'_\rho = \boldsymbol{e}_\varphi \cdot \boldsymbol{e}'_\varphi = \cos u \qquad \text{mit} \quad u := \varphi' - \varphi\,,$$

$$|\boldsymbol{r} - \boldsymbol{r}'| = \sqrt{z^2 + (\rho\boldsymbol{e}_\rho - a\boldsymbol{e}'_\rho)^2} = \sqrt{z^2 + \rho^2 + a^2 - 2\,a\rho\cos u} = \sqrt{N}$$

$$\text{mit} \quad N = r^2 + a^2 - 2\,ar\sin\vartheta\cos u\,,$$

und wir erhalten

$$A_\varphi = \frac{\mu_0 I a}{4\pi}\int_0^{2\pi}\frac{\cos u}{\sqrt{N}}\,du = \frac{\mu_0 I a}{2\pi}\int_0^{\pi}\frac{\cos u}{\sqrt{N}}\,du\,.$$

Mit $1+\cos u{=}2\cos^2(u/2)$ und den Definitionen

$$v := u/2, \qquad k^2 := \frac{4\,ar\sin\vartheta}{r^2 + a^2 + 2\,ar\sin\vartheta}$$

können wir

$$N = (r^2 + a^2 + 2\,ar\sin\vartheta)(1 - k^2\cos^2 v)$$

schreiben und erhalten weiterhin

$$A_\varphi = \frac{\mu_0\,Ia}{\pi\,\sqrt{r^2 + a^2 + 2\,ar\sin\vartheta}}\int_0^{\pi/2}\frac{2\cos^2 v - 1}{\sqrt{1 - k^2\cos^2 v}}\,dv\,.$$

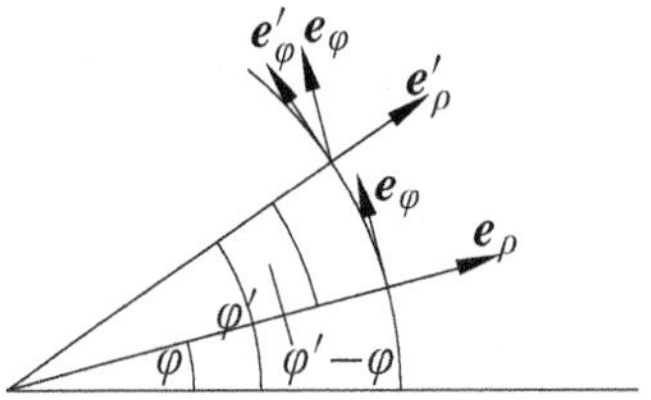

Abb. 5.2: Definition der Winkel zwischen $\boldsymbol{e}_\rho$ und $\boldsymbol{e}'_\rho$ bzw. zwischen $\boldsymbol{e}_\varphi$ und $\boldsymbol{e}'_\varphi$.

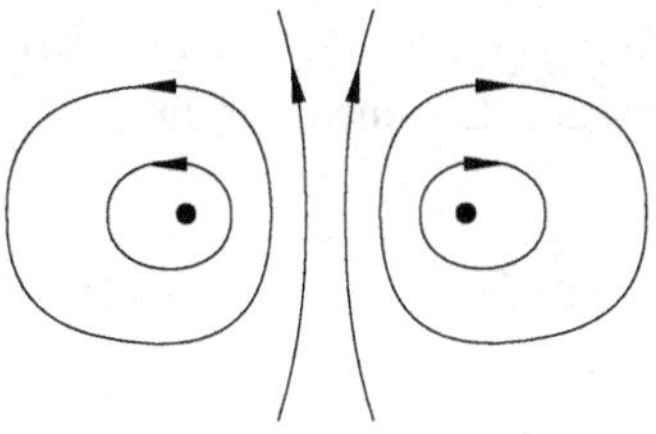

Abb. 5.3: $\boldsymbol{B}$-Feldlinienbild für einen kreisförmigen Linienstrom, der links senkrecht aus der Papierebene heraus und rechts senkrecht in diese hineinführt.

Mit $\cos v = \sin(\pi/2-v) = -\sin(v-\pi/2)$ und $w := v-\pi/2$ wird

$$\int_0^{\pi/2} \frac{2\cos^2 v-1}{\sqrt{1-k^2\cos^2 v}}\,dv = \int_0^{\pi/2} \frac{2\sin^2 w-1}{\sqrt{1-k^2\sin^2 w}}\,dw = \frac{2-k^2}{k^2}\int_0^{\pi/2} \frac{dw}{\sqrt{1-k^2\sin^2 w}}$$

$$-\frac{2}{k^2}\int_0^{\pi/2}\sqrt{1-k^2\sin^2 w}\;dw \;=\; \frac{1}{k^2}\Big[(2-k^2)K(k)-2E(k)\Big],$$

worin

$$K(k) := \int_0^{\pi/2} \frac{dw}{\sqrt{1-k^2\sin^2 w}}\,, \qquad E(k) := \int_0^{\pi/2}\sqrt{1-k^2\sin^2 w}\;dw \qquad (5.10)$$

vollständige elliptische Integrale sind. Diese sind tabelliert, und für sie gelten eine Reihe von Rechenregeln ähnlich denen für Sinus und Kosinus. Für A_φ erhalten wir damit

$$A_\varphi = \frac{\mu_0 I a\left[(2-k^2)K(k)-2E(k)\right]}{\pi k^2\sqrt{r^2+a^2+2\,ar\sin\vartheta}} = \frac{\mu_0 I a\left[(2-k^2)K(k)-2E(k)\right]}{2\pi k\sqrt{ar}\sin\vartheta}\,.$$

Unter Benutzung von $r\sin\vartheta=\rho$ und $r\cos\vartheta=z$ ergibt sich schließlich

$$A_\varphi(\rho,z) = \frac{\mu_0 I}{\pi}\sqrt{\frac{a}{\rho}}\,\frac{(1-k^2/2)K(k)-E(k)}{k} \qquad \text{mit} \qquad k=\sqrt{\frac{4a\rho}{(a+\rho)^2+z^2}}\,. \qquad (5.11)$$

Wegen $A_\rho=0$ und $A_z=0$ gilt $\boldsymbol{A}=A_\varphi\boldsymbol{e}_\varphi$ bzw. mit $\boldsymbol{e}_\varphi=\rho\,\boldsymbol{\nabla}\varphi$ und $\boldsymbol{B}=\operatorname{rot}\boldsymbol{A}$

$$\boldsymbol{A}=\rho\,A_\varphi\boldsymbol{\nabla}\varphi\,, \qquad \boldsymbol{B} \overset{(2.16)}{\underset{}{\overset{(2.20)}{=}}} \boldsymbol{\nabla}(\rho\,A_\varphi)\times\boldsymbol{\nabla}\varphi\,.$$

Die Auswertung dieses Ergebnisses liefert in der ρ, z-Ebene das Feldlinienbild von Abb. 5.3, das für $r \gg a$ in ein Dipolfeld übergeht.

Vektorpotenzial einer axialsymmetrischen toroidalen Stromverteilung

Eine Stromverteilung ist *toroidal*, wenn sie in Zylinderkoordinaten ρ, φ und z nur eine Komponente j_φ besitzt, und sie ist zusätzlich *axialsymmetrisch*, wenn sie vom Polarwinkel φ unabhängig ist. Wir berechnen das nach (5.2) durch

$$\boldsymbol{A} = \frac{\mu_0}{4\pi}\int \frac{j_\varphi(\rho',z')\,\boldsymbol{e}'_\varphi\,\rho'\,d\rho'\,d\varphi'\,dz'}{|\boldsymbol{r}-\boldsymbol{r}'|}$$

gegebene Vektorpotenzial der toroidalen Stromverteilung $\boldsymbol{j}{=}j_\varphi(\rho,z)\,\boldsymbol{e}_\varphi$ mit Axialsymmetrie. Wie beim Vektorpotenzial eines kreisförmigen Linienstroms findet man $A_\rho{=}A_z{=}0$, und für die φ-Komponente ergibt sich

$$A_\varphi = \int d\rho'\,dz' \left[\frac{\mu_0\, j_\varphi(\rho',z')\,\rho'}{4\pi}\int_0^{2\pi}\frac{\boldsymbol{e}_\varphi\cdot\boldsymbol{e}'_\varphi}{|\boldsymbol{r}-\boldsymbol{r}'|}\,d\varphi'\right].$$

Der in eckigen Klammern stehende Ausdruck entspricht der Vektorpotenzialkomponente A_φ des kreisförmigen Linienstroms, (5.9), und kann wie diese ausgewertet werden, nur dass jetzt $\boldsymbol{r}'{=}\rho'\boldsymbol{e}'_\rho + z'\boldsymbol{e}_z$ und damit

$$|\boldsymbol{r}-\boldsymbol{r}'| = \sqrt{(z-z')^2+\rho^2+\rho'^2-2\rho\rho'\cos u}$$

gilt. Er kann daher aus (5.11) erhalten werden, indem man die Ersetzungen $a{\to}\rho'$, $z{\to}(z{-}z')$ und $I{\to}j_\varphi(\rho',z')$ vornimmt. Damit ergibt sich jetzt

$$A_\varphi(\rho,z) = \frac{\mu_0}{\pi}\int\sqrt{\frac{\rho'}{\rho}}\,\frac{(1{-}k^2/2)K(k){-}E(k)}{k}\,j_\varphi(\rho',z')\,d\rho'\,dz' \tag{5.12}$$

$$\text{mit}\qquad k = \sqrt{\frac{4\rho\rho'}{(\rho{+}\rho')^2{+}(z-z')^2}}\,. \tag{5.13}$$

5.1.2 Skalares magnetisches Potenzial ϕ_{m}

Häufig interessiert nur das Magnetfeld in stromfreien Raumgebieten, insbesondere dann, wenn der Strom in dünnen Drähten fließt und als Linienstrom approximiert werden kann. Im Gebiet zwischen den Strömen gelten für die magnetische Feldstärke[1]

$$\boldsymbol{H} := \boldsymbol{B}/\mu_0 \tag{5.14}$$

nach (3.56) mit $\boldsymbol{j}{=}0$ die Gleichungen

$$\operatorname{div}\boldsymbol{H} = 0\,, \qquad \operatorname{rot}\boldsymbol{H} = 0\,. \tag{5.15}$$

Diese haben die gleiche Form wie die Gleichungen für ein elektrostatisches Vakuumfeld, (3.9) mit $\varrho{\equiv}0$, und daher ist dieselbe mathematische Beschreibung möglich,

$$\boldsymbol{H} = -\nabla\phi_{\mathrm{m}}\,, \qquad \Delta\phi_{\mathrm{m}} = 0\,. \tag{5.16}$$

ϕ_{m} heißt **skalares magnetisches Potenzial**. Es ist im Gegensatz zum elektrostatischen Potenzial keine eindeutige Funktion des Ortes, denn für einen geschlossenen Integrationsweg, der einen Strom I umläuft, gilt unter Benutzung des Stokes'schen Satzes

$$-\oint\nabla\phi_{\mathrm{m}}\cdot d\boldsymbol{s} = \oint\frac{\boldsymbol{B}}{\mu_0}\cdot d\boldsymbol{s} \overset{(2.28)}{=} \int\operatorname{rot}\frac{\boldsymbol{B}}{\mu_0}\cdot d\boldsymbol{f} \overset{(3.56b)}{=} \int\boldsymbol{j}\cdot d\boldsymbol{f} = I\,,$$

1 Wir benutzen $\boldsymbol{H}$ statt $\boldsymbol{B}$, weil das magnetische Potenzial ϕ_{m} üblicherweise auf $\boldsymbol{H}$ bezogen wird. $\boldsymbol{H}$ spielt in der Magnetostatik dieselbe Rolle wie $\boldsymbol{D}$ in der Elektrostatik.

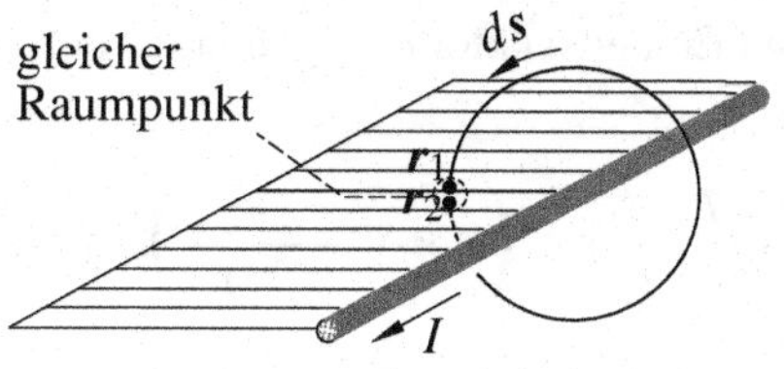

Abb. 5.4: Benutzung von Verzweigungsschnitten, um das skalare magnetische Potenzial ϕ_{m} eindeutig zu machen. $\boldsymbol{r}_1$ und $\boldsymbol{r}_2$ sollen den gleichen Raumpunkt bezeichnen.

d. h.

$$[\phi_{\mathrm{m}}] := \phi_{\mathrm{m}}(\boldsymbol{r}_2) - \phi_{\mathrm{m}}(\boldsymbol{r}_1) = -I\,,$$

wobei die Ortsvektoren $\boldsymbol{r}_1$ und $\boldsymbol{r}_2$ den gleichen Raumpunkt bezeichnen (Abb. 5.4). Wird ein Strom I durch einen Integrationsweg n-fach umschlungen, so ändert sich ϕ_{m} um $-nI$, wird kein Strom umschlungen, so gilt $[\phi_{\mathrm{m}}]=0$.

Um das Potenzial eindeutig zu machen, führt man ähnlich wie in der Funktionentheorie **Verzweigungsschnitte** ein und benutzt für ϕ nur die von einem Ufer bis zum anderen Ufer des Verzweigungsschnittes erhaltenen Werte von ϕ_{m}. Die Wahl der Verzweigungsschnittflächen ist weitgehend willkürlich. Im Fall des geraden Leiters wählt man zweckmäßigerweise eine am Leiter beginnende Halbebene (Abb. 5.4).

Beispiel 5.1:

Für den eben betrachteten geraden, vom Strom I durchflossenen Draht gilt unter Benutzung von Zylinderkoordinaten ρ, φ und z (z-Achse in Drahtrichtung)

$$\phi_{\mathrm{m}} = -\frac{I\,\varphi}{2\pi}.$$

Auf Wegen, die den Draht nicht umschließen, gilt $[\phi_{\mathrm{m}}]=0$. Während sich ϕ_{m} bei jeder Umrundung des Stroms um $-I$ ändert, ist $\nabla\phi_{\mathrm{m}}=-(I/2\pi)\nabla\varphi=-I/(2\pi r)\,\boldsymbol{e}_\varphi$ eindeutig.

Potenzial eines geschlossenen Linienstroms

Wir berechnen als Anwendungsbeispiel das Potenzial ϕ_{m} eines beliebigen geschlossenen Linienstroms. Im Prinzip könnte dieses unter Ausnutzung der Sprungbedingung $[\phi_{\mathrm{m}}]=-I$ mithilfe des Green'schen Satzes aus der Gleichung $\Delta\phi_{\mathrm{m}}=0$ gewonnen werden. Wir leiten es stattdessen aus der auch für beliebige Leiterformen gültigen Darstellung von $\boldsymbol{B}$ durch das Vektorpotenzial (5.8) ab, um die Äquivalenz der beiden Darstellungen zu demonstrieren. Es gilt

$$\begin{aligned}\boldsymbol{H} &= \frac{\boldsymbol{B}}{\mu_0} \overset{(5.3)}{=} \operatorname{rot}\frac{\boldsymbol{A}}{\mu_0} \overset{(5.8)}{=} \operatorname{rot}\left(\frac{I}{4\pi}\oint\frac{d\boldsymbol{s}'}{|\boldsymbol{r}-\boldsymbol{r}'|}\right)\\ &\overset{(2.16)}{=} \frac{I}{4\pi}\oint\nabla\frac{1}{|\boldsymbol{r}-\boldsymbol{r}'|}\times d\boldsymbol{s}' \overset{(2.13)}{=} -\frac{I}{4\pi}\oint\nabla'\frac{1}{|\boldsymbol{r}-\boldsymbol{r}'|}\times d\boldsymbol{s}'\,.\end{aligned}$$

Durch skalare Multiplikation mit einem beliebigen Einheitsvektor $\boldsymbol{e}$ folgt hieraus unter Benutzung des Stokes'schen Satzes

$$\boldsymbol{e}\cdot\boldsymbol{H} = -\frac{I}{4\pi}\oint\left(\boldsymbol{e}\times\nabla'\frac{1}{|\boldsymbol{r}-\boldsymbol{r}'|}\right)\cdot d\boldsymbol{s}' \overset{(2.28)}{=} -\frac{I}{4\pi}\int_F \mathrm{rot}'\left(\boldsymbol{e}\times\nabla'\frac{1}{|\boldsymbol{r}-\boldsymbol{r}'|}\right)\cdot d\boldsymbol{f}'.$$

Als Integrationsfläche im letzten Integral wählen wir eine Verzweigungsschnittfläche F, die wie in Abb. 5.5 so in den Draht eingespannt sein muss, dass sie von jedem den Strom I umfassenden geschlossenen Weg durchstoßen wird. Als Aufpunkt $\boldsymbol{r}$ betrachten wir nur Punkte, die nicht in der Verzweigungsfläche liegen, $\boldsymbol{r}\neq\boldsymbol{r}'\in F$ (Die Fläche F kann stets so gewählt werden, dass ein beliebig vorgegebener Aufpunkt $\boldsymbol{r}$ nicht in ihr liegt.)

Mit der für $\boldsymbol{r}\neq\boldsymbol{r}'$ gültigen Umformung

$$\begin{aligned}\mathrm{rot}'\left(\boldsymbol{e}\times\nabla'\frac{1}{|\boldsymbol{r}-\boldsymbol{r}'|}\right) &= \nabla'\times\left(\boldsymbol{e}\times\nabla'\frac{1}{|\boldsymbol{r}-\boldsymbol{r}'|}\right) = \underbrace{\boldsymbol{e}\,\Delta'\frac{1}{|\boldsymbol{r}-\boldsymbol{r}'|}}_{0} + \underbrace{\left(\nabla'\frac{1}{|\boldsymbol{r}-\boldsymbol{r}'|}\cdot\nabla'\right)\boldsymbol{e}}_{0}\\ &\quad -\underbrace{(\nabla'\cdot\boldsymbol{e})}_{0}\,\nabla'\frac{1}{|\boldsymbol{r}-\boldsymbol{r}'|} - (\boldsymbol{e}\cdot\nabla')\,\nabla'\frac{1}{|\boldsymbol{r}-\boldsymbol{r}'|} = (\boldsymbol{e}\cdot\nabla)\,\nabla'\frac{1}{|\boldsymbol{r}-\boldsymbol{r}'|}\end{aligned}$$

ergibt sich

$$\boldsymbol{e}\cdot\boldsymbol{H} = -\boldsymbol{e}\cdot\nabla\left(\frac{I}{4\pi}\int\nabla'\frac{1}{|\boldsymbol{r}-\boldsymbol{r}'|}\cdot d\boldsymbol{f}'\right).$$

Da der Vektor $\boldsymbol{e}$ beliebig ist, folgt schließlich

$$\boldsymbol{H} = -\nabla\phi_{\mathrm{m}} \qquad \text{mit} \qquad \phi_{\mathrm{m}} = \frac{I}{4\pi}\int_F \nabla'\frac{1}{|\boldsymbol{r}-\boldsymbol{r}'|}\cdot d\boldsymbol{f}', \tag{5.17}$$

wobei $d\boldsymbol{f}'$ und $I\,d\boldsymbol{s}'$ gemäß der Ableitung eine Rechtsschraube bilden. $\boldsymbol{H}$ ist nach den vorhergegangenen Betrachtungen eindeutig, während $|\phi_{\mathrm{m}}|$ beim Durchgang durch die Integrationsfläche F um I springt.

Die abgeleitete Formel hat eine einfache physikalische Interpretation: Für einen geschlossenen infinitesimalen Linienstromring ergibt sich aus ihr das Potenzial

$$\phi_{\mathrm{m}}(\boldsymbol{r}) = \frac{I\boldsymbol{n}'\Delta F'}{4\pi}\cdot\nabla'\frac{1}{|\boldsymbol{r}-\boldsymbol{r}'|} = \frac{\boldsymbol{m}'}{4\pi}\cdot\nabla'\frac{1}{|\boldsymbol{r}-\boldsymbol{r}'|}, \tag{5.18}$$

wobei die Definition (3.44) für das magnetische Moment, $\boldsymbol{m}'=I\boldsymbol{n}'\Delta F'$, eingesetzt wurde. (Gleichung (4.25) ist das elektrostatische Analogon.) Das Ergebnis (5.17) für ϕ_{m} hat die Form einer Superposition der Potenziale vieler magnetischer Momente, die mit der flächenhaften Dichte $\boldsymbol{M}(\boldsymbol{r}')=I\boldsymbol{n}(\boldsymbol{r}')$ über die Integrationsfläche verteilt sind,

$$\phi_{\mathrm{m}} = \frac{1}{4\pi}\int_F \boldsymbol{M}(\boldsymbol{r}')\cdot\nabla'\frac{1}{|\boldsymbol{r}-\boldsymbol{r}'|}\,df'. \tag{5.19}$$

Das Potenzial eines makroskopischen geschlossenen Linienstroms kann physikalisch auch genauso interpretiert werden: Überziehen wir die Verzweigungsfläche mit einem

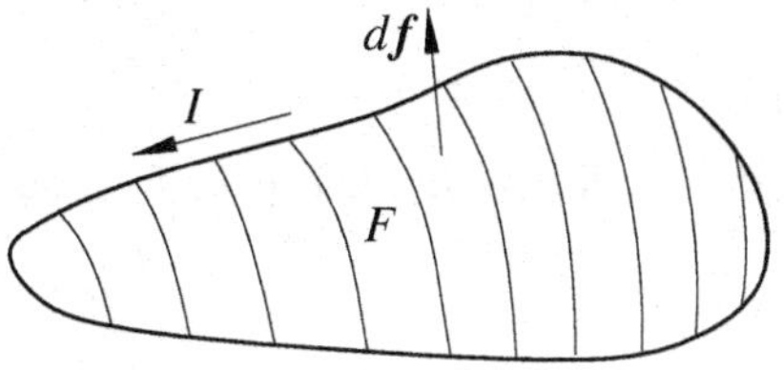

Abb. 5.5: Verzweigungsschnittfläche F, die so in den Draht eingespannt sein muss, dass sie von jedem den Strom I umfassenden Weg durchstoßen wird.

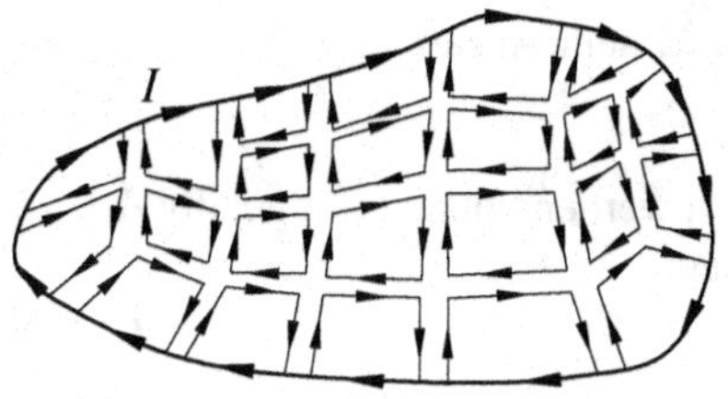

Abb. 5.6: Von einem engmaschigen Netz geschlossener Linienströme überzogene Verzweigungsschnittfläche. Antiparallele Ströme benachbarter Schleifen sind nur der Erkennbarkeit halber auseinandergerückt, gemeint ist jedoch, dass sie denselben Leitungsweg benutzen.

engmaschigen Netz geschlossener Linienströme der Stärke I (Abb. 5.6), so heben sich im Inneren der Fläche alle Ströme paarweise gegenseitig weg, während sie auf der Randkurve den vorgegebenen Strom liefern. Jeder dieser infinitesimalen Ringströme liefert außerhalb der Fläche das Potenzial eines infinitesimalen magnetischen Dipols.

Das $\boldsymbol{H}$-Feld eines bei $\boldsymbol{r}'=0$ gelegenen magnetischen Dipols ist nach (5.17a) mit (5.18) analog zu (4.26) durch

$$\boldsymbol{H} = -\frac{1}{4\pi}\nabla\frac{\boldsymbol{m}'\cdot\boldsymbol{e}_r}{r^2} = \frac{3\,\boldsymbol{m}'\cdot\boldsymbol{r}\;\boldsymbol{r} - \boldsymbol{m}'r^2}{4\pi\,r^5}$$

gegeben.

5.1.3 Flussfunktionen

Die allgemeine Gültigkeit der Gleichung $\operatorname{div}\boldsymbol{B}=0$ macht eine weitere Darstellung des Magnetfelds – genauer: der magnetischen Flussdichte – durch sogenannte **Flussfunktionen** möglich.

Ebene Magnetfelder

Besonders einfach erhält man diese Darstellung im Fall ebener Magnetfelder

$$\boldsymbol{B} = B_x(x,y)\,\boldsymbol{e}_x + B_y(x,y)\,\boldsymbol{e}_y\,,$$

indem man von deren Vektorpotenzial ausgeht. Mit

$$\boldsymbol{j} = \operatorname{rot}\frac{\boldsymbol{B}}{\mu_0} = \frac{1}{\mu_0}\left(\nabla B_x\times\boldsymbol{e}_x + \nabla B_y\times\boldsymbol{e}_y\right) = \frac{1}{\mu_0}\left(\frac{\partial B_y}{\partial x} - \frac{\partial B_x}{\partial y}\right)\boldsymbol{e}_z = j(x,y)\,\boldsymbol{e}_z$$

gelten für dieses nach (5.7) mit (2.24) die Gleichungen

$$\operatorname{div}\boldsymbol{A} = 0\,,\qquad \Delta A_x = \Delta A_y = 0\,,\qquad \Delta A_z = -\mu_0 j(x,y)\,,$$

die mit dem Ansatz

$$A = -\psi(x, y)\, \boldsymbol{e}_z$$

gelöst werden können (Folge: div $\boldsymbol{A}=-\partial\psi/\partial z=0$). Mit $\boldsymbol{B}=\text{rot}\,\boldsymbol{A}$ und $\boldsymbol{e}_z=\nabla z$ folgt aus diesem

$$\boldsymbol{B} = \boldsymbol{e}_z \times \nabla\psi = \nabla z \times \nabla\psi\,, \tag{5.20}$$

und ψ muss wegen $\Delta A_z=-\Delta\psi$ die Gleichung

$$\Delta\psi = \mu_0 j(x, y) \tag{5.21}$$

erfüllen. Die Funktion $\psi(x, y)$ ist längs der Feldlinien konstant, denn aus (5.20) folgt

$$\boldsymbol{B}\cdot\nabla\psi = 0\,.$$

Dies bedeutet, dass die Feldlinien wegen $B_z=0$ die Darstellung

$$z = \text{const}\,, \qquad \psi(x, y) = \text{const}$$

besitzen.

Nun berechnen wir den Fluss des Feldes $\boldsymbol{B}$ durch das Flächenelement

$$d\boldsymbol{f}_\perp = \left(\boldsymbol{e}_z \times \frac{\nabla\psi}{|\nabla\psi|}\right) dz\, ds_\psi\,,$$

in dem ds_ψ die Länge einer infinitesimalen Wegstrecke $d\boldsymbol{r}$ in Richtung von $\nabla\psi$ ist. Nach (5.20a) ist $d\boldsymbol{f}_\perp$ bzw. die Flächennormale parallel zu $\boldsymbol{B}$, was bedeutet, dass die Fläche senkrecht zu $\boldsymbol{B}$ verläuft. Aus $d\psi=(\partial\psi/\partial x)dx+(\partial\psi/\partial y)dy=\nabla\psi\cdot d\boldsymbol{r}$ folgt für $d\boldsymbol{r}\,\|\,\nabla\psi$

$$ds_\psi = \frac{d\psi}{|\nabla\psi|}\,,$$

und da $\boldsymbol{e}_z$ senkrecht zu $\boldsymbol{B}$ und $\nabla\psi$ steht, gilt $|\boldsymbol{e}_z \times \nabla\psi/|\nabla\psi||=1$ sowie

$$df_\perp = ds_\psi\, dz = \frac{d\psi\, dz}{|\nabla\psi|}\,.$$

Mit $|\boldsymbol{B}|=|\nabla\psi|$ ergibt sich also schließlich für den magnetischen Fluss durch $d\boldsymbol{f}_\perp$

$$\boldsymbol{B}\cdot d\boldsymbol{f}_\perp = d\psi\, dz\,,$$

weshalb ψ und z als **Flussfunktionen** von $\boldsymbol{B}$ bezeichnet werden. (5.20b) ist die Darstellung von $\boldsymbol{B}$ durch die Flussfunktionen.

Allgemeiner Fall

Für beliebige $\boldsymbol{B}$-Felder existiert in hinreichend kleinen Raumgebieten, die von denselben Feldlinien nur einfach überdeckt werden, generell die Darstellung

$$\boldsymbol{B} = \nabla\theta \times \nabla\psi \tag{5.22}$$

durch Flussfunktionen θ und ψ. Diese wird manchmal als **Clebsch-Darstellung** bezeichnet.

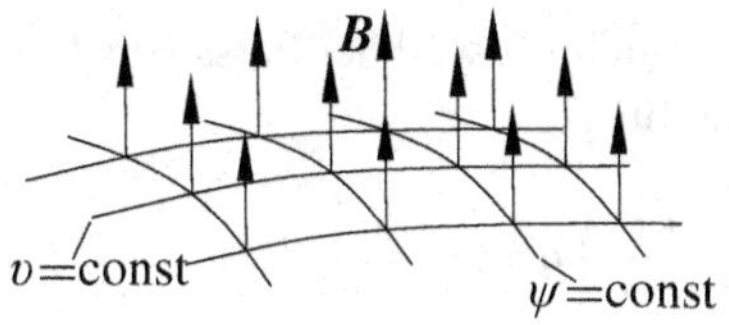

Abb. 5.7: Parametrisierung eines Flächenstücks durch die Koordinaten υ und ψ.

Beweis: Zum Beweis konstruieren wir ein Flächenstück F, das in allen Punkten von den Feldlinien geschnitten wird. Das ist immer möglich: F kann z. B. ein Stück einer Ebene sein, die im Punkt $\boldsymbol{r}_0$ senkrecht zu $\boldsymbol{B}(\boldsymbol{r}_0)$ verläuft; aus Stetigkeitsgründen schneidet $\boldsymbol{B}$ die Fläche F dann auch in einer endlichen Nachbarschaft von $\boldsymbol{r}_0$.

Für das Flächenstück wählen wir eine Parameterdarstellung $\boldsymbol{r}=\boldsymbol{r}(\upsilon,\,\psi)$ mit der Eigenschaft

$$\left|\frac{\partial \boldsymbol{r}}{\partial \upsilon} \times \frac{\partial \boldsymbol{r}}{\partial \psi}\right| \neq 0 \tag{5.23}$$

(Abb. 5.7). Sodann übertragen wir die Werte von υ und ψ auf das Gebiet außerhalb der Fläche, indem wir fordern, dass υ und ψ längs der Feldlinien konstant sind, d. h.

$$\boldsymbol{B} \cdot \nabla \upsilon = 0\,, \qquad \boldsymbol{B} \cdot \nabla \psi = 0\,.$$

$\nabla \upsilon$ und $\nabla \psi$ stehen senkrecht zu $\boldsymbol{B}$ und können wegen der Forderung (5.23) nicht parallel sein. (Aus $\nabla\upsilon\times\nabla\psi=0$ würde $\upsilon=\upsilon(\psi)$ und $\partial\boldsymbol{r}/\partial\upsilon\times\partial\boldsymbol{r}/\partial\psi=\upsilon'(\psi)\,(\partial\boldsymbol{r}/\partial\upsilon\times\partial\boldsymbol{r}/\partial\upsilon)=0$ folgen.) Damit gilt $\boldsymbol{B} \parallel (\nabla\upsilon\times\nabla\psi)$ oder

$$\boldsymbol{B} = \alpha(\boldsymbol{r})\,\nabla \upsilon \times \nabla \psi\,. \tag{5.24}$$

Nun muss

$$\operatorname{div} \boldsymbol{B} = (\nabla \upsilon \times \nabla \psi) \cdot \nabla \alpha = 0$$

erfüllt sein, d. h. $\nabla\alpha$ darf Komponenten in den Richtungen von $\nabla\upsilon$ und $\nabla\psi$ besitzen, aber in keiner von diesen linear unabhängigen Richtung, und daraus folgt $\alpha=\alpha(\psi,\upsilon)$. Definieren wir schließlich eine Funktion $\theta=\theta(\psi,\upsilon)$ als Lösung der Gleichung

$$\frac{\partial\theta}{\partial\upsilon} = \alpha(\psi,\upsilon)\,,$$

so gilt $\nabla\theta=(\partial\theta/\partial\upsilon)\nabla\upsilon + (\partial\theta/\partial\psi)\nabla\psi=\alpha\nabla\upsilon + (\partial\theta/\partial\psi)\nabla\psi$ bzw.

$$\alpha\nabla\upsilon = \nabla\theta - \frac{\partial\theta}{\partial\psi}\nabla\psi$$

und damit nach (5.24) $\boldsymbol{B}=\nabla\theta\times\nabla\psi$. (Aus (2.22) und (5.22) folgt übrigens sofort, dass $\boldsymbol{B}$ natürlich die Gleichung $\operatorname{div}\boldsymbol{B}=0$ erfüllt.) □

$\theta(\boldsymbol{r})$=const und $\psi(\boldsymbol{r})$=const sind Flächen, die von den magnetischen Feldlinien aufgespannt werden. Ist s die von F aus gemessene Bogenlänge der Feldlinien, so sind $s(\boldsymbol{r})$=const zu $\boldsymbol{B}$ transversale Flächen. θ, ψ und s können als (krummlinige) Koordinaten benutzt werden, die durch eine Beziehung der Form

$$\boldsymbol{r} = \boldsymbol{r}(\theta,\,\psi,\,s)$$

mit den kartesischen Koordinaten verknüpft sind.

ψ und θ werden auch als **Flusskoordinaten** bezeichnet, weil der Fluss von $\boldsymbol{B}$ durch das Flächenelement $d\boldsymbol{f}=(\partial\boldsymbol{r}/\partial\theta\times\partial\boldsymbol{r}/\partial\psi)\,d\theta\,d\psi$ durch

$$\boldsymbol{B}\cdot d\boldsymbol{f} \overset{(5.22)}{=} \left(\frac{\partial\theta}{\partial\boldsymbol{r}}\times\frac{\partial\psi}{\partial\boldsymbol{r}}\right)\cdot\left(\frac{\partial\boldsymbol{r}}{\partial\theta}\times\frac{\partial\boldsymbol{r}}{\partial\psi}\right)d\theta\,d\psi \overset{\text{s.u.}}{=} d\theta\,d\psi$$

gegeben ist – dabei wurden die Identitäten $(\partial\theta/\partial\boldsymbol{r})\cdot(\partial\boldsymbol{r}/\partial\theta)=(\partial\psi/\partial\boldsymbol{r})\cdot(\partial\boldsymbol{r}/\partial\psi)=1$ und $(\partial\psi/\partial\boldsymbol{r})\cdot(\partial\boldsymbol{r}/\partial\theta)=\partial\psi/\partial\theta=0$ benutzt –, also direkt durch diese ausgedrückt werden kann, wenn sie als Koordinaten gewählt werden.

Zwischen der Darstellung (5.3) durch ein Vektorpotenzial und der Darstellung (5.22) durch Flussfunktionen besteht ein einfacher Zusammenhang: Man kann entweder $\boldsymbol{A}=\theta\nabla\psi$ oder $\boldsymbol{A}=-\psi\nabla\theta$ setzen und erhält daraus mit (2.16) sofort die Darstellung (5.22).

Wegen der Linearität der Maxwell-Gleichungen ist natürlich auch jede lineare Superposition von Magnetfeldern (5.22) eine mögliche Lösung. Man kann daher Magnetfelder allgemeiner in der Form

$$\boldsymbol{B}=\sum_{i=1}^{N}\nabla\alpha_i\times\nabla\beta_i \tag{5.25}$$

darstellen, durch die wieder die Gleichung div $\boldsymbol{B}=0$ automatisch erfüllt wird. Das zugehörige Vektorpotenzial ist

$$\boldsymbol{A}=\sum_{i=1}^{N}\alpha_i\nabla\beta_i \qquad \text{oder} \qquad \boldsymbol{A}=-\sum_{i=1}^{N}\beta_i\nabla\alpha_i\,.$$

Unter diesen Darstellungen hat sich besonders der Fall

$$\boldsymbol{B}=\nabla\chi\times\nabla\theta+\nabla\phi\times\nabla\psi \tag{5.26}$$

bewährt, den wir später bei der Diskussion magnetischer Feldlinien aufgreifen werden.

5.2 Fernfeld einer lokalisierten Stromverteilung

Für das von einer lokalisierten Stromverteilung hervorgerufene magnetische Fernfeld existiert ähnlich wie für das elektrische Fernfeld einer lokalisierten Ladungsverteilung eine sehr nützliche Reihenentwicklung nach der kleinen Größe Durchmesser/Abstand. Zu deren Ableitung benötigen wir ein Ergebnis über den Mittelwert von Magnetfeldern, dem wir uns zuerst zuwenden wollen.

5.2.1 Mittelwert des Magnetfelds

In Analogie zu unseren Ergebnissen (4.17) für den Mittelwert des elektrischen Feldes $\boldsymbol{E}$ über das Innere einer Kugel K vom Radius R um den Punkt $\boldsymbol{r}_0$ erhalten wir für den

Mittelwert des Magnetfelds $\boldsymbol{B}$

$$\langle \boldsymbol{B} \rangle \stackrel{\text{s.u.}}{=} \begin{cases} \boldsymbol{B}(\boldsymbol{r}_0) & \text{für } \boldsymbol{j}(\boldsymbol{r}) \equiv 0 \text{ in } K\,, \\ \dfrac{2\mu_0 \boldsymbol{m}}{3V} & \text{für } \boldsymbol{j}(\boldsymbol{r}) \neq 0 \text{ in } K\,, \end{cases} \tag{5.27}$$

wobei V das Kugelvolumen ist und das im zweiten Ergebnis auftauchende, auf das Kugelzentrum $\boldsymbol{r}_0$ bezogene magnetische Moment $\boldsymbol{m}$ der Stromverteilung durch

$$\boldsymbol{m} = \frac{1}{2} \int_K (\boldsymbol{r} - \boldsymbol{r}_0) \times \boldsymbol{j}(\boldsymbol{r})\, d^3\tau \tag{5.28}$$

definiert ist. (Näheres zu dessen Bedeutung erfahren wir im folgenden Teilabschnitt.)

Beweis:

1. Der Beweis der für $\boldsymbol{j}(\boldsymbol{r}){\equiv}0$ gültigen Beziehung ist identisch mit dem für das elektrische Vakuumfeld (Abschn. 4.2.2), wenn man für das magnetische Vakuumfeld die Potenzialdarstellung (5.16) benutzt.

2. Im Fall $\boldsymbol{j}(\boldsymbol{r}){\neq}0$ benutzen wir für das Magnetfeld die Darstellung (5.2) und erhalten für deren Mittelwert über die Kugel K, in deren Mittelpunkt wir den Koordinatenursprung legen (d. h. $\boldsymbol{r}_0{=}0$),

$$\begin{aligned} \langle \boldsymbol{B} \rangle &= \frac{1}{V} \int_K d^3\tau \left[\frac{\mu_0}{4\pi} \operatorname{rot} \int_K \frac{\boldsymbol{j}(\boldsymbol{r}')}{|\boldsymbol{r} - \boldsymbol{r}'|} d^3\tau' \right] = -\frac{\mu_0}{V} \int_K d^3\tau' \left[\frac{\boldsymbol{j}(\boldsymbol{r}')}{4\pi} \times \nabla \int_K \frac{d^3\tau}{|\boldsymbol{r} - \boldsymbol{r}'|} \right] \\ &\stackrel{(2.13)}{=} \frac{\mu_0}{V} \int_K d^3\tau' \left[\boldsymbol{j}(\boldsymbol{r}') \times \frac{1}{4\pi} \nabla' \int_K \frac{d^3\tau}{|\boldsymbol{r} - \boldsymbol{r}'|} \right] \stackrel{(4.18)}{=} \frac{\mu_0 \int_K \boldsymbol{r}' \times \boldsymbol{j}(\boldsymbol{r}')\, d^3\tau'}{3V}\,. \end{aligned}$$

Mit der Definition (5.28) führt das unmittelbar zu unserem zweiten Ergebnis (5.27). □

5.2.2 Multipolentwicklung des Magnetfelds

Zur Ableitung der Reihenentwicklung des Magnetfelds nach der kleinen Größe

Durchmesser der Stromverteilung / Abstand von dieser

betrachten wir eine Stromverteilung $\boldsymbol{j}(\boldsymbol{r})$, die ganz innerhalb einer Kugel vom Radius a gelegen ist (wie Abb. 4.5, nur $\varrho{\to}\boldsymbol{j}$), und legen den Koordinatenursprung ins Zentrum dieser Kugel. Setzen wir die für $r{\gg}a$ abgeleitete Näherung (4.19),

$$\frac{1}{|\boldsymbol{r} - \boldsymbol{r}'|} = \frac{1}{r} + \frac{\boldsymbol{e}_r \cdot \boldsymbol{r}'}{r^2} + \cdots\,,$$

in die Formel (5.2) für das Vektorpotenzial ein, so erhalten wir für dieses die Entwicklung

$$\boldsymbol{A}(\boldsymbol{r}) = \frac{\mu_0}{4\pi} \int \frac{\boldsymbol{j}(\boldsymbol{r}')}{|\boldsymbol{r}{-}\boldsymbol{r}'|} d^3\tau' = \frac{\mu_0}{4\pi} \left(\frac{1}{r} \int \boldsymbol{j}(\boldsymbol{r}')\, d^3\tau' + \frac{1}{r^2} \int \boldsymbol{e}_r{\cdot}\boldsymbol{r}'\, \boldsymbol{j}(\boldsymbol{r}')\, d^3\tau' + \cdots \right), \tag{5.29}$$

wobei über das Volumen V des Gebiets integriert wird, in dem die Ströme fließen. Die Integrale können ohne Änderung ihres Wertes auf Gebiete ausgedehnt werden, in denen $\boldsymbol{j}(\boldsymbol{r}')=0$ ist, $\boldsymbol{j}(\boldsymbol{r}')$ verschwindet dann insbesondere auch auf deren Rand F. Mit

$$\operatorname{div}'(x_i' \, \boldsymbol{j}(\boldsymbol{r}')) \stackrel{(2.15)}{=} \boldsymbol{j}(\boldsymbol{r}') \cdot \boldsymbol{\nabla}' x_i' + x_i' \operatorname{div}' \boldsymbol{j}(\boldsymbol{r}') = j_i(\boldsymbol{r}') + x_i' \operatorname{div}' \boldsymbol{j}(\boldsymbol{r}')$$

und dem Gauß'schen Satz, (2.27), ergibt sich unter dieser Maßgabe

$$\int \left[j_i(\boldsymbol{r}') + x_i' \operatorname{div}' \boldsymbol{j}(\boldsymbol{r}') \right] d^3\tau' = \int_F x_i' \, \boldsymbol{j}(\boldsymbol{r}') \cdot d\boldsymbol{f}' = 0$$

oder wegen $\operatorname{div}' \boldsymbol{j}(\boldsymbol{r}') = \operatorname{div}' \operatorname{rot}' \boldsymbol{B}' / \mu_0 = 0$ nach Übergang zur Vektornotation

$$\int \boldsymbol{j}(\boldsymbol{r}') \, d^3\tau' = -\int \boldsymbol{r}' \operatorname{div}' \boldsymbol{j}(\boldsymbol{r}') \, d^3\tau' = 0\,, \tag{5.30}$$

was zur Folge hat, dass der $1/r$-Term der Reihe (5.29) verschwindet.

Der zweite Term der auf der rechten Seite von Gleichung (5.29) in Klammern stehenden Reihe hat den Koeffizienten

$$\begin{aligned} \int \boldsymbol{e}_r \cdot \boldsymbol{r}' \, \boldsymbol{j}(\boldsymbol{r}') \, d^3\tau' &= \int \left[\boldsymbol{r}' \times \boldsymbol{j}(\boldsymbol{r}') \right] \times \boldsymbol{e}_r \, d^3\tau' + \int \boldsymbol{e}_r \cdot \boldsymbol{j}(\boldsymbol{r}') \, \boldsymbol{r}' \, d^3\tau' \\ &\stackrel{\text{s.u.}}{=} \frac{1}{2} \int \left[\boldsymbol{e}_r \cdot \boldsymbol{r}' \, \boldsymbol{j}(\boldsymbol{r}') + \boldsymbol{e}_r \cdot \boldsymbol{j}(\boldsymbol{r}') \, \boldsymbol{r}' \right] d^3\tau' + \frac{1}{2} \int \left(\boldsymbol{r}' \times \boldsymbol{j}' \right) d^3\tau' \times \boldsymbol{e}_r\,. \end{aligned} \tag{5.31}$$

(Dabei wurde $a=b=(a+b)/2$ benutzt.) Mit der Identität

$$\operatorname{div}' \left(x_i' x_k' \, \boldsymbol{j}(\boldsymbol{r}') \right) = x_i' \, j_k(\boldsymbol{r}') + x_k' \, j_i(\boldsymbol{r}') + x_i' x_k' \operatorname{div}' \boldsymbol{j}(\boldsymbol{r}')$$

ergibt sich für die k-Komponente des ersten Integrals

$$\frac{x_i}{2r} \int \left(x_i' \, j_k(\boldsymbol{r}') + j_i(\boldsymbol{r}') \, x_k' \right) d^3\tau' = \frac{x_i}{2r} \int \left[\operatorname{div}' \left(x_i' x_k' \, \boldsymbol{j}(\boldsymbol{r}') \right) - x_i' x_k' \operatorname{div}' \boldsymbol{j}(\boldsymbol{r}') \right] d^3\tau'\,. \tag{5.32}$$

(Der Term $\operatorname{div}' \boldsymbol{j}(\boldsymbol{r}')$ wird im Folgenden für spätere Zwecke verschiedentlich mitgenommen, obwohl er eigentlich verschwindet.) Das Integral über die Divergenz kann in ein Oberflächenintegral umgewandelt werden und verschwindet. Damit folgt

$$\frac{1}{2} \int \left[\boldsymbol{e}_r \cdot \boldsymbol{r}' \, \boldsymbol{j}(\boldsymbol{r}') + \boldsymbol{e}_r \cdot \boldsymbol{j}(\boldsymbol{r}') \, \boldsymbol{r}' \right] d^3\tau' = -\frac{1}{2} \int \boldsymbol{e}_r \cdot \boldsymbol{r}' \, \boldsymbol{r}' \operatorname{div}' \boldsymbol{j}(\boldsymbol{r}') \, d^3\tau'\,,$$

und aus (5.31) wird

$$\int \boldsymbol{e}_r \cdot \boldsymbol{r}' \, \boldsymbol{j}(\boldsymbol{r}') \, d^3\tau' = \frac{1}{2} \int \left(\boldsymbol{r}' \times \boldsymbol{j}(\boldsymbol{r}') \right) d^3\tau' \times \boldsymbol{e}_r - \frac{1}{2} \int \boldsymbol{e}_r \cdot \boldsymbol{r}' \, \boldsymbol{r}' \operatorname{div}' \boldsymbol{j}(\boldsymbol{r}') \, d^3\tau'\,. \tag{5.33}$$

Definieren wir in Übereinstimmung mit (5.28)

$$\boldsymbol{m} := \frac{1}{2} \int \left(\boldsymbol{r}' \times \boldsymbol{j}(\boldsymbol{r}') \right) d^3\tau' \tag{5.34}$$

als auf den Koordinatenursprung bezogenes **magnetisches Moment** der Stromverteilung, so ergibt sich mit $\mathrm{div}'\,\boldsymbol{j}(\boldsymbol{r}')=0$ für $\boldsymbol{A}$ die Entwicklung

$$\boldsymbol{A} = \frac{\mu_0}{4\pi}\frac{\boldsymbol{m}\times\boldsymbol{r}}{r^3} + \cdots . \tag{5.35}$$

Aus $\boldsymbol{B}=\mathrm{rot}\,\boldsymbol{A}$ erhalten wir mit

$$\mathrm{rot}\,\frac{\boldsymbol{m}\times\boldsymbol{r}}{r^3} = \nabla\frac{1}{r^3}\times(\boldsymbol{m}\times\boldsymbol{r}) + \frac{1}{r^3}\,\mathrm{rot}\,(\boldsymbol{m}\times\boldsymbol{r})\,, \tag{5.36}$$

$$\mathrm{rot}\,(\boldsymbol{m}\times\boldsymbol{r}) = \boldsymbol{m}\,\mathrm{div}\,\boldsymbol{r} - (\boldsymbol{m}\cdot\nabla)\,\boldsymbol{r} = 2\,\boldsymbol{m}\,, \qquad \nabla\frac{1}{r^3} = -\frac{3\,\boldsymbol{r}}{r^5} \tag{5.37}$$

für $\boldsymbol{B}$ die Entwicklung

$$\boldsymbol{B} = \frac{\mu_0}{4\pi}\frac{3\,\boldsymbol{e}_r\cdot\boldsymbol{m}\,\boldsymbol{e}_r - \boldsymbol{m}}{r^3} + \cdots .$$

Damit die hierin bei $r=0$ auftretende Singularität mit dem zweiten Ergebnis (5.27) zusammenpasst, müssen wir dieses Ergebnis in

$$\boldsymbol{B} = \frac{\mu_0}{4\pi}\frac{3\,\boldsymbol{e}_r\cdot\boldsymbol{m}\,\boldsymbol{e}_r - \boldsymbol{m}}{r^3} + \frac{2\mu_0\boldsymbol{m}}{3}\,\delta(\boldsymbol{r}) + \cdots \tag{5.38}$$

korrigieren, ähnlich wie (4.26) in (4.27) abgewandelt wurde.

Abschließend überzeugen wir uns noch davon, dass die Definition (5.34) von $\boldsymbol{m}$ für einen infinitesimalen, geschlossenen Linienstrom mit unserer früheren Definition (3.44) übereinstimmt. Mit $\boldsymbol{j}'\,d^3\tau'\to I\,d\boldsymbol{s}'$ folgt aus (5.34) nach Multiplikation mit einem beliebigen Einheitsvektor $\boldsymbol{e}$

$$\begin{aligned}\boldsymbol{e}\cdot\boldsymbol{m} &= \frac{I}{2}\oint \boldsymbol{e}\cdot(\boldsymbol{r}'\times d\boldsymbol{s}') = \frac{I}{2}\oint(\boldsymbol{e}\times\boldsymbol{r}')\cdot d\boldsymbol{s}' \\ &= \frac{I}{2}\int \mathrm{rot}'(\boldsymbol{e}\times\boldsymbol{r}')\cdot d\boldsymbol{f}' \overset{(5.37a)}{=} I\int \boldsymbol{e}\cdot d\boldsymbol{f}' = \boldsymbol{e}\cdot I\boldsymbol{n}\Delta F\end{aligned}$$

bzw. $\boldsymbol{m}=I\boldsymbol{n}\Delta F$ wie in (3.44).

5.3 Drehimpuls, Kraft, Drehmoment und Feldenergie

5.3.1 Magnetisches Moment und Drehimpuls einer Stromverteilung

Zwischen dem magnetischen Moment $\boldsymbol{m}$ einer Stromverteilung und dem Gesamtdrehimpuls ihrer Ladungsträger besteht ein interessanter Zusammenhang, den wir erhalten, wenn wir $\boldsymbol{j}(\boldsymbol{r})$ durch bewegte Punktladungen darstellen,

$$\boldsymbol{j}(\boldsymbol{r}) = \sum_i q_i\boldsymbol{v}_i\,\delta^3(\boldsymbol{r}-\boldsymbol{r}_i)\,.$$

Aus der Definition (5.34) ergibt sich damit

$$m = \frac{1}{2}\sum_i q_i \int r' \times v_i\, \delta^3(r'-r_i)\, d^3\tau' = \frac{1}{2}\sum_i q_i(r_i \times v_i) = \frac{1}{2}\sum_i \frac{q_i}{m_i} r_i \times m_i v_i$$

oder

$$m = \frac{1}{2}\sum_i \frac{q_i L_i}{m_i},$$

wobei L_i der Drehimpuls des i-ten Ladungsträgers um den Koordinatenursprung ist. Hat q_i/m_i für alle Ladungsträger denselben Wert $q_1/m_1{=}q_2/m_2{=}\cdots{=}q/m_q$, so gilt mit $\sum_i L_i{=}L$ insbesondere

$$m = \frac{q}{2m_q} L\,. \tag{5.39}$$

Dieser Zusammenhang ist in der Atomphysik und der Quantenmechanik von großer Bedeutung.

5.3.2 Kraft und Drehmoment auf eine lokalisierte Stromverteilung

Wir untersuchen jetzt die Einwirkung eines äußeren Magnetfelds B_{ext} auf eine um den Koordinatenursprung $r{=}0$ lokalisierte Stromverteilung. Die B_{ext} erzeugenden Ströme sollen von dieser so weit entfernt sein, dass sich B_{ext} über sie hinweg nur langsam verändert und durch die Näherung

$$B_{\text{ext}}(r') = B_{\text{ext}}(0) + \big(r' \cdot \nabla B_{\text{ext}}\big)\big|_0 \tag{5.40}$$

hinreichend gut approximiert wird.

Bei der Berechnung der Gesamtkraft

$$F = \int j' \times B_{\text{ext}}(r')\, d^3\tau'$$

auf die Stromverteilung (siehe (3.39a)) schreiben wir B statt B_{ext} und benutzen den ε-Tensor zur Berechnung der Komponenten von $j{\times}B$.[2] Mit (5.40) ergibt sich für die

2 Mit Summenkonvention gilt

$$(a \times b)_i = \varepsilon_{ijk} a_j b_k\,,$$

wobei der **ε-Tensor** definiert ist durch

$$\varepsilon_{ijk} = \begin{cases} +1 & \text{falls } i, j, k \text{ aus } 1, 2, 3 \text{ durch eine gerade Anzahl von Permutationen hervorgeht}, \\ -1 & \text{falls } i, j, k \text{ aus } 1, 2, 3 \text{ durch eine ungerade Anzahl von Permutationen hervorgeht}, \\ 0 & \text{sonst}. \end{cases} \tag{5.41}$$

i-te Komponente

$$F_i = \int \varepsilon_{ikl} j_k' B_l' \, d^3\tau' = \varepsilon_{ikl} \left[B_l(0) \int j_k' \, d^3\tau' + \int j_k' \left(\boldsymbol{r}' \cdot \nabla B_l \right)\big|_0 \, d^3\tau' \right]$$

$$\stackrel{(5.30)}{=} \varepsilon_{ikl} \int j_k' \left(\boldsymbol{r}' \cdot \nabla B_l \right)\big|_0 \, d^3\tau' .$$

Nach (5.33)–(5.34) ist

$$\int \boldsymbol{e}_r \cdot \boldsymbol{r}' \, \boldsymbol{j}' \, d^3\tau' = \boldsymbol{m} \times \boldsymbol{e}_r . \tag{5.42}$$

Diese Gleichung gilt für beliebige Richtungen $\boldsymbol{e}_r$, also insbesondere auch für die Richtung, in die der konstante Vektor $(\nabla B_l)|_0$ weist. Multiplizieren wir ihre beiden Seiten noch mit dem Betrag dieses Vektors, so läuft das darauf hinaus, $\boldsymbol{e}_r$ durch den Vektor $(\nabla B_l)|_0$ zu ersetzen, und wir erhalten für ihre k-Komponente

$$\int j_k' \left(\boldsymbol{r}' \cdot \nabla B_l \right]\big|_0 \, d^3\tau' = \left[(\boldsymbol{m} \times \nabla)_k B_l \right]\big|_0 .$$

Setzen wir das in F_i ein und kehren zur Vektornotation zurück, so erhalten wir $\boldsymbol{F} = [(\boldsymbol{m} \times \nabla) \times \boldsymbol{B}]|_0 = \nabla(\boldsymbol{m} \cdot \boldsymbol{B})|_0 - \boldsymbol{m}(\mathrm{div}\,\boldsymbol{B})|_0$ bzw.

$$\boxed{\boldsymbol{F} = \nabla(\boldsymbol{m} \cdot \boldsymbol{B})|_0 .} \tag{5.43}$$

Für das Drehmoment $\boldsymbol{N} = \int \boldsymbol{r}' \times \left(\boldsymbol{j}' \times \boldsymbol{B}_{\mathrm{ext}}(\boldsymbol{r}') \right) d^3\tau'$ ergibt sich in niedrigster Ordnung

$$\boldsymbol{N} = \int \boldsymbol{r}' \times \left(\boldsymbol{j}' \times \boldsymbol{B}(0) \right) d^3\tau' = \int \boldsymbol{j}' \, \boldsymbol{r}' \cdot \boldsymbol{B}(0) \, d^3\tau' - \boldsymbol{B}(0) \int \boldsymbol{r}' \cdot \boldsymbol{j}' \, d^3\tau' .$$

Das erste Integral liefert analog zu (5.42) mit $\boldsymbol{e}_r \rightarrow \boldsymbol{B}(0)$

$$\int \boldsymbol{B}(0) \cdot \boldsymbol{r}' \, \boldsymbol{j}' \, d^3\tau' = \boldsymbol{m} \times \boldsymbol{B}(0) .$$

Mit

$$\int \boldsymbol{j}' \cdot \boldsymbol{r}' \, d^3\tau' = \int \boldsymbol{j}' \cdot \nabla' \frac{r'^2}{2} \, d^3\tau' = \int \mathrm{div}' \left(\frac{r'^2}{2} \boldsymbol{j}' \right) d^3\tau' = \int_F \frac{r'^2}{2} \boldsymbol{j}' \cdot d\boldsymbol{f}' = 0$$

erhalten wir daher

$$\boxed{\boldsymbol{N} = (\boldsymbol{m} \times \boldsymbol{B})|_0 .} \tag{5.44}$$

Die Näherungsformeln (5.43)–(5.44) für $\boldsymbol{F}$ und $\boldsymbol{N}$ stimmen mit unseren früheren Ergebnissen (3.45)–(3.46) für eine infinitesimale Stromschleife mit dem magnetischen Moment $\boldsymbol{m}$ überein (Gleichung (4.35) und (4.36) sind die elektrostatischen Analoga). Das ist nicht ganz trivial, da hier volumenhaft verteilte Ströme zugelassen sind.

Fassen wir die Ergebnisse der Abschnitte 5.2.2 und 5.3.2 zusammen, so lässt sich sagen, dass sich eine lokalisierte Stromverteilung in niedrigster Ordnung wie ein magnetischer Dipol verhält.

5.3.3 Magnetische Feldenergie und Energiesatz

In Analogie zu unserem Vorgehen in der Elektrostatik setzen wir die Energie des Magnetfelds gleich der Arbeit, die von externen (nicht elektromagnetischen) Kräften gegen die elektromagnetischen Wechselwirkungskräfte aufgebracht werden muss, um aus dem Anfangszustand $\boldsymbol{j}{\equiv}0$, $\boldsymbol{B}{\equiv}0$ das Magnetfeld $\boldsymbol{B}$ aufzubauen.

Kombinierte Felder $\boldsymbol{E}$ und $\boldsymbol{B}$ üben auf eine Punktladung q die Kraft $\boldsymbol{F}{=}q(\boldsymbol{E}{+}\boldsymbol{v}{\times}\boldsymbol{B})$ aus und leisten bei deren Verschiebung $d\boldsymbol{s}{=}\boldsymbol{v}\,dt$ die Arbeit $dA{=}\boldsymbol{F}{\cdot}d\boldsymbol{s}{=}q\boldsymbol{E}{\cdot}\boldsymbol{v}\,dt$. Dies bedeutet, dass externe Kräfte beim Aufbau des Magnetfelds nur gegen das durch $\operatorname{rot}\boldsymbol{E}{=}{-}\partial\boldsymbol{B}/\partial t$ induzierte elektrische Feld Arbeit leisten müssen. Da die Gesamtdauer des Feldaufbaus umso länger wird, je langsamer sich dieser vollzieht, kommt auch dann eine endliche Gesamtwirkung des induzierten elektrischen Feldes zustande, wenn dieses zusammen mit $|\partial\boldsymbol{B}/\partial t|$ sehr klein wird.

In der Elektrostatik konnten wir im Gegensatz dazu die Feldenergie mithilfe der zeitunabhängigen Maxwell-Gleichungen berechnen (siehe Abschn. 4.1). Der Grund dafür ist folgender: Das elektrische Feld setzt sich in seiner Aufbauphase aus einem durch freie Ladungen ϱ erzeugten Anteil $\boldsymbol{E}_\varrho$ und einem Anteil $\boldsymbol{E}_{\text{ind}}$ zusammen, der gemäß der Gleichung $\operatorname{rot}\boldsymbol{E}_{\text{ind}}{=}{-}\partial\boldsymbol{B}/\partial t$ von Magnetfeldern induziert wird, die vorübergehend durch die Bewegung von Ladungsträgern hervorgerufen werden. Sind diese Bewegungen sehr langsam, so gilt $|\boldsymbol{E}_{\text{ind}}|{\ll}|\boldsymbol{E}_\varrho|$, und das Induktionsfeld $\boldsymbol{E}_{\text{ind}}$ kann vernachlässigt werden. Dagegen spielt für den Aufbau der magnetischen Feldenergie das Feld $\boldsymbol{E}_{\text{ind}}$ alleine eine Rolle.

1. Um das Wesentliche beim Aufbau von Magnetfeldern zu erkennen, betrachten wir zunächst einen etwas unrealistischen Idealfall: Zur Zeit $t{=}0$ seien eine Verteilung $\varrho_+(\boldsymbol{r})$ ruhender positiver Ladungen und eine Verteilung $\varrho_-(\boldsymbol{r})$ ruhender negativer Ladungen gegeben, die beide ganz im Endlichen liegen. Die Einzelladungen q_i dieser Verteilung sollen im Zeitintervall $0{\le}t{\le}t_s$ durch externe Kräfte $\boldsymbol{F}_i^{\text{ext}}$ so beschleunigt werden, dass zur Zeit t_s eine stationäre Stromverteilung $\boldsymbol{j}$ entstanden ist. Dabei soll zu allen Zeiten

$$\varrho = \varrho_+ + \varrho_- \equiv 0$$

gelten. Außer den Kräften $\boldsymbol{F}_i^{\text{ext}}$ und den in der Aufbauphase entstehenden elektromagnetischen Kräften $q_i(\boldsymbol{E} + \boldsymbol{v}_i{\times}\boldsymbol{B})$ sollen auf die Teilchen keine weiteren Kräfte einwirken, d. h. für den einzelnen Ladungsträger soll die Gleichung

$$m_i\dot{\boldsymbol{v}}_i = \boldsymbol{F}_i^{\text{ext}} + q_i(\boldsymbol{E} + \boldsymbol{v}_i \times \boldsymbol{B}) \tag{5.45}$$

gelten. Den realistischen Fall, dass zusätzlich noch Reibungskräfte wirken, betrachten wir weiter unten.

Aus (5.45) folgt für die kinetische Energie T

$$\dot{T} = \frac{d}{dt}\sum_i \frac{1}{2}m_i\boldsymbol{v}_i^2 = \sum_i \boldsymbol{v}_i \cdot m_i\dot{\boldsymbol{v}}_i = \sum_i \boldsymbol{v}_i \cdot \boldsymbol{F}_i^{\text{ext}} + \sum_i q_i\boldsymbol{v}_i \cdot \boldsymbol{E}(\boldsymbol{r}_i)\,. \tag{5.46}$$

Der erste Summenterm der rechten Seite ist die Arbeitsleistung dA_{ext}/dt der externen Kräfte, der zweite ist die Arbeitsleistung der Felder $\boldsymbol{E}$ und $\boldsymbol{B}$ an den Ladungsträgern.

Durch Überführung in ein Integral erhalten wir für die Letztere

$$\sum_i q_i \boldsymbol{v}_i \cdot \boldsymbol{E}(\boldsymbol{r}_i) \overset{\text{s.u.}}{=} \sum_j \frac{\sum_{i=1}^{N_{\Delta\tau_j}} q_i \boldsymbol{v}_i}{\Delta\tau_j} \cdot \boldsymbol{E}(\boldsymbol{r}_j)\,\Delta\tau_j \to \int_{\mathbb{R}_3} \boldsymbol{j}\cdot\boldsymbol{E}\,d^3\tau$$

– das Volumen $\Delta\tau_j$ wird so klein gewählt, dass für alle in ihm enthaltenen Ladungen $\boldsymbol{E}(\boldsymbol{r}_1)\approx\boldsymbol{E}(\boldsymbol{r}_2)\approx\ldots\approx\boldsymbol{E}(\boldsymbol{r}_j)$ gilt – und mit (3.78d), $\boldsymbol{j}=\operatorname{rot}\boldsymbol{B}/\mu_0-\varepsilon_0\partial\boldsymbol{E}/\partial t$, folgt

$$\begin{aligned}
\int_{\mathbb{R}^3} \boldsymbol{j}\cdot\boldsymbol{E}\,d^3\tau &= \frac{1}{\mu_0}\int_{\mathbb{R}^3} \boldsymbol{E}\cdot\operatorname{rot}\boldsymbol{B}\,d^3\tau - \varepsilon_0\int_{\mathbb{R}^3} \boldsymbol{E}\cdot\frac{\partial\boldsymbol{E}}{\partial t}\,d^3\tau \\
&\overset{(2.17)}{=} \frac{1}{\mu_0}\int_{\mathbb{R}^3}\Big[\operatorname{div}(\boldsymbol{B}\times\boldsymbol{E}) + \boldsymbol{B}\cdot\operatorname{rot}\boldsymbol{E}\Big]d^3\tau - \varepsilon_0\int_{\mathbb{R}^3} \boldsymbol{E}\cdot\frac{\partial\boldsymbol{E}}{\partial t}\,d^3\tau \\
&\overset{\substack{(2.27)\\(3.78b)}}{=} \frac{1}{\mu_0}\oint_\infty (\boldsymbol{B}\times\boldsymbol{E})\cdot d\boldsymbol{f} - \frac{1}{\mu_0}\int_{\mathbb{R}^3} \boldsymbol{B}\cdot\frac{\partial\boldsymbol{B}}{\partial t}\,d^3\tau - \varepsilon_0\int_{\mathbb{R}^3} \boldsymbol{E}\cdot\frac{\partial\boldsymbol{E}}{\partial t}\,d^3\tau \\
&= -\frac{d}{dt}\left(\int_{\mathbb{R}^3}\frac{\boldsymbol{B}^2}{2\mu_0}\,d^3\tau + \int_{\mathbb{R}^3}\frac{\varepsilon_0\boldsymbol{E}^2}{2}\,d^3\tau\right).
\end{aligned} \tag{5.47}$$

Dabei haben wir $\oint_\infty(\boldsymbol{B}\times\boldsymbol{E})\cdot d\boldsymbol{f}/\mu_0=0$ gesetzt, was seine Rechtfertigung erst in Abschn. 7.8 erfahren wird. (Der weggelassene Term repräsentiert die durch elektromagnetische Wellen ins Unendliche abgestrahlte Energie, und da erst ab $t=0$ Wellen erzeugt werden, dauert es unendlich lange, bis sie die unendlich ferne Integrationsfläche erreichen.) Mit der erhaltenen Umformung wird aus (5.46)

$$\frac{dA_{\text{ext}}}{dt} = \frac{d}{dt}\left(T + \int_{\mathbb{R}^3}\frac{\boldsymbol{B}^2}{2\mu_0}\,d^3\tau + \int_{\mathbb{R}^3}\frac{\varepsilon_0\boldsymbol{E}^2}{2}\,d^3\tau\right). \tag{5.48}$$

Durch Integration von $t=0$ bis $t=t_s$ ergibt sich daraus $A_{\text{ext}}=T+\int_{\mathbb{R}^3}\boldsymbol{B}^2/(2\mu_0)\,d^3\tau$, da das elektrische Feld $\boldsymbol{E}$ nur in der Aufbauphase induziert wird und sowohl für $t=0$ als auch für $t=t_s$ verschwindet.[3] Ein Teil der Arbeit der externen Kräfte geht in die kinetische Energie der Ladungsträger, der Rest wird zum Aufbau des Magnetfelds benutzt. Gemäß unserer eingangs getroffenen Definition ist dessen Energie daher

$$\boxed{W_{\text{m}} = \int_{\mathbb{R}^3}\frac{\boldsymbol{B}^2}{2\mu_0}\,d^3\tau\,.} \tag{5.49}$$

Mit derselben Begründung, die uns in der Elektrostatik $(\varepsilon_0/2)\,\boldsymbol{E}^2$ als Energiedichte des elektrischen Feldes auffassen ließ (siehe Abschn. 4.1), interpretieren wir jetzt als **lokale**

3 Die in der Aufbauphase erzeugten Felder $\boldsymbol{E}(\boldsymbol{r},t)$ und $\boldsymbol{B}(\boldsymbol{r},t)$ breiten sich mit Lichtgeschwindigkeit aus, und im Grunde dauert es unendlich lange, bis $\boldsymbol{B}$ statisch wird und $\boldsymbol{E}$ verschwindet. In der Umgebung der Stromverteilung, d. h. dort, wo der wesentliche Teil der Feldenergie lokalisiert ist, wird $\boldsymbol{B}$ allerdings schon kurz nach der Aufbauphase praktisch zeitunabhängig, während $\boldsymbol{E}$ praktisch verschwindet.

Energiedichte des Magnetfelds

$$\boxed{w_\mathrm{m} = \frac{\boldsymbol{B}^2}{2\mu_0}\,.} \tag{5.50}$$

2. Wir betrachten jetzt die Energiebilanz in der realistischeren Situation, dass auf die Ladungsträger zusätzlich Reibungskräfte wirken. Im einfachsten Fall sind diese durch

$$\boldsymbol{F}_i^\mathrm{Reib} = -\alpha_i\,\boldsymbol{v}_i$$

gegeben und liefern in der Energiebilanz (5.46) zu $\dot{T}$ den Beitrag $-\sum_i \alpha_i\,\boldsymbol{v}_i{\cdot}\boldsymbol{v}_i < 0$. In metallischen Leitern gilt, wenn wir für alle $N_{\Delta\tau_j}$ im Volumen $\Delta\tau_j$ befindlichen Elektronen die gleiche Geschwindigkeit $\boldsymbol{v}_i{=}\boldsymbol{v}_j$ sowie $\alpha_i{=}\alpha_j{=}\alpha$ annehmen,

$$-\sum_i \alpha_i\,\boldsymbol{v}_i{\cdot}\boldsymbol{v}_i = -\sum_j \alpha\,N_{\Delta\tau_j}\,\boldsymbol{v}_j^2 = -\sum_j \left(\frac{N_{\Delta\tau_j}\,e\boldsymbol{v}_j}{\Delta\tau_j}\right)^2 \frac{\alpha\,\Delta\tau_j}{N_{\Delta\tau_j}\,e^2}\,\Delta\tau_j = -\int_{\mathbb{R}^3}\frac{\boldsymbol{j}^2}{\sigma}\,d^3\tau\,,$$

wobei

$$\sigma = \frac{n\,e^2}{\alpha} \qquad \text{mit} \qquad n = \frac{N_{\Delta\tau_j}}{\Delta\tau_j}$$

gesetzt wurde. $-\sum_i \alpha_i\,\boldsymbol{v}_i{\cdot}\boldsymbol{v}_i{=}{-}\int \boldsymbol{j}^2/\sigma\;d^3\tau$ sind die **Ohm'schen Verluste**, die als Wärmeenergie abgegeben werden.

Im stationären Endzustand ab der Zeit $t{=}t_\mathrm{s}$ bleiben in Gleichung (5.48) die Terme T, W_m und W_e konstant, und wir erhalten statt dieser

$$\frac{dA_\mathrm{ext}}{dt} = \int_{\mathbb{R}^3}\frac{\boldsymbol{j}^2}{\sigma}\,d^3\tau \qquad \text{für} \qquad t \geq t_\mathrm{s}\,, \tag{5.51}$$

d. h. auch im stationären Endzustand müssen die externen Kräfte Energie nachliefern, um die im Leiter und in der Spannungsquelle auftretenden Ohm'schen Verluste zu ersetzen.

Die Kräfte $\boldsymbol{F}_i^\mathrm{ext}$ wirken in realistischen Situationen nicht im ganzen Stromkreis. Deshalb muss in den Leitern auch im stationären Endzustand zur Kompensation der Reibungskräfte ein elektrisches Feld

$$q_i\,\boldsymbol{E} = \alpha_i\,\boldsymbol{v}_i$$

vorhanden sein. Wegen $\operatorname{rot}\boldsymbol{E}{=}0$ bzw. $\oint \boldsymbol{E}{\cdot}d\boldsymbol{s}{=}0$ muss $\boldsymbol{E}$ in der Spannungsquelle die Richtung umkehren (Abb. 5.8). Da die Ströme jedoch wegen $\operatorname{div}\boldsymbol{j}{=}0$ im Leiter und in der Spannungsquelle den gleichen Richtungssinn haben, müssen die externen Kräfte in der Spannungsquelle den elektrischen Kräften $q_i\,\boldsymbol{E}$ entgegengesetzt sein. Sie werden als **elektromotorische Kräfte** oder **ponderomotorische Kräfte** bezeichnet und z. B. in einem galvanischen Element durch einen Konzentrationsgradienten der Ladungsträger oder in einem Thermoelement durch einen Temperaturgradienten hervorgerufen.

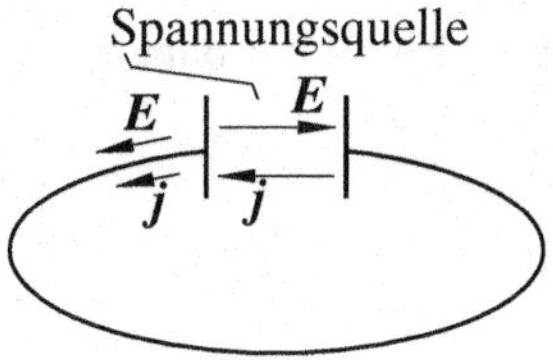

Abb. 5.8: Richtung von Stromdichte $\boldsymbol{j}$ und elektrischem Feld $\boldsymbol{E}$ in einem Stromkreis. $\boldsymbol{E}$ muss in der Spannungsquelle die Richtung wechseln.

Beim Aufbau des Magnetfelds lautet die Energiebilanz unter Einschluss der Reibungskräfte jetzt

$$\frac{dA_{\text{ext}}}{dt} = \dot{T} + \dot{W}_{\text{m}} + \dot{W}_{\text{e}} + \int_{\mathbb{R}^3} \frac{j^2}{\sigma}\, d^3\tau\,. \tag{5.52}$$

Die ponderomotorischen Kräfte in der Spannungsquelle leisten also Arbeit zur Beschleunigung der Ladungsträger, zum Aufbau der magnetischen Feldenergie, zur Veränderung der Energie des elektrischen Feldes und zum Ersatz der Ohm'schen Verluste.

Die Ursache für die Induktion des elektromagnetischen Feldes ist die durch T repräsentierte Bewegung der Ladungsträger. Löst man Gleichung (5.52) nach $\dot{T}$ auf, so sieht man, dass die durch W_{m} und W_{e} repräsentierten Induktionsfelder für $\dot{W}_{\text{m}}>0$ und $\dot{W}_{\text{e}}>0$ einen negativen Beitrag zu $\dot{T}$ liefern. Das führt uns in sehr allgemeiner Weise zu der nach H. F. E. Lenz benannte Lenz'schen Regel, zu der auch in Aufgabe 5.2 noch ein Beispiel untersucht wird.

Lenz'sche Regel. *Die von den induzierten Feldern ausgehenden Wirkungen wirken der Induktionsursache entgegen.*

Das Ergebnis (5.49) für W_{m} lässt sich in die beiden äquivalenten Formen

$$\boxed{W_{\text{m}} = \frac{1}{2}\int_{\mathbb{R}^3} \boldsymbol{A}\cdot\boldsymbol{j}\, d^3\tau = \frac{\mu_0}{8\pi}\int_{\mathbb{R}^3}\int_{\mathbb{R}^3} \frac{\boldsymbol{j}(\boldsymbol{r})\cdot\boldsymbol{j}(\boldsymbol{r}')}{|\boldsymbol{r}-\boldsymbol{r}'|}\, d^3\tau\, d^3\tau'} \tag{5.53}$$

überführen, die in Analogie zu den Gleichungen (4.10) der Elektrostatik stehen. Die erste Form folgt mit $\boldsymbol{B}=\operatorname{rot}\boldsymbol{A}$ und $\operatorname{rot}\boldsymbol{B}/\mu_0=\boldsymbol{j}$ aus

$$\int_{\mathbb{R}^3} \frac{\boldsymbol{B}^2}{2\mu_0}\, d^3\tau = \frac{1}{2}\int_{\mathbb{R}^3} \frac{\boldsymbol{B}}{\mu_0}\cdot\operatorname{rot}\boldsymbol{A}\, d^3\tau \overset{(2.17)}{=} \underbrace{\frac{1}{2}\int_{\mathbb{R}^3} \operatorname{div}\left(\boldsymbol{A}\times\frac{\boldsymbol{B}}{\mu_0}\right) d^3\tau}_{0} + \frac{1}{2}\int_{\mathbb{R}^3} \boldsymbol{A}\cdot\operatorname{rot}\frac{\boldsymbol{B}}{\mu_0}\, d^3\tau\,.$$

(Das Integral über die Divergenz kann mithilfe des Gauß'schen Satzes in ein Oberflächenintegral im Unendlichen verwandelt werden und verschwindet, weil dort $\boldsymbol{A}\sim r^{-2}$ und $\boldsymbol{B}\sim r^{-3}$ ist.) Die zweite folgt aus der ersten durch Einsetzen von (5.2b). Die Energie des Magnetfelds, das von einem geschlossenen Linienstrom der Stärke I hervorgerufen wird, ergibt sich aus (5.53a) mit $\boldsymbol{j}d^3\tau\to I\,d\boldsymbol{s}$ zu

$$W_{\text{m}} = \frac{I}{2}\oint \boldsymbol{A}\cdot d\boldsymbol{s} \overset{(2.28)}{=} \frac{I}{2}\int \operatorname{rot}\boldsymbol{A}\cdot d\boldsymbol{f} = \frac{I}{2}\int \boldsymbol{B}\cdot d\boldsymbol{f}\,.$$

Darin ist $\int \boldsymbol{B}\cdot d\boldsymbol{f}=\psi$ der magnetische Fluss durch den Leiter, und wir haben

$$W_\mathrm{m} = \frac{1}{2}\, I\,\psi\,. \tag{5.54}$$

5.3.4 Wechselwirkungsenergie und Kräfte

Ähnlich wie die elektrostatische Feldenergie (4.13) zerfällt auch die magnetische Feldenergie (5.53) bei zwei räumlich getrennten Stromverteilungen $\boldsymbol{j}_1(\boldsymbol{r})$ und $\boldsymbol{j}_2(\boldsymbol{r})$ in zwei Selbstenergie-Anteile und zwei identische Wechselwirkungsenergie-Anteile,

$$\begin{aligned}W_\mathrm{m} &= \frac{\mu_0}{8\pi}\left(\iint \frac{\boldsymbol{j}_1(\boldsymbol{r})\cdot\boldsymbol{j}_1(\boldsymbol{r}')}{|\boldsymbol{r}-\boldsymbol{r}'|}\,d^3\tau\,d^3\tau' + \iint \frac{\boldsymbol{j}_2(\boldsymbol{r})\cdot\boldsymbol{j}_2(\boldsymbol{r}')}{|\boldsymbol{r}-\boldsymbol{r}'|}\,d^3\tau\,d^3\tau'\right)\\ &\quad+\frac{\mu_0}{8\pi}\left(\iint \frac{\boldsymbol{j}_1(\boldsymbol{r})\cdot\boldsymbol{j}_2(\boldsymbol{r}')}{|\boldsymbol{r}-\boldsymbol{r}'|}\,d^3\tau\,d^3\tau' + \iint \frac{\boldsymbol{j}_2(\boldsymbol{r})\cdot\boldsymbol{j}_1(\boldsymbol{r}')}{|\boldsymbol{r}-\boldsymbol{r}'|}\,d^3\tau\,d^3\tau'\right).\end{aligned}$$

Die Wechselwirkungsanteile können wir mit der Vertauschung $\boldsymbol{r}\leftrightarrow\boldsymbol{r}'$ im letzten Integral zu

$$W_\mathrm{w} = \frac{\mu_0}{4\pi}\iint \frac{\boldsymbol{j}_1(\boldsymbol{r})\cdot\boldsymbol{j}_2(\boldsymbol{r}')}{|\boldsymbol{r}-\boldsymbol{r}'|}\,d^3\tau\,d^3\tau' \overset{(5.2b)}{=} \int \boldsymbol{j}_1(\boldsymbol{r})\cdot\boldsymbol{A}_2(\boldsymbol{r})\,d^3\tau$$

zusammenfassen. Die im Gebiet der Stromverteilung $\boldsymbol{j}_1(\boldsymbol{r})$ zum Potenzial $\boldsymbol{A}_2(\boldsymbol{r})$ führende Stromverteilung $\boldsymbol{j}_2(\boldsymbol{r})$ muss gar nicht bekannt sein, wir können

$$W_\mathrm{w} = \int \boldsymbol{j}(\boldsymbol{r})\cdot\boldsymbol{A}_\mathrm{ext}(\boldsymbol{r})\,d^3\tau \tag{5.55}$$

als Wechselwirkungsenergie der Stromverteilung $\boldsymbol{j}(\boldsymbol{r})$ in einem gegebenen externen Feld $\boldsymbol{A}_\mathrm{ext}(\boldsymbol{r})$ auffassen (elektrostatisches Analogon (4.31)).

Beispiel 5.2:

Die Wechselwirkungsenergie des Linienstroms einer infinitesimalen Stromschleife im externen Feld $\boldsymbol{B}_\mathrm{ext}=\operatorname{rot}\boldsymbol{A}_\mathrm{ext}$ ist

$$W_\mathrm{w} = \int \boldsymbol{j}\cdot\boldsymbol{A}_\mathrm{ext}\,d^3\tau \overset{(3.31)}{=} I\oint \boldsymbol{A}_\mathrm{ext}\cdot d\boldsymbol{s} = I\int \boldsymbol{B}_\mathrm{ext}\cdot d\boldsymbol{f} = I\,\boldsymbol{B}_\mathrm{ext}\cdot\boldsymbol{n}\,\Delta f\,.$$

Mit der Definition (3.44) des magnetischen Moments folgt daraus $W_\mathrm{w}=\boldsymbol{m}\cdot\boldsymbol{B}_\mathrm{ext}$, und mit $dW=\nabla W\cdot d\boldsymbol{r}=\nabla(\boldsymbol{m}\cdot\boldsymbol{B}_\mathrm{ext})\cdot d\boldsymbol{r}=\boldsymbol{F}\cdot d\boldsymbol{r}$ ergibt sich, wie schon in Abschn. 5.3.2 berechnet wurde, $\boldsymbol{F}=\nabla(\boldsymbol{m}\cdot\boldsymbol{B}_\mathrm{ext})$.

Die (4.32) entsprechende Entwicklung der Wechselwirkungsenergie einer um $\boldsymbol{r}=0$ lokalisierten Stromverteilung $\boldsymbol{j}(r)$ mit einem in deren Bereich schwach veränderlichen Feld $\boldsymbol{A}_\mathrm{ext}(\boldsymbol{r})=\boldsymbol{A}_\mathrm{ext}(0)+\boldsymbol{r}\cdot(\nabla\boldsymbol{A}_\mathrm{ext})|_0+\dots$ lautet ohne den Quadrupolterm

$$\boxed{W_\mathrm{w} = \boldsymbol{m}\cdot\boldsymbol{B}_\mathrm{ext}(0)+\dots\,,} \tag{5.56}$$

wobei $\boldsymbol{m}$ durch Gleichung (5.34) definiert ist und wegen des Verschwindens der magnetischen Ladung kein Term $\sim \boldsymbol{A}_{\text{ext}}(0)$ auftritt. (Der etwas schwierigere Beweis wird in Aufgabe 5.3 erbracht.) Der Vorzeichenunterschied gegenüber dem Ergebnis der Elektrostatik kommt dadurch zustande, dass das System der wechselwirkenden Ströme anders als das wechselwirkender Ladungen nicht abgeschlossen ist: Beim Aufbau der magnetischen Feldenergie werden elektrische Spannungen induziert, gegen die die den Strom antreibenden externen Kräfte Arbeit leisten müssen.

Nun betrachten wir die Änderung der gesamten Feldenergie W_{m} **bei starren infinitesimalen Verschiebungen**

$$\boldsymbol{j}(\boldsymbol{r}) \rightarrow \boldsymbol{j}'(\boldsymbol{r}) = \boldsymbol{j}(\boldsymbol{r}-d\boldsymbol{r})$$

der Stromelemente $\boldsymbol{j}(\boldsymbol{r})$ um $d\boldsymbol{r}$ im Potenzialfeld $\boldsymbol{A}_{\text{ext}}(\boldsymbol{r})$, dessen Quellen festgehalten werden. Die Wechselwirkungsenergie geht dabei in

$$W'_{\text{w}} = \int \boldsymbol{j}(\boldsymbol{r}-d\boldsymbol{r}) \cdot \boldsymbol{A}_{\text{ext}}(\boldsymbol{r})\, d^3\tau$$

über. Da sich die Selbstenergien bei starren Bewegungen der Stromverteilung nicht ändern, ist

$$dW_{\text{m}} = W'_{\text{w}} - W_{\text{w}} = \int [\boldsymbol{j}(\boldsymbol{r}-d\boldsymbol{r}) - \boldsymbol{j}(\boldsymbol{r})] \cdot \boldsymbol{A}_{\text{ext}}(\boldsymbol{r})\, d^3\tau = -d\boldsymbol{r} \cdot \int \nabla[\overset{\downarrow}{\boldsymbol{j}} \cdot \boldsymbol{A}_{\text{ext}}(\boldsymbol{r})]\, d^3\tau\,,$$

wobei der Pfeil $\downarrow$ über $\boldsymbol{j}$ andeutet, dass nur $\boldsymbol{j}$ differenziert werden soll. Mit Summenkonvention gilt $\text{div}\, \boldsymbol{j} = \partial_i j_i = 0$, $\boldsymbol{j} \cdot \nabla \boldsymbol{A}_{\text{ext}} = j_i \partial_i \boldsymbol{A}_{\text{ext}} = \partial_i (j_i \boldsymbol{A}_{\text{ext}})$ und daher

$$\begin{aligned}
\int \nabla(\overset{\downarrow}{\boldsymbol{j}} \cdot \boldsymbol{A}_{\text{ext}})\, d^3\tau &\overset{\text{s.u.}}{=} \int \nabla(\boldsymbol{j} \cdot \boldsymbol{A}_{\text{ext}})\, d^3\tau - \int \nabla(\boldsymbol{j} \cdot \overset{\downarrow}{\boldsymbol{A}}_{\text{ext}})\, d^3\tau \\
&\overset{(2.31)}{\underset{(2.19)}{=}} \int_\infty \boldsymbol{j} \cdot \boldsymbol{A}_{\text{ext}}\, \boldsymbol{n}\, df - \int \boldsymbol{j} \times \text{rot}\, \boldsymbol{A}_{\text{ext}}\, d^3\tau - \int \boldsymbol{j} \cdot \nabla \boldsymbol{A}_{\text{ext}}\, d^3\tau \\
&\overset{\text{s.u.}}{=} -\int \boldsymbol{j} \times \boldsymbol{B}_{\text{ext}}\, d^3\tau - \int_\infty j_i \boldsymbol{A}_{\text{ext}}\, df_i \overset{\text{s.u.}}{=} -\int \boldsymbol{j} \times \boldsymbol{B}_{\text{ext}}\, d^3\tau\,,
\end{aligned}$$

wofür in der ersten Zeile die Kettenregel und in der dritten (2.33) sowie $\boldsymbol{j}=0$ für $\boldsymbol{r} \to \infty$ benutzt wurde. Für starre Verschiebungen gilt daher

$$\boxed{dW_{\text{m}} = \boldsymbol{F} \cdot d\boldsymbol{r}\,,} \tag{5.57}$$

wobei $\boldsymbol{F} = \int \boldsymbol{j} \times \boldsymbol{B}_{\text{ext}}\, d^3\tau$ die vom Feld $\boldsymbol{B}_{\text{ext}}$ ausgeübte Gesamtkraft auf die Stromverteilung ist. Dieses Ergebnis steht bezüglich des Vorzeichens wieder im Gegensatz zum Ergebnis (4.33) der Elektrostatik, $dW = -\boldsymbol{F} \cdot d\boldsymbol{r}$. Bei der Bewegung des den Strom führenden Leiters im externen Magnetfeld wird eine Ringspannung $\oint \boldsymbol{E} \cdot d\boldsymbol{s} = -\frac{d}{dt} \int \boldsymbol{B} \cdot d\boldsymbol{f}$ induziert, welche die Stromstärke verändern möchte. Damit diese aber, wie vorausgesetzt, konstant bleibt, muss die induzierte Spannung durch eine Gegenspannung in der den Strom antreibenden Spannungsquelle kompensiert werden. Dabei wird von der Letzteren Energie abgegeben oder aufgenommen, das System ist nicht mehr abgeschlossen. Die zusätzliche Energieabgabe der Spannungsquelle muss nach unserem obigen Resultat gerade $2\, \boldsymbol{F} \cdot d\boldsymbol{r}$ betragen.

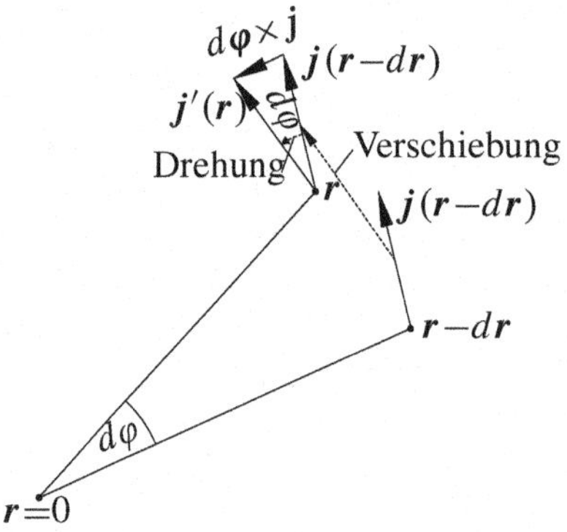

Abb. 5.9: Die starre Rotation $\boldsymbol{j}\to\boldsymbol{j}'$ des Vektorfeldes $\boldsymbol{j}(\boldsymbol{r})$ setzt sich aus einer ortsabhängigen Verschiebung $\boldsymbol{j}(\boldsymbol{r})\to\boldsymbol{j}(\boldsymbol{r}-d\boldsymbol{r})$ mit $d\boldsymbol{r}=d\boldsymbol{\varphi}\times\boldsymbol{r}$ und einer anschließenden Drehung des verschobenen Vektors $\boldsymbol{j}(\boldsymbol{r}-d\boldsymbol{r})$ um den Winkel $d\varphi$ zusammen.

Jetzt untersuchen wir die Änderung der Feldenergie **bei starren Drehungen um den Koordinatenursprung**. Nach Abb. 5.9 setzt sich eine solche zusammen aus einer ortsabhängigen Verschiebung, die den Vektor $\boldsymbol{j}(\boldsymbol{r}-d\boldsymbol{r})$ an die Stelle des Vektors $\boldsymbol{j}(\boldsymbol{r})$ rückt und zu der Änderung $d\boldsymbol{j}=-d\boldsymbol{r}\cdot\nabla\boldsymbol{j}(\boldsymbol{r})$ mit $d\boldsymbol{r}=d\boldsymbol{\varphi}\times\boldsymbol{r}$ führt, und einer anschließenden Drehung des verschobenen Vektors $\boldsymbol{j}(\boldsymbol{r}-d\boldsymbol{r})$ um den Winkel $d\varphi$, die zu der Änderung $d\boldsymbol{j}=d\boldsymbol{\varphi}\times\boldsymbol{j}(\boldsymbol{r})$ führt. (Eigentlich $d\boldsymbol{j}=d\boldsymbol{\varphi}\times\boldsymbol{j}(\boldsymbol{r}-d\boldsymbol{r})$, aber da Differenziale höherer Ordnung nicht berücksichtigt werden müssen, kann hierin $\boldsymbol{j}(\boldsymbol{r}-d\boldsymbol{r})=\boldsymbol{j}(\boldsymbol{r})-d\boldsymbol{r}\cdot\nabla\boldsymbol{j}(\boldsymbol{r})$ durch $\boldsymbol{j}(\boldsymbol{r})$ ersetzt werden.) Insgesamt haben wir also

$$\boldsymbol{j}(\boldsymbol{r})\to\boldsymbol{j}'(\boldsymbol{r})=\boldsymbol{j}(\boldsymbol{r}-d\boldsymbol{r})\big|_{d\boldsymbol{r}=d\boldsymbol{\varphi}\times\boldsymbol{r}}+d\boldsymbol{\varphi}\times\boldsymbol{j}=\boldsymbol{j}(\boldsymbol{r})-(d\boldsymbol{\varphi}\times\boldsymbol{r})\cdot\nabla\boldsymbol{j}(\boldsymbol{r})+d\boldsymbol{\varphi}\times\boldsymbol{j}(\boldsymbol{r})\,.$$

Die Wechselwirkungsenergie geht dabei in

$$W_\mathrm{w}'=\int\Big[\boldsymbol{j}(\boldsymbol{r}-d\boldsymbol{r})\big|_{d\boldsymbol{r}=d\boldsymbol{\varphi}\times\boldsymbol{r}}+d\boldsymbol{\varphi}\times\boldsymbol{j}(\boldsymbol{r})\Big]\cdot\boldsymbol{A}_\mathrm{ext}(\boldsymbol{r})\,d^3\tau$$

über. Da sich die Selbstenergien bei starren Rotationen der Stromverteilung nicht ändern, gilt

$$\begin{aligned}
dW_\mathrm{m}=W_\mathrm{w}'-W_\mathrm{w}&=\int\Big[\boldsymbol{j}(\boldsymbol{r}-d\boldsymbol{r})\Big|_{d\boldsymbol{r}=d\boldsymbol{\varphi}\times\boldsymbol{r}}-\boldsymbol{j}(\boldsymbol{r})+d\boldsymbol{\varphi}\times\boldsymbol{j}(\boldsymbol{r})\Big]\cdot\boldsymbol{A}_\mathrm{ext}(\boldsymbol{r})\,d^3\tau\\
&=-\int\Big[(d\boldsymbol{\varphi}\times\boldsymbol{r})\cdot\nabla\boldsymbol{j}+d\boldsymbol{\varphi}\times\boldsymbol{j}\Big]\cdot\boldsymbol{A}_\mathrm{ext}(\boldsymbol{r})\,d^3\tau\\
&=-d\boldsymbol{\varphi}\cdot\int\Big[\boldsymbol{r}\times\nabla[\overset{\downarrow}{\boldsymbol{j}}\cdot\boldsymbol{A}_\mathrm{ext}(\boldsymbol{r})]\Big]\,d^3\tau+d\boldsymbol{\varphi}\cdot\int\big[\boldsymbol{j}\times\boldsymbol{A}_\mathrm{ext}(\boldsymbol{r})\big]\,d^3\tau\,.
\end{aligned}$$

Mit

$$\begin{aligned}
\nabla(\overset{\downarrow}{\boldsymbol{j}}\cdot\boldsymbol{A}_\mathrm{ext})&\overset{(2.19)}{=}\nabla(\boldsymbol{j}\cdot\boldsymbol{A}_\mathrm{ext})-\boldsymbol{j}\cdot\nabla\boldsymbol{A}_\mathrm{ext}-\boldsymbol{j}\times\operatorname{rot}\boldsymbol{A}_\mathrm{ext}\,,\\
\boldsymbol{r}\times\nabla(\boldsymbol{j}\cdot\boldsymbol{A}_\mathrm{ext})&\overset{\text{s.u.}}{=}-\operatorname{rot}(\boldsymbol{r}\,\boldsymbol{j}\cdot\boldsymbol{A}_\mathrm{ext})
\end{aligned}$$

wegen $\operatorname{rot}\boldsymbol{r}=0$ und mit

$$\begin{aligned}
\int\boldsymbol{r}\times\partial_i(j_i\boldsymbol{A}_\mathrm{ext})\,d^3\tau&=\int\partial_i(\boldsymbol{r}\times j_i\boldsymbol{A}_\mathrm{ext})\,d^3\tau-\int(\boldsymbol{j}\cdot\nabla\boldsymbol{r})\times\boldsymbol{A}_\mathrm{ext}\,d^3\tau\\
&\overset{\boldsymbol{j}\cdot\nabla\boldsymbol{r}=\boldsymbol{j}}{=}\int_\infty\boldsymbol{r}\times\boldsymbol{A}_\mathrm{ext}j_i\,df_i-\int\boldsymbol{j}\times\boldsymbol{A}_\mathrm{ext}\,d^3\tau=-\int\boldsymbol{j}\times\boldsymbol{A}_\mathrm{ext}\,d^3\tau
\end{aligned}$$

wegen div $j=0$ ist

$$
\begin{aligned}
-\int & \boldsymbol{r}\times\nabla(\overset{\downarrow}{\boldsymbol{j}}\cdot\boldsymbol{A}_{\text{ext}})\,d^3\tau \\
&= \int \operatorname{rot}(\boldsymbol{r}\,\boldsymbol{j}\cdot\boldsymbol{A}_{\text{ext}})\,d^3\tau + \int \boldsymbol{r}\times(\boldsymbol{j}\times\operatorname{rot}\boldsymbol{A}_{\text{ext}})\,d^3\tau + \int \boldsymbol{r}\times(\boldsymbol{j}\cdot\nabla)\boldsymbol{A}_{\text{ext}}\,d^3\tau \\
&\overset{(2.29)}{=} \int_\infty \boldsymbol{n}\times\boldsymbol{r}\,\boldsymbol{j}\cdot\boldsymbol{A}_{\text{ext}}\,df + \int \boldsymbol{r}\times(\boldsymbol{j}\times\boldsymbol{B}_{\text{ext}})\,d^3\tau + \int \boldsymbol{r}\times\partial_i(j_i\boldsymbol{A}_{\text{ext}})\,d^3\tau \\
&= \int \boldsymbol{r}\times(\boldsymbol{j}\times\boldsymbol{B}_{\text{ext}})\,d^3\tau - \int \boldsymbol{j}\times\boldsymbol{A}_{\text{ext}}\,d^3\tau\,.
\end{aligned}
$$

Einsetzen in den für dW_m erhaltenen Ausdruck liefert schließlich für starre Drehungen die Energieänderung

$$\boxed{dW_\text{m} = \boldsymbol{N}\cdot d\boldsymbol{\varphi}\,,} \tag{5.58}$$

wobei $\boldsymbol{N}=\int \boldsymbol{r}\times(\boldsymbol{j}\times\boldsymbol{B}_{\text{ext}})\,d^3\tau$ das auf die Stromverteilung ausgeübte Drehmoment ist und der Vorzeichenunterschied gegenüber dem entsprechenden Ergebnis (4.34) der Elektrostatik wie bei den starren Verschiebungen zu erklären ist.

5.3.5 Reziprozitätstheorem der Magnetostatik

Die Analogie der Ausdrücke (4.10a) für die Energie elektrostatischer und (5.53a) für die Energie magnetostatischer Felder lässt erwarten, dass auch das Green'sche Reziprozitätstheorem (4.46) ein magnetostatisches Analogon besitzt. In der Tat gilt das folgende Reziprozitätstheorem.

Reziprozitätstheorem der Magnetostatik. *Sind $\boldsymbol{j}_1(\boldsymbol{r})$ und $\boldsymbol{j}_2(\boldsymbol{r})$ zwei Stromverteilungen und $\boldsymbol{A}_1(\boldsymbol{r})$ bzw. $\boldsymbol{A}_2(\boldsymbol{r})$ die zugehörigen Vektorpotenziale, so gilt*

$$\int \boldsymbol{j}_1(\boldsymbol{r}_1)\,\boldsymbol{A}_2(\boldsymbol{r}_1)\,d^3\tau_1 = \int \boldsymbol{j}_2(\boldsymbol{r}_2)\,\boldsymbol{A}_1(\boldsymbol{r}_2)\,d^3\tau_2\,. \tag{5.59}$$

Beweis: Der Beweis könnte unter Benutzung der Darstellung (5.2b) für das Vektorpotenzial genauso geführt werden wie der Beweis des Green'schen Reziprozitätstheorems. Zur Abwechslung wird hier ein etwas anderer Weg beschritten. Es gilt

$$
\begin{aligned}
\int \boldsymbol{j}_1(\boldsymbol{r}_1)\cdot\boldsymbol{A}_2(\boldsymbol{r}_1)\,d^3\tau_1 &= \frac{1}{\mu_0}\int \boldsymbol{A}_2(\boldsymbol{r}_1)\cdot[\nabla_1\times\boldsymbol{B}_1(\boldsymbol{r}_1)]\,d^3\tau_1 \\
&= \frac{1}{\mu_0}\int \Big[\operatorname{div}(\boldsymbol{B}_1\times\boldsymbol{A}_2)+\boldsymbol{B}_1\cdot[\nabla_1\times\boldsymbol{A}_2(\boldsymbol{r}_1)]\Big]\,d^3\tau_1 = \frac{1}{\mu_0}\int B_1(\boldsymbol{r})\cdot B_2(\boldsymbol{r})\,d^3\tau\,.
\end{aligned}
$$

Dasselbe Ergebnis erhält man mit analogen Schritten für die rechte Seite der Gleichung (5.59).

□

5.4 Induktionskoeffizienten eines Systems von Strömen

5.4.1 System kontinuierlicher Stromverteilungen

Wir nehmen jetzt an, dass sich die Stromverteilung $\boldsymbol{j}(\boldsymbol{r})$ aus mehreren, voneinander getrennten Bereichen mit den Stromdichten $\boldsymbol{j}_i(\boldsymbol{r})$, $i=1, 2, \ldots$, zusammensetzt, die wir als Stromkreise bezeichnen. (Man kann sich mehrere stromdurchflossene Drahtschleifen mit Querschnitten endlicher Dicke vorstellen.) In vielen Fällen ist die Geometrie der Stromverteilung unabhängig von den Gesamtströmen $I_i = \int \boldsymbol{j}_i \cdot d\boldsymbol{f}_i$, d. h. es gilt

$$\boldsymbol{j}_i \to \gamma\, \boldsymbol{j}_i \quad \text{für} \quad I_i \to \gamma\, I_i\,, \qquad i = 1, 2, \ldots .$$

Die Vektorfelder

$$\boldsymbol{i}_k(\boldsymbol{r}) = \boldsymbol{j}_k / I_k \tag{5.60}$$

sind dann unabhängig von den I_k nur durch die Leitergeometrie bestimmt. In diesen Fällen folgt aus (5.53b)

$$W_{\mathrm{m}} = \frac{1}{2} \sum_{i,k} L_{ik} I_i I_k \tag{5.61}$$

mit

$$L_{ik} = L_{ki} = \frac{\mu_0}{4\pi} \int\!\!\int \frac{\boldsymbol{i}_i(\boldsymbol{r}_i) \cdot \boldsymbol{i}_k(\boldsymbol{r}_k)}{|\boldsymbol{r}_i - \boldsymbol{r}_k|}\, d^3\tau_i\, d^3\tau_k\,. \tag{5.62}$$

Die nur von der Leitergeometrie abhängigen Größen L_{ik} werden als **Induktionskoeffizienten** bezeichnet, genauer als **Selbstinduktionskoeffizienten** oder **Selbstinduktivitäten** für $i=k$ und **Koeffizienten der gegenseitigen Induktion** oder **Gegeninduktivitäten** für $i \neq k$. Der Grund für diese Benennung wird im nächsten Abschnitt ersichtlich.

5.4.2 System von Linienströmen in dünnen Leitern

Bei dünnen Leitern darf man in den Koeffizienten der gegenseitigen Induktion mit $\boldsymbol{j}\, d^3\tau \to I\, d\boldsymbol{s}$ bzw. $\boldsymbol{i}\, d^3\tau \to d\boldsymbol{s}$ zum Limes unendlich dünner Leiter übergehen und erhält aus (5.62)

$$L_{ik} = \frac{\mu_0}{4\pi} \oint\!\!\oint \frac{d\boldsymbol{s}_i \cdot d\boldsymbol{s}_k}{|\boldsymbol{r}_i - \boldsymbol{r}_k|}\,. \tag{5.63}$$

Bei den Selbstinduktionskoeffizienten ist das nicht für beide Integrale möglich, da das entstehende Integral $\oint\!\oint d\boldsymbol{s}_i \cdot d\boldsymbol{s}'_i / |\boldsymbol{r}_i - \boldsymbol{r}'_i|$ divergiert. Man erkennt das daran, dass der Selbstinduktionskoeffizient eines Leiters mit abnehmender Dicke zunimmt. Geht man in (5.62) jedoch nur bei einer Integration zum Linienintegral über, so erhält man den konvergenten Ausdruck

$$L_{ii} = \frac{\mu_0}{4\pi} \oint d\boldsymbol{s}_i \cdot \int \frac{\boldsymbol{i}_i(\boldsymbol{r}'_i)}{|\boldsymbol{r}_i - \boldsymbol{r}'_i|}\, d^3\tau'_i\,. \tag{5.64}$$

Die Bezeichnung der L_{ik} als Induktionskoeffizienten wird verständlich, wenn man in einem System (geschlossener) dünner Leiter den Fluss $\psi_i = \int \boldsymbol{B} \cdot d\boldsymbol{f}_i$ durch den i-ten

Leiter berechnet, den sämtliche Ströme I_k ($k{=}1, 2, \dots$) „induzieren". Es gilt

$$\begin{aligned}\psi_i &= \oint \operatorname{rot} \boldsymbol{A} \cdot d\boldsymbol{f}_i \overset{(2.28)}{=} \oint \boldsymbol{A}(\boldsymbol{r}_i) \cdot d\boldsymbol{s}_i \overset{(5.2b)}{=} \frac{\mu_0}{4\pi} \oint \int \frac{\boldsymbol{j}(\boldsymbol{r}')}{|\boldsymbol{r}_i - \boldsymbol{r}'|} d^3\tau' \cdot d\boldsymbol{s}_i \\ &\overset{(5.60)}{=} I_i \frac{\mu_0}{4\pi} \oint d\boldsymbol{s}_i \cdot \int \frac{\boldsymbol{i}_i(\boldsymbol{r}'_i)}{|\boldsymbol{r}_i - \boldsymbol{r}'_i|} d^3\tau'_i + \sum_{k \neq i} I_k \frac{\mu_0}{4\pi} \oint \oint \frac{d\boldsymbol{s}_i \cdot d\boldsymbol{s}_k}{|\boldsymbol{r}_i - \boldsymbol{r}_k|}\end{aligned} \tag{5.65}$$

bzw. mit (5.63)–(5.64)

$$\psi_i = L_{ii} I_i + \sum_{k \neq i} L_{ik} I_k = \sum_k L_{ik} I_k \,. \tag{5.66}$$

Der Strom I_k im k-ten Leiter liefert den Beitrag $L_{ik} I_k$ zum Fluss ψ_i durch den i-ten Leiter.

Die Verallgemeinerung von Gleichung (5.57) auf ein System von Leitern, die bei konstanten Strömen starr gegeneinander um $d\boldsymbol{r}_i$, $i{=}1, 2, \dots$ verschoben werden, ergibt mit (5.61) (Aufgabe 5.4)

$$\frac{1}{2} \sum_{i \neq k} I_i I_k dL_{ik} = \sum_i \boldsymbol{F}_i \cdot d\boldsymbol{r}_i \,.$$

5.5 Feldlinienstruktur magnetostatischer Felder

5.5.1 Lokale Eigenschaften

Reguläre Punkte. In regulären Punkten $\boldsymbol{r}$, auch bei Magnetfeldern durch $|\boldsymbol{B}(\boldsymbol{r})|<\infty$ definiert, sind die Eigenschaften magnetostatischer Feldlinien im Wesentlichen dieselben wie die elektrostatischer Feldlinien. Im Vakuum ist das offensichtlich, da die Feldgleichungen übereinstimmen. In Bereichen mit Strömen $\boldsymbol{j}{\neq}0$ untersucht man die Feldlinienstruktur ähnlich wie in der Elektrostatik und kommt zu den gleichen Ergebnissen.

Stagnationspunkte. Auch in Magnetfeldern gibt es Stagnationspunkte bzw. Stagnationslinien, also Punkte bzw. Linien, wo $\boldsymbol{B}{=}0$ wird. Ein Beispiel für den zweiten Fall liefert das Feld zweier paralleler Drähte mit parallelen Strömen (Abb. 5.10). Anders als in der Elektrostatik kann es wegen $\operatorname{div} \boldsymbol{B}{=}0$ jedoch keine Stagnationspunkte geben, in denen alle Feldlinien starten bzw. enden.

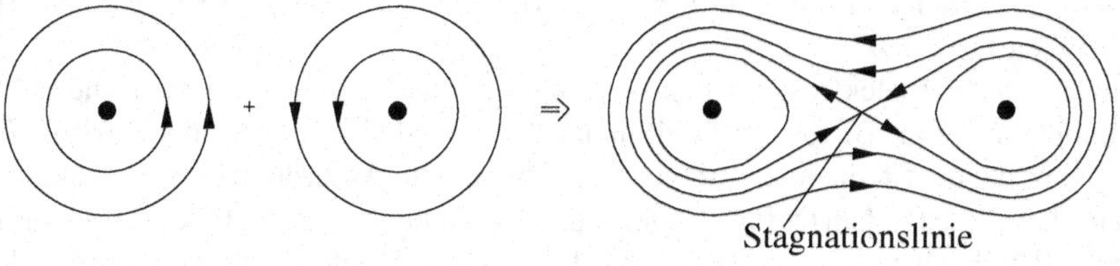

Abb. 5.10: Auftreten einer Stagnationslinie – in der Abbildung ist nur deren Durchstoßpunkt in der Betrachtungsebene zu sehen – bei Überlagerung der magnetischen Feldlinien zweier paralleler Drähte mit parallelen Strömen.

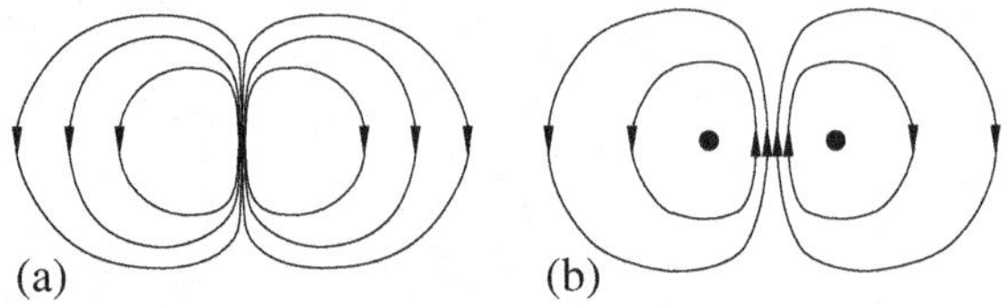

Abb. 5.11: Feldlinienverlauf (a) eines magnetischen Punktdipols, (b) eines realen magnetischen Dipols.

Singuläre Punkte (Punkte mit $|\boldsymbol{B}(\boldsymbol{r})|=\infty$). Das Feld eines magnetischen Punktdipols (kreisförmige Stromschleife mit Radius $R\to 0$ und Strom $I\to\infty$) hat denselben Feldlinienverlauf wie das eines elektrostatischen Punktdipols (Abb. 4.6 (a)), d. h. die Feldlinien starten mit $|\boldsymbol{B}|=\infty$ an derselben Stelle, an der sie landen (Abb. 5.11 (a)). Bei einem realen magnetischen Dipol (endliche Stromschleife) ist der Feldlinienverlauf anders als bei einem realen elektrischen Dipol (Abb. 4.6 (b)): Die Feldlinien beginnen und enden nicht an Ladungen, sondern schließen sich (Abb. 5.11 (b)).

5.5.2 Globale Eigenschaften

Integriert man die für sämtliche Magnetfelder gültige Gleichung div $\boldsymbol{B}=0$ über das Teilvolumen V einer Flussröhre der Magnetfeldlinien, das von zwei transversal zu diesen verlaufenden Flächen F_1 und F_2 abgetrennt wird (Abb. 5.12), so gilt

$$\int_V \operatorname{div} \boldsymbol{B}\, d^3\tau \overset{(2.27)}{=} \oint_{F_V} \boldsymbol{B}\cdot d\boldsymbol{f} \overset{\text{s.u.}}{=} \int_{F_2} \boldsymbol{B}\cdot d\boldsymbol{f} + \int_{F_2} \boldsymbol{B}\cdot d\boldsymbol{f} = \Phi_2 - \Phi_1 = 0\,, \quad (5.67)$$

wenn ϕ der Fluss in Feldrichtung ist und die Richtungsverhältnisse von Abb. 5.12 zugrunde gelegt werden. (Der Teil der Oberfläche F_V von V, in dem die Feldlinien tangential verlaufen, liefert wegen $\boldsymbol{B}\cdot d\boldsymbol{f}=0$ keinen Beitrag zum Oberflächenintegral über F_V.) Da F_1 und F_2 beliebig gewählt werden können, ist also bei Magnetfeldern der Fluss durch alle Querschnitte einer Flussröhre derselbe, $\Phi_1=\Phi_2=$const. Verlaufen die Querschnittsflächen senkrecht zu den Feldlinien, so gilt $\phi=F\langle B\rangle$ mit $\langle B\rangle$ = mittlere Feldstärke auf der Fläche F. Aus der Konstanz des Flusses folgt dann, dass die mittlere Feldstärke mit abnehmender Querschnittsfläche größer wird und umgekehrt, d. h. die mittlere Feldstärke wird größer, wo sich die Feldlinien dichter zusammendrängen. In Magnetfeldern (und allgemeiner in allen divergenzfreien Feldern) bildet daher der Abstand der Feldlinien ein Maß für die Feldstärke: Kleiner Abstand = große Feldstärke, und umgekehrt.

Im Gegensatz zu elektrostatischen Feldlinien können sich magnetostatische Feldlinien schließen, was z. B. für die Feldlinien eines geraden Linienstroms zutrifft. Eine Konsequenz davon ist die in Abschn. 5.1.2 dargelegte Mehrdeutigkeit des skalaren magnetischen Potenzials. (Die im Gegensatz dazu stehende Eindeutigkeit des elektrostatischen Potenzials wurde in Abschn. 4.4.1 zum Beweis dafür benutzt, dass sich elektrostatische Feldlinien nicht schließen können.)

Verschiedentlich kann man lesen, magnetische Feldlinien würden sich entweder schließen oder ins Unendliche laufen. Diese Aussage ist nicht ganz richtig. Zusätzlich

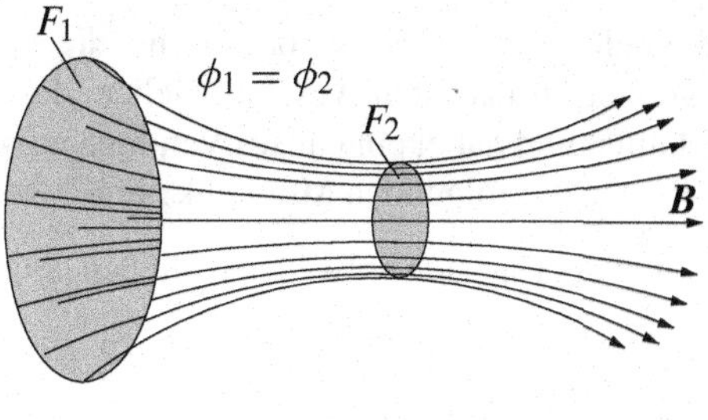

Abb. 5.12: Erhaltung des magnetischen Flusses ϕ durch Querschnitte F_1 und F_2 einer Flussröhre des Magnetfelds.

gibt es nämlich noch die Möglichkeit eines **ergodischen** Feldlinienverlaufs, bei dem die Feldlinien zwar ganz im Endlichen verlaufen, sich aber dennoch nicht schließen. Wir diskutieren diese Möglichkeit anhand eines einfachen Beispiels.

Beispiel 5.3:

Dem Feld eines kreisförmigen Linienstroms I_2 werde das Feld eines geraden Linienstroms I_1 überlagert, der symmetrisch durch die Mitte des Kreisstroms fließt (Abb. 5.13 (a)). Die Feldlinien des Stroms I_2 sind geschlossen und liegen auf einer Torusfläche. Durch I_1 bekommt das Feld in jedem Punkt eine in der Torusfläche liegende toroidale Komponente, die zu einem schraubenförmigen Verlauf der Feldlinien auf der Torusfläche führt. Durch Variation des Quotienten I_1/I_2 kann die Ganghöhe der Schraubenlinien verändert werden.

Wir betrachten einen Querschnitt der Torusfläche (Abb. 5.13 (b)): Eine Feldlinie, die vom Punkt 1 aus startet, kommt nach einem vollen toroidalen Umlauf um den Strom I_1 herum wieder an einen Punkt 2 des Querschnitts, der im Allgemeinen gegenüber dem Punkt 1 versetzt ist, usw. Kommt sie nach N Umläufen wieder zum Punkt 1 zurück, so ist sie geschlossen. Verändert man in diesem Fall I_2/I_1 nur ein wenig, so kommt sie nach N Umläufen nicht mehr genau zum Punkt 1, sondern knapp daneben. Es lässt sich erreichen, dass sie selbst nach unendlich vielen Umläufen nie exakt zu diesem zurückkehrt. (Wir werden in Abschn. 5.5.3 sehen, dass dazu die Windungszahl der Feldlinie irrational sein muss.) In diesem Fall verläuft sie ganz im Endlichen und ist doch nicht geschlossen.

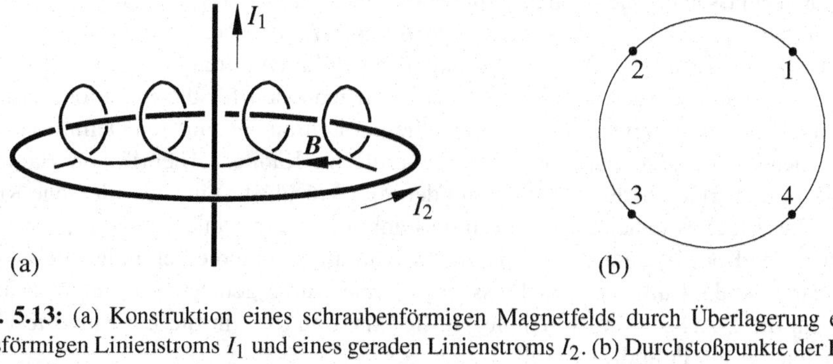

Abb. 5.13: (a) Konstruktion eines schraubenförmigen Magnetfelds durch Überlagerung eines kreisförmigen Linienstroms I_1 und eines geraden Linienstroms I_2. (b) Durchstoßpunkte der Feldlinien in einem Querschnitt durch eine Torusfläche.

In dem betrachteten Beispiel verlaufen die Feldlinien auf einer Torusfläche, die als **magnetische Fläche** bezeichnet wird. Wir werden im nächsten Abschnitt sehen, dass Feldlinien außerdem auch noch chaotisch verlaufen und dabei ein ganzes Volumen ausfüllen können. Zusammenfassend ergeben sich also die folgenden Möglichkeiten.

1. Die Feldlinien verlaufen ganz im Endlichen, wobei sie sich entweder schließen oder ergodisch sind.
2. Die Feldlinien laufen nach Unendlich.
3. Die Feldlinien verlaufen chaotisch.

5.5.3 Hamilton'sche Form der Feldliniengleichungen

Bei geeigneter Parameterwahl genügt die Parameterdarstellung $\boldsymbol{r}=\boldsymbol{r}(\tau)$ der Feldlinien magnetostatischer Felder der Gleichung

$$\dot{\boldsymbol{r}}(\tau) = \boldsymbol{B}(\boldsymbol{r})\,. \tag{5.68}$$

Es ist möglich, die Komponenten dieser Gleichung in die Form Hamilton'scher Bewegungsgleichungen zu bringen. Um das zu zeigen, benutzen wir für das Magnetfeld $\boldsymbol{B}(\boldsymbol{r})$ die Darstellung (5.26),

$$\boldsymbol{B} = \nabla\chi \times \nabla\theta + \nabla\zeta \times \nabla\psi\,. \tag{5.69}$$

Wir hatten in Abschn. 5.1.3 festgestellt, dass schon zwei Funktionen zur Darstellung eines Magnetfelds ausreichen. Daher ist es möglich, in (5.69) zwei der vier Funktionen χ, θ, ζ und ψ in willkürlicher Weise festzulegen.

Wir wollen im Folgenden Magnetfelder mit toroidaler Struktur untersuchen, d. h. die magnetischen Feldlinien sollen ganz im Endlichen verlaufen und sich immer wieder um eine feste Achse, z. B. die z-Achse eines kartesischen Koordinatensystems, herumwinden. Für derartige Zwecke ist es sinnvoll, eine winkelartige Koordinate zu benutzen, die um 2π zunimmt, wenn die Feldlinie einen vollen Umlauf um die z-Achse gemacht hat, und wir nehmen an, dass $\zeta(\boldsymbol{r})$ diese Eigenschaft besitzt. ζ könnte z. B. der Polarwinkel eines Zylinderkoordinatensystems sein. Wir wollen allerdings noch allgemeinere Möglichkeiten zulassen und nehmen im Folgenden daher nur an, dass sich ζ topologisch wie ein Polarwinkel verhält. ζ wird dann als **toroidaler Winkel** bezeichnet.

In Abb. 5.14 sind die Durchstoßpunkte der Feldlinien durch eine Fläche ζ=const (Poincaré-Schnitt) dargestellt. Häufig interessiert man sich für die Situation, dass die Feldlinien auf einer Torusfläche (zu der in diesem Lehrbuch benutzten Definition eines Torus siehe Band *Mechanik*, Satz von Liouville im Kapitel „Theorie von Hamilton und Jacobi") verlaufen, deren Schnitt mit der Poincaré-Fläche eine geschlossene Kurve ergibt. Dies legt es nahe, die zweite freie Funktion so zu wählen, dass auch sie eine winkelartige Koordinate darstellt, die um 2π zunimmt, wenn die Feldlinie einen vollen poloidalen Umlauf um eine geschlossene zentrale Kurve gemacht hat, die sich ihrerseits um die z-Achse windet. Wir legen die Funktion $\theta(r)$ in diesem Sinne fest und bezeichnen θ als **Poloidalwinkel**.

Jetzt soll noch die oben nur plausibel gemachte Feststellung explizit bewiesen werden, dass trotz dieser Festlegung zweier Funktionen jedes Magnetfeld in der Form (5.69) dargestellt werden kann.

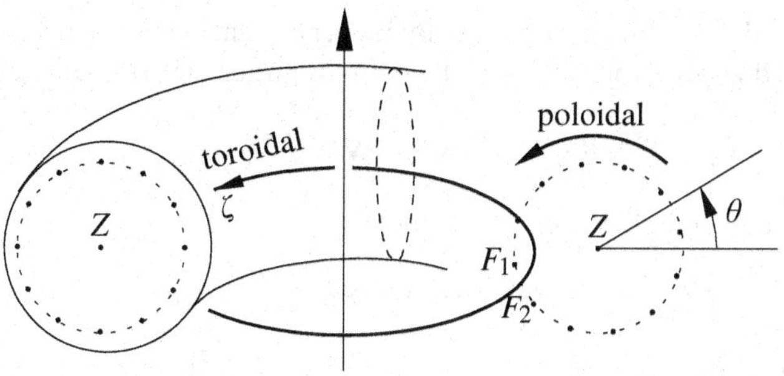

Abb. 5.14: Definition eines Poloidalwinkels θ und eines Toroidalwinkels ζ. Z ist der Durchstoßpunkt der toroidalen Zentrallinie, $F_1, F_2, \ldots$ sind die Durchstoßpunkte einer auf einer Torusfläche verlaufenden Feldlinie.

Beweis: Ein zu dem Magnetfeld (5.69) gehöriges Vektorpotenzial ist

$$\boldsymbol{A} = \chi \nabla\theta - \psi \nabla\zeta + \nabla\phi\,. \tag{5.70}$$

Die Behauptung ist bewiesen, wenn wir zeigen können, dass zu jedem vorgegebenen Vektorpotenzial $\boldsymbol{A}(\boldsymbol{r})$ Funktionen $\chi(\boldsymbol{r})$, $\psi(\boldsymbol{r})$ und $\phi(\boldsymbol{r})$ gefunden werden können, die Gleichung (5.70) erfüllen. Durch deren Multiplikation mit $\nabla\theta$, $\nabla\zeta$ und $\nabla\theta\times\nabla\zeta$ erhalten wir die Gleichungen

$$\begin{aligned}
(\nabla\theta)^2\,\chi - (\nabla\theta\cdot\nabla\zeta)\,\psi &= \boldsymbol{A}\cdot\nabla\theta - \nabla\phi\cdot\nabla\theta\,,\\
(\nabla\theta\cdot\nabla\zeta)\,\chi - (\nabla\zeta)^2\,\psi &= \boldsymbol{A}\cdot\nabla\zeta - \nabla\phi\cdot\nabla\zeta\,,\\
(\nabla\theta\times\nabla\zeta)\cdot\nabla\phi &= (\nabla\theta\times\nabla\zeta)\cdot\boldsymbol{A}\,.
\end{aligned} \tag{5.71}$$

Führen wir eine infinitesimale Weglänge $dl_\perp$ in Richtung des Vektors $\boldsymbol{e}_\perp = (\nabla\theta\times\nabla\zeta)/|\nabla\theta\times\nabla\zeta|$ ein, so lautet die letzte dieser Gleichungen

$$\frac{\partial\phi}{\partial l_\perp} = \boldsymbol{e}_\perp\cdot\boldsymbol{A}\,.$$

Geben wir nun die Werte von $\phi(\boldsymbol{r})$ auf der zentralen Linie, auf die sich der Poloidalwinkel θ bezieht, in willkürlicher Weise vor und integrieren von jedem ihrer Punkte ausgehend die letzte Gleichung längs sämtlicher Feldlinien des Feldes $\boldsymbol{e}_\perp$ bzw. $\nabla\theta\times\nabla\zeta$ nach $dl_\perp$ – auf diese Weise kann bis zu jedem beliebigen Punkt $\boldsymbol{r}$ integriert werden –, so ist das erhaltene Integral

$$\phi(\boldsymbol{r}) = \int_0^{l_\perp(\boldsymbol{r})} \boldsymbol{e}'_\perp\cdot\boldsymbol{A}'\,dl'_\perp$$

eine Funktion, welche die letzte der Gleichungen (5.71) erfüllt. Wird jetzt $\phi(\boldsymbol{r})$ in den ersten zwei dieser Gleichungen eingesetzt, so sind deren rechte Seiten vorgegeben, und sie besitzen eine eindeutige Lösung für χ und ψ, sofern ihre Determinante

$$\det = (\nabla\theta\cdot\nabla\zeta)^2 - (\nabla\theta)^2(\nabla\zeta)^2$$

nicht verschwindet. Diese tut das nicht, wenn die Vektoren $\nabla\theta$ und $\nabla\zeta$ nirgends parallel sind, und die Winkel θ und ζ können so gewählt werden, dass das der Fall ist. Damit ist der Beweis erbracht. □

Damit nun alle Feldlinien, wie angenommen, permanent in toroidaler Richtung weiterlaufen, darf die ζ-Komponente des Magnetfelds nirgends verschwinden. Wir nehmen also an, dass

$$\boldsymbol{B}\cdot\nabla\zeta = (\nabla\chi\times\nabla\theta)\cdot\nabla\zeta > 0$$

gilt. Dies macht es möglich, den Zusammenhang

$$\chi = \chi(\boldsymbol{r})\,,\qquad \theta = \theta(\boldsymbol{r})\,,\qquad \zeta = \zeta(\boldsymbol{r})$$

zu invertieren, da die Jacobi-Determinante der Transformation $x, y, z \to \chi, \theta, \zeta$ durch

$$J = \left(\frac{\partial\boldsymbol{r}}{\partial\chi}\times\frac{\partial\boldsymbol{r}}{\partial\theta}\right)\cdot\frac{\partial\boldsymbol{r}}{\partial\zeta} = \frac{1}{(\nabla\chi\times\nabla\theta)\cdot\nabla\zeta}$$

gegeben ist und infolgedessen einen endlichen Wert $\neq 0$ besitzt. Damit können wir aber auch χ, θ und ζ als Koordinaten benutzen. Da ζ wegen $\boldsymbol{B}\cdot\nabla\zeta>0$ längs der Feldlinien monoton zunimmt, können diese in den neuen Koordinaten in der Form

$$\chi = \chi(\zeta), \qquad \theta = \theta(\zeta)$$

dargestellt werden. Nun ergibt sich aus (5.68) bzw. $d\boldsymbol{r}(\tau)=\boldsymbol{B}\,d\tau$ für die Änderung von χ, θ und ζ längs der Feldlinien $d\chi=\nabla\chi\cdot d\boldsymbol{r}(\tau)=\nabla\chi\cdot\boldsymbol{B}\,d\tau$ etc. oder

$$d\tau = \frac{d\chi}{\boldsymbol{B}\cdot\nabla\chi} = \frac{d\theta}{\boldsymbol{B}\cdot\nabla\theta} = \frac{d\zeta}{\boldsymbol{B}\cdot\nabla\zeta}\,.$$

Setzen wir hierin die Darstellung (5.69) von $\boldsymbol{B}$ ein, so erhalten wir daraus mit $\psi(\boldsymbol{r})=:\psi_H(\chi,\theta,\zeta)$ und $\nabla\psi=(\partial\psi_H/\partial\chi)\nabla\chi + (\partial\psi_H/\partial\theta)\nabla\theta + (\partial\psi_H/\partial\zeta)\nabla\zeta$

$$\frac{d\chi}{d\zeta} = \frac{\boldsymbol{B}\cdot\nabla\chi}{\boldsymbol{B}\cdot\nabla\zeta} = \frac{(\nabla\zeta\times\nabla\psi)\cdot\nabla\chi}{(\nabla\chi\times\nabla\theta)\cdot\nabla\zeta} = -\frac{(\nabla\chi\times\nabla\zeta)\cdot\nabla\psi}{(\nabla\chi\times\nabla\zeta)\cdot\nabla\theta} = -\frac{(\nabla\chi\times\nabla\zeta)\cdot\nabla\theta}{(\nabla\chi\times\nabla\zeta)\cdot\nabla\theta}\frac{\partial\psi_H}{\partial\theta}\,,$$

$$\frac{d\theta}{d\zeta} = \frac{\boldsymbol{B}\cdot\nabla\theta}{\boldsymbol{B}\cdot\nabla\zeta} = \frac{(\nabla\zeta\times\nabla\psi)\cdot\nabla\theta}{(\nabla\chi\times\nabla\theta)\cdot\nabla\zeta} = \frac{(\nabla\theta\times\nabla\zeta)\cdot\nabla\psi}{(\nabla\theta\times\nabla\zeta)\cdot\nabla\chi} = \frac{(\nabla\theta\times\nabla\zeta)\cdot\nabla\chi}{(\nabla\theta\times\nabla\zeta)\cdot\nabla\chi}\frac{\partial\psi_H}{\partial\chi}$$

und schließlich nach Herauskürzen von Faktoren in etwas ausführlicherer Notation

$$\boxed{\dot\theta(\zeta) = \frac{\partial\psi_H(\chi,\theta,\zeta)}{\partial\chi}\,,\qquad \dot\chi(\zeta) = -\frac{\partial\psi_H(\chi,\theta,\zeta)}{\partial\theta}\,.} \tag{5.72}$$

Das sind **Hamilton'sche Bewegungsgleichungen**, in denen θ den Ort, χ den Impuls, ζ die Zeit und $\psi_H(\chi,\theta,\zeta)$ eine zeitabhängige Hamilton-Funktion darstellt. Hat man sie gelöst, d. h. sind die Funktionen $\chi=\chi(\zeta)$ und $\theta=\theta(\zeta)$ bestimmt, dann erhält man die Feldlinien in der Form $\boldsymbol{r}=\boldsymbol{r}(\chi(\zeta),\theta(\zeta),\zeta)$. Das zugehörige Hamilton'sche Variationsprinzip lautet

$$\delta\int_1^2\left[\chi\dot\theta - \psi_H(\chi,\theta,\zeta)\right]d\zeta = 0 \quad\text{mit}\quad \delta\chi_1 = \delta\theta_1 = \delta\chi_2 = \delta\theta_2 = 0\,. \tag{5.73}$$

Im Vektorpotenzial (5.70) liefert $\nabla\phi$ keinen Beitrag zum Feld $\boldsymbol{B}$ und kann daher auch weggelassen werden. Für das derart modifizierte Vektorpotenzial $\boldsymbol{A}$ gilt

$$\boldsymbol{A}\cdot d\boldsymbol{r} = \chi\, d\theta - \psi\, d\zeta = \left[\chi\dot{\theta}(\zeta) - \psi_H\right] d\zeta\,,$$

und das Variationsprinzip (5.73) kann damit auch in der Form

$$\delta \int_1^2 \boldsymbol{A}\cdot d\boldsymbol{r} = 0 \qquad \text{mit} \qquad \delta\chi_1 = \delta\theta_1 = \delta\chi_2 = \delta\theta_2 = 0$$

geschrieben werden.

Zur Lösung der „Bewegungsgleichungen“ (5.72) stehen alle in der Hamilton'schen Mechanik entwickelten Methoden zur Verfügung, insbesondere auch die Methode der kanonischen Transformationen. Ist das Problem integrabel, so existiert eine kanonische Transformation, derart, dass die neue Hamilton-Funktion nur noch von der neuen Impulsvariablen $\overline{\chi}$ abhängt (siehe *Mechanik*, Abschnitt „Wirkungs- und Winkelvariablen“ im Kapitel „Theorie von Hamilton und Jacobi“). Integrabilität liegt bei dem System (5.72), das ja nur einen Freiheitsgrad besitzt, generell vor, wenn es konservativ ist, also die Eigenschaft $\partial\psi_H/\partial\zeta{=}0$ besitzt (siehe *Mechanik*, Abschnitt „Liapunov-Exponenten“ im Kapitel „Nicht integrable Hamilton'sche Systeme und deterministisches Chaos“). Falls ζ der Winkel eines Zylinderkoordinatensystems ist, bedeutet $\partial\psi_H/\partial\zeta{=}0$, dass Axialsymmetrie besteht. Eine in diesem Spezialfall häufig benutzte Darstellung des Magnetfelds wird in Aufgabe 5.10 untersucht.

Wenn wir annehmen, dass das System integrabel ist, und außerdem davon ausgehen, dass die in (5.72) benutzten Koordinaten schon die oben genannte Eigenschaft aufweisen, dass ψ_H ausschließlich von der Impulskoordinate χ abhängt, dann lauten die Feldliniengleichungen einfach

$$\dot{\theta}(\zeta) = \frac{\partial\psi_H(\chi)}{\partial\chi} =: \iota(\chi)\,, \qquad \dot{\chi}(\zeta) = 0$$

und besitzen die Lösung

$$\theta = \iota(\chi)\,\zeta + \theta_0\,, \qquad \chi = \chi_0\,.$$

Die Feldlinien verlaufen dann auf der Torusfläche $\chi{=}\chi_0$. Wie die entsprechenden Trajektorien Hamilton'scher Systeme in der Mechanik sind sie entweder geschlossen, wenn die als **Windungszahl** oder **Rotationstransformation** bezeichnete Größe $\iota(\chi_0)$ rational ist, oder sie verlaufen ergodisch, wenn diese irrational ist.

Wie wir in der *Mechanik* ebenfalls in dem zuletzt genannten Abschnitt festgestellt haben, kann schon ein System mit nur einem Freiheitsgrad wie das hier vorliegende chaotisch sein, wenn es nicht konservativ ist. Diese Möglichkeit besteht also für die Feldlinien aller Felder, bei denen ψ_H vom Toroidalwinkel ζ abhängt. Insbesonders gilt das für die Feldlinien in den als **Stellarator** bezeichneten nicht axialsymmetrischen Plasmaeinschluss-Konfigurationen der Plasmaphysik. Wenn das Problem nicht integrabel ist, verlaufen die Feldlinien teilweise chaotisch. Sie können dann nicht mehr in eine Torusfläche eingebettet werden, sondern füllen ein dreidimensionales Volumen.

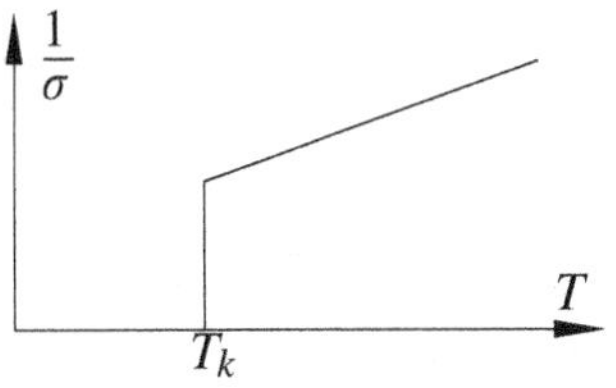

Abb. 5.15: Sprung der elektrischen Leitfähigkeit nach Unendlich bei Unterschreiten der kritischen Temperatur T_k.

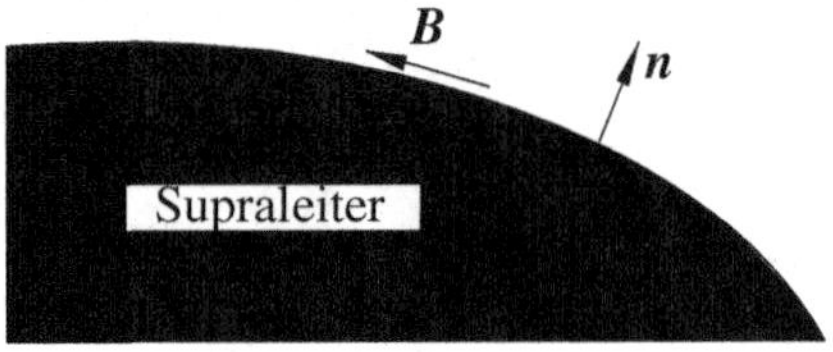

Abb. 5.16: Randbedingungen an das Magnetfeld auf der Oberfläche eines Supraleiters.

5.6 Supraleiter

Einige Materialien weisen bei niedrigen Temperaturen das Phänomen der Supraleitung auf: In ihnen können keine elektrischen Ströme und keine Magnetfelder existieren, sie sind das magnetostatische Analogon der gewöhnlichen Leiter in der Elektrostatik. Untersucht man die Temperaturabhängigkeit der Leitfähigkeit σ solcher Stoffe bei abnehmender Temperatur, so findet man, dass σ bei einem kritischen Wert T_k einen Sprung nach unendlich vollzieht, $1/\sigma$ springt dementsprechend auf den Wert null (Abb. 5.15). Wegen

$$\boldsymbol{E} = \boldsymbol{j}/\sigma$$

gibt es daher in Supraleitern unterhalb von T_k auch kein elektrisches Feld.

Ähnlich, wie in der Elektrostatik externe Felder in Leitern durch Oberflächenladungen abgeschirmt werden, sind es hier Oberflächenströme, die das Eindringen von Magnetfeldern in den Supraleiter verhindern. Diese Oberflächenströme können, ohne von einem $\boldsymbol{E}$-Feld getrieben zu werden, verlustfrei fließen – sie tun das in der Praxis über viele Tage hinweg und gegebenenfalls noch erheblich länger. Daher ist auch in der Oberfläche des Supraleiters das elektrische Tangentialfeld gleich null.

Befindet sich in einem Supraleiter der Temperatur $T > T_k$ ein Magnetfeld, so wird dieses bei Abkühlung des Supraleiters unter T_k aus diesem herausgedrängt, ein Phänomen, das nach W. Meißner und R. Ochsenfeld als **Meißner-Ochsenfeld-Effekt** bezeichnet wird. Aus $\sigma = \infty$ folgt mit $\boldsymbol{E} = 0$ zwar $\partial \boldsymbol{B}/\partial t = -\operatorname{rot} \boldsymbol{E} = 0$, nicht aber $\boldsymbol{B} = 0$. Das Verschwinden des Magnetfelds ist also eine zusätzliche Eigenschaft der Supraleitung, die nicht aus $\sigma = \infty$ gefolgert werden kann.

Ähnlich, wie in Abschn. 4.8.6 aus div $\boldsymbol{D} = \varrho$ die Gleichung (4.174) folgte, ergibt sich hier aus div $\boldsymbol{B} = 0$ die allgemeine Randbedingung

$$\boldsymbol{n} \cdot [\boldsymbol{B}] = 0\,.$$

Da im Supraleiter $\boldsymbol{B} = 0$ gilt, folgt daraus für die Außenseite

$$\boldsymbol{n} \cdot \boldsymbol{B} = 0\,,$$

d. h. ein äußeres Magnetfeld $\boldsymbol{B}$ muss tangential zur Oberfläche des Supraleiters verlaufen (Abb. 5.16).

Aus dem Fundamentalsatz (Abschn. 2.8.5) oder der integralen Maxwell-Gleichung $\oint \boldsymbol{B}/\mu_0 \cdot d\boldsymbol{l} = \int \boldsymbol{j} \cdot d\boldsymbol{f}$ (siehe auch Abschn. 5.7.2) erhalten wir die Sprungbedingung

$$\boldsymbol{n} \times [\boldsymbol{B}] = \mu_0 \boldsymbol{J} ,$$

wobei $\boldsymbol{J}$ eine Oberflächenstromdichte ist. Da im Inneren des Supraleiters wieder $\boldsymbol{B}=0$ zu setzen ist, erhalten wir insgesamt die Randbedingungen

$$\boxed{\boldsymbol{n} \cdot \boldsymbol{B} = 0 , \qquad \boldsymbol{n} \times \boldsymbol{B} = \mu_0 \boldsymbol{J} .} \tag{5.74}$$

Beispiel 5.4: *Magnetischer Faraday-Käfig*

Bringt man eine supraleitende Kugel in ein homogenes Magnetfeld, so hat das sich einstellende Feld in deren Nachbarschaft den in Abb. 5.17 dargestellten Verlauf. Wird der Supraleiter ausgehöhlt, so kann das Magnetfeld nicht in die Aushöhlung eindringen, wir haben einen „magnetischen Faraday-Käfig".

Beispiel 5.5: *Induktion von Oberflächenströmen*

Wir betrachten einen ringförmig geschlossenen dünnen Leiter aus supraleitendem Material (Abb. 5.18). Wird das Innere des Rings von einem Magnetfeld durchsetzt, so gilt wegen der im Inneren und auf der Oberfläche des Supraleiters zu fordernden Bedingung $\boldsymbol{E}=0$

$$\dot{\psi} = \int_F \frac{\partial \boldsymbol{B}}{\partial t} \cdot d\boldsymbol{f} = -\int_F \operatorname{rot} \boldsymbol{E} \cdot d\boldsymbol{f} = -\oint \boldsymbol{E} \cdot d\boldsymbol{s} \overset{\text{s.u.}}{=} 0 ,$$

wobei das Linienintegral über die auf der Oberfläche des Supraleiters verlaufende Randkurve der Fläche F auszuführen ist. Der magnetische Fluss ψ durch einen ringförmigen Supraleiter kann sich also nicht ändern. War er anfänglich z. B. gleich null, so bleibt er das auch beim Heranbringen eines Magneten. Durch dessen Feld werden auf dem Supraleiter Oberflächenströme induziert, deren Feld den magnetischen Fluss des Magneten zu jedem Zeitpunkt kompensiert.

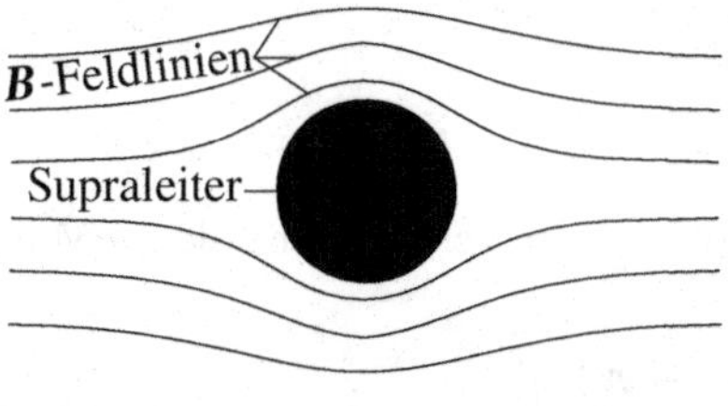

Abb. 5.17: Verdrängung magnetischer Feldlinien aus einem Supraleiter. Wird der Supraleiter ausgehöhlt, so entsteht im Inneren ein „magnetischer Faraday-Käfig".

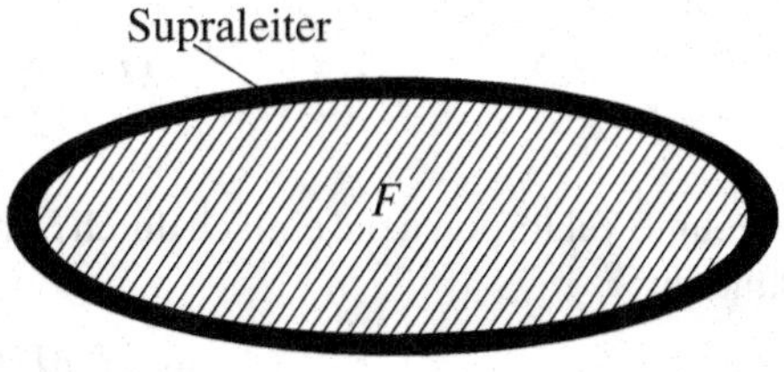

Abb. 5.18: Induktion von Oberflächenströmen auf der Oberfläche eines Supraleiters durch ein zeitlich veränderliches Magnetfeld.

5.7 Magnetfeld in Materie

5.7.1 Magnetostatische Maxwell-Gleichungen

Die Gleichungen für statische Magnetfelder in Materie können in ähnlicher Weise abgeleitet werden, wie das ausführlich für das elektrostatische Feld in dielektrischer Materie durchgeführt wurde. Wir werden die etwas aufwendigeren, inhaltlich aber völlig analogen Rechnungen hier nicht detailliert nachvollziehen, sondern die wesentlichen Schritte aus Analogieschlüssen ableiten.

In den Atomen bzw. Molekülen der Materie werden beim Einschalten eines Magnetfelds entweder atomare bzw. molekulare Ringströme induziert, die ein magnetisches Moment $\boldsymbol{m}$ aufweisen; oder im Magnetfeld werden bereits vorhandene magnetische Momente orientiert, die vom Spin oder Bahndrehimpuls der Elektronen herrühren. Diese magnetischen Momente der Elementarbausteine erzeugen zusammen ein Zusatzfeld $\boldsymbol{B}_{\mathrm{M}}$, das wieder außerhalb der Materie räumlich glatt und zeitlich konstant ist, während es innerhalb der Materie starken räumlichen und zeitlichen Schwankungen unterworfen ist. Wir betrachten daher innerhalb der Materie wieder lokale räumliche Mittelwerte von $\boldsymbol{B}_{\mathrm{M}}$.

In der Elektrostatik ergab sich das Potenzial

$$\phi_{\mathrm{P}} = \frac{1}{4\pi\varepsilon_0}\int \frac{\boldsymbol{P}(\boldsymbol{r}')\cdot(\boldsymbol{r}-\boldsymbol{r}')}{|\boldsymbol{r}-\boldsymbol{r}'|^3}\,d^3\tau'$$

einer molekularen Dipoldichte $\boldsymbol{P}=\sum_m \boldsymbol{p}_{\mathrm{m}}/\Delta V$ durch Summation über die Potenziale $\boldsymbol{p}_{\mathrm{m}}\cdot(\boldsymbol{r}-\boldsymbol{r}_m)/(4\pi\varepsilon_0|\boldsymbol{r}-\boldsymbol{r}_m|^3)$ einzelner Dipole (siehe (4.147) und (4.149)). Nach (5.35) ist das Vektorpotenzial der Stromverteilung eines bei $\boldsymbol{r}_m$ befindlichen Moleküls in der Ferne

$$\boldsymbol{A}_{\mathrm{m}} = \frac{\mu_0}{4\pi}\,\frac{\boldsymbol{m}_{\mathrm{m}}\times(\boldsymbol{r}-\boldsymbol{r}_m)}{|\boldsymbol{r}-\boldsymbol{r}_m|^3}\,.$$

In Analogie zur Elektrostatik erhält man das von der molekularen **Magnetisierungsdichte**

$$\boldsymbol{M} = \sum_m \boldsymbol{m}_{\mathrm{m}}/\Delta V \tag{5.75}$$

erzeugte Vektorpotenzial einfach durch Summation über die Vektorpotenziale der Moleküle zu

$$\boldsymbol{A}_{\mathrm{M}} = \frac{\mu_0}{4\pi}\int \frac{\boldsymbol{M}(\boldsymbol{r}')\times(\boldsymbol{r}-\boldsymbol{r}')}{|\boldsymbol{r}-\boldsymbol{r}'|^3}\,d^3\tau'\,. \tag{5.76}$$

Dieses Ergebnis kann in

$$\begin{aligned}\frac{4\pi}{\mu_0}\boldsymbol{A}_{\mathrm{M}} &\overset{(2.13)}{=} \int \boldsymbol{M}(\boldsymbol{r}')\times\nabla'\frac{1}{|\boldsymbol{r}-\boldsymbol{r}'|}\,d^3\tau' \overset{(2.16)}{=} -\int \mathrm{rot}'\,\frac{\boldsymbol{M}(\boldsymbol{r}')}{|\boldsymbol{r}-\boldsymbol{r}'|}\,d^3\tau' + \int\frac{\mathrm{rot}'\,\boldsymbol{M}(\boldsymbol{r}')}{|\boldsymbol{r}-\boldsymbol{r}'|}\,d^3\tau'\\ &\overset{(2.29)}{=} +\oint \frac{\boldsymbol{M}(\boldsymbol{r}')}{|\boldsymbol{r}-\boldsymbol{r}'|}\times\boldsymbol{n}'\,df' + \int\frac{\mathrm{rot}'\,\boldsymbol{M}(\boldsymbol{r}')}{|\boldsymbol{r}-\boldsymbol{r}'|}\,d^3\tau' \end{aligned} \tag{5.77}$$

umgeformt werden. Berücksichtigen wir jetzt noch eventuell vorhandene freie Ströme $\boldsymbol{j}(\boldsymbol{r}')$, so erhalten wir insgesamt die zu (4.156) analoge Formel

$$\boxed{\boldsymbol{B}_\mathrm{M} = \frac{\mu_0}{4\pi}\,\mathrm{rot}\left[\int \frac{\boldsymbol{j}(\boldsymbol{r}') + \mathrm{rot}'\,\boldsymbol{M}(\boldsymbol{r}')}{|\boldsymbol{r}-\boldsymbol{r}'|}\,d^3\tau' + \int \frac{\boldsymbol{M}(\boldsymbol{r}')\times\boldsymbol{n}'}{|\boldsymbol{r}-\boldsymbol{r}'|}\,df'\right]} \tag{5.78}$$

für das durch $\boldsymbol{j}$ und $\boldsymbol{M}$ hervorgerufene Feld. Das Gesamtfeld ist

$$\boldsymbol{B} = \boldsymbol{B}_\mathrm{M} + \boldsymbol{B}_\mathrm{ext}\,,$$

wobei wir annehmen, dass sich die Wirbel des externen Feldes $\boldsymbol{B}_\mathrm{ext}$ außerhalb der untersuchten Materie befinden, sodass in dieser div $\boldsymbol{B}_\mathrm{ext}$=0 und rot $\boldsymbol{B}_\mathrm{ext}$=0 gilt. Für Punkte, die nicht auf den Randflächen des Mediums liegen, ergibt sich damit ähnlich wie in Abschn. 4.8.4

$$\mathrm{rot}\,\boldsymbol{B}/\mu_0 = \boldsymbol{j} + \mathrm{rot}\,\boldsymbol{M}\,, \qquad \mathrm{div}\,\boldsymbol{B} = 0\,.$$

Mit der Definition des als **magnetische Erregung**[4] bezeichneten Feldes

$$\boxed{\boldsymbol{H} = \boldsymbol{B}/\mu_0 - \boldsymbol{M}} \tag{5.79}$$

erhalten wir schließlich das Gleichungssystem

$$\boxed{\mathrm{rot}\,\boldsymbol{H} = \boldsymbol{j}\,, \qquad \mathrm{div}\,\boldsymbol{B} = 0\,.} \tag{5.80}$$

$\boldsymbol{H}$ bzw. $\boldsymbol{B}$ werden durch diese Gleichung erst festgelegt, wenn sie durch eine Materialgleichung der Form

$$\boldsymbol{H} = \boldsymbol{H}(\boldsymbol{B})$$

ergänzt werden. In isotropen Medien gilt bei schwachen Feldern ein linearer Zusammenhang

$$\boxed{\boldsymbol{H} = \boldsymbol{B}/\mu} \tag{5.81}$$

zwischen $\boldsymbol{H}$ und $\boldsymbol{B}$, aus dem mit (5.79)

$$\boldsymbol{M} = \frac{\mu-\mu_0}{\mu\mu_0}\boldsymbol{B} = \frac{\mu-\mu_0}{\mu_0}\boldsymbol{H} \tag{5.82}$$

folgt. μ wird als **Permeabilität**,[5] die Größe

$$\boxed{\kappa = \frac{\mu-\mu_0}{\mu_0}}$$

4 Diese Bezeichnung erscheint treffender als die ebenfalls gebräuchliche Bezeichnung von $\boldsymbol{H}$ als **magnetischer Feldstärke**, die besser für das Feld $\boldsymbol{B}$ verwendet würde.

5 Wird $\mu\mu_0$ anstelle von μ benutzt, dann ist die in diesem Fall als **Permeabilitätszahl** bezeichnete Größe μ dimensionslos.

als **magnetische Suszeptibilität** des Mediums bezeichnet. Man unterscheidet Stoffe bezüglich der Eigenschaft $\kappa>0$ bzw. $\kappa<0$ und bezeichnet sie für

$\mu/\mu_0 < 1$ bzw. $\kappa < 0$	als **Diamagnetika**,
$\mu/\mu_0 > 1$ bzw. $\kappa > 0$	als **Paramagnetika**,
$\mu/\mu_0 \gg 1, \quad \mu = \mu(H)$	als **Ferromagnetika**,
$\boldsymbol{M}$ unabhängig von $\boldsymbol{H}$ fest vorgegeben	als **harte Ferromagnete**.

5.7.2 Randbedingungen und Brechung von Feldlinien

Grenzen zwei Medien verschiedener Permeabilität μ_1 und μ_2 aneinander (Abb. 5.19), so folgt aus $\operatorname{div}\boldsymbol{B}=0$

$$\boldsymbol{n}\cdot(\boldsymbol{B}_2-\boldsymbol{B}_1)=0$$

ähnlich, wie sich (4.174) aus $\operatorname{div}\boldsymbol{D}=\varrho$ ergab. Aus (5.80a), $\operatorname{rot}\boldsymbol{H}=\boldsymbol{j}$, folgt, wenn man $d\boldsymbol{l}$ in Richtung der Tangentialkomponente $\boldsymbol{H}_t$ von $\boldsymbol{H}$ legt,

$$\oint \operatorname{rot}\boldsymbol{H}\cdot d\boldsymbol{f} \overset{(2.28)}{=} \oint \boldsymbol{H}\cdot d\boldsymbol{l} = \left(H_{\mathrm{t},2}-H_{\mathrm{t},1}\right)l = \int \boldsymbol{j}\cdot d\boldsymbol{f} = J\,l\,.$$

Die Oberflächenstromdichte $\boldsymbol{J}$ hat die Richtung von $d\boldsymbol{f}$, steht senkrecht zu $d\boldsymbol{l}$ und $\boldsymbol{n}$, daher gilt

$$\boldsymbol{n}\times(\boldsymbol{H}_2-\boldsymbol{H}_1)=\boldsymbol{J}\,. \tag{5.83}$$

Fließen an der Grenze beider Medien keine Oberflächenströme ($\boldsymbol{J}=0$), so gelten die Randbedingungen

$$\boldsymbol{n}\cdot(\boldsymbol{B}_2-\boldsymbol{B}_1)=0\,,\qquad \boldsymbol{n}\times(\boldsymbol{H}_2-\boldsymbol{H}_1)=0\,. \tag{5.84}$$

Während $B_{\mathrm{n}}=\boldsymbol{n}\cdot\boldsymbol{B}$ und $H_{\mathrm{t}}=|\boldsymbol{n}\times\boldsymbol{H}|$ stetig sind, springen $H_{\mathrm{n}}=\boldsymbol{n}\cdot\boldsymbol{H}$ und $B_{\mathrm{t}}=|\boldsymbol{n}\times\boldsymbol{B}|$, wobei die Sprünge im Fall des linearen Zusammenhangs (5.81) durch

$$\mu_1\,\boldsymbol{n}\cdot\boldsymbol{H}_1=\mu_2\,\boldsymbol{n}\cdot\boldsymbol{H}_2\,,\qquad \boldsymbol{n}\times\boldsymbol{B}_1/\mu_1=\boldsymbol{n}\times\boldsymbol{B}_2/\mu_2$$

definiert sind. Für die Brechung der Feldlinien $\boldsymbol{B}$ folgt mit $B_{\mathrm{t},i}/B_{\mathrm{n},i}=\tan\alpha_i$ nach Abb. 5.20

$$\frac{\tan\alpha_1}{\tan\alpha_2}=\frac{B_{\mathrm{t},1}}{B_{\mathrm{t},2}}=\frac{\mu_1}{\mu_2}\,. \tag{5.85}$$

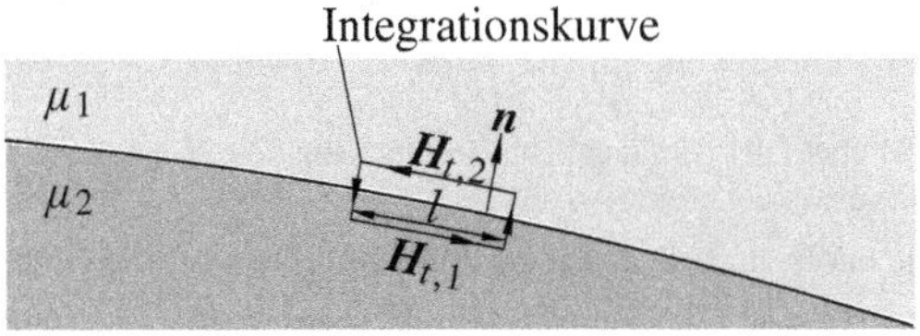

Abb. 5.19: Zur Berechnung der Randbedingungen an der Grenzfläche zweier Medien verschiedener Permeabilität μ_1 und μ_2. Die Oberflächenstromdichte $\boldsymbol{J}$ weist aus der Zeichenebene heraus.

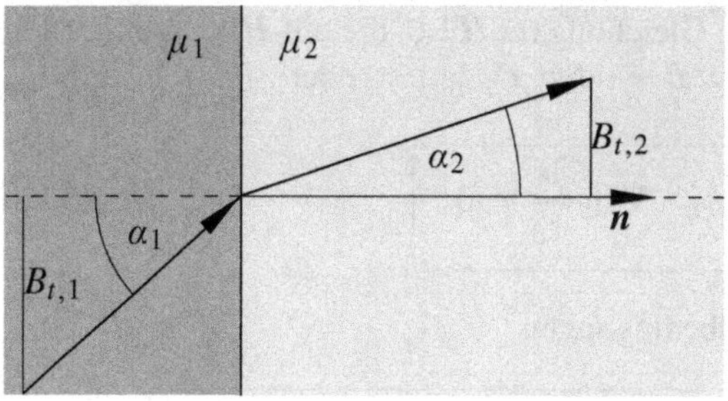

Abb. 5.20: Brechung magnetischer Feldlinien an der Grenzfläche zweier Medien verschiedener Permeabilität.

Die Randbedingung (5.84b) ergibt sich auch aus (5.77): Von den (zusammenfallenden) Grenzflächen der beiden Medien erhält man zu $\boldsymbol{A}_{\mathrm{M}}$ und damit zu $\boldsymbol{A}$ den Beitrag

$$-\frac{\mu_0}{4\pi}\int\frac{\boldsymbol{n}'\times(\boldsymbol{M}_1'-\boldsymbol{M}_2')}{|\boldsymbol{r}-\boldsymbol{r}'|}\,df'\,,$$

andererseits liefert ein Sprung von $\boldsymbol{B}$ nach (2.83b) (zweiter Term) zu $\boldsymbol{A}$ den Beitrag

$$\frac{1}{4\pi}\int\frac{\boldsymbol{n}'\times(\boldsymbol{B}_2'-\boldsymbol{B}_1')}{|\boldsymbol{r}-\boldsymbol{r}'|}\,df'\,,$$

und durch Vergleich folgt $-\mu_0\,\boldsymbol{n}\times(\boldsymbol{M}_1-\boldsymbol{M}_2)=\boldsymbol{n}\times(\boldsymbol{B}_2-\boldsymbol{B}_1)$ oder

$$\boldsymbol{n}\times\Big[(\boldsymbol{B}_2/\mu_0-\boldsymbol{M}_2)-(\boldsymbol{B}_1/\mu_0-\boldsymbol{M}_1)\Big]=\boldsymbol{n}\times(\boldsymbol{H}_2-\boldsymbol{H}_1)=0\,.$$

5.7.3 Randwertprobleme in magnetisierbarer Materie

Isotrope Medien mit linearem Materialgesetz $\boldsymbol{B}=\mu\boldsymbol{H}$

1. Wenn in der Materie **Ströme fließen**, lauten die Grundgleichungen der Magnetostatik $\operatorname{div}\boldsymbol{B}=0$ und $\operatorname{rot}\boldsymbol{H}=\operatorname{rot}(\boldsymbol{B}/\mu)=\boldsymbol{j}$. Die erste wird mit $\boldsymbol{B}=\operatorname{rot}\boldsymbol{A}$ erfüllt, und es verbleibt, die Gleichung $\operatorname{rot}[(\operatorname{rot}\boldsymbol{A})/\mu]=\boldsymbol{j}$ zu lösen, die mit der Coulomb-Eichung $\operatorname{div}\boldsymbol{A}=0$ in $-\operatorname{rot}\operatorname{rot}\boldsymbol{A}-\mu\nabla(1/\mu)\times\operatorname{rot}\boldsymbol{A}=-\mu\,\boldsymbol{j}$ oder wegen (2.25) in

$$\boxed{\Delta\boldsymbol{A}+\nabla\ln\frac{\mu}{\mu_0}\times\operatorname{rot}\boldsymbol{A}=-\mu\,\boldsymbol{j}} \qquad (5.86)$$

umgeschrieben werden kann. Die dazugehörigen Randbedingungen (5.84) lauten

$$\boxed{\big(\boldsymbol{n}\cdot\operatorname{rot}\boldsymbol{A}\big)\big|_1=\big(\boldsymbol{n}\cdot\operatorname{rot}\boldsymbol{A}\big)\big|_2\,,\quad \Big(\boldsymbol{n}\times\operatorname{rot}\frac{\boldsymbol{A}}{\mu}\Big)\Big|_1=\Big(\boldsymbol{n}\times\operatorname{rot}\frac{\boldsymbol{A}}{\mu}\Big)\Big|_2\,.} \qquad (5.87)$$

2. Wenn **keine Ströme fließen**, gilt die Gleichung rot $\boldsymbol{H}=0$, die mit $\boldsymbol{H}=-\nabla\phi_{\rm m}$ erfüllt wird, und es verbleibt die Gleichung div $\boldsymbol{B}=-\,\mathrm{div}\big(\mu\nabla\phi_{\rm m}\big)=0$ oder

$$\boxed{\Delta\phi_{\rm m}+\nabla\phi_{\rm m}\cdot\nabla\ln\frac{\mu}{\mu_0}=0\,,} \tag{5.88}$$

die mit den aus (5.84) folgenden Randbedingungen

$$\boxed{(\mu\,\boldsymbol{n}\cdot\nabla\phi_{\rm m})|_1=(\mu\,\boldsymbol{n}\cdot\nabla\phi_{\rm m})|_2\,,\qquad \big(\boldsymbol{n}\times\nabla\phi_{\rm m}\big)\big|_1=\big(\boldsymbol{n}\times\nabla\phi_{\rm m}\big)\big|_2} \tag{5.89}$$

zu lösen ist.

Harte Ferromagnete

In harten Ferromagneten gilt $\boldsymbol{j}=0$, und die Magnetisierungsdichte $\boldsymbol{M}$ ist unabhängig von $\boldsymbol{H}$ fest vorgegeben. Die Gleichung rot $\boldsymbol{H}=0$ erfüllen wir wieder mit $\boldsymbol{H}=-\nabla\phi_{\rm m}$. Damit und mit (5.79) bzw. $\boldsymbol{B}=\mu_0(\boldsymbol{H}+\boldsymbol{M})$ folgt aus div $\boldsymbol{B}=0$ die **magnetostatische Poisson-Gleichung**

$$\boxed{\Delta\phi_{\rm m}=\mathrm{div}\,\boldsymbol{M}\,,} \tag{5.90}$$

$-\,\mathrm{div}\,\boldsymbol{M}$ wirkt wie eine magnetische Ladung $\varrho_{\rm m}$. An Sprungstellen von $\boldsymbol{M}$ haben die Randbedingungen (5.84) die Wirkung, als befände sich dort eine flächenhafte Ladungsdichte

$$\sigma_{\rm m}\overset{\text{s.u.}}{=}\boldsymbol{n}\cdot(\boldsymbol{M}_1-\boldsymbol{M}_2)\,. \tag{5.91}$$

Nach (2.82) und (2.83a) gilt nämlich

$$\boldsymbol{H}=-\nabla\phi_{\rm m}\,,\qquad \phi_{\rm m}=\frac{1}{4\pi}\int_{\mathbb{R}^3\setminus F}\frac{\mathrm{div}'\,\boldsymbol{H}'}{|\boldsymbol{r}-\boldsymbol{r}'|}\,d^3\tau'+\frac{1}{4\pi}\int_F\frac{\boldsymbol{n}'\cdot(\boldsymbol{H}_2'-\boldsymbol{H}_1')}{|\boldsymbol{r}-\boldsymbol{r}'|}\,df'\,,$$

und mit div $\boldsymbol{H}\overset{(5.90)}{=}-\,\mathrm{div}\,\boldsymbol{M}$ sowie der aus (5.84a) folgenden Randbedingung

$$\boldsymbol{n}\cdot(\boldsymbol{H}_2-\boldsymbol{H}_1)=\boldsymbol{n}\cdot(\boldsymbol{B}_2/\mu_0-\boldsymbol{M}_2-\boldsymbol{B}_1/\mu_0+\boldsymbol{M}_1)=-\boldsymbol{n}\cdot(\boldsymbol{M}_2-\boldsymbol{M}_1)$$

wird daraus

$$\phi_{\rm m}=-\frac{1}{4\pi}\int\frac{\mathrm{div}'\,\boldsymbol{M}'}{|\boldsymbol{r}-\boldsymbol{r}'|}\,d^3\tau'-\frac{1}{4\pi}\int\frac{\boldsymbol{n}'\cdot(\boldsymbol{M}_2'-\boldsymbol{M}_1')}{|\boldsymbol{r}-\boldsymbol{r}'|}\,df'\,. \tag{5.92}$$

Der zweite Term ist gerade das Potenzial der Oberflächenladung (5.91).

Beispiel 5.6: *Feld eines permanenten Stabmagneten*

Wir betrachten einen zylinderförmigen Stabmagneten der Länge $2a$ mit konstanter Magnetisierung $\boldsymbol{M}$ parallel zur Zylinderachse, der sich im Vakuum befindet (Abb. 5.21 (a)). Innerhalb des Stabmagneten gilt $\boldsymbol{M}=\mathbf{const}$ und daher div $\boldsymbol{M}=0$. Außerhalb des Stabmagneten gilt $\boldsymbol{M}\equiv 0$, und daher ergibt sich aus (5.92) mit $\boldsymbol{M}_1=\boldsymbol{M}$, $\boldsymbol{M}_2=0$ und div $\boldsymbol{M}=0$

$$\phi_{\text{m}} = \frac{1}{4\pi} \int \frac{\boldsymbol{n}' \cdot \boldsymbol{M}'}{|\boldsymbol{r} - \boldsymbol{r}'|} df' . \tag{5.93}$$

Zum Integral liefern nur die beiden Stirnflächen des Stabmagneten mit dem Flächenmaß F Beiträge; auf der oberen gilt $\sigma_{\text{m}}=\boldsymbol{n}\cdot\boldsymbol{M}>0$, auf der unteren $\sigma_{\text{m}}=\boldsymbol{n}\cdot\boldsymbol{M}<0$. Die Fernwirkung des Stabmagneten ist daher dieselbe wie die zweier Ladungen $Q^1_{\text{m}}=FM$ bei $z=a$ und $Q^2_{\text{m}}=-FM$ bei $z=-a$, d. h. die eines Dipolfelds mit dem Dipolmoment $\boldsymbol{m}=2aF\boldsymbol{M}$. Die Auswertung des für ϕ_{m} angegebenen Integrals (5.93) liefert die in Abb. 5.21 (b) dargestellten Feldlinienbilder, die qualitativ aus der Analogie zu dem entsprechenden elektrostatischen Problem zu verstehen sind. $\boldsymbol{B}$- und $\boldsymbol{H}$-Linien sind innerhalb des Magneten voneinander verschieden, außerhalb fallen sie zusammen. In Abb. 5.21 (c) ist die Stärke von B_z bzw. $\mu_0 H_z$ auf der z-Achse angegeben.

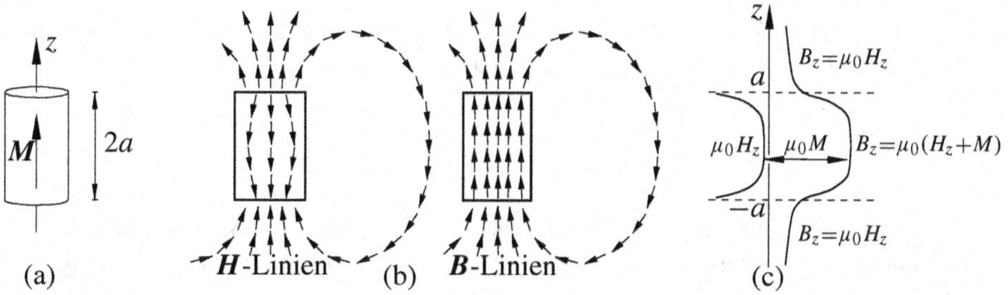

Abb. 5.21: (a) Zylinderförmiger Stabmagnet der Höhe $2a$ mit $\boldsymbol{M}=M\boldsymbol{e}_z=\mathbf{const}$. (b) Verlauf der Feldlinien von $\boldsymbol{H}$ und $\boldsymbol{B}$. (c) z-Komponente des $\boldsymbol{H}$- und $\boldsymbol{B}$-Felds auf der z-Achse.

Aufgaben

5.1 Das Magnetfeld der Erde wird für $|\boldsymbol{r}|>R=$ *Erdradius* in guter Näherung durch das Dipolfeld (5.36a), $\boldsymbol{B}=\text{rot}(\boldsymbol{M}\times\boldsymbol{r}/r^3)$, beschrieben, wobei $\boldsymbol{r}=0$ der Erdmittelpunkt und $\boldsymbol{M}$ ein konstanter Vektor in Richtung der Rotationsachse ist. Bestimmen Sie für die Erdoberfläche den Winkel φ zwischen $\boldsymbol{B}$ und der Horizontalen als Funktion der geografischen Breite.

5.2 Jede von zwei kleinen ringförmigen Drahtschleifen (Radius a) sei rotationssymmetrisch zur x-Achse angeordnet. In der ersten fließe ein konstanter Strom I und sie bewege sich mit der Geschwindigkeit v=const längs der x-Achse, die zweite sei in Ruhe. Berechnen Sie den in der zweiten Schleife (Widerstand = R_r) induzierten Strom, die durch diesen auf die erste Schleife ausgeübte Kraft und überprüfen Sie die Gültigkeit der Lenz'schen Regel.

Hinweis: Behandeln Sie die Drahtschleifen als infinitesimale Stromschleifen.

5.3 Beweisen Sie für eine um $\boldsymbol{r}=0$ lokalisierte Stromverteilung im externen Feld $\boldsymbol{A}_{\text{ext}}(\boldsymbol{r})=\boldsymbol{A}_{\text{ext}}(0)+\boldsymbol{r}\cdot(\nabla\boldsymbol{A}_{\text{ext}})|_0+\ldots$ die Reihenentwicklung

$$W_{\text{w}} = \boldsymbol{m}\cdot\boldsymbol{B}_{\text{ext}}(0)+\ldots,$$

der magnetischen Wechselwirkungsenergie.

Anleitung: Beweisen Sie zunächst, ohne zu entwickeln, unter Benutzung der Formel (2.19) bzw. $\nabla(\boldsymbol{r}\cdot\boldsymbol{A})=\boldsymbol{r}\cdot\nabla\boldsymbol{A}+\boldsymbol{A}\cdot\nabla\boldsymbol{r}+\boldsymbol{r}\times\operatorname{rot}\boldsymbol{A}+\boldsymbol{A}\times\operatorname{rot}\boldsymbol{r}$ die allgemeingültige Beziehung

$$W_{\text{w}} = \int \boldsymbol{j}\cdot\boldsymbol{A}_{\text{ext}}\,d^3\tau = \int \boldsymbol{j}\cdot(\boldsymbol{r}\cdot\nabla)\boldsymbol{A}_{\text{ext}}\,d^3\tau - \int(\boldsymbol{j}\times\boldsymbol{r})\cdot\boldsymbol{B}_{\text{ext}}\,d^3\tau\,.$$

Setzen Sie dann in beide Ausdrücke für W_{w} die bis zum linearen Term in $\boldsymbol{r}$ führende Reihenentwicklung $\boldsymbol{A}_{\text{ext}}(\boldsymbol{r})=\boldsymbol{A}_{\text{ext}}(0)+\boldsymbol{r}\cdot(\nabla\boldsymbol{A}_{\text{ext}})|_0+\ldots$ ein, der die nur bis zum konstanten Term führende Entwicklung $\boldsymbol{B}_{\text{ext}}=\boldsymbol{B}_{\text{ext}}(0)+\ldots$ des Magnetfelds entspricht, und benutzen Sie die Definition $\boldsymbol{m}=(1/2)\int\boldsymbol{r}\times\boldsymbol{j}\,d^3\tau$.

5.4 Auf den i-ten von N stromführenden Leitern werde von den übrigen Leitern die Gesamtkraft $\boldsymbol{F}_i$ ausgeübt. Zeigen Sie, dass für starre und nicht durchweg gleiche Verschiebungen $d\boldsymbol{r}_i$, $i=1,\ldots,N$, der Leiter

$$\sum_{i=1}^{N}\boldsymbol{F}_i\cdot\boldsymbol{r}_i = \delta W_{\text{m}} = \delta\Big(\frac{1}{2}\sum_{\substack{i,j\\ i\neq j}} L_{ij}I_iI_j\Big)$$

gilt. Die Voraussetzung dafür ist, dass in jedem Leiter die Spannung der Stromquelle so nachgeregelt wird, dass die Ströme I_i während der Verschiebung konstant bleiben.

5.5 Ein Punktteilchen der Masse m und Ladung q bewege sich mit der Geschwindigkeit v in einem homogenen Magnetfeld der Flussdichte $\boldsymbol{B}$ auf einer Kreisbahn. Beweisen Sie für sein magnetisches Moment die Darstellung $\mu=mv^2/2B$.

5.6 Bestimmen Sie in Polarkoordinaten r, φ und z ein Feld $\boldsymbol{B}(r,z)$, das die beiden Gleichungen $\operatorname{div}\boldsymbol{B}=0$ und $\operatorname{rot}\boldsymbol{B}=0$ erfüllt, in z-Richtung monoton zunimmt und bei $r=0$ regulär ist. Zeichnen Sie den qualitativen Verlauf der Feldlinien.

Anleitung: Lösen Sie mithilfe eines Separationsansatzes.

5.7 (a) Überlagern Sie dem homogenen Magnetfeld $\boldsymbol{B}=B_0\boldsymbol{e}_z$ ein Magnetfeld $\varepsilon\boldsymbol{B}_1$ der in Aufgabe 5.6 berechneten Art und bestimmen Sie die Lösung der Bewegungsgleichung $m\ddot{\boldsymbol{r}}=q[\boldsymbol{v}\times(\boldsymbol{B}_0+\varepsilon\boldsymbol{B}_1)]$ für die Bewegung einer Punktladung durch Entwicklung nach ε bis zu linearen Termen in ε. Betrachten Sie dabei die Störung einer Spiralbahn um $r=0$.
(b) Diskutieren Sie die Lösung.
(c) Wie verhält sich das magnetische Moment $\mu=m(v_r^2+v_\varphi^2)/[2B(0,z)]$ des gyrierenden Teilchens?

5.8 Ein Magnetfeld $\boldsymbol{B}$ werde ausschließlich von der stationären Stromdichte $\boldsymbol{j}=j\boldsymbol{e}_z$ erzeugt. Zeigen Sie, dass $\boldsymbol{A}=A(x,y)\,\boldsymbol{e}_z$ gilt. Wie verlaufen die Feldlinien des Feldes $\boldsymbol{B}(\boldsymbol{r})$?

5.9 (a) Berechnen Sie das Magnetfeld, das von einem längs des Kreises $x^2+y^2=R^2$, $z=0$ fließenden Linienstrom I auf der z-Achse erzeugt wird.
(b) Welches Feld wird von zwei parallelen Linienströmen $I_1=I_2=I$, die auf den beiden Kreisen $x_1^2+y_1^2=R^2$, $z_1=-a/2$ und $x_2^2+y_2^2=R^2$, $z_2=a/2$ fließen, bei $z=0$ erzeugt? Wann ist dieses besonders homogen?

5.10 Zeigen Sie, dass das allgemeinste axialsymmetrische Magnetfeld bei Benutzung von Zylinderkoordinaten r, φ und z in der Form $\boldsymbol{B}=\Lambda(r,z)\nabla\varphi+\nabla\varphi\times\nabla\psi(r,z)$ geschrieben werden kann.

Anleitung: Axialsymmetrie bedeutet $\partial B_r/\partial\varphi=\partial B_\varphi/\partial\varphi=\partial B_z/\partial\varphi\equiv 0$. Gehen Sie von der für jedes Feld gültigen Darstellung $\boldsymbol{B}=\operatorname{rot}\boldsymbol{A}$ aus.

5.11 Berechnen Sie die Ströme, die das in Aufgabe 5.10 angegebene Feld erzeugen.

Anleitung: Berechnen Sie die Komponenten von $\operatorname{rot}(\nabla\varphi\times\nabla\psi)$ in Richtung von $\nabla\varphi$, ∇z und von $\nabla\chi=\alpha\,\nabla\varphi\times\nabla z$.

5.12 Eine runde Scheibe (Radius R) trägt eine gleichmäßig verteilte Ladung Q und rotiert mit der Winkelgeschwindigkeit ω. Welches Magnetfeld erzeugt sie

(a) auf ihrer Rotationsachse exakt?
(b) allgemein in weiter Entfernung, aber genähert?
(c) Ab welchem Abstand vom Zentrum der Achse ist das zweite Ergebnis auf der Achse eine gute Näherung für das exakte erste Ergebnis?

5.13 Im Mantel eines Kreiszylinders $r=R$, $-\infty\leq z\leq+\infty$ fließt ein Strom der Flächendichte $\boldsymbol{J}=J\boldsymbol{e}_\varphi$ mit $J=$const.

(a) Welcher Druck wirkt auf den Mantel? In welcher Richtung?
(b) Was folgt daraus für den Druck in einer langgestreckten Spule von n Windungen, die von einem Strom I durchflossen wird?

Anleitung: Betrachten Sie zunächst eine volumenhafte Stromdichte im Bereich $R\leq r\leq R+\varepsilon$ und vollziehen Sie den Grenzübergang $\varepsilon\to 0$.

5.14 Zeigen Sie, dass das Magnetfeld eines unendlich dünnen, kreisförmig geschlossenen Leiters (Radius a, Stromstärke I) für $a\to\infty$ in ein homogenes Feld übergeht, wenn dabei $I\sim a$ zunimmt.

Anleitung: Benutzen Sie Gleichung (5.11), zeigen Sie, dass in einem festen Raumpunkt $k^2\to 0$ für $a\to\infty$ gilt, und entwickeln Sie $E(k)$, $K(k)$ sowie $\boldsymbol{A}=A_\varphi\boldsymbol{e}_\varphi$.

5.15 Eine gleichmäßig geladene Kugel bewege sich mit der konstanten Geschwindigkeit $\boldsymbol{v}$. Berechnen Sie das Verhältnis aus elektrischer und magnetischer Feldenergie und benutzen Sie dabei für das Magnetfeld jedes Ladungselements die Näherung

$$d\boldsymbol{B}=\frac{\mu_0}{4\pi}\,\varrho'\,d^3\tau'\,\boldsymbol{v}\times\frac{\boldsymbol{r}-\boldsymbol{r}'}{|\boldsymbol{r}-\boldsymbol{r}'|^3}\,.$$

5.16 Zeigen Sie, dass die Feldenergie des von einem Permanentmagneten erzeugten Magnetfelds insgesamt verschwindet.

Lösungen

5.1 Die Rotationsachse der Erde sei die Polarachse (z-Achse) eines Systems von Polarkoordinaten r, ϑ und φ. Dann gilt $\boldsymbol{M}=M\boldsymbol{e}_z$,

$$\boldsymbol{A} = \frac{\boldsymbol{M} \times \boldsymbol{e}_r}{r^2} = \frac{M \sin\vartheta}{r^2}\,\boldsymbol{e}_\varphi = \frac{M \sin^2\vartheta}{r}\,\nabla\varphi$$

und

$$\begin{aligned}\boldsymbol{B} &= \operatorname{rot}\frac{M \sin^2\vartheta\,\nabla\varphi}{r} = M\,\nabla\frac{\sin^2\vartheta}{r} \times \nabla\varphi \\ &= \frac{2M \sin\vartheta\cos\vartheta}{r}\,\nabla\vartheta \times \nabla\varphi - \frac{M\sin^2\vartheta}{r^2}\,\nabla r \times \nabla\varphi \\ &= \frac{2M\cos\vartheta}{r^3}\,\boldsymbol{e}_\vartheta \times \boldsymbol{e}_\varphi - \frac{M\sin\vartheta}{r^3}\,\boldsymbol{e}_r \times \boldsymbol{e}_\varphi\end{aligned}$$

bzw.

$$\boldsymbol{B} = \frac{2M\cos\vartheta}{r^3}\,\boldsymbol{e}_r + \frac{M\sin\vartheta}{r^3}\,\boldsymbol{e}_\vartheta\,.$$

Auf der Erdoberfläche weist $\boldsymbol{e}_\vartheta$ in Richtung der Horizontalen, daher gilt für den Winkel α zwischen $\boldsymbol{B}$ und der Horizontalen

$$\tan\alpha = \frac{B_r}{B_\vartheta} = 2\cot\vartheta\,.$$

Die geografische Breite ist $\tilde{\vartheta}=\pi/2-\vartheta$, es gilt $\cot(\pi/2-\tilde{\vartheta})=\tan\tilde{\vartheta}$, und damit erhalten wir schließlich

$$\alpha = \arctan(2\tan\tilde{\vartheta})\,.$$

5.2 Die ruhende Spule befinde sich bei $x=0$, die bewegte bei $x=-d(t)$. Die Letztere erzeugt in ihrem Ruhesystem auf der x-Achse im Abstand d das Feld

$$B_x = \frac{\mu_0}{4\pi}\,\frac{(3\boldsymbol{m}\cdot\boldsymbol{r}\,\boldsymbol{r} - \boldsymbol{m}\,r^2)\cdot\boldsymbol{e}_x}{r^5} \overset{r=x=d}{=} \frac{\mu_0 m}{2\pi d^3} \qquad \text{mit} \qquad \boldsymbol{m} = (a^2\pi I)\,\boldsymbol{e}_x\,.$$

Im System der ruhenden Spule gilt näherungsweise $B'_x=B_x$, in dieser wird die Spannung

$$U_r = \oint \boldsymbol{E}\cdot d\boldsymbol{s} = -\frac{d}{dt}\oint \boldsymbol{B}\cdot d\boldsymbol{f} = -\frac{d}{dt}(B_x a^2\pi) \overset{\text{s.u.}}{=} -\frac{3\pi\,\mu_0 a^4}{2d^4}\,I v$$

induziert, wobei $v=-\dot{d}(t)$ benutzt wurde. Sind R_r und I_r Widerstand und induzierter Strom der ruhenden Spule, so folgt mit $U_r=R_r I_r$

$$I_r = -\frac{3\pi\,\mu_0 a^4}{2R_r d^4}\,I v\,.$$

Für $v>0$ ist der induzierte Strom I_r dem Strom I der bewegten Spule entgegengerichtet. Da sich entgegengesetzte Ströme abstoßen, wird v verringert und damit die Induktion reduziert. Der induzierte Strom reduziert also die Ursache der Induktion, und die Lenz'sche Regel ist erfüllt. I_r bewirkt bei der ruhenden Spule das magnetische Moment

$\boldsymbol{m}_r = I_r a^2 \pi \boldsymbol{e}_x$, welches das Feld $B_x = \mu_0 m_r/(2\pi d^3) = -\mu_0 m_r/(2\pi x^3)|_{x=-d}$ am Ort der bewegten Spule erzeugt. Dadurch entsteht auf diese die Kraft

$$\boldsymbol{F} = \nabla(\boldsymbol{m}\cdot\boldsymbol{B}) = \frac{d(mB_x)}{dx}\boldsymbol{e}_x = -\frac{d}{dx}\left(\frac{\mu_0 m I_r a^2 \pi}{2\pi x^3}\right)\Bigg|_{x=-d}\boldsymbol{e}_x$$

$$= \frac{d}{dx}\left(\frac{3\pi^2\mu_0^2 I^2 a^8 v}{4R_r x^7}\right)\Bigg|_{x=-d}\boldsymbol{e}_x = -\frac{21\pi^2\mu_0^2 I^2 a^8 v}{4R_r d^8}\boldsymbol{e}_x\,.$$

5.3 Mit $\boldsymbol{A}\cdot\nabla\boldsymbol{r} = \boldsymbol{A}$ und $\operatorname{rot}\boldsymbol{r} = 0$ erhalten wir aus der für $\nabla(\boldsymbol{r}\cdot\boldsymbol{A})$ angegebenen Formel $\boldsymbol{A} = \nabla(\boldsymbol{r}\cdot\boldsymbol{A}) - \boldsymbol{r}\cdot\nabla\boldsymbol{A} - \boldsymbol{r}\times\boldsymbol{B}_{\text{ext}}$, und Einsetzen in $W_\text{w} = \int \boldsymbol{j}\cdot\boldsymbol{A}_{\text{ext}}\,d^3\tau$ liefert

$$W_\text{w} \overset{\text{s.u.}}{=} -\int \boldsymbol{j}\cdot(\boldsymbol{r}\cdot\nabla)\boldsymbol{A}_{\text{ext}}\,d^3\tau - \int \boldsymbol{j}\cdot(\boldsymbol{r}\times\boldsymbol{B}_{\text{ext}})\,d^3\tau\,,$$

da $\int \boldsymbol{j}\cdot\nabla\Phi\,d^3\tau \overset{\operatorname{div}\boldsymbol{j}=0}{=} \int \operatorname{div}(\boldsymbol{j}\Phi)\,d^3\tau = \oint \Phi\,\boldsymbol{j}\cdot d\boldsymbol{f} = 0$ mit $\Phi = \boldsymbol{r}\cdot\boldsymbol{A}_{\text{ext}}$ gilt. Einsetzen der angegebenen Entwicklung des externen Feldes in die zwei Ausdrücke für W_w liefert

$$W_\text{w} \overset{\text{s.u.}}{=} \int \boldsymbol{j}\cdot[\boldsymbol{r}\cdot(\nabla\boldsymbol{A}_{\text{ext}})|_0]\,d^3\tau + \ldots = -\int \boldsymbol{j}\cdot[\boldsymbol{r}\cdot(\nabla\boldsymbol{A}_{\text{ext}})|_0]\,d^3\tau + 2\boldsymbol{m}\cdot\boldsymbol{B}_{\text{ext}}(0) + \ldots\,,$$

da $\int \boldsymbol{j}\cdot\boldsymbol{A}_{\text{ext}}(0)\,d^3\tau = \boldsymbol{A}_{\text{ext}}(0)\cdot\int \boldsymbol{j}\,d^3\tau \overset{(5.30)}{=} 0$ ist. Der Vergleich der zwei Ausdrücke liefert

$$\int \boldsymbol{j}\cdot[\boldsymbol{r}\cdot(\nabla\boldsymbol{A}_{\text{ext}})|_0]\,d^3\tau = \boldsymbol{m}\cdot\boldsymbol{B}_{\text{ext}}(0) \qquad\Rightarrow\qquad W_\text{w} = \boldsymbol{m}\cdot\boldsymbol{B}_{\text{ext}}(0) + \ldots\,.$$

5.5 Radius a der Kreisbahn:

$$mv^2/a = qvB \quad\Rightarrow\quad a = mv/(qB)\,.$$

Mit $\tau = 2\pi a/v =$ Umlaufdauer für eine Kreisbahn ergibt sich als Strom, den die bewegte Ladung darstellt, $I = q/\tau = qv/(2\pi a)$. Damit folgt für das magnetische Moment

$$\mu = Ia^2\pi = \frac{qva^2\pi}{2\pi a} = \frac{qva}{2} = \frac{mv^2}{2B}\,.$$

5.6 Ansatz in Potenzialdarstellung: $\boldsymbol{B} = \nabla\phi(r,z) \;\Rightarrow\; B_r = \partial\phi/\partial r,\ B_z = \partial\phi/\partial z,$

$$\operatorname{div}\boldsymbol{B} = \frac{1}{r}\frac{\partial}{\partial r}(rB_r) + \frac{\partial B_z}{\partial z} = \frac{1}{r}\frac{\partial}{\partial r}\left(r\frac{\partial\phi}{\partial r}\right) + \frac{\partial^2\phi}{\partial z^2} = \frac{\partial^2\phi}{\partial r^2} + \frac{1}{r}\frac{\partial\phi}{\partial r} + \frac{\partial^2\phi}{\partial z^2} = 0\,.$$

Separationsansatz $\phi = g(r)\,h(z) \;\Rightarrow$

$$\frac{g''(r)}{g(r)} + \frac{g'(r)}{rg(r)} = -\frac{h''(z)}{h(z)} = \text{const}\,.$$

Monotonie in z: $\Rightarrow$ $\text{const} = -k^2 < 0 \;\Rightarrow\; h(z) = \mathrm{e}^{kz}$ und

$$g'' + g'/r + k^2 g = 0$$

Substitution $\rho = kr,\ g(r) = g(\rho/k) = g^*(\rho) \to g(\rho) \;\Rightarrow$

$$\ddot{g}(\rho) + \dot{g}(\rho)/\rho + g(\rho) = 0\,.$$

Die bei ρ=0 reguläre Lösung ist die Bessel-Funktion $J_0(\rho)$ mit der Potenzreihenentwicklung $J_0=1-\rho^2/4+(\rho/2)^4/4+\cdots$ $\Rightarrow$

$$\phi = J_0(kr)\,\mathrm{e}^{kz}\,, \qquad B_r = k\,J_0'(kr)\,\mathrm{e}^{kz}\,, \qquad B_z = k\,J_0(kr)\,\mathrm{e}^{kz}\,.$$

5.8 $\boldsymbol{j}=j\boldsymbol{e}_z$, $\operatorname{div}\boldsymbol{j}=\boldsymbol{e}_z\cdot\nabla j=0 \;\Rightarrow\; j=j(x,y)$.
Wird $\boldsymbol{A}$ nur von $\boldsymbol{j}$ erzeugt, so folgt

$$\boldsymbol{A} = \frac{\mu_0}{4\pi}\int\frac{\boldsymbol{j}(\boldsymbol{r}')}{(\boldsymbol{r}-\boldsymbol{r}')}\,d^3\tau' = \frac{\mu_0\boldsymbol{e}_z}{4\pi}\int\frac{j(\boldsymbol{r}')}{|\boldsymbol{r}-\boldsymbol{r}'|}\,d^3\tau' \quad\Rightarrow\quad \boldsymbol{A}=A\,\boldsymbol{e}_z\,.$$

Coulomb-Eichung: $\operatorname{div}\boldsymbol{A}=0 \;\Rightarrow\; \boldsymbol{e}_z\cdot\nabla A=0 \;\Rightarrow\; \boldsymbol{A}=A(x,y)\,\boldsymbol{e}_z$.
$\boldsymbol{B}=\operatorname{rot}\boldsymbol{A}=\nabla A\times\boldsymbol{e}_z \;\Rightarrow\; \boldsymbol{B}\cdot\nabla A=0$. Die Feldlinien verlaufen in Ebenen z=const auf den Flächen $A(x,y)$=const.

5.9 (a) Mit $\boldsymbol{j}'\,d^3\tau \to I\,d\boldsymbol{s}'$ und $d\boldsymbol{s}'=R\,d\varphi'\boldsymbol{e}'_\varphi$ ergibt sich

$$\boldsymbol{B} = \frac{\mu_0}{4\pi}\int\frac{\boldsymbol{j}(\boldsymbol{r}')\times(\boldsymbol{r}-\boldsymbol{r}')}{|\boldsymbol{r}-\boldsymbol{r}'|^3}\,d^3\tau' = \frac{\mu_0 RI}{4\pi}\int\frac{\boldsymbol{e}'_\varphi\times(\boldsymbol{r}-\boldsymbol{r}')}{|\boldsymbol{r}-\boldsymbol{r}'|^3}\,d\varphi'\,.$$

In Zylinderkoordinaten ρ,φ,z gilt $\boldsymbol{r}'=R\boldsymbol{e}'_\rho$, $\boldsymbol{r}=z\boldsymbol{e}_z \;\Rightarrow\; |\boldsymbol{r}-\boldsymbol{r}'|=|z\boldsymbol{e}_z-R\boldsymbol{e}'_\rho|=\sqrt{z^2+R^2}$,

$$\boldsymbol{e}'_\varphi\times(\boldsymbol{r}-\boldsymbol{r}') = \boldsymbol{e}'_\varphi\times z\boldsymbol{e}_z - R\boldsymbol{e}'_\varphi\times\boldsymbol{e}'_\rho\,, \quad \boldsymbol{e}'_\varphi\times\boldsymbol{e}_z=\boldsymbol{e}'_\rho\,, \quad \boldsymbol{e}'_\rho\times\boldsymbol{e}'_\varphi=\boldsymbol{e}_z\,.$$

Damit ergibt sich

$$\boldsymbol{B} = \frac{\mu_0 RI}{4\pi\,(z^2+R^2)^{3/2}}\left(z\oint\boldsymbol{e}'_\rho d\varphi' + R\boldsymbol{e}_z\oint d\varphi'\right) \stackrel{\text{s.u.}}{=} \frac{\mu_0 R^2 I}{2\,(z^2+R^2)^{3/2}}\,\boldsymbol{e}_z\,,$$

da $\oint\boldsymbol{e}'_\rho d\varphi=0$ ist.

(b) Das von den zwei in den Ebenen $z=-a/2$ und $z=a/2$ befindlichen Ringspulen gemeinsam auf der z-Achse erzeugte Feld ist nach dem letzten Ergebnis

$$\boldsymbol{B} = \frac{\mu_0 R^2 I}{2}\left(\frac{1}{\left[(z+a/2)^2+R^2\right]^{3/2}} + \frac{1}{\left[(z-a/2)^2+R^2\right]^{3/2}}\right)\boldsymbol{e}_z\,.$$

Für kleine z erhält man hieraus durch Entwicklung in niedrigster Ordnung

$$\boldsymbol{B} = \frac{\mu_0 R^2 I}{2\,(a^2/4+R^2)^{3/2}}\left(2+\frac{3(a^2-R^2)}{(a^2/4+R^2)^2}\,z^2+\cdots\right)\boldsymbol{e}_z\,.$$

Bei z=0 ergibt sich daraus das Feld $\boldsymbol{B}=\mu_0 R^2 I/\left(a^2/4+R^2\right)^{3/2}$; das Feld wird dort besonders homogen, wenn der z^2-Term der Entwicklung verschwindet, also für $a=R$ bzw. für *Abstand der Spulen = Spulenradius.*

5.10

$$\boldsymbol{B} = \operatorname{rot}\boldsymbol{A}(r,z) = -\frac{\partial A_\varphi}{\partial z}\boldsymbol{e}_r + \left(\frac{\partial A_r}{\partial z}-\frac{\partial A_z}{\partial r}\right)\boldsymbol{e}_\varphi + \frac{1}{r}\frac{\partial}{\partial r}(rA_\varphi)\boldsymbol{e}_z \stackrel{!}{=} \Lambda\nabla\varphi+\nabla\varphi\times\nabla\psi$$

$$= \frac{\Lambda}{r}\boldsymbol{e}_\varphi + \frac{1}{r}\boldsymbol{e}_\varphi\times\left(\frac{\partial\psi}{\partial r}\boldsymbol{e}_r + \frac{\partial\psi}{\partial z}\boldsymbol{e}_z\right) = \frac{1}{r}\frac{\partial\psi}{\partial z}\boldsymbol{e}_r + \frac{\Lambda}{r}\boldsymbol{e}_\varphi - \frac{1}{r}\frac{\partial\psi}{\partial r}\boldsymbol{e}_z \quad\Rightarrow$$

$$-\frac{\partial}{\partial z}(rA_\varphi) = \frac{\partial \psi}{\partial z}, \qquad \Lambda = r\left(\frac{\partial A_r}{\partial z} - \frac{\partial A_z}{\partial r}\right), \qquad \frac{\partial}{\partial r}(rA_\varphi) = -\frac{\partial \psi}{\partial r}.$$

Für jedes vorgegebene axialsymmetrische Feld $\boldsymbol{A}$ gilt demnach rot $\boldsymbol{A}=\Lambda\nabla\varphi+\nabla\varphi\times\nabla\psi$, wenn

$$\psi = -rA_\varphi, \qquad \Lambda = r\left(\frac{\partial A_r}{\partial z} - \frac{\partial A_z}{\partial r}\right)$$

gewählt wird.

5.11

$$\text{rot}\,\boldsymbol{B} = \text{rot}(\Lambda\nabla\varphi + \nabla\varphi \times \psi) = \nabla\Lambda \times \nabla\varphi + \text{rot}(\nabla\varphi \times \nabla\psi).$$

Die Projektion von rot$(\nabla\varphi+\nabla\psi)$ auf $\nabla\beta$ ist

$$\nabla\beta \cdot \text{rot}(\nabla\varphi \times \nabla\psi) = \text{div}[(\nabla\varphi \times \nabla\psi) \times \nabla\beta] = \text{div}[\nabla\psi(\nabla\varphi \cdot \nabla\beta) - \nabla\varphi(\nabla\psi \cdot \nabla\beta)].$$

Hieraus folgt für $\beta=\varphi$ mit $\nabla\psi\cdot\nabla\varphi=0$ (wegen $\psi=\psi(r,z)$) und $\nabla\varphi\cdot\nabla\varphi=1/r^2$

$$\nabla\varphi \cdot \text{rot}(\nabla\varphi \times \nabla\psi) = \text{div}\,\frac{\nabla\psi}{r^2},$$

für $\beta=z$ mit $\nabla\varphi\cdot\nabla z=0$, $\nabla\varphi\cdot\nabla(\nabla\psi\cdot\nabla z)=0$ (wegen Axialsymmetrie) und $\Delta\varphi=0$

$$\nabla z \cdot \text{rot}(\nabla\varphi \times \nabla\psi) = -\,\text{div}[\nabla\varphi(\nabla\psi \cdot \nabla z)] = -(\nabla\psi \cdot \nabla z)\Delta\varphi - \nabla\varphi \cdot \nabla(\nabla\psi \cdot \nabla z) = 0$$

und schließlich für $\beta=\chi$, wobei $\nabla\chi=\alpha(\nabla\varphi\times\nabla z)$ definiert ist, mit $\nabla\varphi\cdot\nabla\chi=0$

$$\nabla\chi\cdot\text{rot}(\nabla\varphi\times\nabla\psi) = -\,\text{div}[\nabla\varphi(\nabla\psi\cdot\nabla\chi)] = -(\nabla\psi\cdot\nabla\chi)\Delta\varphi-\nabla\varphi\cdot\nabla(\nabla\psi\cdot\nabla\chi) = 0.$$

rot$(\nabla\varphi\times\nabla\psi)$ hat also nur eine Komponente in Richtung von $\nabla\varphi$, d. h.

$$\text{rot}(\nabla\varphi \times \nabla\psi) = \boldsymbol{e}_\varphi\,\boldsymbol{e}_\varphi\cdot\text{rot}(\nabla\varphi \times \nabla\psi) = r\boldsymbol{e}_\varphi\,\nabla\varphi\cdot\text{rot}(\nabla\varphi \times \nabla\psi) = r\boldsymbol{e}_\varphi\,\text{div}\left(\frac{\nabla\psi}{r^2}\right)$$

$$\Rightarrow \quad \boldsymbol{j} = \frac{1}{\mu_0}\left[\nabla\Lambda \times \nabla\varphi + r\boldsymbol{e}_\varphi\,\text{div}\left(\frac{\nabla\psi}{r^2}\right)\right].$$

5.12 (a) Mit $\boldsymbol{r}'=r'\boldsymbol{e}'_r$, $\boldsymbol{r}=z\boldsymbol{e}_z$ sowie $\boldsymbol{j}'=[q/(R^2\pi)]\delta(z')\,\omega r'\boldsymbol{e}'_\varphi$ für $r'\leq R$ und $j'=0$ für $r'>R$ ist

$$\boldsymbol{B} = \frac{\mu_0}{4\pi}\int \frac{\boldsymbol{j}(\boldsymbol{r}')\times(\boldsymbol{r}-\boldsymbol{r}')}{|\boldsymbol{r}-\boldsymbol{r}'|^3}\,d^3\tau' = \frac{\mu_0}{4\pi}\iiint \frac{Q\,\delta(z')\,\omega r'\boldsymbol{e}'_\varphi\times(z\boldsymbol{e}_z-r'\boldsymbol{e}'_r)}{R^2\pi\,(r'^2+z^2)^{3/2}}\,r'\,dr'\,d\varphi'\,dz'$$

$$= \frac{\mu_0}{4\pi}\iint \frac{Q\,\omega r'(z\boldsymbol{e}'_r+r'\boldsymbol{e}_z)}{(r'^2+z^2)^{3/2}R^2\pi}\,r'\,dr'\,d\varphi' \overset{\text{s.u.}}{=} \frac{\mu_0 Q\omega}{2\pi R^2}\int_0^R \frac{r'^3\boldsymbol{e}_z}{(r'^2+z^2)^{3/2}}\,dr$$

$$= \frac{\mu_0 Q\omega z}{2\pi R^2}\left(\sqrt{1+\frac{R^2}{z^2}}+\frac{1}{\sqrt{1+R^2/z^2}}-2\right)\boldsymbol{e}_z,$$

wobei $\oint \boldsymbol{e}'_r\,d\varphi'=0$ benutzt wurde.

(b)

$$\boldsymbol{B} = \frac{\mu_0}{4\pi}\frac{3\boldsymbol{e}_r\cdot\boldsymbol{m}\,\boldsymbol{e}_r-\boldsymbol{m}}{r^3}$$

mit

$$m = \frac{1}{2}\int r'\times j(r')\,d^3\tau' = \frac{1}{2}\iiint r'e'_r\times e'_\varphi \frac{Q\,\delta(z')\,\omega r'}{R^2\pi}\,r'\,dr'\,d\varphi'\,dz' = \frac{Q\omega R^2}{4}\,e_z\,,$$

also

$$B = \frac{\mu_0 Q\omega R^2\,(3\cos\vartheta\,e_r - e_z)}{16\pi\,r^3} \qquad \text{mit} \qquad \cos\vartheta = e_r\cdot e_z\,.$$

(c) Auf der z-Achse ($\cos\vartheta=1$, $e_r=e_z$ und $r=z$) liefert das Näherungsergebnis

$$B_\mathrm{N} = \frac{\mu_0 Q\omega R^2}{8\pi\,z^3}\,e_z\,.$$

Dividiert man hierdurch das in (a) erhaltene exakte Ergebnis, so erhält man mit der Definition $\varepsilon=R^2/z^2$

$$\frac{B}{B_\mathrm{N}} = \frac{4z^4}{R^4}\left(\sqrt{1+\frac{R^2}{z^2}}+\frac{1}{\sqrt{1+R^2/z^2}}-2\right) = \frac{4}{\varepsilon^2}\left(\sqrt{1+\varepsilon}+\frac{1}{\sqrt{1+\varepsilon}}\right)$$

$$= \frac{4}{\varepsilon^2}\left[\frac{\varepsilon^2}{4}-\frac{\varepsilon^3}{4}+\mathcal{O}(\varepsilon^4)\right] = 1-\varepsilon+\mathcal{O}(\varepsilon^2)\,.$$

Für $\varepsilon\lesssim 10^{-2}$ bzw. $z\gtrsim 10$ beträgt der Fehler höchstens 1 Prozent.

5.13 (a) $B=Be_z$, $j=je_\varphi=-(\partial B/\partial r)e_\varphi \;\Rightarrow\; B(r)=\text{const}-rj=(R+\varepsilon-r)\,j$. Dabei Wahl der Konstanten so, dass $B(r)=0$ für $r=R+\varepsilon$, womit eine stetige Anknüpfung an die äußere Lösung $B\equiv 0$ gewährleistet ist. Damit ergibt sich für die Kraft $\Delta F=\int_{\Delta Z} j\times B\,d^3\tau$ auf das zwischen φ und $\varphi+\Delta\varphi$ gelegene Flächenelement $\Delta Z=R\,\Delta\varphi\,\int dz$ des Zylindermantels mit $e_r\approx$const im Winkelbereich $[\varphi,\,\varphi+\Delta\varphi]$

$$\Delta F = \int_R^{R+\varepsilon}(R+\varepsilon-r)j^2 r\,dr\int_\varphi^{\varphi+\Delta\varphi} e_r d\varphi\int dz = e_r\,\Delta\varphi\,j^2\,(R\varepsilon^2/2+\varepsilon^3/6)\int dz$$

und für den – radial nach außen gerichteten – Druck

$$p = \frac{|\Delta F|}{\Delta Z} = \frac{|\Delta F|}{R\Delta\varphi\int dz} = \frac{j^2\varepsilon^2}{2}\left(1+\frac{\varepsilon}{3R}\right)\to\frac{J^2}{2}\,,$$

wenn $\varepsilon\to 0$ und $j\to\infty$ so, dass $j\varepsilon=J=$const.

(b) Länge der Spule l, auf dieser Länge n Windungen mit dem Strom I
$\Rightarrow\; J=nI/l \;\Rightarrow\; p=J^2/2=n^2I^2/(2l^2)$.

5.14 Aus Gleichung (5.11b) ergibt sich bei festen endlichen Werten von ρ und z für $a\to\infty$

$$k = \sqrt{\frac{4a\rho}{(a+\rho)^2+z^2}} = 2\sqrt{\frac{\rho/a}{(1+\rho/a)^2+(z/a)^2}} \to 2\sqrt{\rho/a}\to 0\,.$$

Für $K(k)$ und $E(k)$ ergibt sich aus (5.10) durch Entwicklung nach dem kleinen Parameter k

$$K(k) = \int_0^{\pi/2}\left(1+\frac{k^2}{2}\sin^2 w+\frac{3k^4}{8}\sin^4 w+\ldots\right)dw\,,$$

$$E(k) = \int_0^{\pi/2}\left(1-\frac{k^2}{2}\sin^2 w+\frac{k^4}{8}\sin^4 w+\ldots\right)dw\,.$$

Hieraus folgt

$$\left(1-\frac{k^2}{2}\right)K(k)-E(k) = \int_0^{\pi/2}\left(k^2\sin^2 w+\frac{k^4}{2}\sin^4 w-\frac{k^2}{2}-\frac{k^4}{4}\sin^2 w+\ldots\right)dw$$
$$\stackrel{\text{s.u.}}{=} \frac{\pi k^4}{32},$$

wobei

$$\int_0^{\pi/2}\sin^2 w\,dw = \frac{\pi}{4} \qquad \text{und} \qquad \int_0^{\pi/2}\sin^4 w\,dw = \frac{3\pi}{16}$$

benutzt wurde. Aus Gleichung (5.11) ergibt sich damit

$$A_\varphi = \frac{\mu_0 I}{\pi}\sqrt{\frac{a}{\rho}}\,\frac{\pi k^3}{32}.$$

Mit der für große a gültigen Näherung $k{=}2\sqrt{\rho/a}$ folgt daraus schließlich

$$A_\varphi = \frac{\mu_0 I}{4a}\,\rho \qquad \text{bzw.} \qquad \boldsymbol{A} = \frac{\mu_0 I}{4a}\,\rho^2\,\nabla\varphi.$$

Hieraus ergibt sich das Magnetfeld

$$\boldsymbol{B} = \frac{\mu_0 I}{4a}\nabla\rho^2\times\nabla\varphi = \frac{\mu_0 I}{2a}\boldsymbol{e}_\rho\times\boldsymbol{e}_\varphi = \frac{\mu_0 I}{2a}\,\boldsymbol{e}_z,$$

das auch im Limes $a{\to}\infty$ wegen $I{\sim}a$ einen nicht verschwindenden endlichen Wert behält und homogen ist.

5.15

$$\boldsymbol{B} = \frac{\mu_0}{4\pi}\int\frac{\varrho'\boldsymbol{v}\times(\boldsymbol{r}-\boldsymbol{r}')}{|\boldsymbol{r}-\boldsymbol{r}'|^3}\,d^3\tau' = \frac{\mu_0\boldsymbol{v}}{4\pi}\times\int\frac{\varrho'(\boldsymbol{r}-\boldsymbol{r}')}{|\boldsymbol{r}-\boldsymbol{r}'|^3}\,d^3\tau' = \frac{\boldsymbol{v}\times\boldsymbol{E}}{c^2}.$$

Für $\boldsymbol{v}{=}v\boldsymbol{e}_x$ folgt $c^4B^2{=}(\boldsymbol{v}\times\boldsymbol{E})^2{=}v^2E^2-(\boldsymbol{v}\cdot\boldsymbol{E})^2{=}v^2(E^2-E_x^2){=}v^2(E_y^2+E_z^2)$, und mit $\int E_x^2\,d^3\tau{=}\int E_y^2\,d^3\tau{=}\int E_z^2\,d^3\tau{=}(1/3)\int E^2\,d^3\tau$ ergibt sich daraus

$$\int B^2\,d^3\tau = \frac{2v^2}{3c^4}\int E^2\,d^3\tau \quad\Rightarrow\quad \frac{W_m}{W_e} = \frac{\int B^2\,d^3\tau}{\mu_0\varepsilon_0\int E^2\,d^3\tau} = \frac{2v^2}{3c^2}.$$

5.16 $\operatorname{rot}\boldsymbol{H}{=}0 \;\Rightarrow\; \boldsymbol{H}{=}-\nabla\phi_\text{m} \;\Rightarrow$

$$W_\text{m} = \int_{\mathbb{R}^3}\int_0^{\boldsymbol{B}}\boldsymbol{H}(\boldsymbol{B}')\cdot d\boldsymbol{B}'\,d^3\tau = -\int_{\mathbb{R}^3}\int_0^{\boldsymbol{B}}\nabla\phi'_\text{m}\cdot d\boldsymbol{B}'\,d^3\tau$$
$$\stackrel{\operatorname{div}d\boldsymbol{B}'=0}{=} -\int_0^{\boldsymbol{B}}\int_{\mathbb{R}^3}\operatorname{div}(\phi'_\text{m}\,d\boldsymbol{B}')\,d^3\tau = -\int_0^{\boldsymbol{B}}\int_\infty\phi'_\text{m}d\boldsymbol{B}'\cdot d\boldsymbol{f} = 0.$$

6 Stromkreise mit stationären und zeitlich langsam veränderlichen Strömen

Wir haben bisher die Stromdichte $\boldsymbol{j}(\boldsymbol{r})$ hinsichtlich ihres Verlaufs und ihrer Stärke als gegeben angesehen und uns nur für ihre felderzeugende Wirkung interessiert. In diesem Kapitel wollen wir uns mit der Frage befassen, wodurch der Stromfluss zustande kommt und wie sich die Ströme verteilen. Als Erstes beschäftigen wir uns mit stationären Strömen; anschließend untersuchen wir zeitlich veränderliche Ströme – insbesondere in Wechselstromkreisen –, die sich aber so langsam ändern, dass der Verschiebungsstrom $\varepsilon_0 \partial \boldsymbol{E}/\partial t$ vernachlässigt werden kann.

Besonders die Theorie von Wechselstromkreisen ist ein sehr umfangreiches Gebiet, aus dem wir nur einige grundlegende Probleme aufgreifen werden. Für Details wird auf die einschlägige Literatur verwiesen.

6.1 Stationäre Ströme

Unter zeitlich konstanten Verhältnissen gelten die zeitunabhängigen Maxwell-Gleichungen, insbesondere $\boldsymbol{j} = \text{rot}\, \boldsymbol{B}/\mu_0$ und daher

$$\text{div}\, \boldsymbol{j} = 0\,. \tag{6.1}$$

In vielen Stromleitern besteht zwischen $\boldsymbol{j}$ und $\boldsymbol{E}$ – zumindest näherungsweise – der einfache Zusammenhang

$$\boxed{\boldsymbol{j} = \sigma \boldsymbol{E}} \tag{6.2}$$

mit $\sigma > 0$ (**lokales Ohm'sches Gesetz**).

Im Folgenden wollen wir nur geschlossene Stromkreise betrachten, die wir dadurch charakterisieren, dass der Strom innerhalb einer in sich geschlossenen Röhre fließt, die ganz im Endlichen verläuft. Bezüglich der den Strom antreibenden Ursachen gibt es dann die folgenden zwei Möglichkeiten.

1. Wenn die Felder $\boldsymbol{E}$ und $\boldsymbol{B}$ überall zeitunabhängig sind, kann Gleichung (6.2) nicht im ganzen Stromkreis gelten, in diesem muss sich eine den Strom antreibende Spannungsquelle befinden.
2. Wenn Gleichung (6.2) im ganzen Stromkreis gilt, muss dieser außen um ein Gebiet herumführen, in dem sich ein zeitlich veränderliches Magnetfeld befindet. Durch dieses wird das elektrische Feld $\boldsymbol{E}$ induziert.

1. Betrachten wir zunächst den ersten Fall. Wenn $\boldsymbol{B}$ überall zeitunabhängig ist, gilt im ganzen Raum rot $\boldsymbol{E}=0$, woraus für jede innerhalb der Stromröhre verlaufende geschlossene Kurve

$$\oint \boldsymbol{E}\cdot d\boldsymbol{s} = 0 \tag{6.3}$$

folgt. Hieraus ergäbe sich $\oint \boldsymbol{j}/\sigma \cdot d\boldsymbol{s}=0$, wenn (6.2) im ganzen Stromkreis gelten würde.

Nun ist auf jedem zusammenhängenden Querschnitt der Stromröhre wegen (6.1) $\int \boldsymbol{j}\cdot d\boldsymbol{f}=\int \boldsymbol{j}\cdot\boldsymbol{n}\,df=I=$const, wobei die Orientierung der Fläche so gewählt werden kann, dass $I>0$ ist. Dies bedeutet, dass es auf jedem Querschnitt Gebiete mit $\boldsymbol{j}\cdot\boldsymbol{n}>0$ geben muss. Aus Stetigkeitsgründen kann daher bei einer geeignet gewählten, stetigen Folge von Querschnittsflächen auf jeder von diesen ein Punkt so gefunden werden, dass die Gesamtheit der Punkte eine geschlossene Kurve bildet. Im Gegensatz zu der aus (6.2) abgeleiteten Beziehung $\oint(\boldsymbol{j}/\sigma)\cdot d\boldsymbol{s}=0$ gilt auf dieser dann

$$\oint (\boldsymbol{j}/\sigma)\cdot d\boldsymbol{s} > 0\,. \tag{6.4}$$

Die Konsequenz aus diesem Widerspruch ist: $\boldsymbol{j}$ kann nicht überall parallel zu $\boldsymbol{E}$ sein, es muss Stellen geben, wo $\boldsymbol{j}$ entgegen der Richtung des elektrischen Feldes fließt, was nur möglich ist, wenn außer $q\boldsymbol{E}$ noch andere Kräfte auf die Ladungsträger einwirken. Das ist in Spannungsquellen der Fall, in denen **elektromotorische Kräfte** die Ladungsträger gegen die Kraft $q\boldsymbol{E}$ bewegen. Möglichkeiten für verschiedene Spannungsquellen dieser Art werden im nächsten Abschnitt untersucht.

Wenden wir (6.3) auf einen Stromkreis mit Spannungsquelle an (Abb. 6.1 (a)), so folgt

$$U_{\mathrm{L}} := \int_1^2 \boldsymbol{E}_{\mathrm{L}}\cdot d\boldsymbol{s} = \int_1^2 \boldsymbol{E}_{\mathrm{B}}\cdot d\boldsymbol{s} =: U_{\mathrm{B}}\,,$$

die zwischen den Punkten 1 und 2 über den Leiter abfallende Spannung U_{L} ist gleich der über die Batterie abfallende Spannung U_{B}. Da der Gesamtstrom I wegen div $\boldsymbol{j}=0$ für jeden Querschnitt denselben Wert hat und daher im Leiter und in der Batterie denselben Richtungssinn aufweisen muss – das folgt ähnlich, wie sich in Abschn. 5.5.2 aus div $\boldsymbol{B}=0$ die Erhaltung des Flusses ϕ in einer magnetischen Flussröhre ergab –, fließt er in der Batterie gegen die Spannung U_{B}.

2. Wenn (6.2) im ganzen Stromkreis erfüllt ist, folgt aus (6.4)

$$\oint \boldsymbol{E}\cdot d\boldsymbol{s} > 0\,. \tag{6.5}$$

Dann ergibt sich jedoch für den magnetischen Fluss $\phi=\int_{\widetilde{F}}\boldsymbol{B}\cdot d\boldsymbol{f}$ durch irgendeine Fläche $\widetilde{F}$, die von der zur Integration in (6.4) benutzten geschlossenen Kurve berandet wird,

$$\frac{d\phi}{dt} = \frac{d}{dt}\int_{\widetilde{F}} \boldsymbol{B}\cdot d\boldsymbol{f} = \int_{\widetilde{F}} \frac{\partial \boldsymbol{B}}{\partial t}\cdot d\boldsymbol{f} \overset{(3.78b)}{=} -\int_{\widetilde{F}} \mathrm{rot}\,\boldsymbol{E}\cdot d\boldsymbol{f} = -\oint \boldsymbol{E}\cdot d\boldsymbol{s} \overset{(6.5)}{<} 0\,.$$

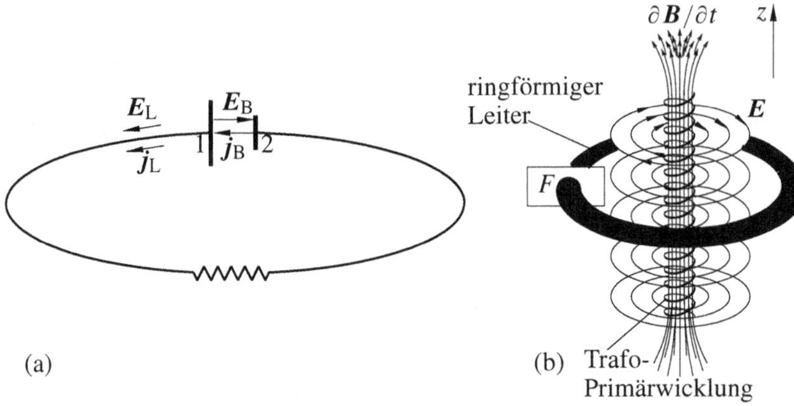

Abb. 6.1: (a) Richtung von Strom und elektrischem Feld in einem stationären Stromkreis mit Spannungsquelle: In der Batterie muss das elektrische Feld $\boldsymbol{E}_\mathrm{B}$ der Stromrichtung j_B entgegengerichtet sein. (b) In der dünnen Spule, die sich in Richtung der z-Achse erstreckt, wird das Magnetfeld durch kontinuierlich wachsende Spulenströme permanent erhöht. Hierdurch wird in dem sich ringförmig um sie herumwindenden Leiter eine Ringspannung $U = \oint \boldsymbol{E}\cdot d\boldsymbol{s}$ induziert. Die Querschnittsfläche F ist für spätere Zwecke eingezeichnet.

ϕ muss sich also zeitlich ändern, was nur möglich ist, wenn der Stromkreis um ein Gebiet mit zeitlich veränderlichem Magnetfeld herumführt. Hier erhebt sich natürlich die Frage, ob dann in der Stromröhre überhaupt stationäre Bedingungen herrschen können, ob also das Magnetfeld im Bereich der Stromröhre zeitunabhängig sein kann. In Abb. 6.1 (b) ist eine Situation dargestellt, in der das der Fall ist. Die längs der z-Achse verlaufende, lange dünne Spule und der um sie herumführende ringförmige Leiter bilden die Primärwicklung bzw. die (nur eine Windung enthaltende) Sekundärwicklung eines Transformators. Wenn die innere Spule eng gewickelt ist, bleibt das von ihr erzeugte, zeitabhängige Magnetfeld – hinreichend weit von den Spulenenden entfernt – im Wesentlichen auf ihren Innenraum beschränkt. Wenn der Strom in ihr zeitlich so geführt wird, dass $d\phi/dt$=const gilt, wird das von ihr im äußeren Leiter induzierte elektrische Feld zeitunabhängig; mit diesem sind dann auch die Stromdichte $\boldsymbol{j}=\sigma\,\boldsymbol{E}$ und das von dieser erzeugte Magnetfeld zeitlich konstant. Beispielsweise kann der Strom in den als *Tokamak* bezeichneten Plasmaeinschluss-Konfigurationen auf diese Art „gezogen" werden.

6.1.1 Elektromotorische Kräfte

Wir betrachten im Folgenden einige Beispiele für elektromotorische Kräfte.

Mechanische Kräfte. Die Ladungsträger können in der Spannungsquelle rein mechanisch gegen das $\boldsymbol{E}$-Feld bewegt werden. Das ist z. B. im Van-de-Graaf-Generator der Fall, in welchem die Ladungen auf ein umlaufendes endloses Isolierband aufgebracht und von diesem der elektrischen Kraft entgegentransportiert werden (Abb. 6.2 (a)).

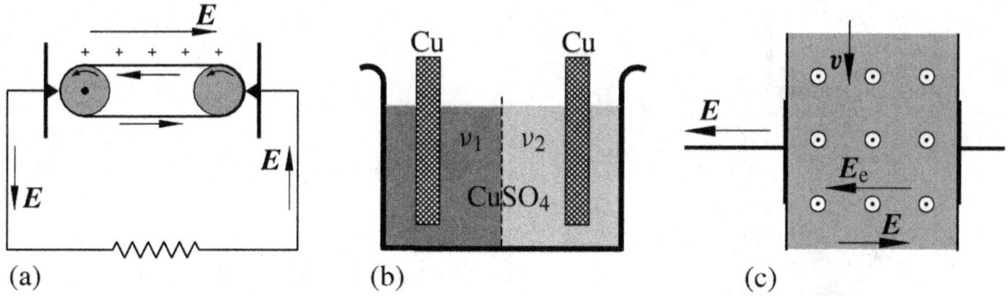

Abb. 6.2: Beispiele für elektromotorische Kräfte: (a) mechanisch: Van-de-Graaf-Generator, (b) chemisch: $CuSO_4$-Batterie, (c) magnetisch: MHD-Generator.

Chemische Kräfte. In Batterien wirken auf die Ladungsträger chemische Kräfte wie z. B. das Konzentrationsgefälle geladener Ionen in der Umgebung einer Elektrode (Abb. 6.2 (b)). Statt des Ohm'schen Gesetzes (6.2) gilt

$$\boldsymbol{j} = \sigma \boldsymbol{E} - \kappa \,\mathrm{grad}\, \nu\,,$$

wenn ν die Ionenkonzentration ist. Bei offener Batterie wird durch Ladungswanderung so lange ein Feld $\boldsymbol{E}$ aufgebaut, bis sich mit

$$\sigma \boldsymbol{E} = \kappa \,\mathrm{grad}\, \nu$$

$\boldsymbol{j}$=0 einstellt. Damit dann, wenn der Stromkreis geschlossen ist, in der Spannungsquelle zwischen den Elektroden ein stationärer Strom fließen kann, muss die Situation bezüglich der beiden Elektroden unsymmetrisch sein. Das kann erreicht werden, indem man z. B. die Ionenkonzentration in der Umgebung der einen Elektrode niedriger hält als in der Umgebung der anderen, $\nu_1 < \nu_2$.

Magnetische Kräfte. Auch die Lorenz-Kraft $q(\boldsymbol{v}\times\boldsymbol{B})$ kann die Ladungsträger der elektrischen Kraft $q\boldsymbol{E}$ entgegenbewegen. Dies wird in **magnetohydrodynamischen Generatoren**, kurz **MHD-Generatoren**, ausgenutzt (Abb. 6.2 (c)): Wird eine Flüssigkeit, die z. B. durch den Zerfall in ihr aufgelöster Salze in positive und negative Ionen elektrisch leitfähig gemacht wurde, oder wird ein durch Ionisierung leitfähig gemachtes Gas durch ein Magnetfeld hindurch senkrecht zur $\boldsymbol{B}$-Feldrichtung bewegt, so wirkt auf die Ladungsträger die Kraft

$$\boldsymbol{F} = q(\boldsymbol{v} \times \boldsymbol{B}) =: q\boldsymbol{E}_\mathrm{e}\,.$$

Das elektrische Feld $\boldsymbol{E}$ bewirkt eine zusätzliche Kraft, und in einfachen Fällen erfüllt die Stromdichte $\boldsymbol{j}$ die Gleichung

$$\boldsymbol{j} = \sigma(\boldsymbol{E} + \boldsymbol{E}_\mathrm{e})\,.$$

Ist das sogenannte **elektromotorische Feld** $\boldsymbol{E}_\mathrm{e}$ der einzige Antrieb für den Strom, so müssen $\boldsymbol{E}$ und $\boldsymbol{E}_\mathrm{e}$ einander entgegengerichtet sein, und $\boldsymbol{E}$ muss dem Betrage nach kleiner als $\boldsymbol{E}_\mathrm{e}$ sein, damit ein Stromfluss zustande kommt.

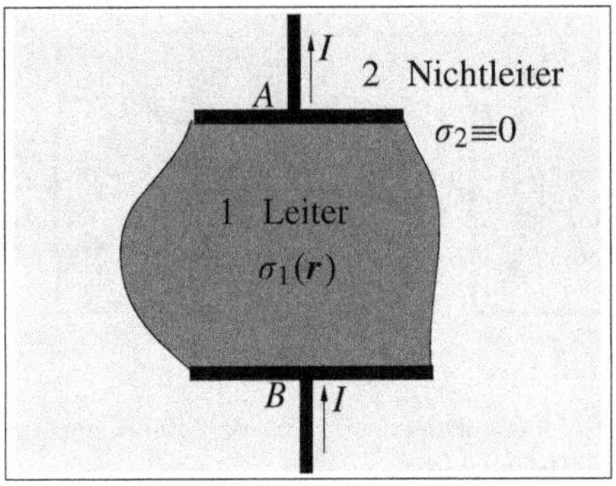

Abb. 6.3: Querschnitt durch einen zwischen zwei Metallelektroden A und B befindlichen Leiter, der von einem ladungsfreien Nichtleiter umgeben wird.

6.1.2 Stromverteilung in Leitern

Wir wollen jetzt untersuchen, wie der detaillierte Stromverlauf in Leitern festgelegt wird, und betrachten dazu die in Abb. 6.3 dargestellte Anordnung. Bei dieser befindet sich ein Leiter zwischen zwei Elektroden A und B und wird seitlich von einem ladungsfreien Nichtleiter begrenzt. Wir beschränken uns auf den einfachen Fall, dass der Zusammenhang

$$\boldsymbol{j} = \sigma \boldsymbol{E}$$

besteht. Wegen der vorausgesetzten Stationarität gilt rot $\boldsymbol{E}$=0, d. h. $\boldsymbol{E}$ besitzt ein Potenzial, $\boldsymbol{E}=-\nabla\phi$, und wir erhalten im Gebiet des Leiters

$$\boldsymbol{j}_1 = -\sigma_1 \nabla \phi_1 \,. \tag{6.6}$$

Mit der Kontinuitätsgleichung div $\boldsymbol{j}_1$=0 folgt hieraus div$(\sigma_1 \nabla\phi_1)$=0. Innerhalb des Leiters kann σ_1 variieren, und wir nehmen an, dass $\sigma_1=\sigma_1(\boldsymbol{r})$ eine bekannte Funktion des Ortes ist. Dann ergibt sich für ϕ_1 mit (2.15) die Differenzialgleichung

$$\sigma_1 \Delta\phi_1 + \nabla\sigma_1 \cdot \nabla\phi_1 = 0 \,, \tag{6.7}$$

die noch durch Randbedingungen zu ergänzen ist. Auf den Metallelektroden A und B müssen die elektrostatischen Randbedingungen

$$\phi_{1A} = C_A \,, \qquad \phi_{1B} = C_B \tag{6.8}$$

mit Konstanten C_A und C_B erfüllt werden, wenn vorausgesetzt wird, dass die Leitfähigkeit der Elektroden sehr viel besser als die des betrachteten Leiters ist. Da der Strom nur im Leiter fließen kann, muss an der Grenzfläche zwischen Leiter und Nichtleiter $\boldsymbol{n}\cdot\boldsymbol{j}=-\sigma_1\,\boldsymbol{n}\cdot\nabla\phi_1=0$ oder

$$\partial\phi_1/\partial n = 0 \tag{6.9}$$

gelten. Aus rot $\boldsymbol{E}$=0 folgt in bekannter Weise (siehe Abschn. 4.5.1) die Randbedingung $\boldsymbol{n}\times(\boldsymbol{E}_2-\boldsymbol{E}_1)=\boldsymbol{n}\times(\nabla\phi_1-\nabla\phi_2)=0$. Diese ist automatisch mit

$$\phi_2 = \phi_1$$

erfüllt, was gefordert werden muss, damit in der Randfläche nicht $|\boldsymbol{E}|=|\nabla\phi|=\infty$ wird. Im ladungsfreien Nichtleiter wird das Feld durch die Gleichung $\operatorname{div}(\varepsilon_2\nabla\phi_2)=0$ oder ausführlicher

$$\varepsilon_2\Delta\phi_2+\nabla\varepsilon_2\cdot\nabla\phi_2=0 \tag{6.10}$$

und die üblichen Randbedingungen im Unendlichen festgelegt. Ist mit $\phi_1(\boldsymbol{r})$ und $\phi_2(\boldsymbol{r})$ eine Lösung des angegebenen Randwertproblems gegeben, so folgt die Stromverteilung aus Gleichung (6.6).

Im Allgemeinen ist mit $\boldsymbol{j}_1(\boldsymbol{r})$ eine Ladungsverteilung verbunden, die durch

$$\varrho_1=\operatorname{div}(\varepsilon_1\boldsymbol{E}_1)\overset{(6.2)}{=}\operatorname{div}\left(\frac{\varepsilon_1\boldsymbol{j}_1}{\sigma_1}\right)\overset{(6.1)}{=}\boldsymbol{j}_1\cdot\nabla\frac{\varepsilon_1}{\sigma_1} \tag{6.11}$$

gegeben ist. Außerdem treten auf der Randfläche zwischen Leiter und Nichtleiter im Allgemeinen Oberflächenladungen auf, da $\partial\phi_2/\partial n$ von null verschieden sein kann und daher nach (4.176) und (6.9) bzw. $\boldsymbol{n}\cdot\boldsymbol{E}_1=0$

$$\Sigma=\varepsilon_2\,\boldsymbol{n}\cdot\boldsymbol{E}_2 \tag{6.12}$$

gilt. (Da σ in unserer gegenwärtigen Betrachtung die Leitfähigkeit ist, wird die Oberflächenladungsdichte hier mit Σ bezeichnet.) Gibt es im Leiter Sprungflächen, über die hinweg die Leitfähigkeit von σ_1 nach σ_1' springt, so treten auch auf diesen Oberflächenladungen auf: Aus $\operatorname{div}\boldsymbol{j}_1=\operatorname{div}(\boldsymbol{E}_1/\sigma_1)=0$ folgt ähnlich wie (3.14d)

$$\sigma_1\,\boldsymbol{n}\cdot\boldsymbol{E}_1=\boldsymbol{n}\cdot\boldsymbol{j}_1=\boldsymbol{n}\cdot\boldsymbol{j}_1'=\sigma_1'\,\boldsymbol{n}\cdot\boldsymbol{E}_1' \tag{6.13}$$

und daraus gemäß (4.174)

$$\Sigma=\boldsymbol{n}\cdot\left(\varepsilon_1'\boldsymbol{E}_1'-\varepsilon_1\boldsymbol{E}_1\right)=\varepsilon_1'\,\boldsymbol{n}\cdot\boldsymbol{E}_1'\left(1-\frac{\varepsilon_1\sigma_1'}{\varepsilon_1'\sigma_1}\right). \tag{6.14}$$

Beispiel 6.1: *Dünne Leiter mit* $\sigma=$const

In dünnen Leitern ist die Stromrichtung im Wesentlichen durch die Richtung des Leiters vorgegeben. Falls $\sigma=$const ist und der Leiter überall dieselbe Querschnittsfläche F besitzt, muss wegen der Konstanz des Stroms I auch das Feld

$$\boldsymbol{E}=\frac{\boldsymbol{j}}{\sigma}=\frac{I}{\sigma F}\frac{\boldsymbol{j}}{|\boldsymbol{j}|}$$

überall in Richtung des Leiters weisen und zudem überall gleich stark sein.

Legt man an die beiden Enden eines derartigen Leiters eine Spannung an, so sind diese Bedingungen zunächst keineswegs erfüllt. Wie kommt es dann zu der für einen gleichmäßigen Stromfluss geforderten gleichmäßigen Feldverteilung in der richtigen Richtung? Die Antwort lautet: Durch Ströme, die auf den Leiterrand fließen, werden innerhalb kürzester Zeit Oberflächenladungen (6.12) aufgebaut, die den geforderten Feldverlauf im Leiter herbeiführen.

6.1.3 Energieabgabe der Spannungsquelle

Im stationären Fall ist die Leistung, welche die Spannungsquelle zur Deckung der Ohm'schen Verluste im Leiter der Abb. 6.3 aufbringen muss, nach (5.51)

$$\frac{dA_{\mathrm{ext}}}{dt} = \int_{\mathrm{L}} \frac{j^2}{\sigma}\, d^3\tau \overset{(6.2)}{=} \int_{\mathrm{L}} \boldsymbol{j}\cdot\boldsymbol{E}\, d^3\tau = -\int_{\mathrm{L}} \boldsymbol{j}\cdot\nabla\phi\, d^3\tau = -\int_{\mathrm{L}} \mathrm{div}(\phi\boldsymbol{j})\, d^3\tau = -\int_{\partial\mathrm{L}} \phi\, \boldsymbol{j}\cdot d\boldsymbol{f}.$$

Da auf der Grenzfläche zwischen Leiter und Nichtleiter $\boldsymbol{j}\cdot d\boldsymbol{f}=0$ ist, kommen nur von den Elektrodenflächen A und B Beiträge zum Integral, d. h.

$$\frac{dA_{\mathrm{ext}}}{dt} = -\phi_{\mathrm{A}} \int_A \boldsymbol{j}\cdot d\boldsymbol{f} - \phi_{\mathrm{B}} \int_B \boldsymbol{j}\cdot d\boldsymbol{f}\,.$$

Aus $\mathrm{div}\,\boldsymbol{j}=0$ folgt $0=\int \mathrm{div}\,\boldsymbol{j}\, d^3\tau = \oint \boldsymbol{j}\cdot d\boldsymbol{f} = \int_A \boldsymbol{j}\cdot d\boldsymbol{f} + \int_B \boldsymbol{j}\cdot d\boldsymbol{f}$ oder

$$I := \int_A \boldsymbol{j}\cdot d\boldsymbol{f} = -\int_B \boldsymbol{j}\cdot d\boldsymbol{f}\,, \tag{6.15}$$

der Strom, der in A hineinfließt, kommt aus B wieder heraus, und wir erhalten damit schließlich

$$\boxed{\frac{dA_{\mathrm{ext}}}{dt} = \int_{\mathrm{L}} \frac{j^2}{\sigma}\, d^3\tau = I\,(\phi_{\mathrm{B}} - \phi_{\mathrm{A}}) = IU\,.} \tag{6.16}$$

6.1.4 Integrales Ohm'sches Gesetz

Sind die Leitfähigkeit $\sigma(\boldsymbol{r})$ und die Geometrie des Leiters in Abb. 6.3 fest vorgegeben, so ist

$$\phi_i(\boldsymbol{r}) = \frac{U}{U_0}\, \phi_{i0}(\boldsymbol{r})\,, \qquad i = 1, 2 \tag{6.17}$$

die Lösung des Problems (6.7)–(6.10) zur Potenzialdifferenz $U=\phi_{1\,\mathrm{B}}-\phi_{1\,\mathrm{A}}$ zwischen den Elektroden, wenn $\phi_{i0}(\boldsymbol{r})$, $i=1, 2$, die zur Potenzialdifferenz U_0 ist, da sämtliche Gleichungen und Randbedingungen linear sind. Für den Strom folgt hiermit und mit $\boldsymbol{j}_1=\sigma_1\boldsymbol{E}_1=-\sigma_1\nabla\phi_1$ aus (6.15)

$$I = -\int_A \sigma_1 \nabla\phi_1\cdot d\boldsymbol{f} = -\frac{U}{U_0}\int_A \sigma_1\nabla\phi_{1\,0}\cdot d\boldsymbol{f} = \frac{U}{U_0}\, I_0\,,$$

d. h. *der als **Ohm'scher Widerstand** bezeichnete Quotient*

$$\boxed{R := \frac{U}{I} = \frac{U_0}{I_0}} \tag{6.18}$$

ist eine Konstante. (6.18) ist die historische Integralform des **Ohm'schen Gesetzes**.

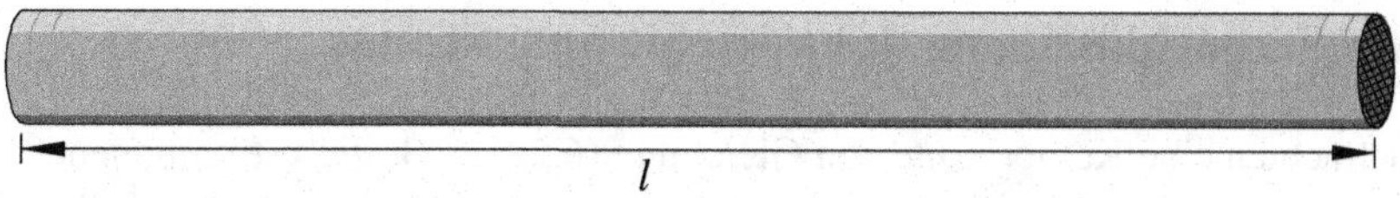

Abb. 6.4: Metallischer Draht der Länge l mit Querschnittsfläche F: Der Widerstand des Drahtes beträgt $R{=}l/(\sigma F)$, wobei σ die spezifische Leitfähigkeit ist.

Jetzt wollen wir eine Formel zur Berechnung des Widerstands R ableiten. Mit

$$\boldsymbol{j}_1 = -\sigma_1 \nabla\phi_1 \overset{(6.17)}{=} -\frac{U}{U_0}\sigma_1\nabla\phi_{1\,0} \overset{(6.18)}{=} \frac{I}{I_0}\boldsymbol{j}_{1\,0}$$

folgt, dass das Vektorfeld

$$\boldsymbol{i}_1 = \boldsymbol{j}_1/I = \boldsymbol{j}_{1\,0}/I_0 \tag{6.19}$$

von der Stromstärke unabhängig allein durch $\sigma(\boldsymbol{r})$ und die Geometrie des Leiters definiert ist. Setzen wir $\boldsymbol{j}_1{=}I\,\boldsymbol{i}_1$ in (6.16) ein, so erhalten wir

$$I^2\int\frac{\boldsymbol{i}_1^2}{\sigma_1}\,d^3\tau = I\,U$$

und damit aus (6.18) unter Weglassen des Index 1

$$\boxed{R = \int\frac{\boldsymbol{i}^2}{\sigma}\,d^3\tau\,.} \tag{6.20}$$

Hierin ist $\boldsymbol{i}{=}\boldsymbol{j}/I$ ein Funktional der gegebenen Leitfähigkeitsverteilung $\sigma(\boldsymbol{r})$, das im Prinzip durch Lösen des in Abschn. 6.1.2 behandelten Problems der Stromverteilung bestimmt werden kann, sodass der Widerstand durch $\sigma(\boldsymbol{r})$ allein festgelegt wird.

Spezialisieren wir (6.20) auf einen geraden Draht mit σ=const (Abb. 6.4), so erhalten wir mit $|\boldsymbol{i}|{=}1/F$ und $V{=}\int d^3\tau{=}Fl$

$$R = \frac{l}{\sigma F}\,. \tag{6.21}$$

6.2 Langsam veränderliche Ströme

Wird der Strom zeitabhängig, $\boldsymbol{j}{=}\boldsymbol{j}(\boldsymbol{r},t)$, so gilt das auch für das den Strom antreibende elektrische Feld $\boldsymbol{E}$ (z. B. $\boldsymbol{E}(\boldsymbol{r},t){=}\boldsymbol{j}(\boldsymbol{r},t)/\sigma$) und das durch den Strom hervorgerufene Magnetfeld $\boldsymbol{B}$. In Leitern ist im Allgemeinen $\varepsilon{=}\varepsilon_0$, $\mu{=}\mu_0$ und daher

$$\text{rot}\,\boldsymbol{B}/\mu_0 = \boldsymbol{j} + \varepsilon_0\partial\boldsymbol{E}/\partial t\,. \tag{6.22}$$

Ändert sich $\boldsymbol{j}$ hinreichend langsam mit der Zeit, so gilt das auch für $\boldsymbol{E}$. Ist dann

$$|\varepsilon_0\partial\boldsymbol{E}/\partial t| \ll |\boldsymbol{j}| \quad \text{oder} \quad |\varepsilon_0\partial\boldsymbol{E}/\partial t| \ll |\,\text{rot}\,\boldsymbol{B}/\mu_0|\,,$$

so kann der Verschiebungsstrom $\varepsilon_0\partial\boldsymbol{E}/\partial t$ vernachlässigt werden. Die folgenden Abschätzungen geben an, wann und wo diese Vernachlässigung möglich ist.

6.2.1 Vernachlässigung des Verschiebungsstroms

Wir betrachten eine Komponente von Gleichung (6.22), z. B. die x-Komponente

$$\frac{\partial B_z}{\partial y} - \frac{\partial B_y}{\partial z} \overset{(3.55)}{=} \mu_0 j_x + \frac{1}{c^2}\frac{\partial E_x}{\partial t} .$$

Ist l eine typische Länge, über die sich $\boldsymbol{B}$ wesentlich ändert (mit „wesentlich" ist gemeint, dass die Änderung von $\boldsymbol{B}$ die Größenordnung von B besitzt), so können wir für die Größenordnung der Terme linker Hand

$$\left|\frac{\partial B_y}{\partial z}\right| \approx \left|\frac{\partial B_z}{\partial y}\right| \approx \frac{B}{l}$$

setzen. Ist τ eine typische Zeit, in der sich $\boldsymbol{E}$ wesentlich ändert, so gilt analog

$$\left|\frac{\partial E_x}{\partial t}\right| \approx \frac{E}{\tau} .$$

Mit $\boldsymbol{j}=\sigma \boldsymbol{E}$ können wir schließlich

$$|\mu_0 j_x| \approx \mu_0 \sigma E$$

setzen.

Außerhalb der Leiter ist $\boldsymbol{j}=0$, und der Verschiebungsstrom kann vernachlässigt werden, wenn er klein im Vergleich zu den Termen der linken Seite ist, d. h., wenn größenordnungsmäßig

$$\frac{1}{c^2}\frac{E}{\tau} \ll \frac{B}{l} \tag{6.23}$$

gilt.

Im Inneren der Leiter ($\boldsymbol{j}\neq 0$) kann er vernachlässigt werden, wenn entweder (6.23) oder die Bedingung

$$\frac{1}{c^2}\frac{E}{\tau} \ll \mu_0 \sigma E \tag{6.24}$$

bzw.

$$\tau \gg \varepsilon_0/\sigma \tag{6.25}$$

erfüllt ist. In Kupfer einer Temperatur von 20 °C z. B. ist $\sigma=59,8\,\text{A}/(\text{Vm})$, und mit $\varepsilon_0=8,85\cdot 10^{-12}\,\text{As/V}$ ergibt sich $\varepsilon_0/\sigma=1,48\cdot 10^{-19}\,\text{s}$, d. h. die typische Zeit τ kann außerordentlich klein sein und immer noch die Vernachlässigung des Verschiebungsstroms rechtfertigen. Um aus (6.23) eine Abschätzung für τ zu bekommen, müssen wir noch die Gleichung $\text{rot}\,\boldsymbol{E}=-\partial \boldsymbol{B}/\partial t$ oder z. B. deren x-Komponente

$$\frac{\partial E_z}{\partial y} - \frac{\partial E_y}{\partial z} = -\frac{\partial B_x}{\partial t}$$

heranziehen. Wir würden aus ihr gerne $E/l \approx B/\tau$ schließen, müssen dabei jedoch vorsichtig sein. Die linke Seite ist die Differenz zweier Terme, und diese können sich so weitgehend kompensieren, dass die rechte Seite klein gegen jeden von diesen ist. Man erkennt das an der Zerlegung

$$\boldsymbol{E} = \boldsymbol{E}_1 + \boldsymbol{E}_2 \quad \text{mit} \quad \begin{cases} \operatorname{div} \varepsilon_0 \boldsymbol{E}_1 = \varrho\,, & \operatorname{rot} \boldsymbol{E}_1 = 0\,, \\ \operatorname{div} \varepsilon_0 \boldsymbol{E}_2 = 0\,, & \operatorname{rot} \boldsymbol{E}_2 = -\partial \boldsymbol{B}/\partial t \end{cases} \tag{6.26}$$

von $\boldsymbol{E}$ in einen statischen Anteil $\boldsymbol{E}_1$ und einen induktiven Anteil $\boldsymbol{E}_2$, die wegen $\operatorname{rot} \boldsymbol{E}_1 = 0$

$$\frac{\partial E_{2z}}{\partial y} - \frac{\partial E_{2y}}{\partial z} = -\frac{\partial B_x}{\partial t} \tag{6.27}$$

zur Folge hat. Wenn nun der statische gegenüber dem induktiven Anteil dominiert, $E_1 \gg E_2$, haben wir

$$\frac{E}{l} \approx \frac{E_1}{l} \gg \frac{E_2}{l} \approx \frac{B}{\tau}\,. \tag{6.28}$$

Für diese Dominanz sind allerdings starke Ladungsanhäufungen notwendig, und die betrachteten Raumpunkte müssen sich in deren Nähe befinden. Wir wissen, dass sich Raumladungen in Leitern in der Zeit $\tau \approx \varepsilon_0/\sigma$ ausgleichen (Aufgabe 4.9), sodass für $\tau \gg \varepsilon_0/\sigma$ nur noch Oberflächenladungen infrage kommen, um die Situation $E/l \gg B/\tau$ herbeizuführen. Oberflächenladungen treten an Leitergrenzen dort auf, wo die Letzteren den Stromfluss behindern. Das ist in besonderem Maße auf der Oberfläche von Kondensatoren der Fall, die in einen Stromkreis eingeschaltet sind. Wir werden daher die Verhältnisse in Kondensatoren weiter unten gesondert untersuchen. Auch in der unmittelbaren Nähe von Antennen kann der statische Feldanteil dominieren (siehe Abschn. 7.6.1).

Außerhalb der Nachbarschaft starker Oberflächenladungen können wir für $\tau \gg \varepsilon_0/\sigma$

$$E \approx Bl/\tau \tag{6.29}$$

setzen und erhalten damit aus der Abschätzung (6.23) die Forderung

$$c\tau \gg l\,. \tag{6.30}$$

Dies bedeutet, dass die von Licht in der typischen Zeit τ zurückgelegte Strecke $c\,\tau$ wesentlich größer als die oben definierte typische Länge l sein muss, damit der Verschiebungsstrom vernachlässigt werden darf. Für $l \approx 3 \cdot 10^{-2}$ m ergibt das $\tau \gg 10^{-10}$ s, d. h. die Bedingung (6.30) ist im Allgemeinen wesentlich einschränkender als die in guten Leitern zu stellende Forderung $\tau \gg \varepsilon_0/\sigma$. In den Letzteren genügt allerdings schon diese alleine zur Vernachlässigung des Verschiebungsstroms, nur außerhalb von Leitern und Kondensatoren muss die schärfere Bedingung (6.30) gestellt werden.

Betrachten wir jetzt die Verhältnisse in einem Kondensator (Abb. 6.5). Um das elektrische Feld $\boldsymbol{E}_{\mathrm{K}}$ im Kondensator mit dem Feld $\boldsymbol{E}_{\mathrm{L}}$ im Leiter vergleichen zu können, integrieren wir die aus $\operatorname{rot} \boldsymbol{B}/\mu_0 = \boldsymbol{j} + \varepsilon_0 \partial \boldsymbol{E}/\partial t$ folgende Gleichung

$$\operatorname{div}\left(\boldsymbol{j} + \varepsilon_0 \frac{\partial \boldsymbol{E}}{\partial t}\right) = 0$$

über das Volumen innerhalb der in Abb. 6.5 gestrichelt eingezeichneten Fläche. Mithilfe des Gauß'schen Satzes und $Q = \int \varrho\, d^3\tau$ erhalten wir das Integral

$$\oint \varepsilon_0 \frac{\partial \boldsymbol{E}}{\partial t} \cdot d\boldsymbol{f} + \oint \boldsymbol{j} \cdot d\boldsymbol{f} = \frac{d}{dt} \oint \varepsilon_0 \boldsymbol{E} \cdot d\boldsymbol{f} + \int_{F_{\mathrm{L}}} \boldsymbol{j} \cdot d\boldsymbol{f} \overset{(3.82a)}{=} \dot{Q}_- + I = 0\,, \tag{6.31}$$

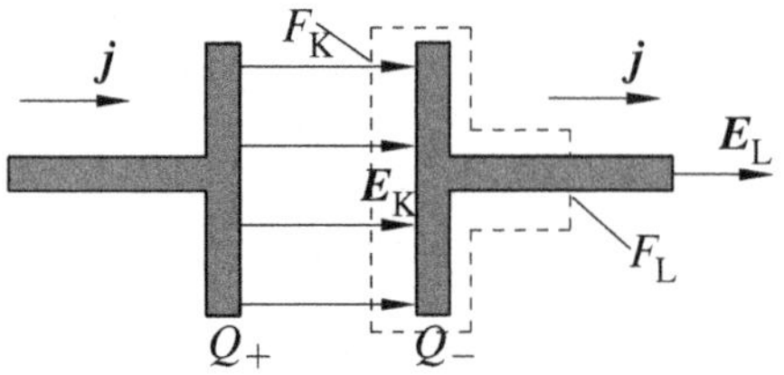

Abb. 6.5: Abschätzung der Größenordnungen von Leitungsstrom und Verschiebungsstrom in einem Kondensator. Da die Feldlinien von $\boldsymbol{E}_K$ zur rechten Kondensatorplatte führen, trägt diese eine negative Ladung Q_-.

das wir uns in dieser exakten Form für später vormerken. Da der Verschiebungsstrom $\varepsilon_0 \partial \boldsymbol{E}/\partial t$ im Leiter für $\tau \gg \varepsilon_0/\sigma$ gegen $\boldsymbol{j}$ vernachlässigt werden darf, und weil außerhalb des Leiters $\boldsymbol{E}$ und $\partial \boldsymbol{E}/\partial t$ im Wesentlichen auf die Nachbarschaft der Fläche F_K konzentriert sind, folgt daraus mit $\boldsymbol{j} = \sigma \boldsymbol{E}_L$ näherungsweise

$$\int_{F_K} \varepsilon_0 \frac{\partial \boldsymbol{E}_K}{\partial t} \cdot d\boldsymbol{f} \approx \int_{F_L} \boldsymbol{j} \cdot d\boldsymbol{f} = \sigma \int_{F_L} \boldsymbol{E}_L \cdot d\boldsymbol{f}\,, \tag{6.32}$$

wenn für F_K dieselbe Richtung der Flächennormalen wie für F_L gewählt wird. Dies bedeutet zunächst einmal, dass der integrale Verschiebungsstrom durch den Kondensator gleich dem Leiterstrom I ist und daher nicht vernachlässigt werden darf. Außerdem folgt, dass der statische Feldanteil im Kondensator überwiegt: Aus (6.32) ergibt sich nämlich in grober Näherung

$$E_K \approx \frac{\tau}{\varepsilon_0/\sigma} \frac{F_L}{F_K} E_L\,.$$

Hierin ist zwar $F_L/F_K \ll 1$, aber τ ist typischerweise so viel größer als $\varepsilon_0/\sigma \approx 10^{-17}$s, dass

$$E_K \gg E_L$$

gilt. Setzen wir in dieser Ungleichung noch die im Leiter gültige Abschätzung (6.29), $E_L \approx B\,l/\tau$, ein, so erhalten wir

$$\frac{E_K}{l} \gg \frac{B}{\tau}\,.$$

Nach unseren Überlegungen im Zusammenhang mit der Zerlegung (6.26) bedeutet dies, dass näherungsweise

$$\text{rot}\,\boldsymbol{E}_K = 0$$

gelten muss, d. h. das elektrische Feld im Kondensator darf wie ein statisches Feld behandelt werden, das sich allerdings langsam verändert. Insbesondere dürfen wir also für den Kondensator auch die in der Elektrostatik abgeleitete Beziehung (4.49),

$$Q_\pm = \pm C U\,, \tag{6.33}$$

benutzen, in der $Q_\pm$ die Ladungen der Kondensatorplatten, U die Spannung zwischen diesen und C die Kapazität bezeichnet.

Die wesentliche Konsequenz unserer Überlegungen für Kreise mit zeitlich veränderlichen Strömen ist, dass wir für

$$\tau \gg \max\left(\frac{\varepsilon_0}{\sigma}, \frac{l}{c}\right)$$

bis auf das Innere von Kondensatoren den Verschiebungsstrom vernachlässigen dürfen. Das stellt für die Berechnung des Magnetfelds der Ströme eine erhebliche Vereinfachung dar, da wir dieses magnetostatisch berechnen dürfen. Insbesondere können wir für die magnetischen Flüsse Gleichung (5.66) benutzen. Innerhalb von Leitern gilt damit auch wieder div $\boldsymbol{j}=0$, weshalb es auch in Kreisen mit zeitlich veränderlichen Strömen Sinn macht, von *dem* Strom I in einem Leiter zu sprechen. In Kondensatoren muss der Verschiebungsstrom allerdings berücksichtigt werden. Als Vereinfachung ergibt sich hier jedoch, dass das elektrische Feld elektrostatisch berechnet werden darf.

6.2.2 Elemente von Wechselstromkreisen

Viele elektrische Geräte werden mit Wechselstrom betrieben. Dabei handelt es sich um Strom, dessen Stärke und Richtung sich periodisch mit der Zeit ändern. Er kann leichter als Gleichstrom transformiert werden und ermöglicht bei der Übertragung mit Hochspannung einen verlustfreieren Transport elektrischer Energie (Aufgabe 6.1).

In diesem Teilabschnitt werden die wichtigsten Elemente von Stromkreisen mit zeitlich veränderlichen Strömen und der Einfluss dieser Elemente auf die Letzteren untersucht. Für den Strom $I(t)$ wird in diesem Zusammenhang eine „Bewegungsgleichung" abgeleitet. Dabei beschränken wir uns zunächst auf den Fall von Strom in sehr dünnen Leitern, den wir für die meisten Zwecke (Ausnahme: Berechnung der Selbstinduktion) als Linienstrom approximieren. Auf diese Weise kann der Beitrag unterschiedlicher Elemente des Stromkreises in sehr anschaulicher Weise berechnet werden. Der Nachteil dieser Vorgehensweise besteht darin, dass dabei zeitlich veränderliche Ströme in allseits ausgedehnten Leitern, die z. B. in der Plasmaphysik eine wesentliche Rolle spielen, völlig von der Betrachtung ausgeschlossen werden. Insbesondere bleibt unklar, ob auch auf diese die übliche Stromkreis-Gleichung (6.40) angewandt werden darf. Wir werden diese Lücke im Exkurs 6.1 schließen, wo diese Frage positiv beantwortet wird und die Stromkreis-Gleichung in einer auch für ausgedehnte Leiter gültigen Weise aus dem Energiesatz abgeleitet wird.

Spannungsquelle

In einem Stromkreis erhält man zeitlich variable Ströme, wenn die Energiequelle eine zeitlich veränderliche Spannung erzeugt. Als typisches Beispiel betrachten wir den **Wechselstromgenerator**: Im einfachsten Fall rotiert bei diesem eine starre (dünne) Drahtschleife gleichmäßig in einem räumlich und zeitlich konstanten Magnetfeld, sodass sich der sie durchsetzende magnetische Fluss $\psi = \int \boldsymbol{B}\cdot d\boldsymbol{f}$ periodisch verändert (Abb. 6.6),

$$\psi = \psi_0 \sin(\omega t)\,.$$

Mit ψ ändert sich auch die im Ruhesystem des rotierenden Leiters berechnete Ringspannung U periodisch. Da $\boldsymbol{B}$ im Ruhesystem des Leiters rotiert und dadurch zeitabhängig wird, gilt

$$U := \oint \boldsymbol{E}\,d\boldsymbol{s} = \int \operatorname{rot}\boldsymbol{E}\cdot d\boldsymbol{f} = -\int \frac{\partial \boldsymbol{B}}{\partial t}\cdot d\boldsymbol{f} = -\frac{d}{dt}\int_F \boldsymbol{B}\cdot d\boldsymbol{f} = -\dot{\psi} = -\omega\,\psi_0 \cos(\omega t)\,.$$

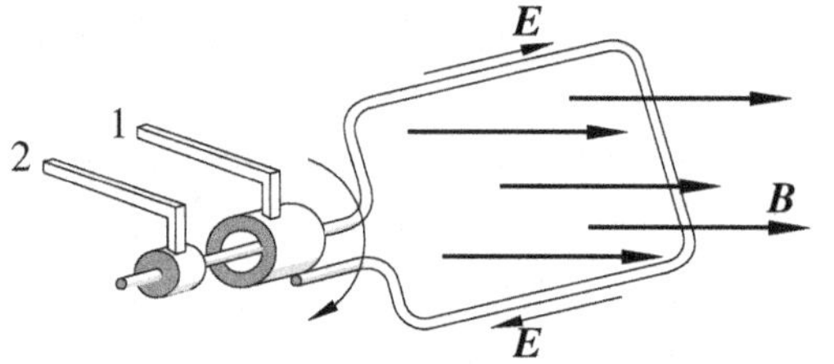

Abb. 6.6: Prinzipieller Aufbau eines Wechselstromgenerators: Eine starre Drahtschleife rotiert in einem statischen Magnetfeld so, dass sich der sie durchsetzende magnetische Fluss periodisch ändert.

U kann mit den Drähten 1 und 2 abgegriffen und einem Verbraucher zugeführt werden.

Weil jetzt rot $\boldsymbol{E}\neq 0$ bzw. $\oint \boldsymbol{E}\cdot d\boldsymbol{s}\neq 0$ gilt, fällt anders als bei Gleichstrom über den Außenkreis V eine Spannung $\int_V \boldsymbol{E}\cdot d\boldsymbol{s}$ ab, die sich von der über den Generator abfallenden Spannung $\int_G \boldsymbol{E}\cdot d\boldsymbol{s}$ unterscheidet. Man sieht das auf folgende Weise: Zweig V (Verbraucher) und Zweig G (Generator) bilden zusammen einen geschlossenen Stromkreis (Abb. 6.7), für den nach der zuletzt abgeleiteten Formel

$$\oint_{\mathrm{G+V}} \boldsymbol{E}\cdot d\boldsymbol{s} = -\dot{\psi}_{\mathrm{G}} - \dot{\psi}_{\mathrm{V}}$$

bzw.

$$\left(\dot{\psi}_{\mathrm{V}} + \int_{\mathrm{V}} \boldsymbol{E}\cdot d\boldsymbol{s}\right) = -\left(\dot{\psi}_{\mathrm{G}} + \int_{\mathrm{G}} \boldsymbol{E}\cdot d\boldsymbol{s}\right). \qquad (6.34)$$

gilt. $\dot{\psi}$ wird als **induktive Spannung** oder **induzierte Spannung** bezeichnet und entspricht einer elektromotorischen Kraft, $\int \boldsymbol{E}\cdot d\boldsymbol{s}$ ist der Spannungsabfall des elektrischen Feldes. Im weiteren Verlauf nehmen wir an, dass die rechte Seite von (6.34) einen vorgegebenen Zeitverlauf hat,

$$-\left(\dot{\psi}_{\mathrm{G}} + \int_{\mathrm{G}} \boldsymbol{E}\cdot d\boldsymbol{s}\right) =: U_{\mathrm{e}}(t)\,, \qquad (6.35)$$

und bezeichnen $U_{\mathrm{e}}(t)$ als **eingeprägte Spannung** oder **elektromotorische Spannung**. Diese Annahme bedeutet, dass Rückwirkungen des Verbraucherzweiges auf die Spannungsquelle entweder vernachlässigt werden dürfen, oder dass die Letztere, z. B. durch Anpassung des Drehmoments beim Drehen der Generatorschleife, so nachgeregelt wird, dass die rechte Seite zu jedem Zeitpunkt den vorgeschriebenen Sollwert $U_{\mathrm{e}}(t)$ annimmt. Für einen Verbraucherzweig mit gegebener Spannungsquelle erhalten wir damit die Gleichung

$$\boxed{\left(\dot{\psi}_{\mathrm{V}} + \int_{\mathrm{V}} \boldsymbol{E}\cdot d\boldsymbol{s}\right) = U_{\mathrm{e}}(t)\,,} \qquad (6.36)$$

wobei sich das Vorzeichen von $U_{\mathrm{e}}(t)$ aus der Definition (6.35) ergibt. (6.36) ist ein Spezialfall der zweiten Kirchhoff'schen Regel.

2. Kirchhoff'sche Regel. *Die Summe aller elektromotorischen Spannungen ist gleich der Summe aller übrigen Spannungsabfälle.*

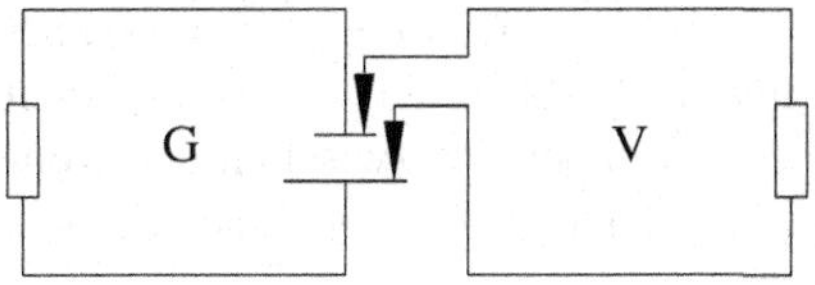

Abb. 6.7: Prinzipieller Aufbau eines Stromkreises aus Generatorzweig G und Verbraucherzweig V. Es ist offen gelassen, welche strombestimmenden Elemente der Verbraucherzweig besitzt.

Diese Regel gilt für alle geschlossenen Maschen eines Stromnetzes und wurde hier für den Spezialfall abgeleitet, dass das ganze Stromnetz aus einer einzigen Masche besteht (für eine Erweiterung siehe weiter unten Beispiel 6.2). Dabei wird die induktive Spannung $\dot{\psi}_\text{V}$ zu den übrigen Spannungsabfällen hinzugerechnet.

Selbstinduktivität

Wir betrachten jetzt einen Stromkreis mit gegebener eingeprägter Spannung $U_\text{e}(t)$. Um die Dinge so einfach wie möglich zu gestalten, treffen wir die stark idealisierende Annahme, der Generatorzweig sei so klein, dass seine Ausdehnung vernachlässigt werden darf. Der Generator degeneriert in dieser Näherung zu einer Querschnittsfläche des Stromkreises. Wenn in ihm keine Ladungen akkumuliert werden, was wir voraussetzen, fließt der Strom durch ihn in gleicher Stärke wie durch den Verbraucherzweig und ist daher über die ihn repräsentierende Querschnittsfläche hinweg stetig. Die „Gesamtspannung" $\dot{\psi} + \int_\text{V} \boldsymbol{E} \cdot d\boldsymbol{s}$ erleidet über diese hinweg dagegen einen Sprung der Stärke $U_\text{e}(t)$. (Eine realistischere Behandlung des Generatorzweiges erfolgt im Exkurs 6.1.) Weiterhin nehmen wir noch an, dass alle Stromkreiselemente in Reihe geschaltet sind (Abb. 6.9).

Würde der Verbraucherzweig aus einem durchgehenden Leiter bestehen, so hätten wir, da magnetostatisch gerechnet werden darf, wegen $\text{rot}\,\boldsymbol{B}/\mu_0 \approx \boldsymbol{j}$ und $\boldsymbol{B} = \text{rot}\,\boldsymbol{A}$

$$\begin{aligned}\psi &= \int \boldsymbol{B} \cdot d\boldsymbol{f} = \int \text{rot}\,\boldsymbol{A} \cdot d\boldsymbol{f} = \oint \boldsymbol{A} \cdot d\boldsymbol{s} \\ &\overset{(5.2b)}{=} \frac{\mu_0}{4\pi} \oint d\boldsymbol{s} \cdot \int \frac{\boldsymbol{j}(\boldsymbol{r}')}{|\boldsymbol{r}-\boldsymbol{r}'|}\, d^3\tau' \overset{(6.19)}{=} I\, \frac{\mu_0}{4\pi} \oint d\boldsymbol{s} \cdot \int \frac{\boldsymbol{i}(\boldsymbol{r}')}{|\boldsymbol{r}-\boldsymbol{r}'|}\, d^3\tau' ,\end{aligned}$$

nach (5.64) also mit Unterdrückung der Indizes $\psi = LI$. Dabei ist L der auch als **Selbstinduktivität** bezeichnete **Selbstinduktionskoeffizient** des Verbrauchsleiters, der aufgrund unserer obigen Annahme über den Generatorzweig (jedenfalls hinsichtlich des Stromflusses) geschlossen ist. (Im Exkurs 6.1 werden wir sehen, wie die Berücksichtigung der endlichen Ausdehnung des Generators dazu führt, dass der Fluss ψ durch den Verbraucherzweig außer durch seine Selbstinduktion auch noch durch eine vom Generatorzweig herrührende Gegeninduktion bestimmt wird.)

Nun ist der Stromleiter im Verbraucherzweig eventuell durch Kondensatoren unterbrochen (Abb. 6.9). In einem Kondensator wird der Leiterstrom I nach (6.32) durch einen gleich großen Verschiebungsstrom $\varepsilon_0 \int \partial\boldsymbol{E}/\partial t \cdot d\boldsymbol{f} = I$ fortgesetzt, und aus dem Fundamentalsatz, (2.70)–(2.71), folgt mit $\text{rot}\,\boldsymbol{B}/\mu_0 = \boldsymbol{j} + \varepsilon_0 \partial\boldsymbol{E}/\partial t$

$$\boldsymbol{B} = \text{rot}\,\boldsymbol{A} = \frac{\mu_0}{4\pi}\, \text{rot} \int \frac{\boldsymbol{j}' + \varepsilon_0 \partial\boldsymbol{E}'/\partial t}{|\boldsymbol{r}-\boldsymbol{r}'|}\, d^3\tau' ,$$

wobei sich das Integral über alle Gebiete mit $\boldsymbol{j}' \neq 0$ bzw. $\varepsilon_0\partial \boldsymbol{E}'/\partial t \neq 0$ erstreckt, bei dem von $\boldsymbol{j}'$ herrührenden Anteil also über das Volumen V_{L} des Leiters und beim Anteil des Verschiebungsstroms im Wesentlichen über das Volumen V_{K} zwischen den Kondensatorplatten. Der zweite Anteil kann dabei dem Kondensator zugerechnet werden, der demnach zum Vektorpotenzial des Magnetfelds den Bestandteil

$$\boldsymbol{A}_{\mathrm{K}} = \frac{\mu_0}{4\pi}\int_{V_{\mathrm{K}}} \frac{\varepsilon_0\partial \boldsymbol{E}'/\partial t}{|\boldsymbol{r}-\boldsymbol{r}'|}\, d^3\tau'$$

beisteuert. Von diesem ergibt sich zum Fluss $\psi = \oint \boldsymbol{A}\cdot d\boldsymbol{s}$ durch den Verbraucherzweig der Beitrag

$$\psi_{\mathrm{K}} \overset{\text{s.u.}}{=} \oint \boldsymbol{A}_{\mathrm{K}}\cdot d\boldsymbol{s} = \frac{\mu_0}{4\pi}\oint d\boldsymbol{s}\cdot\int_{V_{\mathrm{K}}} \frac{\varepsilon_0\partial \boldsymbol{E}'/\partial t}{|\boldsymbol{r}-\boldsymbol{r}'|}\, d^3\tau' = I\,\frac{\mu_0}{4\pi}\oint d\boldsymbol{s}\cdot\int_{V_{\mathrm{K}}} \frac{\varepsilon_0\partial \boldsymbol{E}'/\partial t}{I\,|\boldsymbol{r}-\boldsymbol{r}'|}\, d^3\tau' .$$

Dabei ist noch unklar, wie bei der Ausführung des Integrals $\oint \boldsymbol{A}_{\mathrm{K}}\cdot d\boldsymbol{s}$ der Weg durch den Kondensator zu wählen ist. Dafür ausschlaggebend ist, dass wir das Ergebnis für ψ_{K} in Gleichung (6.34) bzw. (6.36) einsetzen wollen. Da diese für jeden beliebigen geschlossenen Weg gilt, können wir uns für die kürzeste Verbindungslinie der beiden Zuführungsdrähte in der Mitte des Kondensators entscheiden und müssen dann nur darauf achten, dass dieser Weg auch für das Integral $\int_V \boldsymbol{E}\cdot d\boldsymbol{s}$ in (6.34) bzw. (6.36) genommen wird.

Wenn sich nun $\boldsymbol{j}$ an einer bestimmten Stelle des Stromkreises um den Faktor γ erhöht, folgt aus $\operatorname{rot}\boldsymbol{B}/\mu_0 = \boldsymbol{j} + \varepsilon_0\partial\boldsymbol{E}/\partial t$ und $\boldsymbol{j} = \sigma\boldsymbol{E}$, dass dann auch $\boldsymbol{E}$ und $\boldsymbol{B}$ um den Faktor γ zunehmen. In vielen Fällen gilt das dann – zumindest näherungsweise – auch an allen anderen Stellen des Stromkreises, d. h. oft erfolgt die zeitliche Entwicklung der Felder selbstähnlich, und mit $\boldsymbol{j}\to\gamma\,\boldsymbol{j}$ gilt auch $I\to\gamma\, I$. Der Quotient $(\partial\boldsymbol{E}/\partial t)/I$ wird dann von I unabhängig, und wir können

$$\psi_{\mathrm{K}} = L_{\mathrm{K}} I \qquad \text{mit} \qquad L_{\mathrm{K}} = \frac{\mu_0}{4\pi}\oint d\boldsymbol{s}\cdot\int_{V_{\mathrm{K}}} \frac{\varepsilon_0\partial \boldsymbol{E}'/\partial t}{I\,|\boldsymbol{r}-\boldsymbol{r}'|}\, d^3\tau'$$

schreiben, wobei die Selbstinduktivität L_{K} des Kondensators vom Strom I unabhängig ist.

Der Beitrag des Leiterstroms zum Fluss ψ ist ähnlich wie im Fall ohne Kondensator (Gleichung (5.65) mit $L_{ik}=0$ für $i\neq k$)

$$\psi_{\mathrm{L}} = L_{\mathrm{L}} I \qquad \text{mit} \qquad L_{\mathrm{L}} = \frac{\mu_0}{4\pi}\int_{\mathrm{L}} d\boldsymbol{s}\cdot\int_{V_{\mathrm{L}}} \frac{\boldsymbol{i}'}{|\boldsymbol{r}-\boldsymbol{r}'|}\, d^3\tau' ,$$

wobei L_{L} von I unabhängig sein wird, wenn das für L_{K} gilt. Insgesamt erhalten wir damit für den Fluss durch den Stromkreis

$$\psi = LI \qquad \text{mit} \qquad L = L_{\mathrm{K}} + L_{\mathrm{L}} . \tag{6.37}$$

Dieses Ergebnis bedeutet, dass der Verschiebungsstrom $\int \varepsilon_0\boldsymbol{E}\cdot d\boldsymbol{f}$ zwischen den Kondensatorplatten so behandelt werden darf, als würde es sich um einen (auf einen größeren Querschnitt verteilten) Leiterstrom handeln, der einen zu I proportionalen Beitrag zu ψ liefert. Dass die genaue Berechnung von L durch die richtige Aufteilung des

Gesamtflusses auf Spannungsquelle und Verbraucherzweig sowie die Bestimmung des Kondensatorbeitrags sehr kompliziert wird, soll uns nicht weiter stören – wir stellen uns im Folgenden auf den Standpunkt, dass L entweder aufgrund von Rechnungen oder Messungen bekannt ist, und halten fest, dass L in vielen Fällen vom Strom I unabhängig ist.

Der Selbstinduktionskoeffizient L_n eines dünnen Leiters, der in n eng beisammen liegenden gleichartigen Windungen aufgewickelt ist, von denen jede einen beinahe geschlossenen Weg bildet, hängt mit dem Selbstinduktionskoeffizienten L_1 eines Leiters mit nur einer Windung nach (5.64) durch

$$L_n = n^2 L_1$$

zusammen. Dieses Ergebnis erhält man auch durch die Betrachtung der magnetischen Energie: Der n-fach gewickelte Leiter liefert dasselbe Feld wie ein einfach gewickelter Leiter mit dem n-fachen Strom, es gilt

$$W_{\mathrm{m}} = \frac{1}{2} L_n I^2 = \frac{1}{2} L_1 (nI)^2$$

und daher $L_n = n^2 L_1$. Der Selbstinduktionskoeffizient einer Spule wächst also quadratisch mit der Windungszahl. Fügt man eine Spule hoher Windungszahl in einen Stromkreis ein, so ist deren Beitrag zur Gesamtinduktion daher wesentlich größer als der aller übrigen Elemente, und man kann so tun, als wäre die Selbstinduktivität L des Stromkreises in der Spule lokalisiert.

Kapazität und Ohm'scher Widerstand

Wir kommen jetzt zur Berechnung des Terms $\int_V \boldsymbol{E} \cdot d\boldsymbol{s}$ in der Spannungsbilanz (6.36). Vom Leiter erhalten wir mit $\boldsymbol{E} = \boldsymbol{j}/\sigma$ und $|\boldsymbol{j}| = I/F$ den Beitrag

$$\int_{\mathrm{L}} \boldsymbol{E} \cdot d\boldsymbol{s} = RI \qquad \text{mit} \qquad R = \int_{\mathrm{L}} \frac{ds}{\sigma F} . \tag{6.38}$$

R ist der Ohm'sche Widerstand des Leiters. Jedes Leiterelement liefert zu diesem einen Beitrag. Durch Einfügen eines Leiterelements geringer Leitfähigkeit kann der Gesamtwiderstand des Leiters im Wesentlichen auf dieses Element konzentriert werden, und man behandelt den Gesamtwiderstand des Leiters so, als wäre er in diesem Element lokalisiert. Vom Kondensator erhalten wir mit (6.33), $C = Q_+/U$, zu (6.36) den Beitrag

$$\int_K \boldsymbol{E} \cdot d\boldsymbol{s} = U = Q_+/C . \tag{6.39}$$

Die hierin auftretende Kapazität C ist der Beitrag eines lokalisierten Stromkreiselements, des Kondensators. In Abb. 6.8 ist eine Folge von Stromkreisen wiedergegeben, in denen ein parallel geschalteter Kondensator allmählich zusammenschrumpft. Diese soll illustrieren, dass jeder Stromkreis auch ohne einen in Reihe geschalteten Kondensator eine Gesamtkapazität besitzt, zu der jedes Element einen Beitrag liefert. Kondensatoren

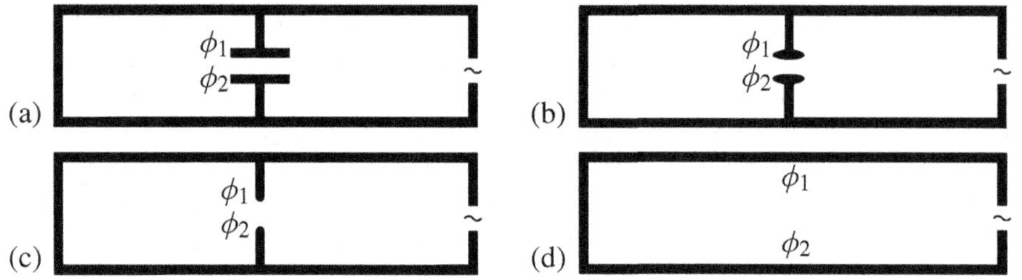

Abb. 6.8: Allmähliches Zusammenschrumpfen eines Kondensators in Parallelschaltung. Da die Endstufe (d) als verkümmerte Form der Anfangsstufe (a) aufgefasst werden kann, besitzt jeder Stromkreis eine verteilte Gesamtkapazität.

binden Ladungen durch eine Potenzialdifferenz, und das trifft für jedes Leiterelement zu: Durch die den Strom treibende Spannungsdifferenz zu anderen Elementen werden Oberflächenladungen gebunden, die wie die Ladungen eines Kondensators beim Phasenwechsel der Spannung umverteilt werden. In diesem Sinne ist auch die Kapazitität über den ganzen Leiter verteilt und bei Anwesenheit eines Kondensators nur in besonderem Maße auf diesen konzentriert.

Schaltbilder wie das in Abb. 6.9, bei denen die ganze Kapazität C, die ganze Induktivität L und der ganze Widerstand R jeweils in einem separaten Element des Stromkreises lokalisiert sind, stellen eine Idealisierung dar und werden als **Ersatzschaltbilder** bezeichnet.

6.2.3 Stromkreis-Gleichung für dünne Leiter

Der Spannungsabfall im Verbraucherzweig des in Abb. 6.9 dargestellten Stromkreises ist

$$\int_{\mathrm{V}} \boldsymbol{E}\cdot d\boldsymbol{s} = \int_{\mathrm{L}} \boldsymbol{E}\cdot d\boldsymbol{s} + \int_{K} \boldsymbol{E}\cdot d\boldsymbol{s} \overset{(6.39)}{\underset{}{\overset{(6.38)}{=}}} RI + Q_+/C\,.$$

Damit und mit $\psi{=}LI$ erhalten wir aus (6.36)

$$L\dot{I} + RI + Q_+/C = U_{\mathrm{e}}(t)\,.$$

Hieraus folgt durch Ableitung nach t mit (6.31) und $Q_-{=}-Q_+$

$$\boxed{L\ddot{I} + R\dot{I} + I/C = \dot{U}_{\mathrm{e}}(t)\,.} \tag{6.40}$$

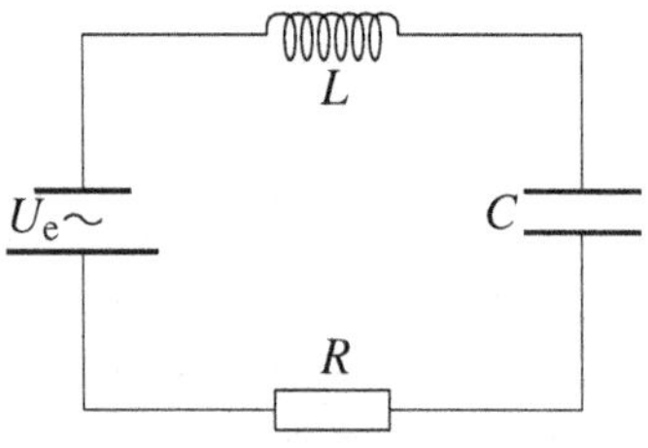

Abb. 6.9: Ersatzschaltbild eines Stromkreises mit Spannungsquelle, Induktivität, Kapazität und Ohm'schem Widerstand in Reihenschaltung.

Das ist die **Stromkreis-Gleichung** für einen Stromkreis mit einer Kapazität, einer im Folgenden meist kurz als Induktivität bezeichneten Induktionsspule und einem Ohm'schen Widerstand in Reihenschaltung. Da ihre rechte Seite gegeben ist, kann aus ihr $I(t)$ bestimmt werden.

In komplizierteren Stromkreisen können mehrere Widerstände R_n, Kapazitäten C_n und Induktivitäten L_n in Reihe oder parallel geschaltet sein. Bei Reihenschaltung addieren sich die Widerstände und Induktivitäten bzw. die reziproken Kapazitäten. Bei Parallelschaltung gilt für jeden geschlossenen Teilkreis eine zur obigen Formel analoge Verallgemeinerung (siehe Beispiel 6.2). Dabei ist zu beachten, dass in den Teilkreisen voneinander verschiedene (mit Vorzeichen versehene) Ströme fließen können. An Stromverzweigungspunkten gilt dabei wegen div $\boldsymbol{j}=0$ die Kirchhoff'sche Regel (3.30).

Beispiel 6.2:

Wir betrachten das in Abb. 6.10 dargestellte Stromnetz mit zwei Maschen (Teilkreisen).

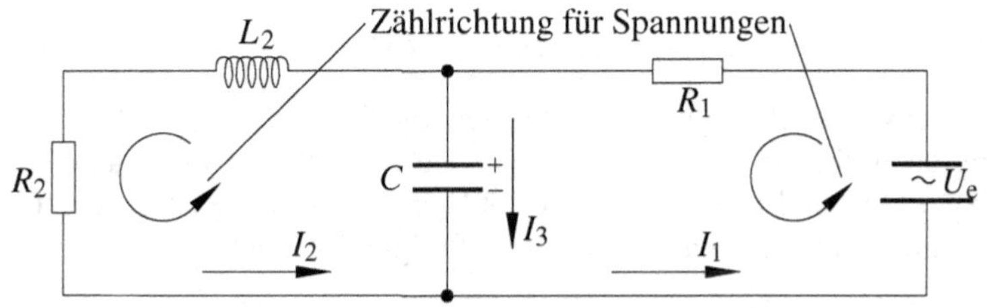

Abb. 6.10: Komplizierteres Stromnetz mit zwei Maschen. Die rechte Masche enthält die elektromotorische Spannung U_e, den Widerstand R_1 und die Kapazität C, die linke die Selbstinduktivität L_2, den Widerstand R_2 und die Kapazität C. Die Zählrichtung für Ströme und Spannungen zur Anwendung der 1. und 2. Kirchhoff'schen Regel ist durch Pfeile angegeben.

Da die linke Masche, 2, keine elektromotorische Spannungsquelle enthält, gilt für sie nach (6.36)–(6.39) mit $Q{=}Q_+$

$$\oint_2 \boldsymbol{E}\cdot d\boldsymbol{s} + \dot{\psi}_2 = 0 \qquad \text{mit} \qquad \oint_2 \boldsymbol{E}\cdot d\boldsymbol{s} \overset{\text{s.u.}}{=} R_2 I_2 - Q/C\,, \qquad \psi_2 = L_2 I_2\,, \qquad \dot{Q} = I_3\,.$$

(Das negative Vorzeichen von Q/C kommt durch die in Abb. 6.10 getroffene Festlegung der Zählrichtung für die Spannungen zustande, im Kondensator verläuft der Integrationsweg von $\oint_2 \boldsymbol{E}\cdot d\boldsymbol{s}$ gegen die $\boldsymbol{E}$-Feldrichtung. Das Ergebnis beweist die zweite Kirchhoff'sche Regel für ein Netz mit mehr als einer Masche und lässt deren Allgemeingültigkeit erkennen, auch wenn sie hier nur für eine Masche ohne elektromotorische Spannung abgeleitet wurde.) Zusammengenommen gilt also

$$L_2 \ddot{I}_2 + R_2 \dot{I}_2 - I_3/C = 0\,.$$

Für die rechte Masche, 1, gilt nach (6.36)

$$\int_1 \boldsymbol{E}\cdot d\boldsymbol{s} + \dot{\psi}_1 = U_e(t) \qquad \text{mit} \qquad \int_1 \boldsymbol{E}\cdot d\boldsymbol{s} = Q/C + R_1 I_1\,, \qquad \dot{\psi}_1 = 0\,,$$

da sie keine Induktionsspule enthält, zusammengenommen also

$$R_1 \dot{I}_1 + I_3/C = \dot{U}_e(t) .$$

An der in Abb. 6.10 durch einen Punkt gekennzeichneten unteren Knotenstelle gilt nach der ersten Kirchhoff'schen Regel

$$I_1 = I_2 + I_3 .$$

Nach Elimination von I_1 bleiben zwei gekoppelte Differenzialgleichungen für I_2 und I_3 zu lösen.

6.2.4 Freie und erzwungene Schwingungen

Die Stromkreis-Gleichung (6.40) für einen Kreis, bei dem ein Ohm'scher Widerstand R, eine Kapazität C und eine Induktivität L in Reihe geschaltet sind, ist mathematisch identisch mit der Bewegungsgleichung

$$m\ddot{x} + r\dot{x} + kx = F(t)$$

für die eindimensionale Bewegung eines Massenpunkts, auf den eine äußere Kraft $F(t)$, eine lineare rücktreibende Federkraft $-kx$ und eine lineare Reibungskraft $-r\dot{x}$ einwirken. Wie in der Mechanik gibt es für $R{=}0$ und $U_e(t){=}0$ (Stromkreis der Abb. 6.11) eine freie ungedämpfte Schwingung: Die aus (6.40) folgende Gleichung

$$\ddot{I} = -\frac{I}{LC}$$

hat die Lösung

$$I = I_0 \sin(\omega_0 t - \delta) \qquad \text{mit} \qquad \omega_0 = \frac{1}{\sqrt{LC}} .$$

Die Induktionsspule der Induktivität L speichert magnetische Energie, sie spielt die Rolle der trägen Masse. Im Kondensator der Kapazität C wird elektrische Energie gespeichert, $1/C$ spielt die Rolle der Federkonstanten einer rücktreibenden Kraft. Fließt die Ladung aus dem Kondensator, so wird dessen elektrische Feldenergie abgebaut und in magnetische Feldenergie der Induktionsspule überführt. In der nächsten Phase wird magnetische Feldenergie abgebaut und in elektrische Feldenergie zurückgeführt. In einem realen Schwingkreis führen Ohm'sche Verluste zu einer allmählichen Dämpfung der Schwingung.

Bei periodischer Erregung $U_e(t){=}U_0 \sin \omega t$ gibt es wie in der Mechanik nach Abklingen eines Einschwingvorgangs Schwingungen mit der Anregungsfrequenz ω, die für $\omega{\to}\omega_0$ zur Resonanz führen.

6.2.5 Induktive Kopplung

Zwei Stromkreise können aneinander gekoppelt sein, ohne dass zwischen ihnen eine Verbindung durch Leiter besteht. Wir machen uns das am Beispiel der Abb. 6.12 klar.

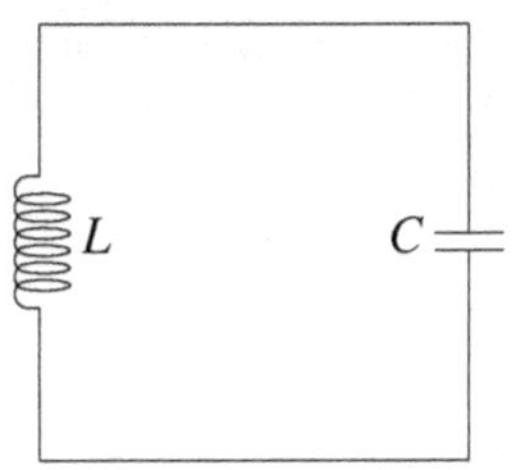

Abb. 6.11: Freier, ungedämpfter Schwingkreis aus einer Kapazität C und einer Induktivität L.

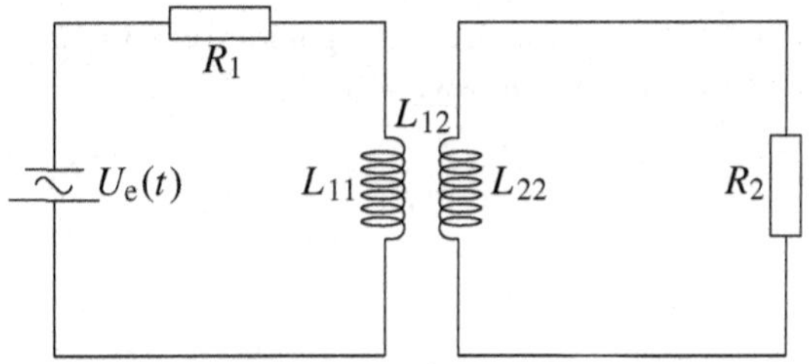

Abb. 6.12: Induktive Kopplung zweier Stromkreise ohne Leiterverbindung mithilfe zweier Induktionsspulen (Selbstinduktivitäten L_{11} bzw. L_{22} und Gegeninduktivität $L_{12}{=}L_{21}$).

Wird im ersten Stromkreis ein Magnetfeld erzeugt, das auch den zweiten Stromkreis durchsetzt, indem etwa die Induktionsspule des ersten um die des zweiten Kreises herumgewickelt ist, so induziert eine Stromänderung im ersten Kreis auch eine Spannung im zweiten, und umgekehrt. In unserem Beispiel gilt mit $\boldsymbol{A}{=}\boldsymbol{A}_1{+}\boldsymbol{A}_2$

$$\psi_{1,2} = \oint \boldsymbol{A}\cdot d\boldsymbol{s}_{1,2} = \frac{\mu_0}{4\pi}\oint d\boldsymbol{s}_{1,2}\cdot\left[\int \frac{\boldsymbol{j}_1(\boldsymbol{r}')}{|\boldsymbol{r}_{1,2}-\boldsymbol{r}'|}\,d^3\tau' + \int \frac{\boldsymbol{j}_2(\boldsymbol{r}')}{|\boldsymbol{r}_{1,2}-\boldsymbol{r}'|}\,d^3\tau'\right],$$

also mit (5.65)–(5.66)

$$\psi_1 = I_1L_{11} + I_2L_{12}\,, \qquad \psi_2 = I_1L_{21} + I_2L_{22}\,.$$

Aus (6.36) folgen damit für unser Beispiel die gekoppelten Stromkreis-Gleichungen

$$\begin{aligned} L_{11}\dot{I}_1 + L_{12}\dot{I}_2 + R_1I_1 &= U_e(t)\,,\\ L_{21}\dot{I}_1 + L_{22}\dot{I}_2 + R_2I_2 &= 0\,. \end{aligned} \tag{6.41}$$

mit $L_{12} \overset{(5.62a)}{=} L_{21}$. Das Prinzip des **Transformators** beruht auf der Ausnutzung dieser **induktiven Kopplung**.

In Analogie zur induktiven gibt es auch eine **kapazitive Kopplung** von Stromkreisen. Man denke sich dazu die beiden Induktionsspulen der Abb. 6.12 jeweils durch eine Kondensatorplatte so ersetzt, dass diese zusammen einen Kondensator bilden.

6.2.6 Komplexe Schreibweise

In vielen Fällen erweist es sich als zweckmäßig, für die Komponenten der Vektorfelder $\boldsymbol{E}$, $\boldsymbol{B}$ und $\boldsymbol{j}$ sowie für ϱ komplexe Werte zuzulassen, z. B. $E_x{=}E_{R,x}{+}\mathrm{i}E_{I,x}$ bzw. in Vektornotation

$$\boldsymbol{E} = \boldsymbol{E}_R + \mathrm{i}\boldsymbol{E}_I\,, \qquad \boldsymbol{B} = \boldsymbol{B}_R + \mathrm{i}\boldsymbol{B}_I\,, \qquad \boldsymbol{j} = \boldsymbol{j}_R + \mathrm{i}\,\boldsymbol{j}_I\,. \qquad \varrho = \varrho_R + \mathrm{i}\varrho_I$$

mit reellen Feldern $\boldsymbol{E}_R$ und $\boldsymbol{E}_I$ etc. Komplexe Felder haben zwar keine unmittelbare physikalische Bedeutung. Wegen der Linearität der Maxwell-Gleichungen sind jedoch sowohl der Real- als auch der Imaginärteil einer komplexen Lösung von diesen ebenfalls Lösungen, denn beispielsweise aus

$$\operatorname{rot} \boldsymbol{E} = \operatorname{rot} \boldsymbol{E}_{\mathrm{R}} + \mathrm{i} \operatorname{rot} \boldsymbol{E}_{\mathrm{I}} = -\frac{\partial \boldsymbol{B}_{\mathrm{R}}}{\partial t} - \mathrm{i}\frac{\partial \boldsymbol{B}_{\mathrm{I}}}{\partial t} = -\frac{\partial \boldsymbol{B}}{\partial t}$$

folgt

$$\operatorname{rot} \boldsymbol{E}_{\mathrm{R}} = -\frac{\partial \boldsymbol{B}_{\mathrm{R}}}{\partial t}, \qquad \operatorname{rot} \boldsymbol{E}_{\mathrm{I}} = -\frac{\partial \boldsymbol{B}_{\mathrm{I}}}{\partial t}.$$

$\boldsymbol{E}_{\mathrm{R}}, \dots, \varrho_{\mathrm{R}}$ bzw. $\boldsymbol{E}_{\mathrm{I}}, \dots, \varrho_{\mathrm{I}}$ sind als reelle Felder physikalisch brauchbare Lösungen.

Besonders nützlich ist die komplexe Schreibweise, wenn alle Felder harmonisch von der Zeit abhängen, was z. B. in Wechselstromkreisen der Fall ist. Dann ist

$$\boldsymbol{E} = \boldsymbol{E}_0\, \mathrm{e}^{-\mathrm{i}\omega t} = \boldsymbol{E}_{0\mathrm{R}} \cos(\omega t) + \boldsymbol{E}_{0\mathrm{I}} \sin(\omega t) + \mathrm{i}(-\boldsymbol{E}_{0\mathrm{R}} \sin(\omega t) + \boldsymbol{E}_{0\mathrm{I}} \cos(\omega t))$$

usw., und mit $\partial \boldsymbol{E}/\partial t = -\mathrm{i}\omega \boldsymbol{E}_0\, \mathrm{e}^{-\mathrm{i}\omega t} = -\mathrm{i}\omega \boldsymbol{E}$ erhalten die Maxwell-Gleichungen (3.78) die Form

$$\boxed{\begin{array}{llll} \text{(a)} & \operatorname{div}(\varepsilon_0 \boldsymbol{E}) = \varrho\,, & \text{(c)} & \operatorname{div} \boldsymbol{B} = 0\,, \\ \text{(b)} & \operatorname{rot} \boldsymbol{E} = \mathrm{i}\omega \boldsymbol{B}\,, & \text{(d)} & \operatorname{rot} \dfrac{\boldsymbol{B}}{\mu_0} = \boldsymbol{j} - \mathrm{i}\omega\varepsilon_0 \boldsymbol{E}\,. \end{array}} \tag{6.42}$$

Da der allen Feldern gemeinsame Faktor $\mathrm{e}^{-\mathrm{i}\omega t}$ aus sämtlichen Gleichungen herausgekürzt werden kann, gelten diese auch für die zeitunabhängigen Feldamplituden $\boldsymbol{E}_0$, $\boldsymbol{B}_0$, $\boldsymbol{j}_0$ und ϱ_0.

Bei der Benutzung komplexer Felder muss man allerdings vorsichtig sein, wenn quadratische Größen wie die elektrische Energiedichte $w_{\mathrm{e}} = (\varepsilon_0/2)\boldsymbol{E}^2$ berechnet werden sollen. Diese ist entweder $(\varepsilon_0/2)\boldsymbol{E}_{\mathrm{R}}{}^2$, wenn $\boldsymbol{E}_{\mathrm{R}}$ als Lösung benutzt wird, oder $(\varepsilon_0/2)\boldsymbol{E}_{\mathrm{I}}{}^2$, wenn $\boldsymbol{E}_{\mathrm{I}}$ benutzt wird, nicht jedoch der Real- oder Imaginärteil von $(\varepsilon_0/2)(\boldsymbol{E}_{\mathrm{R}} + \mathrm{i}\boldsymbol{E}_{\mathrm{I}})^2$. Für die Berechnung von Produkten kann es auch sinnvoll sein, die komplexe Darstellung des Real- bzw. Imaginärteils zu benutzen, also beispielsweise $\boldsymbol{E}_{\mathrm{R}} = (\boldsymbol{E} + \boldsymbol{E}^*)/2$ und $\boldsymbol{E}_{\mathrm{I}} = -\frac{\mathrm{i}}{2}(\boldsymbol{E} - \boldsymbol{E}^*)$, man erhält z. B. $\boldsymbol{E}_{\mathrm{R}}^2 = \left[\boldsymbol{E}^2 + \boldsymbol{E}^{*2} + 2\boldsymbol{E}\boldsymbol{E}^*\right]/4$.

Da die Stromkreis-Gleichungen aus den Maxwell-Gleichungen folgen, lässt sich auch für sie die komplexe Schreibweise mit Vorteil benutzen. Ist z. B.

$$I = I_{\mathrm{R}}(t) + \mathrm{i}I_{\mathrm{I}}(t)$$

eine Lösung von (6.40) zur Spannung

$$U_{\mathrm{e}}(t) = U_{\mathrm{R}}(t) + \mathrm{i}U_{\mathrm{I}}(t)\,,$$

so ist offensichtlich $I_{\mathrm{R}}(t)$ bzw. $I_{\mathrm{I}}(t)$ eine Lösung zur Spannung $U_{\mathrm{R}}(t)$ bzw. $U_{\mathrm{I}}(t)$.

Der besondere Nutzen der komplexen Schreibweise lässt sich am besten anhand eines konkreten Beispiels erkennen, wozu sich im nächsten Abschnitt Gelegenheit bietet.

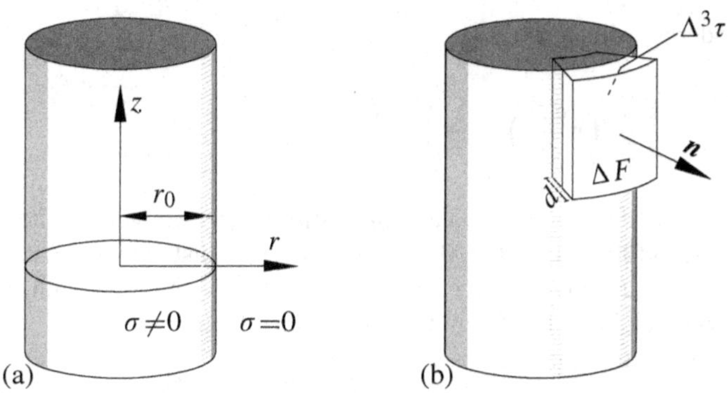

Abb. 6.13: (a) Zylinderkoordinaten, (b) zur Randbedingung an der Leiteroberfläche.

6.3 Skineffekt

Bei hohen Wechselstromfrequenzen beobachtet man eine Erhöhung des Ohm'schen Widerstandes der Stromleiter. Die Ursache hierfür ist, dass der Strom nicht mehr gleichmäßig über den Leiterquerschnitt verteilt ist, sondern nur noch in einer dünnen Schicht unter der Oberfläche fließt. Nach Gleichung (6.38b) erhöht sich hierdurch der Widerstand, da die für den Stromfluss genutzte Fläche F kleiner wird und im Nenner steht.

Wir wollen dieses Phänomen, das als **Skin-**, **Haut-** oder **Stromverdrängungseffekt** bezeichnet wird, am Beispiel eines geraden Drahtes mit kreisförmigem Querschnitt untersuchen. Bei der mathematischen Behandlung benutzen wir Zylinderkoordinaten, deren z-Achse in der Drahtmitte verläuft (Abb. 6.13 (a)). Das elektrische Feld wird aus Symmetriegründen nur von r und t abhängen und wie im statischen Fall nur eine Komponente in z-Richtung besitzen. Wir interessieren uns für zeitperiodische Lösungen und machen daher unter Benutzung der komplexen Schreibweise den Ansatz

$$\boldsymbol{E} = E(r)\,\mathrm{e}^{-\mathrm{i}\omega t}\boldsymbol{e}_z\,. \tag{6.43}$$

Für $\tau = 2\pi/\omega \gg r_0/c$ dürfen wir nach (6.30) den Verschiebungsstrom vernachlässigen und erhalten durch Kombination der Maxwell-Gleichungen

$$\operatorname{rot}\boldsymbol{E} = -\partial\boldsymbol{B}/\partial t\,, \qquad \operatorname{rot}\boldsymbol{B}/\mu = \boldsymbol{j} = \sigma\boldsymbol{E}$$

für $\boldsymbol{E}$ die Gleichung

$$\operatorname{rot}\operatorname{rot}\boldsymbol{E} = -\mu\sigma\,\frac{\partial\boldsymbol{E}}{\partial t}\,. \tag{6.44}$$

(Hierbei wird vorweggenommen, dass auch bei zeitabhängigen Feldern die dielektrischen und diamagnetischen Eigenschaften der Materie wie in der Elektro- und Magnetostatik in vielen Fällen durch $\boldsymbol{D} = \varepsilon\boldsymbol{E}$ und $\boldsymbol{H} = \boldsymbol{B}/\mu$ mit $\varepsilon \neq \varepsilon_0$ und $\mu \neq \mu_0$ beschrieben werden können. Der Beweis dafür wird nachträglich in Abschn. 7.8 erbracht.) Mit (6.43), $\operatorname{rot}\boldsymbol{E} = \mathrm{e}^{-\mathrm{i}\omega t}\nabla E \times \boldsymbol{e}_z$, $\operatorname{rot}\operatorname{rot}\boldsymbol{E} = \mathrm{e}^{-\mathrm{i}\omega t}\nabla \times (\nabla E \times \boldsymbol{e}_z) = -\mathrm{e}^{-\mathrm{i}\omega t}\Delta E\,\boldsymbol{e}_z$ und $\partial\boldsymbol{E}/\partial t = -\mathrm{i}\omega\,\mathrm{e}^{-\mathrm{i}\omega t}E\,\boldsymbol{e}_z$ folgt hieraus

$$\Delta E = -\mathrm{i}\omega\mu\sigma\,E \tag{6.45}$$

bzw. in Zylinderkoordinaten

$$\frac{1}{r}\frac{d}{dr}\left(r\frac{dE}{dr}\right) = -\frac{2\,\mathrm{i}}{d^2}E \qquad \text{mit} \qquad d = \sqrt{\frac{2}{\omega\mu\sigma}}\,. \tag{6.46}$$

Bei reeller Schreibweise hätten wir statt einer komplexen zwei gekoppelte reelle Differenzialgleichungen für E_{R} und E_{I}. Alternativ hätten wir anstelle von (6.43) den Ansatz $\boldsymbol{E}{=}[E_{\mathrm{c}}(r)\cos(\omega t){+}E_{\mathrm{s}}(r)\sin(\omega t)]\,\boldsymbol{e}_z$ machen können und müssten dann statt (6.46) je eine Differenzialgleichung für E_{c} und E_{s} weiterverfolgen.

Mit der Transformation

$$r = \frac{d}{\sqrt{2\,\mathrm{i}}}\rho \tag{6.47}$$

erhalten wir aus (6.46) die Gleichung

$$\frac{1}{\rho}\frac{d}{d\rho}\left(\rho\frac{dE}{d\rho}\right) = \frac{d^2E}{d\rho^2} + \frac{1}{\rho}\frac{dE}{d\rho} = -E\,. \tag{6.48}$$

Das ist der Spezialfall $n{=}0$ der **Bessel'schen Differenzialgleichung** (4.91), für den wir die Lösungen

$$J_0(\rho) = \sum_{\nu=0}^{\infty}\frac{(-1)^\nu}{(\nu!)^2}\left(\frac{\rho}{2}\right)^{2\nu} = 1 - \frac{\rho^2}{4} + \frac{\rho^4}{64} - \cdots \tag{6.49}$$

und

$$N_0(\rho) = J_0(\rho)\left(\ln\rho + \frac{\rho^2}{4} + \cdots\right) \tag{6.50}$$

abgeleitet hatten. $N_0(\rho)$ divergiert für $\rho{\to}0$ und kommt daher für eine Lösung physikalisch nicht infrage, sodass wir innerhalb des Leiters ($r{\le}r_0$) das Feld

$$\boldsymbol{E} = E(r_0)\,\mathrm{Re}\left[\mathrm{e}^{-\mathrm{i}\omega t}\,\frac{J_0\left(\sqrt{2\,\mathrm{i}}\,r/d\right)}{J_0\left(\sqrt{2\,\mathrm{i}}\,r_0/d\right)}\right]\boldsymbol{e}_z \tag{6.51}$$

erhalten. Aus der mathematischen Literatur entnehmen wir für spätere Zwecke für $\rho{\gg}1$ die asymptotische Näherung

$$J_0(\rho) \approx \frac{1}{\sqrt{2\pi\rho}}\left[\mathrm{e}^{\mathrm{i}(\rho-\pi/4)} + \mathrm{e}^{-\mathrm{i}(\rho-\pi/4)}\right]. \tag{6.52}$$

(Das Auftreten der Exponentialfunktion wird dadurch plausibel, dass in der Differentialgleichung für J_0 für $\rho{\to}\infty$ der Term $(1/\rho)\,dJ_0/d\rho$ klein gegen die beiden anderen Terme wird, sodass diese $J_0''(\rho){\approx}{-}J_0(\rho)$ lautet.)

Für das Feld außerhalb des Leiters erhalten wir, ebenfalls mit dem Ansatz (6.43), ähnlich wie im Leiter die Gleichung

$$\frac{1}{r}\frac{d}{dr}\left(r\frac{d}{dr}E\right) = 0\,, \tag{6.53}$$

deren allgemeine Lösung

$$E_{\text{Vak}}(r) = c_1 + c_2 \ln \frac{r}{r_0}$$

mit komplexen Koeffizienten c_1 und c_2 ist. Da der Logarithmus für $r \to \infty$ divergiert, ist $c_2=0$ zu setzen, und wir haben für das Feld außerhalb des Leiters das Ergebnis

$$\boldsymbol{E}_{\text{Vak}} = \text{Re}\left(c_1 \mathrm{e}^{-\mathrm{i}\omega t}\right) \boldsymbol{e}_z\,.$$

Eine Randbedingung auf der Leiteroberfläche, die das Feld $\boldsymbol{E}$ im Inneren des Leiters mit dem Feld $\boldsymbol{E}_{\text{Vak}}$ außerhalb von diesem verknüpft, erhält man durch Integration der Gleichung $\text{rot}\,\boldsymbol{E}=-\partial \boldsymbol{B}/\partial t$ über das kleine Volumen $\Delta^3\tau=d\,\Delta F$ der Abb. 6.13 (b). Nach (2.29) gilt

$$\oint (\boldsymbol{n} \times \boldsymbol{E})\, df = \int_{\Delta^3\tau} \text{rot}\,\boldsymbol{E}\, d^3\tau = -\frac{d}{dt}\int_{\Delta^3\tau} \boldsymbol{B}\, d^3\tau\,. \tag{6.54}$$

Nun lassen wir $d\to 0$ gehen und erhalten $\boldsymbol{n}\times(\boldsymbol{E}_{\text{Vak}}-\boldsymbol{E})\,\Delta F=0$ bzw.

$$\boldsymbol{n} \times (\boldsymbol{E}_{\text{Vak}} - \boldsymbol{E}) = 0\,, \tag{6.55}$$

da $\boldsymbol{B}$ endlich ist und $\int_{\Delta^3\tau} \boldsymbol{B}\, d^3\tau$ mit d gegen null geht. Mit der Wahl $c_1=E(r_0)$ wird diese Randbedingung erfüllt, sodass wir schließlich für $r \geq r_0$ die Lösung

$$\boldsymbol{E}_{\text{Vak}} = E(r_0)\,\text{Re}\left(\mathrm{e}^{-\mathrm{i}\omega t}\right) \boldsymbol{e}_z \tag{6.56}$$

haben. Diese macht nur für r-Werte Sinn, die nicht viel größer als r_0 sind, weil sonst im Außenfeld zu viel elektrische Energie gespeichert werden müsste. Für eine realistische Rechnung ist zu berücksichtigen, dass der Stromkreis geschlossen sein muss. Das kann bedeuten, dass der Zylinder eine lokale Näherung an einen Ringleiter darstellt. Oder aber es gibt einen Rückleiter, und bei Zylindersymmetrie müsste das ein Hohlzylinder sein, der den hier betrachteten Zylinder koaxial umgibt. (In Aufgabe 6.5 wird eine derartige Leiterkonfiguration – allerdings nur für Gleichstrom – untersucht.) In beiden Fällen stellt das hier berechnete Außenfeld nur eine Näherung dar, deren Gültigkeit auf die Nachbarschaft der Zylinderoberfläche eingeschränkt ist.

Bei der physikalischen Deutung der Lösung, der wir uns jetzt zuwenden wollen, interessieren wir uns für die Grenzfälle $r_0 \ll d$ und $r_0 \gg d$.

Schwacher Skineffekt ($r_0 \ll d$): Aus der Definition (6.46b) von d folgt, dass $r_0 \ll d$ für $\omega \ll 2/(\mu\sigma {r_0}^2)$, d.h. niedrige Frequenzen gilt. Wir können dann $J_0(\rho)$ wegen $|\rho|=\sqrt{2}\,r/d \leq \sqrt{2}\,r_0/d \ll 1$ durch

$$J_0(\rho) \approx 1 - \rho^2/4$$

approximieren und erhalten aus (6.51) bis zu Termen $\mathcal{O}({r_0}^2/d^2)$ im Leiter

$$\begin{aligned}
\boldsymbol{E} &\approx E(r_0)\,\text{Re}\left[\mathrm{e}^{-\mathrm{i}\omega t}\left(1 - \mathrm{i}\,\frac{r^2}{2d^2}\right)\left(1 + \mathrm{i}\,\frac{r_0^2}{2d^2}\right)\right] \boldsymbol{e}_z \\
&\approx E(r_0)\left[\cos(\omega t) + \frac{({r_0}^2 - r^2)}{2d^2}\sin(\omega t)\right] \boldsymbol{e}_z\,.
\end{aligned} \tag{6.57}$$

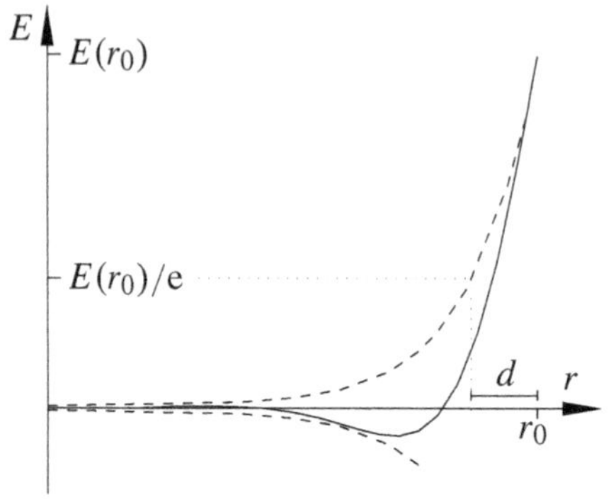

Abb. 6.14: Radiale Abhängigkeit der elektrischen Feldstärke $E(r)$ beim starken Skineffekt (Momentbild). Die gestrichelten Kurven bilden die Einhüllenden $\pm E(r_0)\sqrt{r_0/r}\,\mathrm{e}^{-(r_0-r)/d}$ der Oszillationen des Kosinus. In der Skintiefe d unter der Oberfläche $r{=}r_0$ ist deren Amplitude um den Faktor $1/\mathrm{e}$ abgefallen.

$\boldsymbol{E}$ ändert sich nur unwesentlich über den Leiterquerschnitt und ist je nach Phasenlage im Inneren des Leiters etwas stärker oder schwächer als am Rand.

Starker Skineffekt ($r_0 \gg d$): Aus (6.46b) ergeben sich für $r_0 \gg d$ hohe Frequenzen $\omega \gg 2/(\mu\sigma r_0{}^2)$. Eine kleine Umgebung von $r{=}0$ ausgenommen, die wir jedoch vernachlässigen, haben wir überall $\rho \gg 1$ und können $J_0(\rho)$ durch die asymptotische Formel (6.52) approximieren. Für $\boldsymbol{E}$ ergibt sich mit dieser und $\sqrt{2\,\mathrm{i}}{=}1{+}\mathrm{i}$ aus (6.51)

$$\begin{aligned}\boldsymbol{E} &= E(r_0)\,\mathrm{Re}\left[\mathrm{e}^{-\mathrm{i}\omega t}\sqrt{\frac{r_0}{r}}\,\frac{\mathrm{e}^{\mathrm{i}\,[(1+\mathrm{i})r/d-\pi/4]}+\mathrm{e}^{-\mathrm{i}\,[(1+\mathrm{i})r/d-\pi/4]}}{\mathrm{e}^{\mathrm{i}\,[(1+\mathrm{i})r_0/d-\pi/4]}+\mathrm{e}^{-\mathrm{i}\,[(1+\mathrm{i})r_0/d-\pi/4]}}\right]\boldsymbol{e}_z \\ &\overset{\text{s.u.}}{\approx} E(r_0)\sqrt{\frac{r_0}{r}}\,\mathrm{e}^{(r-r_0)/d}\,\mathrm{Re}\left[\mathrm{e}^{-\mathrm{i}\,[\omega t+(r-r_0)/d]}\right]\boldsymbol{e}_z\,,\end{aligned}$$

da bei dem Bruchterm mit den Exponentialfunktionen sowohl im Zähler als auch im Nenner der erste gegen den zweiten Summanden (wieder unter Ausschluss einer ignorierbaren Umgebung von $r{=}0$) wegen $\mathrm{e}^{-r/d} \ll \mathrm{e}^{r/d}$ vernachlässigt werden darf. Damit haben wir das Ergebnis

$$\boldsymbol{E} \approx E(r_0)\sqrt{\frac{r_0}{r}}\,\mathrm{e}^{-(r_0-r)/d}\cos\!\big[(r_0-r)/d-\omega t\big]\,\boldsymbol{e}_z\,. \tag{6.58}$$

In Abb. 6.14 ist die Feldstärke $E(r)$ (durchgezogene Kurve) in Abhängigkeit von r zum Zeitpunkt $t{=}0$ eingetragen. E und $j{=}\sigma E$ variieren wellenförmig mit r, wobei die Wellenamplitude exponentiell zur Drahtmitte abfällt. In der **Skintiefe** d unter der Oberfläche ist sie schon um den Faktor $1/\mathrm{e}$ abgefallen, sodass der Strom im Wesentlichen in einer dünnen Schicht unter der Drahtoberfläche fließt.

Zum qualitativen Verständnis der Ursache dieser Stromverdrängung in die Randschicht des Leiters untersuchen wir die Verhältnisse während einer Halbphase, in der der Strom j_z von der Amplitude null zu einem positiven Maximalwert ansteigt und dann wieder auf null zurückfällt. Das vom Wechselstrom erzeugte, zeitlich veränderliche Magnetfeld induziert gemäß $\mathrm{rot}\,\boldsymbol{E}_{\mathrm{ind}}{=}-\partial\boldsymbol{B}/\partial t$ ein elektrisches Wirbelfeld $\boldsymbol{E}_{\mathrm{ind}}$, das während des Stromanstiegs am Rande des Leiters in Richtung des Stroms verläuft und diesen verstärkt, während es im Leiterinneren diesem entgegengerichtet ist und ihn abschwächt (Abb. 6.15 (a)). Wenn der Strom seinen Maximalwert überschritten hat und

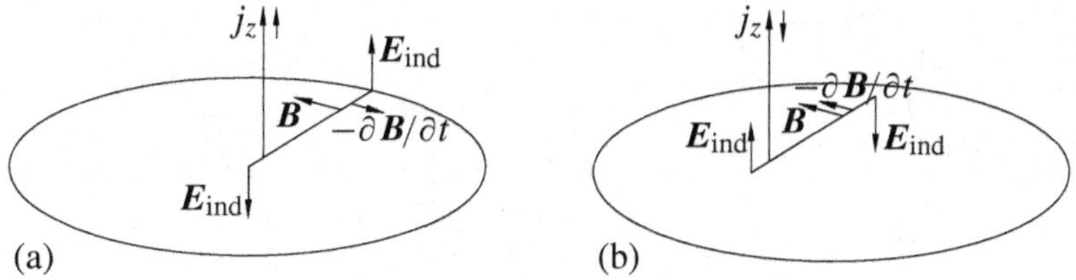

Abb. 6.15: Durch die zeitlichen Änderungen des Magnetfelds induziertes elektrisches Feld $\boldsymbol{E}_{\text{ind}}$ (a) während des Stromanstiegs, (b) während des Stromabfalls.

abnimmt, sind die Richtungsverhältnisse gerade umgekehrt (Abb. 6.15 (b)). Jetzt wird die Abnahme des Stroms in der Randschicht beschleunigt, während seine Abnahme in der Mitte des Leiters behindert wird. Dies führt dazu, dass die Schwankungen der Stromstärke (d. h. die Amplitude der Stromdichte) am Rand des Leiters sehr groß und zur Mitte des Leiters hin immer kleiner werden.

Wenn die Frequenz ω so hoch ist, dass der Verschiebungsstrom nicht mehr vernachlässigt werden darf, ist der Effekt der Stromverdrängung noch stärker ausgeprägt. Die entsprechenden Rechnungen werden nur etwas komplizierter, da elektromagnetische Wellen ins Spiel kommen und zusätzliche Komponenten von $\boldsymbol{E}$ auftreten.

Exkurs 6.1: Stromkreis-Gleichung für allseits ausgedehnte Leiter

(Dieser Abschnitt benutzt Ergebnisse, die erst im nächsten Kapitel abgeleitet werden. Es empfiehlt sich daher, ihn zunächst zu übergehen und erst nach der Lektüre des nächsten Kapitels auf ihn zurückzukommen. Er wurde in dieses Kapitel aufgenommen, weil er inhaltlich dazugehört.)

Unsere Ableitung der Stromkreis-Gleichung (6.40) war etwas unbefriedigend, da sie eine gute Näherung nur für sehr dünne Leiter darstellt, bei denen Größen wie der Widerstand (6.38) und der Selbstinduktionskoeffizient (5.64) sehr groß werden. Mithilfe des Energieerhaltungssatzes (7.174) ist jedoch eine Ableitung möglich, die auch für Leiterelemente allseits beliebiger Ausdehnung gilt.

Da wir uns nur für das Prinzipielle interessieren, beschränken wir unsere Betrachtung auf den einfachen, in Abb. 6.16 dargestellten Schaltkreis, der in Analogie zur Abb. 6.9 nur einen Widerstand, eine Induktionsspule, einen Kondensator und einen Generator in Reihenschaltung enthält. Der Einfachheit halber nehmen wir an, dass nicht nur im Vakuum, sondern auch in allen Leitern $\varepsilon{=}\varepsilon_0$ und $\mu{=}\mu_0$ gilt. Weiterhin nehmen wir die Gültigkeit der einfachen Beziehungen

$$\boldsymbol{j} = \begin{cases} \sigma \boldsymbol{E} & \text{im Verbraucherzweig} \\ \sigma(\boldsymbol{E} + \boldsymbol{E}^{\text{e}}) & \text{im Generatorzweig} \end{cases} \tag{6.59}$$

an, wobei $\sigma \boldsymbol{E}^{\text{e}}$ einer eingeprägten elektromotorischen Kraft entspricht.

1. Durch Integration von Gleichung (7.174) über den ganzen $\mathbb{R}^3$ erhalten wir

$$\frac{d}{dt} W_{\text{e}} + \frac{d}{dt} W_{\text{m}} + V_{\text{s}} + \int_{\mathbb{R}^3} \boldsymbol{j} \cdot \boldsymbol{E}\, d^3\tau = 0 \tag{6.60}$$

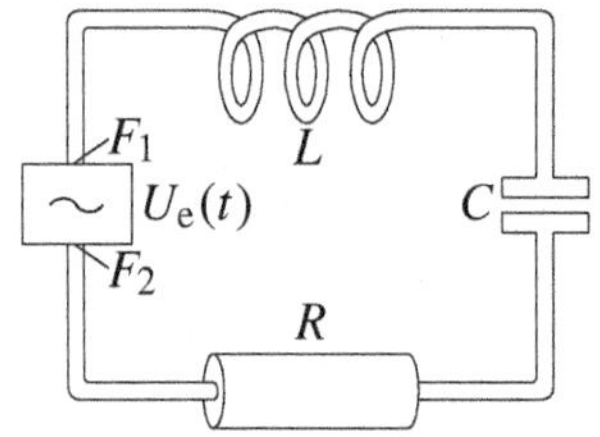

Abb. 6.16: Stromkreis mit allseits ausgedehnten Leitern, der eine Spannungsquelle, eine Induktionsspule, einen Kondensator und einen Generator in Reihenschaltung enthält.

mit

$$W_e = \int_{\mathbb{R}^3} \frac{\varepsilon_0 \boldsymbol{E}^2}{2} d^3\tau\,, \quad W_m = \int_{\mathbb{R}^3} \frac{\boldsymbol{B}^2}{2\mu_0} d^3\tau\,, \quad V_s = \frac{1}{\mu_0} \int_\infty (\boldsymbol{E} \times \boldsymbol{B}) \cdot d\boldsymbol{f}\,.$$

V_s ist ein Energieverlust, der durch Abstrahlung elektromagnetischer Wellen zustande kommt. Wenn alle Größen harmonisch $\sim e^{-i\omega t}$ oszillieren, gelten die Ergebnisse (7.66) für das Fernfeld oszillierender Ladungen. Wenn sie nicht harmonisch oszillieren, sich jedoch periodisch verändern, kann man sie fourieranalysieren und für ihre Fourier-Komponenten die genannten Ergebnisse heranziehen. Beiträge zu V_s kommen nur von den Termen $\sim 1/r$ im Fernfeld, die allein durch das elektrische Dipolmoment $\boldsymbol{p}_0$ und das magnetische Moment $\boldsymbol{m}_0$ der Anordnung bestimmt werden. Wie für die Gesamtabstrahlung (7.181) eines oszillierenden Dipols erhält man $V_s \sim \omega^4$, d. h. die Strahlungsverluste sind bei hinreichend kleinen Frequenzen ω sehr klein und können gegen $d(W_e+W_m)/dt$ vernachlässigt werden.

Nun berechnen wir

$$\begin{aligned} W_m &= \int_{\mathbb{R}^3} \frac{\boldsymbol{B}^2}{2\mu_0} d^3\tau = \int_{\mathbb{R}^3} \frac{\boldsymbol{B} \cdot \operatorname{rot} \boldsymbol{A}}{2\mu_0} d^3\tau = \int_{\mathbb{R}^3} \frac{\operatorname{div}(\boldsymbol{A} \times \boldsymbol{B})}{2\mu_0} d^3\tau + \frac{1}{2} \int_{\mathbb{R}^3} \boldsymbol{A} \cdot \operatorname{rot} \frac{\boldsymbol{B}}{\mu_0} d^3\tau \\ &= \frac{1}{2\mu_0} \int_\infty (\boldsymbol{A} \times \boldsymbol{B}) \cdot d\boldsymbol{f} + \frac{1}{2} \int_{\mathbb{R}^3} \boldsymbol{A} \cdot \boldsymbol{j}\, d^3\tau + \frac{\varepsilon_0}{2} \int_{\mathbb{R}^3} \boldsymbol{A} \cdot \frac{\partial \boldsymbol{E}}{\partial t} d^3\tau \end{aligned}$$

und

$$\begin{aligned} W_e &= \int_{\mathbb{R}^3} \frac{\varepsilon_0 \boldsymbol{E}^2}{2} d^3\tau \overset{(7.3)}{=} \frac{\varepsilon_0}{2} \int_{\mathbb{R}^3} \boldsymbol{E} \cdot \left(-\nabla\phi - \frac{\partial \boldsymbol{A}}{\partial t}\right) d^3\tau \\ &= -\frac{\varepsilon_0}{2} \int_{\mathbb{R}^3} \operatorname{div}(\phi \boldsymbol{E})\, d^3\tau + \frac{1}{2} \int_{\mathbb{R}^3} \phi \operatorname{div}(\varepsilon_0 \boldsymbol{E})\, d^3\tau - \frac{\varepsilon_0}{2} \int_{\mathbb{R}^3} \boldsymbol{E} \cdot \frac{\partial \boldsymbol{A}}{\partial t} d^3\tau \\ &= -\frac{\varepsilon_0}{2} \int_\infty \phi \boldsymbol{E} \cdot d\boldsymbol{f} + \frac{1}{2} \int_{\mathbb{R}^3} \phi\, \varrho\, d^3\tau - \frac{\varepsilon_0}{2} \int_{\mathbb{R}^3} \boldsymbol{E} \cdot \frac{\partial \boldsymbol{A}}{\partial t} d^3\tau\,. \end{aligned}$$

Bei $\int_\infty (\boldsymbol{A} \times \boldsymbol{B}) \cdot d\boldsymbol{f}/(2\mu_0)$ und $-\varepsilon_0 \int \phi \boldsymbol{E} \cdot d\boldsymbol{f}/2$ handelt es sich um Strahlungsterme, die wir wie V_s vernachlässigen. Den letzten Term von W_m bzw. von W_e schätzen wir im Verhältnis zu W_m analog zu Abschnitt 6.2.1 durch

$$\frac{|\boldsymbol{A} \cdot \partial \varepsilon_0 \boldsymbol{E}/\partial t|}{B^2/\mu_0} \approx \frac{|\varepsilon_0 \boldsymbol{E} \cdot \partial \boldsymbol{A}/\partial t|}{B^2/\mu_0} \approx \frac{EA}{c^2 \tau B^2} \overset{\text{s.u.}}{\approx} \frac{l}{c\tau} \frac{E}{cB}$$

ab, wobei zuletzt die aus $\boldsymbol{B} = \operatorname{rot} \boldsymbol{A}$ folgende Abschätzung $B = A/l$ benutzt wurde. Langsam veränderliche Ströme sind mit $l/\tau = v$ durch

$$\frac{v}{c} \overset{(6.28)}{\ll} \frac{E}{cB} \overset{(6.23)}{\ll} \frac{c}{v}$$

charakterisiert, wobei nach (6.30) $v/c \ll 1$ gelten muss. Nach oben hin ist $E/(cB)$ im ungünstigsten Fall durch den aus $\boldsymbol{E}=c\boldsymbol{B}\times\boldsymbol{e}_r$ für elektromagnetische Wellen erhaltenen Wert $E/(cB)\approx 1$ begrenzt, sodass für den betrachteten Quotient angenommen werden kann, dass er $\leq \mathcal{O}(v/c)$ ist. Damit kann auch das letzte Integral in W_m bzw. W_e gegen W_m vernachlässigt werden – man überzeugt sich leicht davon, dass dann, wenn kein Kondensator mit besonders hohen Feldstärken vorhanden ist, sogar die gesamte Energie W_e gegen W_m vernachlässigt werden darf (Aufgabe 6.6), wovon wir allerdings keinen Gebrauch machen werden. In guter Näherung gilt also

$$W_\mathrm{m} \approx \frac{1}{2}\int_{\mathbb{R}^3} \boldsymbol{A}\cdot\boldsymbol{j}\, d^3\tau\,, \qquad W_\mathrm{e} \approx \frac{1}{2}\int_{\mathbb{R}^3} \phi\, \varrho\, d^3\tau\,. \tag{6.61}$$

Hierin setzen wir jetzt die Ergebnisse (7.36) für die retardierten Potenziale ein und erhalten z. B.

$$W_\mathrm{e} \approx \frac{1}{8\pi\varepsilon_0}\int \frac{\varrho(\boldsymbol{r}', t-|\boldsymbol{r}-\boldsymbol{r}'|/c)\,\varrho(\boldsymbol{r},t)}{|\boldsymbol{r}-\boldsymbol{r}'|}\, d^3\tau\, d^3\tau'\,.$$

Da nur über Bereiche integriert wird, in denen Ladungen sitzen, ist $|\boldsymbol{r}-\boldsymbol{r}'|\approx l$, und für hinreichend langsame Änderungen von $\varrho(\boldsymbol{r},t)$ gilt mit $|\partial\varrho/\partial t|\approx|\varrho|/\tau$

$$\varrho\left(\boldsymbol{r}', t-\frac{|\boldsymbol{r}-\boldsymbol{r}'|}{c}\right) \approx \varrho(\boldsymbol{r}',t) - \frac{\partial\varrho(\boldsymbol{r}',t)}{\partial t}\frac{|\boldsymbol{r}-\boldsymbol{r}'|}{c} \approx \varrho(\boldsymbol{r}',t)\left[1+\mathcal{O}\left(\frac{l}{c\tau}\right)\right] \approx \varrho(\boldsymbol{r}',t)\,.$$

Wir dürfen deshalb die quasistatischen Näherungen

$$W_\mathrm{m} \approx \frac{\mu_0}{8\pi}\int \frac{\boldsymbol{j}(\boldsymbol{r},t)\cdot\boldsymbol{j}(\boldsymbol{r}',t)}{|\boldsymbol{r}-\boldsymbol{r}'|}\, d^3\tau\, d^3\tau'\,, \qquad W_\mathrm{e} \approx \frac{1}{8\pi\varepsilon_0}\int \frac{\varrho(\boldsymbol{r},t)\,\varrho(\boldsymbol{r}'t)}{|\boldsymbol{r}-\boldsymbol{r}'|}\, d^3\tau\, d^3\tau' \tag{6.62}$$

benutzen. Übertragen wir jetzt unsere statische Definition (5.62) des Selbstinduktionskoeffizienten auf langsam veränderliche Ströme, so erhalten wir

$$W_\mathrm{m} = \frac{1}{2}LI^2 \quad \text{mit} \quad L = \frac{\mu_0}{4\pi}\int \frac{\boldsymbol{j}(\boldsymbol{r},t)\cdot\boldsymbol{j}(\boldsymbol{r}',t)}{|\boldsymbol{r}-\boldsymbol{r}'|\,I^2}\, d^3\tau\, d^3\tau'\,. \tag{6.63}$$

Soll nicht die Näherung (6.62a) benutzt, sondern genauer gerechnet werden, dann definieren wir

$$L := \frac{2W_\mathrm{m}}{I^2} \qquad \Rightarrow \qquad W_\mathrm{m} = \frac{1}{2}LI^2\,. \tag{6.64}$$

Zum Zweck einer entsprechenden Definition der Kapazität des Kondensators gehen wir auf die Näherung (6.61b) für W_e zurück und benutzen, dass sich Ladungen in Leitern extrem schnell auf der Oberfläche (Oberflächendichte σ) ansammeln, wobei in der von uns untersuchten Anordnung im Wesentlichen nur die beiden Stirnflächen des Kondensators berücksichtigt werden müssen, auf denen das Potenzial ϕ konstant ist. Mit $\varrho\, d^3\tau \to \sigma\, df$ und ϕ=const erhalten wir dann

$$W_\mathrm{e} \approx \frac{1}{2}\left(\phi_+\int_{F_+}\sigma\, df + \phi_-\int_{F_-}\sigma\, df\right) = \frac{1}{2}\left(\phi_+ Q_+ + \phi_- Q_-\right).$$

Nach (6.31) und einer dazu analogen Beziehung für die zweite Kondensatorplatte haben wir

$$Q_- = -\int I\, dt\,, \qquad Q_+ = \int I\, dt =: Q$$

und erhalten damit

$$W_\mathrm{e} = \frac{1}{2}QU \quad \text{mit} \quad U = \phi_+ - \phi_-\,.$$

Übertragen wir jetzt die für statische Verhältnisse getroffene Definition (4.49) bzw. $U=Q/C$ auf den zeitabhängigen Fall, so erhalten wir schließlich

$$W_{\mathrm{e}} \approx \frac{1}{2}\frac{Q^2}{C}\,. \tag{6.65}$$

Soll diese Näherung nicht benutzt werden, so definieren wir

$$Q := \int I\,dt\,, \quad C := \frac{Q^2}{2W_{\mathrm{e}}} \qquad \Rightarrow \qquad W_{\mathrm{e}} = \frac{1}{2}\frac{Q^2}{C}\,. \tag{6.66}$$

2. Wir wenden uns jetzt der Berechnung des letzten Integrals in (6.60) zu und zerlegen dieses unter Benutzung der Beziehungen (6.59) gemäß

$$\int_{\mathbb{R}^3} \boldsymbol{j}\cdot\boldsymbol{E}\,d^3\tau = \int_{\mathrm{V}} \frac{\boldsymbol{j}^2}{\sigma}\,d^3\tau + \int_{\mathrm{G}} \frac{\boldsymbol{j}^2}{\sigma}\,d^3\tau - \int_{\mathrm{G}} \boldsymbol{j}\cdot\boldsymbol{E}^{\mathrm{e}}\,d^3\tau \tag{6.67}$$

in Beiträge über die Leiter im Verbraucher- und Generatorzweig. Übertragen wir unsere Definition (6.20) des Ohm'schen Widerstands gegenüber statischen Strömen auf den dynamischen Fall, so erhalten wir

$$\int \frac{\boldsymbol{j}^2}{\sigma}\,d^3\tau = RI^2 \quad \text{mit} \quad R = \int \frac{\boldsymbol{j}^2}{\sigma\,I^2}\,d^3\tau\,. \tag{6.68}$$

Um eine geeignete Interpretation für den Term $\int \boldsymbol{j}\cdot\boldsymbol{E}^{\mathrm{e}}\,d^3\tau$ zu bekommen, treffen wir die sehr vereinfachende Annahme $\boldsymbol{E}^{\mathrm{e}}=-\nabla\phi^{\mathrm{e}}$, wobei das Potenzial auf der Eingangsfläche F_1 des Leiters im Generatorzweig den konstanten Wert ϕ_1^{e} und auf der Ausgangsfläche F_2 den konstanten Wert ϕ_2^{e} annehmen soll. Dann gilt

$$\begin{aligned}\int \boldsymbol{j}\cdot\boldsymbol{E}^{\mathrm{e}}\,d^3\tau &= -\int \boldsymbol{j}\cdot\nabla\phi^{\mathrm{e}}\,d^3\tau \overset{\text{s.u.}}{=} -\int \operatorname{div}(\phi^{\mathrm{e}}\boldsymbol{j})\,d^3\tau \\ &= -\phi_1^{\mathrm{e}}\int_{F_1}\boldsymbol{j}\cdot d\boldsymbol{f} - \phi_2^{\mathrm{e}}\int_{F_2}\boldsymbol{j}\cdot d\boldsymbol{f}\,,\end{aligned} \tag{6.69}$$

wobei wir noch zusätzlich angenommen haben, dass der Verschiebungsstrom überall im Generatorzweig vernachlässigt werden darf und daher div $\boldsymbol{j}=0$ gilt. Mit $\int_{F_2}\boldsymbol{j}\cdot d\boldsymbol{f}=-\int_{F_1}\boldsymbol{j}\cdot d\boldsymbol{f}=I$ folgt schließlich

$$\int_{\mathrm{G}} \boldsymbol{j}\cdot\boldsymbol{E}^{\mathrm{e}}\,d^3\tau = U^{\mathrm{e}}I \quad \text{mit} \quad U^{\mathrm{e}} = \phi_1^{\mathrm{e}} - \phi_2^{\mathrm{e}}\,.$$

Dieses auf sehr vereinfachenden Annahmen beruhende Ergebnis motiviert uns dazu, im allgemeinen Fall durch

$$U^{\mathrm{e}} = \frac{\int_{\mathrm{G}}\boldsymbol{j}\cdot\boldsymbol{E}^{\mathrm{e}}\,d^3\tau}{I} \tag{6.70}$$

eine elektromotorische Spannung zu definieren. Damit und mit (6.67) ergibt sich insgesamt

$$\int \boldsymbol{j}\cdot\boldsymbol{E}\,d^3\tau = RI^2 - U^{\mathrm{e}}I\,, \tag{6.71}$$

wobei sich R aus dem Widerstand des Verbraucher- und des Generatorzweiges zusammensetzt, $R=R_{\mathrm{V}}+R_{\mathrm{G}}$.

3. Setzen wir jetzt (6.64b), (6.66c) und (6.71) in (6.60) ein, so erhalten wir unter Vernachlässigung von V_s

$$\frac{1}{2}\frac{d}{dt}\left(LI^2\right)+\frac{1}{2}\frac{d}{dt}\left(Q^2/C\right)+RI^2-U^{e}I=0\,. \tag{6.72}$$

Unter der Voraussetzung, dass L und C zeitlich konstant sind – wir werden uns weiter unten mit der Frage beschäftigen, wann das angenommen werden darf –, folgt daraus mit $dQ/dt\to\dot{Q}$ etc.

$$L\,I\dot{I}+\frac{1}{C}Q\dot{Q}+RI^2=U^{e}I\,.$$

Benutzen wir jetzt die Definition (6.66a) von Q, teilen die zuletzt erhaltene Gleichung durch $I=\dot{Q}$ und differenzieren sie anschließend nach t, so erhalten wir unser früheres Ergebnis (6.40),

$$L\ddot{I}+R\dot{I}+I/C=\dot{U}^{e}\,. \tag{6.73}$$

Die Näherung (6.62a) erlaubt es, L gemäß der Definition(6.63b) in

$$L=L_{VV}+L_{VG}+L_{GV}+L_{GG}$$

mit

$$L_{VV}=\frac{\mu_0}{4\pi}\int_V d^3\tau\int_V d^3\tau'\,\frac{\boldsymbol{j}(\boldsymbol{r},t)\cdot\boldsymbol{j}(\boldsymbol{r}',t)}{|\boldsymbol{r}-\boldsymbol{r}'|\,I^2}\,,\qquad L_{GG}=\frac{\mu_0}{4\pi}\int_G d^3\tau\int_G d^3\tau'\,\frac{\boldsymbol{j}(\boldsymbol{r},t)\cdot\boldsymbol{j}(\boldsymbol{r}',t)}{|\boldsymbol{r}-\boldsymbol{r}'|\,I^2}\,,$$

$$L_{VG}=\frac{\mu_0}{4\pi}\int_V d^3\tau\int_G d^3\tau'\,\frac{\boldsymbol{j}(\boldsymbol{r},t)\cdot\boldsymbol{j}(\boldsymbol{r}',t)}{|\boldsymbol{r}-\boldsymbol{r}'|I^2}=L_{GV}$$

zu zerlegen. Im Prinzip ergibt sich aus der Näherung (6.62b) für W_e eine analoge Zerlegung für $1/C$; man wird es allerdings im Allgemeinen so einrichten, dass nur der Beitrag $(1/C)_{GG}$ wichtig ist, für den wir dann $1/C$ schreiben. Wenn wir auch noch $R=R_V+R_G$ benutzen, lässt sich (6.73) in die übliche Form

$$(L_{VV}+L_{VG})\,\ddot{I}+R_V\dot{I}+I/C=\dot{\tilde{U}}^{e}(t) \tag{6.74}$$

der Stromkreis-Gleichung mit

$$\tilde{U}^{e}(t)=U^{e}(t)-(L_{GV}+L_{GG})\,\dot{I}-R_G I$$

bringen. $U^{e}(t)$ kann so geregelt werden, dass $\tilde{U}^{e}(t)$ eine vorgegebene Funktion von t ist. Wenn man allerdings der Berechnung von L die exakte Definition (6.64) zugrunde legen möchte, ist diese Aufteilung nicht möglich, und man muss Gleichung (6.72) benutzen, aus der sich im günstigsten Fall (6.73) ergibt.

4. Wir wenden uns jetzt der Frage zu, wann L zeitlich konstant ist, und untersuchen dazu zunächst den Fall harmonischer Felder $\sim e^{-i\omega t}$. Im Leiter haben wir dann unter Vernachlässigung des Verschiebungsstroms die Gleichungen

$$\operatorname{div}(\varepsilon_0\boldsymbol{E})=\varrho\,,\qquad \operatorname{div}\boldsymbol{B}=0\,,\qquad \operatorname{rot}\boldsymbol{E}=i\omega\boldsymbol{B}\,,\qquad \operatorname{rot}(\boldsymbol{B}/\mu_0)=\boldsymbol{j}=\sigma\boldsymbol{E}\,.$$

Zur weiteren Vereinfachung nehmen wir an, dass die Leitfähigkeit des Stromkreises konstant ist, σ=const. Damit folgt aus der letzten Gleichung $\operatorname{div}(\varepsilon_0\boldsymbol{E})=0$, d. h. wir haben im Leiter $\varrho\equiv 0$, aus der dritten Gleichung folgt $\operatorname{div}\boldsymbol{B}\equiv 0$, und es müssen nur noch die beiden letzten Gleichungen erfüllt werden. Durch deren Kombination ergibt sich für den Ortsanteil $\boldsymbol{j}_0$ der Stromdichte $\boldsymbol{j}=\boldsymbol{j}_0(\boldsymbol{r})\,e^{-i\omega t}$ die schon beim Skineffekt benutzte Gleichung (6.44) bzw. wegen $\boldsymbol{j}=\sigma\boldsymbol{E}$ die Gleichung

$$\operatorname{rot}\operatorname{rot}\boldsymbol{j}_0=i\omega\mu_0\sigma\,\boldsymbol{j}_0\,. \tag{6.75}$$

Aus deren Linearität in $\boldsymbol{j}_0$ und aus $I{=}I_0\,\mathrm{e}^{-\mathrm{i}\omega t}$ folgt, dass $j_0{\sim}I_0$ gelten muss. (Mit der Lösung $\boldsymbol{j}_0(\boldsymbol{r})$ zum Strom I_0 ist auch $\boldsymbol{j}{=}\lambda\,\boldsymbol{j}_0$ eine Lösung zum Strom $I{=}\lambda I_0$. Aus der letzten Gleichung folgt $\lambda{=}I/I_0$, und damit haben wir $\boldsymbol{j}{=}I\,\boldsymbol{j}_0/I_0$.) Als reelle Lösung wählen wir den Realteil von

$$\boldsymbol{j}_0 = \boldsymbol{j}_{0\mathrm{R}} + \mathrm{i}\,\boldsymbol{j}_{0\mathrm{I}}\,, \qquad I_0 = I_{0\mathrm{R}} + \mathrm{i}\,I_{0\,\mathrm{I}}\,.$$

Hiermit und mithilfe der Näherungsformel (6.63b) berechnen wir den Induktionskoeffizienten L und erhalten für ihn mit

$$\begin{aligned}(\mathrm{Re}\,\boldsymbol{j})\cdot(\mathrm{Re}\,\boldsymbol{j}') &= \frac{1}{2}\Big[\boldsymbol{j}_{0\mathrm{R}}\cdot\boldsymbol{j}'_{0\mathrm{R}}[1+\cos(2\omega t)] + \boldsymbol{j}_{0\mathrm{I}}\cdot\boldsymbol{j}'_{0\mathrm{I}}[1-\cos(2\omega t)] \\ &\qquad + \left(\boldsymbol{j}_{0\mathrm{R}}\cdot\boldsymbol{j}'_{0\mathrm{I}} + \boldsymbol{j}'_{0\mathrm{R}}\cdot\boldsymbol{j}_{0\mathrm{I}}\right)\sin(2\omega t)\Big]\,,\\ (\mathrm{Re}\,I)^2 &= \frac{1}{2}\left[(I_{0\mathrm{R}}^2 - I_{0\,\mathrm{I}}^2)\cos(2\omega t) + 2\,I_{0\mathrm{R}}I_{0\,\mathrm{I}}\sin(2\omega t) + I_{0\mathrm{R}}^2 + I_{0\,\mathrm{I}}^2\right]\end{aligned}$$

und den Definitionen

$$\begin{aligned} L_{\mathrm{RR}} &= \frac{\mu_0}{4\pi I_{0\mathrm{R}}^2}\int\frac{\boldsymbol{j}_{0\mathrm{R}}\cdot\boldsymbol{j}'_{0\mathrm{R}}}{|\boldsymbol{r}-\boldsymbol{r}'|}\,d^3\tau\,d^3\tau'\,, & L_{\mathrm{RI}} &= \frac{\mu_0}{4\pi I_{0\mathrm{R}}I_{0\,\mathrm{I}}}\int\frac{\boldsymbol{j}_{0\mathrm{R}}\cdot\boldsymbol{j}'_{0\,\mathrm{I}}}{|\boldsymbol{r}-\boldsymbol{r}'|}\,d^3\tau\,d^3\tau'\,,\\ L_{\mathrm{I\,I}} &= \frac{\mu_0}{4\pi I_{0\,\mathrm{I}}^2}\int\frac{\boldsymbol{j}_{0\,\mathrm{I}}\cdot\boldsymbol{j}'_{0\,\mathrm{I}}}{|\boldsymbol{r}-\boldsymbol{r}'|}\,d^3\tau\,d^3\tau'\,, & L_{\mathrm{IR}} &= \frac{\mu_0}{4\pi I_{0\mathrm{R}}I_{0\,\mathrm{I}}}\int\frac{\boldsymbol{j}_{0\,\mathrm{I}}\cdot\boldsymbol{j}'_{0\mathrm{R}}}{|\boldsymbol{r}-\boldsymbol{r}'|}\,d^3\tau\,d^3\tau' \end{aligned}$$

das Ergebnis

$$L = \frac{(L_{\mathrm{RR}}I_{0\mathrm{R}}^2 - L_{\mathrm{I\,I}}I_{0\,\mathrm{I}}^2)\cos(2\omega t) + (L_{\mathrm{RI}}{+}L_{\mathrm{IR}})I_{0\mathrm{R}}I_{0\,\mathrm{I}}\sin(2\omega t) + L_{\mathrm{RR}}I_{0\mathrm{R}}^2 + L_{\mathrm{I\,I}}I_{0\,\mathrm{I}}^2}{(I_{0\mathrm{R}}^2 - I_{0\,\mathrm{I}}^2)\cos(2\omega t) + 2\,I_{0\mathrm{R}}I_{0\,\mathrm{I}}\sin(2\omega t) + I_{0\mathrm{R}}^2 + I_{0\,\mathrm{I}}^2}\,. \tag{6.76}$$

L hat die Struktur

$$L = \frac{\alpha'\cos\xi + \beta'\sin\xi + \gamma'}{\alpha\cos\xi + \beta\sin\xi + \gamma}\,,$$

und die Bedingung $dL/d\xi{=}0$ dafür, dass L unabhängig von t wird, ist

$$\begin{aligned}&(-\alpha'\sin\xi{+}\beta'\cos\xi)(\alpha\cos\xi{+}\beta\sin\xi{+}\gamma)\\ &-(\alpha'\cos\xi{+}\beta'\sin\xi{+}\gamma')(-\alpha\sin\xi{+}\beta\cos\xi)\\ &\qquad\qquad = \alpha\beta'{-}\beta\alpha'{+}(\alpha\gamma'{-}\gamma\alpha')\sin\xi{+}(\gamma\beta'{-}\beta\gamma')\cos\xi = 0\end{aligned}$$

bzw.

$$\frac{\alpha'}{\alpha} = \frac{\beta'}{\beta} = \frac{\gamma'}{\gamma} =: \tilde{L}\,. \tag{6.77}$$

Entnehmen wir die Ausdrücke für α, α', β, β', γ und γ' aus (6.76), so bedeutet dies

$$L_{\mathrm{RR}}I_{0\mathrm{R}}^2 - L_{\mathrm{I\,I}}I_{0\,\mathrm{I}}^2 = \tilde{L}\,(I_{0\mathrm{R}}^2 - I_{0\,\mathrm{I}}^2)\,, \qquad L_{\mathrm{RR}}I_{0\mathrm{R}}^2 + L_{\mathrm{I\,I}}I_{0\,\mathrm{I}}^2 = \tilde{L}\,(I_{0\mathrm{R}}^2 + I_{0\,\mathrm{I}}^2)\,,$$
$$(L_{\mathrm{RI}}{+}L_{\mathrm{IR}})\,I_{0\mathrm{R}}I_{0\,\mathrm{I}} = 2\tilde{L}\,I_{0\mathrm{R}}I_{0\,\mathrm{I}}\,.$$

Durch Addition bzw. Subtraktion der ersten zwei Gleichungen überführen wir das in die Forderungen

$$(L_{\mathrm{RR}} - \tilde{L})I_{0\mathrm{R}}^2 = 0\,, \quad (L_{\mathrm{I\,I}} - \tilde{L})I_{0\,\mathrm{I}}^2 = 0\,, \quad (L_{\mathrm{RI}} + L_{\mathrm{IR}} - 2\tilde{L})I_{0\mathrm{R}}I_{0\,\mathrm{I}} = 0\,,$$

die erfüllt werden, wenn eine der drei Alternativen

$$\text{(a)}\quad L_{\text{RR}} = L_{\text{II}} = \frac{L_{\text{RI}} + L_{\text{IR}}}{2} = \tilde{L}\,, \qquad \text{(b)}\quad L_{\text{RR}} = \tilde{L}\,, \quad I_{0\text{I}} = 0\,,$$

$$\text{(c)}\quad L_{\text{II}} = \tilde{L}\,, \quad I_{0\text{R}} = 0$$

gegeben ist. Mit diesen ergibt sich aus (6.76)

$$L = \tilde{L} = \frac{\mu_0}{4\pi I_{0\text{R}}^2} \int \frac{\boldsymbol{j}_{0\text{R}} \cdot \boldsymbol{j}'_{0\text{R}}}{|\boldsymbol{r} - \boldsymbol{r}'|}\, d^3\tau\, d^3\tau' \qquad \text{für (a) und (b)}\,,$$

$$L = \tilde{L} = \frac{\mu_0}{4\pi I_{0\text{I}}^2} \int \frac{\boldsymbol{j}_{0\text{I}} \cdot \boldsymbol{j}'_{0\text{I}}}{|\boldsymbol{r} - \boldsymbol{r}'|}\, d^3\tau\, d^3\tau' \qquad \text{für (c)}\,,$$

wobei die für L angegebenen Ergebnisse bei jeder Alternative schon folgen, ohne von der Forderung $\ldots = \tilde{L}$ Gebrauch zu machen. Wegen $\boldsymbol{j}_0 \sim I_0$ ist L von der Stromstärke unabhängig. Analoge Überlegungen müssen im Prinzip auch für $1/C$ durchgeführt werden, worauf hier jedoch verzichtet wird.

5. Die Fälle (b) und (c), also rein reelles bzw. rein imaginäres I_0 und damit $\boldsymbol{j}_0$, können sicher nicht exakt realisiert werden, weil damit Gleichung (6.75) nicht erfüllt werden könnte. Wir überzeugen uns anhand eines besonders einfachen Beispiels davon, dass bei kleinen Frequenzen ω wenigstens näherungsweise Fall (b) vorliegt und L beinahe zeitunabhängig wird. Der Stromkreis, den wir untersuchen, besteht aus einem rotationssymmetrischen Drahtring, der die nur eine Windung enthaltende Sekundärspule eines Transformators bildet (Abb. 6.1b); in der Primärspule soll in dem hier betrachteten Fall ein harmonischer Wechselstrom fließen. Wir können die Situation sogar noch vereinfachen, indem wir die Sekundärwindung in der Fläche F aufschneiden, gerade biegen und die Periodizitätseigenschaften der ursprünglich torusförmigen Sekundärwindung dadurch übernehmen, dass wir die Schnittflächen (Vorder- und Rückseite von F) miteinander identifizieren. Auf diese Weise kommen wir zu der Anordnung zurück, die wir bei der Behandlung des Skineffekts in Abschn. 6.3 zugrunde gelegt hatten. Indem wir das komplexe $\boldsymbol{E}$-Feld, das dem unter der Bedingung $\omega \ll 2/(\mu\sigma r_0^2)$ für schwachen Skineffekt ($r_0 \ll d$) erhaltenen Ergebnis (6.57) entspricht, mit σ multiplizieren, erhalten wir jetzt

$$\boldsymbol{j} = \sigma E_0 \left[\left(1 + \frac{r_0^2 r^2}{4d^4}\right) + \mathrm{i}\,\frac{r_0^2 - r^2}{2d^2}\right] e^{-\mathrm{i}\omega t}\, \boldsymbol{e}_z\,.$$

Mit $d\boldsymbol{f} = 2\pi r\, dr\, \boldsymbol{e}_z$ und $F = \pi r_0^2$ ergibt sich daraus durch Integration der Stromdichte über den Leiterquerschnitt

$$I_{0\text{R}} = \sigma E_0 F \left(1 + \frac{r_0^4}{8d^4}\right), \qquad I_{0\text{I}} = \sigma E_0 F\, \frac{r_0^2}{4d^2}\,.$$

Hieraus können wir zum einen nochmals ersehen, dass (wegen $\boldsymbol{j}_0 \sim E_0$ und $I_0 \sim E_0$) tatsächlich $\boldsymbol{j}_0 \sim I_0$ gilt. Zum anderen finden wir wegen $r_0^2/d^2 \ll 1$

$$\frac{I_{0\text{I}}}{I_{0\text{R}}} = \frac{r_0^2}{4d^2}\left(1 + \frac{r_0^4}{8d^4}\right)^{-1} \approx \frac{r_0^2}{4d^2} \ll 1\,,$$

d. h. wir haben näherungsweise die Alternative (b), für die L zeitunabhängig wird. Tatsächlich liegt diese jedoch nicht exakt vor, und da nicht zu erkennen ist, dass etwa exakt die Alternative (a) vorliegt, bedeutet dies, dass L nur beinahe konstant ist, also sich auch bei kleinen Frequenzen zeitlich schwach verändert. Es steht zu erwarten, dass bei merklichem Skineffekt auch in harmonischen Feldern L deutlich zeitabhängig wird.

6. Wenn L und C merklich zeitabhängig werden, ist der Übergang von (6.72) zu (6.73) nicht mehr möglich. In (6.72) lässt sich dann zwar mit (6.66a) noch I durch $\dot{Q}$ ausdrücken, dennoch ist es nicht mehr möglich, Gleichung (6.72) zu lösen, da diese außer der unbekannten Funktion $Q(t)$ auch noch die unbekannten Funktionen $L(t)$, $C(t)$ und $R(t)$ enthält. Hier besteht eventuell die Möglichkeit, bei periodischen Feldern Näherungslösungen mit den Methoden der Fourier-Analyse zu gewinnen, falls die beteiligten Frequenzen so klein sind, dass die in 4. benutzten Näherungen möglich sind.

Aufgaben

6.1 (a) Warum wird beim Stromtransport durch Überlandleitungen auf Hochspannung transformiert?
(b) Bei welchem Verhältnis von Innen- zu Außenwiderstand wird die Leistungsabgabe einer Gleichstrombatterie maximal?

Anleitung zu (a): Betrachten Sie der Einfachheit halber Gleichstrom. Wie hängen die Leitungsverluste von der über dem Verbraucherkreis abfallenden Spannung bei Festhalten der diesem zugeführten Leistung ab?

6.2 Zeigen Sie: In einem Leiter endlicher Ausdehnung mit der Leitfähigkeit $\sigma(\boldsymbol{r})$, mit $\varepsilon{=}\varepsilon_0$ und $\mu{=}\mu_0$ stellt sich bei Festhalten der zu- und abgeführten Ströme die stationäre Stromverteilung $\boldsymbol{j}(\boldsymbol{r})$ so ein, dass die gesamte Ohm'sche Heizleistung $\int(\boldsymbol{j}^2/\sigma)\,d^3\tau$ ein Extremum annimmt.

Anleitung: Für stationäre Bedingungen muss das elektrische Feld zeitunabhängig sein. Hieraus folgt eine Bedingung an $\boldsymbol{j}(\boldsymbol{r})$, die bei der Variation von $\int(\boldsymbol{j}^2/\sigma)\,d^3\tau$ mit berücksichtigt werden muss.

6.3 Die Dielektrizitätskonstante und Leitfähigkeit eines Mediums betrage

$$\varepsilon\,,\sigma = \begin{cases} \varepsilon_1\,,\sigma_1 & \text{für} \quad a \le |\boldsymbol{r}| < b\,, \\ \varepsilon_2\,,\sigma_2 & \text{für} \quad b < |\boldsymbol{r}| \le c\,. \end{cases}$$

(a) Welchen Widerstand R bildet das Medium für den Stromfluss zwischen zwei kugelförmigen Elektroden, die sich bei $|\boldsymbol{r}|{=}a$ und $|\boldsymbol{r}|{=}c$ befinden?
(b) Welche Flächenladungsdichte Σ entsteht bei $|\boldsymbol{r}|{=}b$?

6.4 Die Zentren zweier Kugelelektroden vom Radius a befinden sich im Abstand $2d{\gg}a$ voneinander in einem unendlich ausgedehnten, homogenen Medium der Leitfähigkeit σ. Welchen Widerstand R bildet das Medium für den Stromfluss zwischen den beiden Elektroden?

6.5 Ein unendlich langer, gerader Drahtzylinder vom Radius a mit der Leitfähigkeit σ wird von einem gleichmäßig verteilten stationären Strom I (in

z-Richtung) durchflossen. In einem ihn koaxial umgebenden Hohlzylinder (Innenradius $b>a$, Außenradius $c \gg b$ und Leitfähigkeit σ) fließt der Strom, ebenfalls gleichmäßig verteilt, zurück.

(a) Berechnen Sie das Magnetfeld und das elektrische Feld.
(b) Welche Flächenladungsdichte Σ ergibt sich am Rand des Innen- und am Innenrand des Außenleiters?
(c) Wie groß ist die Spannung $U(z)$ zwischen Hin- und Rückleiter?
(d) Hin- und Rückleiter bilden einen Kondensator. Wie groß ist die Kapazität pro Länge in z-Richtung?

6.6 Zeigen Sie, dass in einem nicht durch Kondensatoren unterbrochenen Leiter die elektrische Energie W_e gegenüber der magnetischen Energie W_m vernachlässigt werden darf.

6.7 Ein in x- und y-Richtung unendlich ausgedehnter Leiter erstrecke sich in z-Richtung von $z=0$ bis $z=d$, seine Leitfähigkeit sei $\sigma=\sigma_0 \cos(ax)$. Welche Stromdichte $\boldsymbol{j}(\boldsymbol{r})$ ergibt sich, wenn die Flächen $z=0$ bzw. $z=d$ auf den konstanten Potenzialen $\phi=0$ bzw. $\phi=U>0$ gehalten werden?

Anleitung: Suchen Sie die Lösung für das Potenzial des elektrischen Feldes mit dem Separationsansatz $\phi=\varphi(x)\,\chi(z)$.

6.8 Ein Medium der Leitfähigkeit σ und Permeabilität μ bilde eine in y- und z-Richtung unendlich ausgedehnte Schicht $-a \leq x \leq a$. Bei $x=-a$ und $x=a$ sei ein elektrisches Feld $\boldsymbol{E}=E_0 \cos\omega t\, \boldsymbol{e}_z$ angelegt, dessen Frequenz so niedrig ist, dass der Verschiebungsstrom vernachlässigt werden darf. Berechnen Sie die Stromdichte $\boldsymbol{j}(x,t)$.

6.9 In einer Zylinderspule befinde sich koaxial eine elektrisch leitfähige Kreisscheibe vom Radius a, die mit konstanter Winkelgeschwindigkeit ω um ihre Symmetrieachse rotiert. Die beiden Enden des Spulendrahts seien über Schleifkontakte mit der rotierenden Scheibe verbunden, eines mit dessen Zentrum und das zweite mit dessen Rand. Der Gesamtwiderstand des aus Spulendraht und Kreisscheibe bestehenden Stromkreises sei R, die Gegeninduktivität zwischen Spule und Scheibe sei G. Nehmen Sie an, dass zur Zeit $t=0$ ein Strom I_0 fließt, berechnen Sie $I(t)$ und diskutieren Sie das Ergebnis in Abhängigkeit von ω.

6.10 Ein elektrischer Schwingkreis enthalte in Reihenschaltung einen Kondensator, eine Spule und einen Widerstand. Zwischen den Kondensatorplatten bestehe die Spannung V_0, aber die Möglichkeit zum Stromfluss sei bis zur Zeit $t=0$ durch eine (zweite) Unterbrechung des Stromkreises unterbunden. Berechnen Sie den Strom $I(t)$ für $t>0$, wenn der Stromkreis zur Zeit $t=0$ geschlossen wird.

6.11 Zwei identische Schwingkreise, die einen Kondensator der Kapazität C und eine Spule der Selbstinduktivität L besitzen, seien mit der Gegeninduktivität G aneinander gekoppelt, die Ohm'schen Widerstände seien zu vernachlässigen. Bei welchen Frequenzen kann das gekoppelte System ungedämpfte Schwingungen ausführen? Welche Konsequenz ergibt sich daraus, dass wegen des Fehlens Ohm'scher Widerstände keine Energie verloren gehen darf?

6.12 In einem Leiter mit der räumlich konstanten Leitfähigkeit σ, der Dielektrizitätskonstanten ε_0 und der Permeabilität μ_0 sei zur Zeit $t=0$ ein Magnetfeld $\boldsymbol{B}(\boldsymbol{r})$ angeregt, dessen Quellen zu diesem Zeitpunkt abgeschaltet werden. (a) Wie lange dauert es, bis das Feld im Wesentlichen abgeklungen ist? (b) Schätzen Sie die Abklingdauer eines Magnetfelds in dem im Wesentlichen aus Eisen bestehenden Erdkern ab. Welche Konsequenz ergibt sich daraus für das Magnetfeld der Erde?

Anleitung: Stellen Sie als Erstes eine Differenzialgleichung für die zeitliche Entwicklung des Magnetfelds auf. Überlegen Sie sich sodann einen möglichst einfachen Fall, für den mithilfe eines Separationsansatzes eine exakte Lösung gewonnen werden kann.
Für Eisen einer Temperatur von 3000 °C ist $\sigma \approx 0,5 \cdot 10^6\ \mathrm{A/(Vm)}$.

Lösungen

6.1 (a) R_L sei der Widerstand der Leitungen, R_V der des Verbrauchers, U_V sei die über dem Verbraucherkreis abfallende Spannung. Die dem Verbraucher zugeführte und konstant gehaltene Leistung ist $L=U_\mathrm{V} I$, womit der auch in den Zuleitungen fließende Strom durch $I=L/U_\mathrm{V}$ ausgedrückt werden kann. Hiermit ergibt sich für die Ohm'schen Verluste in den Leitungen

$$V = U_\mathrm{L} I = R_\mathrm{L} I^2 = \frac{R_\mathrm{L} L^2}{U^2{}_\mathrm{V}} .$$

Je größer U_V, desto kleiner werden die Leitungsverluste.

(b) Innerhalb der Batterie gilt $U_\mathrm{e}-U=R_i I$, im Außenkreis $U=RI$. Auflösen nach I und Gleichsetzen der dadurch erhaltenen Ausdrücke liefert $U/R=(U_\mathrm{e}-U)/R_i$ oder $U=RU_\mathrm{e}/(R_i + R)$. Für die dem Außenkreis zugeführte Leistung ergibt sich damit

$$\dot{W} = UI = \frac{U^2}{R} = \frac{RU^2{}_\mathrm{e}}{(R_i + R)^2} .$$

Die Bedingung für ein Extremum von $\dot{W}$ ist

$$\frac{d\dot{W}}{dR} = \frac{U^2{}_\mathrm{e}}{(R_i + R)^2} - \frac{2RU^2{}_\mathrm{e}}{(R_i + R)^3} = \frac{U^2{}_\mathrm{e}(R_i - R)}{(R_i + R)^2} = 0$$

oder $R=R_i$. Die zugehörige Leistungsabgabe der Batterie ist

$$\dot{W} = \frac{U^2{}_\mathrm{e}}{4R_i} .$$

Für $R=R_i(1+\varepsilon)$ ergibt sich die Leistung

$$\dot{W} = \frac{U^2{}_\mathrm{e}\,(1+\varepsilon)}{4R_i\,(1+\varepsilon/2)^2} = \frac{U^2{}_\mathrm{e}}{4R_i}\left(1 - \frac{\varepsilon^2}{4} + \mathcal{O}(\varepsilon^3)\right).$$

Bei hinreichend kleinem ε ist dieser Ausdruck für positives wie auch negatives ε kleiner als der Extremalwert von $\dot{W}$, daher ist dieser ein Maximum.

6.2 Aus der Maxwell-Gleichung $\mathrm{rot}(\boldsymbol{B}/\mu_0)=\boldsymbol{j}+\varepsilon_0\partial\boldsymbol{E}/\partial t$ folgt mit $\partial\boldsymbol{E}/\partial t=0$, dass $\boldsymbol{j}(\boldsymbol{r})$ die Bedingung $\mathrm{div}\,\boldsymbol{j}=0$ erfüllen muss. Diese muss bei der Variation von $\int(\boldsymbol{j}^2/\sigma)\,d^3\tau$ als Nebenbedingung gestellt werden. Ihre Berücksichtigung kann erfolgen, indem $\mathrm{div}\,\boldsymbol{j}$ mit einem Lagrange'schen Parameter multipliziert dem Integranden des Variationsintegrals hinzugefügt wird. Der Parameter darf vom Ort abhängen, und wir wählen für ihn $-\lambda(\boldsymbol{r})/2$. Auf diese Weise erhalten wir das Variationsproblem

$$\begin{aligned}\delta\int_V\left(\frac{\boldsymbol{j}^2}{\sigma}-2\,\lambda(\boldsymbol{r})\,\mathrm{div}\,\boldsymbol{j}\right)d^3\tau &= \int_V\left(\frac{2\boldsymbol{j}\cdot\delta\boldsymbol{j}}{\sigma}-2\,\lambda(\boldsymbol{r})\,\mathrm{div}\,\delta\boldsymbol{j}\right)d^3\tau\\ &= \int_V\left(\frac{2\boldsymbol{j}}{\sigma}+2\,\nabla\lambda(\boldsymbol{r})\right)\cdot\delta\boldsymbol{j}\,d^3\tau-2\int_V\mathrm{div}(\lambda\,\delta\boldsymbol{j})\,d^3\tau\\ &= 2\int_V\left(\frac{\boldsymbol{j}}{\sigma}+\nabla\lambda(\boldsymbol{r})\right)\cdot\delta\boldsymbol{j}\,d^3\tau-2\int_F\lambda\,\delta\boldsymbol{j}\cdot d\boldsymbol{f}=0\,,\end{aligned}$$

wobei bei festgehaltenem $\sigma(\boldsymbol{r})$ und $\lambda(\boldsymbol{r})$ nach $\boldsymbol{j}$ variiert wurde. Hieraus folgt, dass im Inneren des Leiters

$$\boldsymbol{j}=-\sigma\,\nabla\lambda$$

gelten muss. Aus der unter Berücksichtigung dieser Gleichung verbleibenden Variationsbedingung $\int_F\lambda\,\delta\boldsymbol{j}\cdot d\boldsymbol{f}=0$ folgt, dass in allen zusammenhängenden Bereichen ΔF_i der Leiteroberfläche F, wo der Strom zu- oder abgeführt wird und daher nicht $\boldsymbol{j}\cdot d\boldsymbol{f}=0$ bzw. $\delta\boldsymbol{j}\cdot d\boldsymbol{f}=0$ gilt, $\lambda=\lambda_i=\mathrm{const}_i$ gesetzt werden muss. Damit folgt dann nämlich

$$\int_{\Delta F_i}\lambda\,\delta\boldsymbol{j}\cdot d\boldsymbol{f}=\lambda_i\int_{\Delta F_i}\delta\boldsymbol{j}\cdot d\boldsymbol{f}=0\,,$$

weil das Festhalten zu- und abfließender Ströme $\int_{\Delta F_i}\boldsymbol{j}\cdot d\boldsymbol{f}=\int_{\Delta F_i}(\boldsymbol{j}+\delta\boldsymbol{j})\cdot d\boldsymbol{f}$ und damit $\int_{\Delta F_i}\delta\boldsymbol{j}\cdot d\boldsymbol{f}=0$ zur Folge hat.

Aus der Forderung $\mathrm{div}\,\boldsymbol{j}=0$ an die Lösung $\boldsymbol{j}=-\sigma\,\nabla\lambda$ des Variationsproblems ergibt sich, dass $\lambda(\boldsymbol{r})$ die Gleichung

$$\sigma\,\Delta\lambda+\nabla\sigma\cdot\nabla\lambda=0$$

zu den Randbedingungen $\lambda=\lambda_i=\mathrm{const}_i$ auf ΔF_i erfüllen muss. Da das Potenzial $\phi(\boldsymbol{r})$ des elektrischen Feldes dieselbe Gleichung zu den gleichen Randbedingungen erfüllen muss, kann $\lambda(\boldsymbol{r})$ mit diesem identifiziert werden. Damit ist die Behauptung bewiesen.

6.3 $\boldsymbol{E}=-\nabla\phi,\ \mathrm{div}(\varepsilon\boldsymbol{E})=0$ für $a\leq r<b$ und $b<r\leq c\quad\Rightarrow$

$$\phi=\frac{\alpha_1}{4\pi\,\varepsilon_1 r}\quad\text{für}\quad a\leq r<b\,,\qquad \phi=\frac{\alpha_2}{4\pi\,\varepsilon_2 r}\quad\text{für}\quad b<r\leq c\,.$$

$$\text{Strom}\qquad I=4\pi r^2 j=4\pi r^2\sigma E=\frac{4\pi r^2\sigma\alpha}{4\pi\varepsilon r^2}=\frac{\sigma\alpha}{\varepsilon}\,.$$

Stetigkeit des Stroms bei $r=b\ \Rightarrow$

$$I=\frac{\sigma_1\alpha_1}{\varepsilon_1}=\frac{\sigma_2\alpha_2}{\varepsilon_2}\qquad\text{(ist der Randbedingung (6.13) äquivalent).}$$

(a)

$$U=\int_a^b E\,dr+\int_b^c E\,dr=\frac{\alpha_1}{4\pi\varepsilon_1}\left(\frac{1}{a}-\frac{1}{b}\right)+\frac{\alpha_2}{4\pi\varepsilon_2}\left(\frac{1}{b}-\frac{1}{c}\right).$$

Mit $\alpha_1/\varepsilon_1 = I/\sigma_1$ und $\alpha_2/\varepsilon_2 = I/\sigma_2 \quad \Rightarrow$

$$U = RI \qquad \text{mit} \qquad R = \frac{1}{4\pi}\left[\frac{1}{\sigma_1}\left(\frac{1}{a} - \frac{1}{b}\right) + \frac{1}{\sigma_2}\left(\frac{1}{b} - \frac{1}{c}\right)\right].$$

(b) Nach (6.14) ist

$$\begin{aligned}\Sigma &= \varepsilon_2 E_2|_{r=b}\left(1 - \frac{\varepsilon_1\sigma_2}{\varepsilon_2\sigma_1}\right) = \frac{\varepsilon_2\alpha_2}{4\pi\,\varepsilon_2 b^2}\left(1 - \frac{\varepsilon_1\sigma_2}{\varepsilon_2\sigma_1}\right) \\ &= \frac{\varepsilon_2 I}{4\pi\,\sigma_2 b^2}\left(1 - \frac{\varepsilon_1\sigma_2}{\varepsilon_2\sigma_1}\right) = \frac{I}{4\pi b^2}\left(\frac{\varepsilon_2}{\sigma_2} - \frac{\varepsilon_1}{\sigma_1}\right).\end{aligned}$$

6.4 Es gilt $\boldsymbol{E} = -\nabla\phi$ und $\operatorname{div}(\varepsilon\boldsymbol{E}) = 0$. Näherungsweise ist ϕ das Potenzial einer positiven Punktladung $q_1 = q$ bei $\boldsymbol{r}_1$ und einer negativen Punktladung $q_2 = -q$ bei $\boldsymbol{r}_2$,

$$\phi(\boldsymbol{r}) = \frac{q}{4\pi\varepsilon}\left(\frac{1}{|\boldsymbol{r} - \boldsymbol{r}_1|} - \frac{1}{|\boldsymbol{r} - \boldsymbol{r}_2|}\right).$$

Die Äquipotenzialflächen von ϕ sind nahe $\boldsymbol{r}_1$ bzw. $\boldsymbol{r}_2$ zwar keine exakten Kugelflächen, aber mit guter Näherung, so dass die Elektrodenoberflächen mit Flächen $\phi=$const identifiziert werden können. Liegen die Zentren der Kugelelektroden auf der x-Achse symmetrisch bzgl. $x=0$, so ist $\boldsymbol{r}_1 = -d\boldsymbol{e}_x$ und $\boldsymbol{r}_2 = d\boldsymbol{e}_x$. Auf einer der Elektrodenoberflächen gilt

$$I = 4\pi a^2 j_\perp = 4\pi a^2 \sigma E_\perp \approx \frac{4\pi a^2 \sigma q}{4\pi\varepsilon a^2} = \frac{\sigma q}{\varepsilon}.$$

Zur Berechnung der Spannung zwischen den Elektroden können die auf der x-Achse einander gegenüberliegenden Punkte ihrer Oberflächen herangezogen werden,

$$\begin{aligned}U &= \phi(\boldsymbol{r}_1 + a\boldsymbol{e}_x) - \phi(\boldsymbol{r}_2 - a\boldsymbol{e}_x) = \frac{q}{4\pi\varepsilon}\left(\frac{1}{a} - \frac{1}{|a - 2d|} - \frac{1}{|2d - a|} + \frac{1}{a}\right) \\ &\approx \frac{q}{4\pi\varepsilon}\left(\frac{2}{a} - \frac{1}{d}\right) = \frac{q}{2\pi\varepsilon a}\left(1 - \frac{a}{2d}\right).\end{aligned}$$

Wegen $q/\varepsilon = I/\sigma$ ergibt sich

$$U = RI \qquad \text{mit} \qquad R \approx \frac{1}{2\pi\sigma a}\left(1 - \frac{a}{2d}\right).$$

6.5 (a) Bei Benutzung von Zylinderkoordinaten ρ, φ und z gilt

$$\begin{aligned}&\boldsymbol{j} = \frac{I}{a^2\pi}\boldsymbol{e}_z, &&\boldsymbol{B} = \frac{\mu_0 I}{2\pi}\frac{\rho}{a^2}\boldsymbol{e}_\varphi, &&\boldsymbol{E} = \frac{j}{\sigma}\boldsymbol{e}_z = \frac{I}{a^2\pi\sigma}\boldsymbol{e}_z \quad \text{in } 0 \le \rho \le a, \\ &\boldsymbol{j} = 0, &&\boldsymbol{B} = \frac{\mu_0 I}{2\pi\rho}\boldsymbol{e}_\varphi, &&\boldsymbol{E} = -\nabla\Phi, \quad \Delta\Phi = 0 \quad \text{in } a \le \rho \le b, \\ &\boldsymbol{j} = \frac{I\boldsymbol{e}_z}{(c^2 - b^2)\pi} \to 0, &&\boldsymbol{B} = \frac{\mu_0 I}{2\pi\rho}\left(\frac{c^2 - \rho^2}{c^2 - b^2}\right)\boldsymbol{e}_\varphi, &&\boldsymbol{E} = \boldsymbol{j}/\sigma \to 0 \quad \text{in } b \le \rho \le c.\end{aligned}$$

Berechnung von $\boldsymbol{E}$ in $a \le \rho \le b$: Aus Symmetriegründen $\Phi = \Phi(\rho, z) \Rightarrow$

$$\frac{1}{\rho}\frac{\partial}{\partial\rho}\left(\rho\frac{\partial\Phi}{\partial\rho}\right) + \frac{\partial^2\Phi}{\partial z^2} = 0.$$

Separationsansatz $\Phi=\varphi(z)\psi(\rho) \Rightarrow$

$$\frac{1}{\rho\psi}\frac{d}{d\rho}\Big(\rho\psi'(\rho)\Big) = -\frac{\varphi''(z)}{\varphi(z)} = C = \text{const}\,.$$

Versuch mit der einfachsten Lösung, also Ansatz $C{=}0$.
$\varphi''(z){=}0 \quad\Rightarrow\quad \varphi(z){=}\gamma\,(z{-}z_0){=}\gamma\,z$ bei geeigneter Wahl des Koordinatenursprungs.
$d[\rho\psi'(\rho)]/d\rho{=}0 \;\Rightarrow\; \psi{=}\alpha\ln(\rho/a){+}\beta \;\Rightarrow\; \phi{=}\alpha\gamma\,z\ln(\rho/a){+}\beta\gamma\,z$ und
$\boldsymbol{E}{=}{-}\nabla\Phi{=}\alpha\gamma\,(z/\rho)\boldsymbol{e}_\rho{+}[\alpha\ln(\rho/a){+}\beta]\gamma\,\boldsymbol{e}_z$.
Randbedingungen: $E_z|_{\rho=b}{=}0$ wegen $\boldsymbol{E}{\to}0$ in $b\le\rho\le c$. $\Rightarrow$
$\beta{=}{-}\alpha\ln(b/a)\,,\quad \alpha\ln(\rho/a){+}\beta{=}\alpha\ln(\rho/b)$.
$E_z|_{\rho=a}{=}I/(a^2\pi\sigma) \;\Rightarrow\; \alpha\gamma\,\ln(a/b){=}I/(a^2\pi\sigma) \;\Rightarrow\; \alpha\gamma{=}I/[a^2\pi\sigma\ln(a/b)]$.

$$\Rightarrow\qquad \boldsymbol{E} = \frac{I}{a^2\pi\sigma\ln(a/b)}\left(\frac{z}{\rho}\,\boldsymbol{e}_\rho + \ln\frac{\rho}{b}\,\boldsymbol{e}_z\right) \qquad \text{in}\quad a\le\rho\le b\,.$$

(b)

$$\Sigma|_{\rho=a} \overset{(4.39c)}{=} \varepsilon E_\rho\big|_{\rho=a} = \frac{\varepsilon I z}{a^3\pi\sigma\ln(a/b)}\,,\qquad \Sigma|_{\rho=b} = -\,\varepsilon E_\rho\big|_{\rho=b} = -\frac{\varepsilon I z}{a^2 b\pi\sigma\ln(a/b)}\,.$$

(c)

$$U(z) = \phi(a,z) - \phi(b,z) = \int_a^b E_\rho\,d\rho = \frac{Iz\ln(b/a)}{a^2\pi\sigma\ln(a/b)} = -\frac{Iz}{a^2\pi\sigma}\,.$$

(d)

$$\frac{dQ}{dz}\bigg|_{\rho=a} = \int \Sigma|_{\rho=a}\,a\,d\varphi = \frac{2\varepsilon I z}{a^2\sigma\ln(a/b)} = -\int \Sigma|_{\rho=b}\,b\,d\varphi = \frac{dQ}{dz}\bigg|_{\rho=b}\,.$$

Kapazität pro Länge in z-Richtung:

$$C_z = \frac{dQ/dz|_{\rho=a}}{U} = \frac{2\pi\varepsilon}{\ln(b/a)}\,.$$

6.6 Es gilt

$$\frac{W_\mathrm{e}}{W_\mathrm{m}} \approx \frac{\varepsilon_0 E^2}{B^2/\mu_0} = \frac{E^2}{c^2B^2}\,.$$

In einem Leiter überwiegt in hinreichend großer Entfernung von Kondensatoren der induktive gegenüber dem statischen Anteil des elektrischen Feldes, und aus $\mathrm{rot}\,\boldsymbol{E}{=}{-}\partial\boldsymbol{B}/\partial t$ kann $E/l{\approx}B/\tau$ oder $E/B{\approx}l/\tau{=}v$ geschlossen werden. Damit erhalten wir

$$\frac{W_\mathrm{e}}{W_\mathrm{m}} \approx \frac{E^2}{c^2B^2} \approx \frac{v^2}{c^2} \ll 1\,.$$

6.7 Gleichung (6.7) muss zu den Randbedingungen (6.8) gelöst werden, also

$$\sigma\,\Delta\phi + \nabla\sigma\cdot\nabla\phi = \sigma_0\cos(ax)\left(\frac{\partial^2\phi}{\partial x^2} + \frac{\partial^2\phi}{\partial z^2}\right) - a\sigma_0\sin(ax)\frac{\partial\phi}{\partial x} = 0$$

zu den Randbedingungen $\phi{=}0$ für $z{=}0$ und $\phi{=}U$ für $z{=}d$. Mit dem Separationsansatz $\phi{=}\varphi(x)\,\chi(z)$ ergibt sich daraus

$$\frac{\varphi''(x)}{\varphi(x)} - a\tan(ax)\frac{\varphi'(x)}{\varphi(x)} = -\frac{\chi''(z)}{\chi(z)} = C \qquad \text{mit} \qquad C = \text{const}\,.$$

Die daraus für $\chi(z)$ folgende Gleichung $\chi''=-C\chi$ hat Lösungen $\sim\sin(\sqrt{C}\,z)$ und $\sim\cos(\sqrt{C}\,z)$ für $C>0$, Lösungen $\sim\sinh(\sqrt{|C|}z)$ und $\sim\cosh(\sqrt{|C|}\,z)$ für $C<0$ und eine Lösung $\sim z$ für $C=0$.

Es ist sinnvoll, als Erstes einen Versuch mit der einfachsten Lösung zu unternehmen und $\chi=\alpha z$ zu setzen. Die zu $C=0$ gehörige Gleichung für $\varphi(x)$,

$$\varphi''(x) - a\tan(ax)\varphi'(x) = 0\,,$$

hat als einfachste die Lösung $\varphi=\varphi_0=\text{const}$. Mit den einfachsten Lösungen φ und χ erhalten wir für ϕ die Lösung

$$\phi = \alpha\varphi_0 z\,.$$

Diese erfüllt die Randbedingung $\phi=0$ für $z=0$ und außerdem auch noch die Randbedingung $\phi=U$ für $z=d$, wenn wir $\alpha\varphi_0 d=U$ oder $\alpha\varphi_0=U/d$ setzen. Damit ergibt sich insgesamt

$$\phi = Uz/d\,.$$

Mit $\boldsymbol{E}=-\nabla\phi=-(U/d)\,\boldsymbol{e}_z$ und $\boldsymbol{j}=\sigma\boldsymbol{E}$ erhalten wir schließlich

$$\boldsymbol{j} = -\sigma_0\,(U/d)\,\cos(ax)\,\boldsymbol{e}_z\,.$$

Diese sehr einfache Lösung hätte sich natürlich auch erraten lassen.

6.8 Mit dem Ansatz $\boldsymbol{E}=E(x)\,\mathrm{e}^{-\mathrm{i}\omega t}\boldsymbol{e}_z$ ergibt sich wieder Gleichung (6.45), $\Delta E=-\mathrm{i}\omega\mu\sigma E$, und hieraus folgt mit $\boldsymbol{E}=\boldsymbol{j}/\sigma$ zum einen $\boldsymbol{j}=j(x)\,\mathrm{e}^{-\mathrm{i}\omega t}\boldsymbol{e}_z$ und zum anderen

$$\Delta j = -\mathrm{i}\omega\mu\sigma\, j = -\frac{2\mathrm{i}}{d^2}\,j \qquad \text{mit} \qquad d = \sqrt{\frac{2}{\omega\mu\sigma}}\,.$$

Mit dem Lösungsansatz $j\sim\mathrm{e}^{\alpha x}$ folgt daraus

$$\alpha^2 = -\frac{2\mathrm{i}}{d^2}\,, \quad \alpha = \pm\frac{\mathrm{i}\sqrt{2\mathrm{i}}}{d} = \pm\frac{\mathrm{i}-1}{d} \quad \text{und} \quad j = \mathrm{e}^{-\mathrm{i}\omega t}\left[A\mathrm{e}^{(\mathrm{i}-1)x/d} + B\mathrm{e}^{-(\mathrm{i}-1)x/d}\right].$$

Aus der Randbedingung an $\boldsymbol{E}$ (Stetigkeit) ergibt sich als Randbedingung an $\boldsymbol{j}$ die Forderung $j(\pm a, t)=j_0\cos\omega t$, die bezüglich $x=0$ symmetrisch ist. Damit sie erfüllt werden kann, muss $A=B$ gelten. Ohne Einschränkung kann angenommen werden, dass A reell ist, und damit folgt als reelle Lösung, wenn der Realteil genommen wird,

$$\begin{aligned} j &= A\left[\cos(x/d-\omega t)\,\mathrm{e}^{-x/d} + \cos(x/d+\omega t)\,\mathrm{e}^{x/d}\right] \\ &= 2A\,[\cos(x/d)\,\cosh(x/d)\,\cos(\omega t) - \sin(x/d)\,\sinh(x/d)\,\sin(\omega t)]\,. \end{aligned}$$

Aus der Randbedingung $j(\pm a, t)=j_0\cos(\omega t)$ ergibt sich die Forderung $\sin(a/d)=0 \Rightarrow a=n\pi\,d$ mit ganzzahligem n und
$j_0=2A\cos(a/d)\,\cosh(a/d) \quad\Rightarrow\quad 2A=j_0/(\cos(a/d)\,\cosh(a/d))$.
Damit und mit $j_0=\sigma E_0$ erhalten wir schließlich die Lösung

$$\boldsymbol{j} = \frac{\sigma E_0}{\cos(a/d)\,\cosh(a/d)}\left[\cos\frac{x}{d}\,\cosh\frac{x}{d}\,\cos(\omega t) - \sin\frac{x}{d}\,\sinh\frac{x}{d}\,\sin(\omega t)\right]\boldsymbol{e}_z$$

mit der aus $d=\sqrt{2/\omega\mu\sigma}$ und $a=n\pi\,d$ folgenden Frequenz

$$\omega = \frac{2}{\mu\sigma d^2} = \frac{2n^2\pi^2}{\mu\sigma a^2}\,.$$

6.9 Die Rotationsgeschwindigkeit der Scheibe beim Radius r ist $\boldsymbol{v}=r\omega\,\boldsymbol{e}_\varphi$. Wird die Spule vom Strom I durchflossen, so erzeugt sie durch die Scheibe den magnetischen Fluss $\phi=GI$. Da das Feld im Inneren der Spule homogen ist, gilt $\phi=a^2\pi B \Rightarrow B=GI/(a^2\pi)$. Durch die Rotation der Scheibe wird das Feld

$$\boldsymbol{E} = \boldsymbol{v}\times\boldsymbol{B} = r\omega\,\boldsymbol{e}_\varphi \times \frac{GI}{a^2\pi}\,\boldsymbol{e}_z = \frac{r\omega GI}{a^2\pi}\,\boldsymbol{e}_r$$

erzeugt. Daraus folgt zum Stromtrieb die Spannung

$$U = \int_0^a E_r\,dr = \frac{\omega GI}{a^2\pi}\int_0^a r\,dr = \frac{\omega GI}{2\pi}\,.$$

Die Stromkreisgleichung für den aus Spule und Scheibe gebildeten Stromkreis lautet

$$U = \frac{\omega GI}{2\pi} = RI + L\dot{I} \;\Rightarrow\; \dot{I} = \left(\frac{\omega G}{2\pi} - R\right)\frac{I}{L} \;\Rightarrow\; I = I_0 \exp\left[\frac{G}{2\pi L}\left(\omega - \frac{2\pi R}{G}\right)t\right].$$

Für $\omega<(2\pi R)/G$ fällt der Strom exponentiell ab, für $\omega>(2\pi R)/G$ steigt er exponentiell an (Dynamoeffekt).

6.11 Für das betrachtete System gekoppelter Stromkreise sind die Zeitableitungen der um jeweils einen kapazitiven Widerstand ergänzten Gleichungen (6.41) mit $L_{11}=L_{22}=L$, $R_1=R_1=0$, $U_e(t)=0$ und $L_{12}=L_{21}=G$ zu lösen, also

$$L\ddot{I}_1 + I_1/C + G\ddot{I}_2 = 0\,, \qquad L\ddot{I}_2 + I_2/C + G\ddot{I}_1 = 0\,.$$

Mit dem Ansatz $I_i=I_{i0}\,\mathrm{e}^{\mathrm{i}\omega t}$ für $i=1,2$ erhalten wir daraus das System linearer homogener Gleichungen

$$(1/C - L\omega^2)\,I_{10} - \omega^2 G\,I_{20} = 0\,, \qquad -\omega^2 G\,I_{10} + (1/C - L\omega^2)\,I_{20} = 0\,.$$

Die Lösbarkeitsbedingung für dieses ist das Verschwinden der Koeffizientendeterminante,

$$(1/C - L\omega^2)^2 - \omega^4 G^2 = 0\,.$$

Die Lösungen dieser quadratischen Gleichung für ω^2 sind

$$\omega^2 = \frac{1\pm G/L}{LC(1-G^2/L^2)} = \frac{1\pm G/L}{LC(1-G/L)(1+G/L)} = \begin{cases} \dfrac{1}{LC(1+G/L)} \\[2ex] \dfrac{1}{LC(1-G/L)} \end{cases}.$$

Hieraus ergeben sich als mögliche Frequenzen

$$\omega_1 = \pm\frac{1}{\sqrt{LC(1+G/L)}}\,, \qquad \omega_2 = \pm\frac{1}{\sqrt{LC(1-G/L)}}\,.$$

ω_1 ist für alle Werte von G und L, die ja definitionsgemäß positiv sind, reell. Dagegen wird ω_2 für $G>L$ rein imaginär, was zu Schwingungen mit dem Zeitverhalten $I_i \sim \mathrm{e}^{\pm|\omega_2|t}$ führen würde. Dies würde bedeuten, dass die abwechselnd in den Spulen und den Kondensatoren gespeicherte Energie entweder exponentiell ab- oder zunähme. Das Erste wäre die Vernichtung von Energie, das Zweite die Erschaffung von Energie aus dem Nichts, beides ist jedoch unmöglich. Dies kann nur bedeuten, dass generell $G<L$ gelten muss, was auch plausibel ist.

6.12 Unter Vernachlässigung des Verschiebungsstroms haben wir für das Magnetfeld die Gleichungen

$$\frac{\partial \boldsymbol{B}}{\partial t} = -\operatorname{rot} \boldsymbol{E}, \qquad \operatorname{rot} \boldsymbol{B} = \mu_0 \boldsymbol{j} = \mu_0 \sigma \boldsymbol{E}, \qquad \operatorname{div} \boldsymbol{B} = 0.$$

Durch Elimination von $\boldsymbol{E}$ aus den ersten beiden Gleichungen ergibt sich

$$\frac{\partial \boldsymbol{B}}{\partial t} = -\frac{1}{\mu_0 \sigma} \operatorname{rot} \operatorname{rot} \boldsymbol{B} \overset{(2.23)}{=} \frac{1}{\mu_0 \sigma} \Delta \boldsymbol{B},$$

wobei im letzten Schritt von der Gleichung $\operatorname{div} \boldsymbol{B}=0$ Gebrauch gemacht wurde.

Ein besonders einfacher Fall besteht darin, dass das Magnetfeld nur eine Komponente besitzt, die nur von einer Ortskoordinate abhängt, z. B.

$$\boldsymbol{B} = B(x,t)\, \boldsymbol{e}_z.$$

(Die Gleichung $\operatorname{div} \boldsymbol{B}=\boldsymbol{e}_z \cdot \nabla B(x,t)=0$ ist dann automatisch erfüllt.) Die für $\boldsymbol{B}$ abgeleitete Differenzialgleichung nimmt damit die Form

$$\frac{\partial B}{\partial t} = \frac{1}{\mu_0 \sigma} \frac{\partial^2 B}{\partial x^2}$$

an und führt mit dem Separationsansatz $B=b(x)\, \mathrm{e}^{-\gamma t}$ zu

$$b''(x) = -\mu_0 \sigma \gamma\, b(x).$$

Mit dem Ansatz $b(x)=B_0 \sin(x/l)$ erhalten wir schließlich

$$\gamma = \frac{1}{\mu_0 \sigma l^2}.$$

Insgesamt haben wir damit die exakte Lösung

$$\boldsymbol{B} = B_0 \sin(x/l)\ \mathrm{e}^{-\frac{t}{\mu_0 \sigma l^2}}\, \boldsymbol{e}_z.$$

Zur Abklingzeit

$$\tau = \mu_0 \sigma l^2$$

ist das Magnetfeld auf den Bruchteil $1/\mathrm{e}$ des zur Zeit $t=0$ angenommenen Wertes abgeklungen.

Das gleiche Ergebnis erhält man durch eine grobe größenordnungsmäßige Abschätzung übrigens auch aus der Ausgangsgleichung:

$$\left|\frac{\partial \boldsymbol{B}}{\partial t}\right| \approx \frac{B}{\tau} = \frac{B}{\mu_0 \sigma l^2} \approx \left|\frac{1}{\mu_0 \sigma} \Delta \boldsymbol{B}\right| \qquad \Rightarrow \qquad \tau = \mu_0 \sigma l^2.$$

Bei einem Magnetfeld im Erdkern setzen wir für l den Kernradius mit ca. 3000 km ein, für die Leitfähigkeit setzen wir wegen der Beimischung von Stoffen geringerer Leitfähigkeit den etwas kleineren Wert $\sigma \approx 0,2 \cdot 10^6\ \mathrm{A/(Vm)}$ ein. Mit $\mu_0=12,5..\cdot 10^{-7}\ \mathrm{Vs/(Am)}$ erhalten wir

$$\tau \approx 2 \cdot 10^{12}\ \mathrm{s} \approx 6 \cdot 10^4\ \mathrm{a}.$$

Da das Magnetfeld der Erde viel länger als nur ca. 60 000 Jahre existiert, muss es einen Mechanismus geben, der es aufrechterhält. Hierfür wird ein Dynamoeffekt verantwortlich gemacht.

7 Theorie zeitlich schnell veränderlicher elektromagnetischer Felder

Wir bezeichnen elektromagnetische Felder als schnell veränderlich, wenn der Verschiebungsstrom so groß ist, dass er nicht mehr vernachlässigt werden kann. In schnell veränderlichen Feldern treten wesentlich neue physikalische Phänomene auf, die den Inhalt dieses Kapitels bilden. Die zentrale Rolle spielen dabei elektromagnetische Wellen, deren Existenz schon Maxwell aus seinen Gleichungen abgeleitet hat. Auch das Licht interpretierte schon dieser als ein elektromagnetisches Phänomen. Experimentell wurde das 1888 von H. Hertz bestätigt, der im Labor elektromagnetische Wellen mit den Eigenschaften von Licht erzeugte.

Wie in der Elektro- und Magnetostatik betrachten wir zunächst Felder im Vakuum, die von gegebenen Ladungen $\varrho(\boldsymbol{r}, t)$ und Strömen $\boldsymbol{j}(\boldsymbol{r}, t)$ erzeugt werden. Hierzu sind die Maxwell-Gleichungen

$$\boxed{\begin{aligned} \operatorname{div} \varepsilon_0 \boldsymbol{E} &= \varrho(\boldsymbol{r}, t)\,, & \operatorname{div} \boldsymbol{B} &= 0\,, \\ \operatorname{rot} \boldsymbol{E} &= -\frac{\partial \boldsymbol{B}}{\partial t}\,, & \operatorname{rot} \frac{\boldsymbol{B}}{\mu_0} &= \boldsymbol{j}(\boldsymbol{r}, t) + \varepsilon_0 \frac{\partial \boldsymbol{E}}{\partial t} \end{aligned}} \tag{7.1}$$

zu lösen. In besonders einfachen Fällen gelingt das durch direkte Integration. Ein systematischer Zugang zur Lösung des Problems eröffnet sich ähnlich wie bei den in früheren Kapiteln untersuchten statischen Situationen durch die Einführung von Potenzialen. Für diese sind verschiedene Eichungen möglich, bei deren Untersuchung wir uns mit der Coulomb- und Lorentz-Eichung begnügen werden. Unter den Gleichungen, denen die Potenziale genügen müssen, werden wir auf Wellengleichungen stoßen, für die wir das Anfangswertproblem lösen. Aus dessen Lösung werden wir in Anwendung auf das ursprüngliche Problem sogenannte retardierte und avancierte Potenziale konstruieren. Für den Spezialfall einer bewegten Punktladung ergeben sich aus diesen die sogenannten Lienard-Wiechert-Potenziale. In Abschnitt 7.6 werden wir uns ausführlich mit den Eigenschaften elektromagnetischer Wellen befassen und insbesondere das Strahlungsfeld einer Dipolantenne untersuchen. Abschnitt 7.6.4 wendet sich der Wellenausbreitung in Hohlleitern zu, und Abschnitt 7.8 behandelt zeitlich schnell veränderliche Felder in Materie. Den Abschluss dieses Kapitels bildet die Beschäftigung mit dem Impuls- und Energiesatz für elektromagnetische Felder. Eine relativistische Formulierung der Elektrodynamik bleibt dem Band *Relativitätstheorie* dieses Lehrbuchs vorbehalten.

7.1 Potenziale der Felder $\boldsymbol{E}$ und $\boldsymbol{B}$

Die homogene Gleichung $\operatorname{div}\boldsymbol{B}=0$ hat wie im statischen Fall die allgemeine Lösung

$$\boldsymbol{B} = \operatorname{rot}\boldsymbol{A}\,. \tag{7.2}$$

Setzen wir diese in die zweite homogene Maxwell-Gleichung, $\operatorname{rot}\boldsymbol{E}=-\partial\boldsymbol{B}/\partial t$, ein, so erhalten wir die Gleichung

$$\operatorname{rot}\left(\boldsymbol{E} + \frac{\partial\boldsymbol{A}}{\partial t}\right) = 0\,,$$

deren allgemeine Lösung $\boldsymbol{E}+\partial\boldsymbol{A}/\partial t=-\nabla\phi$ bzw.

$$\boxed{\boldsymbol{E} = -\nabla\phi - \frac{\partial\boldsymbol{A}}{\partial t}} \tag{7.3}$$

ist. Mit (7.2)–(7.3) sind $\boldsymbol{E}$ und $\boldsymbol{B}$ durch Potenziale $\boldsymbol{A}$ und ϕ dargestellt. Durch Einsetzen dieser Darstellungen in die beiden inhomogenen Maxwell-Gleichungen (7.1) (a) und (d) erhalten wir zur Bestimmung von $\boldsymbol{A}$ und ϕ die Gleichungen

$$\frac{1}{\mu_0}\operatorname{rot}\operatorname{rot}\boldsymbol{A} \overset{(2.23)}{=} \frac{1}{\mu_0}\big(\operatorname{grad}\operatorname{div}\boldsymbol{A} - \Delta\boldsymbol{A}\big) = \boldsymbol{j} + \varepsilon_0\frac{\partial}{\partial t}\left(-\nabla\phi - \frac{\partial\boldsymbol{A}}{\partial t}\right)$$

bzw.

$$\Delta\boldsymbol{A} - \frac{1}{c^2}\frac{\partial^2\boldsymbol{A}}{\partial t^2} = -\mu_0\boldsymbol{j} + \nabla\left(\operatorname{div}\boldsymbol{A} + \frac{1}{c^2}\frac{\partial\phi}{\partial t}\right) \tag{7.4}$$

sowie

$$\Delta\phi + \frac{\partial}{\partial t}\operatorname{div}\boldsymbol{A} = -\frac{\varrho}{\varepsilon_0}\,. \tag{7.5}$$

Der Zusammenhang zwischen den Potenzialen ϕ, $\boldsymbol{A}$ und den Feldern $\boldsymbol{E}$, $\boldsymbol{B}$ ist so geartet, dass viele verschiedene Potenzialpaare dieselben Felder liefern. Setzen wir nämlich

$$\boxed{\boldsymbol{A}' = \boldsymbol{A} + \nabla\Lambda\,, \qquad \phi' = \phi - \partial\Lambda/\partial t} \tag{7.6}$$

– der Übergang ϕ, $\boldsymbol{A}\to\phi'$, $\boldsymbol{A}'$ wird als **Eichtransformation** bezeichnet –, so gilt

$$\boldsymbol{B} = \operatorname{rot}\boldsymbol{A} = \operatorname{rot}\boldsymbol{A}'$$

und

$$\boldsymbol{E} = -\nabla\phi - \partial\boldsymbol{A}/\partial t = -\nabla\phi - \partial\boldsymbol{A}'/\partial t + \partial\nabla\Lambda/\partial t = -\nabla\phi' - \partial\boldsymbol{A}'/\partial t\,.$$

Erfüllen $\boldsymbol{A}$ und ϕ die Gleichungen (7.4)–(7.5), so tun das auch die Potenziale $\boldsymbol{A}'$ und ϕ', denn es gilt z. B.

$$\Delta\phi' + \frac{\partial}{\partial t}\operatorname{div}\boldsymbol{A}' = \Delta\phi + \frac{\partial}{\partial t}\operatorname{div}\boldsymbol{A} - \Delta\frac{\partial\Lambda}{\partial t} + \frac{\partial}{\partial t}\operatorname{div}\nabla\Lambda = \Delta\phi + \frac{\partial}{\partial t}\operatorname{div}\boldsymbol{A} = -\frac{\varrho}{\varepsilon_0}.$$

Wie in der Magnetostatik nutzen wir diese Mehrdeutigkeit der Potenziale dazu aus, um eine Zusatzforderung zu stellen. Hierzu gibt es verschiedene Möglichkeiten, von denen wir im Folgenden die zwei wichtigsten besprechen.

7.1.1 Coulomb-Eichung

Bei der **Coulomb-Eichung** wird wie in der Magnetostatik

$$\operatorname{div} \boldsymbol{A} = 0 \tag{7.7}$$

gefordert. Erfüllt eine Lösung $\boldsymbol{A}$ von (7.4)–(7.5) nicht diese Forderung, so kann durch eine Eichtransformation (7.6) stets ein Potenzial $\boldsymbol{A}'$ gefunden werden, das sie erfüllt. Der Beweis hierfür verläuft genau wie in der Magnetostatik (siehe Abschn. 5.1.1). Mit der Coulomb-Eichung folgt aus (7.4)–(7.5)

$$\Delta \boldsymbol{A} - \frac{1}{c^2}\frac{\partial^2 \boldsymbol{A}}{\partial t^2} = -\mu_0\Big(\boldsymbol{j} - \varepsilon_0 \frac{\partial}{\partial t}\nabla\phi\Big), \qquad \Delta\phi = -\frac{\varrho}{\varepsilon_0}. \tag{7.8}$$

Verlangen wir, dass $\boldsymbol{E}$ und $\boldsymbol{B}$ für $|\boldsymbol{r}|\to\infty$ hinreichend schnell verschwinden, und sind sonst keine weiteren Randbedingungen gestellt, so ergibt sich aus (7.8b) wie in der Elektrostatik

$$\phi = \frac{1}{4\pi\varepsilon_0}\int_{\mathbb{R}^3} \frac{\varrho(\boldsymbol{r}',t)}{|\boldsymbol{r}-\boldsymbol{r}'|}\, d^3\tau'. \tag{7.9}$$

ϕ hat die Form des statischen Coulomb-Potenzials, daher der Name Coulomb-Eichung.

Wegen der aus $\operatorname{div}\boldsymbol{A}=0$ folgenden Beziehungen $\operatorname{div}\Delta\boldsymbol{A}=\Delta\operatorname{div}\boldsymbol{A}=0$ und $\operatorname{div}(\partial^2\boldsymbol{A}/\partial t^2)=\partial^2(\operatorname{div}\boldsymbol{A})/\partial t^2=0$ ist (7.8a) mit der Coulomb-Eichung (7.7) nur verträglich, falls

$$\operatorname{div}\Big(\boldsymbol{j} - \varepsilon_0\frac{\partial}{\partial t}\nabla\phi\Big) \overset{(7.8b)}{=} \operatorname{div}\boldsymbol{j} + \frac{\partial\varrho}{\partial t} = 0 \tag{7.10}$$

gilt. Das ist die Kontinuitätsgleichung (3.27), die schon direkt aus den Maxwell-Gleichungen folgt. Ihre allgemeine Lösung ist

$$\boldsymbol{j} = \boldsymbol{j}_{\mathrm{l}} + \boldsymbol{j}_{\mathrm{t}} \qquad \text{mit} \qquad \boldsymbol{j}_{\mathrm{l}} = \varepsilon_0\frac{\partial}{\partial t}\nabla\phi \quad \text{und} \quad \boldsymbol{j}_{\mathrm{t}} \overset{\text{s.u.}}{=} \operatorname{rot}\boldsymbol{a}(\boldsymbol{r},t), \tag{7.11}$$

wobei $\boldsymbol{a}(\boldsymbol{r},t)$ ein beliebiges, zeitabhängiges Vektorfeld sein kann. Der rotationsfreie Anteil $\boldsymbol{j}_{\mathrm{l}}$ von $\boldsymbol{j}$ (es gilt $\operatorname{rot}\boldsymbol{j}_{\mathrm{l}}=0$) wird als **longitudinale Stromdichte**, der divergenzfreie Anteil $\boldsymbol{j}_{\mathrm{t}}$ (es gilt $\operatorname{div}\boldsymbol{j}_{\mathrm{t}}=0$) als **transversale Stromdichte** bezeichnet. Nach dem Fundamentalsatz, (2.70)–(2.71), gilt

$$\boldsymbol{j}_{\mathrm{l}} = -\frac{1}{4\pi}\nabla\int_{\mathbb{R}^3}\frac{\operatorname{div}'\boldsymbol{j}(\boldsymbol{r}',t)}{|\boldsymbol{r}-\boldsymbol{r}'|}\,d^3\tau' \overset{(7.10)}{=} \frac{\partial}{\partial t}\frac{1}{4\pi}\nabla\int_{\mathbb{R}^3}\frac{\varrho(\boldsymbol{r}',t)}{|\boldsymbol{r}-\boldsymbol{r}'|}\,d^3\tau' = \varepsilon_0\frac{\partial}{\partial t}\nabla\phi,$$

$$\boldsymbol{j}_{\mathrm{t}} = \frac{1}{4\pi}\operatorname{rot}\int_{\mathbb{R}^3}\frac{\operatorname{rot}'\boldsymbol{j}(\boldsymbol{r}',t)}{|\boldsymbol{r}-\boldsymbol{r}'|}\,d^3\tau'.$$

$\boldsymbol{A}(\boldsymbol{r},t)$ wird nach (7.8a) und (7.11) durch die Gleichungen

$$\boxed{\Delta\boldsymbol{A} - \frac{1}{c^2}\frac{\partial^2\boldsymbol{A}}{\partial t^2} = -\mu_0\boldsymbol{j}_{\mathrm{t}}, \qquad \operatorname{div}\boldsymbol{A} = 0} \tag{7.12}$$

festgelegt, wobei div $\boldsymbol{j}_t{=}0$ gelten muss. (Gleichung (7.12a) liefert den Grund für die Bezeichnung von $\boldsymbol{j}_t$ als transversale Stromdichte: $\boldsymbol{j}_t$ bildet die Quelle für das einer Wellengleichung genügende Strahlungsfeld $\boldsymbol{A}$, bei dem wir in Abschn. 7.6.1 sehen werden, dass es in weiter Entfernung von der Stromverteilung transversal zur Ausbreitungsrichtung verläuft.)

ϕ wird nach (7.9) so berechnet, als ob sich alle Ladungsänderungen spontan beliebig weit auswirken würden. Das erscheint zunächst als Widerspruch zu der Tatsache, dass sich elektromagnetische Wirkungen nur mit Lichtgeschwindigkeit ausbreiten können (Abschn. 7.6). Nun ist $\boldsymbol{E}$ aber nicht, wie in der Elektrostatik, gleich $-\nabla\phi$, vielmehr kommt zu $\boldsymbol{E}$ noch der Term $-\partial\boldsymbol{A}/\partial t$ hinzu, und dieser korrigiert die spontane Fernwirkung der Ladungen in ϕ: Da div $\boldsymbol{A}{=}0$ gilt, folgt aus dem Fundamentalsatz (2.70) mit (2.71b)

$$\begin{aligned}
\boldsymbol{A} &= \frac{1}{4\pi}\operatorname{rot}\int\frac{\operatorname{rot}'\boldsymbol{A}(\boldsymbol{r}',t)}{|\boldsymbol{r}-\boldsymbol{r}'|}\,d^3\tau' = \frac{1}{4\pi}\operatorname{rot}\int\frac{\boldsymbol{B}'}{|\boldsymbol{r}-\boldsymbol{r}'|}\,d^3\tau' = \frac{1}{4\pi}\int\nabla\frac{1}{|\boldsymbol{r}-\boldsymbol{r}'|}\times\boldsymbol{B}'\,d^3\tau' \\
&= -\frac{1}{4\pi}\int\nabla'\frac{1}{|\boldsymbol{r}-\boldsymbol{r}'|}\times\boldsymbol{B}'\,d^3\tau' = -\frac{1}{4\pi}\int\operatorname{rot}'\left(\frac{\boldsymbol{B}'}{|\boldsymbol{r}-\boldsymbol{r}'|}\right)d^3\tau' + \frac{1}{4\pi}\int\frac{\operatorname{rot}'\boldsymbol{B}'}{|\boldsymbol{r}-\boldsymbol{r}'|}\,d^3\tau' \\
&\overset{(3.78d)}{=} -\frac{1}{4\pi}\int_\infty\frac{\boldsymbol{n}'\times\boldsymbol{B}'}{|\boldsymbol{r}-\boldsymbol{r}'|}\,df' + \frac{\mu_0}{4\pi}\int\frac{\boldsymbol{j}'}{|\boldsymbol{r}-\boldsymbol{r}'|}\,d^3\tau' + \frac{\mu_0\varepsilon_0}{4\pi}\int\frac{\partial\boldsymbol{E}'/\partial t}{|\boldsymbol{r}-\boldsymbol{r}'|}\,d^3\tau',
\end{aligned}$$

und der letzte Term der letzten Zeile enthält die zur Korrektur geeigneten Bestandteile.

Wie diese Korrektur im Einzelnen stattfindet, ist allerdings außerordentlich subtil. $\boldsymbol{j}_t$ kann in (7.12) völlig unabhängig von ϕ vorgegeben werden, was zur Folge hat, dass auch $\boldsymbol{A}$ von ϕ unabhängig wird. Wie soll dann aber $\boldsymbol{A}$ die akausale Ausbreitung von $\nabla\phi$ korrigieren? Das folgende Beispiel zeigt, wie dieses Paradoxon aufgelöst wird.

Beispiel 7.1: *Fall* $\boldsymbol{j}_t{\equiv}0$

Als Beispiel einer von ϕ unabhängigen Wahl des transversalen Stromes betrachten wir $\boldsymbol{j}_t{\equiv}0$. (7.12) hat dann die Lösung $\boldsymbol{A}{\equiv}0$, und die Gesamtlösung ist

$$\phi = \frac{1}{4\pi\varepsilon_0}\int\frac{\varrho(\boldsymbol{r}',t)}{|\boldsymbol{r}-\boldsymbol{r}'|}\,d^3\tau', \quad \boldsymbol{A}\equiv 0 \qquad\Rightarrow\qquad \boldsymbol{E} = -\frac{1}{4\pi\varepsilon_0}\nabla\int\frac{\varrho(\boldsymbol{r}',t)}{|\boldsymbol{r}-\boldsymbol{r}'|}\,d^3\tau', \quad \boldsymbol{B}\equiv 0\,.$$

Man überzeugt sich leicht davon, dass von den angegebenen Feldern mit Einschluss des „akausalen“ Feldes $\boldsymbol{E}$ tatsächlich alle Maxwell-Gleichungen befriedigt werden. Betrachten wir nun die Situation

$$\varrho\begin{cases}\neq 0 & \text{für } t_0\le t\le t_1\,,\\ = 0 & \text{sonst}\,,\end{cases}$$

bei der ϱ zur Zeit t_0 „eingeschaltet“ und zur Zeit t_1 „ausgeschaltet“ wird. Man würde hierfür zunächst eine Wellenlösung endlicher Ausbreitungsgeschwindigkeit erwarten. Mit $\boldsymbol{j}_t{\equiv}0$ folgt aus (7.11) jedoch $\boldsymbol{j}{=}\varepsilon_0\partial\nabla\phi/\partial t$, und da sich ϕ nach Einschalten der Ladungen instantan bis ins Unendliche erstreckt, bedeutet dies, dass mit dem Einschalten der Ladungen auch bis ins Unendliche Ströme $\boldsymbol{j}$ eingeschaltet werden, auch außerhalb des Gebiets, in dem $\varrho\neq 0$ gilt. Obwohl das aus (7.9) nicht direkt erkennbar wird, sind diese Ströme für das $\boldsymbol{E}$-Feld verantwortlich, denn aus

$j=\varepsilon_0 \partial \nabla\phi/\partial t$ ergibt sich unmittelbar

$$E = -\nabla\phi = -\frac{1}{\varepsilon_0}\int_{t_0}^{t} j(r,t')\,dt'\,.$$

Das E-Feld ist daher nicht akausal, sondern wird von einer – allerdings ziemlich unrealistischen – Stromverteilung hervorgerufen, die simultan im ganzen Raum eingeschaltet wird.

In realistischeren Situationen werden nicht, wie bei dem betrachteten Beispiel, j_t und j_l unabhängig voneinander vorgegeben, sondern vielmehr j und ϱ. Üblicherweise geschieht das so, dass beide nur in einem endlichen Raumgebiet G während eines endlichen Zeitintervalls $t_0 \le t \le t_1$ von null verschieden sind. Da die aus $\varrho(r,t)$ folgende Lösung (7.9) für ϕ von null bis unendlich reicht, ist dann $j_t = j - \varepsilon_0 \partial\nabla\phi/\partial t$ auch außerhalb des Gebiets G von null verschieden, und es wird erkennbar, wie A und $-\partial A/\partial t$ aufgrund von Gleichung (7.12a) Bestandteile erhalten, welche die akausalen Elemente von $-\nabla\phi$ korrigieren.

7.1.2 Lorentz-Eichung

Bei der **Lorentz-Eichung** wird in (7.4) der ganze auf $-\mu_0 j$ folgende Term durch die Forderung

$$\boxed{\operatorname{div} A + \frac{1}{c^2}\frac{\partial\phi}{\partial t} = 0} \tag{7.13}$$

zu null gemacht. Im Gegensatz zur Coulomb-Eichung ist die Lorentz-Eichung gegenüber den Koordinatentransformationen der speziellen Relativitätstheorie zwischen Inertialsystemen, den Lorentz-Transformationen, invariant (siehe Band *Relativitätstheorie* dieses Lehrbuchs). Falls die Lorentz'sche Eichforderung von Potenzialen A und ϕ nicht erfüllt werden sollte, kann stets eine Eichtransformation zu neuen Potenzialen A' und ϕ' so gefunden werden, dass sie von diesen erfüllt wird. Mit (7.6) gilt nämlich

$$\operatorname{div} A' + \frac{1}{c^2}\frac{\partial\phi'}{\partial t} = \operatorname{div} A + \frac{1}{c^2}\frac{\partial\phi}{\partial t} + \Delta\Lambda - \frac{1}{c^2}\frac{\partial^2\Lambda}{\partial t^2}\,, \tag{7.14}$$

und (7.13) wird von den Potenzialen ϕ' und A' befriedigt, falls Λ die Gleichung

$$\Delta\Lambda - \frac{1}{c^2}\frac{\partial^2\Lambda}{\partial t^2} = -\left(\operatorname{div} A + \frac{1}{c^2}\frac{\partial\phi}{\partial t}\right)$$

bei gegebener rechter Seite erfüllt. In Abschn. 7.2 wird konstruktiv bewiesen, dass diese Gleichung stets Lösungen besitzt.

Einsetzen der Lorentz-Eichung in (7.4)–(7.5) liefert zusammen mit dieser die Gleichungen

$$\boxed{\Delta\phi - \frac{1}{c^2}\frac{\partial^2\phi}{\partial t^2} = -\frac{\varrho}{\varepsilon_0}\,, \quad \Delta A - \frac{1}{c^2}\frac{\partial^2 A}{\partial t^2} = -\mu_0 j\,, \quad \operatorname{div} A + \frac{1}{c^2}\frac{\partial\phi}{\partial t} = 0} \tag{7.15}$$

zur Bestimmung der Potenziale ϕ und $\boldsymbol{A}$. Dabei müssen $\boldsymbol{j}$ und ϱ wieder so vorgegeben sein, dass die Kontinuitätsgleichung (7.10) erfüllt ist.

ϕ und $\boldsymbol{A}$ werden übrigens durch die Lorentz-Eichung nicht eindeutig festgelegt: Aus (7.14) ergibt sich, dass zwischen Potenzialen $\boldsymbol{A}$, ϕ und $\boldsymbol{A}'$, ϕ', die beide der Lorentz-Eichung genügen, noch Eichtransformationen möglich sind, für die

$$\Delta\Lambda - \frac{1}{c^2}\frac{\partial^2\Lambda}{\partial t^2} = 0$$

gilt. Diese Gleichung hat nicht triviale Lösungen, für die ϕ' und $\boldsymbol{A}'$ mit $|\boldsymbol{r}|\to\infty$ verschwinden, wenn das bei ϕ und $\boldsymbol{A}$ der Fall ist. (Das würde auf die entsprechende Gleichung $\Delta\Lambda=0$ bei der Coulomb-Eichung nicht zutreffen.)

7.2 Wellengleichung und Lösung des Anfangswertproblems

Das skalare Potenzial ϕ muss bei der Lorentz-Eichung und alle kartesischen Komponenten des Vektorpotenzials $\boldsymbol{A}$ müssen bei der Lorentz- und Coulomb-Eichung nach (2.24), (7.12a) und (7.15) Gleichungen vom Typ der **Wellengleichung**

$$\boxed{\Delta\psi - \frac{1}{c^2}\frac{\partial^2\psi}{\partial t^2} = J(\boldsymbol{r},t)} \tag{7.16}$$

erfüllen. Das ist eine partielle Differenzialgleichung zweiter Ordnung hyperbolischen Typs, zu der wir das Anfangswertproblem

$$\psi(\boldsymbol{r},0) = \Psi(\boldsymbol{r})\,, \qquad \frac{\partial\psi}{\partial t}(\boldsymbol{r},0) = \Phi(\boldsymbol{r}) \tag{7.17}$$

lösen wollen. Im Prinzip müssen auch noch Randbedingungen gestellt werden. Wir werden in diesem Abschnitt hierzu nur annehmen, dass der Wellenausbreitung nirgends Hindernisse im Weg stehen. Im nächsten Abschnitt werden wir sehen, dass diese Annahme auf Randbedingungen im Unendlichen hinausläuft.

Zur Lösung des Problems (7.16)–(7.17) gehen wir in den folgenden Schritten vor.

1. Als Erstes suchen wir besonders einfache Lösungen der zu (7.16) gehörigen homogenen Wellengleichung.
2. Die erhaltenen Lösungen superponieren wir zu einer allgemeinen Lösung der homogenen Wellengleichung, die wir dann derart spezialisieren, dass sie die gestellten Anfangsbedingungen erfüllt.
3. Schließlich bestimmen wir eine spezielle Lösung der inhomogenen Wellengleichung so, dass ihre Überlagerung mit der homogenen Lösung ebenfalls das Anfangswertproblem löst.
4. In einem letzten Schritt wird die Eindeutigkeit der erhaltenen Lösung bewiesen.

1. Wir suchen also zuerst besonders einfache Lösungen der homogenen Wellengleichung

$$\boxed{\Delta\psi - \frac{1}{c^2}\frac{\partial^2\psi}{\partial t^2} = 0} \tag{7.18}$$

und tun das mit dem Ansatz $\psi{=}\psi(r,t)$, wobei $r{=}|\boldsymbol{r}|$ ist. In Kugelkoordinaten ergibt sich mit diesem[1]

$$\Delta\psi = \frac{1}{r^2}\frac{\partial}{\partial r}\left(r^2\frac{\partial\psi}{\partial r}\right) = \frac{\partial^2\psi}{\partial r^2} + \frac{2}{r}\frac{\partial\psi}{\partial r} = \frac{1}{r}\frac{\partial}{\partial r}\left(\psi + r\frac{\partial\psi}{\partial r}\right) = \frac{1}{r}\frac{\partial^2}{\partial r^2}(r\psi)\,,$$

sodass wir zur Bestimmung von $\psi(r,t)$ die Gleichung

$$\frac{\partial^2}{\partial r^2}(r\psi) - \frac{1}{c^2}\frac{\partial^2}{\partial t^2}(r\psi) = \left(\frac{\partial}{\partial r} - \frac{1}{c}\frac{\partial}{\partial t}\right)\left(\frac{\partial}{\partial r} + \frac{1}{c}\frac{\partial}{\partial t}\right)(r\psi) = 0$$

erhalten. Die Variablentransformation $r,t\to u,v$ mit

$$u = t - r/c\,, \qquad v = t + r/c\,, \qquad \phi(u,v) = r\,\psi(r,t)$$

führt wegen

$$\frac{\partial}{\partial t}(r\psi) = \frac{\partial\phi}{\partial u} + \frac{\partial\phi}{\partial v}\,, \qquad \frac{\partial}{\partial r}(r\psi) = \frac{1}{c}\left(-\frac{\partial\phi}{\partial u} + \frac{\partial\phi}{\partial v}\right)$$

und daraus folgend

$$\frac{\partial}{\partial r} - \frac{1}{c}\frac{\partial}{\partial t} = -\frac{2}{c}\frac{\partial}{\partial u}\,, \qquad \frac{\partial}{\partial r} + \frac{1}{c}\frac{\partial}{\partial t} = \frac{2}{c}\frac{\partial}{\partial v}$$

zu der Gleichung

$$\frac{\partial^2\phi}{\partial u\,\partial v} = 0\,.$$

Aus deren Lösungen $\phi{=}f_1(u)$ und $\phi{=}f_2(v)$, in denen $f_1(u)$ und $f_2(v)$ beliebige Funktionen ihrer Argumente sein können, erhalten wir

$$\psi_1 = \frac{1}{r}\,f_1(t - r/c)\,, \qquad \psi_2 = \frac{1}{r}\,f_2(t + r/c) \tag{7.19}$$

als Lösungen der homogenen Wellengleichung. Wegen

$$\frac{\partial}{\partial t}\frac{\partial^2\phi}{\partial u\partial v} = \left(\frac{\partial}{\partial u} + \frac{\partial}{\partial v}\right)\frac{\partial^2\phi}{\partial u\partial v} = \frac{\partial^2}{\partial u\partial v}\left(\frac{\partial}{\partial u} + \frac{\partial}{\partial v}\right)\phi = \frac{\partial^2}{\partial u\partial v}\frac{\partial\phi}{\partial t}$$

sind auch alle Zeitableitungen von Lösungen selbst wieder Lösungen, was wir für spätere Zwecke in Erinnerung behalten.

---

1 In der vektoriellen Wellengleichung (7.15b) muss $\boldsymbol{A}$ in kartesische Komponenten zerlegt sein, damit Δ der Laplace-Operator ist und die folgenden Rechnungen auch für die Komponenten von $\boldsymbol{A}$ gelten.

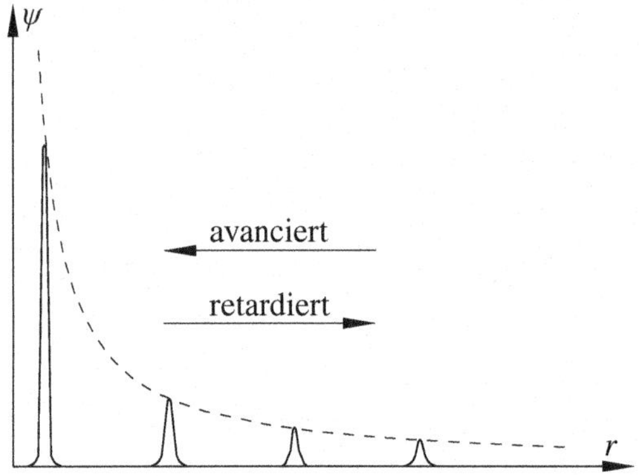

Abb. 7.1: Retardierte bzw. avancierte Lösung zu vier verschiedenen Zeiten, wobei die Deltafunktion durch Gauß-Kurven gleichen Flächeninhalts ersetzt ist. Die retardierte Lösung startet zur Zeit $t{=}0$ bei $r{=}0$ und läuft mit Lichtgeschwindigkeit nach $r{=}\infty$. Die avancierte Lösung ist seit $t{=}{-}\infty$ unterwegs und läuft mit Lichtgeschwindigkeit von $r{=}\infty$ nach $r{=}0$, wo sie zur Zeit $t{=}0$ ankommt.

ψ_1 und ψ_2 werden bei $r{=}0$ singulär, daher muss diese Stelle noch gesondert betrachtet werden. Mit $\psi_{1,2}{\to}\,\psi{=}f(t \pm r/c)/r$,

$$\Delta\,\psi = \Delta\frac{f}{r} = \operatorname{div}\nabla\frac{f}{r} = \operatorname{div}\left(\frac{\nabla f}{r} + f\,\nabla\frac{1}{r}\right) = \frac{\Delta f}{r} - 2\frac{\nabla f\cdot\nabla r}{r^2} + f\,\Delta\frac{1}{r}$$

und $\Delta(1/r)\overset{(2.56)}{=}-4\pi\,\delta^3(\boldsymbol{r})$ erhalten wir

$$\int\limits_{r\leq\varepsilon\to 0}\left(\Delta\,\psi - \frac{1}{c^2}\frac{\partial^2\psi}{\partial t^2}\right)d^3\tau = \int\left(\frac{\Delta f}{r} - 2\frac{\nabla f\cdot\nabla r}{r^2} + f\,\Delta\frac{1}{r} - \frac{1}{rc^2}\frac{\partial^2 f}{\partial t^2}\right)d^3\tau$$

$$\overset{\text{s.u.}}{=} -4\pi\int\delta^3(\boldsymbol{r})\,f(t\pm r/c)\,d^3\tau = -4\pi\int\delta^3(\boldsymbol{r})\,f(t)\,d^3\tau\,.$$

Wegen $d^3\tau{=}4\pi\,r^2\,dr$ und $r{\leq}\,\varepsilon{\to}\,0$ liefert nur das Integral über $f\,\Delta(1/r)$ einen nicht verschwindenden Beitrag, der allerdings dazu führt, dass $\psi{=}f/r$ für $r{=}0$ die homogene Wellengleichung nicht erfüllt. Genauer sind ψ_1 und ψ_2 vielmehr Lösungen der Gleichung

$$\Delta\,\psi - \frac{1}{c^2}\frac{\partial^2\psi}{\partial t^2} = -4\pi f(t)\,\delta^3(\boldsymbol{r})\,. \tag{7.20}$$

2. Um jetzt Lösungen der homogenen Wellengleichung (7.18) zu den Anfangsbedingungen (7.17) zu konstruieren, betrachten wir die speziellen Lösungen

$$\psi_1 = \frac{1}{r}\,\delta(t-r/c)\,, \qquad \psi_2 = \frac{1}{r}\,\delta(t+r/c)\,. \tag{7.21}$$

ψ_1 wird als **retardierte Lösung** bezeichnet und stellt einen scharfen Wellenberg dar, der mit unendlicher Amplitude zur Zeit $t{=}0$ bei $r{=}0$ startet und radial nach außen davonläuft. ψ_2 wird als **avancierte Lösung** bezeichnet und stellt einen radial nach innen laufenden Wellenberg dar, der zur Zeit $t{=}0$ bei $r{=}0$ ankommt. Wegen $r{\geq}0$ und $\delta(t{+}r/c){\equiv}0$ für $t{+}r/c{>}\,0$ ist $\psi_2{\equiv}0$ für $t{>}\,0$. In Abb. 7.1 ist die Deltafunktion zur Veranschaulichung durch Gauß-Kurven gleichen Flächeninhalts ersetzt, sodass die Höhe der

Wellen wegen des Faktors $1/r$ in ψ mit zunehmendem r abnimmt. Interpretiert man $t{=}0$, den Zeitpunkt, zu dem sich die Welle bei $r{=}0$ befindet und am stärksten ist, als Zeitpunkt der Wellenentstehung – das passt damit zusammen, die rechte Seite von Gleichung (7.20), hier also $-4\pi\,\delta(t)\delta^3(\boldsymbol{r})$, als Erzeugungsmechanismus aufzufassen – dann existiert die retardierte Welle zu allen Zeiten nach ihrer Erzeugung und übermittelt die Botschaft von dieser an Punkte $r>0$ mit der Verzögerung ihrer Laufzeit. Dagegen übermittelt die avancierte Welle diese Botschaft schon zu Zeiten $t<0$ vor ihrer „Erzeugung".

In nahe liegender Verallgemeinerung ist

$$\psi_1\left(|\boldsymbol{r}-\boldsymbol{r}'|,t\right) = \frac{\delta\left(t-|\boldsymbol{r}-\boldsymbol{r}'|/c\right)}{|\boldsymbol{r}-\boldsymbol{r}'|}$$

eine Wellenlösung, die zur Zeit $t{=}0$ am Punkt $\boldsymbol{r}{=}\boldsymbol{r}'$ startet und radial von diesem nach außen davonläuft. Da ihre Amplitude für $t>0$ an der singulären Stelle $\boldsymbol{r}{=}\boldsymbol{r}'$ verschwindet, erfüllt sie nach (7.20) für alle $t>0$ die homogene Wellengleichung (7.18). Dasselbe gilt für die lineare Superposition

$$\psi(\boldsymbol{r},t) = \int \frac{a(\boldsymbol{r}')\,\delta\left(t-|\boldsymbol{r}-\boldsymbol{r}'|/c\right)}{|\boldsymbol{r}-\boldsymbol{r}'|}\,d^3\tau' \tag{7.22}$$

solcher Wellen mit verschiedenen Ausgangszentren $\boldsymbol{r}'$. Eine analoge Superposition konvergierender Wellen $\delta(t{+}|\boldsymbol{r}-\boldsymbol{r}'|/c)/|\boldsymbol{r}-\boldsymbol{r}'|$ wäre für $t{>}0$ identisch null und ist daher für die folgenden Zwecke unbrauchbar. Da durch die Integration die Singularität an der Stelle $\boldsymbol{r}'{=}\boldsymbol{r}$ behoben wird – es handelt sich nur noch um eine scheinbare Singularität –, kann vermutet werden, dass $\psi(\boldsymbol{r},t)$ auch für $t{=}0$ die homogene Wellengleichung (7.18) erfüllt. Der Beweis dieser Vermutung wird weiter unten erbracht.

Zunächst suchen wir jedoch nach einer Superposition von Wellen, welche die Anfangsbedingungen (7.17) erfüllt. Da es sich um zwei Anfangsbedingungen handelt, werden wir nicht mit einer einzigen Amplitudenfunktion $a(\boldsymbol{r}')$ auskommen, sondern deren zwei benötigen. Indem wir ausnutzen, dass jede Zeitableitung einer Lösung wieder eine Lösung der Wellengleichung ist, versuchen wir den Ansatz

$$\psi(\boldsymbol{r},t) = \int \frac{a_1(\boldsymbol{r}')\,\delta\left(t-|\boldsymbol{r}-\boldsymbol{r}'|/c\right)}{|\boldsymbol{r}-\boldsymbol{r}'|}\,d^3\tau' + \frac{\partial}{\partial t}\int \frac{a_2(\boldsymbol{r}')\,\delta\left(t-|\boldsymbol{r}-\boldsymbol{r}'|/c\right)}{|\boldsymbol{r}-\boldsymbol{r}'|}\,d^3\tau'\,. \tag{7.23}$$

Zur Berechnung der Integrale führen wir Kugelkoordinaten $\rho'{=}|\boldsymbol{r}'-\boldsymbol{r}|$, ϑ'und φ' um den Aufpunkt $\boldsymbol{r}$ ein und erhalten mit

$$d^3\tau' = \rho'^2 \sin\vartheta'\,d\vartheta'\,d\varphi'\,d\rho' = \rho'^2\,d\Omega'\,d\rho'\,,\quad \boldsymbol{e}'_\rho = (\boldsymbol{r}'-\boldsymbol{r})/|\boldsymbol{r}'-\boldsymbol{r}|\,,\quad \boldsymbol{r}' = \boldsymbol{r}+\rho'\boldsymbol{e}'_\rho$$

die Ausdrücke

$$\begin{aligned}\int \frac{a_i(\boldsymbol{r}')\,\delta\left(t-|\boldsymbol{r}-\boldsymbol{r}'|/c\right)}{|\boldsymbol{r}-\boldsymbol{r}'|}\,d^3\tau' &= c^2\int a_i(\boldsymbol{r}+\rho'\boldsymbol{e}'_\rho)\,\delta(t-\rho'/c)\,\frac{\rho'}{c}\frac{d\rho'}{c}\,d\Omega' \\ &= c^2 t\int a_i(\boldsymbol{r}+ct\,\boldsymbol{e}'_\rho)\,d\Omega'\,.\end{aligned}$$

Damit folgt aus (7.23)

$$\psi(\boldsymbol{r},t) = c^2 t \int a_1(\boldsymbol{r} + ct\,\boldsymbol{e}'_\rho)\,d\Omega' + \frac{\partial}{\partial t}\left[c^2 t \int a_2(\boldsymbol{r} + ct\,\boldsymbol{e}'_\rho)\,d\Omega'\right]. \tag{7.24}$$

Gleichzeitig mit der Berechnung der Anfangswerte von ψ und $\partial\psi/\partial t$ können wir im Folgenden nachweisen, dass $\psi(\boldsymbol{r},t)$ zur Zeit $t=0$ die homogene Wellengleichung (7.18) erfüllt. Zu diesem Zweck entwickeln wir $\psi(\boldsymbol{r},t)$ bis zur zweiten Ordnung nach t. Mit

$$a(\boldsymbol{r} + ct\,\boldsymbol{e}'_\rho) = a(\boldsymbol{r}) + ct\,\boldsymbol{e}'_\rho\cdot\nabla a(\boldsymbol{r}) + \frac{c^2t^2}{2}\,\boldsymbol{e}'_\rho\boldsymbol{e}'_\rho : \frac{\partial}{\partial\boldsymbol{r}}\frac{\partial}{\partial\boldsymbol{r}} a(\boldsymbol{r}) + \cdots$$

und $\int d\Omega' = 4\pi$ erhalten wir

$$\psi(\boldsymbol{r},t) = 4\pi c^2 t\, a_1(\boldsymbol{r}) + c^3t^2 \int \boldsymbol{e}'_\rho\, d\Omega'\cdot\nabla a_1(\boldsymbol{r})$$

$$+\frac{\partial}{\partial t}\left(4\pi c^2 t\, a_2(\boldsymbol{r}) + c^3t^2 \int \boldsymbol{e}'_\rho\, d\Omega'\cdot\nabla a_2(\boldsymbol{r}) + \frac{c^4t^3}{2}\int \boldsymbol{e}'_\rho\boldsymbol{e}'_\rho\, d\Omega' : \frac{\partial}{\partial\boldsymbol{r}}\frac{\partial}{\partial\boldsymbol{r}} a_2(\boldsymbol{r})\right) + \cdots.$$

Aus Symmetriegründen ist

$$\int \boldsymbol{e}'_\rho\, d\Omega' = 0\,,$$

außerdem gilt

$$\int e'_{\rho,x}e'_{\rho,x}\,d\Omega' = \int e'_{\rho,y}e'_{\rho,y}\,d\Omega' = \int e'_{\rho,z}e'_{\rho,z}\,d\Omega' = \int \frac{\boldsymbol{e}'_\rho\cdot\boldsymbol{e}'_\rho}{3}\,d\Omega' = \int \frac{d\Omega'}{3} = \frac{4\pi}{3}$$

und

$$\int e'_{\rho,i}e'_{\rho,k}\,d\Omega' = 0 \quad \text{für } i \neq k\,,$$

was mit Summenkonvention

$$\int \boldsymbol{e}'_\rho\boldsymbol{e}'_\rho\, d\Omega' : \frac{\partial}{\partial\boldsymbol{r}}\frac{\partial}{\partial\boldsymbol{r}} = \frac{4\pi}{3}\,\delta_{ik}\frac{\partial}{\partial x_i}\frac{\partial}{\partial x_k} = \frac{4\pi}{3}\,\Delta\,.$$

zur Folge hat. Damit erhalten wir schließlich

$$\psi(\boldsymbol{r},t) = 4\pi c^2 t\, a_1(\boldsymbol{r}) + 4\pi c^2 a_2(\boldsymbol{r}) + 2\pi c^4 t^2 \Delta a_2(\boldsymbol{r}) + \cdots,$$

woraus

$$\psi(\boldsymbol{r},0) = 4\pi c^2 a_2(\boldsymbol{r})\,, \qquad \Delta\psi(\boldsymbol{r},0) = 4\pi c^2 \Delta a_2(\boldsymbol{r})$$

$$\frac{\partial\psi}{\partial t}(\boldsymbol{r},0) = 4\pi c^2 a_1(\boldsymbol{r})\,, \qquad \frac{\partial^2\psi}{\partial t^2}(\boldsymbol{r},0) = 4\pi c^4 \Delta a_2(\boldsymbol{r})$$

und wie behauptet

$$\Delta\psi(\boldsymbol{r},0) - \frac{1}{c^2}\frac{\partial^2\psi}{\partial t^2}(\boldsymbol{r},0) = 0$$

folgt. Die Anfangsbedingungen (7.17) werden mit

$$a_2(\boldsymbol{r}) = \Psi(\boldsymbol{r})/(4\pi c^2)\,, \qquad a_1(\boldsymbol{r}) = \Phi(\boldsymbol{r})/(4\pi c^2) \tag{7.25}$$

erfüllt, und damit lautet die gesuchte Lösung des Anfangswertproblems der homogenen Wellengleichung nach (7.24)

$$\psi_{\text{hom}}(\boldsymbol{r},t) = \frac{t}{4\pi}\int \Phi(\boldsymbol{r}+ct\,\boldsymbol{e}'_\rho)\,d\Omega' + \frac{\partial}{\partial t}\left(\frac{t}{4\pi}\int \Psi(\boldsymbol{r}+ct\,\boldsymbol{e}'_\rho)\,d\Omega'\right). \tag{7.26}$$

3. Für das Anfangswertproblem der inhomogenen Wellengleichung genügt es jetzt, eine spezielle Lösung zu den Anfangswerten

$$\psi(\boldsymbol{r},0) = 0\,, \qquad \frac{\partial\psi}{\partial t}(\boldsymbol{r},0) = 0 \tag{7.27}$$

zu finden. Die Addition von ψ_{hom} liefert dann eine Gesamtlösung der inhomogenen Gleichung zu den Anfangswerten (7.17).

$\psi_\pm = f(t\pm r/c)/r$ sind Lösungen der inhomogenen Gleichung (7.20) und

$$\psi_{\boldsymbol{r}',t'}(\boldsymbol{r},t) = \frac{\delta(t-t' \pm |\boldsymbol{r}-\boldsymbol{r}'|/c)}{|\boldsymbol{r}-\boldsymbol{r}'|} \tag{7.28}$$

daher Lösungen der inhomogenen Gleichung

$$-\frac{1}{4\pi}\left(\Delta\psi_{\boldsymbol{r}',t'} - \frac{1}{c^2}\frac{\partial^2\psi_{\boldsymbol{r}',t'}}{\partial t^2}\right) = \delta(t-t')\,\delta^3(\boldsymbol{r}-\boldsymbol{r}')\,.$$

Multiplizieren wir diese mit der in der Wellengleichung (7.16) vorgegebenen Funktion $J(\boldsymbol{r}',t')$ und integrieren sie anschließend über alle $\boldsymbol{r}'$ und t', so ergibt sich für die rechte Seite

$$\int_{-\infty}^{+\infty} dt' \int_{\mathbb{R}^3} \left[J(\boldsymbol{r}',t')\,\delta^3(\boldsymbol{r}-\boldsymbol{r}')\,\delta(t-t')\right] d^3\tau' = J(\boldsymbol{r},t)\,.$$

Auf der linken Seite dürfen Integrationen und Differenziationen vertauscht werden, wir erhalten für diese daher unter Benutzung von (7.28)

$$-\frac{1}{4\pi}\int_{-\infty}^{+\infty} dt' \int_{\mathbb{R}^3}\left[J(\boldsymbol{r}',t')\left(\Delta\psi_{\boldsymbol{r}',t'} - \frac{1}{c^2}\frac{\partial^2\psi_{\boldsymbol{r}',t'}}{\partial t^2}\right)\right] d^3\tau' = \Delta\psi - \frac{1}{c^2}\frac{\partial^2\psi}{\partial t^2}$$

mit

$$\begin{aligned}\psi(\boldsymbol{r},t) &= -\frac{1}{4\pi}\int_{-\infty}^{+\infty} dt' \int_{\mathbb{R}^3} \frac{J(\boldsymbol{r}',t')\,\delta(t-t' \pm |\boldsymbol{r}-\boldsymbol{r}'|/c)}{|\boldsymbol{r}-\boldsymbol{r}'|}\,d^3\tau' \\ &= -\frac{1}{4\pi}\int_{\mathbb{R}^3} \frac{J(\boldsymbol{r}',t \pm |\boldsymbol{r}-\boldsymbol{r}'|/c)}{|\boldsymbol{r}-\boldsymbol{r}'|}\,d^3\tau'\,.\end{aligned} \tag{7.29}$$

Das sind spezielle Lösungen der inhomogenen Wellengleichung (7.16), wobei

$$\boxed{\psi_{\text{ret}} = -\frac{1}{4\pi}\int \frac{J(\boldsymbol{r}',t - |\boldsymbol{r}-\boldsymbol{r}'|/c)}{|\boldsymbol{r}-\boldsymbol{r}'|}\,d^3\tau'} \tag{7.30}$$

als **retardierte Lösung** und

$$\psi_{\text{av}} = -\frac{1}{4\pi}\int \frac{J(\boldsymbol{r}', t+|\boldsymbol{r}-\boldsymbol{r}'|/c)}{|\boldsymbol{r}-\boldsymbol{r}'|}\, d^3\tau' \tag{7.31}$$

als **avancierte Lösung** bezeichnet wird.

Bei räumlich und zeitlich begrenzter Inhomogenität

$$J(\boldsymbol{r}, t)\begin{cases} \not\equiv 0 & \text{für } |\boldsymbol{r}| < R \text{ und } t_1 < t < t_2, \\ \equiv 0 & \text{sonst} \end{cases}$$

gilt (s. u.)

$$\psi_{\text{ret}}\begin{cases} \equiv 0 & \text{für alle } t \leq t_1, \\ \not\equiv 0 & \text{für alle } t > t_1, \end{cases} \qquad \psi_{\text{av}}\begin{cases} \equiv 0 & \text{für alle } t \geq t_2, \\ \not\equiv 0 & \text{für alle } t < t_2. \end{cases}$$

Für $t \leq t_1$ gilt nämlich erst recht $t-|\boldsymbol{r}-\boldsymbol{r}'|/c \leq t_1$, und der Integrand in ψ_{ret} verschwindet. Andererseits gibt es in ψ_{ret} für jedes $t > t_1$ Punktpaare $\boldsymbol{r}, \boldsymbol{r}'$ mit $t-|\boldsymbol{r}-\boldsymbol{r}'|/c < t_2$, für die der Integrand nicht verschwindet. Die Argumentation für ψ_{av} verläuft analog.

Die Lösungen (7.30) und (7.31) erfüllen im Allgemeinen nicht die Anfangsbedingungen (7.27). Man erhält jedoch leicht eine Lösung zu diesen, indem man die Inhomogenität $J(\boldsymbol{r}, t)$ erst zur Zeit $t=0$ „einschaltet", d. h. $J(\boldsymbol{r}', t')$ durch

$$\tilde{J}(\boldsymbol{r}', t') = \begin{cases} 0 & \text{für } t' \leq 0, \\ J(\boldsymbol{r}', t') & \text{für } t' > 0 \end{cases}$$

ersetzt und ψ gleich der zu $\tilde{J}(\boldsymbol{r}', t')$ gehörigen retardierten Lösung setzt,

$$\psi = -\frac{1}{4\pi}\int \frac{\tilde{J}(\boldsymbol{r}', t-|\boldsymbol{r}-\boldsymbol{r}'|/c)}{|\boldsymbol{r}-\boldsymbol{r}'|}\, d^3\tau' \overset{\text{s.u.}}{=} -\frac{1}{4\pi}\int\limits_{|\boldsymbol{r}-\boldsymbol{r}'|<ct} \frac{J(\boldsymbol{r}, t-|\boldsymbol{r}-\boldsymbol{r}'|/c)}{|\boldsymbol{r}-\boldsymbol{r}'|}\, d^3\tau' .$$

($|\boldsymbol{r}-\boldsymbol{r}'| < ct$ ist äquivalent zu $t'=t-|\boldsymbol{r}-\boldsymbol{r}'|/c > 0$.) ψ erfüllt die inhomogene Wellengleichung für alle Zeiten, zu denen $\tilde{J}(\boldsymbol{r}, t)=J(\boldsymbol{r}, t)$ gilt, nach Definition von $\tilde{J}(\boldsymbol{r}, t)$ also für alle $t>0$. Außerdem ist

$$\psi(\boldsymbol{r}, 0) = 0, \qquad \frac{\partial\psi}{\partial t}(\boldsymbol{r}, 0) = 0,$$

da in ψ das Integrationsvolumen für $t\to 0$ auf null zusammenschrumpft und für kleine t

$$\psi \overset{\text{s.u.}}{\sim} \bar{J}\int_{\rho' \leq ct} \rho'\, d\rho'\, d\Omega' \overset{\text{s.u.}}{\sim} c^2 t^2$$

gilt. ($\bar{J}$ ist der Mittelwert von J Gebiet $\rho' \leq ct$, und es wurde $\bar{J}=\bar{J}(t)=\bar{J}(0)+\mathcal{O}(t)$ benutzt.) Damit lautet die Lösung des Anfangswertproblems (7.17) der inhomogenen Wellengleichung

$$\psi = \psi_{\text{hom}}(\boldsymbol{r}, t) - \frac{1}{4\pi}\int_{|\boldsymbol{r}-\boldsymbol{r}'| \leq ct} \frac{J(\boldsymbol{r}', t-|\boldsymbol{r}-\boldsymbol{r}'|/c)}{|\boldsymbol{r}-\boldsymbol{r}'|}\, d^3\tau', \tag{7.32}$$

wobei $\psi_{\text{hom}}(\boldsymbol{r}, t)$ durch (7.26) gegeben ist.

4. Als Letztes überzeugen wir uns davon, dass (7.32) die einzige Lösung des betrachteten Anfangswertproblems ist.

Beweis: Würden zwei Lösungen zu denselben Anfangswerten existieren, so müsste ihre Differenz ϕ die homogene Gleichung

$$\Delta\phi - \frac{1}{c^2}\frac{\partial^2\phi}{\partial t^2} = 0 \tag{7.33}$$

zu den Anfangswerten

$$\phi(\boldsymbol{r},0) = 0\,, \qquad \frac{\partial\phi}{\partial t}(\boldsymbol{r},0) = 0 \tag{7.34}$$

erfüllen. Wir multiplizieren Gleichung (7.33) mit $\partial\phi/\partial t$, integrieren sie über den ganzen $\mathbb{R}^3$ und erhalten nach einer partiellen Integration mithilfe des Gauß'schen Satzes unter der Annahme $\phi \lesssim 1/r$ für $r\to\infty$

$$\int_{\mathbb{R}^3}\left(\frac{\partial\phi}{\partial t}\,\mathrm{div}\,\nabla\phi - \frac{1}{c^2}\frac{\partial\phi}{\partial t}\frac{\partial^2\phi}{\partial t^2}\right)d^3\tau = -\int_{\mathbb{R}^3}\left[\left(\nabla\frac{\partial\phi}{\partial t}\right)\cdot\nabla\phi + \frac{1}{2c^2}\frac{\partial}{\partial t}\left(\frac{\partial\phi}{\partial t}\right)^2\right]d^3\tau$$
$$= -\frac{1}{2}\frac{d}{dt}\int_{\mathbb{R}^3}\left[(\nabla\phi)^2 + \frac{1}{c^2}\left(\frac{\partial\phi}{\partial t}\right)^2\right]d^3\tau \overset{(7.33)}{=} 0\,.$$

Hieraus ergibt sich

$$\int_{\mathbb{R}^3}\left[(\nabla\phi)^2 + \frac{1}{c^2}\left(\frac{\partial\phi}{\partial t}\right)^2\right]d^3\tau = \text{const}\,,$$

wobei aus den Anfangsbedingungen (7.34) folgt, dass die Integrationskonstante null sein muss. Dann muss aber $\nabla\phi\equiv 0$ und $\partial\phi/\partial t\equiv 0$ sein, und es folgt das Ergebnis $\phi\equiv 0$, das mit der zu seiner Ableitung getroffenen Annahme $\phi \lesssim 1/r$ verträglich ist. □

Dass **nur die retardierte Lösung** in die von uns gefundene Lösung des Anfangswertproblems der Wellengleichung einging, war plausibel. Aus der eben bewiesenen Eindeutigkeit der Lösung geht hervor, dass die Nichtberücksichtigung avancierter Lösungen keine Einschränkung bedeutet.

Ist die untersuchte Wellenerscheinung ausschließlich auf die Wirkung einer zur Zeit t_0 eingeschalteten Inhomogenität $J(\boldsymbol{r},t)$ zurückzuführen, so müssen ψ und $\partial\psi/\partial t$ vor deren Beginn (d. h. für alle Zeiten $t<t_0$) verschwinden, und wir erhalten als Gesamtlösung

$$\psi = -\frac{1}{4\pi}\int\frac{J(\boldsymbol{r}', t-|\boldsymbol{r}-\boldsymbol{r}'|/c)}{|\boldsymbol{r}-\boldsymbol{r}'|}\,d^3\tau'\,. \tag{7.35}$$

Die Einschränkung $|\boldsymbol{r}-\boldsymbol{r}'|\le c(t-t_0)$ kann hier bei der Integration entfallen, und die Anfangswerte zur Zeit $t=t_0$ sind durch (7.27) mit $(\boldsymbol{r},0)\to(\boldsymbol{r},t_0)$ gegeben.

Die retardierte Lösung (7.35) ist vor Einschalten der sie verursachenden Inhomogenität $J(\boldsymbol{r},t)$ nicht existent und läuft nach ihrer Entstehung mit Lichtgeschwindigkeit von den Orten ihrer Erzeugung (Punkte $\boldsymbol{r}$ mit $J(\boldsymbol{r},t)\neq 0$) weg. (Das Letztere erkennt man am besten daran, dass die Lösung (7.35) aus Lösungen (7.28) superponiert ist, denen man es unmittelbar ansieht.) Sie übermittelt dabei an die von ihr erreichten Orte die implizit in ihr gespeicherte Information über $J(\boldsymbol{r},t)$. Eine entsprechend konstruierte avancierte Welle hat schon zu allen Zeitpunkten vor dem Einschalten der sie verursachenden Inhomogenität existiert und läuft, aus dem Unendlichen kommend, auf die Punkte ihrer Erzeugung zu, um zu verschwinden, sobald sie diese erreicht hat.

Die ausschließliche Verwendung retardierter Lösungen für das Anfangswertproblem bedeutet nicht, dass die avancierten Lösungen etwa generell physikalisch unbrauchbar wären. So könnte man z. B. die zur Zeit t_0 angenommenen Werte $\psi_{\rm av}$ und $\partial\psi_{\rm av}/\partial t$ einer avancierten Lösung als Anfangswerte eines Anfangswertproblems stellen. Solche Anfangswerte wären zwar häufig etwas künstlich, aber durchaus realisierbar. (Beispiel: Abstrahlung einer Kugelwelle von einer Kugelschale zu deren Zentrum hin. Nach dem Eintreffen der Welle im Zentrum müsste die Lösung allerdings durch das Lösen eines Anfangswertproblems fortgesetzt werden, und man bekäme die Reflexion der Welle am Zentrum.) Für manche Probleme ist die Benutzung avancierter Lösungen sogar sehr nützlich. So liefert z. B. die Überlagerung

$$\psi = \big[f(t-r/c) - f(t+r/c)\big]/r$$

eine kugelsymmetrische Welle, die im Gegensatz zu $f(t-r/c)/r$ bis ins Zentrum $r{=}0$ hinein die homogene Wellengleichung erfüllt. Insbesondere stellt

$$\psi = \big[\delta(t-r/c) - \delta(t+r/c)\big]/r$$

die eben besprochene Reflexion einer nach $r{=}0$ einlaufenden Welle dar, denn offensichtlich gilt

$$\psi = \begin{cases} -\delta(t+r/c)/r & \text{für } t<0\,, \\ \delta(t-r/c)/r & \text{für } t>0\,. \end{cases}$$

Auch bei der Behandlung von Randwertproblemen oder zur Beschreibung stehender Wellen erweist sich die Kombination retardierter und avancierter Lösungen als nützlich (Aufgabe 7.9).

7.3 Retardierte Potenziale

Wir bestimmen jetzt die Potenziale ϕ und $\boldsymbol{A}$ von Ladungen und Strömen, die im Einklang mit der Kontinuitätsgleichung vorgegeben sind, für den Fall der Lorentz-Eichung. Nach (7.15) erfüllen sie Wellengleichungen, deren Inhomogenitäten durch $-\varrho(\boldsymbol{r},t)/\varepsilon_0$ bzw. $-\mu_0\boldsymbol{j}(\boldsymbol{r},t)$ gegeben sind. Befinden sich die Ladungen und Ströme ganz im Endlichen, wurden vor endlicher Zeit „eingeschaltet" und bilden die einzige felderzeugende Ursache, gibt es also auch keine durch Randbedingungen hervorgerufenen Oberflächenladungen und -ströme, so folgt aus dem Vergleich von (7.15) mit (7.16) unter Benutzung des Ergebnisses (7.35)

$$\boxed{\phi = \frac{1}{4\pi\varepsilon_0}\int\frac{\varrho(\boldsymbol{r}',t-|\boldsymbol{r}-\boldsymbol{r}'|/c)}{|\boldsymbol{r}-\boldsymbol{r}'|}\,d^3\tau'\,,\quad \boldsymbol{A} = \frac{\mu_0}{4\pi}\int\frac{\boldsymbol{j}(\boldsymbol{r}',t-|\boldsymbol{r}-\boldsymbol{r}'|/c)}{|\boldsymbol{r}-\boldsymbol{r}'|}\,d^3\tau'.} \qquad (7.36)$$

ϕ und $\boldsymbol{A}$ werden als **retardierte Potenziale** bezeichnet. Für zeitunabhängige Ladungs- und Stromverteilungen gehen sie in die Potenziale der Elektrostatik bzw. Magnetostatik über. Die Bezeichnung „retardiert" kommt daher, dass ein zur Zeit t' bei $\boldsymbol{r}'$ befindliches

Ladungs- oder Stromelement am Ort $\boldsymbol{r}$ dieselbe Wirkung wie im statischen Fall erzeugt, allerdings nicht spontan, sondern erst zur Zeit $t{=}t'{+}|\boldsymbol{r}{-}\boldsymbol{r}'|/c$, also um die Zeitspanne $\Delta t{=}|\boldsymbol{r}{-}\boldsymbol{r}'|/c$ verzögert. Die Geschwindigkeit, mit der sich die Information über eine am Ort $\boldsymbol{r}'$ vorgenommene Änderung der Ladungs- und Stromverteilung ausbreitet und in den Potenzialen bei $\boldsymbol{r}$ bemerkbar macht, ist demnach

$$|\boldsymbol{r}-\boldsymbol{r}'|/\Delta t = c = 1/\sqrt{\varepsilon_0\mu_0}\,.$$

Da Licht eine elektromagnetische Wellenerscheinung ist, definiert c die **Ausbreitungsgeschwindigkeit von Licht im Vakuum**.

Wir müssen noch überprüfen, ob ϕ und $\boldsymbol{A}$, wie zu fordern, auch die Eichbedingung (7.15c) erfüllen. Denn wenn diese auch bei der Ableitung der Wellengleichungen benutzt wurde, muss sie doch nicht automatisch von allen Lösungen erfüllt werden. Für die angegebenen Lösungen ist das jedoch tatsächlich der Fall.

Beweis: Wir setzen $t'(t,\boldsymbol{r},\boldsymbol{r}'){:=}t{-}|\boldsymbol{r}{-}\boldsymbol{r}'|/c$ und erhalten dafür zunächst

$$\frac{\partial t'}{\partial \boldsymbol{r}} = -\frac{\partial t'}{\partial \boldsymbol{r}'}\,, \qquad \left.\frac{\partial}{\partial t'}\right|_{\boldsymbol{r},\boldsymbol{r}'} = \left.\frac{\partial}{\partial t}\right|_{\boldsymbol{r},\boldsymbol{r}'}\,.$$

Bei der Berechnung von div $\boldsymbol{A}$ benötigen wir

$$\begin{aligned}
\operatorname{div}\frac{\boldsymbol{j}(\boldsymbol{r}',t')}{|\boldsymbol{r}-\boldsymbol{r}'|} &\overset{\text{s.u.}}{=} \boldsymbol{j}'\cdot\frac{\partial}{\partial\boldsymbol{r}}\frac{1}{|\boldsymbol{r}-\boldsymbol{r}'|} + \frac{1}{|\boldsymbol{r}-\boldsymbol{r}'|}\left.\frac{\partial\boldsymbol{j}'}{\partial t'}\right|_{\boldsymbol{r}'}\cdot\frac{\partial t'}{\partial\boldsymbol{r}}\\
&= -\left[\boldsymbol{j}'\cdot\frac{\partial}{\partial\boldsymbol{r}'}\frac{1}{|\boldsymbol{r}-\boldsymbol{r}'|} + \frac{1}{|\boldsymbol{r}-\boldsymbol{r}'|}\left(\left.\frac{\partial\boldsymbol{j}'}{\partial t'}\right|_{\boldsymbol{r}'}\cdot\frac{\partial t'}{\partial\boldsymbol{r}'} + \left.\frac{\partial}{\partial\boldsymbol{r}'}\cdot\boldsymbol{j}'\right|_{t'}\right)\right] + \frac{1}{|\boldsymbol{r}-\boldsymbol{r}'|}\left.\frac{\partial}{\partial\boldsymbol{r}'}\cdot\boldsymbol{j}'\right|_{t'}\\
&\overset{\text{s.u.}}{=} -\operatorname{div}'\frac{\boldsymbol{j}(\boldsymbol{r}',t')}{|\boldsymbol{r}-\boldsymbol{r}'|} + \frac{\operatorname{div}'|_{t'}\boldsymbol{j}(\boldsymbol{r}',t')}{|\boldsymbol{r}-\boldsymbol{r}'|}\,,
\end{aligned}$$

wobei zum Teil $\boldsymbol{j}(\boldsymbol{r}',t')$ mit $\boldsymbol{j}'$ abgekürzt sowie zwischen

$$\operatorname{div}'\boldsymbol{j}(\boldsymbol{r}',t') = \left.\frac{\partial}{\partial\boldsymbol{r}'}\cdot\boldsymbol{j}'\right|_{t'} + \left.\frac{\partial\boldsymbol{j}'}{\partial t'}\right|_{\boldsymbol{r}'}\cdot\frac{\partial t'}{\partial\boldsymbol{r}'} \qquad \text{und} \qquad \operatorname{div}'|_{t'}\boldsymbol{j}(\boldsymbol{r}',t') = \left.\frac{\partial}{\partial\boldsymbol{r}'}\cdot\boldsymbol{j}'\right|_{t'}$$

unterschieden wurde. Damit erhalten wir

$$\begin{aligned}
\operatorname{div}\boldsymbol{A} &\overset{(7.36b)}{=} \frac{\mu_0}{4\pi}\int\operatorname{div}\frac{\boldsymbol{j}(\boldsymbol{r}',t')}{|\boldsymbol{r}-\boldsymbol{r}'|}\,d^3\tau' = \frac{\mu_0}{4\pi}\int\left(\frac{\operatorname{div}'|_{t'}\boldsymbol{j}(\boldsymbol{r}',t')}{|\boldsymbol{r}-\boldsymbol{r}'|} - \operatorname{div}'\frac{\boldsymbol{j}(\boldsymbol{r}',t')}{|\boldsymbol{r}-\boldsymbol{r}'|}\right)d^3\tau'\\
&\overset{\text{s.u.}}{=} \frac{\mu_0}{4\pi}\int\frac{\operatorname{div}'|_{t'}\boldsymbol{j}(\boldsymbol{r}',t')}{|\boldsymbol{r}-\boldsymbol{r}'|}\,d^3\tau'\,,
\end{aligned}$$

wobei benutzt wurde, dass sich das Integral über $\operatorname{div}'(\boldsymbol{j}'/|\boldsymbol{r}{-}\boldsymbol{r}'|)$ mithilfe des Gauß'schen Satzes in ein Oberflächenintegral über eine Fläche mit $\boldsymbol{j}'{\equiv}0$ verwandeln lässt. Damit sowie mit (7.36),

$$\frac{\partial\varrho(\boldsymbol{r}',t')}{\partial t} = \frac{\partial\varrho(\boldsymbol{r}',t')}{\partial t'}\frac{\partial t'}{\partial t} = \frac{\partial\varrho(\boldsymbol{r}',t')}{\partial t'}$$

und der Kontinuitätsgleichung, $\operatorname{div}'|_{t'}\boldsymbol{j}(\boldsymbol{r}',t'){+}\partial\varrho(\boldsymbol{r}',t')/\partial t'{=}0$, ergibt sich schließlich

$$\operatorname{div}\boldsymbol{A} + \frac{1}{c^2}\frac{\partial\phi}{\partial t} = \frac{\mu_0}{4\pi}\int\frac{\operatorname{div}'|_{t'}\boldsymbol{j}(\boldsymbol{r}',t') + \partial\varrho(\boldsymbol{r}',t')/\partial t'}{|\boldsymbol{r}-\boldsymbol{r}'|}\,d^3\tau' = 0\,.$$

□

7.4 Elektromagnetisches Feld einer bewegten Punktladung

Eine auf der Bahn $\boldsymbol{r}_0(t)$ bewegte Punktladung q erzeugt die Ladungs- und Stromdichten

$$\varrho(\boldsymbol{r},t) = q\,\delta^3\big(\boldsymbol{r}-\boldsymbol{r}_0(t)\big)\,, \qquad \boldsymbol{j}(\boldsymbol{r},t) = q\,\dot{\boldsymbol{r}}_0(t)\,\delta^3\big(\boldsymbol{r}-\boldsymbol{r}_0(t)\big)\,. \tag{7.37}$$

Potenziale ϕ und A

Zur Berechnung der dazugehörigen retardierten Potenziale ist es bequemer, von (7.36) zu der (7.29a) entsprechende Darstellung

$$\begin{aligned}\phi(\boldsymbol{r},t) &= \frac{1}{4\pi\,\varepsilon_0}\int_{-\infty}^{+\infty} dt' \int \frac{\varrho(\boldsymbol{r}',t')\,\delta(t-t'-|\boldsymbol{r}-\boldsymbol{r}'|/c)}{|\boldsymbol{r}-\boldsymbol{r}'|}\,d^3\tau' \\ &= \frac{q}{4\pi\,\varepsilon_0}\int_{-\infty}^{+\infty} dt' \int \frac{\delta^3(\boldsymbol{r}'-\boldsymbol{r}_0(t'))\,\delta(t-t'-|\boldsymbol{r}-\boldsymbol{r}'|/c)}{|\boldsymbol{r}-\boldsymbol{r}'|}\,d^3\tau'\end{aligned}$$

zurückzugehen und erst die Raumintegration durchzuführen,

$$\phi(\boldsymbol{r},t) = \frac{q}{4\pi\,\varepsilon_0}\int_{-\infty}^{+\infty} \frac{\delta(t-t'-|\boldsymbol{r}-\boldsymbol{r}_0(t')|/c)}{|\boldsymbol{r}-\boldsymbol{r}_0(t')|}\,dt'\,. \tag{7.38}$$

Nun definieren wir

$$\boldsymbol{R}(\boldsymbol{r},t') := \boldsymbol{r}-\boldsymbol{r}_0(t')\,, \qquad \boldsymbol{v}(t') := \dot{\boldsymbol{r}}_0(t')\,, \qquad u(\boldsymbol{r},t,t') :\overset{R=|\boldsymbol{R}|}{=} t-t'-R/c\,,$$

folgern daraus $\partial\boldsymbol{R}/\partial t' = -\dot{\boldsymbol{r}}_0(t') = -\boldsymbol{v}$ bzw. $R\,\partial R/\partial t' = \boldsymbol{R}\cdot\partial\boldsymbol{R}/\partial t' = -\boldsymbol{R}\cdot\boldsymbol{v}$ sowie

$$\frac{\partial u}{\partial t'} = -\left(1+\frac{1}{c}\frac{\partial R}{\partial t'}\right) = -\left(1-\frac{\boldsymbol{R}\cdot\boldsymbol{v}}{Rc}\right)$$

und können damit für die Integration in (7.38)

$$dt' = dt'\big|_{r,t} = \frac{du|_{r,t}}{\partial u/\partial t'} = -\frac{du}{[1-\boldsymbol{R}\cdot\boldsymbol{v}/(Rc)]}$$

setzen. Verläuft die Teilchenbewegung ganz im Endlichen, ist also $|\boldsymbol{r}_0(t')| < \infty$ für $t' \to \pm\infty$, so gilt zu jedem endlichen Zeitpunkt t für jeden im Endlichen gelegenen Raumpunkt $\boldsymbol{r}$ einerseits $u|_{t'=-\infty} = \infty$, andererseits $u|_{t'=\infty} = -\infty$, und wir erhalten

$$\phi = \frac{q}{4\pi\,\varepsilon_0}\int_{-\infty}^{+\infty} \frac{\delta(u)}{R\,[1-\boldsymbol{R}\cdot\boldsymbol{v}/(Rc)]}\,du = \frac{q}{4\pi\,\varepsilon_0}\,\frac{1}{(R-\boldsymbol{R}\cdot\boldsymbol{v}/c)}\bigg|_{u=0}\,.$$

$u=0$ bedeutet $t'=t-R(\boldsymbol{r},t')/c$, und die Auflösung dieser Gleichung nach t' führt zu $t'=t'(\boldsymbol{r},t)$. Das Vektorpotenzial $\boldsymbol{A}$ wird analog behandelt, und zusammengefasst erhalten wir als Ergebnis die **Liénard-Wiechert-Potenziale**

$$\boxed{\phi = \frac{q}{4\pi\,\varepsilon_0}\,\frac{1}{(R-\boldsymbol{R}\cdot\boldsymbol{v}/c)}\bigg|_{t'=t'(\boldsymbol{r},t)}\,, \qquad \boldsymbol{A} = \frac{q\,\mu_0}{4\pi}\,\frac{\boldsymbol{v}}{(R-\boldsymbol{R}\cdot\boldsymbol{v}/c)}\bigg|_{t'=t'(\boldsymbol{r},t)}\,.} \tag{7.39}$$

Felder $\boldsymbol{E}$ und $\boldsymbol{B}$

Mit (7.2)–(7.3) und $\boldsymbol{e}_R := \boldsymbol{R}/R$ ergeben sich aus (7.39) die Felder

$$\boxed{\begin{aligned} \boldsymbol{E} &= \frac{q}{4\pi\varepsilon_0\, R\,(1-\boldsymbol{e}_R\cdot\boldsymbol{v}/c)^3}\left[\frac{\boldsymbol{e}_R\times\big[(\boldsymbol{e}_R-\boldsymbol{v}/c)\times\dot{\boldsymbol{v}}\big]}{c^2}+\left(1-\frac{v^2}{c^2}\right)\frac{\boldsymbol{e}_R-\boldsymbol{v}/c}{R}\right]\Bigg|_{t'=t'(\boldsymbol{r},t)}\,, \\ \boldsymbol{B} &= \frac{1}{c}\Big(\boldsymbol{e}_R\times\boldsymbol{E}\Big)\Big|_{t'=t'(\boldsymbol{r},t)}\,. \end{aligned}} \tag{7.40}$$

Der etwas mühsame Beweis dafür wird im Folgenden nur für $\boldsymbol{E}$ vorgeführt, das Ergebnis für $\boldsymbol{B}$ beweist man analog.

Beweis: Mit

$$N := R - \boldsymbol{R}\cdot\boldsymbol{v}/c$$

gilt zunächst

$$\boldsymbol{E} = -\nabla\phi - \frac{\partial \boldsymbol{A}}{\partial t} = \frac{q}{4\pi\varepsilon_0\, N^2}\left[\nabla N + \frac{1}{c^2}\left(\frac{\partial N}{\partial t}\,\boldsymbol{v} - N\,\frac{\partial \boldsymbol{v}}{\partial t}\right)\right].$$

Dabei bedeutet $\nabla N = \partial N/\partial\boldsymbol{r}|_t$ die Ableitung von N nach $\boldsymbol{r}$ bei festem t, primär hängt N jedoch über $\boldsymbol{R}$ und $\boldsymbol{v}$ von $\boldsymbol{r}$ und t' ab. Nun gilt

$$\frac{\partial N}{\partial \boldsymbol{r}}\bigg|_t = \frac{\partial N}{\partial \boldsymbol{r}}\bigg|_{t'} + \frac{\partial N}{\partial t'}\frac{\partial t'}{\partial \boldsymbol{r}} = \frac{\partial R}{\partial \boldsymbol{r}}\bigg|_{t'} - \frac{1}{c}\frac{\partial}{\partial \boldsymbol{r}}(\boldsymbol{R}\cdot\boldsymbol{v})\bigg|_{t'} + \left[\frac{\partial R}{\partial t'} - \frac{1}{c}\frac{\partial}{\partial t'}(\boldsymbol{R}\cdot\boldsymbol{v})\right]\frac{\partial t'}{\partial \boldsymbol{r}}\,,$$

$$\frac{\partial N}{\partial t} = \frac{\partial N}{\partial t'}\frac{\partial t'}{\partial t} = \left[\frac{\partial R}{\partial t'} - \frac{1}{c}\frac{\partial}{\partial t'}(\boldsymbol{R}\cdot\boldsymbol{v})\right]\frac{\partial t'}{\partial t} \qquad \text{und} \qquad \frac{\partial \boldsymbol{v}}{\partial t} = \dot{\boldsymbol{v}}(t')\,\frac{\partial t'}{\partial t}\,,$$

wobei für t' wieder die Funktion $t'(\boldsymbol{r},t)$ einzusetzen ist, die durch Auflösen der Beziehung $t' = t - R(\boldsymbol{r},t')/c$ nach t' gewonnen wird. Aus der Letzteren folgt

$$\frac{\partial t'}{\partial \boldsymbol{r}} = -\frac{1}{c}\frac{\partial R}{\partial \boldsymbol{r}}\bigg|_{t'} - \frac{1}{c}\frac{\partial R}{\partial t'}\frac{\partial t'}{\partial \boldsymbol{r}} \qquad \text{oder} \qquad \frac{\partial t'}{\partial \boldsymbol{r}} = -\frac{1}{c}\frac{\partial R}{\partial \boldsymbol{r}}\bigg|_{t'}\Big/\left(1 + \frac{1}{c}\frac{\partial R}{\partial t'}\right)$$

sowie

$$\frac{\partial t'}{\partial t} = 1 - \frac{1}{c}\frac{\partial R}{\partial t'}\frac{\partial t'}{\partial t} \qquad \text{oder} \qquad \frac{\partial t'}{\partial t} = 1\Big/\left(1 + \frac{1}{c}\frac{\partial R}{\partial t'}\right).$$

Aus der Definition von $\boldsymbol{R}$ ergibt sich

$$\frac{\partial R}{\partial \boldsymbol{r}}\bigg|_{t'} = \frac{\partial}{\partial \boldsymbol{r}}\sqrt{[\boldsymbol{r}-\boldsymbol{r}_0(t')]^2} = \frac{\boldsymbol{r}-\boldsymbol{r}_0(t')}{|\boldsymbol{r}-\boldsymbol{r}_0(t')|} = \boldsymbol{e}_R\,,$$

$$\frac{\partial R}{\partial t'} = \frac{-[\boldsymbol{r}-\boldsymbol{r}_0(t')]\cdot\dot{\boldsymbol{r}}_0(t')}{|\boldsymbol{r}-\boldsymbol{r}_0(t')|} = -\frac{\boldsymbol{R}\cdot\boldsymbol{v}}{R} = -\boldsymbol{e}_R\cdot\boldsymbol{v}$$

$$\frac{\partial(\boldsymbol{R}\cdot\boldsymbol{v})}{\partial \boldsymbol{r}}\bigg|_{t'} = \frac{\partial}{\partial \boldsymbol{r}}\Big[[\boldsymbol{r}-\boldsymbol{r}_0(t')]\cdot\boldsymbol{v}\Big] = \frac{\partial}{\partial \boldsymbol{r}}(\boldsymbol{r}\cdot\boldsymbol{v}) = \boldsymbol{v}\,,$$

$$\frac{\partial(\boldsymbol{R}\cdot\boldsymbol{v})}{\partial t'} = \frac{\partial}{\partial t'}\Big[[\boldsymbol{r}-\boldsymbol{r}_0(t')]\cdot\boldsymbol{v}(t')\Big] = -\dot{\boldsymbol{r}}_0(t')\cdot\boldsymbol{v} + [\boldsymbol{r}-\boldsymbol{r}_0(t')]\cdot\dot{\boldsymbol{v}} = -v^2 + \boldsymbol{R}\cdot\dot{\boldsymbol{v}}\,,$$

und damit erhalten wir

$$\frac{\partial t'}{\partial \boldsymbol{r}} = -\frac{1}{c}\frac{\boldsymbol{R}}{R - \boldsymbol{R}\cdot\boldsymbol{v}/c} = -\frac{\boldsymbol{R}}{Nc}, \qquad \frac{\partial t'}{\partial t} = \frac{R}{N}$$

sowie

$$\left.\frac{\partial N}{\partial \boldsymbol{r}}\right|_t = \boldsymbol{e}_R - \boldsymbol{v}/c + \left[\boldsymbol{e}_R\cdot\boldsymbol{v} + \frac{1}{c}\left(-v^2 + \boldsymbol{R}\cdot\dot{\boldsymbol{v}}\right)\right]\frac{\boldsymbol{R}}{Nc},$$

$$\frac{\partial N}{\partial t} = -\left[\boldsymbol{e}_R\cdot\boldsymbol{v} + \frac{1}{c}\left(-v^2 + \boldsymbol{R}\cdot\dot{\boldsymbol{v}}\right)\right]\frac{R}{N} \qquad \text{und} \qquad \frac{\partial \boldsymbol{v}}{\partial t} = \frac{R}{N}\dot{\boldsymbol{v}}.$$

Hiermit und mit $N{=}R(1{-}\boldsymbol{e}_R{\cdot}\boldsymbol{v}/c)$ folgt schließlich

$$\begin{aligned}
\boldsymbol{E} &= \frac{q}{4\pi\varepsilon_0 N^2}\left[\boldsymbol{e}_R - \boldsymbol{v}/c + \left(\boldsymbol{e}_R\cdot\boldsymbol{v} - \frac{v^2}{c} + \frac{\boldsymbol{R}\cdot\dot{\boldsymbol{v}}}{c}\right)\left(\frac{\boldsymbol{R}}{Nc} - \frac{R\boldsymbol{v}}{Nc^2}\right) - \frac{R\dot{\boldsymbol{v}}}{c^2}\right] \\
&= \frac{qR^2}{4\pi\varepsilon_0 N^3}\left[\frac{\boldsymbol{e}_R - \boldsymbol{v}/c}{R}\left(\frac{N}{R} + \frac{\boldsymbol{e}_R\cdot\boldsymbol{v}}{c} - \frac{v^2}{c^2}\right) + \frac{\boldsymbol{e}_R\cdot\dot{\boldsymbol{v}}}{c^2}(\boldsymbol{e}_R - \boldsymbol{v}/c) - \frac{N\dot{\boldsymbol{v}}}{Rc^2}\right] \\
&= \frac{q}{4\pi\varepsilon_0 R\,(1{-}\boldsymbol{e}_R{\cdot}\boldsymbol{v}/c)^3}\left[\left(1{-}\frac{v^2}{c^2}\right)\frac{\boldsymbol{e}_R{-}\boldsymbol{v}/c}{R} + (\boldsymbol{e}_R{-}\boldsymbol{v}/c)\,\frac{\boldsymbol{e}_R\cdot\dot{\boldsymbol{v}}}{c^2} - \left(1{-}\frac{\boldsymbol{e}_R\cdot\boldsymbol{v}}{c}\right)\frac{\dot{\boldsymbol{v}}}{c^2}\right].
\end{aligned}$$

Löst man in (7.40a) das zweifache Kreuzprodukt auf, so findet man Übereinstimmung mit dem letzten Ergebnis. □

$\boldsymbol{E}$ und $\boldsymbol{B}$ enthalten je einen von der Beschleunigung $\dot{\boldsymbol{v}}$ unabhängigen Anteil, der wie $1/R^2$ abfällt, sowie einen zu $\dot{\boldsymbol{v}}$ proportionalen Beschleunigungsanteil, der wie $1/R$ abfällt. Der Erstere ist der mit relativistischen Korrekturen versehene statische Anteil des Feldes. Der Beschleunigungsanteil dominiert in weiter Entfernung von der Punktladung und wird wegen seines in der Elektrostatik unbekannten $1/R$-Abfalls als **Strahlungsfeld** bezeichnet.

Aus dem exakten Ergebnis (7.40) folgen die **Näherungsformeln** (3.61)–(3.62), wenn v und $|\dot{\boldsymbol{v}}|$ hinreichend klein sind und der Aufpunkt $\boldsymbol{r}$ nicht zu weit von der Ladung entfernt ist: Offensichtlich gilt $R(t') = R(t) + \mathcal{O}(|\boldsymbol{r}_0(t) - \boldsymbol{r}_0(t')|)$ (Abb. 7.2) und wegen $t{-}t'{=}R/c$ weiterhin $|\boldsymbol{r}_0(t){-}\boldsymbol{r}_0(t')|{\approx}v(t{-}t'){=}vR/c$, d. h. $R(t'){=}R(t)\,(1{+}\mathcal{O}(v/c))$, sodass wir

$$R(t') \approx R(t) \qquad \text{für} \quad v/c \ll 1$$

setzen können. Weiterhin gilt $\boldsymbol{v}(t'){=}\boldsymbol{v}(t){+}\mathcal{O}(|\dot{\boldsymbol{v}}|R/c)$, und wir dürfen auch

$$\boldsymbol{v}(t') \approx \boldsymbol{v}(t) \qquad \text{für} \quad |\dot{\boldsymbol{v}}| \ll cv/R$$

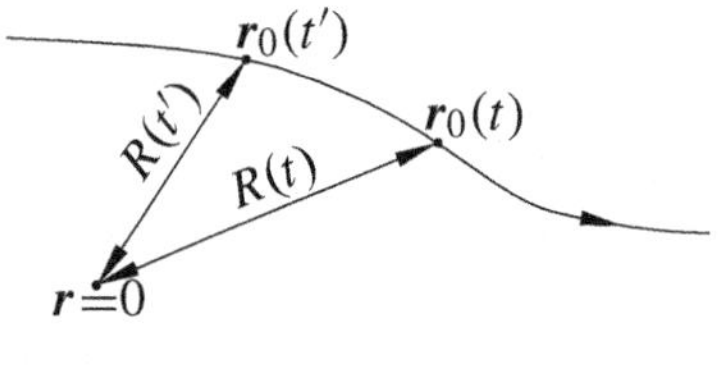

Abb. 7.2: Zur Näherung $R(t'){\approx}R(t)$ für $v{\ll}c$. Die Teilchenbahn $r_0(t)$ wird in der durch den Pfeil angegebenen Richtung durchlaufen.

nähern. Für $|\dot{\boldsymbol{v}}|\neq 0$ ist diese Forderung gleichbedeutend mit

$$|\boldsymbol{r}-\boldsymbol{r}_0(t')| = R \ll cv/|\dot{\boldsymbol{v}}|,$$

d. h. der Aufpunkt $\boldsymbol{r}$ darf nicht zu weit von der Punktladung entfernt sein. Ist diese Bedingung erfüllt, so gilt wegen $v \ll c$ erst recht $|\dot{\boldsymbol{v}}| \ll c^2/R$, was wir als Bedingung dafür nehmen, dass der Beschleunigungsterm vernachlässigt werden darf. Unter Vernachlässigung weiterer Terme $\sim v/c$ erhalten wir damit aus (7.40) in jeweils niedrigster Ordnung – bei $\boldsymbol{B}$ müssen wir dazu eine Ordnung weiter gehen –

$$\boldsymbol{E} \approx \frac{q}{4\pi\varepsilon_0}\frac{\boldsymbol{R}(t)}{R^3(t)} = \frac{q}{4\pi\varepsilon_0}\frac{\boldsymbol{r}-\boldsymbol{r}_0(t)}{|\boldsymbol{r}-\boldsymbol{r}_0(t)|^3}, \tag{7.41}$$

$$\boldsymbol{B} \approx \frac{1}{c}\boldsymbol{e}_R \times \frac{q\,(\boldsymbol{e}_R - \boldsymbol{v}(t)/c)}{4\pi\varepsilon_0 R^2(t)} = \frac{q\mu_0}{4\pi}\frac{\boldsymbol{v}(t)\times[\boldsymbol{r}-\boldsymbol{r}_0(t)]}{|\boldsymbol{r}-\boldsymbol{r}_0(t)|^3}. \tag{7.42}$$

Beispiel 7.2: *$\boldsymbol{E}$-Feld einer gleichförmig bewegten Punktladung*

Für $\dot{\boldsymbol{v}}\equiv 0$ (Folge $\boldsymbol{v}$=const) folgt aus (7.40)

$$\boldsymbol{E}(\boldsymbol{r},t) = \left.\frac{q\,(1-v^2/c^2)\,\left[\boldsymbol{R}(t') - R(t')\,\boldsymbol{v}/c\right]}{4\pi\varepsilon_0\left[R(t') - \boldsymbol{R}(t')\cdot\boldsymbol{v}/c\right]^3}\right|_{t'=t'(\boldsymbol{r},t)}.$$

Explizit ist dieses Ergebnis noch auf die Position des Teilchens zum Zeitpunkt t' der Abstrahlung bezogen. Um es auf die Teilchenposition zur Zeit t umzurechnen, legen wir das Koordinatensystem so, dass sich das Teilchen zur Zeit t bei $\boldsymbol{r}$=0 befindet (Abb. 7.3). Aus $t'=t-R/c$ ergibt sich

$$\tau := t - t' = R/c\,,$$

und wegen $\boldsymbol{v}=\mathbf{const}$ gilt $\boldsymbol{r}_0(t)-\boldsymbol{r}_0(t')=-\boldsymbol{r}_0(t')=\boldsymbol{v}\tau=\boldsymbol{v}R/c$, womit $\boldsymbol{R}=\boldsymbol{r}-\boldsymbol{r}_0(t')=r\,\boldsymbol{e}_r+\boldsymbol{v}R/c$ oder

$$\boldsymbol{R} - R\,\boldsymbol{v}/c = r\,\boldsymbol{e}_r \qquad \text{und} \qquad R - \boldsymbol{R}\cdot\boldsymbol{v}/c \overset{\text{s.u.}}{=} r\,\boldsymbol{e}_r\cdot\boldsymbol{e}_R \overset{\text{s.u.}}{=} r\cos\gamma \tag{7.43}$$

folgt. (Das zweite Ergebnis erhält man durch skalare Multiplikation des ersten mit $\boldsymbol{e}_R=\boldsymbol{R}/R$, und γ ist gemäß Abb. 7.3 definiert.) Einsetzen in die eingangs angegebene Formel für $\boldsymbol{E}$ liefert

$$\boldsymbol{E} = \frac{q\,(1-v^2/c^2)}{4\pi\varepsilon_0\,r^2\cos^3\gamma}\,\boldsymbol{e}_r\,.$$

Nach Abb. 7.3 gilt schließlich $h = c\tau\,\sin\gamma = v\tau\,\sin\varphi$, was $\sin^2\gamma = 1-\cos^2\gamma = (v^2/c^2)\sin^2\varphi$ und

$$\boldsymbol{E} = \frac{q\,(1-v^2/c^2)}{4\pi\varepsilon_0\,r^2\left(1-(v^2/c^2)\sin^2\varphi\right)^{3/2}}\,\boldsymbol{e}_r \tag{7.44}$$

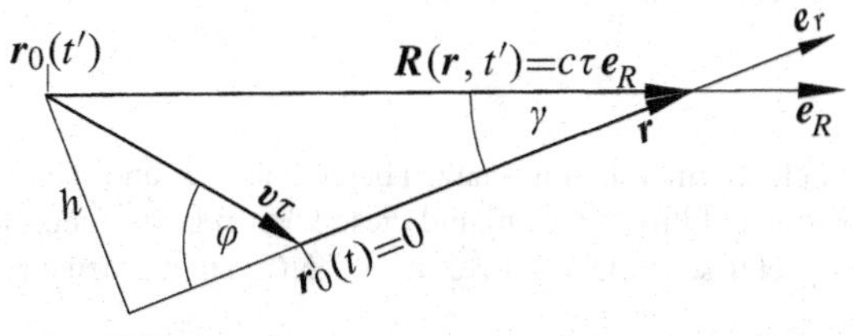

Abb. 7.3: Zur Umrechnung von der Teilchenposition zur Zeit t' auf die Teilchenposition zur Zeit t.

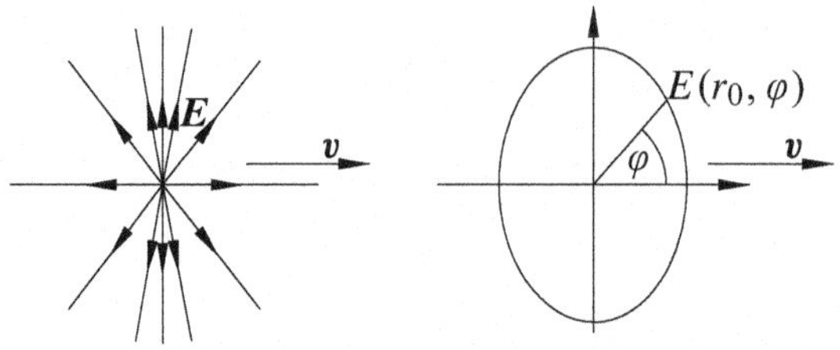

Abb. 7.4: Feldlinienbild (links) und Winkelverteilung der Feldamplitude (rechts) für ein gleichförmig bewegtes Teilchen.

zur Folge hat. $\boldsymbol{E}$ ist ein Radialfeld, das für gegebenen Abstand $r{=}r_0$ in Richtung von $\boldsymbol{v}$ (d. h. für $\varphi{=}0$) am schwächsten und senkrecht zu $\boldsymbol{v}$ (also für $\varphi{=}\pm\pi/2$) am stärksten ist. In Abb. 7.4 ist ein Feldlinienbild wiedergegeben und die Winkelverteilung der Feldamplitude dargestellt. Für $\boldsymbol{B}$ ergibt sich nach (7.40b) mit (7.43)

$$\boldsymbol{B} = \frac{1}{c}\frac{\boldsymbol{R}}{R} \times \boldsymbol{E} = \frac{1}{c}\left(\frac{\boldsymbol{v}}{c} + \frac{r}{R}\boldsymbol{e}_r\right) \times \boldsymbol{E}\,,$$

also wegen $\boldsymbol{E} \parallel \boldsymbol{e}_r$

$$\boldsymbol{B} = \frac{1}{c^2}\,\boldsymbol{v} \times \boldsymbol{E}\,. \qquad (7.45)$$

7.5 Bemerkung zur Feldlinienstruktur

Für die Feldlinienstruktur ist allein maßgeblich, ob die Felder $\boldsymbol{E}$ und $\boldsymbol{B}$ quellen- und wirbelfrei sind oder ob sie Quellen und/oder Wirbel besitzen, nicht jedoch, wodurch diese erzeugt werden. So hat die statische Gleichung $\operatorname{rot}\boldsymbol{B}/\mu_0{=}\boldsymbol{j}$ dieselben Konsequenzen für die Struktur der $\boldsymbol{B}$-Feldlinien wie die dynamische Gleichung $\operatorname{rot}\boldsymbol{B}/\mu_0{=}\boldsymbol{j}{+}\varepsilon_0\partial\boldsymbol{E}/\partial t$. Zu beachten ist dabei allerdings, dass sich die Feldlinien natürlich zeitlich verändern, wobei sich Störungen mit der Lichtgeschwindigkeit ausbreiten.

Den einzigen strukturellen Unterschied gegenüber statischen Feldern bringt bei zeitabhängigen Feldern die Gleichung

$$\operatorname{rot}\boldsymbol{E} = -\partial\boldsymbol{B}/\partial t\,.$$

Aus ihr folgt, dass es im zeitabhängigen Fall auch geschlossene elektrische Feldlinien geben kann, da jetzt $\oint \boldsymbol{E}\cdot d\boldsymbol{s}{=}{-}(d/dt)\int \boldsymbol{B}\cdot d\boldsymbol{f} \neq 0$ gelten kann.

Beispiel 7.3:

Verändert man in einer geraden Zylinderspule den Strom, so ändert sich in dieser das Magnetfeld und umgibt sich mit geschlossenen elektrischen Feldlinien (Abb. 7.5 (a)).

Beispiel 7.4:

Bei zeitabhängigen elektromagnetischen Feldern im Vakuum besitzen beide Felder $\boldsymbol{E}$ und $\boldsymbol{B}$ Wirbel (siehe (7.73)), beide können geschlossene Feldlinien haben, und diese können sich gegenseitig umschlingen. Für einen oszillierenden elektrischen Dipol bietet Abb. 7.5 (b) ein momentanes Feldlinienbild.

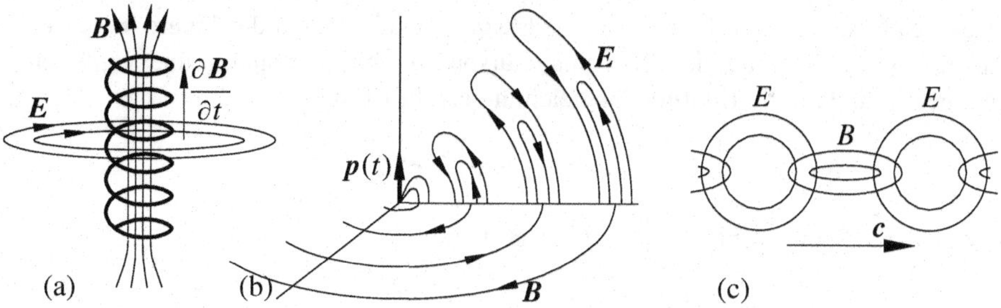

Abb. 7.5: Feldlinienstruktur in zeitabhängigen Feldern: (a) bei veränderlichen Strömen in einer geraden Spule, (b) bei einem oszillierenden elektrischen Dipol $\boldsymbol{p}(t)=\boldsymbol{p}_0\cos(\omega t)$, (c) bei gerichteter Wellenabstrahlung.

Beispiel 7.5:

Bei gerichteter Wellenabstrahlung können sich die Feldlinien von $\boldsymbol{E}$ und $\boldsymbol{B}$ auch wie die Glieder einer Kette umschließen (Abb. 7.5 (c)).

7.6 Elektromagnetische Wellen im Vakuum

Zeitlich veränderliche Ladungs- und Stromverteilungen rufen zeitlich veränderliche elektromagnetische Felder hervor. Diese enthalten Bestandteile, die sich von den felderzeugenden Quellen lösen und als freie elektromagnetische Wellen davonlaufen. Wir untersuchen das zunächst am Fall einer periodisch oszillierenden Ladungsverteilung endlicher Ausdehnung sowie dem eines periodisch oszillierenden infinitesimalen Dipols. Das weit entfernt vom Ort der Wellenerzeugung vorherrschende *Fernfeld* besteht überwiegend aus Kugelwellen, die sich in hinreichend kleinen Raumgebieten wie ebene Wellen ausnehmen. Anhand freier ebener Wellen untersuchen wir unabhängig vom Erzeugungsmechanismus die verschiedenen Möglichkeiten der Wellenpolarisation, der Überlagerung zu *stehenden Wellen* sowie zu *inhomogenen ebenen Wellen*, die anders als *homogene ebene Wellen* Feldkomponenten in Ausbreitungsrichtung aufweisen. Zum Abschluss dieses Abschnitts befassen wir uns mit der Ausbreitung elektromagnetischer Wellen in Vollleitern und zylindrischen Hohlleitern.

7.6.1 Feld periodisch oszillierender Ladungen

Es steht zu erwarten, dass periodisch oszillierende Ladungen zeitlich periodische Felder $\boldsymbol{E}$ und $\boldsymbol{B}$, also elektromagnetische Wellen erzeugen. Unter Benutzung der komplexen Schreibweise untersuchen wir dementsprechend die von der Ladungs- und Stromverteilung

$$\varrho(\boldsymbol{r},t)=\varrho(\boldsymbol{r})\,\mathrm{e}^{-\mathrm{i}\omega t}\,,\qquad \boldsymbol{j}(\boldsymbol{r},t)=\boldsymbol{j}(\boldsymbol{r})\,\mathrm{e}^{-\mathrm{i}\omega t} \tag{7.46}$$

erzeugten Felder, wobei wir annehmen, dass $\varrho(\boldsymbol{r})$ und $\boldsymbol{j}(\boldsymbol{r})$ auf das Innere $|\boldsymbol{r}|\leq r_0$ einer Kugel vom Radius r_0 um den Koordinatenursprung lokalisiert sind. ϱ und $\boldsymbol{j}$ müssen so gegeben sein, dass die Kontinuitätsgleichung erfüllt ist, d. h.

$$\operatorname{div} \boldsymbol{j}(\boldsymbol{r}) = \mathrm{i}\omega\, \varrho(\boldsymbol{r}) . \tag{7.47}$$

Wegen der Lokalisierung von $\boldsymbol{j}(\boldsymbol{r}, t)$ folgt hieraus

$$\mathrm{i}\omega Q = \mathrm{i}\omega \int_{\mathbb{R}^3} \varrho\, d^3\tau = \int_{\mathbb{R}^3} \operatorname{div} \boldsymbol{j}\, d^3\tau = \int_{\infty} \boldsymbol{j} \cdot d\boldsymbol{f} = 0$$

und damit $Q{=}0$, d. h. durch unseren Ansatz werden nur Ladungsverteilungen erfasst, deren Gesamtladung verschwindet.

Das retardierte Vektorpotenzial (7.36b) lautet für die untersuchte periodische Stromverteilung

$$\boldsymbol{A}(\boldsymbol{r}, t) = \frac{\mu_0}{4\pi} \int \frac{\boldsymbol{j}(\boldsymbol{r}')\, \mathrm{e}^{-\mathrm{i}\omega(t-|\boldsymbol{r}-\boldsymbol{r}'|/c)}}{|\boldsymbol{r}-\boldsymbol{r}'|}\, d^3\tau'$$

oder

$$\boldsymbol{A}(\boldsymbol{r}, t) = \boldsymbol{A}(\boldsymbol{r})\, \mathrm{e}^{-\mathrm{i}\omega t} \quad \text{mit} \quad \boldsymbol{A}(\boldsymbol{r}) = \frac{\mu_0}{4\pi} \int \frac{\boldsymbol{j}(\boldsymbol{r}')\, \mathrm{e}^{\mathrm{i}k|\boldsymbol{r}-\boldsymbol{r}'|}}{|\boldsymbol{r}-\boldsymbol{r}'|}\, d^3\tau' , \quad k = \frac{\omega}{c} , \tag{7.48}$$

wobei k als **Wellenzahl** bezeichnet wird. Analog gilt $\phi{\sim}\mathrm{e}^{-\mathrm{i}\omega t}$, und daher haben wir

$$\boldsymbol{E}(\boldsymbol{r}, t) = \boldsymbol{E}(\boldsymbol{r})\, \mathrm{e}^{-\mathrm{i}\omega t} , \qquad \boldsymbol{B}(\boldsymbol{r}, t) = \boldsymbol{B}(\boldsymbol{r})\, \mathrm{e}^{-\mathrm{i}\omega t} . \tag{7.49}$$

Außerhalb der Ladungs- und Stromverteilung, also für $r{>}r_0$, gilt

$$\operatorname{rot} \boldsymbol{B} = \frac{1}{c^2} \frac{\partial \boldsymbol{E}}{\partial t} = -\frac{\mathrm{i}\omega}{c^2} \boldsymbol{E} \qquad \Rightarrow \qquad \boldsymbol{E} = \mathrm{i}\, \frac{c}{k} \operatorname{rot} \boldsymbol{B} . \tag{7.50}$$

Da $\boldsymbol{B}{=}\operatorname{rot} \boldsymbol{A}$ aus $\boldsymbol{A}$ alleine folgt, erhalten wir also beide Felder, $\boldsymbol{B}$ und $\boldsymbol{E}$, aus $\boldsymbol{A}$ alleine, wenn wir ihre Bestimmung auf das Gebiet $|\boldsymbol{r}|{>}r_0$ beschränken.

Zur Vereinfachung der weiteren Rechnung machen wir jetzt die Einschränkung

$$k r_0 \ll 1 . \tag{7.51}$$

Diese ist gleichbedeutend mit $\omega{\ll}c/r_0$ und lässt sich unter Einführung der Größe

$$\lambda := 2\pi/k , \tag{7.52}$$

die sich in Abschn. 7.6.3 als *Wellenlänge* der abgestrahlten Wellen herausstellen wird, auch in die Form

$$r_0 \ll \lambda \tag{7.53}$$

bringen.

Nahfeld

Wir bezeichnen das Feld im Nahbereich

$$r_0 \ll r \ll \lambda \tag{7.54}$$

als **Nahfeld**. Im Nahbereich gilt wegen $|\boldsymbol{r}'| \le r_0$ für Punkte $\boldsymbol{r}'$ mit $\varrho(\boldsymbol{r}', t) \neq 0$ und/oder $\boldsymbol{j}(\boldsymbol{r}', t) \neq 0$ und wegen $r \ll \lambda = 2\pi/k$

$$k\,|\boldsymbol{r} - \boldsymbol{r}'| \approx kr \ll 2\pi\,, \tag{7.55}$$

sodass

$$\mathrm{e}^{\mathrm{i}k|\boldsymbol{r}-\boldsymbol{r}'|} \approx 1 \tag{7.56}$$

gesetzt werden darf. Damit ergibt sich aus (7.48b)

$$\boldsymbol{A}(\boldsymbol{r}) \approx \frac{\mu_0}{4\pi} \int \frac{\boldsymbol{j}(\boldsymbol{r}')}{|\boldsymbol{r} - \boldsymbol{r}'|}\, d^3\tau'\,,$$

d. h. $\boldsymbol{A}(\boldsymbol{r})$ und $\boldsymbol{B}(\boldsymbol{r})$ lassen sich aus $\boldsymbol{j}(\boldsymbol{r})$ wie im statischen Fall berechnen. Wie bei diesem können wir für $r \gg r_0$ eine Multipolentwicklung nach Potenzen von $1/r$ durchführen und erhalten in niedrigster Ordnung

$$\boldsymbol{A}(\boldsymbol{r}) \approx \frac{\mu_0}{4\pi} \frac{1}{r} \int \boldsymbol{j}(\boldsymbol{r}')\, d^3\tau' + \cdots\,.$$

In (5.30) wurde für eine lokalisierte Stromverteilung ganz allgemein die Beziehung

$$\int \boldsymbol{j}(\boldsymbol{r}')\, d^3\tau' = -\int \boldsymbol{r}' \operatorname{div}' \boldsymbol{j}(\boldsymbol{r}')\, d^3\tau'$$

abgeleitet. Mit (7.47) und $\omega = kc$ folgt hieraus

$$\int \boldsymbol{j}(\boldsymbol{r}')\, d^3\tau' = -\mathrm{i}kc \int \boldsymbol{r}' \varrho(\boldsymbol{r}')\, d^3\tau'\,.$$

Definieren wir wie in statischen Situationen auch im zeitabhängigen Fall **elektrische und magnetische Dipolmomente** durch

$$\boldsymbol{p}(t) = \int \boldsymbol{r}' \varrho(\boldsymbol{r}', t)\, d^3\tau'\,, \qquad \boldsymbol{m}(t) = \frac{1}{2} \int \boldsymbol{r}' \times \boldsymbol{j}(\boldsymbol{r}', t)\, d^3\tau'\,, \tag{7.57}$$

so erhalten wir hier

$$\begin{aligned} \boldsymbol{p}(t) &= \boldsymbol{p}_0\, \mathrm{e}^{-\mathrm{i}\omega t} \quad \text{mit} \quad \boldsymbol{p}_0 = \int \boldsymbol{r}' \varrho(\boldsymbol{r}')\, d^3\tau'\,, \\ \boldsymbol{m}(t) &= \boldsymbol{m}_0\, \mathrm{e}^{-\mathrm{i}\omega t} \quad \text{mit} \quad \boldsymbol{m}_0 = \frac{1}{2} \int \boldsymbol{r}' \times \boldsymbol{j}'(\boldsymbol{r}')\, d^3\tau'\,. \end{aligned} \tag{7.58}$$

Damit ergibt sich schließlich

$$\boldsymbol{A}(\boldsymbol{r}) \approx -\frac{\mathrm{i}k\mu_0 c}{4\pi} \frac{\boldsymbol{p}_0}{r} + \cdots$$

und daraus mit $\boldsymbol{B}=\operatorname{rot}\boldsymbol{A}$, (7.49b), (7.50b) und (7.58a)

$$\boxed{\boldsymbol{B}(\boldsymbol{r},t)\approx\frac{\mathrm{i}k\mu_0 c}{4\pi}\,\frac{\boldsymbol{e}_r\times\boldsymbol{p}(t)}{r^2}\,,\qquad \boldsymbol{E}(\boldsymbol{r},t)\approx\frac{1}{4\pi\,\varepsilon_0}\,\frac{3\,\boldsymbol{e}_r\cdot\boldsymbol{p}(t)\,\boldsymbol{e}_r-\boldsymbol{p}(t)}{r^3}\,.} \tag{7.59}$$

Das Nahfeld wird durch das elektrische Dipolmoment $\boldsymbol{p}(t)$ bestimmt. $\boldsymbol{E}(\boldsymbol{r},t)$ lässt sich instantan wie das statische Feld eines konstanten Dipols berechnen, oszilliert jedoch mit $\boldsymbol{p}(t)$. Für $\omega\to 0$ geht $\boldsymbol{E}$ in ein statisches Feld über. Das Magnetfeld hat kein realistisches statisches Analogon: Es fällt wie $1/r^2$ ab, während das Feld eines statischen magnetischen Dipols wie $1/r^3$ abfällt. Für $\omega\to 0$ geht es wegen $k=\omega/c$ gegen null. Formal liefert das Biot-Savart-Gesetz (3.37a) für ein um $\boldsymbol{r}'=0$ lokalisiertes Stromelement $\int \boldsymbol{j}'\,d^3\tau'=-\mathrm{i}kc\,\boldsymbol{p}(t)$ das Feld

$$\boldsymbol{B}=\frac{\mu_0}{4\pi}\,\frac{\int \boldsymbol{j}(\boldsymbol{r}')\,d^3\tau'\times\boldsymbol{r}}{r^3}=\frac{\mathrm{i}k\mu_0 c}{4\pi}\,\frac{\boldsymbol{e}_r\times\boldsymbol{p}(t)}{r^2}\,,$$

also das richtige Ergebnis. Dazu ist allerdings zu bemerken, dass es in der Magnetostatik wegen $\operatorname{div}\boldsymbol{j}=0$ keine isolierten Stromelemente gibt.

Entgegen dem durch die r-Abhängigkeiten $B\sim 1/r^2$ und $E\sim 1/r^3$ erweckten Anschein ist das Nahfeld überwiegend elektrischer Natur, d. h. der überwiegende Teil der Feldenergie[2] ist im elektrischen Feld enthalten, es gilt

$$w_\mathrm{e}=\frac{\varepsilon_0\boldsymbol{E}^2}{2}\sim\frac{\boldsymbol{p}^2}{\varepsilon_0 r^6}\,,\qquad w_\mathrm{m}=\frac{\boldsymbol{B}^2}{2\mu_0}\sim\frac{k^2\mu_0 c^2\boldsymbol{p}^2}{r^4}\qquad\Rightarrow\qquad \frac{w_\mathrm{m}}{w_\mathrm{e}}\sim k^2r^2\overset{(7.55)}{\ll}1\,.$$

Fernfeld

Das Feld im Fernbereich

$$r\gg\lambda \tag{7.60}$$

wird als **Fernfeld** bezeichnet. Die Ungleichung (7.60) kann in

$$kr\gg 1 \tag{7.61}$$

umgeschrieben werden und wird erst später benötigt. Aus der Entwicklung

$$|\boldsymbol{r}-\boldsymbol{r}'|=r\sqrt{1-2\,(r'/r)\,\boldsymbol{e}_r\cdot\boldsymbol{e}_r'+(r'/r)^2}\overset{|\boldsymbol{r}'|\le r_0}{=}r-\boldsymbol{e}_r\cdot\boldsymbol{r}'+\mathcal{O}(r_0{}^2/r)$$

nach der kleinen Größe r'/r folgt

$$\mathrm{e}^{\mathrm{i}k|\boldsymbol{r}-\boldsymbol{r}'|}\approx\mathrm{e}^{\mathrm{i}kr}\mathrm{e}^{-\mathrm{i}k\boldsymbol{e}_r\cdot\boldsymbol{r}'}\,, \tag{7.62}$$

falls $kr_0{}^2/r\ll 1$ bzw.

$$r\gg kr_0{}^2 \tag{7.63}$$

2 Wir benutzen hier für die Energiedichte der Felder $\boldsymbol{E}$ und $\boldsymbol{B}$ die statischen Ausdrücke. Die Rechtfertigung hierfür wird später in Abschn. 7.9.2 gegeben.

gilt. Diese Bedingung ist unter der schon eingangs gemachten Einschränkung (7.51), aus der $r_0 \gg k r_0^2$ folgt, für $r \gg r_0$ erfüllt. Die Länge $k r_0^2$ wird als **Rayleigh-Abstand** bezeichnet.

Setzen wir unter Vernachlässigung von Termen $\mathcal{O}(1/r^2)$

$$\frac{1}{|\boldsymbol{r}-\boldsymbol{r}'|} = \frac{1}{r\left[1-\boldsymbol{e}_r\cdot\boldsymbol{r}'/r+\mathcal{O}(r_0^2/r^2)\right]} \approx \frac{1}{r}\,, \tag{7.64}$$

so erhalten wir hiermit und mit (7.62) aus (7.48b) jetzt

$$\boldsymbol{A}(\boldsymbol{r}) \approx \frac{\mu_0}{4\pi}\frac{\mathrm{e}^{\mathrm{i}kr}}{r}\int \boldsymbol{j}(\boldsymbol{r}')\,\mathrm{e}^{-\mathrm{i}k\boldsymbol{e}_r\cdot\boldsymbol{r}'}\,d^3\tau'\,.$$

Mit $kr_0 \ll 1$ gilt im Integrationsgebiet auch $k\boldsymbol{e}_r\cdot\boldsymbol{r}' \ll 1$, sodass wir

$$\begin{aligned}
\int \boldsymbol{j}(\boldsymbol{r}')\,\mathrm{e}^{-\mathrm{i}k\boldsymbol{e}_r\cdot\boldsymbol{r}'}\,d^3\tau' &= \int \boldsymbol{j}(\boldsymbol{r}')\,d^3\tau' - \mathrm{i}k\int \boldsymbol{e}_r\cdot\boldsymbol{r}'\,\boldsymbol{j}(\boldsymbol{r}')\,d^3\tau' + \cdots \\
&\overset{(5.33)}{\underset{(5.30)}{=}} -\int \boldsymbol{r}'\,\mathrm{div}'\,\boldsymbol{j}(\boldsymbol{r}')\,d^3\tau' - \frac{\mathrm{i}k}{2}\int(\boldsymbol{r}'\times\boldsymbol{j}')\,d^3\tau'\times\boldsymbol{e}_r + \frac{\mathrm{i}k}{2}\int \boldsymbol{e}_r\cdot\boldsymbol{r}'\,\boldsymbol{r}'\,\mathrm{div}'\,\boldsymbol{j}'(\boldsymbol{r}')\,d^3\tau' \\
&\overset{(7.58)}{\underset{(7.47)}{=}} -\mathrm{i}\omega\boldsymbol{p}_0 - \mathrm{i}k\boldsymbol{m}_0\times\boldsymbol{e}_r + \cdots\,,
\end{aligned}$$

entwickeln können, wobei zuletzt der in $\boldsymbol{r}'$ quadratische (elektrische) Quadrupolterm vernachlässigt wurde. Unter Benutzung von $\omega = kc$ erhalten wir damit schließlich

$$\boldsymbol{A}(\boldsymbol{r}) \approx -\frac{\mathrm{i}k\mu_0}{4\pi}\frac{\mathrm{e}^{\mathrm{i}kr}}{r}\,(c\boldsymbol{p}_0+\boldsymbol{m}_0\times\boldsymbol{e}_r) \tag{7.65}$$

und hieraus mit $\boldsymbol{B} = \mathrm{rot}\,\boldsymbol{A}$

$$\boldsymbol{B}(\boldsymbol{r}) = -\frac{\mathrm{i}k\mu_0}{4\pi}\left[\left(\nabla\frac{\mathrm{e}^{\mathrm{i}kr}}{r}\right)\times c\boldsymbol{p}_0 + \left(\nabla\frac{\mathrm{e}^{\mathrm{i}kr}}{r^2}\right)\times(\boldsymbol{m}_0\times\boldsymbol{r}) + \frac{\mathrm{e}^{\mathrm{i}kr}}{r^2}\,\mathrm{rot}\,(\boldsymbol{m}_0\times\boldsymbol{r})\right].$$

Nun gilt

$$\nabla\frac{\mathrm{e}^{\mathrm{i}kr}}{r} = \frac{\mathrm{i}k\mathrm{e}^{\mathrm{i}kr}\boldsymbol{e}_r}{r}\left(1+\frac{\mathrm{i}}{kr}\right), \qquad \nabla\frac{\mathrm{e}^{\mathrm{i}kr}}{r^2} = \frac{\mathrm{i}k\mathrm{e}^{\mathrm{i}kr}\boldsymbol{e}_r}{r^2}\left(1+\frac{2\mathrm{i}}{kr}\right)$$

und nach (5.37) $\mathrm{rot}\,(\boldsymbol{m}_0\times\boldsymbol{r}) = 2\,\boldsymbol{m}_0$. Es macht keinen Sinn, die Terme $\mathcal{O}(1/r^2)$ mitzunehmen, da schon bei der Näherung (7.64) Terme dieser Größenordnung vernachlässigt wurden. Damit diese Terme hier vernachlässigt werden dürfen, muss nur die den Fernbereich definierende Forderung (7.61), $kr \gg 1$, erfüllt sein, und wir erhalten mit (7.50) schließlich

$$\boxed{\begin{aligned}
\boldsymbol{B}(\boldsymbol{r},t) &= \frac{\mu_0}{4\pi}\frac{k^2\mathrm{e}^{\mathrm{i}(kr-\omega t)}}{r}\,\boldsymbol{e}_r\times(c\boldsymbol{p}_0+\boldsymbol{m}_0\times\boldsymbol{e}_r)\,,\\
\boldsymbol{E}(\boldsymbol{r},t) &\overset{\text{s.u.}}{=} \frac{\mu_0 c}{4\pi}\frac{k^2\mathrm{e}^{\mathrm{i}(kr-\omega t)}}{r}\,\boldsymbol{e}_r\times(c\boldsymbol{p}_0\times\boldsymbol{e}_r-\boldsymbol{m}_0) = c\boldsymbol{B}\times\boldsymbol{e}_r\,.
\end{aligned}} \tag{7.66}$$

Dabei folgte $\boldsymbol{E}(\boldsymbol{r},t)$ aus (7.50) und (7.66) gemäß

$$\boldsymbol{E} = \frac{\mathrm{i}c}{k}\,\mathrm{rot}\,\boldsymbol{B} = \frac{\mathrm{i}c}{k}\left(\nabla\frac{\mathrm{e}^{\mathrm{i}kr}}{r}\right) \times \left(r\,\mathrm{e}^{-\mathrm{i}kr}\boldsymbol{B}\right) + \ldots = c\boldsymbol{B} \times \boldsymbol{e}_r + \ldots\,, \tag{7.67}$$

da $\mathrm{rot}\,(\boldsymbol{e}_r \times \boldsymbol{p}_0)$ und $\mathrm{rot}[\boldsymbol{e}_r \times (\boldsymbol{m}_0 \times \boldsymbol{e}_r)]$ wieder nur zu Beiträgen $\mathcal{O}(1/r^2)$ führen.

$\boldsymbol{E}$ und $\boldsymbol{B}$ hängen von t nur über die Phase $\varphi = kr - \omega t$ ab. Die Flächen konstanter Phase φ sind Kugelflächen, die sich mit $\dot{r} = \omega/k$, nach (7.48c) also mit der Geschwindigkeit c radial nach außen bewegen. Das elektromagnetische Fernfeld breitet sich also als radiale Kugelwelle aus, wobei $\boldsymbol{E}$ und $\boldsymbol{B}$ sowohl senkrecht aufeinander als auch beide senkrecht zur Richtung $\boldsymbol{e}_r$ der Wellenausbreitung stehen. Das Fernfeld ist ein typisches Strahlungsfeld (siehe Abschn. 7.4), da sowohl $\boldsymbol{E}$ als auch $\boldsymbol{B}$ mit zunehmendem r den **Strahlungsabfall** $\sim 1/r$ aufweisen. Der krasse Gegensatz des Strahlungsabfalls zum Abfall statischer Felder wird hier besonders deutlich, da die Felder nach unserem Ergebnis durch das elektrische Dipolmoment $\boldsymbol{p}$ und das magnetische Moment $\boldsymbol{m}$ der oszillierenden Ladungsverteilung erzeugt werden. Statische Momente $\boldsymbol{p}_0$ und $\boldsymbol{m}_0$ erzeugen im Gegensatz dazu Felder, die wie $1/r^3$ abfallen. Anders als im Nahfeld sind $\boldsymbol{E}$ und $\boldsymbol{B}$ im Fernfeld gleichberechtigt, denn es gilt

$$w_\mathrm{e} = \frac{\varepsilon_0}{2}\boldsymbol{E}^2 \overset{(7.67)}{=} \frac{\varepsilon_0}{2}c^2(\boldsymbol{B} \times \boldsymbol{e}_r)^2 = \frac{1}{2\mu_0}\boldsymbol{B}^2 = w_\mathrm{m}\,. \tag{7.68}$$

Die Gleichberechtigung kommt auch darin zum Ausdruck, dass $\boldsymbol{E}$ und $\boldsymbol{B}$ beide sowohl vom elektrischen Dipolmoment $\boldsymbol{p}_0$ als auch vom magnetischen Moment $\boldsymbol{m}_0$ bestimmt werden.

7.6.2 Exaktes Feld eines oszillierenden infinitesimalen Dipols

Wir berechnen jetzt das Feld zweier Punktladungen, die in Richtung der z-Achse um $z=0$ oszillieren,

$$q_1 = q \qquad \text{bei} \qquad \boldsymbol{r}_1(t') = \boldsymbol{r}_0(t')\,,$$

und

$$q_2 = -q \qquad \text{bei} \qquad \boldsymbol{r}_2(t') = -\boldsymbol{r}_0(t')\,,$$

mit

$$\boldsymbol{r}_0(t') = a\sin(\omega t')\,\boldsymbol{e}_z \qquad \Rightarrow \qquad \boldsymbol{v}(t') = \omega a\cos(\omega t')\,\boldsymbol{e}_z\,.$$

Nach (7.39b) erzeugen sie das Vektorpotenzial

$$\boldsymbol{A} = \frac{q\mu_0}{4\pi}\left(\frac{\omega a\cos(\omega t_1')\,\boldsymbol{e}_z}{R_1 - \boldsymbol{R}_1\cdot\boldsymbol{v}_1/c} + \frac{\omega a\cos(\omega t_2')\,\boldsymbol{e}_z}{R_2 - \boldsymbol{R}_2\cdot\boldsymbol{v}_2/c}\right) \qquad \text{mit} \qquad t_i' = t - \frac{R_i}{c}\,.$$

Wie bei einem statischen infinitesimalen Dipol lassen wir nun so $a \to 0$ und $q \to \infty$ gehen, dass dabei das Produkt $2qa = p_0$ konstant bleibt. Nach (7.57) ist das Dipolmoment der beiden Ladungen

$$\boldsymbol{p}(t') = \boldsymbol{p}_0\sin(\omega t') \qquad \text{mit} \qquad \boldsymbol{p}_0 = 2qa\,\boldsymbol{e}_z\,,$$

ihr magnetisches Moment

$$\boldsymbol{m}(t') = a\sin(\omega t')\boldsymbol{e}_z \times q\omega\, a\cos(\omega t')\boldsymbol{e}_z = 0\,.$$

Mit $a \to 0$ geht

$$\boldsymbol{R}_i = \boldsymbol{r} - \boldsymbol{r}_i(t') \to \boldsymbol{r}\,, \qquad t_i' = t - R_i/c \to t - r/c\,,$$
$$v(t') = a\omega\cos(\omega t') \to 0\,, \qquad R_i - \boldsymbol{R}_i \cdot \boldsymbol{v}_i/c \to r$$

und

$$\boldsymbol{A} \to \frac{\mu_0\omega}{4\pi}\,\frac{\cos[\omega(t-r/c)]}{r}\,\boldsymbol{p}_0 \overset{(7.48c)}{=} \frac{\mu_0 k}{4\pi}\,\frac{\cos(kr-\omega t)}{r}\,c\,\boldsymbol{p}_0\,.$$

Hieraus folgt

$$\boldsymbol{B} = \operatorname{rot}\boldsymbol{A} = \frac{\mu_0 k}{4\pi}\,\nabla\frac{\cos(kr-\omega t)}{r} \times c\,\boldsymbol{p}_0 = \frac{\mu_0 k}{4\pi}\,\frac{\partial}{\partial r}\left(\frac{\cos(kr-\omega t)}{r}\right)\boldsymbol{e}_r \times c\,\boldsymbol{p}_0\,.$$

Zur Berechnung des elektrischen Feldes integrieren wir die im Vakuum gültige Gleichung $\operatorname{rot}\boldsymbol{B}/\mu_0 = \varepsilon_0\partial\boldsymbol{E}/\partial t$ nach der Zeit und erhalten nach Vertauschen der r-Ableitung mit der Zeitintegration unter Benutzung von $\varepsilon_0\mu_0 = 1/c^2$ und $kc/\omega = 1$

$$\boldsymbol{E} = \frac{1}{4\pi\varepsilon_0}\operatorname{rot}\left[\frac{\partial}{\partial r}\left(\frac{\sin(kr-\omega t)}{r}\right)\boldsymbol{p}_0 \times \boldsymbol{e}_r\right].$$

Führen wir jetzt Polarkoordinaten r, ϑ und φ ein, deren Polarwinkel ϑ auf die z-Achse (Richtung von $\boldsymbol{p}_0$) bezogen ist, und benutzen

$$\boldsymbol{e}_z \times \boldsymbol{e}_r = \sin\vartheta\,\boldsymbol{e}_\varphi\,, \qquad \boldsymbol{e}_\varphi = r\sin\vartheta\,\nabla\varphi\,, \qquad \boldsymbol{e}_\vartheta = r\nabla\vartheta\,,$$

so erhalten wir mit $\boldsymbol{p}_0\times\boldsymbol{e}_r = p_0\,\boldsymbol{e}_z\times\boldsymbol{e}_r = p_0\sin\vartheta\,\boldsymbol{e}_\varphi = p_0\,r\sin^2\vartheta\,\nabla\varphi$

$$\begin{aligned}
&\frac{4\pi\varepsilon_0}{p_0}\boldsymbol{E}\\
&= \operatorname{rot}\left[r\sin^2\vartheta\,\frac{\partial}{\partial r}\left(\frac{\sin(kr-\omega t)}{r}\right)\nabla\varphi\right] = \nabla\left[r\sin^2\vartheta\,\frac{\partial}{\partial r}\left(\frac{\sin(kr-\omega t)}{r}\right)\right] \times \nabla\varphi\\
&= \frac{2\cos\vartheta}{r}\,\frac{\partial}{\partial r}\left(\frac{\sin(kr-\omega t)}{r}\right)\boldsymbol{e}_\vartheta \times \boldsymbol{e}_\varphi + \frac{\sin\vartheta}{r}\,\frac{\partial}{\partial r}\left[r\frac{\partial}{\partial r}\left(\frac{\sin(kr-\omega t)}{r}\right)\right]\boldsymbol{e}_r \times \boldsymbol{e}_\varphi\,.
\end{aligned}$$

Mit $\boldsymbol{e}_\vartheta\times\boldsymbol{e}_\varphi = \boldsymbol{e}_r$, $\boldsymbol{e}_r\times\boldsymbol{e}_\varphi = -\boldsymbol{e}_\vartheta$ und nach Ausführen der r-Ableitungen sowie unter Benutzung von $\boldsymbol{e}_r\times\boldsymbol{p}_0 = -p_0\sin\vartheta\,\boldsymbol{e}_\varphi$ in dem oben für $\boldsymbol{B}$ abgeleiteten Ergebnis erhalten wir schließlich insgesamt

$$\begin{aligned}
\boldsymbol{E} = \frac{p_0 k^3}{4\pi\varepsilon_0}&\left[\frac{2\cos\vartheta}{kr}\left(\frac{\cos(kr-\omega t)}{kr} - \frac{\sin(kr-\omega t)}{k^2r^2}\right)\boldsymbol{e}_r\right.\\
&\left.+\frac{\sin\vartheta}{kr}\left(\sin(kr-\omega t) + \frac{\cos(kr-\omega t)}{kr} - \frac{\sin(kr-\omega t)}{k^2r^2}\right)\boldsymbol{e}_\vartheta\right]
\end{aligned} \tag{7.69}$$

$$\boldsymbol{B} = \frac{\mu_0 p_0 k^3 c}{4\pi}\sin\vartheta\left(\frac{k\sin(kr-\omega t)}{kr} + \frac{\cos(kr-\omega t)}{k^2r^2}\right)\boldsymbol{e}_\varphi\,. \tag{7.70}$$

$\boldsymbol{E}$ enthält Terme $\sim 1/r$, $\sim 1/r^2$ und $\sim 1/r^3$, von denen der Term $\sim 1/r^3$ gerade das Nahfeld (7.59b) und der $\sim 1/r$ das Fernfeld (7.66b) mit $\boldsymbol{m}_0=0$ ist; der zu $1/r^2$ proportionale Anteil ist für den Zwischenbereich zwischen Nah- und Fernfeld wichtig. Der erste Term in $\boldsymbol{B}$ ist gerade das Fernfeld (7.66) mit $\boldsymbol{m}_0=0$, der zweite das Nahfeld (7.59a).

7.6.3 Ebene Wellen

Wir fanden in großer Entfernung von einer periodischen Strahlungsquelle elektromagnetische Wellen, bei denen $\boldsymbol{E}$ und $\boldsymbol{B}$ senkrecht zueinander und senkrecht zur Ausbreitungsrichtung stehen, und bei denen die Flächen konstanter Wellenphase räumlich nur vom Abstand r von der Quelle abhängen. In einem Raumgebiet, dessen Abmessungen klein gegenüber dem Abstand von der Quelle, aber groß gegenüber der Wellenlänge sind, erscheinen diese Wellen beinahe als eben. **Ebene Wellen** werden dabei dadurch definiert, dass ihre Flächen konstanter Phase Ebenen sind. Es ist daher in vielen Fällen sinnvoll, Wellen in räumlichen Teilgebieten als ebene Wellen zu idealisieren (Abb. 7.6).

Allgemeine Lösung für ebene Wellen

Aus dem Ergebnis (7.66) für das Fernfeld erhalten wir ebene Wellen, indem wir $r=r_0+s$ setzen und r_0 bei endlichem s so gegen unendlich gehen lassen, dass dabei $\boldsymbol{a}_0:=(c\,\boldsymbol{p}_0+\boldsymbol{m}_0\times\boldsymbol{e}_r)/r_0$ endlich bleibt. $\boldsymbol{E}$ und $\boldsymbol{B}$ gehen hierbei in

$$\boldsymbol{B} = \boldsymbol{B}_0\,\mathrm{e}^{\mathrm{i}(ks-\omega t)} \qquad \text{mit} \qquad \boldsymbol{B}_0 = \frac{\mu_0}{4\pi}\,k^2\,\mathrm{e}^{\mathrm{i}kr_0}\,(\boldsymbol{e}_r\times\boldsymbol{a}_0) \tag{7.71}$$

und

$$\boldsymbol{E} = c\,\boldsymbol{B}_0\times\boldsymbol{e}_r\;\mathrm{e}^{\mathrm{i}(ks-\omega t)} \tag{7.72}$$

über. Diese Felder sind als Grenzfall des Fernfelds einer periodisch schwingenden Ladungsverteilung noch an diese gekoppelt.

Wir überzeugen uns davon, dass Felder dieser Struktur die allgemeine Lösung der Maxwell-Gleichungen für räumlich und zeitlich harmonische Felder im Vakuum bilden, die räumlich nur von einer Ortsvariablen s abhängen. Zum Nachweis dieser Behauptung könnten wir natürlich wieder die Wellengleichung für das Vektorpotenzial $\boldsymbol{A}$ lösen und kämen mit dem Ansatz $\boldsymbol{A}=\boldsymbol{A}_0\,\mathrm{e}^{\mathrm{i}(ks-\omega t)}$ schnell zu (7.71)–(7.72) zurück. Es ist jedoch illustrativ, direkt die Vakuumgleichungen

$$\begin{aligned} \operatorname{div}\boldsymbol{E} &= 0\,, & \operatorname{div}\boldsymbol{B} &= 0\,, \\ \operatorname{rot}\boldsymbol{E} &= -\frac{\partial\boldsymbol{B}}{\partial t}\,, & \operatorname{rot}\boldsymbol{B} &= \frac{1}{c^2}\,\frac{\partial\boldsymbol{E}}{\partial t} \end{aligned} \tag{7.73}$$

heranzuziehen. Zu deren Lösung treffen wir den Ansatz

$$\boldsymbol{E} = \boldsymbol{E}_0\,\mathrm{e}^{\mathrm{i}(\boldsymbol{k}\cdot\boldsymbol{r}-\omega t)}\,, \qquad \boldsymbol{B} = \boldsymbol{B}_0\,\mathrm{e}^{\mathrm{i}(\boldsymbol{k}\cdot\boldsymbol{r}-\omega t)}\,, \tag{7.74}$$

der mit (7.71)–(7.72) übereinstimmt, wenn

$$s = \boldsymbol{r}\cdot\boldsymbol{k}/k \tag{7.75}$$

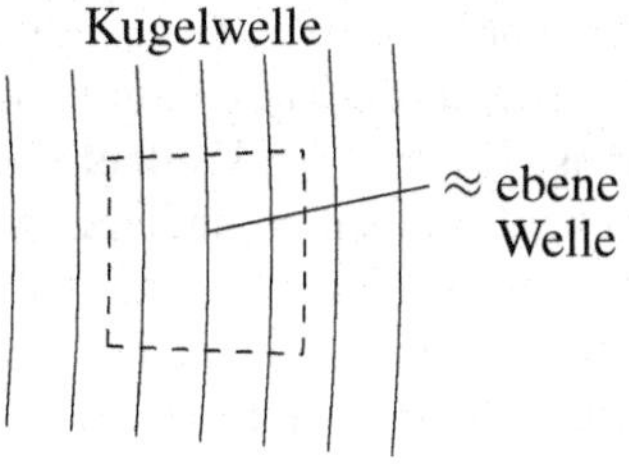

Abb. 7.6: Idealisierung weit von der Strahlungsquelle entfernter elektromagnetischer Kugelwellen als ebene Wellen.

gesetzt wird, und mit dem sich

$$\operatorname{div} \boldsymbol{E} = \boldsymbol{E}_0 \cdot \nabla e^{i(\boldsymbol{k}\cdot\boldsymbol{r}-\omega t)} = i\boldsymbol{k} \cdot \boldsymbol{E}_0 \, e^{i(\boldsymbol{k}\cdot\boldsymbol{r}-\omega t)} = 0$$

sowie eine analoge Gleichung für $\boldsymbol{B}$ ergibt. Wir erhalten daraus folgend die Bedingungen $\boldsymbol{k}\cdot\boldsymbol{E}_0=0$ und $\boldsymbol{k}\cdot\boldsymbol{B}_0=0$, die wir mit

$$\boldsymbol{E}_0 = \boldsymbol{E}_\perp , \qquad \boldsymbol{B}_0 = \boldsymbol{B}_\perp \tag{7.76}$$

erfüllen, wobei die Vektoren $\boldsymbol{E}_\perp$ und $\boldsymbol{B}_\perp$ senkrecht auf dem als **Wellenzahlvektor** bezeichneten Vektor $\boldsymbol{k}$ stehen. Weiterhin erhalten wir mit unserem Ansatz

$$\operatorname{rot} \boldsymbol{E} = \nabla e^{i(\boldsymbol{k}\cdot\boldsymbol{r}-\omega t)} \times \boldsymbol{E}_0 = i\boldsymbol{k}\, e^{i(\boldsymbol{k}\cdot\boldsymbol{r}-\omega t)} \times \boldsymbol{E}_0 = i\boldsymbol{k} \times \boldsymbol{E} , \qquad \partial\boldsymbol{E}/\partial t = -i\omega\boldsymbol{E}$$

und analoge Gleichungen für $\boldsymbol{B}$. Setzen wir diese in die zur Lösung verbliebenen Maxwell-Gleichungen ein, so ergibt sich $i\boldsymbol{k}\times\boldsymbol{E}=i\omega\boldsymbol{B}$ und $i\boldsymbol{k}\times\boldsymbol{B}=-i\omega\boldsymbol{E}/c^2$ und daraus

$$\boldsymbol{E} = \frac{c^2}{\omega} \boldsymbol{B} \times \boldsymbol{k} , \qquad \boldsymbol{B} = \frac{1}{\omega} \boldsymbol{k} \times \boldsymbol{E} . \tag{7.77}$$

Setzen wir die zweite dieser Gleichungen in die erste ein und berücksichtigen (7.76), so folgt

$$\boldsymbol{E} = \frac{c^2}{\omega^2} (\boldsymbol{k} \times \boldsymbol{E}) \times \boldsymbol{k} = \frac{k^2 c^2}{\omega^2} \boldsymbol{E}$$

und daraus $k^2c^2/\omega^2=1$ oder

$$\frac{\omega}{k} = \pm c . \tag{7.78}$$

Wählen wir für unsere Lösung den Realteil der komplexen Ansätze (7.74) und benutzen (7.75) bzw. $\boldsymbol{k}\cdot\boldsymbol{r}=ks$, so erhalten wir mit (7.77b)

$$\boldsymbol{E} = \operatorname{Re}(\boldsymbol{E}_\perp) \cos(ks - \omega t) - \operatorname{Im}(\boldsymbol{E}_\perp) \sin(ks - \omega t) , \tag{7.79}$$

$$\boldsymbol{B} = \frac{1}{\omega} \left[\boldsymbol{k} \times \operatorname{Re}(\boldsymbol{E}_\perp) \cos(ks - \omega t) - \boldsymbol{k} \times \operatorname{Im}(\boldsymbol{E}_\perp) \sin(ks - \omega t) \right] . \tag{7.80}$$

Man überzeugt sich leicht davon, dass diese Lösungen bei geeigneter Definition der Amplitude $\boldsymbol{E}_\perp$ und für $\boldsymbol{k}/k=\boldsymbol{e}_r$ mit den Realteilen der Ergebnisse (7.71)–(7.72) übereinstimmen. Die **Phase** $\phi=ks-\omega t$ der Welle ist an den Orten $s(t)=(\omega t+\text{const})/k$ konstant und breitet sich mit der **Phasengeschwindigkeit**

$$\boxed{v_{\text{ph}} = \dot{s}(t) = \frac{\omega}{k} = \pm c} \tag{7.81}$$

in Richtung des Vektors $\boldsymbol{k}$ aus. Die Feldamplituden $\boldsymbol{E}_\perp$ und $\boldsymbol{B}_\perp = \boldsymbol{k} \times \boldsymbol{E}_\perp/\omega$ stehen senkrecht zur Ausbreitungsrichtung und senkrecht aufeinander. Da die Phase ϕ nach der Strecke $\Delta s = 2\pi/k$ wieder denselben Wert annimmt, ist $\lambda = 2\pi/k$ die **Wellenlänge**.

Die Tatsache, dass wir für die Felder $\boldsymbol{E}$ und $\boldsymbol{B}$ Wellenlösungen gefunden haben, lässt vermuten, dass nicht nur deren Potenziale ϕ und $\boldsymbol{A}$ (siehe (7.15)), sondern auch diese selbst Wellengleichungen erfüllen. Das ist tatsächlich der Fall, denn unter Benutzung der Maxwell-Gleichungen (7.1) ergibt sich selbst im Fall nicht verschwindender Ladungsdichte

$$\Delta \boldsymbol{E} = \operatorname{grad}\operatorname{div}\boldsymbol{E} - \operatorname{rot}\operatorname{rot}\boldsymbol{E} = \frac{1}{\varepsilon_0}\nabla\varrho + \frac{\partial}{\partial t}\operatorname{rot}\boldsymbol{B} = \frac{1}{\varepsilon_0}\nabla\varrho + \frac{\partial}{\partial t}\left(\mu_0\boldsymbol{j} + \frac{1}{c^2}\frac{\partial \boldsymbol{E}}{\partial t}\right),$$

$$\Delta \boldsymbol{B} = \operatorname{grad}\operatorname{div}\boldsymbol{B} - \operatorname{rot}\operatorname{rot}\boldsymbol{B} = -\operatorname{rot}\left(\mu_0\boldsymbol{j} + \frac{1}{c^2}\frac{\partial \boldsymbol{E}}{\partial t}\right) = -\mu_0\operatorname{rot}\boldsymbol{j} + \frac{1}{c^2}\frac{\partial^2 \boldsymbol{B}}{\partial t^2}$$

und daraus folgend

$$\boxed{\Delta\boldsymbol{E} - \frac{1}{c^2}\frac{\partial^2\boldsymbol{E}}{\partial t^2} = \frac{1}{\varepsilon_0}\nabla\varrho + \mu_0\frac{\partial\boldsymbol{j}}{\partial t}, \qquad \Delta\boldsymbol{B} - \frac{1}{c^2}\frac{\partial^2\boldsymbol{B}}{\partial t^2} = -\mu_0\operatorname{rot}\boldsymbol{j}.} \tag{7.82}$$

Auch aus diesen Gleichungen können für $\varrho \equiv 0$ und $\boldsymbol{j} \equiv 0$ die Lösungen (7.79)–(7.80) abgeleitet werden.

Lineare, zirkulare und elliptische Polarisation

Unser Ergebnis (7.79)–(7.80) bzw. (7.74) mit (7.76) und (7.77) enthält das Phänomen der **Wellenpolarisation**. Zu dessen Diskussion beschränken wir uns auf Wellen, die sich in Richtung $\boldsymbol{e}_x$ ausbreiten, und betrachten zunächst das elektrische Feld, für das wir in komplexer Darstellung

$$\boldsymbol{E} = \left(E_1\,\mathrm{e}^{\mathrm{i}\delta_1}\boldsymbol{e}_y + E_2\,\mathrm{e}^{\mathrm{i}\delta_2}\boldsymbol{e}_z\right)\mathrm{e}^{\mathrm{i}(kx-\omega t)} \tag{7.83}$$

mit reellem E_1 und E_2 schreiben können. Durch geeignete Wahl des Koordinatenursprungs ($x' = x + \delta_1/k$ mit der Folge $\mathrm{e}^{\mathrm{i}(kx+\delta_1)} = \mathrm{e}^{\mathrm{i}kx'}$ und Umbenennung $x' \to x$) können wir erreichen, dass effektiv $\delta_1 = 0$ wird. Mit dieser Festlegung betrachten wir $\boldsymbol{E}$ bei einem festen Wert von x, z. B. $x = 0$, und wählen als reelle Lösung wieder den Realteil von $\boldsymbol{E}$. Dann haben wir dort mit $\delta_2 \to \delta$

$$E_y = E_1\cos(\omega t), \qquad E_z = E_2\cos(\omega t - \delta). \tag{7.84}$$

Durch eine Drehung des Koordinatensystems um die x-Achse und geeignete Wahl des Zeitnullpunkts können wir auch noch erreichen, dass

$$E'_y = E'_1\cos(\omega t), \qquad E'_z = E'_2\sin(\omega t) \tag{7.85}$$

wird.

Beweis: Eine Drehung um die x-Achse mit dem Winkel φ führt mit $t{=}t'{-}t_0$ und (7.84) zu

$$\begin{aligned} E'_y = E_y \cos\varphi - E_z \sin\varphi &= \cos(\omega t')\Big[E_1 \cos(\omega t_0)\cos\varphi - E_2 \cos(\omega t_0 + \delta)\sin\varphi\Big] \\ &\quad + \sin(\omega t')\Big[E_1 \sin\omega t_0 \cos\varphi - E_2 \sin(\omega t_0 + \delta)\sin\varphi\Big], \\ E'_z = E_y \sin\varphi + E_z \cos\varphi &= \cos(\omega t')\Big[E_1 \cos(\omega t_0)\sin\varphi + E_2 \cos(\omega t_0 + \delta)\cos\varphi\Big] \\ &\quad + \sin(\omega t')\Big[E_1 \sin(\omega t_0)\sin\varphi + E_2 \sin(\omega t_0 + \delta)\cos\varphi\Big]. \end{aligned}$$

Damit die Feldkomponenten E'_y und E'_z die Struktur (7.85) aufweisen, müssen die Gleichungen

$$\begin{aligned} E_1 \sin(\omega t_0)\cos\varphi - E_2 \sin(\omega t_0 + \delta)\sin\varphi &= 0, \\ E_1 \cos(\omega t_0)\sin\varphi + E_2 \cos(\omega t_0 + \delta)\cos\varphi &= 0 \end{aligned}$$

erfüllt sein, aus denen mit den Abkürzungen $\omega t_0{=}u$ und $E_1/E_2{=}\alpha$ die Gleichungen

$$\tan\varphi = \frac{\alpha \sin u}{\sin(u+\delta)} = -\frac{\cos(u+\delta)}{\alpha \cos u} \tag{7.86}$$

folgen. Für deren Verträglichkeit muss

$$\alpha^2 \sin(2u) = 2\alpha^2 \sin u \cos u = -2\sin(u+\delta)\cos(u+\delta) = -\sin(2u+2\delta)$$

gelten. Diese Gleichung hat für alle $\delta{\neq}0$ eine Lösung $u^*{\neq}0$, und zu dieser existiert auch ein Drehwinkel φ^*, der (7.86a) erfüllt. Führt man jetzt noch die Umbenennung $t'{\to}t$ durch, so ist gezeigt, dass unsere Lösung für das $\boldsymbol{E}$-Feld stets in die Form (7.85) gebracht werden kann. □

(7.85) ist noch das allgemeine Ergebnis für das Zeitverhalten des Feldes $\boldsymbol{E}$ an einem ausgewählten Raumpunkt in einem geeignet gewählten Koordinatensystem. Durch Spezialisierung erhalten wir aus ihm die folgenden Möglichkeiten.

1. Für $E'_2{=}0$ erhalten wir mit (7.77b) und (7.78) die **linear polarisierte** Welle

$$\boldsymbol{E} = E'_1 \cos(\omega t)\, \boldsymbol{e}'_y, \qquad \boldsymbol{B} = \frac{1}{c}\, E'_1 \cos(\omega t)\, \boldsymbol{e}'_z, \tag{7.87}$$

bei der $\boldsymbol{E}$ bzw. $\boldsymbol{B}$ aufeinander senkrecht stehend jeweils nur in einer Richtung oszillieren (Abb. 7.7 (a)).

2. Für $E'_1{\neq}0$ und $E'_2{\neq}0$ ergibt sich wegen $\cos^2\omega t{+}\sin^2\omega t{=}1$ aus (7.85)

$$\frac{E'^2_y}{E'^2_1} + \frac{E'^2_z}{E'^2_2} = 1.$$

Der Vektor $\boldsymbol{E}$ rotiert demnach in der y', z'-Ebene so, dass sich seine Spitze auf einer Ellipse bewegt (Abb. 7.7 (b)). Analog rotiert auch die Spitze des Vektors $\boldsymbol{B}$ auf einer Ellipse, wobei $\boldsymbol{E}$ und $\boldsymbol{B}$ dauernd aufeinander senkrecht stehen. Wellen dieser Art heißen **elliptisch polarisiert**.

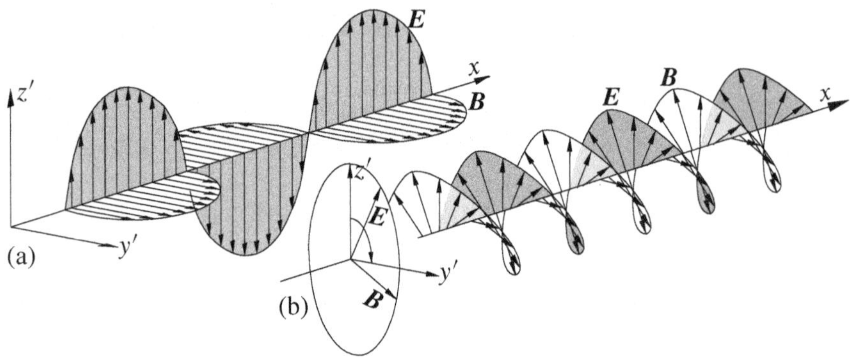

Abb. 7.7: (a) Linear polarisierte elektromagnetische Welle. (b) Elliptisch polarisierte elektromagnetische Welle. Der Vektor $\boldsymbol{E}$ rotiert in der y', z'-Ebene und beschreibt dabei eine Ellipse. Dasselbe gilt für den Vektor $\boldsymbol{B}$, der außerdem stets auf $\boldsymbol{E}$ senkrecht steht.

3. Für $E_1' = E_2'$ wird aus der Ellipse ein Kreis, und die Welle heißt **zirkular polarisiert**.

Nach (7.83) ist die Abhängigkeit der Komponenten E_y und E_z bzw. E_y' und E_z' vom Ort x im Wesentlichen dieselbe wie die von der Zeit t. Aus der engen Verwandtschaft der allgemeinen Lösung (7.83) mit der Abstrahlungslösung (7.72) lässt sich schließen, dass zwei senkrecht zueinander orientiert schwingende Dipole polarisierte Wellen abstrahlen. Die Art der Polarisation hängt vom Verhältnis der Dipolstärken und dem Phasenunterschied der Oszillationen ab.

Stehende Wellen

Die um ihre Ortsabhängigkeit erweiterte polarisierte Welle (7.85) hat die Feldkomponenten

$$E_y' \overset{(7.77b)}{=} cB_z' = E_1' \cos(\omega t - kx)\,, \qquad E_z' \overset{(7.77b)}{=} -cB_y' = E_2' \sin(\omega t - kx)\,,$$

wenn sie in positive x-Richtung läuft. Überlagert man ihr eine in negative x-Richtung laufende Welle gleicher Polarisation und Amplitude,

$$E_y' = cB_z' = E_1' \cos(\omega t + kx)\,, \qquad E_z' = -cB_y' = E_2' \sin(\omega t + kx)\,,$$

so ergibt sich für die durch die Überlagerung entstehende Welle aus den Additionstheoremen für Sinus und Kosinus

$$E_y' = cB_z' = 2E_1' \cos(\omega t)\cos(kx)\,, \qquad E_z' = -cB_y' = 2E_2' \sin(\omega t)\cos(kx)\,.$$

In dieser Lösung gibt es keine Orte konstanter Phase, die mit Lichtgeschwindigkeit wandern, vielmehr hat die Welle an den periodisch aufeinanderfolgenden Orten

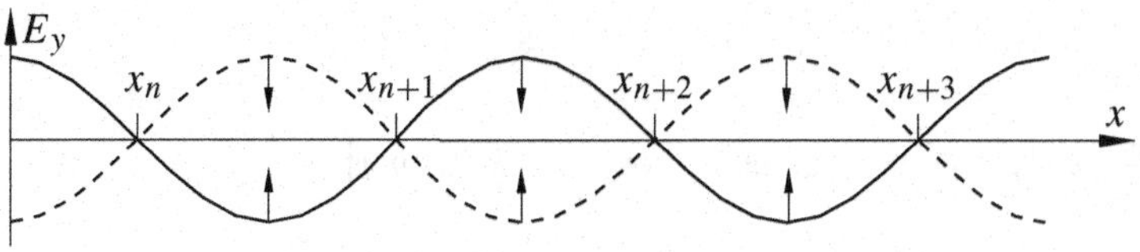

Abb. 7.8: Stehende Welle linearer Polarisation: An den periodisch aufeinanderfolgenden Orten $x_n{=}(2n{+}1)\pi/(2k)$ ist die Feldamplitude permanent gleich null, dazwischen oszilliert sie zwischen den durch die gestrichelte und die durchgezogene Kurve markierten Extremwerten.

$x_n{=}(2n{+}1)\pi/(2k)$, $n{=}0, \pm 1, \pm 2, \ldots$ permanent die Amplitude null. An allen dazwischenliegenden Punkten rotiert der Feldvektor $\boldsymbol{E}'$ gleichmäßig um die x-Richtung mit im Allgemeinen zeitlich periodisch schwankender Amplitude. Im Fall zirkularer Polarisation gibt es keine zeitlichen Amplitudenschwankungen, das Feld rotiert mit konstanter, allerdings vom Ort der Rotation abhängiger Amplitude; im Fall linearer Polarisation gibt es keine Rotation, sondern nur Oszillationen der Amplitude bei – bis auf das Vorzeichen – konstanter Feldrichtung. Wellen mit den angeführten Eigenschaften werden als **stehende Wellen** bezeichnet (Abb. 7.8).

Eine stehende elektromagnetische Welle kann physikalisch dadurch realisiert werden, dass man eine ebene Welle auf eine senkrecht zur Ausbreitungsrichtung stehende, ideal leitfähige Wand zulaufen lässt, an der sie reflektiert wird.

7.6.4 Superposition ebener Wellen zu TE- und TM-Wellen

Wir superponieren jetzt zwei linear polarisierte, ebene Wellen gleicher Frequenz, die in unterschiedliche Richtungen der x, z-Ebene laufen und deren elektrisches Feld in Richtung der y-Achse schwingt. Die Felder der ersten Welle mit Ausbreitungsrichtung $\boldsymbol{k}_1$ seien

$$\boldsymbol{E}_1 = E\boldsymbol{e}_y \cos(\boldsymbol{k}_1 \cdot \boldsymbol{r} - \omega t)\,, \quad \boldsymbol{B}_1 = \frac{1}{\omega}\boldsymbol{k}_1 \times \boldsymbol{E}_1 \qquad \text{mit} \quad \boldsymbol{k}_1 = k_x\boldsymbol{e}_x + k_z\boldsymbol{e}_z\,,$$

die der zweiten mit Ausbreitungsrichtung $\boldsymbol{k}_2$

$$\boldsymbol{E}_2 = E\boldsymbol{e}_y \cos(\boldsymbol{k}_2 \cdot \boldsymbol{r} - \omega t)\,, \quad \boldsymbol{B}_2 = \frac{1}{\omega}\boldsymbol{k}_2 \times \boldsymbol{E}_2 \qquad \text{mit} \quad \boldsymbol{k}_2 = k_x\boldsymbol{e}_x - k_z\boldsymbol{e}_z\,.$$

Beide Wellen erfüllen sämtliche Bedingungen, die an ebene Wellen zu stellen sind, insbesondere stehen die Felder $\boldsymbol{E}$ und $\boldsymbol{B}$ jeweils senkrecht aufeinander und senkrecht zur Ausbreitungsrichtung.

Für die Superposition $\boldsymbol{E}{=}\boldsymbol{E}_1{+}\boldsymbol{E}_2$ des elektrischen Feldes erhalten wir mit den Additionstheoremen für die Winkelfunktionen

$$\boldsymbol{E} = E\boldsymbol{e}_y\left[\cos(k_x x + k_z z - \omega t) + \cos(k_x x - k_z z - \omega t)\right] = 2E\boldsymbol{e}_y \cos(k_z z)\cos(k_x x - \omega t)\,.$$

Für $\boldsymbol{B}{=}\boldsymbol{B}_1{+}\boldsymbol{B}_2$ ergibt sich analog

$$\boldsymbol{B} = \frac{E}{\omega}\left[(k_x\boldsymbol{e}_x + k_z\boldsymbol{e}_z)\times\boldsymbol{e}_y \cos(k_x x + k_z z - \omega t) + (k_x\boldsymbol{e}_x - k_z\boldsymbol{e}_z)\times\boldsymbol{e}_y \cos(k_x x - k_z z - \omega t)\right]$$

$$= \frac{E}{\omega} k_x \boldsymbol{e}_z \left[\cos(k_x x + k_z z - \omega t) + \cos(k_x x - k_z z - \omega t)\right]$$
$$+ \frac{E}{\omega} k_z \boldsymbol{e}_x \left[\cos(k_x x - k_z z - \omega t) - \cos(k_x x + k_z z - \omega t)\right]$$

und schließlich

$$\boldsymbol{B} = \frac{2E}{\omega} \left[k_x \boldsymbol{e}_z \cos(k_z z) \cos(k_x x - \omega t) + k_z \boldsymbol{e}_x \sin(k_z z) \sin(k_x x - \omega t)\right] .$$

Durch die Superposition ist eine Welle entstanden, deren Phasenflächen die Ebenen $x = \omega t / k_x + \text{const}$ sind, und die sich mit der Phasengeschwindigkeit

$$v_{\text{ph}} = \frac{\omega}{k_x}$$

in x-Richtung ausbreitet. Nach der am Anfang von Abschn. 7.6.3 gegebenen Definition handelt es sich um eine ebene Welle. Weil ihre Amplitude senkrecht zur Ausbreitungsrichtung moduliert ist (hier mit $\cos(k_z z)$ bzw. $\sin(k_z z)$), werden derartige Wellen manchmal als **inhomogene ebene Wellen** bezeichnet. Das elektrische Feld schwingt transversal zur Ausbreitungsrichtung, das Magnetfeld besitzt eine transversale Komponente B_z und eine longitudinale Komponente B_x, weshalb die Welle auch als **transversale elektrische Welle** oder kurz **TE-Welle** bezeichnet wird. In der Elektrotechnik ist wegen der longitudinalen Komponente von $\boldsymbol{H} = \boldsymbol{B} / \mu_0$ dafür die Bezeichnung **H-Welle** üblich.

Analog liefert die Überlagerung der beiden linear polarisierten ebenen Wellen

$$\boldsymbol{B}_1 = B \boldsymbol{e}_y \cos(\boldsymbol{k}_1 \cdot \boldsymbol{r} - \omega t) , \qquad \boldsymbol{E}_1 = \frac{c}{k_1} \boldsymbol{B}_1 \times \boldsymbol{k}_1 , \qquad \boldsymbol{k}_1 = k_x \boldsymbol{e}_x + k_z \boldsymbol{e}_z$$

und

$$\boldsymbol{B}_2 = B \boldsymbol{e}_y \cos(\boldsymbol{k}_2 \cdot \boldsymbol{r} - \omega t) , \qquad \boldsymbol{E}_2 = \frac{c}{k_2} \boldsymbol{B}_2 \times \boldsymbol{k}_2 , \qquad \boldsymbol{k}_2 = k_x \boldsymbol{e}_x - k_z \boldsymbol{e}_z$$

die superponierten Felder

$$\boldsymbol{E} = -\frac{2cB}{k} \left[k_x \boldsymbol{e}_z \cos(k_z z) \cos(k_x x - \omega t) + k_z \boldsymbol{e}_x \sin(k_z z) \sin(k_x x - \omega t)\right] ,$$
$$\boldsymbol{B} = 2B \boldsymbol{e}_y \cos(k_z z) \cos(k_x x - \omega t) \qquad \text{mit} \qquad k = k_1 = k_2 = \sqrt{k_x^2 + k_y^2} .$$

Das ist wiederum eine in z-Richtung modulierte und daher inhomogene ebene Welle, die mit der Phasengeschwindigkeit $v_{\text{ph}} = \omega / k_x$ in x-Richtung läuft. Bei ihr ist das Magnetfeld transversal, während das elektrische Feld zusätzlich zu einer transversalen auch eine longitudinale Komponente besitzt. Sie wird daher als **transversale magnetische Welle** oder **TM-Welle** bezeichnet, in der Elektrotechnik als **E-Welle**.

Die Superposition einer TE- und einer TM-Welle, die beide in x-Richtung laufen, liefert eine ebenfalls in x-Richtung laufende Welle, bei der beide Felder, $\boldsymbol{E}$ und $\boldsymbol{B}$, eine longitudinale Komponente besitzen.

7.7 Elektromagnetische Wellen in Leitern und Hohlleitern

7.7.1 Wellen in Leitern

Wir haben schon in Abschn. 6.3 festgestellt, dass zeitabhängige elektrische Felder auch in Leitern existieren können. Daher steht zu erwarten, dass in diesen auch die Ausbreitung elektromagnetischer Wellen möglich ist, und wir wollen diese Möglichkeit näher am einfachen Beispiel ebener Wellen untersuchen.

Dazu nehmen wir an, dass der Leiter homogen ist, also konstante Werte von ε, μ und der Leitfähigkeit σ besitzt, und dass keine Raumladungen auftreten. (Zur Anwendung der vorerst nur in der Elektro- und Magnetostatik eingeführten Konzepte von ε und μ auf zeitabhängige Felder in Materie wird auf die in Anschluss an Gleichung (6.44) gemachte Bemerkung und Abschn. 7.8 hingewiesen.) Dann haben wir mit $\boldsymbol{E}=\boldsymbol{D}/\varepsilon$, $\boldsymbol{B}=\mu\boldsymbol{H}$ und $\boldsymbol{j}=\sigma\boldsymbol{E}=\sigma\boldsymbol{D}/\varepsilon$ die Gleichungen

$$\begin{aligned} \operatorname{div}\boldsymbol{D} &= 0\,, & \operatorname{div}\boldsymbol{H} &= 0\,, \\ \operatorname{rot}\boldsymbol{D} &= -\varepsilon\mu\frac{\partial\boldsymbol{H}}{\partial t}\,, & \operatorname{rot}\boldsymbol{H} &= \frac{\sigma}{\varepsilon}\boldsymbol{D}+\frac{\partial\boldsymbol{D}}{\partial t}\,, \end{aligned} \tag{7.88}$$

die wir mit dem komplexen Ansatz

$$\boldsymbol{D} = \boldsymbol{D}_0\,\mathrm{e}^{\mathrm{i}(\boldsymbol{k}\cdot\boldsymbol{r}-\omega t)}\,, \qquad \boldsymbol{H} = \boldsymbol{H}_0\,\mathrm{e}^{\mathrm{i}(\boldsymbol{k}\cdot\boldsymbol{r}-\omega t)} \tag{7.89}$$

zu lösen versuchen. (In Aufgabe 7.10 wird abgeleitet, dass aus ihnen für $\boldsymbol{E}$ und $\boldsymbol{H}$ Gleichungen mit der Struktur der **Telegrafengleichung** folgen, welche die Ausbreitung elektromagnetischer Wellen längs Drähten beschreibt.) Mit ihm folgt

$$\operatorname{div}\boldsymbol{D} = \boldsymbol{D}_0\cdot\nabla\mathrm{e}^{\mathrm{i}(\boldsymbol{k}\cdot\boldsymbol{r}-\omega t)} = \mathrm{i}\boldsymbol{k}\cdot\boldsymbol{D} = 0 \qquad \text{bzw.} \qquad \boldsymbol{k}\cdot\boldsymbol{D} = 0$$

und analog $\boldsymbol{k}\cdot\boldsymbol{H}=0$, d. h. die vektoriellen Amplituden $\boldsymbol{D}_0$ und $\boldsymbol{H}_0$ der Felder $\boldsymbol{D}$ und $\boldsymbol{H}$ müssen senkrecht zur Ausbreitungsrichtung stehen. Mit

$$\operatorname{rot}\boldsymbol{D} = \nabla\mathrm{e}^{\mathrm{i}(\boldsymbol{k}\cdot\boldsymbol{r}-\omega t)}\times\boldsymbol{D}_0 = \mathrm{i}\boldsymbol{k}\times\boldsymbol{D}\,, \qquad \frac{\partial\boldsymbol{D}}{\partial t} = -\mathrm{i}\omega\boldsymbol{D}$$

und zwei analogen Gleichungen für $\boldsymbol{H}$ erhalten wir aus den verbleibenden Maxwell-Gleichungen

$$\boldsymbol{H} = \frac{1}{\varepsilon\mu\omega}\boldsymbol{k}\times\boldsymbol{D}\,, \qquad \boldsymbol{k}\times\boldsymbol{H} = -\left(\omega+\mathrm{i}\frac{\sigma}{\varepsilon}\right)\boldsymbol{D}\,. \tag{7.90}$$

Einsetzen von (7.90a) in die linke Seite von (7.90b) führt mit $\boldsymbol{k}\cdot\boldsymbol{D}=0$ zu

$$\frac{k^2}{\varepsilon\mu\omega}\boldsymbol{D} = \left(\omega+\mathrm{i}\frac{\sigma}{\varepsilon}\right)\boldsymbol{D}\,.$$

Diese Gleichung kann nur gelten, wenn die **Dispersionsrelation**

$$k^2 = \varepsilon\mu\omega^2+\mathrm{i}\,\mu\sigma\omega \tag{7.91}$$

erfüllt ist. Da wir komplex rechnen, können $\boldsymbol{k}$ und ω komplex sein,

$$\boldsymbol{k} = \boldsymbol{\kappa} + \mathrm{i}\,\boldsymbol{\xi}\,, \qquad \omega = \alpha - \mathrm{i}\,\gamma\,. \tag{7.92}$$

Durch Einsetzen in (7.91) ergibt sich

$$\kappa^2 - \xi^2 = \gamma\,\mu\sigma + \varepsilon\mu(\alpha^2 - \gamma^2)\,, \qquad \boldsymbol{\kappa}\cdot\boldsymbol{\xi} = \alpha\mu(\sigma/2 - \varepsilon\gamma)\,. \tag{7.93}$$

Wir interessieren uns hier nur für zwei Spezialfälle.

1. *Die Lösung ist räumlich harmonisch,* $\boldsymbol{\xi}=0$.
In diesem Fall folgt aus (7.93b) mit reellem $\boldsymbol{k}=\boldsymbol{\kappa}$ für $\alpha\neq 0$

$$\gamma = \frac{\sigma}{2\varepsilon}\,, \qquad \alpha = \pm k\sqrt{\frac{1}{\varepsilon\mu} - \frac{\sigma^2}{4\varepsilon^2 k^2}}\,. \tag{7.94}$$

Weil α reell sein muss, existiert diese Lösung nur für $k\geq(\sigma/2)\sqrt{\mu/\varepsilon}$.

Wegen $\boldsymbol{D}\cdot\boldsymbol{k}=0$ schreiben wir in (7.89a) $\boldsymbol{D}_0=\boldsymbol{D}_{0\perp}$. Wenn wir $\boldsymbol{D}_{0\perp}$ als reell annehmen und den Realteil der Felder als Lösung wählen, erhalten wir mit (7.92b) für $\boldsymbol{D}$ die Lösung $\boldsymbol{D}=\boldsymbol{D}_{0\perp}\mathrm{e}^{-\gamma t}\cos(\boldsymbol{k}\cdot\boldsymbol{r}-\alpha t)$. Für das komplexe Magnetfeld $\boldsymbol{H}$ ergibt sich aus (7.90a) mit $\varphi=\boldsymbol{k}\cdot\boldsymbol{r}-\alpha t$

$$\begin{aligned}\boldsymbol{H} &= \frac{\boldsymbol{k}\times\boldsymbol{D}_{0\perp}\mathrm{e}^{-\gamma t}}{\varepsilon\mu(\alpha-\mathrm{i}\,\gamma)}\mathrm{e}^{\mathrm{i}\,\varphi} = \frac{\boldsymbol{k}\times\boldsymbol{D}_{0\perp}\mathrm{e}^{-\gamma t}}{\varepsilon\mu(\alpha^2+\gamma^2)}(\alpha+\mathrm{i}\,\gamma)(\cos\varphi+\mathrm{i}\,\sin\varphi)\\ &= \frac{\boldsymbol{k}\times\boldsymbol{D}_{0\perp}\mathrm{e}^{-\gamma t}}{\varepsilon\mu(\alpha^2+\gamma^2)}\big[\alpha\cos\varphi-\gamma\sin\varphi+\mathrm{i}\,(\gamma\cos\varphi+\alpha\sin\varphi)\big]\,,\end{aligned}$$

wobei der Realteil die Lösung bildet. Mit der Definition

$$\cos\varphi_0 = \frac{\alpha}{\sqrt{\alpha^2+\gamma^2}} \qquad \Rightarrow \qquad \sin\varphi_0 = \frac{\gamma}{\sqrt{\alpha^2+\gamma^2}}$$

und $\cos\varphi_0\cos\varphi-\sin\varphi_0\sin\varphi=\cos(\varphi+\varphi_0)$ erhalten wir schließlich als Gesamtlösung

$$\boldsymbol{D} = \boldsymbol{D}_{0\perp}\mathrm{e}^{-\gamma t}\cos(\boldsymbol{k}\cdot\boldsymbol{r}-\alpha t)\,, \qquad \boldsymbol{H} = \frac{\boldsymbol{k}\times\boldsymbol{D}_{0\perp}}{\varepsilon\mu\sqrt{\alpha^2+\gamma^2}}\mathrm{e}^{-\gamma t}\cos(\boldsymbol{k}\cdot\boldsymbol{r}-\alpha t+\varphi_0)\,. \tag{7.95}$$

Das ist eine elektromagnetische Welle, die sich in Analogie zu (7.81) mit der Phasengeschwindigkeit

$$v_{\mathrm{ph}} = \frac{\alpha}{k} = \pm\sqrt{\frac{1}{\varepsilon\mu} - \frac{\sigma^2}{4\varepsilon^2 k^2}} \tag{7.96}$$

ausbreitet. (Je nach den Werten von ε und μ kann $v_{\mathrm{ph}}<c$, $v_{\mathrm{ph}}=c$ und $v_{\mathrm{ph}}>c$ gelten, wobei der Fall $v_{\mathrm{ph}}>c$ in Abschn. 7.8.3 diskutiert wird.) Im Unterschied zur Wellenausbreitung im Vakuum besteht ein Phasenunterschied zwischen dem elektrischen und dem Magnetfeld, und die Welle ist zeitlich gedämpft, wobei der **Dämpfungskoeffizient** γ durch (7.94a) gegeben ist.

Auch im Fall $k<(\sigma/2)\sqrt{\mu/\varepsilon}$, der bei der Ableitung der Lösung (7.95) ausgeschlossenen wurde, ergibt sich aus (7.93) noch eine Lösung, wenn α=0 ist. (7.93b) ist dann nämlich wegen $\boldsymbol{\xi}$=0 automatisch erfüllt, und aus (7.93a) folgt

$$\gamma = \frac{\sigma}{2\varepsilon}\left(1 \pm \sqrt{1 - \frac{4k^2\varepsilon}{\sigma^2\mu}}\right). \tag{7.97}$$

Für die Felder ergibt sich ähnlich wie eben

$$\boldsymbol{D} = \boldsymbol{D}_{0\perp}\mathrm{e}^{-\gamma t}\cos(\boldsymbol{k}\cdot\boldsymbol{r})\,, \qquad \boldsymbol{H} = -\frac{\boldsymbol{k}\times\boldsymbol{D}_{0\perp}}{\varepsilon\mu\gamma}\,\mathrm{e}^{-\gamma t}\sin(\boldsymbol{k}\cdot\boldsymbol{r})\,. \tag{7.98}$$

Das sind räumlich harmonisch modulierte Felder, die sich nicht ausbreiten, sondern nur zeitlich gedämpft sind, weshalb man hier von **Felddiffusion** spricht. Man erhält diese Situation zum Beispiel, wenn eine sich im Vakuum ausbreitende Welle auf einen Leiter trifft und die Wellenzahl für die Fortpflanzung in diesem zu klein ist.

Als Ergebnis können wir festhalten: Die betrachteten Wellen im Leiter werden gedämpft und können sich nur dann ausbreiten, wenn ihre Wellenzahl hinreichend groß bzw. ihre Wellenlänge hinreichend klein ist. Andernfalls kommt es nur zu Felddiffusion.

2. *Die Lösung ist zeitlich harmonisch,* γ=0.
Für $\gamma=0$ bzw. reelles $\omega=\alpha$ folgt aus (7.93)

$$\kappa^2 - \xi^2 = \varepsilon\mu\omega^2\,, \qquad \boldsymbol{\kappa}\cdot\boldsymbol{\xi} = \frac{\mu\sigma\omega}{2}\,. \tag{7.99}$$

Wir konzentrieren unser Interesse im Weiteren nur auf den Fall, dass $\boldsymbol{\kappa}$ und $\boldsymbol{\xi}$ parallel sind, setzten $\boldsymbol{\kappa}=\kappa\boldsymbol{e}$, $\boldsymbol{\xi}=\xi\boldsymbol{e}$ und erhalten daraus mit $\boldsymbol{\kappa}\cdot\boldsymbol{\xi}=\kappa\xi$

$$\xi = \frac{\mu\sigma\omega}{2\kappa}\,, \qquad \kappa^4 - \left(\frac{\mu\sigma\omega}{2}\right)^2 = \varepsilon\mu\omega^2\kappa^2\,. \tag{7.100}$$

(7.100b) besitzt die reellen Lösungen

$$\kappa = \pm\omega\left[\frac{\varepsilon\mu}{2}\left(1 + \sqrt{1 + \left(\frac{\sigma}{\varepsilon\omega}\right)^2}\right)\right]^{1/2}. \tag{7.101}$$

Drückt man in (7.100b) κ mithilfe von (7.100a) durch ξ aus, so erhält man analog

$$\xi = \pm\omega\left[\frac{\varepsilon\mu}{2}\left(\sqrt{1 + \left(\frac{\sigma}{\varepsilon\omega}\right)^2} - 1\right)\right]^{1/2}. \tag{7.102}$$

Mit der Definition $\boldsymbol{e}\cdot\boldsymbol{r}=s$ erhalten wir für die reellen Felder

$$\boldsymbol{D} = \boldsymbol{D}_{0\perp}\mathrm{e}^{-\xi s}\cos(\kappa s-\omega t)\,, \quad \boldsymbol{H} = \frac{\sqrt{\kappa^2+\xi^2}}{\varepsilon\mu\omega}\,\boldsymbol{e}\times\boldsymbol{D}_{0\perp}\mathrm{e}^{-\xi s}\cos(\kappa s-\omega t+\varphi_0) \tag{7.103}$$

mit

$$\varphi_0 = \arccos\frac{\kappa}{\sqrt{\kappa^2+\xi^2}}\,.$$

Es handelt sich um eine in der Ausbreitungsrichtung räumlich gedämpfte Welle, bei der wieder ein Phasenunterschied zwischen dem elektrischen Feld und dem Magnetfeld besteht.

Im Grenzfall $\sigma \ll \varepsilon\omega$ wird

$$\kappa \approx \pm\omega\sqrt{\varepsilon\mu}\,,$$

und die Phasengeschwindigkeit ω/κ wird

$$v_{\text{ph}} \approx \pm\frac{1}{\sqrt{\varepsilon\mu}}$$

wie in einem reinen Dielektrikum bzw. Diamagnetikum, das mit $\sigma \equiv 0$ in der Betrachtung mit enthalten ist. Für die durch den Faktor $\mathrm{e}^{-\xi s}$ beschriebene räumliche Dämpfung der Wellen erhalten wir in diesem Grenzfall mit

$$\sqrt{1+\frac{\sigma^2}{\varepsilon^2\omega^2}} \approx 1+\frac{\sigma^2}{2\varepsilon^2\omega^2}$$

für den Dämpfungskoeffizienten ξ aus (7.102) das Näherungsergebnis

$$\xi \approx \pm\frac{\sigma\sqrt{\varepsilon\mu}}{2\varepsilon} = \pm\frac{\sigma}{2\varepsilon v_{\text{ph}}} = \pm\frac{\sigma\kappa}{2\varepsilon\omega}\,,$$

und wegen $\sigma \ll \varepsilon\omega$ ist $|\xi| \ll \kappa$. Für eine Wellenlänge gilt $\kappa s = 2\pi$. Damit ergibt sich für die Dämpfung der Welle über eine Wellenlänge hinweg der Dämpfungsfaktor

$$\mathrm{e}^{-\xi s} = \mathrm{e}^{-2\pi\xi/\kappa} = \mathrm{e}^{-\pi\sigma/(\varepsilon\omega)} = 1-\pi\sigma/(\varepsilon\omega)+\ldots\,,$$

wegen $\sigma/(\varepsilon\omega) \ll 1$ und damit $\mathrm{e}^{-\xi s} \approx 1$ also nur eine sehr geringe Abschwächung der Welle. Dies bedeutet, dass wir für $\sigma \ll \varepsilon\omega$ schwach gedämpfte Wellen erhalten, die sich beinahe wie in einem Isolator ausbreiten.

Im Grenzfall $\sigma \gg \varepsilon\omega$ ergibt sich dagegen

$$\kappa \approx \xi \approx \pm\sqrt{\frac{\mu\sigma\omega}{2}}\,,$$

der Dämpfungsfaktor über eine Wellenlänge hinweg ist näherungsweise

$$\mathrm{e}^{-2\pi\xi/\kappa} \approx \mathrm{e}^{-2\pi} \approx 2\cdot 10^{-3}$$

und die Phasengeschwindigkeit ω/k wird

$$|v_{\text{ph}}| \approx \sqrt{\frac{2\omega}{\mu\sigma}} = \frac{1}{\sqrt{\varepsilon\mu}}\sqrt{\frac{2\omega\varepsilon}{\sigma}} \ll \frac{1}{\sqrt{\varepsilon\mu}}\,.$$

Die Wellen breiten sich dann sehr viel langsamer als im Dielektrikum aus und werden stark gedämpft, d. h. die Leitereigenschaften treten in den Vordergrund.

Offensichtlich hängt es nicht nur von den Materialkonstanten ε, μ und σ, sondern auch von der Frequenz der Wellen ab, ob die dielektrischen und diamagnetischen Eigenschaften oder die Leitereigenschaften überwiegen.

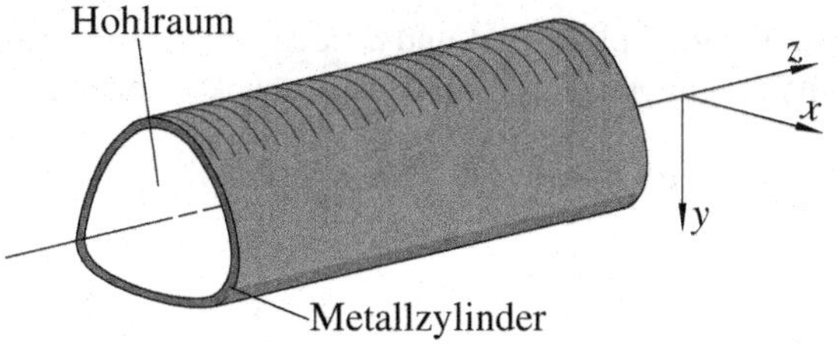

Abb. 7.9: Zylindrischer Hohlraum in einem Metallzylinder; die Hohlraumwellen breiten sich parallel zur Zylinderachse aus.

7.7.2 Wellen in zylindrischen Hohlleitern

In diesem Abschnitt soll die Ausbreitung von Wellen in hohlen Metallzylindern untersucht werden (Abb. 7.9). Schon von den Ergebnissen beim hochfrequenten Skineffekt, abgeleitet für Frequenzen, die im Vergleich zu den jetzt betrachteten immer noch relativ niedrig sind, wissen wir: Die Eindringtiefe $d=\sqrt{2/(\mu\sigma\omega)}$ elektromagnetischer Felder in Metalle (siehe (6.46b) und (6.58)) wird mit zunehmender Frequenz und Leitfähigkeit immer kleiner. Das idealisieren wir hier dahingehend, dass wir die Wände des Hohlleiters als unendlich gut leitfähig annehmen, so dass die Wellen in diesen überhaupt nicht eindringen. Der Hohlraum im Metallzylinder kann mit einem homogenen Medium gefüllt sein, dessen dielektrische und diamagnetische Eigenschaften durch ε und μ (beide räumlich und zeitlich konstant) beschrieben werden; der Einfachheit halber nehmen wir jedoch an, dass seine Leitfähigkeit verschwindet. (Zur Anwendung der vorerst nur in der Elektro- und Magnetostatik eingeführten Konzepte von ε und μ auf zeitabhängige Felder in Materie wird auf die in Anschluss an Gleichung (6.44) gemachte Bemerkung und Abschn. 7.8 hingewiesen.) In Analogie zu (7.88) haben wir daher in dem Hohlraum die Gleichungen

$$\begin{aligned} &\operatorname{div}\boldsymbol{D} = 0\,, && \operatorname{div}\boldsymbol{H} = 0\,, \\ &\operatorname{rot}\boldsymbol{D} = -\frac{1}{v^2}\frac{\partial\boldsymbol{H}}{\partial t}\,, && \operatorname{rot}\boldsymbol{H} = \frac{\partial\boldsymbol{D}}{\partial t} \end{aligned} \qquad \text{mit} \quad v = \frac{1}{\sqrt{\varepsilon\mu}} \tag{7.104}$$

zu lösen. Da die Wände des Hohlleiters unendlich gut leitfähig sein sollen, haben wir an diesen die Randbedingungen für Supraleiter ((5.74a) sowie (6.55) mit $\boldsymbol{E}$=0 und $\boldsymbol{E}_{\text{Vak}}\to\boldsymbol{E}$; siehe auch (7.167)) zu stellen, also

$$\boldsymbol{n}\cdot\boldsymbol{H} = 0\,, \qquad \boldsymbol{n}\times\boldsymbol{D} = 0\,. \tag{7.105}$$

Grundgleichungen für harmonische Lösungen

Wir erwarten, dass sich in Richtung der Zylinderachse, die wir mit der z-Achse unseres Koordinatensystems zusammenfallen lassen, elektromagnetische Wellen ausbreiten können, und treffen für die Felder $\boldsymbol{D}$ und $\boldsymbol{H}$ daher den Ansatz

$$\boldsymbol{D} = \boldsymbol{d}(x,y)\,\mathrm{e}^{\mathrm{i}\,(k_z z-\omega t)}\,, \qquad \boldsymbol{H} = \boldsymbol{h}(x,y)\,\mathrm{e}^{\mathrm{i}\,(k_z z-\omega t)}\,. \tag{7.106}$$

Anders als in Abschn. 7.7.1 hängen die Feldamplituden $\boldsymbol{d}$ und $\boldsymbol{h}$ noch von x, y ab, was wir annehmen müssen, um die Randbedingungen (7.105) befriedigen zu können. Mit

$$\begin{aligned} \operatorname{rot}\boldsymbol{H} &= \nabla \mathrm{e}^{\mathrm{i}\,(k_z z-\omega t)} \times \boldsymbol{h} + \mathrm{e}^{\mathrm{i}\,(k_z z-\omega t)} \operatorname{rot}\boldsymbol{h} = (\mathrm{i}\,k_z \boldsymbol{e}_z \times \boldsymbol{h} + \operatorname{rot}\boldsymbol{h})\, \mathrm{e}^{\mathrm{i}\,(k_z z-\omega t)} \\ \partial \boldsymbol{D}/\partial t &= -\mathrm{i}\,\omega\, \boldsymbol{d}\, \mathrm{e}^{\mathrm{i}\,(k_z z-\omega t)} \end{aligned}$$

folgt aus der letzten der Gleichungen (7.104)

$$\mathrm{i}\,k_z \boldsymbol{e}_z \times \boldsymbol{h} + \operatorname{rot}\boldsymbol{h} = -\mathrm{i}\,\omega\, \boldsymbol{d}\,.$$

Jetzt zerlegen wir

$$\boldsymbol{h} = \boldsymbol{h}_\perp + h_z \boldsymbol{e}_z \qquad \text{mit} \qquad \boldsymbol{h}_\perp = h_x \boldsymbol{e}_x + h_y \boldsymbol{e}_y$$

und erhalten mit

$$\operatorname{rot}\boldsymbol{h}_\perp = (\partial_x h_y - \partial_y h_x)\, \boldsymbol{e}_z = (\boldsymbol{e}_z \cdot \operatorname{rot}\boldsymbol{h}_\perp)\, \boldsymbol{e}_z\,, \qquad \operatorname{rot}(h_z \boldsymbol{e}_z) = \nabla h_z \times \boldsymbol{e}_z$$

aus dem letzten Ergebnis

$$\mathrm{i}\,k_z \boldsymbol{e}_z \times \boldsymbol{h}_\perp + (\boldsymbol{e}_z \cdot \operatorname{rot}\boldsymbol{h}_\perp)\, \boldsymbol{e}_z + \nabla h_z \times \boldsymbol{e}_z = -\mathrm{i}\,\omega\, \boldsymbol{d}\,.$$

Hieraus folgt

$$d_z = \frac{\mathrm{i}}{\omega}\, \boldsymbol{e}_z \cdot \operatorname{rot}\boldsymbol{h}_\perp\,, \qquad \boldsymbol{d}_\perp = -\frac{k_z}{\omega}\, \boldsymbol{e}_z \times \boldsymbol{h}_\perp + \frac{\mathrm{i}}{\omega}\, \nabla h_z \times \boldsymbol{e}_z\,. \tag{7.107}$$

Führen wir in unseren Ausgangsgleichungen (7.104) die Ersetzungen

$$\boldsymbol{H} \to \boldsymbol{D}\,, \qquad \boldsymbol{D} \to -(1/v^2)\, \boldsymbol{H} \tag{7.108}$$

durch, so werden die Gleichungen nur vertauscht, man erhält jedoch wieder dasselbe Gesamtsystem. Dies hat zur Folge, dass man mithilfe dieser Vertauschungen aus einer gültigen Beziehung für $\boldsymbol{H}$ eine gültige Beziehung für $\boldsymbol{D}$ erhält, und umgekehrt. Diese Eigenschaft überträgt sich bei den Ansätzen (7.106) von den Feldern $\boldsymbol{D}$ und $\boldsymbol{H}$ auf die Amplituden $\boldsymbol{d}$ und $\boldsymbol{h}$. Aus (7.107) erhalten wir daher mit den Vertauschungen (7.108) die Beziehungen

$$h_z = -\frac{\mathrm{i}\,v^2}{\omega}\, \boldsymbol{e}_z \cdot \operatorname{rot}\boldsymbol{d}_\perp\,, \qquad \boldsymbol{h}_\perp = \frac{k_z v^2}{\omega}\, \boldsymbol{e}_z \times \boldsymbol{d}_\perp - \frac{\mathrm{i}\,v^2}{\omega}\, \nabla d_z \times \boldsymbol{e}_z \tag{7.109}$$

und haben damit die vorletzte der Gleichungen (7.104) erfüllt. Setzen wir jetzt (7.109b) im ersten Term der rechten Seite von (7.107b) ein, so erhalten wir

$$\boldsymbol{d}_\perp = \frac{\mathrm{i}}{\omega^2 - k_z^2 v^2} \big(k_z v^2 \nabla d_z + \omega \nabla h_z \times \boldsymbol{e}_z\big) \tag{7.110}$$

und daraus erneut mit (7.108)

$$\boldsymbol{h}_\perp = \frac{\mathrm{i}\,v^2}{\omega^2 - k_z^2 v^2} \big(k_z \nabla h_z - \omega \nabla d_z \times \boldsymbol{e}_z\big)\,. \tag{7.111}$$

Mit (7.110)–(7.111) können die transversalen Amplituden $\boldsymbol{d}_\perp$ und $\boldsymbol{h}_\perp$ auf die longitudinalen Amplituden d_z und h_z zurückgeführt werden.

d_z kann aus der ersten der Gleichungen (7.104) berechnet werden. Mithilfe der Beziehung $\operatorname{div}\boldsymbol{d}=\operatorname{div}\boldsymbol{d}_\perp+\partial d_z/\partial z=\operatorname{div}\boldsymbol{d}_\perp$ folgt aus dieser

$$\operatorname{div}\boldsymbol{D} = \boldsymbol{d}\cdot\nabla \mathrm{e}^{\mathrm{i}\,(k_z z-\omega t)} + \mathrm{e}^{\mathrm{i}\,(k_z z-\omega t)}\operatorname{div}\boldsymbol{d}_\perp = (\mathrm{i}\,k_z d_z + \operatorname{div}\boldsymbol{d}_\perp)\,\mathrm{e}^{\mathrm{i}\,(k_z z-\omega t)} = 0$$

bzw.

$$\mathrm{i}\,k_z d_z + \operatorname{div}\boldsymbol{d}_\perp = 0\,. \tag{7.112}$$

Mit (7.110) und $\operatorname{div}(\nabla h_z\times\boldsymbol{e}_z)=\boldsymbol{e}_z\cdot\operatorname{rot}\nabla h_z-\nabla h_z\cdot\operatorname{rot}\boldsymbol{e}_z=0$ folgt daraus

$$\Delta d_z + \left(\frac{\omega^2}{v^2}-k_z^2\right)d_z = 0\,, \tag{7.113}$$

und mit der Ersetzung (7.108b) erhält man daraus für h_z die Bestimmungsgleichung

$$\Delta h_z + \left(\frac{\omega^2}{v^2}-k_z^2\right)h_z = 0\,. \tag{7.114}$$

Unter Benutzung von $\operatorname{rot}\nabla h_z=0$ und $\operatorname{rot}(\nabla d_z\times\boldsymbol{e}_z)=-\boldsymbol{e}_z\Delta d_z$ findet man leicht, dass die noch nicht ausgewerteten Beziehungen (7.107a) und (7.109a) nach Elimination von $\boldsymbol{d}_\perp$ und $\boldsymbol{h}_\perp$ mithilfe von (7.110) und (7.111) nochmals dieselben Gleichungen liefern und daher nicht separat berücksichtigt werden müssen.

Klassifizierung der Lösungen und Randbedingungen

Wir nehmen zunächst an, dass $\omega^2-k_z^2v^2\neq 0$ ist. Aus (7.110)–(7.111) folgt in diesem Fall, dass mindestens eine der beiden longitudinalen Feldkomponenten, d_z oder h_z, von null verschieden sein muss, damit man nicht die triviale Lösung mit lauter verschwindenden Feldkomponenten erhält. Ist $d_z\equiv 0$ und $h_z\neq 0$, so ist das elektrische Feld transversal, und wir haben es nach der Nomenklatur von Abschn. 7.6.4 mit einer TE-Welle zu tun. Ist $d_z\neq 0$ und $h_z\equiv 0$, so haben wir eine TM-Welle vor uns. Der allgemeine Fall $d_z\neq 0$ und $h_z\neq 0$ kann durch Überlagerung von TE- und TM-Wellen erhalten werden und wird daher im Folgenden nicht eigens untersucht.

Ist sowohl $d_z\equiv 0$ als auch $h_z\equiv 0$, so können die Komponenten $\boldsymbol{d}_\perp$ und $\boldsymbol{h}_\perp$ nach (7.110)–(7.111) noch von null verschieden sein, falls gleichzeitig auch $\omega^2-k_z^2v^2=0$ wird, weil dann ein Ausdruck 0/0 entsteht. Solche Wellen, in denen beide Felder transversal sind, werden als **TEM-Wellen** bezeichnet. (In der Elektrotechnik spricht man von **L-Wellen** als Kurzform für Leitungswellen.) Ebene Wellen im Vakuum bilden hierfür ein spezielles Beispiel.

Bezüglich der Randbedingungen ergeben sich wesentliche Unterschiede zwischen den verschiedenen Wellentypen. Aus den allgemeinen Bedingungen (7.105) wird mit (7.106) und $\boldsymbol{n}\cdot\boldsymbol{e}_z=0$ zunächst

$$\boldsymbol{n}\cdot\boldsymbol{h}_\perp = 0\,, \qquad \boldsymbol{n}\times\boldsymbol{d} = \boldsymbol{n}\times\boldsymbol{d}_\perp + d_z\,\boldsymbol{n}\times\boldsymbol{e}_z = 0\,.$$

Da $\boldsymbol{n}\times\boldsymbol{d}_\perp$ in z-Richtung weist und $\boldsymbol{n}\times\boldsymbol{e}_z$ dazu senkrecht steht, zerfällt die zweite dieser Randbedingungen in

$$d_z = 0\,, \qquad \boldsymbol{n}\times\boldsymbol{d}_\perp = 0\,.$$

Aus (7.111) erhalten wir

$$\boldsymbol{n}\cdot\boldsymbol{h}_\perp = \frac{\mathrm{i}\,v^2}{\omega^2-k_z^2v^2}\left[k_z\boldsymbol{n}\cdot\nabla h_z - \omega(\boldsymbol{e}_z\times\boldsymbol{n})\cdot\nabla d_z\right] \overset{\text{s.u.}}{=} \frac{\mathrm{i}\,k_z v^2}{\omega^2-k_z^2v^2}\,\boldsymbol{n}\cdot\nabla h_z\,,$$

da $(\boldsymbol{e}_z\times\boldsymbol{n})\cdot\nabla d_z$ eine Tangentialableitung von d_z längs des Randes ist und automatisch verschwindet, wenn die Randbedingung $d_z{=}0$ erfüllt ist. Aus $\boldsymbol{n}\cdot\boldsymbol{h}_\perp{=}0$ folgt daher die Bedingung $\boldsymbol{n}\cdot\nabla h_z{=}0$, und umgekehrt folgt aus $\boldsymbol{n}\cdot\nabla h_z{=}0$ auch $\boldsymbol{n}\cdot\boldsymbol{h}_\perp{=}0$, es sei denn, h_z verschwindet zugleich mit $\omega^2{-}k_z^2v^2$. Im letzten Fall muss direkt $\boldsymbol{n}\cdot\boldsymbol{h}_\perp{=}0$ gefordert werden. Schließlich erhalten wir aus (7.110)

$$\boldsymbol{n}\times\boldsymbol{d}_\perp = \frac{\mathrm{i}}{\omega^2-k_z^2v^2}\left(k_zv^2\boldsymbol{n}\times\nabla d_z - \omega\,\boldsymbol{e}_z\,\boldsymbol{n}\cdot\nabla h_z\right) \overset{\text{s.u.}}{=} -\frac{\mathrm{i}\,\omega\,\boldsymbol{e}_z}{\omega^2-k_z^2v^2}\,\boldsymbol{n}\cdot\nabla h_z\,,$$

weil $\boldsymbol{n}\times\nabla d_z$ wieder mit d_z am Rand verschwindet. Auch die Bedingung $\boldsymbol{n}\times\boldsymbol{d}_\perp{=}0$ ist wieder mit $\boldsymbol{n}\cdot\nabla h_z{=}0$ erfüllt, falls nicht h_z zusammen mit $\omega^2{-}k_z^2v^2$ verschwindet, und muss nur in diesem Fall separat gestellt werden.

Im Fall $\omega^2{-}k_z^2v^2{\neq}0$ haben wir also die Randbedingungen $d_z{=}0$ und $\boldsymbol{n}\cdot\nabla h_z{=}0$, was sich auf nur eine Randbedingung

$$\boldsymbol{n}\cdot\nabla h_z = 0 \qquad \text{für} \quad \text{TE-Wellen} \tag{7.115}$$

und

$$d_z = 0 \qquad \text{für} \quad \text{TM-Wellen} \tag{7.116}$$

reduziert. Im Fall $\omega^2{-}k_z^2v^2{=}0$ haben wir die zwei Randbedingungen

$$\boldsymbol{n}\times\boldsymbol{d}_\perp = 0\,, \quad \boldsymbol{n}\cdot\boldsymbol{h}_\perp = 0 \qquad \text{für} \quad \text{TEM-Wellen}\,. \tag{7.117}$$

TEM-Wellen in Koaxialleitungen mit Kreisquerschnitt

Bei TEM-Wellen ist $d_z{\equiv}0$ und $h_z{\equiv}0$, weshalb die Gleichungen (7.113)–(7.114) entfallen. Da die Gleichungen (7.110)–(7.111) wegen des unbestimmten Quotienten 0/0 keinen Sinn machen, kommen wir auf die Gleichungen (7.107)–(7.109) zurück, aus denen sie entstanden sind, und erhalten jetzt

$$\begin{aligned} \operatorname{rot}\boldsymbol{h}_\perp &= 0\,, & \boldsymbol{d}_\perp &= -\frac{k_z}{\omega}\,\boldsymbol{e}_z\times\boldsymbol{h}_\perp\,,\\ \operatorname{rot}\boldsymbol{d}_\perp &= 0\,, & \boldsymbol{h}_\perp &= \frac{k_zv^2}{\omega}\,\boldsymbol{e}_z\times\boldsymbol{d}_\perp\,. \end{aligned} \tag{7.118}$$

Wie im Fall $\omega^2{-}k_z^2v^2{\neq}0$ folgen auch hier die (7.112) etc. entsprechenden Gleichungen

$$\operatorname{div}\boldsymbol{d}_\perp = 0\,, \qquad \operatorname{div}\boldsymbol{h}_\perp = 0$$

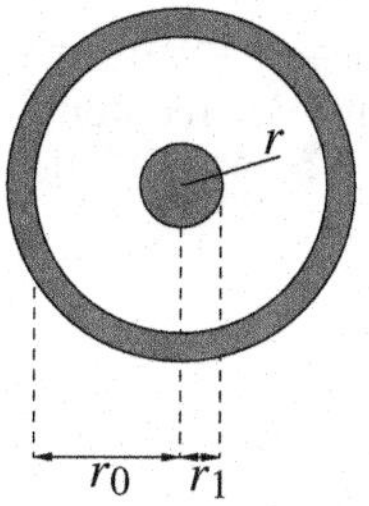

Abb. 7.10: Querschnitt durch eine Koaxialleitung.

aus den Gleichungen (7.118). Lösen wir $\operatorname{rot} \boldsymbol{d}_\perp = 0$ mit dem Ansatz

$$\boldsymbol{d}_\perp = -\nabla\phi(x, y)\,, \tag{7.119}$$

so folgt aus $\operatorname{div} \boldsymbol{d}_\perp = 0$, dass ϕ die Laplace-Gleichung

$$\Delta\phi = 0 \tag{7.120}$$

erfüllen muss, und aus der Randbedingungen (7.117a),

$$\boldsymbol{n} \times \nabla\phi = 0\,,$$

folgt, dass ϕ auf dem Rand des Hohlleiters konstant sein muss. Wenn nun das Innere des Hohlleiters ein einfach zusammenhängendes Gebiet ist, hat (7.120) zu dieser Randbedingung nur die triviale Lösung ϕ=const, d. h. es folgt $\boldsymbol{d}_\perp = 0$ und mit (7.118) auch $\boldsymbol{h}_\perp = 0$. Dies bedeutet, dass es keine TEM-Wellen gibt, wenn das Innere des Hohlleiters einfach zusammenhängt. Anders wird die Situation, wenn sich dort noch weitere Leiter befinden.

Wir betrachten im Folgenden den besonders einfachen Fall einer **Koaxialleitung** (auch **Koaxialkabel** genannt), bei welcher als Hohlraum für die Wellenausbreitung der Zwischenraum zwischen einem vollen Kreiszylinder und einem diesen konzentrisch umgebenden Hohlzylinder dient (in Abb. 7.10 ist ein Querschnitt dargestellt).

Zur Berechnung des Potenzials ϕ von $\boldsymbol{d}_\perp$ benutzen wir Zylinderkoordinaten r, φ und z. Aus Symmetriegründen können wir annehmen, dass ϕ nur von r abhängt und erhalten für (7.120)

$$\Delta\phi = \frac{1}{r}\frac{d}{dr}\left(r\frac{d\phi}{\partial r}\right) = 0\,.$$

Die Lösung

$$\phi = a \ln\frac{r}{r_0} + b$$

ist, wie gefordert, auf beiden Rändern des Hohlleiters konstant. Aus ihr ergibt sich mit (7.119)

$$\boldsymbol{d}_\perp = -\frac{a}{r}\,\boldsymbol{e}_r\,, \tag{7.121}$$

und aus der letzten der Gleichungen (7.118) folgt damit

$$\boldsymbol{h}_\perp = -\frac{ak_z v^2}{\omega r}\,\boldsymbol{e}_z \times \boldsymbol{e}_r = -\frac{ak_z v^2}{\omega r}\,\boldsymbol{e}_\varphi = -\frac{ak_z v^2}{\omega}\nabla\varphi\,. \tag{7.122}$$

Offensichtlich erfüllt $\boldsymbol{h}_\perp$, wie gefordert, die Gleichungen $\operatorname{rot}\boldsymbol{h}_\perp = 0$, $\operatorname{div}\boldsymbol{h}_\perp = 0$ und die zweite der Randbedingungen (7.117). Die Kombination der auf der rechten Seite von (7.118) stehenden Gleichungen führt zu

$$\boldsymbol{d}_\perp = -\frac{k_z^2 v^2}{\omega^2}\,\boldsymbol{e}_z \times (\boldsymbol{e}_z \times \boldsymbol{d}_\perp) = \frac{k_z^2 v^2}{\omega^2}\,\boldsymbol{d}_\perp\,,$$

d.h. diese sind miteinander verträglich, falls die – mit $\omega^2-k_z^2v^2=0$ bereits vorausgesetzte – Dispersionsbeziehung

$$\omega^2 = k_z^2 v^2$$

für TEM-Wellen erfüllt ist. Diese lässt Wellen beliebiger Frequenzen bzw. Wellenlängen zu, welche die für das Dielektrikum gültige Lichtgeschwindigkeit $v=1/\sqrt{\varepsilon\mu}$ als Phasengeschwindigkeit besitzen. Eine Koaxialleitung eignet sich daher zur Übertragung beliebiger Frequenzen. Abschließend seien noch die aus (7.106) mit $\omega=kv$ und (7.121)–(7.122) folgenden reellen zeitabhängigen Lösungen angegeben, sie lauten

$$\boldsymbol{D} = -\frac{a}{r}\,\boldsymbol{e}_r \cos[k_z(z-vt)]\,, \qquad \boldsymbol{H} = -\frac{av}{r}\,\boldsymbol{e}_\varphi \cos[k_z(z-vt)]\,. \tag{7.123}$$

TM-Wellen in Hohlleitern mit Kreisquerschnitt

In TM-Wellen ist das Magnetfeld transversal, d. h. $h_z\equiv 0$, und wir müssen nur die Gleichung (7.113) mit der Randbedingung (7.116) lösen. Wir tun das für den Fall, dass der Hohlzylinder – diesmal ohne Innenleiter – ein Kreiszylinder ist, benutzen zur Berechnung wieder Zylinderkoordinaten r, φ und z und setzen vorübergehend $d_z=\phi$. Weiterhin nehmen wir an, dass $\omega^2/v^2-k_z^2>0$ ist, und setzen

$$k^2 = \frac{\omega^2}{v^2} - k_z^2\,. \tag{7.124}$$

(Die andere Möglichkeit $\omega^2/v^2-k_z^2<0$ kann weiter unten ausgeschlossen werden.) Da $d_z=\phi$ von z unabhängig ist, erhalten wir für ϕ die Gleichung

$$\frac{1}{r}\frac{\partial}{\partial r}\left(r\frac{\partial\phi}{\partial r}\right) + \frac{1}{r^2}\frac{\partial^2\phi}{\partial\varphi^2} + k^2\phi = 0\,.$$

Mit dem Separationsansatz $\phi(r,\varphi)=R(r)\,U(\varphi)$ ergibt sich wie in Abschn. 4.7.4

$$U(\varphi) = C_n\cos(n\varphi) + D_n\sin(n\varphi) = C\cos[n(\varphi+\varphi_0)]\,, \tag{7.125}$$

wobei wir das Koordinatensystem so orientieren, dass φ_0 verschwindet, und

$$\ddot{R} + \frac{1}{r}\dot{R} + \left(k^2 - \frac{n^2}{r^2}\right)R = 0\,.$$

Ist r_0 der Innenradius des hohlen Metallzylinders, so benötigen wir die für $r\leq r_0$ reguläre Lösung dieser Gleichung, die nach Abschn. 4.7.4 durch $J_n(kr)$ gegeben ist. Die Randbedingung (7.116) bedeutet, dass $R(r)=J_n(kr)$ bei r_0 verschwinden muss,

$$J_n(kr_0) = 0\,.$$

$J_n(kr)$ besitzt nach (4.107) unendlich viele Nullstellen ρ_{nm}, $m{=}1, 2, \ldots$, und k muss so gewählt werden, dass die Bedingung

$$k = \frac{\rho_{nm}}{r_0}, \qquad n = 0, 1, 2, \ldots, \; m = 1, 2, \ldots \tag{7.126}$$

erfüllt ist, deren Konsequenzen wir weiter unten verfolgen werden. Die Möglichkeit $\omega^2/v^2 - k_z^2 = -k^2 < 0$ können wir jetzt ausschließen. Diese würde zu den Lösungen $R(r) = I_0(kr)$ führen, die keine Nullstellen besitzen, so dass es nicht möglich wäre, die Randbedingung (7.116) zu erfüllen.

Mit (7.125) und (7.126) lautet unsere Lösung

$$d_z = C J_n\left(\frac{\rho_{nm} r}{r_0}\right) \cos(n\varphi), \tag{7.127}$$

und aus (7.106) folgt damit für die z-Komponente des reellen zeitabhängigen Feldes $\boldsymbol{D}$

$$D_z = C J_n\left(\frac{\rho_{nm} r}{r_0}\right) \cos(n\varphi) \cos(\omega t - k_z z). \tag{7.128}$$

Alle übrigen Feldkomponenten folgen aus (7.106) und (7.110)–(7.111). Auf ihre Angabe wird hier verzichtet, wir stellen dazu nur fest: Aus (7.110) - (7.111) folgt mit $h_z \equiv 0$

$$\boldsymbol{d} \cdot \boldsymbol{h} = (\boldsymbol{d}_\perp + d_z \boldsymbol{e}_z) \cdot \boldsymbol{h}_\perp = \boldsymbol{d}_\perp \cdot \boldsymbol{h}_\perp = 0,$$

d. h. die Felder $\boldsymbol{D}$ und $\boldsymbol{H}$ einer TM-Welle stehen aufeinander senkrecht. (Da bei der Ableitung dieser Aussage nirgends die Kreisform des Querschnitts benutzt wurde, gilt diese für beliebige Querschnitte.) Abbildungen mit Quer- und Längsschnitten durch den Hohlleiter, aus denen die Konfiguration der Felder $\boldsymbol{D}$ und $\boldsymbol{H}$ mit ihren Knotenlinien und ihrer gegenseitigen Umschlingung hervorgeht, wären illustrativ, konnten aber aus Platzgründen nicht aufgenommen werden, was auch für die noch folgenden Teile dieses Abschnitts gilt. Der Leser sei diesbezüglich auf die Literatur verwiesen.[3]

Jetzt analysieren wir noch die Bedingung (7.124) mit (7.126), d. h.

$$\frac{\omega^2}{v^2} - k_z^2 = \frac{\rho_{nm}^2}{r_0^2}.$$

Aus ihr ergibt sich

$$k_z = \sqrt{\frac{\omega^2}{v^2} - \frac{\rho_{nm}^2}{r_0^2}} \qquad \text{bzw.} \qquad \omega = v\sqrt{k_z^2 + \frac{\rho_{nm}^2}{r_0^2}}. \tag{7.129}$$

Damit k_z reell ist, muss

$$|\omega| \geq \omega_{\text{gr}} = \frac{\rho_{nm} v}{r_0} \tag{7.130}$$

3 Siehe z. B. H. Meinke, F.W. Gundlach (Hrsg. K. Lange), *Taschenbuch der Hochfrequenztechnik*, Springer, 1986

gelten. Zu gegebenen Werten n und m gibt es demnach eine **Grenzfrequenz** ω_{gr}, unterhalb deren keine TM-Wellen mehr im Hohlraum existieren können. Die Phasengeschwindigkeit, mit der die Wellen in z-Richtung laufen, ist

$$v_{\text{ph}} = \frac{\omega}{k_z} = \frac{\omega}{\sqrt{\omega^2/v^2 - \rho_{nm}^2/r_0^2}}\,, \tag{7.131}$$

und für die **Gruppengeschwindigkeit** $v_{\text{g}}=d\omega/dk$, die in Abschn. 7.8.3 eingeführt wird, ergibt sich aus (7.129b) mit $k=k_z$

$$v_{\text{g}} = \frac{v^2}{v_{\text{ph}}}\,. \tag{7.132}$$

Dabei sei daran erinnert, dass v die Phasengeschwindigkeit freier ebener Wellen in dem betrachteten Medium ist. Für sehr hohe Frequenzen $\omega \gg \rho_{nm} v/r_0$ wird

$$v_{\text{ph}} \approx v_{\text{g}} \approx v\,.$$

TE-Wellen in Hohlleitern mit Kreisquerschnitt

In TE-Wellen ist das elektrische Feld transversal, d. h. $d_z \equiv 0$, und wir müssen Gleichung (7.114) mit der Randbedingung (7.115) lösen. Weil die Differenzialgleichungen (7.113) und (7.114) übereinstimmen, können wir für h_z die Lösung des letzten Abschnitts komplett übernehmen, d. h.

$$h_z = C J_n(kr)\cos(n\varphi)\,.$$

Da am Rand des Kreiszylinders $\boldsymbol{n}=\boldsymbol{e}_r$ ist, führt die Randbedingung (7.115) zu der Forderung

$$\frac{d}{dr}\, J_n(kr)|_{r_0} = 0\,,$$

jetzt müssen die Bessel-Funktionen $J_n(kr)$ am Rand r_0 eine Nullstelle der Ableitung besitzen. Da sie zwischen je zwei Nullstellen ein Maximum oder Minimum haben müssen, gibt es davon unendlich viele, die wir mit σ_{nm} bezeichnen,

$$J_n'(\sigma_{nm}) = 0\,, \qquad m = 1, 2, \ldots\,.$$

Damit erhalten wir die Bedingung

$$k = \frac{\sigma_{nm}}{r_0}\,, \qquad n = 0, 1, 2, \ldots\,, \; m = 1, 2, \ldots\,, \tag{7.133}$$

und statt (7.128) haben wir jetzt als Lösung für die longitudinale Komponente von $\boldsymbol{H}$

$$H_z = C J_n\!\left(\sigma_{nm}\frac{r}{r_0}\right)\cos(n\varphi)\,\cos(\omega t - k_z z)\,.$$

Ganz ähnlich wie bei den TM-Wellen zeigt man, dass auch bei den TE-Wellen $\boldsymbol{D}\cdot\boldsymbol{H}=0$ gilt. Für die Phasen- und Gruppengeschwindigkeit ergeben sich wieder die Ergebnisse (7.131) und (7.132), in denen nur ρ_{nm} durch σ_{nm} zu ersetzen ist.

Stehende Wellen in Hohlraumresonatoren mit Kreisquerschnitt

In einem geschlossenen Hohlraum mit sehr gut leitenden metallischen Wänden kann man elektromagnetische Schwingungen anregen. Bei deren Reflexion an den Wänden können stehende Wellen entstehen, die als **Hohlraumresonanzen** bezeichnet werden. Wir untersuchen dieses Phänomen am Beispiel hohler Metallzylinder endlicher Länge mit Kreisquerschnitt, die an beiden Enden durch senkrecht zur Zylinderachse stehende ebene Metallplatten verschlossen sind. Wie bei Vakuumwellen entstehen stehende Wellen, wenn zwei Wellen gleicher Amplitude und Frequenz gegeneinander laufen.

1. Wir betrachten als Erstes den Fall stehender TM-Wellen ($h_z\equiv 0$) und überlagern die Felder

$$\boldsymbol{D}_1 = \boldsymbol{d}_1\, \mathrm{e}^{\mathrm{i}\,(k_z z-\omega t)} \qquad \text{und} \qquad \boldsymbol{D}_2 = \boldsymbol{d}_2\, \mathrm{e}^{\mathrm{i}\,(-k_z z-\omega t)}\,,$$

wobei

$$d_{1z} = d_{2z} = d/2 \tag{7.134}$$

gelten soll. Aus (7.110)–(7.111) folgt für diese mit der Definition (7.124)

$$\boldsymbol{d}_{1\perp} = \frac{\mathrm{i}\,k_z}{2k^2}\nabla d\,, \quad \boldsymbol{d}_{2\perp} = -\frac{\mathrm{i}\,k_z}{2k^2}\nabla d\,, \quad \boldsymbol{h}_{1\perp} = \boldsymbol{h}_{2\perp} = \frac{\mathrm{i}\,\omega}{2k^2}\boldsymbol{e}_z\times\nabla d\,,$$

und damit sowie mit $\mathrm{e}^{\mathrm{i}\,k_z z}+\mathrm{e}^{-\mathrm{i}\,k_z z}=2\cos(k_z z)$ bzw. $\mathrm{e}^{\mathrm{i}\,k_z z}-\mathrm{e}^{-\mathrm{i}\,k_z z}=2\mathrm{i}\,\sin(k_z z)$ ergibt sich für die Überlagerung $\boldsymbol{D}=\boldsymbol{D}_1+\boldsymbol{D}_2$

$$D_z = d\,\mathrm{e}^{-\mathrm{i}\,\omega t}\cos(k_z z)\,, \tag{7.135}$$

$$\boldsymbol{D}_\perp = -\frac{k_z}{k^2}\,\mathrm{e}^{-\mathrm{i}\,\omega t}\sin(k_z z)\,\nabla d\,, \qquad \boldsymbol{H}_\perp = \frac{i\omega}{k^2}\,\mathrm{e}^{-\mathrm{i}\,\omega t}\cos(k_z z)\,\boldsymbol{e}_z\times\nabla d\,.$$

Zusätzlich zu den Randbedingungen auf dem Zylindermantel sind jetzt auch noch die Randbedingungen (7.105) auf den beiden Deckplatten zu erfüllen, die dort mit $\boldsymbol{n}=\boldsymbol{e}_z$ in die für TM-Wellen trivial erfüllte Bedingung $H_z=0$ bzw. $h_z=0$ und die Bedingung

$$\boldsymbol{e}_z\times\boldsymbol{D} = \boldsymbol{e}_z\times\boldsymbol{D}_\perp = 0 \tag{7.136}$$

übergehen. Wählen wir den Ursprung der z-Achse so, dass sich eine der Deckplatten bei $z{=}0$ befindet, so wird diese Bedingung von unserer Lösung dort automatisch befriedigt. Befindet sich die zweite Deckplatte bei $z{=}d$, so erhalten wir die Bedingung $\sin(k_z d){=}0$, die mit

$$k_z = \frac{l\pi}{d}\,, \qquad l=1,2,\dots \tag{7.137}$$

erfüllt wird. Aus (7.124) folgen damit die Frequenzen

$$\omega = v\,\sqrt{k^2+\frac{l^2\pi^2}{d^2}}\,. \tag{7.138}$$

Wir haben in den beiden letzten Abschnitten gesehen, dass sich durch die Randbedingungen auf dem Zylindermantel Einschränkungen an die durch Gleichung (7.124) definierte Größe k ergeben (Gleichung (7.126) und (7.133)). Das gilt ganz allgemein, also nicht nur, wenn es sich um einen Kreiszylinder handelt. Konkret behandeln wir hier jedoch nur den letzten Fall. Nach (7.134) stimmt d mit $2d_{1z}$ überein und erfüllt daher dieselbe Gleichung wie d_{1z}, die wir schon im Abschnitt über TM-Wellen gelöst haben. Dies bedeutet, dass wir für d wieder die Lösung (7.127) erhalten. Setzen wir diese und (7.137) in (7.135) ein, so erhalten wir die gesuchte Lösung für die betrachteten Hohlraumschwingungen. Für deren Frequenzen ergibt sich mit (7.126) aus (7.138)

$$\omega = \omega_{lmn} = v\sqrt{\frac{\rho_{nm}^2}{r_0^2} + \frac{l^2\pi^2}{d^2}}\,. \tag{7.139}$$

2. Der Fall stehender TE-Wellen ($d_z \equiv 0$) kann analog behandelt werden. Um eine passende z-Abhängigkeit zu erhalten, überlagern wir bei ihnen die Felder

$$\boldsymbol{H}_1 = \boldsymbol{h}_1\,\mathrm{e}^{\mathrm{i}\,(k_z z - \omega t)} \qquad \text{und} \qquad \boldsymbol{H}_2 = \boldsymbol{h}_2\,\mathrm{e}^{\mathrm{i}\,(-k_z z - \omega t)}\,,$$

wobei hier

$$h_{1z} = -h_{2z} = h/2$$

gelten soll. Ähnlich wie (7.135) ergibt sich jetzt

$$H_z = \mathrm{i}\,h\,\mathrm{e}^{-\mathrm{i}\,\omega t}\sin(k_z z)\,, \tag{7.140}$$

$$\boldsymbol{D}_\perp = \frac{\omega}{k^2 v^2}\,\mathrm{e}^{-\mathrm{i}\,\omega t}\sin(k_z z)\,\boldsymbol{e}_z \times \nabla h\,, \qquad \boldsymbol{H}_\perp = \frac{\mathrm{i}\,k_z}{k^2}\,\mathrm{e}^{-\mathrm{i}\,\omega t}\cos(k_z z)\,\nabla h\,.$$

Von (7.105) verbleibt hier die Randbedingung

$$H_z = 0\,,$$

die bei $z{=}0$ durch (7.140) automatisch erfüllt wird und bei $z{=}d$ wieder die Bedingung (7.137) mit der Folge (7.138) liefert. In Kombination mit (7.133) ergeben sich daraus jetzt die Resonanzfrequenzen

$$\omega_{lmn} = v\sqrt{\frac{\sigma_{nm}^2}{r_0^2} + \frac{l^2\pi^2}{d^2}}\,. \tag{7.141}$$

7.8 Zeitabhängige elektromagnetische Felder in Materie

Wir haben beim Skineffekt (Abschn. 6.3) sowie bei der Wellenausbreitung in Leitern und Hohlleitern (Abschn. 7.7.1 und 7.7.2) die bislang nur für zeitunabhängige Felder entwickelten Konzepte der Dielektrizitätskonstanten ε und magnetischen Permeabilität μ einfach für zeitabhängige Felder übernommen. In diesem Abschnitt soll gezeigt

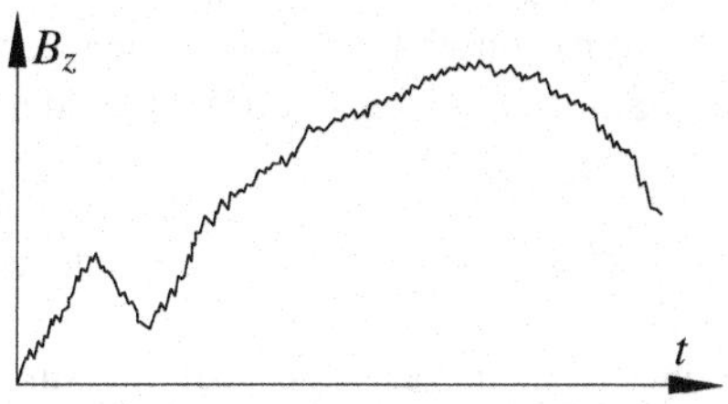

Abb. 7.11: Überlagerung langsamer Feldveränderungen mit schnellen, durch thermische Fluktuationen hervorgerufenen Schwankungen.

werden, dass das tatsächlich möglich ist und dass auch die weitergehenden Konzepte der Polarisationsdichte $\boldsymbol{P}$ und Magnetisierungsdichte $\boldsymbol{M}$ in zeitabhängigen Feldern ihre Bedeutung beibehalten. Es wird sich allerdings herausstellen, dass die Werte dieser Größen von der Geschwindigkeit abhängen, mit der die Feldänderungen erfolgen, was bei harmonischem Zeitverlauf der Felder eine Frequenzabhängigkeit bedeutet. Zum Abschluss dieses Abschnitts werden wir untersuchen, welche Konsequenzen sich daraus für die Ausbreitungsgeschwindigkeit elektromagnetischer Wellen ergeben.

7.8.1 Makroskopische Maxwell-Gleichungen in Materie

Wie im statischen Fall, so sind auch bei makroskopisch zeitabhängigen Feldern Richtung und Amplitude der Felder $\boldsymbol{E}$ und $\boldsymbol{B}$ in der Nähe aller elementaren Bausteine der Materie räumlich und zeitlich schnell veränderlich. Im Allgemeinen wird man deutlich unterscheiden können zwischen globalen zeitlichen Änderungen, die z. B. durch eine Veränderung des Gesamtstroms in einem Leiter verursacht werden, und den durch thermische Fluktuationen hervorgerufenen lokalen Änderungen. Die Letzteren laufen meist viel schneller ab und sind den langsameren globalen Änderungen überlagert (Abb. 7.11).

Auch in makroskopisch zeitabhängigen Situationen heben sich die Auswirkungen der schnellen thermischen Ladungs- und Stromfluktuationen auf das Vakuumfeld außerhalb der Materie gegenseitig weg, sodass das Feld dort räumlich und zeitlich glatt ist. Innerhalb der Materie betrachtet man wieder lokale räumliche Mittelwerte der Felder, die aus denselben Gründen wie im statischen Fall ebenfalls räumlich und zeitlich glatt sind.

Es ist klar, dass sich die beiden homogenen Maxwell-Gleichungen

$$\operatorname{div} \boldsymbol{B} = 0\,, \qquad \operatorname{rot} \boldsymbol{E} = -\partial \boldsymbol{B}/\partial t$$

bei der lokalen räumlichen Mittelung nicht ändern. Aus ihnen folgt auch für die mittleren Felder

$$\operatorname{div}\langle \boldsymbol{B}\rangle = 0\,, \qquad \operatorname{rot}\langle \boldsymbol{E}\rangle = -\partial \langle \boldsymbol{B}\rangle/\partial t\,. \tag{7.142}$$

Ein Unterschied zu den Verhältnissen im Vakuum kommt durch die Induktion und/oder Orientierung atomarer oder molekularer Dipolmomente bzw. magnetischer Momente zustande und kann sich daher nur auf die inhomogenen Gleichungen auswirken.

Hier würde man in Parallele zur Vorgehensweise in der Elektrostatik von den Lösungen für ϕ und $\boldsymbol{A}$ (Abschn. 7.3) ausgehen und in diesen $\varrho(\boldsymbol{r}',t)/|\boldsymbol{r}-\boldsymbol{r}'|$ und

$\boldsymbol{j}(\boldsymbol{r}', t')/|\boldsymbol{r}-\boldsymbol{r}'|$ für jedes Atom (Molekül) in eine Reihe entwickeln. Abbrechen der Reihen bei den Dipoltermen und Berechnung der daraus folgenden mittleren Felder würde für diese Gleichungen der Form

$$\operatorname{div} \varepsilon_0 \langle \boldsymbol{E} \rangle = \langle \varrho \rangle \,, \qquad \operatorname{rot} \langle \boldsymbol{B} \rangle / \mu_0 = \langle \boldsymbol{j} \rangle + \varepsilon_0 \partial \langle \boldsymbol{E} \rangle / \partial t \tag{7.143}$$

liefern, in denen $\langle \varrho \rangle$ und $\langle \boldsymbol{j} \rangle$ in Beiträge verschiedener Ursache zerfallen. Auf die Ausführung der erforderlichen Rechnungen wird hier verzichtet, sie verlaufen im Prinzip analog zum statischen Fall und liefern Ergebnisse, die äußert plausibel sind. So gilt in Analogie zur Elektrostatik

$$\langle \varrho \rangle = \varrho(\boldsymbol{r}, t) - \operatorname{div} \boldsymbol{P}(\boldsymbol{r}, t) \,, \tag{7.144}$$

wobei $\varrho(\boldsymbol{r}, t)$ die Dichte der freien Ladungen und $\boldsymbol{P}(\boldsymbol{r}, t)$ die Dichte der Dipolmomente ist. (Wie in Gleichung (4.156) handelt es sich dabei um zeitliche Mittelwerte, wobei hier allerdings über Zeitintervalle gemittelt wird, die kurz gegenüber denen sind, über die hinweg sich makroskopische Größen wesentlich verändern. Das Gleiche gilt für die Terme der rechten Seite von Gleichung (7.145).) In

$$\langle \boldsymbol{j} \rangle = \boldsymbol{j}(\boldsymbol{r}, t) + \operatorname{rot} \boldsymbol{M}(\boldsymbol{r}, t) + \frac{\partial \boldsymbol{P}}{\partial t} + \text{kleine Terme} \tag{7.145}$$

tritt gegenüber dem statischen Ergebnis noch der Term $\partial \boldsymbol{P}/\partial t$ hinzu, was leicht einzusehen ist: Bei der zeitlichen Änderung von $\boldsymbol{P}(\boldsymbol{r}, t)$ werden Polarisationsladungen verschoben, es gilt

$$\frac{\partial \boldsymbol{P}}{\partial t} = \frac{\partial}{\partial t} \sum_{m,i} \Big(q_{m,i}^{+} \boldsymbol{r}_{m,i}^{+} + q_{m,i}^{-} \boldsymbol{r}_{m,i}^{-} \Big) \Big/ \Delta\tau = \sum_{m,i} \Big(q_{m,i}^{+} \boldsymbol{v}_{m,i}^{+} + q_{m,i}^{-} \boldsymbol{v}_{m,i}^{-} \Big) \Big/ \Delta\tau \,.$$

Das ist eine Stromdichte, die durch die Bewegung der Polarisationsladungen erzeugt wird. Weitere kleine Terme in $\langle \boldsymbol{j} \rangle$, die noch zusätzlich bei einer Entwicklung bis zur Dipolordnung auftreten, hängen mit der Konvektion elektrischer Dipolmomente zusammen und sind im Allgemeinen vernachlässigbar.

Mit den gleichen Definitionen

$$\boldsymbol{D} = \varepsilon_0 \boldsymbol{E} + \boldsymbol{P} \,, \qquad \boldsymbol{H} = \boldsymbol{B}/\mu_0 - \boldsymbol{M} \tag{7.146}$$

wie im statischen Fall ergeben sich als **makroskopische Maxwell-Gleichungen in Materie**

$$\boxed{\begin{aligned} \operatorname{div} \boldsymbol{D} &= \varrho \,, & \operatorname{div} \boldsymbol{B} &= 0 \,, \\ \operatorname{rot} \boldsymbol{E} &= -\partial \boldsymbol{B}/\partial t \,, & \operatorname{rot} \boldsymbol{H} &= \boldsymbol{j} + \partial \boldsymbol{D}/\partial t \,. \end{aligned}} \tag{7.147}$$

In homogenen isotropen Medien folgen daraus bei linearem Zusammenhang

$$\boldsymbol{D} = \varepsilon \boldsymbol{E} \,, \qquad \boldsymbol{B} = \mu \boldsymbol{H} \tag{7.148}$$

formal dieselben Gleichungen wie im Vakuum.

7.8.2 Frequenzabhängigkeit von ε und μ

In der Elektrostatik ergab sich die Deformationspolarisation $\boldsymbol{p}_m$ eines Atoms oder Moleküls aus einer Kräftebilanz, in der bei einem einfachen Modell die durch das äußere Feld $\boldsymbol{E}_m$ auf den Kern ausgeübte Kraft gerade von der durch die Elektronenhülle erzeugten Kraft kompensiert wird (vgl. (4.134)–(4.135)),

$$0 = Ne\left(\boldsymbol{E}_m - \frac{Ne\,\boldsymbol{d}}{4\pi\varepsilon_0 R^3}\right).$$

Bei zeitabhängigen (dynamischen) Vorgängen ist auf der linken Seite der Trägheitsterm hinzuzufügen, zusätzlich eventuell ein Reibungsterm, d. h. wir erhalten stattdessen für $\boldsymbol{E}_m = \boldsymbol{E}_{m0}\,\mathrm{e}^{-\mathrm{i}\,\omega t}$

$$m\ddot{\boldsymbol{d}} + r\dot{\boldsymbol{d}} = Ne\left(\boldsymbol{E}_{m0}\,\mathrm{e}^{-\mathrm{i}\,\omega t} - \frac{Ne}{4\pi\varepsilon_0 R^3}\,\boldsymbol{d}\right).$$

Mit (4.136), $\boldsymbol{p}_m = Ne\,\boldsymbol{d}$, folgt hieraus

$$\ddot{\boldsymbol{p}}_m + \frac{r}{m}\,\dot{\boldsymbol{p}}_m + \frac{(Ne)^2}{4\pi\varepsilon_0 m R^3}\,\boldsymbol{p}_m = \frac{(Ne)^2}{m}\,\boldsymbol{E}_{m0}\,\mathrm{e}^{-\mathrm{i}\,\omega t},$$

also eine Schwingungsgleichung für $\boldsymbol{p}_m$. Nach Abklingen von Einschwingvorgängen ergibt sich für $\boldsymbol{p}_m$ eine Lösung der Form

$$\boldsymbol{p}_m = \boldsymbol{p}_{m0}\,\mathrm{e}^{-\mathrm{i}\,\omega t},$$

in der die Amplitude $\boldsymbol{p}_{m0}$ von der Frequenz abhängt (siehe *Mechanik*, Abschnitt „Erzwungene Schwingungen des gedämpften harmonischen Oszillators" im Kapitel „Anwendungen der Newtonschen Mechanik"). Das führt über $\boldsymbol{P}$ zu einer Frequenzabhängigkeit von ε, und analog wird auch μ frequenzabhängig. Als Ursache dieser Frequenzabhängigkeit halten wir die Trägheit der Ladungsträger fest.

7.8.3 Phasengeschwindigkeit, Gruppengeschwindigkeit und Überlichtgeschwindigkeit

Nachdem wir die Ursache der Frequenzabhängigkeit von ε und μ erkannt haben, befassen wir uns kurz mit einigen von deren Konsequenzen. In einem homogenen Medium, wie wir es für die folgenden Betrachtungen voraussetzen wollen, sind ε und μ bei gegebener Frequenz räumlich konstant. Sucht man nach ladungs- und stromfreien periodischen Lösungen der Maxwell-Gleichungen, dann kann man in diesem Medium die gleichen Rechnungen wie in Abschn. 7.6.3 durchführen und erhält wieder Wellenlösungen, deren Phasengeschwindigkeit jetzt aber

$$v_{\mathrm{ph}} = \frac{\omega}{k} = \frac{1}{\sqrt{\varepsilon\mu}} = v_{\mathrm{ph}}(\omega) \qquad (7.149)$$

ist und mit ε bzw. μ frequenzabhängig wird. Die Auflösung dieser – hier nicht näher spezifizierten – Beziehung nach ω liefert

$$\omega = \omega(k) . \tag{7.150}$$

Wellen verschiedener Frequenzen bzw. Wellenzahlen haben also voneinander verschiedene Phasengeschwindigkeiten, und man bezeichnet das Medium als **dispersiv**. Diese Eigenschaft führt zu einer Reihe interessanter physikalischer Phänomene wie z. B. der unterschiedlichen Brechung von Wellen verschiedener Wellenlängen bzw. Frequenzen. Die Phasengeschwindigkeit kann kleiner oder größer als die Vakuumlichtgeschwindigkeit c sein. Falls in einem Medium $v_{\text{ph}}<c$ ist, können sich in diesem Teilchen schneller als mit der Phasengeschwindigkeit des Lichts bewegen. Sie emittieren dann eine sogenannte *Cerenkov-Strahlung*, wobei jedes Teilchen hinter sich einen Strahlungskegel herzieht wie ein mit Überschallgeschwindigkeit fliegendes Flugzeug eine kegelförmige Stoßwelle.

Dass die Phasengeschwindigkeit elektromagnetischer Wellen in einem dispersiven Medium größer als die Vakuumlichtgeschwindigkeit werden kann, muss uns in Hinblick auf die Relativitätstheorie nicht weiter beunruhigen, denn die Ausbreitung von Information geschieht nicht mit der Phasengeschwindigkeit. Eine reale Welle, mit der Information übertragen werden kann, hat immer eine endliche Ausdehnung. Man erhält sie z. B. aus **monochromatischen** ebenen Wellen (d. h. Wellen einer einzigen Frequenz und Ausbreitungsrichtung) unendlicher Ausdehnung durch Superposition zu einem **Wellenpaket**, das Wellen verschiedener Frequenzen bzw. Wellenzahlen enthält. Wir betrachten hier den besonders einfachen Fall eines Wellenpakets, das nur in Richtung der x-Achse laufende ebene Wellen enthält, die alle dieselbe Amplitude A_0 besitzen und deren Wellenzahlen in einem schmalen Intervall $k_0-\Delta k \leq k \leq k_0+\Delta k$ mit $\Delta k \ll k_0$ liegen. Indem wir die Amplitude nur einer Feldkomponente betrachten, diese mit ψ bezeichnen und die komplexe Schreibweise benutzen, untersuchen wir das Wellenpaket

$$\psi(x,t) = A_0 \int_{k_0-\Delta k}^{k_0+\Delta k} \mathrm{e}^{\mathrm{i}\,(kx-\omega(k)t)}\, dk . \tag{7.151}$$

Wegen $\Delta k \ll k_0$ können wir $\omega(k)$ nach

$$\kappa = k - k_0$$

entwickeln und alle Terme höherer Ordnung vernachlässigen,

$$\omega(k) = \omega_0 + \left.\frac{d\omega}{dk}\right|_{k_0} \kappa \qquad \text{mit} \qquad \omega_0 = \omega(k_0) . \tag{7.152}$$

Aus (7.151) ergibt sich damit

$$\psi(x,t) \approx A(x,t)\, \mathrm{e}^{\mathrm{i}\,(k_0 x-\omega_0 t)} \tag{7.153}$$

mit

$$A(x,t) \approx A_0 \int_{-\Delta k}^{+\Delta k} \exp\left[\mathrm{i}\,\kappa\left(x - \left.\tfrac{d\omega}{dk}\right|_{k_0} t\right)\right] d\kappa = A_0 \left.\frac{\exp\left[\mathrm{i}\,\kappa\left(x - \left.\frac{d\omega}{dk}\right|_{k_0} t\right)\right]}{\mathrm{i}\left(x - \left.\frac{d\omega}{dk}\right|_{k_0} t\right)}\right|_{-\Delta k}^{+\Delta k}$$

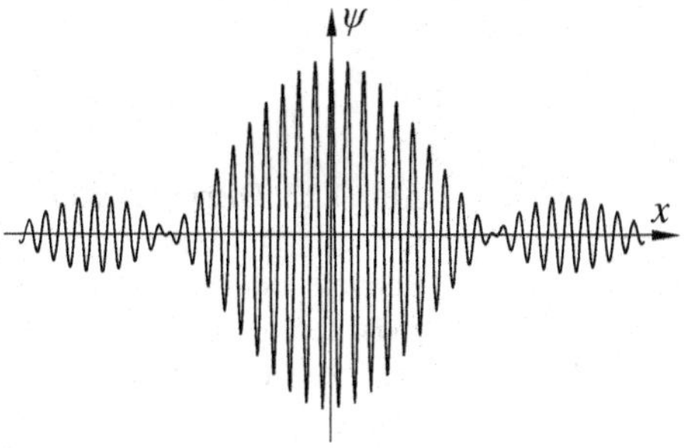

Abb. 7.12: Wellenpaket $\psi(x,t) \approx A(x,t)\, e^{i\,(k_0 x - \omega_0 t)}$.

bzw.

$$A(x,t) = 2A_0 \, \frac{\sin\left[\Delta k\left(x - \frac{d\omega}{dk}\big|_{k_0} t\right)\right]}{\left(x - \frac{d\omega}{dk}\big|_{k_0} t\right)} \,. \tag{7.154}$$

Nehmen wir jetzt an, dass $\Delta k\, |d\omega/dk|_{k_0} \ll \omega_0$ ist (außerdem gilt $\Delta k \ll k_0$), dann ändert sich $A(x,t)$ sehr viel langsamer mit x und t als die monochromatische Welle $e^{i\,(k_0 x - \omega_0 t)}$, sodass $A(x,t)$ als langsam variierende Amplitude der Letzteren aufgefasst werden kann. Die Amplitude $A(x,t)$ hat ein Maximum bei $y = x - d\omega/dk|_{k_0} t = 0$, das wegen $\lim_{y\to 0} \sin y/y = 1$ endlich ist, und fällt von diesem nach beiden Seiten wie $1/y$ ab (Abb. 7.12). Das ganze Wellenpaket ruht in einem mit der Geschwindigkeit

$$\boxed{v_g = \frac{d\omega}{dk}\bigg|_{k_0}} \tag{7.155}$$

in x-Richtung laufenden System und bewegt sich daher mit dieser gegenüber dem Laborsystem, weshalb v_g als **Gruppengeschwindigkeit** bezeichnet wird. Diese Interpretation und die zu ihr führende Ableitung (insbesondere die Qualität der Näherung (7.152a)) sind an die Gültigkeit der Voraussetzung $\Delta k\, |d\omega/dk|_{k_0} \ll \omega_0$ gebunden.

Die Größe

$$n = \sqrt{\frac{\varepsilon\mu}{\varepsilon_0\mu_0}} \overset{(7.149)}{=} \frac{c}{v_{ph}} \tag{7.156}$$

wird als **Brechungsindex** bezeichnet. Mit $v_{ph} = \omega/k = c/n$ bzw. $\omega = kc/n$ ergibt sich

$$v_g = \frac{d\omega}{dk} = \frac{c}{n} - \frac{kc}{n^2}\frac{dn}{dk} = \frac{c}{n} - \frac{kc}{n^2}\frac{dn}{d\omega} v_g \,,$$

sodass wir nach dem Auflösen dieser Beziehung nach v_g insgesamt

$$\boxed{v_g = \frac{c}{n + \omega\, dn/d\omega}\,, \qquad v_{ph} = \frac{c}{n}} \tag{7.157}$$

erhalten. Der Fall $dn/d\omega > 0$, in dem $v_g < v_{ph}$ gilt, wird als **normale Dispersion** bezeichnet, im Fall $dn/d\omega < 0$ wird $v_g > v_{ph}$, und man spricht von **anomaler Dispersion**. In Abb. 7.13 ist eine typische **Dispersionskurve** $n = n(\omega)$ mit einem Gebiet

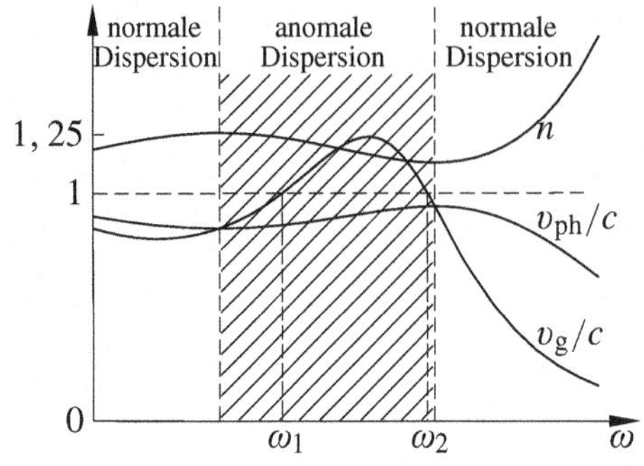

Abb. 7.13: Dispersionskurve $n(\omega)$ sowie Kurven $v_{ph}(\omega)/c$ und $v_g(\omega)/c$. Im Bereich anomaler Dispersion wird v_g zwischen ω_1 und ω_2 größer als c und kann nicht mehr als Ausbreitungsgeschwindigkeit von Wellenpaketen aufgefasst werden.

anomaler Dispersion dargestellt. Außer $n(\omega)$ sind in ihr auch noch die Kurven $v_{ph}(\omega)/c$ und $v_g(\omega)/c$ eingetragen. Dabei kann dem mit

$$\frac{dn}{d\omega} \overset{(7.157b)}{=} -\frac{c}{v_{ph}^2}\frac{dv_{ph}}{d\omega} \overset{(7.157b)}{=} -\frac{n}{v_{ph}}\frac{dv_{ph}}{d\omega}$$

und $c{=}nv_{ph}$ aus (7.157a) folgenden Zusammenhang

$$v_g = v_{ph}\Big/\left(1 - \frac{\omega}{v_{ph}}\frac{dv_{ph}}{d\omega}\right) \tag{7.158}$$

entnommen werden, wann v_g kleiner, gleich oder größer als v_{ph} wird. Bei starker anomaler Dispersion wird $v_g{>}c$, obwohl wir v_g als Informationsausbreitungsgeschwindigkeit gedeutet hatten. Allerdings passiert das nur bei starker Dispersion, und dann ist die Voraussetzung $\Delta k\ |d\omega/dk|_{k_0}{\ll}\omega_0$ nicht mehr erfüllt, unter der v_g als Geschwindigkeit des betrachteten Wellenpakets interpretiert werden kann.

In dispersiven Medien können noch weitere Ausbreitungsgeschwindigkeiten für elektromagnetische Wellen definiert werden, es gibt z. B. noch eine *Energiegeschwindigkeit* (Aufgabe 7.11), eine *Frontgeschwindigkeit* und eine *Signalgeschwindigkeit*, die Erörterung der Bedeutung dieser Geschwindigkeiten führt jedoch über den Rahmen dieses Buches hinaus.[4] Läuft eine elektromagnetische Welle in einem Vakuum-Hohlleiter durch ein mit einem Isolator ausgefülltes Zwischengebiet mit $\varepsilon{\neq}\varepsilon_0$ und $\mu{\neq}\mu_0$, so kann es zu einem **optischen Tunneleffekt** kommen: In dem als „Tunnel" fungierenden Zwischengebiet ist dann ähnlich, wie das in Abschn. 7.7.1 im Zusammenhang mit der Felddiffusion beschrieben wurde, keine Wellenausbreitung mehr möglich. Die Feldamplituden werden über den Tunnel hinweg exponentiell gedämpft, und in dem am Ende des Tunnels angrenzenden Gebiet kann eine gegenüber der einlaufenden stark abgeschwächte Welle weiterlaufen. (Das Phänomen des Tunneleffekts wird ausführlich im Band *Quantenmechanik* dieses Lehrbuchs behandelt.) Im Zwischengebiet, dem Tunnel, ist keine der oben angegebenen Geschwindigkeiten zur Beschreibung der Geschwindigkeit geeignet, mit der in der Welle gespeicherte Informationen über den

4 Siehe z. B. A. Sommerfeld, *Optik*, Akad. Verlagsges., 1959, und L. Brillouin, *Wave propagation and group velocity*, Acad. Press, 1964.

Tunnel hinweg übertragen werden. Der Grund dafür ist, dass sie alle mithilfe lokaler Welleneigenschaften definiert werden, während zur Informationsübertragung ein endlicher Teil eines Wellenzugs benötigt wird. In den letzten Jahren wurde wiederholt behauptet, dass durch einen Tunnel Informationsübertragung mit Überlichtgeschwindigkeit möglich und auch gemessen worden sei. Aus theoretischer Sicht ist Derartiges klar auszuschließen. Zum einen stünde es in krassem Widerspruch zur Relativitätstheorie (siehe *Spezielle Relativitätstheorie*, Abschnitt „ c als Maximalgeschwindigkeit und Kausalitätsprinzip“ im Kapitel „Relativistische Kinematik“). Zum anderen konnte gezeigt werden, dass die Wellenfront von Wellenzügen endlicher Ausdehnung exakt mit der Vakuumlichtgeschwindigkeit durch den Tunnel hindurch läuft. Schließlich wurde berechnet, wie viel Zeit die in einem endlichen Teil eines Wellenzugs enthaltene Information für ihren Weg durch den Tunnel hindurch benötigt. Die daraus abgeleitete Übertragungsgeschwindigkeit ist wieder exakt die Vakuumlichtgeschwindigkeit. Bei den angeblich beobachteten Überlichtgeschwindigkeiten kann es sich daher nur um die Geschwindigkeiten geometrischer Merkmale handeln, für die sich durch Verzerrungseffekte im Tunnel $v>c$ ergibt, die aber zur Informationsübertragung ungeeignet sind.

7.8.4 Frequenzabhängigkeit der Leitfähigkeit in Metallen

Auch die Leitfähigkeit von Leitern wird bei periodisch zeitveränderlichen Feldern frequenzabhängig. Wir betrachten dazu den Fall metallischer Leiter, in denen der Strom von den Elektronen allein getragen wird. Deren Bewegung gehorcht nach (3.32) der Bewegungsgleichung

$$m\dot{\boldsymbol{v}}_i = -e\boldsymbol{E}_i - \alpha\boldsymbol{v}_i\,,$$

wobei $\alpha>0$ ein Reibungskoeffizient ist. Wir multiplizieren diese Gleichung mit der Elektronenladung $-e$, summieren über alle N Elektronen einer mikroskopisch großen, makroskopisch kleinen Nachbarschaft, teilen anschließend durch deren Volumen V und erhalten mit $\boldsymbol{j}=-\sum_i e\boldsymbol{v}_i/V$ und $\sum_i \boldsymbol{E}_i/V=N\langle\boldsymbol{E}\rangle/V\to n\boldsymbol{E}$

$$m\frac{d\boldsymbol{j}}{dt} = ne^2\boldsymbol{E} - \alpha\boldsymbol{j}\,, \tag{7.159}$$

wobei n die Teilchendichte der Elektronen ist. Im zeitunabhängigen Fall ergibt sich daraus

$$\boldsymbol{j} = \frac{ne^2}{\alpha}\boldsymbol{E} = \sigma_0\boldsymbol{E}\,,$$

d. h. $\alpha=ne^2/\sigma_0$, wobei σ_0 die Gleichstromleitfähigkeit ist. Damit können wir (7.159) in der Form

$$\boldsymbol{j} + \frac{m\sigma_0}{ne^2}\frac{d\boldsymbol{j}}{dt} = \sigma_0\boldsymbol{E} \tag{7.160}$$

schreiben. Diese Gleichung lösen wir mit den Ansätzen $\boldsymbol{E}=\boldsymbol{E}_0\,\mathrm{e}^{-\mathrm{i}\,\omega t}$, $\boldsymbol{j}=\boldsymbol{j}_0\,\mathrm{e}^{-\mathrm{i}\,\omega t}$ und erhalten

$$\boldsymbol{j}_0 = \frac{\sigma_0}{1-\mathrm{i}\,\omega\tau}\boldsymbol{E}_0 \qquad \text{mit} \qquad \tau = \frac{m\sigma_0}{ne^2}\,. \tag{7.161}$$

Wählen wir $\boldsymbol{E}_0$ reell und die Realteile der Felder als reelle Lösungen, so ergibt sich

$$j = \frac{\sigma_0 E_0}{1+\omega^2\tau^2}\,\mathrm{Re}\big[(1+\mathrm{i}\,\omega\tau)\big(\cos(\omega t)+\mathrm{i}\,\sin(\omega t)\big)\big] = \frac{\sigma_0 E_0}{1+\omega^2\tau^2}\big[\cos(\omega t)-\omega\tau\,\sin(\omega t)\big]$$

oder

$$j = \frac{\sigma_0 E_0}{1+\omega^2\tau^2}\big[\cos\varphi_0\cos(\omega t) - \sin\varphi_0\sin(\omega t)\big] \qquad \text{mit} \qquad \sin\varphi_0 = \frac{\omega\tau}{\sqrt{1+\omega^2\tau^2}}\,.$$

Unter Benutzung der Additionstheoreme für die Winkelfunktionen haben wir damit schließlich insgesamt

$$\boldsymbol{E} = \boldsymbol{E}_0\cos(\omega t)\,, \qquad \boldsymbol{j} = \frac{\sigma_0\boldsymbol{E}_0}{\sqrt{1+\omega^2\tau^2}}\cos(\omega t+\varphi_0)\,. \tag{7.162}$$

Die frequenzabhängige Leitfähigkeit ist demnach

$$\sigma(\omega) = \frac{\sigma_0}{\sqrt{1+\omega^2\tau^2}}\,. \tag{7.163}$$

Zu beachten ist, dass durch die Trägheit der Elektronen eine Phasenverschiebung zwischen dem elektrischen Feld und dem Strom zustande kommt.

Für $\omega\tau\ll 1$ ist $|\varphi_0|\ll\pi$ und $\sigma\approx\sigma_0$. Für $\omega\tau\gg 1$ wird $\sin\varphi_0\approx 1$, d. h. es entsteht ein Phasenunterschied von beinahe $\pi/2$, und es wird

$$\sigma(\omega) \approx \frac{\sigma_0}{\omega\tau} \ll \sigma_0\,.$$

Ursache für die Frequenzabhängigkeit von σ und die Phasenverschiebung ist wieder die Trägheit der Ladungsträger.

7.8.5 Randbedingungen an Grenzflächen

Überall, wo eine scharfe Grenze zwischen verschiedenen Medien verläuft, werden für die elektromagnetischen Felder Randbedingungen wichtig. Die Gleichungen $\mathrm{div}\,\boldsymbol{D}=\varrho$ und $\mathrm{div}\,\boldsymbol{B}=0$ sind dieselben wie unter statischen Verhältnissen und liefern die von dort vertrauten Randbedingungen

$$\boldsymbol{n}\cdot[\boldsymbol{D}] = \sigma\,, \qquad \boldsymbol{n}\cdot[\boldsymbol{B}] = 0\,. \tag{7.164}$$

Aus der Gleichung $\mathrm{rot}\,\boldsymbol{E}=-\partial\boldsymbol{B}/\partial t$ wurde schon in Abschn. 6.3 die Randbedingung

$$\boldsymbol{n}\times[\boldsymbol{E}] = 0 \tag{7.165}$$

abgeleitet (siehe (6.55)). Schließlich folgt aus $\mathrm{rot}\,\boldsymbol{H}=\boldsymbol{j}+\partial\boldsymbol{D}/\partial t$ wie in Abschn. 5.7.2 (siehe (5.83)) die Randbedingung

$$\boldsymbol{n}\times[\boldsymbol{H}] = \boldsymbol{J}\,, \tag{7.166}$$

zu welcher der Verschiebungsstrom $\partial \boldsymbol{D}/\partial t$ genauso wenig einen Beitrag liefert wie $\partial \boldsymbol{B}/\partial t$ zu der Randbedingung an $\boldsymbol{E}$.

Normale Leiter sind zeitlich veränderlichen Feldern im Prinzip zugänglich – durch den Skineffekt wird diesen der Zugang allerdings erschwert – und müssen wie dispersive Medien behandelt werden (siehe z. B. Abschn. 6.3). **In Supraleitern** gilt auch für zeitlich veränderliche Felder $\boldsymbol{E}\equiv 0$ und $\boldsymbol{B}\equiv 0$, sodass sich für sie die Randbedingung (5.74a) der Magnetostatik und eine aus (7.165) folgende Randbedingung für das elektrische Feld ergibt,

$$\boldsymbol{n}\cdot\boldsymbol{H} = 0\,, \qquad \boldsymbol{n}\times\boldsymbol{D} = 0\,. \tag{7.167}$$

7.9 Energiesatz der Elektrodynamik

Die im Folgenden bei der Ableitung des Energiesatzes durchgeführten Rechnungen stimmen weitgehend mit den Rechnungen überein, die wir in Abschn. 5.3.3 zur Berechnung der magnetischen Feldenergie durchgeführt haben. Wir schließen hier zum einen nur die Möglichkeit mit ein, dass sich die Felder in polarisierbaren oder magnetisierbaren Medien befinden. Zum anderen betrachten wir auch Situationen, bei denen die Felder nicht allmählich in einen statischen Endzustand übergehen.

7.9.1 Ableitung des Energiesatzes

Durch das Kraftgesetz $\boldsymbol{F}=q(\boldsymbol{E}+\boldsymbol{v}\times\boldsymbol{B})$ ist die Elektrodynamik mit der Mechanik der Ladungsträger verknüpft. Nach (5.47) ist

$$\int_{\Delta^3\tau} \boldsymbol{j}\cdot\boldsymbol{E}\; d^3\tau =: \frac{dW_{\mathrm{L}}(\Delta^3\tau)}{dt} \tag{7.168}$$

die Energie, die im Volumenelement $\Delta^3\tau$ pro Zeiteinheit von den Feldern $\boldsymbol{E}$ und $\boldsymbol{B}$ auf die Ladungsträger übertragen wird. Sie tritt entweder als (gerichtete) kinetische oder als thermische Energie (ungerichtete kinetische Energie) der Ladungsträger in Erscheinung. Die Größe

$$\boldsymbol{j}\cdot\boldsymbol{E} = \lim_{\Delta^3\tau\to 0} \frac{1}{\Delta^3\tau}\frac{dW_{\mathrm{L}}(\Delta^3\tau)}{dt} \tag{7.169}$$

ist demnach die lokale Energiezunahme der Ladungsträger pro Zeit und Volumen.

Wir wollen diese Größe durch das elektromagnetische Feld allein ausdrücken, indem wir $\boldsymbol{j}$ mithilfe der Maxwell-Gleichung $\boldsymbol{j}=\mathrm{rot}\,\boldsymbol{H}-\partial\boldsymbol{D}/\partial t$ eliminieren,

$$\boldsymbol{j}\cdot\boldsymbol{E} = \boldsymbol{E}\cdot\mathrm{rot}\,\boldsymbol{H} - \boldsymbol{E}\cdot\partial\boldsymbol{D}/\partial t\,. \tag{7.170}$$

Unter Benutzung der Identität

$$\boldsymbol{E}\cdot\mathrm{rot}\,\boldsymbol{H} \overset{(2.17)}{=} \boldsymbol{H}\cdot\mathrm{rot}\,\boldsymbol{E} - \mathrm{div}(\boldsymbol{E}\times\boldsymbol{H})$$

und des Faraday'schen Induktionsgesetzes rot $\boldsymbol{E}=-\partial\boldsymbol{B}/\partial t$ erhalten wir aus (7.170)

$$\boldsymbol{E}\cdot\partial\boldsymbol{D}/\partial t+\boldsymbol{H}\cdot\partial\boldsymbol{B}/\partial t+\operatorname{div}(\boldsymbol{E}\times\boldsymbol{H})+\boldsymbol{j}\cdot\boldsymbol{E}=0\,. \tag{7.171}$$

Wir nehmen im Folgenden an, dass ein eindeutiger Zusammenhang $\boldsymbol{E}=\boldsymbol{E}(\boldsymbol{D})$ bzw. $\boldsymbol{H}=\boldsymbol{H}(\boldsymbol{B})$ besteht,[5] übernehmen aus der Elektrostatik zunächst rein formal die Definition (4.188) und übertragen diese auch noch sinngemäß auf Magnetfelder, definieren also mit vorerst rein formaler Bedeutung

$$\boxed{w_{\mathrm{e}}=\int_0^{\boldsymbol{D}}\boldsymbol{E}(\boldsymbol{D}')\cdot d\boldsymbol{D}'\,,\qquad w_{\mathrm{m}}=\int_0^{\boldsymbol{B}}\boldsymbol{H}(\boldsymbol{B}')\cdot d\boldsymbol{B}'} \tag{7.172}$$

als **elektrische** bzw. **magnetische Energiedichte**. Aus diesen Definitionen folgt

$$\frac{\partial w_{\mathrm{e}}}{\partial t}=\boldsymbol{E}\cdot\frac{\partial\boldsymbol{D}}{\partial t}\,,\qquad \frac{\partial w_{\mathrm{m}}}{\partial t}=\boldsymbol{H}\cdot\frac{\partial\boldsymbol{B}}{\partial t}\,.$$

Damit und mit der Definition des **Poynting-Vektors**

$$\boxed{\boldsymbol{S}=\boldsymbol{E}\times\boldsymbol{H}\,,} \tag{7.173}$$

der auch als **Energiestromdichte** bezeichnet wird, lautet Gleichung (7.171)

$$\boxed{\frac{\partial}{\partial t}\big(w_{\mathrm{e}}+w_{\mathrm{m}}\big)+\operatorname{div}\boldsymbol{S}+\boldsymbol{j}\cdot\boldsymbol{E}=0\,.} \tag{7.174}$$

Das ist der **Energieerhaltungssatz der Elektrodynamik** in differenzieller Form, der auch als **Poynting'scher Satz** bezeichnet wird.

Wir überzeugen uns davon, dass es sich tatsächlich um einen Satz für die Erhaltung der Energie handelt, wenn man w_{e} und w_{m} wie in der Statik als Energiedichte des elektrischen bzw. magnetischen Feldes auffasst: $\boldsymbol{E}$ und $\boldsymbol{H}$ seien die Felder einer räumlich begrenzten Ladungs- und Stromverteilung, die bis zur Zeit t_0 statisch war. Wegen der endlichen Ausbreitungsgeschwindigkeit elektromagnetischer Wellen sind dann die Felder $\boldsymbol{E}$ und $\boldsymbol{H}$ für jedes $t<\infty$ in hinreichend großer Entfernung von der Ladungs- und Stromverteilung statisch, d. h. $E\sim 1/r^2$ und $H\sim 1/r^2$, sodass aus (7.174) mit

$$\int_{\mathbb{R}^3}\operatorname{div}(\boldsymbol{E}\times\boldsymbol{H})\,d^3\tau \overset{(2.27)}{=} \oint_\infty(\boldsymbol{E}\times\boldsymbol{H})\cdot d\boldsymbol{f}\sim\oint_\infty\frac{df}{r^4}=\lim_{r\to\infty}\frac{4\pi}{r^2}=0$$

und (7.168) nach Integration über die Zeit und den gesamten $\mathbb{R}^3$

$$\int_{\mathbb{R}^3}\big(w_{\mathrm{e}}+w_{\mathrm{m}}\big)\,d^3\tau+W_{\mathrm{L}}=\mathrm{const} \tag{7.175}$$

5 Manchmal ist dieser Zusammenhang mehrdeutig, was als **Hysteresiserscheinung** bezeichnet wird.

folgt. Dieser Erhaltungssatz, nach dem die (ungerichtete und gerichtete) kinetische Energie der Ladungsträger im gleichen Maße zu- oder abnimmt, wie die mit den Feldern verbundene Energie $\int(w_\text{e}+w_\text{m})\,d^3\tau$ ab- oder zunimmt, erlaubt es, $\int(w_\text{e}+w_\text{m})\,d^3\tau$ auch im zeitabhängigen Fall als Energie des elektromagnetischen Feldes zu interpretieren. Dabei folgt die Gültigkeit der Zerlegung in einen elektrischen Anteil $\int w_\text{e}\,d^3\tau$ und einen magnetischen Anteil $\int w_\text{m}\,d^3\tau$ daraus, dass der eine für $\boldsymbol{E}\equiv 0$ und der andere für $\boldsymbol{B}\equiv 0$ verschwindet.

Die Integration des lokalen Erhaltungssatzes (7.174) über ein Teilgebiet G des felderfüllten Raumes führt zu

$$\frac{dW_G}{dt} = -\int_F \boldsymbol{S}\cdot d\boldsymbol{f} \qquad \text{mit} \qquad W_G := \int_G \big(w_\text{e} + w_\text{m}\big)\,d^3\tau + W_\text{L}\big|_G \,. \tag{7.176}$$

Es ist natürlich, $\int_G(w_\text{e}+w_\text{m})\,d^3\tau$ auch für Teilgebiete des Raumes als Energie des elektromagnetischen Feldes bzw. w_e und w_m als lokale Dichten der elektrischen und magnetischen Feldenergie zu interpretieren. Ist $\int \boldsymbol{S}\cdot d\boldsymbol{f}>0$, so nimmt die aus Energie der Ladungsträger und Feldenergie zusammengesetzte Energie W_G im Gebiet G ab, und da sie im ganzen $\mathbb{R}^3$ erhalten bleibt, muss sie im Gebiet $\mathbb{R}^3 \setminus G$ um ebenso viel zunehmen. $\int_F \boldsymbol{S}\cdot d\boldsymbol{f}$ ist daher die Energie pro Zeit, die vom elektromagnetischen Feld durch die Fläche F hindurch transportiert wird. Das erlaubt es, $\boldsymbol{S}$ als Vektor der Energiestromdichte zu interpretieren.

7.9.2 Physikalische Interpretation und alternative Energiesätze

Die oben getroffene Interpretation der Terme w_e, w_m und $\boldsymbol{S}$ als elektrische und magnetische Energiedichte bzw. elektromagnetische Energiestromdichte ist zwar suggestiv, da sie diese Größen am stärksten dort lokalisiert, wo die Feldstärken am größten sind. Leider ist die Definition dieser Dichten aber nicht eindeutig, da es noch andere Größen mit den gleichen Eigenschaften gibt. Einmal kann zu $\boldsymbol{S}$ ein beliebiges Vektorfeld $\operatorname{rot}\boldsymbol{v}$ addiert werden, ohne dass sich dadurch an $\operatorname{div}\boldsymbol{S}$ etwas ändern würde. Noch allgemeiner kann zu $\boldsymbol{S}$ ein beliebiges Vektorfeld $\boldsymbol{S}_w$ addiert werden, wenn man in (7.174) gleichzeitig zu $w_\text{e}+w_\text{m}$ eine Energiedichte w mit der Eigenschaft

$$\frac{\partial w}{\partial t} + \operatorname{div}\boldsymbol{S}_w = 0$$

hinzufügt. Damit dabei überhaupt ein physikalischer Sinn entsteht, müssen w und $\boldsymbol{S}_w$ natürlich vom Feld $\boldsymbol{E}$ und/oder $\boldsymbol{B}$ abhängen, und zwar so, dass sich beide um λ^2 erhöhen, wenn die Quellen $\boldsymbol{j}$ und ϱ der Felder um einen konstanten Faktor λ erhöht werden. Für diese Möglichkeit gibt es verschiedene Beispiele. Im Fall $\varepsilon=\varepsilon_0$, $\mu=\mu_0$ ist eines davon

$$w = \frac{1}{2\mu_0}\big(\boldsymbol{A}\cdot\operatorname{rot}\boldsymbol{B} - \boldsymbol{B}^2\big)\,, \qquad \boldsymbol{S}_w = \frac{1}{2\mu_0}\frac{\partial}{\partial t}\big(\boldsymbol{A}\times\boldsymbol{B}\big)\,,$$

wobei $\boldsymbol{B}$ die magnetische Induktion und $\boldsymbol{A}$ das dazugehörige Vektorpotenzial ist: Es gilt

$$\begin{aligned}
\operatorname{div} \boldsymbol{S}_w &= \frac{1}{2\mu_0} \operatorname{div} \left(\frac{\partial \boldsymbol{A}}{\partial t} \times \boldsymbol{B} + \boldsymbol{A} \times \frac{\partial \boldsymbol{B}}{\partial t} \right) \\
&\overset{(2.17)}{=} \frac{1}{2\mu_0} \left[\boldsymbol{B} \cdot \operatorname{rot} \frac{\partial \boldsymbol{A}}{\partial t} - \frac{\partial \boldsymbol{A}}{\partial t} \cdot \operatorname{rot} \boldsymbol{B} + \frac{\partial \boldsymbol{B}}{\partial t} \cdot \operatorname{rot} \boldsymbol{A} - \boldsymbol{A} \cdot \operatorname{rot} \frac{\partial \boldsymbol{B}}{\partial t} \right] \\
&= \frac{1}{2\mu_0} \left[2\boldsymbol{B} \cdot \frac{\partial \boldsymbol{B}}{\partial t} - \frac{\partial}{\partial t} (\boldsymbol{A} \cdot \operatorname{rot} \boldsymbol{B}) \right] = -\frac{\partial w}{\partial t},
\end{aligned}$$

und daher wäre

$$\frac{\partial}{\partial t} \left(\frac{\varepsilon_0}{2} \boldsymbol{E}^2 + \frac{1}{2\mu_0} \boldsymbol{A} \cdot \operatorname{rot} \boldsymbol{B} \right) + \operatorname{div} \frac{1}{\mu_0} \left[\boldsymbol{E} \times \boldsymbol{B} + \frac{1}{2} \frac{\partial}{\partial t} (\boldsymbol{A} \times \boldsymbol{B}) \right] + \boldsymbol{j} \cdot \boldsymbol{E} = 0$$

ein alternativer Energiesatz. Nur erwähnt sei, dass es noch weitere Alternativen gibt.

Es ist nicht möglich, mithilfe rein elektromagnetischer Messungen eine Entscheidung zugunsten einer speziellen Alternative zu treffen. Alle Alternativen folgen ja aus den Maxwell-Gleichungen und werden von jeder Lösung von diesen erfüllt, d. h. sie widersprechen sich nicht. So wäre es auch nicht möglich, z. B. durch Absorptionsmessungen festzustellen, welches der „richtige" Energiestrom ist. Dieser könnte ja nur durch irgendwelche physikalischen Wirkungen auf Ladungsträger, z. B. die Erwärmung eines Absorbers durch Strahlungsabsorption, nachgewiesen werden. Die Energieabsorptionsrate ist aber, unabhängig von der Form des benutzten Energiesatzes, stets durch $\int \boldsymbol{j} \cdot \boldsymbol{E} \, d^3\tau$ gegeben, wobei das Integral über den gesamten Absorber zu erstrecken ist.

Wie schon im Abschn. 4.1.3 der Elektrostatik dargelegt ließe sich prinzipiell mithilfe der Relativitätstheorie entscheiden, ob $(\varepsilon_0/2)\, \boldsymbol{E}^2$ und $(1/2\mu_0)\, \boldsymbol{B}^2$ nun tatsächlich die Energiedichten des elektrischen bzw. magnetischen Feldes sind. Dazu müsste deren gravitative Wirkung, also ein Merkmal nicht elektromagnetischer Natur, herangezogen werden. Eine positive Entscheidung zugunsten von $(\varepsilon_0/2)\boldsymbol{E}^2$ und $(1/2\mu_0)\boldsymbol{B}^2$ würde die konkurrierenden Erhaltungssätze allerdings nicht ungültig machen, sondern nur festlegen, welchen Größen die Bedeutung der Energiedichte zukommt.

Wie oben ausgeführt ist eine solche Entscheidung für rein elektrodynamische Probleme irrelevant. Man hat sich für $(\varepsilon_0/2)\boldsymbol{E}^2$ und $(1/2\mu_0)\boldsymbol{B}^2$ als Energiedichten entschieden: Diese sind am einfachsten und stehen auch weitgehend mit einer elektrodynamischen Erklärung der Gravitationswirkung geladener Elementarteilchen im Einklang.

Den Größen $(\varepsilon_0/2)\, \boldsymbol{E}^2$ und $(1/2\mu_0)\, \boldsymbol{B}^2$ im Vakuum würden in Materie die Größen $\int_0^{\boldsymbol{D}} \boldsymbol{E}(\boldsymbol{D}')\, d\boldsymbol{D}'$ und $\int_0^{\boldsymbol{B}} \boldsymbol{H}(\boldsymbol{B}') \cdot d\boldsymbol{B}'$ entsprechen. Hier gibt es jedoch nochmals Schwierigkeiten, wenn auch anderer Art. In manchen Fällen sind die Größen $\boldsymbol{E}(\boldsymbol{D})$ und $\boldsymbol{H}(\boldsymbol{B})$ nicht eindeutig definiert. Außerdem gibt es Situationen, bei denen nicht klar entschieden werden kann, welche Anteile der Energie mechanischer und welche elektromagnetischer Natur sind.[6] Auch hier trifft wieder die Bemerkung zu, dass aus den Maxwell-Gleichungen abgeleitete Erhaltungssätze in jedem Fall richtig und für viele Anwendungen nützlich sind. Das offene Problem ist nur die physikalische Interpretation der einzelnen Terme, die für rein elektromagnetische Fragestellungen wiederum irrelevant ist.

---

6 Für eine ausführlichere Diskussion dieser Probleme wird auf die Literatur verwiesen, z. B. Jackson: *Klassische Elektrodynamik*, 2. Auflage, J. Wiley & Sons, Abschn. 6.9 und dort angegebene Literatur.

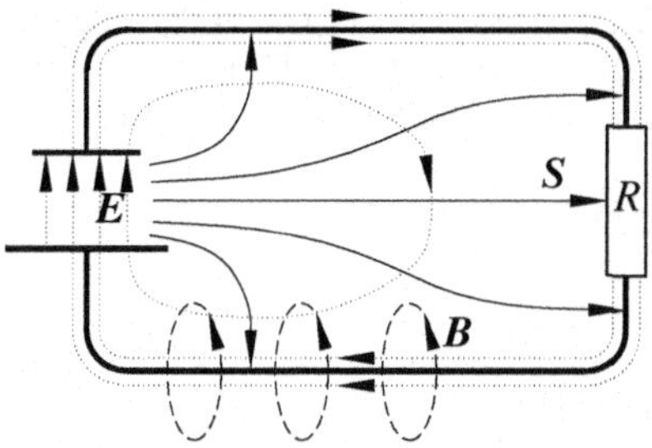

Abb. 7.14: Elektrische (punktiert) und magnetische Feldlinien (gestrichelt) sowie Energiestromlinien (durchgezogen) bei einem Gleichstromkreis.

Beispiel 7.6: *Energiestrom in einem Gleichstromkreis*

In einem Gleichstromkreis (Abb. 7.14) ist der Strom I auch außerhalb des Leiters von magnetischen Feldlinien umgeben. Außerdem verlaufen außerhalb von diesem auch elektrische Feldlinien, sodass $\boldsymbol{S}=\boldsymbol{E}\times\boldsymbol{H}$ von null verschieden ist. Dies bedeutet, dass es auch außerhalb des Leiters einen Energiestrom gibt. Einem Widerstand wird die in ihm verbrauchte Energie $\int(j^2/\sigma)\,d^3\tau$ nicht nur durch den Draht, sondern auch durch das außerhalb des Drahts befindliche Medium (z. B. Vakuum) hindurch über den Energiestrom der Dichte $\boldsymbol{S}$ zugeführt. Da sich bei Stationarität die lokalen Energiedichten nicht ändern, gilt

$$\operatorname{div}(\boldsymbol{E}\times\boldsymbol{H}) = -\boldsymbol{j}\cdot\boldsymbol{E}\,. \tag{7.177}$$

An alle Orte, wo elektrische Energie verbraucht wird, gelangt diese durch den mithilfe des Poynting-Vektors beschriebenen Energietransport.

Beispiel 7.7: *Energieabgabe eines oszillierenden Dipols*

Das (reelle) Fernfeld eines oszillierenden elektrischen Dipols ist nach (7.66) (mit $\boldsymbol{m}_0=0$)

$$\boldsymbol{E} = \frac{k^2}{4\pi\varepsilon_0}\frac{\cos(kr-\omega t)}{r}\,(\boldsymbol{p}_0-\boldsymbol{e}_r\,\boldsymbol{p}_0\cdot\boldsymbol{e}_r)\,,\qquad \boldsymbol{H} = \frac{ck^2}{4\pi}\frac{\cos(kr-\omega t)}{r}\,\boldsymbol{e}_r\times\boldsymbol{p}_0\,, \tag{7.178}$$

und daraus ergibt sich der Poynting-Vektor

$$\boldsymbol{S} = \frac{ck^4}{16\pi^2\varepsilon_0}\frac{\cos^2(kr-\omega t)}{r^2}\,p_0{}^2\Big[1-(\boldsymbol{e}_r\cdot\boldsymbol{p}_0/p_0)^2\Big]\,\boldsymbol{e}_r\,. \tag{7.179}$$

Die zeitliche Mittelung von $\boldsymbol{S}$ über eine Schwingungsperiode liefert mit

$$\frac{\omega}{2\pi}\int_t^{t+2\pi/\omega}\cos^2(kr-\omega t)\,dt = \frac{1}{2}\qquad\text{und}\qquad \boldsymbol{e}_r\cdot\boldsymbol{p}_0/p_0=\cos\vartheta$$

(Abb. 7.15) den Mittelwert

$$\overline{\boldsymbol{S}} = \frac{ck^4}{32\pi^2\varepsilon_0}\frac{p_0{}^2\sin^2\vartheta}{r^2}\,\boldsymbol{e}_r\,,$$

und die weitere Integration von $\overline{\boldsymbol{S}}$ über eine Kugelfläche vom Radius r führt mit

$$df = 2\pi r^2\sin\vartheta\,d\vartheta\,,\qquad \int_0^\pi\sin^3\vartheta\,d\vartheta = \frac{4}{3} \tag{7.180}$$

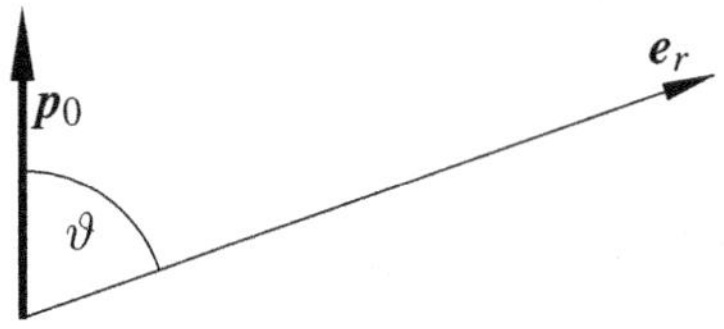

Abb. 7.15: Zur Energieabstrahlung eines oszillierenden Dipols: Betrachtet wird der Energiestrom der Dichte $\overline{S}$ in eine Richtung $\boldsymbol{e}_r$ unter dem Winkel ϑ gegenüber dem Dipolmoment $\boldsymbol{p}_0$.

und $\omega/k{=}c$ zu der mittleren Gesamtabstrahlung

$$\int_{K_r} \overline{S}\cdot d\boldsymbol{f} = \frac{ck^4 {p_0}^2}{12\pi\,\varepsilon_0} = \frac{\omega^4 {p_0}^2}{12\pi\,\varepsilon_0 c^3}\,. \tag{7.181}$$

Diese geht bei gegebener Amplitude p_0 der Dipoloszillationen sehr schnell mit ω gegen null. (Die Abhängigkeit von der vierten Potenz von ω ist übrigens verantwortlich dafür, dass die Temperaturabhängigkeit der Gesamtabstrahlung schwarzer Körper nach dem Stefan-Boltzmann-Gesetz $\sim T^4$ ist.) Sie ist unabhängig vom Abstand r der Kugelfläche, im Fernfeld geht also durch jede Kugelfläche im zeitlichen Mittel dieselbe Strahlungsenergie hindurch.

Wir berechnen aus dem erhaltenen Ergebnis den sogenannten **Strahlungswiderstand** der abstrahlenden Dipolantenne, indem wir mithilfe der Beziehung

$$\int \boldsymbol{j}'\,d^3\tau' \overset{(5.30a)}{=} -\int \boldsymbol{r}'\,\mathrm{div}'\,\boldsymbol{j}'\,d^3\tau' \overset{(7.47)}{=} -\mathrm{i}\,\omega\int \boldsymbol{r}'\varrho'\,d^3\tau' \overset{(7.57a)}{=} -\mathrm{i}\,\omega\boldsymbol{p}$$

das Dipolmoment $\boldsymbol{p}$ durch den Strom I ausdrücken. Ist der Strahler eine lineare, parallel zur z-Achse ausgerichtete Antenne der Länge l mit Querschnitt F, so gilt $\boldsymbol{j}{=}(I/\Delta F)\,\boldsymbol{e}_z$ und

$$\int \boldsymbol{j}'\,d^3\tau' = \frac{I\,\boldsymbol{e}_z}{\Delta F}\int df'\,dl' = I\,l\,\boldsymbol{e}_z = -\mathrm{i}\,\omega p\,\boldsymbol{e}_z\,.$$

Hiernach muss I komplex sein, und es gilt

$$|I_0|\,l = \omega\,p_0 = ckp_0\,.$$

Setzen wir das in Gleichung (7.181) ein, so folgt mit $\varepsilon_0\mu_0{=}1/c^2$ und $k{=}2\pi/\lambda$

$$\int_{K_r} \overline{S}\cdot d\boldsymbol{f} = \frac{1}{2}R_s|I_0|^2 \qquad \text{mit} \qquad R_s = \frac{k^2l^2}{6\pi\,\varepsilon_0 c} = \frac{2\pi}{3}\sqrt{\frac{\mu_0}{\varepsilon_0}}\left(\frac{l}{\lambda}\right)^2\,. \tag{7.182}$$

In Analogie zum mittleren Energieverbrauch $\frac{1}{2}R\,|I_0|^2$ eines Widerstands in einem Wechselstromkreis bezeichnet man R_s als **Strahlungswiderstand** der Antenne.

Beispiel 7.8: *Energieabstrahlung einer beschleunigten Ladung niedriger Geschwindigkeit*

Das durch die Terme $\sim 1/R$ definierte Fernfeld einer beschleunigten Ladung niedriger Geschwindigkeit ($v{\ll}c$) erhält man aus (7.40) näherungsweise zu

$$\boldsymbol{E} = \frac{q}{4\pi\,\varepsilon_0 c^2 R}\,\boldsymbol{e}_R\times(\boldsymbol{e}_R\times\dot{\boldsymbol{v}})\,, \qquad \boldsymbol{H} = \frac{1}{\mu_0 c}\,\boldsymbol{e}_R\times\boldsymbol{E} = \frac{q}{4\pi cR}\,\dot{\boldsymbol{v}}\times\boldsymbol{e}_R\,, \tag{7.183}$$

wobei $R{=}|\boldsymbol{r}{-}\boldsymbol{r}_0(t')|$ der Abstand vom Ort $\boldsymbol{r}_0(t')$ der Punktladung ist und $\boldsymbol{v}(t')$ bzw. $\boldsymbol{r}_0(t')$ zum Zeitpunkt $t'{=}t{-}R/c$ der Emission genommen werden. Hieraus ergibt sich der Poynting-Vektor

$$\boldsymbol{S} = \boldsymbol{E}\times\boldsymbol{H} = \frac{q^2}{16\pi^2\varepsilon_0 c^3}\,\frac{[\dot{\boldsymbol{v}}^2{-}(\boldsymbol{e}_R\cdot\dot{\boldsymbol{v}})^2]}{R^2}\,\boldsymbol{e}_R = \frac{\mu_0 q^2}{16\pi^2 c}\,\frac{[\dot{\boldsymbol{v}}^2{-}(\boldsymbol{e}_R\cdot\dot{\boldsymbol{v}})^2]}{R^2}\,\boldsymbol{e}_R\,. \tag{7.184}$$

Die mit ihm verbundene Energieabstrahlung durch eine Fläche F hindurch ist nach (7.176)

$$-\dot{W} = \int_F \boldsymbol{S} \cdot d\boldsymbol{f} \,. \tag{7.185}$$

Wir wählen als Fläche F die Oberfläche einer Kugel vom Radius R_0 um den Punkt $\boldsymbol{r}_0(t')$, sodass $d\boldsymbol{f}=\boldsymbol{e}_R df$ gilt. Da es von $\boldsymbol{r}_0(t')$ zu allen Punkten der Kugeloberfläche gleich weit ist, kommen bei diesen die zum Zeitpunkt t' emittierten Felder $\boldsymbol{E}$ und $\boldsymbol{H}$ zur gleichen verzögerten Zeit $t=t'+R_0/c$ an. Zur Auswertung des Flächenintegrals benutzen wir sphärische Polarkoordinaten, deren Polarwinkel ϑ von der Richtung $\dot{\boldsymbol{v}}$ aus gezählt wird. Damit erhalten wir

$$\boldsymbol{e}_R \cdot \dot{\boldsymbol{v}} = |\dot{\boldsymbol{v}}| \cos\vartheta \,, \qquad \dot{\boldsymbol{v}}^2 - (\boldsymbol{e}_R \cdot \dot{\boldsymbol{v}})^2 = \dot{\boldsymbol{v}}^2(1-\cos^2\vartheta) = \dot{\boldsymbol{v}}^2 \sin^2\vartheta \tag{7.186}$$

und

$$\boldsymbol{S} \cdot d\boldsymbol{f} = \boldsymbol{S} \cdot \boldsymbol{e}_R \, R_0{}^2 \sin\vartheta \, d\vartheta \, d\varphi = \frac{\mu_0 q^2 \dot{\boldsymbol{v}}^2(t') \sin^2\vartheta}{16\pi^2 c} \sin\vartheta \, d\vartheta \, d\varphi \,.$$

Hieraus ergibt sich im Abstand R_0 vom Ort der Emission für die Abstrahlung in ein auf diesen Ort bezogenes Raumwinkelelement $d\Omega = \sin\vartheta \, d\vartheta \, d\varphi$ der Richtung $\boldsymbol{e}_R$ (unter dem Winkel ϑ gegenüber der Richtung der Beschleunigung) das winkelabhängige Ergebnis

$$\boxed{-\frac{d\dot{W}}{d\Omega}\bigg|_{t=t'+R_0/c} = \frac{\mu_0 q^2 \dot{\boldsymbol{v}}^2(t') \sin^2\vartheta}{(4\pi)^2 c}\bigg|_{t'=t-R_0/c}} \tag{7.187}$$

und für die Gesamtabstrahlung in den vollen Raumwinkel 4π unter Benutzung von (7.180b)

$$\boxed{-\dot{W}\big|_{t=t'+R_0/c} = \frac{\mu_0 q^2 \dot{\boldsymbol{v}}^2(t')}{6\pi c}\bigg|_{t'=t-R_0/c} .} \tag{7.188}$$

Beispiel 7.9: *Die Intensität elektromagnetischer Wellen*

Für das Fernfeld einer periodisch oszillierenden sowie räumlich lokalisierten Ladungs- und Stromverteilung erhält man aus (7.67)

$$\boldsymbol{S} = \frac{c}{\mu_0}(\boldsymbol{B} \times \boldsymbol{e}_r) \times \boldsymbol{B} = c\frac{B^2}{\mu_0}\boldsymbol{e}_r = 2w_{\mathrm{m}} \, c\boldsymbol{e}_r$$

oder mit (7.68)

$$\boldsymbol{S} = (w_{\mathrm{e}} + w_{\mathrm{m}}) \, c\boldsymbol{e}_r \,. \tag{7.189}$$

Den Betrag des zeitlichen Mittelwerts von $\boldsymbol{S}$ bezeichnet man als **Intensität** I der Welle, für die sich damit

$$I = |\overline{\boldsymbol{S}}| = \left(\overline{w_{\mathrm{e}} + w_{\mathrm{m}}}\right) c \tag{7.190}$$

ergibt. Dieses Ergebnis folgt natürlich auch aus unseren Beziehungen (7.71) und (7.72) für ebene Wellen.

7.9.3 Strahlungsdämpfung

Ein geladenes Punktteilchen bewegt sich in einem homogenen Magnetfeld auf einer Schraubenlinie und erfährt dabei die permanente Beschleunigung

$$\dot{\boldsymbol{v}} = \frac{q}{m}\boldsymbol{v} \times \boldsymbol{B} \,. \tag{7.191}$$

(Geht man zu einem geeignet gewählten Inertialsystem S' über, das sich mit konstanter Geschwindigkeit in Richtung von $\boldsymbol{B}$ bewegt, so beschreibt das Teilchen eine Kreisbahn.) Nach (7.188) führt diese bei kleinen (nicht relativistischen) Teichengeschwindigkeiten, die wir in diesem Abschnitt generell voraussetzen, zu der Energieabstrahlung

$$-\dot{W} = \frac{\mu_0 q^4 \boldsymbol{v}_\perp^2 B^2}{6\pi m^2 c} \qquad \text{mit} \qquad \boldsymbol{v}_\perp = \boldsymbol{v} - \boldsymbol{v}\cdot\boldsymbol{B}\,\frac{\boldsymbol{B}}{B^2}\,.$$

Der Gyrationsradius des Teilchens, d. h. der Radius seiner Kreisbahn in S', beträgt $r_G = m|\boldsymbol{v}_\perp|/(qB)$, eine Gyration hat die Dauer $\tau = 2\pi r_G/|\boldsymbol{v}_\perp| = 2\pi m/(qB)$, und die während einer Gyration abgegebene Energie ist

$$-\dot{W}\tau = \frac{\mu_0 q^3 \boldsymbol{v}_\perp^2 B}{3mc}\,.$$

Das Verhältnis dieser Energie zur Gyrationsenergie $m\boldsymbol{v}_\perp^2/2$ des Teilchens beträgt

$$-\frac{2\dot{W}\tau}{m\boldsymbol{v}_\perp^2} = \frac{2\mu_0 q^3 B}{3m^2 c}\,.$$

Hierfür ergibt sich bei einem Elektron in einem Magnetfeld von 1 T der extrem kleine Wert von etwa $1{,}4\cdot 10^{-11}$, d. h. dieses braucht etwa $7\cdot 10^{10}$ Gyrationen, bis es seine ganze Energie abgestrahlt hat. Da eine Gyration in einem Feld von 1 T aber nur etwa $3{,}5\cdot 10^{-11}$ s dauert, hat es dennoch schon in etwa 2,5 s seine ganze Energie abgestrahlt.

Dieses Ergebnis steht in eklatantem Widerspruch zu dem aus der Bewegungsgleichung (7.191) folgenden Ergebnis, dass sich die kinetische Energie geladener Teilchen in statischen Magnetfeldern nicht verändert, $d(mv^2/2)/dt = m\boldsymbol{v}\cdot\dot{\boldsymbol{v}} = q\boldsymbol{v}\cdot(\boldsymbol{v}\times\boldsymbol{B}) = 0$. Es ist daher notwendig, die Bewegungsgleichung so abzuändern, dass sich bei beschleunigten Bewegungen eine Energieabstrahlung ergibt. (Eine Rechtfertigung dafür wird am Ende dieses Abschnitts angedeutet.) Wir tun das hier heuristisch mit dem Ansatz

$$m\dot{\boldsymbol{v}} = \boldsymbol{F} + \boldsymbol{\Gamma}\,, \tag{7.192}$$

wobei $\boldsymbol{F}$ die übliche Kraft auf das Teilchen, also z. B. die Lorentz-Kraft, ist. Nun versuchen wir, die Korrekturkraft $\boldsymbol{\Gamma}$ so zu bestimmen, dass sich aus ihr gerade die abgestrahlte Leistung (7.188) ergibt. Durch Multiplikation von (7.192) mit $\boldsymbol{v}$ erhalten wir in üblicher Weise den Energiesatz

$$\frac{d}{dt}\left(\frac{mv^2}{2}\right) = \boldsymbol{F}\cdot\boldsymbol{v} + \boldsymbol{\Gamma}\cdot\boldsymbol{v}\,,$$

und wir bekämen den gewünschten Effekt, wenn wir $\boldsymbol{\Gamma}$ so bestimmen könnten, dass

$$\boldsymbol{\Gamma} \cdot \boldsymbol{v} = \dot{W} = -\lambda \dot{\boldsymbol{v}}^2 \qquad \text{mit} \qquad \lambda \overset{(7.188)}{=} \frac{\mu_0 q^2}{6\pi c}$$

gilt. Leider ist das nicht möglich, da sich diese Gleichung nicht in allgemeingültiger Weise nach $\boldsymbol{\Gamma}$ auflösen lässt. (Bei Vorliegen spezieller geschwindigkeitsabhängiger Beschleunigungskräfte kann es sein, dass sich $-\lambda\dot{\boldsymbol{v}}^2$ in die Form $\boldsymbol{\Gamma}\cdot\boldsymbol{v}$ bringen lässt. Hier wird jedoch nach einem allgemeingültigen Zusammenhang gesucht.) $\boldsymbol{\Gamma}$ kann jedoch so bestimmt werden, dass die Summation der Energieverluste über eine volle Beschleunigungsphase, vor deren Beginn und nach deren Beendigung das Teilchen unbeschleunigt ist, das richtige Ergebnis liefert: Setzt man

$$\boldsymbol{\Gamma} \cdot \boldsymbol{v} = \lambda \ddot{\boldsymbol{v}} \cdot \boldsymbol{v} = \frac{d}{dt}(\lambda \dot{\boldsymbol{v}} \cdot \boldsymbol{v}) - \lambda \dot{\boldsymbol{v}}^2$$

und wählt dann

$$\boldsymbol{\Gamma} = \lambda \ddot{\boldsymbol{v}}\,, \tag{7.193}$$

so liefert die Integration über die Dauer der Beschleunigungsphase mit $\dot{\boldsymbol{v}}=0$ für $t \leq t_0$ und $t \geq t_1$

$$\int_{t_0}^{t_1} \boldsymbol{\Gamma} \cdot \boldsymbol{v}\, dt = -\lambda \int_{t_0}^{t_1} \dot{\boldsymbol{v}}^2\, dt\,.$$

Die mit dem Korrekturterm $\boldsymbol{\Gamma}$ verbundene Impulsänderung des Teilchens während der Beschleunigungsphase ist

$$\Delta \boldsymbol{p} = \int_{t_0}^{t_1} \lambda \ddot{\boldsymbol{v}}\, dt = \lambda \dot{\boldsymbol{v}}|_{t_0}^{t_1} = 0\,.$$

Dies passt damit zusammen, dass das durch $\boldsymbol{F}$ beschleunigte Teilchen, wie wir im Beispiel 7.10 sehen werden, zwar Energie, aber keinen Impuls abstrahlt.

Als korrigierte Bewegungsgleichung, die im zeitlichen Mittel zur richtigen **Strahlungsdämpfung** der Bewegung führt, erhalten wir somit die **Lorentz-Dirac-Gleichung**

$$\boxed{m\dot{\boldsymbol{v}} = \boldsymbol{F} + \frac{\mu_0 q^2}{6\pi c}\ddot{\boldsymbol{v}}\,.} \tag{7.194}$$

Dieses Ergebnis wurde hier für nicht relativistische Geschwindigkeiten abgeleitet. Im Band *Relativitätstheorie* dieses Lehrbuchs werden wir es auf relativistische Bewegungen verallgemeinern und dabei auch eine besser begründete Ableitung kennenlernen, bei welcher der Korrekturterm auf eine Wechselwirkung des Teilchens mit dem elektrischen Anteil seines eigenen Strahlungsfelds, also letztlich mit sich selbst, zurückgeführt wird. (Damit ist dann auch gezeigt, dass der Korrekturterm $\boldsymbol{\Gamma}$ keine Korrektur des Lorentz'schen Kraftgesetzes bedeutet, dieses bleibt trotz Strahlungsdämpfung auch in der Relativitätstheorie voll gültig.) Dort werden wir auch sehr merkwürdige Eigenschaften der Lösungen von (7.194) kennenlernen.

Abb. 7.16: (a) Zerstrahlung eines Elektron-Positron-Paares (Umwandlung in elektromagnetische Strahlung bei zu großer Annäherung). (b) Lokalisierte elektromagnetische Welle.

7.10 Feldimpuls und Strahlungsdruck

7.10.1 Feldimpuls

Es erweist sich als sinnvoll, dem elektromagnetischen Feld außer Energie auch Impuls zuzuschreiben. Wir überlegen uns das zunächst rein qualitativ: Bei der **Zerstrahlung** eines Elektron-Positron-Paares gehen von dem Ort, an dem die beiden Teilchen verschwinden, elektromagnetische Wellen aus (Abb. 7.16 (a)). Möchte man für diesen Prozess den Impulserhaltungssatz aufrechterhalten, so muss man annehmen, dass die Ladungsträger ihren Impuls auf das elektromagnetische Feld übertragen. Dieses kann zu einem späteren Zeitpunkt auf andere geladene Teilchen Kräfte ausüben und deren Impuls verändern, wobei dann umgekehrt Impuls vom Feld auf die Teilchen übergeht.

Für das qualitative Verständnis ist auch die folgende Überlegung hilfreich: In einer lokalisierten elektromagnetischen Welle (Abb. 7.16 (b)) ist eine Energie der Dichte w_e+w_m konzentriert, die mit der Welle wandert. Mit der Energie ist nach der Formel $E=mc^2$ der Speziellen Relativitätstheorie eine Masse der Dichte $(w_e+w_m)/c^2$ verbunden, die ebenfalls mit der Welle wandert und daher auch Impuls besitzen muss. Streng genommen sollte dieses Argument nicht zur Begründung der Existenz eines Feldimpulses herangezogen werden, denn vielmehr ist umgekehrt die Beziehung $E=mc^2$ eine Konsequenz der Tatsache, dass man dem Feld Energie und Impuls zuschreiben kann. Die angeführte Betrachtung kann dennoch insofern zum besseren Verständnis beitragen, als sie zeigt, dass in Analogie zur Mechanik eine enge Verknüpfung zwischen Energie und Impuls des elektromagnetischen Feldes besteht.

Schließlich sei daran erinnert, dass für die Wechselwirkung bewegter Punktladungen das Prinzip *actio = reactio* verletzt ist und damit kein mechanischer Impulserhaltungssatz mehr gilt. Wir konnten das im Grenzfall $v \ll c$ für die magnetischen Wechselwirkungskräfte zeigen (Abschn. 3.2.7) und beweisen es jetzt für beliebige $v \leq c$ anhand eines konkreten Beispiels. Dazu betrachten wir zwei Punktladungen $q_1=q_2=q$, die sich mit konstanten Geschwindigkeiten $\boldsymbol{v}_1=v\boldsymbol{e}_x$ bzw. $\boldsymbol{v}_2=v\boldsymbol{e}_y$ bewegen und nehmen an, dass ihre Verbindungslinie zur Zeit t_0 parallel zu $\boldsymbol{e}_x$ ist (Abb. 7.17). Nach (7.44) und (7.45) erzeugen q_1 bzw. q_2 am Ort von q_2 bzw. q_1 zu diesem Zeitpunkt die Felder

$$\boldsymbol{E}_1(\boldsymbol{r}_2) = \frac{q\,(1-v^2/c^2)}{4\pi\varepsilon_0\, r_{12}{}^2}\,\boldsymbol{e}_x\,, \qquad \boldsymbol{B}_1(\boldsymbol{r}_2) = \frac{v}{c^2}\,\boldsymbol{e}_x\times\boldsymbol{E}_1(\boldsymbol{r}_2) = 0\,,$$

$$\boldsymbol{E}_2(\boldsymbol{r}_1) = -\frac{q\,(1-v^2/c^2)^{-1/2}}{4\pi\varepsilon_0\, r_{12}{}^2}\,\boldsymbol{e}_x\,, \quad \boldsymbol{B}_2(\boldsymbol{r}_1) = \frac{v}{c^2}\,\boldsymbol{e}_y\times\boldsymbol{E}_2(\boldsymbol{r}_1) = \frac{\mu_0 q v\,\boldsymbol{e}_x\times\boldsymbol{e}_y}{4\pi\, r_{12}{}^2\sqrt{1-v^2/c^2}}\,,$$

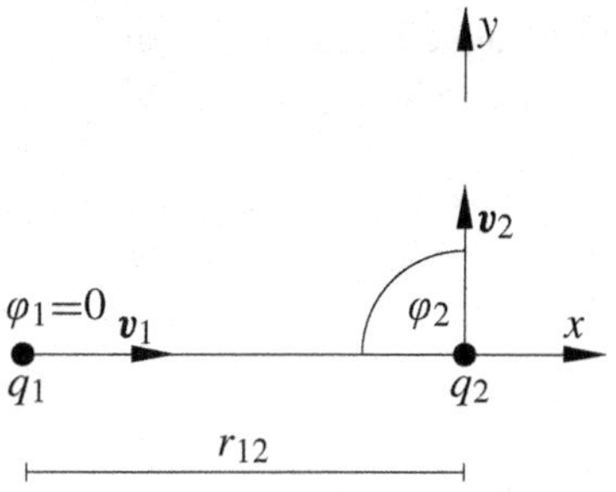

Abb. 7.17: Bei der Wechselwirkung der Punktladung q_1 (konstante Geschwindigkeit $\boldsymbol{v}_1=v\boldsymbol{e}_x$) mit der Punktladung q_2 (konstante Geschwindigkeit $\boldsymbol{v}_2=v\boldsymbol{e}_y$) ist das Prinzip *actio* = *reactio* verletzt.

wobei $\varphi_1=0$ und $\varphi_2=\pi/2$ benutzt wurde. Bezeichnet $\boldsymbol{F}_1$ die auf die Ladung q_1 von der Ladung q_2 und $\boldsymbol{F}_2$ die auf die Ladung q_2 von der Ladung q_1 ausgeübte Kraft, so ergibt sich für die Summe der beiden Kräfte

$$\begin{aligned}\boldsymbol{F}_1+\boldsymbol{F}_2 &= q\Big[\boldsymbol{E}_2(\boldsymbol{r}_1)+\boldsymbol{v}_1\times\boldsymbol{B}_2(\boldsymbol{r}_1)+\boldsymbol{E}_1(\boldsymbol{r}_2)+\boldsymbol{v}_2\times\boldsymbol{B}_1(\boldsymbol{r}_2)\Big]\\ &= \frac{q^2(1-v^2/c^2)^{-1/2}}{4\pi\varepsilon_0\,r_{12}{}^2}\left[\Big((1-v^2/c^2)^{3/2}-1\Big)\boldsymbol{e}_x-\frac{v^2}{c^2}\boldsymbol{e}_y\right]\neq 0\,,\end{aligned}$$

während $\boldsymbol{F}_1+\boldsymbol{F}_2=0$ gelten müsste, wenn das Prinzip *actio* = *reactio* erfüllt wäre.

Dem elektromagnetischen Feld lässt sich nun eine Impulsdichte so zuordnen, dass für den Gesamtimpuls von Feld und Ladungsträgern wieder ein Erhaltungssatz gilt. Dessen Ableitung kann ähnlich wie die des Energieerhaltungssatzes durchgeführt werden. Wegen der in Materie auftretenden Komplikationen (siehe Energiesatz) beschränken wir uns dabei auf den Fall $\varepsilon=\varepsilon_0$ und $\mu=\mu_0$ von Vakuumfeldern.

Die Impulsänderung eines Teilchens der Ladung q_i, Masse m_i und Geschwindigkeit $\boldsymbol{v}_i$ unter Einwirkung der Felder $\boldsymbol{E}$ und $\boldsymbol{B}$ ist nach der Newton'schen Bewegungsgleichung und dem Lorentz'schen Kraftgesetz

$$\frac{d\boldsymbol{p}_i}{dt}=q_i(\boldsymbol{E}+\boldsymbol{v}_i\times\boldsymbol{B})\,. \tag{7.195}$$

Befinden sich nun $N_{\Delta^3\tau}$ Ladungsträger in einem Volumenelement $\Delta^3\tau$, so liefert die Summation ihrer Bewegungsgleichungen (7.195) nach dem Übergang

$$\sum_{i=1}^{N_{\Delta^3\tau}} q_i \overset{(3.83a)}{\rightarrow} \varrho\,\Delta^3\tau\,,\qquad \sum_{i=1}^{N_{\Delta^3\tau}} q_i\boldsymbol{v}_i \overset{(3.83b)}{\rightarrow} \boldsymbol{j}\,\Delta^3\tau$$

zu einer kontinuierlichen Raumladungsdichte ϱ bzw. Stromdichte $\boldsymbol{j}$ für den Gesamtimpuls $\boldsymbol{P}_{\mathrm{L}}\big|_{\Delta^3\tau}=\sum_{i=1}^{N_{\Delta^3\tau}}\boldsymbol{p}_i$ aller Ladungsträger in $\Delta^3\tau$ die Änderungsrate

$$\frac{d\boldsymbol{P}_{\mathrm{L}}\big|_{\Delta^3\tau}}{dt}=\sum_{i=1}^{N_{\Delta^3\tau}}\frac{d\boldsymbol{p}_i}{dt}\rightarrow(\varrho\boldsymbol{E}+\boldsymbol{j}\times\boldsymbol{B})\,\Delta^3\tau\,,$$

und daraus folgt die Kraftdichte

$$\varrho\boldsymbol{E}+\boldsymbol{j}\times\boldsymbol{B}=\lim_{\Delta^3\tau\to 0}\frac{1}{\Delta^3\tau}\frac{d\boldsymbol{P}_{\mathrm{L}}\big|_{\Delta^3\tau}}{dt}\,. \tag{7.196}$$

Wir wollen diese Größe wieder durch das elektromagnetische Feld allein ausdrücken, indem wir ϱ und $\boldsymbol{j}$ mithilfe der Maxwell-Gleichungen

$$\varrho = \varepsilon_0 \operatorname{div} \boldsymbol{E}\,, \qquad \boldsymbol{j} = \operatorname{rot} \boldsymbol{B}/\mu_0 - \varepsilon_0 \partial \boldsymbol{E}/\partial t$$

eliminieren,

$$\begin{aligned} \varrho \boldsymbol{E} + \boldsymbol{j} \times \boldsymbol{B} &= \varepsilon_0 \boldsymbol{E} \operatorname{div} \boldsymbol{E} - \boldsymbol{B} \times \operatorname{rot} \boldsymbol{B}/\mu_0 - \varepsilon_0 \partial \boldsymbol{E}/\partial t \times \boldsymbol{B} \\ &\overset{\text{s.u.}}{=} \varepsilon_0 \big(\boldsymbol{E} \operatorname{div} \boldsymbol{E} - \boldsymbol{E} \times \operatorname{rot} \boldsymbol{E}\big) + \frac{1}{\mu_0} \big(\boldsymbol{B} \operatorname{div} \boldsymbol{B} - \boldsymbol{B} \times \operatorname{rot} \boldsymbol{B}\big) \\ &\quad - \varepsilon_0 \mu_0 \big[\boldsymbol{E} \times (1/\mu_0) \partial \boldsymbol{B}/\partial t + \partial \boldsymbol{E}/\partial t \times \boldsymbol{B}/\mu_0\big]\,. \end{aligned}$$

Dabei wurde die Gleichung $\operatorname{rot} \boldsymbol{E} + \partial \boldsymbol{B}/\partial t = 0$ benutzt und der Term $\boldsymbol{B} \operatorname{div} \boldsymbol{B} = 0$ zur Symmetrisierung des Ergebnisses hinzugefügt; die letzte Klammer ist die Zeitableitung von $\boldsymbol{S} = \boldsymbol{E} \times \boldsymbol{H} = \boldsymbol{E} \times \boldsymbol{B}/\mu_0$. Mit $\varepsilon_0 \mu_0 = 1/c^2$ können wir für das letzte Ergebnis

$$\varrho \boldsymbol{E} + \boldsymbol{j} \times \boldsymbol{B} + \frac{\partial}{\partial t} \frac{\boldsymbol{S}}{c^2} + \varepsilon_0 \big(\boldsymbol{E} \times \operatorname{rot} \boldsymbol{E} - \boldsymbol{E} \operatorname{div} \boldsymbol{E}\big) + \frac{1}{\mu_0} \big(\boldsymbol{B} \times \operatorname{rot} \boldsymbol{B} - \boldsymbol{B} \operatorname{div} \boldsymbol{B}\big) = 0 \qquad (7.197)$$

schreiben. Unter Benutzung der Identität $\boldsymbol{E} \times (\nabla \times \boldsymbol{E}) = \nabla \boldsymbol{E}^2/2 - \boldsymbol{E} \cdot \nabla \boldsymbol{E}$ erhalten wir für die k-te kartesische Komponente der ersten Klammer mit Summenkonvention

$$\big(\boldsymbol{E} \times \operatorname{rot} \boldsymbol{E} - \boldsymbol{E} \operatorname{div} \boldsymbol{E}\big)_k = \partial_k E^2/2 - E_i\, \partial_i E_k - E_k\, \partial_i E_i = \partial_i \big(\delta_{ik}\, E^2/2 - E_i E_k\big)\,.$$

Eine analoge Gleichung gilt für den magnetischen Term, und damit erhalten wir insgesamt den **lokalen Impulssatz**

$$\boxed{\varrho \boldsymbol{E} + \boldsymbol{j} \times \boldsymbol{B} + \frac{\partial}{\partial t} \frac{\boldsymbol{S}}{c^2} + \nabla \cdot \mathbf{T} = 0} \qquad (7.198)$$

mit

$$\boxed{T_{ik} = \delta_{ik} \left(\frac{\varepsilon_0}{2} \boldsymbol{E}^2 + \frac{1}{2\mu_0} \boldsymbol{B}^2\right) - \varepsilon_0 E_i E_k - \frac{1}{\mu_0} B_i B_k\,.} \qquad (7.199)$$

Der Tensor $\mathbf{T}$ mit den Komponenten T_{ik} wird als **Maxwell'scher Spannungstensor** bezeichnet, $\nabla \cdot \mathbf{T}$ ist ein Vektor mit den Komponenten $\partial_i T_{ik}$ (Summenkonvention!).

Um einzusehen, dass unser Ergebnis einen Impulserhaltungssatz darstellt, nehmen wir wieder an, dass $\boldsymbol{E}$ und $\boldsymbol{B}$ die Felder einer räumlich begrenzten Ladungs- und Stromverteilung sind, die bis zum Zeitpunkt t_0 statisch war. Wegen der endlichen Ausbreitungsgeschwindigkeit elektromagnetischer Wellen sind die Felder $\boldsymbol{E}$ und $\boldsymbol{B}$ zu allen endlichen Zeiten t in hinreichend großer Entfernung von der Ladungs- und Stromverteilung statisch, es gilt $T_{ik} \sim 1/r^4$ und daraus folgend

$$\int_{\mathbb{R}^3} \partial_i T_{ik}\, d^3\tau \overset{(2.33)}{=} \int_\infty T_{ik}\, df_i = 0\,.$$

Unter Benutzung von (7.196) bzw. $\int_{\mathbb{R}^3}(\varrho\boldsymbol{E}+\boldsymbol{j}\times\boldsymbol{B})\,d^3\tau = d\boldsymbol{P}_\mathrm{L}/dt$ ergibt sich daher

$$\int_{\mathbb{R}^3}\left(\varrho\boldsymbol{E}+\boldsymbol{j}\times\boldsymbol{B}+\frac{\partial}{\partial t}\frac{\boldsymbol{S}}{c^2}\right)d^3\tau = \frac{d}{dt}\left(\boldsymbol{P}_\mathrm{L}+\int_{\mathbb{R}^3}\boldsymbol{S}/c^2\,d^3\tau\right)=0$$

bzw. der **integrale Impulserhaltungssatz**

$$\boldsymbol{P}_\mathrm{L}+\int_{\mathbb{R}^3}\boldsymbol{S}/c^2\,d^3\tau = \boldsymbol{P}_0, \tag{7.200}$$

in dem $\boldsymbol{P}_0$ ein konstanter Vektor und $\boldsymbol{P}_\mathrm{L}$ der Gesamtimpuls sämtlicher Ladungsträger ist. Interpretieren wir nun $\int(\boldsymbol{S}/c^2)\,d^3\tau$ als **Gesamtimpuls des elektromagnetischen Feldes** und

$$\boxed{\boldsymbol{g}=\boldsymbol{S}/c^2} \tag{7.201}$$

als **Impulsdichte des elektromagnetischen Feldes**, so gilt für den aus mechanischem und elektromagnetischem Impuls zusammengesetzten Gesamtimpuls ein Erhaltungssatz.

Integrieren wir (7.198) nur über ein Teilgebiet G des $\mathbb{R}_3$, so erhalten wir in Analogie zu (7.176)

$$\frac{d\boldsymbol{P}_G}{dt}=\frac{d}{dt}\left(\int_G\boldsymbol{S}/c^2\,d^3\tau+\boldsymbol{P}_\mathrm{L}\big|_G\right)=-\int_F\mathsf{T}\cdot d\boldsymbol{f}\,. \tag{7.202}$$

Demnach ist $\mathsf{T}\cdot d\boldsymbol{f}$ als Vektor der Impulsströmung durch $d\boldsymbol{f}$ und T als Tensor der Impulsstromdichte zu interpretieren.

In analoger Weise oder aber unter Benutzung des lokalen Impulssatzes (7.198) kann auch ein **lokaler Drehimpulssatz** abgeleitet werden, wobei dem elektromagnetischen Feld z. B. auf den Koordinatenursprung $\boldsymbol{r}=0$ bezogen der **Drehimpuls**

$$\boldsymbol{L}_\mathrm{em}=\int_{\mathbb{R}^3}\boldsymbol{r}\times\boldsymbol{S}/c^2\,d^3\tau \tag{7.203}$$

zugeordnet wird (Aufgabe 7.13). Dieser klassische Felddrehimpuls korrespondiert mit dem **Spin der Photonen**.

Beispiel 7.10: *Impulsabstrahlung im Fernfeld einer beschleunigten Punktladung*

Nach (7.202) erhält man die Impulsabstrahlung einer beschleunigten Ladung niedriger Geschwindigkeit ($v \ll c$) aus

$$\dot{\boldsymbol{P}}=-\int_F\mathsf{T}\cdot d\boldsymbol{f}=-\int_F\mathsf{T}\cdot\boldsymbol{n}\,df\,,$$

indem man im Tensor T die Felder (7.183) einsetzt. Dabei gilt mit (7.199)

$$n_iT_{ik}=\left[n_i\delta_{ik}\left(\frac{\varepsilon_0}{2}E^2+\frac{1}{2\mu_0}B^2\right)-\varepsilon_0 n_iE_iE_k-\frac{1}{\mu_0}n_iB_iB_k\right]$$

bzw. in Tensorschreibweise mit $n_i\delta_{ik}=n_k\to\boldsymbol{n}$

$$\boldsymbol{n}\cdot\mathsf{T}=\boldsymbol{n}\left(\frac{\varepsilon_0}{2}E^2+\frac{1}{2\mu_0}B^2\right)-\varepsilon_0\boldsymbol{n}\cdot\boldsymbol{E}\,\boldsymbol{E}-\frac{1}{\mu_0}\boldsymbol{n}\cdot\boldsymbol{B}\,\boldsymbol{B}\,.$$

Wenn wir jetzt wie bei der Energieabstrahlung einer beschleunigten Punktladung (siehe Beispiel 7.8) vorgehen und als Fläche F die Oberfläche einer Kugel vom Radius R_0 um den Punkt $\boldsymbol{r}_0(t')$ wählen, erhalten wir im Fernfeld aus (7.183) mit $\boldsymbol{n}=\boldsymbol{e}_R$ und $\boldsymbol{e}_R\cdot\dot{\boldsymbol{v}}=|\dot{\boldsymbol{v}}|\cos\vartheta$

$$\boldsymbol{n}\cdot\boldsymbol{E}\sim\boldsymbol{e}_R\cdot(\boldsymbol{e}_R\times\ldots)=0\,,\quad \boldsymbol{n}\cdot\boldsymbol{B}=\boldsymbol{e}_R\cdot(\boldsymbol{e}_R\times\ldots)=0\,,\quad B^2=\frac{(\boldsymbol{e}_R\times\boldsymbol{E})^2}{c^2}=\frac{E^2}{c^2}$$

$$\frac{\varepsilon_0}{2}E^2+\frac{1}{2\mu_0}B^2\approx\varepsilon_0E^2=\frac{\mu_0q^2}{(4\pi cR_0)^2}\left(\boldsymbol{e}_R\,\boldsymbol{e}_R\cdot\dot{\boldsymbol{v}}-\dot{\boldsymbol{v}}\right)^2\overset{(7.186b)}{=}\frac{\mu_0q^2\dot{\boldsymbol{v}}^2\sin^2\vartheta}{(4\pi cR_0)^2}$$

und damit

$$\boldsymbol{n}\cdot\mathsf{T}=\left(\frac{\varepsilon_0}{2}E^2+\frac{1}{2\mu_0}B^2\right)\boldsymbol{e}_R\approx\frac{\mu_0q^2\dot{\boldsymbol{v}}^2\sin^2\vartheta}{(4\pi cR_0)^2}\,\boldsymbol{e}_R\,.$$

Für die Impulsabstrahlung in ein Raumwinkelelement $d\Omega=df/R_0{}^2=\sin\vartheta\,d\vartheta\,d\varphi$ der Richtung $\boldsymbol{e}_R$ (unter dem Winkel ϑ gegenüber der Richtung der Beschleunigung) ergibt sich daraus mit $d\dot{\boldsymbol{P}}/d\Omega=R_0{}^2d\dot{\boldsymbol{P}}/df=-R_0{}^2\boldsymbol{n}\cdot\mathsf{T}$ (wofür (7.202) benutzt wurde)

$$-\left.\frac{d\dot{\boldsymbol{P}}}{d\Omega}\right|_{t=t'+R_0/c}=\left.\frac{\mu_0q^2\dot{\boldsymbol{v}}^2(t')\sin^2\vartheta}{(4\pi c)^2}\,\boldsymbol{e}_R\right|_{t'=t-R_0/c}.\tag{7.204}$$

Der abgestrahlte Impuls hat die Richtung von $\boldsymbol{e}_R$, also die Flugrichtung der Photonen. Die Kombination der Ergebnisse (7.187) und (7.204) führt zu

$$d\dot{\boldsymbol{P}}=(d\dot{W}/c)\,\boldsymbol{e}_R\,.\tag{7.205}$$

Vergleicht man das mit den Ergebnissen $E=\hbar\omega$ und $\boldsymbol{p}=\hbar\boldsymbol{k}$ der Quantentheorie für die Energie und den Impuls von Photonen, aus denen mit $\omega/k=c$

$$\boldsymbol{p}=\hbar k\boldsymbol{e}_k=\hbar\omega(k/\omega)\boldsymbol{e}_k=(E/c)\boldsymbol{e}_k$$

folgt, so erkennt man: Die klassische Elektrodynamik steht mit dem quantentheoretischen Zusammenhang in Einklang. Zurückzuführen ist das darauf, dass sie eine relativistisch korrekte Theorie ist.

Mit der Zerlegung $\boldsymbol{e}_R=\cos\vartheta\;\boldsymbol{e}_z+\boldsymbol{e}_{R\perp}$, in der $\boldsymbol{e}_z$ ein Einheitsvektor in Richtung von $\dot{\boldsymbol{v}}$ (entsprechend $\vartheta=0$) und $\boldsymbol{e}_{R\perp}$ die Projektion von $\boldsymbol{e}_R$ auf eine Ebene senkrecht zu $\dot{\boldsymbol{v}}$ bzw. $\boldsymbol{e}_z$ ist, ergibt sich für die Impulsabstrahlung in den vollen Raumwinkel 4π

$$-\dot{\boldsymbol{P}}\Big|_{t=t'+R_0/c}=\frac{\mu_0q^2\dot{\boldsymbol{v}}^2(t')}{(4\pi c)^2}\left(2\pi\int_0^\pi\sin^3\vartheta\cos\vartheta\,d\vartheta\,\boldsymbol{e}_z+\int_0^\pi d\vartheta\,\sin^3\vartheta\int_0^{2\pi}\boldsymbol{e}_{R\perp}(\varphi)\,d\varphi\right)=0\,,\tag{7.206}$$

da $\int_0^\pi\sin^3\vartheta\cos\vartheta\,d\vartheta=0$ und $\int_0^{2\pi}\boldsymbol{e}_{R\perp}\,d\varphi=0$ gilt. Dies bedeutet, dass *eine beschleunigte Punktladung zwar Energie, aber insgesamt keinen Impuls abstrahlt.* (Mit der Energieabstrahlung in eine bestimmte Richtung ist zwar auch eine Impulsabgabe verbunden, die Beiträge der Abgabe in verschiedene Richtungen summieren sich jedoch zu null.)

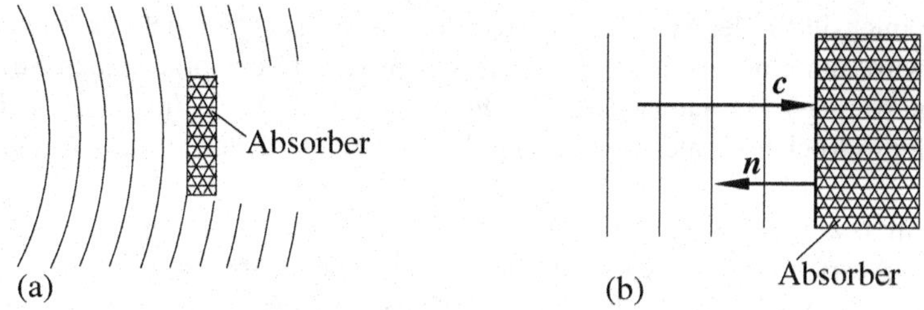

Abb. 7.18: (a) Absorber im Feld elektromagnetischer Strahlung. (b) Senkrechtes Auftreffen elektromagnetischer Wellen auf einen Absorber.

7.10.2 Strahlungsdruck

Wird von einem Absorber elektromagnetische Strahlung absorbiert (Abb. 7.18 (a)), so nimmt dieser nach dem Impulserhaltungssatz zusammen mit der Energie der absorbierten Strahlung auch deren Impuls auf. Dieser muss sich als mechanischer Impuls des Absorbers wiederfinden lassen, was mit

$$\boldsymbol{F} = \frac{d\boldsymbol{P}_{\mathrm{L}}}{dt} \tag{7.207}$$

gleichbedeutend damit ist, dass die Strahlung eine Kraft auf den Absorber ausübt. Für ein Strahlungsfeld, das im zeitlichen Mittel stationär ist ($\overline{\partial_t \boldsymbol{S}/c^2}=0$, wobei die Überstreichung den zeitlichen Mittelwert bedeutet), folgt aus (7.198) nach zeitlicher Mittelung durch Integration über den Absorber

$$\int \overline{\varrho \boldsymbol{E} + \boldsymbol{j} \times \boldsymbol{B}}\, d^3\tau = -\int \overline{\nabla \cdot \mathsf{T}}\, d^3\tau \overset{(2.33)}{=} -\int \overline{\mathsf{T}} \cdot d\boldsymbol{f}\,.$$

Bei guter Leitfähigkeit des Absorbers fallen $\boldsymbol{E}$ und $\boldsymbol{B}$ in diesem von ihren Werten im freien Strahlungsfeld innerhalb einer dünnen Schicht auf null ab. Das bedeutet: Die Kraft wirkt nur in einer dünnen Schicht und kann als Flächen- bzw. Druckkraft idealisiert werden. Auf das Flächenelement $d\boldsymbol{f}$ wirkt dabei die Kraft $-\overline{\mathsf{T}}\cdot\boldsymbol{n}\,df$, in Komponenten $-\overline{T}_{ik}n_i\,df$, wobei $\boldsymbol{n}$ aus dem Absorber herausweist. Die senkrecht zum Flächenelement in den Absorber hineingerichtete Kraftkomponente ist $dF_{\mathrm{n}}=n_k\overline{T}_{ik}n_i\,df$ und liefert mit (7.199) die als **Strahlungsdruck** p_{s} bezeichnete Kraft pro Fläche

$$p_{\mathrm{s}} = \frac{dF_{\mathrm{n}}}{df} = n_i n_k \left(\delta_{ik}(\overline{w}_{\mathrm{e}}+\overline{w}_{\mathrm{m}}) - \varepsilon_0 \overline{E_i E_k} - \frac{1}{\mu_0}\overline{B_i B_k}\right).$$

Für eine ebene Welle, die senkrecht auf ein Flächenelement $d\boldsymbol{f}$ auftrifft (Abb. 7.18(b)), gilt $\boldsymbol{n}\cdot\boldsymbol{E}=n_iE_i=0$, $\boldsymbol{n}\cdot\boldsymbol{B}=n_iB_i=0$ und daher wegen $n_in_k\overline{E_iE_k}=\overline{n_iE_in_kE_k}=0$ und $n_in_k\delta_{ik}=n_in_i=1$

$$p_{\mathrm{s}} = \overline{w}_{\mathrm{e}} + \overline{w}_{\mathrm{m}}\,. \tag{7.208}$$

Dieses Ergebnis lässt sich mit (7.190) auch in der Form

$$\boxed{p_{\mathrm{s}} = I/c} \tag{7.209}$$

durch die Intensität I der Strahlung ausdrücken. Hieraus ergibt sich als Intensität, die benötigt wird, um einen dem Druck unserer Atmosphäre entsprechenden Strahlungsdruck von 10^5 Pa zu erzeugen, der riesige Wert von $3 \cdot 10^{13}$ W/m^2! Dies zeigt, dass der Strahlungsdruck normalerweise gegenüber anderen Drücken vernachlässigt werden darf.

Manchmal werden als Beispiele für Auswirkungen des Strahlungsdrucks die Laserfusion, die Ausrichtung der Kometenschweife zur sonnenabgewandten Seite oder die Rotation als „Radiometer" (Lichtmühlen) bezeichneter Vorrichtungen, bei denen sich ein auf einer Seite geschwärzter Propeller unter der Einwirkung von Licht zu drehen beginnt, angegeben. In keinem dieser Fälle ist der Lichtdruck für den beobachteten oder erwünschten Effekt verantwortlich. Bei der Laserfusion erhitzt das Laserlicht, das auf ein den Fusionsbrennstoff enthaltendes festes Kügelchen eingestrahlt wird, dessen oberste Schicht so stark, dass sie verdampft und so schnell nach außen abströmt, dass der Rest des Kügelchens durch ihren Rückstoß komprimiert wird. Für die Richtung der aus Ionen gebildeten, mit bloßem Auge sichtbaren Kometenschweife ist der Sonnenwind verantwortlich. (Zusätzlich gibt es allerdings noch einen schwächeren und diffuseren Staubschweif, der aus Staubpartikeln mit Durchmessern $\leq 1\,\mu$m besteht und dessen sonnenabgewandte Ausrichtung tatsächlich vom Lichtdruck der Sonne hervorgerufen wird – siehe dazu Aufgabe 7.17.) Bei den Radiometern schließlich wird die Luft auf der geschwärzten Seite des Propellers stärker erhitzt und übt daher einen stärkeren Druck aus als auf der ungeschwärzten Seite.

Auch in den meisten Sternen kann der Strahlungsdruck gegen den Gasdruck vernachlässigt werden. Nur im Inneren sehr heißer und massiver Sterne wird er so groß, dass er berücksichtigt werden muss. Staubteilchen, deren Durchmesser weniger als etwa 1 μm beträgt, werden vom Strahlungsdruck der Sonne entgegen der von dieser ausgeübten Schwerebeschleunigung aus dem Sonnensystem herausgeblasen (Aufgabe 7.17). Weiterhin war der Strahlungsdruck in der Entstehungsgeschichte des Weltalls während der strahlungsdominierten Ära kurz nach dem Urknall von wesentlicher Bedeutung.

Aufgaben

7.1 Wie lauten die Gleichungen für freie Wellen ($\boldsymbol{j} \equiv 0$ und $\varrho \equiv 0$) bei der Coulomb-Eichung?

7.2 Während zeitabhängige Magnetfelder stets in Verbindung mit elektrischen Feldern auftreten, gibt es unter besonderen Umständen zeitabhängige elektrische Felder mit $\boldsymbol{B} \equiv 0$. (*Annahme*: $\varepsilon \equiv \varepsilon_0$.)

(a) Geben Sie die allgemeinste derartige Lösung der Maxwell-Gleichungen an.
(b) Welche Bedingungen ergeben sich an die Quellen und Wirbel von $\boldsymbol{j}$?
(c) Gibt es stets eine Lösung, wenn diese Bedingungen erfüllt sind, und sind diese hinreichend für $\boldsymbol{B} \equiv 0$?
(d) Berechnen Sie $\boldsymbol{E}$ und $\boldsymbol{j}$ explizit für den Spezialfall einer homogenen Ladungsverteilung innerhalb einer expandierenden Kugel.

7.3 Wie lautet die allgemeine Lösung der Aufgabe 7.2 (a), wenn der ganze Raum mit einem Medium konstanter elektrischer Leitfähigkeit σ ausgefüllt ist?

7.4 Untersuchen Sie das Zeitverhalten aller Lösungen der Maxwell-Gleichungen, bei denen sich die Felder und deren Quellen in der Form $\boldsymbol{E}(\boldsymbol{r},t) = e(t)\,\boldsymbol{E}_0(\boldsymbol{r})$ und $\boldsymbol{B}(\boldsymbol{r},t) = b(t)\,\boldsymbol{B}_0(\boldsymbol{r})$ bzw. $\varrho(\boldsymbol{r},t) = r(t)\,\varrho_0(\boldsymbol{r})$ und $\boldsymbol{j}(\boldsymbol{r},t) = i(t)\,\boldsymbol{j}_0(\boldsymbol{r})$ separieren lassen. Zeigen Sie, dass entweder $\boldsymbol{E}_0(\boldsymbol{r})$ oder $\boldsymbol{B}_0(\boldsymbol{r})$ und $\varrho_0(\boldsymbol{r})$ beliebig vorgegeben werden können.

7.5 Anhand der zweidimensionalen Wellengleichung

$$\frac{\partial^2\phi}{\partial x^2} + \frac{\partial^2\phi}{\partial y^2} - \frac{1}{c^2}\frac{\partial^2\phi}{\partial t^2} = 0$$

werde die Ausbreitung einer rotationssymmetrischen Störung untersucht, die zur Zeit $t{=}0$ bei $\rho{=}\sqrt{x^2{+}y^2}{=}0$ (mit unendlich hoher Amplitude) lokalisiert ist.

(a) Lösen Sie das Problem durch „Herunterintegrieren" von Lösungen der entsprechenden dreidimensionalen Gleichung und verifizieren Sie das Ergebnis durch Einsetzen in die zweidimensionale Gleichung.
(b) Welches Problem ergibt sich aus der Lösung für die Signalübertragung in einer zweidimensionalen Welt, und was ist der Grund dafür aus Sicht der dreidimensionalen Welt?

Anleitung: Superponieren Sie Kugelwellen der Form $\phi{=}\delta(|\boldsymbol{r}|{-}ct)/|\boldsymbol{r}|$, wobei $|\boldsymbol{r}|$ der Abstand von der Strahlungsquelle ist, so, dass von allen Punkten der z-Achse Wellen gleicher Stärke ausgehen.

7.6 Ein dünner gerader leitfähiger Draht, der sich längs der z-Achse erstreckt, sei bis zur Zeit $t{=}0$ stromfrei. Berechnen Sie das elektromagnetische Feld, das sich einstellt, wenn zur Zeit $t{=}0$ auf seiner ganzen Länge instantan der Strom $I{=}$const eingeschaltet wird.

7.7 *Reziprozitätstheorem für zeitharmonische Felder*:
Beweisen Sie die Gültigkeit des folgenden Reziprozitätstheorems.
Sind $\boldsymbol{j}_1(\boldsymbol{r},t){\sim}\mathrm{e}^{-\mathrm{i}\,\omega t}$ und $\boldsymbol{j}_2(\boldsymbol{r},t){\sim}\mathrm{e}^{-\mathrm{i}\,\omega t}$ zwei zeitharmonische Stromverteilungen und $\boldsymbol{E}_1(\boldsymbol{r},t){\sim}\mathrm{e}^{-\mathrm{i}\,\omega t}$ bzw. $\boldsymbol{E}_2(\boldsymbol{r},t){\sim}\mathrm{e}^{-\mathrm{i}\,\omega t}$ die zugehörigen elektrischen Felder, dann gilt

$$\int \boldsymbol{j}_1\cdot \boldsymbol{E}_2\, d^3\tau = \int \boldsymbol{j}_2\cdot \boldsymbol{E}_1\, d^3\tau\,.$$

7.8 Welches ist die Grenzfrequenz von TM- und TE-Wellen in einem Hohlleiter mit rechteckigem Querschnitt?

7.9 Bestimmen Sie die Eigenfrequenzen stehender Hohlraumwellen im Inneren einer Hohlkugel sehr hoher Leitfähigkeit.

Anleitung: Gewinnen Sie einen Ansatz für stehende Wellen aus der Superposition einer auf das Kugelzentrum zu- und einer von diesem weglaufenden TM-Welle fester Frequenz ω und rechnen Sie in Polarkoordinaten. Ein Ansatz mit

$H_\varphi \neq 0$ und $H_r = H_\vartheta = 0$ sowie $E_r \neq 0$, $E_\vartheta \neq 0$ und $E_\varphi = 0$, bei dem die Winkelabhängigkeit der Feldamplituden in Proportionalität zu $\sin\vartheta$ oder $\cos\vartheta$ und Unabhängigkeit von φ besteht, führt zum Ziel.

7.10 *Telegrafengleichung*

(a) Untersucht werde die Ausbreitung elektromagnetischer Wellen längs einer Doppelleitung aus zwei dünnen geraden Drähten endlicher Leitfähigkeit σ, die parallel zueinander in x-Richtung verlaufen und deren Abstand a viel kleiner als die Wellenlänge der übertragenen Wellen ist. Nehmen Sie an, dass die beiden Drähte von gleich starken Strömen $I(x,t)$ entgegengesetzter Richtung durchflossen werden, betrachten Sie nur ein kurzes Stück der Doppelleitung zwischen x und $x+dx$, und leiten Sie aus $\text{rot}\,\boldsymbol{H} = \boldsymbol{j} + \varepsilon\partial\boldsymbol{E}/\partial t$ sowie $\text{rot}\,\boldsymbol{E} = -\partial\boldsymbol{B}/\partial t$ die „Telegrafengleichung" für $I(x,t)$ ab.

Anleitung: Obwohl es sich um einen schnell veränderlichen Vorgang handelt, wird von a und dx die Bedingung (6.30), $c\tau \gg l$ mit τ = typische Zeit und l = typische Länge, erfüllt, sodass die für langsam veränderliche Ströme gültigen Beziehungen $\phi = LI$ und $C = Q/V$ benutzt werden können. $V = V(x,t) = \int_1^2 \boldsymbol{E}\cdot d\boldsymbol{s}$ ist dabei die lokale Spannung zwischen Punkten des Hin- und Rückleiters in senkrechtem Abstand. $r = dR/dx$ sei der Widerstand pro Länge, $l = dL/dx$ der Selbstinduktionskoeffizient pro Länge und $c = dC/dx$ die Kapazität pro Länge für Hin- und Rückleiter zusammen. (c ist hier ausnahmsweise nicht die Lichtgeschwindigkeit.)

(b) Zeigen Sie: Bei der Ausbreitung elektromagnetischer Wellen in einem homogenen Medium der Leitfähigkeit σ, das den linearen Materialgesetzen $\boldsymbol{D} = \varepsilon\boldsymbol{E}$ und $\boldsymbol{H} = \boldsymbol{B}/\mu$ genügt, erfüllen $\boldsymbol{E}$ und $\boldsymbol{H}$ Gleichungen der Struktur der Telegrafengleichung.

7.11 Wird die Energieflussdichte $\boldsymbol{S} = \boldsymbol{E} \times \boldsymbol{H}$ durch $w = \varepsilon\boldsymbol{E}^2/2 + \boldsymbol{B}^2/(2\mu)$, die Energiedichte, geteilt, so erhält man die Energiegeschwindigkeit $\boldsymbol{v}_E = \boldsymbol{S}/w$. Berechnen Sie diese für TE-, TM- und TEM-Wellen und vergleichen Sie sie mit der entsprechenden Phasen- und Gruppengeschwindigkeit.

7.12 Ein Plattenkondensator mit kreisförmigen Platten werde langsam aufgeladen. Berechnen Sie den durch den Poynting-Vektor beschriebenen Energiefluss in den Kondensator hinein sowie die zeitliche Änderung der im Kondensator gespeicherten Energie, und zeigen Sie, dass diese übereinstimmen.

Anleitung: Nehmen Sie an, dass der Abstand d der Platten klein gegen ihren Radius a ist und vernachlässigen Sie die Krümmung der Feldlinien im Randbereich.

7.13 Leiten Sie den für die auf den Koordinatenursprung bezogene Felddrehimpulsdichte $\boldsymbol{l} = \boldsymbol{r} \times \boldsymbol{S}/c^2$ gültigen lokalen Drehimpulssatz und aus diesem den zugehörigen Erhaltungssatz für den Gesamtdrehimpuls $\boldsymbol{L}_{\text{em}} = \int_{\mathbb{R}^3} \boldsymbol{r} \times \boldsymbol{S}/c^2 \, d^3\tau$ des elektromagnetischen Feldes ab.

7.14 Mithilfe des in Aufgabe 7.13 abgeleiteten lokalen Drehimpulssatzes lässt sich das in Aufgabe 3.8 gestellte Problem (Verschwinden des von einer ganz im Endlichen verlaufenden stationären Stromverteilung auf sich selbst ausgeübten Gesamtdrehmoments) viel einfacher lösen.

7.15 Zeigen Sie: Für eine ganz im Endlichen befindliche zeitabhängige Ladungs- und Stromverteilung gilt im Allgemeinen nicht mehr, dass die auf sich selbst ausgeübte Gesamtkraft und das Gesamtdrehmoment verschwinden. Geben Sie ein einfaches Beispiel an.

7.16 In einem endlichen Teilgebiet G des $\mathbb{R}^3$ werde eine Ladungs- und Stromverteilung aufgebaut. Spätestens zum Zeitpunkt t_0 sei diese stationär und seien alle beim Aufbau erzeugten zeitabhängigen Felder durch Abstrahlung aus G verschwunden. Zeigen Sie, dass der Gesamtimpuls und -drehimpuls der in das Gebiet $\mathbb{R}^3 \backslash G$ abgestrahlten Wellenfelder für $t > t_0$ zeitlich konstant werden.

7.17 (a) Welchen Lichtdruck würde die Sonne auf den unteren Rand ihrer Atmosphäre ausüben, wenn ihre Strahlung dort vollständig absorbiert würde?
(b) Man zeige, dass ein kugelförmiges Teilchen der Dichte $\rho = 1\,\mathrm{g/cm^3}$, das die gesamte auf es treffende Sonnenstrahlung absorbiert, vom Lichtdruck der Sonne entgegen der von dieser ausgeübten Schwerkraft aus dem Sonnensystem herausgedrückt wird, wenn sein Durchmesser weniger als $1\,\mu$m beträgt.

Hinweise:
Strahlungsleistung der Sonne: $3{,}85 \cdot 10^{26}$ W, Sonnenmasse: $1.99 \cdot 10^{30}$ kg, Sonnenradius (= Radius am unteren Rand der Atmosphäre): $6{,}96 \cdot 10^8$ m.

7.18 *Bremsstrahlung*

Ein Elektron nicht relativistischer Geschwindigkeit werde durch die Einwirkung einer seiner Geschwindigkeit entgegengerichteten externen Kraft nicht elektromagnetischer Natur innerhalb kurzer Zeit vollständig abgebremst.

(a) Welcher Bruchteil der kinetischen Energie, die es vor Beginn der Abbremsung hatte, wird in elektromagnetische Strahlung überführt?
(b) Warum wird seine kinetische Energie nicht zu 100 Prozent in Strahlungsenergie umgewandelt?
(c) Ist es rein energetisch unmöglich, dass die abgestrahlte Energie mengenmäßig über der ursprünglichen kinetischen Energie liegt, oder gibt es andere Gründe, die das ausschließen?

Anleitung: Benutzen Sie für die Kinetik der Abbremsung ein möglichst einfaches Modell.

Lösungen

7.1
$$\varrho \equiv 0\,, \quad \boldsymbol{j} \equiv 0 \qquad \Rightarrow \qquad \phi \equiv 0\,, \quad \boldsymbol{j}_\mathrm{l} \equiv 0\,, \quad \boldsymbol{j}_\mathrm{tr} = \boldsymbol{j} - \boldsymbol{j}_\mathrm{l} \equiv 0\,.$$

Damit verbleibt nur die Wellengleichung

$$\Delta \boldsymbol{A} - \frac{1}{c^2}\frac{\partial^2 \boldsymbol{A}}{\partial t^2} = 0$$

zu lösen. Aus deren Lösung $\boldsymbol{A}(\boldsymbol{r},t)$ ergeben sich die Felder $\boldsymbol{B}=\mathrm{rot}\,\boldsymbol{A}$ und $\boldsymbol{E}=-\partial \boldsymbol{A}/\partial t$.

7.2 (a) $\boldsymbol{B}\equiv 0 \;\Rightarrow\; \mathrm{rot}\,\boldsymbol{E}=0,\ \boldsymbol{E}=-\nabla\phi,\ \mathrm{div}(\varepsilon_0\boldsymbol{E})=\varrho,\ \Delta\phi=-\varrho/\varepsilon_0,\ \boldsymbol{j}+\varepsilon_0\partial\boldsymbol{E}/\partial t=0$

$$\Rightarrow \qquad \phi = \frac{1}{4\pi\varepsilon_0}\int \frac{\varrho'}{|\boldsymbol{r}-\boldsymbol{r}'|}\,d^3\tau'\,, \qquad \boldsymbol{j} = \varepsilon_0\nabla\frac{\partial\phi}{\partial t} = \nabla\frac{1}{4\pi}\int\frac{\partial\varrho'/\partial t}{|\boldsymbol{r}-\boldsymbol{r}'|}\,d^3\tau'\,,$$

wobei $\varrho(\boldsymbol{r},t)$ beliebig vorgegeben werden kann.

(b) Die Bedingungen an $\boldsymbol{j}$ lauten $\mathrm{rot}\,\boldsymbol{j}=0$ und $\mathrm{div}\,\boldsymbol{j}=-\partial\varrho/\partial t$, wobei $\varrho(\boldsymbol{r},t)$ beliebig ist.

(c) Aus (b) folgt

$$\boldsymbol{j} = \nabla\varrho\,, \qquad \Delta\varrho = -\frac{\partial\varrho}{\partial t}\,, \qquad \varrho = \frac{1}{4\pi}\int\frac{\partial\varrho'/\partial t}{|\boldsymbol{r}-\boldsymbol{r}'|}\,d^3\tau'\,,$$

und daraus ergibt sich $\boldsymbol{j}$ wie in (a). Setzt man $\boldsymbol{B}\equiv 0$, so ergeben sich aus $\varepsilon_0\partial\boldsymbol{E}/\partial t=-\boldsymbol{j}$ auch $\boldsymbol{E}$ und ϕ wie in (a). Die Bedingungen sind allerdings nicht hinreichend, denn der angegebenen Lösung kann stets eine Lösung der mit $\mathrm{rot}\,\boldsymbol{j}=0$ aus $\mathrm{rot}\,\boldsymbol{B}/\mu_0=\boldsymbol{j}+\varepsilon_0\partial\boldsymbol{E}/\partial t$ und $\mathrm{rot}\,\boldsymbol{E}=-\partial\boldsymbol{B}/\partial t$ folgenden Gleichung $\Delta\boldsymbol{B}-(1/c^2)\partial^2\boldsymbol{B}/\partial t^2=0$ überlagert werden.

(d) Aus der Gleichung $4\pi R^3(t)\varrho/3=Q=\mathrm{const}$ für die Ladungserhaltung folgt für $r\le R(t)$ die Ladungsdichte $\varrho=3Q/(4\pi R^3(t))$. Hiermit, mit der aus $\mathrm{div}(\varepsilon_0\boldsymbol{E})=\varrho$ folgenden Gleichung $4\pi r^2E=(4\pi r^3/3)\varrho$ und mit $\boldsymbol{j}=-\varepsilon_0\partial\boldsymbol{E}/\partial t$ ergibt sich

$$\boldsymbol{E} = \frac{Qr}{4\pi\varepsilon_0 R^3(t)}\,\boldsymbol{e}_r\,, \qquad \boldsymbol{j} = \frac{3Qr\dot{R}(t)}{4\pi R^4(t)}\,\boldsymbol{e}_r \qquad \text{für} \quad r \le R(t)\,,$$

sowie

$$\boldsymbol{E} = \frac{Q}{4\pi\varepsilon_0 r^2}\,\boldsymbol{e}_r\,, \qquad \boldsymbol{j} = 0 \qquad \text{für} \quad r > R(t)\,.$$

7.3 Wie in Aufgabe 7.2 gilt $\boldsymbol{E}=-\nabla\phi$ und $\Delta\phi=-\varrho/\varepsilon_0$, und aus $\boldsymbol{j}+\varepsilon_0\partial\boldsymbol{E}/\partial t=0$ folgt mit $\boldsymbol{j}=\sigma\boldsymbol{E}$

$$\sigma\boldsymbol{E} + \varepsilon_0\frac{\partial\boldsymbol{E}}{\partial t} = -\left(\sigma\nabla\phi + \varepsilon_0\frac{\partial\nabla\phi}{\partial t}\right) = -\varepsilon_0\nabla\left(\frac{\partial\phi}{\partial t} + \frac{\sigma}{\varepsilon_0}\phi\right) = 0\,.$$

Hieraus folgt die Gleichung

$$\frac{\partial\phi}{\partial t} + \frac{\sigma}{\varepsilon_0}\phi = f(t)\,,$$

in der die Funktion $f(t)$ beliebig gewählt werden kann. Ihre Lösung ist

$$\phi = \phi_0(\boldsymbol{r})\,\mathrm{e}^{-\frac{\sigma}{\varepsilon_0}t} + g(t) \qquad \text{mit} \qquad g(t) = \int_{t_0}^{t} f(t')\,dt'\,.$$

Da $g(t)$ bei der Berechnung von $\boldsymbol{E}{=}{-}\nabla\phi$ herausfällt, kann $g(t)\equiv 0$ gesetzt werden. Es verbleibt, die Gleichung

$$\Delta\phi = \mathrm{e}^{-\frac{\sigma}{\varepsilon_0}t}\,\Delta\phi_0 = -\varrho/\varepsilon_0$$

zu lösen, aus der

$$\varrho = \varrho_0\,\mathrm{e}^{-\frac{\sigma}{\varepsilon_0}t} \qquad \text{und} \qquad \Delta\phi_0 = -\varrho_0/\varepsilon_0$$

folgt. Aus der letzten Gleichung ergibt sich schließlich

$$\phi_0 = \frac{1}{4\pi\,\varepsilon_0}\int \frac{\varrho_0'}{|\boldsymbol{r}-\boldsymbol{r}'|}\,d^3\tau'$$

und

$$\boldsymbol{E} = -\frac{1}{4\pi\varepsilon_0}\nabla\int\frac{\varrho_0'}{|\boldsymbol{r}-\boldsymbol{r}'|}\,d^3\tau'\,\mathrm{e}^{-\frac{\sigma}{\varepsilon_0}t}\,, \qquad \boldsymbol{j} = -\frac{\sigma}{4\pi\varepsilon_0}\nabla\int\frac{\varrho_0'}{|\boldsymbol{r}-\boldsymbol{r}'|}\,d^3\tau'\,\mathrm{e}^{-\frac{\sigma}{\varepsilon_0}t}\,.$$

7.4 Mit $\boldsymbol{E}{=}e(t)\,\boldsymbol{E}_0(\boldsymbol{r})$, $\boldsymbol{B}{=}b(t)\,\boldsymbol{B}_0(\boldsymbol{r})$, $\varrho{=}r(t)\,\varrho_0(\boldsymbol{r})$ und $\boldsymbol{j}{=}i(t)\,\boldsymbol{j}_0(\boldsymbol{r})$ folgt aus den Maxwell-Gleichungen

$$\mathrm{div}(\varepsilon_0\boldsymbol{E}){=}e(t)\,\mathrm{div}(\varepsilon_0\boldsymbol{E}_0){=}\varrho{=}r(t)\varrho_0 \;\;\Rightarrow\;\; r(t)/e(t){=}\mathrm{const} \overset{\text{s.u.}}{=} 1\,,\;\; \mathrm{div}(\varepsilon_0\boldsymbol{E}_0){=}\varrho_0\,,$$

denn ein von 1 verschiedener Wert der Konstanten kann in die Definition von ϱ_0 gezogen werden. Ähnlich gilt

$$e(t)\,\mathrm{rot}\,\boldsymbol{E}_0 = -\dot{b}(t)\boldsymbol{B}_0 \quad\Rightarrow\quad \dot{b}(t)/e(t) = \alpha = \mathrm{const}\,, \quad \mathrm{rot}\,\boldsymbol{E}_0 = -\alpha\,\boldsymbol{B}_0\,.$$

$\mathrm{div}\,\boldsymbol{B}{=}0$ ist damit wegen $\mathrm{div}\,\boldsymbol{B}{=}b\,\mathrm{div}\,\boldsymbol{B}_0{=}{-}(b/\alpha)\,\mathrm{div}\,\mathrm{rot}\,\boldsymbol{E}_0 = 0$ automatisch erfüllt. Aus

$$\mathrm{rot}\,\frac{\boldsymbol{B}_0}{\mu_0} = \frac{i(t)}{b(t)}\boldsymbol{j}_0 + \frac{\dot{e}(t)}{b(t)}\varepsilon_0\boldsymbol{E}_0$$

ergibt sich durch Bildung der Divergenz

$$\frac{i(t)}{b(t)}\,\mathrm{div}\,\boldsymbol{j}_0 + \frac{\dot{e}(t)}{b(t)}\varrho_0 = 0 \qquad\Rightarrow\qquad \frac{\dot{e}(t)}{b(t)} = \beta\,\frac{i(t)}{b(t)} \quad \text{mit} \quad \beta = \mathrm{const}\,,$$

damit gilt

$$\mathrm{rot}\,\frac{\boldsymbol{B}_0}{\mu_0} = \frac{i(t)}{b(t)}\Big(\boldsymbol{j}_0 + \beta\varepsilon_0\boldsymbol{E}_0\Big)\,,$$

und es folgt

$$i(t)/b(t) = \mathrm{const} \overset{\text{s.u.}}{=} 1\,, \qquad \mathrm{rot}\,\boldsymbol{B}_0 = \mu_0\boldsymbol{j}_0 + \beta\mu_0\varepsilon_0\boldsymbol{E}_0\,,$$

da ein von 1 verschiedener Wert der Konstanten in die Definition von $\boldsymbol{j}_0$ gezogen werden kann. Bezüglich der Zeitfaktoren verbleiben damit die Gleichungen

$$\dot{b} = \alpha e\,,\;\; \dot{e} = \beta b \;\;\Rightarrow\;\; \ddot{e} = \alpha\beta e\,,\;\; e = e_0\,\mathrm{e}^{\pm\sqrt{\alpha\beta}\,t}\,,\;\; b = \pm\sqrt{\alpha/\beta}\,e_0\,\mathrm{e}^{\pm\sqrt{\alpha\beta}\,t}\,.$$

Je nachdem, ob $\alpha\beta{>}0$ oder $\alpha\beta{<}0$ gilt, ist die Zeitabhängigkeit der Lösungen exponentiell oder harmonisch periodisch.

Die Funktion $\boldsymbol{E}_0(\boldsymbol{r}_0)$ kann beliebig vorgegeben werden, und alle verbliebenen Gleichungen werden erfüllt, wenn man dann

$$\varrho_0 = \mathrm{div}(\varepsilon_0\boldsymbol{E}_0)\,, \quad \boldsymbol{B}_0 = -\,\mathrm{rot}\,\boldsymbol{E}_0/\alpha\,, \quad \boldsymbol{j}_0 = -\beta\varepsilon_0\boldsymbol{E}_0 + \mathrm{rot}\,\boldsymbol{B}_0/\mu_0$$

wählt.

Werden $\boldsymbol{B}_0$ mit $\mathrm{div}\,\boldsymbol{B}_0{=}0$ und ϱ_0 vorgegeben, so sind die Quellen und Wirbel von $\boldsymbol{E}_0$ festgelegt, $\boldsymbol{E}_0$ kann aus ihnen berechnet werden, und es folgt $\boldsymbol{j}_0{=}{-}\beta\varepsilon_0\boldsymbol{E}_0{+}\,\mathrm{rot}\,\boldsymbol{B}_0/\mu_0$.

7.5 (a) Mit $|\boldsymbol{r}|=\sqrt{x^2+y^2+(z-\zeta)^2}=\sqrt{\rho^2+(z-\zeta)^2}$ ist die in der Anleitung vorgeschlagene Superposition

$$\phi = \frac{1}{2}\int_{-\infty}^{\infty} \frac{\delta\left(\sqrt{\rho^2+(z-\zeta)^2}-ct\right)}{\sqrt{\rho^2+(z-\zeta)^2}}\,d\zeta\,,$$

wobei der Amplitudenfaktor 1/2 willkürlich gewählt wurde. Mit der Substitution $\zeta\to\xi=\sqrt{\rho^2+(z-\zeta)^2}-ct$, die $\xi\geq\rho-ct$ und $\xi=\infty$ für $\zeta=\pm\infty$ sowie

$$\rho^2+(z-\zeta)^2=(\xi+ct)^2\,,\qquad \frac{d\zeta}{\sqrt{\rho^2+(z-\zeta)^2}}=\frac{d\xi}{\sqrt{(\xi+ct)^2-\rho^2}}$$

zur Folge hat, ergibt sich

$$\phi=\frac{2}{2}\int_{\rho-ct}^{\infty}\frac{\delta(\xi)}{\sqrt{(\xi+ct)^2-\rho^2}}\,d\xi=\begin{cases}1/\sqrt{c^2t^2-\rho^2} & \text{für}\quad \rho-ct\leq 0\,,\\ 0 & \text{für}\quad \rho-ct>0\,.\end{cases}$$

Man verifiziert leicht, dass die erhaltene Lösung die zweidimensionale Wellengleichung erfüllt, die sich in Zylinderkoordinaten mit $\phi=\phi(\rho,t)$ auf

$$\frac{\partial^2\phi}{\partial\rho^2}+\frac{1}{\rho}\frac{\partial\phi}{\partial\rho}-\frac{1}{c^2}\frac{\partial^2\phi}{\partial t^2}=0$$

reduziert.

(b) Das zur Zeit $t=0$ bei $\rho=0$ lokalisierte Signal läuft mit der Zeit immer weiter auseinander, was zur Folge hat, dass ursprünglich voneinander getrennte Signale überlagert werden. Der Grund dafür ist aus dreidimensionaler Sicht die unterschiedliche Laufzeit von verschiedenen Punkten der z-Achse zum Empfangsort.

7.6 Bei Benutzung von Zylinderkoordinaten ρ, φ und z können wir aus Symmetriegründen annehmen, dass alle Größen nur vom Abstand ρ von der z-Achse abhängen. Da der Draht als ungeladen angenommen wird, folgt durch Integration der Gleichungen $\mathrm{div}(\varepsilon_0\boldsymbol{E})=0$ und $\mathrm{div}\,\boldsymbol{B}=0$ über das Volumen eines Zylinders vom Radius ρ mithilfe des Gauß'schen Satzes, dass E_ρ und B_ρ verschwinden müssen. Damit und wegen $\partial/\partial\varphi\equiv0$ sowie $\partial/\partial z\equiv0$ sind dann die Gleichungen $\mathrm{div}\,\boldsymbol{B}=(1/\rho)\partial B_\varphi/\partial\varphi+\partial B_z/\partial z=0$ sowie $\mathrm{div}(\varepsilon_0\boldsymbol{E})=0$ automatisch erfüllt, und es bleiben nur noch die Gleichungen $\mathrm{rot}\,\boldsymbol{E}=-\partial\boldsymbol{B}/\partial t$ und $\mathrm{rot}\,\boldsymbol{B}=\mu_0\boldsymbol{j}+(1/c^2)\partial\boldsymbol{E}/\partial t$ zu lösen. Wie in Aufgabe 7.5 erwarten wir die Ausbreitung einer Zylinderwelle. Dort ergab sich wie bei der Ausbreitung von Kugelwellen in Abschn. 7.2 für den Moment der Wellenanregung eine Singularität, obwohl die Wellen in beiden Fällen aus den homogenen Maxwell-Gleichungen abgeleiteten worden waren. Wir können daher erwarten, dass wir auch hier schon durch Lösen der homogenen Gleichungen eine Lösung erhalten, die durch das plötzliche Einschalten des Stroms längs der z-Achse angeregt wird. Für die verbleibenden Feldkomponenten E_φ, E_z, B_φ und B_z ergeben sich aus den noch zu lösenden Maxwell-Gleichungen unter Weglassen des die Wellen anregenden Stromterms in Zylinderkoordinaten die Gleichungen

$$\frac{\partial E_z}{\partial\rho}=\frac{\partial B_\varphi}{\partial t}\,,\qquad \frac{\partial(\rho E_\varphi)}{\partial\rho}=-\frac{\partial(\rho B_z)}{\partial t}\,,$$
$$\frac{\partial B_z}{\partial\rho}=-\frac{1}{c^2}\frac{\partial E_\varphi}{\partial t}\,,\qquad \frac{\partial(\rho B_\varphi)}{\partial\rho}=\frac{1}{c^2}\frac{\partial(\rho E_z)}{\partial t}\,.$$

Da die Gleichungen für E_φ und B_z von denen für E_z und B_φ entkoppelt sind und nur die Letzteren mit dem Strom längs der z-Achse im Zusammenhang stehen – dieser führt zu einer (singulären) Inhomogenität in der letzten der angegebenen Gleichungen –, versuchen wir, das Problem mit dem Ansatz $E_\varphi \equiv 0$ und $B_z \equiv 0$ zu lösen. Damit verbleiben nur noch zwei Gleichungen,

$$\rho \frac{\partial E_z}{\partial \rho} \overset{\text{s.u.}}{=} \frac{\partial(\rho B_\varphi)}{\partial t} \qquad \text{und} \qquad \frac{\partial(\rho B_\varphi)}{\partial \rho} = \frac{1}{c^2} \frac{\partial(\rho E_z)}{\partial t}.$$

(Die erste von diesen ist identisch mit der ersten aus dem vorherigen Satz von vier Gleichungen.) Durch Elimination von ρB_φ aus diesen erhalten wir

$$\frac{\partial}{\partial \rho}\left(\rho \frac{\partial E_z}{\partial \rho}\right) = \frac{1}{c^2} \frac{\partial^2(\rho E_z)}{\partial t^2} \qquad \Rightarrow \qquad \frac{\partial^2 E_z}{\partial \rho^2} + \frac{1}{\rho} \frac{\partial E_z}{\partial \rho} - \frac{1}{c^2} \frac{\partial^2 E_z}{\partial t^2} = 0.$$

E_z erfüllt dieselbe Gleichung wie das Potenzial ϕ in Aufgabe 7.5, sodass wir von dort als Lösung

$$E_z = \frac{\alpha}{\sqrt{c^2 t^2 - \rho^2}}$$

übernehmen können. (Wegen der Homogenität der Differenzialgleichung für E_z konnte ein konstanter Faktor α hinzugefügt werden, den wir später zur Anpassung an die Stromanregung benutzen werden.) Die erste aus dem anfänglichen Satz von vier Gleichungen benutzen wir jetzt zur Berechnung von B_φ,

$$B_\varphi = \int_0^t \frac{\partial E_z}{\partial \rho}\, dt = \int_0^t \frac{\alpha \rho\, dt}{(c^2 t^2 - \rho^2)^{3/2}} = \frac{1}{c} \int_0^{ct} \frac{\alpha \rho\, dx}{(x^2 - \rho^2)^{3/2}} = -\frac{\alpha t}{\rho \sqrt{c^2 t^2 - \rho^2}}.$$

B_φ muss bei festem ρ für $t \to \infty$ in die statische Lösung $B_\varphi = \mu_0 I/(2\pi\rho)$ übergehen, die aus $2\pi\rho B_\varphi = \oint \boldsymbol{B} \cdot d\boldsymbol{s} = \int \text{rot}\, \boldsymbol{B} \cdot d\boldsymbol{f} = \mu_0 \int \boldsymbol{j} \cdot d\boldsymbol{f} = \mu_0 I$ folgt, d. h. es muss gelten

$$\lim_{t \to \infty} \left(-\frac{\alpha t}{\rho \sqrt{c^2 t^2 - \rho^2}}\right) = -\frac{\alpha}{\rho c} = \frac{\mu_0 I}{2\pi\rho} \qquad \Rightarrow \qquad \alpha = -\frac{\mu_0 c I}{2\pi}.$$

Damit erhalten wir schließlich als Lösung des Problems

$$B_\varphi = \frac{\mu_0 c I}{2\pi} \frac{t}{\rho \sqrt{c^2 t^2 - \rho^2}}, \qquad E_z = -\frac{\mu_0 c I}{2\pi} \frac{1}{\sqrt{c^2 t^2 - \rho^2}}.$$

7.8 Lösung für TM-Wellen: Zu lösen ist Gleichung (7.113) mit der Randbedingung $d_z = 0$ am Rand des Leiters, der sich bei $x = 0$, $x = a$, $y = 0$ und $y = b$ befinde. Mit der Definition (7.124), $k^2 = \omega^2/v^2 - k_z^2$, und dem Separationsansatz $d_z = \varphi(x)\chi(y)$ folgt

$$\frac{\varphi''(x)}{\varphi(x)} + \frac{\chi''(y)}{\chi(y)} + k^2 = 0 \;\Rightarrow\; \frac{\varphi''(x)}{\varphi(x)} = -k_1^2, \;\; \frac{\chi''(y)}{\chi(y)} = -k_2^2, \;\; k_1^2 + k_2^2 = k^2.$$

Eine Lösung, welche die Randbedingung bei $x = 0$ und $y = 0$ erfüllt, ist

$$d_z = A \sin(k_1 x)\, \sin(k_2 y).$$

Damit die Randbedingung $d_z = 0$ auch bei $x = a$ und $y = b$ erfüllt wird, muss $k_1 a = m\pi$, $k_2 b = n\pi$ mit ganzzahligem m und n gelten. Aus $k_1^2 + k_2^2 = k^2$ und der Definition von k folgt damit

$$k_z = \pm\sqrt{\frac{\omega^2}{v^2} - \frac{m^2\pi^2}{a^2} - \frac{n^2\pi^2}{b^2}} \qquad \Rightarrow \qquad |\omega| \geq \omega_{\text{gr}} \quad \text{mit} \quad \omega_{\text{gr}} = \pi v \sqrt{\frac{m^2}{a^2} + \frac{n^2}{b^2}}.$$

Lösung für TE-Wellen: Mit dem analogen Separationsansatz $h_z{=}\varphi(x)\chi(y)$ lässt sich Gleichung (7.114) zu den Randbedingungen $\partial h_z/\partial x{=}0$ für $x{=}0$ und $x{=}a$ sowie $\partial h_z/\partial y{=}0$ für $y{=}0$ und $y{=}b$ lösen, die Lösung lautet

$$h_z = A\cos(k_1 x)\ \cos(k_2 y) \qquad \text{mit} \qquad k_1 a = m\pi\,, \quad k_2 b = n\pi \quad \text{und} \quad k_1^2{+}k_2^2 = k^2.$$

Die Grenzfrequenz ist dieselbe wie bei den TM-Wellen.

7.10 (a) Die Gleichung rot $\boldsymbol{H}{=}\boldsymbol{j}{+}\varepsilon\partial\boldsymbol{E}/\partial t$ wird über die Oberfläche eines Zylinders integriert, dessen Mantel einen der beiden Drähte konzentrisch so eng umgibt, dass der zweite Draht nicht mit umschlossen wird, und der die Deckflächen $x{=}$const sowie $x{+}dx{=}$const besitzt. Mit $\oint$ rot $\boldsymbol{H}\cdot d\boldsymbol{f}{=}0$ (Stokes'scher Satz mit $\oint d\boldsymbol{s}{=}0$, da der Mantel eine geschlossene Fläche bildet) ergibt sich

$$\oint \boldsymbol{j}\cdot d\boldsymbol{f} + \oint \varepsilon\frac{\partial \boldsymbol{E}}{\partial t}\cdot d\boldsymbol{f} = I(x+dx,t) - I(x,t) + d\dot{Q} = \frac{\partial I}{\partial x}dx + d\dot{Q} = 0\,,$$

wobei dQ die Ladung des betrachteten Drahtstücks ist. Die Drahtstücke des Hin- und Rückleiters zwischen x und $x{+}dx$ bilden einen Kondensator der Kapazität $dC{=}dQ/V(x,t) \;\Rightarrow\; d\dot{Q}{=}dC\;\partial V/\partial t \;\Rightarrow$

$$\frac{\partial I}{\partial x} + \frac{dC}{dx}\frac{\partial V}{\partial t} = \frac{\partial I}{\partial x} + c\frac{\partial V}{\partial t} = 0\,.$$

Jetzt wird die Gleichung rot $\boldsymbol{E}{=}{-}\partial\boldsymbol{B}/\partial t$ über eine rechteckige Fläche integriert, die von den beiden zwischen x und $x{+}dx$ gelegenen Drahtstücken und den senkrechten Verbindungslinien von deren Enden berandet wird. Mit $\boldsymbol{E}{=}\boldsymbol{j}/\sigma$ und $|\boldsymbol{j}|{=}I/F$ in den Leitern erhalten wir für das Integral der linken Seite

$$\begin{aligned}\int \text{rot}\,\boldsymbol{E}\cdot d\boldsymbol{f} &= \oint \boldsymbol{E}\cdot d\boldsymbol{s} = \int_x^{x+dx}(\boldsymbol{j}/\sigma)\cdot d\boldsymbol{s}_1 + \int_1^2 \boldsymbol{E}|_{x+dx}\cdot d\boldsymbol{s}_\perp + \int_{x+dx}^{x}(\boldsymbol{j}/\sigma)\cdot d\boldsymbol{s}_2 + \int_2^1 \boldsymbol{E}|_x\cdot d\boldsymbol{s}_\perp\,,\\ &= I\,dR/2 + V(x{+}dx,t) + I\,dR/2 - V(x,t)\,,\end{aligned}$$

wobei $dR{=}2dx/(\sigma F)$ der Gesamtwiderstand der beiden Leiterstücke ist. Für das Integral der rechten Seite ergibt sich

$$-\int(\partial\boldsymbol{B}/\partial t)\cdot d\boldsymbol{f} = -(d/dt)\int \boldsymbol{B}\cdot d\boldsymbol{f} = -d\phi/dt = -dL\,\partial I/\partial t\,,$$

und Gleichsetzen der für die beiden Integrale erhaltenen Ausdrücke liefert

$$dL\,\frac{\partial I}{\partial t} + I\,dR + \frac{\partial V}{\partial x}dx = 0 \qquad \Rightarrow \qquad l\,\frac{\partial I}{\partial t} + r\,I + \frac{\partial V}{\partial x} = 0\,.$$

Elimination von $V(x,t)$ aus den erhaltenen zwei Gleichungen liefert die **Telegrafengleichung**

$$\boxed{\frac{\partial^2 I}{\partial x^2} - lc\frac{\partial^2 I}{\partial t^2} - rc\frac{\partial I}{\partial t} = 0\,.}$$

(b) Aus den Maxwell-Gleichungen (7.148) ergeben sich in einem Medium mit den angegebenen Eigenschaften durch Elimination von $\boldsymbol{E}$ oder $\boldsymbol{B}$ zunächst die Gleichungen (7.82) mit $\varepsilon_0{\to}\varepsilon$, $\mu_0{\to}\mu$ und $c^2{\to}1/(\varepsilon\mu)$. Für $\varrho{\equiv}0$ und $\boldsymbol{j}{=}\sigma\boldsymbol{E}$ folgt aus diesen

$$\Delta\boldsymbol{E} - \varepsilon\mu\frac{\partial^2\boldsymbol{E}}{\partial t^2} - \mu\sigma\frac{\partial\boldsymbol{E}}{\partial t} = 0\,, \qquad \Delta\boldsymbol{B} - \varepsilon\mu\frac{\partial^2\boldsymbol{B}}{\partial t^2} - \mu\sigma\frac{\partial\boldsymbol{B}}{\partial t} = 0\,.$$

Für Felder, die nur von x und t abhängen, ist das gerade die Telegrafengleichung.

7.12 Benutzung von Zylinderkoordinaten r, φ und z mit z-Achse senkrecht durch die Mittelpunkte der Kondensatorplatten. Aus Symmetriegründen gilt $\boldsymbol{E}{=}E(t)\,\boldsymbol{e}_z$, $\boldsymbol{B}{=}B(r,t)\,\boldsymbol{e}_\varphi$, und aus rot $\boldsymbol{B}{=}\varepsilon_0\mu_0\partial\boldsymbol{E}/\partial t$ folgt durch Integration über eine der Kondensatorplatten

$$2\pi r B = r^2\pi\varepsilon_0\mu_0\dot{E}\,, \quad B = \varepsilon_0\mu_0 r\dot{E}/2 \quad \Rightarrow \quad \boldsymbol{S} = \boldsymbol{E}\times\boldsymbol{B}/\mu_0 = -\varepsilon_0 E\dot{E}r\boldsymbol{e}_r/2\,.$$

Durch den Rand des Kondensators fließt in diesen über den Poynting-Vektor pro Zeit die Energie

$$S(a)\,2a\pi d = a^2\pi d\varepsilon_0 E\dot{E}$$

hinein. Die im Kondensator gespeicherte Energie beträgt unter Vernachlässigung der zu $\dot{E}^2$ proportionalen Energie des Magnetfeldes $a^2\pi d\varepsilon_0 E^2/2$, und deren zeitliche Änderung ist ebenfalls $a^2\pi d\varepsilon_0 E\dot{E}$.

7.13 Der Impulssatz (7.198) lautet mit $\boldsymbol{f}{:=}\varrho\boldsymbol{E}{+}\boldsymbol{j}\times\boldsymbol{B}$ in Komponenten

$$f_k + \partial_t S_k/c^2 + \partial_l T_{lk} = 0\,.$$

Daraus ergibt sich unter Benutzung der Summenkonvention durch Multiplikation mit $\varepsilon_{ijk}x_j$ für die Drehimpulsdichte $\boldsymbol{l}{=}\boldsymbol{r}\times\boldsymbol{S}/c^2$ mit $\varepsilon_{ijk}x_j\partial_t S_k/c^2{=}\partial_t(\varepsilon_{ijk}x_j S_k/c^2){=}\partial_t l_i$ die Gleichung

$$\begin{aligned}\partial_t l_i &= -\varepsilon_{ijk}x_j f_k - \varepsilon_{ijk}x_j\partial_l T_{lk} = -\varepsilon_{ijk}x_j f_k - \partial_l(\varepsilon_{ijk}x_j T_{lk}) + \varepsilon_{ijk}\delta_{lj}T_{lk}\\ &= -\varepsilon_{ijk}x_j f_k - \partial_l(\varepsilon_{ijk}x_j T_{lk}) + \varepsilon_{ilk}T_{lk}\,.\end{aligned}$$

Aus der Definitionsgleichung (7.199) für T_{lk} folgt

$$\begin{aligned}\varepsilon_{ilk}T_{lk} &= \varepsilon_{ilk}\delta_{lk}\Big[\varepsilon_0\boldsymbol{E}^2/2 + \boldsymbol{B}^2/(2\mu_0)\Big] - \varepsilon_{ilk}\,(\varepsilon_0 E_l E_k + B_l B_k/\mu_0)\\ &= \varepsilon_{ill}\Big[\varepsilon_0\boldsymbol{E}^2/2 + \boldsymbol{B}^2/(2\mu_0)\Big] - \Big(\varepsilon_0\boldsymbol{E}\times\boldsymbol{E} + \boldsymbol{B}\times\boldsymbol{B}/\mu_0\Big)_i = 0\,,\end{aligned}$$

und damit haben wir in Vektornotation für das elektromagnetische Feld den **lokalen Drehimpulssatz**

$$\boxed{\partial_t\boldsymbol{l} + \boldsymbol{r}\times(\varrho\boldsymbol{E} + \boldsymbol{j}\times\boldsymbol{B}) + \nabla\cdot\mathsf{T}^{(l)} = 0 \qquad \text{mit} \qquad \mathsf{T}^{(l)}_{li} = \varepsilon_{ijk}x_j T_{lk}\,.}$$

Für den Drehimpuls $\boldsymbol{L}_i$ eines einzelnen geladenen Teilchens ergibt sich in Analogie zu (7.195)

$$\frac{d\boldsymbol{L}_i}{dt} = q_i\boldsymbol{r}_i\times(\boldsymbol{E} + \boldsymbol{v}_i\times\boldsymbol{B})$$

und für den Drehimpuls $\boldsymbol{L}_{\mathrm{L}}\big|_{\Delta^3\tau}$ der im Volumenelement $\Delta^3\tau$ enthaltenen Ladungsträger in Analogie zu Gleichung (7.196)

$$\boldsymbol{r}\times(\varrho\boldsymbol{E} + \boldsymbol{j}\times\boldsymbol{B}) = \frac{d\boldsymbol{L}_{\mathrm{L}}\big|_{\Delta^3\tau}}{dt}\,.$$

Wenn wir wie bei der Ableitung des integralen Impulserhaltungssatzes (7.200) annehmen, dass $\boldsymbol{E}$ und $\boldsymbol{B}$ die Felder einer räumlich begrenzten Ladungs- und Stromverteilung sind, die bis zum Zeitpunkt t_0 statisch war oder erst zu diesem Zeitpunkt eingeschaltet wurde, gilt $\mathsf{T}^{(l)}{}_{lk}{\sim}1/r^3$ und daraus folgend

$$\int_{\mathbb{R}^3}\partial_l T^{(l)}{}_{lk}\,d^3\tau \overset{(2.33)}{=} \int_\infty T^{(l)}{}_{lk}\,df_l = 0\,.$$

Hiermit liefert die räumliche Integration des lokalen Drehimpulssatz über den ganzen $\mathbb{R}^3$

$$\frac{d}{dt}\left(\boldsymbol{L}_{\rm em} + \boldsymbol{L}_{\rm L}\right) = 0$$

mit $\boldsymbol{L}_{\rm em} = \int_{\mathbb{R}^3} \boldsymbol{l}\, d^3\tau = \int_{\mathbb{R}^3} \boldsymbol{r}\times\boldsymbol{S}/c^2\, d^3\tau$ und $\boldsymbol{L}_{\rm L}$ = Gesamtdrehimpuls aller Ladungsträger im $\mathbb{R}^3$. Weiterintegrieren nach der Zeit liefert schließlich den Erhaltungssatz

$$\boldsymbol{L}_{\rm em} + \boldsymbol{L}_{\rm L} = \boldsymbol{L}_0 = \mathbf{const}\,.$$

7.14 Für eine stationäre Stromverteilung gilt $\partial_t \boldsymbol{l} \equiv 0$ und $\boldsymbol{E} \equiv 0$ mit der Folge $\boldsymbol{S} \equiv 0$. Der lokale Drehimpulssatz reduziert sich damit auf

$$\boldsymbol{r} \times (\boldsymbol{j} \times \boldsymbol{B}) = -\nabla \cdot \mathsf{T}^{(1)}\,,$$

und hieraus folgt mithilfe des Gauß'schen Satzes für Tensoren wegen $\mathsf{T}^{(1)} \overset{(7.199)}{\sim} B^2$ und $B \overset{(5.38)}{\sim} 1/r^3$ für $r \to \infty$ sofort

$$\boldsymbol{N} = \int_{\mathbb{R}^3} \boldsymbol{r} \times (\boldsymbol{j} \times \boldsymbol{B})\, d^3\tau = -\int_\infty \mathsf{T}^{(1)} \cdot d\boldsymbol{f} = 0\,.$$

7.15 Für die auf sich selbst ausgeübte Gesamtkraft $\boldsymbol{F}$ der zeitabhängigen Ladungs- und Stromverteilung folgt aus Gleichung (7.198) mit $\boldsymbol{S} = \boldsymbol{E} \times \boldsymbol{B}/\mu_0$

$$\boldsymbol{F} = \int_{\mathbb{R}^3} (\varrho \boldsymbol{E} + \boldsymbol{j} \times \boldsymbol{B})\, d^3\tau = -\frac{1}{\mu_0 c^2}\frac{d}{dt}\int_{\mathbb{R}^3} \boldsymbol{E}\times\boldsymbol{B}\, d^3\tau - \int_{\mathbb{R}^3} \nabla \cdot \mathsf{T}\, d^3\tau\,.$$

Wurde die Ladungs- und Stromverteilung vor endlicher Zeit eingeschaltet, dann sind die von ihr ausgehenden elektromagnetischen Wellen noch nicht bis ins Unendliche vorgedrungen, und es gilt

$$\int_{\mathbb{R}^3} (\nabla \cdot \mathsf{T})_k\, d^3\tau = \int_{\mathbb{R}^3} \partial_i T_{ik}\, d^3\tau = \int_\infty T_{ik}\, df_i = 0$$

mit der Folge

$$\boldsymbol{F} = -\frac{1}{\mu_0 c^2}\frac{d}{dt}\int_{\mathbb{R}^3} \boldsymbol{E}\times\boldsymbol{B}\, d^3\tau\,.$$

Da $\boldsymbol{E}$ und $\boldsymbol{B}$ zeitabhängig sind, ist die rechte Seite i. A. von null verschieden. (Siehe dazu allerdings Aufgabe 7.16.)

Besteht die zeitabhängige Ladungs- und Stromverteilung schon seit unendlich langer Zeit, so gilt in Analogie zu (7.66) $E \sim 1/r$ und $B \sim 1/r$ für $r \to \infty$, und wegen $\mathsf{T} \sim \varepsilon_0 E^2 + B^2/\mu_0$ kann $\int_\infty T_{ik}\, df_i$ von null verschieden sein. In diesem Fall könnten sich die beiden Terme auf der rechten Seite der ursprünglich für $\boldsymbol{F}$ erhaltenen Gleichung im Prinzip gegenseitig wegheben, was jedoch i. A. nicht zu erwarten ist. Im Allgemeinen ist die Kraft $\boldsymbol{F}$ daher von null verschieden.

Für das Gesamtdrehmoment der zeitabhängigen Ladungs- und Stromverteilung auf sich selbst ergibt sich aus dem in Aufgabe 7.13 abgeleiteten lokalen Drehimpulssatz

$$\boldsymbol{N} = \int_{\mathbb{R}^3} \boldsymbol{r} \times (\varrho \boldsymbol{E} + \boldsymbol{j} \times \boldsymbol{B})\, d^3\tau = -\frac{1}{\mu_0 c^2}\frac{d}{dt}\int_{\mathbb{R}^3} \boldsymbol{r} \times (\boldsymbol{E}\times\boldsymbol{B})\, d^3\tau - \int_{\mathbb{R}^3} \nabla \cdot \mathsf{T}^{(1)}\, d^3\tau\,.$$

Aus den gleichen Gründen wie $\boldsymbol{F}$ wird auch $\boldsymbol{N}$ i. A. nicht verschwinden.
Beispiel: Ein einfaches Beispiel liefert die in Abschn. 7.10.1 betrachtete Wechselwirkung zweier geladener Teilchen, für die sich $\boldsymbol{F} = \boldsymbol{F}_1 + \boldsymbol{F}_2 \neq 0$ ergab.

7.16 Für $t > t_0$ herrschen im Gebiet G statische Verhältnisse. Daher können die für diese abgeleiteten Gleichungen (3.18) und (3.19) benutzt werden, in denen ja nur aus G Beiträge zu den Integralen kommen, und die Letzteren verschwinden aus denselben Gründen wie in Abschn. 3.1.6. Auch Gleichung (3.41) kann herangezogen werden, denn in Gleichung (3.39) enthält das zweite Integral der zweiten Zeile nur Beiträge aus G und verschwindet. Bei der Auswertung des ersten Integrals mithilfe des Gauß'schen Satzes kann das Oberflächenintegral statt im Unendlichen auch auf einer Fläche ausgewertet werden, die G ganz eng umschließt, jedoch nirgends berührt, sodass auf ihr überall $\boldsymbol{j}=0$ ist, mit der Folge, dass es verschwindet. Auch in der in Aufgabe 3.8 abgeleiteten Formel für das von einer stationären Stromverteilung auf sich selbst ausgeübte Drehmoment kommen zu den Integralen nur Beiträge aus G, sodass dieses ebenfalls verschwindet.

Aus der (7.200) vorangehenden Gleichung und einer in Aufgabe 7.13 abgeleiteten lokalen Gleichung für den Drehimpuls der Ladungsträger folgen die Gleichungen

$$\frac{d\boldsymbol{P}_\mathrm{L}}{dt} = \int_G (\varrho \boldsymbol{E} + \boldsymbol{j} \times \boldsymbol{B})\, d^3\tau\,, \qquad \frac{d\boldsymbol{L}_\mathrm{L}}{dt} = \int_G \boldsymbol{r} \times (\varrho \boldsymbol{E} + \boldsymbol{j} \times \boldsymbol{B})\, d^3\tau\,,$$

und da die Integrale auf deren rechten Seiten nach dem Vorherigen alle verschwinden, folgt $\boldsymbol{P}_\mathrm{L} = \mathbf{const}$ und $\boldsymbol{L}_\mathrm{L} = \mathbf{const}$. Aus dem integralen Impulserhaltungssatz (7.200) und dem in Aufgabe 7.13 abgeleiteten integralen Erhaltungssatz für den Drehimpuls folgt damit, wie behauptet,

$$\boldsymbol{P}_\mathrm{em} = \int_{\mathbb{R}^3} \boldsymbol{S}/c^2\, d^3\tau = \mathbf{const} \qquad \text{und} \qquad \boldsymbol{L}_\mathrm{em} = \int_{\mathbb{R}^3} \boldsymbol{r} \times \boldsymbol{S}/c^2\, d^3\tau = \mathbf{const}\,.$$

7.17 Mit S = Strahlungsleistung Sonne, R = Abstand von der Sonne, r = Radius des Kügelchens, I = Intensität des Sonnenlichts, p = Druck und c = Lichtgeschwindigkeit gilt

$$I = S/(4\pi R^2)\,, \qquad p = I/c = S/(4\pi c R^2)\,.$$

(a) Am Sonnenrand gilt

$$p = \frac{3{,}9 \cdot 10^{26}\,\mathrm{Ws}}{4\pi\; 3 \cdot 10^8\,\mathrm{m}\,(7 \cdot 10^8\mathrm{m})^2} = 0{,}2\,\mathrm{N/m^2}\,.$$

(b) Mit F_p = Druckkraft und F_g = Schwerkraft auf das Kügelchen sowie M = Sonnenmasse und G = Gravitationskonstante gilt

$$F_p = r^2 \pi p = \frac{r^2 \pi S}{4\pi c R^2}\,, \qquad F_g = \frac{GM 4\pi r^3 \rho}{3R^2}\,, \qquad F_p/F_g = \frac{3S}{16\pi G M \rho c r}\,.$$

Das Kügelchen wird für $F_p/F_g > 1$ bzw.

$$r < \frac{3S}{16\pi G M \rho c} = \frac{3 \cdot 3{,}9 \cdot 10^{26}}{16\pi\, 6{,}7 \cdot 10^{-11} \cdot 2 \cdot 10^{30} \cdot 10^3 \cdot 3 \cdot 10^8}\, \frac{\mathrm{W\,kg\,s^3\,m^3}}{\mathrm{m^3\,kg^2\,m}} \approx 6 \cdot 10^{-7}\,\mathrm{m}$$

aus dem Sonnensystem herausgedrückt.

7.18 Wie bei der Strahlungsdämpfung eines in einem homogenen Magnetfeld gyrierenden geladenen Punktteilchens benutzen wir für die Abgabe elektromagnetischer Strahlungsenergie des Elektrons Gleichung (7.188),

$$\dot{W}\big|_{t=t'+R_0/c} = -\left.\frac{\mu_0\, e^2 \dot{\boldsymbol{v}}^2(t')}{6\pi c}\right|_{t'=t-R_0/c}.$$

Als Modell für die Abbremsung nehmen wir eine konstante negative Beschleunigung an, die der ursprünglichen Geschwindigkeit $\boldsymbol{v}_0$ entgegengerichtet ist, $\dot{\boldsymbol{v}} = -\,\alpha \boldsymbol{v}_0/v_0$. Dann gilt

$$\boldsymbol{v}(t) = \boldsymbol{v}_0(1 - \alpha t/v_0)\,,$$

und bis zur Abbremsung des Teilchens auf die Geschwindigkeit $\boldsymbol{v}=0$ vergeht die Zeit $t_0 = v_0/\alpha$. In dieser Zeit wird vom Elektron die Strahlungsenergie

$$\Delta W = -\dot{W}\,t_0 = \frac{\mu_0\,e^2\alpha^2}{6\pi c}\,t_0 = \frac{\mu_0\,e^2 v_0{}^2}{6\pi\,c t_0}$$

abgegeben.

(a) Hieraus ergibt sich für den fraglichen Bruchteil

$$\frac{\Delta W}{m_e v_0{}^2/2} = \frac{\mu_0\,e^2}{3\pi\,m_e c t_0}$$

oder nach Einsetzen von Zahlen für μ_0, e, m_e und c

$$\frac{\Delta W}{m_e v_0{}^2/2} = \left(\frac{t_0}{1,25\cdot 10^{-23}\,\mathrm{s}}\right)^{-1}\,.$$

Erfolgt die Abbremsung in 1,25 Sekunden, so wird demnach nur der Bruchteil 10^{-23} der kinetischen Energie in Strahlung überführt. Erfolgt die Abbremsung in kürzerer Zeit, so erhöht sich der Bruchteil entsprechend.

(b) Die Abbremsung muss aus mikroskopischer Sicht durch andere Teilchen erfolgen. Aufgrund des Prinzips *actio = reactio* erfahren diese Rückwirkungskräfte und übernehmen infolgedessen mehr oder weniger an kinetischer Energie. Wie viel das genau ist, hängt von der Art der Wechselwirkung und den Massen der Energie übernehmenden Teilchen ab.

(c) Rein energetisch gesehen könnten die auf das Elektron einwirkenden Teilchen auch Energie abgeben, die noch zusätzlich zur kinetischen Energie des Elektrons in das abgestrahlte elektromagnetische Feld geht. Nach der für das Energieverhältnis abgeleiteten Gleichung wäre das für $t_0 < 1,25\cdot 10^{-23}$ s der Fall. Diese stammt jedoch aus einer reinen Energiebilanz, während für die Dynamik der Wechselwirkung auch noch die Impulsbilanz zu berücksichtigen ist. Nach den Ergebnissen von Beispiel 7.10 gibt eine Punktladung jedoch bei ihrer Beschleunigung bzw. Abbremsung insgesamt keinen Impuls an die von ihr emittierte Strahlung ab. Bei ihrer vollständigen Abbremsung muss ihr ursprünglicher Impuls daher von den abbremsenden Teilchen aufgenommen werden, und mit dieser Impulsaufnahme ist zwangsläufig auch eine Energieaufnahme verbunden. Daraus folgt, dass die Obergrenze für den Bruchteil in Strahlung überführter kinetischer Energie gleich eins ist.

Sachregister

Symbolverzeichnis

A Arbeit, 115
$\boldsymbol{A}$ Vektorpotenzial, 221

$\boldsymbol{B}$ magnetische Flussdichte, 67

χ dielektrische Suszeptibilität, 191
c Lichtgeschwindigkeit, 59
C Kapazität eines Kondensators, 145
C_{ij} Kapazitätskoeffizienten, 143

δ Delta-Funktion in einer Dimension, 18
δ^3 Delta-Funktion in drei Dimensionen, 23
Δ Laplace-Operator, 8
$\Delta\boldsymbol{f}$ gerichtete Fläche, 70
$d\boldsymbol{f}$ infinitesimales Flächenelement, 7
$d\boldsymbol{l}$ infinitesimales Längenelement, 64
$d\boldsymbol{s}$ infinitesimales Linienelement, 7
$d^3\tau$ infinitesimales Volumenelement, 12
$\boldsymbol{D}$ elektrische Verschiebungsdichte, 191

ε Dielektrizitätskonstante (elektrische Feldkonstante), 191
ε_0 Dielektrizitätskonstante (elektrische Feldkonstante) des Vakuums, 47
e Elementarladung, 46
$\boldsymbol{e}$ Einheitsvektor, 6
$\boldsymbol{E}$ elektrische Feldstärke, 50
$E(k)$ elliptisches Integral, 225

ϕ elektrisches Potenzial, 113
ϕ_{m} skalares magnetisches Potenzial, 226
Φ magnetischer Fluss, 77
$\boldsymbol{f}$ Kraftdichte, 56
F Fläche, 7
$\boldsymbol{F}$ Kraft, 47

γ Dämpfungskoeffizient, 346
$\boldsymbol{g}$ Impulsdichte des elektromagnetischen Feldes, 379
G Green'sche Funktion, 163

$\hbar$ Planck'sches Wirkungsquantum/(2π), 59

$\boldsymbol{H}$ magnetische Feldstärke, 67, 86

I Intensität, 373
I elektrischer Strom, 63
I_n modifizierte Bessel-Funktion, 168

$\boldsymbol{j}$ Stromdichte, 63
$\boldsymbol{J}$ Oberflächenstromdichte, 255
J_n Bessel-Funktion, 168

κ magnetische Suszeptibilität, 257
k Wellenzahl, 332
$\boldsymbol{k}$ Wellenzahlvektor, 338
K_n modifizierte Bessel-Funktion, 168
$K(k)$ elliptisches Integral, 225

λ Wellenlänge, 332
L Selbstinduktivität (Selbstinduktionskoeffizient), 283
L_{ik} Induktionskoeffizienten, 246
$\boldsymbol{L}$ Drehimpuls, 100, 236

μ Permeabilität (magnetische Feldkonstante), 257
μ_0 Permeabilität (magnetische Feldkonstante) des Vakuums, 67
$\boldsymbol{m}$ magnetisches Moment, 70
$\boldsymbol{M}$ Magnetisierungsdichte, 256

$\boldsymbol{\nabla}$ Nabla-Operator, 6
n Teilchendichte, 192
n Brechungsindex, 363
$\boldsymbol{n}$ Flächennormale, 7
N Drehmoment, Gesamtdrehmoment, 57
N_n Neumann-Funktion, 168
$\boldsymbol{N}$ (Gesamt-)Drehmoment, 57

ω Kreisfrequenz, 281

ψ Flussfunktion von $\boldsymbol{B}$, 230
$\boldsymbol{p}$ elektrisches Dipolmoment, 124
p_{s} Strahlungsdruck, 381
$\boldsymbol{P}$ Polarisationsdichte, 186

q elektrische Ladung, 45
Q elektrische (Gesamt-)Ladung, 53
Q elektrischer Quadrupolmomenttensor, 124

ρ radiale Zylinderkoordinate, 101
ρ, r radiale Polarkoordinate, 27
ϱ elektrische Raumladungsdichte, 47
$\boldsymbol{r}$ Ortsvektor, 4
R Ohm'scher Widerstand, 276
$\mathbb{R}^3$ dreidimens. euklidischer Raum, 5

σ Flächenladungsdichte, 54
σ elektrische Leitfähigkeit, 65
Σ Flächenladungsdichte, 275
$\boldsymbol{S}$ Poynting-Vektor, 368

t Zeit, 62
T kinetische Energie, 238
T Maxwell'scher Spannungstensor, 378

U elektrische Spannung, 145

V Volumen, 7
v_{g} Gruppengeschwindigkeit, 356
v_{ph} Phasengeschwindigkeit, 339

W_{e} Energie des elektrischen Feldes, 115
w_{e} Energiedichte des elektrischen Feldes, 117
W_{m} Energie des Magnetfelds, 239
w_{m} Energiedichte des Magnetfelds, 240

Naturkonstanten

Konstante	Symbol/ Definition	Wert	Einheit
Boltzmann-Konstante	k_B	$1{,}3806503(24)\cdot 10^{-23}$	$\mathrm{J\,K^{-1}}$
Dielektrizitätskonstante des Vakuums	$\varepsilon_0 = 1/\mu_0 c^2$	$8{,}854187817\ldots\cdot 10^{-12}$	$\mathrm{F\,m^{-1}}$
Elementarladung	e	$1{,}602176462(63)\cdot 10^{-19}$	C
Elektronenruhemasse	m_e	$9{,}10938188(72)\cdot 10^{-31}$	kg
Gravitationskonstante	G	$6{,}673(10)\cdot 10^{-11}$	$\mathrm{m^3kg^{-1}s^{-2}}$
Lichtgeschwindigkeit	c	299792458	$\mathrm{m\,s^{-1}}$
Loschmidt'sche Zahl	L	$6{,}02214199(47)\cdot 10^{23}$	$\mathrm{mol^{-1}}$
magnetisches Moment des Elektrons	μ_e	$-9{,}28476362(37)\cdot 10^{-24}$	$\mathrm{J\,T^{-1}}$
magnetisches Moment des Protons	μ_p	$1{,}410606633(58)\cdot 10^{-26}$	$\mathrm{J\,T^{-1}}$
Permeabilität des Vakuums	$\mu_0 = 4\pi\cdot 10^{-7}\frac{\mathrm{Vs}}{\mathrm{Am}}$	$12{,}566370614\ldots\cdot 10^{-7}$	$\mathrm{N\,A^{-2}}$
Planck'sches Wirkungsquantum	h	$6{,}62606876(52)\cdot 10^{-34}$	J s
Planck'sches Wirkungsquantum/(2π)	$\hbar$	$1{,}054571596(82)\cdot 10^{-34}$	J s
Protonenruhemasse	m_p	$1{,}67262158(13)\cdot 10^{-27}$	kg

Abgeleitete Einheiten

Größe	Einheitenname	Zeichen	Beziehungen und Bemerkungen
Frequenz	Hertz	Hz	$1\,\mathrm{Hz} = \mathrm{s^{-1}}$
Kraft	Newton	N	$1\,\mathrm{N} = 1\,\mathrm{kg\,m\,s^{-2}}$
	Dyn	dyn	$1\,\mathrm{dyn} = 10^{-5}\,\mathrm{N}$
	Pond	p	$1\,\mathrm{p} = 9,80665\cdot 10^{-3}\,\mathrm{N}$
Energie, Arbeit	Joule	J	$1\,\mathrm{J} = 1\,\mathrm{N\,m} = 1\,\mathrm{W\,s} = 1\,\mathrm{kg\,m^2\,s^{-2}}$
	Elektronvolt	eV	$1\,\mathrm{eV} = 1,6021892\cdot 10^{-19}\,\mathrm{J}$
	Erg	erg	$1\,\mathrm{erg} = 10^{-7}\,\mathrm{J}$
Leistung	Watt	W	$1\,\mathrm{W} = 1\,\mathrm{J\,s^{-1}} = 1\,\mathrm{N\,m\,s^{-1}} = 1\,\mathrm{kg\,m^2\,s^{-3}}$
elektr. Spannung	Volt	V	$1\,\mathrm{V} = 1\,\mathrm{W\,A^{-1}} = 1\,\mathrm{kg\,m^2\,A^{-1}\,s^{-3}}$
elektr. Widerstand	Ohm	Ω	$1\,\Omega = 1\,\mathrm{V\,A^{-1}} = 1\,\mathrm{W\,A^{-2}} = 1\,\mathrm{kg\,m^2\,A^{-2}\,s^{-3}}$
elektr. Ladung	Coulomb	C	$1\,\mathrm{C} = 1\,\mathrm{A\,s}$
elektr. Kapazität	Farad	F	$1\,\mathrm{F} = 1\,\mathrm{C\,V^{-1}} = 1\,\mathrm{A^2\,s^4\,kg^{-1}\,m^{-2}}$
elektr. Feldstärke		V/m	$1\,\mathrm{V\,m^{-1}} = 1\,\mathrm{kg\,m\,A^{-1}\,s^{-3}}$
magn. Fluß	Weber	Wb	$1\,\mathrm{Wb} = 1\,\mathrm{V\,s} = 1\,\mathrm{T\,m^2} = 1\,\mathrm{A\,H} = 1\,\mathrm{kg\,m^2A^{-1}s^{-2}}$
magn. Flußdichte	Tesla	T	$1\,\mathrm{T} = 1\,\mathrm{Wb\,m^{-2}} = 1\,\mathrm{V\,s\,m^{-2}} = 1\,\mathrm{kg\,A^{-1}\,s^{-2}}$
Induktivität	Henry	H	$1\,\mathrm{H} = 1\,\mathrm{Wb\,A^{-1}} = 1\,\mathrm{V\,s\,A^{-1}} = 1\,\mathrm{kg\,m^2\,A^{-2}\,s^{-2}}$
magn. Feldstärke		A/m	